HANDBUCH DES WASSERBAUES

VON

Dipl.-Ing. Dr. techn. Dr.-Ing. h. c.
ARMIN SCHOKLITSCH

PROFESSOR DER UNIVERSIDAD NACIONAL DE CUYO
SAN JUAN, ARGENTINIEN

IN ZWEI BÄNDEN

DRITTE, UNVERÄNDERTE AUFLAGE

ZWEITER BAND

MIT TEXTABBILDUNG 723—2049 UND ZAHLENTAFEL 88—113

SPRINGER-VERLAG WIEN GMBH
1962

ISBN 978-3-7091-8089-1   ISBN 978-3-7091-8088-4 (eBook)
DOI 10.1007/978-3-7091-8088-4

Offsetdruck: Julius Beltz, Offsetdruckerei · Reproduktionsanstalt
Weinheim/Bergstr.

Inhaltsverzeichnis zum zweiten Band.

Fünfter Teil.
Stauwerke und Entnahmeanlagen.

Siebenter Teil.

Meliorationen.

Achter Teil.

Der Flußbau.

Neunter Teil.

Verkehrswasserbau.

Inhaltsverzeichnis zum ersten Band.

Dritter Teil.
Die Wasserversorgung.

Vierter Teil.
Die Ortsentwässerung.

Stauwerke und Entnahmeanlagen.

Stauwerke dienen, wie schon ihr Name sagt, dazu, in einem Gerinne einen Aufstau, also eine Hebung des Wasserspiegels hervorzurufen, der den verschiedensten Zwecken dienen kann. Am häufigsten wird ein Stauwerk errichtet, um die Fallhöhe einer längeren Flußstrecke an der Staustelle zusammenzufassen und die Entnahme von Wasser aus dem Flußlaufe zu ermöglichen; solche Stauwerke haben in der Regel eine Länge, die die Bettbreite des Flusses nicht wesentlich überschreitet und werden Wehre genannt. Dient ein Stauwerk vorwiegend der Wasserspeicherung, so werden im allgemeinen wesentlich größere Stauhöhen erforderlich, um den nötigen Weiherraum zu schaffen; solche Stauwerke reichen dann von einem Talhang zum anderen, sie sperren das ganze Tal ab und werden darum als Talsperren bezeichnet. Stauwerke, die lediglich einen Aufstau hervorrufen sollen, werden selten angewendet; sie kommen vor in schiffbaren Flußstrecken zur Verbesserung der Fahrwassertiefen, bei Flußbauten zur Ermäßigung der Gefälle (Auflösung des Längenprofiles in Stufen mit dazwischenliegenden flachen Strecken) und bei der Wildbachverbauung zur Hebung der Bachsohle und Sicherung der Hangfüße. Gewöhnlich dienen Stauwerke mehreren Zwecken zugleich.

Die Entnahme kann für die verschiedensten Verwendungen des Wassers erfolgen, wie z. B. für die Erzeugung mechanischer oder elektrischer Energie, für Zwecke der Trinkwasserversorgung, für die Bewässerung von Ländereien, für die Speisung von Wasserstraßen u. dgl.

Nach ihrer Bauweise werden die Stauwerke in feste und in bewegliche unterschieden, die wieder je nach dem Hauptzwecke des Stauwerkes, dem Verwendungszwecke des Wassers, dem Gang von Zufluß und Entnahme und der Beschaffenheit des Untergrundes auf die verschiedensten Weisen durchgebildet werden.

A. Feste Stauwerke.

Stauwerke, deren Stauwand keine beweglichen Teile enthält, werden als feste Stauwerke bezeichnet. Reine feste Stauwerke werden kaum noch ausgeführt, weil die Ableitung des Freiwassers über ein festes Stauwerk zu stark schwankenden Wasserspiegeln im Stauraum führt. Gewöhnlich werden die festen Wehre mit beweglichen Wehrverschlüssen verbunden, um die Spiegellagen im Stauraum besser beherrschen zu können.

Die festen Stauwerke werden geschieden in Talsperren und Wehre.

I. Talsperren.

Stauwerke, die vorwiegend dazu dienen, Wasser zu speichern und über die ganze Talbreite reichen, werden, wie schon erwähnt worden ist, als Talsperren bezeichnet. Die Fläche der Stauwand ist bei Talsperren im Vergleich mit dem ursprünglichen nassen Querschnitt außerordentlich groß und es genügt daher bei Talsperren, nur einen ganz kleinen Teil der Stauwand beweglich auszuführen, um die Spiegellagen im Stauraume vollkommen zu beherrschen; Talsperren sind daher vorwiegend feste Stauwerke.

Talsperren schaffen Speicherräume, die der Wasserwirtschaft dienen; sie ermöglichen die Speicherung von Wasser zu Zeiten hoher natürlicher Zuflüsse, das zu Zeiten geringer natürlicher Zuflüsse als Zuschuß wieder abgegeben wird. Talsperren mildern unter allen Umständen die Hochwässer in der flußabliegenden Flußstrecke.

Für die Errichtung einer Talsperre ist, die bautechnische Eignung des Untergrundes vorausgesetzt, eine Stelle des Tales am geeignetsten, an der mit möglichst geringem Bauaufwand ein möglichst großer Stauraum geschaffen wird; das ist zu erwarten, wenn an der Sperrenbaustelle das Tal eng ist, sich flußauf erweitert und dort ein geringes Gefälle besitzt. Aus einem Schichtenplan des Rückstaugebietes kann für verschiedene Stauhöhen H [m] der Beckeninhalt J [m³] aus den zugehörigen Spiegelflächen F [m²] nach der Formel

$$J = \eta\, FH \tag{853}$$

näherungsweise ermittelt werden, in der η die Güteziffer bedeutet, die für verschiedene Talformen nach J. ORNIG die untenstehenden Werte hat:

Längenschnitt des Stauraumes	konvex	gerade	konkav
Talquerschnitt an der Sperrenstelle	$\eta = 0,15$	$0,20$	$0,25$
	$\eta = 0,20$	$0,30$	$0,40$
	$\eta = 0,30$	$0,40$	$0,50$

Bei natürlichen Seen, die als Speicher ausgestaltet werden, liegt η zwischen 0,63 und 0,93.

Zur Beurteilung des wasserwirtschaftlichen Wertes einer Talsperre kann der Bruch aus dem Stauweiherinhalt und dem Wasserdruck auf die lotrechte Projektion der Staufläche benützt werden. Auch der Quotient aus dem Weiherinhalt und dem Baustoffinhalt der Talsperre wird zum Vergleich von Talsperren benützt.

Die Ermittlung des für einen bestimmten Zweck nötigen Speicherinhaltes wurde schon auf den Seiten 150 bis 152 ausführlich geschildert.

Nach der Bauweise werden die Talsperren in Dämme, die aus körnigen und bindigen Böden oder aus Steintrümmern geschüttet sind und in Mauern, die als Schwergewichtsmauern, als Bogenmauern oder als aufgelöste Staumauern ausgeführt werden, geschieden; als Baustoff der Staumauern kommt Bruchsteinmauerwerk, Beton und Stahlbeton in Betracht. Der Bau von Talsperren aus anderen Baustoffen, wie aus Stahl oder Holz, ist zwar ab und zu versucht worden, hat sich aber nicht bewährt und diese Bauweisen haben keine weitere Bedeutung erlangt.

a) Staudämme.

Staudämme werden errichtet, wenn Dammbaustoffe in der erforderlichen Menge und Beschaffenheit bei niedrigen Gewinnungs- und Zufuhrkosten zu beschaffen sind. Wenn Fels nur in großer Tiefe ansteht, kommt als Talsperre überhaupt nur ein Staudamm in Frage; bei geringer Tiefenlage gesunden Felses kann sowohl ein Staudamm als auch eine Staumauer in Betracht kommen. Wenn für beide Arten von Talsperren die Baustoffe verfügbar sind, so entscheidet ein Vergleich der Baukosten und der Bauzeiten die anzuwendende Bauart.

Für die größte zulässige Höhe eines Staudammes läßt sich keine Grenze allgemein festlegen; Höhen bis zu 100 [m] gelten noch als durchaus ausführbar.

Die Bemessung der Staudämme erfolgt vorwiegend auf Grund von Erfahrungsregeln; die Bodenmechanik und die Hydraulik ermöglicht aber schon in vielen Fällen eine weitgehende Überprüfung der Entwürfe hinsichtlich der Standsicherheit der Dämme.

Die Kronenbreite der Staudämme ist gewöhnlich zwischen 3 und 10 [m], am häufigsten mit etwa 4 bis 5 [m] gewählt worden; sie ist vorwiegend durch den Umstand beeinflußt worden, daß die Krone der Staudämme fast immer als Verkehrsweg ausgebildet werden muß. Die Sicherheit gegen Luftangriffe erfordert weit größere Kronenbreiten; nach dem derzeitigen Stand wären Kronenbreiten von 16 bis 20 [m] erforderlich.

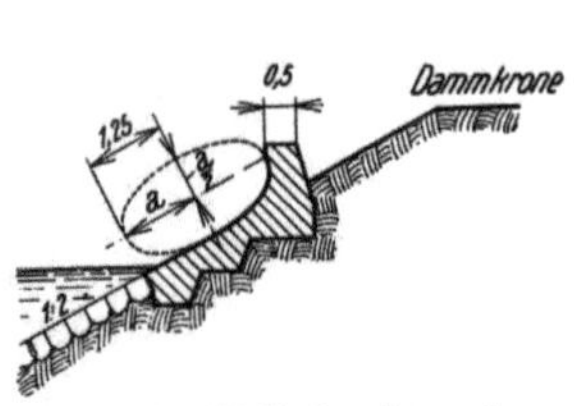

Abb. 723. Wellenbrecher nahe der Krone eines Staudammes. (Nach P. ZIEGLER.)

Die Höhenlage der Dammkrone muß so bemessen werden, daß sie unter gar keinen Umständen überronnen werden kann, weil überronnene Dämme binnen wenigen Minuten vollständig zerstört werden können. Die Krone wird mindestens zwei Meter über den höchstmöglichen Wasserspiegel im Stauweiher gelegt. Wenn hohe Wellen im Stauweiher auftreten, kann eine noch größere Höhenlage erforderlich werden. Nach STEVENSON beträgt bei einer größten Länge des Stauweihers in der Windrichtung von L [m] die größte Wellenhöhe (zwischen Wellenberg und Wellental)

$$h = 0{,}75 + 0{,}01045 \sqrt{L - 0{,}046} \ \sqrt[4]{L} \ \text{[m]} \tag{854}$$

Gegen das Auflaufen der Wellen auf der wasserseitigen Böschung können Wellenbrecher (Abb. 723) angeordnet werden, die die Wellen zum Überschlagen bringen.

Die Dammkrone wird wasserdicht hergestellt und erhält eine Querneigung gegen den Weiher hin; nur bei Stauweihern, die für die Versorgung mit Trinkwasser dienen, wird das Niederschlagswasser von der Dammkrone nicht in den Weiher geleitet.

Die Böschungsneigung hängt von der Beschaffenheit des Dammbaustoffes in durchnäßtem Zustand ab. An der Wasserseite werden in der Regel Neigungen zwischen 1:2 und 1:3 angewendet; steilere Neigungen als 1:2 sind, von Felsbrockendämmen abgesehen, nur in besonders begründeten Fällen zulässig, während flachere als 1:3 nur sehr selten ausgeführt worden sind.

Die Böschung an der Luftseite und die Form des luftseitigen Dammumrisses hängt bei einheitlichen Dämmen vom Verlauf der Sickerlinie und von der Beschaffenheit des Damm-

Abb. 724. Verdichtung eines Staudammes mittels Schaffußwalzen
(Proctor, Los Angeles).

baustoffes, bei besonders gedichteten Dämmen nur von der Beschaffenheit des Dammbaustoffes ab. Die luftseitige Dammböschung wird bei größeren Dammhöhen durch mehrere etwa 1 bis 2 [m] breite Bermen unterteilt, um sie leichter begehbar zu machen und um den Weg, den ablaufendes Regenwasser auf der steilen Dammböschung zurückzulegen hat, abzukürzen. Die Böschungsneigung ist auch manchesmal von der Krone gegen den Fuß hin etwas ermäßigt worden. Die Luftseite wird mit Humus abgedeckt und besämt und allenfalls mit niedrig bleibendem Buschwerk bepflanzt, damit ablaufendes Regenwasser keine Rinnen reißt und anderseits zu Zeiten großer Trockenheit keine Risse entstehen, durch die Regenwasser in den Damm eindringen kann. Das Anpflanzen von Bäumen ist unzulässig, weil sie bei Sturm gerüttelt werden und ihre Wurzeln hiebei den Damm lockern; überdies wäre es ja schwierig, Baumwuchs aufrecht zu erhalten, weil ja alles getan werden muß, die luftseitige Dammhälfte möglichst trocken zu halten. Auf reinen Felsbrockendämmen wäre es schwierig, überhaupt eine Vegetation aufrecht zu erhalten; solche Dämme bleiben daher ohne Bepflanzung.

Die Bermen an der Luftseite werden so ausgebildet, daß das Regenwasser an der Verschneidung zwischen Böschung und der Berme in einem muldenförmigen Rinnstein zusammenläuft, aus dem es an geeigneten Stellen durch dichte Rinnen oder Leitungen abgeführt wird.

Die wasserseitige Böschung wird gegen Abspülung, Wellenschlag, Beschädigung durch Eis, Frost und Austrocknung bei abgesenktem Spiegel im Weiher, durch eine Steinberollung, Pflaster oder Betonbelag gesichert.

Als Baustoffe für Staudämme kommen nur beständige Boden- und Gesteinsarten in Betracht. Mutterboden und Böden mit Einschlüssen von fäulnisfähigen Bestandteilen, wie z. B. Pflanzenreste, werden sorgfältig ausgeschlossen. Für die stützenden Teile der Staudämme sind neben Steinbrocken vorwiegend Kies und Kiessand, die arm an bindigen Teilen sind, zu wählen, weil sie wenig nachgiebige Schüttungen ergeben und leicht zu verdichten sind. Für die dichtenden Teile der Dämme werden gewöhnlich bindige Böden genommen, die durch Sand so weit gemagert sind, daß sie eben noch hinreichend wasserdicht sind. Am besten eignen sich für dichtende Dammteile Böden mit 15 bis 30% Ton. Fettere Böden neigen im nassen Zustand zu Rutschungen und beim Austrocknen zur Bildung von Schwindrissen. Bei manchen Dammbauten ist dem dichtenden Teil je nach der Feuchte bei der Verarbeitung Kalkmilch oder Kalkpulver zugesetzt worden.

Abb. 725. Delmag-Frosch.

Die Kosten der Förderung der Dammbaustoffe machen einen bedeutenden Teil der Kosten eines Staudammes aus. Es muß daher angestrebt werden, die Dammbaustoffe möglichst nahe der Baustelle zu gewinnen und womöglich in einer Höhe, die die Förderung zur Baustelle im Gefälle erlaubt. Eine Entnahme der Dammbaustoffe aus dem künftigen Speicherraum ist nur zulässig, wenn dadurch die Wasserdichte des Weiherumrisses nicht gefährdet wird. Die Gewinnung der Dammbaustoffe geschieht gewöhnlich mit den bei der Bewältigung großer Massen im Erdbau üblichen Geräten (Baggern). In den USA werden auch Spülstrahlen mit Durchmessern bis zu 15 [cm] Durchmesser angewendet; nach Zugabe weiteren Spülwassers wird das Spülgut in Rinnen zur Dammbaustelle geleitet.

Die Herstellung des Dammes geschieht durch Schüttung oder durch Spülung. Dämme aus kleinkörnigen Dammbaustoffen werden in Schichten geschüttet und verdichtet.

Abb. 726. Schwingungsrüttler des Losenhausenwerkes.

Die anzuwendende Schichthöhe hängt von der Beschaffenheit des Dammbaustoffes und von den Verdichtungsgeräten ab. Die Verdichtung kann durch Walzen, Stampfen oder Rütteln erfolgen. Das Walzen erfolgt am besten mittels sogenannter Schaffußwalzen (Abb. 724), die keine glatte Oberfläche erzeugen, so daß die nächste aufgetragene Schicht sich mit der schon verdichteten gut verbindet. Das Walzen eignet sich für Böden mit viel bindigen Bestandteilen. Körnige Böden werden besser durch Stampfen oder Rütteln verdichtet. Als Stampfer sind behelfsmäßige verwendet worden, z. B. ein Universalgerät, das eine 2 [t] schwere Eisenplatte als Stampfer verwendet. Sehr bewährt hat sich als Stampfer der Delmag-Frosch (Abb. 725). Die Abb. 726 zeigt den Schwingungsrüttler des Losenhausenwerkes, der je Minute 1500 Schwingungsdrücke von je 30.000 kg ausübt und in einem Arbeitsgang Schichten bis zu 3 [m] Dicke verdichtet.

In der Nähe von starren Einbauten in den Damm ist nur Stampfen möglich; diese Arbeit muß besonders sorgfältig ausgeführt werden.

Beim Spülen der Dämme wird der Dammumriß in mehreren Abschnitten durch Schüttung mit durchlässigen Dammbaustoffen aufgeführt und der Innenraum dann vollgespült.

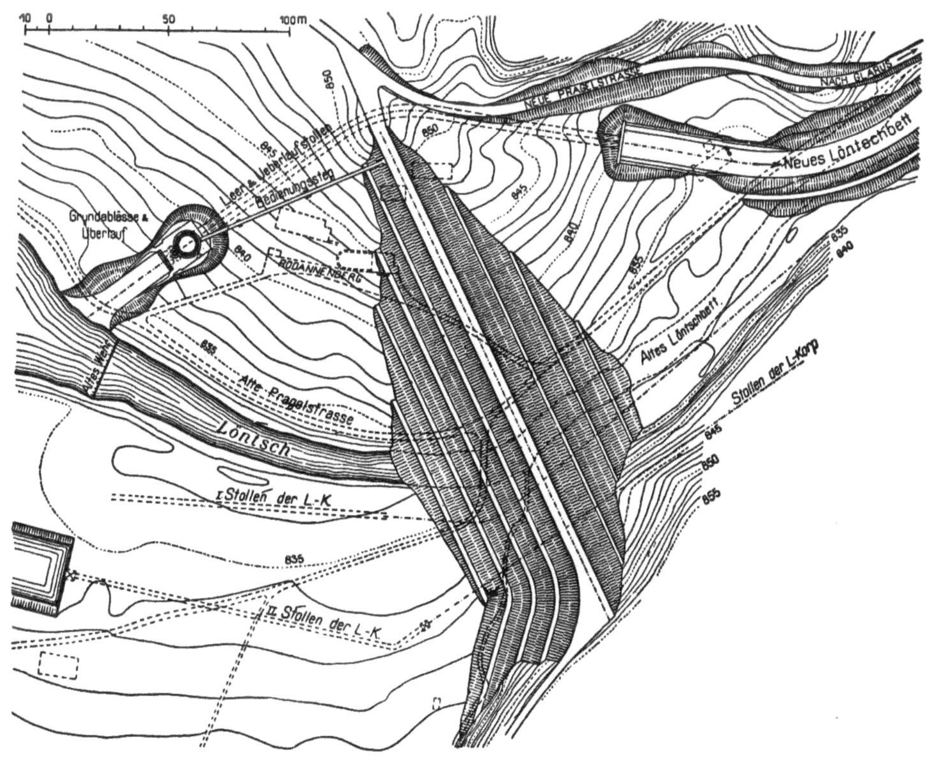

Abb. 727. Der Staudamm des Löntschwerkes. (Nach D. Ludin.)

Die Dammachse wird in der Regel von Hang zu Hang geradlinig geführt, so, wie es die Abb. 727 veranschaulicht; es unterliegt aber keinem Anstand, in begründeten Fällen von dieser Regel abzuweichen.

Die Gründungsfläche für Dämme muß besonders sorgfältig vorbereitet werden, um einen dichten und gleitsicheren Anschluß der Schüttung an den Untergrund zu erreichen. Mutterboden und Pflanzenreste werden sorgfältig entfernt und die freigelegte Sohlfläche wird in der Richtung der Dammachse 30 bis 90 [cm] tief aufgerissen, um eine gute Verbindung der Schüttung mit dem Untergrund zu erreichen.

Die Standsicherheit der Dämme wird mittels gekrümmter, am einfachsten kreisförmigen Gleitflächen untersucht. Bei Dämmen mit Dichtungsdecken muß allenfalls unter Verwendung ebener Gleitflächen nachgewiesen werden, daß die Dichtung nicht abgleiten kann.

Hinsichtlich der Art und Weise, wie Sickerungen durch den Damm unterbunden werden sollen, unterscheidet man

1. *einheitliche Dämme*, die aus Baustoffen geschüttet werden, die einen hinreichend dichten Damm ergeben.

2. *Dämme mit besonderen Dichtungen*, die aus durchlässigen Baustoffen geschüttet sind und zur Unterbindung der Sickerung einen Dichtungskern oder eine Dichtungsdecke erhalten.

1. Einheitliche Staudämme.

Einheitliche Staudämme werden angewendet, wenn Dammbaustoffe hinreichend kleiner Durchlässigkeit leicht zu beschaffen sind. Wenn der Untergrund auch hinreichend dicht ist, wird der Staudamm einfach auf diesem Untergrund geschüttet (Abb. 728). Bei durchlässigem Untergrund wird unter dem wasserseitigen Fuß des Dammes der Untergrund mittels einer Spundwand (Abb. 729), einer Herdmauer oder Zementeinpressungen bzw. chemischer Versteinung abgedichtet.

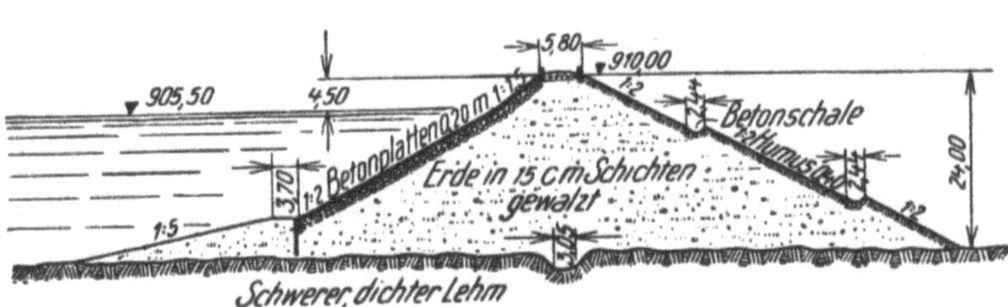

Abb. 728. Belle-Fourche Damm. (Nach LOCGER, Zürich.)

halten, als die Füllung der Poren im Sand erfordert. Bei zu großem Gehalt an bindigen Bestandteilen bilden sich beim Austrocknen Schwindrisse und bei vollkommener Durchfeuchtung neigen solche Böden zu Rutschungen.

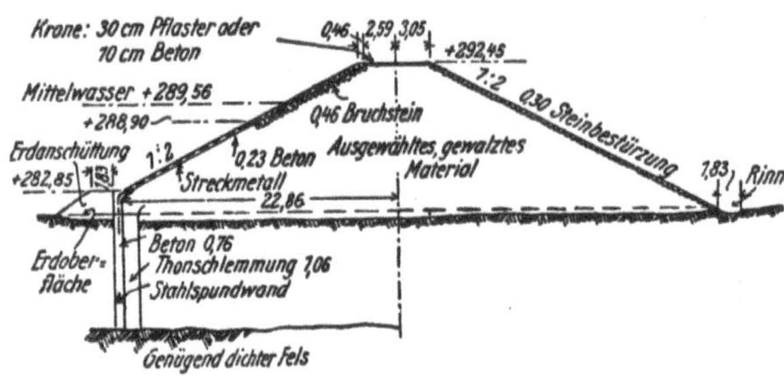

Abb. 729. Der Milton-Staudamm. (Nach P. ZIEGLER.)

Zur Schüttung einheitlicher Staudämme eignen sich am besten sandige Böden, die nur so viel bindige Bestandteile enthalten, als die Füllung der Poren im Sand erfordert.

Jeder einheitliche Staudamm wird vom Wasser durchsickert; diesen Durchsickerungen muß besondere Aufmerksamkeit gewidmet werden, weil sie zu schweren Schäden am Staudamm Anlaß geben können.

Die Ermittlung der Sickerlinie in einem Staudamm ist schon auf S. 244 geschildert worden. Wenn die Sickerlinie den Dammumriß schneidet, so tritt das Wasser am Dammumriß als Quelle zu Tage und das über die Dammböschung herabrieselnde Wasser spült den Dammfuß ab, während der Boden vom höherliegenden Teil der Dammböschung abgleitet, so wie es in der Abb. 730, einer Aufnahme gelegentlich eines Versuches, deutlich zu erkennen ist.

Aber auch dann, wenn die Sickerlinie den Umriß des Staudammes zwar nicht schneidet, ihm aber sehr nahe kommt, können Schäden auftreten. Wenn nämlich die Sickerlinie in den Frostbereich hereinreicht, so bilden sich wegen des ständigen Wassernachschubes große Eislinsen, die das Gefüge des Dammes stören und im Frühjahr nach dem Aufgang des Eises große Hohlräume im Damm hinterlassen.

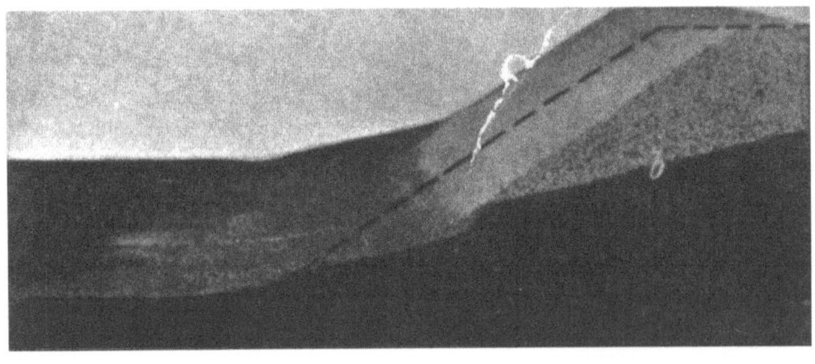

Abb. 730. Zerstörung eines Staudammes durch austretendes Sickerwasser. b Sickerlinie. (Nach F. SCHAFFERNAK.)

Abb. 731. Innenberme nach dem Vorschlag von F. SCHAFFERNAK

Um Schäden durch das den Damm durchsickernde Wasser unter allen Umständen zu verhüten, muß die Sickerlinie mindestens zwei Meter unter dem Dammumriß liegen. Um das zu erreichen, wird entweder die voraussichtliche Sickerlinie ermittelt und der Damm so geformt, daß der Umriß überall mindestens zwei Meter über der Sickerlinie liegt, oder es wird bei gegebenem Dammumriß die Sickerlinie entsprechend abgesenkt. Eine Absenkung der Sickerlinie kann auf verschiedenen Wegen erreicht werden; man kann durch Dräne den luftseitigen Teil des Dammes besser durchlässig machen oder man kann den Wasserdurchgang durch den Damm behindern. Die Wirkung eines Dräns am luftseitigen Dammfuß in Form einer sogenannten Innenberme (Abb. 731) hat Fr. Schaffernak durch einen Versuch (Abb. 732) nachgewiesen.

Abb. 732. Sickerlinie in einer Damm mit Innenberme. a Sickerlinie, b Innenberme (F. Schaffernak).

Mit einer Innenberme ist der Staudamm Hallein, den die Abb. 733 zeigt, ausgestattet worden. Das aus der Innenberme auslaufende Wasser (0,25 [m³/sec] fließt in einen Graben am Dammfuß, durch den es zu einem Pumpwerk gelangt, das es wieder in den Stauweiher zurückbefördert.

Abb. 733. Staudamm bei Hallein. a Innenberme, b Sickerwasser (F. Schaffernak).

Einheitliche Staudämme können geschüttet oder gespült werden. Geschüttete Dämme müssen jedenfalls verdichtet werden. Die Abb. 734 zeigt die am häufigsten angewendete Körnung amerikanischer, gewalzter Dämme, während die am häufigsten angewendete Körnung amerikanischer gespülter Dämme der Abb. 735 zu entnehmen ist.

2. Staudämme mit besonderen Dichtungen.

Wo Schüttboden geringer Durchlässigkeit nur in geringen Mengen oder gar nicht zu beschaffen ist, werden die Staudämme aus standfähigen, aber durchlässigen Bodenarten geschüttet. Die Dichtungen werden entweder als Dichtungsdecken am wasserseitigen Umriß oder als Kerndichtungen im Inneren des Dammes hergestellt. Die Dichtungen können starr

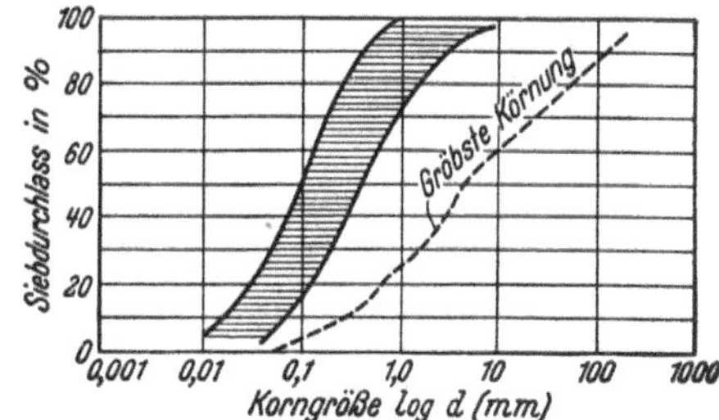

.Abb. 734. Häufigste Körnung gewalzter amerikanischer Dämme.

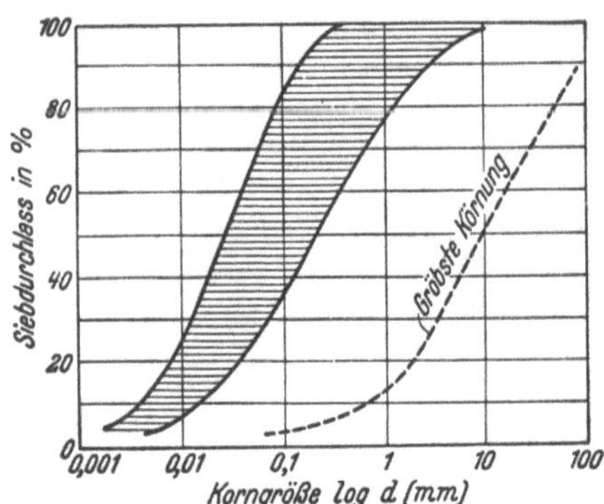

Abb. 735. Häufigste Körnung amerikanischer gespülter Dämme.

oder elastisch sein. Darüber, ob Dichtungsdecken oder Kerndichtungen vorzuziehen sind, sind die Meinungen geteilt. Dichtungsdecken schützen den ganzen Dammkörper vor dem Eindringen von Wasser aus dem Stauraum; die Dichtungsdecke ist aber empfindlich, neigt zum Abgleiten und muß einen eigenen Schutz erhalten. Kerndichtungen sind Beschädigungen weniger ausgesetzt und erfordern weniger Baustoffe; die wasserseitige Dammhälfte wird aber vom Wasser durchfeuchtet und die Dammschüttung wird erschwert, weil der Damm in zwei Teilen aufzuführen ist.

Staudämme mit Dichtungsdecken sollen trocken bleiben und es kann daher jeder zur Schüttung geeignete Boden für den Aufbau des Dammes verwendet werden. Die Dichtungsdecke wird auf geschütteten Dämmen aus plastischen Stoffen hergestellt, weil solche Dämme noch längere Zeit hindurch Setzbewegungen vollführen, die die Dichtungsdecke mitmachen muß. Starre Dichtungsdecken können nur auf Dämmen aus Bruchsteinschüttungen angewendet werden.

Die beiden Abb. 736 und 737 geben Beispiele für Staudämme mit plastischen Dichtungsdecken aus Lehm. Die Dichtungsdecke wird gewöhnlich in Schichten aufgetragen und gewalzt, manchmal auch gestampft. Für die plastische Dichtungsdecke wird ein bindiger Boden verwendet, der, um die Bildung von Schwindrissen zu vermeiden und die Neigung zum Rutschen herabzusetzen, so weit mit Sand gemagert wird, daß er eben noch hinreichend wasserdicht ist, daß also die Poren des Sandes noch sicher mit tonigem Boden ausgefüllt werden. Die Dichtungs-

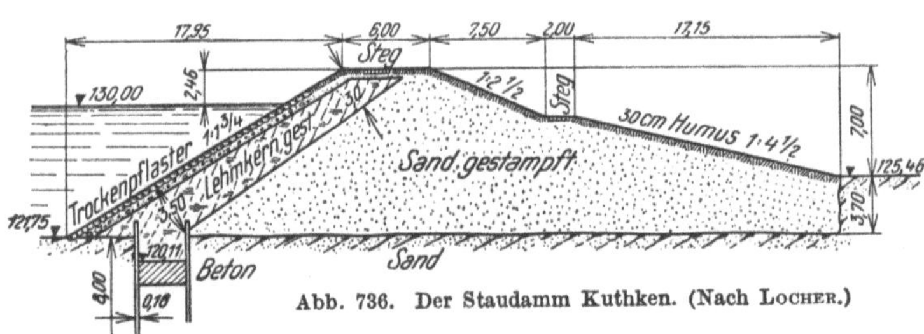

Abb. 736. Der Staudamm Kuthken. (Nach LOCHER.)

decken aus Lehm sollen mindestens einen Meter dick sein und ihre Dicke soll gegen den Fuß des Dammes hin zunehmen.

Die Dichtungsdecke aus Lehm muß vor dem Austrocknen bei entleertem Becken und vor der Einwirkung von Frost geschützt werden. Sie soll daher durch eine mindestens 1,5 [m] dicke Schichte geschützt werden, die überdies den Dammumriß gegen Beschädigungen durch Wellenschlag sichern muß. Als Schutzschicht wird gewöhnlich eine Kiesschicht verwendet, die abgepflastert oder mit Steinen berollt wird. Am Fuß des Dammes muß vorgesorgt werden, daß beim Absinken des Wasserspiegels im Stauraum der Wasserspiegel in der Schutzschicht rasch folgen kann.

Die Dichtungsdecke wird entweder mittels eines Spornes an die undurchlässige Schicht angeschlossen oder es wird der Untergrund mittels einer Spundwand (Abb. 737) abgedichtet.

Wenn der Untergrund aus Fels oder Geröll besteht

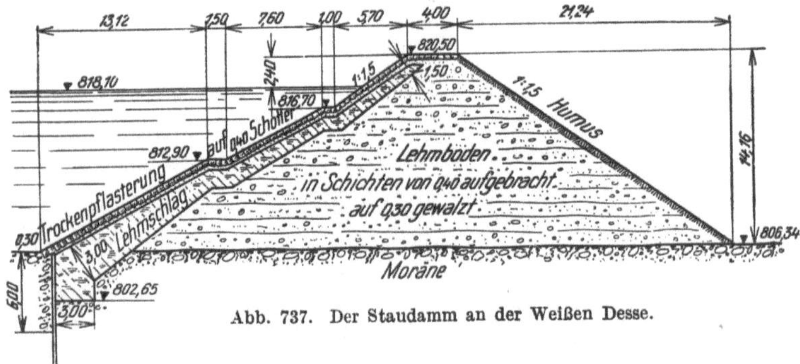

Abb. 737. Der Staudamm an der Weißen Desse.

und Stein mit geringem Aufwand beschafft werden kann, kann der Staudamm als Felstrümmerdamm gebaut werden (Abb. 738). Die Bruchsteine werden dicht aufgeschichtet und der Dammumriß wird aus Trockenmauerwerk oder Bruchsteinmauerwerk gebildet. Solche Dämme erleiden keine Setzungen und es können daher starre Dichtungsdecken aus Stahlblech oder

Stahlbeton angewendet werden. Um diese Dichtungsdecken vor großen Temperaturänderungen zu bewahren, haben sie manchmal eine etwa einen Meter starke Steinpackung als Schutzschicht erhalten. Wegen Schwindens und allfälligen Temperaturänderungen müssen Stahlbetondichtungsdecken wasserdichte Dehnungsfugen erhalten.

Im Falle Boden, der für eine plastische Dichtungsdecke geeignet ist, reichlich verfügbar ist, so kann die Dichtungsdecke so stark ausgeführt werden, daß sie nicht nur dichtet, sondern auch noch statisch wirkt (Abb. 739 und 740). Der übrige Teil des Dammes wird entweder aus anderem einheitlich beschaffenem Boden geschüttet, oder er wird ähnlich einem Filter aufgebaut, derart, daß der grobkörnigste Boden an die Luftseite des Dammes zu liegen kommt.

Der in der Abb. 740 gezeigte Querschnitt des Staudammes im Gaiotal stellt den Übergang zu den Dämmen mit Kerndichtung dar.

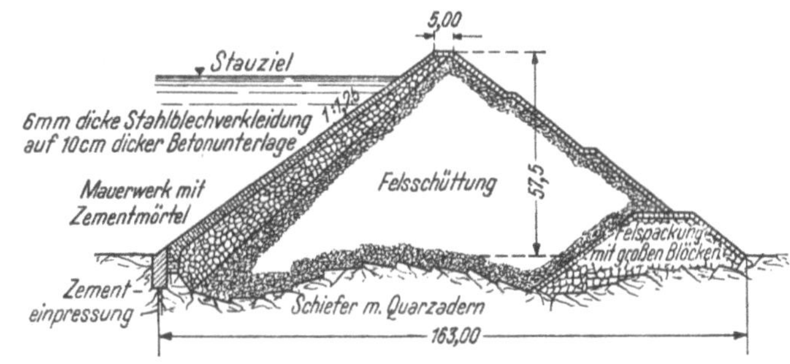

Abb. 738. Felstrümmer-Staudamm im Sadotal. (P. Vecellio.)

Hinter der dichten Tonschüttung an der Wasserseite liegt noch eine Dichtung aus Mauerwerk in Asphaltmörtel, die sich auf einen betonierten Fuß stützt, der Besichtigungsgänge enthält, die gleichzeitig zur Ableitung von Leckwasser dienen (Abb. 741).

Dämme mit Kerndichtungen werden mit plastischem Kern oder mit festem Kern hergestellt, der starr oder elastisch sein kann. Der Damm wird entweder geschüttet und verdichtet oder gespült.

Beispiele für Dämme mit plastischen Kerndichtungen geben die Abb. 742 und 743. Die Kronenstärke ausgeführter plastischer Kerndichtungen liegt zwischen 1,25 und 6 [m]; nach unten wird die Kerndichtung verstärkt. An einem

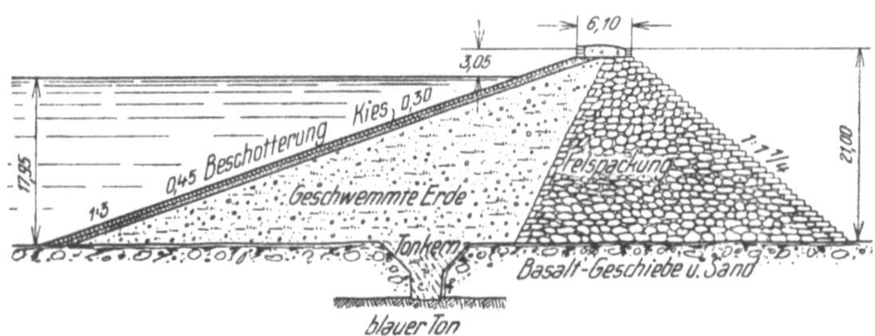

Abb. 739. Der Staudamm Zuni in Mexico.

Damm mit Kerndichtung, der nachträglich erhöht wird, wird die Dichtung als Dichtungsdecke fortgesetzt, so, wie es die Abb. 744 andeutet. Wenn wasserdichter Boden hinreichend reichlich verfügbar ist, so kann der Dichtungskern so reichlich bemessen werden, daß er einen nennenswerten Teil des Dammes ausmacht (Abb. 743).

Der Anschluß der Dichtung an die undurchlässige Schicht muß, besonders dann, wenn eine plastische Dichtung an Fels angeschlossen wird, sehr sorgfältig ausgeführt werden; solche plastische Dichtungen sind nachgiebig und machen Bewegungen des Dammes, wie Sackungen, mit. In der Fuge zwischen Fels und Dichtung

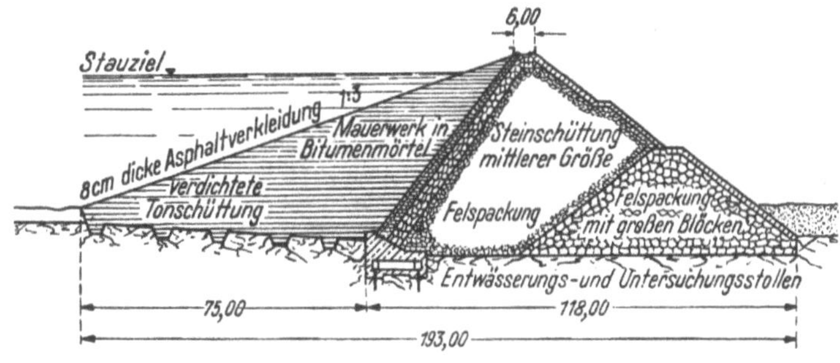

Abb. 740. Der Staudamm im Gaiotal. (P. Vecellio.)

dürfen aus diesem Grunde nirgends Stufen, sondern nur geneigte Flächen angeordnet werden, damit die nachsackende Dichtung nicht hängenbleiben kann.

Die Dichtung selbst wird sorgfältig in die undurchlässige Schicht eingebunden. Zur Verlängerung des Sickerweges können in der Gründungsfuge der Dichtung auch noch sogenannte Dübbelmauern angeordnet werden, wie sie die Abb. 745 veranschaulicht. Bei tiefliegender undurchlässiger Schicht ist der Untergrund auch durch eine Spundwand, durch Zementeinpressungen oder chemische Versteinung abgedichtet worden. Bei der chemischen Verfestigung zwecks Abdichtung muß sehr sorgfältig vorgegangen werden, weil bei nicht sachgemäßen Einpressungen um die Einpreßrohre nur verfestigte Säulen entstehen, zwischen denen der Boden durchlässig verbleibt. Die Abb. 746 zeigt vom Bau des Staudammes Turawa an der Malapane solche freigelegte, verfestigte Säulen.

Die festen Kerndichtungen können entweder starr oder elastisch ausgeführt werden. Bei Versuchen, die Abmessungen starrer Dichtungskerne zu bemessen, ist man bisher ohne mehr oder minder willkürliche Annahmen hinsichtlich der Belastung des Kernes nicht ausgekommen. An der Luftseite wird der Kern durch den Erddruck der luftseitigen Dammhälfte belastet. An der Wasserseite wirken auf den Kern der Wasserdruck und der Erddruck der wasserseitigen Dammhälfte. Mit dem Wasserstand ändert sich aber der Wasserdruck und überdies der Erddruck, weil sich mit dem Wasserstand der Anteil des Dammes ändert, der Auftrieb erleidet. Vollkommen starre Kerndichtungen sind daher nur selten ausgeführt worden; man hat, um wilde Rißbildungen zu vermeiden, in starre Kerndichtungen wasserdichte Gelenke eingeschaltet, in denen Bewegungen unschädlich möglich werden.

Ein Beispiel für einen starren Dichtungskern aus Stahlbeton gibt die Abb. 747. Um jederzeit den Zustand der Kerndichtung überprüfen zu können, werden nach dem Vorschlag von N. Amburseis in den Kern Zellen eingebaut, die lotrecht bis nahe an die Sohlfuge hinabreichen (Abb. 748). Leckwasser kann leicht aus den Zellen abgeleitet werden. Die Abb. 749 zeigt den Querschnitt des Sorpe-Staudammes mit einem gedränten Betonkern und die Abb. 750 gibt die Abmessungen des Zellkernes. Wegen des Schwindens müssen natürlich in einem Betonkern auch lotrechte, dichte Fugen eingeschaltet werden.

Elastische Kerndichtungen sind aus Stahlblech hergestellt worden. In der

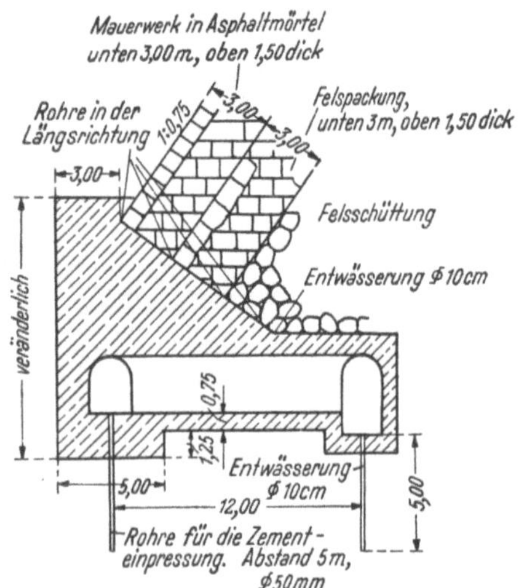

Abb. 741. Grundwerk für die Felspackung im Staudamm im Gaiotal mit Besichtigungs- und Entwässerungsgang. (P. Vecellio.)

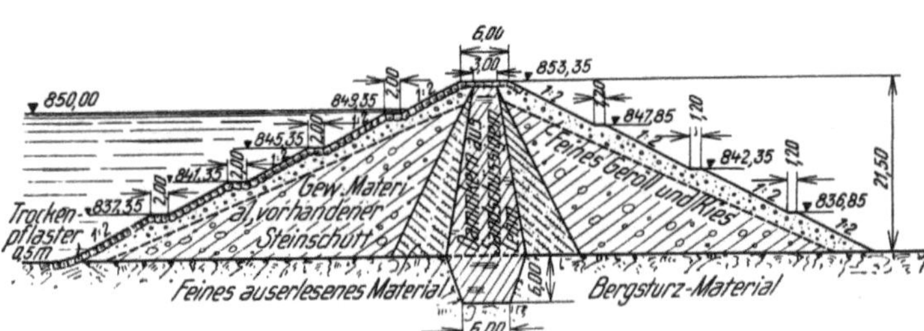

Abb. 742. Der Staudamm des Löntschwerkes.

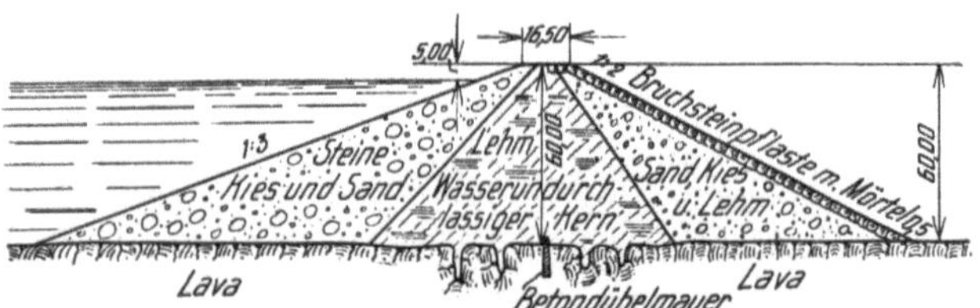

Abb. 743. Der Staudamm Necasca in Mexico.

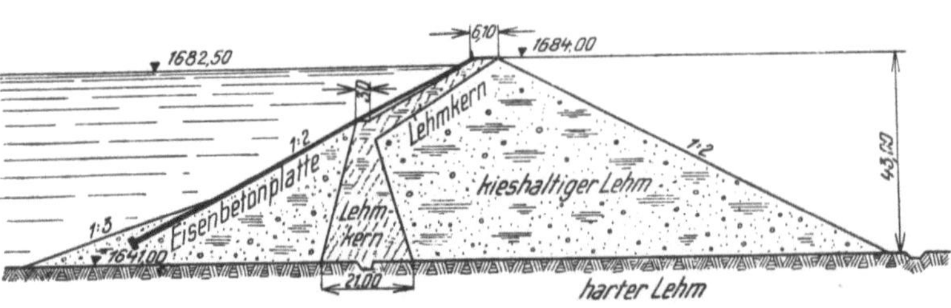

Abb. 744. Der Staudamm am Standleysee in Colorado.

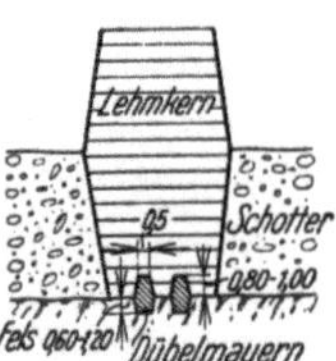

Abb. 745. Dübelmauer in der Sohlfuge eines plastischen Dichtungskernes.

Abb. 751 ist der Querschnitt der Bevertalsperre dargestellt; die Kerndichtung besteht aus Wellblech, das aus 8 [mm] starken Stahlwellblechen von 2 [m] Breite und 0,2 [m] Pfeil geschweißt worden ist. Einzelheiten der Verbindung gibt die Abb. 752. Das Wellblech ist mit einem Fußblech verschweißt, das in einem kleinen Kanal im Sockel auf einer Betonunterlage aufsteht. Wenn infolge waagrechter Bewegungen im Damm infolge des Wasserdruckes das Wellblech gezerrt wird, so wird das Fußblech vom Beton abgehoben; dadurch werden gefährliche Spannungen im Blech vermieden. Wenn nach dem Einstau die stärksten Bewegungen vor sich gegangen sind, kann der früher erwähnte Kanal vom Besichtigungsgang aus durch 52 [mm] weite Rohre, die alle 8 [m] vorgesehen sind, mit Beton ausgepreßt werden. Hinter der Wellblechwand ist eine filterartige, lotrechte Dränschicht aufgebaut, die in eine Rinne des Betonsockels entwässert. In der Sohlfuge der Luftseite des

Abb. 746. Malapane-Staudamm. Chemisch verfestigter Sand bei 1 [m] Spritzrohrabstand. (Aus F. Tolke, Talsperren.)

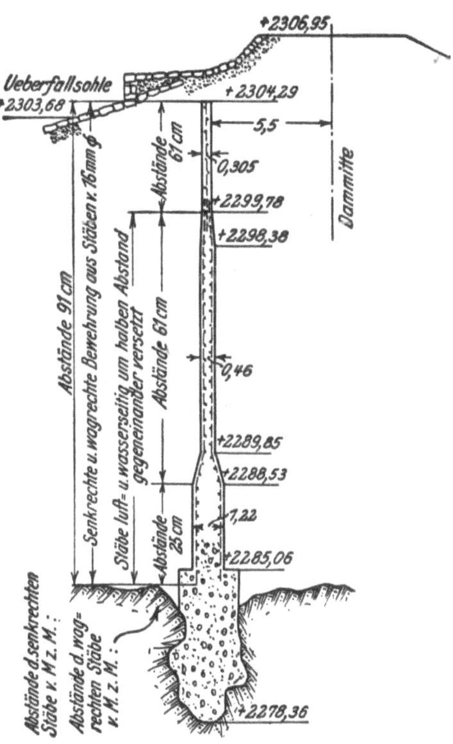

Abb. 747. Starre Kerndichtung des Strawberry-Staudammes.

Dammes liegen alle 20 bis 25 [m] Steindräne, die in einen Sammeldrän sichtbar entwässern.

Beim 55 [m] hohen Staudamm Schwammenauel besteht, wie ein Blick in die Abb. 753 lehrt, der untere Teil der Kerndichtung aus Beton, mit einem Besichtigungsgang und einer waagrechten Fuge, darauf folgt eine geneigte Wand aus waagrechtliegenden Stahlspundbohlen, an die oben eine Lehmdichtung anschließt.

Die Abb. 754 zeigt schließlich einen Staudamm mit einem Betonkern mit lotrechten Dränen, die in den Besichtigungsgang entwässern und einer waagrechten Gleitfuge, und in der Abb. 755 ist die Führung des Besichtigungsganges an den Hängen und die Austeilung der lotrechten Fugen zu erkennen.

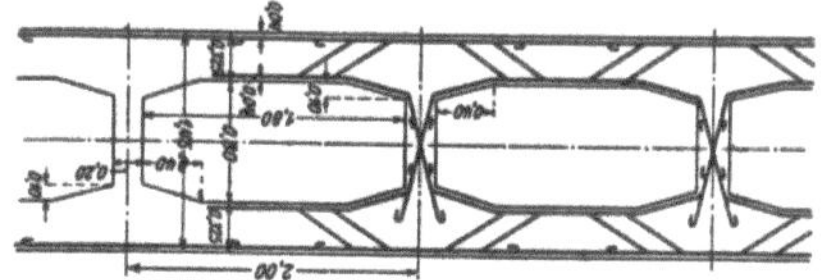

Abb. 748. Stahlbetonhohlkerndichtung für Staudämme. (O. Franzius.)

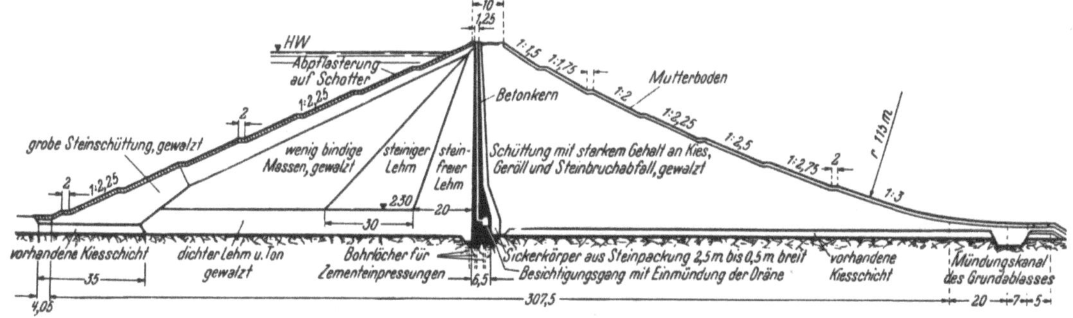

Abb. 749. Der Sorpe-Staudamm.

Schrifttum.

Bernatzik, W.: Grenzneigung von Sandböschungen bei gleichzeitiger Grundwasserströmung. Baut. 1940. S. 634. — Collorio: Die neuen Talsperrendämme im Harz. Baut. 1936. S. 347. — Ehrenberg, J.: Grund-

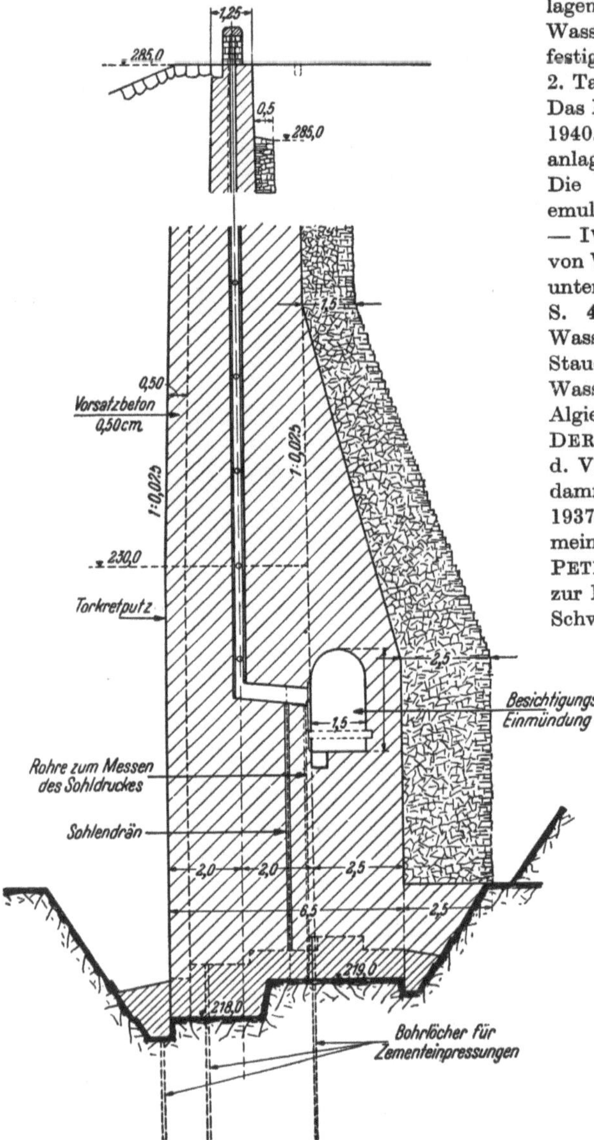

Abb. 750. Sorpe-Staudamm. Einzelheiten der Kerndichtung.

lagen der Berechnung von Staudämmen. Wasserkr. u. Wasserwirtsch. 1929. H. 23. — DERSELBE: Standfestigkeitsberechnung von Staudämmen. Beitrag zum 2. Talsperrenkongreß. Washington 1936. — HALLER: Das Metaxasstaubecken am Kefissos in Attika. Baut. 1940. S. 352. — DERSELBE: Bau großer Bewässerungsanlagen in Portugal. Baut. 1940. S. 519. — JÄHDE, H.: Die Dichtung eines Erddammes mit Bitumenemulsion. Wasserkr. u. Wasserwirtsch. 1937. S. 201. — IWANOFF, A. J.: Die Gleitsicherheit der Gründung von Wasserbauwerken und die Böschung von Dämmen unter Berücksichtigung der Sickerkräfte. Baut. 1940. S. 498. — KÜHNELT, F.: Englische Talsperren. Wasserkr. und Wasserwirtsch. 1938. S. 217. — LINK, H.: Staudämme für Hochspeicherbecken. Wasserkr. u. Wasserw. 1934. S. 282. — DERSELBE: Steindämme in Algier. Wasserkr. u. Wasserwirtsch. 1939. S. 135. — DERSELBE: Die Sorpetalsperre im Ruhrgebiet. Zschft. d. V. D. J. 1936. S. 475. — DERSELBE: Der Staudamm der neuen Bevertalsperre im Wuppergebiet. Baut. 1937. S. 281. — MAHR, G.: Die Bevertalsperre, ein Gemeinschaftswerk. Gas- u. Wasserf. 1936. S. 20. — MEYER-PETER, E., FAVRE, H. und MÜLLER, R.: Beitrag zur Berechnung der Standsicherheit von Erddämmen. Schw. Bauztg. Bd. 108. 1936. H. 4. — RABE, W. H.: Die neuzeitliche Bauweise von Erdstaudämmen in den V. St. A. und ihre Anwendungsmöglichkeit in Deutschland. Baut. 1939. S. 497. — ROSSMANN: Der Staudamm des Staubeckens an der Malapane bei Turawa. Baut. 1936. S. 3. — SALLER, H.: Der Mingetschaursker Staudamm in Transkaukasien. Baut. 1940. S. 267. — SAMARIN, E.: Sickerwiderstand von Kernen in Dämmen. Wasserkr. u. Wasserw. 1938. S. 14. — SCHATZ, O.: Der Bau des Staudammes der Ruhrtalsperre Schwammenauel. Dtsch. Wasserw. 1938. S. 122. — DERSELBE: Die Ruhrtalsperre Schwammenauel. Bauing. 1938. S. 505. — STINY, J.: Innenkern- oder wasserseitige Dichtung bei Dämmen Baut. 1940. S. 561. — WALCH, O.: Entwurf und Ausführung von Stau- und Kanaldämmen. Berlin. Springer-Verlag. WEGMANN, E.: The design and Construction of dams. New York. J. Wiley and Sons. 1927. — ZIEGLER, P.: Talsperrenbau. Berlin. W. Ernst und Sohn. 1935.

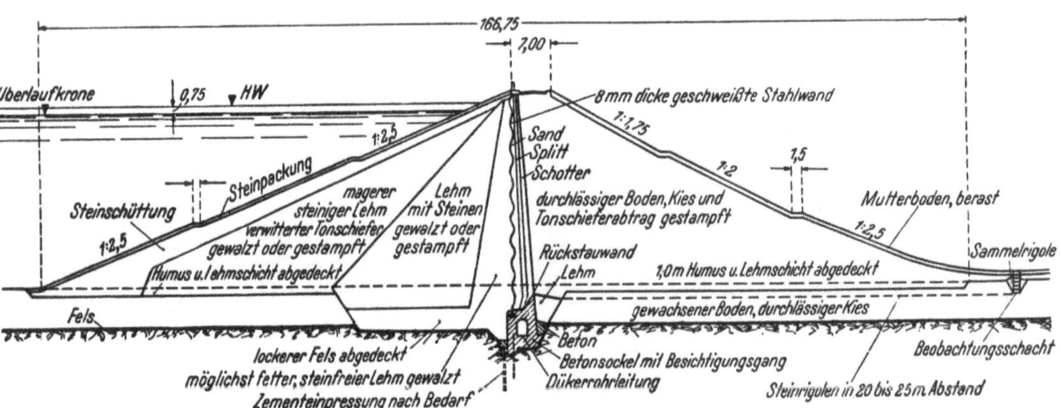

Abb. 751. Der Bever-Staudamm. Querschnitt.

b) Staumauern.

Staumauern werden errichtet, wenn gesunder, tragfähiger und abdichtbarer Fels hinreichender Mächtigkeit in günstiger Tiefe nachgewiesen ist und wenn überdies die für den Bau der Mauer erforderlichen Steine und Zuschlagstoffe nahe der Baustelle gewonnen werden können. Die Staumauern werden in verschiedenen Bauarten ausgeführt: als Schwergewichtsmauern, als Bogenmauern und als aufgelöste Mauern. Zwischen diesen drei Bauarten gibt es noch zahlreiche Übergangsbauarten. Die Anwendungsgebiete der angeführten Bauarten sind nicht scharf abgegrenzt, sondern überschneiden sich; vielfach sind technisch alle Bauarten an einer Baustelle möglich. Die Entscheidung für eine Bauart bringt neben einem Vergleich der Baukosten und Bauzeiten die Beurteilung der

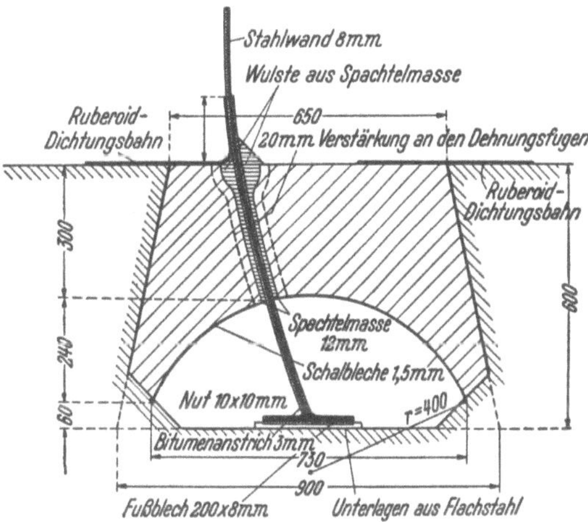

Abb. 752. Bever-Staudamm. Einzelheiten der Einbindung der Wellblechhaut in das Grundwerk der Kerndichtung.

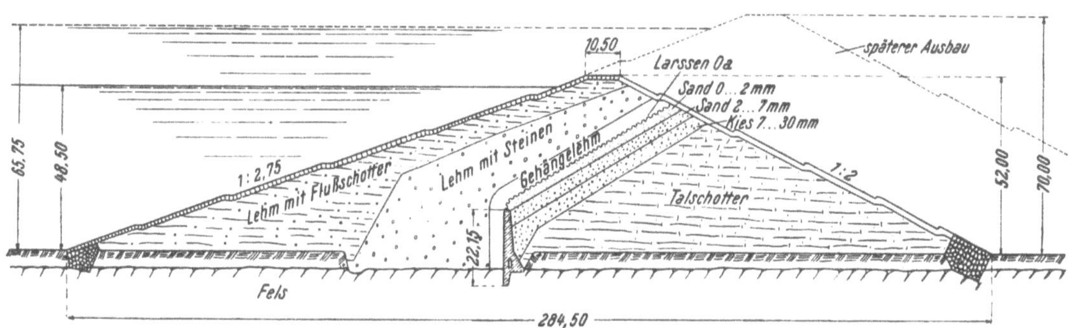

Abb. 753. Querschnitt des Staudammes Schwammenauel.

Sicherheit des Bauwerkes sowohl gegenüber den meteorologischen Einflüssen als auch gegenüber Luftangriffen und Sabotageakten.

1. Schwergewichtsmauern.

Schwergewichtsmauern halten durch den Gleitwiderstand in der Sohlfuge und durch das gegen Kippen gerichtete Moment ihres Gewichtes dem Wasserdruck und dem Kippmoment des Wasserdruckes das Gleichgewicht. Die Schwergewichtsmauern erhalten dreieckförmigen Querschnitt (Abb. 756) mit lotrechter oder nahezu lotrechter Begrenzung an der Wasserseite. Die Spitze des Dreiecks liegt in der Höhenlage des höchstmöglichen Wasserspiegels. Um über die Staumauern einen Verkehrsweg überführen zu können, wird die Mauerkrone durch das sogenannte Bekrönungsdreieck verbreitert.

An der Mauer greift an der Wasserseite der Wasserdruck, im Schwerpunkt des Querschnittes das Gewicht und in der Sohlfuge der Sohlwasserdruck von Wasser, das in die Sohlfuge eingedrungen ist und der Sohldruck des Untergrundes an.

Die Grundrißform der Mauer ist früher stets gekrümmt ausgeführt worden, um Längenänderungen

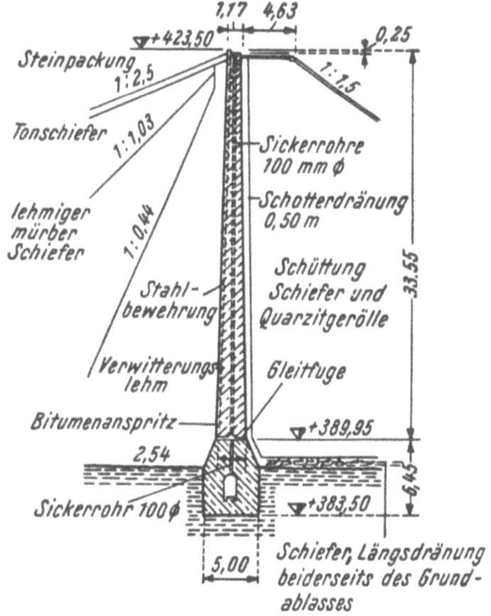

Abb. 754. Querschnitt A—A der Kallsperre.

infolge von Temperaturänderungen und das Schwinden ohne Rißbildungen zu ermöglichen. Die Erfahrung hat aber gelehrt, daß die Risse trotzdem aufgetreten sind. Man ordnet

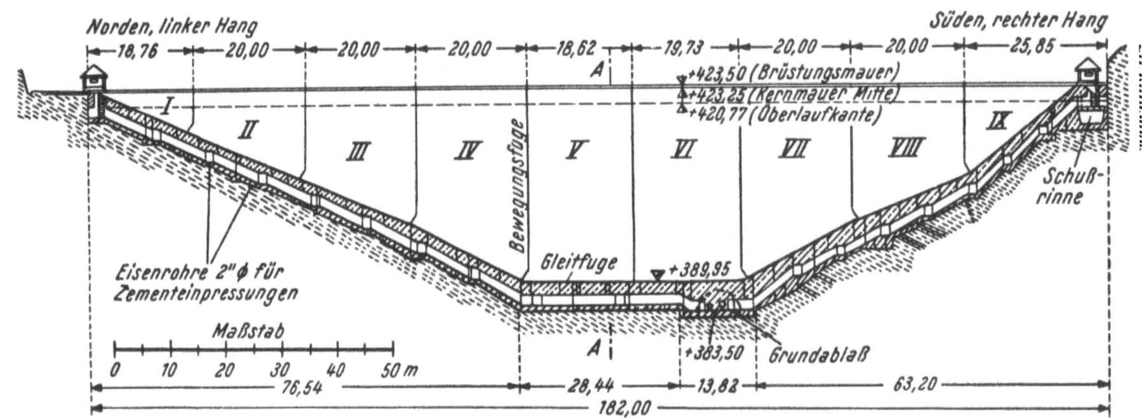

Abb. 755. Längenschnitt durch die Kernmauer der Kallsperre.

daher in der Mauer Dehnungsfugen an, die wasserdicht ausgestaltet werden. Die Grundrißform kann dann geradlinig sein, um so mehr, als bei gekrümmten Schwergewichtsmauern mit einer Bogenwirkung kaum gerechnet werden kann.

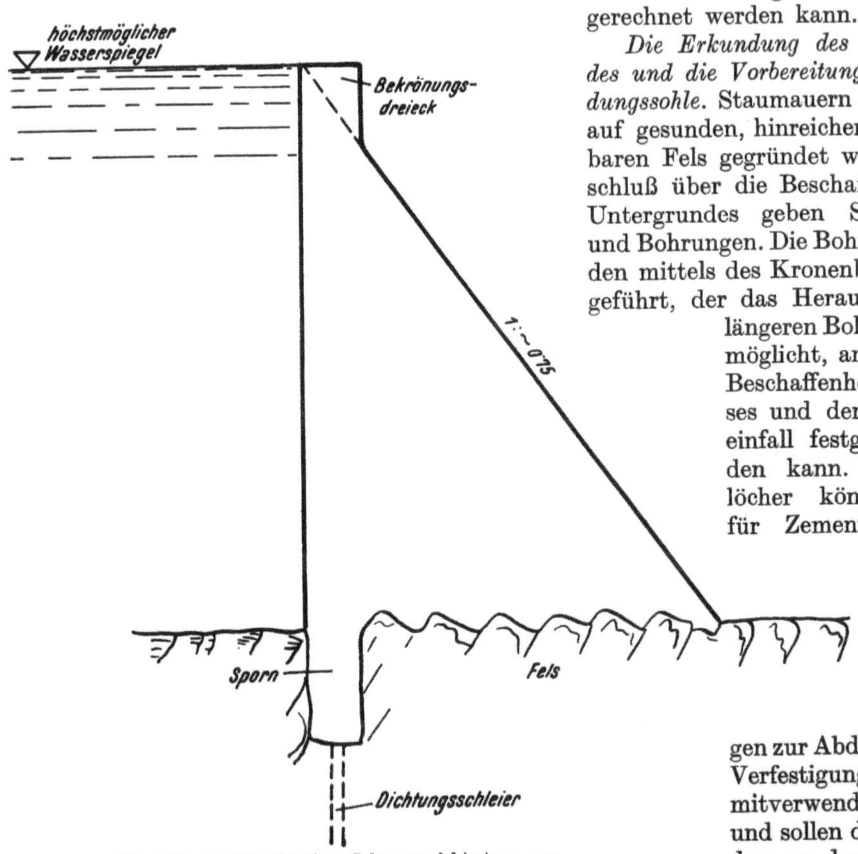

Die Erkundung des Untergrundes und die Vorbereitung der Gründungssohle. Staumauern dürfen nur auf gesunden, hinreichend abdichtbaren Fels gegründet werden. Aufschluß über die Beschaffenheit des Untergrundes geben Schürfungen und Bohrungen. Die Bohrungen werden mittels des Kronenbohrers ausgeführt, der das Heraufholen von längeren Bohrkernen ermöglicht, an denen die Beschaffenheit des Felses und der Schichteneinfall festgestellt werden kann. Die Bohrlöcher können später für Zementeinpressungen zur Abdichtung und Verfestigung des Felses mitverwendet werden und sollen daher, besonders an der Wasserseite der Staumauer dicht an-

Abb. 756. Querschnitt einer Schwergewichtsstaumauer.

einandergereiht werden. Eine Anzahl der Bohrlöcher soll bis auf etwa 40 [m] unter die Felsoberfläche abgeteuft werden. Die Bodenerkundung und die Austeilung der Bohrlöcher kann durch geophysikalische Messungen wesentlich erleichtert werden. Trotz sorgfältiger

Austeilung der Tiefbohrlöcher kommen aber beim Freilegen der Gründungssohle doch manchmal noch Überraschungen vor. So stellte sich beim Bau der Staumauer „Im Schräh" des Wäggitalwerkes heraus, daß im Fels eine tiefreichende Erosionsrinne vorhanden ist, deren

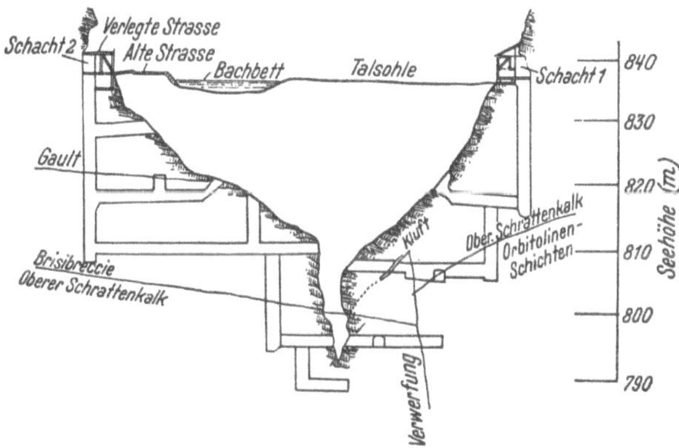

Abb. 757. Staumauer „Im Schräh" im Wäggital.
Schürfstollen und -schächte.

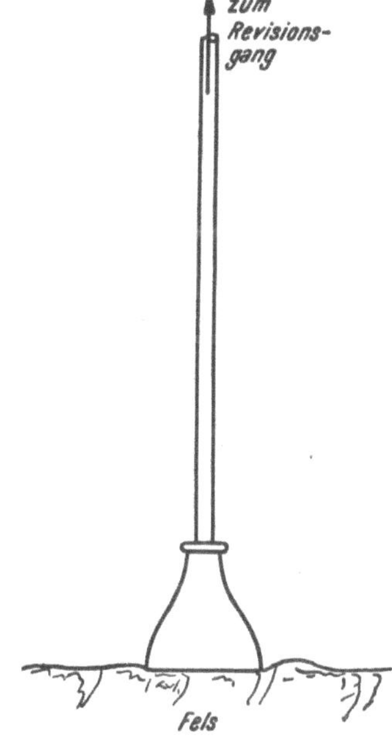

Abb. 758. Einrichtung zur Messung des Sohlwasserdruckes.

Umriß nur durch die in der Abb. 757 dargestellten Sondierschächte und Stollen festgestellt werden konnte.

Die Überdeckung des Felses muß abgeräumt und die Felsfläche bis auf gesunden, unverwitterten Fels abgetragen werden. Damit in der Gründungssohle ein Gleiten der Staumauer verläßlich verhindert wird, wird die Gründungssohle grob gezahnt und die Staumauer wird überdies einige Meter in den Fels eingebunden, so, wie es die Abb. 757 andeutet. Schichten im Fels, die waagrecht verlaufen oder talab fallen, sind, wie Erfahrungen an ausländischen Staumauern gelehrt haben, als Untergrund bedenklich, weil die Gefahr besteht, daß die Staumauer samt der Felsschicht, auf der sie steht, abgleitet.

. Die geologische Erkundung muß auch auf das ganze Staubecken erstreckt werden, um nachzuweisen, daß keine untragbaren Wasserverluste aus dem Stauweiher zu erwarten sind.

Der Sohlenwasserdruck und seine Bekämpfung. In natürlichem Fels bestehen stets Risse und Klüfte, die gelegentlich der Sprengarbeiten zur Freilegung der Gründungssohle noch ver-

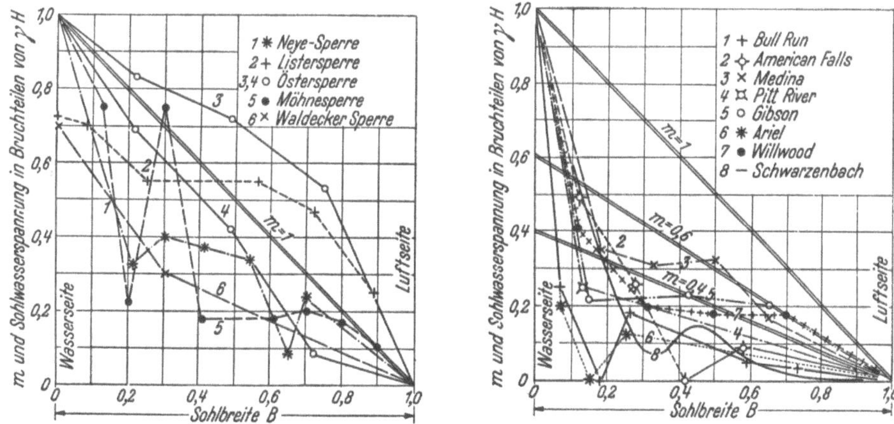

Abb. 759. Ergebnisse von Sohlwasserdruckmessungen an Staumauern: a) Staumauern ohne Abdichtung des Felses. b) Staumauern mit Abdichtung des Felses; 1 bis 8 mit Sohlenentwässerung.

mehrt und erweitert werden. Aus dem Stauraum gelangt nun stets Wasser durch diese Risse und Klüfte in die Sohlfuge der Staumauer. Der von diesem Wasser auf die Sohlfläche der Staumauer ausgeübte Druck wirkt ähnlich wie jener des angestauten Wassers im Stauraum auf ein Kippen der Mauer um den luftseitigen Mauerfuß hin und muß bei der Bemessung der Staumauer berücksichtigt werden.

Für die Messung der Sohlenwasserspannung werden schon gelegentlich des Baues an den zur Messung in Aussicht genommenen Stellen der Sohle gußeiserne, glockenförmige Körper (Abb. 758) angeordnet, von denen Rohrleitungen in einen Besichtigungsgang in der Mauer führen. An diese Rohre werden Druckmesser angeschlossen; die Ablesung erfolgt bei gesperrtem Abfluß.

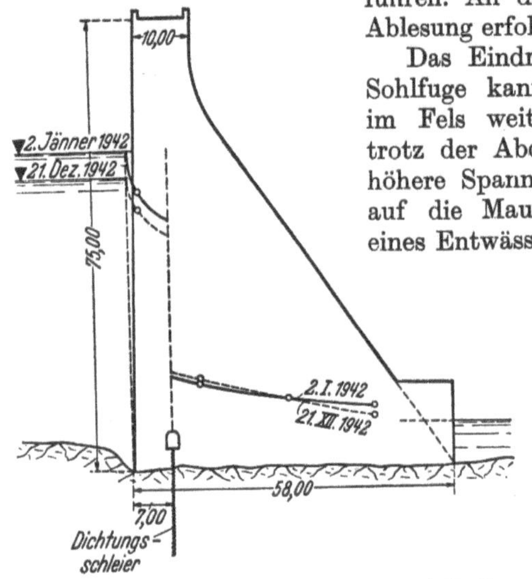

Das Eindringen von Wasser aus dem Stauraum in die Sohlfuge kann durch eine Abdichtung der Klüfte und Risse im Fels weitgehend behindert werden. Damit Wasser, das trotz der Abdichtung in die Sohlfuge gelangt ist, nicht unter höhere Spannung geraten und einen hohen Sohlenwasserdruck auf die Mauersohle ausüben kann, wird durch den Einbau eines Entwässerungssystems dafür vorgesorgt, daß dieses Wasser unter Überwindung möglichst kleiner Widerstände gegen die Luftseite abzulaufen vermag.

Die Abb. 759 zeigt die Ergebnisse von Messungen an einer Reihe von Staumauern. Die Abb. 759a stellt die Verteilung der Sohlenwasserspannung unter Staumauern ohne Abdichtung des Felses dar. Bei der Östertalsperre ist keine Sohlendränung eingebaut, bei der Neye-, der Lister- und der Möhnetalsperre ist nur der wasserseitige Fuß gedränt, während bei der Waldecker-Sperre die ganze Sohlfuge entwässert ist.

In der Abb. 759b sind Messungen an Staumauern mit abgedichtetem Fels zusammen-

Abb. 760. Einfluß des Dichtungsschleiers auf die Verteilung der Sohlwasserspannung. Gemessene Drucklinien. (D. ARP)

gestellt; bei den Staumauern 1 bis 6 und 8 ist überdies die Sohlfläche entwässert. Ein Vergleich der beiden Abbildungen läßt klar die gute Wirkung der Zementeinpressungen im Fels erkennen. Ob der Sohldruck im Bereich 0 und 0,1 B tatsächlich so verläuft, wie er in der Abb. 759b eingezeichnet ist, ist fraglich; es ist viel wahrscheinlicher, daß die Sohlendrucklinien nicht bei 1,0 zu beginnen haben, weil ja das Wasser, bis es unter die Sohlfläche gelangen kann, wegen der Zementeinpressungen schon einen langen Weg durch den Fels zurückzulegen hat, auf dem es einen Druckverlust erleidet.

Den wahrscheinlichen Verlauf des Sohlenwasserdruckes im Bereiche des durch Zementeinpressungen hergestellten Dichtungsschleiers im Fels zeigt die Abb. 760, die auch anschaulich vor Augen führt, daß dieser Dichtungsschleier möglichst nahe der Wasserseite der Staumauer gelegt werden soll.

Die deutsche Anleitung für den Bau und Betrieb von Talsperren schreibt vor, daß die Sohlwasserspannung am wasserseitigen Mauerfuß gleich dem vollen, der Stauhöhe entsprechenden hydrostatischen Druck, geradlinig abnehmend auf den hydrostatischen Druck, der dem Unterwasserspiegel am luftseitigen Fuße der Mauer entspricht, anzunehmen sei. Gleichzeitig wird aber eine Erleichterung gewährt, insofern als der der obenerwähnten Sohlwasserspannungsverteilung entsprechende Wasserdruck nur auf einen

Abb. 761. Zementmilchpumpe von H. HÄNY, Meilen, Schweiz.

Bruchteil der Sohlfläche als wirksam anzusetzen ist. Bei sorgfältigen Maßnahmen zur Verhinderung des Wasserzuflusses in die Sohlfuge darf dieser Bruchteil wie folgt angenommen werden:

bei guten natürlichen Verhältnissen des Untergrundes .... $m = 0{,}2$

bei mittleren natürlichen Verhältnissen .... $m = 0{,}3$

bei wenig guten natürlichen Verhältnissen .... $m = 0{,}4$

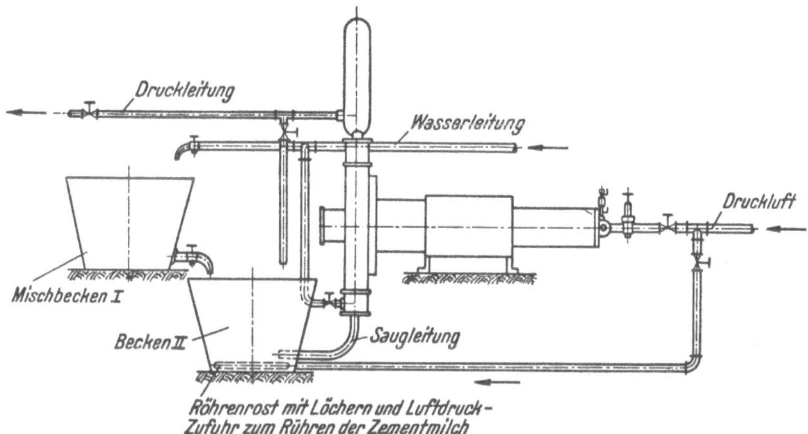

Abb. 762. Aufstellung der Zementmilchpumpe von HÄNY.

Diese Erleichterung kommt darauf hinaus, die Sohlenwasserspannungen zwar unter der ganzen Sohlfläche, aber nur mit dem Bruchteil m ihres oben angegebenen Wertes anzunehmen.

Die Abdichtung des Felses unter der Sohlfuge einer Staumauer erfolgt durch die Einpressung von Zementmilch oder Zementmörtel in Bohrlöcher; statt mit Zementmilch hat man auch durch Einpressen von Asphaltemulsion die Abdichtung versucht. Die Abdichtung wird in zwei Tiefenzonen ausgeführt, einer oberflächennahen, bis auf Tiefen von 6 bis 8 [m] und einer weiter bis auf etwa 40 bis 60 [m] hinabreichenden.

Die Zementeinpressung erfolgt in der oberflächennahen Schicht mit Pressungen bis zu etwa 16 [kg/cm²], in den Tiefbohrlöchern mit Pressungen bis 80 [kg/cm²] und zwar in etwa 2 bis 10 [m] hohen Abschnitten von unten nach oben fortschreitend. Zu diesem Zweck erhält das Ende des ins Bohrloch eingeführten Einpreßrohres eine Vorrichtung zur Abdichtung des Rohres gegen die Bohrlochwand. Zur Einpressung wird bei geringer Durchlässigkeit des Felses reine Zementmilch, bei stark klüftigem Fels ein Mörtel aus 1 Teil Zement und 2 Teilen Sand verwendet. Für Einpressungen mit Pressungen bis zu 40 [kg/cm²] bewährt sich die Zementmilchpumpe von E. HÄNY, deren Ansicht die Abb. 761 gibt. Die Aufstellung erfolgt nach dem Schema der Abb. 762. Der Antrieb erfolgt mittels Preßluft. Das Einpreßgut ist von der eigentlichen Pumpe durch eine Gummimembran getrennt, um den Verschleiß des Gerätes tunlichst herabzusetzen.

Die in ein Loch einpreßbare Menge Zementes läßt sich kaum vorausbestimmen. So hat z. B. beim Bau der Packsperre ein Tiefbohrloch 12 [m³] aufgenommen,

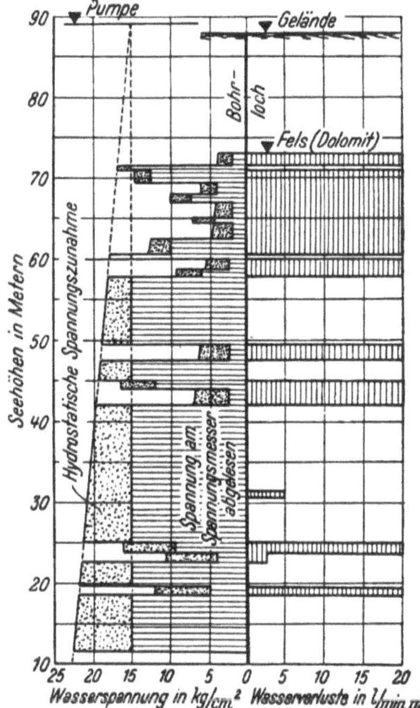

Abb. 763. Ergebnis von Probeeinpressungen von Wasser in ein Bohrloch im Dolomit. (Oberösterr. Kraftwerk A. G.)

während in ein gleichtiefes, nahe benachbartes nur 0,5 [m³] eingepreßt werden konnten.

An der Staumauer „Im Schräh" des Wäggitalwerkes sind im Staumauerbereich für die Abdichtung des Felses 626 [m] Bohrloch und 19.900 [kg] Zement erforderlich gewesen. Auch der Fels im Anschlusse beiderseits der Staumauer mußte durch Einpressungen abgedichtet werden; im Gelände links der Staumauer sind 2.795 [m] Bohrloch und 136.530 [kg] Zement, in jenem rechts der Mauer 1.307 [m] Bohrloch und 103.000 [kg] Zement erforderlich gewesen. Das schlechteste Bohrloch hat 19.500 [kg] Zement verbraucht, während in das nächst benachbarte nur 1.700 [kg] eingepreßt werden konnten. Durchschnittlich sind je [m] Bohrloch 55 [kg] Zement eingepreßt worden.

Man hat manchesmal versucht, durch Probeeinpressung von Wasser in das Bohrloch Aufschlüsse über die Klüftigkeit des Felses zu erlangen. Das Ergebnis solcher Versuche zeigt als Beispiel die Abb. 763. Solche Versuche können die spätere Zementeinpressung gefährden, weil dann alle Risse im Fels vom Versuch her mit Wasser aufgefüllt sind, das das Vordringen der Zementmilch hemmt.

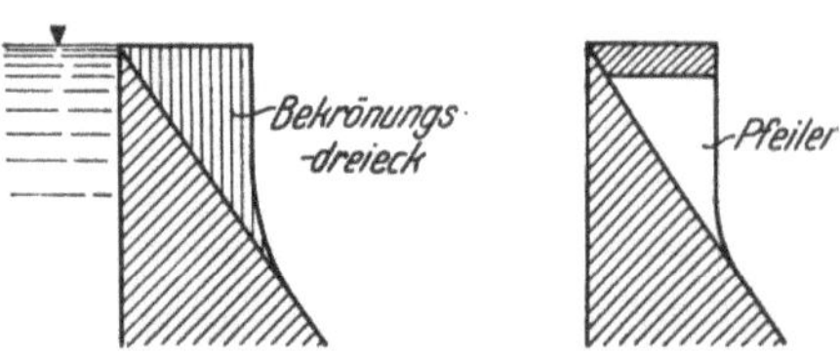

Abb. 764. Kronenverbreiterung bei Schwergewichtsstaumauern.

Einpreßlöcher zur Abdichtung sind nur nahe dem wasserseitigen Fuß der Mauer von Nutzen; sie werden daher dort im gegenseitigen Abstand von 2 bis 3 [m] angeordnet. Eine Reihe, möglichst nahe dem wasserseitigen Fuß wird als Tiefbohrlochreihe ausgeführt. Gegen die Luftseite hin werden, weniger dicht aneinandergereiht, gewöhnlich auch noch zwei bis drei Meter tief herabreichende Einpressungen ausgeführt, lediglich um den Fels zu verfestigen und dadurch Bewegungen der Mauer unter der Last des Wassers im Stauweiher herabzusetzen.

Die Entwässerung der Sohlfuge hat die Aufgabe, Wasser, das trotz sorgfältiger Abdichtung des Felses dennoch in die Sohlfuge eindringt, mit möglichst geringem Widerstand gegen die Luftseite abzuleiten. Diese Ableitung kann durch Rohre erfolgen, die von einem Besichtigungsgang lotrecht bis zur Sohlfuge oder sogar noch in den Fels hinabreichen oder durch durchlässige Rohre, die in der Sohlfuge verlegt sind ¡und an der Luftseite sichtbar in eine Sammelleitung entwässern. Rohre, die statt in der Sohlfuge innerhalb der Mauer nur nahe der Sohlfuge liegen, können nicht als Entwässerung der Sohlfuge angesehen werden.

Der Querschnitt der Schwergewichtsmauer. Der Querschnitt einer Schwergewichtsmauer setzt sich, wie schon erwähnt worden ist, aus dem Grunddreieck und dem Bekrönungsdreieck zusammen. Um die Last in der Mauerkrone herabzusetzen hat man manchmal den Verkehrsweg über die Mauer auch auf überwölbten Pfeilern angeordnet (Abb. 764). Die Breite der Mauerkrone wird den Anforderungen des überzuführenden Verkehrsweges angepaßt und gewöhnlich 4 bis 6 [m] breit gemacht.

Die Wasserseite der Gewichtsstaumauern wird bei Höhen bis zu etwa 50 [m] gewöhnlich lotrecht gestellt, bei größeren Mauerhöhen erhält die Wasserseite einen kleinen Anzug, so, daß der Winkel zwischen der Wasserseite und der Waagrechten $\psi_w < 90^0$ ist.

Gewichtsstaumauern sind früher aus Bruchsteinmauerwerk aufgeführt worden; solche Mauern sind nur schwer wasserdicht zu machen. Wenn in neuerer Zeit Bruchsteinmauern aufgeführt worden sind, so ist das vorwiegend geschehen, um Arbeitsplätze zu schaffen, weil Bruchsteinmauern viele Handarbeit erfordern. Um Bruchsteinmauern wasserdicht zu machen, sind im Laufe der Mauerung lotrechte Löcher gebohrt worden, durch die Zementeinpressungen vorgenommen worden sind. In der Regel werden jetzt die Gewichtsmauern betoniert.

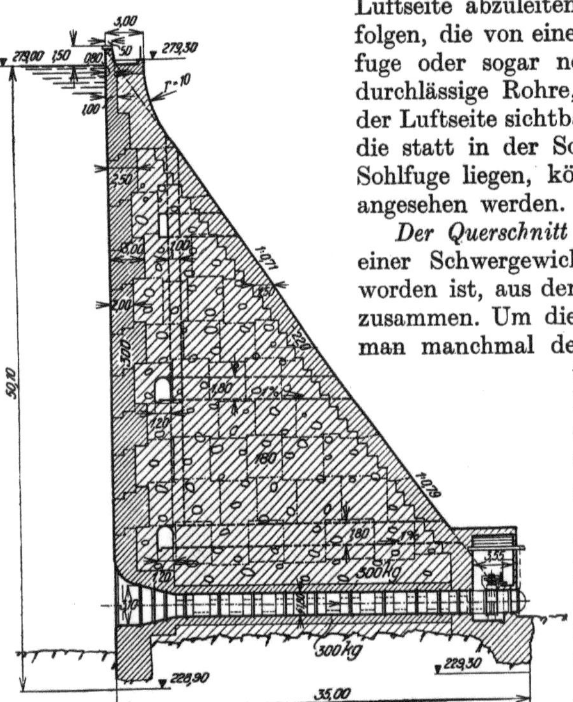

Abb. 765. Querschnitt der Staumauer Cala mit dem Grundablaß und der Aufteilung in Baublöcke. Im Kern enthält der Beton 180 [kg Zement je m³], an der Wasserseite 300, an der Luftseite 220 [kg Zement je m³] fertigen Betons. (H. E. Gruner, Basel.)

Durch die Dehnungsfugen wird die Staumauer in eine Anzahl von großen Blöcken zerlegt. Die Betonierung erfolgt in 1,5 bis 5 [m] hohen Teilblöcken, die mit gutem Verband, also ohne durchlaufende Fugen angeordnet werden. Die Abb. 765 zeigt, wie z. B. bei der Staumauer Cala die Aufteilung in Baublöcke erfolgt ist.

Die Grundfläche der Baublöcke wird so gewählt, daß mit der vorgesehenen Betoniereinrichtung ein Baublock aufbetoniert werden kann, ohne die Bildung von Fugen innerhalb des Blockes befürchten zu müssen.

An der Wasserseite und an der Luftseite ist vielfach eine bessere Betonmischung (etwa 300 [kg] Zement je [m³] fertigen Betons) als Vorsatzbeton verwendet worden, an der Wasserseite um den Beton dicht, an der Luftseite um ihn wetterbeständig zu machen. Die Wasserseite hat überdies vielfach eine Dränung erhalten.

Die Abdichtung der Wasserseite. Um ein Eindringen von Wasser in die Staumauer zu verhindern, werden die Staumauern an der Wasserseite besonders abgedichtet und es ist vielfach nahe der Wasserseite in das Mauerwerk ein System lotrechter Dräne eingebaut worden, das doch eingedrungenes Wasser abzuleiten hat.

Die Abdichtung der Wasserseite kann entweder durch Vorsatzbeton (Zementgehalt nicht unter 300 [kg/m³] fertigen Betons) oder durch Auftragung besonderer Dichtungsschichten bewerkstelligt werden. Die Abb. 765 zeigt die Anwendung von Vorsatzbeton bei der Staumauer Cala mit 300 [kg] Zement je [m³] fertigen Betons, während der Kern mit nur 180 [kg/m³] fertigen Betons hergestellt worden ist.

An der Schwarzenbach-Staumauer ist, wie in der Abb. 766 zu erkennen ist, die Dichtung der Wasserseite durch einen 25 [mm] starken wasserdichten Putz mit Siderosthen-Anstrich bewerkstelligt worden. Dieser Putz ist durch eine 60 bis 80 [cm] starke Betonschicht geschützt worden, die mittels schwalbenschwanzförmiger,

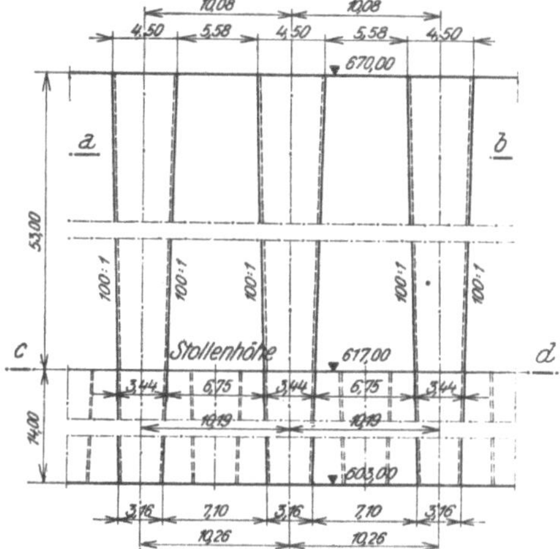

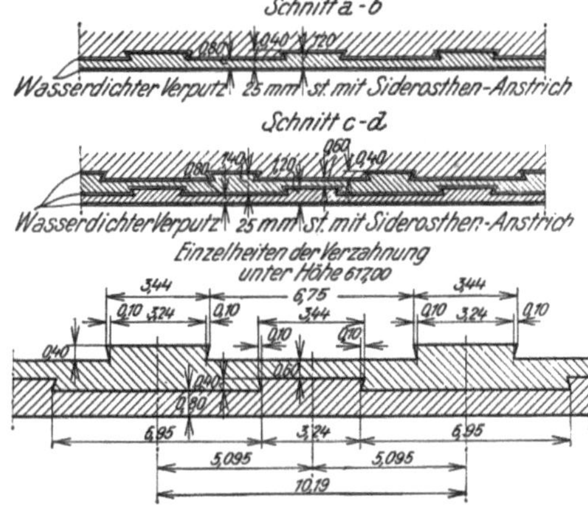

Abb. 766. Abdichtung der Wasserseite der Staumauer Schwarzenbach.

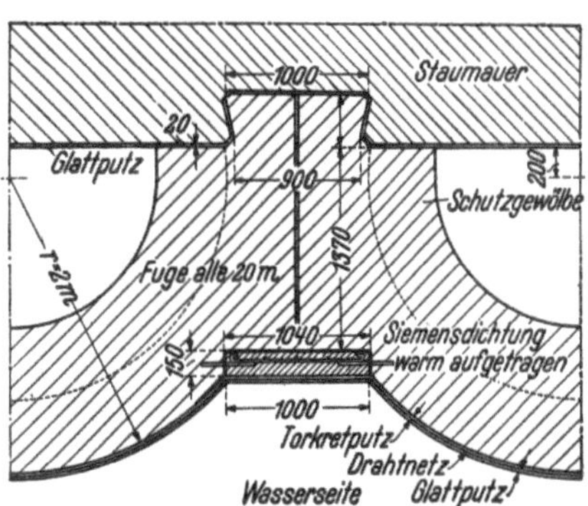

Abb. 767. Die Abdichtung der Wasserseite der Staumauer Ceresole Reale mit dem Schutzgewölbe.

nach unten verjüngter Nuten in der Mauer verankert war. Bei der Staumauer Ceresole Reale ist der Glattputz durch eine Gewölbereihenverkleidung (Abb. 767) geschützt worden, die auch in schwalbenschwanzförmigen Nuten mit der Mauer verbunden ist.

Die Wirkung der Abdichtung der Wasserseite einer Staumauer wird durch eine Dränung unterstützt. Diese Dränung soll Wasser, das in die Mauer eingedrungen ist, noch nahe der Wasserseite abfangen und ableiten. Die Dränung erfolgt durch ein System lotrechter oder waagrechter, etwa 30 [cm] weiter Rohre, die etwa 3 bis 4 [m] von der Wasserseite in der Mauer eingebettet sind. Die Dräne sollen sichtbar in Besichtigungsgänge oder Schächte entwässern; sie müssen so angeordnet werden, daß sie im Bedarfsfalle auch gereinigt werden können. Lotrechte Dränrohre werden daher bis zur Mauerkrone hochgeführt.

Als lotrechte Dränrohre werden etwa 30 [cm] weite durchlässige Betonrohre in Abständen von 1 bis 3 [m] (Abb. 768 und 769) verwendet. Bei waagrechter Dränung werden am besten Halbrohre von 30 [cm] Weite in den Arbeitsfugen verlegt, weil gerade in den Arbeitsfugen

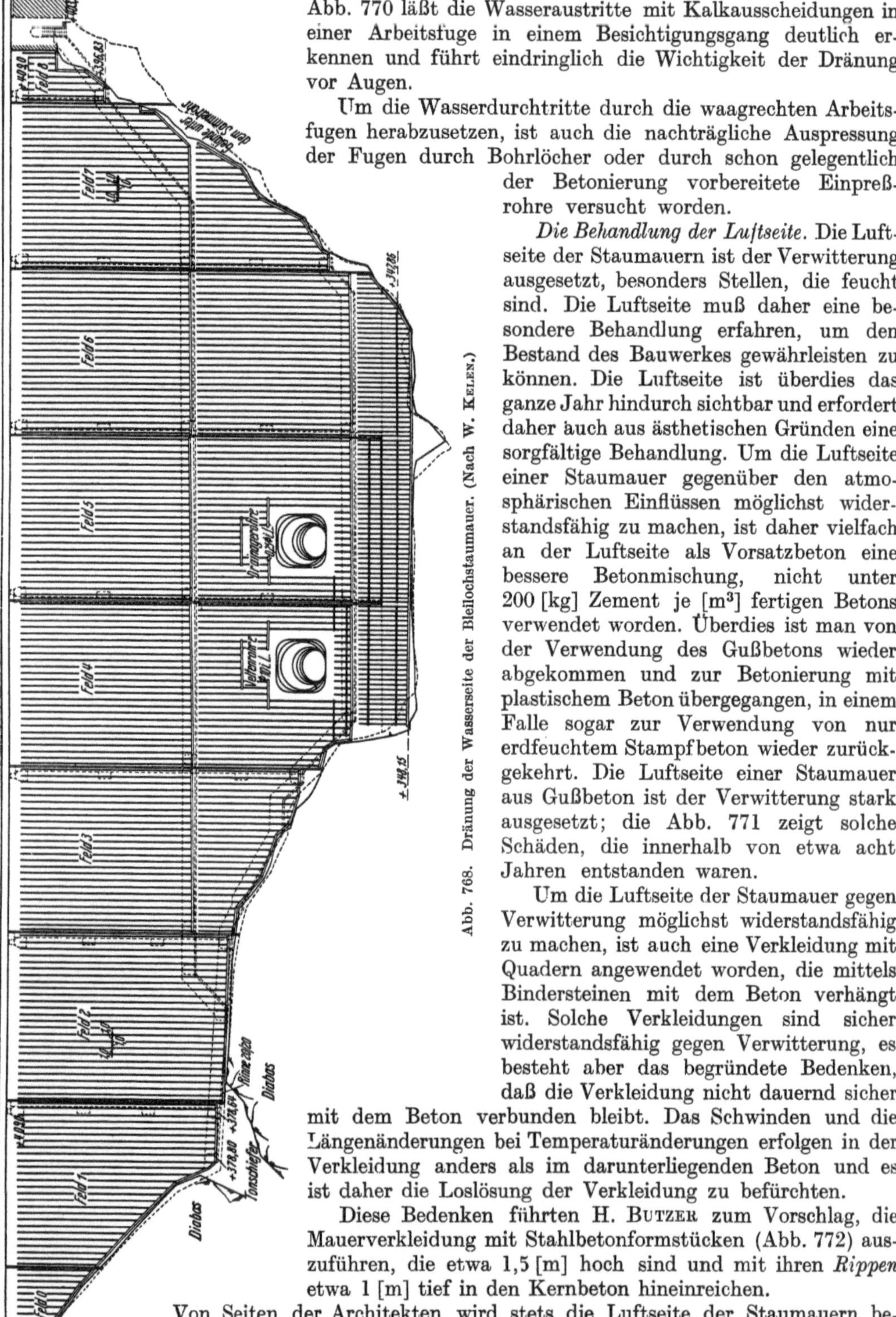

Abb. 768. Dränung der Wasserseite der Bleilochstaumauer. (Nach W. Kelen.)

die Gefahr des Eindringens von Wasser am größten ist. Die Abb. 770 läßt die Wasseraustritte mit Kalkausscheidungen in einer Arbeitsfuge in einem Besichtigungsgang deutlich erkennen und führt eindringlich die Wichtigkeit der Dränung vor Augen.

Um die Wasserdurchtritte durch die waagrechten Arbeitsfugen herabzusetzen, ist auch die nachträgliche Auspressung der Fugen durch Bohrlöcher oder durch schon gelegentlich der Betonierung vorbereitete Einpreßrohre versucht worden.

Die Behandlung der Luftseite. Die Luftseite der Staumauern ist der Verwitterung ausgesetzt, besonders Stellen, die feucht sind. Die Luftseite muß daher eine besondere Behandlung erfahren, um den Bestand des Bauwerkes gewährleisten zu können. Die Luftseite ist überdies das ganze Jahr hindurch sichtbar und erfordert daher auch aus ästhetischen Gründen eine sorgfältige Behandlung. Um die Luftseite einer Staumauer gegenüber den atmosphärischen Einflüssen möglichst widerstandsfähig zu machen, ist daher vielfach an der Luftseite als Vorsatzbeton eine bessere Betonmischung, nicht unter 200 [kg] Zement je [m³] fertigen Betons verwendet worden. Überdies ist man von der Verwendung des Gußbetons wieder abgekommen und zur Betonierung mit plastischem Beton übergegangen, in einem Falle sogar zur Verwendung von nur erdfeuchtem Stampfbeton wieder zurückgekehrt. Die Luftseite einer Staumauer aus Gußbeton ist der Verwitterung stark ausgesetzt; die Abb. 771 zeigt solche Schäden, die innerhalb von etwa acht Jahren entstanden waren.

Um die Luftseite der Staumauer gegen Verwitterung möglichst widerstandsfähig zu machen, ist auch eine Verkleidung mit Quadern angewendet worden, die mittels Bindersteinen mit dem Beton verhängt ist. Solche Verkleidungen sind sicher widerstandsfähig gegen Verwitterung, es besteht aber das begründete Bedenken, daß die Verkleidung nicht dauernd sicher mit dem Beton verbunden bleibt. Das Schwinden und die Längenänderungen bei Temperaturänderungen erfolgen in der Verkleidung anders als im darunterliegenden Beton und es ist daher die Loslösung der Verkleidung zu befürchten.

Diese Bedenken führten H. Butzer zum Vorschlag, die Mauerverkleidung mit Stahlbetonformstücken (Abb. 772) auszuführen, die etwa 1,5 [m] hoch sind und mit ihren *Rippen* etwa 1 [m] tief in den Kernbeton hineinreichen.

Von Seiten der Architekten wird stets die Luftseite der Staumauern bemängelt, die durch die Zementhaut an der Oberfläche ein von der Umgebung abstechendes, eintöniges Bild bietet. Sie fordern, wenn schon eine Verkleidung abgelehnt wird, eine Entfernung der Zementhaut und eine so weitgehende

Bearbeitung der Luftseite, daß die Zuschlagstoffe sichtbar werden. Sie fordern damit gerade die Entfernung jener Oberflächenschicht, die den wirksamsten Schutz gegen Verwitterungsschäden bietet. Wenn schon an eine nachträgliche Bearbeitung der Luftseite gedacht wird, so muß jedenfalls jedwede schlagende Bearbeitung der Oberfläche abgelehnt werden, weil durch Schläge das Gefüge der Oberfläche des Betons geschädigt wird; zu den schon bestehenden Poren kommen unzählige feine Risse infolge der Schläge, die die Verwitterung fördern.

Die Dehnungsfugen der Staumauer. Infolge des Schwindens und der Ausstrahlung der Abbindewärme und der Abkühlung im Winter erfolgt eine Verkürzung der Staumauer. Die Längenänderungen werden aber durch das Haften des Mauerkörpers auf der künstlich aufgerauhten Felssohle gehemmt und es bilden sich daher in der Mauer Zug-

Abb. 769. Dränung der Wasserseite der Bleilochstaumauer. Ansicht. (Nach Fr. Tolke.)

spannungen aus, die die Zugfestigkeit überschreiten. Um nun die Bildung wilder Risse zu verhüten, werden Dehnungsfugen angeordnet, in denen die Längenänderungen vor sich gehen können. Für die Berechnung des erforderlichen Abstandes der Dehnungsfugen fehlen noch sichere Grundlagen. Fest steht, daß der Fugenabstand um so kleiner zu nehmen ist, je besser die Betonmischung ist und je höher die Abbindetemperaturen zu erwarten sind. Bei neueren betonierten Stau-

Abb. 770. Wasseraustritte und Kalkausscheidungen in einem Besichtigungsgang längs einer Arbeitsfuge der Staumauer Frein an der Thaya.

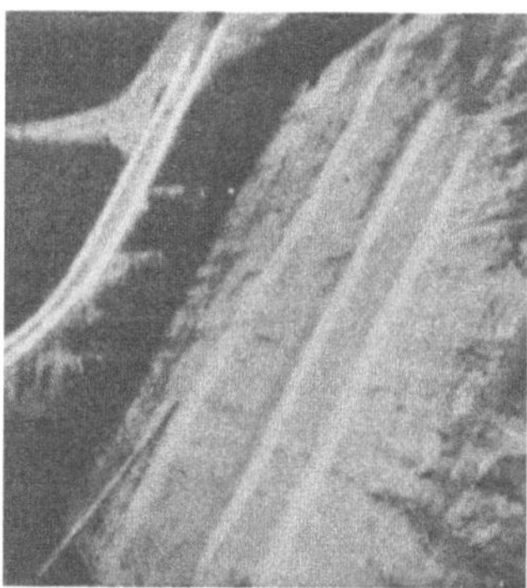

Abb. 771. Verwitterungsschäden an einer Staumauer in den Alpen.

mauern liegt das Verhältnis von Mauerhöhe h und Fugenabstand l zwischen den Grenzen

$$\frac{h}{l} = 0,21 \text{ bis } 0,45 \qquad (855)$$

und bei Bruchsteinmauern in den Grenzen

$$\frac{h}{l} = 0,33 \text{ bis } 0,7 \qquad (856)$$

Die kleineren Werte gelten für die höheren Staumauern.

Die Fugen sind in der Regel als vollkommene Fugen bis zur Sohlfuge herabgeführt worden. Man hat aber manchmal auch nicht alle Fugen so weit herabgeführt; diese unvollkommenen Fugen haben sich nicht bewährt, weil sie sich meist weiter hinab als wilder Riß fortgesetzt haben.

Die Fugen werden gewöhnlich mit einer Verzahnung ausgeführt, wie es die Abb. 773 andeutet, so daß wohl die Längenänderungen der Mauerwerksblöcke vor sich gehen können, Verschiebungen

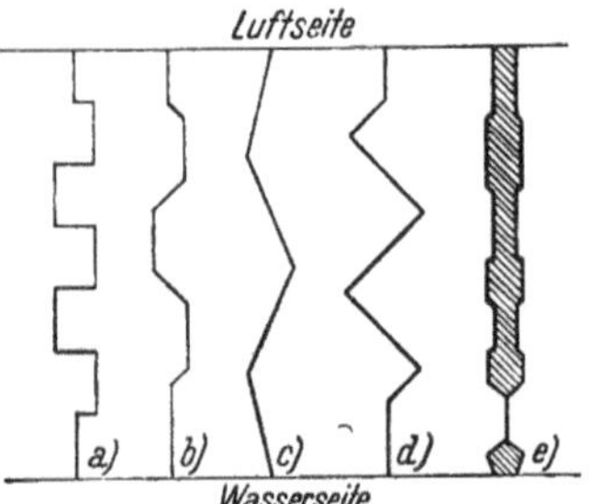

Abb. 773. Fugenverzahnung für Schwergewichtsstaumauern.

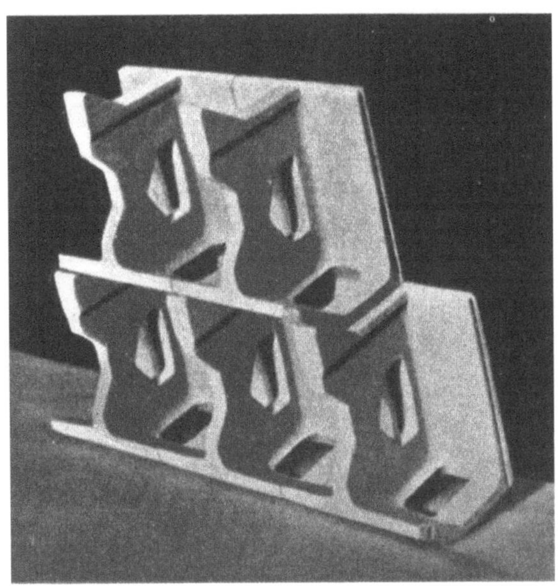

Abb. 772. Stahlbeton-Formsteinverkleidung für Schwergewichtsmauer von H. Butzer.

der Blöcke gegeneinander in der Talrichtung aber unmöglich sind.

Bei der Betonierung werden entweder die Blöcke dicht aneinandergeschlossen oder es wird ein etwa einen Meter weiter Schlitz freigelassen (Abb. 774), der das Abströmen der Abbindewärme erleichtern soll und erst später ausbetoniert wird. Wenn die Blöcke dicht aneinander schließen, wird eine Blockwand mit Bitumenanstrich versehen oder es wird Asphaltpappe eingelegt, um eine Verbindung der Blöcke zu verhindern.

Die Fugen werden gegen Wasserdurchtritte abgedichtet. Die Dichtung kann aus einem Blech, aus Gummi oder aus einer plastischen Auffüllung eines Schachtes in der Fuge bestehen. Die Abdichtungen müssen entweder so entworfen werden, daß sie auswechselbar oder regenerierbar sind oder es müssen Vorsorgen getroffen werden, beim Versagen der Dichtung nachträglich eine zusätzliche einbringen zu können.

Bei der Abdichtung mittels Blechen werden gewöhnlich Kupferbleche angewendet. Die Bleche sind entweder nach Abb. 775 oder nach Abb. 776 gebogen. Bei Z-Blechen nach Abb. 776 muß darauf geachtet werden, daß gelegentlich der Längenänderungen der Mauer das Blech

Abb. 774. Staumauer Oberhasli. Schalung breiter Fugen.

nicht zerrissen wird. Wenn sich die Dehnungsfuge um b [cm] öffnet, so wird der ursprünglich c [cm] lange Streifen des Bleches auf die Länge $c + \varDelta c$ [cm] gedehnt. Es gilt nun, wie Fr. Tölke gezeigt hat

$$c + \varDelta c = \sqrt{c^2 + b^2} = \sim c \left[1 + \frac{1}{2} \left(\frac{b}{c} \right)^2 \right] \tag{857}$$

oder

$$\varDelta c = \frac{c}{2} \left(\frac{b}{c} \right)^2 = \frac{b^2}{2c} \tag{858}$$

Bezeichnet σ die Zugspannung im Blech in $[kg/cm^2]$ und E den Elastizitätsmodul in $[kg/cm^2]$ so gilt

$$\frac{\Delta c}{c} = \frac{\sigma}{E} \qquad (859)$$

oder

$$\sigma = \frac{\Delta c}{c} E = \frac{1}{2} \frac{b^2}{c^2} E \ [kg/cm^2] \qquad [860]$$

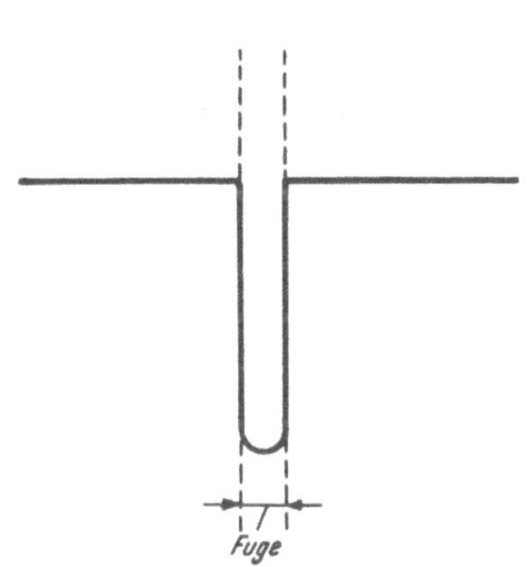

Abb. 775. U-förmiges Kupferblech als Fugenabdichtung.

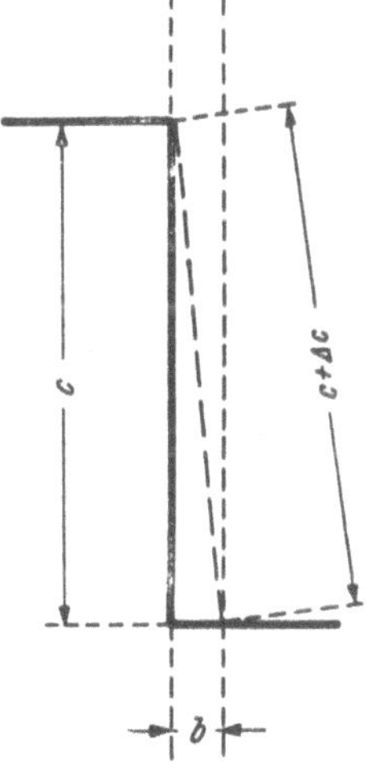

Abb. 776. Z-förmiges Kupferblech als Fugenabdichtung.

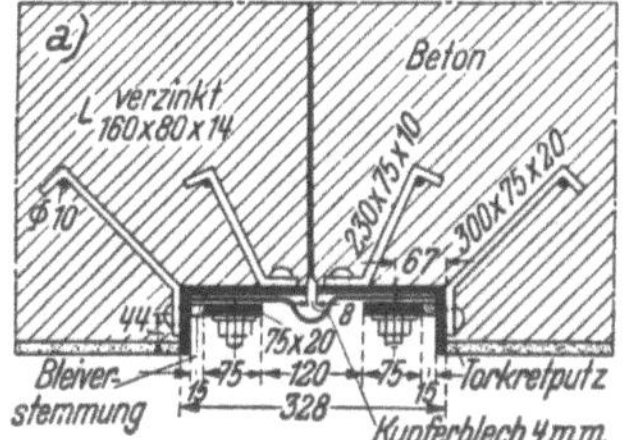

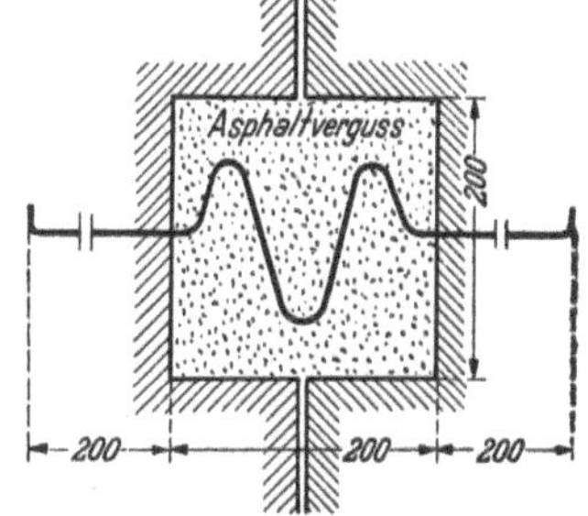

Abb. 777. Zugängliche Kupferwelle im Besichtigungsschacht einer Fuge.

Abb. 778. Kupferwellen in Asphaltverguß als Fugenabdichtung.

Bezeichnet σ_B die Zugfestigkeit, so wird

$$\sigma = \frac{\sigma_B}{n} \qquad (861)$$

gesetzt; es kann daher für (861) auch geschrieben werden

$$\frac{\sigma_B}{n} = \frac{1}{2} \frac{b^2}{c^2} E \qquad (862)$$

und es folgt für die erforderliche Länge des Blechstreifens

$$c = b \sqrt{\frac{n}{2\,\sigma_B} E} \ [cm] \qquad (863)$$

Für Walzkupfer kann gesetzt werden für den Elastizitätsmodul $E = 1,150.000 \ [kg/cm^2]$, für die Zugfestigkeit $\sigma_B = 2.000$ bis $2.300 \ [kg/cm^2]$ und für $n = 3$.

Die Dichtung mittels Z-Blechen ist nicht zugänglich und kann daher nicht instandgehalten werden. Die beiden Flügel müssen hinreichend weit in den Beton eingreifen und es muß im Bereich des Bleches besonders sorgfältig betoniert werden, um zu verhindern, daß das Wasser um die Dichtungsflügel durch den Beton herumsickert.

In der Abb. 777 und 778 sind einige Dichtungen mittels Kupferwellen zusammengestellt: Die Abb. 778 zeigt eine Kupferwelle, die mit Asphalt vergossen ist. Kupferwellen, die zugänglich und auswechselbar sind, stellen die Abb. 777a und b dar. Die Kupferwellen werden in größtmöglichen **Längen bezogen** und an der Baustelle verschweißt.

Eine Fugendichtung mittels Stahlblechen, die an der Staumauer Trepido Verwendung gefunden hat, zeigt die Abb. 779.

Nachdem man die Erfahrung gemacht hat, daß Flanschendichtungen aus Gummi noch nach 65jährigem Betrieb gut erhalten waren, hat man sich beim Bau der Imperial-Staumauer in den VStA entschlossen, die Fugen mit Gummi abzudichten. Es sind zwei Dichtungen verwendet worden, die in der Abb. 780a und b dargestellt sind. Als Gummi für die Dichtung ist eine Mischung aus 72 Raumprozenten frischen Plantagengummi mit Kohlenstoff, Zinkoxyd, Beschleuniger, Weichmacher und Mitteln zur Verhinderung der Oxydation verwendet worden. Die Zugfestigkeit soll bei einer Bruchdehnung von 550% mindestens 267 [kg/cm²] betragen. Die Dehnung von 300 und 500% soll erst bei einer Zugbeanspruchung von 77 bzw. 197 [kg/c m²] auftreten. Nach einer Lagerung bei 70°, sieben Tage in Luft oder vier Tage in Sauerstoff von 21 [kg/cm²] soll die Zugfestigkeit und die Dehnung noch 65% der oben angeführten Werte betragen. Nachdem atmosphärische Einflüsse den Gummi im Laufe der Zeit schädigen, wird auf jene Flächen, die der Luft ausgesetzt sind, eine Schicht von 1,6 [mm] Kunstgummi (Buna) aufvulkanisiert.

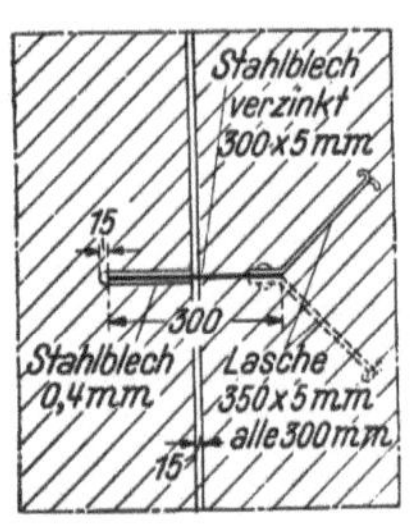

Abb. 779. Fugenabdichtung mit Stahlblech an der Staumauer Trepido.

Die in Abb. 780a und b dargestellten Dichtungen haben sich bisher trotz Verschiebungen bis zu 5 [cm] bewährt.

Eine andere Gummidichtung für hohe Staumauern zeigt die Abb. 780c; eine einfache Auswechslung der Dichtung ermöglicht der wasserseitig vor ihr liegende kleine Schacht für die Einbringung eines Notverschlusses.

So wie bei Kupferdichtungen, muß auch bei Gummidichtungen durch gute Verdichtung und fettere Mischung des Betons längs der Fuge eine Umsickerung der Gummidichtung verhütet werden. Das ist besonders wichtig bei den Gummidichtungen nach Abb. 780 d und e.

Bei plastischen Asphaltdichtungen wird in der Fuge ein Schacht angeordnet, der nach der Vollendung des Baues mit heißem Asphalt ausgegossen wird, wie es die Abb. 781 andeutet. Um einerseits zu erreichen, daß der Asphalt bis zum Grund der Fuge heiß hinabgelangt und die Fuge vollkommen erfüllt und um überdies die Füllung jederzeit wieder erweichen (regenerieren) zu können, werden entweder Heizrohre oder Heizdrähte in dem auszugießenden Schacht

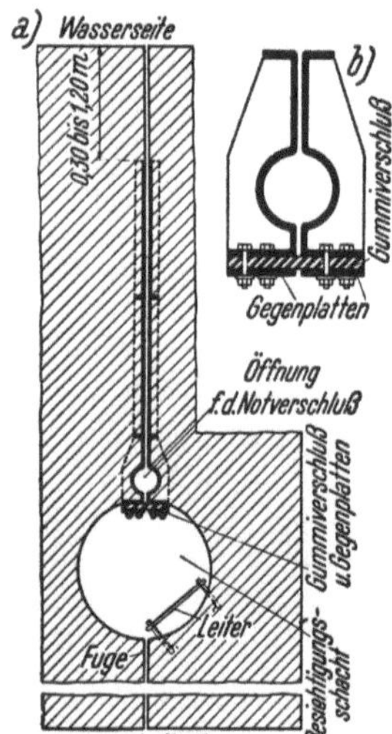

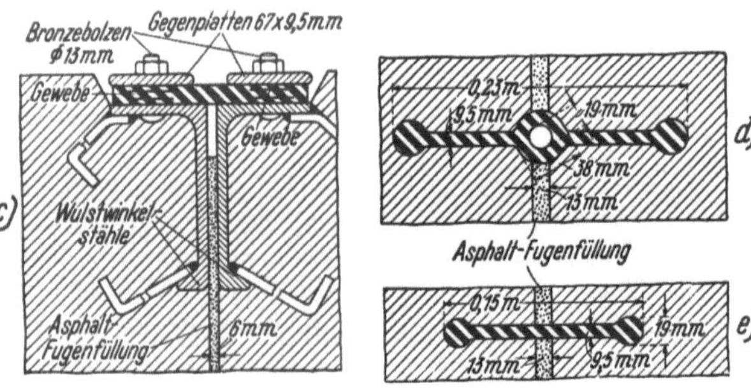

Abb. 780. Gummifugendichtungen.

angeordnet; durch die Rohre wird Dampf oder Heißluft, durch die Drähte elektrischer Strom geleitet, um die Dichtung zu erweichen.

In sparsamster Weise wird eine Asphaltdichtung in einer Staumauer nach dem Verfahren von Smith durch den Einbau von Asphaltblöcken schon während der Betonierung hergestellt. Die vorbereiteten Asphaltblöcke erhalten eine Höhe von 0,5 bis 0,6 [m] und quadratischen Querschnitt mit einem Loch in der Mitte zur Einführung eines elektrischen Heizdrahtes oder eines Heizrohres für Dampf- bzw. Heißluftbeheizung. Die Abb. 782 zeigt zweckmäßige Abmessungen solcher Asphaltblöcke und den Einbau. Abweichend von der Ausführung Smith's empfiehlt es sich, in jedem Block einen Rundstahlbügel, wie er in Abb. 782 deutlich zu sehen ist, einzugießen, der einerseits den Asphaltblock im Beton verankert und anderseits das Heizrohr auch im erweichten Asphalt in seiner Lage hält, auch dann, wenn die Dichtung geneigt ange-ordnet wird. Um beim Betonieren ein Eindringen von Beton in die Fugen zwischen den Asphaltblocks zu verhüten, werden diese am besten mit warmem Asphaltmörtel aufeinander versetzt. In der Fuge werden beiderseits der Asphaltblöcke Dichtungsbleche angeordnet, die während der Erwärmung des Asphaltes ein Abfließen in die Fuge verhüten.

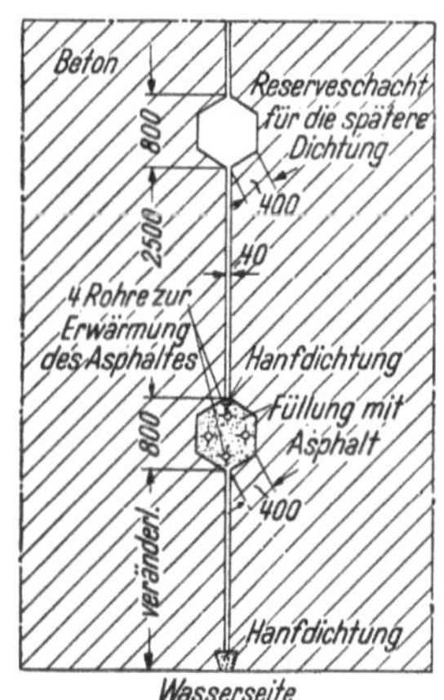

Abb. 781.   Fugenabdichtung mit regenerierbarem plastischen Asphalt.

Während des Erwärmens der Asphaltblöcke sackt der Asphalt nach und schließt sich an das Heizrohr bzw. den Heizdraht an. Die Dichtung kann jederzeit regeneriert werden.

Bei manchen Dehnungsfugen sind auch hintereinander mehrere Dichtungen angeordnet worden. Meistens wird in der Fuge ein etwa $80 \times 80 \lfloor \text{cm} \rfloor$ messender Schacht mit einer Steigleiter an-geordnet, um Überprüfungen vornehmen zu können.

Bei vielen Staumauern ist der Anfang der Dehnungsfugen im Stauraum noch mittels eines Stahlbetonstabes abge-deckt worden, um das Ein-dringen von Schweb in die Fuge zu verhindern. Die Abb. 783 gibt Beispiele für solche Fugenabdeckungen.

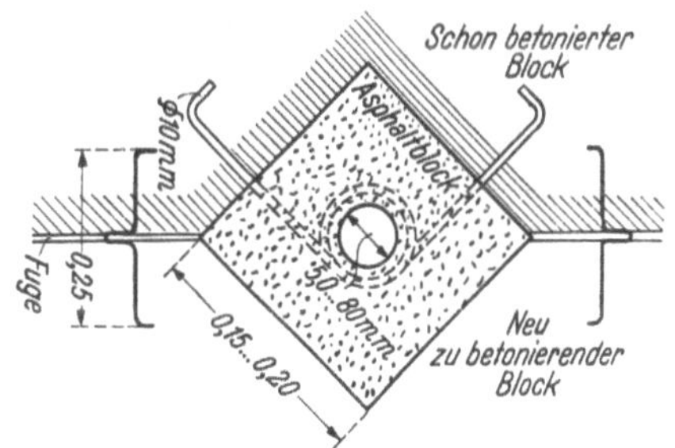

Abb. 782. Fugenabdichtung mit Asphaltblöcken, die schon während der Betonierung eingebaut werden.

Die Untersuchung eines Mauerquerschnittes. Um die Spannungsverteilung im Querschnitt einer Schwergewichtsmauer zu klären, denkt man sich durch zwei im Abstand von 1 [m] liegende Querschnitte eine Scheibe aus der Mauer heraus-geschnitten. In dieser Mauerscheibe greifen die in der Abb. 784 eingetragenen Kräfte an.

Für die Momente um den Punkt 0 gilt

$$\gamma \frac{h^2}{2} \cdot \frac{h}{3} + \mu \gamma h \frac{b}{2} \frac{h}{3} = \gamma_b \frac{bh}{2} \cdot \frac{b}{3} \quad (864)$$

Die Sohlspannungen brauchen nicht beachtet zu werden, weil ihre Resul-tierende durch O geht und der R ent-gegengesetzt gerichtet ist. Für die Mauerbreite in der Sohlfuge folgt

$$b = h. \sqrt{\frac{\gamma}{\gamma_b = m\gamma}} = \beta h \quad (864a)$$

Bei lotrechter Wasserseite einer h [m] hohen Staumauer ist die Wirkung der dreieckig verteilten Sohlwasser-spannungen mit der Größe $m \gamma h$ an der Wasserseite dieselbe wie die einer Verminderung der Wichte γ_b des Mauer-werkes um $m \gamma$, wobei γ die Wichte des Wassers bedeutet. Für die Annahme eines Mauerquerschnittes mit lotrechter (Abb. 784) Wasserseite empfiehlt sich die Annahme der folgenden Beiwerte β:

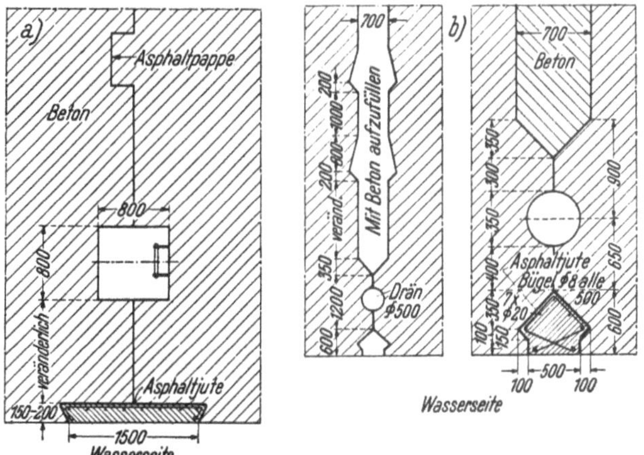

Abb. 783. Abdeckung der Fugen an der Wasserseite mit Stahlbeton-stäben.

Wichte des Betons	$m = 0{,}2$	$m = 0{,}3$	$m = 0{,}4$
$\gamma_b = 2000$ [kg/m³]	$\beta = 0{,}75$	$\beta = 0{,}77$	$\beta = 0{,}79$
2100	$\beta = 0{,}73$	$\beta = 0{,}75$	$\beta = 0{,}77$
2200	$\beta = 0{,}71$	$\beta = 0{,}73$	$\beta = 0{,}75$
2300	$\beta = 0{,}69$	$\beta = 0{,}71$	$\beta = 0{,}73$
2400	$\beta = 0{,}68$	$\beta = 0{,}69$	$\beta = 0{,}71$
2500	$\beta = 0{,}66$	$\beta = 0{,}68$	$\beta = 0{,}69$

Bei Mauerhöhen über etwa $h = 50$ [m] werden bei leerem Stauweiher die Spannungen an der Wasserseite so groß, daß eine Verstärkung erforderlich wird. Man führt dann den Winkel $\psi_w < 90^0$ aus, gibt also der Wasserseite einen Anzug.

An dem angenommenen Mauerquerschnitt muß nun nachgewiesen werden, daß nirgends Zugspannungen auftreten, daß die zulässigen Druckspannungen nirgends überschritten werden und daß Sicherheit gegen Gleiten in der Sohlfuge besteht. Die Abb. 785 stelle einen angenommenen Mauerquerschnitt dar. An den Stellen A bzw. B sei nun ein Körperelement von dreieckigem Querschnitt und der Länge 1 abgetrennt. An den Flächen dieser Körperelemente greifen die in der Abb. 786a bzw. b eingetragenen Kräfte an. Das Gleichgewicht des luftseitigen Körperelementes erfordert dann, daß

$$\sigma_{xl} + \tau_{yl} \cdot \text{tg}\,\psi_l = \theta \qquad (865)$$

oder daß

$$\tau_{yl} = -\,\sigma_{xl}\,\text{cotg}\,\psi_l = -\,\tau_{xl} \qquad (866)$$

ist, ferner daß

$$\tau_{xl} -\,\sigma_{yl}\,\text{tg}\,\psi_l = \theta \qquad (866a)$$

oder

$$\sigma_{yl} = \tau_{xl}\,\text{cotg}\,\psi_l \qquad (867)$$

ist. Weil

$$\tau_{xl} = -\,\tau_{yl} \qquad (868)$$

ist, so gilt auch

$$\sigma_{yl} = -\,\tau_{yl}\,\text{cotg}\,\psi_l = \sigma_{xl}\,\text{cotg}^2\,\varphi_l \qquad (869)$$

Ähnlich muß an der Wasserseite

$$\tau_{yw}\,\text{tg}\,\psi_w - \sigma_{xw} + \gamma\,y = \theta \qquad (870)$$

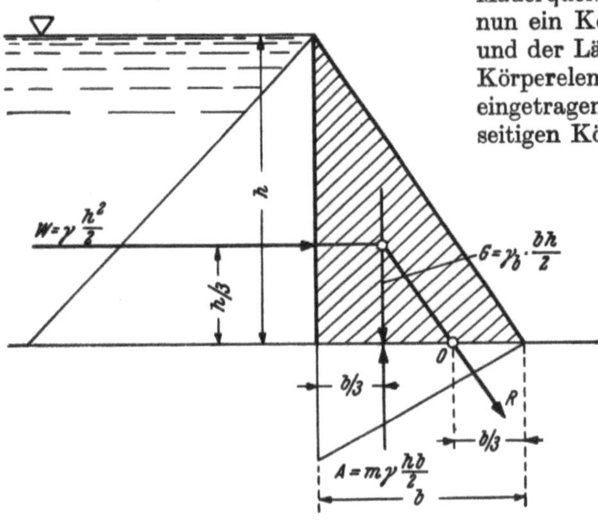

Abb. 784. An einer Schwergewichts-Staumauer angreifende Kräfte

oder

$$\tau_{yw} = (\sigma_{xw} - \gamma\,y)\,\text{cotg}\,\psi_w = -\,\tau_{xw} \qquad (871)$$

und

$$\sigma_{yw}\,\text{tg}\,\psi_w + \tau_{xw} - \gamma\,y\,\text{tg}\,\psi_w = \theta \qquad (872)$$

oder

$$\sigma_{yw} = \gamma\,y + (\sigma_{xw} - \gamma\,y)\,\text{cotg}^2\,\psi_w \qquad (873)$$

sein.

Die Randspannungen σ_{xw} und σ_{xl} können in waagrechten Mauerschnitten aus den äußeren Kräften ermittelt werden und es können dann weiter die Spannungen σ_{yw}, σ_{yl}, τ_w und τ_l aus den oben hergeleiteten Gleichungen berechnet werden. Die Spannungen σ_x, σ_y und τ sind längs eines Schnittes linear verteilt, so, wie es die Abb. 785 andeutet. An einer Stelle des Querschnittes mit den Koordinaten x und y treten dann die Spannungen

$$\sigma_x = \sigma_{xw} + (\sigma_{xl} - \sigma_{xw})\,\frac{x - x_w}{x_l - x_w} \qquad (874)$$

$$\sigma_y = \sigma_{yw} + (\sigma_{yl} - \sigma_{yw})\,\frac{x - x_w}{x_l - x_w} \qquad (875)$$

und

$$\tau = \tau_w + (\tau_l - \tau_w)\,\frac{x - x_w}{x_l - x_w} \qquad (876)$$

auf.

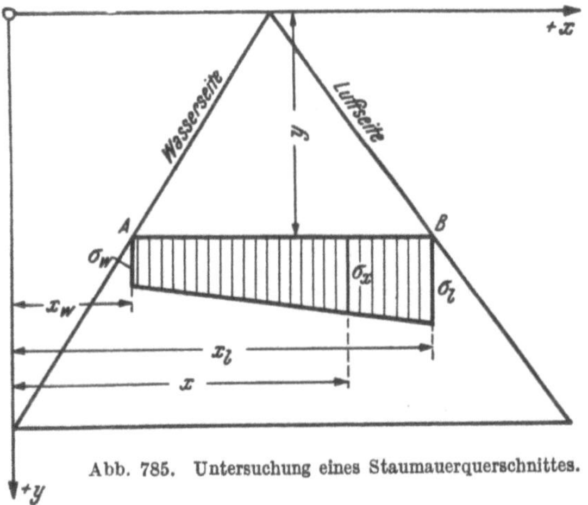

Abb. 785. Untersuchung eines Staumauerquerschnittes.

Die beiden Hauptnormalspannungen haben dann die Größe

$$\sigma_{1,2} = \frac{1}{2}\left[(\sigma_x + \sigma_y) \pm \sqrt{(\sigma_x - \sigma_y)^2 + 4\,\tau^2}\right]\,[\text{kg/cm}^2] \qquad (877)$$

und die Hauptnormalspannungen treten in Schnittflächen auf, die mit den Koordinatenachsen die Winkel

$$\text{tg}\,2\,\alpha_0 = \frac{2\,\tau}{\sigma_y - \sigma_x} \qquad (878)$$

einschließen.

Die Ermittlung der Hauptspannungen und deren Richtung kann einfach zeichnerisch mit Hilfe des Mohrschen Spannungskreises erfolgen. Hiezu wird in der, in Abb. 787

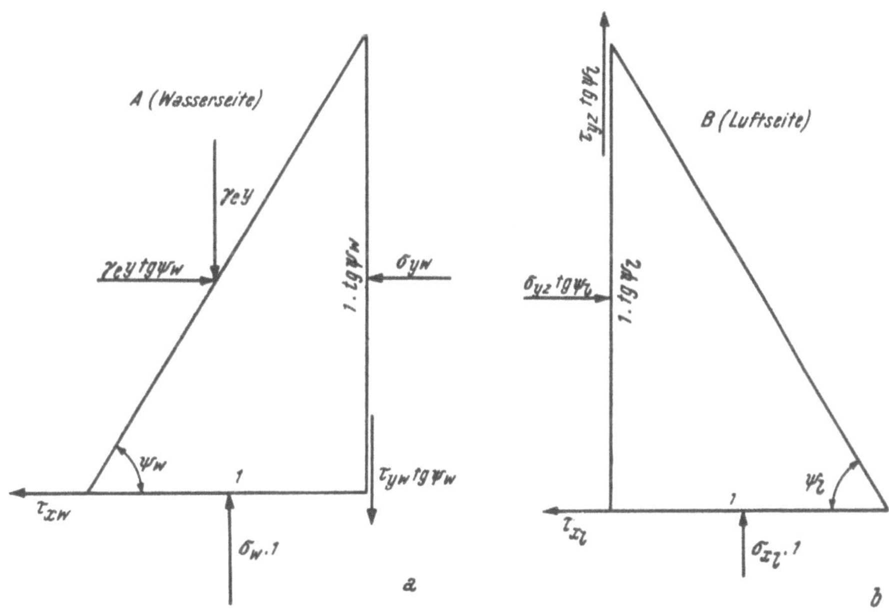

Abb. 786. Die an den Körperelementen A und B wirkenden Kräfte.

ersichtlichen Weise das Axenkreuz $\sigma \tau$ gezeichnet, hierauf die Punkte X und Y durch Auftragung der Spannungen σ_x, σ_y und τ ermittelt, wobei nach Gleichung (867) $\tau_x = -\tau_y$ ist, und der Kreis mit dem Mittelpunkt M gezeichnet.

Die Größt- bzw. Kleinstwerte der Spannungen σ_x, σ_y und τ liegen im Mauerumriß. Sowohl die Wasserseite als auch die Luftseite sind Hauptrichtungen und die anderen Hauptrichtungen stehen zu ihnen senkrecht. Linien, die in einem Querschnitt die Richtung der Hauptspannungen angeben, werden Trajektorien genannt. Längs der Trajektorien treten keine Schubspannungen auf.

Nun sei noch an der Wasserseite ein kleines Prisma von der Länge „eins" und dem in der Abb. 788 dargestellten Querschnitt aus der Mauer herausgeschnitten. Die Flächen OA und AB liegen in den Hauptrichtungen, es wirken in ihnen daher nur Normalspannungen. Das Gleichgewicht des Prismas erfordert, daß die Momente der angreifenden Kräfte um irgend einen Punkt, z. B. um 0 gleich Null sind, daß also

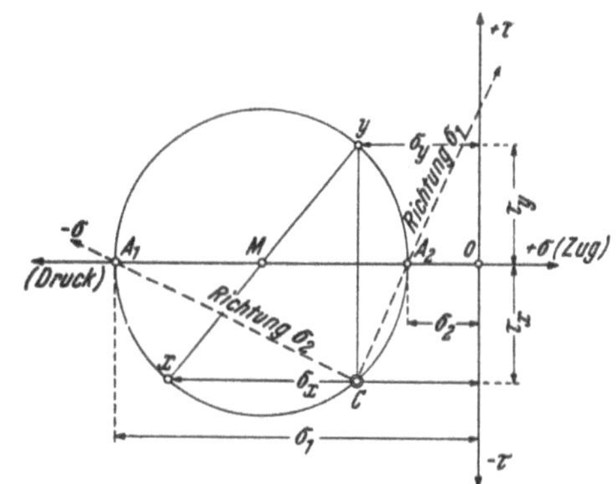

Abb. 787. Mohrscher Spannungskreis.

$$\gamma h \cos \psi_w \cdot \frac{1}{2} \cos \psi_w + \sigma_{w1} \cdot \sin \psi_w \cdot \frac{1}{2} \sin \psi_w - \sigma_{xw} \cdot \frac{1}{2} = 0 \tag{879}$$

oder

$$\gamma h \cos^2 \psi_w + \sigma_{w1} \sin^2 \psi_w - \sigma_{xw} = 0 \tag{880}$$

und weiter

$$\sigma_{w1} = \frac{\sigma_{xw}}{\sin^2 \psi_w} - \gamma h \, \mathrm{cotg}^2 \psi_w \tag{881}$$

und

$$\sigma_{w2} = \gamma h \tag{882}$$

ist.

Die Hauptspannung σ_{w1} wird, wie ein Blick auf die Gleichung (881) lehrt, negativ, also zu einer Zugspannung, wenn

$$\gamma\, h \cot^2 \psi_w > \frac{\sigma_{xw}}{\sin^2 \psi_w} \tag{883}$$

oder

$$\sigma_{xw} < \gamma\, h \cos^2 \psi_w \tag{884}$$

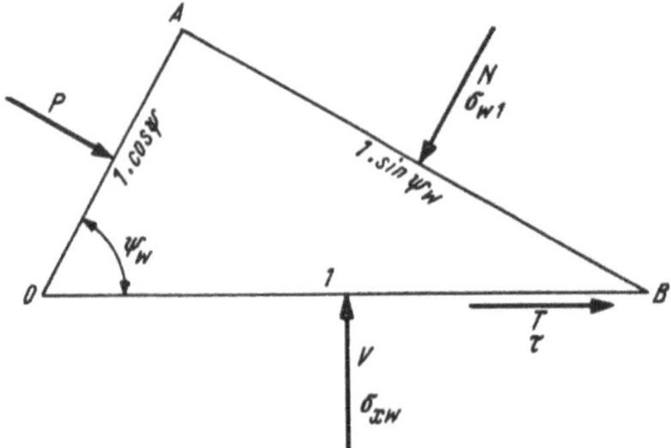

Abb. 788. Prisma an der Wasserseite von der Länge „eins".

wird. Wenn keine Zugspannungen an der Wasserseite zugelassen werden, genügt es daher bei geneigter Wasserseite nicht, daß die Drucklinie innerhalb des Kerns verläuft, sie muß vielmehr so weit vom luftseitigen Kernpunkt entfernt bleiben, daß stets

$$\sigma_{xw} > \gamma\, h \cos^2 \psi_w \tag{885}$$

ist.

Die reduzierte Hauptspannung, also eine Spannung, die dieselbe Verformung hervorruft, wie die Hauptspannungen σ_1 und σ_2, hat die Größe

$$\sigma_{1\,\mathrm{red}} = \sigma_1 - \frac{1}{\mu}\,\sigma_2 \tag{886}$$

μ ist die Poisson'sche Zahl, die bei Beton je nach der Mischung zwischen 5 und 12 liegt.

Die an Gewichtsstaumauern zulässigen Druckspannungen werden bei Bruchsteinmauerwerk mit $1/_8$ der nachgewiesenen Festigkeit des Mörtels, bei Beton mit $1/_6$ der nachgewiesenen Druckfestigkeit nach neunzigtägiger Erhärtung gewählt. Wie notwendig die Festsetzung der zulässigen Druckspannungen bei betonierten Staumauern mit hoher Sicherheit ist, lehrt anschaulich

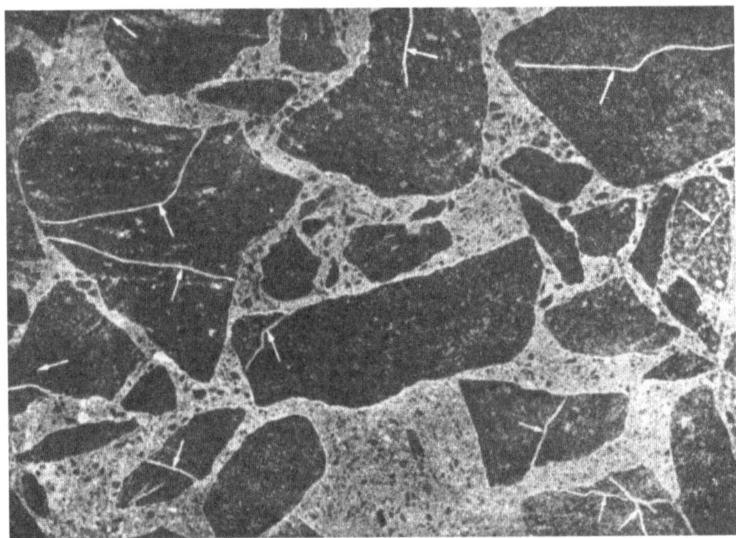

Abb. 789. Schnitt durch Staumauerbeton. An den durch Pfeile bezeichneten Stellen sind deutliche Risse in den Steinbrocken zu erkennen, die von der Bearbeitung im Steinbrecher herrühren.

ein Blick in die Abb. 789, die einen Schnitt durch Staumauerbeton zeigt. In den Zuschlagstoffen sind zahlreiche Risse zu erkennen, die durch Einfärben sichtbar gemacht sind. Diese Risse rühren vom Steinbrecher her und sind durch den Zement nicht wieder verkittet.

Um noch zu zeigen, welche Bedeutung einer zutreffenden Schätzung des Sohlenwasserdruckes zukommt, ist dem Beispiel der Abb. 790 der Verlauf der Sohlenspannungen bei einer 60 [m] hohen Staumauer für die Sohlspannungsbeiwerte $m = 0$, $0{,}4$ und $1{,}0$ eingezeichnet.

Man erkennt, daß bei voll wirksamem Sohlwasserdruck ($m = 1$) die Sohlfuge an der Wasserseite klafft; dann kann natürlich nicht mehr mit einer dreieckigen Verteilung der Sohlwasserspannungen gerechnet werden. Es würde sich dann eine Spannungsverteilung nach Abb. 790 unten ($m = 1$) einstellen, mit der die Spannungsuntersuchung zu wiederholen wäre.

Der Nachweis der Spannungen in waagrechten Schnitten durch die Mauer erfolgt am besten zeichnerisch; hierbei wird der Staumauerquerschnitt durch eine Anzahl von etwa 5 [m] auseinanderliegender waagrechter Schnitte unterteilt und für jeden Schnitt sowohl bei vollem, als auch bei leerem Stauweiher die Resultierende aller Kräfte ermittelt, die am oberhalb liegenden Mauerquerschnitt angreifen. Die Verbindungslinie der Durchstoßpunkte dieser Resultierenden durch die betreffenden Schnittebenen wird Drucklinie genannt; sie muß überall im Kern des Querschnittes verlaufen. Den Gang dieser Konstruktion zeigt die Abb. 791.

Der Nachweis der Randspannungen σ_w und σ_l erfolgt ebenfalls zeichnerisch, nach dem bekannten, in der Abb. 792 dargestellten Verfahren.

Schrifttum.

ASCHER, H.: Beiträge zur Frage der Gründung von Sperrmauern. Wasserkr. und Wasserw. 1939. S. 25. — BACHUS, E.: Die Boulder-Sperre. Bauing. 1938. S. 393. — BERNATZIG, W.: Die Zementeinpressung und ihre Überprüfung durch Zementbohrkerne. Baut. 1942. S. 121. — BOLLIGER, F., HUMM, W. und HAEFELI, R.: Druckbeanspruchte Gleitfugen. Schw. Bauztg. Bd. 109. 1937. S. 15. — CONTESSINI, F.: Effeti del ritiro e caratteriche dei giunti in olcune digue massicce italiane. L'Energia Elettrica. 1936. S. 654. — COYNE: Der Luftschutz von Talsperren. Gas- u. Wasserf. 1938. S. 246. — ENGESSER: Über die Wärmespannungen von Mauerkörpern, insbesondere von Stütz- und Staumauern. Ztschr. f. Arch. Ing. Wesen 1920. — FRANKE, W.: Die Förderanlagen beim Bau der Boulder-Staumauer. Bauing. 1935. S. 287. — GARBOTZ, G.: Betonbearbeitung und -verarbeitung bei deutschen Talsperrenbauten. Baut. 1937. S. 163. — HAEFNER, R.: Fugendichtung im Ingenieurbau mit Blechen aus Aluminium. Baut. 1940. S. 591. — KELEN, N.: Spannungsmessungen in Staumauern. Gas- u. Wasserf. 1932. S. 698. — KESSELHEIM, W.: Wege zur Verbilligung und Verbesserung des Betons beim Talsperrenbau. Bauing. 1935. S. 138. —

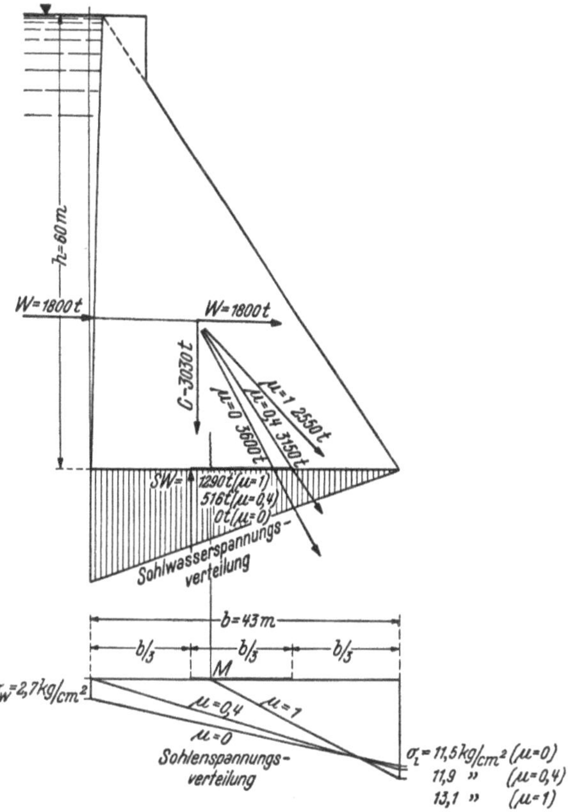

Abb. 790. Wirkung des Sohlwasserdruckes.
Lies m statt μ

KNOP, E.: Die Verformungsmessungen an der Zillierbachtalsperre. Baut. 1938. S. 469. — KRATOCHWIL, St.: Über Sickerverluste bei Betongewichtsstaumauern. Wasserkr. u. Wasserw. 1940. S. 129. — LINK, H.: Der Einfluß der Mauerkrümmung auf die Bemessung von Gewichtsstaumauern. Baut. 1940. S. 488. — DERSELBE: Neuere Talsperrenbauten in Deutschland und im Ausland. Gas- u. Wasserf. 1938. S. 28. — DERSELBE und E. LINK: Die Querschnittsbestimmung der Staumauern nach der preußischen „Anleitung für den Entwurf, Bau und Betrieb von Talsperren." Baut. 1940. S. 447. — MOHR, O.: Der Spannungszustand einer Staumauer. Ztschr. d. Öst. Ing. Arch. Ver. 1908. S. 641. — MUSTERLE, TH.: Die Temperaturmessungen in der Staumauer der Saaletalsperre am kleinen Bleiloch. Baut. 1937. S. 729. — DERSELBE: Zementeinpressungen zur Wasserabdichtung an einem Grundablaß der Bleilochsperre. Baut. 1937. S. 117. — PETZNY, H.: Über Temperatureinflüsse auf eine Betonstaumauer. Wasserkr. u. Wasserw. 1939. S. 84. — DERSELBE: Über Durchbiegungsmessung einer Gewichtsstaumauer. Wasserkr. u. Wasserw. 1939. S. 1. — PRESS: Ausbildung wasserdichter Dehnungsfugen. Bauing. 1938. S. 4. — SCHOKLITSCH, A.: Die Ausbildung der Fugen und deren Abdichtung bei neueren italienischen Talsperren. Wasserkr. u. Wasserw. 1938. S. 39. — TODE, E.: Die Saaletalsperre bei Hohenwarte. Baut. 1938. S. 665. — TÖLKE, F.: Hoffnungsvolle Ausblicke für die spannungsoptische Untersuchung von Talsperren. Bauing. 1938. S. 345. — DERSELBE: Zwei bemerkenswerte italienische Hochgebirgsstaumauern. Bauing. 1938. S. 707. — DERSELBE: Meilensteine des Fortschrittes im französischen Talsperrenbau. Bauing. 1938. S. 115. — WEICKER, G.: Der Muldenstausee bei Glauchau. Gesundh. Ing. 1938. S. 582. — ZEISSLER, O.: Über die Größenbemessung von Talsperren. Baut. 1935. S. 659. — REFERAT: Luftschutzfragen. Wasserkr. u. Wasserw. 1938. S. 46. — REFERAT: Sicherung der Staumauer Cheurfas (Algier) Baut. 1936. S. 463.

2. Bogenstaumauern.

In schmalen, tiefeingeschnittenen Felstälern hat man, um an Mauerwerk zu sparen, die Gewölbewirkung der im Bogen ausgeführten Staumauern auszunutzen versucht. Ursprünglich hat man sich eine solche Mauer als übereinanderliegende Bogen vorgestellt, die vom Wasser radial belastet werden und sich gegen den Fels stützen; auf die gegenseitige Beeinflussung der einzelnen Bogen und besonders auf die unverrückbare Lagerung des untersten hat man keine Rücksicht genommen. Die Beobachtungen an diesen Staumauern

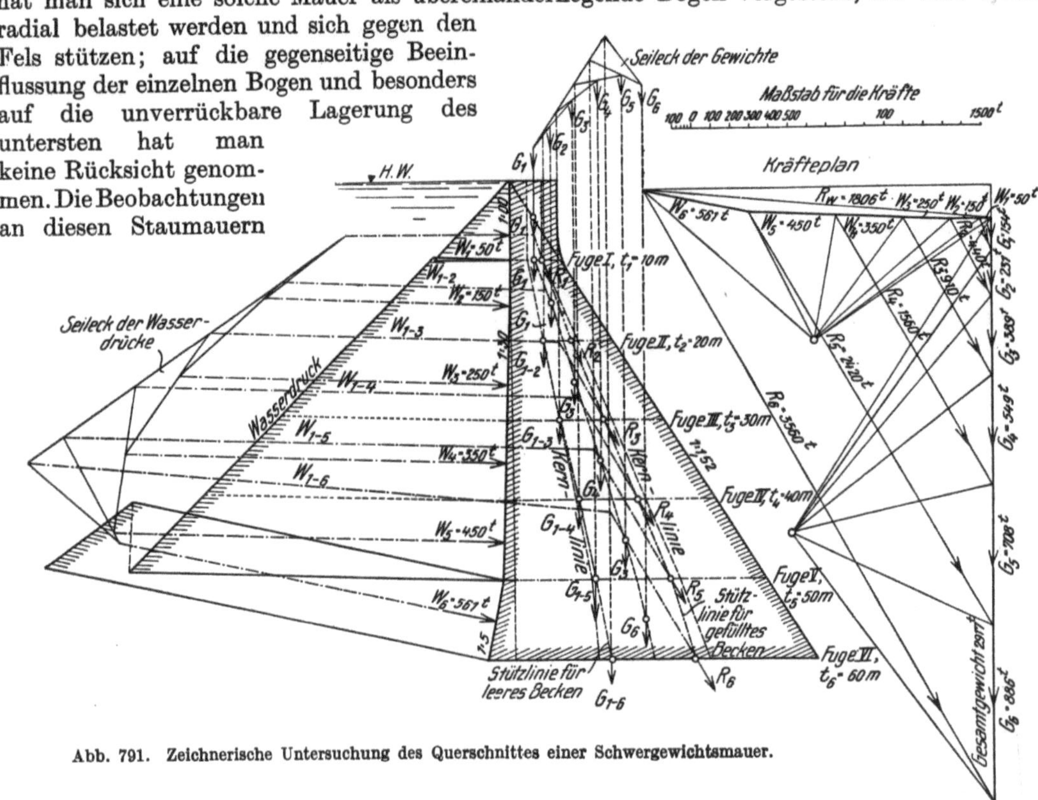

Abb. 791. Zeichnerische Untersuchung des Querschnittes einer Schwergewichtsmauer.

haben gelehrt, daß es nicht zulässig ist, die gegenseitige Beeinflussung der früher erwähnten waagrechten Bogen zu vernachlässigen.

Zur Bemessung einer Bogensperre denkt man sich jetzt die Staumauer einmal durch waagrechte Ebenen in Bogen zerschnitten und dann durch lotrechte Ebenen in einzelne Stützmauerblöcke. Die Wasserlast wird auf die beiden Tragsysteme so aufgeteilt, daß ein Punkt als Angehöriger des Bogens eine ebensolche elastische Verschiebung erleidet, wie als Angehöriger der Stützmauer. Je größer die Mauerstärke in der Sohlfuge ist, desto größer ist der Anteil des Wasserdruckes, den die Staumauer als Stützmauer aufnimmt. Die Abb. 793 zeigt zwei Bogenmauerquerschnitte, von denen der eine (Six-Miles-Creek Staumauer) so geformt ist, daß die Stützmauerwirkung gleich Null ist, während beim anderen Querschnitt (Spitallamsperre) ein sehr erheblicher Anteil des Wasserdruckes von der Mauer als Stützmauer aufgenommen wird.

Die Form der Bogenstaumauern hat im Laufe der Zeit manche Wandlungen erfahren. Nachdem die Kreisbogen, die die waagrechten Schnitte durch die Mauer begrenzen, dann, wenn alle Kreismittelpunkte auf einer Lotrechten liegen, in der Nähe der Sohlfuge zu kleine Pfeilhöhen erhalten, hat man auch nach dem Vorschlag von L. R. Jorgensen die Bogen mit nach unten abnehmenden Halbmessern, aber annähernd gleichbleibenden Zentriwinkeln von 133° ausgeführt. Die Abb. 794, 795 und 796

Abb. 792. Ermittlung der Randspannungen.

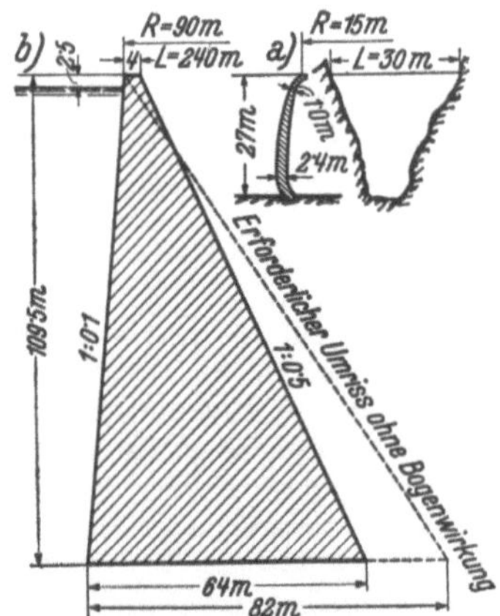

Abb. 793. Bogenstaumauern.
a) Six-Miles-Creek Staumauer.
b) Spitallam-Staumauer.

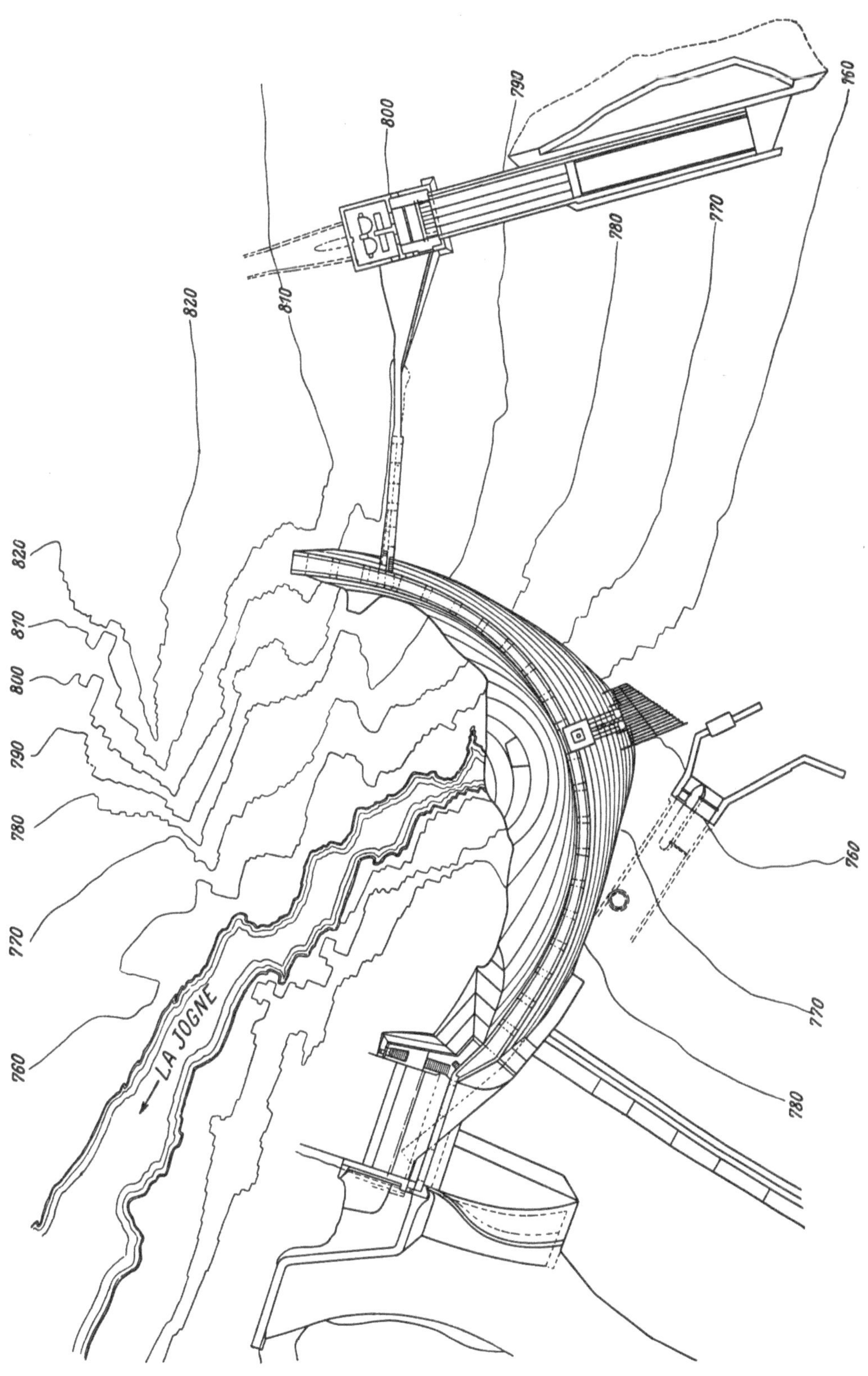

Abb. 794. Lageplan der Bogenstaumauer Montsalvens.

zeigen den Lageplan, einen Schnitt und die Ansicht der nach dem Vorschlag von Jorgensen gebauten Bogenstaumauer Montsalvens wieder. Spannweiten von etwa 200 [m] können als wirtschaftliche Grenze für die Ausführbarkeit von Bogensperren gelten.

Die Krone der Bogenstaumauern wird gewöhnlich überströmbar gemacht, um das Freiwasser über die Mauerkrone frei abstürzen zu lassen. Verkehrswege werden über die Krone von Bogenstaumauern gewöhnlich nicht geführt.

Anhaltspunkte für die Berechnung von Bogensperren geben N. Kelen, P. Ziegler und Fr. Tölke (siehe Schrifttums-Nachweis).

Die Bogensperren ermöglichen zwar namhafte Ersparnisse an Mauerinhalt, erfordern aber sehr hochwertige Baustoffe und sehr sorgfältige Arbeit. Sie sind überdies gegenüber Luftangriffen und Sabotageakten außerordentlich empfindlich, so, daß es fraglich ist, ob ihre Ausführung vertreten werden kann. Im Deutschen Reich ist bisher keine Bogenstaumauer ausgeführt worden.

Schrifttum.

BEURLE, G.: Einige Versuchsergebnisse der Stevenson-Creek-Staumauer. Wasserw. Wien 1927. S. 476. — CAQUOT, M.: Études élastique des voutes epaisses et a forte courbure. Ann. d. Ponts et Chaussées 1926. — CHAMBAUD, R.: Le problême élastique des voutes

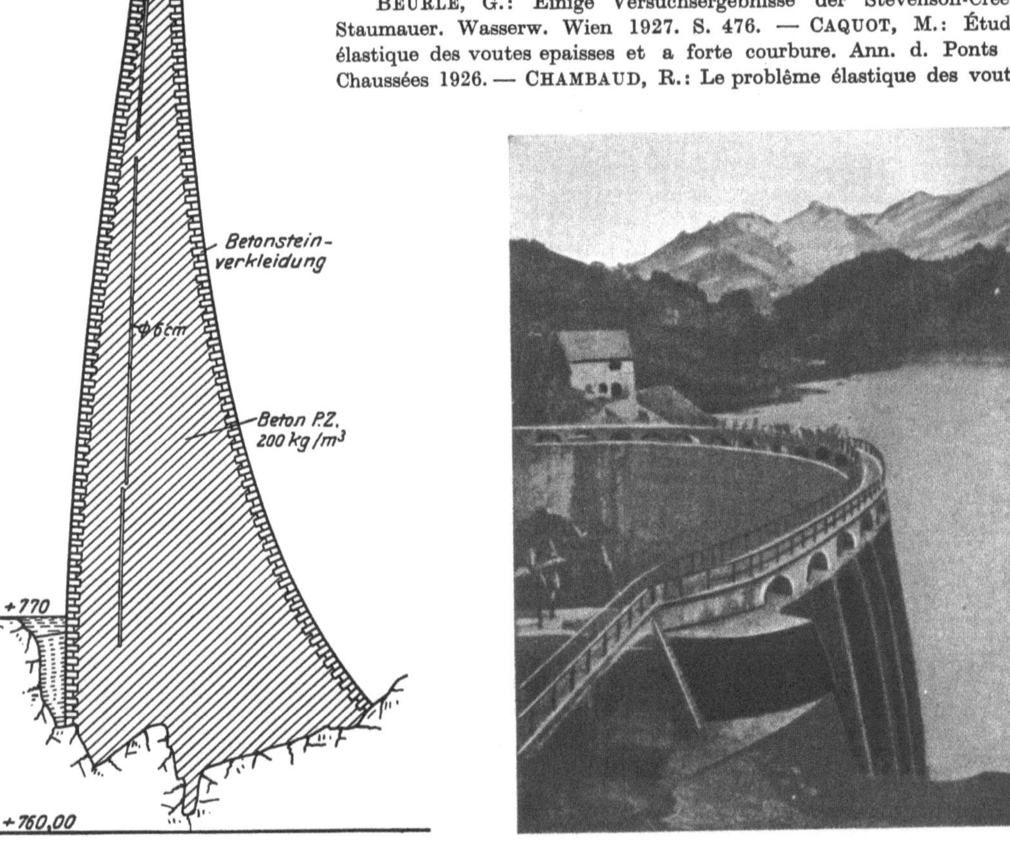

Abb. 795. Querschnitt der Bogenstaumauer Montsalvens.   Abb. 796. Ansicht der Bogenstaumauer Montsalvens.

épaisses et des pièces à forte courbure. Génie civil 1926. — GRENGG, H.: Versuche an Modellen der Stevenson-Creek Mauer. Ztschr. d. Öst. Ing. Arch. Ver. 1929. — HOFACKER, K.: Das Talsperrengewölbe. Baut. 1937. S. 715. — DERSELBE: Das Talsperrengewölbe. Dissertation. T. H. Zürich. 1936. — DERSELBE: Das Talsperrengewölbe. Mitt. aus dem Inst. f. Baustatik. Nr. 8. T. H. Zürich. 1936. — HOUK, J. E.: Trial load analysis of curved concrete dams. The Engineer. 1935. — JULLIARD, H.: Calcul des barrages arqués. Schweizer Bauzeitung. 1923. — KELEN, N.: Die Talsperren. Berlin 1926. Springer-Verlag. — MAILLART, R.: Die Wahl der Gewölbestärke bei Bogenstaumauern. Schw. Bauztg. Bd. 92. 1928. S. 55. — NOETZLI, F. A.: Gravity and arch action in curved dams. Trans. Amer. Soc. civ. Engr. 1921. — OBERTI, G.: Indagini sperimentali sulle costruzioni con l'ausilio di modelli. U. Hoeppli. 1935. — DERSELBE: Sul comportamento statico di archi incastrati note volumente ribassati tipo ponte Risorgimento. Cemento armata. Milano 1938. — DERSELBE: Risultati di studi speromentali eseguiti sopra un modello di diga ad arco recentemente costruita. L'Energia Elettrica 1940. — DERSELBE: Studi sperimentali delle azioni termiche in strutture con particolare riferimento alle dighe ad arco. Act. Pont. Acad. Scient. 1935. — RIBIERE, M.: Sur l'équilibre d'élasticité des voutes en arc de cercle. C. R. Acad. Sciens. 1889, 1901. — RITTER, H.: Die Berechnung von bogenförmigen Staumauern. Karlsruhe. 1931. — SMITH, B. A.: Arched dams. Trans. Am. Soc. Civ. Eng. 1919/20. — STUCKY, A.: Étude sur les barrages arqués. Bull. techn. de la Suisse Romande. 1922. — SUPINO, G.: Una soluzione elastica per le dighe ad arco. Rendiconti del Circolo Matematico di Palermo. 1926. — TÖLKE, F.: Baustoffersparnis durch Verwendung von Bogengewichts- und Bogenstaumauern. Bauing. 1937. S. 11. — DERSELBE: Talsperren, Staudämme und Staumauern. Hdb. f. Bauing. III. Teil. 9. Bd. 2. Hälfte, 1. Teil. Berlin 1938. Springer-Verlag. — TONINI, D.: Di un metodo di verifica delle dighe ad arco ecc. L'Energia Elettrica. 1941. — U. S. DEPARTEMENT OF THE INTERIOR, BUREAU OF RECLAMATION: Trial load method analysing arch dams. Denver, Colo. 1938. — ZIEGLER, P.: Der Talsperrenbau. Berlin 1927. W. Ernst & Sohn. — REFERAT: Modell Tests confirm design of Hoover Dam. Engn. News Rec. 1932.

3. Aufgelöste Staumauern.

Die fortschreitende Entwicklung des Stahlbetonbaues und seine erfolgreiche Anwendung auf vielen Gebieten des Wasserbaues bewirkten auch bald Versuche, Talsperren aus Stahlbeton aufzuführen. Um die hohe Festigkeit des Stahlbetons ausnützen zu können, mußten natürlich

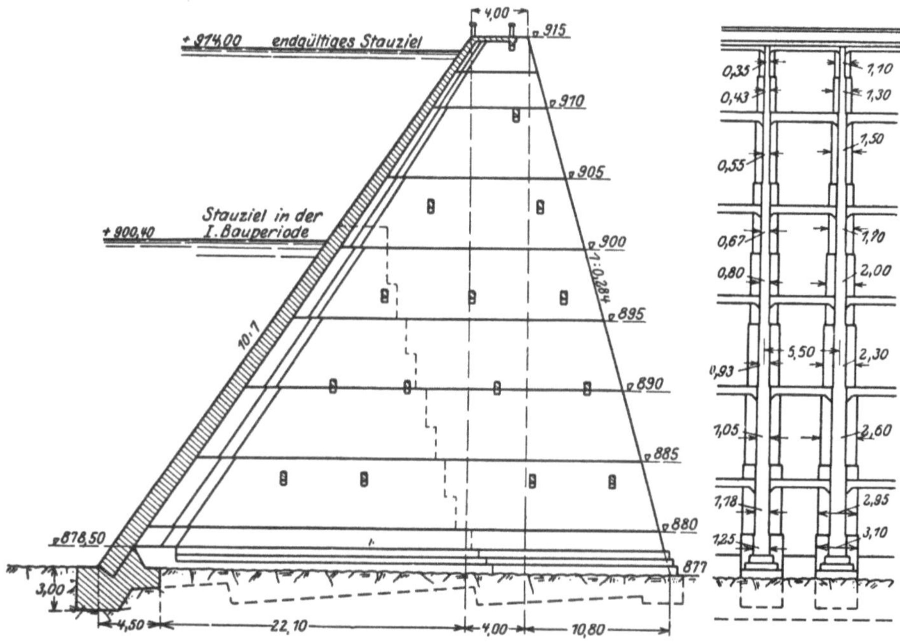

Abb. 797. Ambursen-Staumauer Cambamala. Querschnitt und Ansicht von der Luftseite.

neue Bauformen entwickelt werden. Die Staumauer wird, um die Festigkeit ausnützen zu können, stets in Pfeiler aufgelöst, die die Stauwand tragen. Nachdem die aufgelösten Staumauern viel leichter als die Schwergewichtsmauern sind, muß die Stauwand gegen die Waagrechte unter 45 bis 60° geneigt werden, damit der Wasserdruck innerhalb des Kernes der Pfeilersohlfuge auf den Untergrund übertragen werden kann. Aufgelöste Staumauern erfordern sehr tragfähigen Fels. Sie sind gegen Luftangriffe, Sabotageakte und atmosphärische Einflüsse sehr empfindlich und daher im Deutschen Reich nur ausnahmsweise ausgeführt worden.

Ambursen-Staumauern bestehen aus einer Anzahl von Pfeilern, die mit ebenen Platten als Stauwand überbrückt sind. Die Stauwand schließt mit der Waagrechten einen Winkel zwischen 45 und 60° ein, damit der angreifende Wasserdruck schon gegen die Sohle geneigt ist. Die Form eines Pfeilers zeigt die Abb. 797. Die Pfeiler sind gegeneinander mittels Stahlbetonriegeln abgesteift. Die Platten, die mit einer Mindeststärke von 0,30 [m] ausgeführt werden, liegen auf den Pfeilern frei auf. Die Abb. 798 zeigt die Bewehrung und Auflagerung der Platten; die Ausbildung einer Arbeitsfuge in der Platte gibt die Abb. 799 und die Verbindung der Platte mit dem Plattengrundwerk am wasserseitigen Fuß der Staumauer kann der Abb. 800 entnommen werden. Die Abb. 801 zeigt schließlich die Luftseite einer Ambursen-Staumauer.

Gewölbereihen-Staumauern. Wenn die Pfeiler einer aufgelösten Staumauer statt mit Platten mit geneigten Gewölben als Stauwand überdeckt werden, so erhält man die Gewölbereihen-Staumauern. Die Achse einer solchen Staumauer wird immer geradlinig ausgeführt, wenn nicht die besondere Geländeform ein Abweichen von dieser Regel wünschenswert macht.

Die Pfeiler erhalten, so wie bei den Ambursen-Staumauern, Dreieckumriß mit der Spitze in der Höhenlage des höchstmöglichen Wasserspiegels im Stauweiher. Über die Mauerkrone

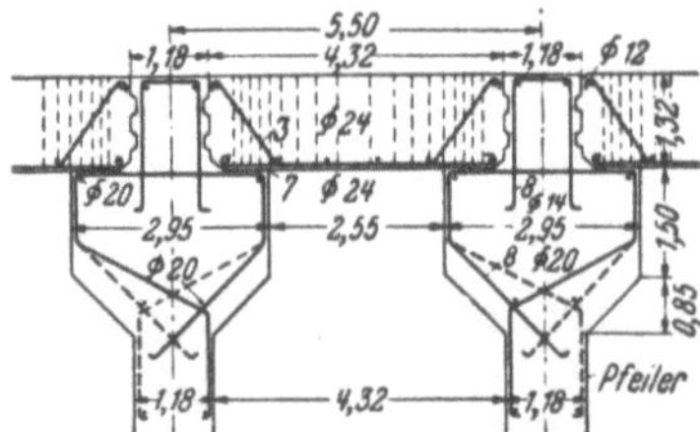

Abb. 798. Ambursen-Staumauer Cambamala. Bewehrung der Platten und Pfeilerköpfe.

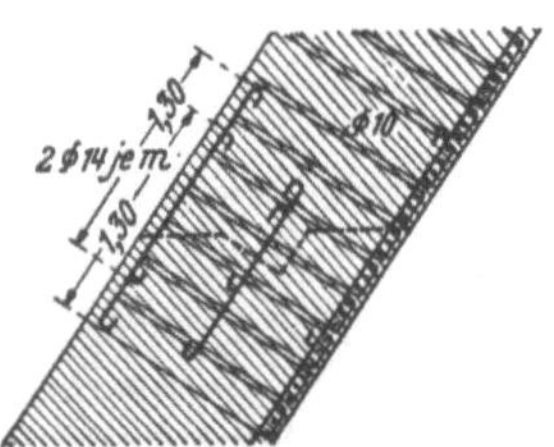

Abb. 799. Ambursen-Staumauer Cambamala. Ausbildung einer Arbeitsfuge in den Platten.

wird stets ein Verkehrsweg oder wenigstens ein Dienststeg geführt, der auf den Pfeilern aufliegt, so wie es die Abb. 802 andeutet.

Den Lageplan einer Gewölbereihen-Staumauer zeigt die Abb. 803. Die Ansicht der Luftseite zeigt die Abb. 804 und die Abb. 805 gibt einen Blick auf die Mauerkrone wieder. Einzelheiten eines Pfeilers können der Abb. 806 entnommen werden und die Abb. 807 zeigt einen Schnitt durch das Gewölbe.

Wie N. Kelen nachgewiesen hat, gibt es für die Pfeiler keine wirtschaftlichste Form; er empfiehlt, die Pfeilerstärke oben gleich einem Zehntel des Pfeilerabstandes zu machen und nach unten zu verstärken. Die Riegel zwischen den Pfeilern werden sowohl an der Luftseite als auch nahe der Wasserseite angeordnet. L. R. Jorgensen empfiehlt die Pfeilerabstände zwischen den Grenzen 9 und 15 [m] zu wählen. Für die Standsicherheit wird eine 1,5- bis 2-fache Sicherheit gegen Umkippen gefordert.

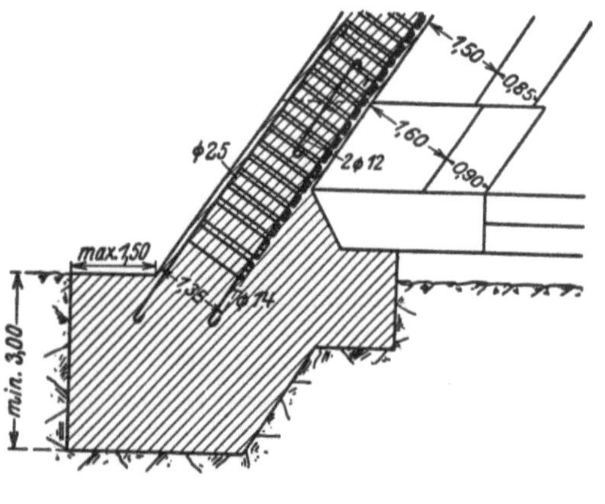

Anhaltspunkte für die Bemessung von Gewölbereihen-Talsperren gibt N. Kelen und Fr. Tölke (siehe Schrifttum).

Die Gewölbereihen-Staumauern sind ganz besonders empfindlich gegen Luftangriffe und überdies auch der Vereisung stark ausgesetzt.

Pfeilerkopf-Staumauern. Statt die Pfeiler einer aufgelösten Staumauer mit Platten oder Gewölbereihen als Stauwand abzudecken, können auch, wie es F. A. Noetzli getan hat, die Pfeiler an der Wasserseite durch Köpfe derart verbreitert werden, daß sich die Köpfe berühren (Abb. 808). Die Fugen zwischen den Köpfen werden durch Kupferbleche und Asphaltschachtfüllungen abgedichtet. Die Zwischenräume zwischen den Pfeilern bleiben an der Luftseite entweder offen oder sie werden durch Verstärkungen, ähnlich wie an der Wasserseite abgeschlossen.

Abb. 800. Ambursen-Staumauer Cambamala. Das Plattengrundwerk.

Schrifttum.

ARNDT, M.: Das Kraftwerk Rio Negro in Uruguay. Baut. 1943. S. 4. (Pfeilerkopfmauer.) — KELEN, N.: Die Staumauern. Berlin 1926. Springer-Verlag. — MAIER, F.: Die Staumauer des Kraftwerkes Vöhrenbach. Beton u. Eisen. 1924. S. 13. — MAIER, F. und K. KAMMÜLLER: Das Kraftwerk Vöhrenbach usw. Bauing. 1923. S. 110. — TÖLKE, F.: Wasserkraftanlagen. Hdb. f. Bauing. III. Teil. 9. Bd. 2. Hälfte. 1. Teil. Springer-Verlag. Berlin 1938.

c) Die Betriebseinrichtungen der Talsperren.

Der Betrieb der Talsperren erfordert Vorkehrungen, die die Entnahme des Nutzwassers aus dem Becken, die Ableitung des Wasserüberschusses, die Entleerung des Weihers, allenfalls die Ableitung von Geschieben und Sinkstoffen aus dem Becken und die fortlaufende Beobachtung des Verhaltens des Stauwerkes ermöglichen.

Bei Staudämmen dürfen die zur Ableitung des Wassers bestimmten Anlagen nicht im geschütteten Staukörper gebettet werden, sondern müssen am gewachsenen Boden aufliegen, weil sonst die stets auftretenden Setzungen der Dammschüttung bei derartigen Bauwerken zu Hohlraumbildungen führen würden, durch die Sickerwasser laufen und allenfalls zu Zerstörungen führen könnten. Wenn schon Leitungen die Dammbaustelle kreuzen müssen, so sollen sie vorwiegend im gewachsenen Boden liegen und sie müssen am äußeren Umfange mit „Halsbändern" (Abb. 809) ausgerüstet werden, die den Sickerweg längs des Bauwerkes verlängern; eine derartige Anordnung von Bauwerken wird aber in der Regel nur bei sehr festgelagertem Boden oder Fels zulässig sein, bei anderen Böden müssen sie abseits des Staudammes errichtet werden. Bei Staumauern ist es zulässig, diese Bauwerke, wenn es die örtlichen Verhältnisse zulassen, mit dem Stauwerk zu verbinden.

Abb. 801. Ambursen-Staumauer Cambamala. Ansicht von der Luftseite.

Die *Entnahmeanlagen* werden eingebaut, um Wasser aus dem Stauweiher ableiten zu können. Die Entnahmeanlagen werden, je nach den örtlichen Verhältnissen entweder im Zusammenhang mit dem Stauwerk oder getrennt von diesem, abseits, angeordnet.

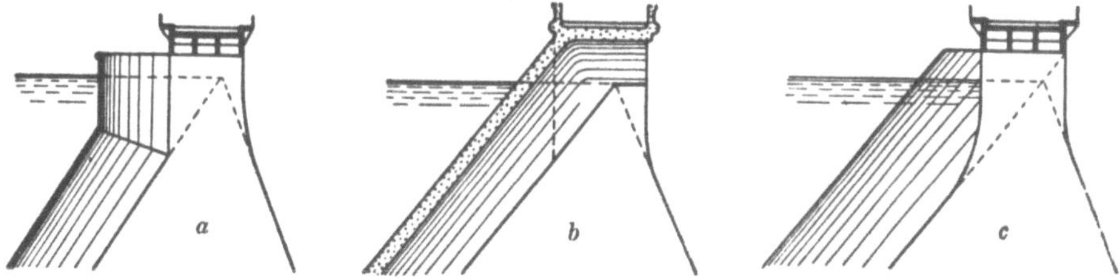

Abb. 802. Überführung eines Verkehrsweges über eine Gewölbereihen-Staumauer.

Um Treibzeug von der Entnahmeleitung fernzuhalten, werden am Anfang der Entnahmeanlagen fast ausnahmslos Rechen vorgesehen. Solche Rechen verursachen nur dann keine Betriebsstörungen, wenn sie zwecks Reinigung bis über den Wasserspiegel hochziehbar sind.

Eine Entnahmeleitung, die durch eine Schwergewichtsmauer geführt ist, zeigt die Abb. 810. Man erkennt am Anfang der Einlaufstrompete die Nuten für den hochziehbaren Rechen. Der

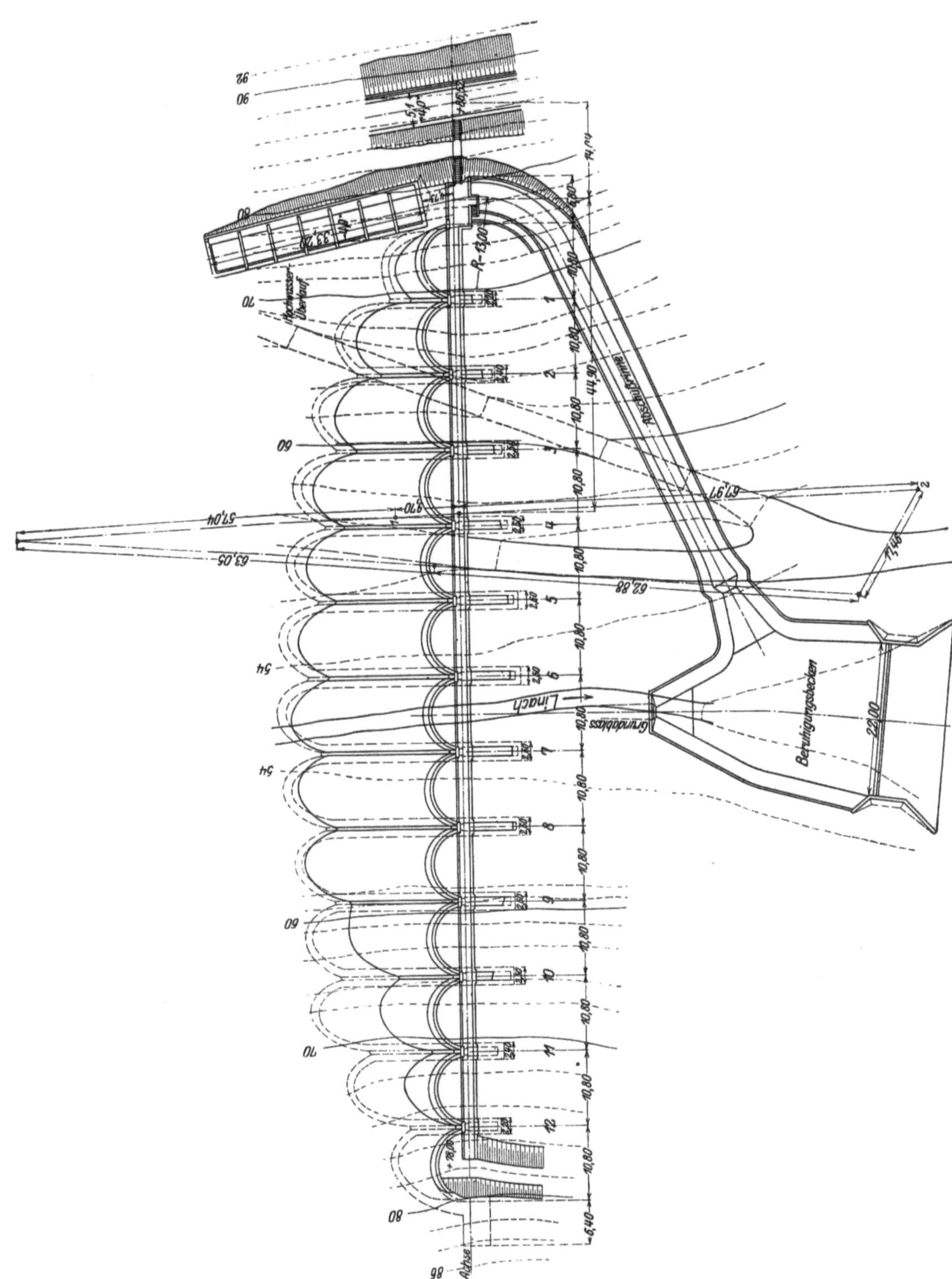

Abb. 803. Gewölbereihen-Staumauer Vöhrenbach (Dyckerhoff und Widmann).

Schieber, der auf den Rechen folgt, wird mittels eines Hubzylinders bewegt. Auf den Schieber folgt ein Belüftungsrohr, das die Bildung von Unterdruck bei Absperrung der Entnahmeleitung verhindern soll. Dieses Belüftungsrohr soll einen Querschnitt gleich etwa $^1/_3$ des Entnahmerohres haben. An der Luftseite ist ein zweiter Verschluß für die Entnahmeleitung angeordnet.

Die Einbetonierung des Entnahmerohres in der Staumauer muß sehr sorgfältig erfolgen. Gewöhnlich werden außen am Rohr eine Anzahl von Winkelringen (Abb. 811) angeordnet, die das Rohr unverschieblich im Beton verankern. Zweckmäßig ist es, um das Rohr herum den Beton mittels eines Rundstahlwendels zu bewehren (Abb. 812) und durch Zementeinpressungen ein sattes Anliegen des Betons am Rohr zu gewährleisten.

Abb. 804. Ansicht der Luftseite der Gewölbereihen-Staumauer Vöhrenbach.

Die Durchführung einer Entnahmeleitung unter einem Staudamm zeigt die Abb. 813. Bei Staudämmen werden stählerne Entnahmerohre mit Beton ummantelt. Der Betonmantel erhält ein oder mehrere sogenannte Halsbänder, das sind rippenartige Verstärkungen, mit trapezförmigem Querschnitt, die Sickerungen längs des Betonmantels erschweren.

Entnahmeanlagen abseits der Talsperre

Abb. 805. Gewölbereihen-Staumauer Vöhrenbach. Blick auf die Mauerkrone (Dyckerhoff und Widmann).

werden vielfach bevorzugt, weil die Leitung das Stauwerk nicht kreuzt und daher zu keinerlei Schäden an der Talsperre Anlaß geben kann. Bei solchen Entnahmeanlagen bildet die Entnahmeleitung im Bereich der Talsperre stets ein Stollen, der an geeigneter Stelle im Stauraum beginnt. Bei gewöhnlichen Stauweihern bietet die Errichtung der Entnahmeanlagen keine Schwierigkeiten, weil der Bau im Trockenen vor Beginn des Einstaues ausgeführt wird.

Bei natürlichen Seen, die als Speicher ausgenutzt werden sollen, muß ein Seeanstich ausgeführt werden, dessen Durchführung schwierig ist.

Die Entnahmeanlage abseits der Talsperre besteht in der Regel aus dem Entnahmestollen,

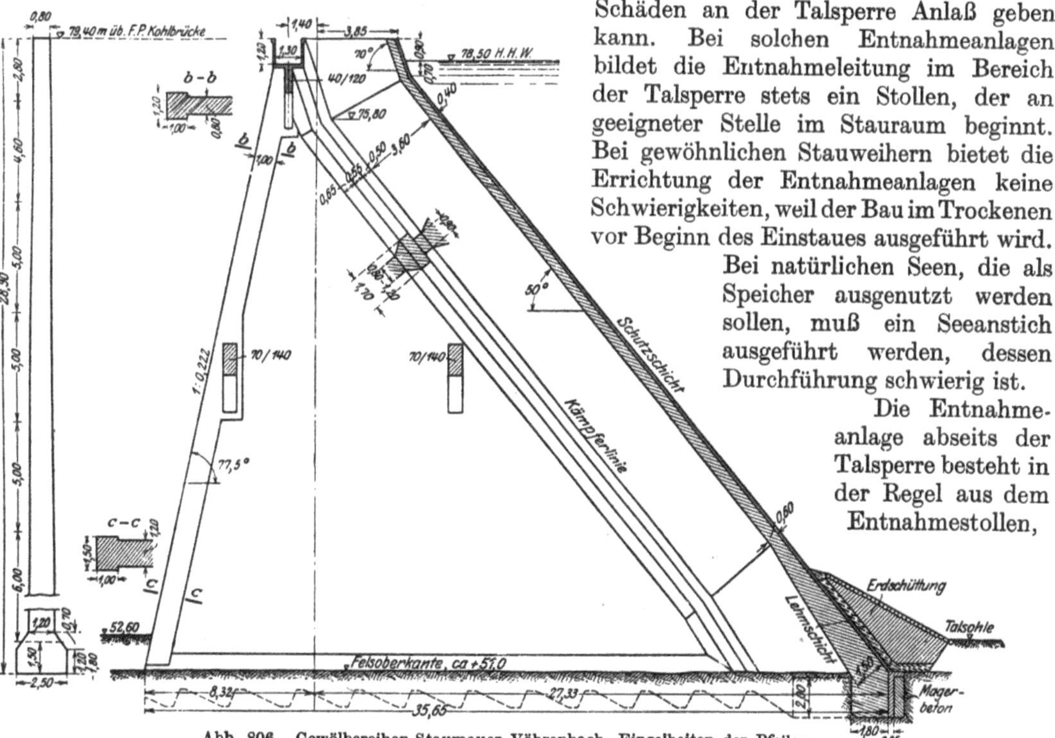

Abb. 806. Gewölbereihen-Staumauer Vöhrenbach. Einzelheiten der Pfeiler.

der mit einer trompetenförmigen Erweiterung im Stauraum beginnt. Der Einlaufquerschnitt der Einlauftrompete wird mit einem Rechen ausgerüstet und in der Nähe der Einlauftrompete wird ein Abschlußorgan eingebaut, das durch einen Schacht zugänglich gemacht wird. Die Abb. 814 zeigt als Beispiel eine solche Entnahmeanlage, wie sie am Kraftwerk Cala ausgeführt worden ist. Bei dieser Anlage ist der Rechen zwecks Reinigung nicht hochziehbar.

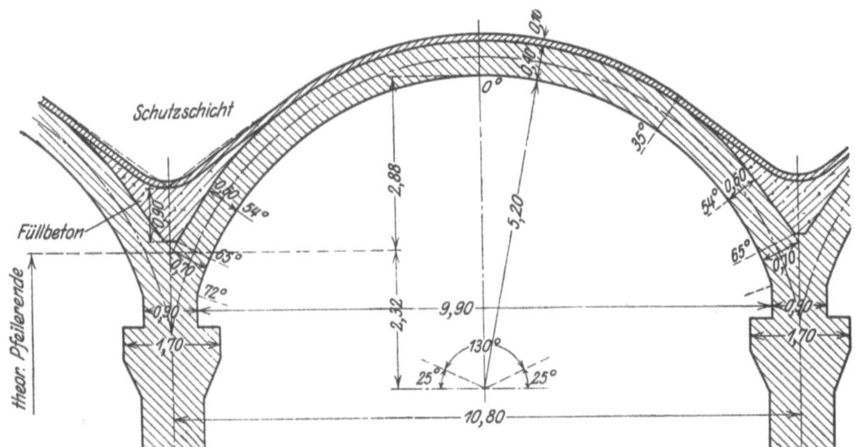

Abb. 807. Gewölberelhen-Staumauer Vöhrenbach. Schnitt durch die Gewölbe.

In der Regel wird gefordert, daß der Rechen hochziehbar sein muß; einen Einlauf mit hochziehbarem Korbrechen stellt die Abb. 815 vor Augen. Im Einlaufbauwerk ist der Querschnitt geteilt, um während der Reinigung der einen Rechenhälfte wenigstens einen Notbetrieb aufrechterhalten zu können. Vor dem Korbrechen liegt noch ein Grobrechen, der Wurzelstöcke u. dgl. aufhält.

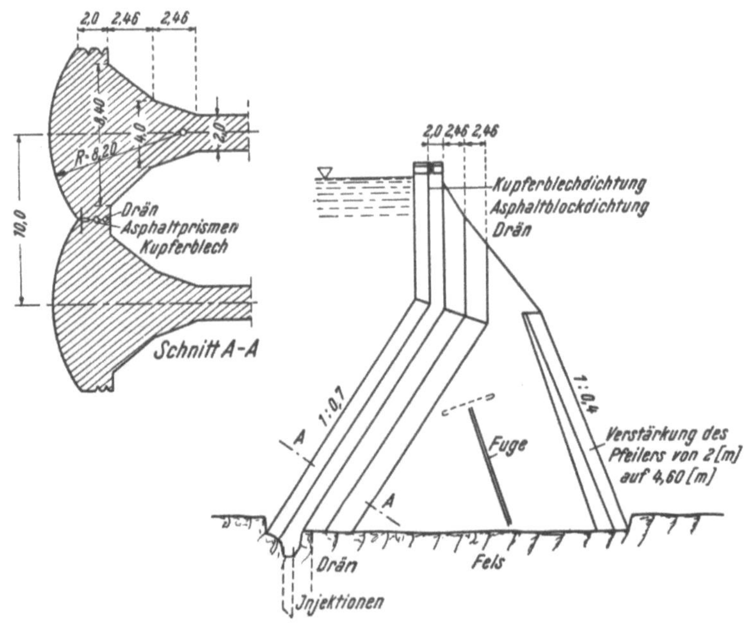

Abb. 808. Pfellerkopf-Staumauer von F. A. Noetzli. Vorlage.

Bei Anlagen ähnlich jener in der Abb. 816 hat man, um den Rechen hochziehbar zu machen, am Hang eine schräge Bahn hergestellt, auf der der Rechen auf Rollen beweglich ist. Die Abb. 816 zeigt eine derartige Rechenbahn, die aber mit Rücksicht auf Lahnengefahr überdeckt worden ist.

Statt das Absperrorgan durch einen Schacht zugänglich zu machen, ist auch am Stollenmundloch ein Turm angeordnet worden, in dem der Rechen und das Absperrorgan liegt. Dieser

Turm wird gewöhnlich mittels eines Steges mit dem Ufer verbunden. In den USA ist die Aufteilung des Einlaufquerschnittes auf eine Anzahl kleinerer Öffnungen üblich, die in verschiedenen Höhen angeordnet sind, wie es die Abb. 817 andeutet. Eine solche Anordnung der Einlauföffnungen kann in Frage kommen, wenn es sich um die Entnahme von Wasser für die Trinkwasserversorgung handelt, bei der ja stets Wasser der günstigsten Temperatur entnommen werden soll.

Wenn ein natürlicher See als Speicher ausgestaltet werden soll, so wird manchesmal die Entnahmeleitung tief unter den Seespiegel gelegt, um auch unter dem natürlichen Seespiegel liegende Wasserschichten in die Wasserwirtschaft einbeziehen zu können. Die Herstellung der Entnahmeleitung bereitet dann besondere Schwierigkeiten, weil ja der Seespiegel abgesenkt werden muß. Je nachdem, ob der Seegrund an der Anstichstelle mit Geröll und abgesetztem Schweb in größerer Dicke bedeckt ist oder nicht, werden verschiedene Arbeitsweisen angewendet.

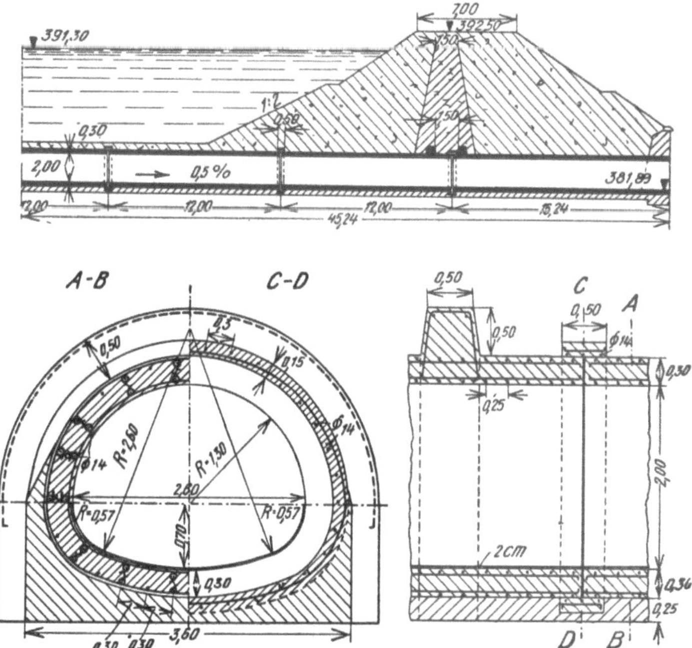

Abb. 809. Unterführung eines Baches unter einem Werksgraben. Ausbildung der Halsbänder in der Kerndichtung des Dammes. (Nach Schw. Bauztg. 1920.)

Wenn der Seegrund aus Fels besteht und nur wenig überlagert ist, wird die Entnahmeleitung am besten als Stollen in der erforderlichen Tiefenlage bergmännisch gegen den See

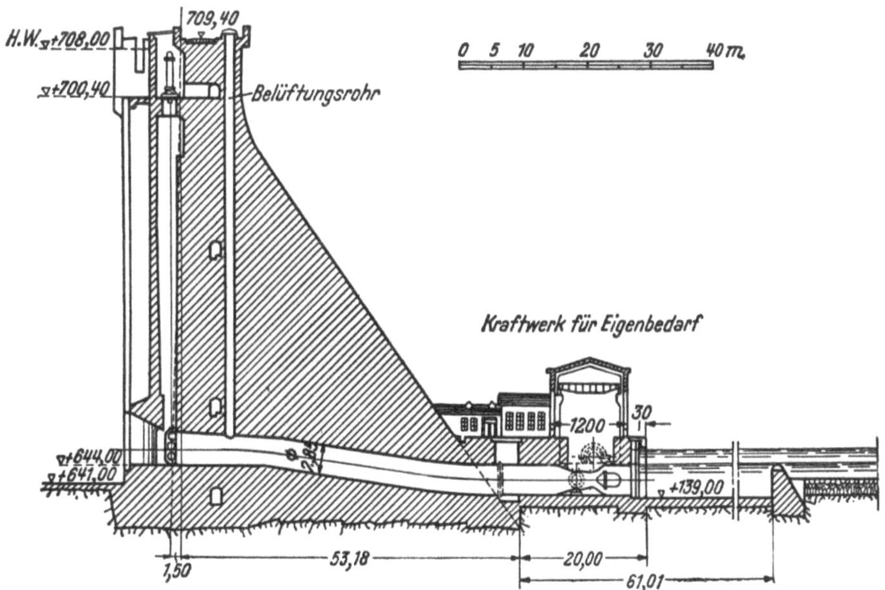

Abb. 810. Querschnitt durch die Staumauer Hohenwarthe mit einem Entnahmerohr für Eigenbedarf, das gleichzeitig als Grundablaß dient.

vorgetrieben, bis schließlich nur noch ein zwei bis fünf Meter starker Mundlochpfropfen aus gesundem Gestein steht, der schließlich mit starken Ladungen gesprengt wird. Noch vor der

Sprengung wird der Stollen fertig ausgemauert und es wird ein durch einen Schacht zugäng-
liches Absperrorgan eingebaut, um nach erfolgter Mundlochsprengung den Abfluß drosseln
oder auch ganz sperren zu können. Für den Seeanstich eignet sich am besten eine Stelle des
Sees, an der der felsige Seegrund steil abfällt, aber keinesfalls überhängt. Bei nur schwach
abfallendem Seegrund besteht die
Gefahr, daß die gelegentlich der
Sprengung des Mundlochpfropfens in
den Anstichstollen hereinbrechenden
Wassermassen Sprengtrümmer in den
Stollen mit hineinreißen, die den Ab-
fluß drosseln. Überdies gelangt dann
Schutt vom Seegrund in den Stollen.

Um eine Verlegung des Stollens
durch Sprengtrümmer zu verhüten,
wird unmittelbar hinter dem Mundlochpfropfen in der Sohle des Anstichstollens eine Vertiefung ausgesprengt,
die ohne Verengung des Durchflußquerschnittes 50 bis 100 [rm] Sprengtrümmer aufnehmen kann.

Vor der Sprengung wird der Anstichstollen gesperrt; nachdem die
Druckwelle bei der Sprengung das eingebaute Abschlußorgan beschädigen

Abb. 811. Entnahmerohrleitungen in einer Schwergewichts-Staumauer.

würde, so wird hinter dem Abschlußorgan ein behelfsmäßiger Abschluß am besten ein Beton-
pfropfen eingebaut (Abb. 818), der später unter dem Schutz des Absperrorgans leicht wieder
entfernt werden kann. Der Stollen zwischen dem Pfropfen und dem Mundlochpfropfen wird
bei geöffnetem Absperrorgan mit Wasser gefüllt, womöglich so weit, daß das Wasser in
dem Schacht des Absperrorgans höher steht, als im See. Im Augenblick der Sprengung
bricht dann das Wasser
aus dem Stollen in den See
hinaus und schleudert die
Sprengtrümmer in den See
hinaus.

Der Querschnitt des
Anstichstollens soll nicht
kleiner als etwa 2×2 [m]
gewählt werden. Beim bergmännischen Vortrieb des
Stollens werden stets einige
Bohrlöcher als Sondier-
löcher bis zu 15 [m] weit
vorgetrieben, um recht-
zeitig die Annäherung an
den Seegrund festzustellen.

Als Beispiel zeigt die
Abb. 819 den Anstich des
Schluchtsees, bei dem die
Schuttüberdeckung des Felsens und gebräcker Fels
über dem Mundlochpfrop-
fen mittels einer Taucher-

Abb. 812. Wendelbewehrungen um Rohrleitungen in einer Schwergewichts-Staumauer.
Lichtweite der Rohre 1600 [mm].

glocke an einem schwimmenden Gerüst abgeräumt worden ist. Einzelheiten der Ausbildung
der Einlauftrompete, die nach erfolgter Absenkung des Sees gebaut worden ist, gibt die
Abb. 820 wieder.

Wenn der Fels infolge Zerklüftung sehr wasserdurchlässig ist oder wenn der Fels zwar
gesund, aber stark mit Geröll und abgesetztem Schweb überlagert ist, so führt das früher
geschilderte Verfahren nicht ans Ziel. Die Absenkung des Seespiegels wird dann in mehreren

Abschnitten durchgeführt. Wie es die Abb. 821 andeutet, wird dann vorerst der Entnahmestollen bis zu dem Schacht vorgetrieben, in dem später das Absperrorgan eingebaut wird. Über
dem Seespiegel wird hierauf ein Stollen gegen den Schacht vorgetrieben und in diesem Stollen
dann eine Heberleitung verlegt, mittels der der See um etwa 0,7 bis 0,9 des Luftdruckes, in
Metern Wassersäule gemessen, abgesenkt werden kann. Über dem abgesenkten Wasserspiegel
wird ein neuer Stollen gegen den Schacht vorgetrieben, die Heberleitung in diesen übertragen und so fort.

Die in einem Arbeitsgang erzielbare Absenkung kann wesentlich erhöht werden, wenn das Wasser mittels einer schwimmenden Pumpe (Abb. 822) in die Heberleitung gepumpt wird.

Beim Bau eines Kraftwerkes in den Alpen mußte der Seeanstich in besonderer Weise ausgeführt werden, weil der Fels im See von Moränenschutt dicht überlagert war und der Seegrund sehr flach verlief. Das Entnahmerohr ist dort, wie ein Blick in die Abb. 823 lehrt, in eine Anzahl von 11 bis 18,5 [m] lange Abschnitte aufgelöst worden, die auf Druckluftsenkkästen gelagert worden sind. Der erste Abschnitt erhielt auch einen Rechen, während im letzten Abschnitt (Abb. 824) zwei Schützen eingebaut waren; mit diesem Abschnitt ist auch ein Schild mit versenkt worden, mittels dessen der Anschluß an den durch den Berg vorgetriebenen Stollen hergestellt worden ist.

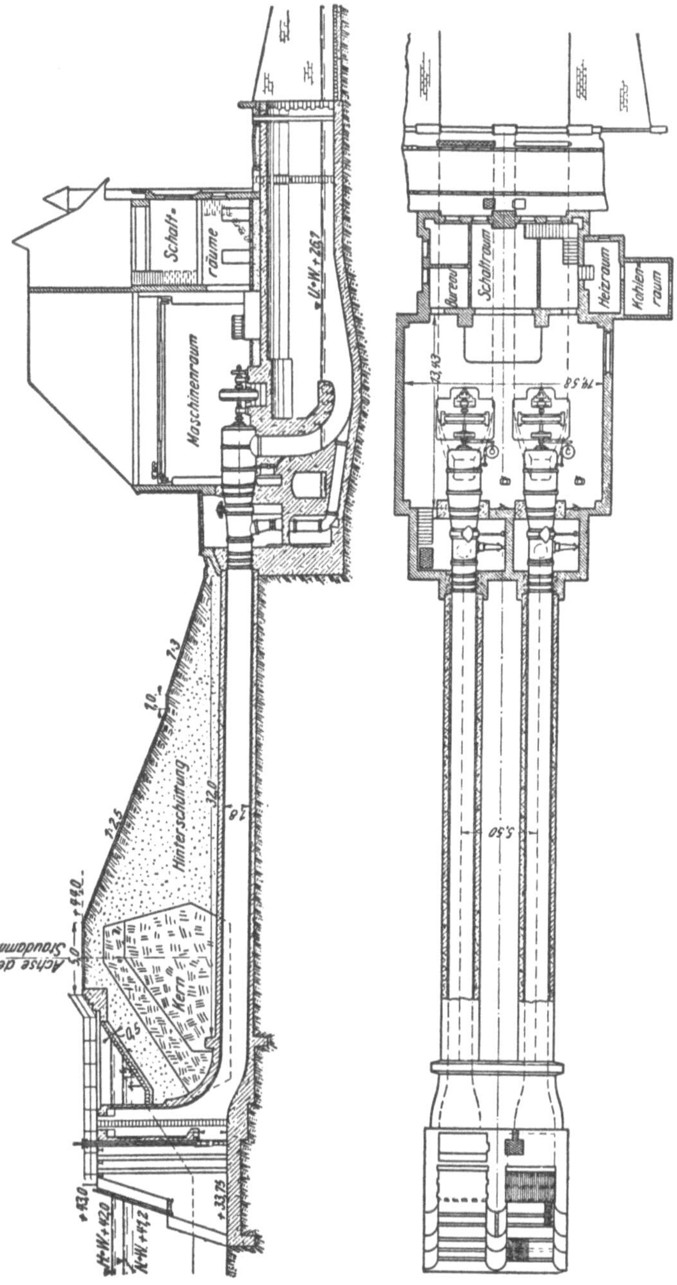

Grundablässe werden bei Stauweihern angeordnet, um den Weiher entleeren zu können; sie werden mitherangezogen zur Ableitung des Freiwassers gelegentlich sehr großer Hochwasserzuflüsse. Die Grundablässe werden stets an der tiefsten Stelle des Weihers angeordnet, um eine vollständige Entleerung und das Ausspülen abgesetzten Schwebs zu ermöglichen.

Die Grundablässe müssen stets zwei voneinander unabhängige Verschlüsse erhalten, von denen einer auch behelfsmäßig sein kann; einer soll möglichst nahe dem Anfang der Grundablaßleitung liegen.

Abb. 813. Die Entnahmeanlage und das Kraftwerk in Straschin-Prangschin.

So wie die Entnahmeleitungen können auch die Grundablässe entweder durch das Stauwerk geführt oder abseits vom Stauwerk angelegt werden. Die Entscheidung für die anzuwendende Bauart hängt davon ab, wie während des Baues der Durchfluß um die Baustelle der Talsperre umgeleitet werden soll, weil der Grundablaß stets während des Baues für diese Umleitung verwendet wird.

Einen Grundablaß, der durch eine Schwergewichtsmauer geführt ist, zeigt die Abb. 811 auf Seite 518. Der Grundablaß der Langmannsperre (Abb. 825) unterbricht die Mauer vollständig, wie man in der Abb. 826 und 827 erkennen kann. Den Wasserdruck des über dem Grundablaß liegenden Stahlbetonschildes nehmen die beiden, den Grundablaß begrenzenden Pfeiler auf. Den Abschluß des Grundablasses bildet ein Segmentverschluß, vor dem an der Wasserseite der Staumauer Nuten für einen Dammbalkenverschluß liegen.

Den Grundablaß und die zur Unterstützung des Grundablasses eingebaute Entlastungsleitung für eine Bogenreihenstaumauer zeigen die beiden Abb. 828 und 829. Wenigstens ein Absperrorgan wird in einem Turm am Anfang der Grundablaßleitung untergebracht.

Entlastungseinrichtungen müssen an allen Talsperren an-

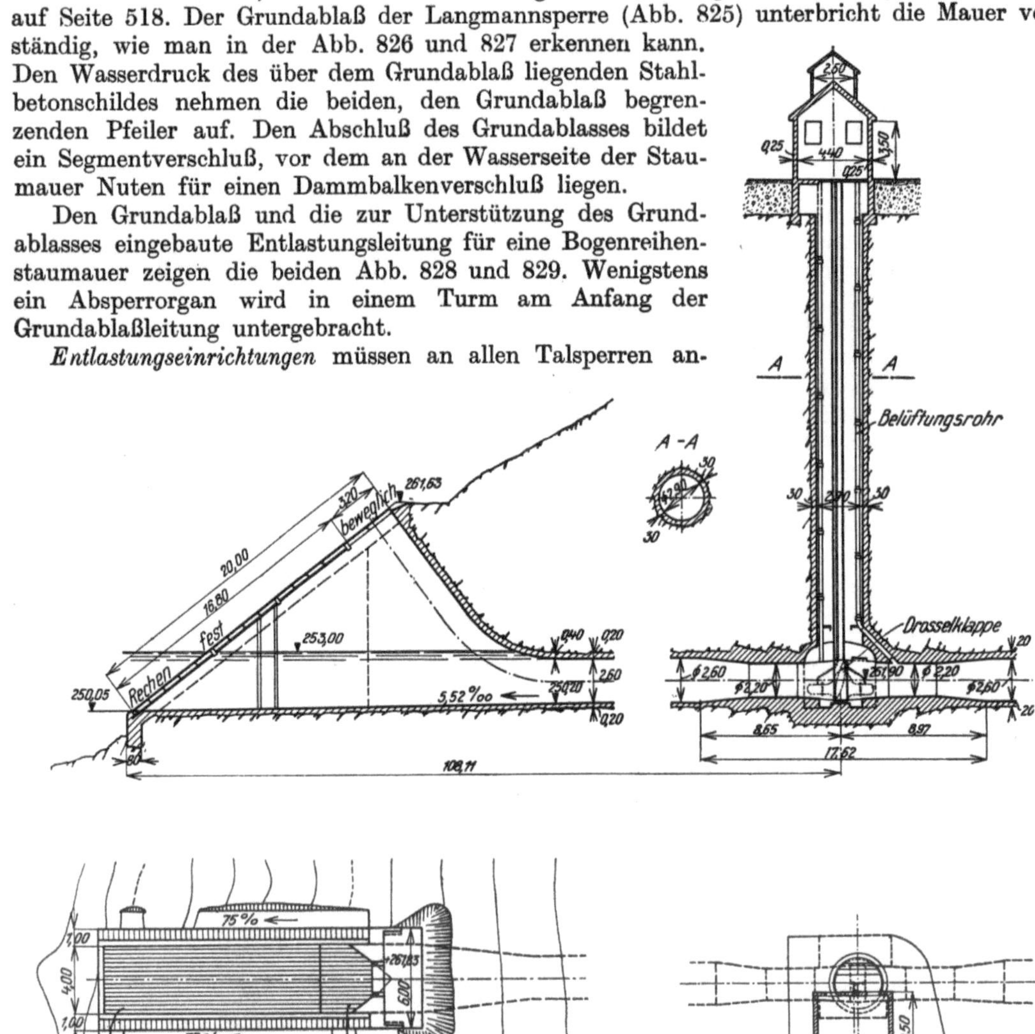

Abb. 814. Die Entnahmeanlage des Kraftwerkes Cala (H. E. Gruner).

geordnet werden, die selbsttätig in Tätigkeit treten, wenn die höchste Betriebsspiegellage überschritten wird. Diese Entlastungseinrichtungen müssen für etwa zwei Drittel des größten abzuleitenden Durchflusses bemessen werden; der Rest kann durch den Grundablaß abgeführt werden. Wenn sichere Aufzeichnungen über die Form der in den Stauweiher einlaufenden Hochwasserwelle vorhanden sind, so kann der Seerückhalt des Stauweihers ausgenützt werden und die Entlastungsanlage für den durch den Seerückhalt herabgesetzten Durchfluß bemessen werden. Bei Staudämmen muß die Entlastungsanlage besonders vorsichtig bemessen werden, weil ein überronnener Staudamm binnen wenigen Minuten vollkommen zerstört wird.

Die Entlastung erfolgt gewöhnlich mittels fester Überfälle, manchmal durch selbsttätige Heber. Selbsttätige, bewegliche Verschlüsse, wie z. B. Stauklappen, sind selten angewendet worden. Die Überfälle sind aber manchmal mit Senkschützen ausgerüstet worden, über die anfänglich das Wasser überfällt und die später vom Sperrenwärter gesenkt werden, um größere Abflußquerschnitte freizugeben.

Bei Staumauern wird in der Regel das Freiwasser über die Krone abgeleitet, und zwar bei Schwergewichtsmauern so, daß es auf der Luftseite der Mauer herabfließt (Abb. 830), während

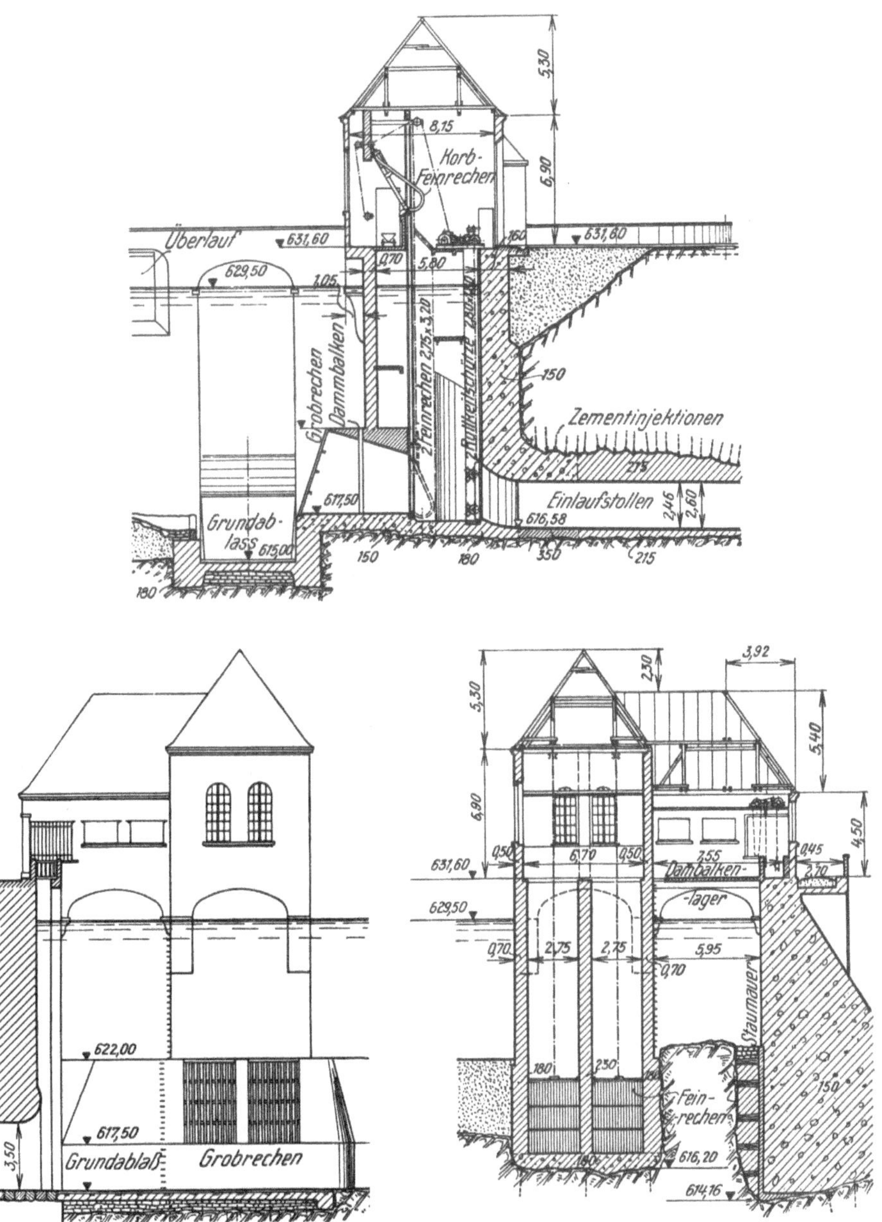

Abb. 815. Die Entnahmeanlage an der Langmann-Staumauer an der Teigitsch (Steweag, Graz).

man bei Bogensperren das Wasser von der Krone frei herabstürzen läßt (Abb. 831). Am Mauerfuß muß für eine hinreichende Energievernichtung vorgesorgt werden. Wenn der Überlauf bei Schwergewichtsmauern auch bis über den Talhang reicht, so muß das Wasser am Talhang mittels einer Schußrinne oder einer Abflußtreppe (Abb. 832) abgefangen und dem Ableitungsgerinne zugeführt werden.

In Schwergewichtsmauern ist zur Entlastung schon häufig eine Heberbatterie eingebaut worden; die Abb. 833 zeigt als Beispiel den Heber in der Burgkhammer-Staumauer. Einen

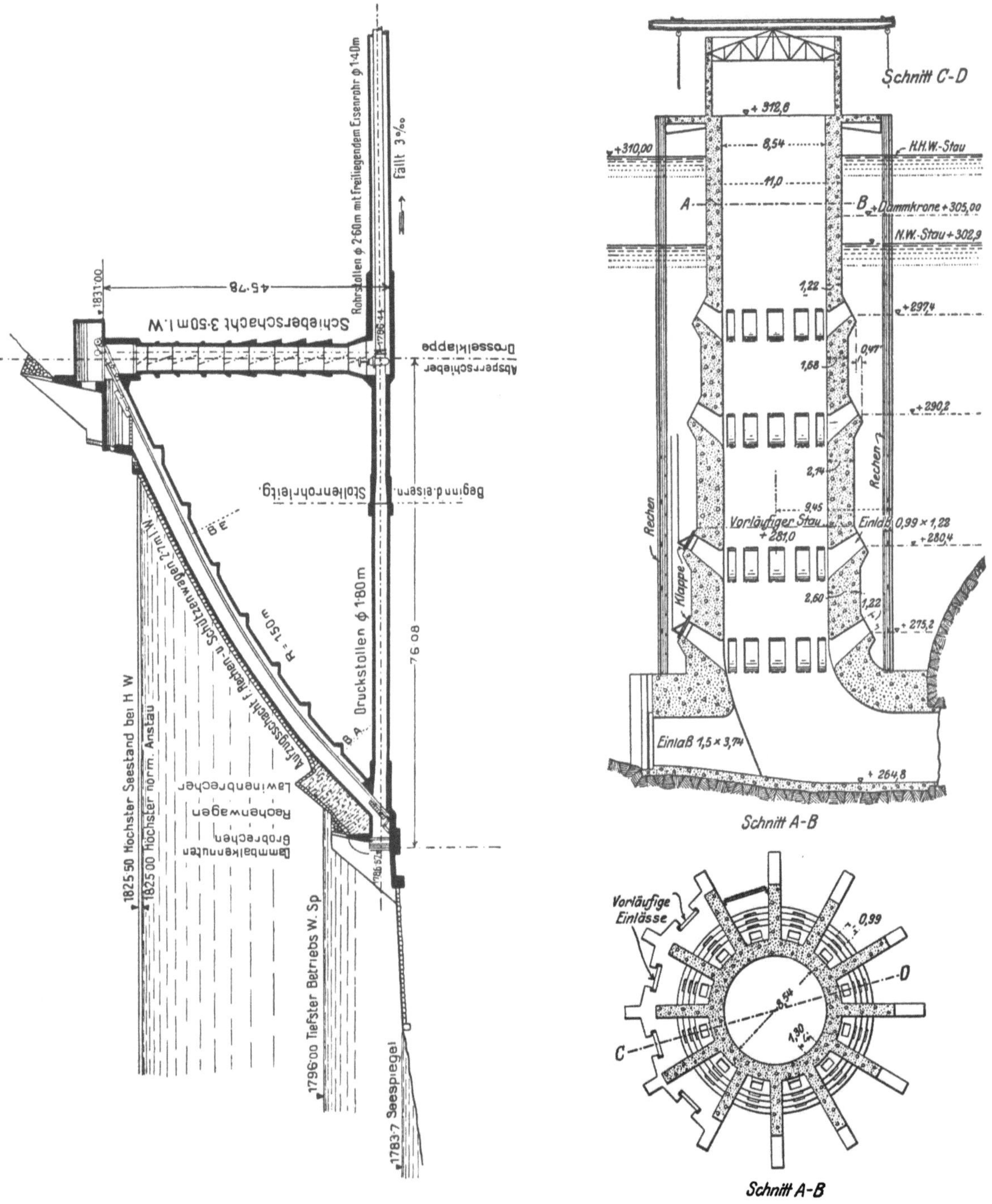

Abb. 816. Entnahmeanlage des Spullerseewerkes.

Abb. 817. Entnahmeanlage des Featherflußwerkes.

Entlastungsheber mit lotrechtem Schacht in einem Staudamm, verbunden mit dem Grundablaß zeigt endlich die Abb. 834.

Bei Staudämmen und bei aufgelösten Staumauern wird die Entlastungsanlage in der Regel seitlich der Talsperre am gewachsenen Boden angelegt. Schwierigkeiten bereitet bei Entlastungsanlagen, die als feste Überfälle ausgebildet werden, die Unterbringung der großen erforderlichen Überfallängen, weil ja gewöhnlich die größte Überfallhöhe nicht weit über einem Meter genommen wird. Solche lange Überfälle werden in ihren einzelnen Abschnitten auch ganz verschieden angeströmt, zum Teil senkrecht, zum Teil als Streichwehre, so, daß es kaum möglich ist, ohne Modellversuche die Überfallänge verläßlich festzulegen. Das über den Überfall gefallene Wasser wird gewöhnlich in einem trogartigen Becken aufgefangen, das es gegen einen Schacht leitet, durch den das Wasser in den Ablaufstollen abstürzt. Um Wirbelbildungen am Schachtmundloch zu verhüten, ist es zweckmäßig, Tauchwände einzubauen (vgl. S. 135).

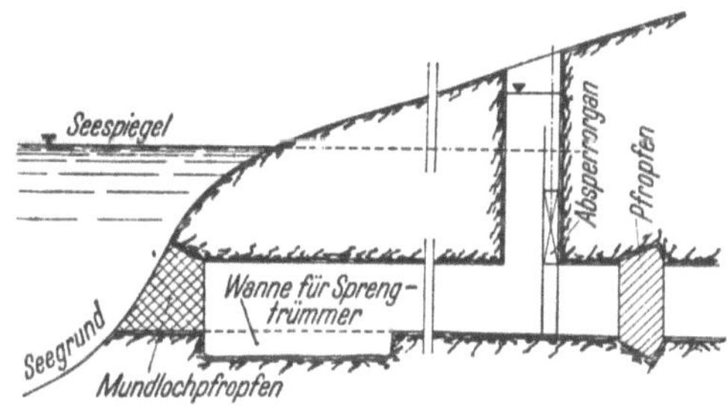

Abb. 818. Schema eines Seeanstiches.

Beim Überlauf der Talsperre Tremp ist die Überfallkrone in der in der Abb. 835 ersichtlichen Weise verlängert worden. Beim Überlauf der Bogenreihensperre am Vöhrenbach (Abb. 803 auf S. 514) stürzt das Freiwasser in einen Trog und fließt durch eine Schußrinne ab. Dieser Trog muß so schwer gemacht werden, daß er nicht aufschwimmen kann.

Am Staudamm Ruthken (Abb. 836) unterbricht das Entlastungsbauwerk den Staudamm. Grundablaß und Überlauf sind in diesem Bauwerk vereinigt und liegen durchaus am gewachsenen Boden.

Einrichtungen zur Beobachtung des Stauwerkes werden in allen Talsperren eingebaut, einerseits um jederzeit den Zustand der Talsperre überprüfen zu können, anderseits um Anhaltspunkte für einen verläßlichen Entwurf neuer Talsperren zu gewinnen. Von diesen Einrichtungen seien erwähnt jene für die Temperaturbeobachtung, ferner Anlagen zur Messung des Sohlwasserdruckes, der Spannungen und der Verformungen.

Für die Messung der Temperaturen im Querschnitt einer Schwergewichtsmauer dienen elektrische Widerstandsthermometer, wie sie schon auf S. 22 beschrieben worden sind. Auch die Einrichtung zur Messung des Sohlwasserdruckes ist schon auf S. 493 erörtert worden.

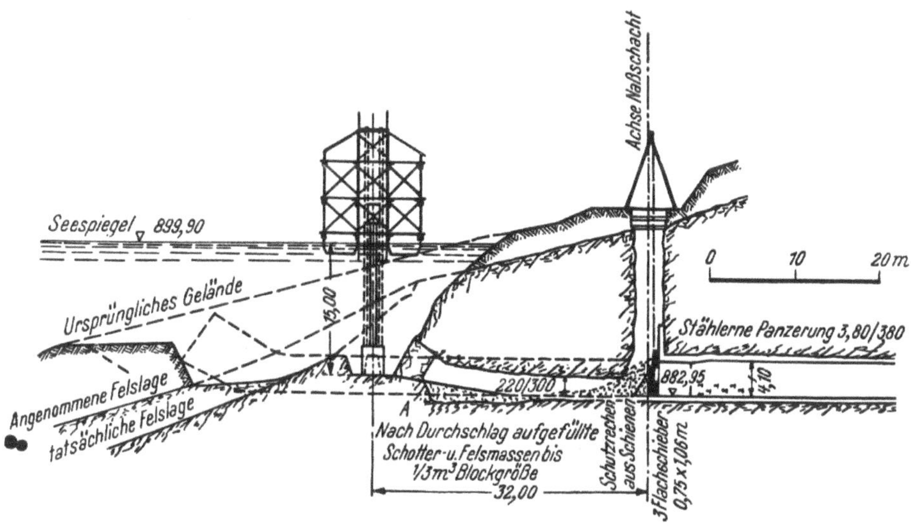

Abb. 819. Anstich des Schluchsees.

Für die Spannungsmessung dienen verschiedene Geräte. Als Beispiel zeigt die Abb. 837 den elektrischen Kohle-Fernmesser von SIEMENS-FUESS. Der druckempfindliche Teil des Gerätes besteht aus zwei Säulen, die aus Kohlescheibchen aufgebaut sind, zwischen denen ein Stahlkörper liegt. Die Kohlesäulen werden gegen den Stahlkörper gepreßt und weisen dann einen bestimmten Leitungswiderstand auf. Wenn nun infolge von Verformungen der Stahlkörper seine Lage ändert, so wird die eine Kohlensäule belastet, die andere entlastet. Die Widerstandsänderungen der Kohlensäulen werden mittels der Wheatstoneschen Brücke gemessen; die Ausschläge des Galvanometers sind den Bewegungen des Stahlkörpers proportional.

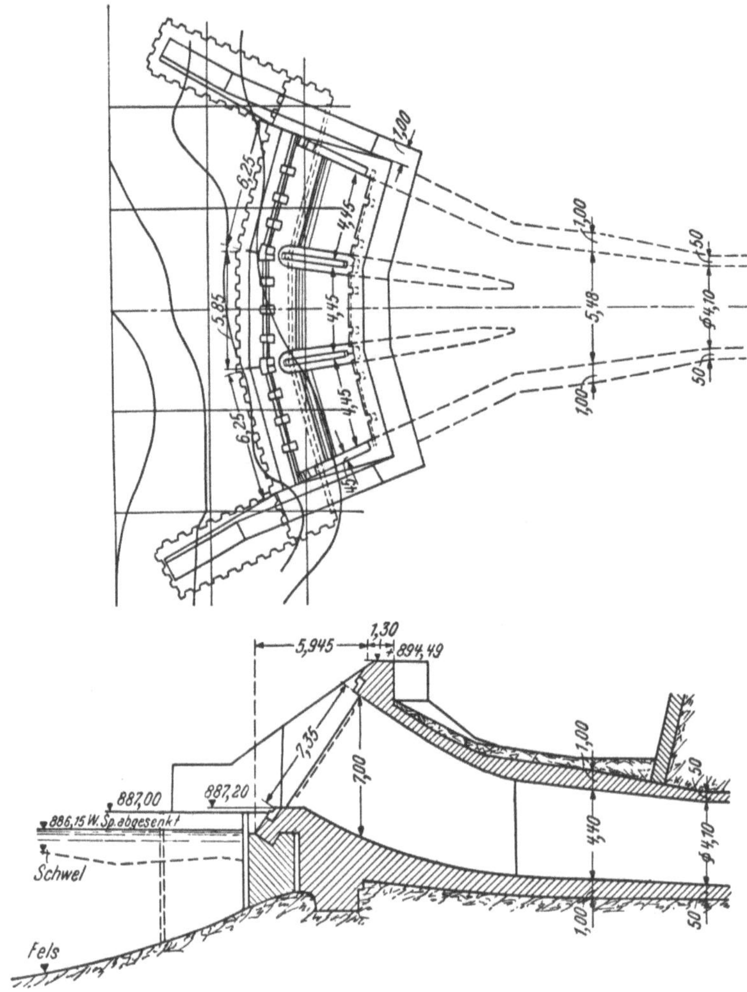

Abb. 820. Das Entnahmebauwerk des Schluchseewerkes.

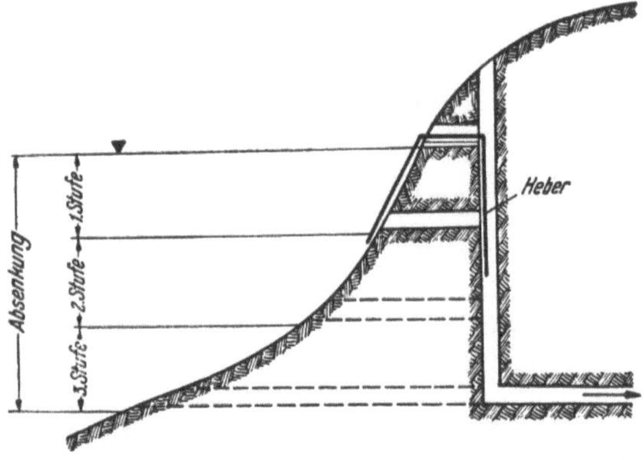

Abb. 821. Stufenweise Absenkung eines Seespiegels.

Nachdem Temperaturänderungen die Länge des Gerätes ändern, muß auch die Temperatur an der Meßstelle gemessen werden.

Die *Verformung* der Talsperren wird mittels geodätischer Feinmessungen vom Talhang aus festgestellt. Auf der Mauer werden an geeigneten Stellen Zielbolzen eingebaut.

Um die Durchbiegung der Staumauer ständig einfach überwachen zu können, ist an einer Staumauer von J. Petzny die folgende Pendellotmeßeinrichtung eingebaut worden. In einem eigenen Meßschacht wird nahe der Mauerkrone ein Lot aufgehängt, das aus einem 1 [mm] starken Draht aus rostfreiem Stahl besteht und nahe der Sohl-

fuge ein 10 [kg] schweres Lot mit Flügeln trägt, das zur Dämpfung in einem Ölbad hängt. Die Verschiebungen des Lotdrahtes infolge Verbiegungen der Mauer werden mit der in der

Abb. 838 angedeuteten Einrichtung auf zwei Maßstäbe projiziert, an denen zwei voneinander unabhängige Ablesungen durchgeführt werden können.

Die Verlandung der Stauweiher und die Maßnahmen zu ihrer Verhütung. Ähnlich wie an der Mündung eines Flusses in einen See bildet sich auch an der Mündung eines Flusses in einen Stauweiher ein Mündungsdelta aus, in dem sämtliche Geschiebe und ein Teil des Schwebs abgelagert werden, während die restlichen Schwebstoffe sich über die ganze Sohle des Weihers mit einer Schichtdicke ausbreitet, die in der Regel mit der Entfernung vom Delta abnimmt. Diese Ablagerungen wachsen rasch an und verringern den Stauraum beträchtlich; so hat z. B. der Stauraum der Sweetwatersperre in 22 Jahren um 3 Millionen

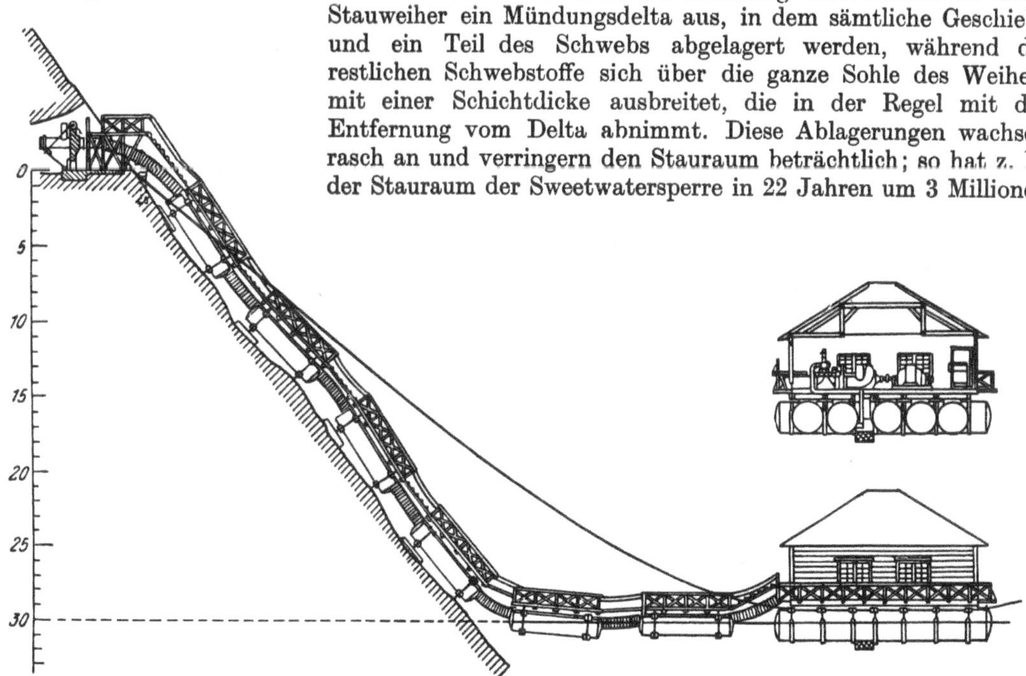

Abb. 822. Schwimmende Absenkpumpe am Gosausee.

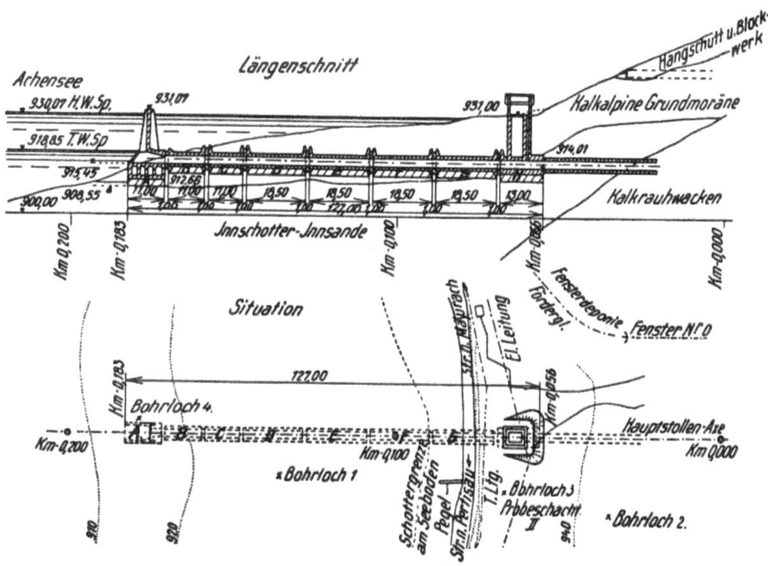

Abb. 823. Anstich des Achensees.

Kubikmeter infolge Verlandung abgenommen (vgl. auch S. 190). Wenn auch augenblicklich keine Gefahr für eine Sperre besteht, so wird die fortschreitende Verlandung doch später Abhilfemaßnahmen erforderlich machen.

Die Sinkstoffablagerungen im Weiher können nach Erfahrungen an indischen Weihern dadurch niedergehalten werden, daß der Wasserüberschuß durch den Grundablaß abgelassen wird; mit Sinkstoffen beladenes Wasser verhält sich nämlich wie eine spezifisch schwere Flüssigkeit und es läuft daher durch den Grundablaß in erster Linie sinkstofffreies Wasser ab.

Die Fortschritte des Verlandungsdeltas können unter Umständen nach einem Vorschlag von KRIEGER bei kurzen Stauweihern durch einen gedeckten Spülkanal gemildert werden, der an der Weihersohle vom Zulauf ins Becken bis unter die Talsperre reicht und durch den der Wasserüberschuß geleitet wird, der gleichzeitig die Geschiebe mitspült.

Die Anlage eines Geschiebespülkanals ist aber sehr kostspielig und erfordert sehr viel Spülwasser. Auch die maschinelle Baggerung und Abfuhr des Baggergutes bis unter die Sperre ist schon erwogen worden, ebenso die Errichtung eigener Geschiebesperren. Alle diese Maßnahmen können aber keinen Dauererfolg bringen, insofern, als es ja nicht möglich ist, das Geschiebe in derselben Menge wie es der Zulauf mit seinem natürlichen Gang des Durchflusses bringt, mit dem Wasserüberschuß allein von der Sperre weiterzubefördern. Das wirksamste Mittel, einen Weiher vor Verlandung, wenigstens durch Geschiebe, zu bewahren, wird stets die Verhinderung der Geschiebezufuhr schon vom Rande des Einzugsgebietes durch Verbauung allfälliger Wildbäche und der Ufer sein.

Beim Stauweiher „Am Pfaffensprung" ist am Anfang des Weihers ein festes

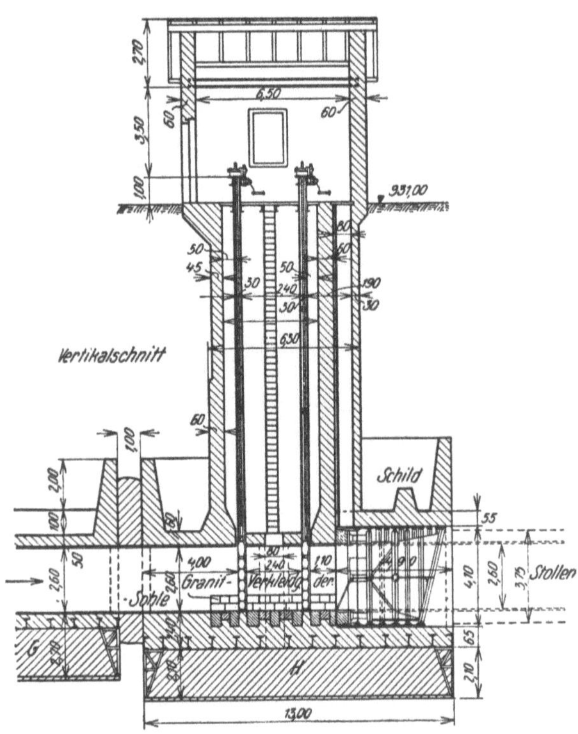

Abb. 824. Der letzte Abschnitt des auf Druckluftsenkkästen versenkten Entnahmerohres des Achenseewerkes mit den Schützen und dem Schild für den Anschluß an den Stollen.

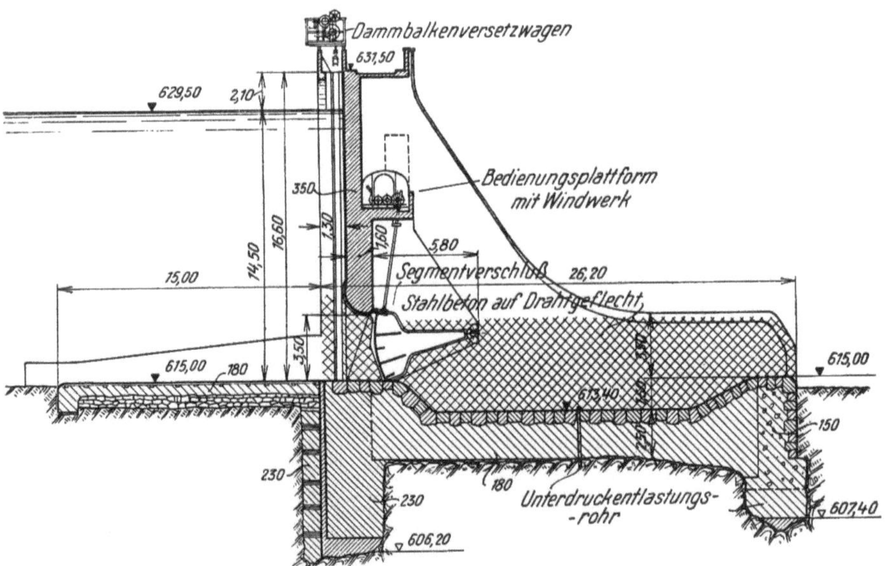

Abb. 825. Grundablaß der Staumauer Langmann an der Teigitsch (Steweag, Graz).

Wehr eingebaut worden, über das nur das für den Kraftwerksbetrieb erforderliche Wasser in den Stauweiher fließt. Das Freiwasser umfließt durch einen Umlaufstollen (Abb. 839) den

Stauweiher und spült die Geschiebe durch diesen Stollen. Nur jenes Freiwasser, das der Umlaufstollen nicht zu fassen vermag, stürzt über die Mauerkrone ab (vgl. Abb. 832). Die Verteidigung der Sohle des Umlaufstollens gegen den Ab-
schliff durch die Geschiebe bereitet bei dieser Anlage große
Schwierigkeiten.

Schrifttum.

BOESCH, F. und M. ROS: Verformungsmessungen an der
Staumauer Garichte der Kraftwerke Sernf-Niederenbach bei

Abb. 826. Die Staumauer Langmann an der Teigitsch. a Rechenhaus,
b Dammbalken-Versetzwagen, c Stauklappe, d Grundablaß, e Gegenschwelle des Energievernichters.

Abb. 827. Der Grundablaß der Langmann-
Staumauer an der Teigitsch.

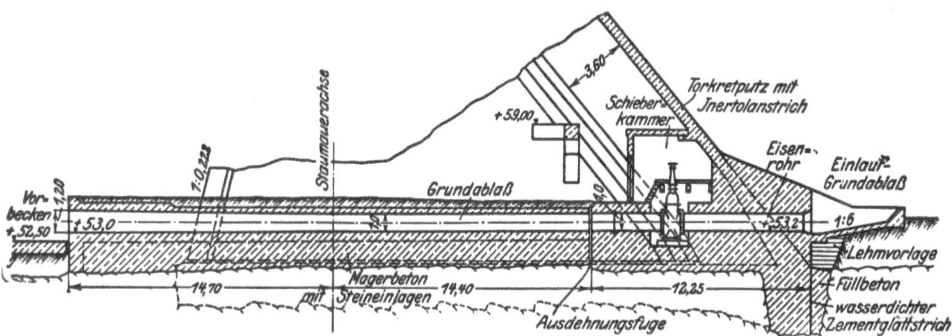

Abb. 828. Grundablaß der Bogenreihen-Staumauer Vöhrenbach.

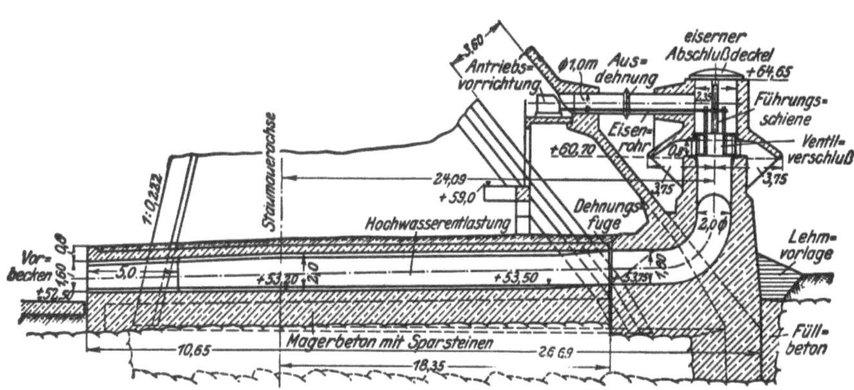

Abb. 829. Grundablaß der Bogenreihen-Staumauer Vöhrenbach.

Schwanden, Kt. Glarus. Talsperrenkongreß Stockhlm. 1933. Bericht 13. — HAMBERGER, B.: Die
Druckluftarbeiten beim Bau des Entnahmebauwerkes des Achensee-Kraftwerkes. Wasserkr. u. Wasserw.

1927. S. 283. — KÖHLER: Die Bleilochtalsperre in Thüringen. Dtsch. Wasserwirtschaft. 1932. H. 1.
KÖRNER, B.: Neuere Formen der Grundablaß- und Umlaufverschlüsse und die Frage der Kavitation.

Abb. 830. Die Schwergewichtsstaumauer Frein an der Thaya.
Rechts die Grundablässe, links das Krafthaus.

Wasserkr. u. Wasserw. 1929. — KRIEGER:
Ztschr. f. Wasserwirtschaft. 1908. — LIESE-
GANG: Temperaturmessungen an Staumauern.
Siemens Zeitschrift. 1932. S. 398. — LUND,
D. H.: Norwegische Methoden zur Absenkung
von Seen. Schw. Bauztg. Bd. 117. 1941. S. 271.
— MALAN, M.: Percement des lacs de montagne.
La houille blanche. 1938. S. 33. — MÜHL-
HOFER, L.: Das Achensee-Kraftwerk der
Tiroler Wasserkraftwerke A. G. Wasserkr. u.
Wasserwirtsch. 1928. S. 271. — MÜLLER, R.:
Senkung des Wasserspiegels von Gebirgsseen
mit Hilfe von Zentrifugalpumpen. Bauing. 1931.
S. 818. — PETZNY, H.: Über die Durchbiegungs-
messung einer Gewichtsstaumauer. Wasserkr.
u. Wasserw. 1939. S. 1. — DERSELBE: Über
drei Schieber-Schächte einer Talsperre. Dtsch.
Wasserwirtsch. 1941. S. 231. — MUSTERLE, TH.:
Die Temperaturmessungen in der Staumauer der
Saaletalsperre am „Kleinen Bleiloch". Baut.
1937. S. 729. — SCHIFFMANN, F.: Seeab-
senkungen. Wasserkr. u. Wasser-
wirtsch. 1942. S. 156. (Mit reichem
Schrifttumsnachweis.) — SCHOK-
LITSCH, A.: Über Seeanstiche.
Wasserkr. u. Wasserwirtsch. 1942.
— WALTHER: Die Talsperren-
Feinvermessung in Baden. Ztschr.
f. Wasserwirtsch. 1908. — WES-
SELY, A.: Besondere Bauaufgaben
beim Bau d. Schluchsee-Schwarza-
Stollens. Bauing. 1931. S. 436. —
ZORN, J.: Die Spiegelabsenkung
des Kratersees Kloet (Java) mittels
Heberleitungen. Ztschr. d. österr.
Ing. Arch. Ver. 1927. H. 1. —
REFERAT: Zur Prüfung und
Überwachung von Talsperren.
Dtsch. Wasserwirtschaft 1941.
S. 92. (Alignementverfahren zur
Ergänzung der Triangulierung.)

Abb. 831. Die Bogenstaumauer „Am Pfaffensprung", vom Freiwasser überronnen.

d) Die Bauarbeiten bei Talsperren.

Bevor mit den Bauarbeiten begonnen werden darf, muß die Beschaffenheit des Untergrundes, wie
schon auf S. 493 erörtert worden ist,
durch Bohrungen unter Zuziehung von
Geologen festgestellt werden. Überdies muß der Nachweis erbracht
werden, daß auch das ganze Staubecken hinreichend wasserdicht ist.

Um die Baugrube öffnen zu können, wird das durch das Tal ablaufende Wasser von der künftigen
Baustelle abgeleitet. Man errichtet
hiezu einen Hilfsdamm oder, wenn
das Tal eng ist, nur ein Hilfswehr,
das das Wasser flußauf der Baustelle

Abb. 832. Die Abflußtreppe der Staumauer Frein an der Thaya.

anstaut. Die Ableitung erfolgt entweder durch einen Umlaufstollen, der später für die Entlastung und Entleerung verwendet werden kann oder sie erfolgt durch ein hölzernes Gerinne, das über die Baugrube geführt wird. In der Abb. 840 ist als Beispiel der Hilfsdamm mit dem Umlaufstollen für die Staumauer Mauer am Bober dargestellt, während die beiden Abb. 841 und 842 das Hilfswehr und das Holzgerinne vom Bau der Langmannsperre an der Teigitsch veranschaulichen. Das Holzgerinne wird seitwärts des künftigen Grundablasses erbaut und nach Fertigstellung desselben

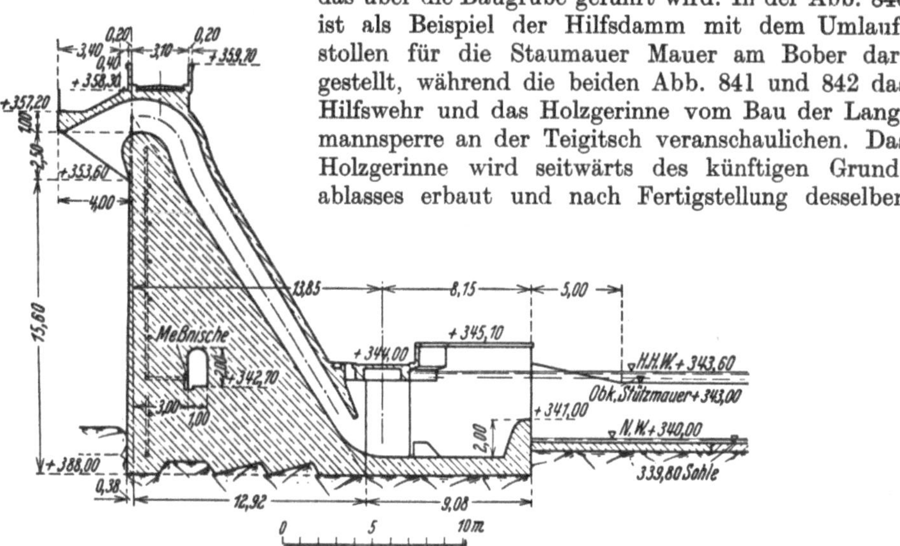

Abb. 833. Heberbatterie in der Staumauer Burgkhammer. (Nach N. Kelen.)

gegen diesen hin verlegt, so, daß das Wasser dann weiterhin durch diesen abläuft. In der Abb. 843 läuft das Wasser beim Bau der Langmannsperre schon durch den Grundablaß und man erkennt auch die Abschließung der übrigen Baugrube gegen das Unterwasser.

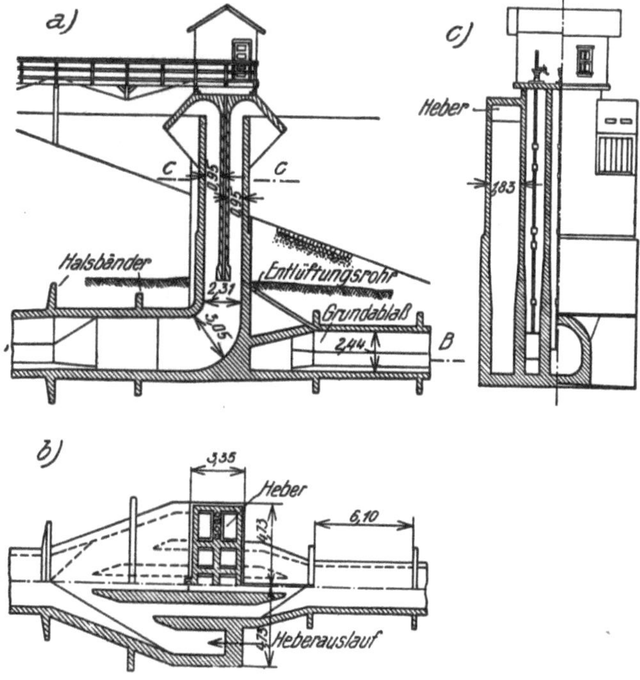

Abb. 834. Selbsttätiger Heber zur Entlastung eines Stauweihers.

Die Wasserumleitung muß beim Bau der Staudämme derart bemessen werden, daß der im Bau befindliche Damm unter keinen Umständen überronnen werden kann, weil das gleich-

bedeutend mit seiner Vernichtung wäre. Beim Bau von Staumauern kann die Umleitung sparsamer bemessen werden, weil erfahrungsgemäß, ein Überrinnen der Mauer ohne übermäßige
Schäden abläuft.

Um Sickerungen und ein Gleiten in der Sohlfuge zu verhindern, wird bei Schwergewichtsmauern der Fels grobgezahnt und es wird an der Wasserseite vielfach eine Herdmauer an-
geordnet (vgl. Abb. 825 auf S. 526). Die Abb. 844 zeigt die Zimmerung des Schlitzes im Fels für eine solche Herdmauer; die an der Sohle verlegte Dränleitung ist nach Beendigung des Baues ausgegossen worden.

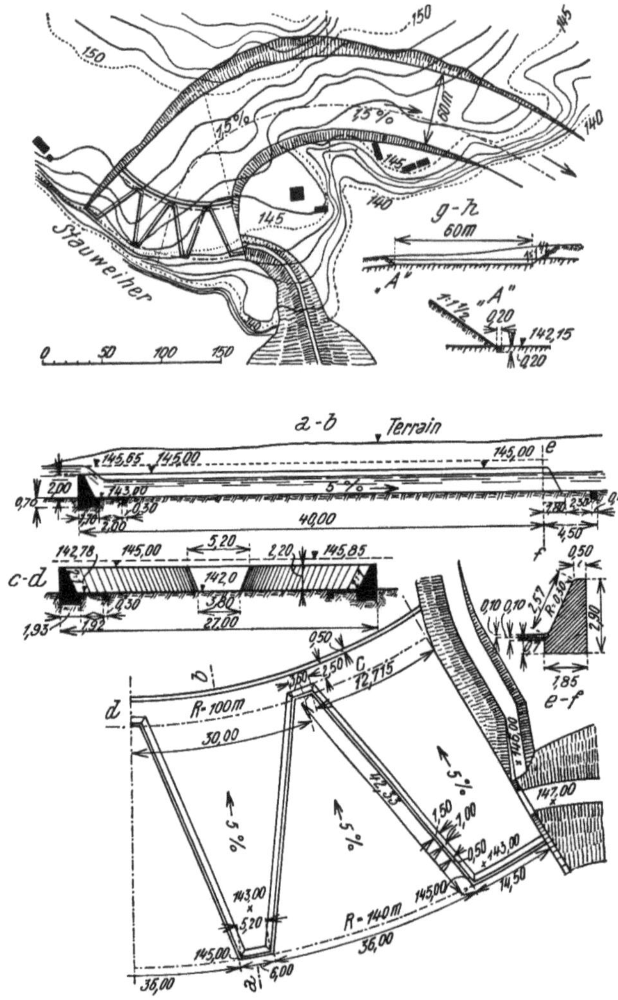

Die Installation der Baustelle hängt von der Örtlichkeit und von der Art des Sperrenmauerwerkes ab. Gerüste längs der Mauer für die Zufuhr der Baustoffe werden nur mehr bei kleinen Sperren angewendet; bei größeren erfolgt die Zufuhr mit Kabelkranen, durch Gießrinnen (Abb. 845 und 846) oder über Förderbänder, je nach der Art des Betons, der Verwendung finden soll. Gußbeton wird wegen der großen Kosten der Baustelleneinrich-
tung und wegen seiner wenig befrie-
digenden Eigenschaften nur noch selten verwendet.

Als Schalung wird jetzt in der Regel die Tafelschalung (Abb. 847) benutzt, die wiederholt verwendet wird.

Die ganze Einrichtung einer Bau-
stelle für eine Schwergewichtsmauer zeigen die Abb. 848 und 849.

e) Die Ausgestaltung der Tal-
sperren und des Stauraumes.

Talsperren gestalten weitgehend die Landschaft um und müssen daher mit besonderer Sorgfalt in das Land-
schaftsbild eingegliedert werden. Das Bauwerk selbst muß als solches wir-
ken, jegliche kleinliche „Verzierung" muß unbedingt vermieden werden.

Abb. 835. Der Überlauf des Stauweihers Tremp. (Nach A. HUGUENIN.)

Schieberschächte und dergleichen dürfen nicht, wie es früher üblich war, besonders betont
werden. Die Entwässerung der Mauerkrone soll gegen den Stauweiher erfolgen, weil bei der
Entwässerung auf der Luftseite häßliche Schmutzstreifen entstehen. Bei Talsperren für Trink-
wasserversorgung ist die Entwässerung in den Stauraum unzulässig; dann wird das Nieder-
schlagswasser am besten auf der Krone gegen die Flügel abgeleitet. Das Aussehen der
Luftseite ist bei Betonsperren vielfach bemängelt worden. Eine alle Anschauungen befriedigende
Lösung ist hier noch nicht gefunden. Bei sorgfältiger Schalung wird aber das Aussehen der
Luftseite einer Beton-Staumauer auch ohne Künsteleien so zu gestalten sein, daß es keinen
Anstoß erregt, um so mehr, als ja Bauwerke von der Größe einer Staumauer nicht
durch Einzelheiten der Oberfläche, sondern als Ganzes wirken sollen. Durch Färbung des
luftseitigen Vorsatzbetons ließe sich auch die vielfach beanstandete helle Betonfarbe
beseitigen.

Staudämme dürfen nicht an der Krone oder an der Luftseite mit Bäumen bepflanzt werden,
weil diese den Bestand des Bauwerkes gefährden können.

Im Stauraum bildet sich von der Höhenlage des Stauzieles abwärts eine vegetationslose Zone aus (Abb. 850), in der wegen des Wechsels der Wasserstände keine Pflanzen gedeihen. Gewöhnlich ist dieser Streifen aber nur im Winter sichtbar.

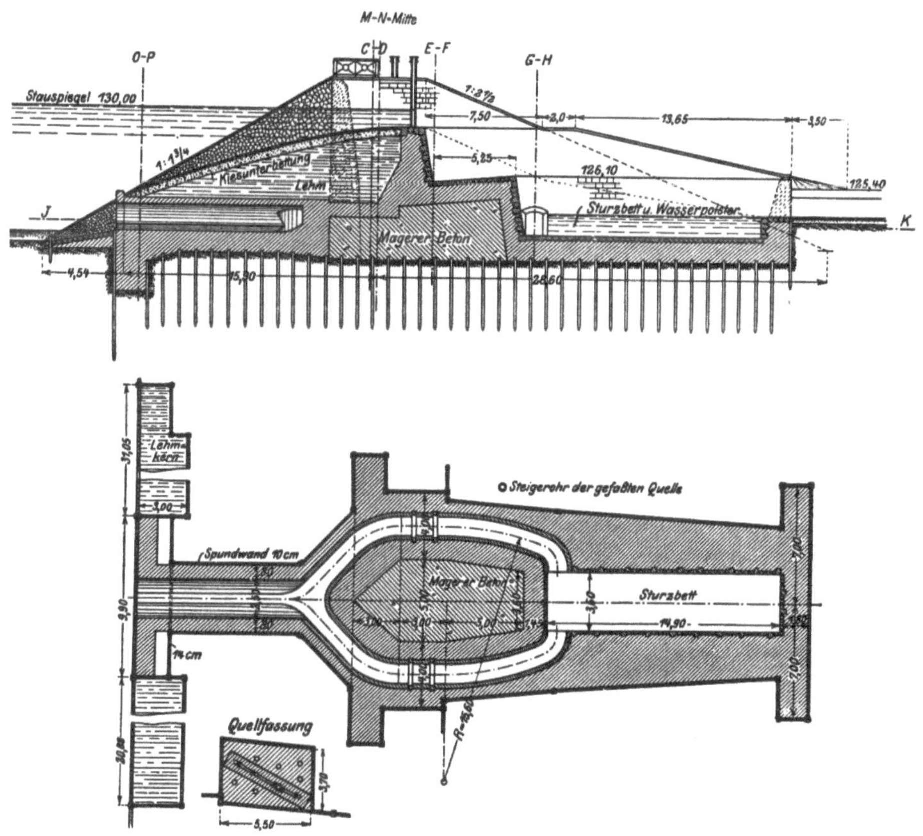

Abb. 836. Grundablaß und Entlastungganlage im Staudamm Ruthken.

Vor der Einstauung wird der Stauraum von Holz gesäubert. Wenn im Stauraum eine Ortschaft liegt, so sollen die Gebäude vollkommen umgelegt werden, weil der Anblick der überfluteten Ortschaft bei niedrigem Wasserstand einen trostlosen Anblick bietet, der die aus ihren Heimen ausgesiedelte Bevölkerung mit Recht aufbringt (Abb. 851).

f) Zerstörte Talsperren.

Um noch recht eindringlich die Notwendigkeit sorgfältiger Bearbeitung des Entwurfes für eine Talsperre und äußerster Gewissenhaftigkeit bei der Bauausführung vor Augen zu führen, sei die Zerstörung einiger Talsperren geschildert.

Staudämme werden vorwiegend zerstört, wenn der Dammbaustoff der Einwirkung strömenden Wassers ausgesetzt ist; solche Fälle können vorkommen, wenn der Damm überströmt wird. Die über die Luftseite herabstürzenden Wassermassen spülen dann in der kürzesten Zeit den ganzen Damm aus. Sind Bauwerke in den Damm eingebaut, so können bei unsachgemäßem Entwurf des Anschlusses des Dammes an das Bauwerk oder bei schlechter Verdichtung der Dammschüttung in der Umgebung des Bauwerkes Sickerungen entstehen, die binnen wenigen Stunden zur Vernichtung des Bauwerkes führen.

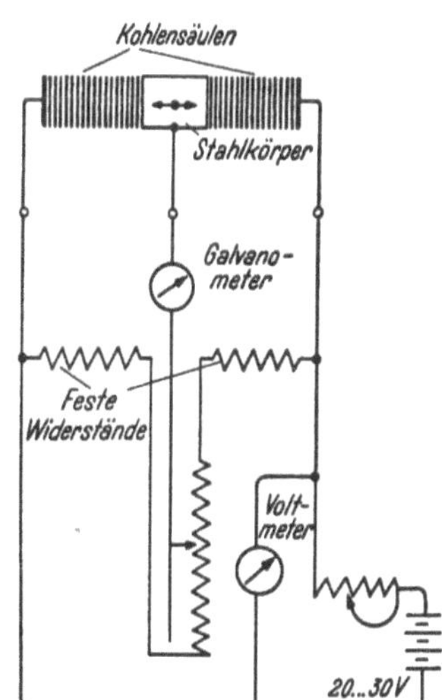

Abb. 837. Elektrischer Spannungsfernmesser von Siemens-Fuess.

Bei Schwergewichtsmauern besteht bei richtiger Bemessung des Mauerwerkes vorwiegend die Gefahr der Zerstörung infolge Gleitens der Mauer in der Sohlfuge oder in einer Fuge im

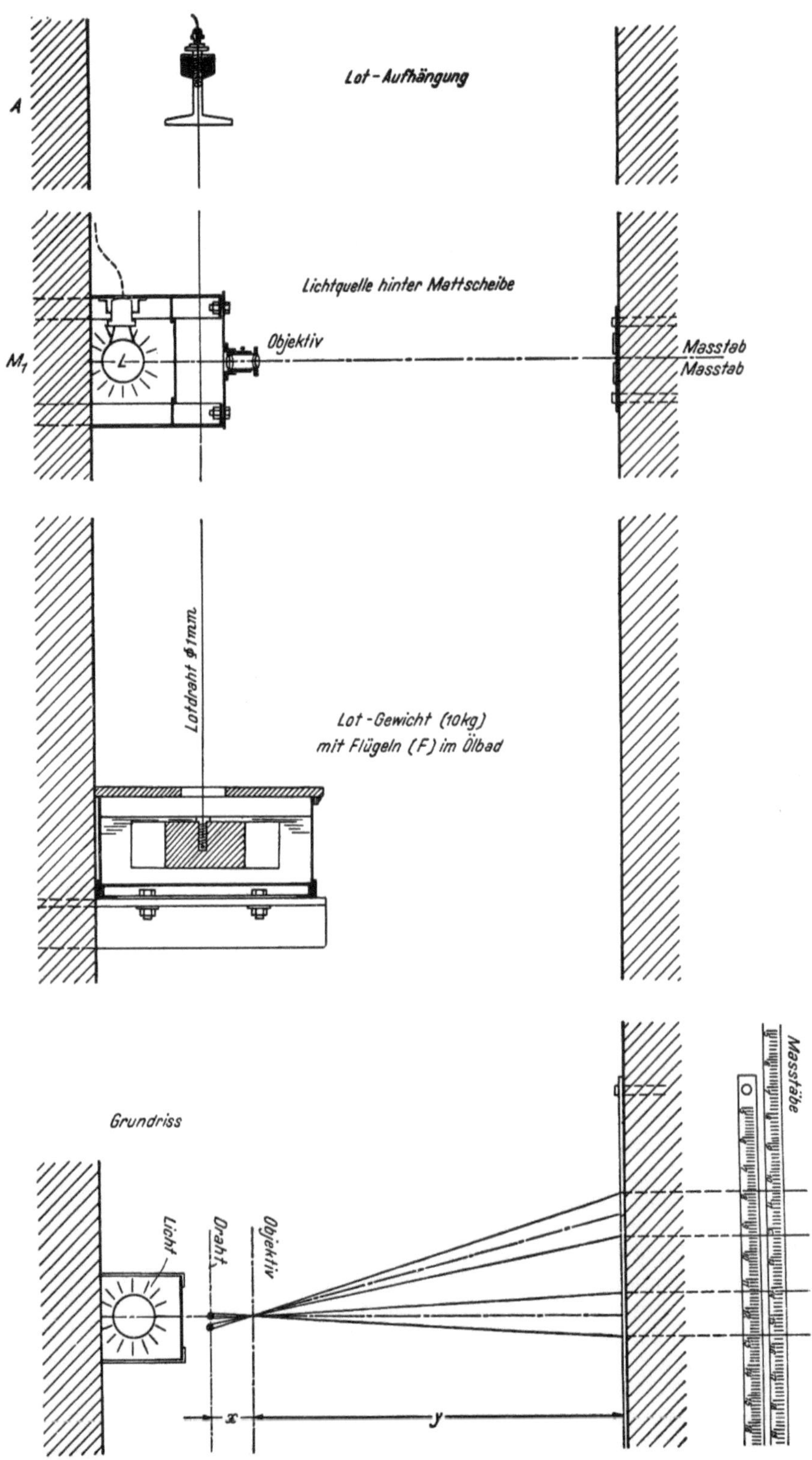

Abb. 838. Lotgerät von J. Petzny.

Fels. Als Beispiel für einen solchen Staumauerunfall sei jener der 63 [m] hohen St. Francis-Staumauer hervorgehoben. Die Abb. 852 und 853 zeigen die zerstörte Mauer; nur der höchste Teil ist stehengeblieben. Der übrige Teil der Mauer ist mit einer Felsschicht abgeglitten, auf der sie gegründet war. Der Unfall kostete 400 Menschen das Leben und verursachte einen Schaden von 10 Millionen Dollar.

Bei Staumauern, die in Amerika statt durchwegs auf Fels, teilweise auch auf Kies und Schotter gegründet worden sind, sind Zerstörungen durch hydraulischen Grundbruch vorgekommen, bei dem die Schottermassen unter der Staumauer durchgedrückt worden sind (Abb. 854).

Als Beispiel einer zerstörten Staumauer in aufgelöster Bauweise sei schließlich noch die Glenotalsperre in Italien erwähnt, die infolge abschüssiger Sohlfuge und unsachgemäßer Ausführung bald nach der Füllung einstürzte. 5,4 Millionen Kubikmeter Wasser liefen in wenigen Minuten aus, vernichteten 500 Menschenleben und verursachten einen Schaden von etwa 150 Millionen Lire.

II. Feste Wehre.

Als feste Wehre werden alle jene bezeichnet, die keinerlei bewegliche Teile zur Beeinflussung der Wasserspiegellagen enthalten. Die Höhenlage des Wasserspiegels flußauf solcher Wehre ist (von Heberwehren abgesehen) von den über die Wehrkrone laufenden Durchflüssen abhängig und schwankt daher innerhalb weiter Grenzen. Herabwanderndes Geschiebe landet

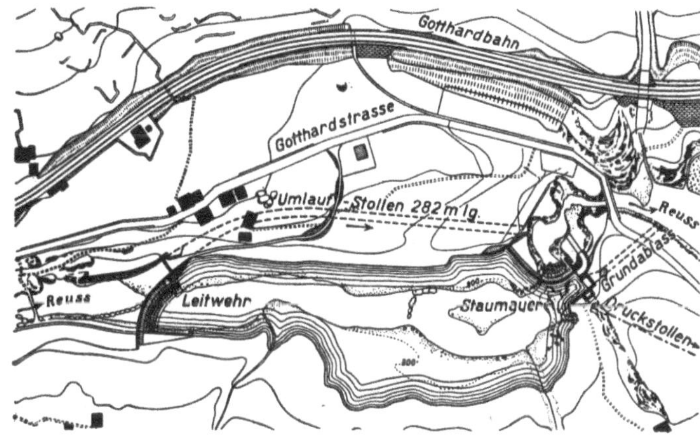

Abb. 839. Hochwasser- und Geschiebeumlaufstollen an der Bogenstaumauer „Am Pfaffensprung" des Kraftwerkes Amsteg.

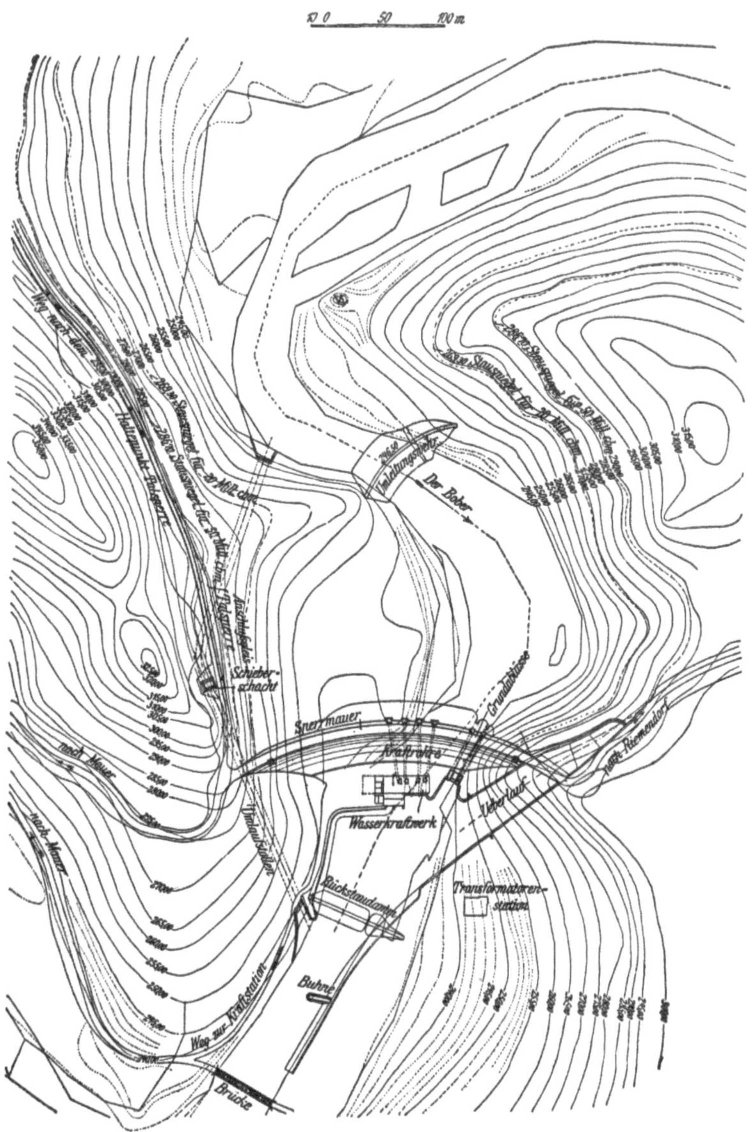

Abb. 840. Staumauer Mauer am Bober.

den Stauraum bei kleineren Hochwässern bis unmittelbar an die Wehrkrone an, bei größeren senkt sich die Sohle etwas (in der Abb. 855 strichliert eingezeichnet) und schließt mit einer Rampe an die Krone an. Ablagerungen grober Steine, die nach und nach die neue Sohle auspflastern, bringen vielfach diese Rampe im Laufe der Zeit zum Verschwinden. Sowohl die unbeständige Spiegellage

Abb. 841.   Umleitungsgerinne und Hilfsdamm beim Bau der Langmann-Staumauer an der Teigitsch.

als auch die Verlandung bis zur Kronenhöhe machen reine feste Wehre für Anlagen zur Entnahme von Wasser ungeeignet und man findet derartige Anlagen auch nur mehr in Ausnahmsfällen; in der Regel werden feste Wehre, wenn sie schon ihrer niedrigen Herstellungskosten wegen überhaupt noch für Stauwerke ausgeführt werden, mit beweglichen Wehren verbunden.

Abb. 842.   Das Umleitungsgerinne beim Bau der Langmann-Staumauer an der Teigitsch.

Reine feste Wehre finden aber dort stets Anwendung, wo die wechselnden Spiegellagen nicht stören und die Auflandung des Stauraumes erwünscht ist, das ist der Fall bei Wildbachverbauungen und im Flußbau, wo sie eingebaut werden, um übermäßige Gefälle an einigen Absturzstellen, die durch solche Wehre gebildet werden, zusammenzufassen. Derartige Wehre brauchen dann nicht vollständig wasserdicht zu sein und sie werden in einfachster Weise mit Baustoffen, die größtenteils an Ort und Stelle zu beschaffen sind, errichtet. Nicht vollkommen

Abb. 843. Umleitung der Teigitsch durch den schon fertiggestellten Grundablaß.

dichte feste Wehre für Entnahmezwecke werden nur ausnahmsweise für vorübergehende Verwendung, wo also billigste Herstellung eine große Rolle spielt oder an Stellen angewendet, wo auf jeden Fall stets ein bestimmter Durchfluß flußab des Wehres im Flußbett verbleiben muß. In allen übrigen Fällen werden die Wehre dicht erbaut.

Die Wehrachse ist in der Regel geradlinig und verläuft senkrecht zur Gerinneachse; unter Umständen reichte die höchstzulässige Überfallhöhe an einem festen Wehr für die Ableitung der größeren noch in Betracht zu ziehenden Hochwässer aber nicht aus und man verlängerte dann die Überfallänge, indem man das Wehr nach einer der Formen b bis i in der Abb. 856 ausführt. Die Formen b bis h sind bei gleicher Länge hydraulisch annähernd gleichwertig, aber ihre Wirkung auf Ufer und Sohle ist grundverschieden; bei den Formen f und g werden vom Erguß die Ufer heftig angegriffen, während bei den Formen c bis e die Ufer zwar geschont, aber dafür die Sohle in der Gerinnemitte stark ausgekolkt wird. Welches von diesen beiden Übeln im gegebenen Falle das geringere ist, kann nur im besonderen Falle entschieden werden. Bei großen Hochwässern verliert die künstliche Verlängerung der Wehrkrone ihre Bedeutung.

Hinsichtlich der Querschnittsform werden die festen Wehre unterschieden in Sturzwehre (Abb. 857) und in Schußwehre (Abb. 858); die

Abb. 844. Schlitz für die Herdmauer an der Wasserseite der Langmann-Staumauer an der Teigitsch.

ersteren sind solche, bei denen sich der Wasserstrahl an der Wehrkrone ablöst und frei abstürzt. Um die Absturzhöhe zu unterteilen, hat man auch sogenannte Stufenwehre (Abb. 859) gebaut; ihre Ausführung wird heute, wenigstens bei betonierten Wehren, kaum noch in Betracht kommen, weil man durch geeignete Formung des Schußbodens mit geringerem Aufwand an Baustoffen einen besseren Schutz der Flußsohle erreichen kann. Schußwehre sind so geformt, daß der Überfallstrahl durchwegs am Staukörper aufliegt und von diesem in der gewünschten Weise geführt wird.

An den eigentlichen Staukörper schließt ein flach, meist waagrecht verlaufender oder flußab schwach ansteigender Bauwerksteil an, der Wehrboden genannt wird; er soll den Erguß des Wehres unschädlich auf die meist bewegliche Flußsohle leiten und er muß, damit er den Erguß sicher in die gewünschte Richtung umlenkt, mindestens eincin-

halbmal so lang gemacht werden, als der Höhenunterschied zwischen dem höchsten Wasserspiegel im Stauraum und dem Wehrboden ausmacht. Von seiner Ausbildung hängt es ab, ob und wie tief sich unter dem Stauwerk ein Kolk ausbildet. Regeln für seine zweckentsprechende Ausbildung und Mittel zur Bekämpfung des Kolkes sind auf S. 200 bis 210 besprochen worden.

Die Frage, welche Wehrform die zweckmäßigere ist, das Sturzwehr oder das Schußwehr, läßt sich nicht ohne weiters beantworten; bei manchen Bauweisen ist überhaupt nur die eine oder die andere Wehrform möglich, z. B. beim Spundwand-

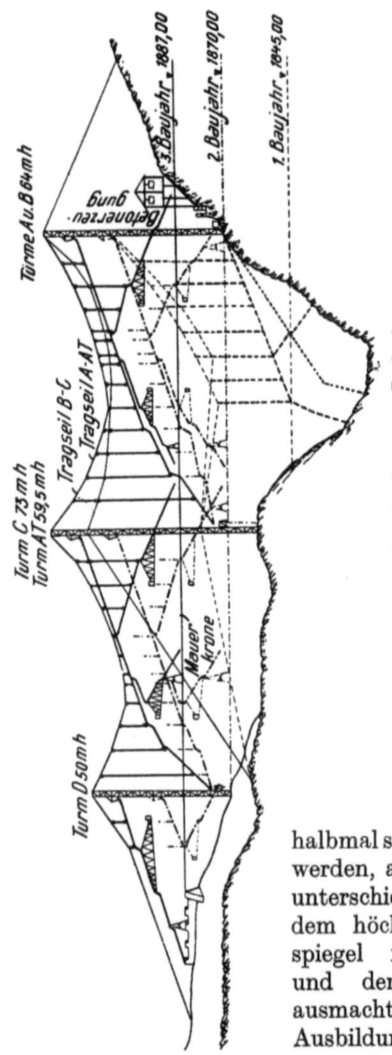

Abb. 845. Betongießanlage der Staumauer Barberine.

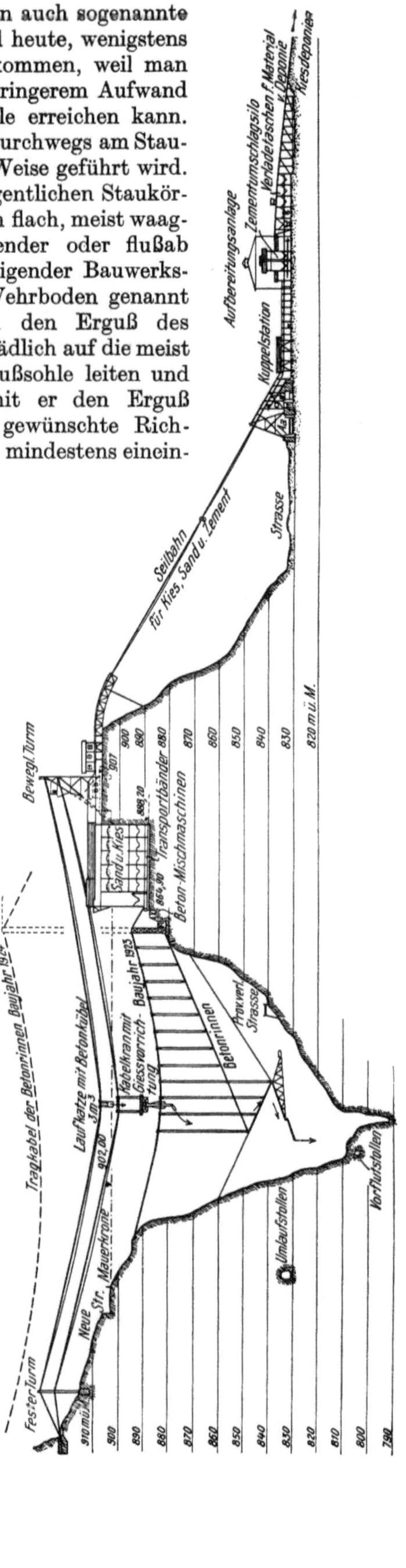

Abb. 846. Betongießanlage der Staumauer „Im Schräh".

oder beim Blockwandwehr nur das Sturzwehr. Wird das Ergebnis der statischen Untersuchungen und mithin der Baustoffaufwand allein zur Entscheidung herangezogen, so fällt

Abb. 847. Tafelschalung beim Bau der Staumauer Frein an der Thaya.

diese wohl stets zugunsten des Sturzwehres aus. Um die bessere oder schlechtere Eignung der beiden Wehrformen beurteilen zu können, muß aber neben dem Baustoffaufwand auch

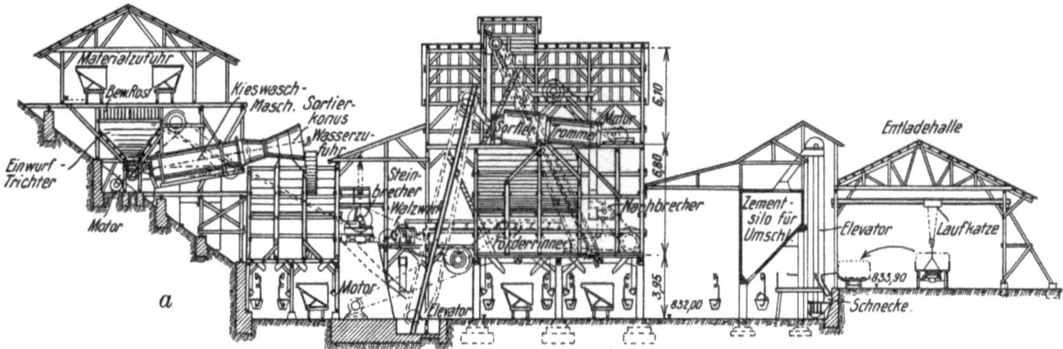

Abb. 848. Die Einrichtung der Baustelle für den Bau der Staumauer „Im Schräh". a) Die Mischanlage b) Silos für Kies und Sand.

noch die Bewegung des Wassers[1]), der Geschiebe, und des Treibzeuges, besonders von Holz und Eis über das Wehr betrachtet werden. Den Sturzwehren wird besonders nachgerühmt, daß am Wehrboden die Energie des abstürzenden Wassers infolge des fast senkrechten Auftreffens größtenteils vernichtet wird. Dieser Behauptung ist entgegenzuhalten, daß an einem Wehr Energievernichtung nur für geringfügige Er-

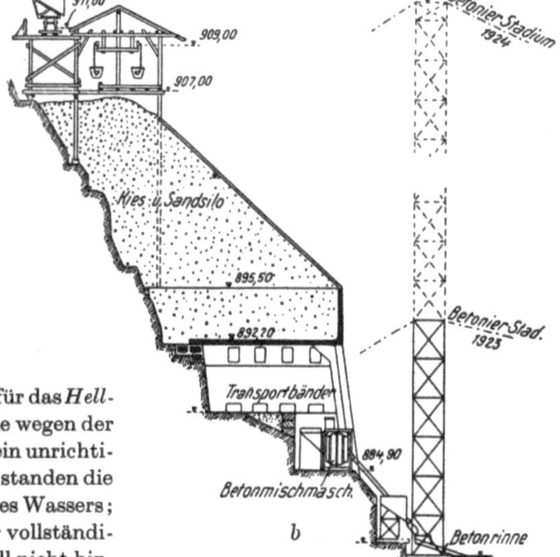

---

[1]) Die vielfach in Werken angeführten Modellversuche für das *Hellmer-Wehr* in Prag wurden hier nicht aufgenommen, weil sie wegen der unglücklichen Wahl des Querschnittes für das Schußwehr ein unrichtiges Ergebnis zugunsten des Sturzwehres ergaben. Überdies standen die einzelnen Modelle nur 30 Sekunden unter der Einwirkung des Wassers; eine so kurze Spanne Zeit reicht aber erfahrungsgemäß zur vollständigen Ausbildung der Sohle unter dem Wehr auch im Modell nicht hin.

güsse überhaupt möglich ist. Wasserpolstertiefen, wie sie größere Ergüsse zur Energievernichtung **erfordern** würden, ebenso wie die hiefür erforderlichen Wehrbodenlängen sind aus wirtschaft-

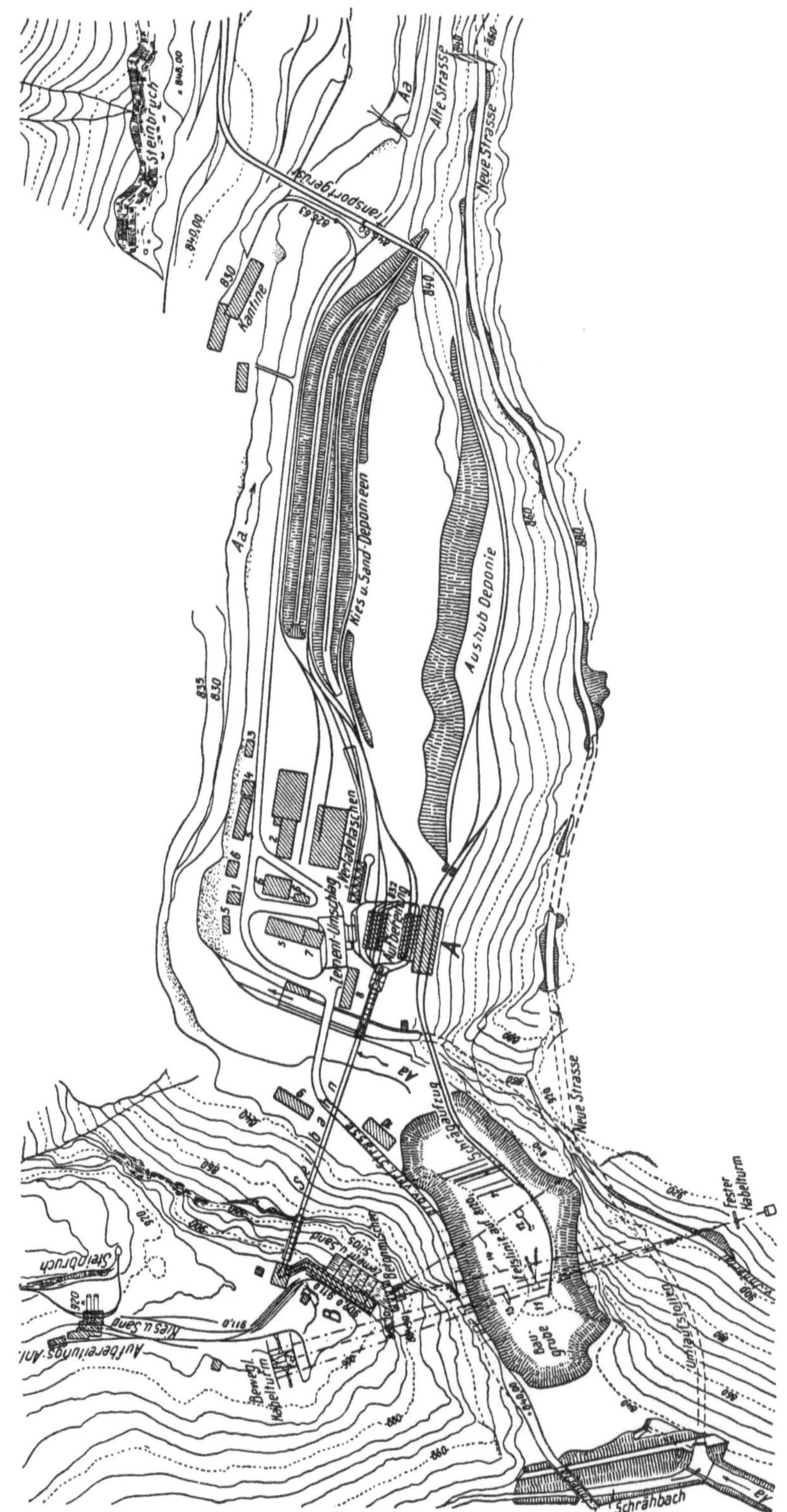

Abb. 849. Die Einrichtung der Baustelle für den Bau der Staumauer „Im Schräh".

lichen Gründen und mit Rücksicht auf die Geschiebebewegung einfach nicht ausführbar. Ein Sturzwehr bleibt überdies, wie die Laboratoriumsbeobachtungen unzweifelhaft erwiesen haben, nur bis zu einem gewissen Erguß ein solches. Wird diese Grenze überschritten, so ist der Raum zwischen dem Staukörper und dem Überfallstrahl von Wasser erfüllt, das eine Grundwalze bildet, über die das Wasser ähnlich wie über ein Schußwehr abfließt und den Wehrboden unter einem wesentlich kleineren Winkel trifft, als ursprünglich vorausgesetzt war. Führt der Erguß

Abb. 850. Vegetationslose Zone im Stauraum der Wertalsperre.

Abb. 851. Überreste der überfluteten Ortschaft Vöttau im Stauweiher der Talsperre Frein.

überdies noch Geschiebe, so wird bei großen Durchflüssen der von der Grundwalze ursprünglich eingenommene Raum von abgelagerten Geschieben mehr oder minder vollständig erfüllt und es bildet sich auf diese Weise ein Schußwehr aus. Als Beispiel für eine derartige Wehrquerschnittsumbildung sei auf die in der Abb. 860 dargestellte Versuchsreihe von A. Smrček verwiesen, die den geschilderten Verlauf der Umbildung anschaulich erläutert. Ähnlich werden auch die Stufen eines Stufenwehres von Geschieben ausgefüllt und es wird dieses ebenfalls zu einem Schußwehr umgestaltet. Wenn der Erguß über das Wehr abnimmt, werden nach

Abb. 852. Die zerstörte S. Franzis-Staumauer.
(Nach Kelen.)

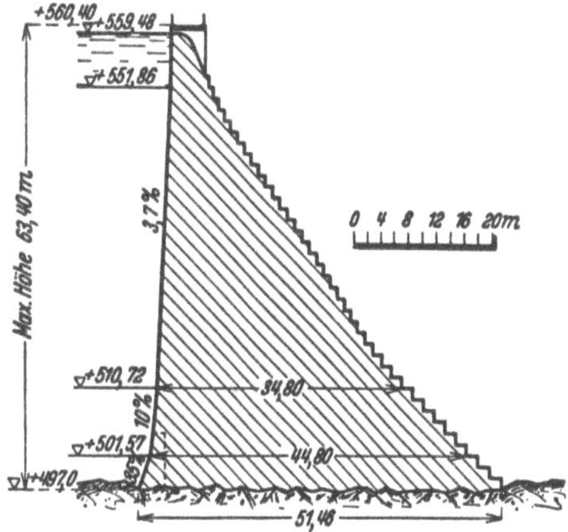

Abb. 853. Querschnitt der S. Francis-Staumauer.
(Nach Kelen.)

und nach die Anlandungen am Staukörper auch wieder abgespült und nach Ablauf des Hochwassers ist das Wehr bei den kleinen Durchflüssen wieder ein Sturzwehr. Durch geeignete

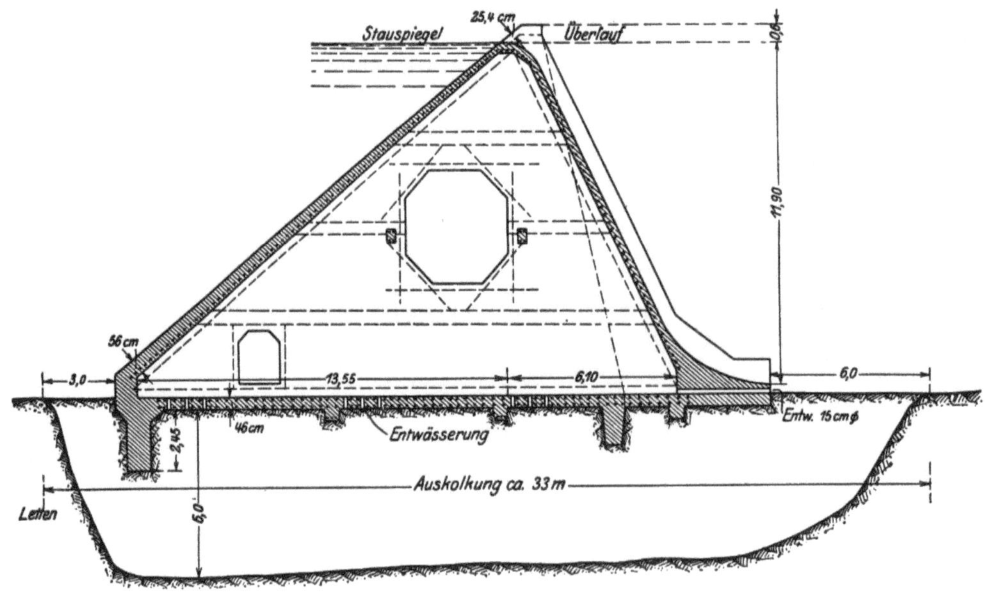

Abb. 854. Hydraulischer Grundbruch an der Ambursen-Staumauer in Pittsfield (A. LUDIN).

Formung des Wehrbodens kann beim Sturzwehr zwar der Erguß unschädlich abgeleitet werden, dafür wird aber der Wehrboden durch die von Hochwässern herangeschleppten Geschiebe und

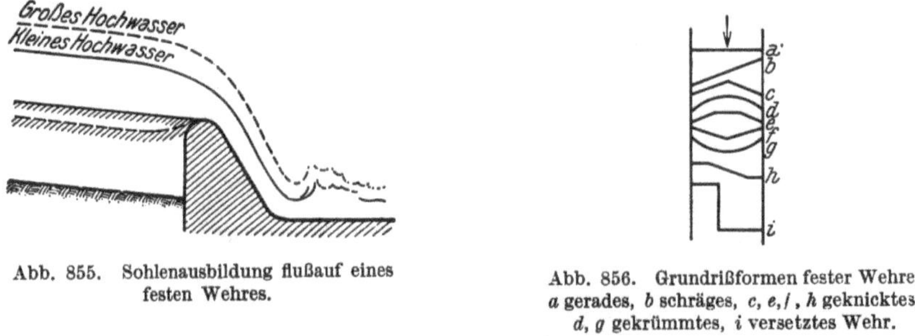

Abb. 855. Sohlenausbildung flußauf eines festen Wehres.

Abb. 856. Grundrißformen fester Wehre. *a* gerades, *b* schräges, *c, e, f, h* geknicktes, *d, g* gekrümmtes, *i* versetztes Wehr.

das Treibzeug, besonders von Treibholz, das über das Wehr abstürzt, schwer beansprucht und unter Umständen auch rasch zerstört.

Beim Schußwehr gleiten alle vom Wasser herangebrachten Körper glatt über das Wehr

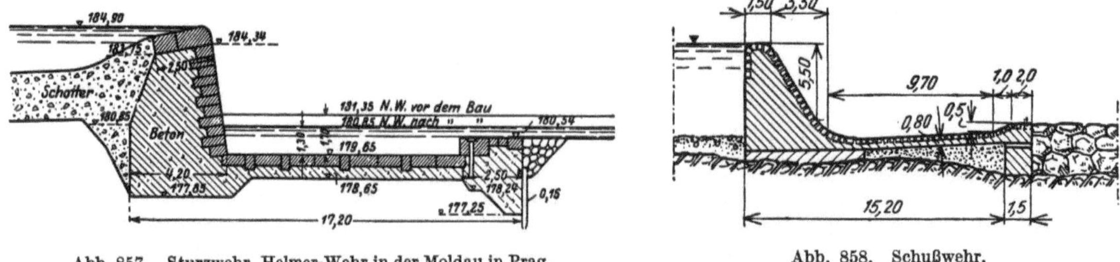

Abb. 857. Sturzwehr. Helmer-Wehr in der Moldau in Prag.

Abb. 858. Schußwehr.

hinweg. Das Wasser trifft am Ende des Schußbodens wohl mit voller, der Abfallhöhe entsprechender Geschwindigkeit ein, es kann aber durch geeignete Formgebung leicht so in das Flußbett geleitet werden, daß keine nennenswerten Auskolkungen entstehen (vgl. S. 200). Aber auch ein

Schußwehr kann durch Treibholz zerstört werden, wenn am Fuße desselben eine Deckwalze entsteht. So hat ein Hochwasser in der Mur im Mai 1925 von einem überfluteten Rundholzlagerplatz große Mengen von Stämmen herabgeführt, die unmittelbar unter dem Wehr in Bruck in der über dem Schußstrahl des Wehres liegenden Deckwalze in Drehbewegung um ihre Querachse gerieten und durch unausgesetztes Aufschlagen auf das Wehr mit ihren

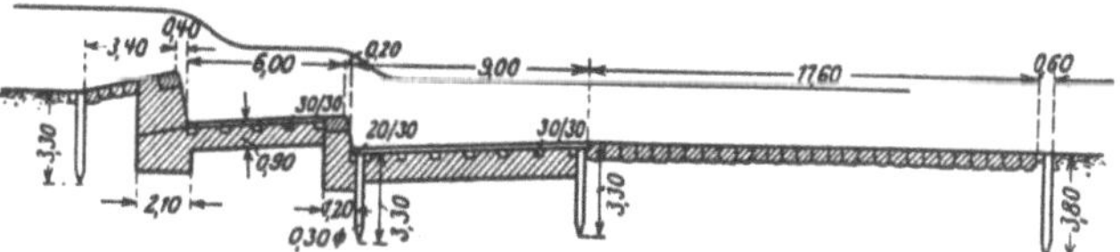

Abb. 859. Stufenwehr in der Elz bei Wasser.

Enden binnen wenigen Stunden das Wehr zerstörten. Bei der Wiederherstellung wurde auf Grund von Modellversuchen eine Form ausgeführt, bei der sich keine Deckwalze bildet.

Da feste Wehre in ihrer ganzen Breite vom Wasser überronnen werden, so müssen sie einen seitlichen Abschluß, die sogenannten Wehrwiderlager oder Wehrwangen, erhalten, die ein

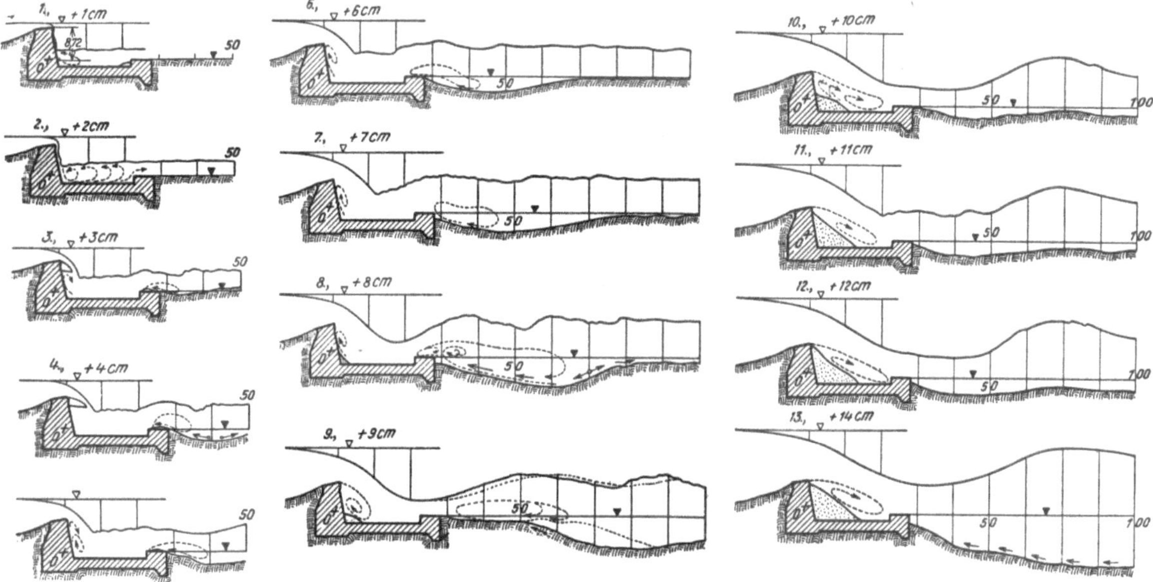

Abb. 860. Modellversuche, betreffend die Ausbildung der Sohle flußab des Helmer-Wehres. (A. SMRCEK.)

Bespülen des Ufergeländes und seitliche Umsickerungen verhindern. Diese Wehrwangen werden ebenso wie die Abdichtung der Wehre gegen den Untergrund ähnlich wie bei den beweglichen Wehren ausgeführt, so daß das später hierüber zu Erörternde hier sinngemäße Anwendung finden kann.

a) Wasserdurchlässige feste Wehre.

Wasserdurchlässige feste Wehre werden vorwiegend zu Fluß- und Bachregelungen und bei Wildbachverbauungen errichtet und aus Stein oder aus Holz mit Stein erbaut; die Versetzung mit Sand und Sinkstoffen bewirkt, daß auch solche Wehre vielfach im Laufe der Zeit vollständig

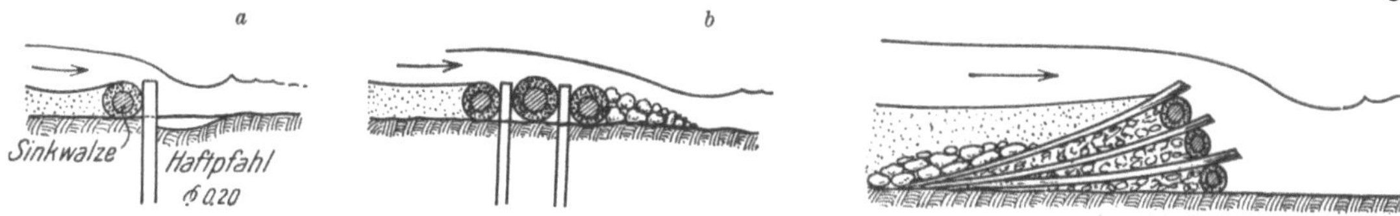

Abb. 861. Sohlschwellen aus Sinkwalzen.   Abb. 862. Buschwehr.

dicht werden. In einfachster Bauweise werden solche Wehre, die als Sohlschwellen geeignet sind, aus Sinkwalzen hergestellt, die, wie es in der Abb. 861 a und b angedeutet ist, durch Holzpfähle festgehalten werden. Ein einfaches Wehr aus Buschwerk und schwachem Rundholz mit Geschiebefüllung stellt die Abb. 862 dar.

Besonders für Baustellen, an denen Fels zutage tritt, wo also Spundwände und Pfähle nicht gerammt werden können, eignet sich das Steinkastenwehr, wie es die Abb. 863 darstellt. Die Steinkästen bestehen aus Rundholz, das blockhausartig zu größeren Kästen, allenfalls mit

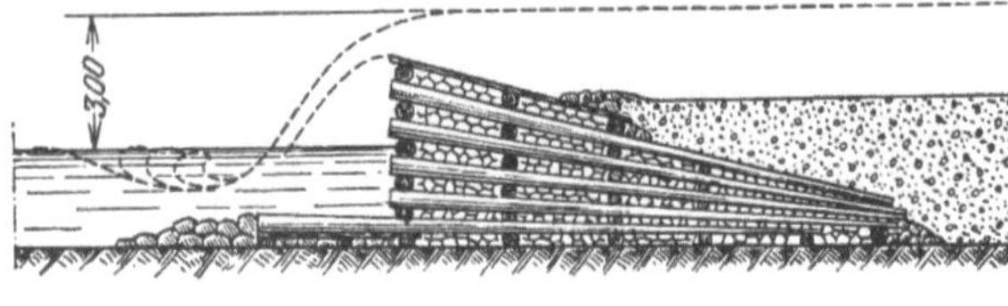

Abb. 863. Steinkastenwehr.

Querwänden, zusammengezimmert und an den Kreuzungsstellen durch Klammern, Nägel oder Schrauben verbunden wird; die Füllung und Beschwerung erfolgt durch Kies und Steine. Solche Wehre sind anfänglich sehr durchlässig, werden aber im Laufe der Zeit durch eingeschlämmten Sand und Schweb dicht. Die Dichtung kann verbessert werden, wenn durch den Wehrkörper ein Streifen Lehmschlag, geschützt von Holz und Steinen, eingebaut wird. Auch die Wehrwangen werden aus Steinkisten gebildet, die, wenigstens dort, wo Geschiebe wandert, mit Bohlen verkleidet werden sollen. Um ein Abgleiten der Steinkästen auf glattem Fels zu verhindern, müssen sie nötigenfalls mit stählernen Ankern an den Felsboden gehängt werden.

Sind genügend schwere Steinblöcke an Ort und Stelle zu finden, so werden, wie es etwa in der Abb. 864 dargestellt ist, auch steinerne Staukörper aus Trockenmauerwerk mit gut lagerhaften Steinen errichtet.

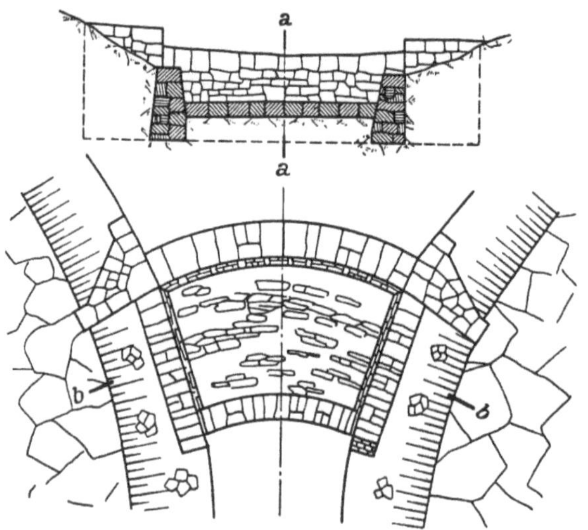

Abb. 864. Geschiebesperre aus Trockenmauerwerk.

b) Dichte feste Wehre.

Dichte feste Wehre können aus Holz, Mauerwerk, Beton, Stahlbeton oder Stahl bzw. aus einer Verbindung dieser Baustoffe ausgeführt werden. Hiebei wird nicht nur der Wehrkörper dicht hergestellt, sondern es müssen auch durch Spundwände oder unmittelbaren Aufbau auf die undurchlässige Schicht Sickerungen unter dem Wehr und seitwärts um das Wehr möglichst erschwert werden. Der Bestand eines Wehres erfordert überdies eine Sicherung des Wehrkörpers im Unterwasser gegen Unterspülung.

Hölzerne Wehre. Die einfachste Bauweise hölzerner Wehre für geringe Stauhöhen veranschaulicht die Abb. 865; dort ist zwischen Bundpfählen eine Spundwand geschlagen und die Wehrkrone bildet die Zangen derselben; ein Steinwurf behindert die Kolkbildung. Bei größeren

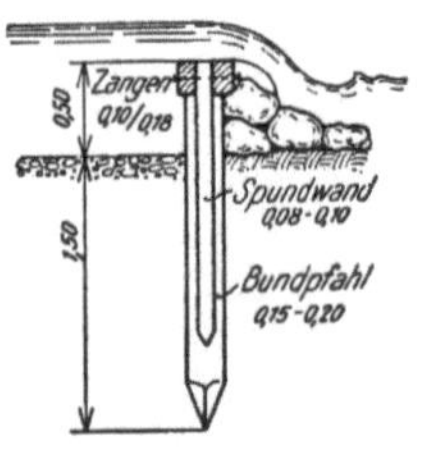

Abb. 865. Leichtes hölzernes Spundwandwehr.

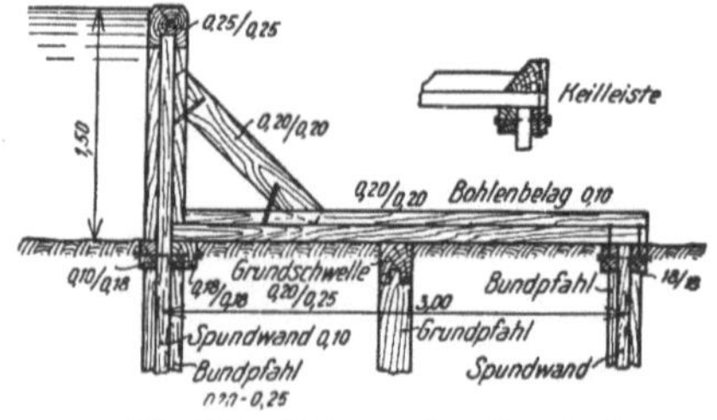

Abb. 866. Hölzernes Spundwandwehr.

Stauhöhen werden die Bundpfähle der Spundwand gegen Schwellen abgesteift (Abb. 866); die Wehrkrone wird durch einen Holm gebildet und Kolkungen behindert ein Bohlenbelag und eine zweite Spundwand an der Unterwasserseite. Besonders wirksam wird die Flußsohle flußab des Wehres durch eine Keilleiste, wie sie in Abb. 866 dargestellt ist, geschützt. Ebenfalls für größere Stautiefen eignet sich das dem früher beschriebenen Spundwandwehr ähnliche Blockwandwehr (Abb. 867); die Sohlensicherung ist dort mit einem mindestens 0,30 [m] starken Steinpflaster bewerkstelligt, das durch Schwellen in quadratische Felder geteilt ist, damit Beschädigungen des Pflasters auf das betreffende Feld beschränkt bleiben. Ein schweres und besonders dichtes Holzwehr als Schußwehr ausgebildet, stellt schließlich die Abb. 868 dar; dort werden Sickerungen unter dem Wehr durch drei parallele Spundwände verhindert, deren Zwischenraum mit Ton in etwa 0,20 [m] starken Lagen ausgestampft wird. Die Tonlagen werden allmählich so geneigt, daß die letzte parallel zum Bohlenbelag liegt. Die mittlere Spundwand wird zur Verhinderung seitlicher Sickerungen beiderseits des Wehrs bis in den Hang fortgesetzt. Die an einem solchen Wehr vorkommenden Holzverbindungen sind allenfalls in der Abb. 868 dargestellt. Der Stichboden braucht nur soweit herabgeführt werden, als Eisschollen und Treibzeug tauchen,

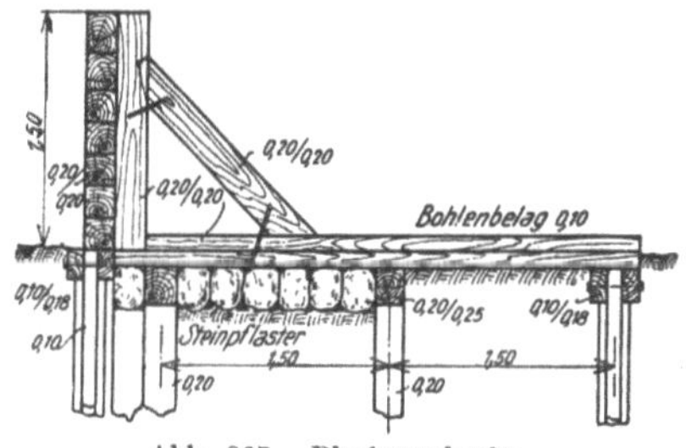

Abb. 867. Blockwandwehr.

während der Schußboden bis unter Niederwasser zu führen ist. Der Stichboden wird stets kürzer gemacht als der Schußboden. Wenn weder Eis noch Treibzeug zu erwarten ist, so kann der Stichboden auch wegbleiben und das Wehr wird dann mit nur zwei Spundwänden gebaut, wobei die erste den Fachbaum trägt. Die Bohlen der beiden Böden werden stumpf gestoßen und durch aufgenagelte Latten gedeckt. Die hölzernen Wehrwangen erfordern viel Ausbesserungsarbeiten, weswegen sie vielfach durch Mauerwerk oder Beton ersetzt werden.

Flußab des Schußbodens erfolgen bei den üblichen Ausführungsweisen, wie sie die Abb. 868 darstellt, durch das Wasser, das der Schußboden steil auf die Sohle leitet, heftige Angriffe, weswegen ein besonderer Schutz durch eine Steinpackung, durch Sinkwalzen oder durch eine Kolkabwehr erforderlich ist. Wird ein solches Wehr neu erbaut, so ist es aber zweckmäßiger, gleich eine solche Form des Abschußbodens zu wählen, daß die Sohlenangriffe möglichst gering bleiben. Die später dargestellten Schußwehrformen können hiebei zweckmäßig auch in der Holzbauweise angewendet werden.

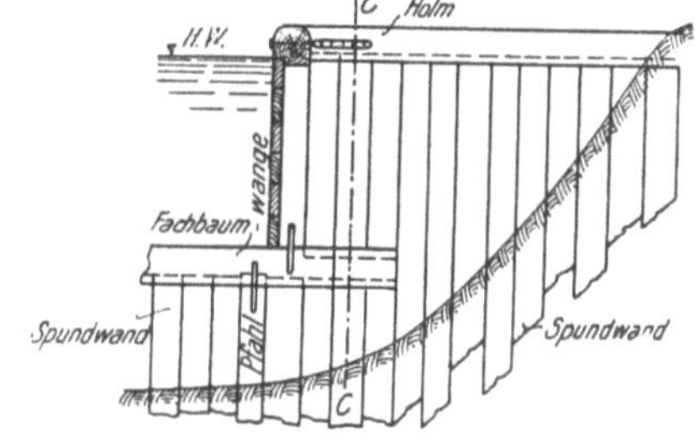

Holzwehre werden wegen ihres großen Holzverbrauches und der mit höchstens dreißig Jahren zu veranschlagenden Lebensdauer aller über dem niedrigsten Wasserspiegel liegenden Teile heute nur mehr in Waldgegenden und nur für minder wichtige oder behelfsmäßige Anlagen angewendet, dann, wenn die Zufuhr anderer Baustoffe großen Hindernissen begegnet und der Bau durch die handwerkskundige Landbevölkerung selbst ausgeführt wird.

Schwergewichtswehre werden sowohl als Sturzwehre als auch als Schußwehre ausgeführt; die statische Untersuchung erfolgt ähnlich wie

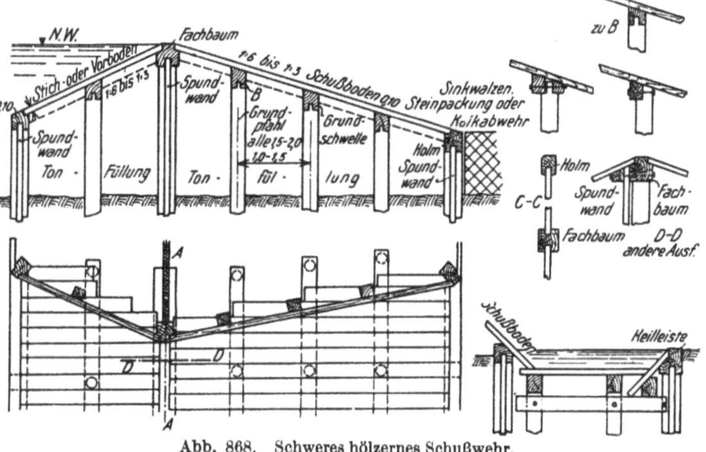

Abb. 868. Schweres hölzernes Schußwehr.

bei den Schwergewichtstalsperren, indem an einem angenommenen Wehrquerschnitt die Resultierende aus dem Wehrgewicht, dem größtmöglichen Wasserdruck, dem Erddruck der Anlandung und eines allenfalls wirksamen Sohlwasserdruckes (vgl. S. 237) aufgesucht und nachgesehen wird, ob sie im Kern des Querschnittes verläuft und ob ferner der Querschnitt gegen Gleiten in der Sohlfuge sicher ist, wobei als Reibungsbeiwert zwischen Wehr und

Boden bei entsprechender Verzahnung 0,7 bis 0,8 angenommen werden kann. Für die erste
Annahme kann das Wehr nach der in der Abb. 869 dargestellten Regel bemessen werden; es
ergibt sich auf diese Weise ein dreieckiger Querschnitt, dessen Spitze in der Höhe des höchsten
Wasserspiegels im Stauraum liegt und der in der Höhenlage des Stauzieles abgeschnitten wird.
Damit der Überfallbeiwert nicht ungünstig klein wird, ist es empfehlenswert, die Wehrkrone
nach einem Kreisbogen abzurunden. TH. REHBOCK empfiehlt den Querschnitt an der Oberwasser-

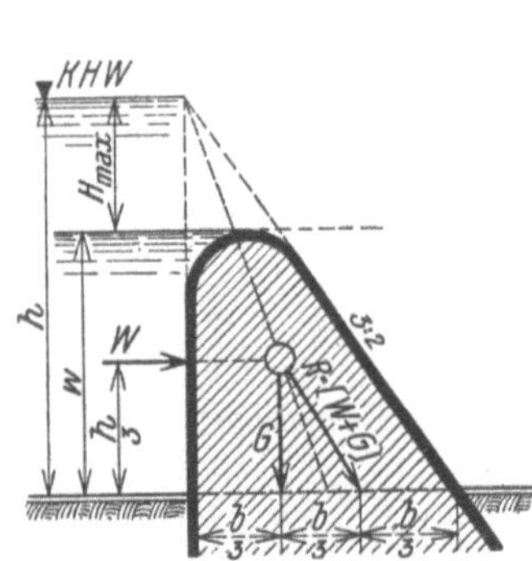

Abb. 869.   Untersuchung eines festen
Wehrquerschnittes.

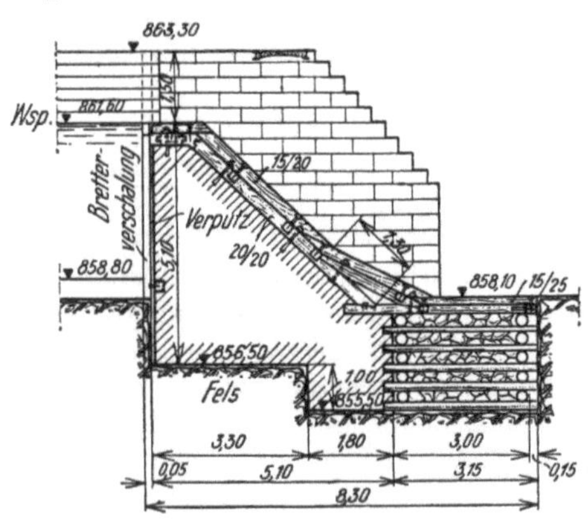

Abb. 870.   Querschnitt des Schußwehres im
Schnalserbach, Deutsch-Südtirol.

seite lotrecht, an der Unterwasserseite unter 1 : 0,67 geneigt zu begrenzen. Wenn das Wehr ein
Schußwehr werden soll, so muß die Ausrundung der Wehrkrone nach den Versuchen REHBOCKS
mindestens den Halbmesser

$$r = \frac{1}{36}\left[20 + 3\,H_{max} - 6\,w\right] + \sqrt{(20 + 3\,H_{max} - 6\,w)^2 + 72\,w\,H_{max}}\quad [\text{m}] \tag{887}$$

erhalten, damit sich der Wasserstrahl an der Krone sicher nicht ablöst; in diese Formel sind
alle Längen in Metern einzusetzen. Die Bedeutung der Zeichen kann der Abb. 869 entnommen
werden. Die Einhaltung dieser Regel erfordert aber wesentliche Überbemessungen des Querschnittes. Sohlwasserdruck ist zu berücksichtigen, wenn das Wehr nicht auf festen dichten Fels
gegründet werden kann oder wenn die zur Abdichtung vorgesehene Spundwand an der Ober-

Abb. 871.   Ansicht des Schußabwehres im Schnalserbach.
a Klärbecken, b Umlaufkanal, c Grundablaß.

wasserseite nicht bis in die undurchlässige
Schicht gerammt werden kann. Anhaltspunkte
für die Ermittlung der Verteilung des Wasserdruckes in der Sohlfuge finden sich auf S. 237.
Wenn der Untergrund nicht genügend tragfähig
erscheint, so erfolgt die Gründung auf Pfählen
oder dergleichen, wobei der Staukörper und
der Wehrboden auf einen meist gemeinsamen
Betonrost gesetzt wird, in den die Pfahlköpfe
einbetoniert sind. Ein Sturzwehr, das Helmer-
Wehr in Prag, stellt die Abb. 857 dar.

Ein Schußwehr stellt die Abb. 858 dar, eines
mit einem sogenannten Eselrückenquerschnitt
führt die Abb. 868 vor Augen. Die Abb. 870
und 871 stellen endlich einen Querschnitt und
die Ansicht eines festen Wehrs im Schnalserbach dar; die Ausbildung der Wehrwange ist
bei der letzteren Aufnahme besonders deutlich zu erkennen.

Schwergewichtswehre, über die mit dem Wasser Geschiebe läuft, müssen gegen den Abschliff
noch durch eine Quaderverkleidung oder einen Bohlenbelag besonders geschützt werden. Die
Herstellung der Verkleidung wird später behandelt.

c) Aufgelöste feste Wehre.

Schwergewichtswehre erfordern in der Regel einen großen Aufwand an Baustoffen, die
aber im wesentlichen nur durch ihr Gewicht wirksam werden; ihre Festigkeit wird nur geringfügig

ausgenutzt. Wo Baustoffe schwer zu beschaffen sind, bzw. deren Zufuhr in größeren Mengen auf Schwierigkeiten stößt, führt die vom schwedischen Ingenieur Nils Ambursen vorgeschlagene aufgelöste Bauweise mit wesentlich geringerem Baustoffaufwand ans Ziel. Ambursen löst das Wehr in eine Reihe von dreieckigen Tragpfeilern auf, die Abschlußplatten tragen. Bei gut tragfähigem, festem Fels werden die Pfeiler einzeln gegründet (Abb. 872); bei weniger tragfähigem, besonders bei beweglichem Boden können sie auf eine gemeinsame Stahlbetonplatte gestellt werden. Die Pfeiler werden bei größeren Wehrhöhen gegeneinander durch Stahlbetonriegel abgesteift. Die wasserseitige Abdichtung des Wehrfußes geschieht bei Felsgrund durch einen 1 bis 2 [m] hinabreichenden Betonsporn, bei losem Untergrund durch eine Spundwand und eine zweite Spundwand am luftseitigen Ende der Grundplatte sichert das Wehr vor Unterkolkung. Dränlöcher in der Grundplatte ermöglichen ein Aufsteigen

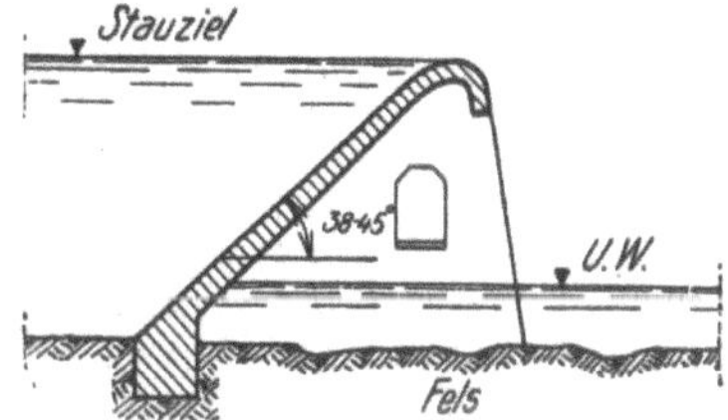

Abb. 872. Offenes Ambursenwehr.

des unter der ersten Spundwand durchgesickerten Wassers und bewahren die Grundplatte vor Sohlwasserdruck. Um eine Ausspülung der feinen Bestandteile des Bodens durch die Dränlöcher zu verhindern, wird unter die Löcher ein verkehrt geschichteter Filter geschüttet (Abb. 873). Die Abschlußplatten werden entweder nur wasserseitig angeordnet und man läßt das Hochwasser von der Krone frei abstürzen oder es wird das Wehr auch luftseitig nach Art der Schußwehre verkleidet. Die wasserseitige Böschung wird meist unter einer Neigung von 38 bis 45° ausgeführt. Die Abb. 872 bis 875 veranschaulichen Ausführungsformen der sogenannten Ambursenwehre. Bei luftseitig abgedeckten Ambursenwehren müssen in der Nähe der Krone an der Luftseite Belüftungslöcher angeordnet werden, weil dort, wie die in der Abb. 876 dargestellten Versuchsergebnisse von E. Lindquist deutlich erkennen lassen, Unterdruck entsteht.

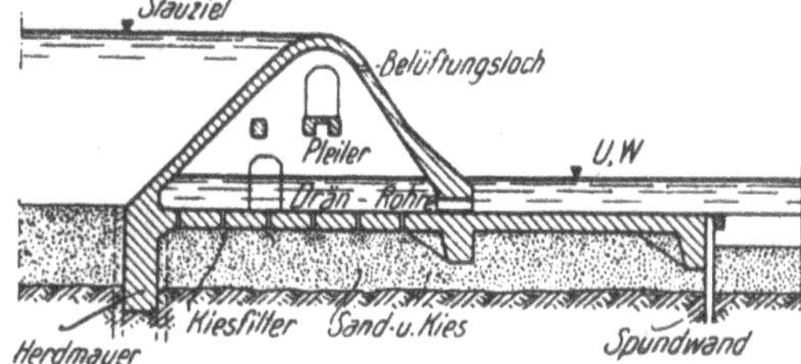

Abb. 873. Geschlossenes Ambursenwehr auf Grundplatte.

Die statische Untersuchung erfolgt genau so, wie sie bei den ähnlich geformten aufgelösten Talsperren schon geschildert worden ist. Zum Gewicht des Pfeilers wird auch noch jenes der Platten eines Feldes gerechnet und der Wasserdruck ebenfalls von einem ganzen Feld genommen. Wenn die Reibung zwischen Wehr und Boden gegen ein seitliches Verschieben nicht hinreicht, kann die Grundplatte unten mit Rippen ausgestattet werden oder es werden Haftpfähle gerammt; die luftseitige Spundwand kann ebenfalls als mitwirkend angesehen werden.

Der Baustoffaufwand ist bei einem aufgelösten Wehr, dessen Pfeiler auf Fels stehen und dessen wasserseitiger Abschluß unter 45° geneigt ist, um etwa 60% geringer als beim Schwergewichtswehr, doch steht dieser Ersparnis der weit höhere Einheitspreis des Stahlbetons gegenüber. Den Ausschlag bei einer wirtschaftlichen Untersuchung gibt weniger der Baustoff-

Abb. 874. Ambursenwehr.

aufwand als die wesentlich kürzere Bauzeit des aufgelösten Wehres. Die Vorteile des aufgelösten Wehres kommen voll erst bei Höhen über etwa 5 [m] zur Geltung, da bei geringeren Höhen die Teile des aufgelösten Wehres vielfach aus Ausführungsgründen überbemessen werden müssen.

Stählerne feste Wehre, ähnlich den Ambursenwehren, sind einige Male in Amerika erbaut worden, haben sich aber nicht bewährt, so daß diese Bauweise gänzlich aufgegeben worden ist.

Abb. 875. Geschlossenes Ambursenwehr im Bau.

Für geringere Stauhöhen und besonders für Hilfswehre, die z. B. während der Dauer des Umbaues eines Wehres die Aufrechterhaltung des Betriebes ermöglichen sollen, eignen sich Wehre, die nach Art der hölzernen Spundwandwehre aus stählernen Spundbohlen gebildet werden.

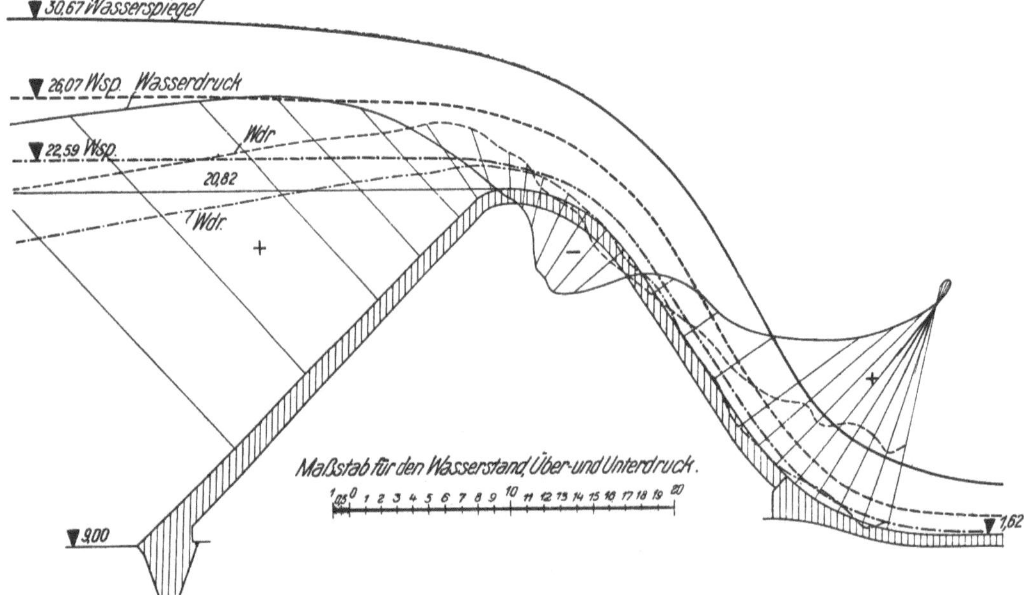

Abb. 876. Wasserdrücke an einem geschlossenen Ambursenwehr, nach Modellversuchen von E. LINDQUIST.

Die Wehrkrone bilden einfach die gleichmäßig abgeschnittenen Bohlen oder besser stählerne oder hölzerne, mit den Spundbohlen verschraubte Zangen.

d) Heberwehre.

Heberwehre werden zur Entlastung von Gerinnen und Speichern benützt, wenn der Wasserspiegel eine gewisse Höhenlage nur geringfügig überschreiten darf.

Ein Heber besteht, wie ein Blick in die Abb. 877 lehrt, aus einer Aufeinanderfolge von geraden und gekrümmten, zylindrischen und konischen Rohrschüssen; die Querschnittform ist bei den Hebern der Heberwehre gewöhnlich rechteckig.

Um einen Heber zu bemessen, denkt man sich den Wasserspiegel am Hebereinlauf und jenen am Heberauslauf um den Luftdruck B in Metern Wassersäule gehoben. (Barometerstand B [mm Hg] = 0,0136 B [m WS]. Anhaltspunkte für die Wahl des anzuwendenden Luftdruckes B in [m WS] gibt die Zahlentafel 88. Der Abfluß des Wassers durch den Heber erfolgt dann so, wie durch eine an die Stauwand angesetzte Rohrleitung. Es wird sich in dieser Rohrleitung der Durchfluß Q so einstellen, daß die Summe aus der Geschwindigkeitshöhe und den Druckverlusten in der Leitung infolge der Wandreibung und infolge der besonderen Widerstände (Krümmer u. dgl.) gleich dem Spiegelhöhenunterschied H ist.

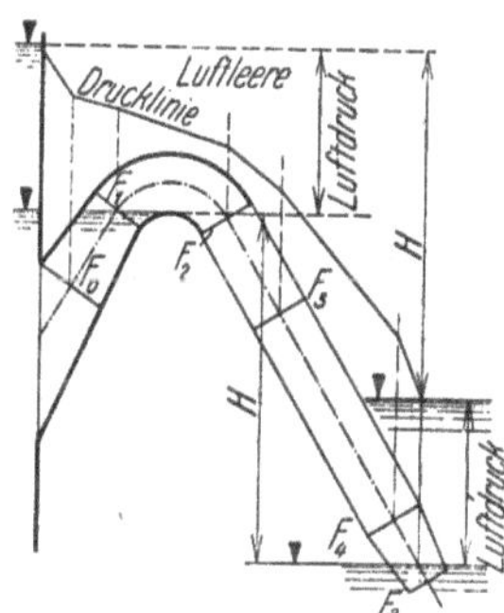

Abb. 877. Bemessung eines Hebers.

Zahlentafel 88

Änderung des Luftdruckes in [m WS] mit der Seehöhe.

Seehöhe [m]	0	500	1000	1500	2000	2500	3000
Normale Luftspannung [m WS]	10,33	9,74	9,15	8,64	8,13	7,55	7,20
Minimale Luftspannung etwa [m WS]	8,40	7,90	7,40	7,00	6,60	6,10	5,85

Um nun den Heber bemessen zu können, wird die geometrische Form des Heberlängenschnittes vorerst auf Grund einer Schätzung so weit festgelegt, daß das Verhältnis der Querschnitte F_0, F_1, F_2, ... längs des Hebers zum Auslaufquerschnitt F_a vorläufig ermittelt werden kann. Für jeden Heberabschnitt zwischen zwei Querschnitten F_0, F_1, F_2, ... werden hierauf die Druckverluste infolge der Wandreibung und infolge der besonderen Widerstände ermittelt und als Bruchteile der Geschwindigkeitshöhe $\dfrac{U^2}{2g}$ am Ende des Heberabschnittes ausgedrückt.

Der Druckverlust infolge der Wandreibung beim Durchfluß Q [m/sec] in einem l [m] langen Heberabschnitt vom Querschnitt F [m²], vom benetzten Umfang P [m] und der Wandrauhigkeit n (nach Ganguillet und Kutter), beträgt dann

$$h_r = \frac{n^2 \, l \, P^{1,4} \, Q^2}{F^{3,4}} = \frac{2 \, g \, n^2 \, l \, P^{1,4}}{F^{1,4}} \cdot \frac{U^2}{2g} = \zeta_r \frac{U^2}{2g} \tag{888}$$

Längs des betrachteten Heberabschnittes erleidet der Durchfluß den Gesamtdruckverlust $\Sigma \zeta \dfrac{U^2}{2g}$.

Die Summe aller Druckverluste längs des ganzen Heberschlauches beträgt daher

$$\zeta \frac{U_0^2}{2g} + \Sigma_1 \zeta \frac{U^2}{2g} + \Sigma_2 \zeta \frac{U^2}{2g} + \ldots + \Sigma_a \zeta \frac{U_a^2}{2g} = H \tag{889}$$

oder, wenn für die Heberquerschnitte

$$F = \alpha F_a \tag{890}$$

und daher für

$$U = \frac{Q}{F} = \frac{Q}{\alpha F_a} \tag{891}$$

gesetzt wird,

$$\zeta \frac{Q^2}{2 \, g \, \alpha_0^2 \, F_a^2} + \Sigma_1 \zeta \frac{Q^2}{2 \, g \, \alpha_1^2 \, F_a^2} + \Sigma_2 \zeta \frac{Q^2}{2 \, g \, \alpha_2^2 \, F_a^2} + \ldots + \Sigma_a \zeta \frac{Q^2}{2 \, g \, F_a^2} = H \tag{892}$$

Aus der Gleichung (892) folgt für den Auslaufquerschnitt des Hebers

$$F_a^2 = \frac{Q^2}{2 \, g \, H} \left[\frac{\zeta_0}{\alpha_0^2} + \frac{1}{\alpha_1^2} \Sigma_1 \zeta + \frac{1}{\alpha_2^2} \Sigma_2 \zeta + \ldots + \Sigma_a \zeta \right] \tag{893}$$

Wenn der Auslaufquerschnitt F_a berechnet ist, können unter Verwendung der Beiwerte $\alpha_0, \alpha_1 \ldots$ die übrigen Querschnitte des Hebers $F_0 = \alpha_0\, F_a$, $F_1 = \alpha_1\, F_a \ldots$ berechnet und der Heberlängenschnitt berichtigt werden.

Der reziproke Wert der Quadratwurzel aus dem Klammerausdrucke in der Gleichung (893) wird als Wirkungsgrad μ des Hebers bezeichnet; es ist also

$$\mu = \frac{1}{\sqrt{\zeta_0 \dfrac{1}{\alpha_0{}^2} + \dfrac{1}{\alpha_1{}^2}\,\Sigma_1\,\zeta + \dfrac{1}{\alpha_2{}^2}\,\Sigma_2\,\zeta + \ldots \Sigma_a\,\zeta}} \tag{894}$$

Bei sorgfältig durchgebildeten, kurzen Hebern liegt der Wirkungsgrad, der von der Form und Länge des Heberschlauches abhängt, gewöhnlich zwischen $\mu = 0{,}7$ bis $0{,}8$; bei hydraulisch ungünstig geformten Hebern sinkt der Wirkungsgrad bis auf $\mu = 0{,}5$ herab.

Für überschlägige Rechnungen kann der Erguß des Hebers aus der Beziehung

$$Q = \mu\,F_a\sqrt{2\,g\,H} \tag{895}$$

mit einem geschätzten Beiwert μ ermittelt werden.

Nachdem nun die Abmessungen des Hebers festgelegt worden sind, muß noch geprüft werden, ob die Wassersäule im Heber nirgends abreißt und ob nirgends Ablösungen des Wassers vom Heberumriß vorkommen. Zu diesem Zwecke wird in der in der Abb. 877 angedeuteten Weise die Drucklinie eingezeichnet. Nachdem sowohl der Oberwasser- als auch der Unterwasserspiegel um das Maß des Luftdruckes in [m WS] gehoben angenommen worden waren, scheidet die Drucklinie das Gebiet des Druckes von jenen des Vakuums. Wenn nun die Drucklinie den Heberumriß nirgends schneidet, ist auch keine Ablösung des Durchflusses vom äußeren Heberumriß zu erwarten. Wegen der auftretenden Gasausscheidungen, wegen der Luftdruckschwankungen und unvorhersehbaren Zufälligkeiten, besonders wegen der ungleichen Druckverteilung in den Querschnitten der Krümmer wird man aber zweckmäßig einen Mindestabstand zwischen dem äußeren Heberumriß und der Drucklinie von mindestens zwei Metern vorschreiben.

Der Heberschlauch lenkt an der Heberkrone, wie ein Blick in die abgebildeten Heber lehrt, das Wasser um fast 180° um. In einem solchen Krümmer erfolgen an der Innenseite starke Druckerniedrigungen, die zu Ablösungen des Durchflusses vom Heberumriß, und zu Hohlraumbildungen führen können. Eine Herabsetzung des Durchflusses und Korrosionen der Heberwandung wären die Folgen. H. Lauffer hat nun für den Scheitelquerschnitt des Hebers die Druckverteilung unter Vernachlässigung der Energieverluste bis zu diesem Querschnitt berechnet. Bezeichnet B den Luftdruck in [m WS], r_i den Halbmesser des inneren Heberumrisses im Scheitelquerschnitt in [m], d die Querschnittshöhe im Heberscheitel in [m], γ die Wichte des Wassers in [t/m³], q den Durchfluß je Breitenmeter des Hebers in [m²/sec], und p_x den Wasserdruck in [t/m²], in der Höhe x [m] über dem inneren Heberumriß, so gilt nach H. Lauffer

$$\frac{p_x}{\gamma} = B - \frac{q^2}{2\,g\left[ln\left(1 + \dfrac{d}{r_i}\right)\right]^2 (r_i + x)^2} \tag{896}$$

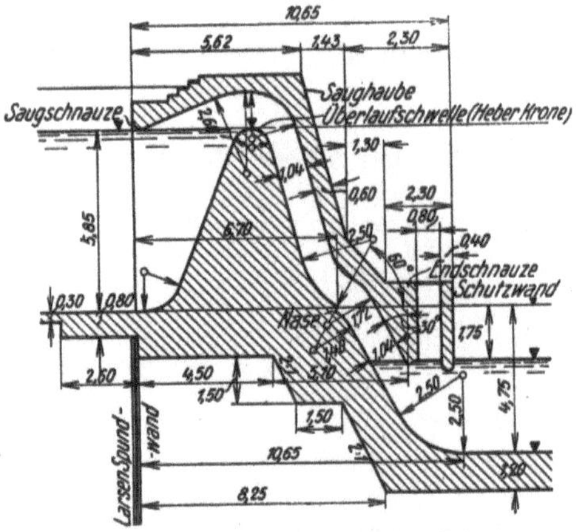

Für den inneren Heberumriß ist $x = 0$, für den äußeren $x = d$ zu setzen. Die von Lauffer abgeleitete Beziehung steht in befriedigender Übereinstimmung mit Messungen von J. C. Stevens.

Wie Versuche von A. Smrček gelehrt haben, wird bei Ablösung des Durchflusses von der inneren Heberwandung der Raum zwischen dem Durchfluß und der Heberwand von wirbelndem Wasser erfüllt. Wenn dieser Raum durch Beton aufgefüllt wird, so steigt trotz der Querschnittsverengung der Erguß des Hebers an.

Für den Spiegelhöhenunterschied H, für den ein Heber bemessen werden kann, gibt es keine Grenze. Der Heber muß nur so geformt werden, daß eben die um $0{,}0136\,B$ [m WS] gehobene Drucklinie den Heberumriß nirgends schneidet. Ueberfallhöhen über etwa $H = 10$ [m] steigern den Erguß nicht weiter.

Abb. 878. Schnitt durch einen Heber vom J. Heyn.

Die Bauform der Heberwehre wird gegenwärtig stets so gewählt, daß der Heber selbsttätig in Tätigkeit tritt, wenn das Stauziel überschritten wird. Solche Bauformen sind von J. HEYN und von GREGOTTI entwickelt worden. Einen HEYNschen Heber zeigt die Abb. 878; er besteht aus einem festen Wehrkörper, über dem der Heberschlauch liegt. Sowohl die Sauglippe (Saug-schnauze) am Einlauf als auch die Endlippe (Endschnauze) am Auslauf müssen unter Wasser liegen, solange der Heber in Tätigkeit steht. Wenn nun das Oberwasser ansteigt, so fällt Wasser in dünnem Strahl über die Überfallkrone im Heber, schießt über den Rücken des festen Wehres herab und reißt beim Untertauchen in das Unterwasser Luft aus dem Heberschlauch mit, die vom ablaufenden Wasser mitgeführt wird.

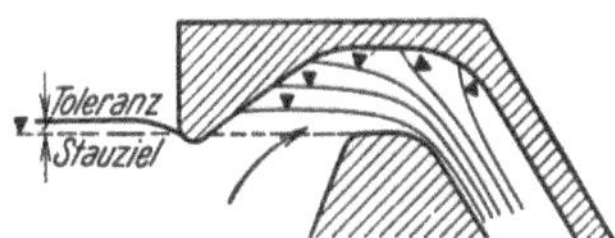

Abb. 879. Wasserspiegel im Heber während des Ausspringens.

Auf diese Weise wird der Heberschlauch entlüftet, der Wasser-spiegel im Heber an der Oberwasserseite steigt an und der Erguß über die feste Wehrkrone nimmt rasch zu, bis endlich der Heber anspringt (vgl. Abb. 879).

Das Mitreißen von Luft durch den tauchenden Wasserstrahl zeigt die Abb. 880. Die vom Wasser mitgerissenen Luftblasen steigen im Wasser mit Geschwindigkeiten von 0,3 bis 0,35 [m/sec] auf und gelangen, wenn nicht besondere Vorkehrungen getroffen werden, zum Teil noch innerhalb des Heberschlauches wieder bis an den Wasserspiegel und somit in den Heberschlauch zurück; dadurch wird das Anspringen des Hebers ver-zögert. Gewöhnlich wird aber Wert auf recht kurze Ansprungdauern gelegt. Um kurze Ansprung-dauern zu erreichen, wird der Heberschlauch so geformt, daß der Überfallstrahl das Unterwasser nicht am inneren Heberumriß, sondern am äußeren Umriß an der sogenannten Auslauflippe trifft. J. HEYN ordnet hiezu am inneren Heberumriß eine sprungschanzenartig wirkende Nase an, die den Strahl, so, wie es die Abb. 881 andeutet gegen die Auslauflippe lenkt. Die Abb. 881 zeigt auch nach einem Vorschlag von SCHNEIDER die Konstruktion der Wurfparabel, nach der

Abb. 880.   Mitreißen der Luft durch den ins Unterwasser tauchenden Strahl im Heberschlauch.

die Bahn des Wassers von der Nase weg gekrümmt ist; h bezeichnet die Tiefenlage der Nase unter der Überfallkrone und t die Zeit.

Die Nase bildet eine Unstetigkeit in der Wandung, an der sich der Abflußstrahl von der Wand ablöst; der Raum unmittelbar unter der Nase und diese selbst werden daher durch das Wasser im voll arbeitenden Heber sehr stark beansprucht. Die Nase wird zweckmäßig durch Walzstahl gebildet.

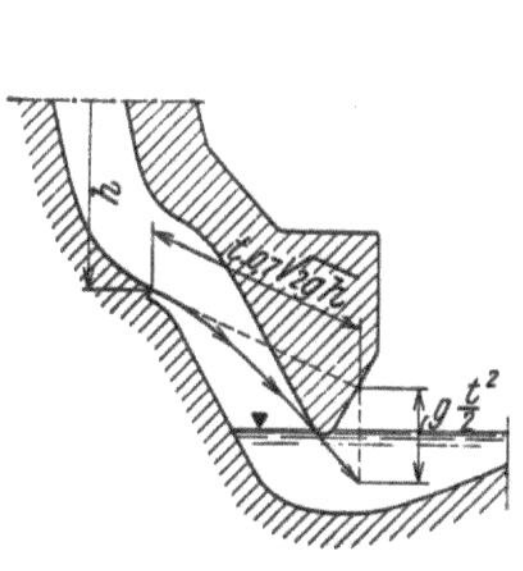

Abb. 881. Nase zur Ablenkung des Überfallstrahles gegen die Auslauflippe.

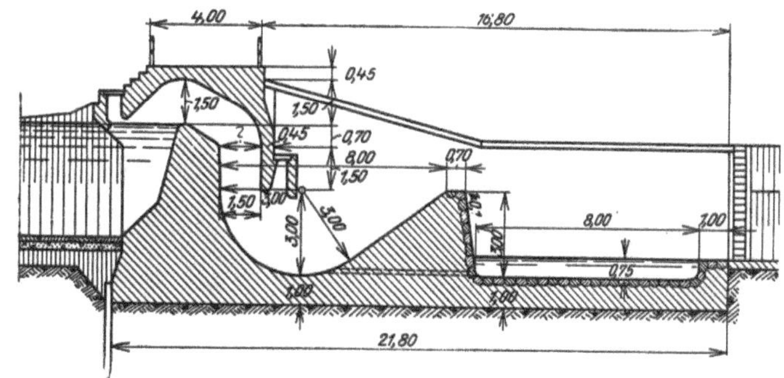

Abb. 882.   Heber der Kraftanlage Klaushof an der Stolpe. (Siemens Bauunion.)

Im Heber Klaushof an der Stolpe (Abb. 882 bis 884) wird der Überfallstrahl durch einen entsprechend geneigten und geformten Schußboden gegen die Auslauflippe gelenkt.

Nachdem die Ansprungdauer umso kürzer ist, je mehr Wasser über die Heberkrone über-läuft, hat J. HEYN auch versucht, die Ansprungdauer durch die Anordnung eines in der Abb. 885 dargestellten Umlaufkanals abzukürzen; dieser Umlaufkanal verdoppelt bei gegebener Überfall-höhe den Erguß, er bildet aber eine durchaus unerwünschte Unstetigkeit im äußeren Heberumriß,

Während J. Heyn vorwiegend geneigte Heberschläuche anwendet, stellt Gregotti bei seinen Hebern den Schlauch lotrecht, wie es die Abb. 886 andeutet; der frei abstürzende Überfallsstrahl trifft bei diesem Heber ebenfalls das Unterwasser im Bereiche der Auslauflippe.

Abb. 883.   Ansicht des Hebers Klaushof von der Luftseite.
(Siemens-Bauunion.)

Um das Rückführen getauchter Luftblasen in den Heberschlauch zu erschweren, wird die Auslauflippe mit scharfer Kante ausgeführt.

Unmittelbar vor der Sauglippe sinkt der Wasserspiegel im Stauraum wegen der Beschleunigung des Wassers zur Einlaufgeschwindigkeit etwa um das Maß der Einlaufgeschwindigkeitshöhe $U_0^2 : 2g$ ab. Der „Einlaufquerschnitt" eines Heberwehres ist eine Fläche gleicher Standrohrspiegel, die senkrecht zu den Stromlinien steht und, wie es die Abb. 887 erkennen läßt, gekrümmt ist. Damit der Heber an der Sauglippe nicht vorzeitig Luft schlürft, muß daher der Wasserspiegel flußauf des Hebers um dieses Maß, das Toleranz des Hebers genannt wird, über das Stauziel ansteigen oder die Sauglippe muß um dieses Maß unter das Stauziel untertauchen. Um die Toleranz gering zu halten, muß der Einlaufquerschnitt groß bemessen werden; gewöhnlich ist dann eine vorkragende Sauglippe und eine besondere Formung des festen Wehrkörpers erforderlich.

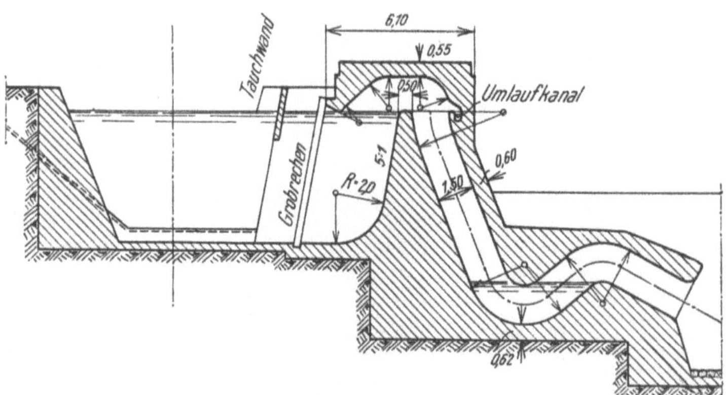

Abb. 884.   Ansicht des Hebers Klaushof von der Wasserseite.
(Siemens-Bauunion.)

Wenn der Zulauf geringer ist als die Schluckfähigkeit (größter Erguß) des Hebers, so sinkt der Oberwasserspiegel ab und der Heber schlürft unter der Sauglippe Luft; er paßt sich auf diese Weise elastisch dem Zufluß an. Wenn die Sauglippe bedeutend tiefer liegt, als die Überfallkrone des Hebers, so verliert der Heber die Fähigkeit, elastisch zu arbeiten; bei geringen Zuflüssen reißt der Heber dann plötzlich ab und beginnt erst wieder zu arbeiten, wenn die Heberkrone überronnen wird. Das ganze Heberbauwerk wird infolge dieses stoßweisen Arbeitens stark erschüttert. Um den Heber trotz tieftauchender Sauglippe elastisch arbeitend zu gestalten

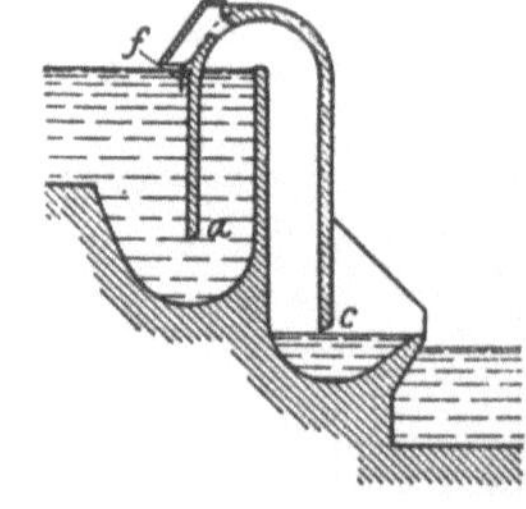

Abb. 885.   Heber mit Umlaufkanal in der Heberhaube. (Alzwerke.)   Abb. 886.   Heber von Gregotti.

und insbesondere die Einhaltung des Stauzieles zu ermöglichen, werden Belüftungslöcher bzw. Kanäle angeordnet, die wenn der Zufluß kleiner wird als die Schluckfähigkeit des Hebers, der Spiegel demnach unter das Stauziel zu sinken beginnt, das Schlürfen von Luft ermöglichen.

Baulich werden diese Luftkanäle auf die verschiedensten Weisen ausgeführt; die Abb. 888 zeigt eine solche Anlage.

An der Sauglippe bilden sich mitunter Wirbel mit lotrechter Achse aus, durch die Luft eingesaugt wird. Versuche haben ergeben, daß solche Wirbel besonders heftig auftreten, wenn die Heberhaube mit tieftauchender Sauglippe stark auskragt und wenn der Einlaufquerschnitt klein ist. Eine lotrechte Wand über der Sauglippe lindert die Gefahr der Wirbelbildung.

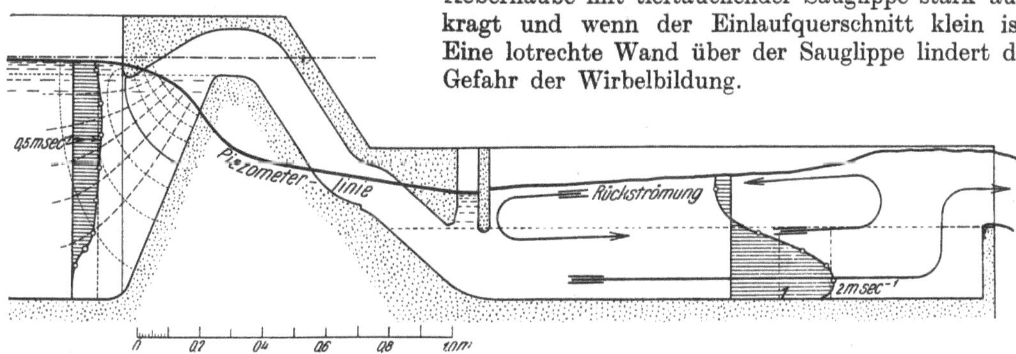

Abb. 887. Geschwindigkeitsverteilung und Drucklinie an einem Hebermodell.

In der Nähe des Hebereinlaufes nimmt der Druck, wie Messungen gelehrt haben, in einer Lotrechten nicht proportional mit der Tiefe zu. Wasserstandsrohre, die in einer Lotrechten untereinander angeordnet werden, zeigen bei Versuchen verschiedene Wasserstände an; den höchsten zeigt immer das am tiefsten abzweigende. Die Linien gleichen Standrohrspiegels, die im offenen Gerinne lotrechte Gerade sind, haben hier die in der Abb. 887 punktiert dargestellte

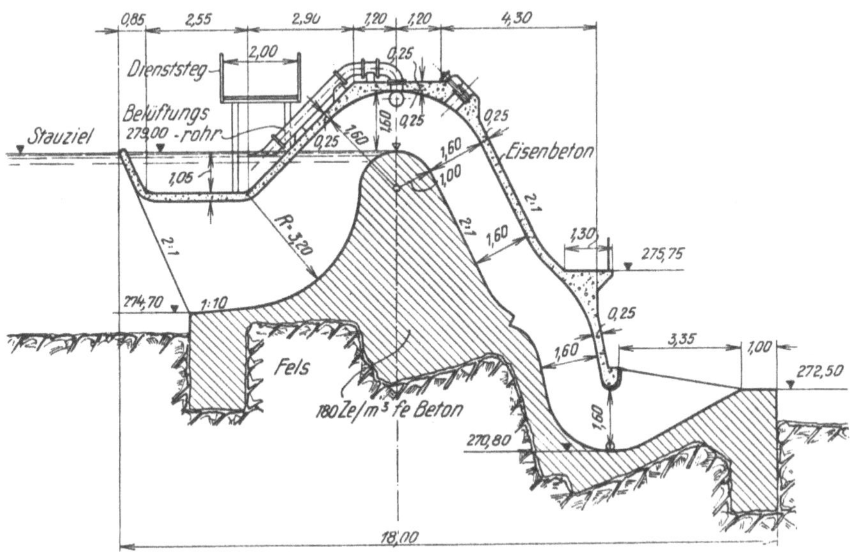

Abb. 888. Heber des Kraftwerkes Cala, Spanien. (H. E. GRUNER.)

Form. Eine von ihnen, etwa die von der Sauglippe ausgehende, dickausgezogene, kann als Einlaufquerschnitt angesehen werden. Besonders hervorgehoben sei aber, daß sich die Form der Linien gleichen Standrohrspiegels bei verschiedenen Ergüssen wesentlich ändert, da das Stromlinienbild nicht unverändert bleibt, die Größe des Einlaufquerschnittes kann daher auch nur roh, am besten für den größten Erguß geschätzt werden.

Um den Hebereinlauf, dessen Sauglippe in der Regel nur unwesentlich unter den Normalspiegel taucht, vor Treibzeug und Eis zu schützen, ist die Anordnung einer tiefer tauchenden Schutzwand nach Abb. 889 empfohlen worden. Die hydraulische

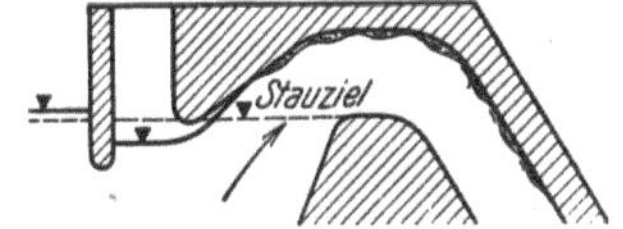

Abb. 889. Schutzwand vor der Sauglippe eines Hebers.

Wirkung einer solchen Schutzwand konnte an Hebermodellen deutlich beobachtet werden. Vor der Saugschnauze angeordnete Schutzwände hatten bei Hebern mit kleinen Einlaufquerschnitten stets ein tiefes Absinken des Wasserspiegels im Schachte und starkes Einschlürfen von Luft zur Folge. Der Wirkungsgrad des Hebers sank wegen der mitgerissenen Luft und das Oberwasser stieg daher etwas an. Der Wasserspiegel im Schachte war sehr unruhig, um so unruhiger, je weniger tief die Schutzwand tauchte und der Heber erlitt infolge von Druckschwankungen oft Stöße mit metallischscharfem Klang. Die Verhältnisse verschlechtern sich, wenn die Tauchwand der Sauglippe genähert wird. Bei Hebern mit sehr großem Einlaufe ist die Schutzwand hydraulisch belanglos. Um die Sauglippe eisfrei zu halten, kann auch, ähnlich wie bei den Streifblechen der Wehre, die Kante der Sauglippe mit Blech verkleidet und elektrisch heizbar gemacht werden.

Ein weiter Grobrechen am Hebereinlaufe bringt bei großen Einlaufquerschnitten außer einer geringfügigen Verringerung des Wirkungsgrades keine Nachteile; bei kleinen Einlaufquerschnitten fördert er das Einsaugen von Luft.

Wenn das Freiwasser so reichlich abzuleiten ist, daß ein Heberschlauch nicht ausreicht, so werden mehrere Heberschläuche nebeneinander gelegt; das Bauwerk wird dann *Heberbatterie*

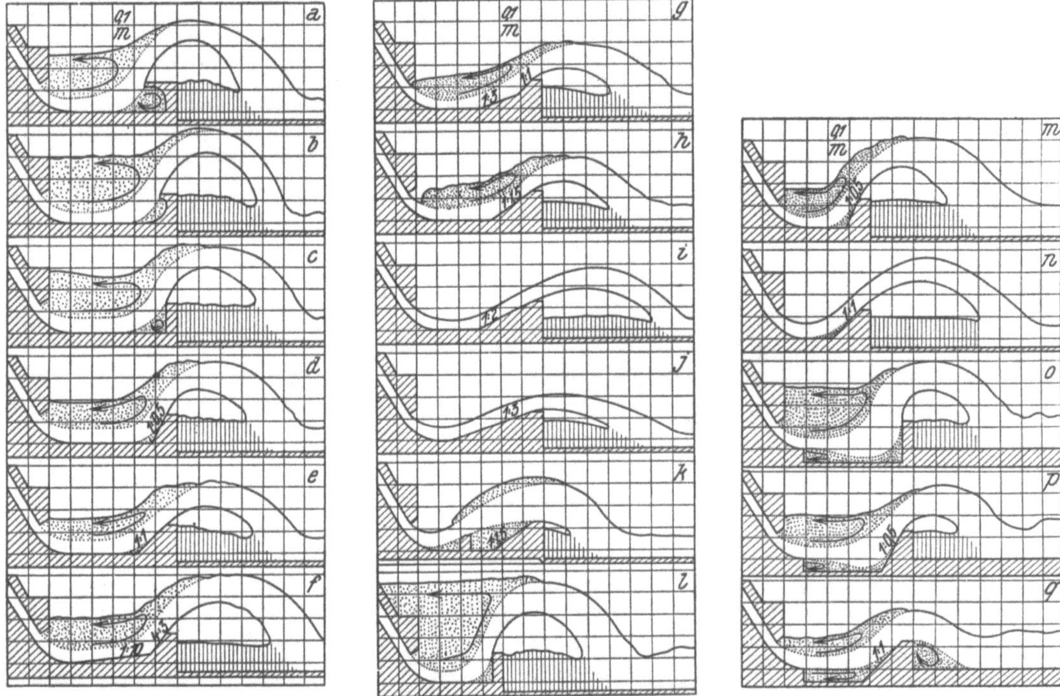

Abb. 890. Modellversuche zur Ermittlung der vorteilhaftesten Form des Hebertosbeckens.
Geschwindigkeit des aus dem Heber auslaufenden Wassers 3,14 [m/m].

genannt. Die Heber müssen dann aber besonders gestaltet werden, um zu verhindern, daß alle zugleich anspringen. Zu diesem Zwecke werden entweder die Sauglippen oder die Überfallkronen in ihrer Höhenlage gestaffelt. Eine Staffelung der Auslauflippen ist nicht zu empfehlen.

Bei Versuchen an dem in der Abb. 887 gezeigten Hebermodell fiel besonders auf, daß sich in der oberen Schicht des Tosbeckens eine kräftige Rückströmung ausbildet, die bei nicht voll angesprungenem Heber bis in den Heberschlauch hineinreicht; in der Mitte des Tosbeckens eingeschüttetes Farbwasser tauchte oft schon nach wenigen Sekunden im Heberschlauche auf. Diese Rückströmung beförderte bei diesem Modell während des Anspringens erhebliche Mengen von Luftblasen in den Heberschlauch zurück. Bei einem Erguß von zwei Dritteln bis drei Vierteln der Höchstleistung traten dann bedenkliche Erscheinungen auf, indem das längs des Heberschlauches herabstürzende Wasser im Unterwasser innerhalb des Heberschlauches einen Wassersprung hervorrief, der beständig auf und ab pendelte und hiebei stets bis unter die Auslauflippe herausgetrieben wurde; hiebei trat vollständige Belüftung des Hebers ein, der

Durchfluß verringerte sich plötzlich und das Unterwasser schloß wieder den Heberschlauch ab und stieg darin etwas an. Diese Erscheinung war wegen des fortwährenden Schwankens des Druckes im Heberschlauche mit heftigen Erschütterungen des Modells verbunden. Die Rückströmungen bis in den Heberschlauch hörten erst bei vollem Anspringen des Hebers auf, während sie in der oberen Schicht des Tosbeckens weiter erhalten blieb. Die Geschwindigkeitsverhältnisse vor dem Heber und im Tosbecken sowie die aufgenommene Drucklinie zeigt die Abb. 887.

Weitere Versuche haben erwiesen, daß die oben geschilderte Erscheinung wesentlich von der Ausbildung des Tosbeckens beeinflußt wird und daß diese für ein ruhiges und sicheres Arbeiten des Hebers von besonderer Bedeutung ist; die Abb. 890a bis q veranschaulichen die in einem Glasgerinne aufgenommenen Strömungen in verschieden geformten Tosbecken. Für ein ruhiges und erschütterungsfreies Anspringen des Hebers sind die in der Abb. 890 durch Flächenpunktierung hervorgehobenen Rückströmungen (Deckwalzen) unerläßlich; bei den Formen *g* bis *k* und *n* wird durch das im Heberschlauche herabstürzende Wasser während der Ansprungsperiode, wenn die Luft im Heberschlauche schon verdünnt ist, das im Heberschlauche stehende Wasser herausgetrieben, der herabkommende Strahl schließt mit einem Wassersprung an den Wasserspiegel im Tosbecken an, wobei Belüftung des Hebers eintritt und der Erguß, wie schon früher erwähnt, sofort nachläßt, worauf das Unterwasser den Heber unten wieder abschließt. Dieses Spiel wiederholt sich oftmals, bis das Oberwasser in der Nähe des Heberscheitels steht. Dann erst springt der Heber voll an und er arbeitet, einmal eingesprungen, ruhig. Während der Ansprungsperiode wurde der Heber mit den Tosbeckenformen *g* bis *k* und *n* stark erschüttert.

Alle in der Abb. 890a bis q dargestellten Versuche sind mit demselben Erguß q = 17,2 [l/sec] durchgeführt worden. Ganz besonders sei hervorgehoben, daß bei gleichem Ergusse das Oberwasser ein Ansteigen des Unterwassers nicht im selben Maße mitmachte; so stand z. B. beim Versuch *o* das Oberwasser nur um 7,5 [cm] höher als bei *q*, trotzdem der Unterwasserspiegel um 14 [cm] höher lag als bei *q*. Erwähnt sei noch, daß das in den Abb. 890a bis q durch Schraffierung hervorgehobene Wasser stehend oder schwach hin und herschaukelnd war. Als vorteilhafte Tosbeckenformen haben die Versuche die Modelle Abb. 890p und q ergeben, mit denen neben einem ruhigen Arbeiten des Hebers gleichzeitig eine befriedigende Energievernichtung des austretenden Wassers erreicht wird.

Zur Unterbringung eines Tosbeckens als unterer Abschluß des Hebers steht aber nicht immer der erforderliche Raum zur Verfügung. Um auch in solchen Fällen einen sicheren Luftabschluß an der Auslauflippe zu erhalten, wird der Heberschlauch in der in der Abb. 891 ersichtlichen Weise geführt und wenn dann auch das während der Ansprungdauer über die Heberkrone fallende Wasser den Unterwasserspiegel herabdrückt, so bleibt der Heberschlauch doch verläßlich unter Luftabschluß. (Siehe auch Abb. 892 und 893).

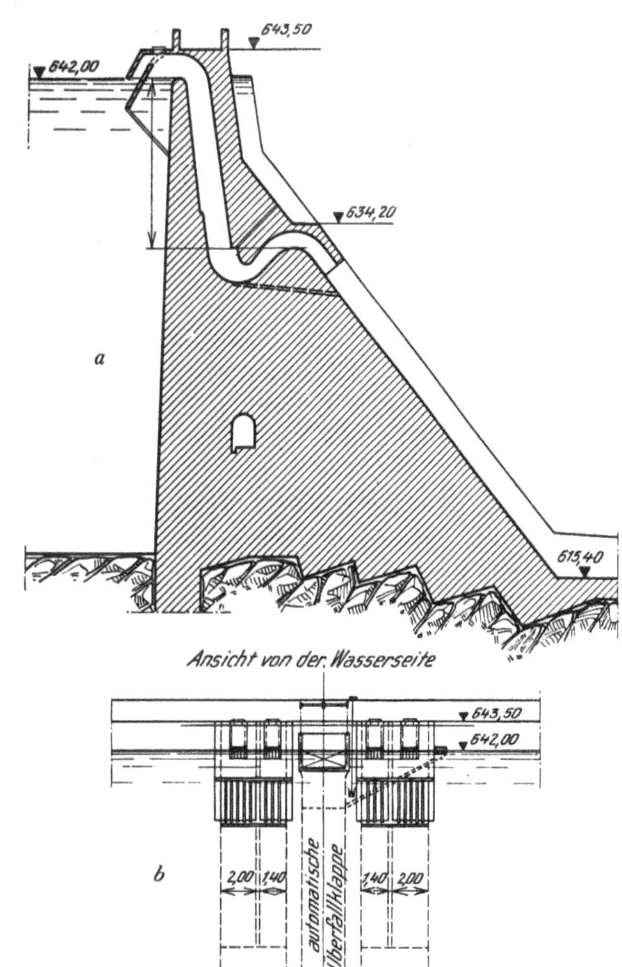

Abb. 891. Heber in der Staumauer Rempen, Wäggital. *a)* Staumauerquerschnitt, *b)* Ansicht des Hebers von der Wasserseite.

Die Ansprungdauer hängt schließlich auch von der Größe des zu entlüftenden Raumes ab; um nun diesen zu verkleinern, kann, wenn auf besonders kurze Ansprungsdauern besonderer Wert gelegt wird, eine solche Welle, wie sie früher beschrieben worden ist, schon höher oben in den Heberschlauch eingelegt werden. Der Heber springt dann sehr rasch an und der Erguß,

Abb. 892.   Ansicht der Staumauer Rempen mit den Hebern von der Wasserseite. (HUBER & LUTZ.)

der anfänglich dem kleineren Gefälle bis zur Welle entspricht, treibt die Luft aus dem unteren Heberteil aus, so daß für die Ergiebigkeit schließlich die ganze Fallhöhe maßgebend wird.

Die Linienführung der Heberachse kann nur selten den hydraulischen Bedürfnissen entsprechend festgelegt werden; in der Regel muß sie den Umrissen des Bauwerkes angepaßt werden, das den Heber tragen soll wie z. B. die in die Staumauer Rempen eingebaute Heberbatterie für 60 [m³/sec].

Die selbstanspringenden Heber werden für ganz kleine Verhältnisse (geringe Freiwassermengen und kleine Fallhöhen) aus Stahlblech hergestellt (Abb. 894). Für große Ergüsse und besonders für große Fallhöhen kommt nur Beton und Stahlbeton, allenfalls in Verbindung mit Stahl in Frage. In den Abb. 895 und 896 ist eine große Heberbatterie abgebildet, die am Kraftwerk Eitting der Mittleren Isar-A. G. errichtet worden ist.

Abb. 893.   Ansicht der Staumauer Rempen mit den Hebern von der Luftseite. (HUBER & LUTZ.)

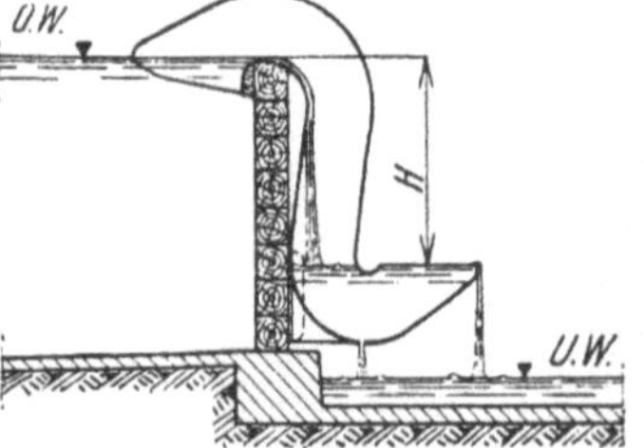

Abb. 894.   Heber aus Stahlblech auf einer hölzernen Schützentafel. (J. HEYN.)

Die Heber erhalten fast ausnahmslos rechteckigen Querschnitt. Die äußere Begrenzung ist gegen Beanspruchung durch den Luftdruck von außen zu bewehren und man wird bei der Bemessung sicherheitshalber einen äußeren Überdruck, entsprechend der Heberfallhöhe, äußerstenfalls aber 10 [t/m²] in Rechnung stellen. Um Vibrationen des Hebers beim Anspringen zu verhindern, müssen die Betonquerschnitte reichlich bemessen werden, damit das ganze Heberbauwerk eine große Masse erhält.

In Hebern bilden sich, der Heberfallhöhe entsprechend, mitunter sehr erhebliche Geschwindigkeiten aus, so, daß besonders am Auslaufe das Mauerwerk vor den Angriffen des Wassers durch Torkretputz, Edelbeton oder eine Verkleidung mit Quadern geschützt werden muß. Damit nicht im ganzen Heberschlauche derartige große Geschwindigkeiten herrschen, kann es zweckmäßig sein, den Heberschlauch weit auszuführen und nur das Ende düsenartig so zu verengen, daß der geforderte Erguß durchläuft.

Auch für die Ableitung von abgesetztem Schweb und Sand kann ein Heber ausgestaltet werden, wenn die Sauglippe, so wie es bei dem in der Abb. 886 dargestellten Gregottiheber geschehen ist, tief ins Oberwasser herabgeführt wird. Die Ansicht eines solchen Gregottihebers in Tätigkeit gibt schließlich die Abb. 897 wieder.

Schrifttum.

HINDERKS, A.: Strömungsuntersuchungen an selbsttätigen Saugüberfällen. Wasserw. Wien. 1929. S. 166. — HUBER, J.: Automatische Stau- und Abflußvorrichtungen. Schweizer Bauztg. 58. 1911. S. 202. — KAMMÜLLER: Wirkungsweise, Berechnung und Konstruktion von Hebern mit großer Saughöhe. Bauing. 1929. S. 191. — LAUFFER, H.: Grenzleistung von Heberüberfällen mit großem Gefälle. Bautechn. 1936. S. 433. — MITTLERE ISAR-A. G.: Modellversuche über die zweckmäßigste Ausbildung einzelner Bauwerke. Veröff. d. Mittleren Isar-A. G. in München. Charlottenburg. 1923. S. 25. — RÜMELIN, TH.: Wasserkraftanlagen. Bd. II. Sammlung Göschen. Nr. 666. S. 86. — STEFENS, C. J.: On the behavior of siphons. Proc. Am. Soc. Civ. Eng. 1933. S. 925. — VERONESE, A.: Ricerche sulla relazione che intercede tra l'altezza di adascamento dei sifoni autolivellatori sperimentrali in modello e quella dell'originale. L'Energia Elettrica. 1934. H. 7. (Referat: Wasserkr. u. Wasserwirtsch. 1935. S. 82.). — REFERAT: Eine große Heberanlage. Wasserkr. u. Wasserwirtsch. 1939. S. 71.

B. Bewegliche Stauwerke.

I. Allgemeines.

Unter dem Begriff der beweglichen Stauwerke werden alle beweglichen Stauverschlüsse zusammengefaßt, die entweder mechanisch oder vom Wasser selbsttätig bewegt werden. Die beweglichen Stauverschlüsse ermöglichen es, den Wasserspiegel innerhalb enger Grenzen auf gleicher Höhe zu halten.

Die beweglichen Stauverschlüsse werden in die Betriebsstauwerke und in Notverschlüsse geschieden; die ersteren dienen dem normalen Betrieb, während die letzteren nur während der Instandsetzung der ersteren angewendet werden.

Abb. 895. Die Heberbatterie im Kraftwerk Eitting, von der Wasserseite gesehen. *a)* Grundablässe, *b)* Heberbatterie, *c)* Feinrechen, *d)* Spülöffnungen in der Rechenschwelle. (Mittl. Isar-A. G.)

Abb. 896. Die Heberbatterie im Kraftwerk Eitting, von der Luftseite gesehen. *a)* Grundablaß, *b)* Heberbatterie, *c)* Auslaufquerschnitte der Heber, *d)* Streichwehr. (Mittl. Isar-A. G.)

Abb. 897. Gregotti-Heber der Kraftanlage Robiate in Tätigkeit.

Bei allen beweglichen Wehren muß der vom Wasser benetzte Umriß so geformt werden, daß nirgends Ablösungen des Abflußstrahles vorkommen; die Gefahr der Strahlablösung besteht an der Sohldichtungsleiste bei angehobenen Verschlußkörpern und am oberen Rand bei überströmten Wehrverschlüssen.

Die *Querschnittsform der Sohldichtungsleiste* der anhebbaren Verschlußkörper ist von besonderer Bedeutung für deren Verhalten in angehobenen Lagen. Wenn nämlich das Strömungsbild unter dem angehobenen Verschlußkörper nicht stabil ist, so wird er zu Schwingungen angeregt, die sich auch auf die Pfeiler übertragen können. Wenn zwischen der Eigenfrequenz des Verschlußkörpers und der Frequenz der vom ausfließenden Strahl hervorgerufenen Druckschwankungen an der Dichtungsleiste Gleichtritt besteht, so entstehen angefachte Schwingungen, die Beanspruchungen hervorrufen, denen der Baustoff der Verschlußkörper nicht gewachsen ist.

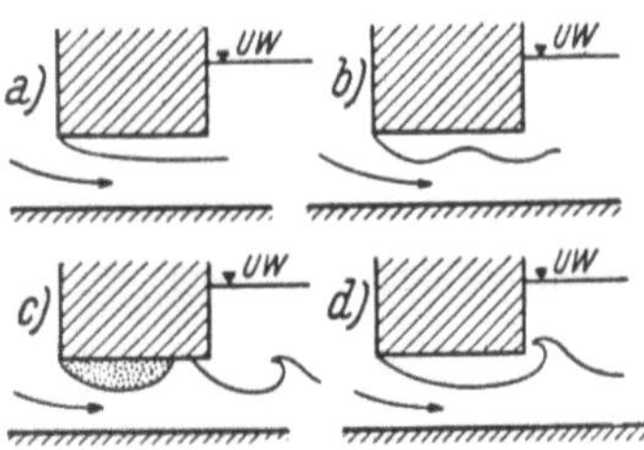

Abb. 898. Ablösung des Auslaufstrahles an der Kante der Sohldichtung und die Bildung von Unterdruck.

Das Entstehen der Druckschwankungen an der Dichtungsleiste hat O. MÜLLER durch Versuche klargestellt. An einer rechteckigen Dichtungsleiste lassen sich die Vorgänge am klarsten verfolgen. Wenn ein Verschlußkörper mit einer rechteckigen Dichtungsleiste angehoben wird, so löst sich der Ausflußstrahl an der oberstromseitigen Leistenkante ab, so, wie es die Abb. 898a andeutet; die Begrenzung zwischen dem Strahl und dem darüberstehenden Wasser bleibt aber nicht glatt, sondern wellt sich vorerst (Abb. 898 b), so, wie es schon auf Seite 153 erläutert worden ist. Die Wellung wird immer ausgeprägter (Abb. 898c) und die Wellenberge schließen bei hinreichend breiter Dichtungsleiste an diese an; im punktierten Bereich links vom Wellenberg entsteht Unterdruck. Der Wellenberg wandert schließlich über die unterstromseitige Kante der Dichtungsleiste flußab hinaus, der Raum unter der Dichtungsleiste gerät wieder in Verbindung mit dem übrigen Unterwasser (Abb. 898 d) und diese Verbindung bleibt so lange bestehen, bis der nächste Wellenberg sich wieder an die Dichtungsleiste anlegt, worauf neuerdings Unterdruck auftritt. Dieses unstabile Strömungsbild mit abwechselnder Ablösung und Anschmiegung des Strahles ruft Schwingungen des Verschlußkörpers hervor, die wieder den Vorgang der Strahlablösung beeinflussen.

Um nun das Auftreten solcher Schwingungen möglichst zu erschweren, wird die Breite der Dichtungsleiste auf das kleinste, mit Rücksicht auf die Beanspruchungen des Holzes durch

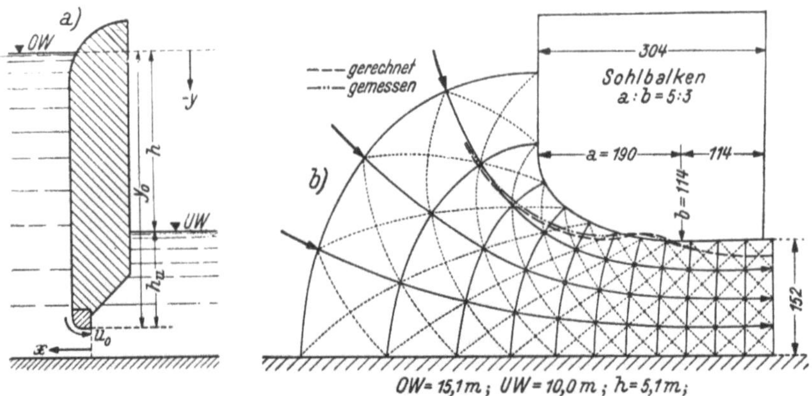

Abb. 899. Ermittlung der Druckverteilung am Sohldichtungsbalken.

das Gewicht der Falle noch zulässige Maß herabgesetzt. Überdies wird der Querschnitt der Leiste so geformt, daß Strahlablösungen auf ein Mindestmaß herabgesetzt werden; gänzlich verhindern lassen sie sich ja nicht, weil zu jeder Spaltweite eine andere Querschnittsform der Leiste erforderlich wäre.

Der Druckverlauf längs des Umrisses der Dichtungsleiste läßt sich hinreichend genau ermitteln. Man zeichnet hiezu, so wie es die Abb. 899 andeutet, zwischen der Dichtungsleiste und dem Wehrboden das aus Stromlinien und Potentiallinien gebildete Quadratnetz ein. Durch Anwendung der BERNOULLIschen Gleichung für Punkte der Begrenzung der Dichtungsleiste kann dann der Verlauf des Druckes berechnet werden. Mit den Bezeichnungen der Abb. 899 gilt

$$\frac{p_x}{\gamma} + \frac{u_x^2}{2\,g} - y_x = 0 \qquad (897)$$

An der Stelle x = 0, also an der unterstromseitigen Kante der Dichtungsleiste wird die Berechnung des Druckverlaufes begonnen. Dort ist

$$\frac{u_0^2}{2\,g} = h \qquad (898)$$

und der Druck auf die Dichtungsleiste beträgt

$$\frac{p_0}{\gamma} = y_0 - h = h_u \qquad (899)$$

Unter einem einen Meter breiten Streifen der Dichtungsleiste fließt durch eine Stromröhre der Durchfluß

$$q = s_0 \cdot 1 \cdot u_0 \qquad (900)$$

wobei s_0 die Länge der Quadratseite an der Stelle x = 0 unmittelbar an der Dichtungsleiste bedeutet. Nachdem nun der Durchfluß q durch die Stromröhre bekannt ist und die Längen der übrigen Quadratseiten längs der Dichtungsleiste gemessen werden können, kann der Verlauf der Geschwindigkeit u und weiter aus der Gleichung (899) der Verlauf des Druckes ermittelt werden.

In der Abb. 899 ist der berechnete Druckverlauf und der von O. MÜLLER gelegentlich eines Versuches gemessene eingetragen; man erkennt leicht die Brauchbarkeit des geschilderten Berechnungsverfahrens.

Einen günstigen Querschnittumriß erhält man, wenn die Dichtungsleiste an der Oberstromseite nach einer Viertelellipse abgerundet wird, so wie es die Abb. 899 andeutet. O. MÜLLER empfiehlt auch eine Zahnung der Dichtungsleiste, etwa so, wie es in der Abb. 900 angedeutet ist; statt des plötzlichen Überganges von einer Querschnittsform zur anderen kann auch ein allmählicher Übergang von Vorteil sein.

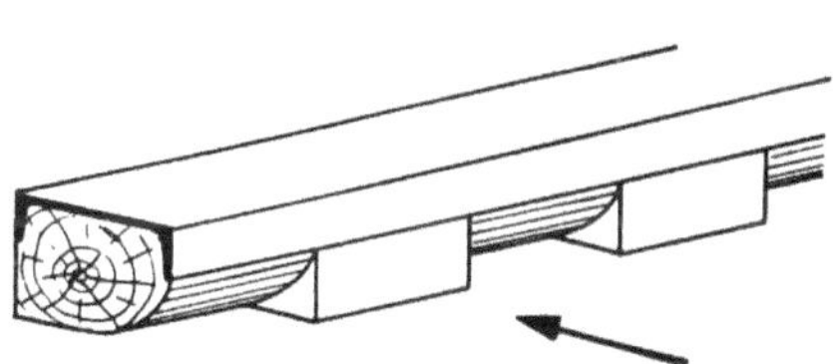

Abb. 900. Gezahnte Sohldichtungsleiste nach O. MÜLLER.

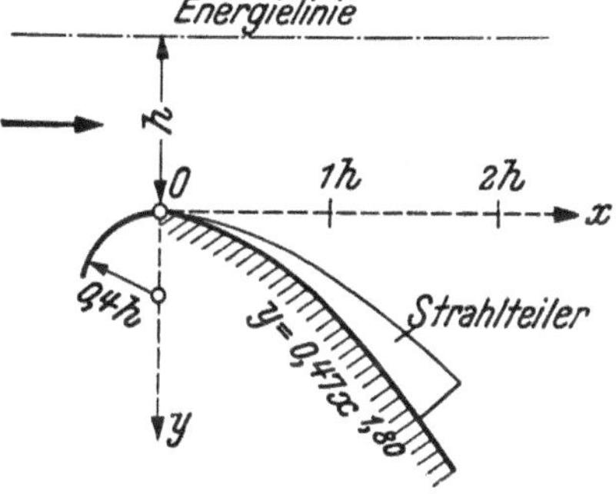

Abb. 901. Strahlteiler. (Unterer Strahlumriß nach E. SCIMEMI.)

Bei *überströmten Wehrverschlüssen* treten Schwingungen auf, wenn sich der Überfallstrahl vom Wehrumriß ablöst. Um eine Ablösung des Überfallstrahles zu verhüten, darf der Verschlußkörper oben nicht scharf begrenzt werden, so wie es die Strahlkonstrukteure bisher fast ausnahmslos gemacht haben. Nur bei guter Ausrundung wird die Strahlablösung verhindert. Nach Versuchen von E. SCIMEMI (vgl. S. 133) wird Strahlablösung vermieden, wenn der Umriß des oberen Randes des Verschlußkörpers vom Punkt 0 nach rechts nicht unter dem in der Abb. 901 angegebenen Umriß liegt. Als Einheit sowohl für x als auch für y wird die größte, am Verschlußkörper vorkommende Höhenlage h der Energielinie genommen.

Um auch Schwingungen der Luft unter dem Überfallstrahl zu verhüten, die sich auf den Verschlußkörper übertragen, müssen Strahlteiler auf dem auf die Ausrundung anschließenden Schußboden angeordnet werden, die mehrere Öffnungen im Überfallstrahl hervorrufen, durch die eine kräftige Belüftung des Raumes unter dem Überfallstrahl erfolgt. O. FUHRMANN hat durch Messungen festgestellt, daß bei Unterdrücken zwischen 4 und 12 [mm *WS*] unter dem Überfallstrahl solche Schwingungen auftreten; bei kleinen oder größeren Unterdrücken unterbleiben die Schwingungen. Jedenfalls muß überdies für eine ausgiebige Belüftung des Raumes unter dem Überfallstrahl von den Pfeilern her gesorgt werden.

Die Dichtungen der beweglichen Verschlußkörper gegen die Schwelle im Wehrboden wird fast ausnahmslos durch eine Holzleiste bewerkstelligt. Die zweckmäßigste Querschnittsform der Sohldichtungsleisten ist schon erörtert worden. Die Breite der Dichtungsleiste, mit der sie auf der Schwelle im Wehrboden aufsitzt, hängt vom Gewicht G [kg] des Verschluß-körpers und von der Stautiefe H [m] ab. Die Leiste dichtet nur ab, wenn die Pressung zwischen der Dichtungsleiste und der Schwelle größer als der Wasserdruck an der Wehrschwelle ist. Bezeichnet L die Lichtweite einer Wehröffnung in [cm], b die wirksame Breite der Dichtungs-leiste in [cm] und γ die Wichte des Wassers in [kg/m³], so muß also

$$\frac{G}{bL} > \frac{\gamma H}{10\,000} \; [\text{kg/cm}^2] \tag{901}$$

oder

$$b < \frac{10\,000\,G}{\gamma\,L\,H} \tag{902}$$

sein.

Zur Verbesserung der Sohldichtung ist auch, wie es die Abb. 902 andeutet, hinter dem Sohlbalken noch eine Gummileiste angeordnet worden, die durch nachstellbare Federn angepreßt wird.

Die Seitendichtungen zwischen dem Verschlußkörper und dem Wehrpfeiler (Abb. 903) wird häufig durch Holzleisten am Rande von federnden Stahlblechen bewerkstelligt, die das

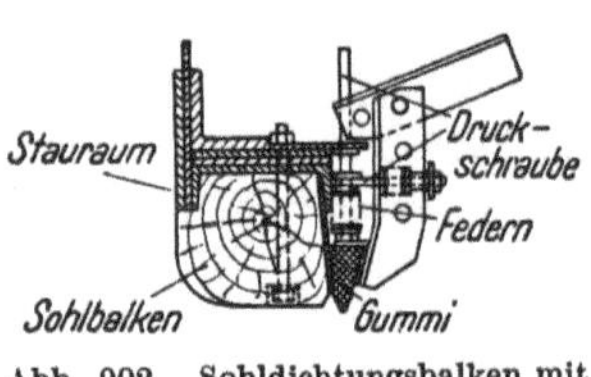

Abb. 902. Sohldichtungsbalken mit Gummileiste.

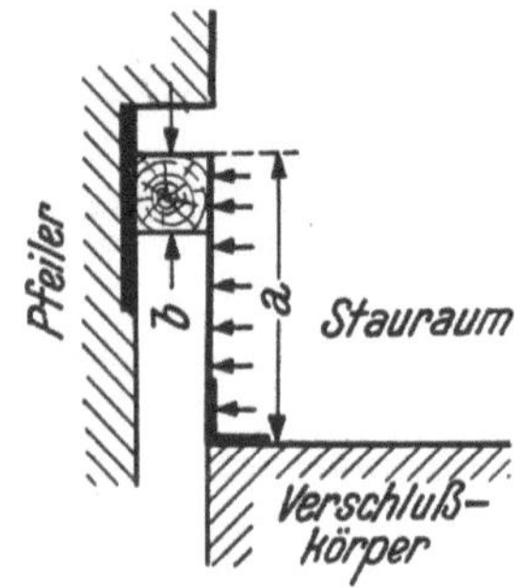

Abb. 903. Seitendichtung eines Verschlußkörpers mit Hartholzleiste an federndem Stahlblech.

Wasser an Streifbleche am Pfeiler anpreßt. Damit die Holzleiste in der Tiefe h [m] dichtet, muß die Pressung zwischen der Holzleiste und dem Streifblech auch größer als $\frac{\gamma h}{10\,000}$ sein; es muß also, wenn a und b in [cm] gemessen und ein 1 cm hoher Streifen der Dichtung betrachtet wird

$$\frac{a}{2}\,\frac{\gamma h}{10\,000 \cdot b \cdot 1} > \frac{\gamma h}{10\,000} \tag{903}$$

oder

$$a > 2\,b \tag{904}$$

sein.

Statt der Holzleisten an den federnden Stahlblechen sind zur Seitendichtung nach dem Vorbild der Abb. 904 auch Gummileisten am Stahlblech verwendet worden, bei denen die Anpressung durch nachstellbare Federn unterstützt wird.

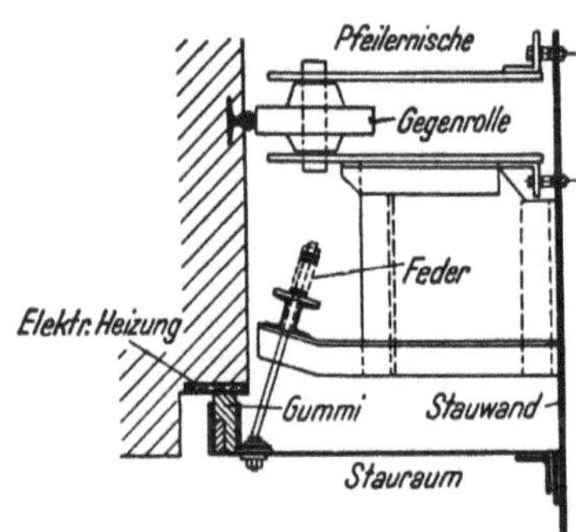

Abb. 904. Seitendichtung mit Gummileiste.

Die Seitendichtungen mit Dichtungsleisten an federnden Blechen verursachen beim Bewegen der Fallen erhebliche Reibungswiderstände. Bezeichnet H die Wassertiefe in [m] und γ die Wichte des Wassers in [kg/m³] so beträgt der Druck, den eine Holzleiste auf den Pfeiler überträgt

$$P = \gamma\,\frac{H^2}{2}\,\frac{a}{2} \; [\text{kg}] \tag{905}$$

und die Reibung zwischen einer Dichtungsleiste und dem Pfeiler beträgt

$$R = \mu\,\gamma\,\frac{a\,H^2}{4} \tag{906}$$

für den Reibungsbeiwert μ zwischen Holz und dem Streifblech der Pfeiler wird etwa $\mu = 0{,}35$ anzusetzen sein.

Das *Tragwerk der stählernen Stauverschlüsse* bildet an der Wasserseite ein Rechtecknetz, das die Stauhaut trägt und stützt. Das Tragwerk muß so entworfen werden, daß alle Teile zwecks Instandhaltung (Entrostung und Anstrich) gut zugänglich sind und es muß durch Anordnung von Wasserlöchern dafür gesorgt werden, daß nirgends Wassersäcke entstehen.

Die Blechhaut liegt über dem durch die Spanten und Riegel gebildeten Rechtecknetze; für die Bemessung der Blechstärke s [cm] dient hinreichend genau die Formel von L. v. Bach

$$s = a b \sqrt{\varphi \frac{p}{2 \sigma (a^2 + b^2)}} \quad \text{[cm]} \tag{907}$$

in der a und b die Seitenlängen des Rechteckes in [cm], p der Wasserdruck in [kg/cm²], σ die zulässige Beanspruchung des Bleches in [kg/cm²] und φ ein Beiwert ist, der von der Auflagerung abhängt und für den bei vollkommener Einspannung $\varphi = 0{,}80$ und bei freier Auflagerung $\varphi = 1{,}20$ gilt; gewöhnlich wird bei aufgenieteter Blechhaut mit $\varphi = 1{,}0$ gerechnet. Als zulässige Beanspruchung soll bei Stahl St 37 höchstens $\sigma = 1.000$ kg/cm² angenommen werden; zur berechneten Blechstärke wird ein Zuschlag von 0,2 cm für Rosten gemacht und die Blechstärke überhaupt nicht unter 1,00 cm genommen.

Von besonderer Bedeutung für die Erhaltung eines stählernen Stauverschlusses ist der *Rostschutz*, der durch Anstrich bewirkt wird. Der Anstrich besteht aus einem Grundanstrich aus Bleimennige und zwei Deckanstrichen aus Edelteerfarbe. Damit der Grundanstrich am Stahl verläßlich haftet, muß die Stahloberfläche mittels Sandstrahlgebläses gereinigt werden.

Der Grundanstrich besteht im streichfertigen Zustand am besten aus 80 Gewichtsteilen Bleimennige und 20 Gewichtsteilen Schwerspat; diesem Gemisch werden als Bindemittel weitere 14 Gewichtsprozente Leinöl oder Leinölfirnis zugesetzt; zur Verdünnung kann ein Zusatz von höchstens weiteren 6 Gewichtsprozenten Leinölfirnis erfolgen. Während der Trocknung erfolgt eine chemische Umsetzung, bei der fettsaures Bleioxyd entsteht, das den besten Korrosionsschutz bildet. Dieser Vorgang dauert rund 80 Tage; nach frühestens sechs Wochen darf der Deckanstrich aufgetragen werden.

Als Grundanstrich hat sich nur magere Bleimennigfarbe bewährt; fettere Anstriche nehmen Wasser auf, das bis zur Stahloberfläche gelangt. Bei Stauverschlüssen hat sich ein zweifacher Bleimenniganstrich nicht bewährt, weil sich erfahrungsgemäß, wie H. Ackermann berichtet, der zweite Anstrich mit dem ersten nicht sicher verbindet.

Wenn für das Trocknen und Erhärten eines Bleimenniganstriches nicht hinreichend Zeit zur Verfügung steht, kann als Grundanstrich Edelteerfarbe genommen werden.

Als Deckanstrich eignen sich Ölfarben nicht. Zu empfehlen sind Anstriche mit Edelteerfarben in Benzol gelöst im Abstand von drei bis sechs Tagen aufgetragen oder Heißbitumenanstrich.

Alle Anstriche dürfen nur bei trockenem Wetter aufgetragen werden.

Schrifttum.

Ackermann, H.: Erfahrungen mit Schutzanstrichen auf Wehrkonstruktionen im Süßwasser. Baut. 1937. S. 110. — Fuhrmann, O.: Schwingungsuntersuchungen an überströmten beweglichen Wehren. Dissertation. Techn. Hochschule, Berlin 1934. — Hartung, Fr.: Stahlwasserbauten als Ergebnis der Zusammenarbeit von Statiker, Konstrukteur und Hydrauliker. Wasserkr. u. Wasserw., 1939. S. 213. — Müller, H.: Beitrag zur Erforschung der Schwingungserscheinungen an überströmten Wehren. Wasserkr. u. Wasserwirtsch. 1937. S. 61. — Müller, O.: Schwingungsuntersuchungen an unterströmten Wehren. Mitt. d. Preuß. Versuchsanst. für Wasserbau u. Schiffbau. Berlin. 1933. Heft 13. — Derselbe: Neuere Schwingungsuntersuchungen an unterströmten Wehren. Baut. 1937. S. 65. — Referat: Periodische Schwingungen bei selbstregulierenden Stauschützen. Wasserkr. u. Wasserwirtsch. 1930. S. 315.

II. Bewegliche Wehre.

Nach ihrer Bauart können bewegliche Wehre in Gruppen zusammengefaßt werden, von denen die Schützenwehre, die Walzenwehre, die Segmentwehre und die Klappenwehre die wichtigsten sind.

a) Schützenwehre.

Schützenwehre haben gewöhnlich Verschlußkörper mit ebenen Stauflächen, die in der Regel lotrecht, in Nuten geführt, beweglich sind. Die Schützenwehre haben unter allen Wehrverschlußarten die ausgebreitetste Anwendung gefunden.

Die Verschlußkörper der Schützenwehre werden Schützen, Schützentafeln oder Fallen genannt und aus Holz, Stahl oder seltener bei kleinen Abmessungen, auch aus Gußeisen hergestellt. Die Führung der Fallen erfolgt in Nuten oder Nischen, in denen die Fallen gleiten oder zur Verringerung der Reibung auf Rollen laufen; man spricht im ersteren Falle von Gleitschützen, im letzteren von Rollschützen.

Um sowohl Eis als auch Geschiebe ableiten zu können, werden die Fallen waagrecht geteilt; man spricht dann von Doppelschützen. Bei großen Stauhöhen wird eine Teilung der Fallen auch durchgeführt, um an Pfeilerhöhe zu sparen. Eine Unterteilung in mehr als zwei Fallen erfolgt nicht mehr.

1. Die Ausbildung und Bemessung der Fallen.

Die Fallen der Schützenwehre werden aus Holz ausgebildet, so lange die größte erforderliche Holzstärke unter etwa 0,3 [m] bleibt; in allen übrigen Fällen kommt Stahl zur Anwendung.

Hölzerne Fallen werden in der Regel nach dem Wasserdruck am unteren Rand bemessen und in ganzer Höhe mit gleicher Bohlenstärke ausgeführt; bei sehr großen Stautiefen kann die Bohlenstärke ein- oder zweimal herabgesetzt werden, um die Fallen leichter zu machen.

Die Abb. 905 zeigt, wie die Herabsetzung der Fallenstärke ausgeführt wird. Die Bohlen einer Falle werden als in den Führungsnuten freiaufliegende Träger angesehen. Bezeichnet H die maßgebende Wasser-

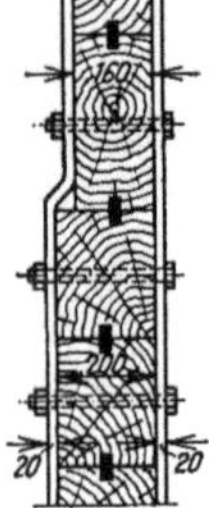

Abb. 905. Hölzerne Falle mit nach unten zunehmender Bohlenstärke.

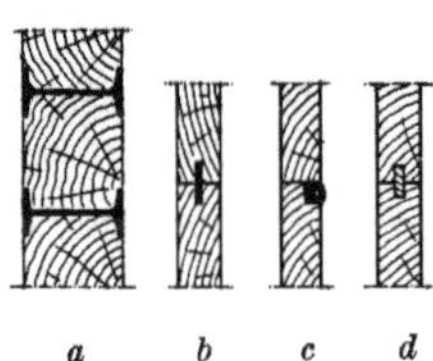

Abb. 906. Abdichtung der Tafeln hölzerner Fallen.

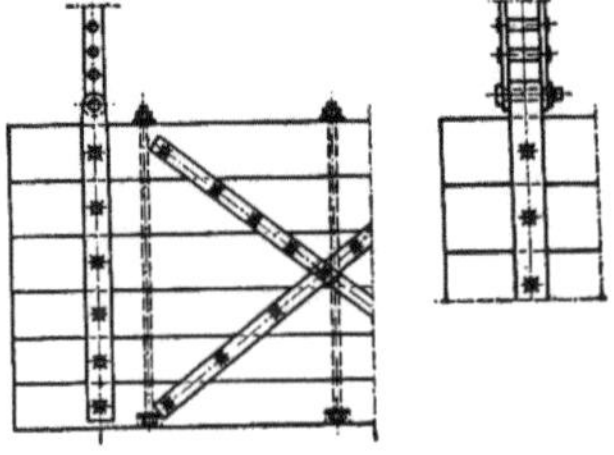

Abb. 907. Hölzerne Falle. Verschiedene Verbindungen mit der Bolzenstange.

tiefe in Metern, so beträgt in dieser Tiefe die Spannung des Wassers $p = \gamma \dfrac{H}{10\,000}$ [kg/cm²]; wobei γ die Wichte des Wassers in [kg/m³] bezeichnet bei einer Stützweite L [m] (von Mitte Nut zu Mitte Nut gemessen) beträgt das größte Biegungsmoment eines 1 [cm] hohen Streifens der Falle

$$M = \frac{p\,(100\,L)^2}{8} = \frac{H \cdot (100\,L)^2}{80} = 125\,HL^2\,[\text{kg} \cdot \text{cm}] \tag{908}$$

Das Widerstandsmoment eines 1 [cm] hohen Streifens der Falle beträgt bei einer Wandstärke d [cm]

$$W = \frac{d^2}{6}\,[\text{cm}^3] \tag{909}$$

und bei einer zulässigen Biegungsbeanspruchung σ [kg/cm²] vollkommen durchnäßten Holzes gilt

$$M = \sigma W \tag{910}$$

und es folgt für die erforderliche Dicke d der hölzernen Falle

$$d = 27{,}4\,L\sqrt{\frac{H}{\sigma}} \tag{911}$$

wobei die Stützenweite L und die Wassertiefe H, wie nochmals hervorgehoben sei, in Metern einzusetzen sind.

Die hölzernen Fallen werden aus einzelnen Bohlen zusammengebaut; zur Abdichtung erhalten die Bohlen eine Spundung mit angearbeiteter oder eingelegter Feder aus Holz oder Stahl (Abb. 906 a und c) oder sie erhalten ein Nut mit Kalfaterung (Abb. 906 b). Die Bohlen werden mittels Spannschrauben aneinandergepreßt (vgl. Abb. 907 und 908). Bei kleinen Wasserdrücken reicht zur Abdichtung schon das Zusammenpressen der Bohlen mittels der Spannschrauben allein hin.

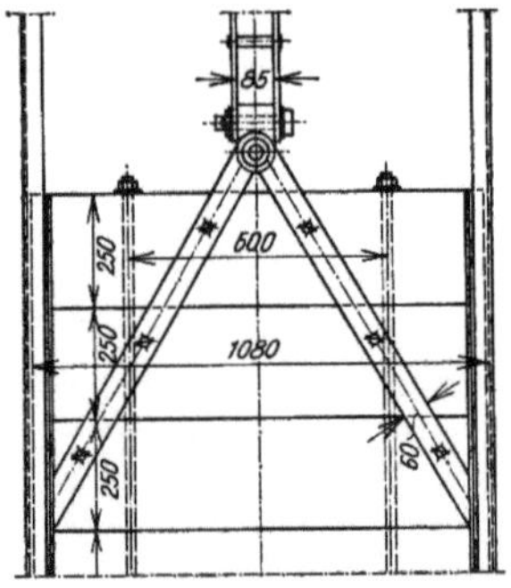

Abb. 908. Schmale hölzerne Falle, nur an einer Bolzenstange hängend.

Wenn der Wasserdruck so groß ist, daß selbst mit Bohlenstärken von 30 [cm] das Auslangen nicht gefunden werden kann, so kann eine Verstärkung durch I-Träger erfolgen, die zwischen die Bohlen eingelegt werden und dann gleichzeitig der Abdichtung dienen (Abb. 906 d).

Die hölzernen Fallen werden nicht nur durch Spannschrauben zusammengehalten, sondern auch noch mit Flachstahlbändern beschlagen, die ein Verziehen der Tafeln verhindern, wie es

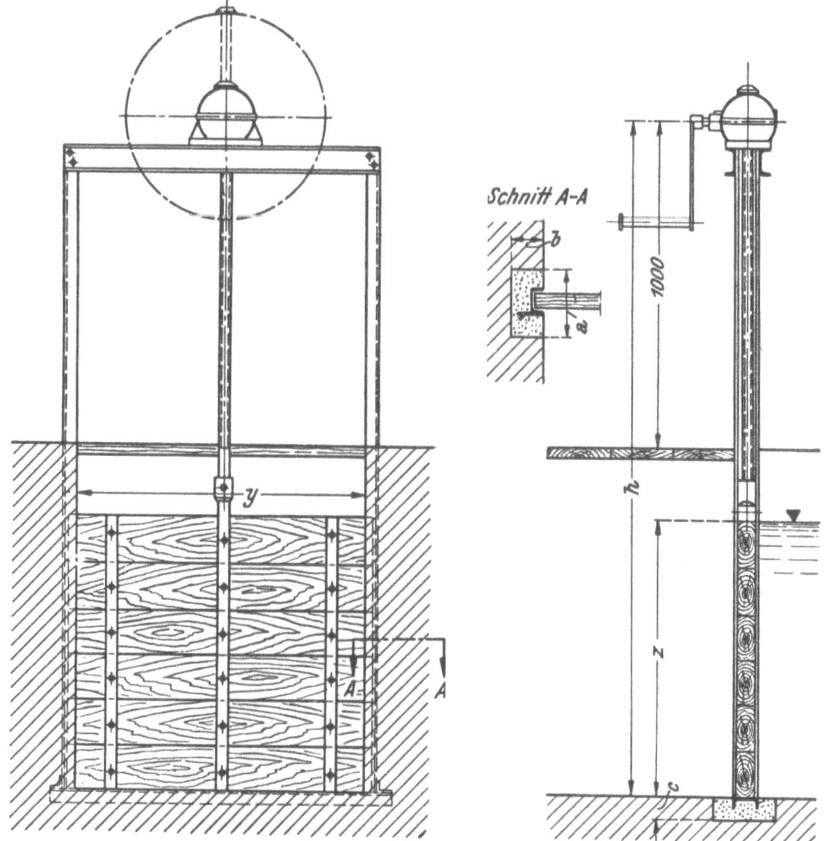

Abb. 909. Hölzerne Schütze im Stahlführungsrahmen mit Schraubenspindelaufhängung und gekapseltem Kegelradgetriebe. (Passavant-Werke.)

die Abb. 907 und 908 andeuten; an diesen Bändern werden die Fallen dann auch aufgehängt. Um die Reibung in den Führungsnuten herabzusetzen, werden die Fallen an den Auflageflächen mit Walzstahl beschlagen (vgl. die Abb. 938).

Beispiele für die Ausführung einfacher Schützenwehre geben die Abb. 909 und 910, die auch die Schützenführung und das Windwerk zeigen.

Bei großen Stautiefen oder dann, wenn mittels der Schützen Treibzeug und Geschiebe abgelassen werden sollen, werden die Schützen als Doppelschützen ausgeführt. Die Oberkante der Fallen wird stets in die Höhenlage des höchstzulässigen Wasserspiegels gelegt. Wenn der Hochwasserspiegel hoch über das Stauziel ansteigen kann, so wird der Streifen der Wehröffnung zwischen dem Stauziel und dem höchsten Hochwasserspiegel bei Schützen-

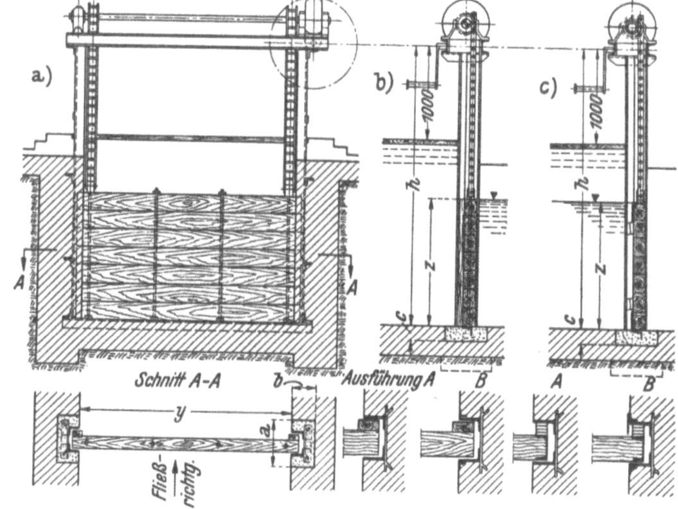

Abb. 910. Hölzerne Falle in Stahlführungsrahmen a) und b) mit Hartholzdichtungsleiste, a) und c) mit Flachkeilanpressung im Führungsrahmen. (Passavant-Werke.)

wehren am Einlauf zu Werksgräben mittels eines Hochwasserschildes aus Holz oder Stahlbeton abgeschlossen; die gegenseitige Abdichtung der Fallen und die Abdichtung der Oberfalle gegen den Hochwasserschild zeigen die Abb. 911, 912 und 913. Die schrägen oder abgerundeten Dichtungsleisten werden gegen die Dichtungsflächen durch den Wasserdruck angepreßt.

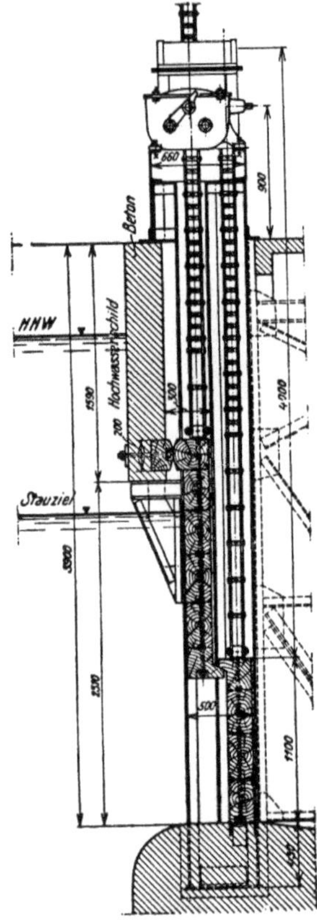

Abb. 911. Schützenwehr mit geteilten hölzernen Fallen und Hochwasserschild aus Stahlbeton am Innwehr Jettenbach.

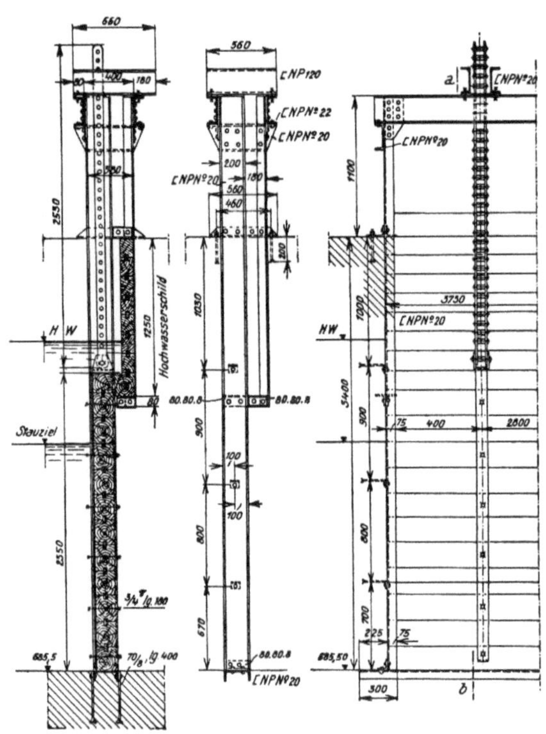

Abb. 913. Hölzernes Schützenwehr mit hölzernem Hochwasserschild. (Wiener Eisenbau A.-G).

Einfache stählerne Schützentafeln bestehen aus einer Blechhaut, die auf einem Rechtecknetz **auf**liegt, das aus waagrechten Riegeln und lotrechten Spanten gebildet wird. Dieses die Blechhaut tragende Netz wird bei kleineren Schützenabmessungen aus gewalzten Querschnitten zusammengebaut, bei größeren Abmessungen durch Blech- oder Fachwerksträger gebildet.

Bei Fallen kleinerer Abmessungen werden eine größere Zahl waagrechter Riegel angewendet, die den Wasserdruck in den Führungsnuten oder -nischen auf die Wehrpfeiler übertragen. Aus Konstruktionsgründen werden alle Riegel gleich ausgebildet; um sie auch gleich zu belasten, werden sie nach unten, entsprechend der Zunahme des Wasserdruckes, dichter aneinandergelegt. Die Abb. 914 zeigt die zeichnerische Ansteilung der Riegel zwecks gleicher Belastung; die Riegel werden in jedem Streifen des Wasserdruckdreieckes in die Höhenlage des Streifenschwerpunktes gelegt. Am oberen und am unteren

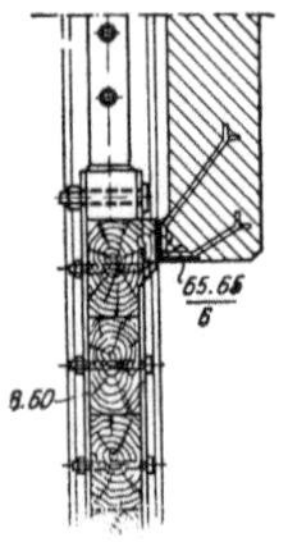

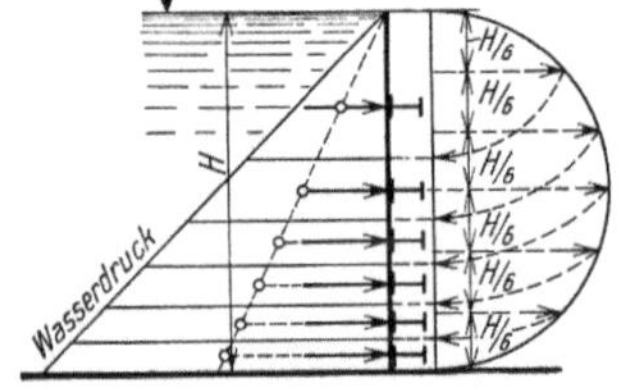

Abb. 912. Abdichtung der hölzernen Oberfalle gegen einen Hochwasserschild.

Abb. 914. Ansteilung gleichbeanspruchter Riegel über die Falle.

Rand der Fallen werden gewöhnlich überzählige Randriegel angeordnet, um auch dort die Blechhaut lagern zu können. Die Randriegel nehmen überdies Beanspruchungen einerseits von antreibendem Eis und Treibholz, anderseits von Körpern auf, die sich zwischen der Falle und dem Wehrboden verklemmen. Mit dem unteren Randriegel wird auch die untere Dichtungsleiste verbunden. Ein Beispiel für die Durchbildung einer einfachen, stählernen Falle mit fünf waagrechten Riegeln gibt die Abb. 915.

Bei größeren Fallen würden die Erhaltungsarbeiten am Tragwerk bei einer größeren Zahl von Riegeln sehr schwierig werden, weil sich in den einzelnen Tragwerksfeldern nahezu unzugängliche Winkel und Nischen ergeben. Man ist daher bei größeren Fallen dazu übergegangen, den Wasserdruck durch nur zwei Hauptriegel zu übertragen, die weit auseinander liegen und überall gut zugänglich sind (vgl. die Abb. 927).

Oft ist es nicht nötig, eine Öffnung bis zum Wasserspiegel vollständig freizulegen, es genügt vielmehr, wie z. B. an Spülauslässen von Wehreinläufen, nur unten eine Öffnung in der Höhe von 1,0 bis 2,0 [m] und oben eine solche von etwa 1,5 bis 2,0 [m] durch Schützentafeln zu schließen und dazwischen einen Stahlbetonschild anzuordnen, so, wie es etwa die Abb. 916 schematisch darstellt. Die Eisfalle wird als Senkschütze ausgebildet und kann bei den geringen Wasserdrücken in der Regel aus Holz ausgeführt werden, während der Grundablaß aus Stahl, etwa nach der Abb. 917 gebaut wird; die Dichtung der unteren Falle erfolgt an der Schwelle durch eine Hartholzleiste, an den Seiten und oben durch Leisten aus Bronze, die sich gegen Leisten des Rahmens, der die Öffnung

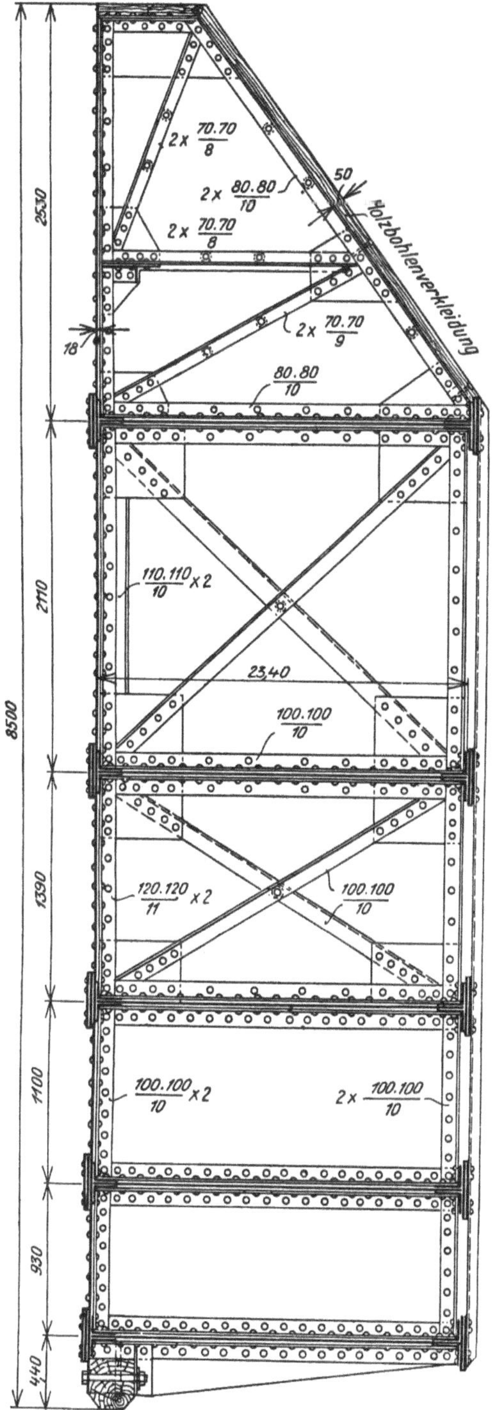

Abb. 915. Stählerne Falle mit vielen gleichbeanspruchten Riegeln.

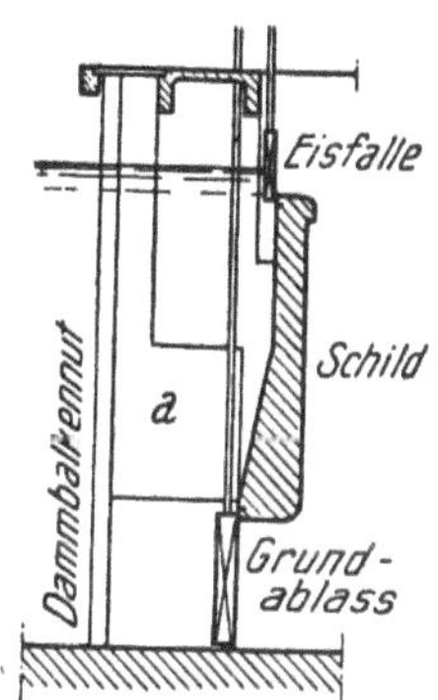

Abb. 916. Schema der Eisfalle und des Grundablasses in einem Einlaufbecken eines Wehres.

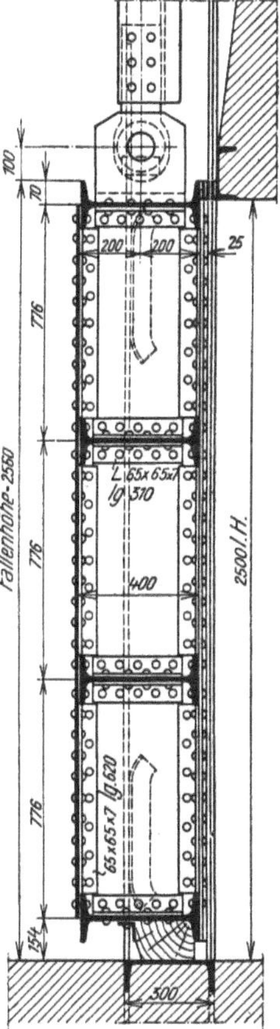

Abb. 917. Grundablaßschütze.

umsäumt, legen und vom Wasser angepreßt werden. Einzelheiten der Bewehrung des Stahlbetonschildes sind schließlich der Abb. 918 zu entnehmen.

Bei höheren Wasserdrücken, wie sie bei Entnahmeanlagen in Stauweihern vorkommen,

wird die Reibung an den Dichtungsleisten, die vom Wasserdruck gegen Rahmen gepreßt werden,
zu groß; dort eignen sich als Verschluß z. B. Rollkeilschützen, wie sie die Abb. 919 und 920
darstellen. Die Schützentafel wird dort durch eine Anzahl von Querriegeln gebildet, die nur
am Rand beiderseits durch lotrechte Wangenträger miteinander verbunden sind. Den Fallenumriß bildet ein Trapez, mit der schmäleren Seite unten und einem Anzug der Seiten von
etwa 1:15. Die Dichtung erfolgt durch Bronzeleisten, die sich gegen Stahlleisten des Rahmens
legen. Die Aufhängung an der GALLschen
Kette erfolgt federnd, um das Windwerk
zu schonen; zur Verminderung der Reibung
beim Bewegen läuft die Falle auf Rollen und
Gegenrollen verhüten ein Schlagen der Falle.

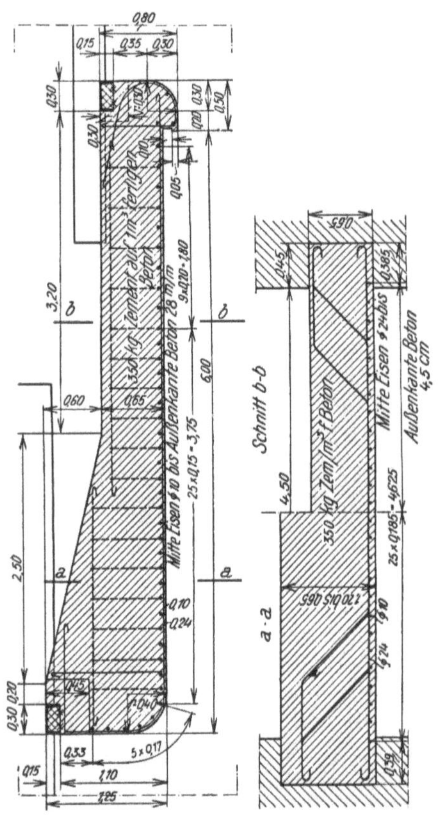

Abb. 918.   Der Stahlbetonschild
zu Abb. 916.

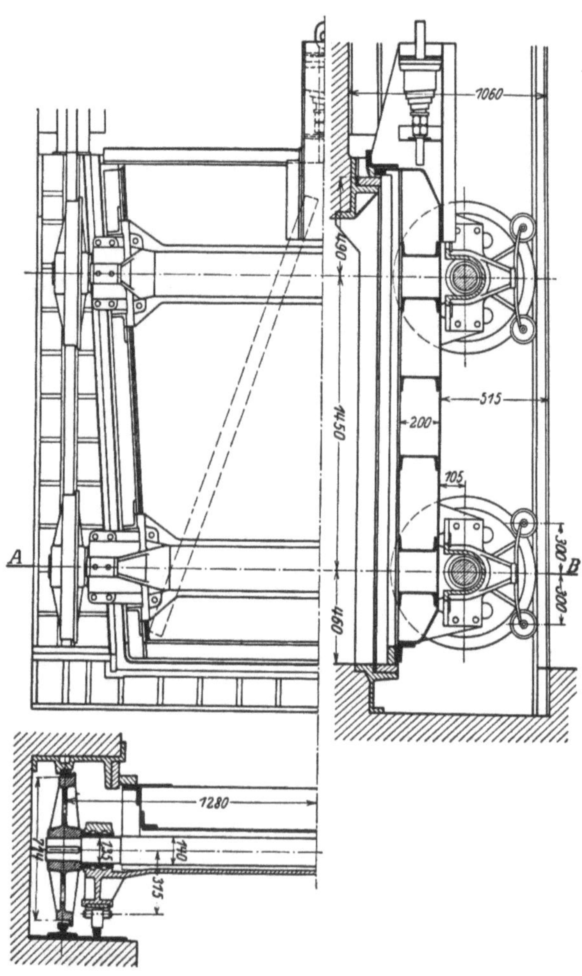

Abb. 919.   Rollkeilschütz. Ansicht von der Luftseite
und lotrechter Schnitt.

Für den Abschluß von kleineren, vollständig unter dem Wasser liegenden Öffnungen, wie
z. B. von Spülöffnungen in Einlauf- oder Rechenschwellen eignet sich eine Schützenanordnung,
die in den Abb. 921a bis e mit einigen Einzelheiten dargestellt ist. Die Falle ist dort aus Gußeisen ausgebildet und sie gleitet längs eines ebenfalls gußeisernen Rahmens, der einbetoniert
wird, auf und ab. Die Dichtung erfolgt durch Bronzeleisten, die mit der Falle und dem Rahmen
verschraubt sind und die durch den Wasserdruck aufeinandergepreßt werden.

Beispiele für andere gußeiserne Schützen geben die Abb. 922 und 923.

Um mit einfachen Schützen auch Eis ohne Überstau ableiten zu können, sind auch Senkschützen entwickelt worden, die unter die Normalstellung absenkbar sind. Über gewöhnliche
einfache Schützentafeln kann Eis nur abgeleitet werden, wenn das Stauziel überschritten wird.
Die Abb. 924 zeigt die Ausbildung einer solchen Falle, die sowohl oben als auch unten hydraulisch richtig geformt ist.

Stählerne Doppelschützen sind früher nach dem Schema der Abb. 925 hergestellt worden.
An der Unterseite der angehobenen Unterfalle löst sich der Ausflußstrahl vom Fallenumriß

ab und an Stelle des auf die abgesenkte Falle an der Unterseite wirkenden Auftriebes tritt bei einer bestimmten Hubhöhe ein Unterdruck auf, der die Falle gleichsam herabsaugt. Überdies ist mit der Unterfalle eine beträchtliche Wasserauflast mitzuheben. Für das Rheinwehr bei Laufenburg[1]) zeigt die erforderliche Hubkraft nach Th. Becker etwa den folgenden Gang:

	Beim An- heben	1,2 bis 1,4 [m] an- gehoben
Gewicht der Unterfalle....	217 [t]	217 [t]
Gewicht des entsprechenden Hubkettenstückes.......	30 [t]	30 [t]
Reibungskräfte	60 [t]	58 [t]
Wasserauflast	88 [t]	332 [t]
Unterdruck	0 [t]	33 [t]
Sicherheitszuschlag 10% ..	40 [t]	67 [t]
Summe	435 [t]	737 [t]
Auftrieb	232 [t]	0 [t]
Hubkraft	203 [t]	737 [t]

Abb. 920. Rollkeilschutz, Ansicht.

Die zu hebende Last steigt also bei dieser Schützenbauart während des Anhebens der Unterfalle von 203 auf 737 [t] oder auf das 3,66fache an. Diesen Übelstand hat die Maschinenfabrik Augsburg-Nürnberg (MAN) durch ihre MAN-Doppelschütze behoben. Die Abb. 926 zeigt den Aufbau dieser Doppelschütze. Den Gang der Hubkraft an dem mit solchen MAN-Doppelschützen ausgerüsteten Donauwehr bei Steinbach-Passau[2]) zeigt die folgende Aufstellung.

	Beim Anheben	Bei der kriti- schen Spaltweite
Gewicht der Unterfalle	198 [t]	198 [t]
Gewicht des entsprechenden Hubkettenstückes	19 [t]	19 [t]
Reibungskräfte..	31 [t]	30 [t]
Wasserauflast...	0 [t]	4 [t]
Unterdruck...	0 [t]	0 [t]
Sicherheitszuschlag 15%	37 [t]	38 [t]
Summe	285 [t]	289 [t]
Auftrieb	—11 [t]	0 [t]
Hubkraft	274 [t]	289 [t]

Bei der MAN-Doppelschütze steigt die Hubkraft beim Anheben der Unterfalle also nur von 274 auf 289 [t] oder auf das 1,06fache an. Neben der geringen und gleichbleibenden Hubkraft erfordern die MAN-Doppelschützen aber, wie noch später gezeigt wird, überdies viel einfachere Nischen in den Pfeilern.

[1]) Lichtweite eines Schützenfeldes 17,30 [m]; Höhe der Oberfälle 8,50 [m]; Höhe der Unterfälle 7,50 [m].
[2]) Lichtweite 25 [m]; Höhe der Oberfalle 3 [m]; Höhe der Unterfalle 8,80 [m].

Beim Entwurf einer MAN-Doppelschütze handelt es sich vor allem um die Festsetzung der Höhen der Ober- und der Unterfalle und um die Austeilung der Hauptriegel für diese Fallen.

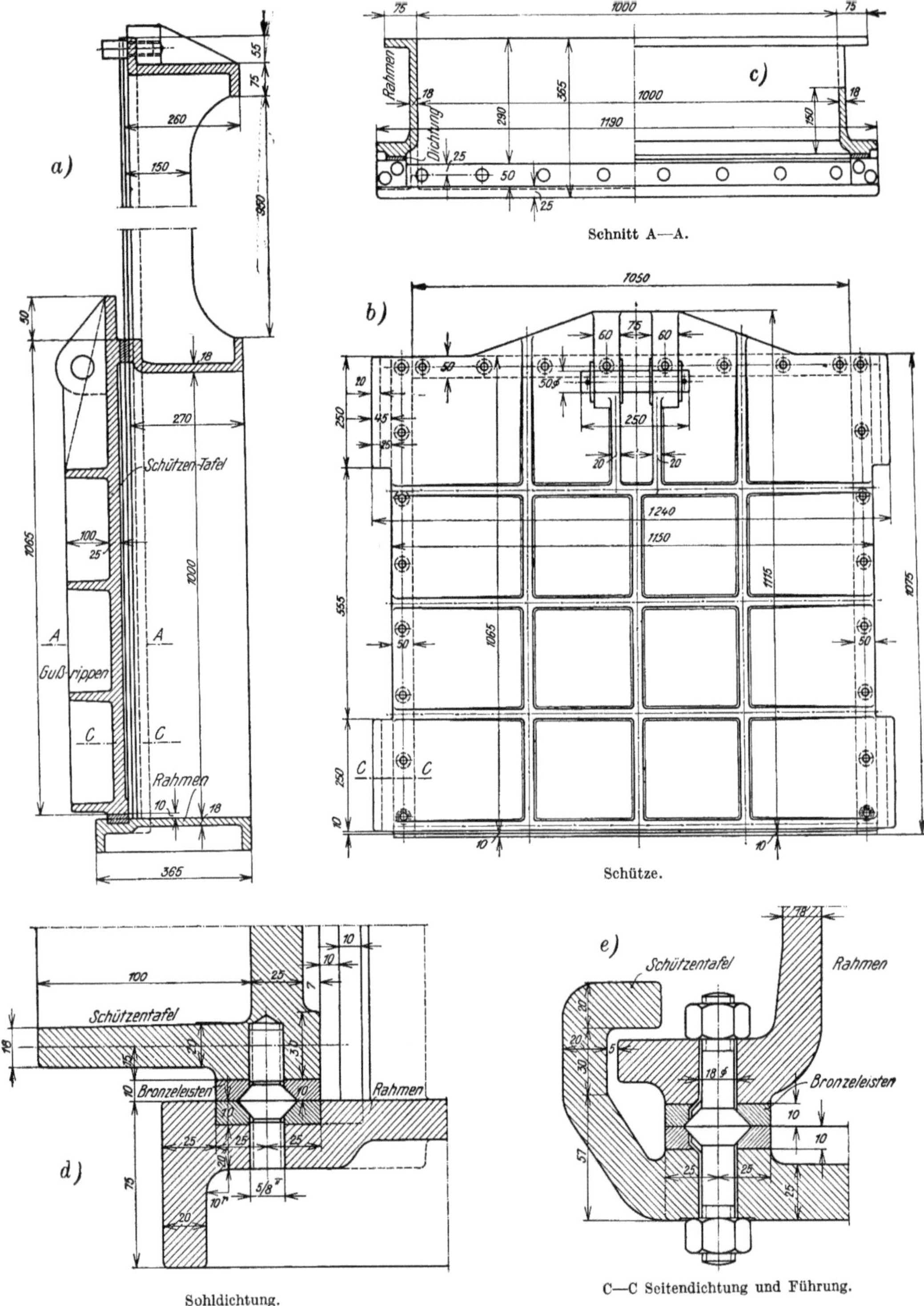

Abb. 921. Gußeiserne Schütze einer Spülöffnung in der Einlaufschwelle.

Für die Austeilung gilt die Regel, daß die Höhe der Oberfalle annähernd gleich einem Viertel der Stauwassertiefe sein soll; der untere Hauptriegel der Oberfalle wird in der Höhe der Resul-

tierenden des Wasserdruckes auf die Oberfalle gelegt und die beiden Hauptriegel der Unterfalle werden symmetrisch zur Resultierenden des Wasserdruckes auf diese Falle angeordnet,
aber derart, daß die Oberfalle voll hinter die Unterfalle absenkbar ist. Die Abb. 927 gibt das
Schema für die Ansteilung der Hauptriegel.

Die Oberfalle wird von zwei Hauptriegeln gestützt, die in den Knotenpunkten Spanten
tragen, über deren Enden Randriegel laufen; die Riegel und Spanten bilden ein Rechtecknetz,
das mit der Blechhaut überdeckt wird. In der Abb. 928 ist dieses Tragwerk schematisch dargestellt; durch Schraffen, senkrecht zum Stab, der die Last aufnimmt, ist angedeutet, wie der
Wasserdruck von der Blechhaut auf das Tragwerk aufgeteilt wird. Der untere Hauptriegel

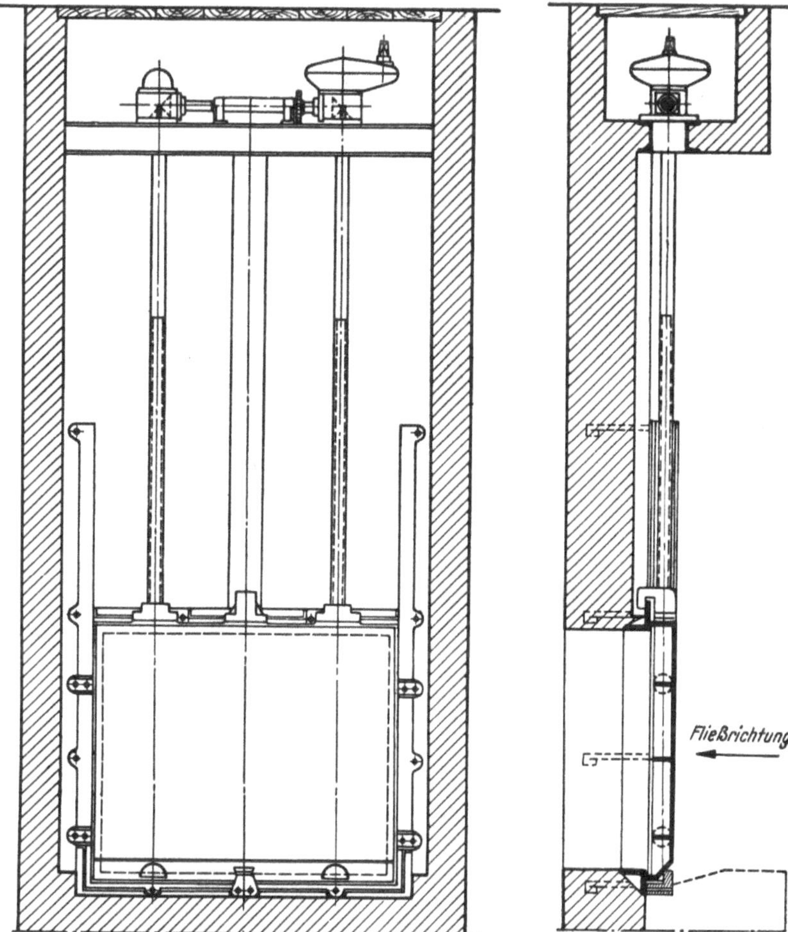

Abb. 922. Gußeiserne Falle, an Schraubenspindeln hängend.

sowie der untere Randriegel erfährt die stärkste Beanspruchung, wenn die Oberfalle in ihrer
höchsten Lage hängt; der obere Hauptriegel sowie der obere Randriegel werden stärker beansprucht, wenn die Falle gesenkt wird und es muß für diese beiden die ungünstigste Stellung
der Falle aufgesucht werden. Aus Herstellungsgründen werden aber die beiden Hauptriegel
trotz ungleicher Beanspruchung gleich bemessen. Das Systemnetz eines Hauptriegels der Oberfalle und der dazugehörige Kräfteplan sind in der Abb. 928 dargestellt.

Der Wasserdruck auf eine Dreieckfläche der Abb. 928 wird aus der Tiefenlage des Flächenschwerpunktes unter dem Spiegel ermittelt. Da die Blechhaut auf den Obergurten der Riegel
und der Spanten aufliegt, werden die Gurte außer durch die Stabkräfte auch noch durch die
vom Wasserdruck auf sie entfallenden Blechhautteile hervorgerufenen Momente beansprucht.

In der Abb. 929 ist als Beispiel ein Schnitt durch eine MAN-Oberfalle dargestellt; sie ist
oben mit einem hölzernen Bohlenbelag als Schußboden für den Überfallstrahl abgedeckt und

trägt unten einen stählernen Eisbrecher, der beim Senken der Falle etwa angesetztes, gefrorenes Leckwasser zerteilt. Die Blechhaut wird an der Wasserseite mit versenkten Nieten genietet,

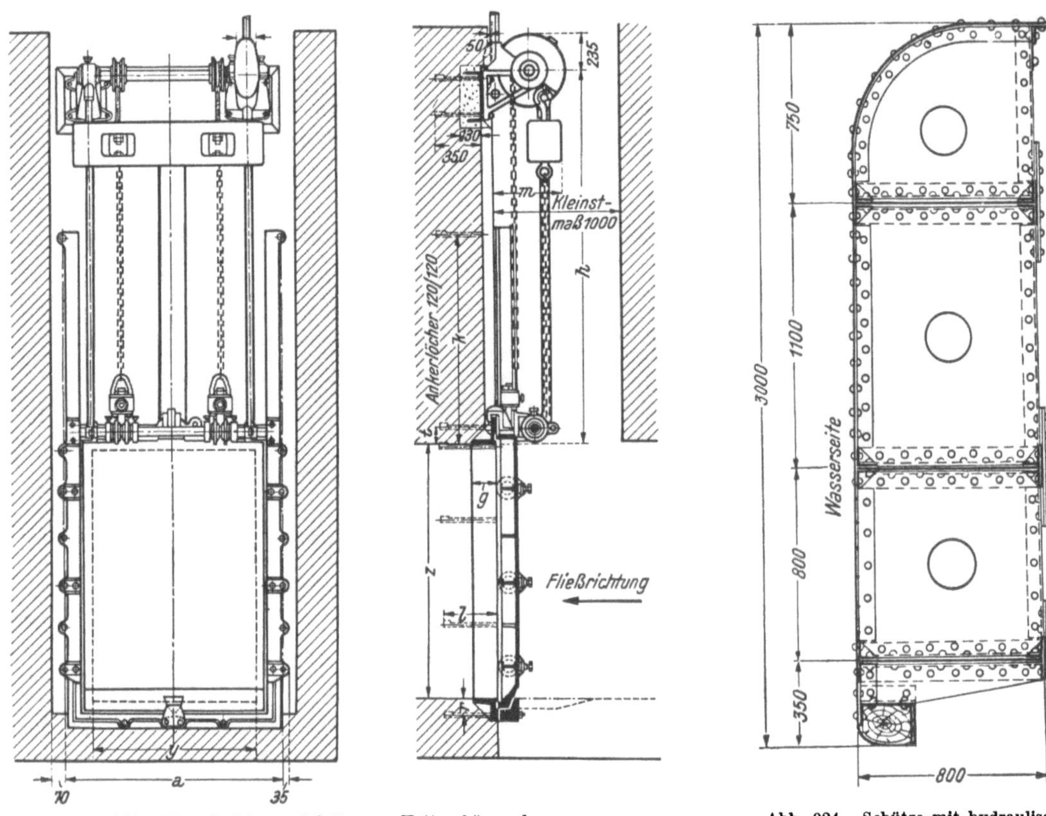

Abb. 923. Gußeiserne Schütze, an Ketten hängend.

Abb. 924. Schütze mit hydraulisch richtig geformtem oberen Rand.

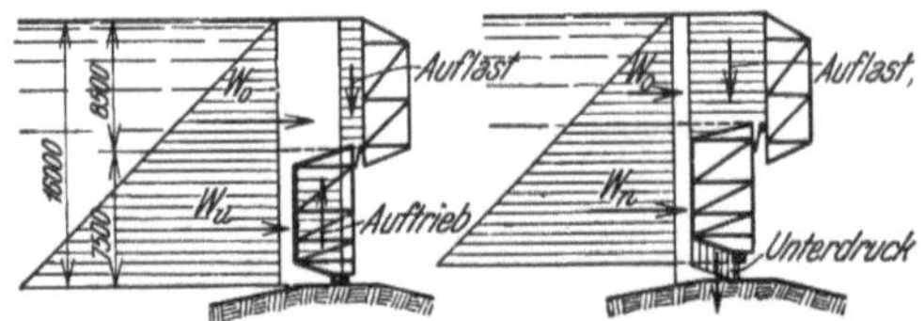

Abb. 925. An einer alten Doppelschütze vom Wasser ausgeübte Drucke.

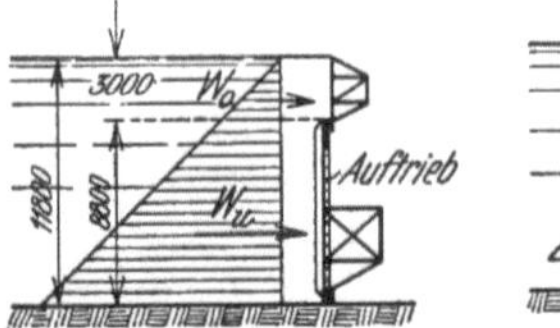

Abb. 926. An einer MAN-Doppelschütze vom Wasser ausgeübte Drucke.

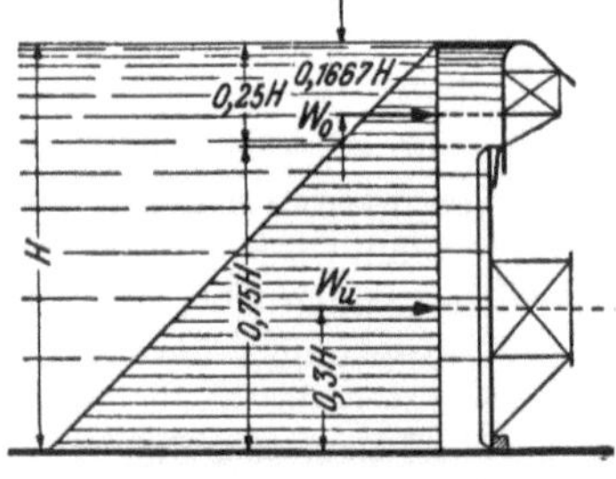

Abb. 927. Anstellung der Riegel an einer MAN-Doppelschütze.

weil die Dichtungsleiste der Unterfalle auf der Blechhaut der Oberfalle gleitet.

Die scharfe Überfallkante der Oberfalle in der Abb. 929 hat sich nicht bewährt, weil sie eine Ablösung des Überfallstrahles und in der Folge starke Schwingungen der Falle bewirkt. Der obere Rand der Oberfalle muß gut ausgerundet werden, etwa so, wie es die Abb. 924 andeutet.

Die Unterfalle wird ebenfalls, so wie es die Abb. 930 zeigt, aus einem System von zwei Hauptriegeln, Spanten und Zwischenriegeln, die die Blechhaut tragen, gebildet. Bis auf die beiden Hauptriegel liegen alle Tragwerksteile wasserseitig vor der Blechhaut, damit die Oberfalle möglichst nahe der Blechhaut der Unterfalle gesenkt werden kann; auf diese Weise wird die beim Hochziehen der Unterfalle zu hebende Wasserauflast auf ein Minimum herabgesetzt.

Im Tragwerk der Abb. 930 tragen die beiden Hauptriegel die Hauptspanten, auf diesen liegen die Zwischenriegel und die Zwischenspanten liegen auf allen Riegeln; es ergeben sich

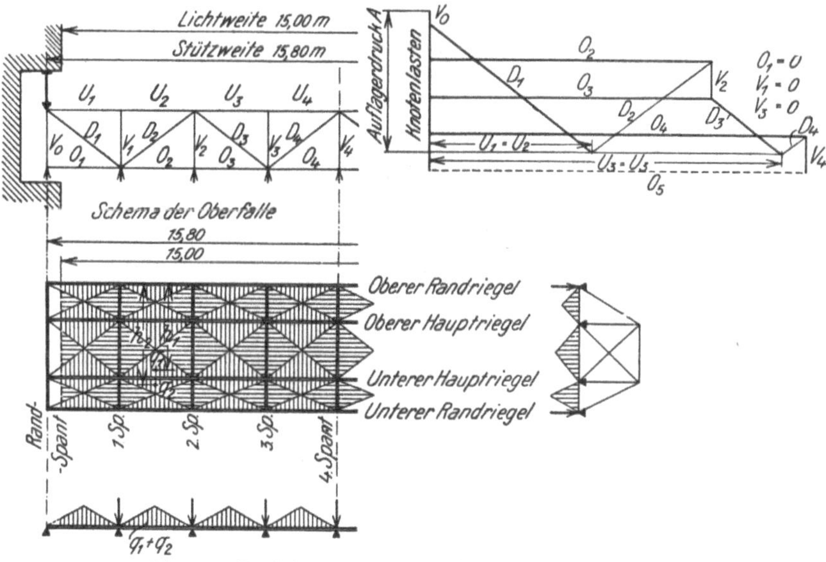

Abb. 928. Ermittlung der Beanspruchung einer MAN-Oberfalle.

auf diese Weise die in der Abb. 930 eingetragenen Belastungen der einzelnen Stäbe. Alle Stäbe der Hauptriegel, die in unmittelbarem Zusammenhang mit der Blechhaut stehen, werden

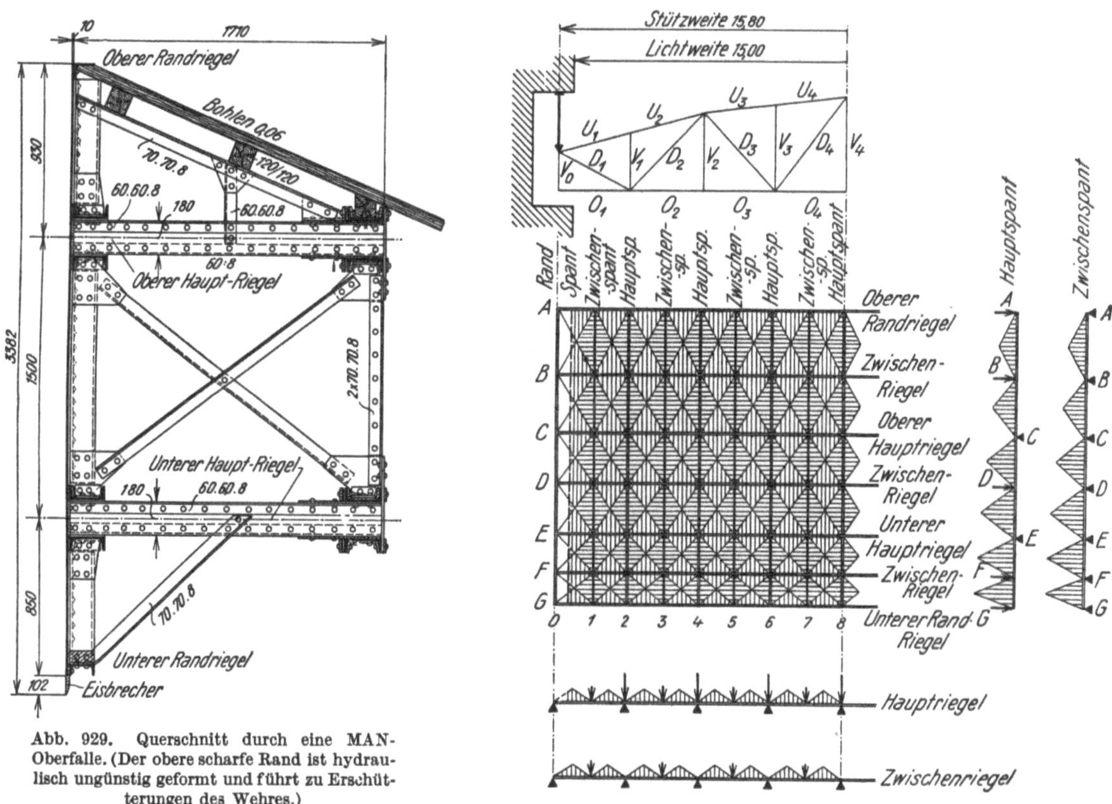

Abb. 929. Querschnitt durch eine MAN-Oberfalle. (Der obere scharfe Rand ist hydraulisch ungünstig geformt und führt zu Erschütterungen des Wehres.)

Abb. 930. Ermittlung der Beanspruchung einer MAN-Unterfalle.

wieder außer durch Längskräfte auch noch durch Biegungsmomente beansprucht, die vom Wasserdruck auf die unmittelbar am Obergurt aufliegenden Blechhautteile herrühren. Die

Abb. 931 stellt endlich einen Schnitt durch eine Unterfalle dar, der die bauliche Durchbildung erläutert.

MAN-Schützen haben, wenn sie größere Öffnungen überbrücken, auch recht erhebliche Gewichte; so haben z. B. beim Murwehr in Pernegg bei einer Lichtweite von 15,00 [m] und einer Stautiefe von 11,00 [m] die Teile einer Doppelschütze die folgenden Gewichte:

Oberfalle . . . . 23,5 [t]
Unterfalle . . . . 84,0 [t]
Nischen- und Schwellen-
   bewehrung . . . . 9,5 [t]
Windwerk und Hubketten . . 55,0 [t]

Das Bedürfnis, einen größeren Teil des Wehrfeldes durch Senken

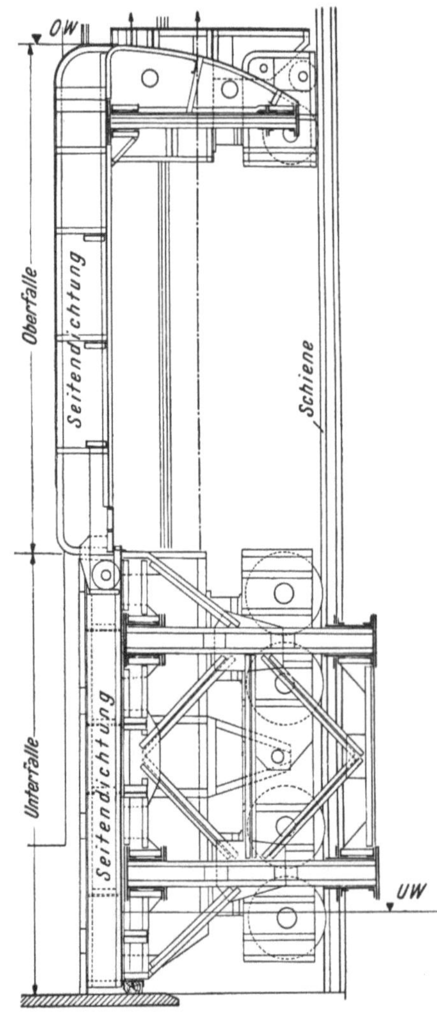

Abb. 931. Querschnitt durch eine MAN-Unterfalle. (Die Sohlenbewehrung ist nur schematisch angedeutet.)

Abb. 932. MAN-Hakenschütze.

der Oberfalle freigeben zu können, führte zur Entwicklung der MAN-Hakenschütze, wie sie die Abb. 932 zeigt. Durch Senken der Oberfalle kann bei der Hakenschütze etwa die halbe Stautiefe freigegeben werden. Die Hakenschütze hat überdies den Vorteil, leichter zu sein als die MAN-Doppelschützen. Die Oberfalle der Hakenschütze besitzt nur einen Hauptriegel in der Nähe des oberen Randes. Der untere Rand stützt sich mit einer Anzahl von Rollen an den Enden auf den Spanten der Unterfalle.

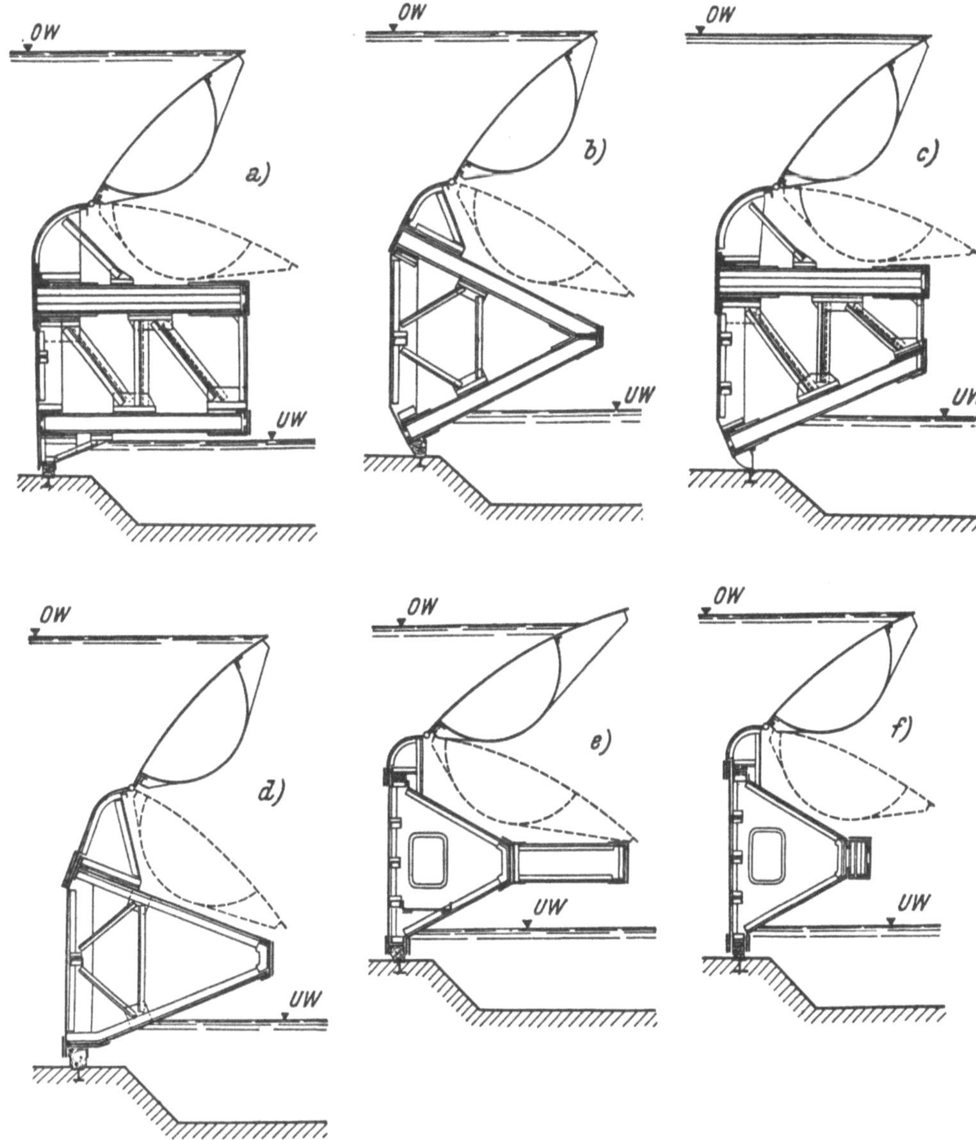

Abb. 933. Verschiedene Arten von Einfachschützen mit aufgesetzten Stauklappen.

Eine Hakenschütze (Ryburg-Schwörstadt) für die Lichtweite $L = 24$ [m] und die Stautiefe $H = 12,5$ [m] hat folgende Gewichte:

Oberfalle .... 70 [t]
Unterfalle.. 110 [t]
Nischen- und Schwellenbewehrung .... 15 [t]
Windwerk und Hubketten... 85 [t]

Bei kleineren Stauhöhen können statt Doppelschützen auch einfache Schützen mit Klappen angewendet werden. Die Abb. 933 gibt einen Überblick über Einfachschützen mit Klappen.

Sonderausführungen von Schützen werden manchmal infolge besonderer örtlicher Verhältnisse erforderlich. So werden z. B. als Absperrschützen vor den Turbinen manchmal Fallen verwendet, die auf geneigten Bahnen laufen. In den Abb. 934 und 935 ist eine solche Schütze mit allen Einzelheiten dargestellt. Bemerkenswert ist, daß die Falle auf drei Rollbahnen läuft, nämlich je einer an den Seiten und einer in der Mitte auf der Zwischenwand des Druckrohres.

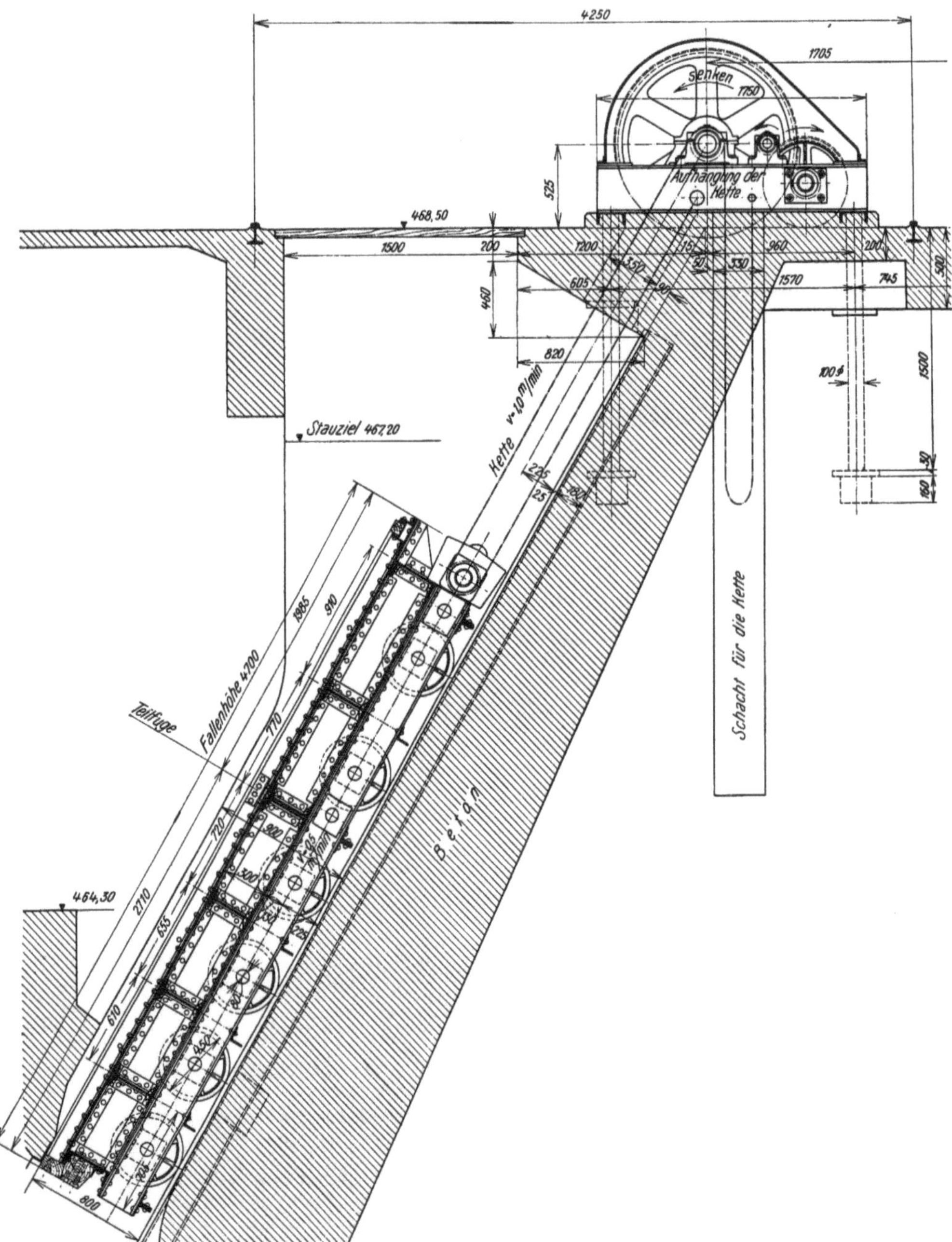

Abb. 934. Schräggeführte Einlaufschütze an den Turbineneinläufen des Kraftwerkes Pernegg. (J. M. VOITH.)

Die Falle ist auf drei mal sechs Rollen gelagert, die entsprechend der Zunahme des Wasserdruckes nach unten dichter aneinander gelegt werden. Die Dichtung erfolgt durch Holzleisten.

Eine weitere Sonderausführung von Schützen ist das Zylinderschütz (Abb. 936 und 937) für den Abschluß waagrechtliegender, kreisrunder Bodenöffnungen. Den Verschlußkörper bildet ein lotrecht verschiebbarer Zylinder, der auf einem Ring aufsitzt, durch dessen Innenfläche das Wasser abfließt.

2. Die Führung und Dichtung der Schützen.

Die Schützentafeln werden in Nuten bzw. Nischen der Pfeiler geführt, in denen sie auch
gegen den seitlichen Durchfluß des Wassers abgedichtet werden. Wenn die Fallen einfach in

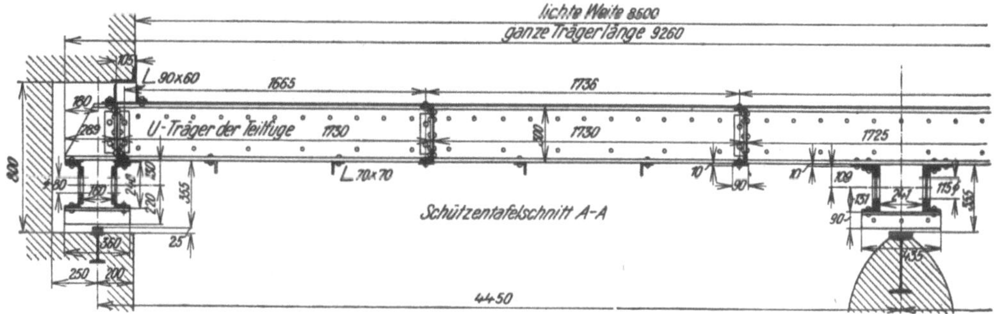

Abb. 935. Querschnitt durch die Schütze in Abb. 934.

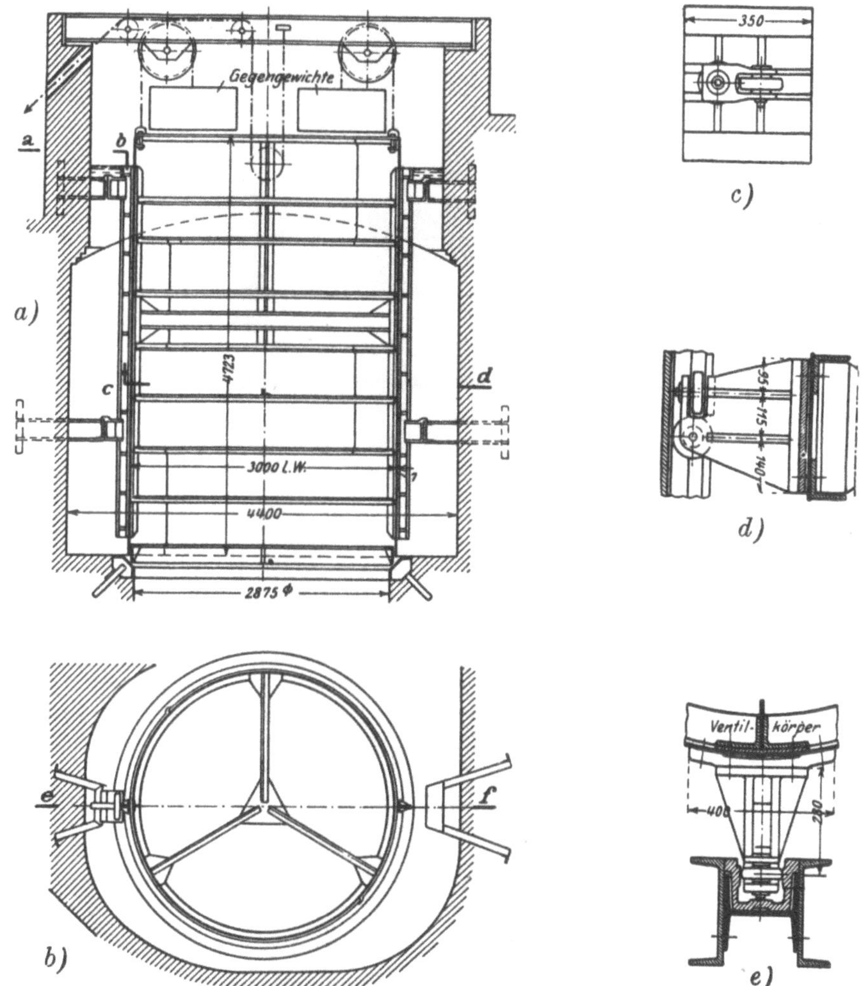

Abb. 936. Hohes Zylinderschütz vom Oberhaupt der Schleuse Niederfinow. *a)* Lotrechter Schnitt e—f.
b) Waagrechter Schnitt a-b-c-d, *c) d) e)* Einzelheiten der Zylinderführung.

den Nuten gleiten, spricht man von Gleitschützen; wenn zur Verringerung der Reibung zwischen
die Falle und ihre Bahn Rollen gelegt werden, so heißen die Schützen Rollschützen.

Hölzerne Schützen werden stets als Gleitschützen ausgeführt. Die Gleitbahn kann bei hölzernen Schützen aus Holz oder aus Walzstahlquerschnitten gebildet werden, so, wie es die Abb. 938 andeutet. Die Reibung von Holz auf Holz ist wesentlich größer als jene von Stahl auf Stahl; um die Reibung der Fallen herabzusetzen, werden sie an den Laufflächen mit Stahl beschlagen, wie es in den Abb. 938 b bis g dargestellt ist.

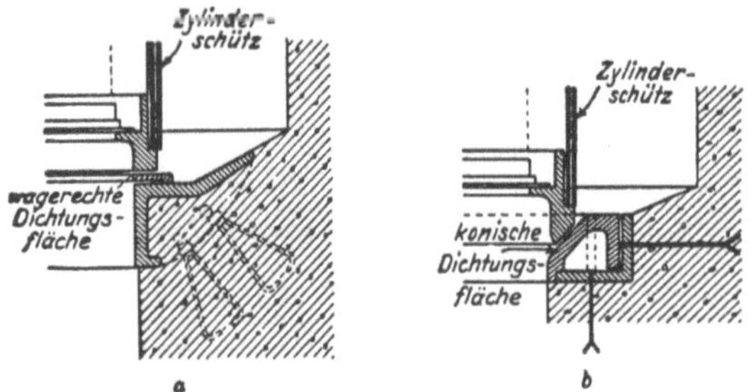

Abb. 937. Sohldichtungen von Zylinderschützen.
a) mit ebenen, *b)* mit konischen Dichtungsflächen.

Bei hölzernen Pfeilern (Griessäulen) werden stets offene Nuten angewendet, um ein Verklemmen der Fallen zu vermeiden; der Wasserdruck hält die Fallen hinreichend sicher in den Nuten. Wenn der Beschlag der Fallen mit Winkel- oder T-Stahl bewirkt wird (Abb. 938c, e und f), so erhält die Falle auch eine gute seitliche Führung.

Hölzerne Schützenführungen werden nur bei kleinen, einfachen Stauwerken angewendet, bei besseren Ausführungen werden U-Stähle zur Führung verwendet (Abb. 938d bis g), die

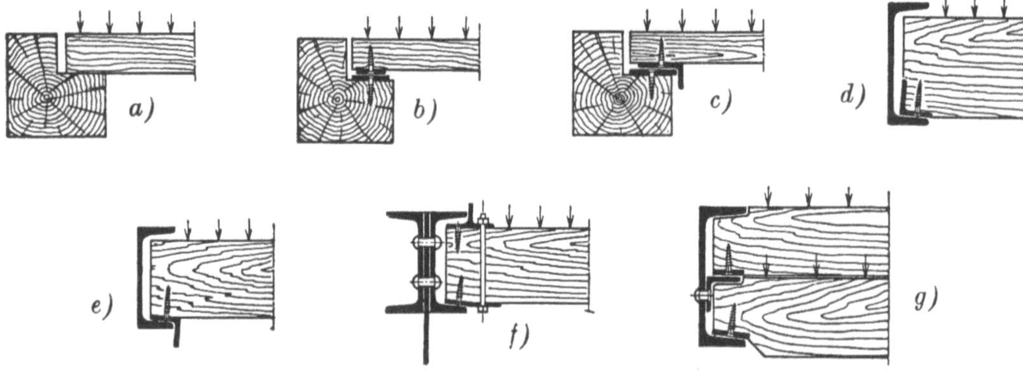

Abb. 938. Führungen für hölzerne Schützentafeln.

entweder in den Pfeilern verankert und einbetoniert werden (Abb. 939) oder mittels eines Knotenbleches an ein stählernes Fachwerk angeschlossen werden (Abb. 938f). Den ganzen

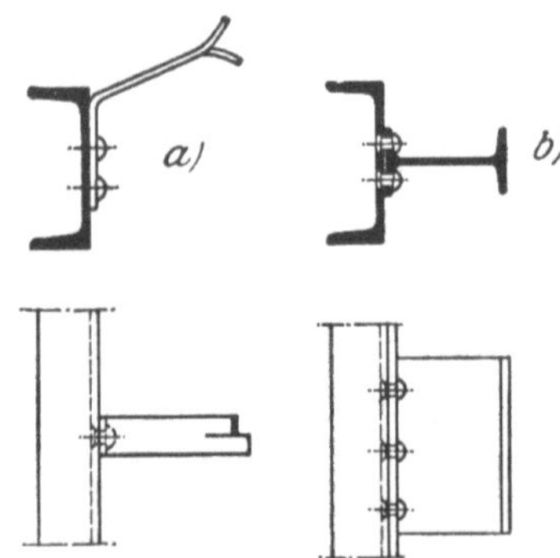

Abb. 939. Verankerung von stählernen Führungsrahmen im Beton. *a)* mit Flachstahllaschen, *b)* mit I-Stahlabschnitten.

Führungsrahmen mit der Sohlenbewehrung, auf die sich die Falle aufsetzt, und die beiden U-Träger für das Schützenwindwerk zeigt die Abb. 940.

Stählerne Schützen gleiten bei kleinen Abmessungen in Nuten aus

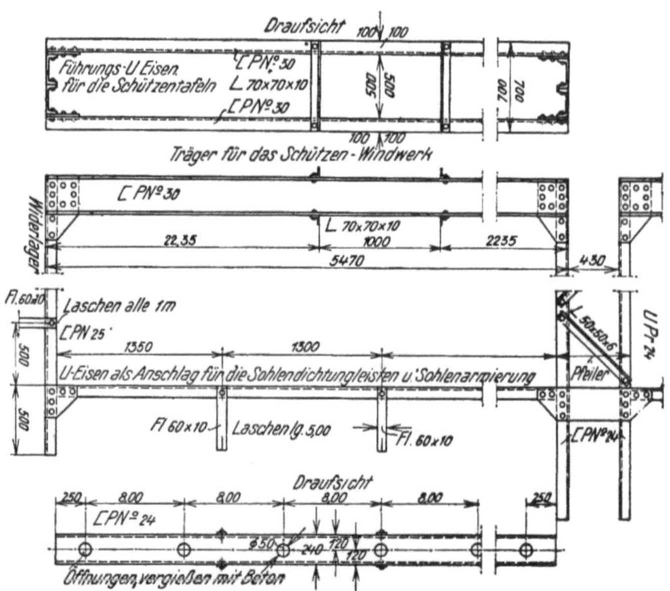

Abb. 940. Stählerner Führungsrahmen für eine hölzerne Schütze am Einlauf des Murkraftwerkes Pernegg.

U-Stählen, während große Schützen auf Schienen in Nischen der Pfeiler mittels Rollen laufen. Die Gleitflächen werden bearbeitet, allenfalls aus Bronze hergestellt. Gleitschützen werden durch den Wasserdruck so fest auf die Gleitbahn gepreßt, daß die Gleitfuge dicht ist.

Zahlentafel 80.   Reibungsbeiwerte μ.

Reibende Stoffe	Reibungsbeiwerte μ			
	des Gleitens		der Ruhe	
	trocken	naß	trocken	naß
Eichenholz auf Eichenholz, Fasern II	0,48	—	0,62	—
Eichenholz auf Eichenholz, Fasern I	0,34	0,25	0,54	0,71
Tanne, Eiche, Buche auf gleichem Holz, Fasern II	0,38	—	0,53	—
Eichenholz auf Stein und Kies	—	—	0,46....0,6	—
Eichenholz auf Stahl	0,4...0,5	0,26	—	0,65
Holz auf Metall	0,4	0,24	0,60	0,65
Stahl auf Stahl	0,14	—	0,13	—
Stahl auf Phosphorbronze	0,105	—	0,11	—
Stahl auf Gußeisen	0,17...0,18	—	0,19	—
Stahl auf Stein	—	—	0,45	—
Werkzeugstahl auf Werkzeugstahl....................	0,09	—•	0,15	—
Gußeisen auf Stahl	0,18	—	0,19	—
Gußeisen auf Bronze	0,15....0,20	—	—	—
Rindleder auf Gußeisen	0,56	0,36	0,3....0,5	0,4....0,6
Stein auf Stein	—	—	0,63	—

Bei Rollschützen sind ursprünglich eine große Zahl kleiner, nahe beieinanderliegender Rollen verwendet worden, die durch Laschen zu Rollenzügen verbunden waren. Schützen mit solchen Rollenzügen sind unter der Bezeichnung Stoneyschützen bekannt (Abb. 941). Diese

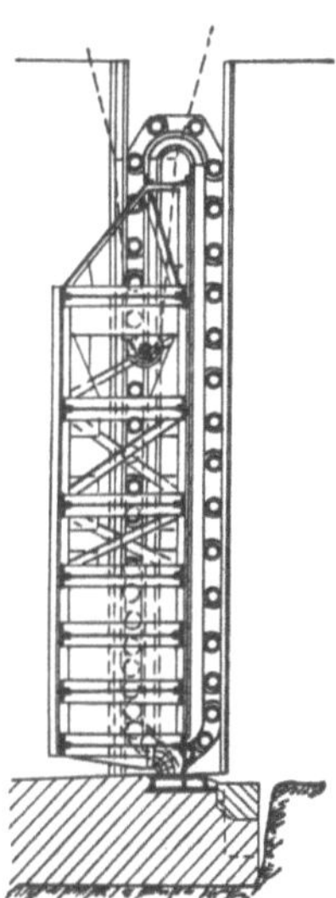

Abb. 941. Stoney-Schütze. (Nach Th. Rehbock.)

Rollenanordnung hat sich nicht bewährt, weil es unmöglich ist, die Anlage so genau auszuführen, daß immer alle Rollen tragen. Die Last ist meist nur von wenigen Rollen übernommen worden, die überlastet und rasch zerstört worden sind. Man ist deshalb dazu übergegangen, die Fallen auf nur wenigen Rollen in statisch bestimmter, klarer Weise zu lagern. Angestrebt wird die Lagerung der Fallen auf Rollwägen, die auf je zwei Rollen laufen; die Abb. 942 und 943 zeigen einen solchen Rollwagen. Bei großen Fallen werden zwischen die Fallen und die Rollwagen Kipp- oder Pendellager eingelegt, die ein sattes Aufliegen der Rollen auf den Laufschienen auch bei Durchbiegungen und Längenänderungen der Riegel gewährleisten (Abb. 947). Die Verbindung zwischen der Falle und dem Rollwagen gewährleistet der Mitnehmer.

Die Form des Kopfes der Laufschiene zeigt die Abb. 944. Für die Berechnung der Schienenkopfbreite k bzw. des Raddurchmessers D bei einem Raddruck P in [kg] und einer Kantenabrundung vom Radius r [cm] dient die Beziehung

$$k - 2r = \frac{P}{D\,\sigma}\ [\text{cm}], \qquad (912)$$

in die alle Längen in [cm] einzusetzen sind; bei Gußeisenrädern auf Flußstahlschienen wird $\sigma = 25$ [kg/cm²], bei Hartgußrädern auf Stahlschienen $\sigma = 30$ bis 40 [kg/cm²] und bei

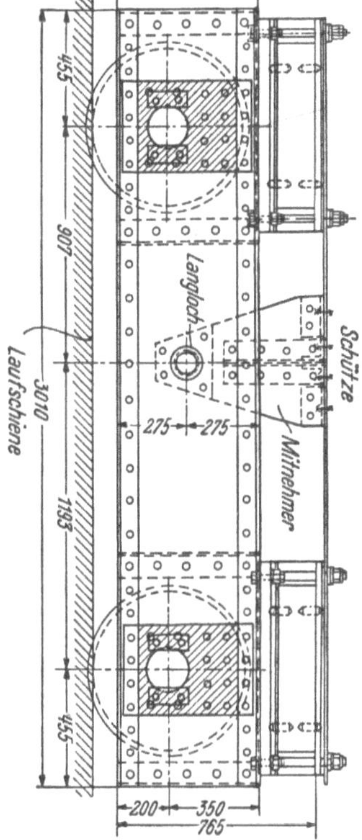

Abb. 942. Rollenwagen einer MAN-Oberfalle.

Stahlgußrädern auf Stahlschienen $\sigma = 50$ bis 60 [kg/cm²] gesetzt. Als Raddruck wird der größte im Betrieb vorkommende gesetzt.

Als Laufschienen werden breitfüßige, sogenannte Kranbahnschienen (Abb. 944) verwendet, deren Abmessungen der Zahlentafel 90 entnommen werden können.

Zahlentafel 90. Kranbahnschienen. a) Breitfußschienen.

Querschnitt RS	Abmessungen in [mm] (vgl. Abb. 944.)						Stahlquerschnitt F [cm²]	Umfang U [cm]	Gewicht je [m] G [kg/m]	Schwerpunktabstand σ_x [cm]	Trägheitsmoment J_x [cm⁴]	Widerstandsmoment W_x [cm³]
	b	h	K	r	$K-2r$	d						
1	125	55	45	3	39	24	28,7	37,7	22,5	2,25	94	29
2	150	65	55	4	47	31	41,1	44,9	32,2	2,65	185	48
3	175	75	65	5	55	38	55,6	51,6	43,6	3,06	329	74
4	200	85	75	6	63	45	72,6	58,6	57,0	3,52	523	105
5	200	85	90	8	74	50	79,4	60,9	62,3	3,72	603	126
5a	200	100	100	6	88	60	97,4	63,3	76,9	4,54	1.030	189
6	200	95	100	9	82	60	95,4	61,2	74,9	4,33	902	174
7	220	105	120	10	100	72	130,0	68,8	102	4,70	1.430	246

b) Flachschienen.

	Breite b [mm]	50	50	50	60	60
	Höhe h [mm]	25	30	40	30	40
	Gewicht je [m] [kg]	9,81	11,8	15,7	14,1	18,8

Abb. 943. Rollenwagen der Falle von 22 (m) lichter Weite im Murwehr Bruck (J. M. VOITH).

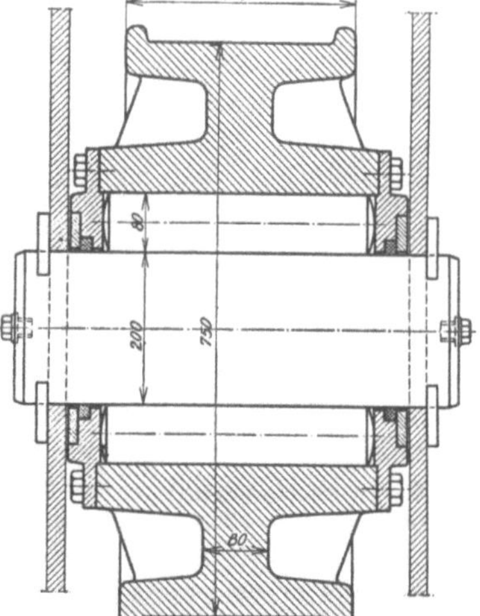

Abb. 945. Rolle einer Unterfalle der MAN-Doppelschützen am Murwehr in Pernegg für 120 Tonnen Druck. (MAN).

a)

b)

Abb. 944. Kranbahnschienen als Laufschienen für Schützen.
a) Breitfußschiene, b) Flachschiene.

Die Abmessungen der Rollen werden bei großen Schützenwehren sehr beträchtlich. So zeigt z. B. die Abb. 945 die Rolle einer MAN-Doppelschütze, die einen Druck von 120 Tonnen überträgt.

Wenn Rollwagen mit je zwei Rollen für die Lastübertragung nicht ausreichen, werden vier Rollen angeordnet. Damit die Lastübertragung auf die Rollen in statisch klarer Weise erfolgt, wird, wie es die Abb. 946 andeutet, der Rollwagen geteilt; die beiden Wagenhälften sind durch den Mitnehmerbolzen gelenkig verbunden. Einzelheiten von Rollwagen und die Lagerung der Fallen auf den Wagen zeigen die Abb. 947, 948 und 949, und die Abb. 950 gibt die Ansicht der Rollwagen einer MAN-Doppelschütze.

Um ein Kippen der Fallen zu verhindern, sind gegenüber dem Rollwagen an der Oberstromseite der Fallen Gegenrollen angeordnet, die auf der Kantenbewehrung der Nischen laufen (Abb. 947 u. 948). Die seitliche Führung bewirken Nasen, die an der Kantenbewehrung gleiten.

Die Seitendichtung von Rollschützen erfolgt am besten mittels federnder Stahlbleche, die am Rand Leisten aus Hartholz tragen. Auf diese Bleche wirkt der Wasserdruck und preßt die

Dichtungsleiste gegen das Streifblech am Pfeiler. Die beiden Abb. 947 und 948 zeigen solche Dichtungen an den Fallen einer MAN-Doppelschütze. Eine Seitendichtung mit Gummileisten zeigte die Abb. 904 auf S. 558.

Wie schon erwähnt worden ist, treten bei großen Schützen an Stelle der Führungsnuten, Nischen in den Pfeilern, in denen die Schienen angeordnet sind, auf denen die Rollen laufen. Bei früheren, heute veralteten Doppelschützenbauweisen waren in der Nische sowohl für die Oberfalle als auch für die Unterfalle eigene Laufschienen erforderlich. Bei der MAN-Doppelschütze und bei der MAN-Hakenschütze laufen beide Fallen auf derselben Laufschiene; dadurch wird eine einfache Nischenform ermöglicht. Die Nischen großer Schützen erhalten sehr große Abmessungen; so ist z. B. bei einer MAN-Doppelschütze von der Lichtweite von $L = 15{,}0$ [m] und der Stautiefe von $H = 11{,}60$ [m] eine Nischenlänge von $3{,}0$ [m] und eine Nischentiefe von $1{,}1$ [m] nötig. Eine MAN-Hakenschütze für eine Lichtweite von $L = 24{,}0$ [m] und eine Stautiefe von $H = 12{,}50$ [m] erfordert Nischen von $3{,}60 \times 1{,}20$ [m].

Die Dichtung an der Sohle erfolgt mittels Dichtungsbalken aus Hartholz, die sich auf eine Stahlschwelle aufsetzen. Die Abb. 931 zeigt Einzelheiten der Sohldichtung und die Abb. 951 zeigt den Querschnitt durch die Sohlenbewehrung, auf die sich der

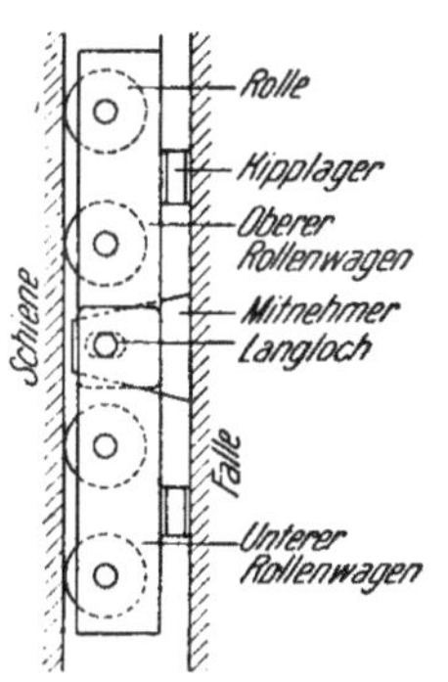

Abb. 946. Schema eines Rollenwagens für vier Rollen. Der Wagen ist geteilt und beide Hälften werden durch den Mitnehmerbolzen verbunden.

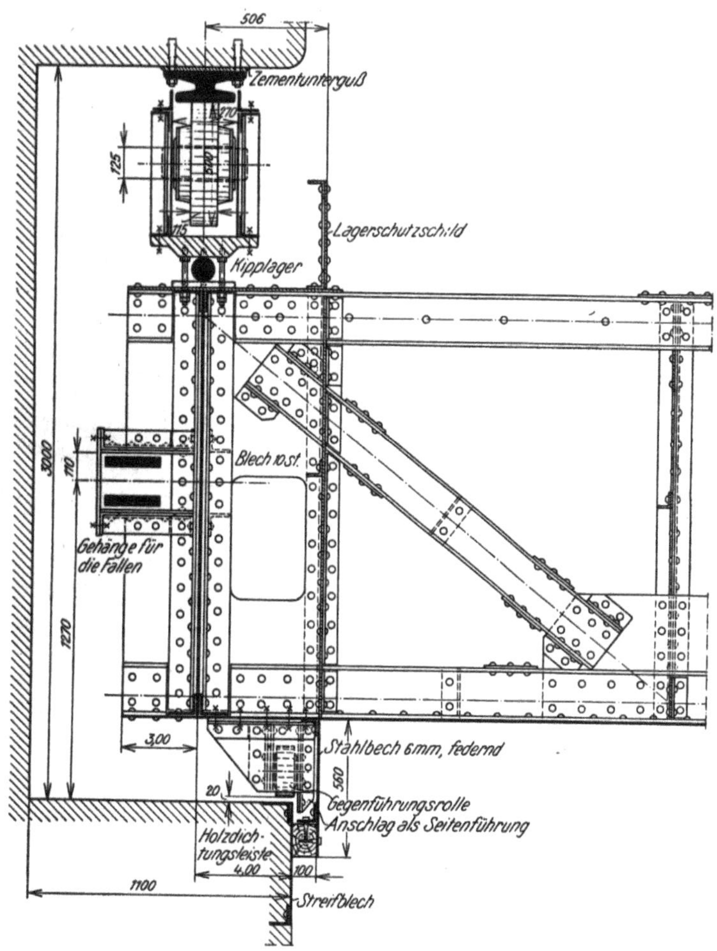

Abb. 947. Lagerung und Dichtung einer MAN-Oberfalle am Murwehr Pernegg. (MAN.)

Dichtungsbalken aufsetzt, mit dem Verankerungsbügel. Zur Unterstützung der Sohldichtung sind auch hinter dem Sohlbalken noch Gummileisten angeordnet worden (vgl. Abb. 902 auf S. 558).

Die Dichtung zwischen der Oberfalle und der Unterfalle geschieht bei der MAN-Doppelschütze mittels eines federnden Stahlbleches, das am Rand eine Bronzeleiste trägt, die auf der Blechhaut der Oberfalle gleitet (Abb. 931.)

Damit eine Dichtungsleiste den Anforderungen entspricht, müssen die Gleitflächen eben und glatt sein und die Pressung in der Dichtungsfuge muß größer sein, als der Druck des abzudichtenden Wassers.

Über die abgesenkte Oberfalle einer Doppelschütze läuft Wasser über; um nun zu verhindern, daß übermäßig viel Wasser in die Pfeilernischen abstürzt, erhält die Oberfalle an den Enden Seitenschilder, die am oberen Rand eine die Nische ausfüllende Nischenabdeckung tragen.

Wenn die Seitenschilder nicht hinreichend hoch gemacht, also überflutet werden, so stören die Nischen den Abfluß beträchtlich (Abb. 952).

3. Die Windwerke der Schützenwehre.

Zur Bewegung kleiner hölzerner Fallen werden bei untergeordneten Anlagen Vorrichtungen verwendet, die sich schon in alten Zeiten entwickelt haben. Wenn zur Bewegung Handzug hinreicht, kann die Schütze mittels einer gelochten Leiste bewegt werden. Die Feststellung erfolgt, wie es die Abb. 953 andeutet, an den Zangenbalken mittels eines Vorsteckers (*V*).

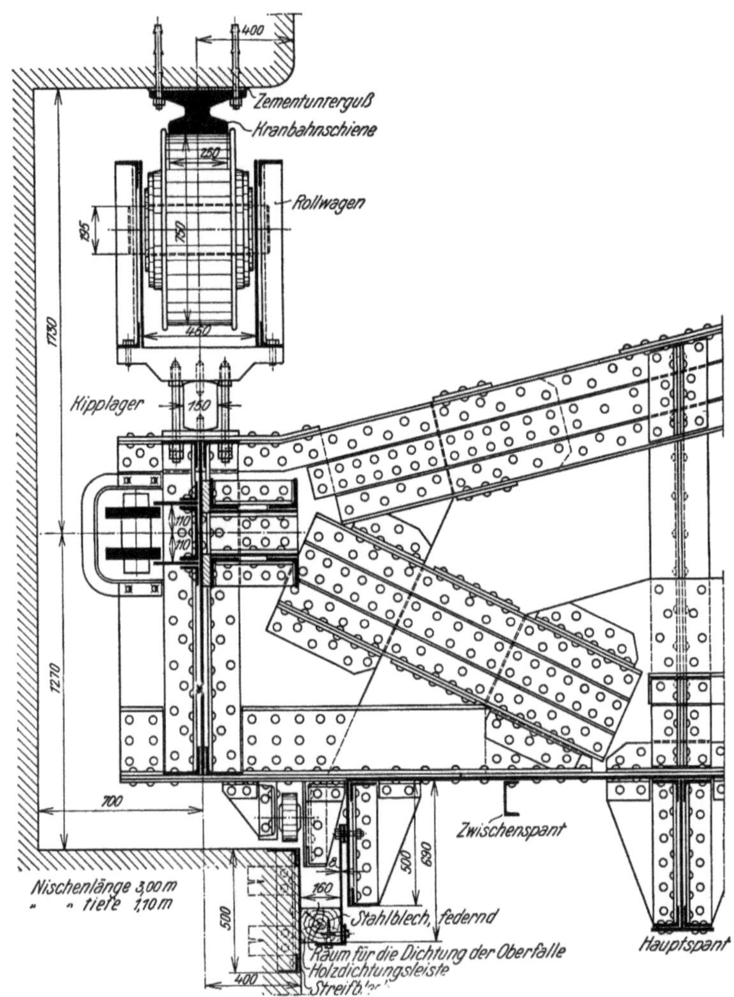

Abb. 948. Lagerung und Dichtung der Oberfalle der MAN-Doppelschützen am Murwehr
in Pernegg. (MAN.)

Größere hölzerne Fallen werden mittels des Hubbaumes bewegt (Abb. 954); eine Sperrklinke, die in eine Zahnschiene eingreift, hält die Falle in der gewünschten Lage fest.

Sehr häufig ist bei hölzernen Schützenwehren die in der Abb. 955 angedeutete Windetrommel angewendet worden, die von Handwerkern leicht hergestellt werden kann. Die Drehung der Windetrommel erfolgt mittels Hebeln oder Haspeln, die durch Bohrungen geschoben werden; nach Betätigung des Windewerkes werden diese Hebel gewöhnlich wieder fortgenommen, um ein unbefugtes Bewegen der Fallen zu verhüten.

Mit den Bezeichnungen der Abb. 956 ist bei Betätigung der Windetrommel an den Einsteckstellen die Kraft

$$P = \frac{r_2}{r_1} \frac{Q}{\eta} \, [\text{kg}] \qquad\qquad [913]$$

auszuüben; für den Wirkungsgrad wird gesetzt bei Ketten $\eta = 0{,}95$, bei Seilen $\eta = 0{,}8$ bis $0{,}9$. Ein Mann kann am Hebel eine Kraft von 25 [kg] ausüben. Die Hubgeschwindigkeit beträgt

$$v_2 = v_1 \frac{r_2}{r_1} \tag{914}$$

Fallen bis zu etwa einen Meter Breite erhalten meist nur eine Aufhängung; breitere werden, um ein Ecken zu vermeiden, zweifach aufgehängt.

Zur Aufhängung größerer Fallen werden Bolzenstangen oder Ketten verwendet; Seile eignen sich nicht, weil sie sich nicht gleichmäßig dehnen. Ketten können nur verwendet werden,

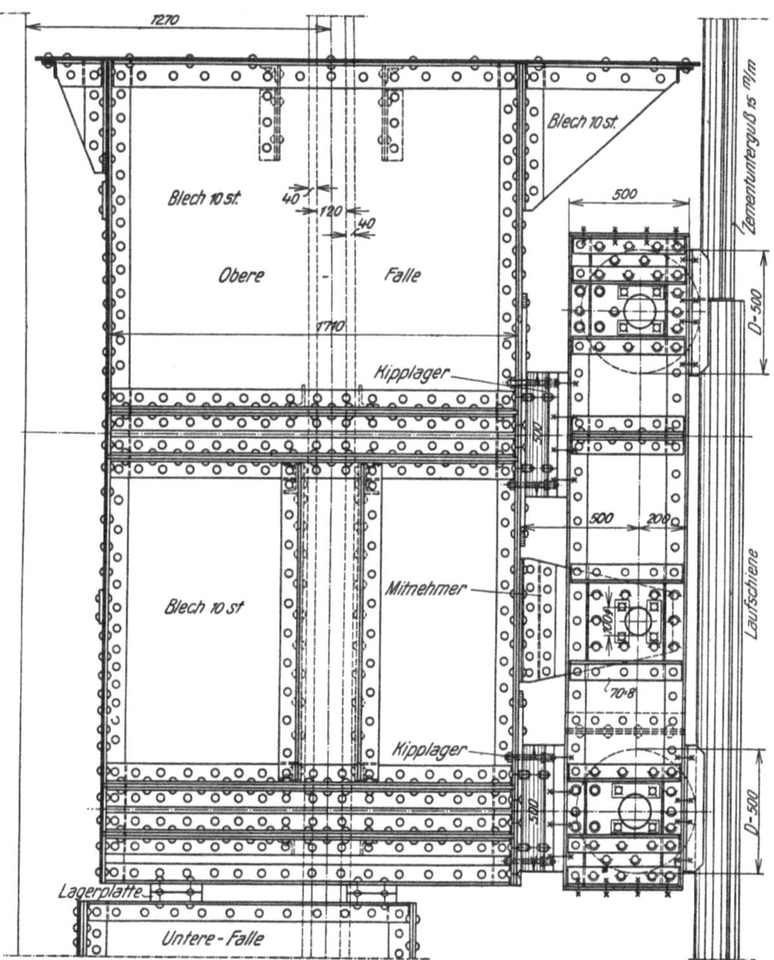

Abb. 949. **Ende** der Oberfalle der MAN-Schütze am Murwehr in Pernegg mit dem Rollen-wagen. (MAN.)

wenn die Fallen so schwer sind, daß sie beim Senken die Reibung in der Führung sicher überwinden.

Bei besseren Ausführungen werden kleine bis mittelgroße Fallen an Bolzenstangen aufgehängt. Die Abb. 957 und 958 zeigen einfache Windwerke mit Handantrieb für solche Fallen. Das Windwerk wird bei hölzernen Schützenwehren auf die Zangenbalken (Abb. 957), bei stählernen Führungsrahmen auf zwei zangenbalkenartig angeordnete [-Stählen (Abb. 958, 959) aufgebaut.

Der Antrieb der Windwerke erfolgt bei kleineren Fallen von Hand; ein solches Windwerk besteht aus einem Schneckengetriebe und einigen Stirnrädern, von denen eines in die Bolzenstange eingreift. Zum Schutz gegen Schnee und Staub werden die Windwerke, die im Freien stehen, gekapselt (Abb. 961).

Der Bedienungssteg wird so angeordnet, daß die Kurbelwelle des Handantriebes 0,9 bis
1,0 [m] über dem Steg liegt. Ein Mann kann an der Kurbel eine Kraft von 15 bis 25 [kg] ausüben und die Umfangsgeschwindigkeit der Kurbel
liegt zwischen $V_1 = 0,6$ bis 0,8 [m/sec]. Bei einer erforderlichen Hubkraft Q [kg] und einer Ganghöhe
der Schnecke h [m], beträgt mit den Bezeichnungen
der Abb. 960 die an der Kurbel auszuübende Kraft

$$P = \frac{r_2 \, r_5 \, h}{2 \, \pi \, r_1 \, r_3 \, r_4} \; \frac{1}{\eta^2 \, \eta_s} \; Q \; [\text{kg}] \qquad (915)$$

und es ist für die Wirkungsgrade $\eta = 0,9$ und $\eta_s =$
0,7 zu setzen.

In manchen Fällen ist es wünschenswert, den Bedienungssteg tief unter das Windwerk zu verlegen;
dann erfolgt die Übertragung des Antriebes mittels zweier Kegelradgetriebe, so, wie es die beiden Abb. 962
und 963 erkennen lassen.

Bei großen Fallen werden die
Windwerke mittels Elektromotoren
angetrieben; auf jeden Fall muß aber
das Windwerk auch Handtrieb erhalten. Damit die Motoren nicht infolge
Unachtsamkeit des Wehrwärters beschädigt werden können, werden Endausschalter angeordnet, die die Motoren abschalten, wenn die Fallen die
Normalstellung bzw. die höchstzulässige Lage erreicht haben. Den Aufbau eines Windwerkes mit Maschinenantrieb zeigen die Abb. 964, 965
und 966.

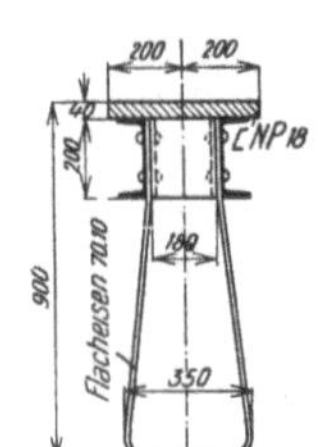

Abb. 951. Quer-
schnitt der
Schwellenbe-
wehrung in
Partenstein
(R. Halzter).

Abb. 950. MAN-Doppelschützen am Isarwehr Oberföhring. *a* Oberfalle, *b* Eisbrecher, *c* Unterfalle. *d* Wehrboden, *e* Steigleiter, *f* oberer, *h* unterer Rollenwagen,
g Rollenaxen, *i* Mitnehmerbolzen.

Sehr schwere Fallen und auch solche mit großen
Hubhöhen werden auf Ketten aufgehängt. Als Ket-
ten eignen sich GALLsche Ket-
ten, oder besser MAN-Ketten
(Abb. 967), deren Bolzen am
Ritzel dreimal gelagert sind
(Abb. 968).

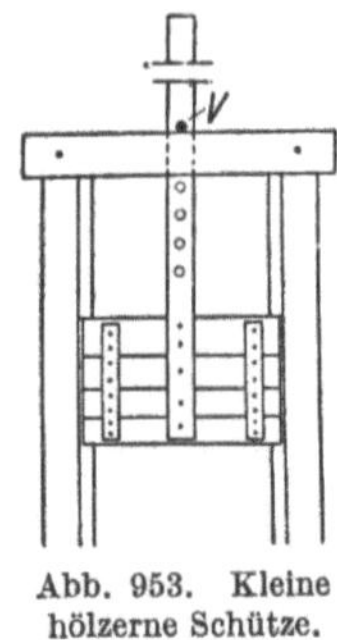

Abb. 953. Kleine
hölzerne Schütze.

Abb. 952. Murwehr Pernegg. Wasserabfluß über die abgesenkten Oberfallen.

Bei Doppelschützen ist gewöhnlich je ein Windwerk für
die Oberfalle und für die Un-
terfalle angewendet worden. Bei MAN-Doppelschützen und bei MAN-Hakenschützen kommt
man mit einem einzigen Windwerk aus; beide Fallen hängen am selben Hubgeschirr. Die beiden Fallen können in Normalstellung gehoben werden (Abb. 969 II). Durch Senken des Hub-

geschirrs kann die Oberfalle allein gesenkt werden. Wenn die Oberfalle ihre tiefste Stellung erreicht hat (Abb. 969 III), kuppelt sich das Hubgeschirr in die Unterfalle ein und es können nun die zusammengeschobenen Fallen gemeinsam gehoben werden (Abb. 969 IV).

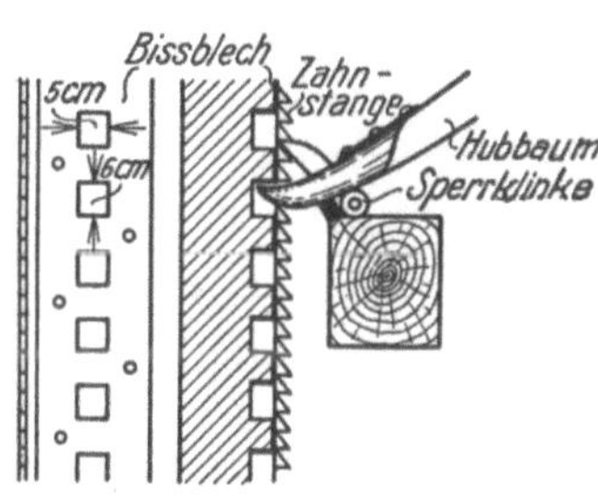
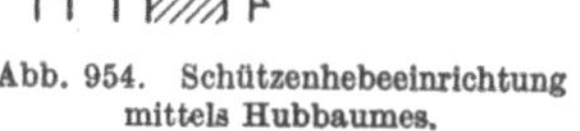

Abb. 954. Schützenhebeeinrichtung mittels Hubbaumes.

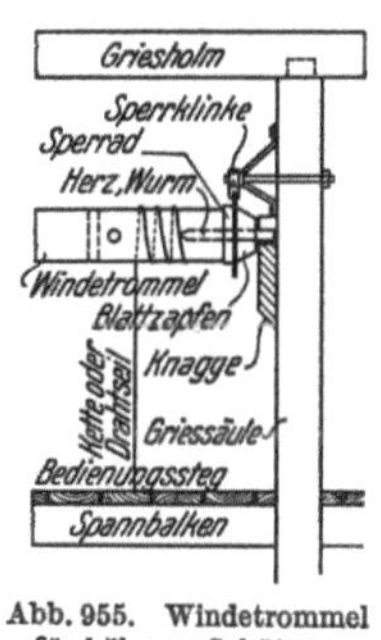

Abb. 955. Windetrommel für hölzerne Schützen.

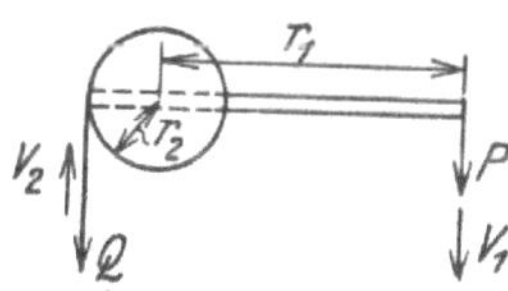

Abb. 956. Schema einer Windetrommel.

Bei Wehren mit offenen Bedienungsstegen werden die Windwerke zum Schutz gekapselt; die Abb. 970 zeigt eine solche Wehranlage. Es ist schwierig, solche Wehre ästhetisch auszubilden. Bei großen Wehren, bei denen für die ästhetische Ausbildung ein höherer Aufwand möglich ist, ist der Bedienungssteg vielfach überdeckt und als Windwerksgang ausgebildet; dann ist ein besonderer Schutz für die Windwerke entbehrlich. Die Abb. 971 und 972 zeigen einen solchen Windwerksgang. Der Windwerksgang in der Abb. 971 ist sehr geräumig. Für den Zusammenbau der Windwerke, für Instandsetzungsarbeiten und für das Absenken der Oberwasserdammbalken ist dort ein Laufkran im Bedienungsgang vorgesehen.

In der letzten Zeit ist man vom gedeckten Windwerksgang manchmal wieder abgegangen. Die Windwerke sind, wie es die Abb. 973 andeutet, in gedeckten Aufbauten der Pfeiler untergebracht. Der Bedienungssteg ist offen und tieferliegend angeordnet. Die beiden Windwerke für ein Wehrfeld können mechanisch oder elektrisch gekuppelt werden. Bei der mechanischen Kupplung ist die beiden Windwerken gemeinsame Antriebswelle am Bedienungssteg gelagert. Bei der elektrischen Kupplung werden

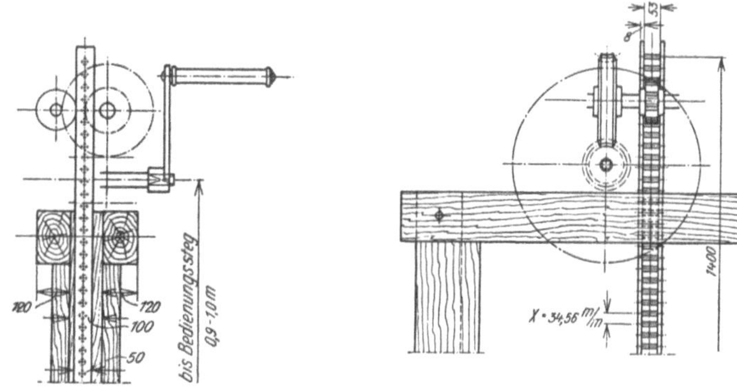

Abb. 957. Vereinfachte Darstellung eines Windwerkes mit Handantrieb für eine hölzerne Schütze.

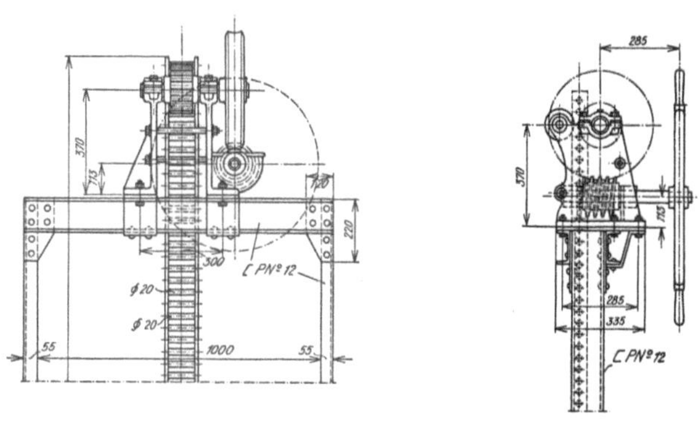

Abb. 958. Windwerk für eine schmale Schütze.

besonders gebaute Elektromotoren hintereinander geschaltet; sie laufen auch bei ungleichmäßiger Belastung mit gleicher Drehzahl.

Die vorzusehende Hubgeschwindigkeit hängt von der Anlaufdauer der Hochwasserwellen ab. Als Beispiel sei erwähnt, daß man beim Isarwehr in Oberföhring (Stauhöhe $H = 4,5$ [m] Lichtweite $L = 17,00$ [m], das mit MAN-Schützen ausgestattet ist, die Windwerke mit 11,5 [PS]-Elektromotoren ausgerüstet hat, die die Oberfalle mit 0,30 [m/min], die Unterfalle mit 0,15 [m/min] heben. Bei Handantrieb durch vier Männer beträgt die Hubzeit einer Oberfalle 4,75 Stunden, einer Unterfalle 11 Stunden; beide Fallen können auch gleichzeitig bewegt werden. Beim Murwehr Pernegg hebt ein 28-PS-Antriebsmotor die 83 Tonnen schweren MAN-Unterfallen mit 0,02 [m/min].

Für Schützen großer Spannweite bei kleinen Stauhöhen eignet sich auch das in der Abb. 974 dargestellte einfache Spindelwindwerk.

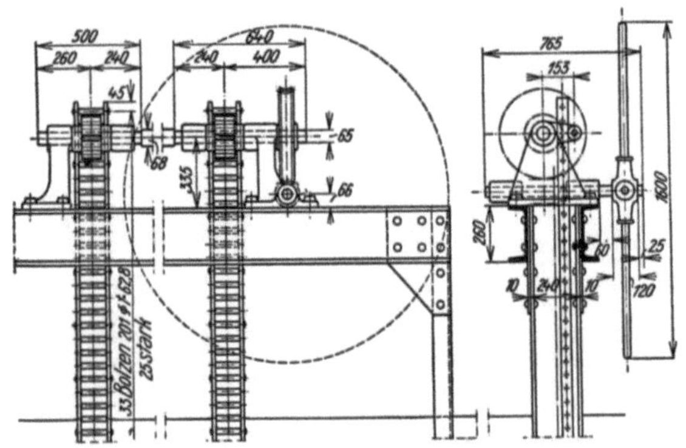

Abb. 959. Windewerk mit Handantrieb für eine breite, leichte Schütze.

Die über den Pfeilern liegenden Tragwerke für den Bedienungssteg werden gewöhnlich als frei aufliegende Träger ausgebildet. Besonders dann, wenn die Pfeiler nicht auf Fels gegründet sind, ist die Anwendung von durchlaufenden Trägern oder Bogen nicht zu empfehlen.

Für den Aufstieg zu gedeckten Windwerksgängen werden gewöhnlich an beiden Seiten des Stauwerkes Wendeltreppen vorgesehen; die Abb. 974 zeigt als Beispiel eine solche Treppe.

Ansichten von Schützenwehren mit gedeckten Windwerksgängen geben die Abb. 971, 972 und 989.

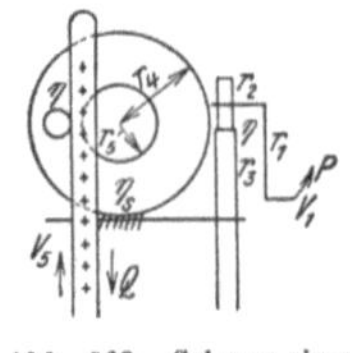

Abb. 960. Schema eines einfachen Windwerkes für Bolzenstangen.

4. Die Pfeiler der Schützenwehre.

Die Pfeiler der Schützenwehre unterteilen den abzuschließenden Querschnitt in mehrere, in der Regel gleichweite Felder und sie haben die Aufgabe, den auf die Schützen wirkenden Wasserdruck auf den Untergrund zu übertragen. Sie tragen überdies das Windwerk und die Bedienungsbrücke.

Bei einfachen, hölzernen Schützenwehren werden vielfach auch die Pfeiler ganz aus Holz hergestellt, so, wie es etwa Abb. 975 und 976 erkennen lassen. Das Holzfachwerk der Pfeiler wird mit Brettern verschalt, um zu verhindern, daß sich Treibholz verfängt.

Schützen, die einen Werksgraben abzuschließen haben, also Einlaufschützen, erhalten gewöhnlich Pfeiler aus Stahlbeton oder aus stählernem Fachwerk, die den Querschnitt möglichst wenig einengen; stählerne Fachwerkpfeiler werden, um die Erhaltung zu vereinfachen und um das Verhängen von Treibholz zu verhindern, am besten einbetoniert. Die Abb. 977 zeigt Einzelheiten eines solchen Pfeilers für höl-

Abb. 961. Windwerk mit gekapseltem Getriebe.

zerne Doppelschützen. Die Höhe der Pfeiler von Einlaufschützen wird so bemessen, daß die Fallen vollkommen aus dem Wasser angehoben werden können; durch die waagrechte Unterteilung der Fallen wird die Pfeilerhöhe wesentlich herabgesetzt.

Der über die Pfeiler durchlaufende Bedienungssteg wird gewöhnlich so angeordnet, daß die Kurbelwelle für den Handantrieb des Windwerkes 0,9 bis 1,0 [m] über dem Steg liegt. Manchmal wird beiderseits der Fallen ein Bedienungssteg angeordnet, damit die Wartung des Windwerkes besser und gefahrloser erfolgen kann.

Als Strompfeiler werden in der Regel schwere betonierte Pfeiler angewendet, deren Querschnitte am flußauf gekehrten Ende bis über die HHW-Linie meist mit Spitzbogen begrenzt wird (Abb. 978); liegt das Stauziel beträchtlich über dem HHW-Spiegel, so ist ein etwas höherer Pfeilerstau, der sich bei Freigabe aller Öffnungen einstellt, ohne Belang und man kann dann den Pfeiler auch durch einen Halbkreisbogen begrenzen, dessen Ausführung billiger ist und der nicht so leicht durch Treibzeug beschädigt wird. Das flußab gekehrte Ende des Pfeilers ist früher mit einem Halbkreis oder rechteckig mit abgerundeten Kanten begrenzt worden. Neuerdings wird der Umriß der Strompfeiler stromlinienförmig geformt (Abb. 979), um die Wirbelbildung flußab der Pfeiler, die die Kolkbildung fördert, herabzusetzen. Der Querschnitt eines Stromwehrpfeilers hat die in der Abb. 980 dargestellte Grundform; das unterstromseitige Ende wird aber besser stromlinienförmig nach Abb. 979 geformt. Für einen Notverschluß müssen im Pfeiler allenfalls Dammbalkennuten vorgesehen werden, die so liegen, daß zwischen den Fallen und den Dammbalken ein mindestens 1,5 bis 2,0 [m] weiter Raum freibleibt. Die Abmessungen der Dammbalkennuten und der Nischen für die Fallen hängen von der Bauweise der Dammbalken und der Fallen ab und können erst endgültig festgelegt werden, wenn sowohl die

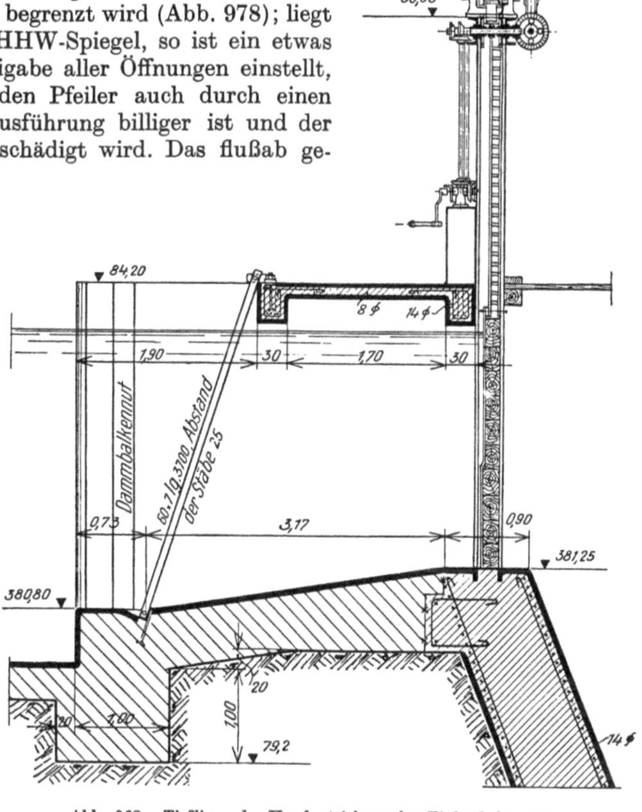

Abb. 962. Tiefliegender Handantrieb an den Einlaufschützen des Kraftwerkes Teigitschmühle. (Maschinenfabrik Andritz.)

Dammbalken als auch die Fallen bemessen sind. Wenn die feste Wehrschwelle über dem Unterwasser liegt, dann ist die Unterwasserseite der Fallen auch ohne Dammbalken zugänglich und es können daher die Nuten für sie an der Unterwasserseite entfallen.

Die übrigen Abmessungen des Pfeilers, soweit sie eben nicht schon durch die gegenseitige Lage der Nischen und Nuten bestimmt sind, werden derart festgelegt, daß die Resultierende aus dem Pfeilergewicht und dem Wasserdruck stets im Kerne des Pfeilers verläuft. Die statische Untersuchung eines Pfeilers erfordert aber eine vorläufige Annahme der Pfeilerabmessungen. Je nach der Art des Notverschlusses und des Versetzens desselben ergeben sich auch verschiedene Formen der Pfeiler, die sich hauptsächlich in jenem Teil unterscheiden, der über dem Wasserspiegel liegt. Gewöhnlich werden bei Schützenwehren als Notverschluß Dammbalken angewendet. Bei kleineren Schützenwehren werden vielfach in den Pfeilern nur die Dammbalkennuten hergestellt, für das Versetzen derselben aber keinerlei Vorsorgen getroffen, weil die Dammbalken leicht sind und ohne besondere Schwierigkeiten mit behelfsmäßigen Ein-

Abb. 963. Ansicht eines Schützenwindwerkes mit tiefliegendem Handantrieb. (Schichau-Elbing.)

richtungen versetzt werden können. Bei größeren Stauhöhen bzw. Lichtweiten der Öffnungen
werden aber die Dammbalken so schwer, daß für ihre Zufuhr und für das Versetzen schon bei

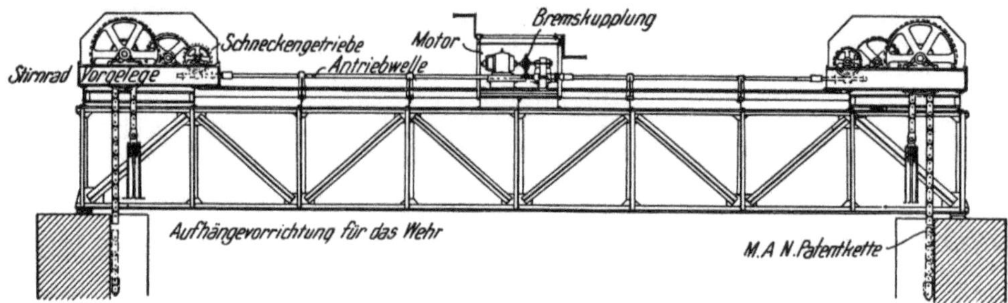

Abb. 964. MAN-Windwerk.

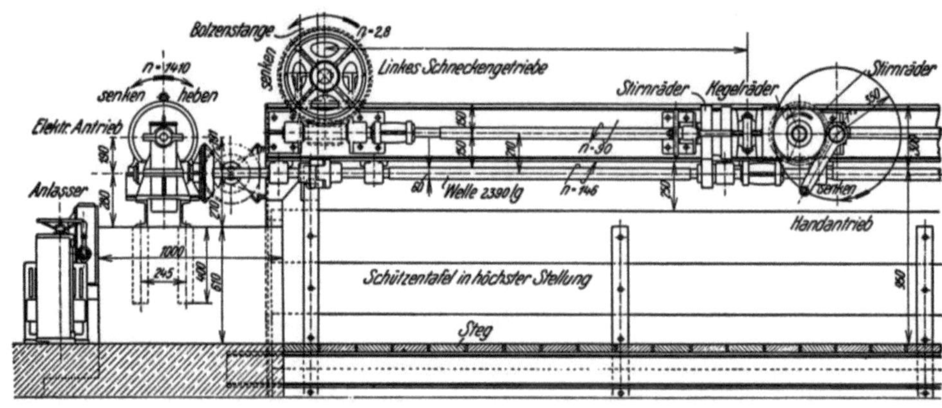

Abb. 965. Windwerk der Einlaufschützen in Pernegg an der Mur. (Maschinenfabrik Andritz.)

Abb. 967. MAN-Kette.

der Erbauung des Wehres Einrichtungen geschaffen werden müssen. Das Windwerk und der Bedienungsgang derartiger größerer Wehre wird vielfach überdeckt, teils um das Windwerk vor den atmosphärischen Einflüssen zu schützen, teils um den ästhetischen Eindruck des Wehres zu verbessern und eine gute Eingliederung in die Landschaft zu erreichen.

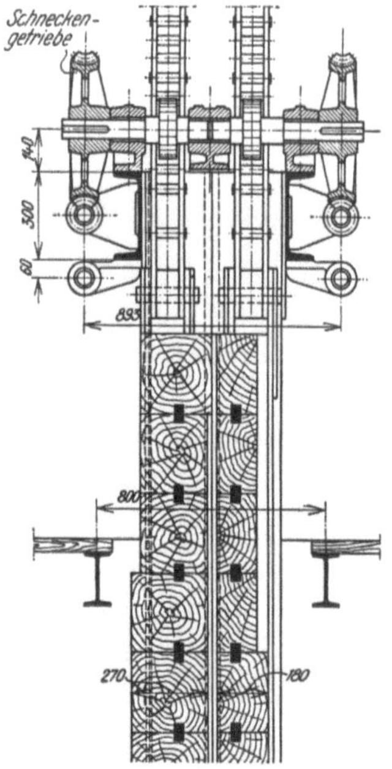

Bei kleineren Stauhöhen können alle Dammbalken unter dem Bedienungssteg untergebracht werden, etwa so, wie es beim Isarwehr in Oberföhring (Abb. 981) geschehen ist; der Laufkran zum Versetzen der Dammbalken ist dort ebenfalls im Windwerksgang untergebracht und er kann auch für die Instandsetzung der Fallen und des Windwerkes verwendet werden.

Größere Stauhöhen erfordern so viele Dammbalken, daß wenigstens ein Teil derselben neben dem Wehre derart untergebracht wird, daß auch dieser Lagerplatz vom Dammbalkenversetzkran bestrichen werden kann. Die Damm-

Abb. 966. Windwerk der Einlaufschützen in Pernegg, Schnitt.

balken werden entweder im Freien gelagert oder besser in einem Dammbalkenhaus geschützt aufbewahrt. Das Versetzen der Dammbalken geschieht dann vorteilhafter von einem eigenen Steg oder einer außerhalb des Windwerksganges liegenden Kranbahn aus. Schließlich kann

Abb. 968. Ritzel des Windwerkes mit der MAN-Kette.

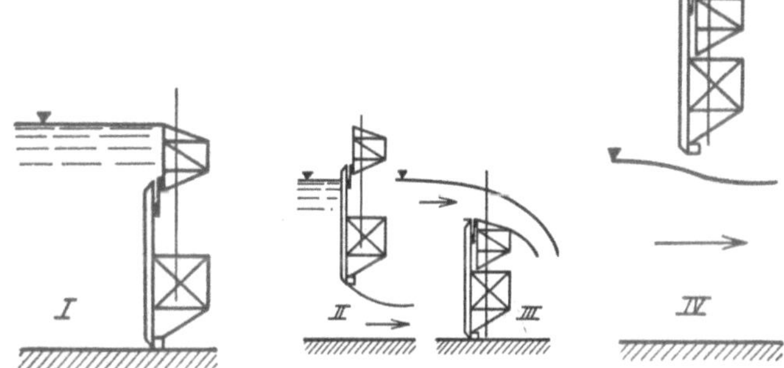

Abb. 969. MAN-Doppelschütze in verschiedenen Stellungen.

aber auch bei großen Stautiefen das Dammbalkenlager neben dem Stauwerk erspart werden, wenn in jeder Öffnung mehrere Dammbalken übereinander über dem Stauziel gelagert werden und die Aufteilung so erfolgt, daß immer eine Öffnung, gerade jene, die mit Dammbalken verschlossen werden soll, frei von lagernden Dammbalken gemacht werden kann. In diese Öffnung werden dann die in der entsprechenden Reihenfolge aus den Lagern in den anderen Wehröffnungen entnommenen Dammbalken versetzt. Die Lagerung der Dammbalken erfolgt in den Öffnungen auf kurzen unterlegten Trägern, die auf Konsolen liegen und abgehoben werden, wenn das Wehrfeld verschlossen werden soll. In den folgenden Abb. 982 bis 984 sind schließlich eine Reihe von Wehrpfeilern neuerer Wehre abgebildet.

Für den Notabschluß der Unterwasserseite wird ähnlich vorgesorgt, manchmal werden aber auch nur die erforderlichen Dammbalken auf Lager gehalten, während das Versetzen derselben, da sie wegen der geringen Wassertiefen leichter sind, von einem behelfsmäßig errichteten Kabelkran aus gedacht ist. Mit Vorteil kann diese Wehrseite auch mit einem Nadelwehr abgeschlossen werden, dessen Nadeln sich gegen eine erst im Bedarfsfalle einzulegende Lehne stützen, die aus Trägern gebildet wird.

Die Ausbildung der Dienststege über das Wehr und deren allfällige Überdeckung ist schon im Abschnitte betreffend die Schützenwindwerke

Abb. 970. Das Schützenwehr Zierberg an der Mur.

Abb. 971. Der Windwerksgang im Stauwehr Oberföhring. *a*) Laufkran, *b*) Zangenbalken, *c*) Öffnungen für das Versetzen der Dammbalken. (Mittl. Isar A.-G.).

beschrieben worden. Der über die Pfeiler laufende Dienststeg wird in der Regel nicht auf Bogen oder durchlaufende Träger gelagert, weil besonders dann, wenn die Pfeiler nicht auf

Abb. 972. Der Windwerksgang im Murwehr Pernegg.

Fels gegründet sind, mit einer wenn auch geringen Nachgiebigkeit der Pfeiler gerechnet werden muß. Besonders vorsichtig ist man beim Isarwehr in Oberföhring vorgegangen, wo man die Träger, die aus ästhetischen Gründen Bogen vortäuschen sollten, nach der in der Abb. 985 dargestellten Weise auf Pendelstützen gelagert hat.

Der Entwurf eines Pfeilers erfordert die annähernde Kenntnis des Gewichtes der Fallen und des Windwerkes, vielfach bevor noch die Schützen genau durchkonstruiert sind. Bezeichnet L die Lichtweite in [m], H die Stautiefe in [m] und σ die Beanspruchung des Stahles in [t/cm²], so beträgt das Gewicht der Fallen in Tonnen nach H. Kulka:

$$G = 0{,}0012\left[(100 \text{ bis } 130)\, LH + \alpha\,\frac{L^2 H^2}{\sigma}\right] \tag{916}$$

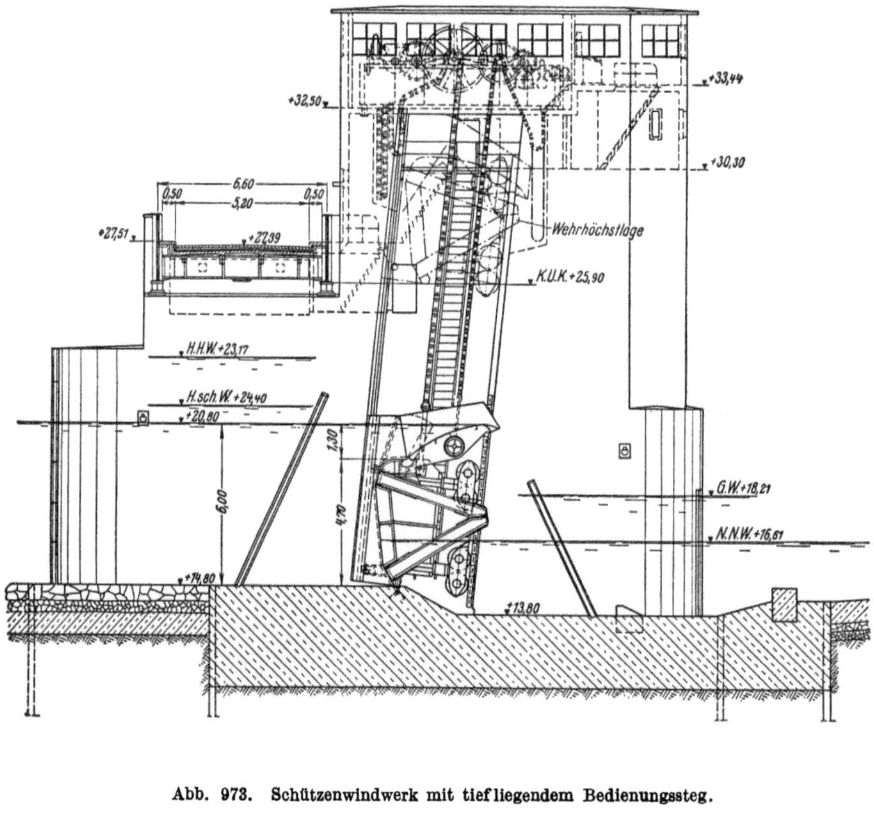

Abb. 973. Schützenwindwerk mit tiefliegendem Bedienungssteg.

der Beiwert beträgt bei $L = 5$ [m] $\sigma = 2{,}34$, bei $L = 20$ [m] $\sigma = 1{,}56$; bei Zwischenwerten wird geradlinig interpoliert; nach A. Schoklitsch

$$G = \beta\, L^2\, H^2 \qquad\qquad (917)$$

wobei zu setzen ist bei Schützen aus Stahl St. 37:

für gewöhnliche Doppelschützen	$\beta = 0{,}004$ bis $0{,}005$
für MAN-Doppelschützen	$\beta = 0{,}003$ bis $0{,}0036$
für die Oberfalle allein einer	
MAN-Doppelschütze	$\beta = 0{,}010$ bis $0{,}011$
für MAN-Hakenschützen	$\beta = 0{,}00215$

Das Gewicht des Windwerkes samt Antrieb und Ketten für große Schützen beträgt etwa die Hälfte des Schützengewichtes. Für die Nischen- und Schwellenbewehrung großer MAN-Doppelschützen und MAN-Hakenschützen können etwa 250 bis 300 [kg] je Meter gerechnet werden.

Bei der statischen Untersuchung des Pfeilers wird einmal angenommen, daß die Fallen auf der Schwelle aufliegen, das andere Mal, daß sie eben etwas angehoben sind, also den Pfeiler belasten; es wird dann das Gewicht des Pfeilers samt jenem des dazugehörigen Überbaues der beiden benachbarten Öffnungshälften und den von den beiden Windwerkshälften übertragenen Drücken mit dem Wasserdruck auf den Pfeiler und auf die beiden benachbarten Fallenhälften zusammengesetzt und der Verlauf der Drucklinie verfolgt. Das Gewicht der Oberfallen selbst wird stets zugerechnet, wenn sie ständig am Windwerke hängen; können sie mit der Unterfalle verriegelt oder auf diese aufgesetzt werden, so belasten sie in der Normalstellung nur die Schwelle. Die Untersuchung muß ergeben, daß der Pfeiler standsicher ist und daß nirgends die zulässigen Beanspruchungen überschritten sind; wo Zugspannungen auftreten, müssen diese von der Bewehrung aufgenommen werden.

In der Sohlfuge sind Zugspannungen unzulässig, weil sich an jenen Stellen der Pfeiler vom Boden abheben würde. Genügt der angenommene Pfeiler diesen Anforderungen, so muß er noch für den Belastungsfall untersucht werden, der eintritt, wenn ein Wehrfeld durch Notverschlüsse gesperrt und der Raum entleert ist, während durch das Nachbarfeld der höchstmögliche Durchfluß läuft, der den Pfeiler seitlich nach dem Schema der Abb. 986 beansprucht. Auch in diesem Falle dürfen die zulässigen Beanspruchungen nicht überschritten werden, der Pfeiler muß standsicher sein und in der Sohlfuge darf er sich vom Boden nirgends abheben.

Die Auflagerdrücke der Dammbalken bzw. der Fallen rufen in den Pfeilern, wenn sie einseitig auftreten, in der Regel, wie man es in der

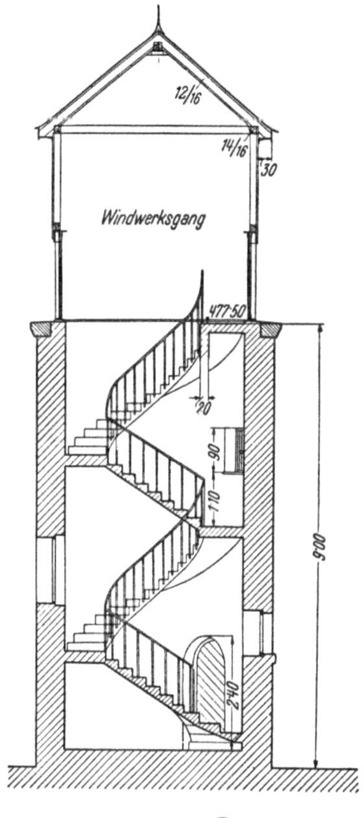

Abb. 973. Wendeltreppe zum Windwerksgang im Murwehr Pernegg.

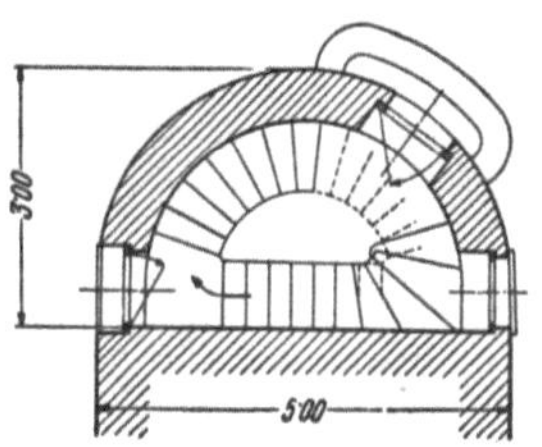

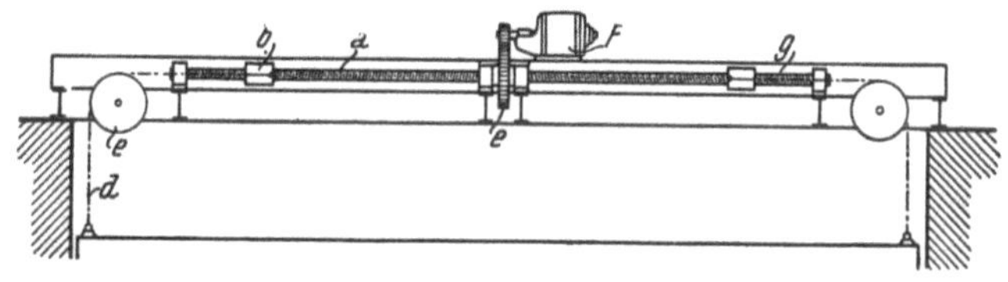

Abb. 974. Spindelwindwerk der MAN. *a* Schraubenspindel, *b* Mutter, *F* Antriebsmotor, *e* Getriebe, *d* Kette.

Abb. 987 erkennen kann, an der gegenüber liegenden Pfeilerseite Zugspannungen hervor, die durch eine Bewehrung aufgenommen wird.

Die tiefen Nischen, die große Doppelschützen erfordern, schwächen die Pfeiler so weit, daß diese Stelle bewehrt werden muß, um unter allen Umständen die Bildung von Rissen an dieser Stelle zu verhindern. Um den nötigen Stahlquerschnitt für die Bewehrung zu ermitteln, denkt man sich den Pfeiler etwa in der Schützennische lotrecht und in der Höhe des Wehrbodens waagrecht gerissen und weist der waagrechten Bewehrung meist vom Auflagerdruck der Fallen jenen Teil zu, der die Reibung in der waagrechten Fuge übersteigt; der Reibungsbeiwert ist hiebei etwa $\mu = 0{,}7$ zu setzen. Aber auch dann, wenn sich rechnungsmäßig keine Bewehrungen als notwendig erweisen, werden sicherheitshalber einige Rundstäbe eingelegt, ebenso, wie auf alle Fälle, auch dann, wenn die Reibung in der waagrechten Fuge hinreicht, eine lotrechte Bewehrung des Pfeilers ausgeführt wird. Als Beispiel stellen die Abb. 988 und 989 die Bewehrung eines Pfeilers des Murwehres Pernegg dar, während die Abb. 990 die Bewehrung eines Wehrwiderlagers zeigt.

Der Umriß des Pfeilers wird, soweit er mit wanderndem Geschiebe in Berührung geraten kann, bei größeren Stautiefen vor Abschliff geschützt; bei Ausflußgeschwindigkeiten von etwa

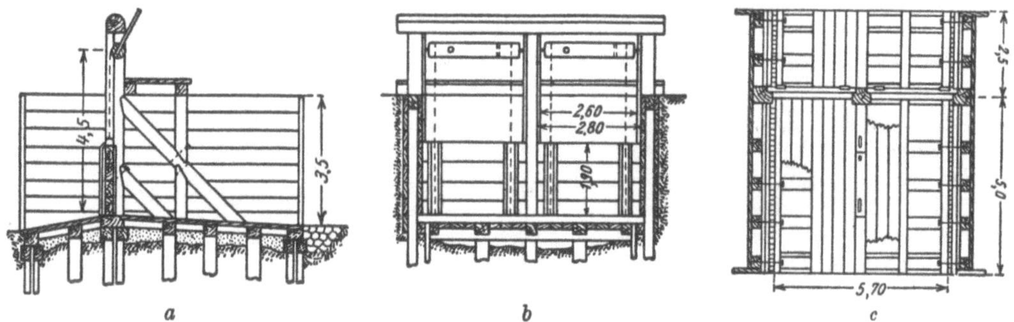

Abb. 975. Hölzernes Schützenwehr. *a)* Querschnitt, *b)* Ansicht, *c)* Grundriß.

3 bis 5 [m/sec] genügt eine Verschalung mit 6 bis 10 [cm] starken Lärchenbohlen, bei größeren Geschwindigkeiten wird eine Verkleidung mit Klinkerziegeln, Stahlbeton-Kleinlogel oder Granitquadern angewendet oder es wird mit Schmelzzement betoniert. Ebenso müssen auch die Kanten des Pfeilers am Kopf und an den Nischen geschützt werden.

Die Art der Gründung der Stauwerkpfeiler hängt von der Gründungsart und von der Abdichtung des Untergrundes unter dem Stauwerk ab; sie muß auf jeden Fall so tief erfolgen, daß sicher tragfähiger Boden erreicht wird und die Pfeiler müssen überdies vor Unterkolkung an beiden Enden gesichert werden. Erfolgt die Dichtung und Kolksicherung durch hinreichend tief hinabreichende Spundwände oder Herdmauern, so kann die Pfeilergründung in offener Baugrube erfolgen und die Sohlfuge wird nur so tief gelegt, als es aus statischen Gründen erforderlich ist; sonst muß die Sohlfuge des Pfeilers bei beweglichem Untergrund bis in eine kolksichere Tiefe, mindestens aber in eine Tiefe unter die Flußsohle gelegt werden, die etwa gleich der Stautiefe ist; derartige tief hinabreichende Pfeiler können in der Regel nur mit Druckkästen gegründet werden.

Abb. 976. Seiteneinschnürung am Durchfluß durch ein Schützenfeld.

Um die Stützweite der Falle herabzusetzen, anderseits aber bei Hochwasser große Lichtweiten freigeben zu können, hat man früher manchmal zwischen den festen Wehrpfeilern sogenannte Losständer für die Führung und Stützung der Fallen angeordnet, die umlegbar waren. Diese Umlegung erfolgte entweder in der Flußrichtung um ein Gelenk am Dienststeg oder in der Schwelle oder seitlich um ein Gelenk in der Schwelle, ähnlich wie die Böcke von Nadelwehren. Solche Losständerwehre sind wegen der vielen Fugen sehr wasserdurchlässig und die Verrichtungen an einem solchen Wehre sind sehr umständlich; überdies stellen sich bei Eisgang und Geschiebebewegung vielfach Störungen ein, so daß man derartige Anlagen nicht mehr ausführt.

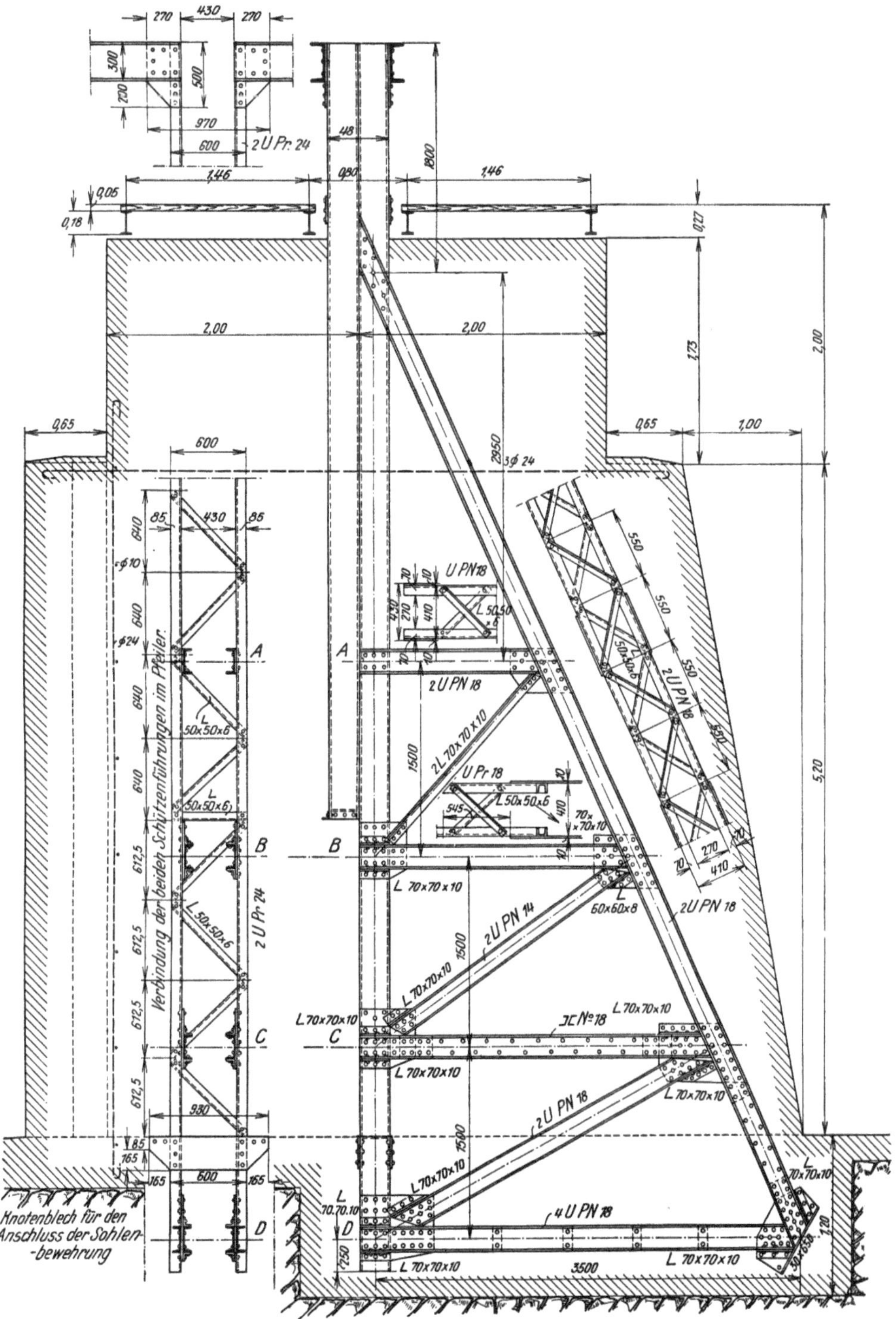

Abb. 977 a. Pfeiler der Einlaufschützen in Pernegg an der Mur. Seitenansicht. (STEWEAG GRAZ.)

Schrifttum.

BECKER, TH.: Neuere Eisenwasserbauten auf dem Gebiete des Wehrbaues. Bauing. 1925. S. 723. — BUCHER, H.: Formel zur approximativen Ermittlung des Gewichtes von Doppelschützen für Stauwehre. Schw. Wasserwirtschaft. 1929. S. 23. — FISCHER: Die Wasserhaltung für den Umbau des Weser-Wehres bei Dörwerden. Baut. 1937. S. 65. — KULKA, H.: Eisenwasserbau. Berlin. 1928. W. Ernst & Sohn. — LAUFER,

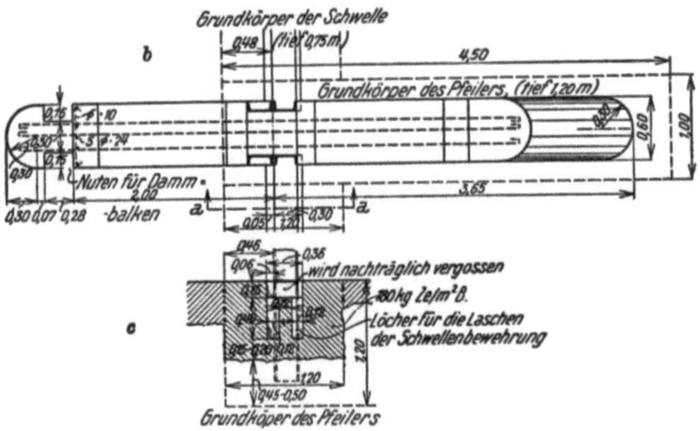

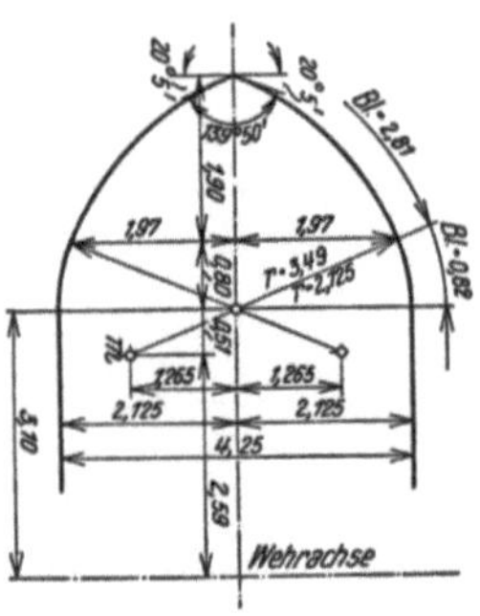

Abb. 978. Darstellung eines Pfeilerkopfes.

Abb. 977 b. Pfeiler der Einlaufschützen in Pernegg an der Mur. b) Draufsicht, c) Bewehrung der Sohle unter den Fallen. (Steweag, Graz.)

M.: Rollschütze für große Durchflußweiten. Bautechn. 1940. S. 515. — SCHÄFER, A.: Weiten- und Tiefenentwicklung bei Wehranlagen. Walzen oder Schützen? Bautechn. 1935. S. 623 — DERSELBE: Wehrverschlüsse mit Aufsatzklappen. Bautechn. 1936. S. 289. — SCHOKLITSCH, A.: Kostenberechnungen im Wasserbau und Grundbau. Wien, Springer-Verlag. 1937. — WITTE, E.: Eine Flußkanalisierung. Bauten im und am Strom. Bautechn. 1940. S. 21. (Dreigurtschütze mit Klappe.) — REFERAT: Das Stauwerk Ramel Ivoz an der Maas. Bautechn. 1938. S. 685.

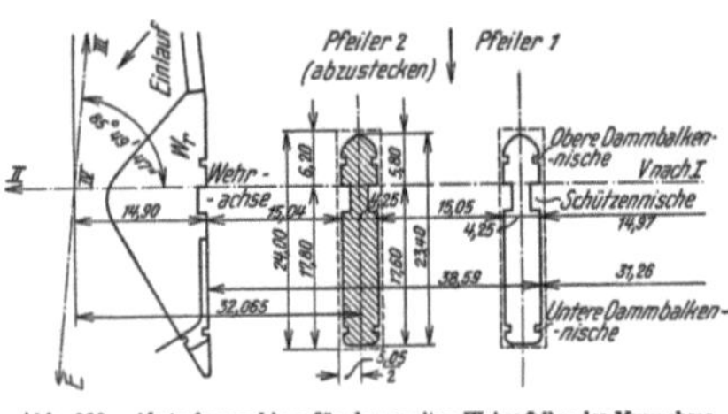

Abb. 980. Absteckungsskizze für den zweiten Wehrpfeiler des Murwehres Pernegg.

b) Walzenwehre.

Walzenwehre sind bewegliche Stauwerke, deren Verschlußkörper auf einer geneigten Bahn auf- und abgewälzt werden. Als Verschlußkörper hat man ursprünglich nach dem Vorschlag von M. CARSTANJEN zylindrische Walzen angewendet (Abb. 991 a). Diese haben sich aber nicht bewährt, weil der Wasserstrahl, der unter der angehobenen Walze hervorschießt, die Walze zu Schwingungen anregt, die so weit angefacht werden, daß der Bestand gefährdet wird. Später sind die Walzen mit einem Schnabel (Abb. 991 b) ausgestattet worden, der eine sichere Ablösung des Ausflußstrahles vom Walzenkörper sichert und daher die Schwingungen des Wehrkörpers verhindert. Die hohe Torsionsfestigkeit der Walze hat es schließlich erlaubt, vor einer Walze kleinen Durchmessers einen Stauschild vorzusetzen (Abb. 991 c).

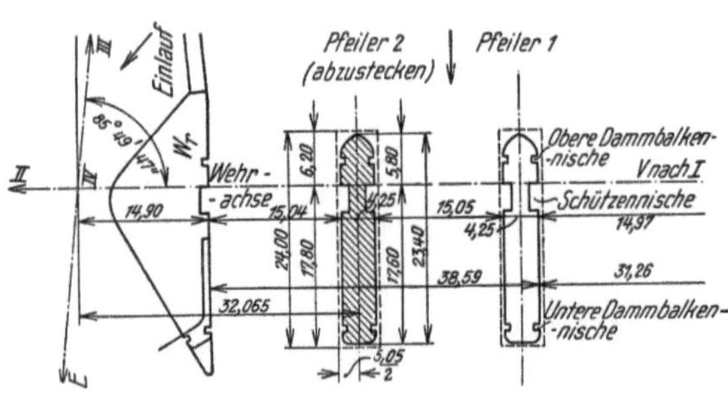

Abb. 980. Absteckungsskizze für den zweiten Wehrpfeiler des Murwehres Pernegg.

Die Walzen laufen mit Zahnkränzen auf Zahnschienen in den Nischen der Pfeiler und sie werden stets einseitig angetrieben. Ein Bedienungssteg wird aber dadurch nicht erspart, weil der Betrieb die Möglichkeit, am Wehr den Fluß überschreiten zu können, fordert. Man hat auch versucht, den Stauschild statt auf eine Walze auf ein räumliches Fachwerk abzustützen, etwa so, wie es die Abb. 992 andeutet; diese Bauweise von Walzenwehren hat sich aber nicht durchgesetzt.

Zur Bemessung der Walze denkt man sich vorerst alle Kräfte im angetriebenen Ende der Walze zusammengeschoben. Es bezeichne

W den Wasserdruck auf den Verschlußkörper in [kg],
G dessen Gewicht in [kg],
A_a den Druck auf die Wälzbahn am angetriebenen Ende in [kg],
A_n jenen am nichtangetriebenen Ende in [kg],
Z den Kettenzug in [kg],
R die Resultierende aus Wasserdruck W und Gewicht G,
L die Länge der Walze in [cm],

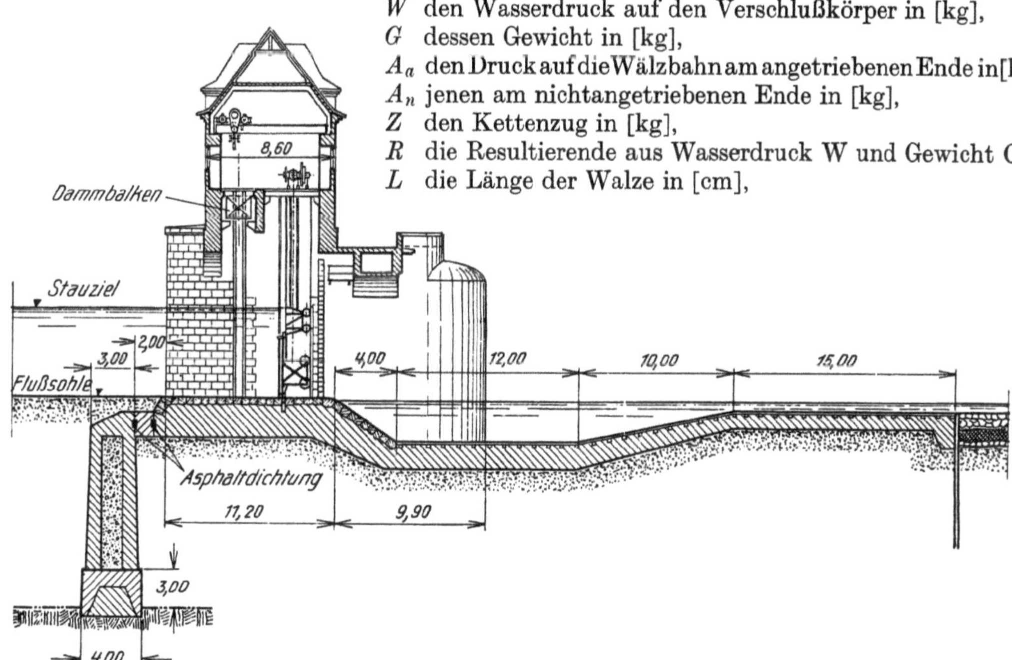

Abb. 981. Pfeiler des Wehres Oberföhring an der Isar. (Mittl. Isar A.-G.).
Der übermäßig lange Wehrboden wird nicht zur Nachahmung empfohlen.

dann gilt mit der Bezeichnung der Abb. 993 für das Torsionsmoment am nichtangetriebenen Ende

$$M_{d_n} = R\,\frac{r}{2} \qquad\qquad (918)$$

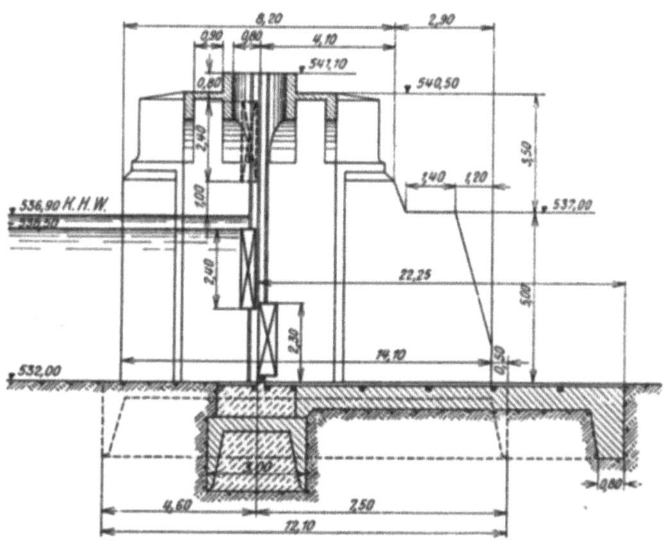

Abb. 982. Pfeiler des Wehres Arnoldstein an der Gail.

Für 1 [m] Walzenlänge ändert sich das Torsionsmoment um $\dfrac{Rn}{L}$. In der Entfernung x vom nichtangetriebenen Ende beträgt dann das Torsionsmoment

$$M_{d_x} = R\,\frac{r}{2} + R\,\frac{nx}{L} = R\left(\frac{r}{2} + \frac{nx}{L}\right)\,[\mathrm{kg\cdot cm}] \qquad (919)$$

Das größte Torsionsmoment tritt am angetriebenen Ende, also bei $x = L$ auf und beträgt

$$M_{d_a} = R\left(\frac{r}{2} + n\right)[\mathrm{kg\cdot cm}] \qquad [920]$$

und in der Walzenmitte beträgt das Torsionsmoment

$$M_{d_m} = R\left(\frac{r+n}{2}\right)[\mathrm{kg\cdot cm}] \qquad [921]$$

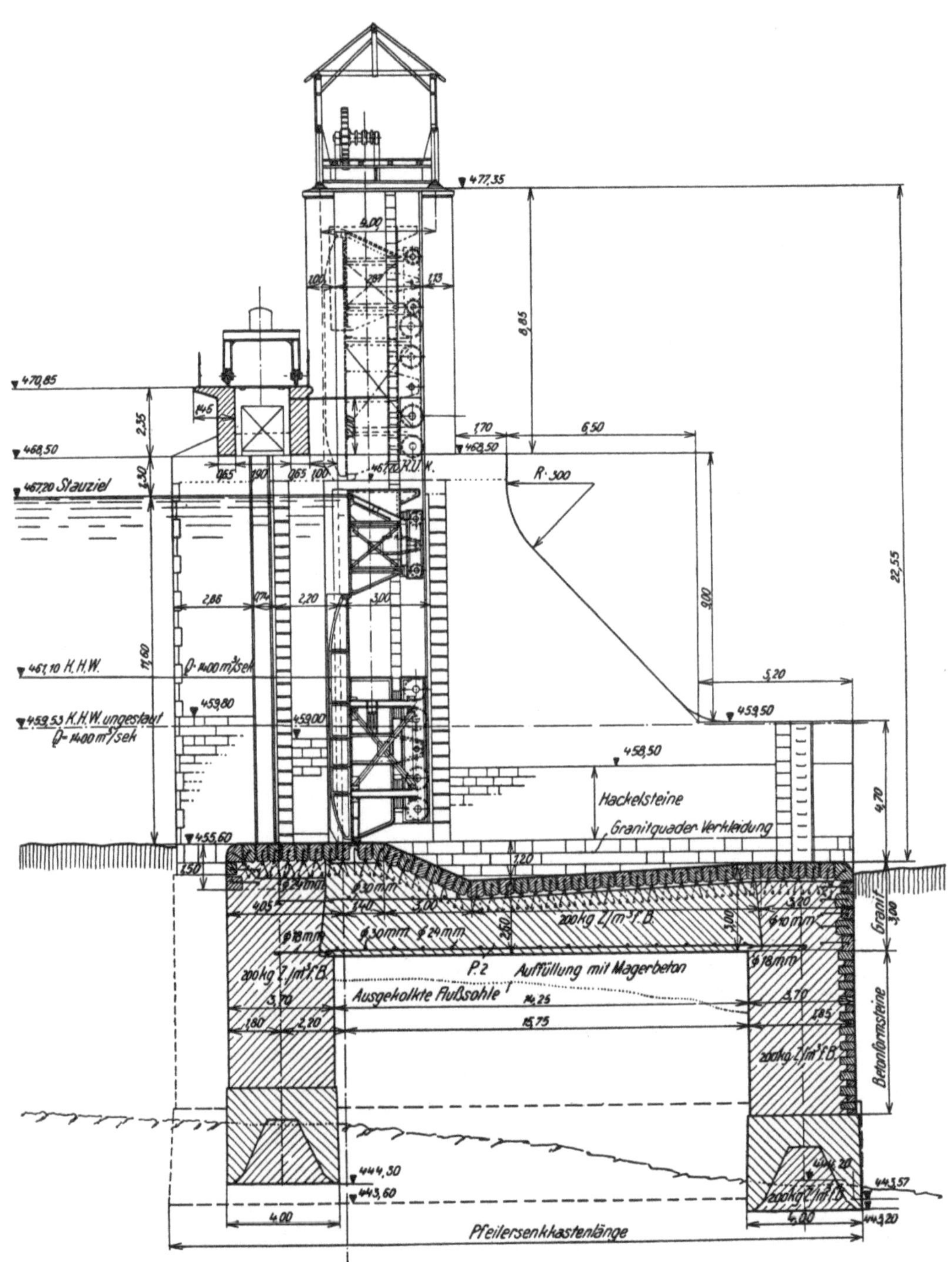

Abb. 983. Pfeiler des Murwehres Pernegg (Steweag).

Die Walze wird auch als freiaufliegender Träger auf Biegung beansprucht. Im Abstand x vom nichtangetriebenen Ende beträgt das Biegungsmoment

$$M_x = \frac{Rx}{2}\left(1 - \frac{x}{L}\right)[\text{kg}\cdot\text{cm}] \qquad (922)$$

und das größte Biegungsmoment in der Walzenmitte, also an der Stelle $x = \frac{L}{2}$ beträgt

$$M_m = R\,\frac{L}{8}\,[\text{kg}\cdot\text{cm}] \qquad (923)$$

Bezeichnet D den äußeren, d den inneren Walzendurchmesser in [cm], σ'_{zul} die zulässige Biegungsbeanspruchung und τ_{zul} die zulässige Schubbeanspruchung des Stahles in [kg/cm²], so gilt[1])

$$\frac{D^4 - d^4}{D} = \frac{32}{\pi\sigma'_{zul}}\left[0{,}35\,M + 0{,}65\sqrt{M + \frac{\sigma'_{zul}}{\tau_{zul}}M_d}\right] \qquad (924)$$

Die Sohlendichtung der Walzenwehre erfolgt mittels einer Holzleiste, mit der sich der Verschlußkörper auf die Wehrschwelle aufsetzt. Der Verschlußkörper muß daher so geformt werden, daß er in Normalstellung einen für die Abdichtung hinreichenden Auflagerdruck mittels der Dichtungsleiste überträgt. Die für eine Dichtung erforderliche Mindestpressung beträgt bei der Wassertiefe H [m] und der Wichte des Wassers γ [kg/m³] γH [kg/m²]. Bei einer Walzenlänge von L [m] und einer Breite der Dichtungsleiste b [m] muß daher der Auflagerdruck auf die Wehrschwelle mindestens

$$A_s = \gamma\,HbL\,[\text{kg}] \qquad (925)$$

betragen. Mit den Bezeichnungen der Abb. 994 gilt für den Auflagerdruck anderseits

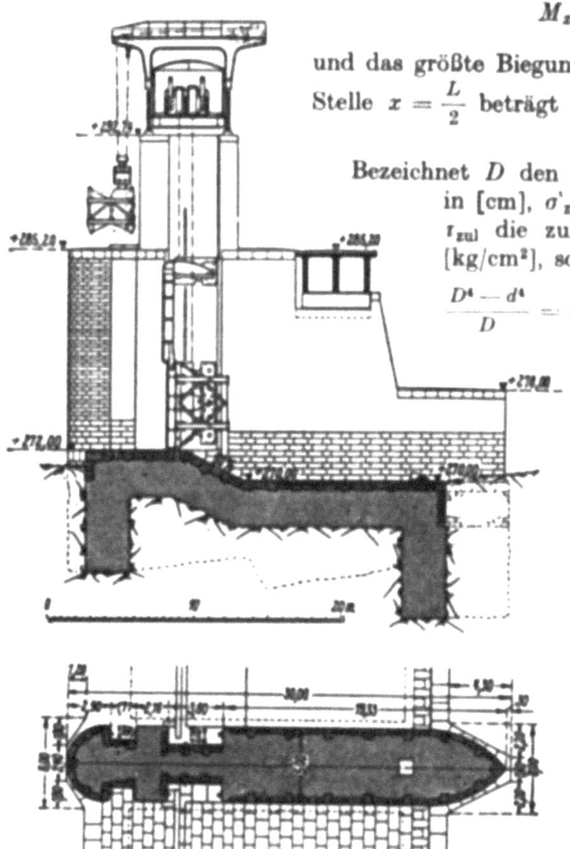

Abb. 984. Pfeiler des Rheinwehres Ryburg—Schwörstadt.

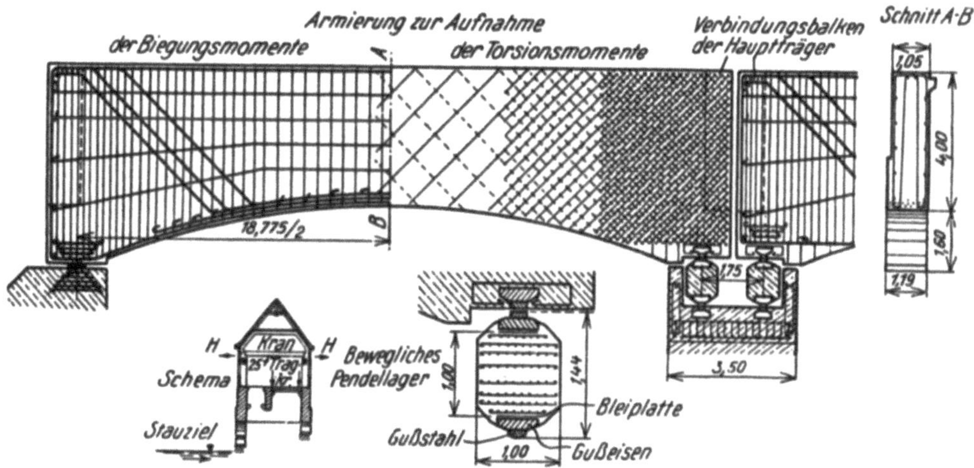

Abb. 985. Die Hauptträger des Bedienungssteges des Isarwehres Oberföhring täuschen Bogen vor. (Mittlere Isar A.-G.)

$$A_3 = \frac{Rn}{m}\,[\text{kg}] \qquad (926)$$

---

[1]) Vgl. z. B. Hütte, 26. Aufl., Bd. I. S. 652.

und es folgt nun aus den Gl. (925) und (926) für die bei den gegebenen Verhältnissen höchstzulässige Breite b der Auflagerfläche der Dichtungsleiste

$$b = \frac{Rn}{m\,\gamma\,H\,L}\ [\text{m}] \tag{927}$$

Die Seitendichtung wird, so wie bei den Schützen-

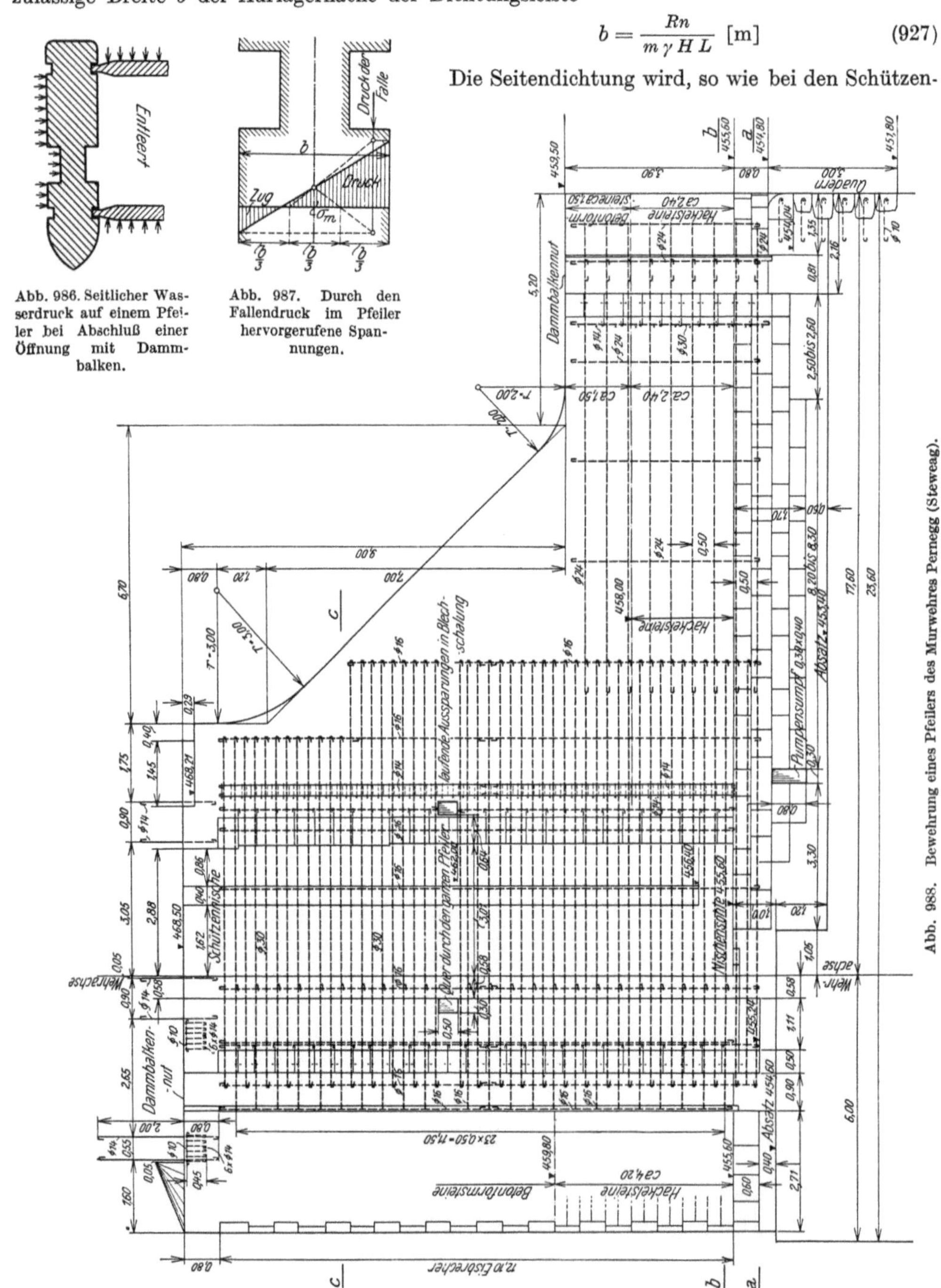

Abb. 986. Seitlicher Wasserdruck auf einem Pfeiler bei Abschluß einer Öffnung mit Dammbalken.

Abb. 987. Durch den Fallendruck im Pfeiler hervorgerufene Spannungen.

Abb. 988. Bewehrung eines Pfeilers des Murwehres Pernegg (Steweag).

wehren (vgl. S. 558) durch federnde Bleche mit hölzernen Dichtungsleisten bewirkt, die sich gegen Streifbleche an den Pfeilern legen. Um im Winter ein Festfrieren der Dichtungsleisten am Pfeiler zu verhindern, werden hinter die Streifbleche elektrische Heizkörper eingebaut.

Die Walzen laufen in den Pfeilernischen auf Zahnschienen, in die die Zahnkränze (Abb. 995) an den Enden der Verschlußkörper eingreifen. Unmittelbar neben den Zähnen liegt die Wälzbahn (Abb. 996), in der der Auflagerdruck übertragen wird; die Zähne haben nur die Aufgabe, bei einer Bewegung der Walze deren Drehung zu erzwingen.

Der Durchmesser der Wälzbahn wird so bemessen, daß schon eine Drehung von 120° bis 180° den Verschlußkörper bis über den Wasserspiegel hebt; der Zahnkranz wird auch nur auf dem diesem Winkel entsprechenden Teil des Wälzkreises hergestellt. Die Abb. 996a und b zeigen die Zahnkränze an den Enden einer Walze.

An der Scheibe, die am angetriebenen Ende den Zahnkranz trägt, wird die Hubkette befestigt, die bei Normalstellung der Walze auf einer besonderen Bahn, im vorliegenden Falle einer Schiene, aufgerollt ist (Abb. 996b). Am nichtangetriebenen Ende liegt neben dem Zahnkranz

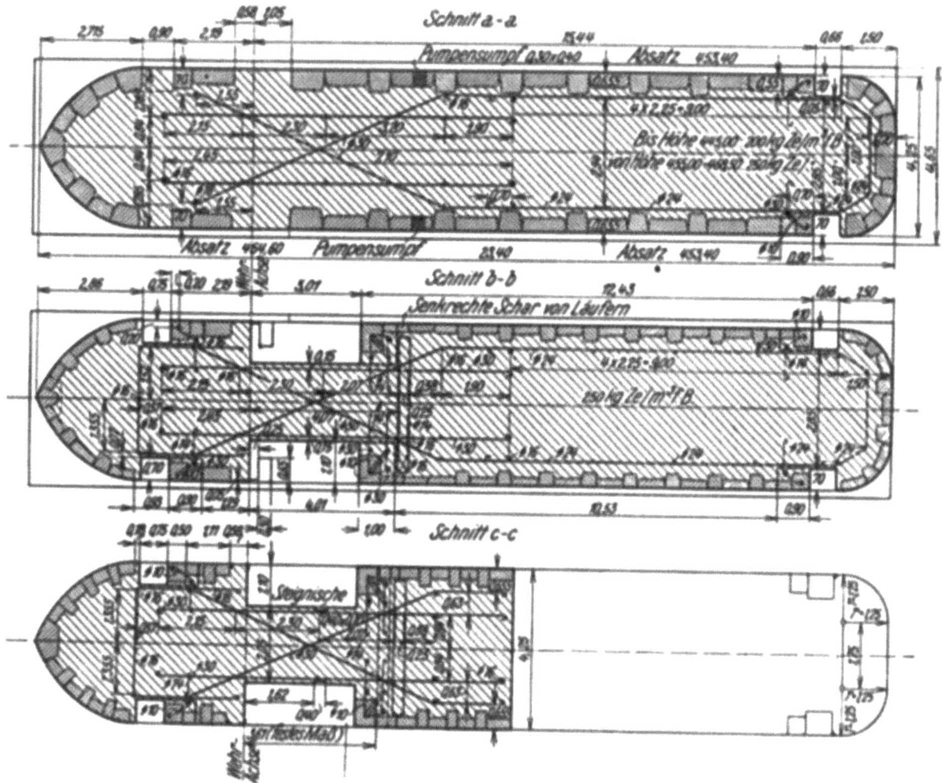

Abb. 989. Querschnitt durch einen Pfeiler des Murwehres Pernegg (Steweag).

eine Sicherheitskette, die sich beim Anheben neben dem Zahnkranz auf einer eigenen Bahn der Endscheibe aufrollt (Abb. 996a und Abb. 997); sie soll den Absturz der Walze verhindern, wenn diese aus der Zahnschiene herausspringen sollte. Die Aufhängung der Sicherheitskette am Wehrpfeiler zeigt die Abb. 998. Überdies sichert die Walze gegen das Herausspringen aus der Zahnschiene eine Gegenschiene in der Pfeilernische über dem Zahnkranz (Abb. 997a).

Die Tiefe der Nischen für die Führung der Walzen ist ziemlich unabhängig von den Walzenabmessungen; gewöhnlich sind Nischentiefen von 1,0 bis 1,3 [m] erforderlich. Die Nischenlänge hängt vom Durchmesser des Wälzkreises ab. Die Zahnschiene wird gewöhnlich unter einem Winkel von 70° gegen die Waagrechte angeordnet. Bei geringeren Neigungen besteht die Gefahr, daß sich die Walze wegen des Auftriebes nicht hinreichend fest auf die Wehrschwelle aufsetzt. Bei Versenkwalzen muß das untere Ende der Zahnschienen gekrümmt werden, um die Walze an der Wehrschwelle vorbeisenken zu können.

Die statische Untersuchung der Pfeiler der Walzenwehre erfolgt ähnlich jener der Pfeiler der Schützenwehre. Auch bei diesen Pfeilern muß die Resultierende aus dem Wasserdruck und

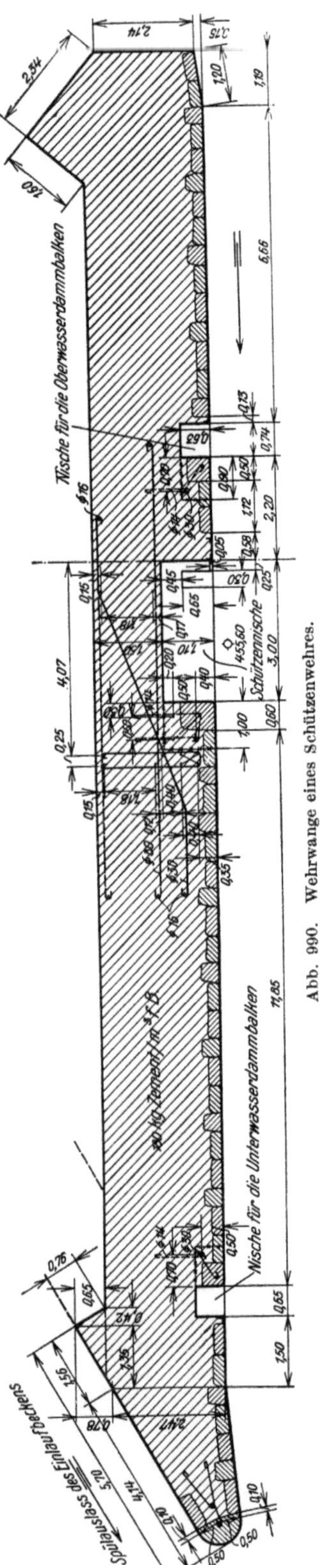

Abb. 990. Wehrwange eines Schützenwehres.

den Gewichten bei allen Walzenstellungen durch den Kern der Sohlfuge gehen.

Die Walzen hängen einseitig auf einer GALLschen oder einer MAN-Kette. Die Windwerke werden für zwei aneinandergrenzende

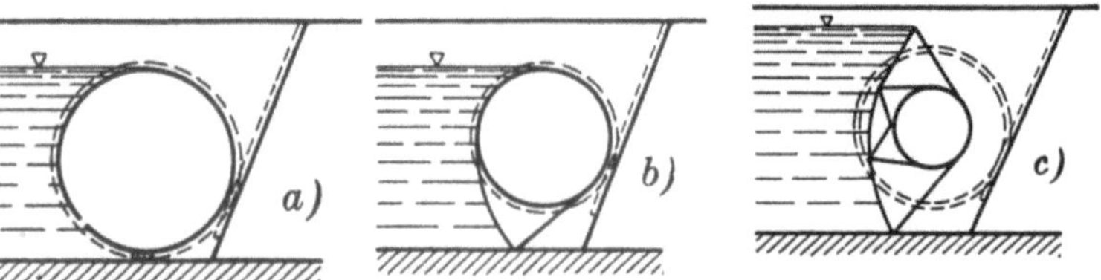

Abb. 991. Walzenwehrquerschnitte. a) zylindrisch, b) mit Schnabel, c) mit Stauschild.

Wehrfelder immer im gemeinsamen Pfeiler untergebracht. Die Abb. 999 zeigt die Ansicht solcher Windwerke; sie erhalten neben dem Antrieb durch Elektromotoren stets auch noch Handantrieb.

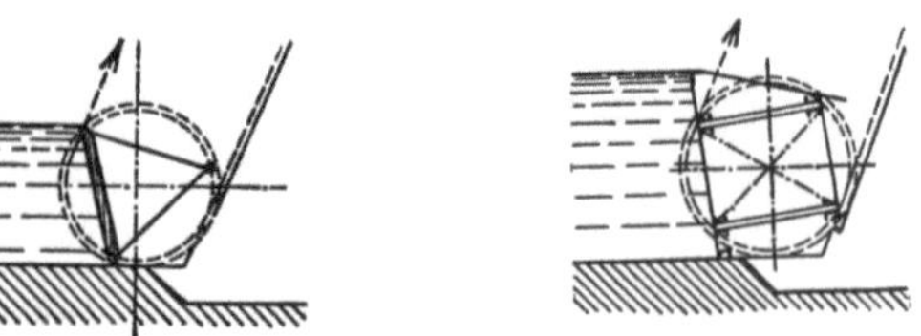

Abb. 992. Räumliche Fachwerke als Tragwerke für Walzenwehr.

Endausschalter begrenzen selbsttätig die Verschlußkörperbewegung in den Grenzlagen.

Einfache Walzenverschlüsse haben den Nachteil, daß Eis und Treibholz nur abgelassen werden können, wenn die Walzenober-

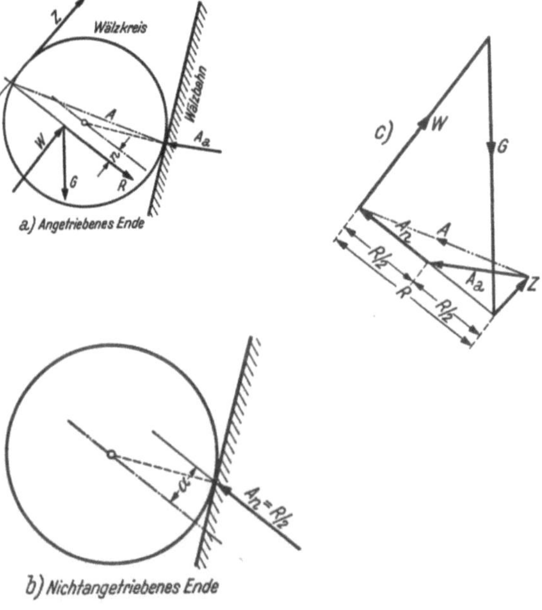

Abb. 993. An einer Walze angreifende Kräfte.

kante überstaut, das Stauziel also überschritten wird. Um diesem Übelstand abzuhelfen, hat man die Walzen als Versenkwalzen ausgebildet oder die Walzen mit aufgesetzten Klappen ausgestattet.

Die Versenkwalzen können unter die Normalstellung abgesenkt werden, sie hängen also in Normalstellung an der Aufzugkette und gleiten beim Absenken an der Wehrschwelle vorbei. Bei den Versenkwalzen mußte daher eine besondere Dichtung zwischen dem Verschlußkörper und der Wehrschwelle entwickelt werden.

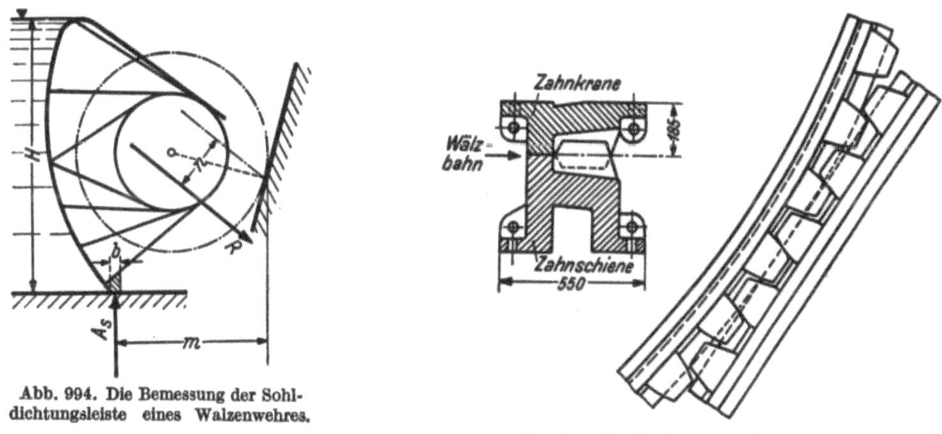

Abb. 994. Die Bemessung der Sohldichtungsleiste eines Walzenwehres.

Abb. 995. Die Wälzbahn eines Walzenwehres.

Die Abb. 1000c zeigt eine Sohldichtung für eine Versenkwalze, bei der die am Rande eines Federbleches b sitzende Dichtungsleiste durch den Druck des Wassers im Kasten a an die Schwellenbewehrung des Wehrbodens angedrückt wird. Der Wasserkasten a steht durch Rohr-

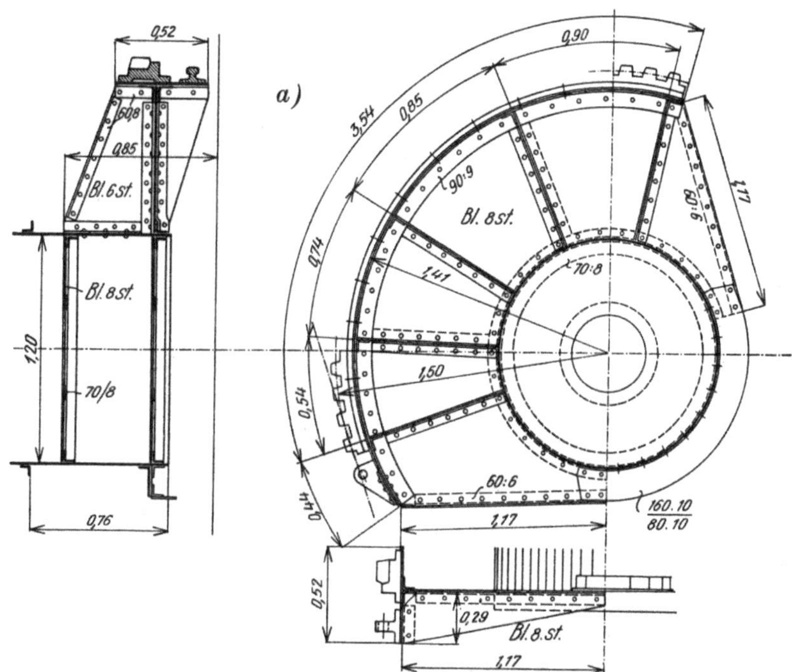

Abb. 996a. Die Zahnkränze des Walzenwehres in Neugattersleben. (TH. REHBOCK.)
Das nicht angetriebene Ende.

leitungen mit dem Stauraum in Verbindung. Diese Sohldichtung ist nur anwendbar, wenn es gewährleistet ist, daß das Wasser im Kasten a nicht einfrieren kann.

Eine vom Frost unabhängige Sohldichtung stellt die Abb. 1001 dar; bei dieser wird die Dichtungsleiste aus Vollgummi durch eine Anzahl von Federn angedrückt, die vom Walzeninneren aus eingestellt werden können. Den Aufbau des ganzen Versenkwalzenwehres gibt die Abb. 1002.

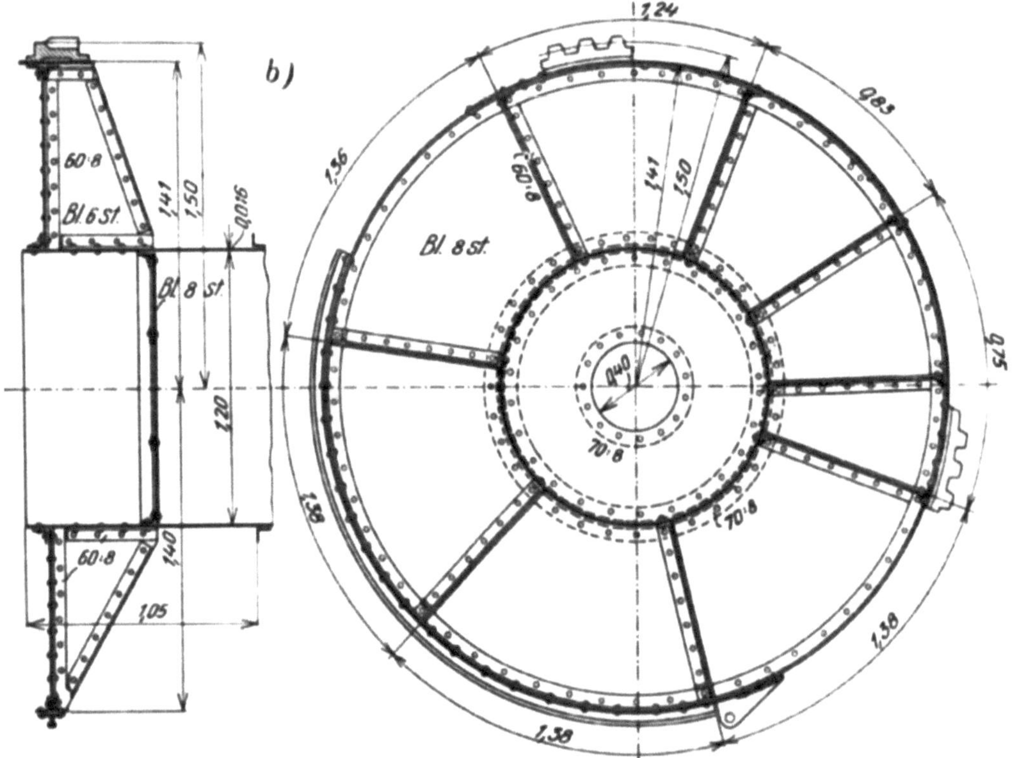

Abb. 996 b. Die Zahnkränze des Walzenwehres in Neugattersleben. (Th. Rehbock.) Das angetriebene Ende.

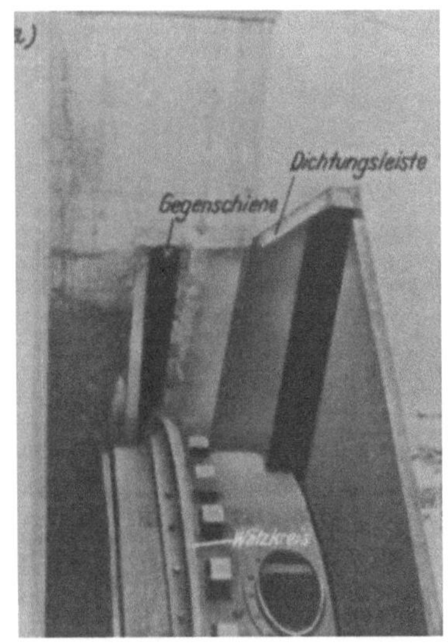

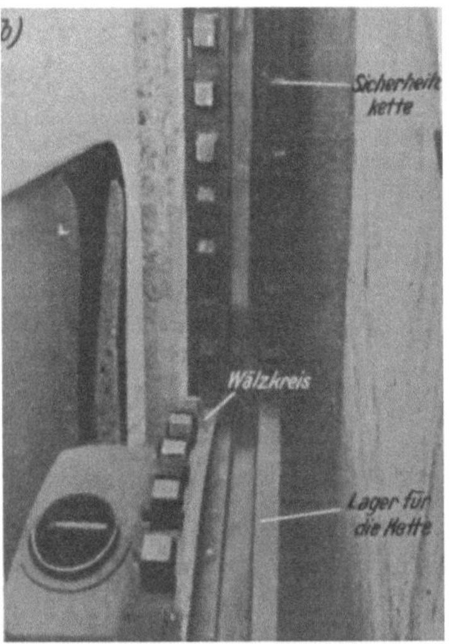

Abb. 997. Ansichten des nichtangetriebenen Endes einer Walze.

Nachdem beim Absenken der Versenkwalzen auch die Seitendichtungen abgesenkt werden, muß für diese an den beiden Rändern des Wehrfeldes je ein Schlitz in der Wehrschwelle angeordnet werden. Die Abdichtung im Schlitz erfolgt gegen die Wehrschwelle durch einen am

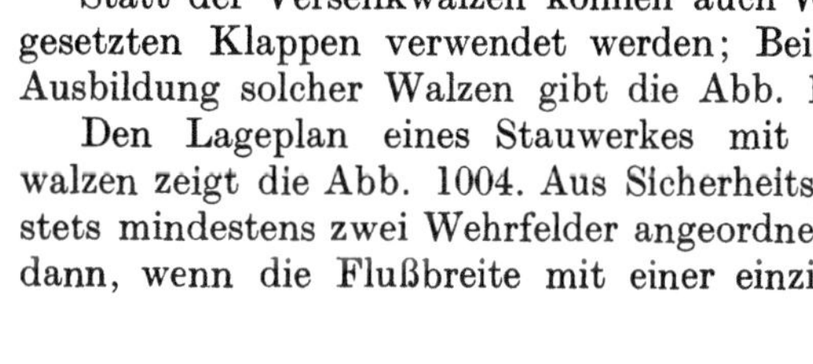

Rand des Federbleches angeordneten Vollgummiwulst. Es bereitet erhebliche Schwierigkeiten, die Abdichtung im Schlitz wirklich dicht zu machen.

Statt der Versenkwalzen können auch Walzen mit aufgesetzten Klappen verwendet werden; Beispiele für die Ausbildung solcher Walzen gibt die Abb. 1003.

Den Lageplan eines Stauwerkes mit zwei Versenkwalzen zeigt die Abb. 1004. Aus Sicherheitsgründen sollen stets mindestens zwei Wehrfelder angeordnet werden, auch dann, wenn die Flußbreite mit einer einzigen Walze ge-

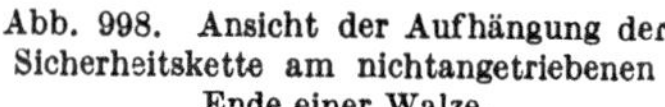

Abb. 998. Ansicht der Aufhängung der Sicherheitskette am nichtangetriebenen Ende einer Walze.

Abb. 999. Die beiden Walzenwindwerke im Murwehr Mixnitz.

sperrt werden könnte. Die größte bisher angeführte Walzenlänge beträgt 45 [m], die größte mit einer Walze erzielte Stautiefe 8,75 [m].

Als Notverschluß kommen für Walzenverschlüsse wegen der meist großen Lichtweiten der Wehrfelder nur Nadelwehre in Betracht. Der Nadelanschlag wird schon beim Bau im Wehrboden vorgesehen, während die Nadellehne am besten behelfsmäßig am Verschlußkörper aufgehängt und zur Abstützung die Walze selbst herangezogen wird. In jedem Wehrfeld soll ein

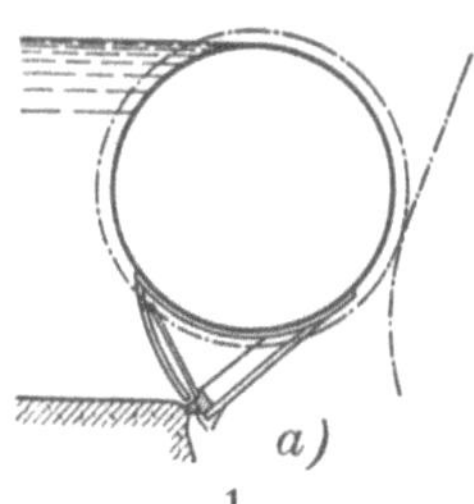

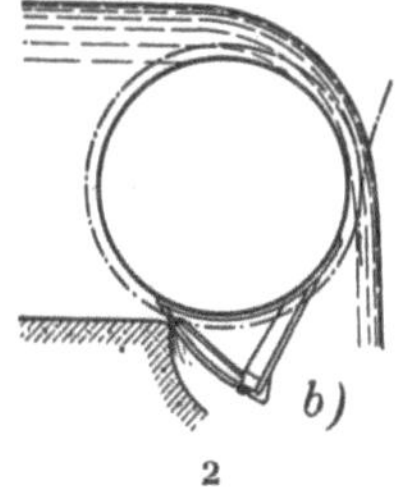

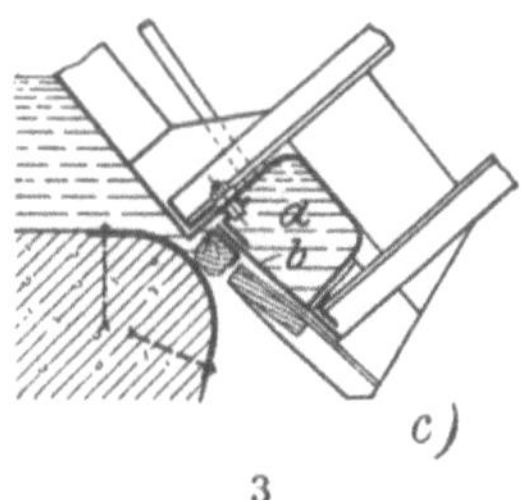

Abb. 1000. Versenkwalzen *a*) in Normalstellung, *b*) abgesenkt, *c*) eine Sohldichtung.

Pumpensumpf angeordnet werden und in den Windwerkpfeilern können die Wasserhaltungspumpen eingebaut werden.

Es soll nicht unerwähnt bleiben, daß auch unter Wasser liegende Öffnungen mittels Walzen abgeschlossen worden sind; solche Verschlüsse werden dann auch Rollklappen genannt. Die Abb. 1005 zeigt einen solchen Verschluß, bei dem die Zahnstange lotrecht steht; die Bewegung des Verschlußkörpers bewirken hydraulische Hubzylinder mit feststehenden Kolben an den beiden Enden.

Einige Bilder mögen noch Ansichten ausgeführter Walzenwehranlagen zeigen (Abb. 1006 bis Abb. 1011).

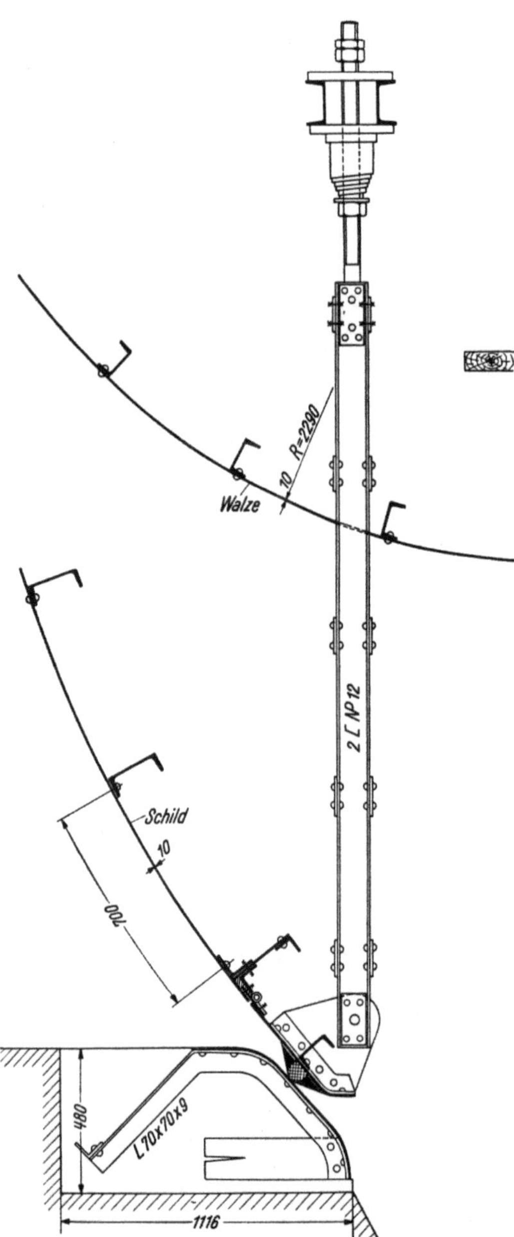

Abb. 1001. Sohlendichtung einer Versenkwalze mittels eines federnden Bleches und einer Gummileiste am Murwehr Mixnitz. (MAN.)

Schrifttum.

BECKER, TH.: Neuere Eisenwasserbauten auf dem Gebiete des Wasserbaues. Bauing. 1925. S. 723. — HARTUNG, FR.: Stahlwasserbauten als Ergebnis der Zusammenarbeit von Statiker, Konstrukteur und Hydrauliker. Wasserkr. u. Wasserwirtschaft 1939. S. 213. — KULKA, H.: Eisenwasserbau. Berlin. W. Ernst & Sohn. 1928. — SCHÄFER, A.: Weiten- und Tiefenentwicklung bei Wehranlagen. Walzen oder Schützen? Bautechn. 1935. S. 623. — SCHOKLITSCH, A.: Kostenberechnungen im Wasserbau und Grundbau. Wien, Springer-Verlag. 1937. — WESSELY, A.: Das Walzenwehr in der Trisanna. Zschft. d. Öst. Ing. Arch. Ver. 1910. S. 629.

c) Segmentwehre.

Als Segmentwehre werden Verschlußkörper bezeichnet, die sich mit zwei Armen in Gelenken auf die Wehrpfeiler stützen. Die Bewegung erfolgt durch Drehung um die waagrechten Gelenke. Die Abb. 1012 gibt die Ansicht eines solchen Segmentwehres.

Bei den Segmentwehren wird die Blechhaut ähnlich wie bei Schützenwehren auf einem Rechtecknetz gelagert, das aus einem System von waagrechten Riegeln und lotrechten Spanten gebildet wird. Die Blechhaut ist meist nach einem Kreiszylinder gekrümmt, sie kann aber auch eben ausgeführt werden. Die Abb. 1013 erläutert die Ermittlung der an einem Segmentwehr angreifenden Kräfte. Die Blechhaut bildet ein Kreiszylindersegment, dessen Krümmungsmittelpunkt im Drehpunkt des Verschlußkörpers liegt. Der resultierende Wasserdruck geht durch den Drehpunkt des Verschlußkörpers. Die Höhenlage des Drehpunktes muß so gewählt werden, daß der Auflagerdruck S (vgl. Abb. 1013a), den der Verschlußkörper auf den Wehrboden überträgt, für die Dichtung hinreicht.

Die nach einem Kreiszylinder gebogene Stauwand mit dem Krümmungsmittelpunkt im Drehpunkt hat die theoretisch günstigste Form, weil der resultierende Wasserdruck durch den Drehpunkt geht. Wenn die Blechhaut eben, nach der Sehne des Kreisbogens in der Abb. 1014 geneigt ausgeführt wird, so wird der Auftrieb kleiner, entsprechend dem Gewicht eines Wasserkörpers vom lotrecht schraffierten Querschnitt. Der resultierende Wasserdruck steht auf die Stauwand senkrecht, greift im unteren Drittelpunkt an und die Angriffslinie geht im Abstand $S/6$ unter dem Drehpunkt vorbei. Beim Anheben des Verschlußkörpers muß daher neben allen anderen Widerständen auch noch das Moment des Wasserdruckes um den Drehpunkt überwunden werden.

$$M = \frac{s}{6} \, W = \frac{H}{6 \cos \beta} \cdot \frac{\gamma H^2}{2 \cos \beta} = \frac{\gamma H^3}{12 \cos^2 \beta} \tag{928}$$

Um zu erreichen, daß auch bei ebener Stauwand der Wasserdruck durch den Drehpunkt 0 geht, muß der Winkel vergrößert, die Dichtungsleiste also um das Maß x flußab verschoben

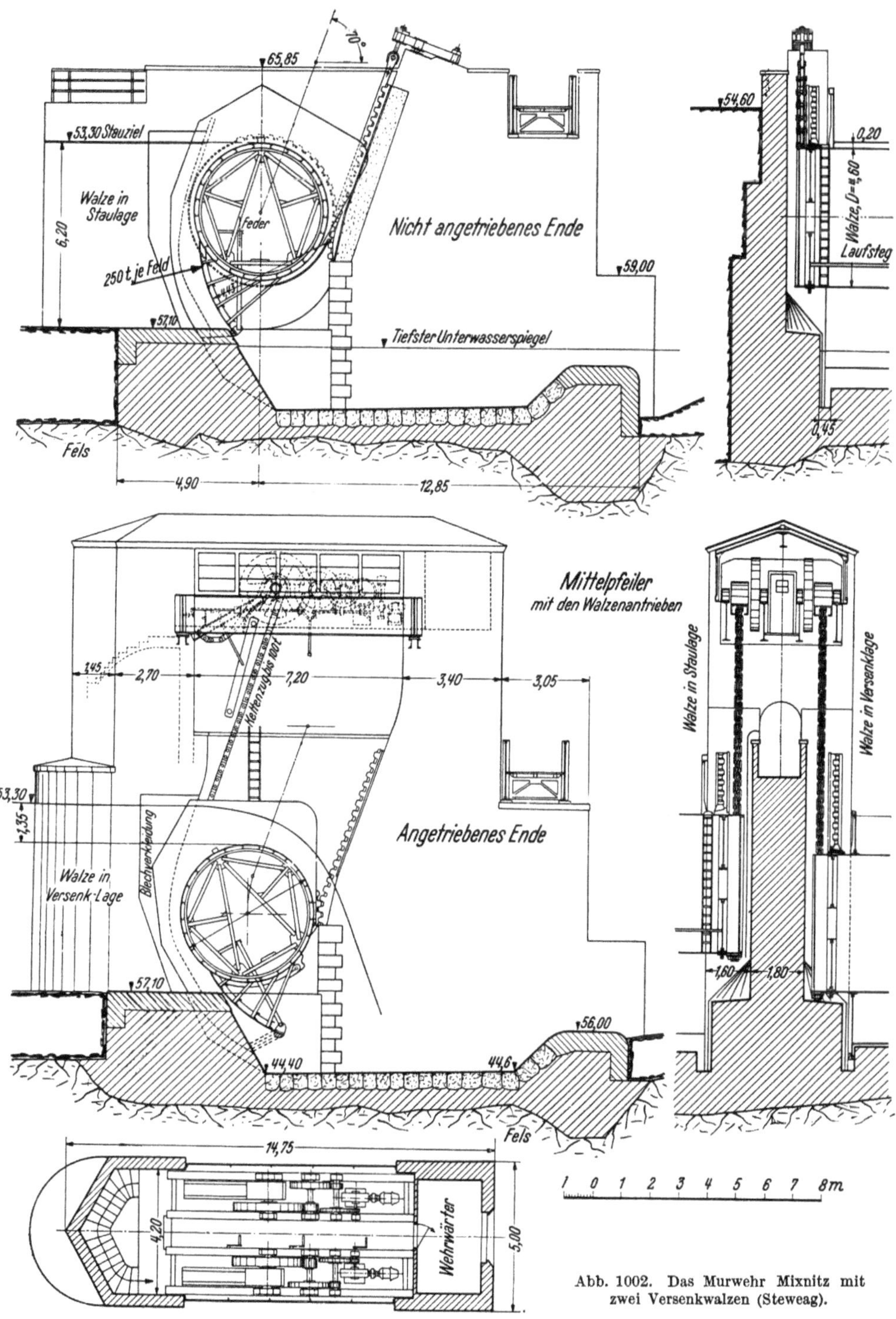

Abb. 1002. Das Murwehr Mixnitz mit zwei Versenkwalzen (Steweag).

werden. Auf eine stärker geneigte Stauwand wirkt ein Auftrieb, der, wie man sich leicht überzeugen kann, um $\dfrac{\gamma X H}{2}$ größer ist als früher. Das Moment dieses zusätzlichen Auftriebes um den Drehpunkt 0 ist annähernd gleich

$$M' = \frac{\gamma\,X\,H}{2}\sqrt{R^2 - a^2} \qquad (929)$$

Die Verschiebung x wird nun so gewählt,
daß das Moment

$$M' = M \qquad (930)$$

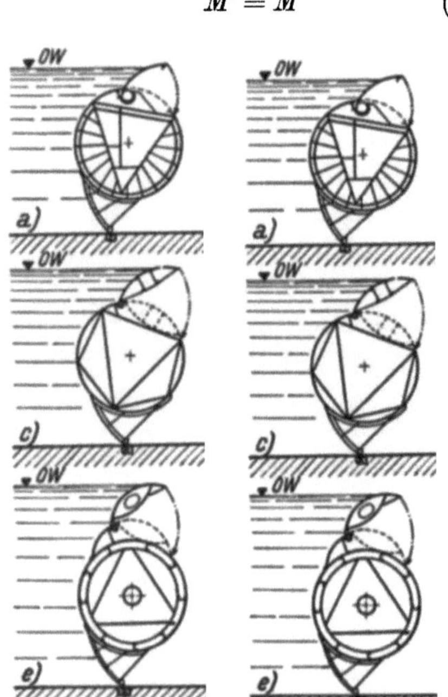

Abb. 1003. Walzen mit aufgesetzten Klappen.

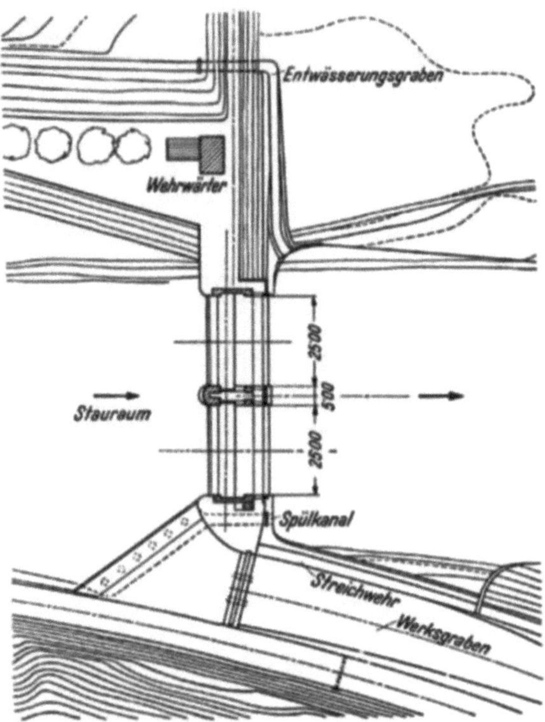

Abb. 1004. Lageplan des Murwehres Mixnitz mit zwei Versenkwalzen (Steweag).

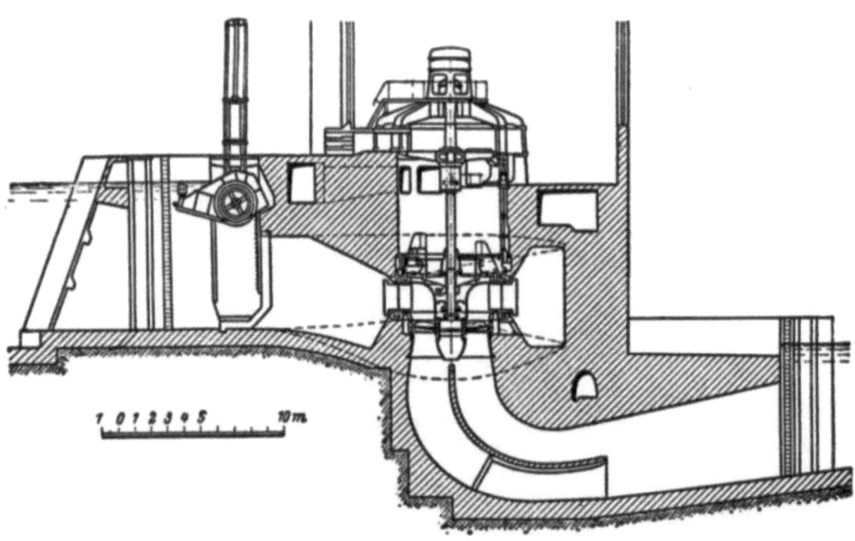

Abb. 1005. Rollklappe an den Turbineneinläufen des Kachletwerkes bei Passau. (L. Quantz.)

wird; dann gilt

$$\frac{\gamma\,H^3}{12\cos^2\beta} = \frac{\gamma\,X\,H}{2}\sqrt{R^2 - a^2} \qquad (931)$$

und es folgt

$$X = \frac{H^2}{6\cos^2\beta\sqrt{R^2-a^2}} \qquad (932)$$

Wenn x noch größer genommen wird, so verbleibt ein das Anheben des Verschlußkörpers unterstützendes Moment des Auftriebes, das eine ähnliche Wirkung hat, wie ein teilweiser Ausgleich des Verschlußkörpergewichtes durch Gegengewichte.

Die Ermittlung des resultierenden Wasserdruckes W auf ein Segmentwehr in ruhendem Wasser erfolgt am einfachsten zeichnerisch aus dem Wasserdruck auf die lotrechte Projektion der Stauwand und aus dem Auftrieb, wie es die Abb. 1013a andeutet. Wenn der Verschlußkörper angehoben wird, so nimmt der Wasserdruck stark ab. Die Strömung im unmittelbar am Verschlußkörper liegenden Bereich folgt den Gesetzen der Potentialbewegung. Um den hydrodynamischen Druck auf die Stauwand zu ermitteln, wird, so wie es die Abb. 1015 andeutet, ein aus Stromlinien und Potentiallinien gebildetes Netz gezeichnet. Zwischen je zwei Stromlinien läuft der gleiche Teildurchfluß ab und man kann aus den Längen der Quadratseiten leicht die Strömungsgeschwindigkeiten u und weiter die Geschwindigkeitshöhen $\dfrac{u^2}{2g}$ ermitteln. Am unteren Rand A des Verschlußkörpers herrscht atmosphärischer Druck; dort ist die ganze, der Tiefenlage y_A entsprechende Druckenergie in Geschwindigkeitsenergie umgesetzt. Wenn die hydrostatischen Drücke senkrecht zur Stauwand aufgetragen und von diesen die Geschwindigkeitshöhen abgesetzt werden, erhält man hinreichend genau den Verlauf des hydrodynamischen Druckes längs der Stauwand.

Ähnlich wie bei Schützentafeln werden größere Segmentwehre auch so entworfen, daß nur zwei Hauptriegel den Wasserdruck auf die Wehrpfeiler übertragen. Die Hauptriegel tragen eine Anzahl lotrechter Spanten, über die Zwischenriegel und oben und unten die Randriegel laufen (Abb. 1016 und 1017).

Abb. 1006. Das Walzenwehr Ribling.

Abb. 1007. Die Ansicht des Walzenwehres Mixnitz, perspektivische Darstellung (Steweag).

Abb. 1008. Die Ansicht des Walzenwerkes Mixnitz, photographische Aufnahme.

Abb. 1009. Das Walzenwehr Trollhättan vereist. (MAN.)

Abb. 1010. Die Ansicht des Walzenwehres Neckargemünd.

Abb. 1011. Das Walzenwehr Torshoufudforsen.

Die Bemessung erfolgt so, wie es schon bei den Schützenwehren erläutert worden ist.

Die Hauptriegel sind mit den Dreharmen steif verbunden und bilden mit diesen Rahmen; die Arme werden in den Gelenken so gelagert, daß sie seitliches Spiel haben. H. KULKA empfiehlt die Arme bei großen Lichtweiten möglichst nachgiebig auszubilden, eben so, daß noch fünffache Knicksicherheit besteht.

Die Sohldichtung und die Seitendichtungen der Segmentwehre werden genau so ausgebildet wie bei stählernen Schützenwehren.

Segmentwehre werden auch für den Abschluß unter Wasser liegender Öffnungen verwendet. Die Abb. 1018, 1019 und 1020 zeigen als Beispiel einen Segmentverschluß für den Grundablaß einer Staumauer. Die Dichtungen sind hier genau so ausgebildet wie beim Rollkeilschütz. Der Verschlußkörper ist trapezförmig ausgebildet und setzt sich mit den geneigten Seitenrändern und dem kürzeren unteren Rand auf bearbeitete Stahlleisten auf. Die Abb. 1021 zeigt den Schnitt durch den in die Grundablaßöffnung einbetonierten Rahmen mit den aufgeschraubten Stahlleisten, auf die sich der Verschlußkörper mit ebenfalls bearbeiteten und nachstellbaren Leisten aufsetzt. Zwischen den Dichtungsrahmen und die aufgeschraubten Dichtungsleisten wird in eigene Nuten zur Abdichtung Blei verstemmt. Am oberen Rand des Verschlußkörpers befindet sich eine verstellbare Bronzeleiste, die sich auf eine Gummileiste aufsetzt, die in einer auskragenden Konsole des Dichtungsrahmens liegt (Abb. 1022).

Das Bewegen der Segmentverschlüsse kann entweder mechanisch, durch Windwerke bewerkstelligt werden oder es erfolgt selbsttätig durch Schwimmer. Bei der Betätigung durch Windwerke hängt der Verschlußkörper entweder an GALLschen bzw. MAN-Ketten oder an Bolzenstangen (Abb. 1018, 1023); der Ritzel des Windwerkes kann auch in ein Zahnsegment eingreifen, das mit dem Verschlußkörper verbunden ist.

Die Abb. 1024 zeigt einen Segmentverschluß, der vom Wasser selbsttätig bewegt wird. Das Gewicht des Verschlußkörpers ist teilweise durch ein Gegengewicht ausgeglichen. Mit den Armen des Verschlußkörpers sind Schwimmer verbunden, die in Schächten der Pfeiler liegen. Die Schwimmerschächte haben einen einstellbaren Ablauf und sie sollen mit-

Abb. 1012. Segmentwehr in Riebuig, angehoben. (BEUCHELT & Co.); a) Riegel, b) Hauptspant, c) Zwischenspant

einander verbunden sein, so, daß der Wasserspiegel in beiden stets dieselbe Höhenlage hat. Sobald nun der Wasserspiegel im Stauraum das Stauziel überschreitet, stürzt Wasser über den Überfall des Zulaufschachtes ab und fließt in den Schwimmerschacht. Der Schwimmer beginnt aber erst zu steigen und den Verschlußkörper zu heben, wenn durch den Zulaufschacht mehr Wasser zuläuft, als durch den einstellbaren Ablauf des Schwimmerschachtes abläuft.

Eine besondere Art von Segmentwehren bilden die sogenannten *Sektorwehre*, die kein Windwerk benötigen, sondern vom Wasser gehoben oder gesenkt werden. Wie die allgemeine Anordnung in der Abb. 1025 er-

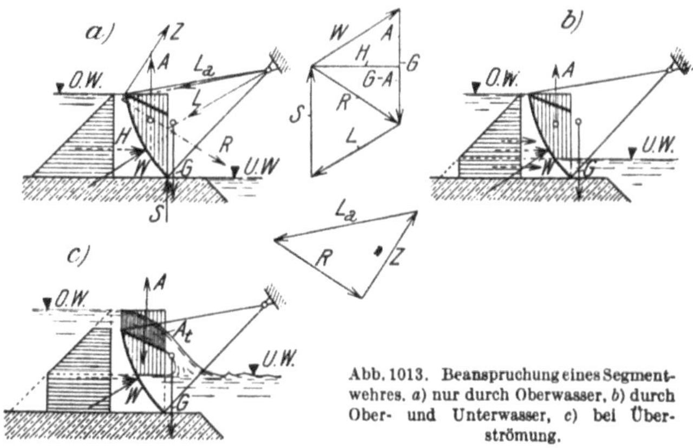

Abb. 1013. Beanspruchung eines Segmentwehres. a) nur durch Oberwasser, b) durch Ober- und Unterwasser, c) bei Überströmung.

kennen läßt, ist bei den Sektorwehren nicht nur die nach einer Zylinderfläche gekrümmte
Stauwand, sondern auch noch eine radialgerichtete Schußwand dicht ausgebildet. Der Verschlußkörper ist um Gelenke dreh-
bar, die längs des Wehrfeldes verteilt liegen. Um das Wehrfeld freizugeben, wird der Verschlußkörper
in den Wehrunterbau versenkt. Die
Bewegung bewirkt das aus dem
Oberwasser in den Verschlußkörper
eingeleitete Wasser.

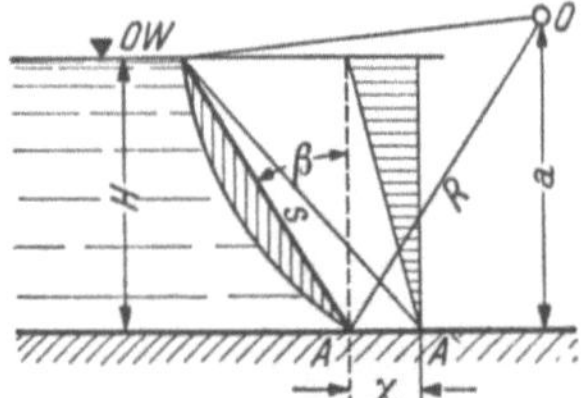

Abb. 1014. Segmentwehr mit ebener
Stauwand.

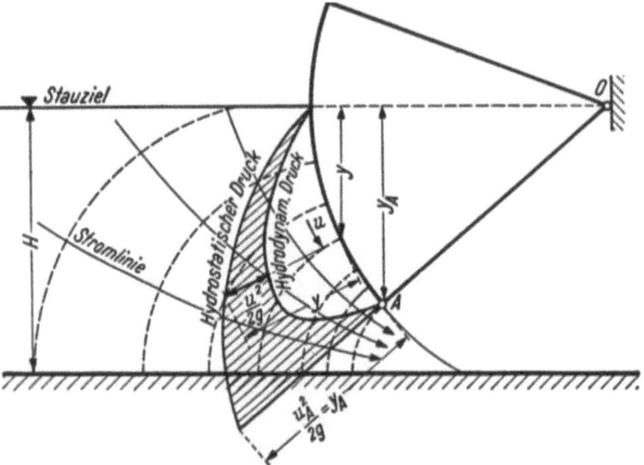

Abb. 1015. Die Ermittlung des hydrodynamischen Druckes auf ein
angehobenes Segmentwehr.

Abb. 1016. Segmentverschlußkörper für das Stauwerk Steinach bei Blechhammer. Lichte Weite 8 (m), Höhe
2.80 (m); a) Sohldichtungsleisten, b) Seitendichtung, c) Randspant. (MAN.)

Die statische Untersuchung deutet die Abb. 1026 an. Der Auftrieb vermag den Sektor **nur**
zu heben, wenn (mit den Bezeichnungen der Abb. 1026b) die Fallhöhe

$$h > \frac{M_g}{\gamma\,r\,y} \tag{933}$$

ist, wobei M_g das Moment des Sektorgewichtes um den Drehpunkt bezeichnet. Wenn der Sektor auch bei kleineren Fallhöhen anhebbar sein soll, so kann Preßluft in den Innenraum eingeleitet werden, die dann das erste Anheben bewirkt oder es werden Schwimmer eingebaut, die durch ihren Auftrieb M_g verringern.

Bei der statischen Untersuchung des festen Wehrkörpers wird man vorsichtshalber nur den in Abb. 1026a schraffierten Teil für die Übertragung des Wasserdruckes berücksichtigen, also, wie es in Abb. 1026 gezeigt ist, im Wehrunterbau Risse annehmen.

Alle 1,5 bis 2,0 [m] wird der Sektor in der Querrichtung ausgesteift. Diese Aussteifung ist für den vollen äußeren Wasserdruck zu bemessen, weil der Sektor in seiner höchsten Stellung verriegelt und der Wehrinnenraum entleert werden kann (Abb. 1026c), um Instandhaltungsarbeiten ohne Betriebsstörungen zu ermöglichen. Auf jeder Seite wird die vorletzte Querversteifung durch ein Blech gebildet, um ein Entweichen etwa eingeblasener Luft zu verhindern.

Abb. 1017. Der Segmentverschluß des Stauwerkes Steinach bei Blechhammer, von der Luftseite aus gesehen. (MAN.)

Als Beispiel für die Ausgestaltung von Sektorwehren sei auch auf die Abb. 1027 und 1028 verwiesen.

Die Abdichtung des Sektors erfolgt an der Oberstromseite durch Dichtungsbleche, die an der glatten Zylinderfläche streifen und vom Wasserdruck angepreßt werden (Abb. 1029a); im Gelenk wird der Wehrinnenraum durch eine durchlaufende Welle (Abb. 1030) gedichtet, die in einer durchlaufenden Pfanne gelagert ist. Die Seitendichtung geschieht mittels Messing- oder Bronzeblechen, die mit Leder belegt sind und an Streifblechen des Pfeilers gleiten. Diese Streifbleche werden derart angeordnet, daß die Bogenseite gegen das Oberwasser, die ebene Seite aber den Wasserdurchgang von beiden Seiten verhindert.

Die Bewegung des Verschlußkörpers geschieht durch das in den Wehrinnenraum zu leitende Wasser; Füllung und Entleerung wird durch Betätigung kleiner Schützen in den Leitungskanälen bewerkstelligt. Der Zuleitungskanal ist mit einem Rohrschütz in Verbindung, dessen Überfallkante die Höhenlage des Wasserspiegels im Wehrinnenraum festlegt (Abb. 1031). Die Bewegung des Rohrschützen erfolgt entweder von Hand oder sie wird durch einen Elektromotor bewerkstelligt, den ein Schwimmer im Oberwasser steuert. Die Schützen zur Steuerung des Sektors sind in einem Wehrwiderlager untergebracht; wenn zwei Sektoren nebeneinander angeordnet werden, so werden die Schützen am besten im gemeinsamen Wehrpfeiler eingebaut. Im festen Wehrkörper können leicht die Rohre für die Umleitung des Wassers untergebracht

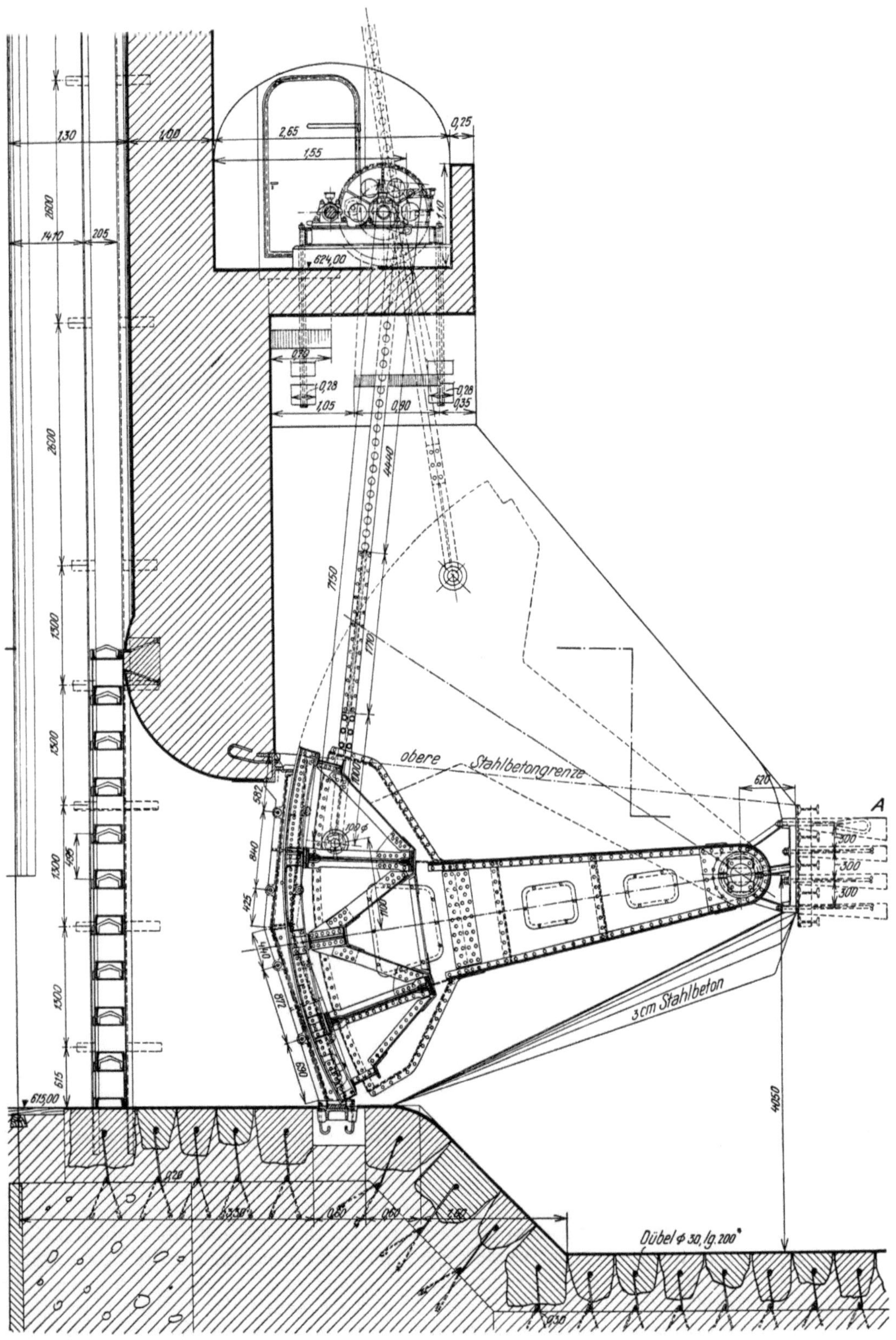

Abb. 1018. Schnitt durch den Grundablaß der Langmann-Staumauer mit dem Segmentverschluß. (J. C. Freund.)

werden. Für die Steuerung der Bewegung können aber auch ohne weiteres die bei den Dachwehren üblichen Einrichtungen verwendet werden.

Mit Sektorwehren können Lichtweiten beliebiger Größe gesperrt werden; ausgeführt sind solche Wehre für Weiten über 50 [m] und Stauhöhen bis etwa 5,0 [m]. Es braucht kaum besonders betont zu werden, daß sie bei heftiger Bewegung groben Geschiebes nicht anwendbar sind und hauptsächlich als bewegliche Aufsätze hoher fester Staukörper in Frage kommen, neben denen Grundablässe die Geschiebeabfuhr bewältigen.

Die Sektoren sind schon aus Stahlbeton ausgeführt worden.

Schrifttum.

COTTON: Safety Appliances for Maschinery Eng. Rec. 84. 1907. S. 192. — FRANZIUS, O.: Der Verkehrswasserbau. Springer-Verlag. Berlin 1927. — HAMPE u. MÜSSER: Die Anwendung des Sektorwehres bei Wehren mit großer Lichtweite. Baut. 1937. S. 465. — KÖLLE: Die Wehranlage in Bremen. Zeitschr. d. V.D.J. 1917. S. 902. — KULKA, H.: Beitrag zur Theorie des Wasserdruckes und zur Bewertung und Konstruktion des Segmentwehres, Schützen- und Walzenwehres. Leipzig 1913. — DERSELBE: Der Eisenwasserbau. Berlin. W. Ernst & Sohn. 1928. — PLATE, L.: Der selbständige Regler des Sektorwehres in der Weser bei Bremen. Zeitschr. d. V.D.J. 1917. S. 902. — VITOLS, A.: Das lettische Kraftwerk Kegums. Wasserkr. u. Wasserw. 1938. S. 134. — REFERAT: Kronenwehre, bewegliche, für das Wasserkraftwerk bei Lockport. Zeitschr. d. V.D.J. 1907. S. 1878. — Werbeschriften der Maschinenfabrik Augsburg-Nürnberg (MAN).

d) Klappenwehre.

Unter der Bezeichnung Klappenwehre werden Stauvorrichtungen zusammengefaßt, die um eine Achse drehbar sind, die in der Stauwand liegt. Die Stauklappen werden entweder für mechanische Betätigung eingerichtet oder sie werden vom Wasser selbsttätig bewegt.

1. Stauklappen für mechanische Betätigung.

Stauklappen für mechanische Betätigung durch ein Windwerk kön-

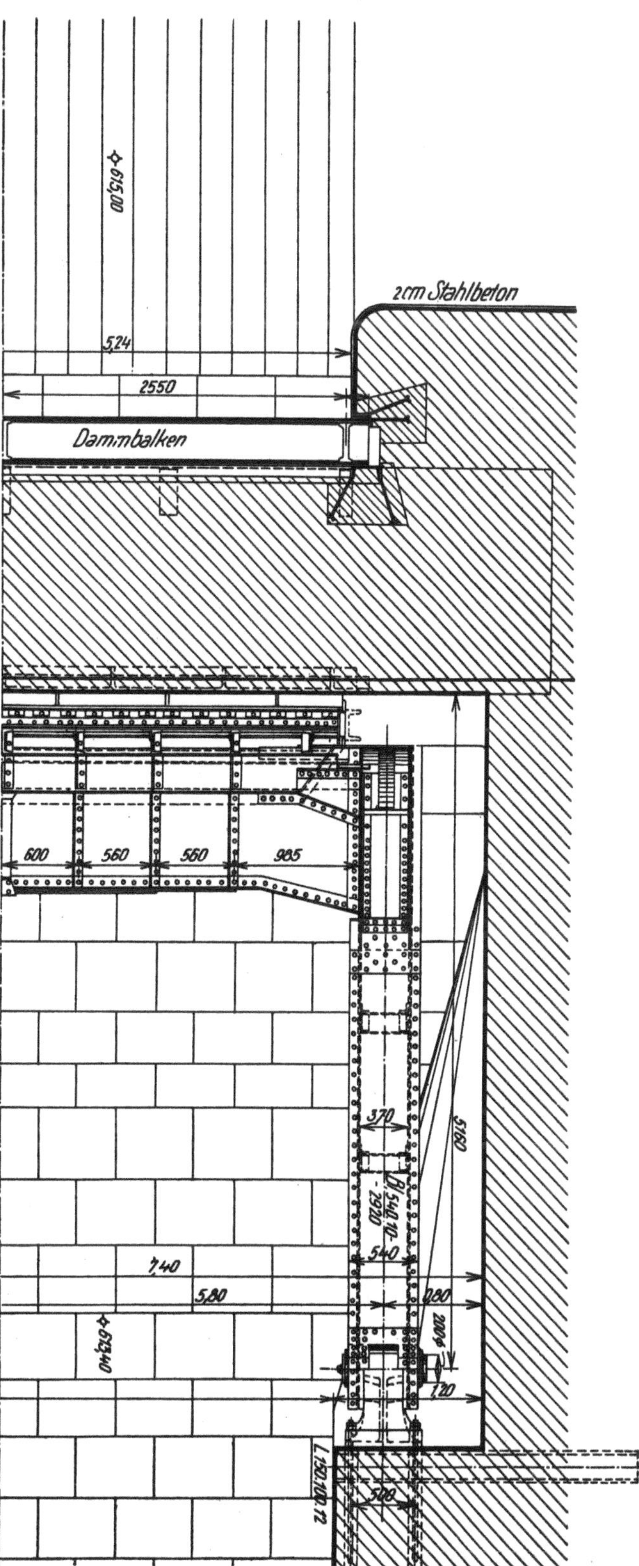

Abb. 1019. Draufsicht auf den Segmentverschluß im Grundablaß der Langmannsperre.

nen sowohl als selbständige Stauverschlüsse oder als Aufsätze auf anderen Verschlußkörpern Anwendung finden.

Die Abb. 1032 und 1033 zeigen zwei Stauklappen für den Abschluß unter Wasser liegender Öffnungen. Der Aufbau dieser Klappen ist einfach; ein Nachteil derselben besteht darin, daß beim Öffnen der volle Wasserdruck durch das Windwerk überwunden werden muß.

Abb. 1020. Ansicht des Segmentverschlusses im Grundablaß der Langmann-Staumauer von der Luftseite. *a*) Hauptriegel, b) oberer Randriegel, c) Hauptspant, *d*) Zwischenspant, *e*) Randspant. (I. C. FREUND.)

Als beweglicher Aufsatz auf festen Stauwerken dienen die Stauklappen in den Abb. 1034 bis 1036; sie erhalten gewöhnlich nur einseitigen Antrieb und werden daher torsionssteif ausgeführt. Wenn der feste Wehrkörper hohl ausgebildet wird, kann im Inneren desselben ein

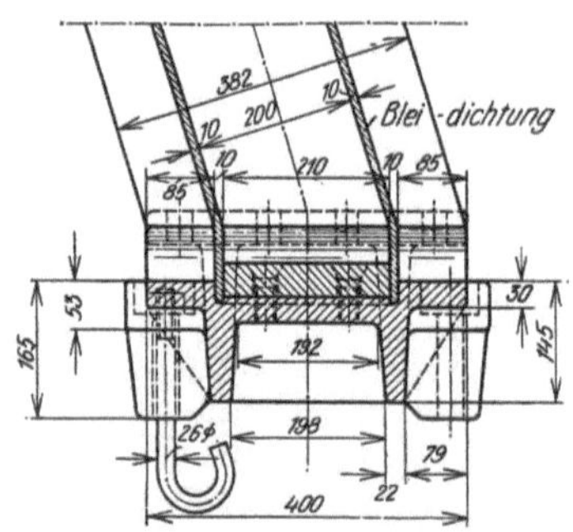

Abb. 1021. Sohldichtung des Segmentwehres in Abb. 1018.

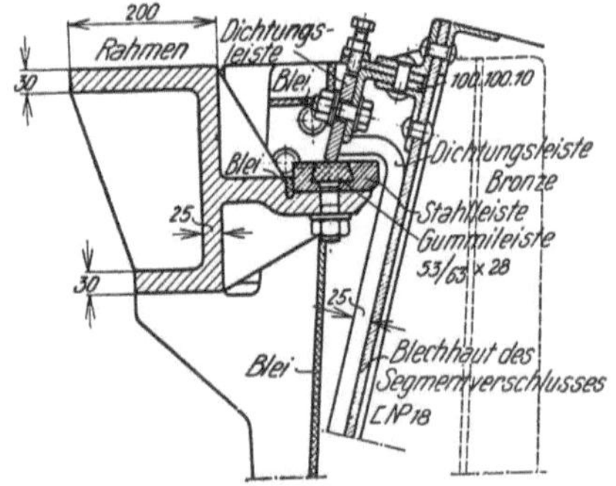

Abb. 1022. Obere Randdichtung des Segmentwehres in Abb. 1018.

Bedienungsgang angeordnet werden; dann kann die Klappe auch an mehreren Stellen gestützt und angetrieben werden. Zwischen zwei nebeneinanderliegenden Klappen muß nicht unbedingt ein Pfeiler angeordnet werden, die Klappen können vielmehr gegeneinander dichten.

Stauklappen als Aufsätze auf bewegliche Staukörper zeigen die Abb. 1037 bis 1039.

Die Abdichtung der Klappe am unteren Rand kann entweder mittels eines Federbleches mit Bronzeleiste, die auf der Klappe gleitet (Abb. 1035) oder mittels einer durchlaufenden Gummidichtung (Abb. 1038) bewerkstelligt werden. Dichtungen mit federnden Blechen und Bronzeleiste müssen sehr sorgfältig gewartet werden, weil im Winter Leckwasser an die Klappe anfriert (Abb. 1040) und bei Bewegung einer solchen Klappe die Dichtung zerstört wird.

Das Drehlager einer Klappe mit mechanischer Betätigung zeigt die Abb. 1039; die Klappe bewegt sich mit kreisförmigen Wulsten in den gekrümmten Nuten der Lager.

2. Vom Wasser betätigte Stauklappen.

Die vom Wasser betätigten Stauklappen werden entweder vom Wasser nur selbsttätig umgelegt oder sie werden vollkommen selbsttätig gesteuert; die ersteren werden als Selbstauslöser, die letzteren als selbsttätige Stauklappen bezeichnet.

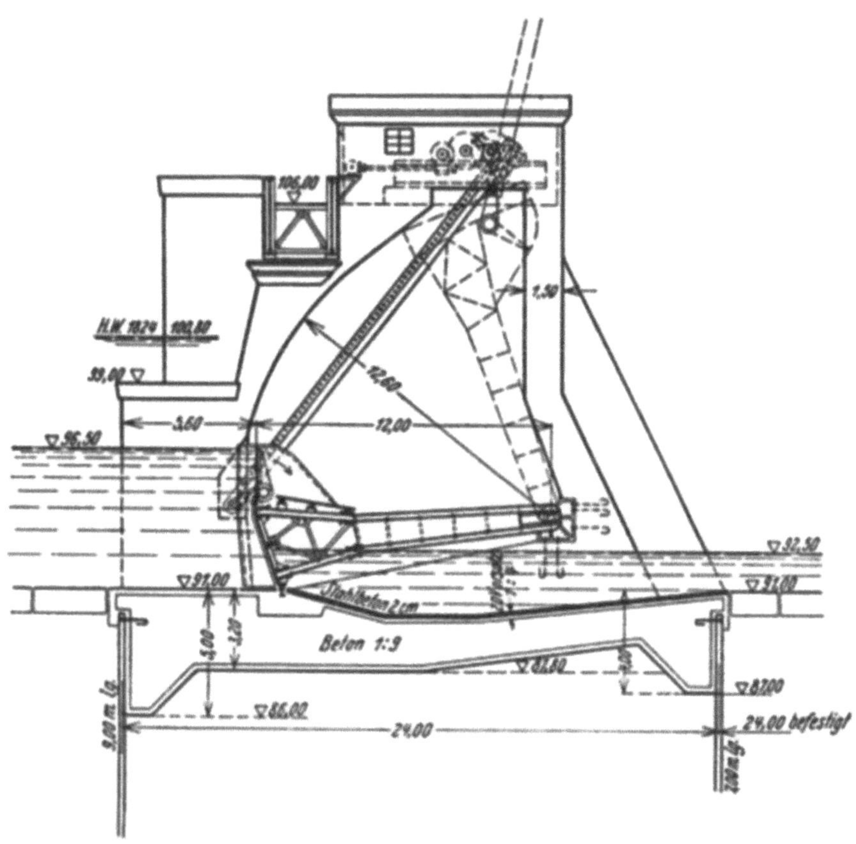

Abb. 1023. Segmentwehr Ladenburg.

Selbstauslöser sind Klappen, die von Hand aufgestellt und vom Wasser bei Überschreitung des Stauzieles selbsttätig umgelegt werden; sie stellen also gleichsam eine Sicherung gegen Überschreitungen des Stauzieles dar. Wegen der Umständlichkeit des Aufstellens der Selbstauslöser sind sie nur selten angewendet worden. Die beiden Abb. 1041 und 1042 zeigen einen Selbstauslöser, der in der Kinzig bei Schnellingen eingebaut worden war. Diese Klappe besteht aus zwei Teilen; der obere stützt den unteren Teil, der sich mit Nasen gegen die Streben des oberen Klappenteiles stützt. Bei einem Überstau von 0,2 [m] überwindet der Wasserdruck auf dem oberen Klappenteil die Reibung an den Nasen des unteren Klappenteiles und wirft den oberen Klappenteil um. Der untere Klappenteil hat nun die Unterstützung verloren und wird ebenfalls umgeklappt. Der Überstau, der die Klappe umlegt, ändert sich im Laufe der Zeit, weil er von der Reibung an der Stützstelle abhängt.

Die vom Wasser betätigten *selbsttätigen Stauklappen* haben ein ausgedehntes Anwendungsgebiet gefunden, weil sie unabhängig vom Zufluß das Stauziel selbsttätig einhalten. Die Steuerung kann mittelbar geschehen, indem z. B. ein Schwimmer ein Windwerk betätigt oder unmittelbar durch das Wasser. Besonders diese letztere Art von Stauklappen hat weite Verbreitung gefunden und soll an einer Anzahl von gebräuchlichen Ausführungsarten näher erläutert werden.

Bei den *Gewichtsklappen* wird die Klappe in ihrer Normalstellung durch ein Gegengewicht gehalten, dessen Moment, bezogen auf die Achse der Klappe dem Moment des Wasserdruckes auf die Klappe das Gleichgewicht

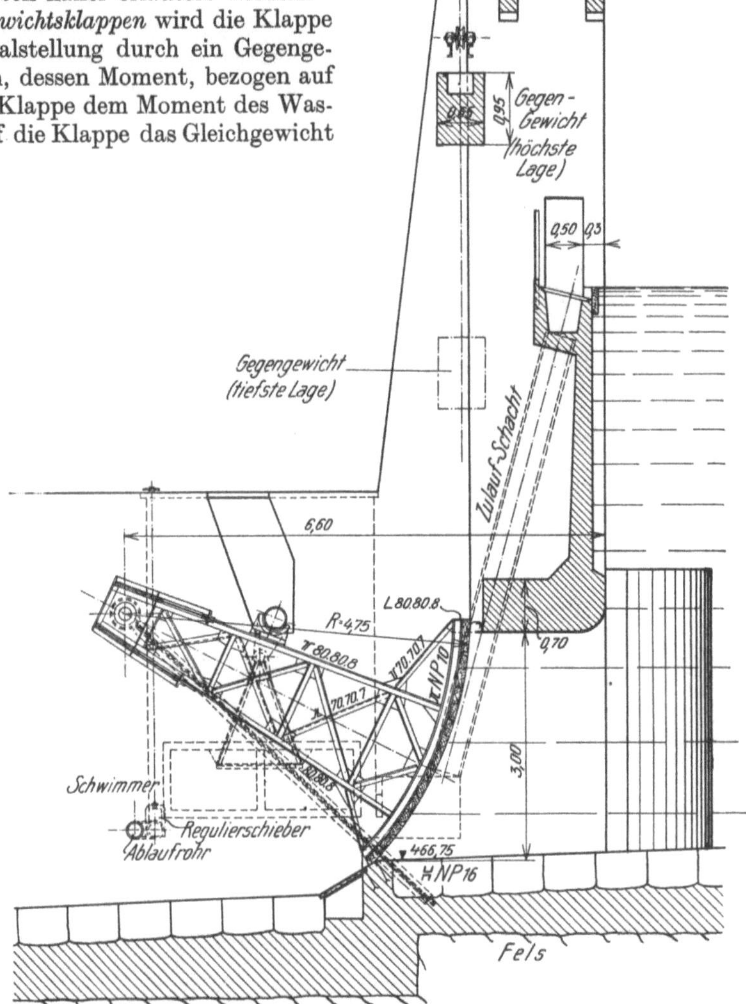

Abb. 1024. Selbsttätiges Segmentwehr. (Stauwerke A.-G.)

halten muß. Je nachdem das Gegengewicht ober oder unter der Höhenlage des Oberwasserspiegels liegt, spricht man von Obergewicht- bzw. von Untergewichtsklappen. Eine Anzahl solcher Klappen sind in den Abb. 1043 bis 1046 schematisch dargestellt.

Die Ermittlung des Wasserdruckes auf eine überströmte Klappe bereitet einige Schwierigkeiten, weil der Verlauf des Wasserspiegels nur mittels eines mühsamen Näherungsverfahrens ermittelt werden kann. Man macht hiebei von der Tatsache Gebrauch, daß die Bewegung des

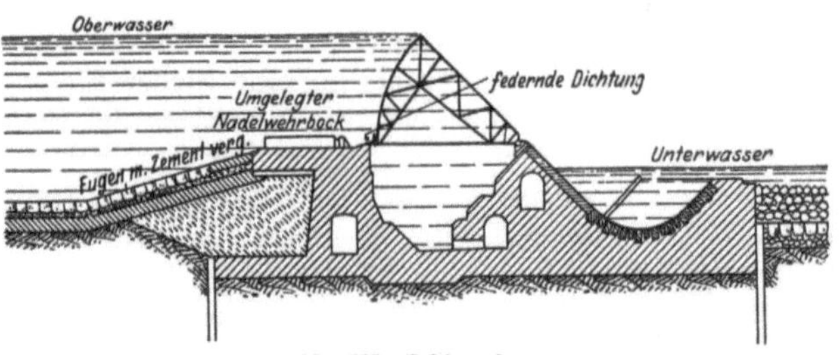

Abb. 1025. Sektorwehr.

Wassers über die Klappe der Theorie der Potentialbewegung entspricht. Zur Ermittlung der Strahloberfläche und des Druckverlaufes längs der überströmten Klappe wird, wie es die Abb.

1047a und b andeuten, vorerst die Strahloberfläche angenommen und in den Strahllängenschnitt das aus Stromlinien und Potentiallinien gebildete Quadratnetz eingezeichnet. Wenn

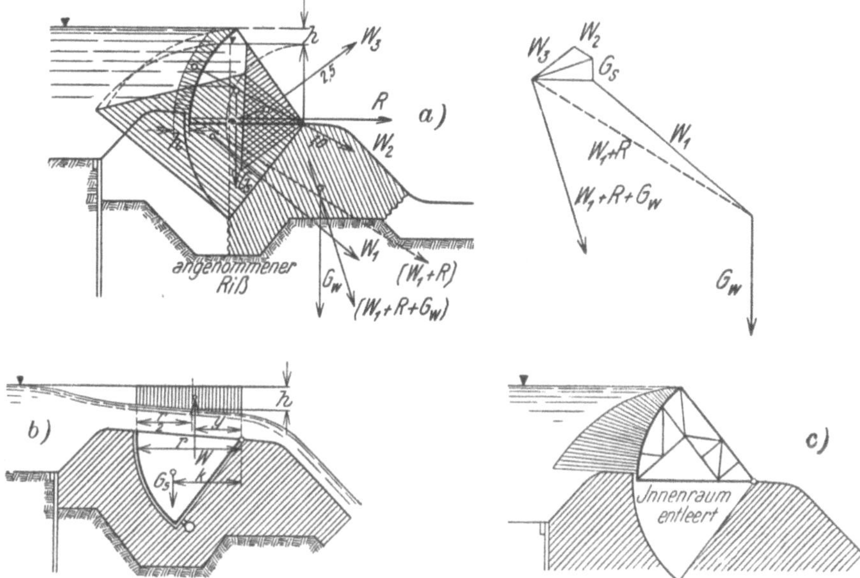

Abb. 1026. Am Sektorwehr angreifende Kräfte. a) aufgestellt, b) umgelegt, c) bei entleertem Innenraum.

die angenommene Strahloberfläche richtig, das heißt hydraulisch möglich sein soll, so müssen nun die folgenden Kontrollen zutreffen:

Abb. 1027. Ansicht des Sektorwehres in der Weser bei Hemelingen. (MAN.)

Bezeichnet y_o den Abstand eines Punktes der Strahloberfläche von der Energielinie, so muß die Geschwindigkeit in diesem Punkt

$$u_o = \sqrt{2\,g\,y_o} \tag{934}$$

betragen.

An einem Punkt der freien Strahlunterfläche in der Tiefe y_u unter der Energielinie muß die Geschwindigkeit die Größe

$$u_u = \sqrt{2\,g\,y_u} \tag{935}$$

haben.

Nachdem zwischen je zwei Stromlinien der gleiche Erguß q durchläuft, so muß, wenn s die Länge einer Quadratseite bezeichnet, längs eines zwischen zwei Stromlinien liegenden Strom-

Abb. 1028. Der Sektorverschluß Raanasfos in der Werkstätte zusammengebaut.

kanals

$$u_1 s_1 = u_2 s_2 = u_3 s_3 = \ldots = q \qquad (936)$$

oder

$$s_1 \sqrt{2 g y_1} = s_2 \sqrt{2 g y_2} = \ldots = q \qquad (937)$$

und weiter

$$s_1 \sqrt{y_1} = s_2 \sqrt{y_2} = \ldots = \frac{q}{2 g} \qquad (938)$$

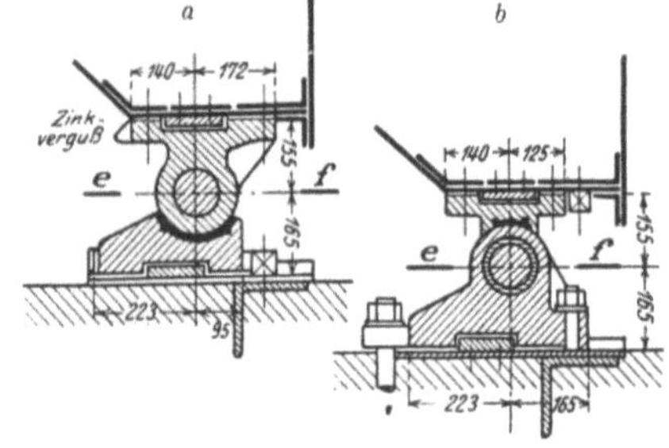

sein. Wenn diese Bedingung längs eines Stromkanals nicht erfüllt ist, muß die erste Annahme der Strahlbegrenzung und des Quadratnetzes verbessert werden.

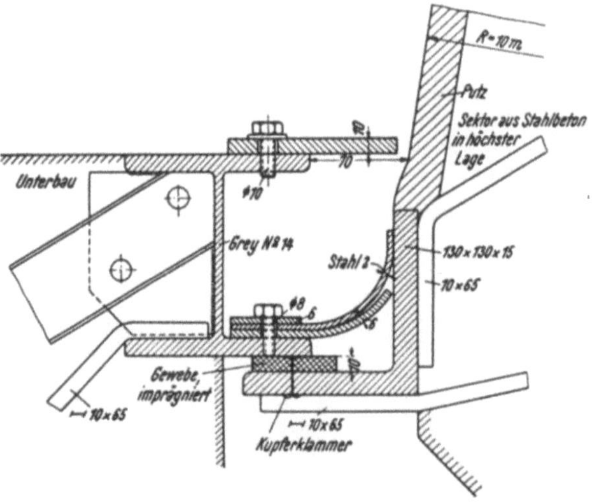

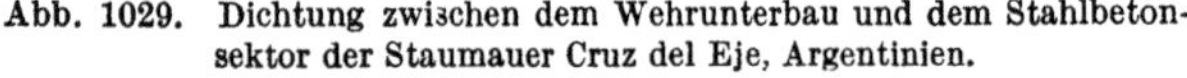

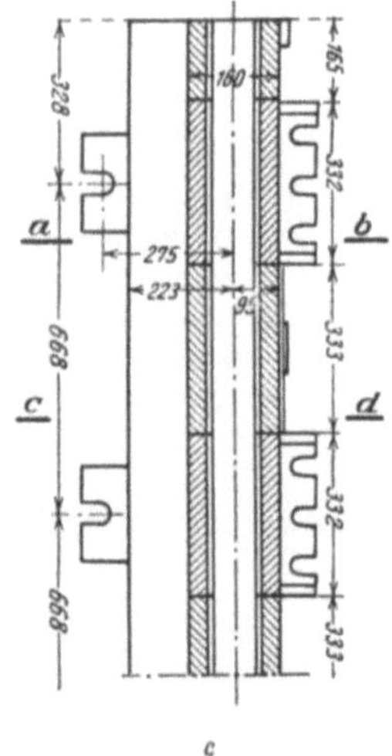

Abb. 1029. Dichtung zwischen dem Wehrunterbau und dem Stahlbetonsektor der Staumauer Cruz del Eje, Argentinien.

Abb. 1030. Lager eines Sektorwehrs. a), b) Querschnitte, c) Längenschnitt.

Wenn nun das Quadratnetz den hydraulischen Forderungen entsprechend berichtigt ist, kann an die Ermittlung der Drücke längs der Stauklappe geschritten werden. Man geht vom flußab-

wärtigen Rand der Stauklappe aus; dort ist die gesamte Energie des Wassers in Geschwindigkeitsenergie umgewandelt. Bezeichnet y den Abstand eines Punktes von der Energielinie,

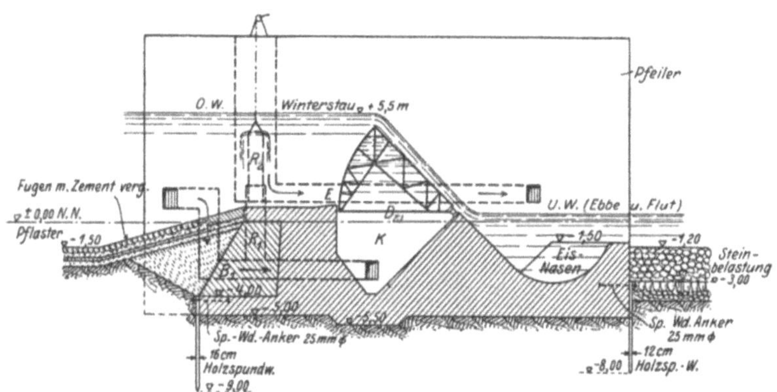

Abb. 1031. Steuerung eines Sektorwehres.

u die Geschwindigkeit an diesem Punkt und p/γ den Druck daselbst in [m WS], so gilt nach
der BERNOUILLISchen Gleichung

$$\frac{p}{\gamma} + \frac{u^2}{2g} - y = \theta \tag{939}$$

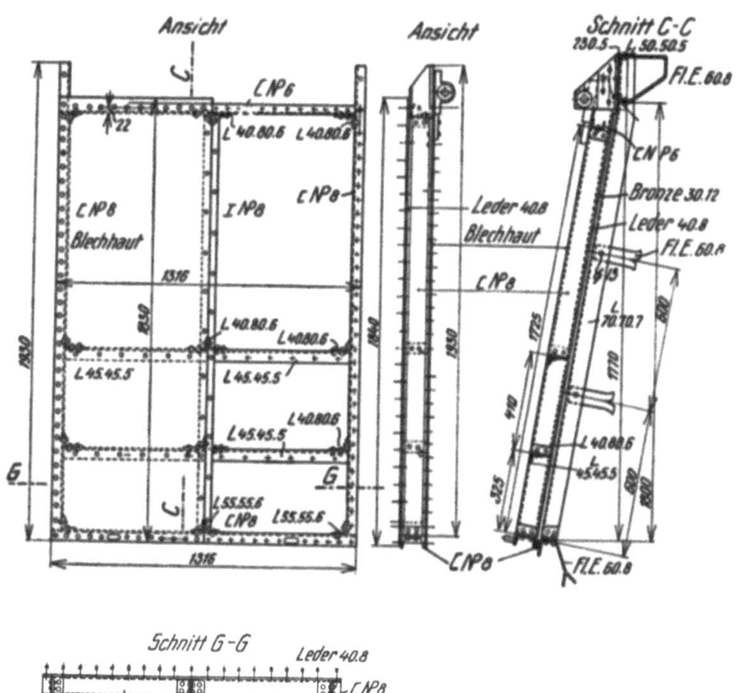

Abb. 1032. Klappe für mechanische Betätigung. (R. HALTER.)

Bezeichnet y_{u_0} den Abstand des Klappenrandes von der Energielinie, so beträgt dort die
Geschwindigkeit u_{u_0}. Es gilt daher dort

$$\frac{p_{u_0}}{\gamma} + \frac{u_{u_0}^2}{2g} - y_{u_0} = \theta \tag{940}$$

und nachdem

$$u_{u_0}^2 = 2\,g\,y_{u_0} \tag{941}$$

ist, so folgt dort für den Druck

$$p_{u_0} = 0 \tag{942}$$

dort herrscht also der atmosphärische Druck.

Nachdem längs der Klappe die Geschwindigkeiten u_u aus dem Quadratnetz ermittelt werden können, kann leicht auch der Verlauf der Drücke berechnet werden. Das geschilderte Verfahren liefert Ergebnisse, die mit Messungen befriedigend übereinstimmen.

Das Gegengewicht muß nun die Klappe in jeder Stellung im Gleichgewicht halten; das vom Gegen-

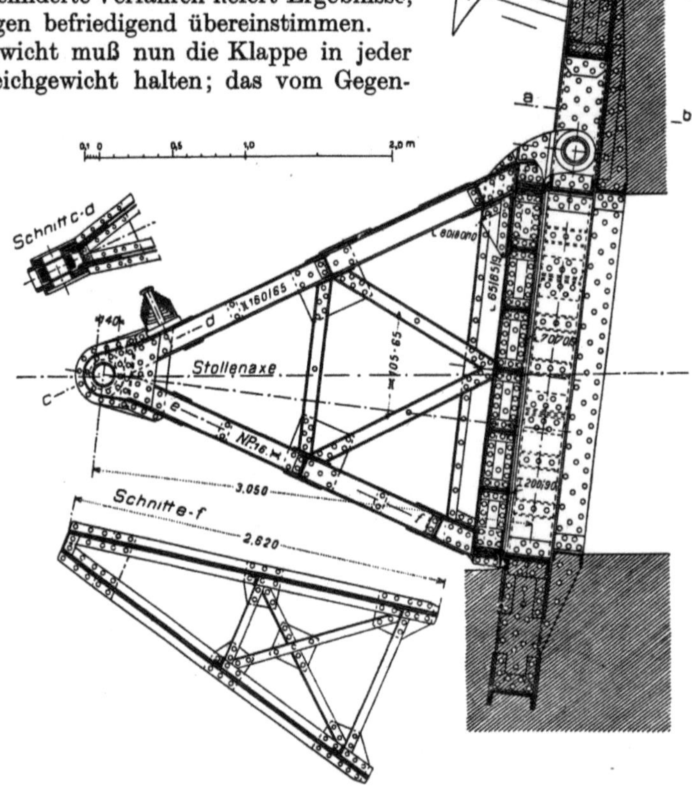

Abb. 1033. Klappe am Einlauf des Löntschwerkes. (Schw. Batg. Bd. 55.)

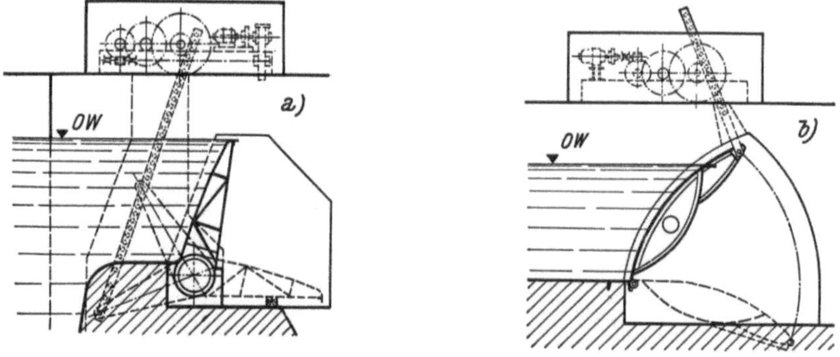

Abb. 1034. Torsionssteife Klappen von J. M. VOITH.

gewicht ausgeübte Moment muß daher in jeder Stellung der Klappe dem Moment des Wasserdruckes auf die Klappe angepaßt werden. Die Erfahrung hat gelehrt, daß das Moment des

Wasserdruckes um so größer wird, je flacher geneigt die Klappe liegt. Der Hebelarm des Gegengewichtes muß sich daher selbsttätig um so mehr verlängern, je flacher die Klappe liegt.

Wird z. B. eine Untergewichtsklappe mit unmittelbar an der Klappe hängendem Gegengewicht betrachtet, wie sie in der Abb. 1049 dargestellt ist, so ergeben sich etwa die in der Abb. 1048 mit l bezeichneten, erforderlichen Gegengewichtshebelarmlängen für verschiedene Klappenneigungen, wenn angenommen wird, daß die Klappe aufgestellt mit der Waagrech-

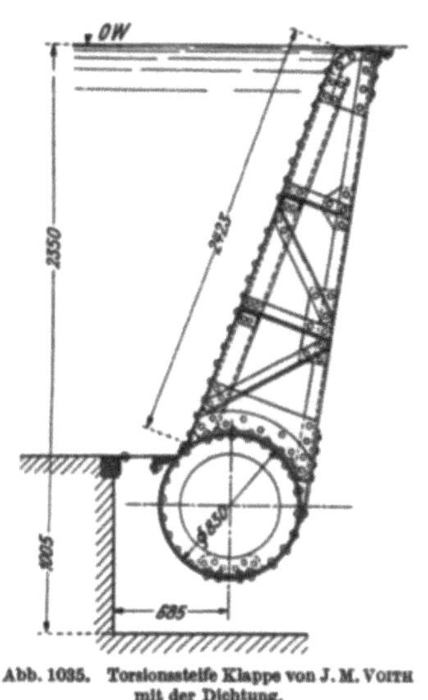

Abb. 1035. Torsionssteife Klappe von J. M. VOITH mit der Dichtung.

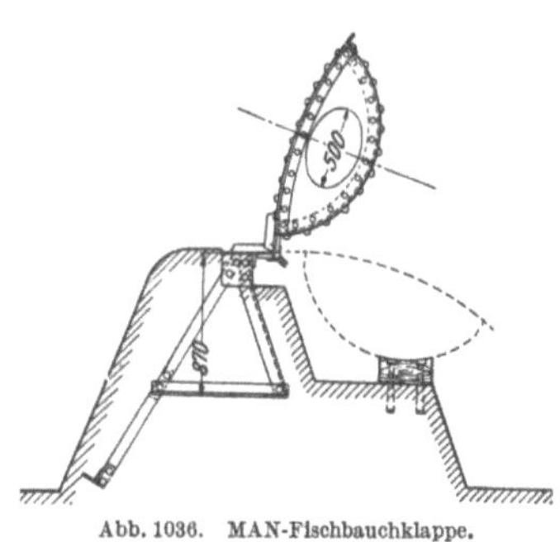

Abb. 1036. MAN-Fischbauchklappe.

ten einen Winkel von 60⁰ einschließt. Wenn nun die jeweilige Angriffslinie mit der zugehörigen Mittellinie des Gegengewichtshebels zum Schnitt (S) gebracht und durch diese Punkte die strichpunktierte Linie gezogen wird, so weicht diese von der Kreisbahn des Gelenkes I der Gegengewichtsaufhängung bei flacher Lage der Klappe ab; um die Angriffslinie des Gegengewichtes in die erforderliche Lage zu bringen, wird ein Lenker am Gegengewichtshebel angeordnet, der in der schematischen Darstellung der Abb. 1048 durch einen gebogenen Pfeil angedeutet ist. Dieser Lenker drückt die Lasche (I—II) aus der lotrechten Lage von der früher erwähnten Klappenstellung an um so mehr heraus, je weiter sich die Klappe niederlegt. Die Anpassung an die geforderte Verschiebung der Angriffslinie des Gegengewichtes geschieht durch eine entsprechende Wahl der Laschenlänge; unter Umständen ist noch ein zweiter Lenker erforderlich, der an der ersten Lasche angebracht ist und eine zweite ablenkt.

Bei Stauklappen, deren Gegenge-

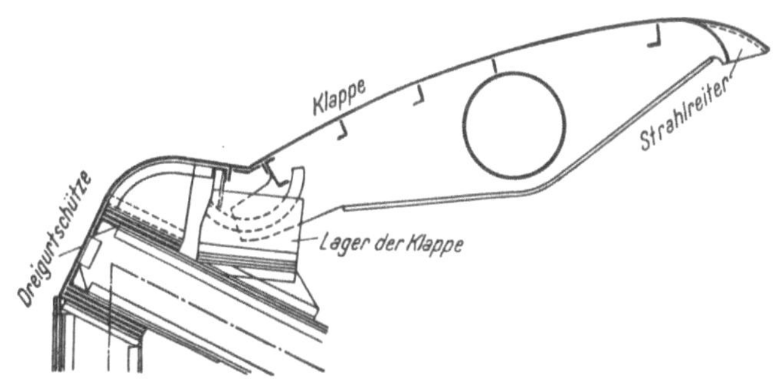

Abb. 1037. Stauklappe als Aufsatz auf einen Dreigurtschütz.

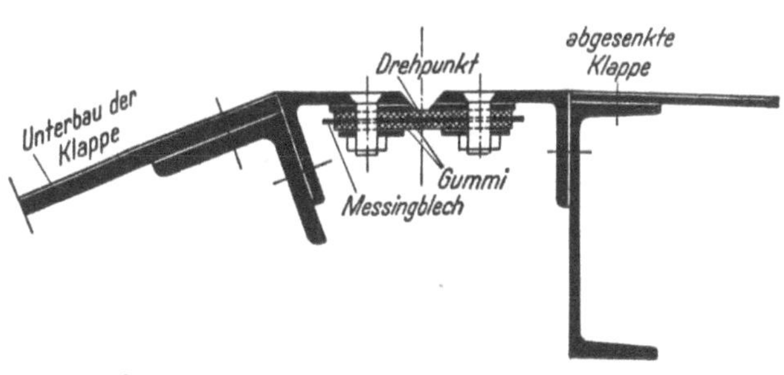

Abb. 1038. Längsdichtung der Stauklappe in Abb. 1037.

wichte an eigenen Gegengewichtshebeln hängen, wie z. B. bei den Klappen der Abb. 1050 bzw. 1051, liegen die Verhältnisse ähnlich. Der Gegengewichtshebel wird dann in einem Wälzlager gelagert, etwa wie es in der Abb. 1052 dargestellt ist; dort ist nur die rollende Reibung, die kleiner ist als die gleitende, zu überwinden und die Wälzbewegung bewirkt überdies, wie ein Blick in die Abb. 1053 lehrt, daß der Hebelarm l, mit dem der Wasserdruck auf den Gegengewichtshebel wirkt, um so kleiner wird, je tiefer sich die Klappe neigt und zwar kleiner als dann, wenn der Gegengewichtshebel in einem Gleitlager gelagert wäre ($l_o < l'_o$ in Abb. 1053).

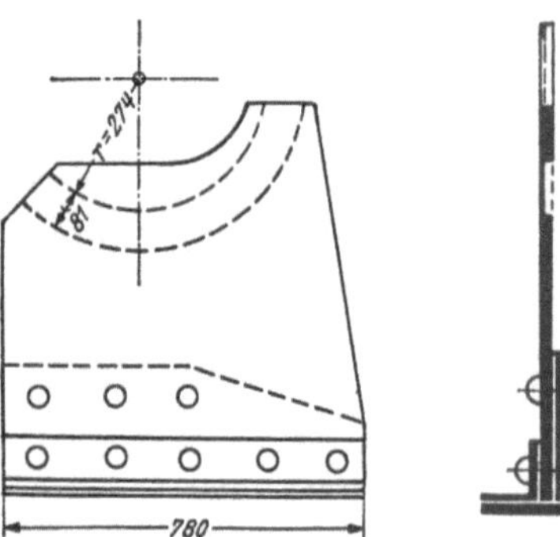

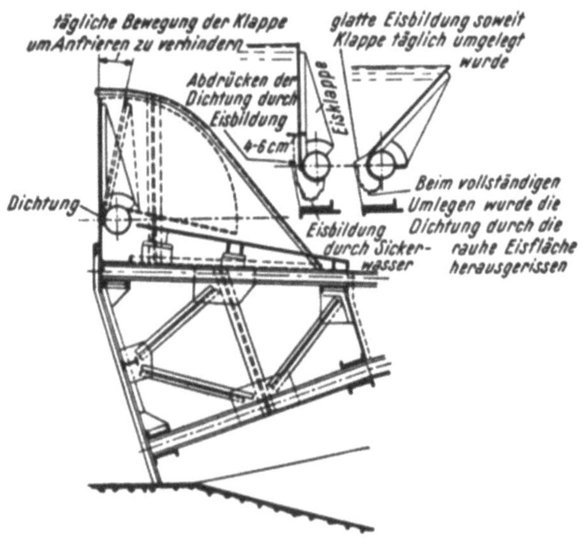

Abb. 1039. Lager der Stauklappe.

Abb. 1040. Eisstörungen an der Dichtung einer Eisklappe. (Nach J. RANK.)

Die in den Abb. 1049, 1050 und 1051 eingezeichneten Maße sind auf die Stautiefe, die gleich „eins" gesetzt ist, bezogen, so daß für eine beliebige Stautiefe die Verhältniszahlen der Abbildungen nur mit der Stautiefe zu multiplizieren sind, um die wichtigsten Maße zu erhalten.

Zur zwangsweisen Betätigung der Klappen werden Winden verwendet, die die Gegengewichte heben; bei Untergewichtsklappen, bei denen das Gegengewicht aus Stahlbeton besteht und in einem wannenartigen Raum hängt, wie z. B. jenes der Abb. 1049 bzw. 1054, kann Wasser in diesen Raum eingelassen werden, so daß das Gegengewicht einen Auftrieb erleidet, der zum Senken der Klappe hinreicht.

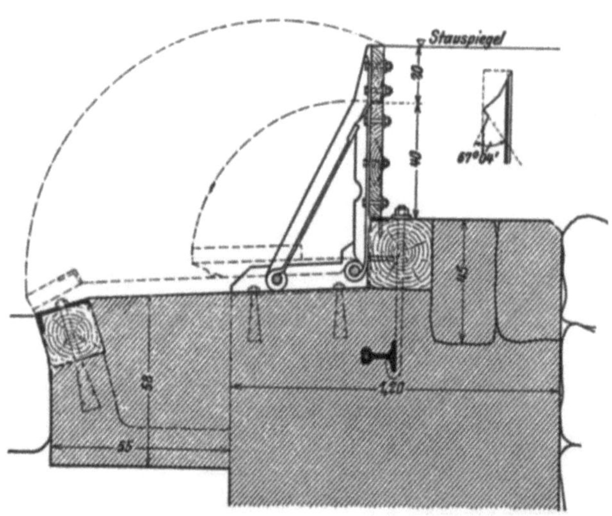

Abb. 1041. Selbstauslöser in der Kinzig bei Schnellingen.

Die Tafeln der Klappen werden durch ein System von Riegeln und Spanten gebildet, über dem eine Blechhaut oder allenfalls auch nur ein wasserdichter Bohlenbelag liegt. Bei Untergewichtsklappen, bei denen das Gegengewicht unmittelbar an der Klappe hängt (Abb. 1049), wird in der Regel jeder Spant gelagert; besteht die Stauwand dann aus Holz, so wird der Wasserdruck unmittelbar von den Bohlen auf die Spanten übertragen und es wird nur ein leichter oberer Randwinkel angeordnet, der nicht weiter beansprucht wird. Der untere Randriegel dient lediglich zur Befestigung des Dichtungssegments.

Bei den übrigen Stauklappen bestehen in der Regel ein unterer und ein oberer Randriegel und ein Hauptriegel, der derart angeordnet wird, daß das größte Moment in den Spanten über dem Hauptriegel ebenso groß wird als das größte im unteren Feld. Der Hauptriegel ist bei Obergewichtsklappen an den beiden Enden, bei Untergewichtsklappen auch mehrmals am Gegengewichtsgestänge gelagert. Die Spanten liegen unten in eigenen Lagern (Abb. 1055, 1056) und oben auf dem Hauptriegel auf. Der obere Randriegel wird nur belastet, wenn die Stauwand durch Blech gebildet wird. Zwischen mehreren Spanten einer Klappe werden Diagonalen als Windverband gelegt.

Die Lagerung der Klappe erfolgt durch eine mit der Klappe festverbundene Schneide aus Werkzeugstahl in einer Klappe (Abb. 1955 a und b), die mit dem festen Wehrrücken verschraubt ist. Die Dichtung der Klappe längs des unteren Randes läßt ebenfalls die Abb. 1056 erkennen; sie besteht aus einem Lederstreifen, der zwischen zwei Stahlblechen gefaßt ist und auf einem mit der Klappe fest verbundenen Zylindersegment schleift, während die Seitendichtung in der bekannten Weise durch federnde Stahlbleche (Abb. 1056) erfolgt, die am Rand Leisten tragen, die an Streifblechen der Pfeiler schleifen. Zur Verhinderung von Vereisungen werden die Streifbleche auf den Pfeilern elektrisch heizbar ausgebildet. Die Stauklappen legen sich, wenn sie umgeklappt sind, gegen besondere Auflager, Konsolen oder dergleichen, die im festen Wehrrücken sitzen und mit Rücksicht auf die großen Drücke, die dort übertragen werden, sorgfältig ausgebildet werden müssen.

Besonderes Augenmerk ist einer guten Lüftung des Raumes unter der Stauklappe zu widmen, da ja bekanntlich ein Überfallstrahl, wenn er seitlich von Mauern begrenzt ist, den Raum unter sich entlüften und bei mangelhafter Lüftung schon ein geringfügiger Erguß die Klappe herabsaugen würde. Es ist daher empfehlenswert, den oberen Rand der Klappe mit Strahlteilern auszurüsten (vgl. Abb. 901).

Ebenfalls mit einem über der Klappe hängenden Gegengewicht ist der Wasserdruck auf die in der Abb. 1045 dargestellte Klappe ausgeglichen; die Rolle wälzt sich beim Senken derselben in der Fließrichtung des Wassers fort. Die willkürliche Umlegung der Klappen erfolgt durch ein am Gegengewicht angeordnetes Windwerk, durch das das Seil, das über die Rolle zur Klappe führt, verlängert werden kann.

Eine unter dem Namen *Trommelwehr* bekannte Klappe ist in der Abb. 1057 dargestellt; sie besteht aus einer Stauwand, die in der Nähe ihrer waagrechten Mittellinie drehbar gelagert

Abb. 1042. Ansicht des Selbstauslösers in der Kinzig bei Schnellingen während des Aufstellens.

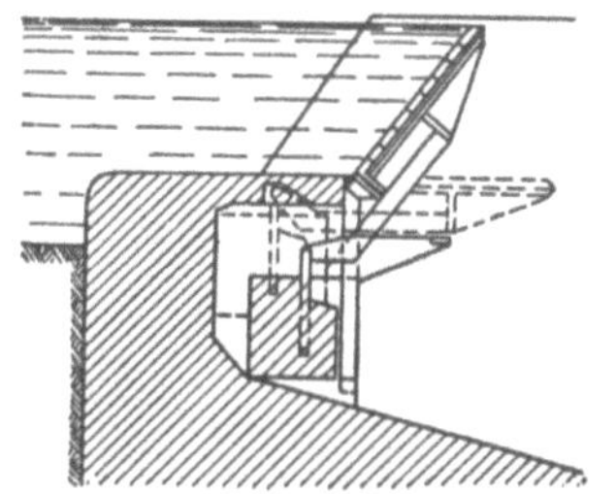
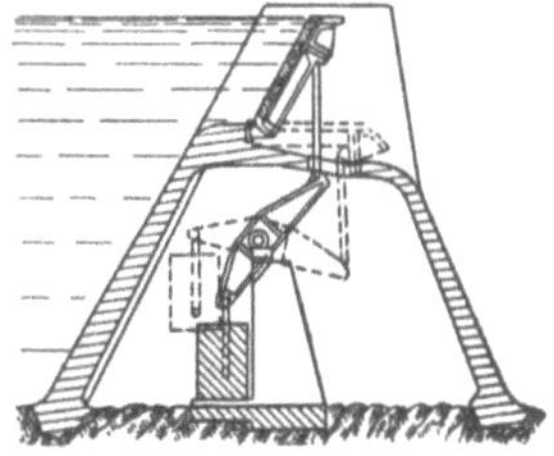

Abb. 1043. Untergewichtsklappen.

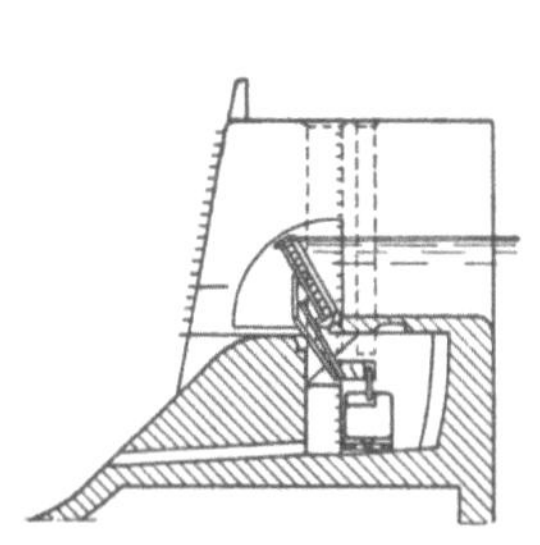
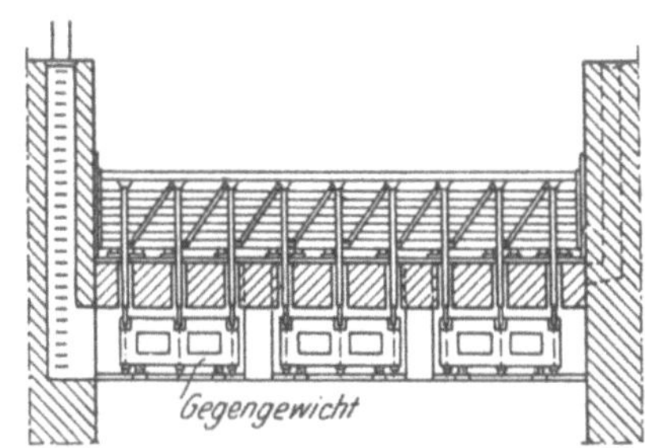

Abb. 1044. Untergewichtsklappe von J. M. VOITH.

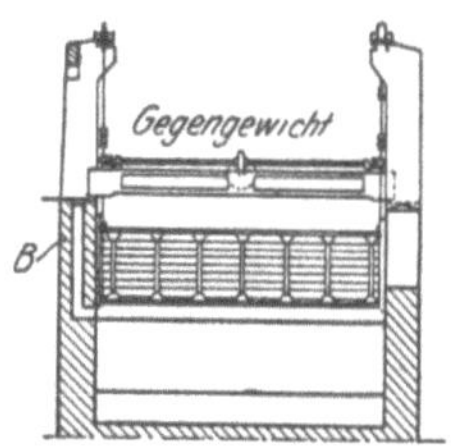
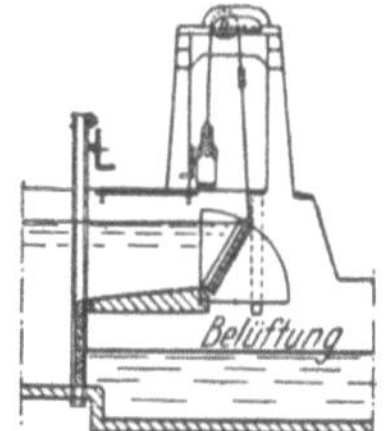

Abb. 1045. Obergewichtsklappe von J. M. VOITH.

ist. Die obere Hälfte staut das Wasser, die untere dient zur Bewegung des Staukörpers und sie ist gegen die Zylinderfläche des Unterbaues abgedichtet. Je nachdem, ob der Raum vor oder hinter diesem unteren Flügel mit dem Oberwasser in Verbindung gebracht wird, stellt

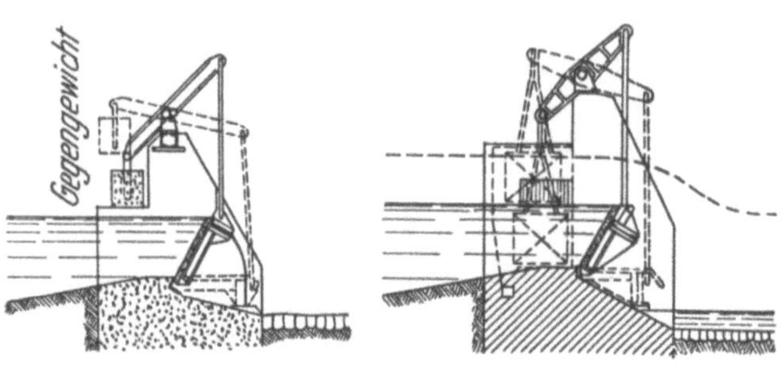

Abb. 1046. Obergewichtsklappen.

sich die Stauwand auf oder legt sich um. Die Umsteuerung des Wassers geschieht mit dem in der Abb. 1058 schematisch angedeuteten Ventil. Die Decke der Kammer wird wasserdicht, aus Stahl oder Stahlbeton, ausgeführt und sie wird gegen die Stauwand durch ein elastisches Blech mit einer Leiste abgedichtet, die an einem Zylindersegment an der Stauwand streift. Die Höhe des unteren Teiles der Stauwand wird so bemessen, daß das

Moment des Wasserdruckes bezogen auf den Drehpunkt das Moment des Wasserdruckes auf den oberen Teil überwiegt. Solche Trommelwehre sind sehr selten ausgeführt worden.

Ein häufig ausgeführtes Klappenwehr ist das sogenannte *Dachwehr*, das gegenwärtig in den beiden Bauarten HUBER & LUTZ und J. M. VOITH als Flußwehr angewendet wird.

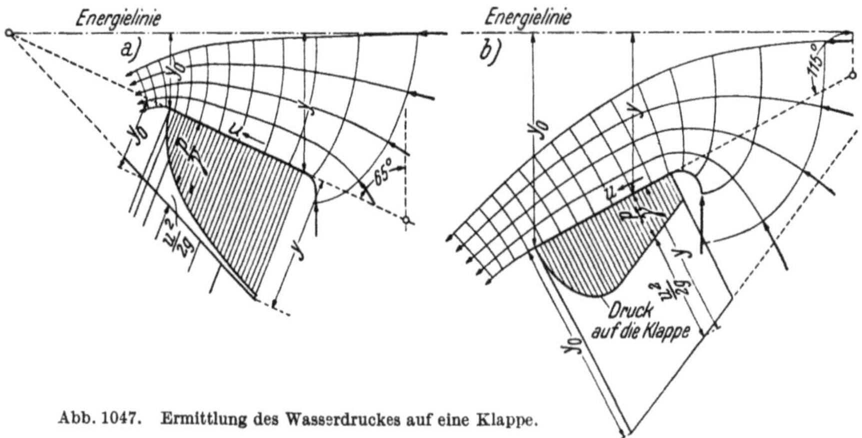

Abb. 1047. Ermittlung des Wasserdruckes auf eine Klappe.

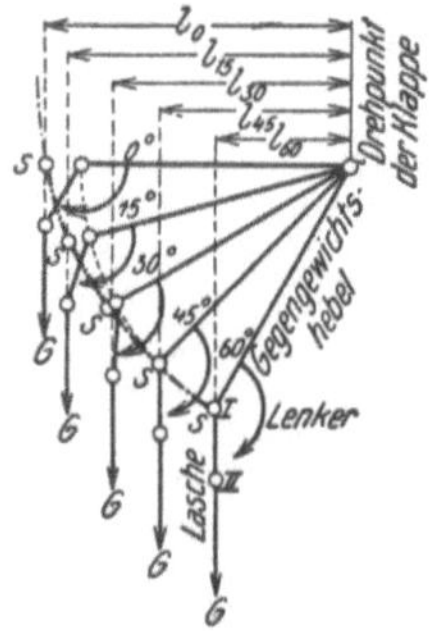

Abb. 1048. Ermittlung der Laschenlänge und der Form des Lenkers.

Ein *Dachwehr von* HUBER & LUTZ zeigt die Abb. 1059. Die beiden Klappen bestehen aus stählernem Fachwerk, das Holzbohlentafeln trägt. Die Oberklappe hat hakenförmigen Querschnitt; sie ist mit dem einen Rand in Gelenken am Wehrunterbau gelagert, während sich der andere Rand mit Rollen auf die Unterklappe stützt. Die beiden Klappen werden in ihrer höchsten Stellung durch eine Kette oder einen Stabzug an einer weiteren Öffnungsbewegung gehindert.

Die Abdichtung der beiden Gelenke erfolgt bei der Oberklappe gegen Wassereintritt von außen (Abb. 1060a), bei der Unterklappe gegen Wasserabfluß von innen (Abb. 1060b); beide Klappen sind zu diesem Zwecke mit Zylindersegmenten am unteren Rande ausgerüstet, gegen die sich federnde Stahlblechstreifen mit Lederfutter, vom Wasserdruck angepreßt, legen. Die Seitendichtung erfolgt nach der Abb. 1061 auch durch federnde Stahlbleche oder durch Lederstreifen, die am Streifbleche der Pfeiler gleiten.

Durch Drehung einer im First des Dachraumes untergebrachten Welle kann bei jedem Spant eine kurze Strebe so weit herabgelassen werden, daß sich bei einer kleinen Senkung des Wehres die Oberklappe mit Hilfe dieser Stütze gegen die Spanten der Unterklappe stützt; der Innenraum kann dann entleert und zwecks Untersuchung und Instandsetzung des Wehres begangen werden. Zur

Entfernung von Ablagerungen wird der Innenraum spülbar ausgestaltet.

Die Dachwehre können für beliebige Lichtweiten angeordnet werden; die größte bisher ausgeführte Lichtweite beträgt 35 [m], die größte Stauhöhe 7 [m].

Durch ein System von Kanälen und Schützen, die in einen Pfeiler oder in der Wehrwange untergebracht sind, ist das Wehr in jeder Lage einstellbar und es kann auch selbsttätig eingerichtet werden, derart, daß es das Stauziel ohne Nachhilfe bei wechselnden Zuflüssen einhält. Die Abb. 1062 zeigt schematisch die Anordnung der Wassersteuerung an einem Dachwehr, die in der sogenannten Regulierkammer untergebracht ist. Diese steht über einem mit einem Feinrechen f geschützten Einlauf mit dem Oberwasser, durch die Öffnung a mit dem Wehrinnenraum und über die Schütze g mit dem Unterwasser in Verbindung. Im Wehrinnenraum muß das Wasser etwas unter dem oberen Rand der Unterklappe gehalten werden, damit über diese keine Wasserverluste auftreten. Der Einlauf zur Regulierkammer wird durch eine Drosselklappe b gedrosselt, die vom Schwimmer c mittels eines Hebels gesteuert wird. Übersteigt das Innenwasser den richtigen Stand, so fließt Wasser über die Schütze d in den Schwimmerschacht und der Schwimmer beginnt zu steigen, sobald mehr Wasser zuläuft, als durch die Düse h abläuft; der steigende Schwimmer schließt dann die Drosselklappe b. Wenn das Stauziel überschritten wird, fließt dem Schwimmerschacht ebenfalls Wasser über den Überlauf i zu und wenn bei geschlossener Klappe b der Schwimmer ansteigt, so hebt er das Ventil e an, durch das sich der Wehrinnenraum entleert. Das Dachwehr geht dann nieder, bis der Oberwasserspiegel wieder auf die Höhenlage des Stauzieles abge-

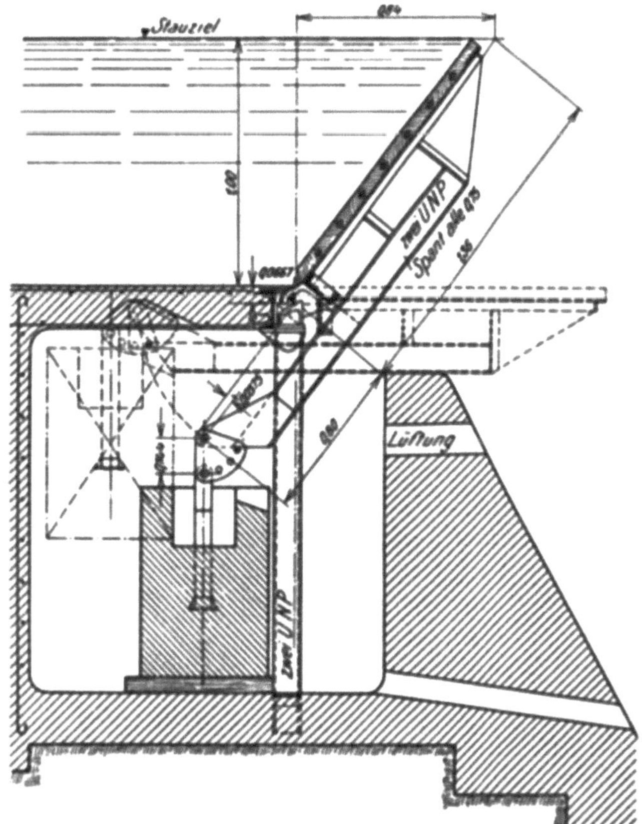

Abb. 1049. Untergewichtsklappe mit Relativmassen.

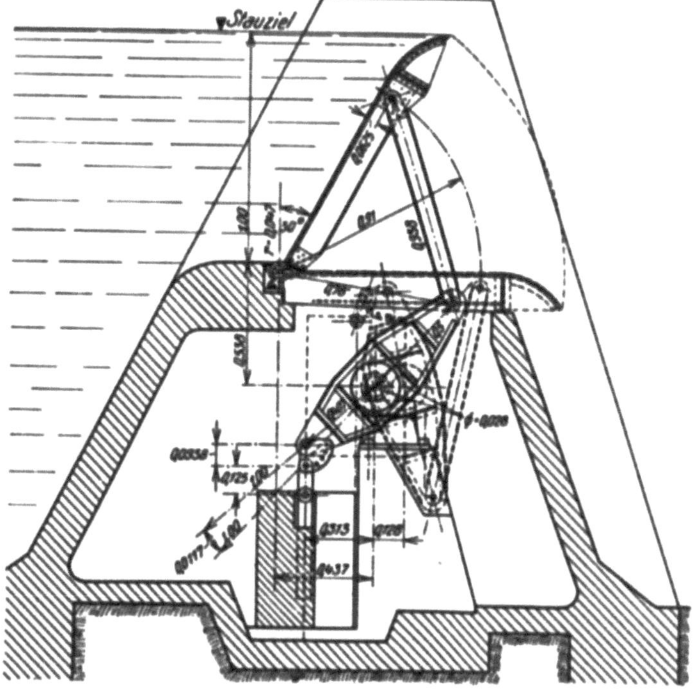

Abb. 1050. Untergewichtsklappe der Stauwerke A.-G. Zürich. Die eingetragenen Maße sind Relativmaße, bezogen auf die Stautiefe = 1.

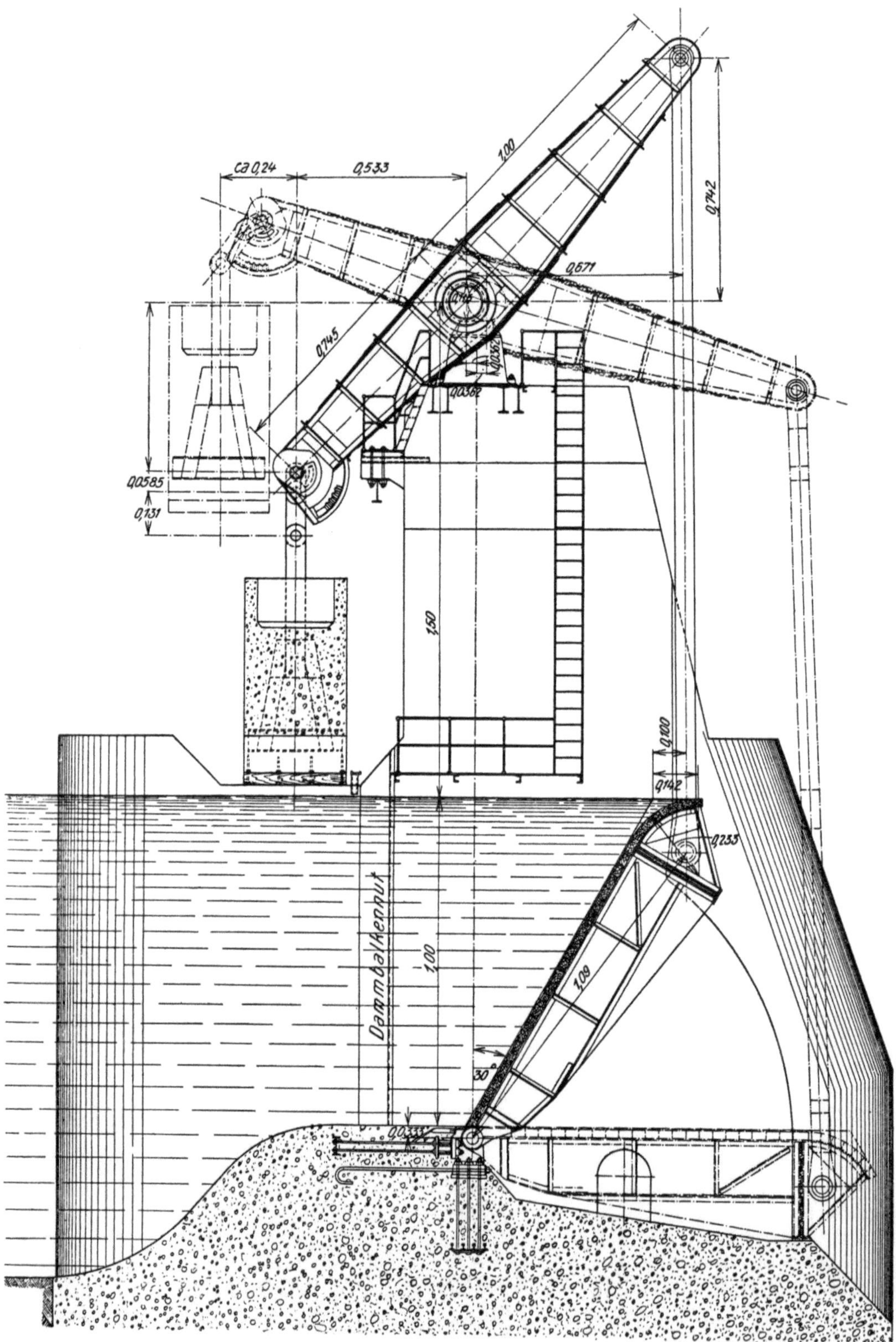

Abb. 1051. Obergewichtsklappe der Stauwerke A.-G. Zürich. Die eingetragenen Maße sind Relativmaße, bezogen auf die Stauhöhe = 1.

sunken ist; sinkt der Oberwasserspiegel tiefer, so stellt sich das Wehr selbsttätig wieder auf. Durch Verstellen der Schütze d kann der Innenwasserspiegel und damit die Stauhöhe beliebig verändert werden und durch Öffnen der Schütze g wird das Wehr rasch umgelegt. Das voll-

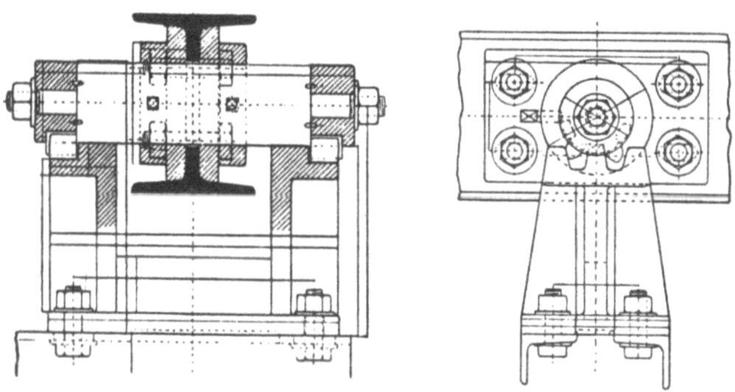

Abb. 1052. Wälzlager einer Obergewichtsklappe. (Stauwerke A.-G. Zürich.)

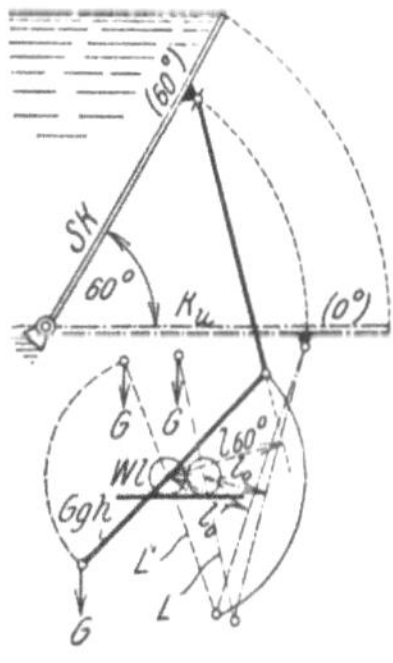

Abb. 1053. Änderung des Gegengewichtshebels durch ein Wälzlager.

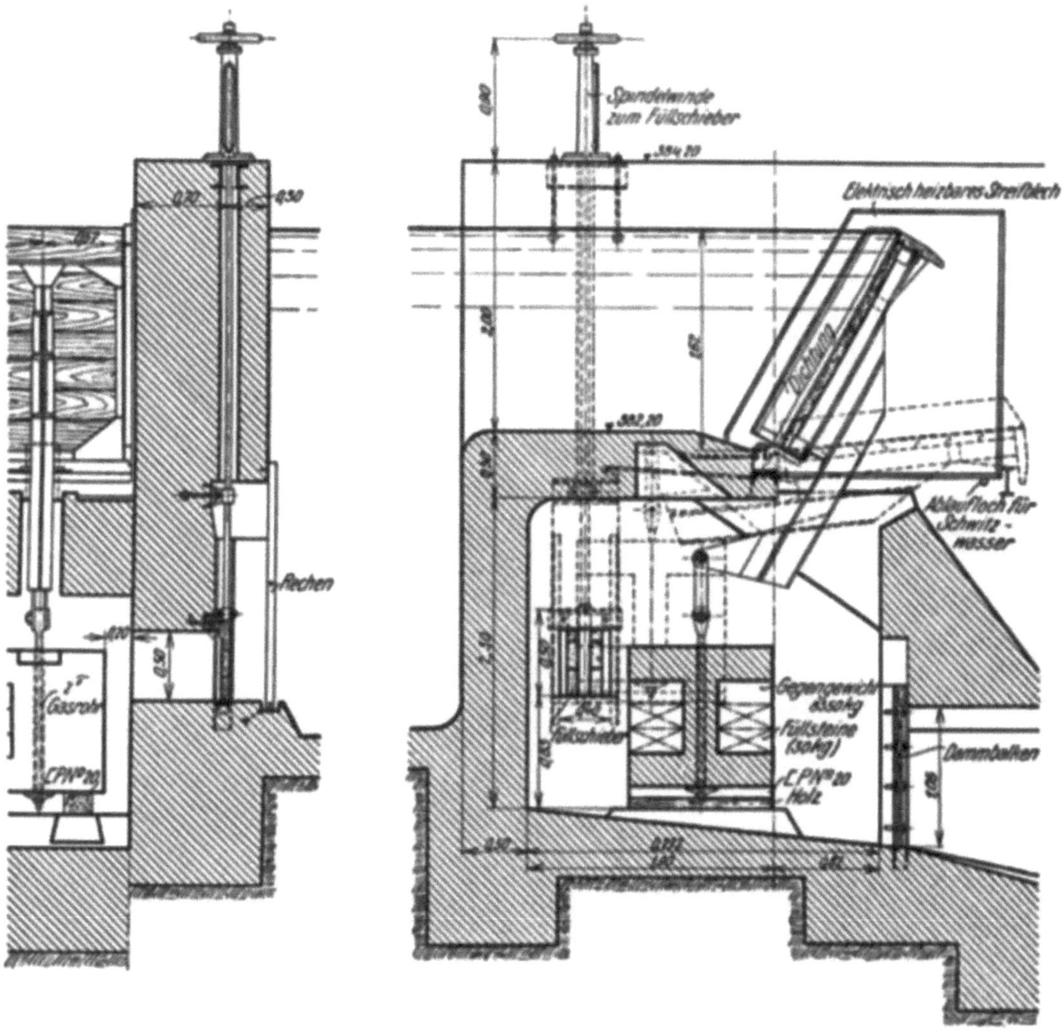

Abb. 1054. Untergewichtsklappe des Kraftwerkes Teigitschmühle. (J. M. VOITH.)

ständige Umlegen oder Aufstellen erfolgt in 1 bis 5 Minuten. Statt des Schachtes mit einem Schwimmer sind bei manchen Wehren auch Zylinder und Kolben verwendet worden.

Wenn zwei oder mehrere nebeneinanderliegende Wehrfelder mit Dachwehren abgeschlossen werden, so können die Regulierkammern alle in einer Wehrwange oder einem Pfeiler vereinigt

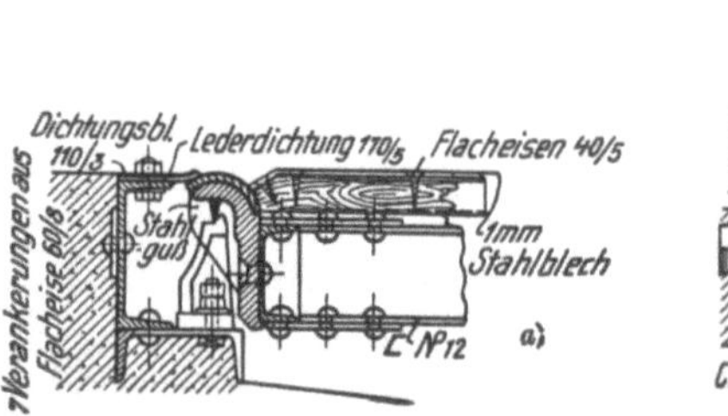
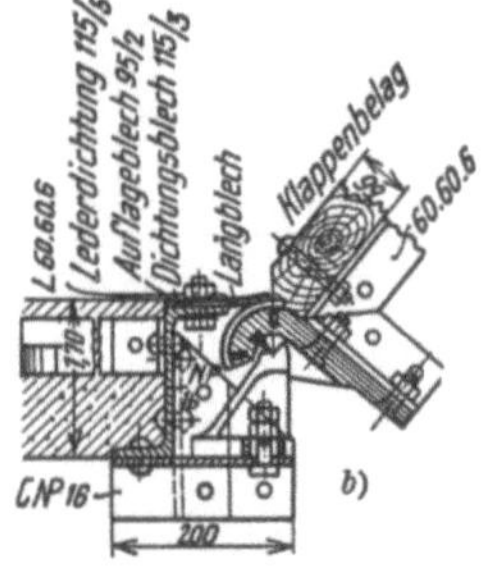
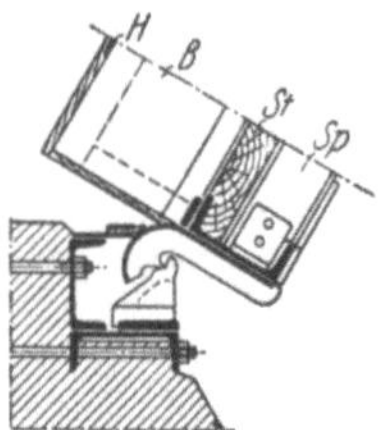

Abb. 1056. Schneidenlager der Spanten einer Klappe von J. M. VOITH. *Sp.* Spant, *St.* Stauwand, *B* federndes Stahlblech, *H* Hartholzdichtungsleiste.

Abb. 1055. Schneidenlager der Spanten einer Stauklappe der Stauwerke A.-G. Zürich. *a)* umgelegt, *b)* aufgestellt.

werden und die Wasserzu- und -ableitung zu den Innenräumen der Felder erfolgt dann durch Kanäle, die im Wehrkörper untergebracht sind.

Die Spülung des Innenraumes erfolgt bei niedergelegtem oder bei verriegeltem, aufgestelltem Wehr, indem man (vgl. Abb. 1059) Wasser in den Dachraum einläßt, das längs der Rippe

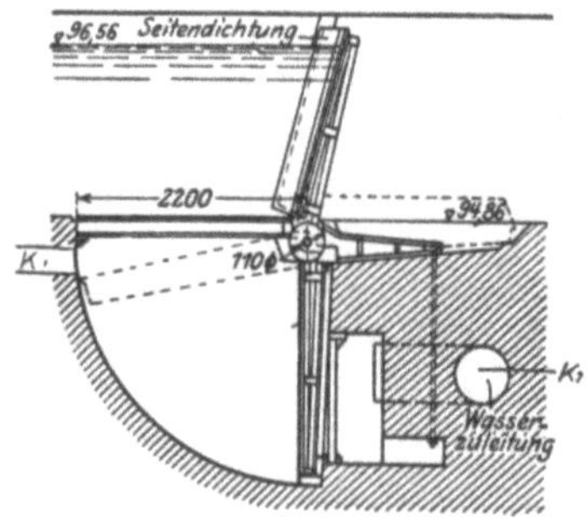
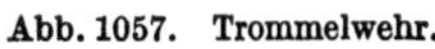
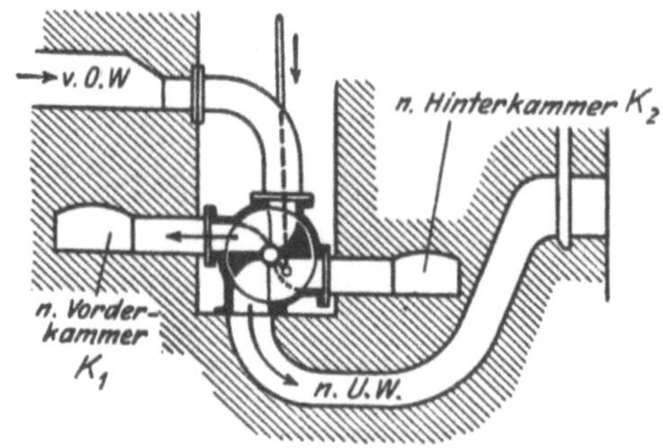

Abb. 1057. Trommelwehr.

Abb. 1058. Hahn zur Steuerung eines Trommelwehres.

bis ans andere Ende des Wehres läuft, dort durch eine Öffnung in der Rippe auf die untere Seite derselben und wieder zurück bis zum Regulierpfeiler und weiter ins Unterwasser fließt.

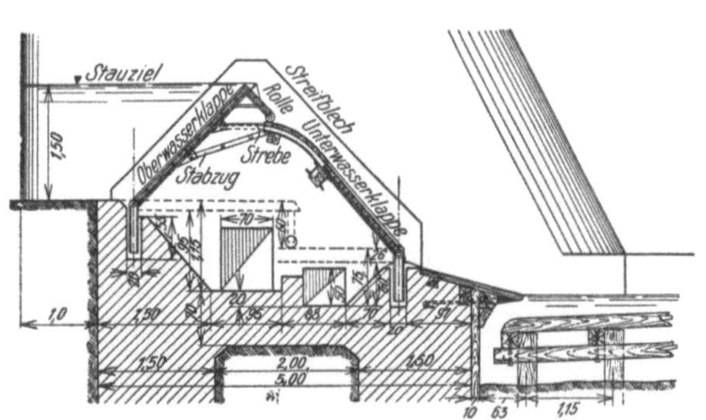

Abb. 1059. Das Dachwehr von HUBER & LUTZ.

Die statische Untersuchung eines Dachwehres deutet die Abb. 1063 an; bezeichnet Q das Gewicht der Oberklappe, U jenes der Unterklappe für 1 [m] Wehrlänge und werden auch die Wasserdrücke auf 1 [m] Wehrlänge bezogen, so hat man mit den Bezeichnungen der Abb. 1063 für den Auflagerdruck der Obertafel auf die Untertafel in C

$$C = \frac{Q \cdot a}{b} \qquad (943)$$

Das Moment um A beträgt, wenn u den Hebelarm des Gewichtes U um A bedeutet

$$M_{GA} - Cc + Uu = Q\frac{ac}{b} + Uu \qquad (944)$$

und wirkt auf die Senkung der Tafel hin. Wird Wasser aus dem Stauraum in den Dachraum geleitet, so wirkt auf die Unterklappe ein Wasserdruck $W = \gamma\,h\,c$ von unten nach oben, dessen Moment um A

$$M_{WA} = \gamma\,h\,c\,d \qquad (945)$$

ist. Das Wasser vermag nun das Dachwehr selbsttätig aufzustellen, wenn

$$M_{WA} > M_{GA} \qquad (946)$$

oder

$$h > \left(Q\,\frac{a\,c}{b} + U\,u\right)\frac{1}{\gamma\,c\,d} \qquad (947)$$

ist. Ist h kleiner, so muß künstlich ein entsprechender Stau hervorgerufen oder das Wehr mechanisch so weit an-

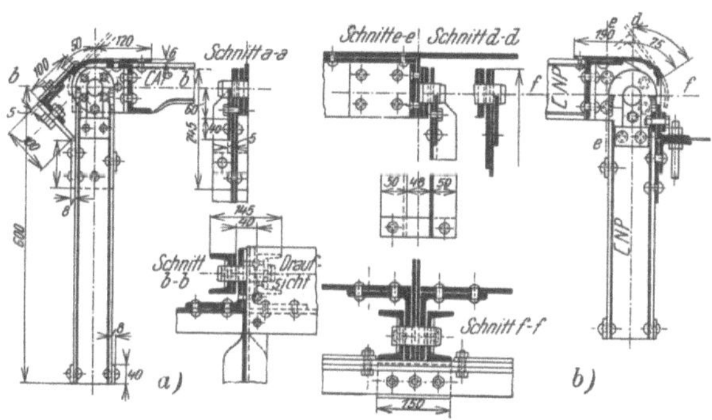

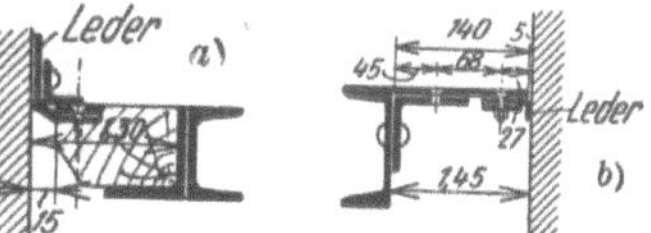

Abb. 1061. Seitendichtungen des Dachwehres von HUBER & LUTZ. *a)* an der Oberklappe; *b)* an der Unterklappe.

Abb. 1060. Gelenke und Dichtungen eines Dachwehres von HUBER & LUTZ. *a)* an der Oberklappe, *b)* an der Unterklappe.

gehoben werden, bis ein Stau gemäß Gleichung (947) entsteht. Für eine Zwischenstellung und die höchste Stellung geben die Abb. 1064a und b die auftretenden Wasserdrücke an.

Die obere und die untere Klappe eines Dachwehres wird durch ein System von Spanten und Riegeln gebildet, die eine Holzverschalung tragen (Abb. 1064). Die Spanten werden in Entfernungen von 1,5 bis 2,0 [m] angeordnet und gegeneinander, wenigstens in mehreren

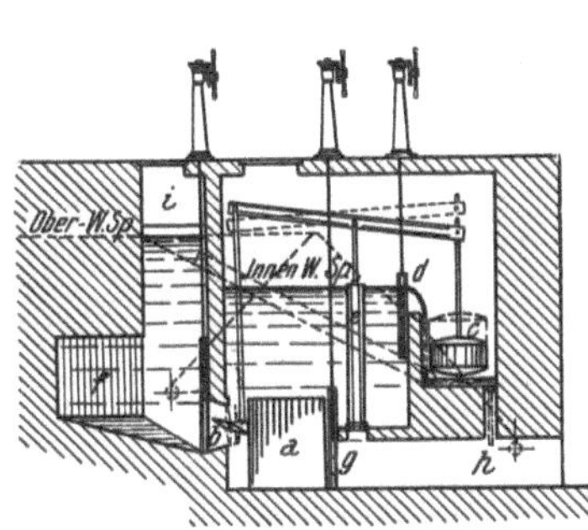

Abb. 1062. Schnitt durch einen Regulierpfeiler eines Dachwehres von HUBER & LUTZ.

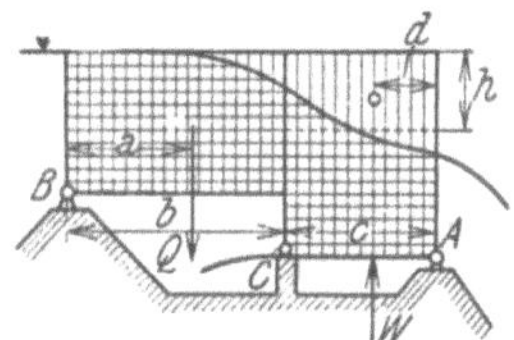

Abb. 1063. Wasserdrücke und Kräfte am umgelegten Dachwehr. Waagrecht schraffiert: aufwärts gerichtete Drücke auf die Unterflächen der Klappen.

Feldern, durch Diagonalen abgesteift. Die Spanten der Oberklappe sind für den vollen Wasserdruck von außen zu berechnen, der einem zwischen zwei Spanten liegenden Feld bei abgespreiztem Wehr und entleertem Innenraum entspricht, während die Spanten der Unterklappe für den ungünstigen Wasserinnendruck zu bemessen sind.

Die bauliche Durchbildung der Spanten eines Dachwehres ist in der Abb. 1066 dargestellt und die Abb. 1060a und b zeigen die Ausbildung der Gelenke mit ihren Verankerungen und Dichtungen. Die Abb. 1067 gibt

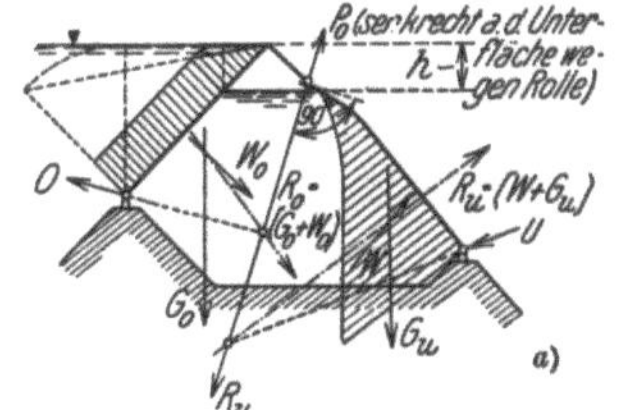

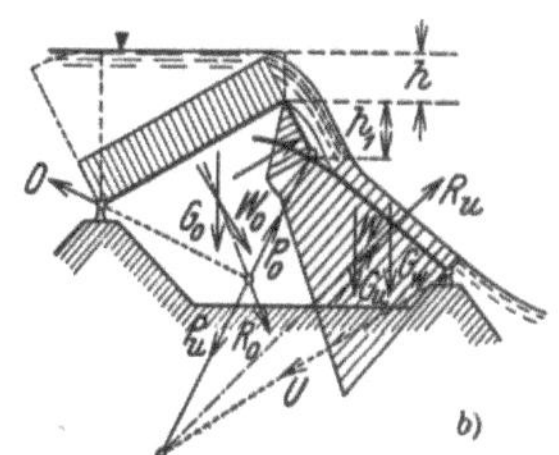

Abb. 1064. Am Dachwehr angreifende Kräfte. *a)* aufgestelltes Dachwehr; *b)* Dachwehr in Zwischenstellung.

endlich Regeln für die allgemeine Anordnung des Dachwehres. Die eingetragenen Maße geben als Vielfaches der Stauhöhe, die gleich eins gesetzt ist, die wichtigsten Abmessungen an, die eingehalten werden müssen. Die genaue Festlegung der Abmessungen ist erst möglich, wenn die Steghöhe der Spanten berechnet ist. Die Abb. 1068 und 1069 geben endlich einige Ansichten ausgeführter Dachwehre wieder.

Beim *Dachwehr von* J. M. VOITH ist, wie es die Abb. 1070 andeutet, die Unterklappe hakenförmig geformt. Nachdem im umgelegten Zustand von der Oberklappe zur Unterklappe kein nennenswerter Spiegelabfall auftritt, muß zur Unterstützung des Anhebens beim Aufstellen, in die Unterklappe ein röhrenförmiger Schwimmer eingebaut werden. Dieser Schwimmer versteift gleichzeitig die Klappe und verhindert Verwindungen, die von ungleicher Reibung an den Pfeilern hervorgerufen werden können.

Abb. 1065. Das Stahlgerippe des Dachwehres vor der Verschalung. (HUBER & LUTZ.)

Schrifttum.

BAUMANN, J. u. O. MAIER: Senkbare Wehrverschlüsse. Wasserkr. u. Wasserw. 1939. S. 221. — HARTUNG, FR.: Stahlwasserbauten als Ergebnis der Zusammenarbeit von Statiker, Konstrukteur und Hydrauliker. Wasserkr. u. Wasserw. 1939. S. 213. — HUBER: Zur Frage der Eisabführung an Wehren. Wasserkr. u. Wasserw. 1930. H. 6. — DERSELBE: Das hydraulische Dachwehr. D. Wasserw. 1930. H. 6. — DERSELBE: Das hydraulische Dachwehr. Baut. 1927. S. 303. — HÜTTER, E.: Dachwehranlage Gratwein. Die Wasserwirtschaft 1926. S. 313. — JERMAR, F.: Hydraulisches Klappenwehr. Ztschr. d. Ver. tschechoslow. Ing. 1929. S. 1, 22. — MARKOWITZ: Selbsttätige Stauvorrichtungen. Wasserkr. u. Wasserw. 1930. S. 26. — SCHÄFER, A.: Wehrverschlüsse mit Aufsatzklappe. Baut. 1936. S. 289. — SCHILHANSL: Beitrag zur Berechnung von Dachwehren. Deutsche Wasserw. 1941. S. 14. — TROSSBACH, G.: Das hydraulische Dachwehr. Bauing. 1934. H. 19.

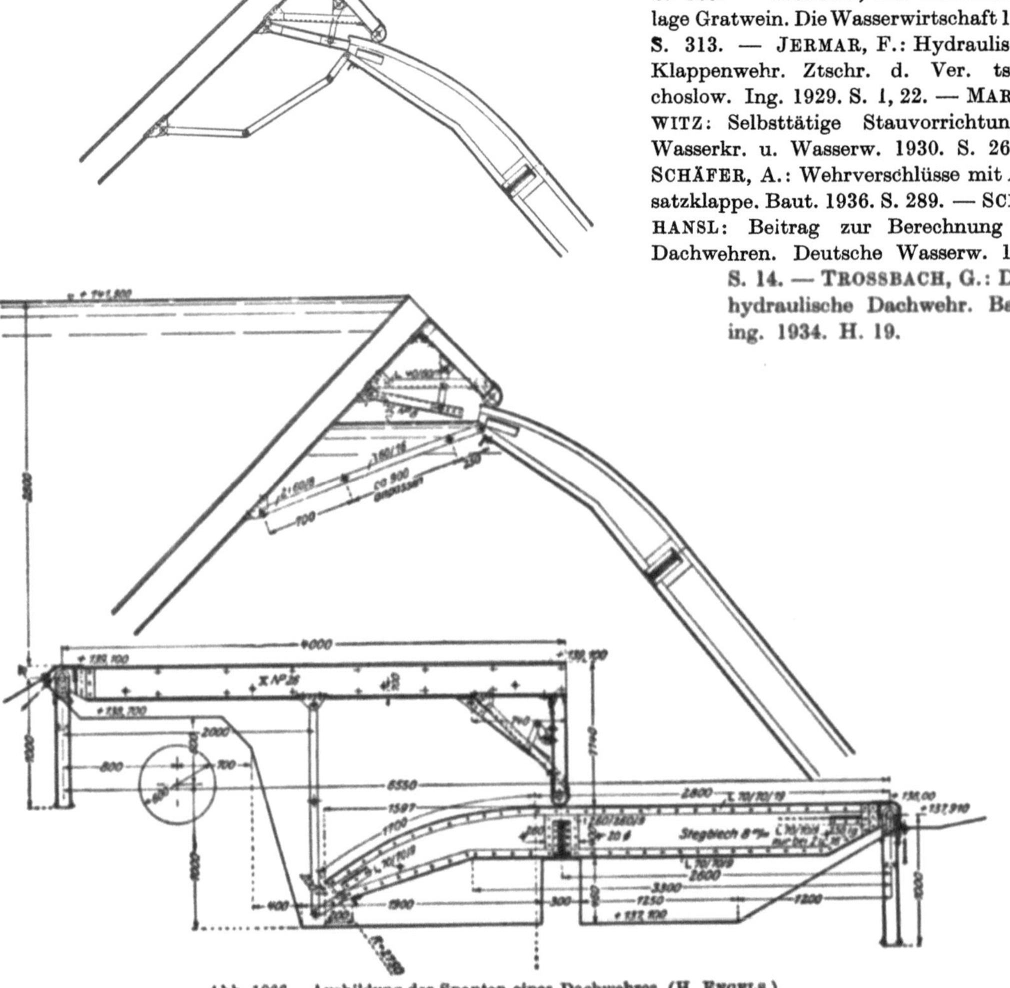

Abb. 1066. Ausbildung der Spanten eines Dachwehres. (H. ENGELS.)

III. Notverschlüsse.

Bei jedem beweglichen Stauwerk müssen Vorkehrungen getroffen werden, die einen behelfsmäßigen Abschluß der Wehrfelder ermöglichen, um Instandsetzungsarbeiten am Staukörper durchführen zu können; solche behelfsmäßige Verschlüsse werden Notverschlüsse genannt. Als Notverschlüsse werden angewendet Dammbalken und Nadelwehre.

a) Dammbalken.

Ein Dammbalkenwehr besteht aus Balken, die in Nuten übereinandergeschichtet, das Wasser anstauen. Solche Weh-

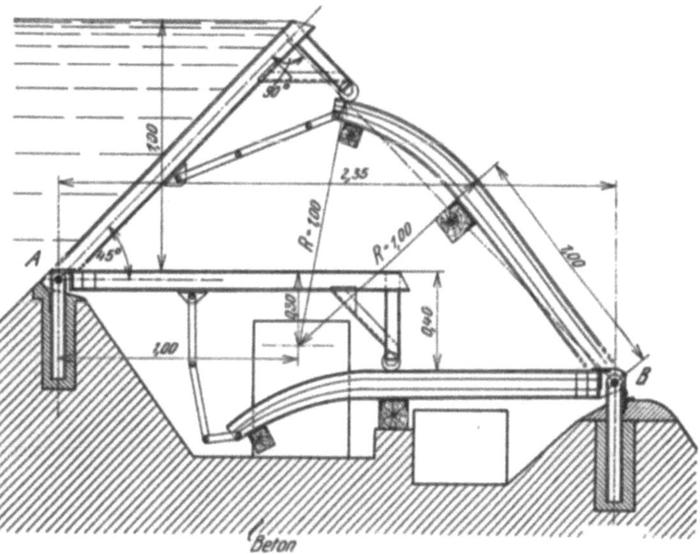

Abb. 1067. Regel für das Entwerfen eines Dachwehres mit Relativmaßen.
(Die Stautiefe ist gleich eins gesetzt.)

Abb. 1068. Das Dachwehr Tornersdorf.

re sind ursprünglich auch als Flußstauwerke gebaut worden; die Umständlichkeit der Bedienung hat bewirkt, daß sie gegenwärtig nur noch als Notverschlüsse Anwendung finden.

Die Berechnung der Dammbalken erfolgt ähnlich jener der hölzernen Schützen; jeder Dammbalken wird als in den Nuten frei aufliegender Balken angesehen, den der Wasserdruck belastet.

Hölzerne Dammbalken werden gewöhnlich aus einzelnen Balken gebildet, die in die Nuten eingelegt werden; sie werden mit Haken, Ösen oder dergleichen ausgerüstet, in die beim Absenken und beim Anheben Stangen mit Haken eingehängt werden. Die Abb. 1071 und 1072 zeigen Einzelheiten einfacher hölzerner Dammbalken, die von Hand abgesenkt werden.

Abb. 1069. Dachwehr Großwohnsdorf. Linkes Wehrfeld von außen
abgestützt. (HUBER & LUTZ, Zürich.)

Bei größeren Lichtweiten werden hölzerne Dammbalken so schwer, daß zu ihrer Bewegung ein Versetzkran erforderlich wird; dann können auch mehrere Balken zu einer Tafel, ähnlich einer Schützentafel, vereinigt werden (Abb. 1073).

Stählerne Dammbalken werden angewendet, wenn die Lichtweite der abzuschließenden Wehröffnung so groß ist, daß die Tragfähigkeit hölzerner Dammbalken nicht mehr ausreicht. Die stählernen Dammbalken können aus gewalzten I-Trägern (Abb. 1074), aus Fachwerkträgern (Abb. 1075) oder aus Kastenträgern (Abb. 1076) gebildet werden. Die Dichtung der aufeinandergeschlichteten Dammbalken erfolgt, wie es in den Abb. 1074 und 1075 deutlich zu erkennen ist, gewöhnlich mittels Hartholzleisten. Die Enden der Dammbalken werden bearbeitet, so daß die Lagerflächen satt in den Nuten aufliegen und ähnlich wie bei Gleitschützen dichten. Ausnahmsweise hat man auch die Auflagerflächen der Dammbalken sorgfältig bearbeitet (Abb. 1076) und dann auf die hölzernen Dichtungsleisten verzichtet.

Die Abb. 1077 zeigt schließlich stählerne Dammbalken, die ähnlich Schützentafeln ausgebildet sind. Entsprechend der Abnahme des Wasserdruckes nach oben werden die oberen Dammbalken auch schwächer ausgeführt.

Stahlbeton-Dammbalken mit I-Querschnitt sind das erstemal am Swir-Wehr in Rußland angewendet worden.

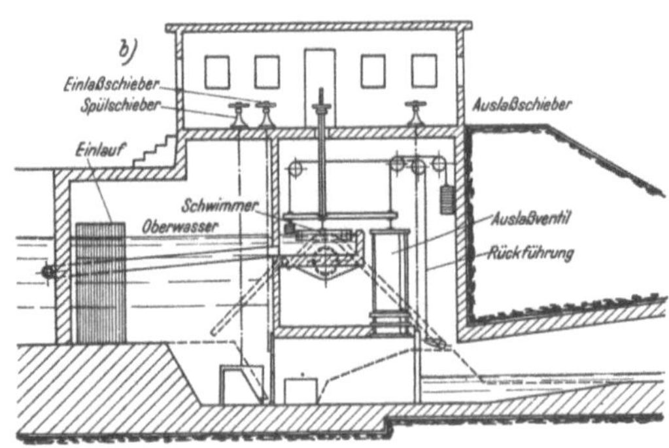

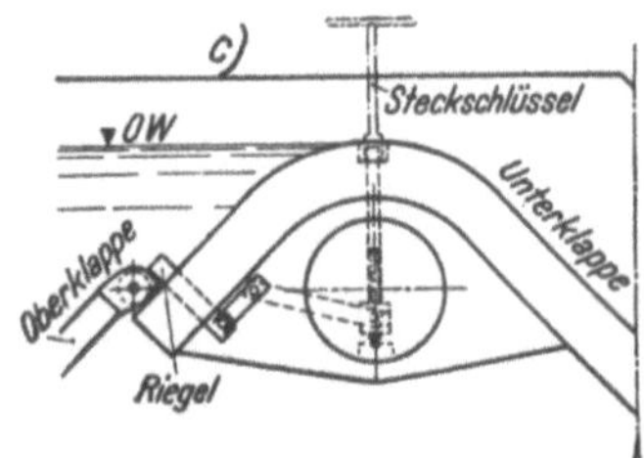

Abb. 1070. Dachwehr von J. M. VOITH. *a)* Wehrquerschnitt, *b)* Schnitt durch den Regulierpfeiler, *c)* Einzelheiten der Verriegelung des Dachwehres.

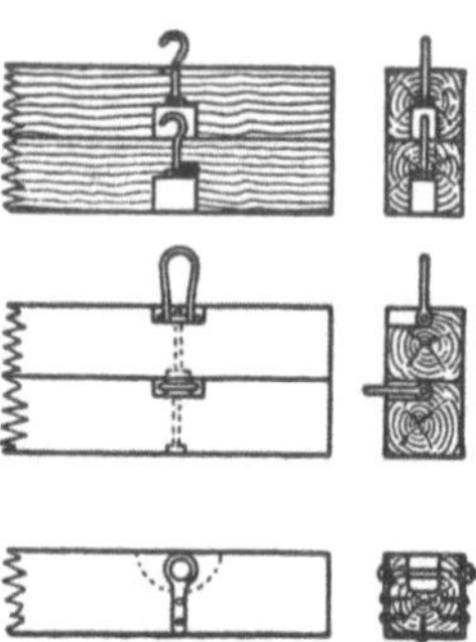

Abb. 1071. Ausbildung hölzerner Dammbalken.

Schwere Dammbalken werden mittels sogenannter Zangenbalken von einem Kran aus versetzt. An zwei vom Kran aus ein- und ausrückbaren Klauen hängt der Dammbalken am Zangenbalken. Nachdem Dammbalken auch im strömenden Wasser versetzbar sein müssen, trägt der Zangenbalken an den Enden Führungsrollen (Abb. 1078), die auf Schienen (Abb. 1079) in den Dammbalkennuten laufen. Jene Schiene, gegen die das Wasser den Dammbalken drückt, wird kräftiger ausgebildet, als die Gegenschiene, die nur das Kippen des Zangenbalkens zu verhüten hat.

Der Zangenbalken hängt an einem Kran, der längs des Stauwerkes verfahrbar ist. Mittels dieses Krans werden die Dammbalken vom Lager herbeigeholt und dann abgesetzt. Die Abb. 1077, 1078, 1080, 1081, 1082 und 1083 zeigen verschiedene Arten von Dammbalkenkranen.

Das Versetzen der Oberwasserdammbalken bereitet gewöhnlich keine Schwierigkeiten, weil dort leicht eine Kranbahn vorgesehen werden kann. Für das Versetzen der Unterwasserdammbalken werden gewöhnlich nur behelfsmäßige Vorkehrungen getroffen. Eine einfache Vorrichtung

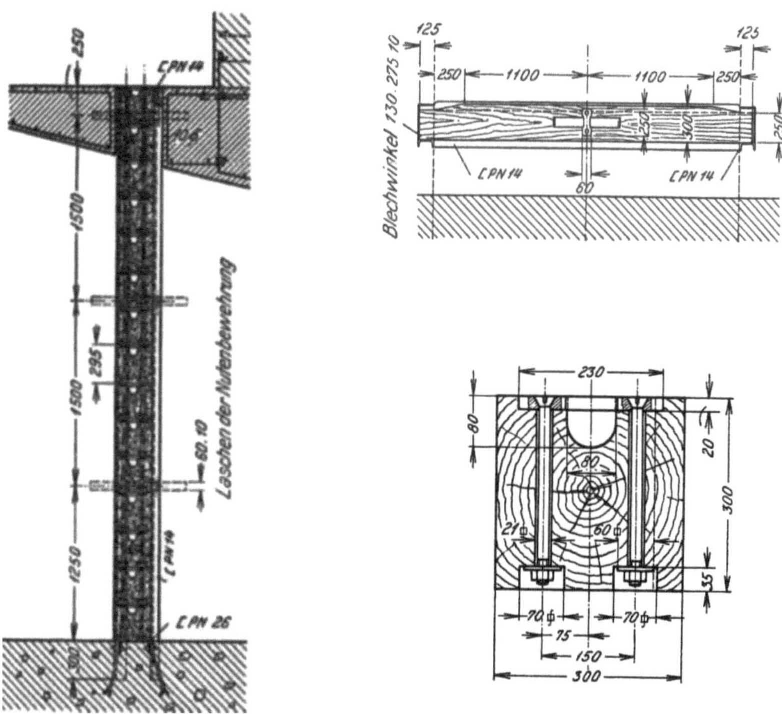

Abb. 1072.   Hölzerne Dammbalken an dem Langmann-Stauweiher. (Steweag.)

zum Versetzen der Unterwasserdammbalken besitzt das Stauwerk Jons an der Rhône. Dort wird der Dammbalken auf einen Steg zugeführt und mittels einer Laufkatze angehoben. Sobald der Dammbalken in der höchsten Lage hängt, werden zwei Streben in die in der Abb. 1083

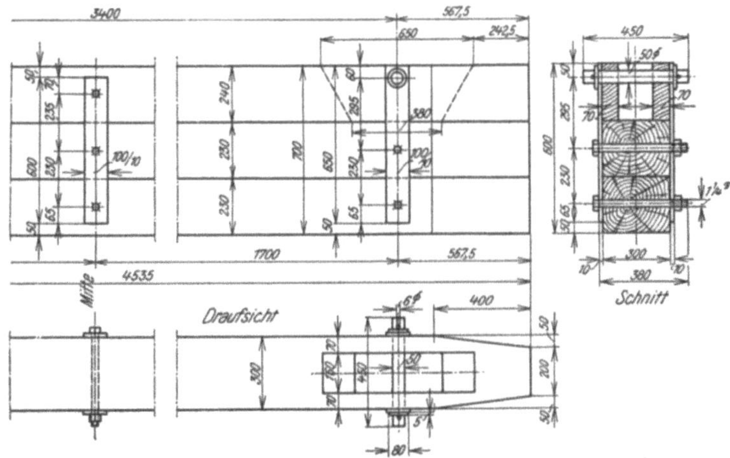

Abb. 1073.   Zusammengesetzte hölzerne Dammbalken am Überlauf der Langmann-Staumauer. (Steweag.)

angedeuteten Lage gebracht und hierauf der Dammbalken wieder abgesenkt; hiebei wird der Dammbalken von den beiden Streben über die Unterwasserdammbalkennuten hinausgeschwenkt.

Die Abb. 1084 zeigt endlich ein mittels Dammbalken abgeschlossenes Wehrfeld; die MAN-Doppelschütze ist hochgezogen.

b) Nadelwehre.

Sehr breite Wehrfelder können mit Dammbalken nicht abgeschlossen werden; man wendet in solchen Fällen als Notverschluß Nadelwehre an.

Bei Nadelwehren erfolgt der Abschluß des Wehrfeldes durch nahezu lotrecht stehende, dicht aneinandergereihte, sogenannte Nadeln, die sich unten gegen einen Anschlag, oben gegen eine Nadellehne stützen. Die Abb. 1085 zeigt den Aufbau eines Nadelwehres und die Ermittlung der Beanspruchung eines Nadelwehrbockes.

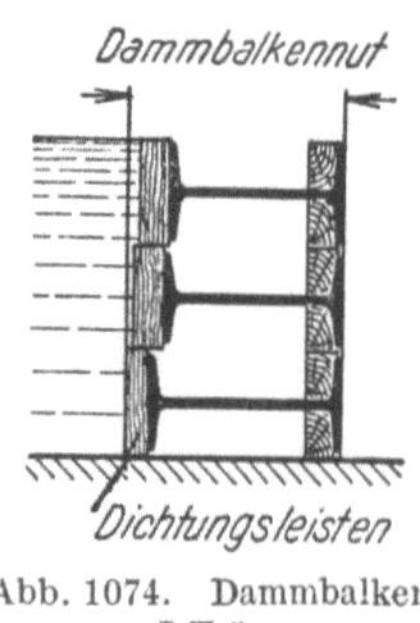

Abb. 1074. Dammbalken aus I-Trägern.

Abb. 1075. Dammbalken aus Fachwerkträgern.

Nadelwehre sind ohne langwierige Arbeiten wasserdurchlässig und die Bedienung ist sehr umständlich, so daß sie als Wehrverschluß nicht mehr angewendet werden. Sie werden aber als Notverschluß für weite Wehrfelder benützt und es sollen daher die Nadelwehre nur in ihrer Anwendung als Notverschlüsse kurz erörtert werden.

Als Nadeln werden bei Stautiefen bis etwa 4 bis 5 [m] gute Kanthölzer verwendet; bei größeren Wassertiefen werden Stahlrohre oder stählerne Spundbohlen genommen. Die Stahlrohre werden dicht aneinandergereiht und zur Abdichtung werden zwischen je zwei Rohre Hanfseile herabgeschoben, die vom Wasser angepreßt werden. Überdies werden bei allen Nadelwehren allfällige Wasserdurchtritte durch eingestreute Stoffe, wie Asche oder Sand, abgedichtet.

Die Ermittlung der Biegebeanspruchung einer Nadel erfolgt am einfachsten zeichnerisch, so wie es in der Abb. 1086 gezeigt ist. Mit den Bezeichnungen der Abb. 1086 beträgt das größte Biegungsmoment

$$M = mp \qquad (948)$$

Die ungünstigste Beanspruchung der Nadeln ergibt sich bei einseitigem Wasserdruck, mit dem bei Notverschlüssen stets zu rechnen ist.

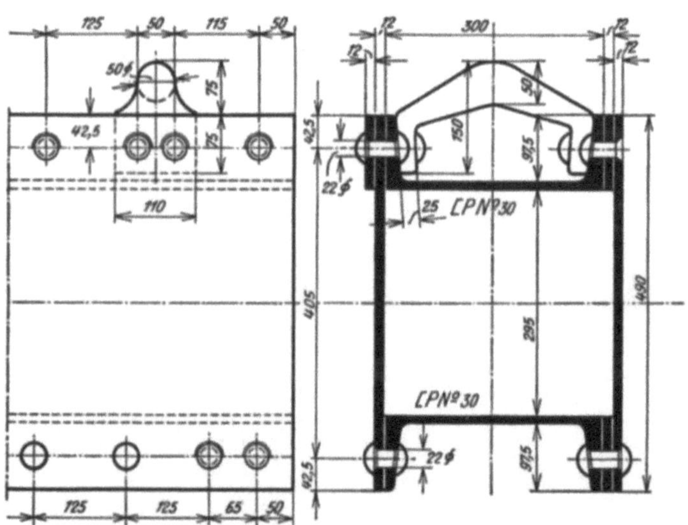

Abb. 1076. Kastenträger als Dammbalken für den Grundablaß der Langmann-Staumauer. Länge 5480 [mm]. (Steweag.)

Der Nadelanschlag wird durch eine mit einem Walzstahl bewehrte Nut im Wehrboden gebildet. Die Nadellehne kann bei Notverschlüssen auf verschiedene Weise hergestellt werden. Bei kleinen Lichtweiten der Wehrfelder können über dem Wasserspiegel Tragwerke zwischen die Pfeiler eingelegt werden oder es wird, wie es bei Walzenwehren üblich ist, der Staukörper selbst behelfsmäßig zur Nadellehne umgestaltet. Es ist auch versucht worden, bei Notverschlüssen die Nadellehne auf Böcken zu lagern, die denen gleichen, die bei den Nadel-

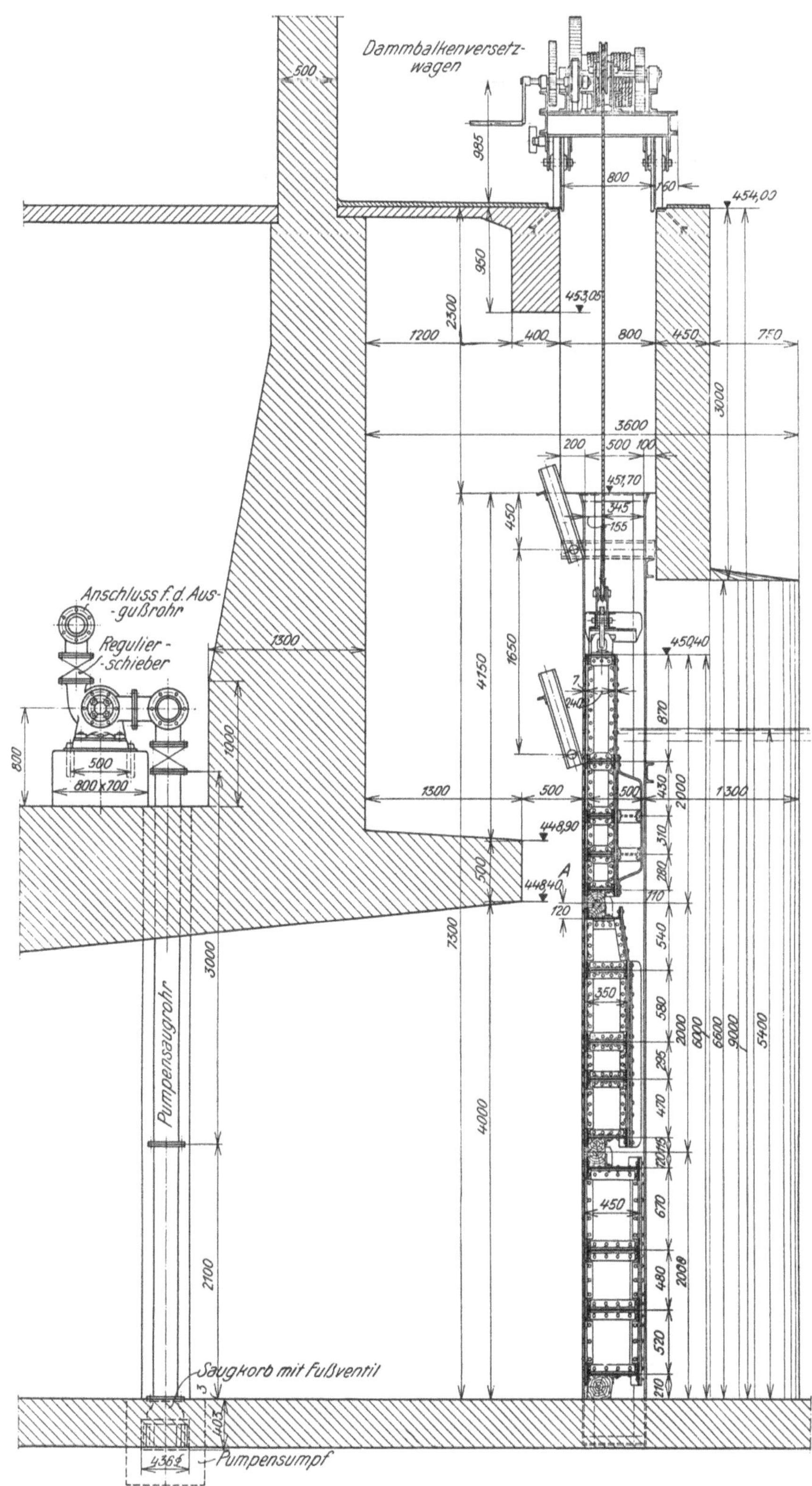

Abb. 1077. Dammbalken-Notverschluß der Turbinenausläufe im Kraftwerk Pernegg. (Steweag.)

wehren angewendet worden sind, die als selbständige Stauwerke gedient haben. Einen Überblick über ausgeführte derartige Nadelwehrböcke gibt die Abb. 1087 und der Abb. 1088 können Einzelheiten entnommen werden. Die Böcke werden seitlich umgelegt, so, wie es die Abb. 1089 und 1090 andeuten. Die gegenseitige Verbindung der Böcke bilden die Bedienungsstegelemente, die mit einem Ende drehbar am Bock gelagert sind und mit Haken am anderen Ende in den Nachbarbock eingehängt werden. Am Bedienungssteg ist die Nadellehne gelagert, die bei hölzernen Nadeln ein Stahlrohr bildet. Solche Böcke sind schon mehrfach bei Stauwerken für die Stützung des Nadel-Notverschlusses angeordnet worden. Einen bedenklichen Nachteil dieser Noteinrichtung bildet der Umstand, daß die Stahlkonstruktion ständig unter Wasser liegt, (Abb. 1091), daß die Geschiebe darüber hinweglaufen und daß Instandhaltungsarbeiten an den Böcken kaum ausführbar sind. Um diesem Übelstand abzuhelfen, können Böcke angewendet werden, die erst im Bedarfsfalle in die vorbereiteten Lager eingesetzt werden.

Abb. 1078. Versetzen von Dammbalken mittels eines Zangenbalkens vom Versetzwagen aus. *a)* Dammbalkenversetzwagen, *b)* Führungsrollen *d)* Dammbalken, *e)* Dichtungsleiste, *f)* Dammbalkennut. (MAN.)

Schrifttum.

REHBOCK, TH.: Stauwerke. Hdb. d. Ing. Wissensch. III. Teil. Bd. 2. Abt. 1. 4. Aufl. Leipzig. 1914. W. Engelmann. — THOMAS, B. F:. The light needle dam at the Big Sandy River. U.S.A. Eng. 1908. S. 69. REFERAT: Neuerungen an Nadelwehren. Schw. Bauztg. 1901. S. 50.

C. Die Auswahl der Stauverschlüsse und ihre Anordnung im Stauwerk.

Beim Entwurf eines Stauwerkes wird, nachdem das Stauziel festgelegt worden ist, die Größe der beweglich abzuschließenden Wehröffnungen ermittelt und eine Entscheidung bezüglich der anzuwendenden Stauverschlüsse getroffen werden. In der Regel wird gefordert, daß bei vollkommen freigegebenen Wehrfeldern der Höchstabfluß (HHQ) das Stauziel bzw. die Spiegellage der Höchstabflüsse vor Errichtung des Stauwerkes, wenn diese über dem Stauziel liegt, nicht nennenswert überschreite.

Der Flußquerschnitt wird in seiner ganzen Breite beweglich abgeschlossen und die Stauverschlüsse müssen in der Regel bis zur abgeglichenen Flußsohle herabreichen. Wenn das Stauziel hoch über der Spiegellage des Höchstabflusses (HHW) liegt, ist zu erwägen, wie weit die Wehrfelder fest zu schließen sind. Bei diesen Erwägungen muß aber beachtet werden, daß ein Wehrfeld mit Notverschlüssen gesperrt sein kann, gerade dann, wenn der Höchstabfluß (HHQ) eintrifft. Man wird daher erst jenen Teil der Wehrfelder fest verbauen, der den zur Ableitung des Höchstabflusses erforderlichen Querschnitt plus einem Reservefeld überschreitet. Die beweglichen Stauverschlüsse werden über die ganze Flußbreite

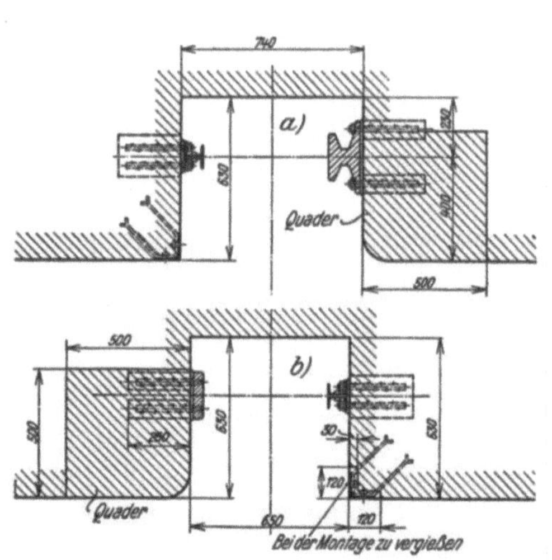

Abb. 1079. Ausrüstung der Dammbalkennuten beim Murwehr Pernegg. *a)* an der Unterstromseite. *b)* an der Oberstromseite. (Steweag.)

verteilt und es ist zweckmäßig. die Stauhöhe aller Stauverschlüsse gleich zu machen, weil dann das Freiwasser zur Erzielung einer günstigen Kolkausbildung gleichmäßig verteilt abgeleitet werden kann. Die Lichtweite der Wehrfelder soll gleich gewählt werden, weil dann die Stauverschlüsse billiger werden und weil dann nur ein Satz Notverschlüsse erforderlich ist.

Von der hinsichtlich der Kolkbildung günstigsten Anordnung durchwegs gleicher Stauverschlüsse muß abgegangen werden, wenn Verschlüsse angewendet werden sollen, die sich hinsichtlich der Geschiebeableitung ungünstig verhalten. Das gilt für alle Klappenwehre, die die Ableitung von Geschieben nur ermöglichen, wenn sie vollständig niedergelegt werden und für Wehre mit Stauverschlüssen auf festen Wehrrücken. Um wenigstens den Bereich des Einlaufes frei von Anlandungen zu halten, werden bei solchen Wehren gewöhnlich sogenannte Grundablässe angeordnet, also Wehrfelder, die mit einer Doppelschütze abgeschlossen werden und bis zur abgeglichenen ursprünglichen Flußsohle herabreichen. Sicherheitshalber sollten stets zwei Grundablässe angeordnet werden, von denen einer unmittelbar neben dem Einlauf, der andere an der Stelle des ursprünglichen Stromstriches liegt (Abb. 1091).

Bei der Auswahl der Stauverschlüsse sind in erster Reihe hydrologische Erwägungen (Ableitung von Wasser, Geschiebe, Eis und Treibzeug) und Fragen der Betriebssicherheit in allen Lagen maßgebend; die Kostenfrage darf erst in zweiter Linie eine Rolle spielen.

In einem Wehrquerschnitt alle möglichen Stauverschlüsse nebeneinander einzubauen, wie es früher manchmal geschehen ist, soll vermieden werden, weil es nicht notwendig ist, die Wehrbedienung erschwert und eine ästhetische Gestaltung des Wehres nahezu unmöglich macht.

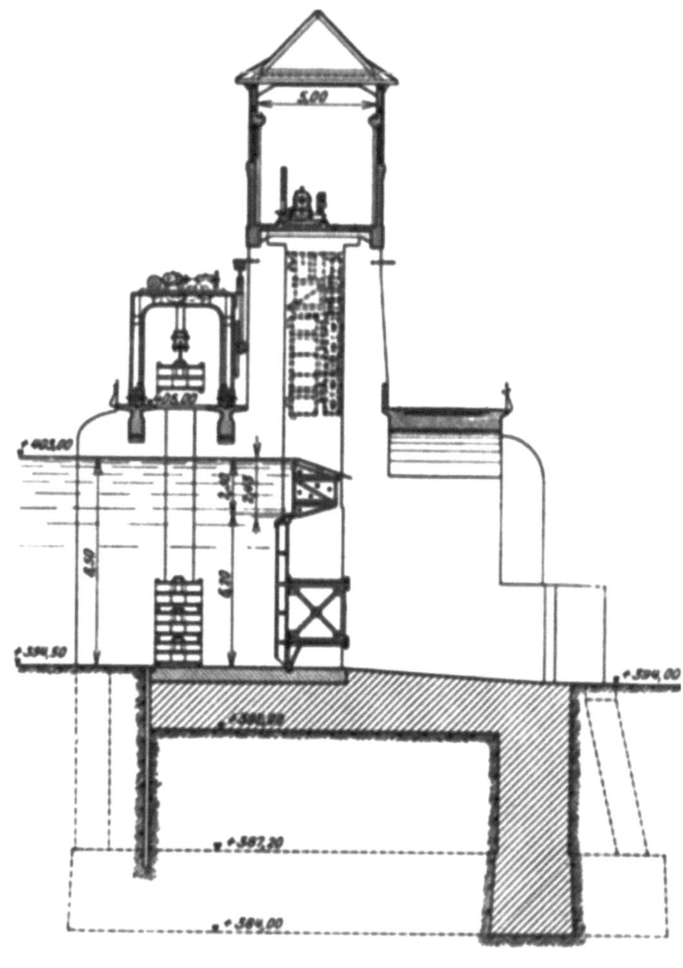

Abb. 1080. Der Dammbalkenversetzkran am Innwehr Jettenbach.

Heber eignen sich für den Einbau in Flußwehre überhaupt nicht, weil die Gefahr der Verlegung mit Treibholz zu groß ist. Feste Wehre, auch in Verbindung mit beweglichen Verschlüssen kommen nur ausnahmsweise in entlegenen Tälern in Frage, weil die Geschiebeableitung schwierig ist und weil die Stauspiegellagen mit der Größe des Zuflusses zu sehr schwanken. Für Flußwehre, durch die viel Geschiebe wandert, kommen vorwiegend die Schützen-, die Walzen- und die Segmentwehre in Betracht.

Neben den Stauverschlüssen müssen noch Verkehrseinrichtungen in das Stauwerk eingebaut werden.

D. Verkehrseinrichtungen an Stauwerken.

Stauwerke bilden in natürlichen Flüssen ein Hindernis für jedweden Verkehr und es müssen, wenn dieser aufrecht

Abb. 1081. Dammbalkenversetzwagen
der Langmann-Staumauer.

erhalten werden soll, besondere Vorkehrungen getroffen werden. Der Verkehr erfolgt entweder mit Schiffen flußauf und flußab oder mit Flößen nur flußab und dementsprechend werden die Anlagen zur Überwindung von Staustufen errichtet. Für den Verkehr in beiden Richtungen eignen sich in erster Reihe Kammerschleusen; Flöße überwinden eine niedrige Staustufe durch Floßdurchlässe mit anschließenden Floßgassen oder Floßkanälen, höhere

Abb. 1082. Dammbalkenversetzwagen an den Turbinenausläufen im Kraftwerk Pernegg an der Mur.

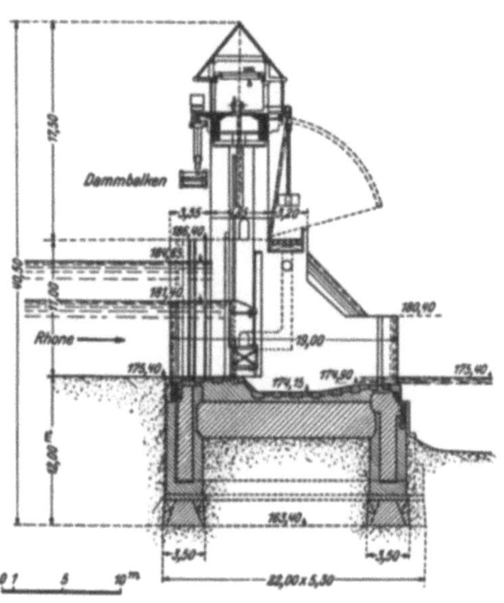

Abb. 1083. Versetzen der Dammbalken am Stauwehr Jons an der Rhône.

vielfach in Kammerschleusen. Schließlich erfordert der Fischbestand im Flusse Einrichtungen, die den Fischen den Verkehr über Staustufen erlauben.

Die Anlagen, die den Verkehr von Schiffen und Flößen über Stauwerke vermitteln, werden im neunten Teil ausführlich besprochen und es sei daher hier auf diesen Teil des Buches verwiesen.

Die Fische, die in den fließenden Gewässern leben, werden in Standfische und Wanderfische unterschieden; zu den ersteren gehören alle Fischarten, die sich ständig im Gewässer aufhalten,

Abb. 1084. Ein mittels Dammbalken abgeschlossenes Wehrfeld des Murwehres Pernegg. Die MAN-Doppelschützen sind hochgezogen. Ansicht von der Unterwasserseite.

zur letzteren solche, die nur vorübergehend zu bestimmten Jahreszeiten in den Gewässern stehen und ihre Wanderung bis zum Meere ausdehnen. Die mitteleuropäischen Fischgebiete werden nach den hauptsächlich vorkommenden Standfischen in drei Gebiete unterteilt, nämlich in jenes der Forelle, jenes der Barben und jenes der Brassen.

Zum Gebiete der Forellen gehören die Oberläufe der Flüsse mit kiesigem oder steinigem Grund und heftiger Strömung. Neben der Forelle leben dort noch die Ellritze, Asche und die Schmerle. Zum Gebiet der Barben gehören die Mittelstrecken der Flüsse mit sandigem oder schlammigem Boden und größerer Wassertiefe; dort leben außer den Barben unter anderen Karpfen, Hechte und Barsche. Das Gebiet der Brassen liegt im Unterlauf der Ströme mit schlammigem Grund, schwacher Strömung und großer Tiefe; dort halten sich auch noch Welse und Schleie auf.

Alle diese Standfische wandern zwar, durch Nahrungsmangel und Fortpflanzungstrieb veranlaßt, auch herum, kehren aber doch wieder an ihren Standort zurück. Neben diesen Standfischen ziehen zu bestimmten Jahreszeiten die Wanderfische, deren wichtigste Vertreter der Aal und der Lachs sind, durch die Gewässer.

Stauwerke bilden nun in der Regel für alle Fische unüberwindliche Hindernisse. Um nun die Fischerei durch die Errichtung eines Stauwerkes nicht zu schädigen, werden entweder

Anlagen am Stauwerk eingebaut, die den Fischen das Überwinden des Stauwerkes ermöglichen oder es wird in dem Stauraum alljährlich Fischbrut eingesetzt. In den Alpen sind beide Verfahren üblich.

Die Anlagen, die den Fischen das Überwinden des Stauwerkes ermöglichen, können geschieden werden in Fischpässe, Fischschleusen und Fischaufzüge.

Fischpässe ermöglichen den Fischen vom Unterwasser in den Stauraum schwimmend und springend zu gelangen; sie bestehen im wesentlichen aus einer Aufeinanderfolge von Becken

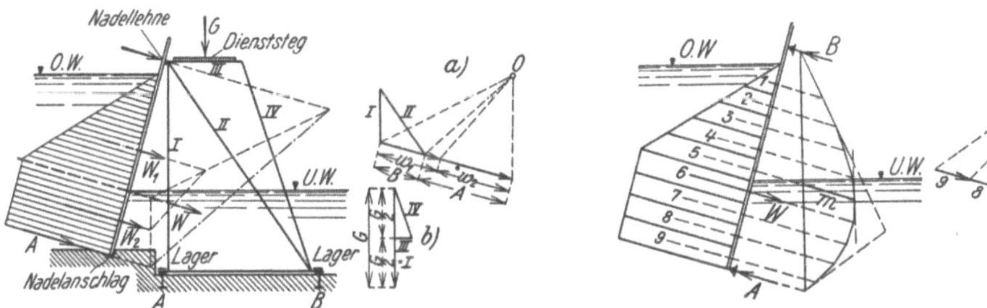

| Abb. 1085. Schema eines Nadelwehres und die Beanspruchung eines Wehrbockes. | Abb. 1086. Zeichnerische Ermittlung der Beanspruchung einer Nadel. |

oder aus Gerinnen, die vom Wasser mit mäßiger Geschwindigkeit von höchstens 2 bis 2,5 [m/sec] durchronnen werden. Die Abmessungen der Fischpässe werden den Abmessungen der größten wandernden Fische angepaßt. Von besonderer Wichtigkeit bei der Anlage eines Fischpasses ist es nun, diese so zu errichten, daß sie die Fische auch finden; dazu ist erforderlich, daß das Wasser reichlich und mit kräftiger Strömung den Paß verläßt, womöglich mit einigem Getöse, aber an einer Stelle, an der sonst keine vom Wehrbetrieb herrührende starke und laute Strömung vorkommt.

Die Fischpässe sind in den verschiedensten Weisen ausgestaltet worden; es ist bis heute noch nicht sichergestellt, welche Fischpaßart die beste ist, weil vielfach Pässe, die sich an einem

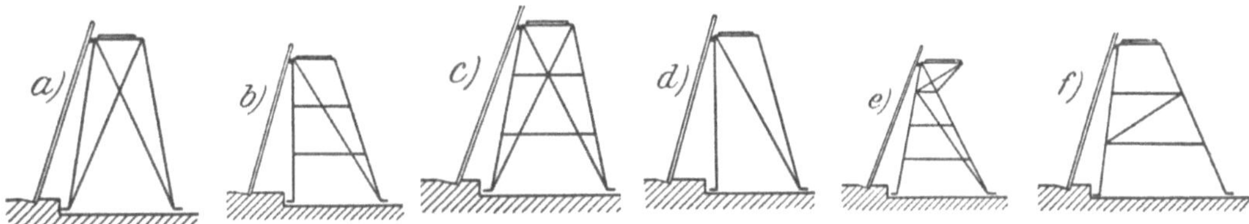

Abb. 1087. Systemnetze für das Fachwerk von Nadelwehrböcken.

Stauwerk gut bewähren, an einem anderen von den Fischen nicht angenommen werden. Es scheint vorwiegend auf eine den Fischen zusagende Ausgestaltung des Einlaufes und des Auslaufes anzukommen. Unbedingt zu vermeiden ist es, den Fischpaß auf einer längeren Strecke so zu überdecken, daß das Licht stark abgeschirmt wird.

Eine vielangewendete Fischpaßart ist die Beckentreppe, die nach dem Schema der Abb. 1092 ausgeführt wird. Die Abmessungen werden nach den Angaben in der Zahlentafel 91 den größten wandernden Fischen angepaßt.

Zahlentafel 91. Abmessungen von Beckentreppen in Metern.

Fischart	h	S	a	b	c	d	e
Große Lachse	0,3 bis 0,6 [m] unter dem tiefsten Wasserspiegel	0,25/0,30 bis 0,40/0,40	0,25 bis 0,30	0,5 bis 0,7	2,1 bis 3,0	1,8 bis 2,5	0,12 bis 0,2
Standfische.................		0,15/0,20	0,10	0,3 bis 0,4	0,8 bis 1,0	0,6 bis 0,8	0,1
Forellen		0,10/0,15	0,05	0,25 bis 0,35	0,6 bis 0,8	0,4 bis 0,6	0,1

Die Querwände der Beckentreppe erhalten Schlupföffnungen, die meist versetzt angeordnet sind und sie werden während der Hauptwanderzeit der Fische überronnen; in der übrigen Zeit, in der der Paß nur von Standfischen benutzt wird, kann der Durchfluß gedrosselt werden, so daß das Wasser bei gefülltem Becken nur durch die Schlupföffnung abfließt. Im Winter

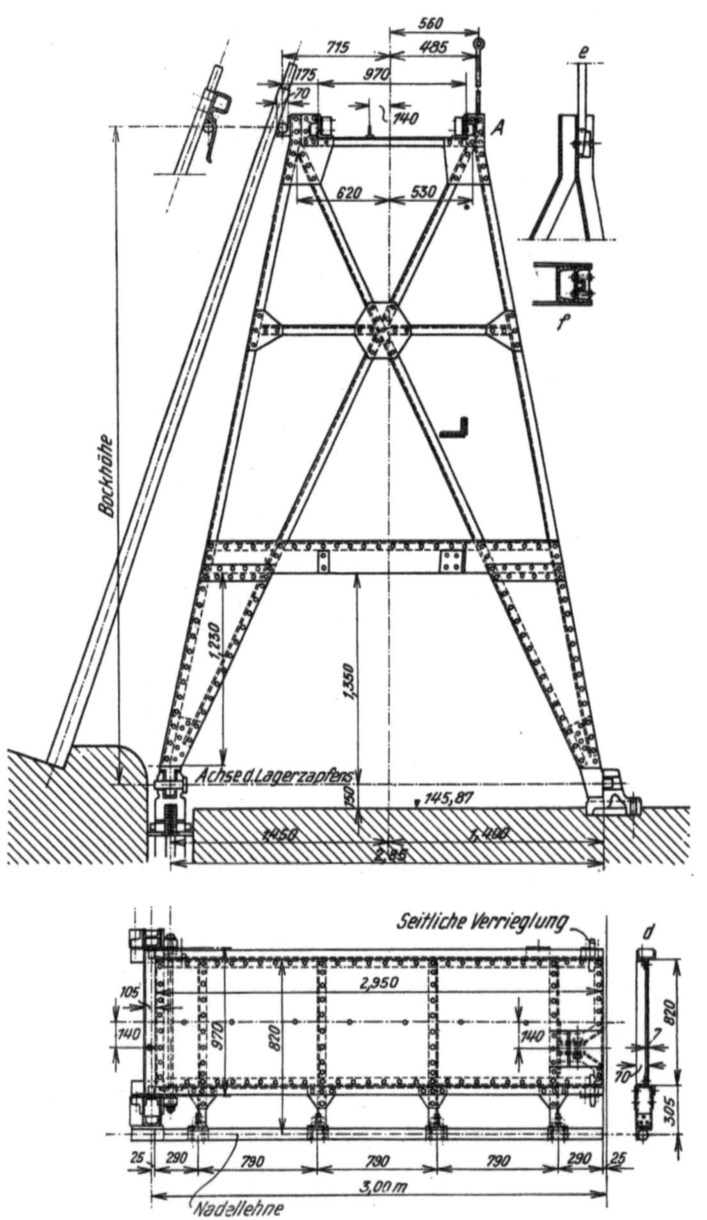

Abb. 1088.   Nadelwehr in Raudnitz und in Wegstädtl an der Elbe. Bockhöhe 4,18 [m], bzw. 3,30; 3,80 und 4,18 [m]. (Nach Th. Rehbock.)

wird der Fischpaß vollständig gesperrt. Im Oberwasser muß die Einlauföffnung 0,3 bis 0,6 [m] unter den tiefstliegenden Wasserspiegel im Stauraum herabreichen. Eine solche Einlauföffnung, wie sie an einem Murwehr ausgeführt worden ist, veranschaulicht die Abb. 1093. Die Ansicht einer Beckentreppe gibt die Abb. 1094.

Beckentreppen erhalten bei größeren Stauhöhen sehr bedeutende Abmessungen und erfordern sehr namhafte Kosten, die oft in keinem Verhältnis zum Nutzen stehen; die Stauwerksbesitzer trachten daher auf einfachere Weise die Fischwanderung zu ermöglichen, umsomehr, als die teuren Beckentreppen vielfach, wie schon erwähnt worden ist, wegen verfehlter Anlage, von den Fischen überhaupt nicht angenommen werden.

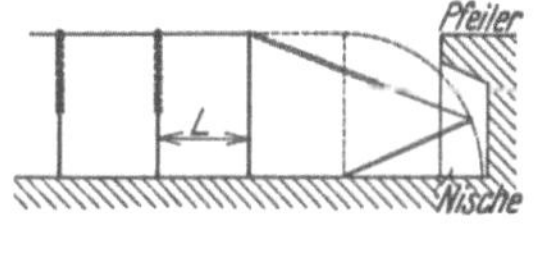

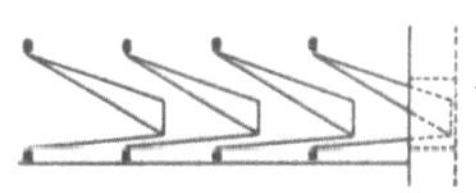

Abb. 1089.   Schema für das Umlegen der Nadelwehrböcke.

Wesentlich billiger kommen durchflossene Rinnen mit Einbauten zu stehen, die die Wasserbewegung verzögern; von all diesen Einbauten haben sich jene, die von G. DENIL angegeben worden sind, am besten bewährt; in den Abb. 1095 bis 1097 sind DENILsche Fischpässe dargestellt und die Abb. 1098 veranschaulicht noch besonders die Wasserbewegung durch eine solche Rinne; die Neigung derselben kann bis über 1 : 1,5 gewählt werden. Bei festem Einbau in eine Wehr und größeren Stauhöhen wird der Paß, wie es die Abb. 1096 andeutet, alle 5 bis 6 Höhenmeter durch ein Becken unterbrochen, in dem die Fische ausruhen können. Der Wasserverbrauch beträgt 0,5 bis 0,9 [m³/sec]. Die Stufen des DENILschen Fischpasses werden aus Stahl, Beton, Stahlbeton (Abb. 1099) oder aus Holz ausgeführt.

Für Aale sind vielfach eigene *Aalschlupfe* und *Pässe* nicht nur am Stauwerk, sondern auch am Krafthaus notwendig, deren Ausführung von Oberfischermeister P. GERHARDT ausführlich beschrieben worden ist. Junge Aale sind nämlich zu schwach, um Fischpässe überwinden zu

Abb. 1090.   Ansicht vom Aufstellen der Nadelwehrböcke.

Abb. 1091a.   Die umgelegten Wehrböcke.

können; für sie werden Rinnen angelegt, die mit Neigungen von etwa 1 : 8 über das Stauwerk führen und die mit Faschinen oder grobem Kies gefüllt sind. Durch die verbleibenden Hohlräume und in dünner Schicht über der Rinnenfüllung rieselt dann etwas Wasser, aber so langsam, daß die junge Aalbrut sich ohne Schwierigkeiten flußauf fortbewegen kann.

Abb. 1091b.   Die Oberwasseransicht des Illerwerkes bei Tannheim. *a)* Einlaufschützen, *b* und *d* Grundablässe, *c* und *e* Walzen (MAN).

Fischschleusen arbeiten ähnlich wie Kammerschleusen; sie bestehen aus einem Kammerschacht mit einer Einlauf- und einer Auslauföffnung. Die Betätigung der Verschlüsse dieser Öffnungen erfolgt selbsttätig; das kann z. B., wie ein Blick in die Abb. 1100 lehrt, dadurch bewirkt werden, daß die Auslaufschütze A an ein Seil gehängt wird, das über eine Rolle R läuft und am anderen Ende einen Kübel K trägt, dessen Boden eine kleine Öffnung enthält. Sobald mehr Wasser in den Kübel fließt, als durch die Bodenöffnung abläuft, füllt sich der Kübel so lange, bis sein Gewicht hinreicht, die Schütze bei A hochzuziehen. Dann entleert sich der Kammer-

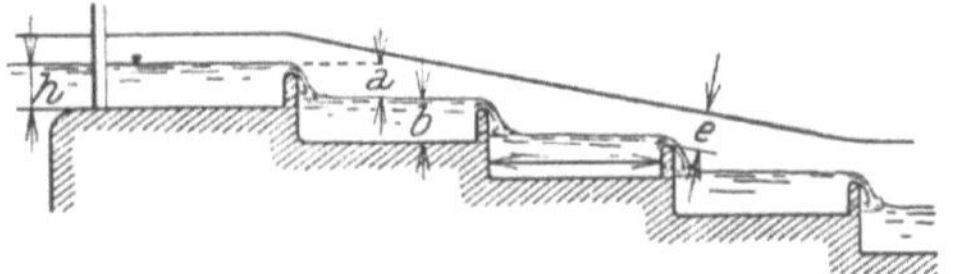

Abb. 1092. Beckentreppe.

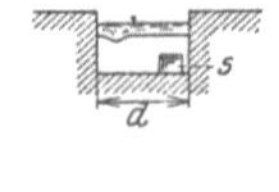

schacht. Mit dem sinkenden Wasserspiegel in der Kammer sinkt nun auch der Schwimmer S, mit dem die Einlaufschütze bei E verbunden ist, und es erfolgt die Sperrung der Einlauföffnung. Der Kammerschacht läuft nun rasch leer. Gleichzeitig entleert sich auch langsam der Kübel K, die Schütze bei A senkt sich wieder und es beginnt die Schachtfüllung durch Wasser, das über den Überlauf $Ü$ zuläuft. Mit dem Wasserspiegel steigt dann auch wieder der Schwimmer und macht die Einlauföffnung E frei, durch die die Fische aus dem Schacht ins Oberwasser gelangen können. Sobald der Zulauf zum Kübel K wieder erfolgt, wiederholt sich das zuvor beschriebene Spiel.

Ein *Fischaufzug* ist nach den Angaben von GUTZWILLER im Stauwerk Kembs am Rhein eingebaut wor-

Abb. 1093. Einlauf des Fischpasses am Wehr Peggau an der Mur.

Abb. 1094. Ansicht einer Beckentreppe an einem Wehrpfeiler.
(S. SHULITS.)

den; er hebt die Fische aus dem Unterwasser trocken hoch und führt sie ins Oberwasser. Der Fischaufzug dient in Kembs nur für die Aufwärtsförderung der Fische; flußab gelangen die Fische durch eine Fischtreppe schwimend.

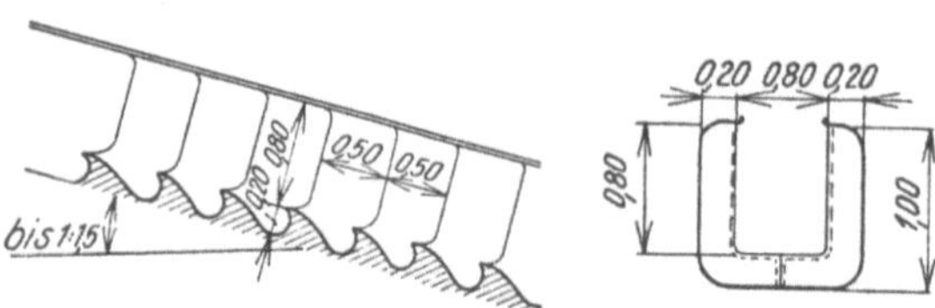

Abb. 1095. Denilscher Fischpaß aus Stahlblech.

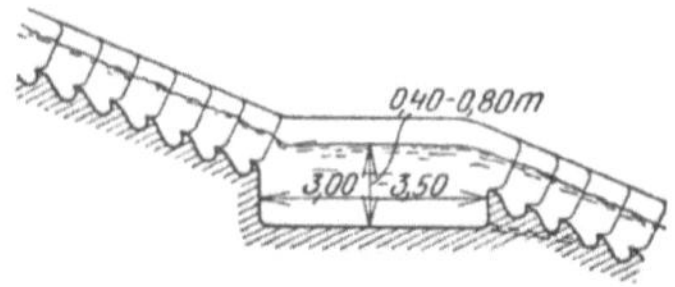

Abb. 1096. Denilscher Fischpaß mit Ruhebecken aus Beton.

Schrifttum.

ALBRECHT, J.: Grundfragen des Fischpaßbaues. Dtsch. Wasserwirtsch. 1940. S. 65. — BAYER, H.v.: Fishways. Bullet. of the bureau of Fisheries. Bd. 28. 1908. — DENIL, G.: Les échelles à poissons et leur applications aux barrages de Meuse et d'Ourthe. Ann. des Trav. publ. de Belgique. Bruxelles. 1909. — FEHLMANN:

Fischerei und Stauwehre. Schw. Wasser- und Elektr. Wirtsch. 1930. S. 107. — FREY, J.: Rheinkraftwerk und Fischdurchlässe. Wasserkr. u. Wasserwirtsch. 1931. S. 199. — FRISCHHOLZ: Anlage und Betrieb von Fischpässen. Im Handbuch der Binnenfischerei Mitteleuropas. Herausg. v. R. Dermoll und H. N. Maier. Bd. VI. Stuttgart 1924. —

GERHARDT, P.: Fischwege und Fischteiche. Im Handb. d. Ing. Wiss. III. Teil. Bd. 2/1. Leipzig. 1914. W. Engelmann. — HINTERLEITNER, A.: Schutz der Fischerei bei Wasserkraftanlagen. Wasserkr. u. Wasserwirtsch. 1937. S. 97. — DERSELBE: Fischpässe und Fischaufstieg an den Kanalisierungs-

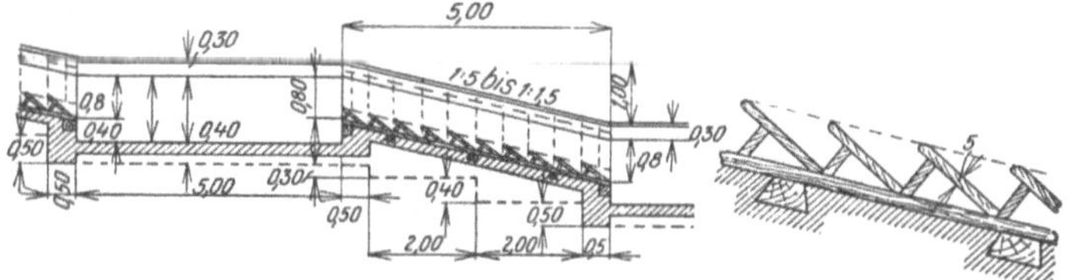

Abb. 1097. Denilscher Fischpaß mit Ruhebecken aus Holz.

staustufen der Großschiffahrtsstraße Rhein-Main-Donau. Wasserkr. u. Wasserwirtsch. 1931. S. 144. — KOCH: Aufstiegskontrollen an Fischpässen. Dtsch. Wasserwirtsch. 1930. S. 247. — KOMMISSION FÜR FISCHWEGE DES SCHWEIZER WASSERWIRTSCHAFTSVERBANDES: Zur Konstruktion von Fischpässen nach dem Beckensystem. Zürich. 1932. (Referat. Wasserkraft und Wasserwirtschaft 1933. S. 24.). — LEOPOLDSEDER: Fischpässe? Allg. Fischerei-Ztg. 1937. Nr. 19. — LÜSCHER, G.: Über Fischtreppen und Fischwohnungen. Schw.

techn. Zeitschr. 1935. S. 93. — SCHIEMENZ, FR.: Wie finden die Fische in Fischtreppen ihren Weg? Fischerei-Ztg. 1935. S. 59. — SCHMASSMANN: Messungen über den Formwiderstand der Fische bei verschiedenen Wassergeschwindigkeiten und seine Berücksichtigung beim Bau von Fischpässen. Schw. Fischerei-Ztg. 1928. S. 337. — STEINMANN, KOCH, SCHEURING: Die Wanderungen unserer Süßwasserfische, dargestellt auf Grund von Markierungsversuchen. Zschft. f. Fischerei.

Abb. 1098. Denilscher Fischpaß aus Stahlblech, eingebaut in ein Nadelwehr.

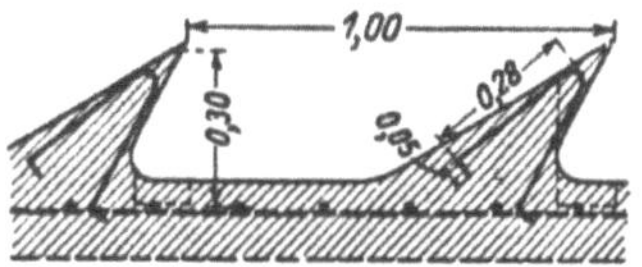

Abb. 1099. Sporen des Fischpasses von Denil aus Stahlbeton. (Nach O. FRANZIUS.)

1937. S. 369. — TROTT, K.: Der Weg der Fische über Stauanlagen. Wasserkr. u. Wasserwirtsch. 1938. S. 18. (Trockenförderung der Fische.) — REFERAT: Fischpässe und Fischwohnungen. Wasserkr. u. Wasserwirtsch. 1935. S. 207.

E. Die Ausbildung des Wehrunterbaues.

Der Wehrunterbau besteht aus dem Wehrboden und aus den Schürzen zur Abdichtung des Untergrundes. Der Wehrunterbau hat die Aufgabe, das durch die Wehrfelder abgeleitete Freiwasser so zu lenken, daß die Kolkbildung flußab des Stauwerkes innerhalb erträglicher Grenzen bleibt; bei seiner Formung müssen daher die Regeln der Kolkabwehr beachtet werden. Der Wehrboden wird durch den Sohlwasserdruck beansprucht, den das Wasser ausübt, das unter dem Wehr durch den Untergrund sickert;

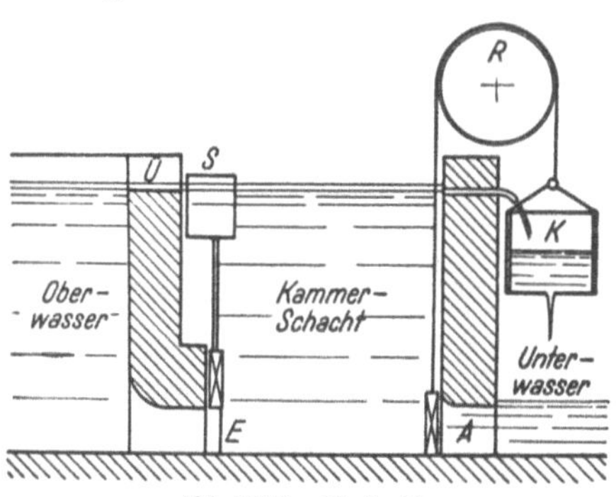

Abb. 1100. Fischschleuse.

Abb. 1101. Vollschwellen am Ende des Wehrbodens.

die Größe dieses Sohlwasserdruckes hängt von der Beschaffenheit des Untergrundes und von den getroffenen Maßnahmen zur Abdichtung des Untergrundes ab. Diese Maßnahmen müssen überdies so getroffen werden, daß die Gefahr des hydraulischen Grundbruches (vgl. S. 238) ausgeschlossen bleibt.

Bei den Maßnahmen zur Kolkabwehr muß sowohl die Kolkbildung flußab der Wehre (vgl. S. 200) als auch jene flußauf der Stauwerke (vgl. S. 207) beachtet werden. Ganz kann ja die Kolkbildung in der Regel mit wirtschaftlich vertretbaren Mitteln überhaupt nicht verhindert werden. Durch eine geeignete Formung des Umrisses des Wehrbodens kann aber erreicht werden, daß die Kolkbildung in erträglichen, den Bestand des Stauwerkes nicht gefährdenden Grenzen bleibt.

Um eine möglichst geringe *Kolkbildung flußab* des Stauwerkes zu erreichen, muß das Freiwasser gleichmäßig über das Stauwerk verteilt werden; die Wehrschwelle soll überdies am ganzen Stauwerk in gleicher Höhe liegen. Der Wehrboden

Abb. 1102. Der Wehrboden des Wehres Mixnitz an der Mur mit Versenkwalzen.

hat die Aufgabe, das abgelassene Freiwasser in günstiger Weise in das Flußbett zu leiten. Hiezu ist eine Mindestlänge notwendig, die flußab des Verschlußkörpers den anderthalbfachen Höhenunterschied zwischen der Energielinie im Stauraum und dem tiefsten Punkt des Wehrbodens mißt. Der Wehrboden wird waagrecht oder flußab ansteigend ausgeführt; keinesfalls darf der Wehrboden flußab fallen. Der Abflußstrahl soll den Wehrboden etwas über die Waagrechte ansteigend verlassen; waagrechte Wehrböden werden, um dies zu erreichen, am Ende mit einer Schwelle ausgerüstet. Diese Schwelle kann eine Vollschwelle oder eine Zahnschwelle sein. Sehr wichtig für die Erzielung kleiner Kolktiefen ist es, die Oberkante der Endschwelle so anzuordnen, daß sie stets tiefer liegt, als die Flußsohle flußab des Kolkes, auch dann, wenn während der Stauraumverlandung die Sohle flußab des Stauwerkes abgetragen wird. Vollschwellen werden gewöhnlich mit rechteckigem (Abb. 1101 a) oder mit trapezförmigem (Abb. 1101 b) Querschnitt ausgeführt; die Rechteckschwellen sind auch ab-

Abb. 1103. Rehbock-Zahnschwelle aus Granit am Rheinkraftwerk Ryburg-Schwörstadt.

getreppt (Abb. 1101 c) hergestellt worden. Die Abb. 1102 zeigt z. B. einen waagrechten Wehrboden mit einer Trapezschwelle an einem Wehr mit Versenkwalzen. Im Bild rechts ist die Wehrschwelle mit der Kantenbewehrung zu sehen, gegen die sich die Sohldichtung der Versenkwalze legt.

Von den verschiedenen Zahnschwellen hat die von TH. REHBOCK entworfene die weiteste

Verbreitung gefunden. Die Abb. 1103 gibt die Ansicht einer solchen Rehbock-Zahnschwelle wieder. Verschiedene Ausführungen von Rehbock-Zahnschwellen und die anzuwendenden Abmessungen gibt die Abb. 1104. Je nach den Angriffen, die durch das durch das Stauwerk laufende Geschiebe zu erwarten sind, werden die Zahnschwellen aus Beton, Beton mit stahlbewehrten Kanten, Granit oder aus Gußeisen bzw. Stahlguß ausgeführt. Die Zähne erhalten Höhen h zwischen 0,15 und 1,0 [m] und die Fußbreite b der Zähne beträgt

bei leichtem bis mittelschwerem Geschiebeangriff .... $b = 2,5\ h$
bei schwerem Geschiebeangriff .... $b = 2,75h$
bei schwerstem Geschiebeangriff (Zähne aus Gußstahl) .... $b = 2,0\ h$

Die Kopfbreite z der Zähne beträgt bei niedrigen Zähnen 0,35 h, bei hohen Zähnen 0,10 h, die Zahnteilung t hat bei niedrigen Zähnen die Größe 1,5 h und sie nimmt bei hohen Zähnen bis

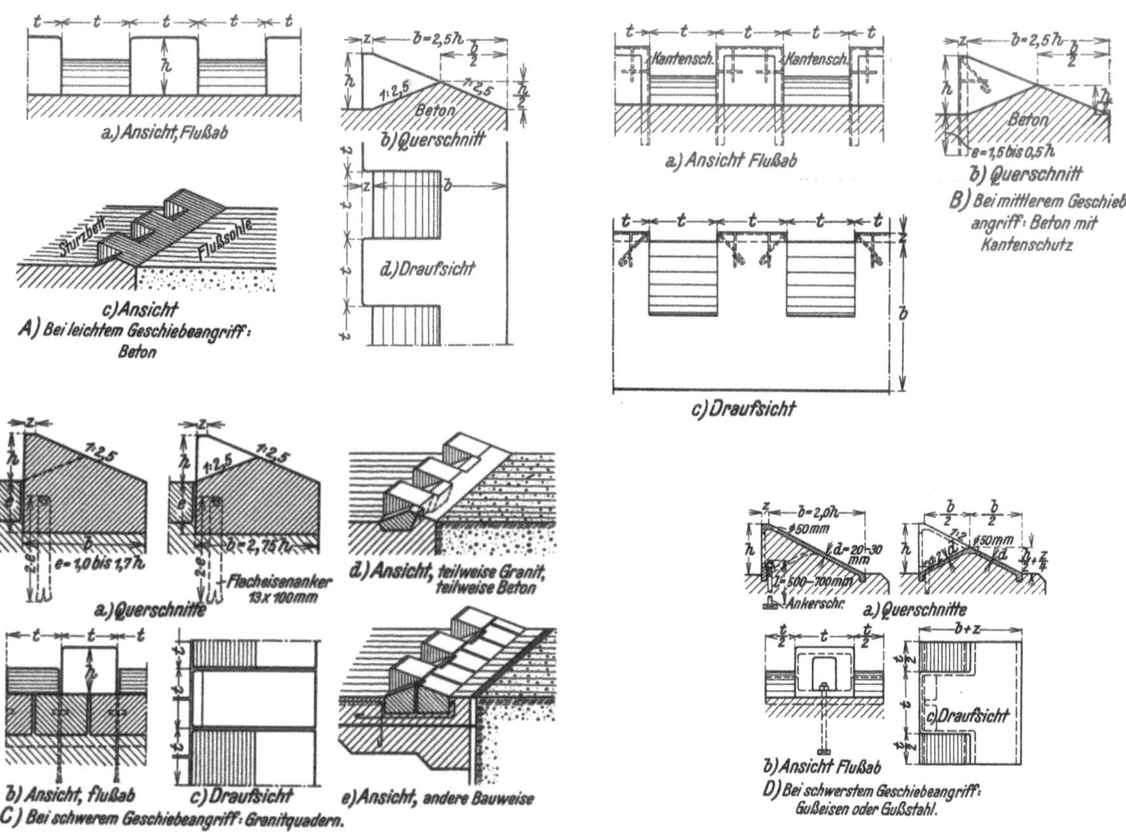

Abb. 1104.   Bauarten der Rehbock-Zahnschwelle bei verschiedenen Geschiebeangriffen.

auf 1,1 h ab. Bei den betonierten und bei den granitenen Zähnen werden alle Kanten mit einem Halbmesser von 25 bis 40 [mm] abgerundet.

Manchmal ist auch zwischen den Verschlußkörper und die Endschwelle noch eine Mittelschwelle eingebaut worden; ihre Bemessung und die Festlegung ihrer Lage kann verläßlich nur auf Grund von Modellversuchen erfolgen. Eine unrichtig angeordnete Mittelschwelle kann die Kolkabwehr vollkommen in Frage stellen. Keinesfalls darf die Mittelschwelle nahe der Endschwelle angeordnet werden, weil der Abflußstrahl dann die Endschwelle einfach überspringt.

Der Einbau von Schikanen zwischen die Endschwelle und den Verschlußkörper des Wehres kann bei langen Wehrböden noch über dem Wehrboden Energievernichtung bewirken und daher die Kolkbildung herabsetzen. Die Abb. 1105 zeigt als Beispiel einen solchen Wehrboden mit Schikanen. In Flüssen mit starker Geschiebebewegung sind die Schikanen starken Angriffen ausgesetzt und sie können überdies Anlaß zum Verhängen von treibendem Holz geben.

Bei kleineren Stauwerken ist häufig flußab an den Wehrboden anschließend noch ein *Steinwurf* angeordnet, der Wehrboden also durch den Steinwurf gleichsam verlängert worden. Für einen solchen Steinwurf eignen sich nur Bruchsteine, die so schwer sind, daß sie selbst von den größten Hochwässern nicht bewegt werden können; überdies ist es notwendig, diese Steine

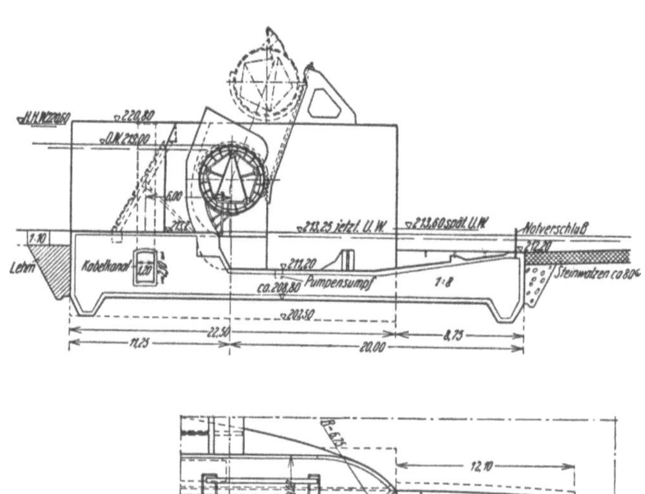

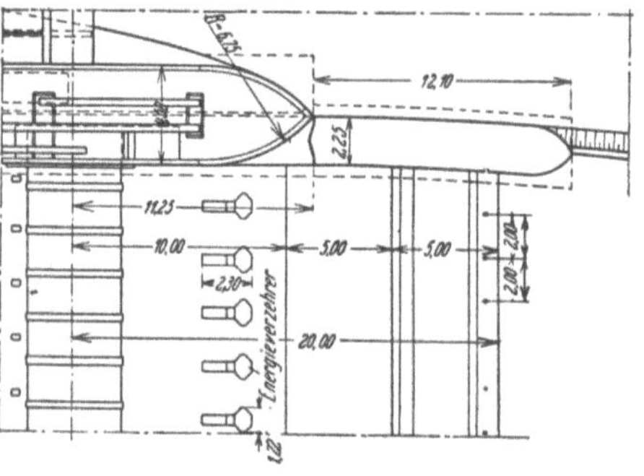

Abb. 1105. Walzenwehr Cannstadt mit der Doppelschwelle von SCHÄFER. (Aus N. KELEN, Gewichtsstaumauern. J. Springer, Berlin 1933.)

in mindestens drei bis vier Lagen übereinanderzuwerfen. Wenn er aus weniger Lagen besteht, so spült das Wasser zwischen den Steinen die darunter liegenden Geschiebe heraus und der Steinwurf versinkt in der Flußsohle. Bei der Kolkbildung beginnt am flußabwärtigen Rand des Steinwurfes die Auflockerung desselben und es kollern vorerst einzelne Steine längs der Kolkböschung herab und verschwinden im Geschiebe. Der Steinwurf wird auf diese Weise auseinandergezogen. Die Abb. 1106 zeigt ein Stauwerk mit anschließendem Steinwurf.

Nach W. G. BLIGH soll bei einem größten Durchfluß von q [m³/sec . m] mit den Bezeichnungen der Abb. 1107 der waagrechte Wehrboden die Länge

$$L = 0{,}612\, C \sqrt{H} \ [\text{m}] \qquad (949)$$

und die Länge von Wehrboden plus Steinwurf

$$L' = 0{,}642\, C \sqrt{H q} \ [\text{m}] \qquad (950)$$

erhalten, wobei H in Metern zu messen ist. Für den Beiwert C ist zu setzen

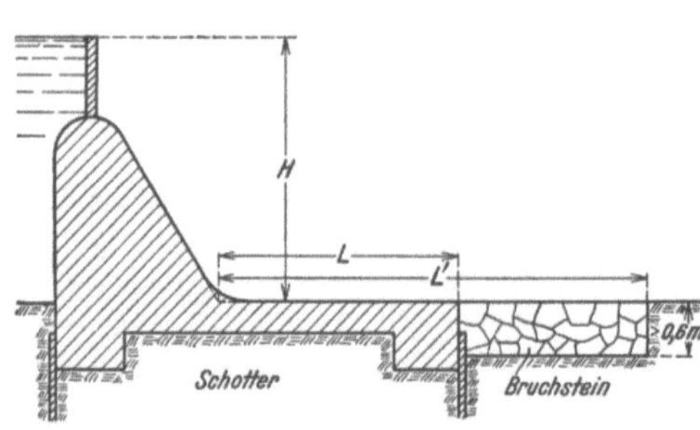

Abb. 1106. Kolkabwehr durch einen langen waagrechten Wehrboden mit anschließendem Steinwurf. (Nach W. G. BLIGH.)

bei sehr feinem Sand, abgesetztem Schweb .... C = 18
bei feinem Sand... C = 15
bei grobem Sand .... C = 12

bei Sand und Kies .... $C = 9$
bei grobem Kies und Geschiebe .... $C = 6$ bis 4

und der Steinwurf soll nicht unter 0,60 [m] dick sein.

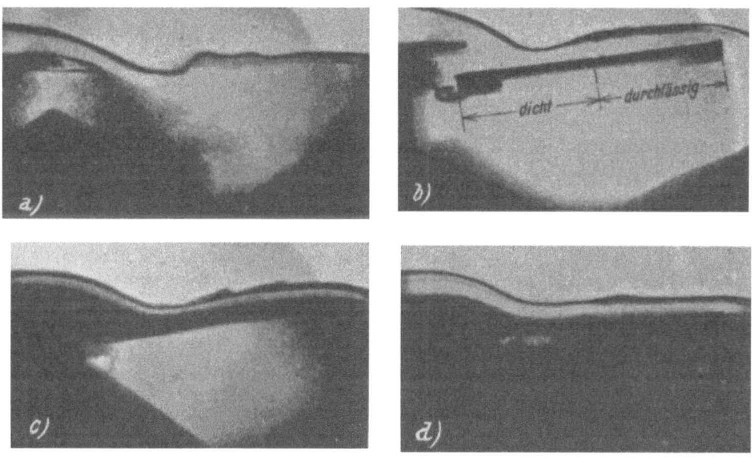

Abb. 1107. Wirkung einer Kolkabwehrtafel von PUCHNER und HOFBAUER. *a)* Kolkbildung ohne
Tafel, *b)* die Kolkabwehrtafel ist eingehängt; *c)* über das Wehr läuft Geschiebe. *d)* der Kolk unter
der Kolkabwehrtafel ist verlandet.

Sehr ungünstig entwickelt sich der Kolk, wenn der Abflußstrahl flußab fallend das Stauwerk verläßt. Solche Wasserableitungen kommen bei festen Wehren mit Eselrückenquerschnitt
und bei Dachwehren, Sektorwehren u. dgl. vor. Die Kolkbildung kann dann sehr stark
eingeschränkt oder ein bestehender Kolk zur Verlandung gebracht
werden, wenn nach dem Vorschlag von R. HOFBAUER und
P. PUCHNER *Kolkabwehrtafeln*
eingebaut werden.

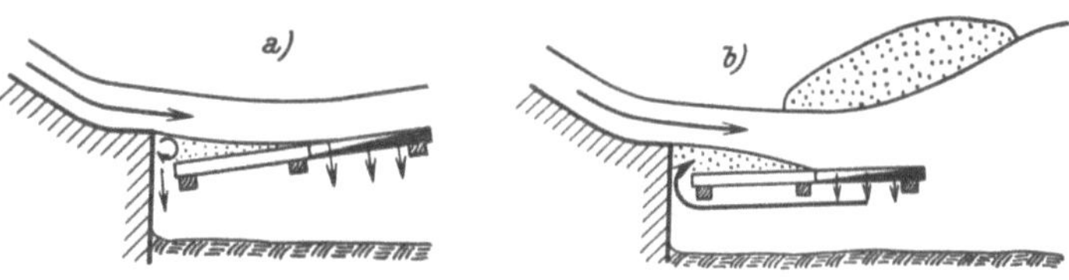

Abb. 1108. Strömungen an einer Kolkabwehrtafel. *a)* Strömung durchaus
schießend, *b)* Deckwalze über der Tafel.

Kolkabwehrtafeln bestehen
aus kürzeren und längeren Kanthölzern, die in der Flußrichtung liegend
abwechselnd so aneinandergereiht werden, daß die auf das Stauwerk folgende
Tafel auf $^1/_2$ bis $^2/_3$ der Länge dicht ist.
Die Wirkung einer solchen Tafel erläutern die in der Abb. 1107 zusammengestellten Aufnahmen gelegentlich von
Versuchen. Die Art und Weise, wie
die über das Stauwerk laufenden
Geschiebe unter die Kolkabwehrtafel
gelangen und den Kolk auffüllen, hängt
von der Lage der Deckwalze ab, die
sich über dem Abflußstrahl bildet. Die
Abb. 1108a zeigt durch die kurzen
Pfeile den Durchgang der Geschiebe
an, wenn über der Kolkabwehrtafel
keine Deckwalze auftritt; die Geschiebe

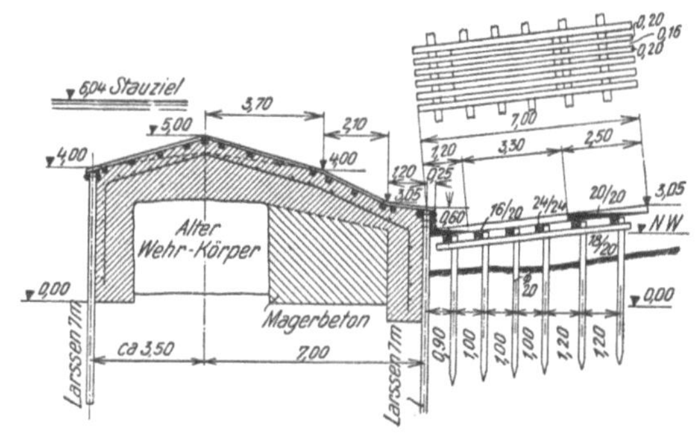

Abb. 1109. Querschnitt des Murwehres Bruck, nach dem Umbau mit
der auf Grund von Modellversuchen entworfenen Kolkabwehrtafel.

regnen gleichsam in den Kolk herab. Wenn noch über der Kolkabwehrtafel eine Deckwalze
auftritt, so fallen die Geschiebe auch durch den durchlässigen Teil der Tafel; es stellt sich
aber auch noch, weil das Wasser über dem Ende der Tafel höher steht als am Anfang, eine

flußaufgerichtete Strömung unter der Tafel ein, die durch den langen Pfeil in der Abb. 1108b gekennzeichnet ist. Diese Strömung befördert rasch die durchfallenden Geschiebe an das Stauwerk heran. Die Lage der Deckwalze wird durch die Neigung bestimmt, mit der die Kolkabwehrtafel eingebaut wird; wenn die Tafel flußab stark ansteigt, bildet sich die Deckwalze entweder erst weiter flußab oder überhaupt nicht.

Die Kolkabwehrtafel kann entweder in kleinem Abstand vom Wehrunterbau eingebaut werden oder sie wird dicht angeschlossen; dann erhält sie, wie es die Abb. 1110 erkennen läßt, nahe dem Wehrunterbau kurze Schlitze.

Die Kolkabwehrtafeln sind ursprünglich in Gelenken eingehängt worden; diese Bauart hat sich nicht bewährt, weil die Gelenke bald zerstört worden sind. Wenn Pfähle

Abb. 1110. Ansicht der Kolkabwehrtafel in Bruck an der Mur.
a) durchlässig, *b)* dicht.

gerammt werden können, werden die Tafeln auf Pfähle gelegt, wie es die Abb. 1109 andeutet. Die Abb. 1110 zeigt eine solche Anlage im Bau. Wenn keine Pfähle gerammt werden können

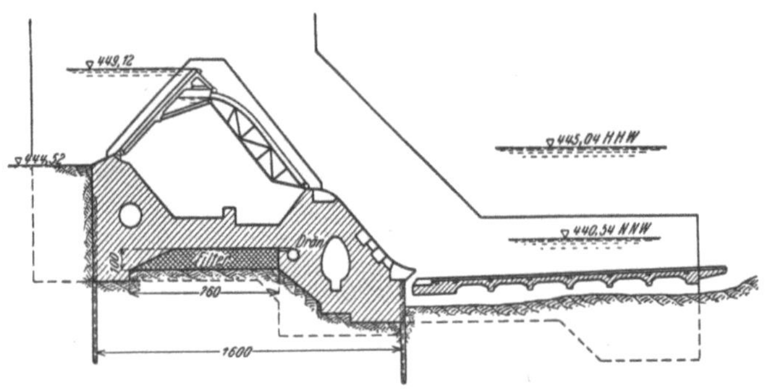

Abb. 1111. Dachwehr in Hallein mit einer Kolkabwehrtafel mit Stahlbetontragwerk, das auf den Pfeilern aufliegt.

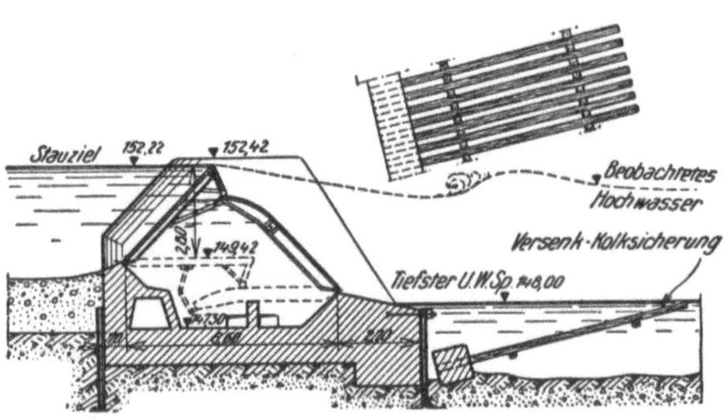

Abb. 1112. Ein Dachwehr mit der Versenkkolkabwehrtafel
von HUBER & LUTZ.

oder sollen, kann die Tafel auch auf einem Stahlbetontragwerk gelagert werden, das auf Pfeilern aufliegt (Abb. 1111).

An einem bestehenden Wehr kann der nachträgliche Einbau der beschriebenen Kolkabwehrtafeln Schwierigke ten bereiten. Dann kann auch die *Versenkkolkabwehr* von HUBER UND LUTZ angewendet werden, die die beiden Abb. 1112 und 1113 zeigen. Diese Kolkabwehr wird am Stauwerk zusammengebaut und dann in den Kolk versenkt.

Die richtige Stellung und die Abmessung einer Kolkabwehrtafel wird am besten durch Modellversuche ermittelt. Versuche haben ergeben, daß auch quergeschlitzte Tafeln gute Wirkungen aufweisen.

Bei allen Kolkabwehrtafeln muß das Freiwasser am Wehr so abgeleitet werden, daß sich keine Randwalzen bilden können, weil diese, wie es die Abb. 1114 andeutet, die Geschiebe unter den Kolkabwehrtafeln herausspülen und sogar die Pfähle freispülen können. Eine solche Gefährdung der Kolkabwehr kann gemildert werden, wenn die Wehrpfeiler unter den Tafeln bis zum unterstromseitigen Rand derselben verlängert werden.

Die *Kolkbildung an der Oberstromseite* der Stauwerke kann ebenfalls durch möglichst gleichmäßig verteilte Ableitung des Freiwassers erreicht werden. Ein Vorboden unmittelbar flußauf des Wehrs oder ein kräftiger Steinwurf schränken die Kolkbildung an der Oberstromseite auch dann ein, wenn das Freiwasser ungleichmäßig verteilt abgeleitet werden muß. Um möglichst kleine Kolke an der Oberstromseite eines Stauwerkes zu erhalten, dürfen die Pfeilerköpfe nicht flußauf der oberstromseitigen Schürze liegen.

Abb. 1113.　Ansicht der Versenkkolkabwehrtafel vor der Versenkung. (HUBER & LUTZ.)

Der *Wehrboden* wird vom Sohlwasserdruck des unter dem Wehr durchsickernden Wassers beansprucht; seine Größe hängt von der Art und Weise ab, in der die Durchsickerungen unter dem Wehr behindert oder verhindert werden.

Wenn der Wehrboden unmittelbar auf eine undurchlässige Schicht gegründet wird, so kann der Sohlwasserdruck nach ähnlichen Ge-

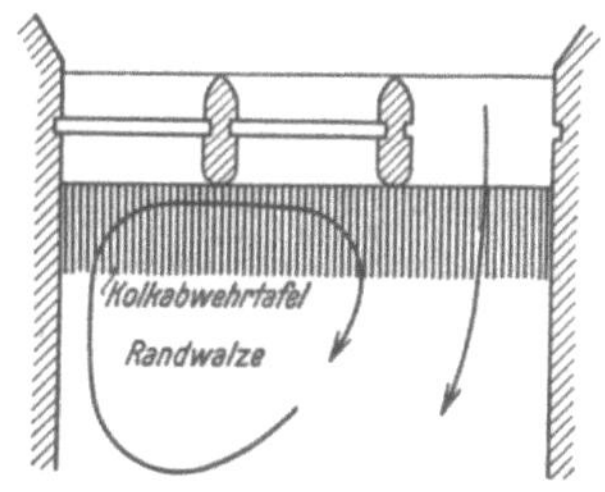

Abb. 1114.　Ausspülung von Geschiebe unter der Kolkabwehrtafel durch eine Randwalze.

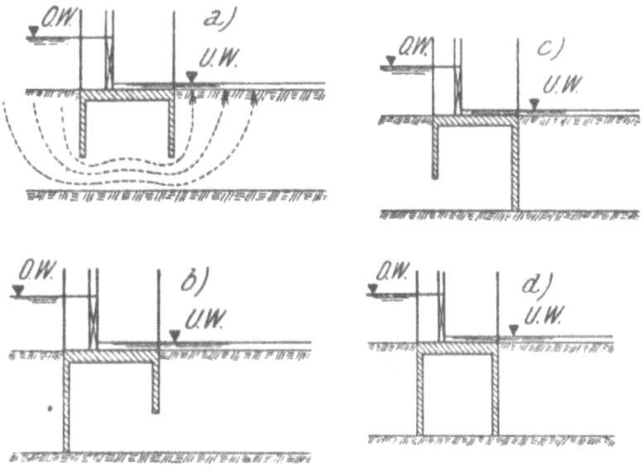

Abb. 1115.　Verschiedene Arten der Abdichtung eines Wehres gegen die undurchlässige Schicht.

sichtspunkten in Rechnung gestellt werden, wie bei den Schwergewichtsmauern (vgl. S. 207).

Bei der Gründung von Wehren auf durchlässigem Boden wird die Durchsickerung durch sogenannte Schürzen verhindert oder behindert, je nachdem, ob eine Schürze in die undurchlässige Schicht hinabreicht oder nicht. Wenn Spundwände rammbar sind, werden als Schürzen hölzerne oder stählerne Spundwände verwendet. Wenn Spundwände nicht rammbar sind, werden betonierte Herdmauern angewendet, die gewöhnlich auf Druckluftsenkkästen abgesenkt werden müssen.

Die Abb. 1115 zeigt verschiedene Anordnungen von Schürzen; diese Schürzen dienen gleichzeitig dazu, das Stauwerk vor Unterkolkungen zu sichern. Um bei großer Tiefenlage der undurchlässigen Schicht die Durchsickerungen unter dem

Abb. 1116.　Dränung der Sohlfläche des Dachwehres Hallein mittels eines Ambursen-Filters. (H. RELLA, Wien.)

Stauwerk wenigstens zu behindern, werden die Schürzen nach der Abb. 1115a angeordnet. Durch Zeichnen des Quadratnetzes von Strom- und Potentiallinien (vgl. S. 237) kann leicht der Verlauf des Sohlwasserdruckes ermittelt werden, der auf die Unterseite des Wehrbodens wirkt. Dieses Quadratnetz ermöglicht gleichzeitig die Beurteilung der Grundbruchgefahr (vgl. S. 237). Bei diesen Untersuchungen muß die Kolkbildung beachtet werden, weil ein Kolk den Sickerweg des Wassers unter dem Wehr verkürzt und daher die Sohldruckverteilung beeinflußt und die Grundbruchgefahr erhöht. In den Abb. 1115c und d ist wenigstens eine Schürze bis an die undurchlässige Schicht herabgeführt. Wenn die unterstromseitige Schürze bis zur undurchlässigen Schicht herabreicht (Abb. 1115c), so wird zwar die Durchsickerung unter dem Wehr gehemmt, der Sohlwasserdruck ist aber außerordentlich ungünstig; er ist gleichmäßig über die Unterseite des Wehrbodens verteilt und entspricht der Höhenlage des Oberwasserspiegels, hat also den Größtwert, der überhaupt auftreten kann.

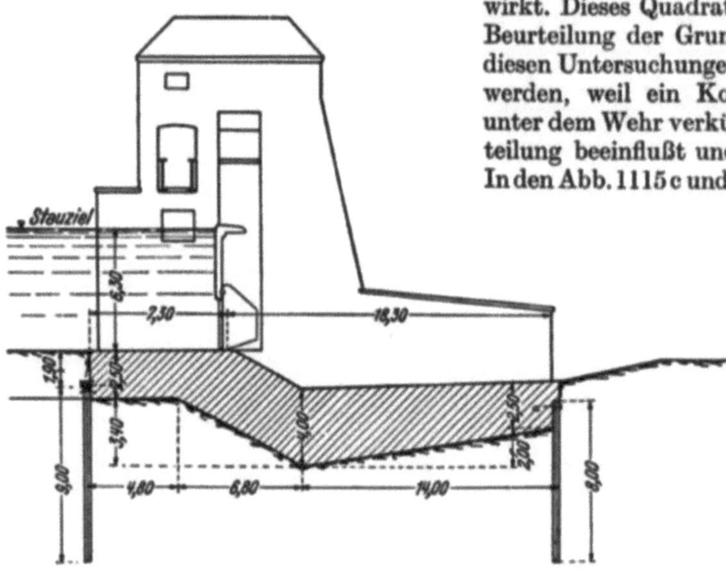

Abb. 1117.　Sparsame Ausbildung eines Wehrbodens. (Steweag.)

Wenn die oberstromseitige Schürze bis in die undurchlässige Schicht herabreicht, so ist wieder die Durchsickerung unter dem Stauwerk gehemmt, der Sohlwasserdruck ist auch wieder gleichmäßig verteilt, entspricht aber der Höhenlage des Unterwasserspiegels und hat den Kleinstwert, der bei den Wasserspiegellagen überhaupt möglich ist.

Wenn schließlich beide Schürzen bis in die undurchlässige Schicht herabreichen (Abb. 1115d), so entstehen unklare Verhältnisse. Sowohl die oberstromseitige, als auch die unterstromseitige Schürze kann undicht sein, der Anschluß an die undurchlässige Schicht kann unvollkommen sein, aus dem seitlich um das Stauwerk herumsickernden Wasser kann Wasser unter den Wehrboden gelangen oder durch Klüfte in der undurchlässigen Schicht kann ein Zufluß aus dem Stauraum erfolgen. Je nach den vorliegenden Umständen stellt sich ein Sohlwasserdruck ein, dessen Größe aber nur schwer vorauszusagen ist. Der größte Sohlwasserdruck tritt auf, wenn die unterstromseitige Schürze dicht ist und auch dicht an die undurchlässige Schicht angeschlossen ist; dann entspricht der Sohlwasser-

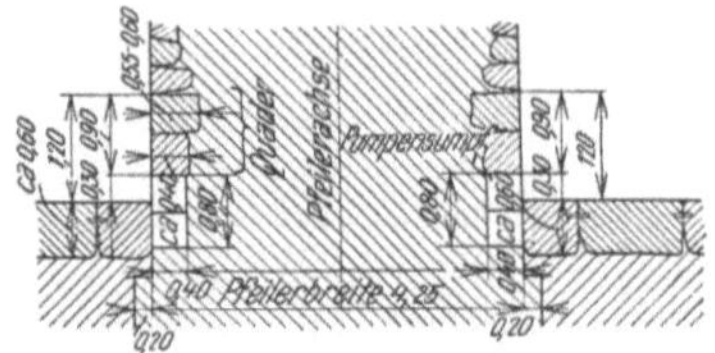

Abb. 1118.　Der Pumpensumpf in den Wehrböden des Murwehres Pernegg. (Steweag.)

Abb. 1119.　Beim Rammen zerstörte Larssenbohlen. *a)* aus dem Schloß gesprungen, *b)* gestaucht. (Wayß & Freytag.)

druck der Höhenlage des Oberwasserspiegels, erreicht also dieselbe Größe wie im Falle der Abb. 1115c. Um in diesem Falle den Sohlwasserdruck herabzusetzen und klare Verhältnisse zu schaffen, können im Wehrboden (Abb. 1116) Dräne eingebaut werden, die allenfalls unter den Wehrboden eingedrungenes Wasser mit geringen Druckverlusten ableiten. Um zu verhindern, daß durch diese Dräne feine Bodenteilchen ausgespült werden, wird nach dem Vorschlag von N. AMBURSEN (vgl. Abb. 873) an den Dränen eine verkehrte Filterschicht eingebaut, die die feinen Bodenteilchen stützt. Den Aufbau eines solchen Filters zeigt die Abb. 1116, in der auch deutlich der im gröbsten Korn eingebettete Drän zu erkennen ist. Bei eisenhaltigem Grundwasser kann Eisenschlamm im Bereiche um den Drän ausfallen und den Filter dichten, dann ist die Anwendung der Sohlwasserdränung unzulässig.

Die Stärke des Wehrbodens ist so zu bemessen, daß er dem Sohlwasserdruck das Gleich-

Abb. 1120. Aufgerollte Larssenbohle.
(WAYSS & FREITAG)

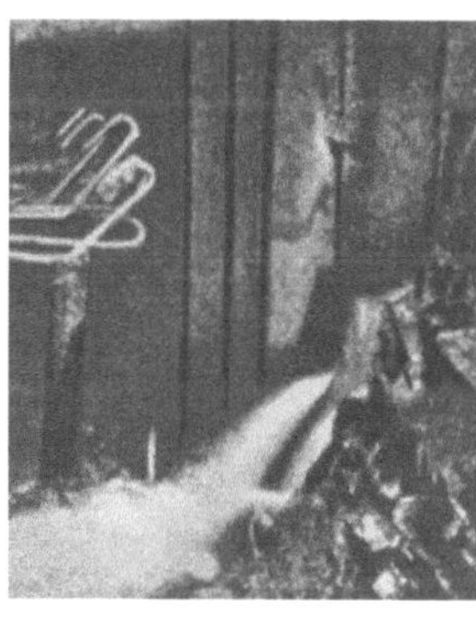

Abb. 1121.   Undichter Anschluß einer
Larssen-Spundwand an harten Fels.

gewicht hält. Gewöhnlich wird der Wehrboden so bemessen, daß sein Unterwassergewicht allein dem Sohlwasserdruck das Gleichgewicht hält; das Gewicht der Pfeiler oder von betonierten Schürzen kann mit herangezogen werden, dann wird aber der Wehrboden auf Biegung beansprucht und muß entsprechend bewehrt werden. Ein Beispiel für einen richtig und sparsam bemessenen Wehrboden gibt die Abb. 1117; der Untergrund besteht aus Kies mit groben Geschieben und die Spundwände reichen nicht bis an die undurchlässige Schicht herab.

An der tiefsten Stelle des Wehrbodens wird gewöhnlich im Pfeiler ein kleiner Pumpensumpf eingebaut, der das Trockenhalten des Wehrbodens während Instandsetzungsarbeiten ermög-

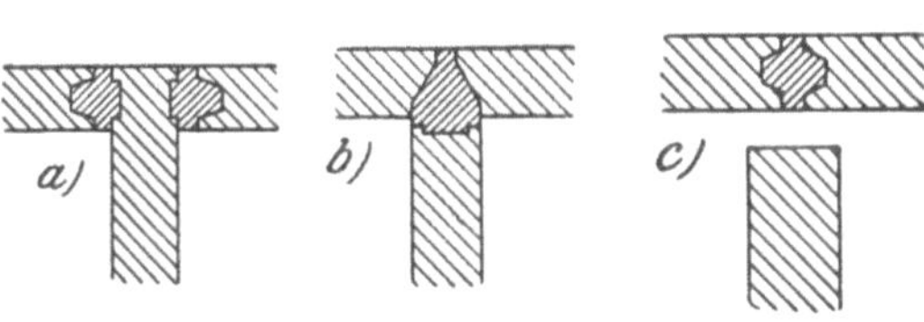

Abb. 1122.   Anordnung von Herdmauer-Druckkästen
gegenüber den Pfeilern.

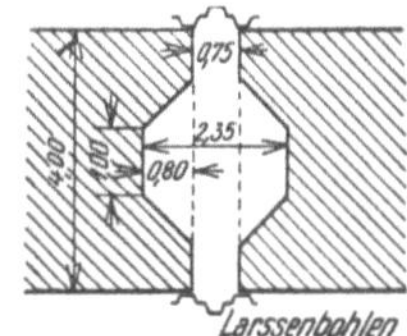

Abb. 1123.   Abmessungen der Fuge
zwischen zwei Druckkästen.

licht. In der Abb. 1118 auf Seite 646 ist ein solcher Pumpensumpf mit seinen Abmessungen dargestellt.

Die Schürzen können, wie schon erwähnt worden ist, als Spundwände oder, wo solche nicht gerammt werden können, durch betonierte Herdmauern gebildet werden. Wenn der Untergrund nur aus Kies besteht, können für kleinere Stauwerke hölzerne Spundwände gerammt werden. Bei gröberen Geschieben und besonders dann, wenn große Schürzentiefen erforderlich sind, werden stählerne Spundwände angewendet. Die Spundwände erhalten am oberen Rand Zangen, die durch Anker mit dem Wehrboden verhängt werden oder es werden die Köpfe der Spundwände im Wehrboden einbetoniert. Bei allen Arten von Spundwänden besteht die Gefahr, daß undichte Stellen schon bei der Rammung entstehen. Hölzerne Spundbohlen können durch Überrammung an einem Stein im Untergrund zersplittern, ohne daß davon etwas während

Abb. 1124. Fugenschluß-Taucherglocke beim Bau des Wehres Olten-Gösgen.
(Schw. Bauztg.)

Abb. 1125. Absenkung der Betonherdmauer mittels Druckluftsenkkastens im Grundablaßfeld des Isarwehres in Oberföhring.
(Mittl. Isar A. G.)

der Rammung gemerkt wird. Stählerne Spundbohlen springen, wenn grobe Steine im Untergrund vorkommen, aus dem Schloß oder sie werden gestaucht (Abb. 1119); manchmal rollt sich eine Bohle an einem Stein auch auf (Abb. 1120). Wenn der Fels, der die undurchlässige Schicht bildet, sehr hart und widerstandsfähig ist, so bleiben bei steil geneigten Felsflächen unter den Spundbohlen dreieckförmige Löcher frei (Abb. 1121), durch die Wasser durchlaufen kann.

Wenn Spundbohlen nicht gerammt werden können, werden die betonierten Herdmauern mittels Druckluftsenkgründung abgesenkt. Die Schürzen müssen hiebei in Abschnitte zerlegt werden, die schließlich wasserdicht aneinanderzuschließen sind. Um ein ungestörtes Absenken zu gewährleisten, muß zwischen zwei Druckkästen ein Mindestabstand von 0,5 [m] liegen. Der dichte Abschluß der Fugen erfolgt von einer Taucherglocke aus, für die in den Herdmauern Nuten ausgespart werden. Die Abb. 1122 zeigt verschiedene Formen dieser Nuten und Anordnungen der Herdmauern gegenüber den Pfeilern. Bei der Anordnung a muß der Pfeiler mindestens ebenso tief gegründet werden, wie die Schürze, weil er gleichzeitig einen Bestandteil der Schürze bildet. Damit beim Ausräumen des Bodens aus der Fuge von der Taucherglocke aus kein Boden nachbricht, werden, wie es die Abb. 1123 andeutet, einige Stahlspundbohlen vor die Fuge gerammt, die später wieder gezogen werden. Die Ansicht einer Fugenschluß-Taucherglocke gibt die Abb. 1124. In der Abb. 1125 ist deutlich die Nut für die Taucherglocke zu erkennen.

Bei der Anordnung der Pfeiler nach Abb. 1122 c braucht das Pfeilergrundwerk nur so weit herabzureichen, als es aus statischen Gründen erforderlich ist.

Ein Beispiel für die Verbindung des Wehrbodens mit betonierten Schürzen gibt die Abb. 1126. Einzelheiten der ganzen Abdichtung eines Wehres im Untergrund können den Abb. 1127 bis 1130 entnommen werden.

Soweit der Wehrboden und die Pfeiler mit wanderndem Geschiebe in Berührung kommen können, muß der Umriß gegen Abschliff gesichert werden. Gewöhnlicher Beton wird durch wanderndes Geschiebe rasch stark ausgeschliffen. Einen sehr wirksamen Schutz gegen Abschliff bietet bis zu Stauhöhen von etwa 3 [m] eine Verkleidung mit mindestens 8 bis 10 [cm] starken Lärchenholzbohlen, die mit der Faserrichtung in der Richtung der Wasserbewegung auf querliegenden Schwellen (Polsterhölzern) niedergenagelt sind, die im Wehrboden liegen (Abb. 1131). Die Ausführung nach Abb. 1131b ist vorzuziehen, weil die Schwellen leicht auswechselbar sind. In einem Wehr am

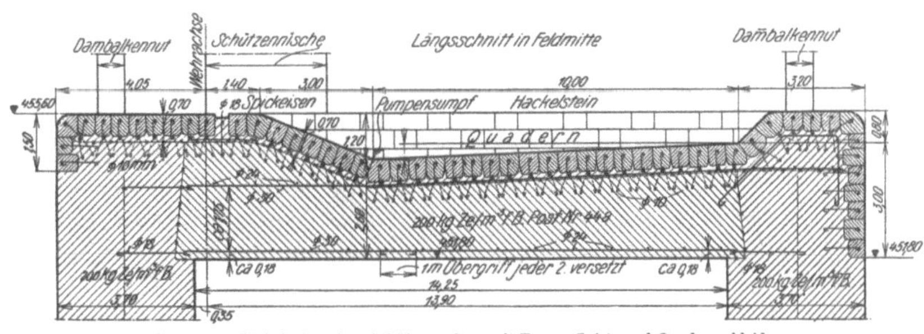

Abb. 1126. Wehrboden eines Schützenwehres mit Trapez-Leiste und Quaderverkleidung und seine Verbindung mit den Herdmauern.

Götafluß bei Lilla Edet ist die Holzverkleidung innerhalb von 10 Jahren trotz starker Beanspruchung nur um 5 [mm] abgeschliffen worden.

Bei Stauhöhen über etwa 3 [m] wird der von Geschieben bespülte Wehrumriß mit Quadern oder mit Bauxit-Zement-Beton geschützt. Zur Verkleidung werden am besten Granitquadern verwendet, die in Zementmörtel versetzt und im Wehrboden sorgfältig verankert sind. Eine zwar teure, aber gute Verankerung erläutert die Abb. 1132. Die einzelnen Quadern werden dort mit etwa 30 [mm] starken Stahldübeln verbunden, die an einer etwa 24 [mm] starken

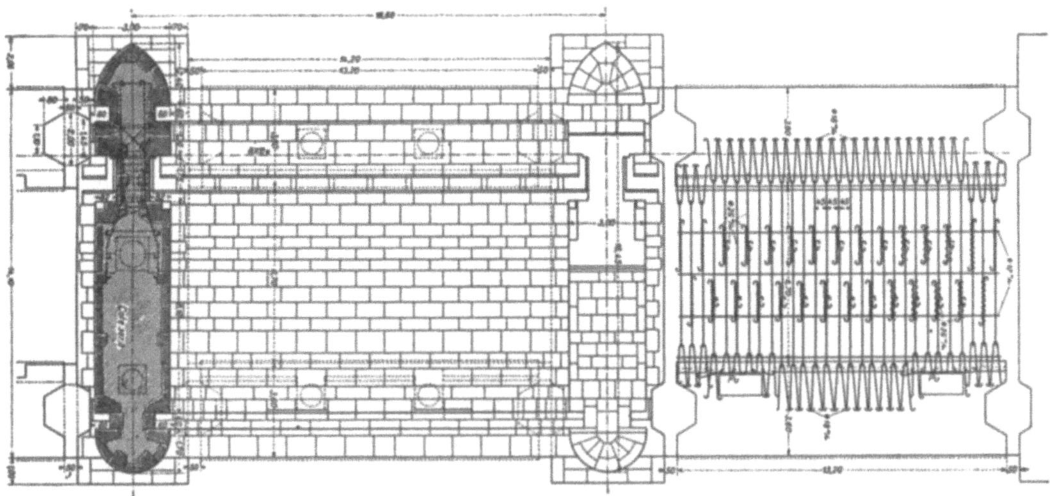

Abb. 1127. Der Wehrboden des Wehres Olten-Gösgen. (Schw. Bauztg. Bd. 75.)

Rundstahlbewehrung oder im Betonbett mit 18 [mm]-Rundstählen verankert sind. Als Quaderstärke werden 30 bis etwa 60 [cm] gewählt; die Steine müssen sehr sorgfältig gebettet werden, damit sie sich nicht lockern können, da lockere Steine wie in einer Gletschermühle rasch zerrieben werden; zwischen den Quadern bleibt ein Zwischenraum von mindestens 1 [cm], der nachträglich vergossen wird. Das Versetzen der schweren Quadern geschieht mit Kranen, die die Steine an herumgelegten Bandeisenstreifen heben (Abb. 1133); diese Streifen bleiben um den Quader liegen und es werden nur die über die Oberfläche heraufragenden Enden nach dem Vergießen der Verkleidung an den mit Pfeilen bezeichneten Stellen abgestemmt. Man erzielt auf diese Weise ein sorgfältiges Versetzen und es werden die Kanten geschont, die bei Verwendung von Brecheisen zum Zurechtrichten vielfach aussplittern. In der Abb. 1133 ist auch zu erkennen, mit welchem Querschnitt die Quadern zugerichtet werden. Die Quadern werden nach einem vorbereiteten Plan so versetzt, daß in der Strömungsrichtung des Wassers keine durchlaufenden Fugen entstehen. Sowohl in der Strömungsrichtung als auch in der Querrichtung wird je eine Reihe von Paß-Quadern vorgesehen, die erst an der Baustelle während des Verkleidens entsprechend den Abmessungen des verbleibenden Raumes bearbeitet werden. In der Abb. 1134 ist eine solche Paß-Quaderreihe durch doppelte Schraffen kenntlich gemacht.

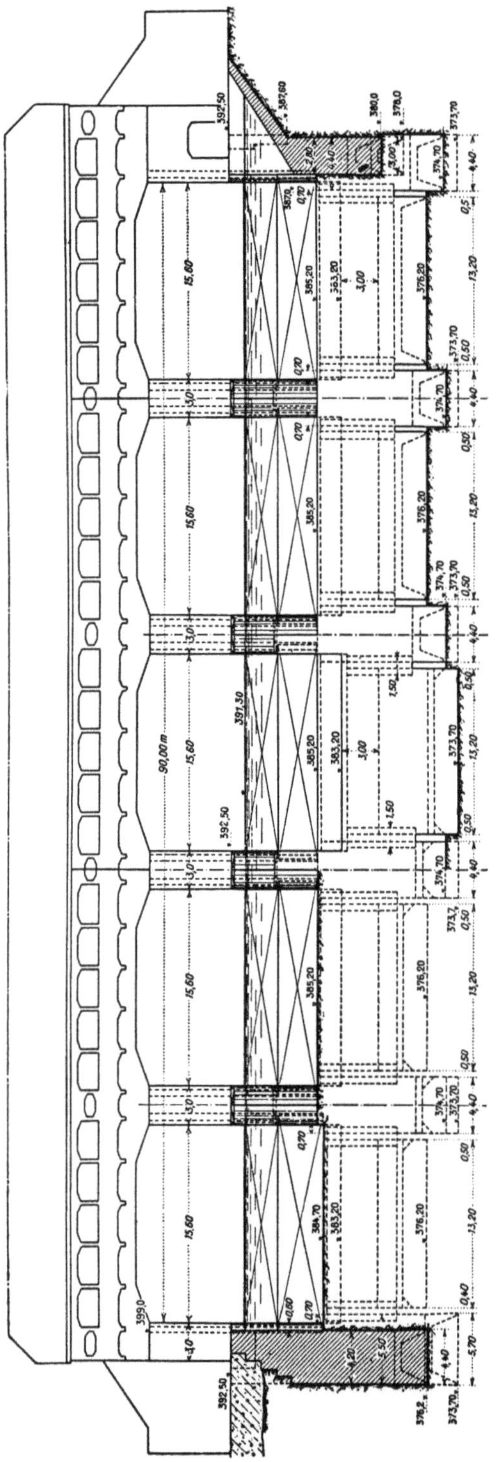

An der Verschneidung des Pfeilerendes mit dem Wehrboden ergeben sich manchmal verwickelte Quaderformen. In der Abb. 1134 hat der Quader a eine besondere Form, die die Abb. 1135 in axonometrischer Darstellung wiedergibt.

Über dem Bereich, der von wandernden Geschieben bestrichen wird, kann die Verkleidung der Pfeiler mit den billigeren Hakelsteinen oder Betonformsteinen erfolgen.

Wenn die Schutzverkleidung des Wehrbodens mit Bauxitzementbeton durchgeführt wird, so muß diese Betonschicht ähnlich wie eine Quaderverkleidung mit dem Unterbeton durch Anker sorgfältig verbunden werden.

Die seitliche Umsickerung des Wehrs wird durch die Wehrwange mit ihren Flügeln behindert; gänzlich verhindern läßt sie sich in der Regel nicht. Die Wehrwange wird bei Schützen-, Walzen- und Segmentwehren durch den beweglichen Wehrverschluß beansprucht und muß daher sorgfältig gegründet werden. Neben der Abb. 1136 geben noch die Abb. 1137 und 1138 Beispiele für Ausführungen von Wehrwangen. Die Ufer im Anschluß an die Wehrwange müssen stets gegen Unterkolkungen gesichert werden. Die Abb. 1129, 1130 bzw. 1136, zeigen die Ufersicherung durch Herdmauern, die mittels Druckluftsenkkästen abgesenkt sind, während bei der Wehrwange in der Abb. 1139 die Ufersicherung mittels Stahlspundwänden bewerkstelligt ist.

Abb. 1128. Längenschnitt des Wehres Olten-Gösgen. (Schw. Bauztg. Bd. 75.)

Schrifttum.

HOFBAUER, R.: Ein Mittel zur Bekämpfung der Wirbelbildung und Kolkbildung unterhalb der Stauwerke. Zschrft. d. österr. Ing. Arch. Ver. 1915. S. 109. — LUDIN, A.: Kolkverhütung an Wehren. Zschrft. d. D.D.J. 1927. S. 161. — REHBOCK, TH.: Bekämpfung der Sohlenauskolkung bei Wehren durch Zahnschwellen. Zschrft. d. V.D.J. 1925. S. 1382. — DERSELBE: Bekämpfung der Sohlenauskolkung bei Wehren durch Zahnschwellen. Schw. Bztg. Bd. 87. 1926. S. 27. 85. — ROSENBERG, P.: Die Wiederherstellung des Wehres beim Elektrizitätswerk Bruck a. d. Mur. Die Wasserwirtschaft. 1926. S. 126. — SCHOKLITSCH, A.:

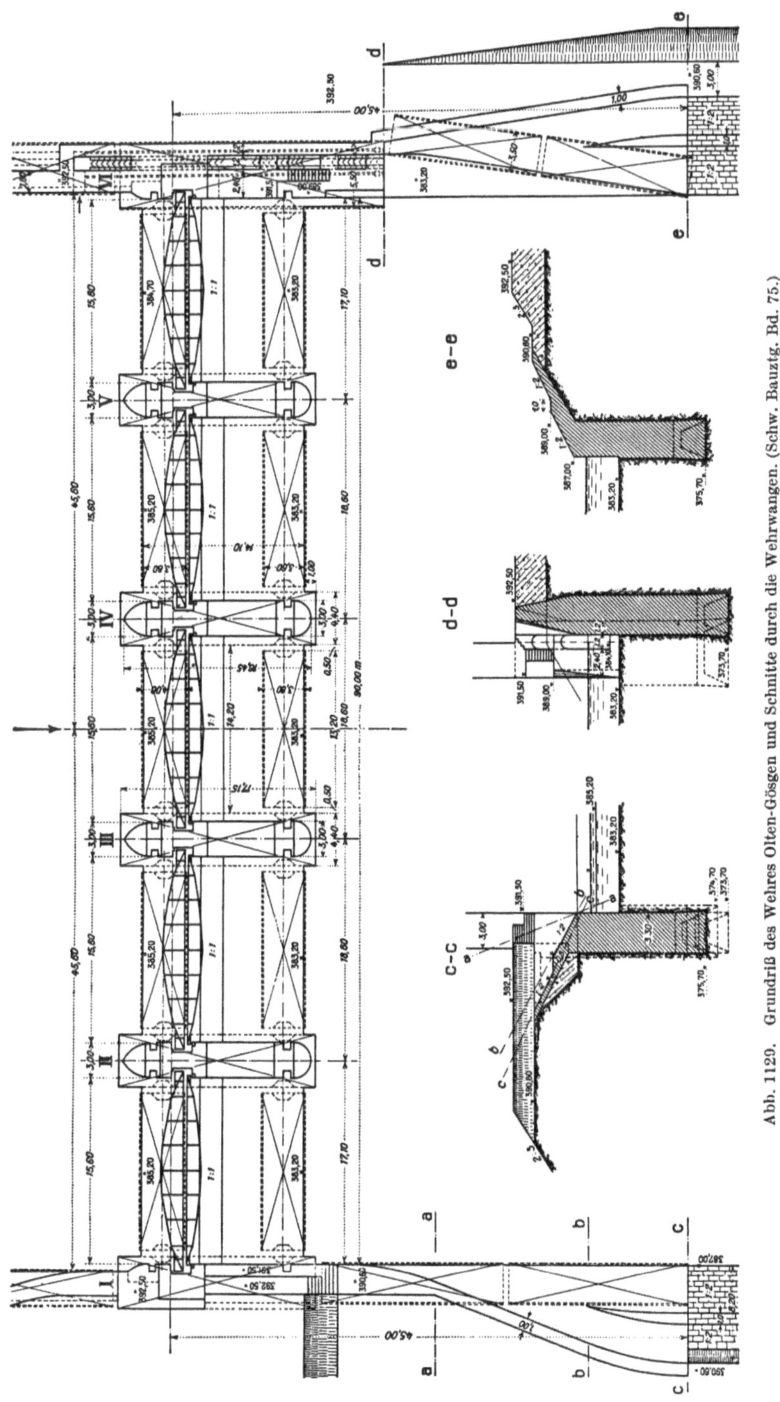

Abb. 1120. Grundriß des Wehres Olten-Gösgen und Schnitte durch die Wehrwangen. (Schw. Bauztg. Bd. 75.)

Stauraumverlandung und Kolkabwehr. Springer-Verlag, Wien 1935. — DERSELBE: Kolkbildung und Kolkabwehr. Wasserkr. u. Wasserw. 1928. S. 217. — DERSELBE: Geschiebebewegung in Flüssen und an

Stauwerken. — SMRČEK, A.: Učinek přepadajici vody na podyjezi. Techn. Obzor. 1923. S. 1. — WEGMANN, E.:
The designe and construction of dams. J. Wiley & Sons. 7. Aufl. 1922.

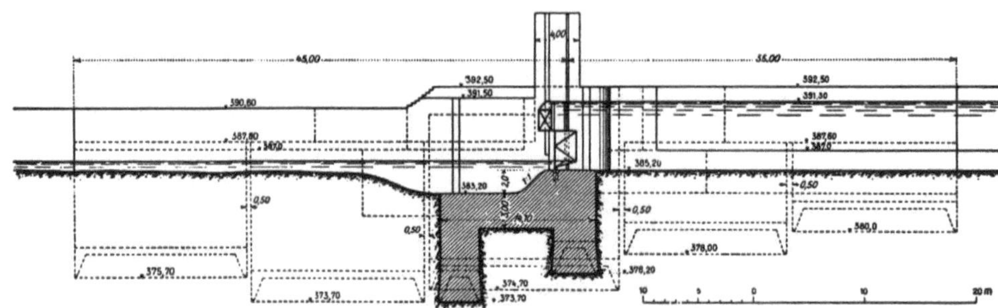

Abb. 1130. Querschnitt durch das Wehr Olten-Gösgen und Ansicht der Wehrwange. (Schw. Bauztg. Bd. 75.)

F. Die Gründung der Wehre.

Die Gründung der Wehre muß in der Regel in dem vom Wasser durchströmten Flußbett
erfolgen. Nur selten kann das Wehr ohne besondere Vorkehrungen in einer trockenen Durch-
stichstrecke errichtet werden. Wenn nun im Flußbett das Stauwerk erbaut werden soll, so

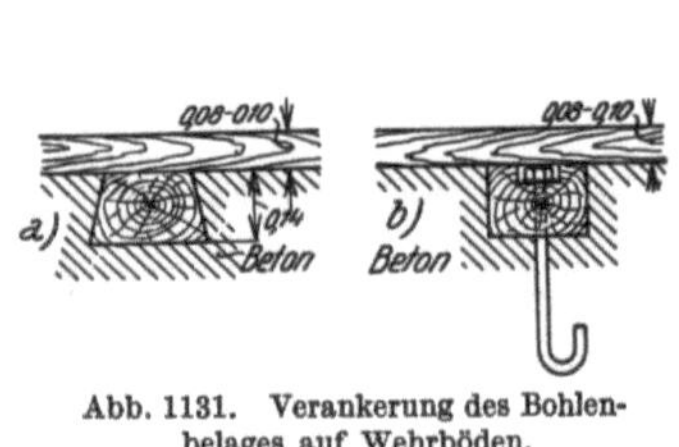

Abb. 1131. Verankerung des Bohlen-
belages auf Wehrböden.

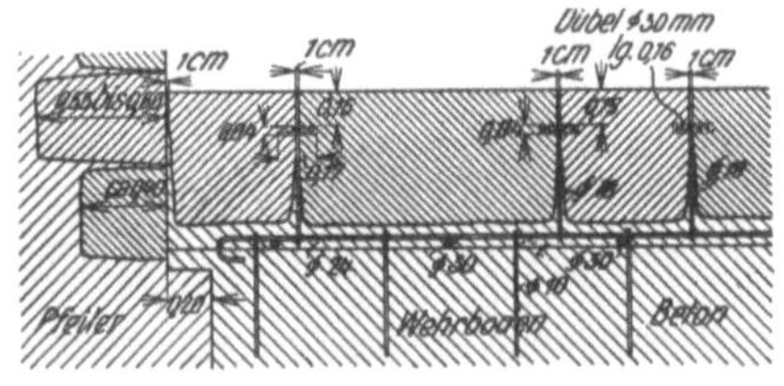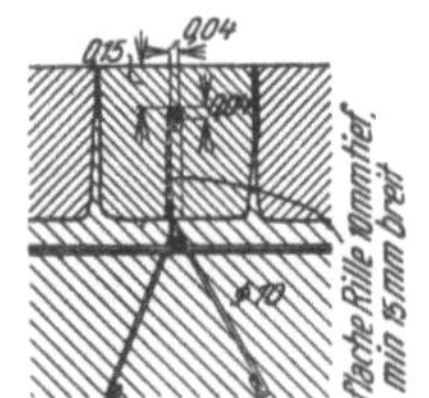

Abb. 1132. Verankerung von Granitquadern im Wehrboden in Pernegg.
(Steweag.)

muß der Bau in zwei oder mehr Abschnitten erfolgen. Um ein Baufeld trockenlegen zu können,
wird es mit einem Fangdamm umgeben, in dessen Schutz der Bau aufgeführt wird. Ein solches
von Fangdämmen umgebenes
Baufeld engt das Flußbett
stark ein und es muß daher
mit Sohlenausspülungen gerechnet werden. Wenn das
Bauwerk in einem Baufeld
bis über die mittleren Hoch-
wasserspiegellagen fertiggestellt ist, wird der Fangdamm
entfernt und das Wasser durch

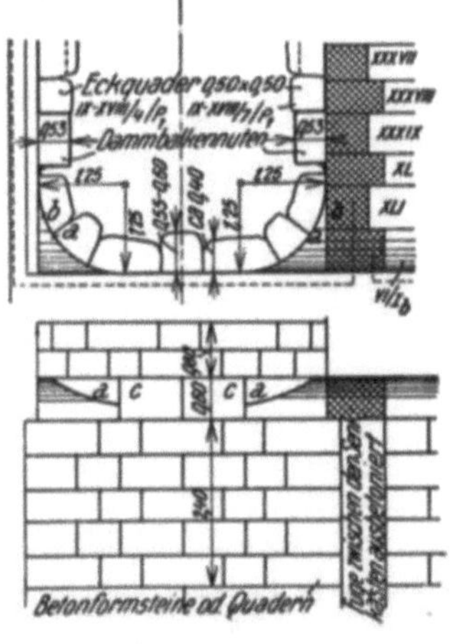

Abb. 1134. Quadern an der Verschneidung
zwischen dem Wehrbodenrande und dem
Pfeiler. Gekreuzt schraffiert: Paßquadern.
(Steweag.)

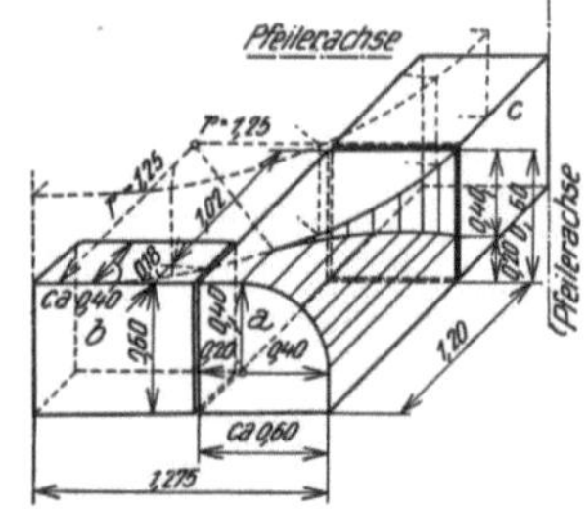

Abb. 1135. Axometrische Darstellung
der Quadern an der Verschneidung des
Wehrbodens mit dem Pfeiler.

Abb. 1133. Versetzen der
Granitquadern.

diesen Bauwerksteil abgeleitet. Es kann dann ein weiteres
Baufeld mit einem Fangdamm
umgeben werden. Die Abb.
1140 zeigt, wie die Baufelder
beim Bau des Kraftwerkes

Ryburg-Schwörstadt ausgeteilt und die Fangdämme angeordnet waren und die Abb. 1141
gibt eine Ansicht der Baustelle im Stadium der **Abb. 1140b.**

Schrifttum.

SCHOKLITSCH, A.: Der Grundbau. Wien, 1932. Springer-Verlag. (Zweite Auflage erscheint demnächst.) —
DERSELBE: Kostenberechnungen im Wasserbau. Wien 1937. Springer-Verlag. (Mit reichen Angaben über Spundwände.)

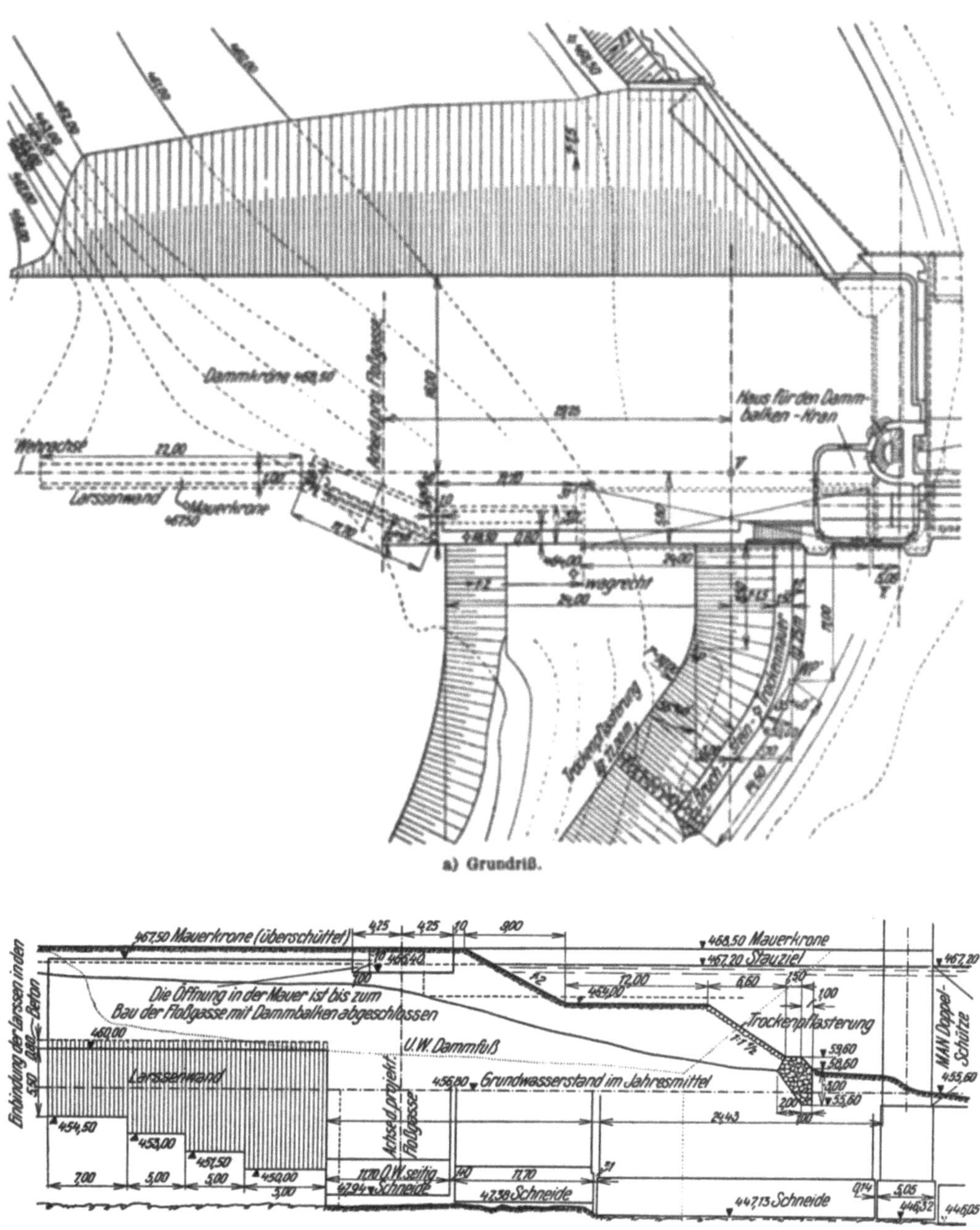

a) Grundriß.

b) Längsschnitt.

Abb. 1136. Die linke Wehrwange am Murwehr Pernegg. (Steweag.)

G. Zerstörte Wehre.

Wehre sind fast ausnahmslos infolge von mangelhafter Gründung zerstört worden; Grundbrüche und Unterkolkungen waren die häufigsten Ursachen. In der Abb. 1142 ist ein durch Grundbruch zerstörtes Wehr dargestellt. Die Wiederherstellung erfolgte unter dem Schutze von Larssenspundwänden in offener Baugrube und da stellte sich heraus, daß statt einer seinerzeit verrechneten 3 [m] tiefen Pfahlreihe als Kolksicherung die in der Abb. 1143 sichtbare kleine Bretterwand von nur etwa 1 [m] Höhe zur Vortäuschung einer Spundwand in den Boden gesteckt worden war. Dieses wohl besonders krasse Beispiel gewissenloser Bauausführung sei angeführt, um besonders eindringlich darauf hinzuweisen, daß die Gründung von Wehren vielfach Vertrauenssache ist und jedenfalls besonders sorgfältiger Überwachung bedarf (vgl. auch S. 238).

H. Die Wasserfassung an Stauwehren.

Die Wasserfassung erfolgt am Stauwerk durch den sogenannten Einlauf, der die Ableitung des Wassers und eine möglichst weitgehende Zurückhaltung aller vom Wasser mitgebrachten festen Körper bewirken soll. Das Einlaufbauwerk wird verschieden geformt, je nachdem, wie das zu fassende Wasser ausgenützt werden soll. Zur Besprechung der Anlagen zur Wasserfassung werden diese geschieden in Wasserfassungen für Werksgräben, in solche für Flußkraftwerke in Buchten, in Wasserfassungen für Pfeilerturbinen und in solche für Unterwasserkraftwerke.

Die Ableitung des Wassers in die Wasserfassung bereitet gewöhnlich keine nennenswerten Schwierigkeiten. Besondere Vorkehrungen erfordert aber die Fernhaltung von Geschiebe, Eis und Treibzeug von der Wasserfassung; sie wird durch eine zweckmäßige Auswahl der Ent-

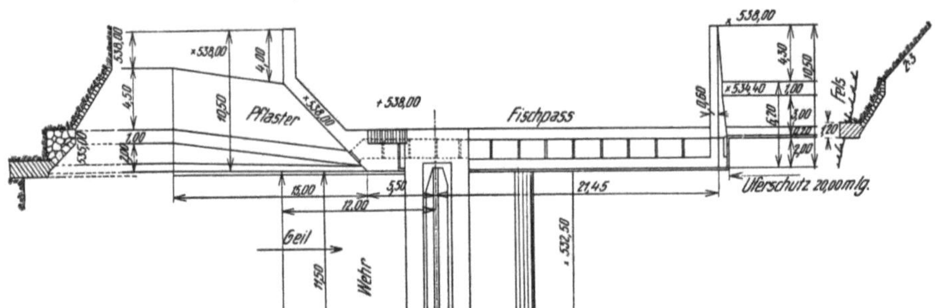

Abb. 1137. Linke Wehrwange des Wehres Arnoldstein in der Gail.

nahmestelle sehr erleichtert. Die Grundlage für die Formung der Wasserfassung kann niemals die Sohlenlage im Stauraum zur Zeit der Erbauung bilden, sondern es muß stets jene Sohlenlage zugrunde gelegt werden, die sich einstellt, wenn die Verlandung des Stauraumes im Bereich der Wasserfassung vollendet ist.

I. Die Wasserfassung für Werksgräben.

Die Einrichtung der Wasserfassung für die Ableitung des Wassers durch Werksgräben zeigt die Abb. 1144. Das Wasser läuft aus dem Fluß durch den Einlaufquerschnitt, der unten durch die Einlaufschwelle, oben durch die Tauchwand begrenzt wird. Die Einlaufschwelle soll das Einziehen von Geschieben verhindern oder wenigstens behindern. Geschiebe, die doch durch den Einlaufquerschnitt gelangen, werden im Einlaufbecken abgelagert und nach Bedarf ausgespült. Die Spülung des Einlaufbeckens wird durch die Werksgrabenschwelle erleichtert, die das Einlaufbecken gegen den Werksgraben abgrenzt. Am Anfang des Werksgrabens werden schließlich Schützen oder andere Verschlüsse angeordnet, die den Zufluß in den Werksgraben im Bedarfsfalle zu sperren ermöglichen.

Gelegentlich der Vorarbeiten wird eine begrenzte Flußstrecke für die Erbauung des Stauwerkes und der Wasserfassung in Aussicht genommen. Innerhalb dieser Flußstrecke gibt es gewöhnlich eine Anzahl von Stellen, an denen die Errichtung des Stauwerkes und der Entnahmeanlage bautechnisch unter günstigen Bedingungen möglich ist, und die Entscheidung für die Baustelle bringt eine Betrachtung der Geschiebebewegung. Die Wasserfassung muß ja so angelegt und geformt werden, daß möglichst wenig Geschiebe in das Einlaufbauwerk gelangt und daß eingeschleppte Geschiebe einfach und verläßlich wieder ausgespült werden können.

Eine wichtige Frage, die bei der Auswahl der Entnahmestelle zu klären ist, ist nun die, ob die Entnahme aus der geraden Flußstrecke oder im Gerinnebogen und im letzteren Falle überdies, ob sie an der Bogenaußen- oder an der Bogeninnenseite erfolgen soll. Eine Klärung dieser Frage bringen Versuche, die H. BULLE und A. SCHOKLITSCH angestellt haben.

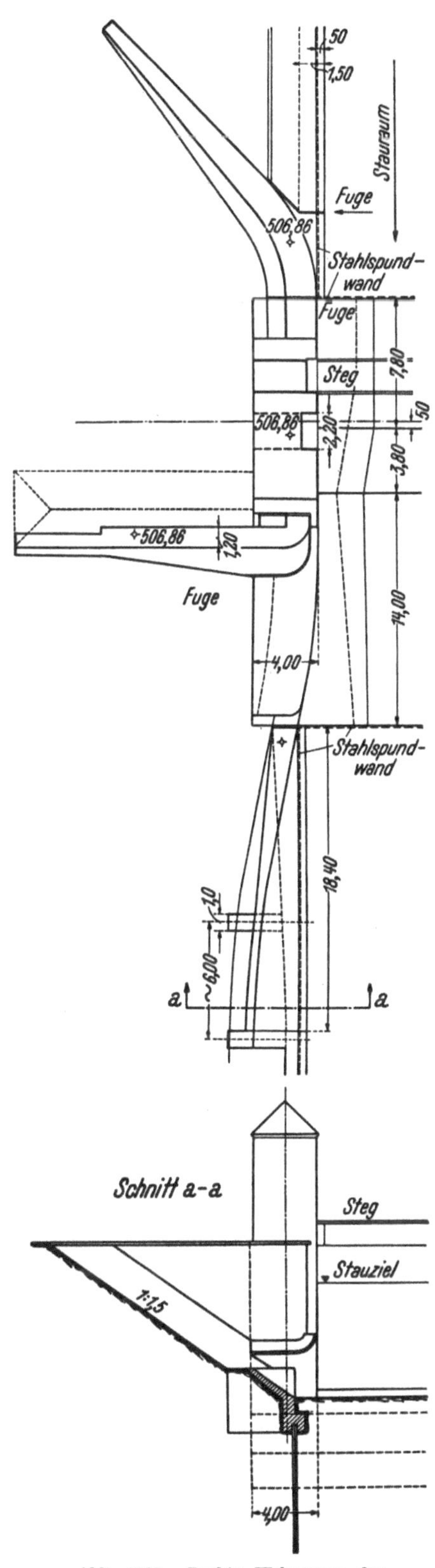

Abb. 1138. Rechte Wehrwange des Murwehres Dionysen. (Steweag.)

Schoklitsch, Wasserbau. II. 3. Aufl.

Ursprünglich hielt man die Entnahme an der Bogeninnenseite für zweckmässiger, weil man angenommen hat, daß infolge der Einwirkung der Fliehkraft das Geschiebe an die Bogenaußenseite getrieben werde. Diese Anschauung hat beim Bau der Kraftanlage Chèvres an der Rhône zur Auswahl der Entnahmestelle an der Bogeninnenseite (vgl. Abb. 1145) geführt. Wie schon auf Seite 214 ausführlich geschildert worden ist, wirkt die Fliehkraft aber auch auf das Wasser, das sich an der Bogenaußenseite höher einstellt als an der Bogeninnenseite; das Quergefälle in den Querschnitten des Flußbogens führt zu einer Wendelströmung im Bogen, bei der das Wasser aus dem Spiegel an der Bogenaußenseite untertaucht und an der Sohle gegen die Bogeninnenseite fließt. Diese Sohlenströmung lenkt das in den Bogen einwandernde Geschiebe, entgegen der auf das Geschiebe wirkenden Fliehkraft, gegen die Bogeninnenseite und bei einer Entnahme an der Bogeninnenseite weiter in den Einlaufquerschnitt. In Chèvres wanderten durch den Einlaufquerschnitt so

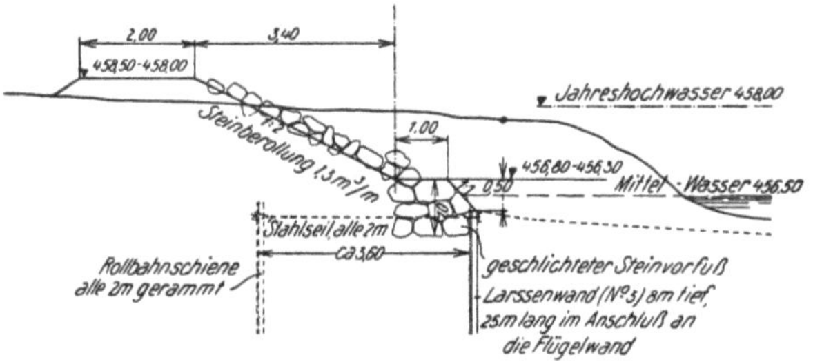

Abb. 1139. Ufersicherung flußab des Murwehres Pernegg mittels einer Stahlspundwand. (Steweag.)

viele Geschiebe ein, daß alljährlich längerandauernde Betriebsstörungen entstanden sind. Die Abb. 1146 gibt die Ansicht der Ablagerungen, die gelegentlich einer Betriebseinstellung aus dem Einlaufbecken ausgeräumt werden mußten.

H. Bulle hat festgestellt, daß an einer Gerinneverzweigung (Abb. 1147) der überwiegende Teil des ankommenden Geschiebes in den abzweigenden Arm läuft. Der Abzweigwinkel α ist nur von geringem Einfluß. Wenn in den abzweigenden Arm die Hälfte des Zuflusses läuft, wenn also $Q_s = Q_g$ ist, so laufen in diesen Arm, je nach der Größe des Winkels α, 87 bis 97% der ankommenden Geschiebe ein. H. Bulle hat seine Versuche in einem Gerinne mit ebener, glatter Sohle ausgeführt. Wenn diese Versuche auch unter anderen Bedingungen erfolgt sind als sie bei Stauwerken auftreten, so weisen sie doch eindringlich darauf hin, daß es sehr vorteilhaft ist, an der Außenseite eines Gerinnebogens das Wasser so zu entnehmen, daß es tangential weiterläuft.

Von A. Schoklitsch sind einschlägige Versuche im Gerinne mit einer Sohle aus Kies ausgeführt worden, in die Wehrmodelle eingebaut waren; auch sie haben klar erwiesen, daß die günstigste Stelle für die Entnahme die Bogenaußenseite ist. An der Bogenaußenseite bildet

44

sich ja bekanntlich ein Kolk aus. Das Wasser durchläuft einen Gerinnebogen in wendelförmigen Bahnen; an der Bogenaußenseite taucht Wasser unter und drängt das in den Bogen einlaufende Geschiebe gegen die Bogeninnenseite. An der Bogenaußenseite kann daher Wasser entnommen

Abb. 1140. Die Fangdämme beim Bau des Kraftwerkes Ryburg-Schwörstadt am 25. April 1929. (Motor-Columbus, Baden.)

werden, das kein Geschiebe führt, weil es aus der Oberflächenschicht stammt und überdies ist dort die Wassertiefe am größten. Die Versuche haben gezeigt, daß die Strömung in das Einlaufbauwerk die früher erwähnte Wendelbewegung zwar stört, daß sie aber doch bestehen bleibt und daß die Bogenaußenseite jedenfalls die vorteilhafteste Entnahmestelle ist. Die beiden

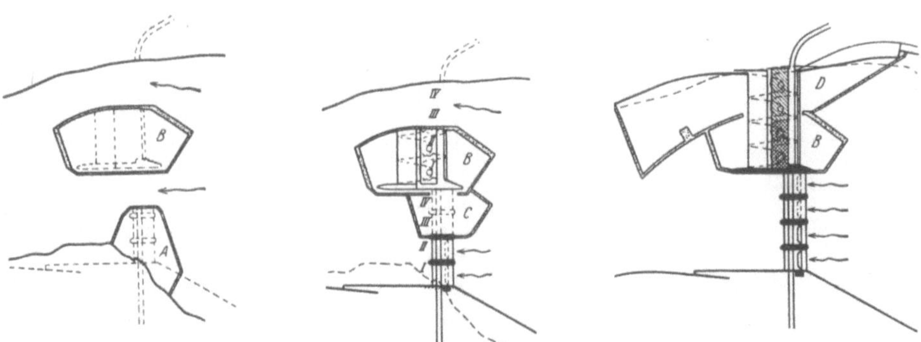

Abb. 1141. Fangdämme beim Bau der Wasserkraftanlage Ryburg-Schwörstadt am Rhein. *a)* Am 1. Jänner 1928, *b)* am 1. Jänner 1929, *c)* am 1. Jänner 1930. (Nach Schw. Bauztg.)

Abb. 1148 und 1149 zeigen ein Stauwerk mit der Entnahmeanlage, dessen Lage nach den oben geschilderten Gesichtspunkten an der Außenseite gewählt worden ist.

Die Entnahme an der Bogenaußenseite ist wohl am günstigsten, sie ist aber häufig nicht möglich, weil eben in jener Flußstrecke, aus der die Entnahme erfolgen muß, vielfach kein geeigneter Flußbogen vorkommt. Sehr günstig verhält sich dann eine Einlaufschwelle, die mit der Flußachse einen spitzen Winkel einschließt, wie es die Abb. 1150 andeutet. Wenn das Freiwasser durch das vom Einlauf entfernteste Wehrfeld abgelassen wird, so bildet sich auch in

Abb. 1142. Ein infolge hydraulischen Grundbruches zerstörtes Wehr.

Abb. 1143. An Stelle einer vorgesehenen 3 [m] tiefen Spundwand waren bei dem in der Abb. 1142 dargestellten Wehr nur 1 [m] lange Bretter in den Boden geschlagen.

diesem Falle eine Wendelströmung längs des Einlaufs und des Wehres bis zum freigegebenen Wehrfeld aus, die die Einlaufschwelle ähnlich wie bei einer Entnahme an der Bogenaußenseite, von Geschieben freiläßt; allerdings wirkt die einseitige Ableitung des Freiwassers sehr ungünstig auf die Kolkbildung ein (vgl. S. 204).

Von besonderer Bedeutung für die Behinderung der Einwanderung von Geschieben in das Einlaufbecken ist die Höhenlage und die Länge der Einlaufschwelle. Die weitverbreitete Anschauung, die Höhenlage der Einlaufschwelle über der ursprünglichen Flußsohle oder über der Schwelle des dem Einlauf benachbarten Grundablasses wäre für die Behinderung der Geschiebeeinwanderung maßgebend, ist völlig irrig; nur ihre Tiefenlage unter dem Stauziel ist entscheidend für ihre Wirksamkeit. Die Höhenlage der Stauraumverlandung im Bereiche flußauf des Stauwerkes hängt von der Geschiebebeschaffenheit, vom Hochwasserdurchfluß und von der Höhenlage des Stauzieles ab. Die Höhenlage der ursprünglichen Flußsohle ist ganz belanglos und wenn die Tiefenlage der Einlaufsschwelle unter dem Stauziel zu gering bemessen ist, dann wandert schließlich Geschiebe in den Einlauf, auch dann, wenn die Einlaufschwelle viele Meter über der ursprünglichen Flußsohle liegt. Anzustreben ist eine solche Höhenlage der

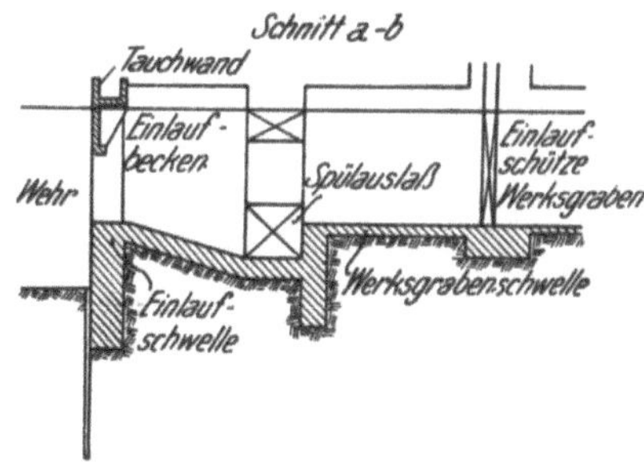

Abb. 1144. Wasserfassung. Schematischer Grundriß und Schnitt a—b.

Abb. 1145. Das Wasserkraftwerk Chèvres an der Rhône mit der Wasserentnahme an der Bogeninnenseite. (H. E. GRUNER.)

Einlaufschwelle, die über jener Verlandungssohle im Stauraum liegt, die den kleinsten noch geschiebeführenden Hochwässern entspricht.

Nachdem die Sohle bei kleinen, noch geschiebeführenden Hochwässern im Stauraum höher liegt als bei großen Hochwässern, sind hinsichtlich der Geschiebeeinschleppung in den Einlauf die kleinen Hochwässer die gefährlicheren. Die Abb. 1151 zeigt die Sohlenausbildung im Wehrbereich bei zu tief liegender Einlaufschwelle.

Abb. 1146. Sandablagerungen im Einlaufbecken des Kraftwerkes Chèvres an der Rhône, vom Einlaufbecken gegen den Fluß hin gesehen. (H. E. GRUNER.)

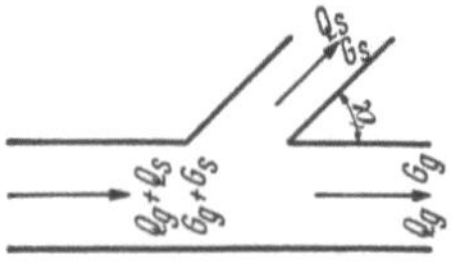

Abb. 1147. Gerinneverzweigung.

Eine Kiesbank überschüttet die Einlaufschwelle und stößt gegen den Werksgraben vor. Um die Einwanderung von Geschieben in den Einlauf hintanzuhalten, ist früher die

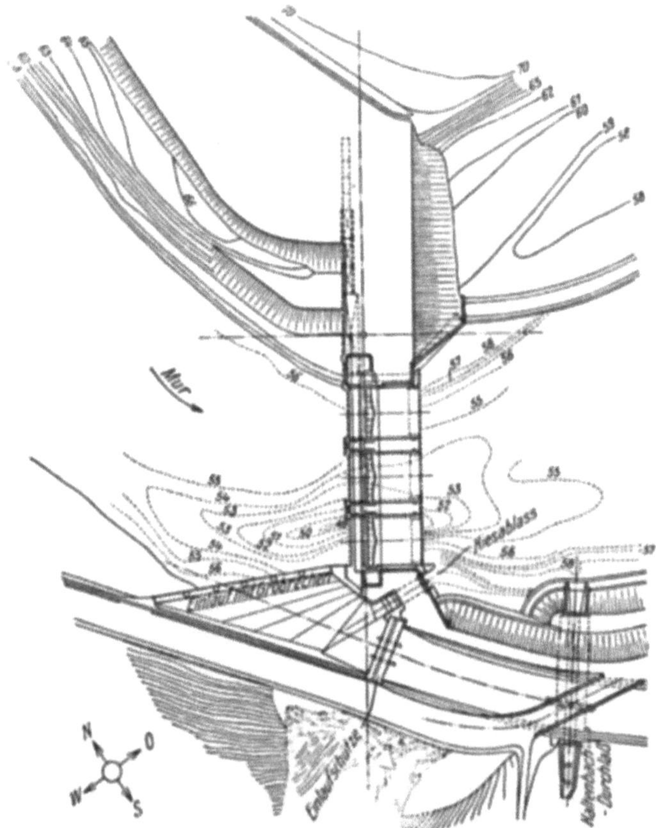

Abb. 1148. Lageplan des Murwehres Pernegg. (Steweag.)

Regel eingehalten worden, die Einlaufgeschwindigkeit müsse unter 0,5 bis etwa 1,2 [m/sec] liegen. Diese Regel ist ganz unbegründet; bei solchen Geschwindigkeiten kann zwar kein Geschiebe

wandern, die Einlaufschwelle wird aber bei zu geringer Tiefenlage vom Geschiebe einfach überschüttet und es wandert, ähnlich wie ein Delta in einem See, die Kiesanlandung in das Einlaufbecken vor. Der Einlaufquerschnitt wird so weit verschüttet, bis eben die Geschiebe weiterbefördert werden können.

Die mittlere Geschwindigkeit im Einlauf hat überdies keine physikalische Bedeutung; Versuche haben gelehrt, daß nur dann, wenn der gesamte Zufluß entnommen wird, auch der ganze
Einlaufquerschnitt in der Richtung gegen den Werksgraben durchflossen wird. Wenn nicht
der gesamte Zufluß entnommen wird, so fließt in Teilen des Einlaufquerschnittes mehr ein,

Abb. 1149.　Murwehr Pernegg. *a)* Einlaufquerschnitt,
b) Einlaufschützen.

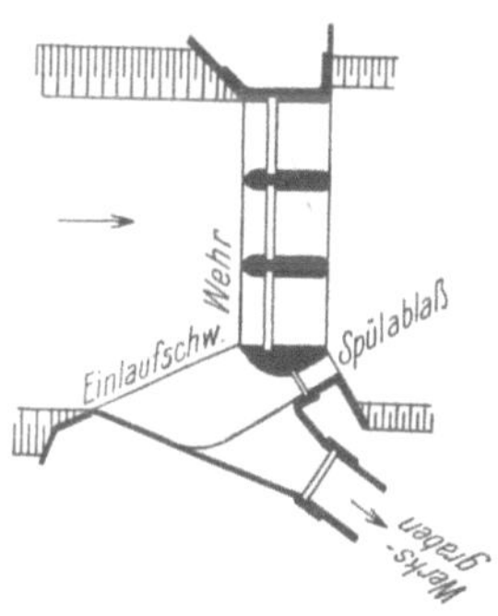

Abb. 1150.　Entnahme aus der Geraden mit schräg vorgezogener Einlaufschwelle.

als die Entnahme beträgt und der Überschuß läuft in anderen Teilen des Einlaufquerschnittes
wieder zurück in den Stauraum. Die Abb. 1152 zeigt die Strömungsrichtung des Wassers am
Einlaufboden unter der Tauchwand; bei den Versuchen 1 bis 5 ist das Freiwasser durch das
dem Einlauf benachbarte Wehrfeld, bei den Versuchen 6 bis 10 durch das Wehrmittelfeld
abgeleitet worden. In der Abb. 1153 ist der Weg der Geschiebe gelegentlich eines Versuches
durch Pfeile angedeutet.

Das Bestreben, die „Einlaufgeschwindigkeit" nur recht klein zu machen, hat dazu geführt,
daß die Einlaufquerschnitte sehr
langgestreckt wurden und weit
aus dem Wirkungsbereich der
Grundablässe im Wehr gerieten.
Gelegentlich　　von　　Versuchen
konnte die Schädlichkeit zu lang-
gestreckter　Einlaufquerschnitte
leicht nachgewiesen werden. Die
Abb. 1154 zeigt z. B. einen viel
zu　langen　Einlaufquerschnitt,
durch den auch noch dann Geschiebe lief, als die Länge um $^3/_7$
eingeschränkt worden war. Eine
weitere Verkürzung um $^1/_7$ bewirkte, daß trotz vergrößerter
„Einlaufgeschwindigkeit"　kein
Kies　mehr　eingewandert　ist
(Abb. 1155).

Ein Vorboden vor der Ein-
laufschwelle erleichtert die Be-

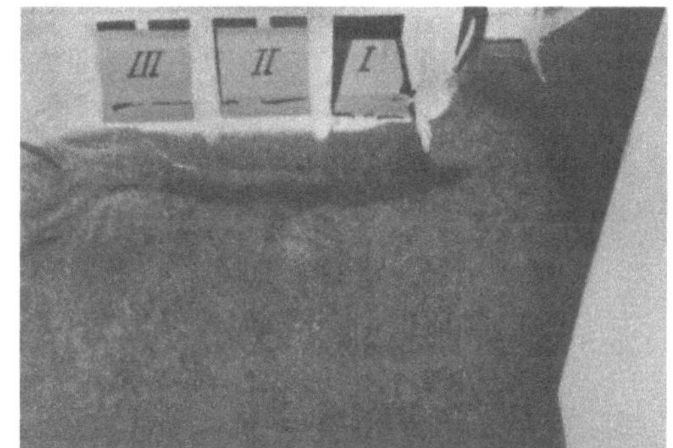

Abb. 1151.　Entnahme aus der Geraden. Einlauf ohne Tauchwand. Zufluß 310
[m³/sec], Entnahme 125 [m³/sec]. Modellversuch.

hinderung des Geschiebeeinwanderns in den Einlauf. Ein Vergleich der beiden Abb. 1156 und
1157 läßt deutlich die günstige Wirkung eines Vorbodens erkennen.

Die Geschiebe wandern, besonders bei der Entnahme aus geraden Flußstrecken, am Anfang
des Entnahmequerschnittes ein. Angestellte Versuche haben gezeigt, daß es zweckmäßig ist,
die Krone der Einlaufschwelle nicht waagrecht zu legen, sondern flußab fallend, so, wie es in

den Abb. 1158 und 1159 zu erkennen ist. Auf diese Weise kann das Einwandern der Geschiebe erschwert werden.

Um den Bereich vor dem Einlauf möglichst weitgehend von Geschieben frei zu halten, ist es auch wichtig, den Einlaufquerschnitt recht nahe an den benachbarten Grundablaß heranzurücken.

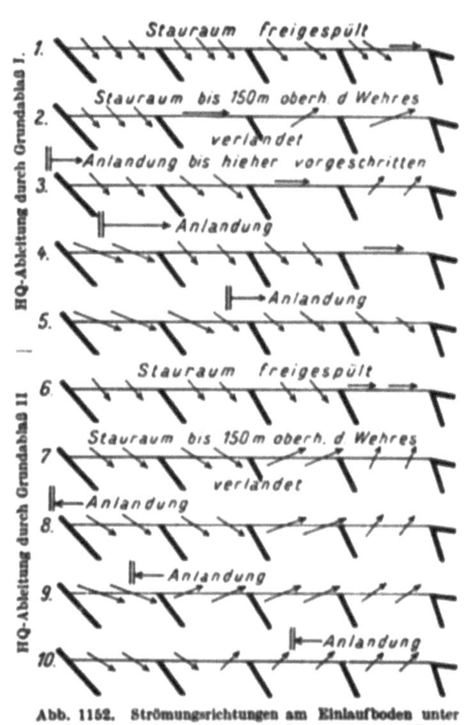

Abb. 1152. Strömungsrichtungen am Einlaufboden unter der Tauchwand. Entnahme an der Bogenaußenseite. Zufluß 650 [m³/sec], Entnahme 110 [m³/sec]. Modellversuch.

Beim Entwurf eines Einlaufbeckens ist schließlich der Winkel α von Bedeutung, den die Beckenwandung mit der Einlaufschwelle einschließt (Abb. 1160). Bei den meisten älteren Anlagen beträgt dieser Winkel 90°. Beobachtet man aber die Einströmung in das Einlaufbauwerk, so erkennt man leicht, daß das Wasser einer solchen Einlaufbeckenwandung nicht folgt, sondern am Anfang des Einlaufes von der Wandung ablöst. Der Raum zwischen dem fließenden Wasser und der falsch angeordneten Beckenwandung ist von einer Randwalze erfüllt und dieser Raum verlandet weitgehend. A. SCHOKLITSCH hat eigene Versuchsreihen ausgeführt, um den richtigen Entnahmewinkel α zu suchen. Die Versuche zeigten nun, daß es keinen „richtigen Entnahmewinkel α" gibt; dieser Winkel ändert sich mit dem Verhältnis der Entnahme zum Zufluß und er hängt auch von der Lage der Entnahmestelle ab. Fest steht, daß ein Winkel von 90° falsch ist und daß der Winkel α möglichst spitz zu wählen ist.

II. Die Eisabwehr am Einlauf.

Um das Einziehen von Eis und Schwemmsel in die Triebwasserleitung zu erschweren, wird im Einlauf eine Tauchwand angeordnet, die bei der im Betrieb vorkommenden tiefsten Spiegellage mindestens 0,5 [m] tief taucht. Im Winter wird vor die Tauchwand, um deren Wirksamkeit zu erhöhen, noch ein sogenannter Eisbaum gelegt.

Abb. 1153. Entnahme an der Bogenaußenseite Zufluß 650 [m³/sec], Entnahme 110 [m³/sec]. Grundablaß I offen. Stauraumverlandung noch nicht vollendet.

Die Tauchwand wird aus Stahlbeton hergestellt und durch eine Anzahl von Pfeilern gestützt. Es ist üblich, die Tauchwand für eine Last von 1000 [kg/m²] zu bemessen. Woher diese Lastannahme stammt, ist nicht bekannt; jedenfalls haben die für diese Last bemessenen Tauchwände bisher entsprochen.

Die Tauchwände sind bisher einfach als lotrechte Wände über der Einlaufschwelle angeordnet worden, etwa so, wie es die Abb. 1161a andeutet. Diese Ausbildung ist in hydraulischer Hinsicht die denkbar ungünstigste, weil sich hinter der Tauchwand eine Walze bildet, die ja bei allen ausgeführten Tauchwänden leicht zu beobachten ist (Abb. 1162). Hinter der Tauchwand erfolgt ja eine plötzliche Querschnittsvergrößerung und das unter der Tauchwand durchfließende

Wasser löst sich von der Wandunterkante los, wobei sich über der Strahlbegrenzung eine Deckwalze bildet, so, wie es in der Abb. 1161a angedeutet ist. Eine solche Anlage ist also eigentlich ein Energievernichter, der den Verlust der dem Unterschied zwischen den Geschwindigkeitshöhen $\dfrac{U_1^2}{2g} - \dfrac{U_2^2}{2g}$ entsprechenden Energie bewirkt.

Wenn an die Tauchwand noch eine Leitwand angeschlossen wird, (Abb. 1161b), wird die Bildung einer Deckwalze verhindert und die Wirbelbildung sehr stark eingeschränkt. Dräne im tiefsten Teil bewirken einen hinreichenden Wasserwechsel in dem durch die Tauchwand und die Leitwand gebildeten Trog.

An die Tauchwand wird ein Bedienungssteg angeschlossen, von dem aus Eis, das sich an der Tauchwand festgesetzt hat, gefahrlos gelöst werden kann.

Die Tauchwand wird durch eine Anzahl von Pfeilern gestützt, die so geformt und eingerichtet werden müssen, daß sie der Strömung möglichst geringen Widerstand entgegensetzen. Die Formung der Pfeiler bereitet Schwierigkeiten, weil sich der Winkel,

Abb. 1154. Entnahme an der Bogenaußenseite. Zufluß 310 [m³/sec], Entnahme 135 [m³/sec]. Der Einlaufquerschnitt ist um ³/₇ eingeschränkt. Modellversuch.

unter dem das Wasser aus dem Stauraum in den Einlauf strömt, mit dem Verhältnis zwischen Entnahme und Zufluß ändert. Nur dann, wenn der gesamte Zufluß entnommen wird, tritt das Wasser annähernd senkrecht durch den Einlaufquerschnitt. Wenn dünne, langgestreckte Pfeiler zur Stützung der Tauchwand angewendet werden, so werden die Pfeilerachsen am besten nach der in der Abb. 1144 auf S. 657 angedeuteten Regel festgelegt; die Pfeiler stehen also nicht parallel. Bei neueren Stauwerken sind Pfeiler mit kreisrundem Querschnitt ausgeführt worden, bei denen die Anströmrichtung gleichgültig ist. Die Abb. 1163 zeigt als Beispiel Einzelheiten einer Tauchwand mit kreisrunden Pfeilern.

Die Anordnung eines Grobrechens unter der Tauchwand hat sich nicht bewährt, weil die Reinigung außerordentliche Schwierigkeiten bereitet und meist eine Betriebsunterbrechung erfordert.

Der Eisbaum war ursprünglich bei kleinen Anlagen nur ein Holzstamm, der im Wasser schwimmend, Eisschollen ablenkte. Bei größeren Stauwerken reicht die Tauchtiefe eines Stammes nicht aus und es sind höl-

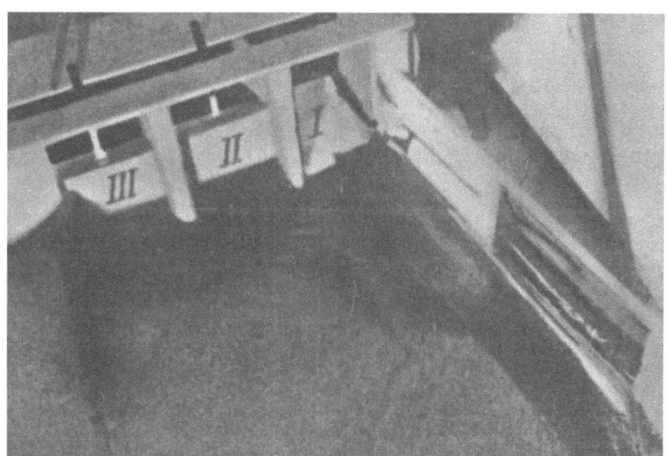

Abb. 1155. Wie Abb. 1154. Der Einlauf ist um ⁴/₇ eingeschränkt. Modellversuch.

zerne Tragwerke ausgebildet worden, die eine Tauchwand tragen. Die Abb. 1164 gibt Einzelheiten eines Eisbaumes, aus einzelnen 7,30 [m] langen Gliedern, der sich gut bewährt hat. Der Eisbaum überspannt das erste Wehrfeld und wird am Oberende des Einlaufquerschnittes und am ersten Wehrpfeiler angehängt. Die Abb. 1165 zeigt einen nicht gegliederten, langen Eisbaum, der mehrmals gegen die Pfeiler der Tauchwand abgestützt ist. Während der eisfreien Zeit wird der Eisbaum aus dem Bereiche des Einlaufes entfernt.

Zur sicheren Lagerung werden gewöhnlich am Ufer flußauf des Einlaufes eine Anzahl von Böcken angeordnet, auf denen der Eisbaum während der warmen Jahreszeit gelagert wird.

III. Die Spülung des Wehrbereiches und des Einlaufbeckens.

Die Verlandung des Stauraumes schreitet im Laufe der Zeit so weit fort, daß im Bereiche des Einlaufes Störungen, besonders Geschiebeeinwanderungen in den Einlauf zu befürchten

Abb. 1156. Modell des Murwehres Peggau. Entnahme an der Bogenaußenseite. Zufluß 370 [m³/sec], Entnahme 80 [m³/sec]. Einlauf ohne Vorpritsche, Grundablaß II offen.

sind. Um solche Störungen zu verhüten, wird der Stauraum im unmittelbaren Bereich flußauf des Wehres von Anlandungen freigespült. Diese Spülungen werden entweder durch Betätigung der Wehrverschlüsse oder eigener Spüleinrichtungen bewirkt.

Abb. 1157. Wie Abb. 1156, aber mit Vorpritsche.

Die Spülung durch Betätigung der Wehrverschlüsse ist bei eingehaltenem Stauziel nahezu unwirksam, wie schon auf S. 192 erläutert worden ist; die Spülwirkung reicht nur auf einen sehr bescheidenen Bereich flußauf des Stauwerkes, keinesfalls aber über den ganzen Bereich

des Einlaufes. Um die Spülung wirksam zu gestalten, muß der Wasserspiegel im Stauraum möglichst tief abgesenkt werden. Die Spülung ist dann um so wirksamer, je größer der Durchfluß und je kleiner der Pfei-
lerstau ist. Mehrmalige kurz andauernde Spülungen sind, wie schon auf S. 192 gezeigt worden ist, wirksamer als eine lang-
andauernde.

Wenn die Spülung mit großen

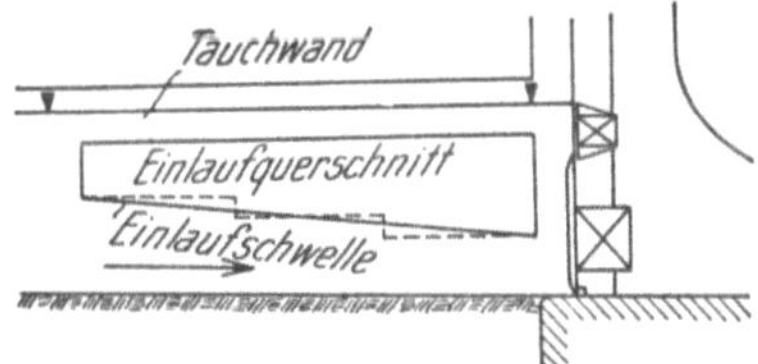

Abb. 1158. Abgetreppte Einlaufschwelle.

Abb. 1159. Das Murwehr Pernegg mit der abgetreppten Einlaufschwelle. *a)* Tauchwand, *b)* aufgelassene Straße. (Steweag.)

Durchflüssen erfolgt, so wird die Anlandung in voller Breite des Stauraumes abgespült. Wird aber mit kleinen Durchflüssen gespült, so besteht die Möglichkeit, daß der Spülstrom nur

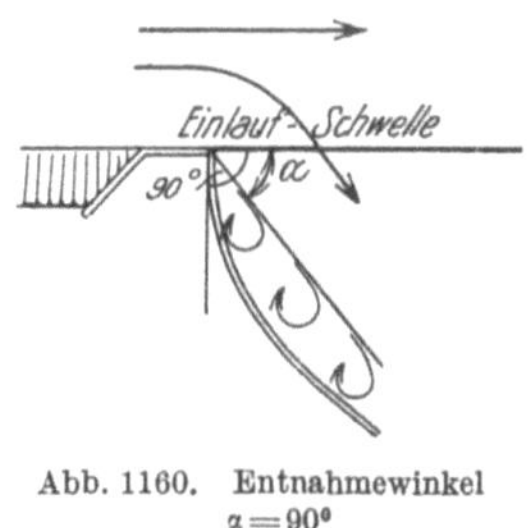

Abb. 1160. Entnahmewinkel
$\alpha = 90°$

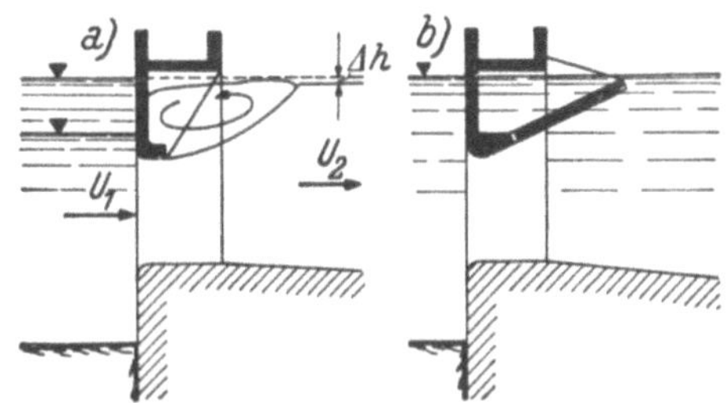

Abb. 1161. Ausbildung der Tauchwand.

eine engbegrenzte Rinne gräbt; wenn das Stauwerk in einem flachen Flußbogen liegt, so durchbricht diese Rinne manchmal den Bogen sehnenartig (Abb. 1166) und der Rest der Anlandungen bleibt unausspül-
bar. In Flußbögen mit kleinen Krümmungsradien, in denen an der Bogenaußenseite die Wasser-
tiefen wesentlich größer sind, als an der Innenseite, bildet sich die Spülrinne längs der Außenseite aus (Abb. 1167) und es erfolgt eine sehr wirksame Abräumung des Bereiches vor dem Einlauf. Bei sehr großen Stauhöhen ist auch eine Spülung mit kleinen Durchflüssen im Einlaufbereich sehr wirksam; die Geschiebe bleiben aber unmittelbar flußab des Stauwerkes liegen und höhen dort die Sohle stark auf (Abb. 1168).

Die Spülung des Einlaufbe-
reiches kann gefördert werden, wenn vor der Einlaufschwelle

Abb. 1162. Wirbelbildung hinter einer Tauchwand nach Abb. 1161a.

eine eigene Spülrinne angeordnet wird, wie sie in der Abb. 1169c, d deutlich zu erkennen ist. Die Versuche an einem Modell haben gezeigt, daß bei einem festen Wehr der Einlaufbereich rascher und vollkommener freigespült werden kann, als ohne diese Rinne und daß flußauf des festen Wehres die Sohle in Ruhe bleibt.

Besonders wirksam erfolgt die Freihaltung des Einlaufbereiches von Anlandungen, wenn in die Einlaufschwelle Spülöffnungen eingebaut werden. Die Abb. 1170 zeigt den Wirkungsbereich solcher Spülschützen bei eingehaltenem Stauziel, wenn das Stauwerk in einer geraden Flußstrecke eingebaut ist. Wenn dasselbe Stauwerk in einem Flußbogen liegt und die Entnahme an der Bogenaußenseite erfolgt, so ist die Wirkung nicht befriedigend, wie ein Blick in die Abb. 1171 lehrt. Damit eine Einwanderung von Geschieben in den Einlauf verhindert wird, müßte noch eine Spülöffnung am Anfang der Einlaufschwelle eingebaut werden, während die der Schütze I benachbarte Spülöffnung wirkungslos ist. Die Pfeile deuten die Wanderrichtung des Sandes an. Die Abb. 1172 zeigt die Sohlenausbildung unter sonst gleichen Umständen, wenn die Spülöffnungen in der Schwelle geschlossen sind.

Die Abb. 1173a bis c gibt Einzelheiten der Spülkanäle und der Spülschützen an einem ausgeführten Wehr wieder. An den Pfeilern der Tauchwand sind Breitflanschträger angeordnet, die das Einlegen von Dammbalken zwecks Instandsetzung der Spülschützen erlauben.

In Einlaufbecken treten in der Regel trotz aller Vorsichtsmaßregeln Anlandungen auf, die entweder nur aus abgesetztem Schweb oder auch aus eingeschleppten Geschieben bestehen. Um diese Anlandungen zeitweise ausspülen zu können, sind in der Regel Spülauslässe angeordnet worden, wie sie in den Abb. 1174 und 1175 deutlich zu erkennen sind. Das Einlaufbecken erhält eine Sohle, die möglichst steil gegen den Spülauslaß abfällt. Das Einlaufbecken wird gegen den Werksgraben durch eine Stufe (vgl. Abb. 1174) begrenzt, die das Einschleppen der Anlandungen aus dem Einlaufbecken in den Werksgraben verhüten soll. Die Betätigung des Spülauslasses im Einlaufbecken hat, wie ein Blick in die Abb. 1172 lehrt, nur einen recht bescheidenen Wirkungsbereich. Nur wenn der Wasserspiegel im Stauraum abgesenkt wird, ist eine Freispülung des Einlaufbeckens möglich.

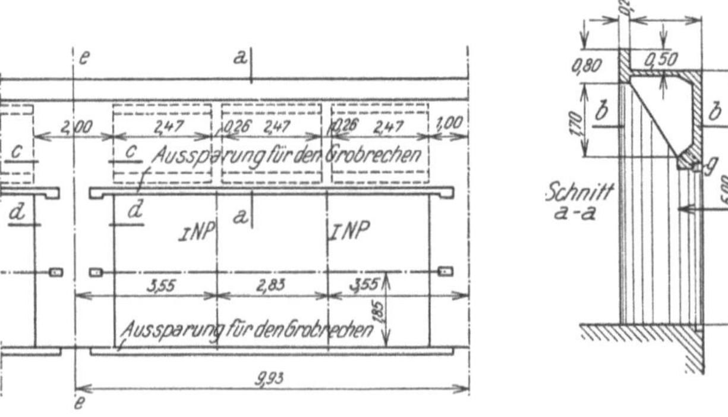

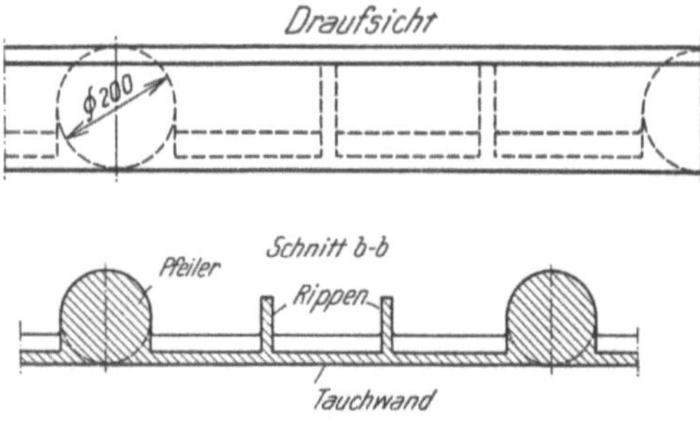

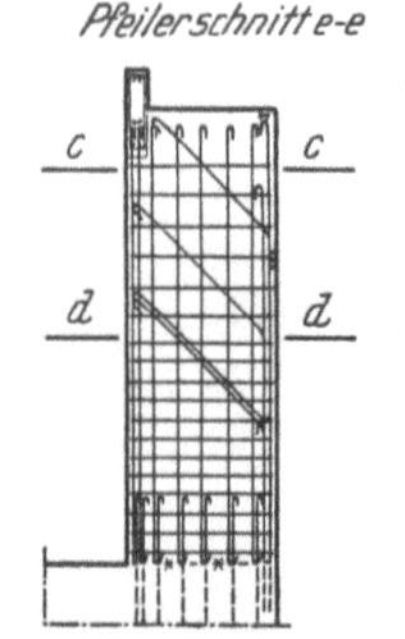

Abb. 1163. Tauchwand des Murwehres Pernegg. Unter der Tauchwand war ein Grobrechen eingebaut, der sich mangels einer Reinigungsmöglichkeit nicht bewährt hat. (Steweag.)

Die Anordnung von Spülöffnungen in der Schwelle zum Werksgraben ist bei eingehaltenem Stauziel auch nur von geringer Wirksamkeit (Abb. 1176), denn diese Spülöffnungen können erst wirksam werden, wenn das ganze Einlaufbecken verlandet ist.

Der Spülauslaß im Einlaufbecken soll nur zeitweise geöffnet werden, wenn bei nicht abgesenktem Wasserspiegel gespült wird. Wenn er bei Hochwasser ständig geöffnet wäre, würde, wie ein Vergleich der beiden Abb. 1177 und 1178 anschaulich erkennen läßt, wegen des um das Spülwasser vermehrten Durchflusses durch den Einlaufquerschnitt, die Geschiebeeinwanderung gefördert werden.

Schrifttum.

ANGERER, FR.: Wehrtypen an Gebirgsbächen. Wasserkr. u. Wasserwirtsch. 1930. S. 189, 201. — BULLE, H.: Untersuchungen über die Geschiebeableitung bei der Spaltung von Wasserläufen. Forschungsarbeiten auf dem Gebiete des Ingenieurwesens. Heft 283. VDJ-Verlag. Berlin. 1926. — HABERMAAS, FR.:

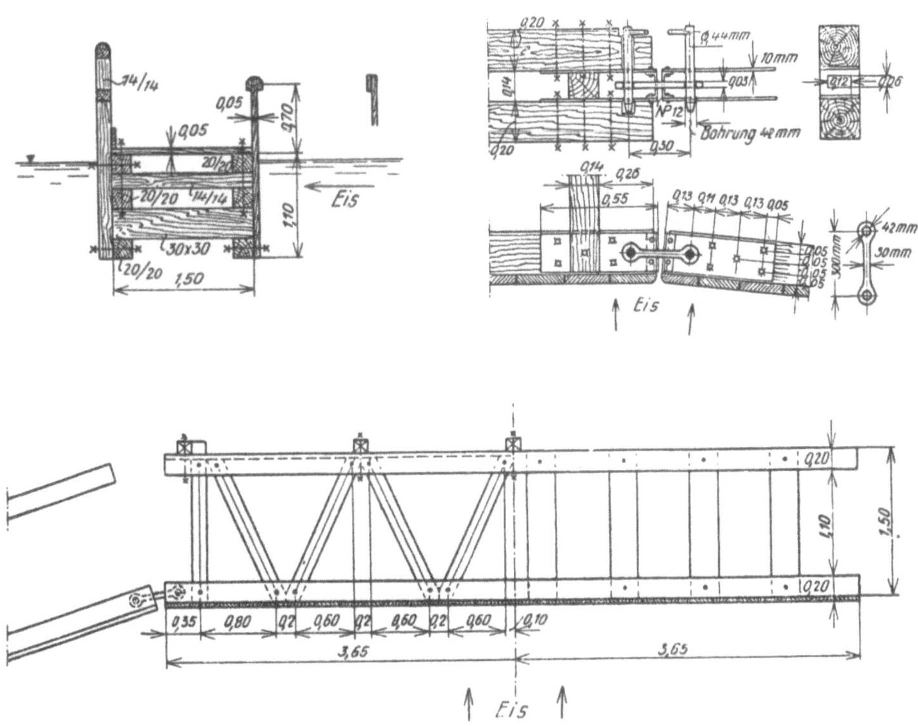

Abb. 1164. Eisbaum am Murwehr in Pernegg. (Steweag.)

Geschiebeeinwanderung in Werkkanälen und deren Verhinderung. Wasserkr. u. Wasserwirtsch. 1935. S. 111.— THÜRNAU: Über Beseitigung von Geschiebeablagerungen von den Schwellen der Einlaufbauwerke. Wasserkr. u. Wasserwirtschaft. 1926. H. 10. — SCHOKLITSCH, A.: Geschiebebewegung in Flüssen und an Stauwerken. Springer-Verlag, Wien. 1926.

IV. Die bauliche Ausgestaltung des Einlaufes.

Grundrißformen von Einlaufbecken haben schon die Abb. 1148 und 1150 gegeben. Den Blick in ein im Bau befindliches Einlaufbecken gibt die Abb. 1174; deutlich sind die Schwelle gegen den Werksgraben, der Spülauslaß und die Pfeiler für die Einlaufschützen zu erkennen. Wenn der Hochwasserspiegel im Stauraum das Stauziel überschreitet, so wird über den Einlaufschützen ein Hochwasserschild angeordnet (Abb. 1175). Weitere Ansichten von Einlaufbecken geben die Abb. 1179, 1180 und 1181. Bei manchen Einlaufbecken ist für das Ableiten von Eis und Schwemmseln, die unter der Tauchwand durchgelangt sind, eine 1 bis 1,5 [m] hohe Senkschütze angeordnet worden (vgl. die Abb. 1179 und 1180).

Abb. 1165. Ansicht des Eisbaumes beim Murwehr Peggau.
a) Einlaufbecken, *b)* Tauchwand, *c)* Eisbaum.

Die Einlaufschwelle muß gegen Unterspülung und Untersickerung, ähnlich wie ein Stauwerk gesichert werden; das geschieht entweder durch eine Spundwand oder durch eine hinreichend tief herabgeführte Betonschürze, die allenfalls mittels Druckluftsenkkastens zu gründen ist.

Vor die Einlaufschwelle ist manchmal eine Vorpritsche gelegt worden, die das Freispülen des Einlaufbereiches erleichtert. Der Rand dieser Vorpritsche muß ebenfalls gegen Unterkolkung durch eine Spundwand gesichert werden.

Zur Regelung des Zulaufes in den Werksgraben und zur vollkommenen Sperrung des Durchflusses dienen die Einlaufschützen, die gewöhnlich unmittelbar hinter der Werksgrabenschwelle angeordnet werden (Abb. 1181).

Im Hochgebirge ist endlich in ganz besonderer Weise die Wasserfassung durch sogenannte Spiegelschleusen ausgeführt worden; dort hat man manchmal auf ein eigenes Einlaufbecken ganz verzichtet und die Entnahme im Wehrkörper selbst durchgeführt, indem man in diesen eine Rinne anordnete, die feinrechenartig mit Stahlstäben überdeckt worden ist. Feiner Sand gelangt fast vollständig in die Wasserfassung und es muß daher anschließend an die Wasserfassung eine kleine Entsandungsanlage errichtet werden. Bei höheren Wasserständen läuft der Wasserüberschuß über das feste Wehr und auch die Geschiebe laufen ungehindert darüber. Der Abb. 1182 sind die allgemeine Anordnung und Einzelheiten solcher Anlagen zu entnehmen. Weil sich stählerne Rechenstäbe am Rücken des festen Wehres im Winter tief abkühlen und leicht vereisen, hat man, wie es der Abb. 1182 zu entnehmen ist, auch bei solchen Spiegelschleusen einen eigenen Wintereinlauf angeordnet, um Betriebsstörungen durch die Eisbildung zu vermeiden.

Abb. 1166. Entnahme an der Bogenaußenseite. Spülung des Wehrbereiches mit 110 [m³/sec] bei voller Absenkung des Wasserspiegels im Stauraum. Der Spülstrom durchschneidet den flachen Flußbogen sehnenartig.

Abb. 1167. Entnahme an der Bogenaußenseite. Spülung des Stauraumes mit einem Zufluß von 110 [m³/sec] bei voller Absenkung des Wasserspiegels im Stauraum.

V. Die Wasserfassung für Kraftwerke in Buchten am Stauwerk.

Die Wasserfassung für Kraftwerke in Buchten am Stauwerk erfolgt ganz ähnlich wie die Ableitung des Wassers in einen Werksgraben. Die Abb. 1183 zeigt als Beispiel eine solche Wasserfassung. Schwierigkeiten bereitet bei dieser Wasserfassung die Ausspülung von Geschieben und abgesetztem Schweb aus dem Einlaufbecken; Spülöffnungen in der Einlaufschwelle und in der Schwelle unter dem Feinrechen vor den Turbinen kommt daher hier besondere Bedeutung zu. Welches Ausmaß Schwebanlandungen im Einlaufbecken binnen weniger Jahre annehmen können, führt die Abb. 1184 vor Augen, die die Verlandung des Einlaufbeckens des Kraftwerkes Faal an der Drau innerhalb der ersten drei Jahre zeigt.

VI. Die Wasserfassung für Pfeilerkraftwerke.

Die Wasserfassung für Pfeilerkraftwerke, die in die Wehrpfeiler eingebaut sind, erfolgt gesondert für jede Turbine. So, wie bei den anderen Wasserfassungen wird eine Tauchwand angeordnet, die treibendes Eis von der Turbine fernhält. Die Tauchwand wird entweder halbkreisförmig oder dreieckig vor den Rechen auskragend ausgeführt. Die Einlaufschützen können

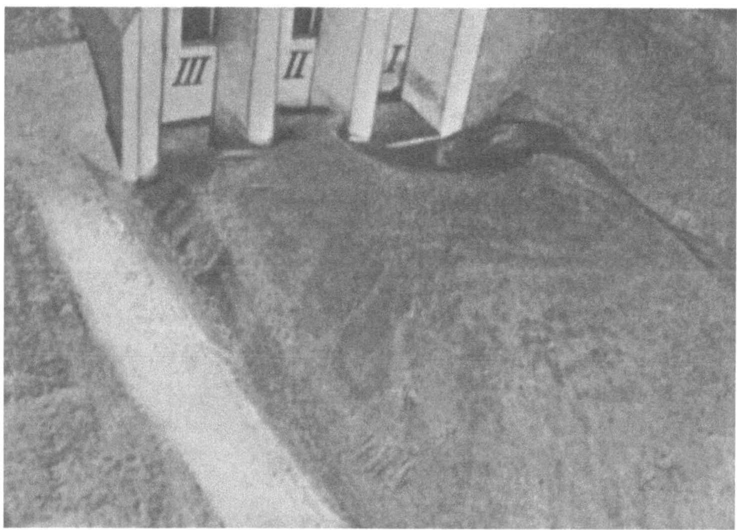

Abb. 1168. Sohlenauflandung flußab des Wehres nach einer Stauraumspülung mit sehr kleinem Zufluß durch den Grundablaß I bei voller Absenkung.

ersetzt werden durch Dammbalkennotverschlüsse, die zwischen den Pfeilern der Tauchwand abgesenkt werden.

Bei größeren Stauhöhen besteht bei den Pfeilerturbinen die Gefahr, daß bei verlandetem Stauraum Geschiebe und Sand durch die Turbine gehen. Um dies zu verhindern, müssen Spül-

Abb. 1169. Modell eines Wehres am Granitzenbach. Stauraum verlandet. *a)* normaler Betrieb, Freiwasser läuft durch den Grundablaß und über das feste Wehr. *b)* Stauraumspülung bei abgesenktem Wasserspiegel. *c)* Mit Spülrinne vor dem Einlauf, normaler Betrieb wie bei *a)*. *d)* Spülung bei abgesenktem Wasserspiegel.

öffnungen in der Einlaufschwelle am Pfeilerkopf angeordnet werden. Eine beschränkte Freispülung des Einlaufbereiches gelingt auch ohne Spülöffnungen, wenn das Freiwasser nicht

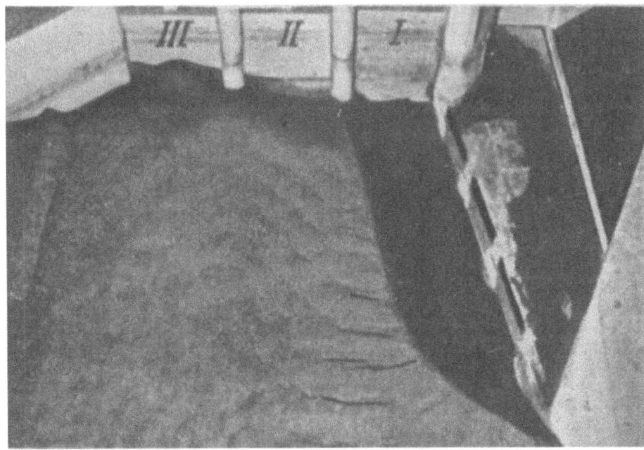

Abb. 1170. Eine Entnahme aus der Geraden. Einlauf ohne Tauchwand. Zufluß 310 [m³/sec], Entnahme 135 [m³/sec]. Grundablaß I offen. Alle drei Spülöffnungen in der Einlaufschwelle offen.

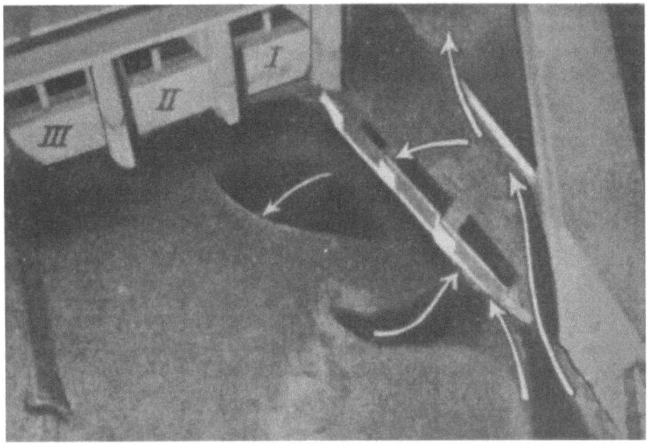

Abb. 1171. Wie Abb. 1170, die Entnahme erfolgt aber an der Bogenaußenseite.

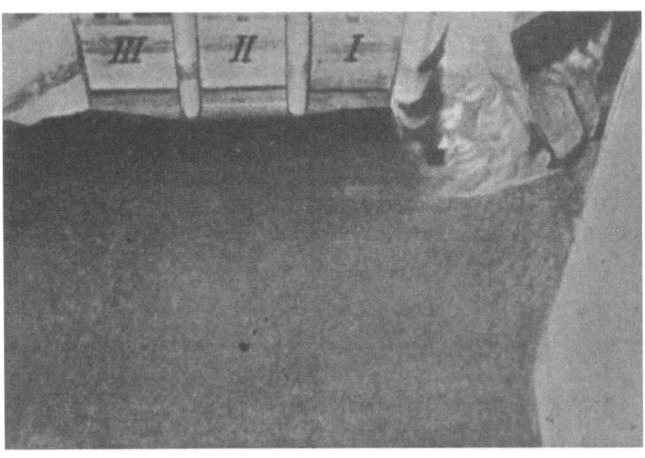

Abb. 1172. Entnahme aus der Geraden. Tauchwand entfernt. Ergebnis einer Spülung des Einlaufbeckens durch den Spülablaß bei eingehaltenem Stauziel. Spülabfluß 80 [m³/sec]. Zufluß 310 [m³/sec]. Entnahme 135 [m³/sec]. Grundablaß I offen. Modellversuch.

symmetrisch zum Pfeiler abgelassen wird. Eine solche Wehrbodienung fördert aber die Kolkentwicklung außerordentlich stark.

VII. Die Wasserfassung für Unterwasserkraftwerke.

Das sogenannte Unterwasserkraftwerk von A. FISCHER besitzt überhaupt keine Wasserfassung. Die Turbinen liegen im hohlen Wehrunterbau und der Feinrechen liegt einfach in der Stauwandflucht (Abb. 1186). Das Freiwasser wird zum Teil durch Grundablässe seitwärts oder zwischen den Turbinen, zum Teil über den Wehrkörpern über Stauklappen abgeleitet. Für die Geschiebeableitung im Bereich der Turbineneinläufe werden sich auch hier Spülöffnungen unter den Feinrechen empfehlen (vgl. auch den Abschnitt Wasserkraftanlagen).

Schrifttum.

MARQUARDT, E.: Das Unterwasserkraftwerk in der Iller. Baut. 1938. S. 475. — WALTER, L.: Unterwasserkraftwerk in der Persante bei Rostin (Pommern). Baut. 1937. S. 572.

Sechster Teil.

Wasserkraftanlagen

A. Normen auf dem Gebiete der Wasserkraftanlagen.

DIN 33 (Juli 1927)
    Bl. 1. Bezeichnungen, Freistrahlturbinen.
    Bl. 2. Stehende Turbinen.
    Bl. 3. Liegende Turbinen.
    Bl. 4. Liegende Kesselturbinen.
    Bl. 5. Liegende Spiralturbinen.

DIN 1946. VDJ-Regeln für Abnahmeversuche an Wasserkraftmaschinen. 1930.

VDJ-Regeln für Wassermengen-Messungen bei Abnahme von Wasserkraftmaschinen. 1936.

B. Die Gewinnung der Energie.

Die Leistung einer Wasserkraftanlage hängt von der Nutzfallhöhe H [m] und vom ausnutzbaren Durchfluß Q [m³/sec] ab. Bezeichnet $\gamma = 1000$ [kg/m³] die Wichte des Wassers und η den Wirkungsgrad eines Maschinensatzes im Maschinenhaus, so beträgt die Leistung der Anlage

$$N = \frac{1000\,HQ\,\eta}{75}\ [\text{PS}] = \frac{1000\,HQ\,\eta}{102}\ [\text{KW}] \tag{951}$$

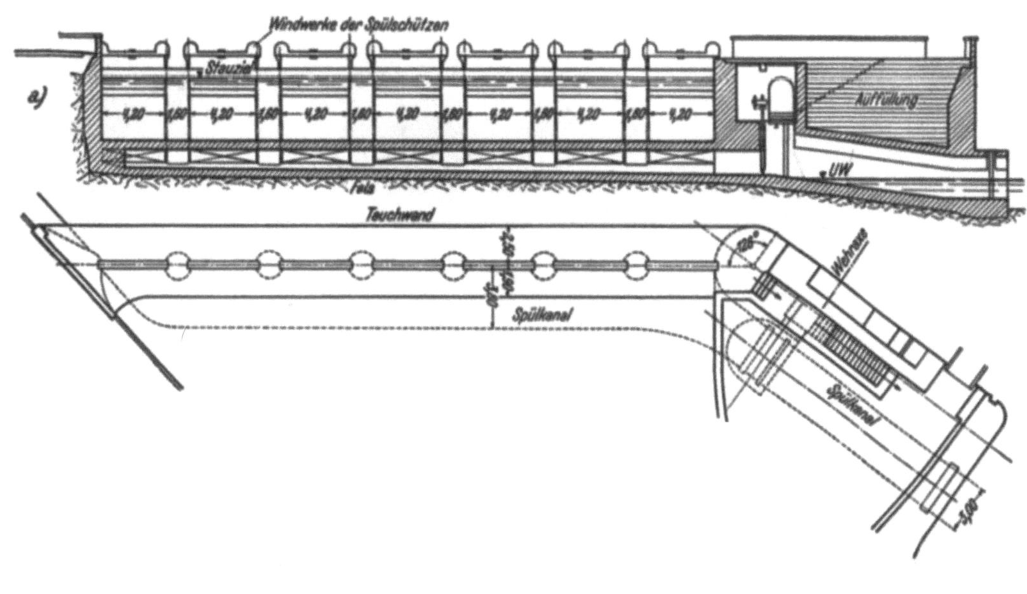

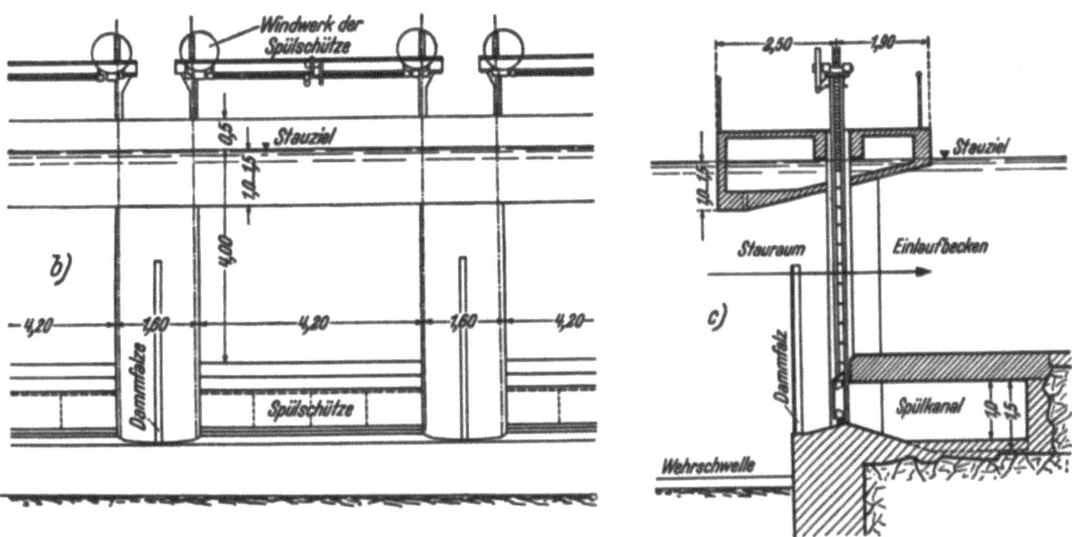

Abb. 1173. Die Spülkanäle in der Einlaufschwelle eines Wehres. *a)* Grundriß, *b)* Ansicht von der Stauraumseite, *c)* Querschnitt.

Sowohl die Nutzfallhöhe H als auch der verfügbare Durchfluß Q sind ständigen Schwankungen unterworfen, die beim Entwurf einer Wasserkraftanlage bekannt sein und berücksichtigt werden müssen. Überdies muß aber auch der Gang des Energieverlangens der Verbraucher beachtet werden.

Die Wasserkraftanlagen werden nach verschiedenen Gesichtspunkten in Gruppen geschieden. Nach der Anordnung der Turbinen in Bezug auf das Stauwerk unterscheidet man Wasserkraftanlagen mit Seitenentnahme, bei denen der Kraftanlage das Wasser durch eine Wasserleitung zugeführt wird, Wasserkraftanlagen in Buchten, bei denen die Wasserleitung wegfällt und das Krafthaus unmittelbar neben dem Stauwerk in einer Bucht des Stauraumes steht, Unterwasser-

Abb. 1174. Das Einlaufbecken des Murwehres Pernegg. *a)* Grundablaß, *b)* Tauchwand, *c)* Einlaufschützen, *d)* Werksgraben-schwelle, *e)* Spülauslaß.

kraftwerke, bei denen die Maschinensätze im hohlen Wehrkörper stehen und Pfeilerkraftwerke, bei denen die Maschinensätze in den stark verbreiterten Pfeilern des Stauwerkes untergebracht sind.

Abb. 1175. Das Einlaufbecken des Murwehres Peggau. *a)* Einlaufschützen, *b)* Spülablaß, *c)* Grundablaß, *d)* Tauchwand, *e)* Hochwasserschild.

Nach der Fallhöhe werden die Kraftanlagen geschieden in Niederdruckanlagen mit Fallhöhen bis 20 [m], in Mitteldruckanlagen mit Fallhöhen zwischen 20 und 50 [m] und in Hochdruckanlagen mit Fallhöhen über 50 [m].

Wasserkraftanlagen, bei denen keine Möglichkeit besteht, augenblicklich nicht benötigtes Wasser zu speichern, werden Laufwerke genannt, im Gegensatz zu den Speicherwerken.

Weitere Unterscheidungen werden manchmal nach der Herkunft des Wassers in Flußkraftwerke, Seekraftwerke, Gezeitenkraftwerke, Grundwasserkraftwerke gemacht.

Abb. 1176. Spülung des Einlaufbeckens bei eingehaltenem Stauziel durch Spülöffnungen in der Werksgrabenschnelle.

I. Die Belastungsverhältnisse eines Kraftwerkes.

Der Gang der Belastung einer Kraftanlage hängt von der Art der angeschlossenen Industrien, der gewerblichen Betriebe, von deren Arbeitsweise und Arbeitszeiten sowie von den Lebensgewohnheiten der Bewohner des Gebietes ab. Über die Belastungen, die einige Industrien bewirken, geben die Abb. 1188a und b einen Überblick. Große Industrieanlagen mit durchlaufender Arbeitszeit sind erwünschte Stromabnehmer, weil ihr Energieverlangen ziemlich gleichmäßig über den Tag verteilt ist. Bei Anlagen, die mit Arbeitspausen arbeiten, macht sich die Arbeitspause (Mittagspause) im Belastungsgang sehr stark bemerkbar; sie bewirken die starke Einsattelung der Lastlinien um die Mittagszeit und die schlechte Belastung in den Nachtstunden. Die wenigst erwünschten Verbraucher sind jene, die nur Lichtstrom entnehmen, weil sie nur in den Morgen- und Abendstunden das Werk in Anspruch nehmen und die kurzdauernden Lichtspitzen verursachen, die sich auf die von den übrigen Verbrauchern bewirkte Lastlinie aufsetzen und zu einer schlechten Ausnutzung der Anlage führen.

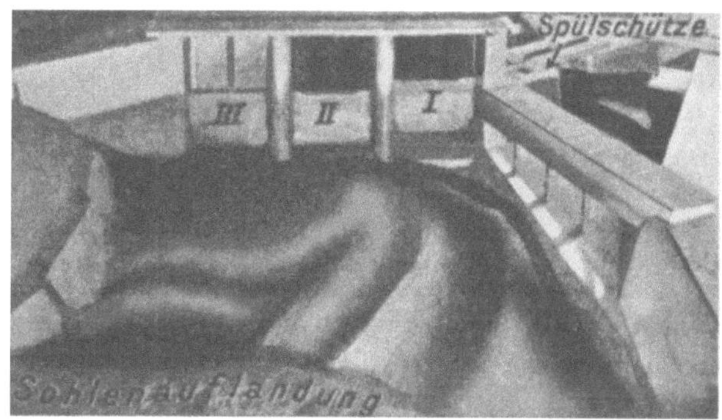

Abb. 1177. Entnahme an der Bogenaußenseite. Zufluß 650 [m³/sec]. Entnahme 110 [m³/sec]. Spülschütze geschlossen. Ableitung des Freiwassers durch Schütze I.

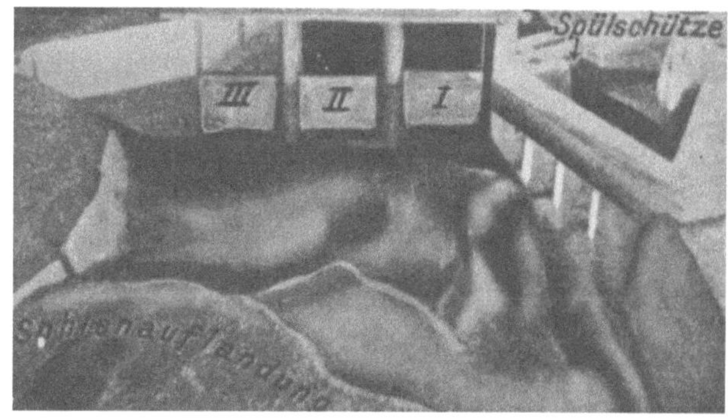

Abb. 1178. Wie Abb. 1177, aber auch Spülung durch die Spülschütze mit 100 [m³/sec].

Je nachdem, welche Art von Verbrauchern überwiegt, ergeben sich verschiedene Ganglinien der Werksbelastung, für die in der Abb. 1187 einige charakteristische Beispiele zusammengestellt sind, die es ermöglichen, bei bekanntem Verbraucherkreis den voraussichtlichen Gang der Werksbelastung festzustellen. Je weniger einheitlich der Kreis der an das Kraftwerk angeschlossenen Verbraucher ist, desto ausgeglichener verläuft die Lastlinie und desto besser werden

Abb. 1179. Der Einlauf des Murwehres Pernegg. *a)* Tauchwand, *b)* Einlaufschützen, *c)* Dammbalken-Kranhaus, *d)* Spülschützen.

alle Teile der Anlage ausgenutzt. Für manche Untersuchungen eignen sich die Jahresbelastungsdauerlinien (Abb. 1189) besser als die Lastlinien selbst, aus denen sie abgeleitet sind. Sehr anschaulich wird der Gang der Belastung innerhalb eines Jahres durch das sogenannte Belastungsgebirge (Abb. 1190) dargestellt.

Eine Übersicht über den Stromverbrauch im Haushalt, im Gewerbe und in der Industrie gibt die folgende Zusammenstellung:

Stromverbrauch im Haushalt, ohne Kochen und Heizen für den Kopf/Jahr ...... 150 [kWh]
    ,,   ,,   ,,   zum Kochen für den Kopf/Jahr .... 365 ,,
    ,,   ,,   ,,   für Raumbeheizung für den Kopf/Jahr............ 2500 ,,
Stromverbrauch für die Erzeugung von:

1 kg Holzschliff .... 1,2 [kWh]
1 ,, Roheisen .... 2,7 ,,
1 ,, Stahl .... 1,5 ,,
1 ,, Aluminium.. 27 bis 30 ,,
1 ,, Stickstoff nach dem Verfahren von Frank-Caro........................... 16 ,,
1 ,, Stickstoff nach dem Verfahren von Haber-Bosch.......................... 20 ,,
1 ,, Stickstoff nach dem Lichtbogenverfahren .... 67 ,,
1 ,, Portlandzement .... 3,3 ,,
1 ,, Kalkstickstoff .... 25 ,,
1 ,, Wasserstoffgas... 100 ,,
1 ,, Weizenmehl 0,075,,
1 ,, Eis... 0,11 ,,
1 ,, Kalziumkarbid .... 4 bis 7 ,,
1 ,, Soda .... 4 ,,
1 ,, Pottasche .... 2,9 ,,

1 ha Feld elektrisch pflügen ....48 bis 52   [kWh/ha]
    bei schweren Böden oder tiefem Pflügen.................. bis 80   ,,
    Getreide dreschen ....10 bis 18   ,,
100 kg Getreide dreschen 1   [kWh]
    Beleuchtung in der Landwirtschaft 4   [kWh/ha Acker]
    Kleinkraft in der Landwirtschaft ....4 bis 8   ,,   ,,

für landwirtschaftliche Industrien wird 25 bis 40 v. H. des Stromverbrauches der reinen Landwirtschaft gerechnet.

Die Belastung eines Kraftwerkes kann, wie es die Abb. 1191 andeutet, in die Grundbelastung, die Mittelbelastung und die Spitzenbelastung unterteilt werden. Wenn die Versorgung eines Verbraucherkreises auf mehrere Kraftwerke verteilt wird, so wird man mindestens ein Speicherwerk errichten, dem die Spitzenbelastung und die Mittelbelastung zugeteilt wird, während die Grundbelastung Laufwerke übernehmen.

Die Abb. 1192 zeigt z. B., wie die Belastung auf die in ein gemeinsames Netz in der Schweiz arbeitenden Werke aufgeteilt wird.

An das Leitungsnetz eines Kraftwerkes werden Lampen und stromverbrauchende Geräte angeschlossen, die, wenn sie alle gleichzeitig in Gebrauch stünden, das Werk weit überlasten würden. Man nennt den Leistungsbedarf, der sich bei gleichzeitiger Benützung ergäbe, den Anschlußwert. Erfahrungsgemäß kommt eine gleichzeitige Benützung tatsächlich nicht vor. Das Verhältnis der von den Verbrauchern tatsächlich im äußersten Falle in Anspruch genommenen Leistung des Werkes zum Anschlußwert wird Gleichzeitigkeitsfaktor genannt. Der Anschlußwert macht bei den bestehenden Kraftwerken das 2- bis 3,5-fache der Höchstleistung des Werkes aus.

Um den Ansprüchen der Stromverbraucher gerecht werden zu können, müssen in einem Kraftwerk eine Anzahl von Maschinensätzen aufgestellt werden, deren Gesamthöchstleistung als Installation bezeichnet wird. Die Gesamtarbeit in Kilowattstunden, die diese Maschinensätze mit dem zur Verfügung stehenden Wasser innerhalb eines Jahres leisten könnten, wird erzielbare Jahresarbeit genannt, während die tatsächlich von den Verbrauchern abgenommene, als Jahresarbeit kurzweg bezeichnet wird. Die Jahresarbeit, dividiert durch die Stundenzahl 8760 des Jahres, ergibt die mittlere Belastung des Werkes; das Verhältnis dieser mittleren Belastung zur Höchstbelastung im Jahr wird Belastungsziffer, ihr reziproker Wert Schwankungsverhältnis genannt.

Die von einem Werk gelieferte Energie ist besonders wertvoll, wenn sie gleichmäßig und ununterbrochen das ganze Jahr hindurch zur Verfügung steht; solche, die nur zu gewissen

Abb. 1180. Das Murwehr in Pernegg im Bau. *a)* Tauchwand mit Grobrechen, *b)* Einlaufschützen, *c)* aufgelassene Straße, *d)* verlegte Straße. (Steweag.)

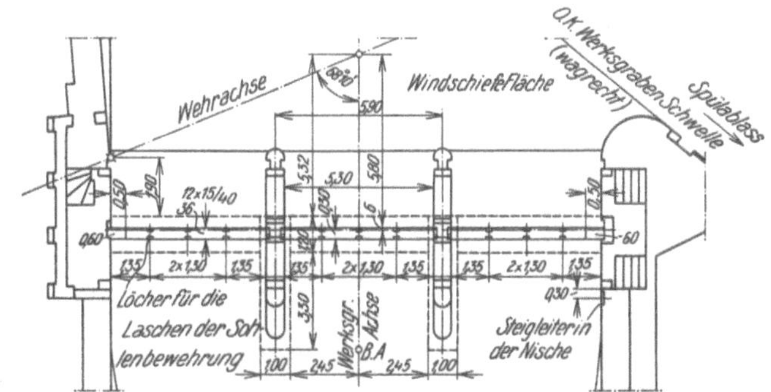

Abb. 1181. Grundriß der Einlaufschützen beim Murkraftwerk Pernegg. (Steweag.)

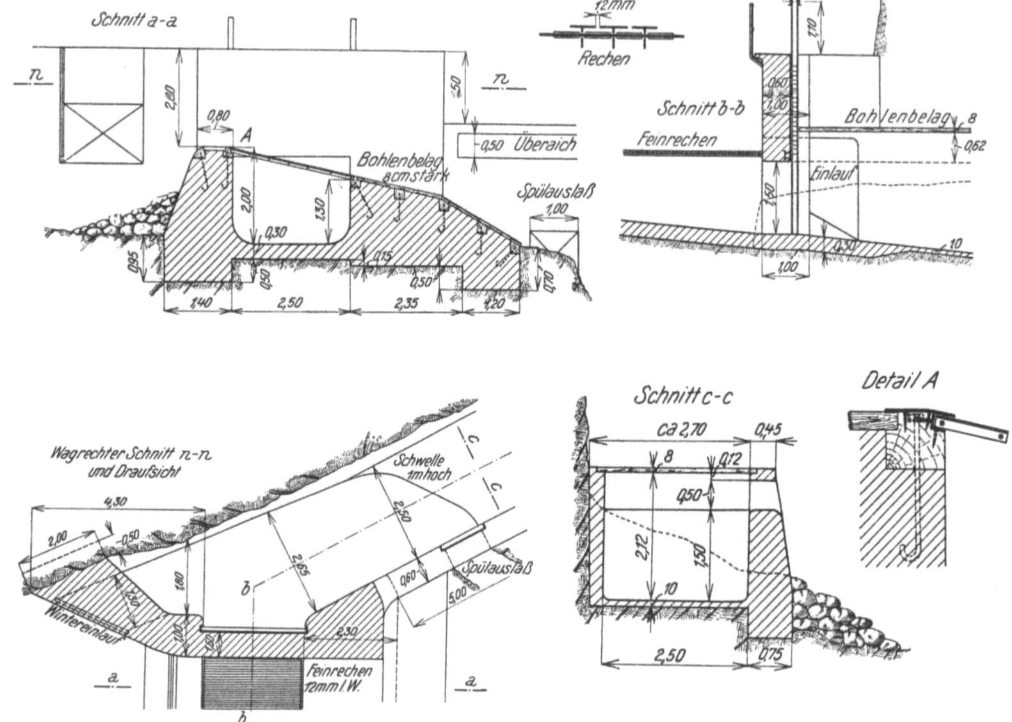

Abb. 1182. Spiegelschleuse am Salzafall bei Öblarn. (Steweag.)

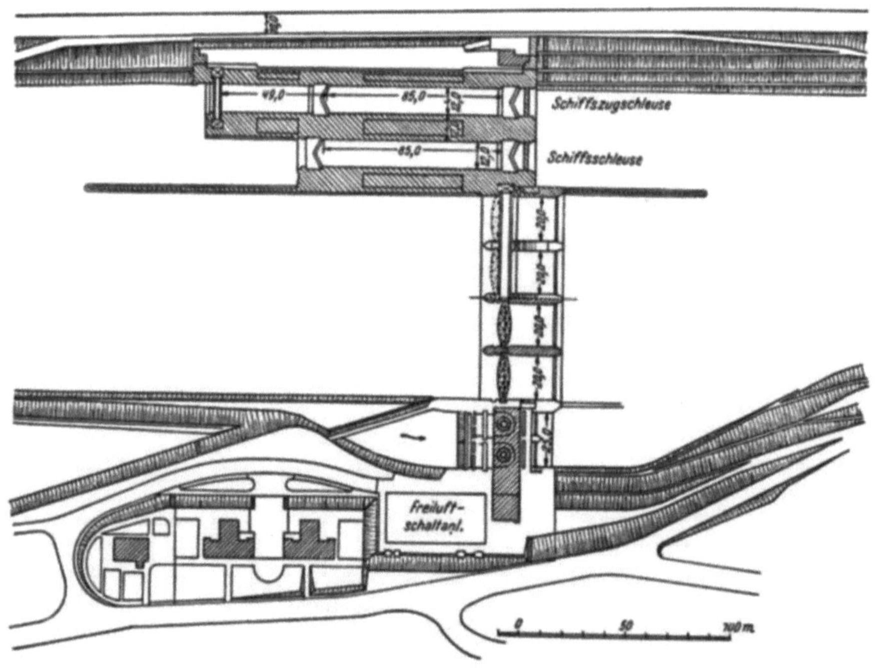

Abb. 1183. Buchtenkraftanlage in Vrané an der Moldau. (Die Ausbildung der dargestellten Bucht wird nicht empfohlen.)

Jahreszeiten, während der Dauer höherer Durchflüsse in den Gewässern lieferbar ist, wird unständige Energie (Sommerenergie) genannt und wesentlich niedriger bewertet, weil nur schwer Absatz für sie (z. B. bei der chemischen oder metallurgischen Industrie) zu finden ist. Der Gang des Energieverlangens der angeschlossenen Verbraucher bringt es schließlich mit sich, daß zu gewissen Tageszeiten auch ständige Energie nicht abgenommen wird, z. B. vielfach während der Nachtstunden; für diesen sogenannten Nachtstrom sucht jedes Werk durch eine entsprechende Handhabung des Stromtarifs Abnehmer zu gewinnen oder es wird die Energie des Nachtstromes aufgespeichert (Stauweiher, Akkumulatoren, Dampfspeicher, hydraulische Pumpspeicher) und am folgenden Tag abgegeben. Jene elektrische Energie, die vom Werk jederzeit lieferbar ist, vom Verbraucher aber nur zu gewissen Stunden bezogen wird, wird als Spitzenenergie bezeichnet und am höchsten bewertet, weil sie hohe Installationen im Werke erfordert, die nur schlecht ausgenutzt sind.

II. Die Fallhöhe.

Sobald an einem Flußlauf der durch eine Wasserkraftanlage auszunutzende Abschnitt gegeben ist, ist innerhalb enger Grenzen auch schon die Rohfallhöhe der Anlage festgelegt; als solche wird der Höhenunterschied zwischen dem Stauziel an der Wasserfassung und dem Wasserspiegel im Rückgabequerschnitt des Flusses bezeichnet, in dem das Wasser aus der Wasserkraftanlage wieder in das Wildbett zurückgeleitet wird.

Die Auswahl des auszunutzenden Abschnittes eines Flußlaufes kann nach verschiedenen Gesichtspunkten erfolgen. Früher sind vielfach die günstigsten Abschnitte herausgegriffen worden, die bei geringstem Bauaufwand höchsten Ertrag versprachen, die dazwischen liegenden Strecken sind dadurch vielfach so verstümmelt worden, daß sich nachträglich ein eigener Ausbau kaum noch lohnt. Eine solche Auswahl der auszunutzenden Flußstrecken bedeutet Raubbau. Gegenwärtig erfolgt die Ausnutzung der Gewässer zur Energiegewinnung so, daß die höchste Energieausbeute erzielt wird. Für den ganzen Fluß wird ein Ausbauplan ent-

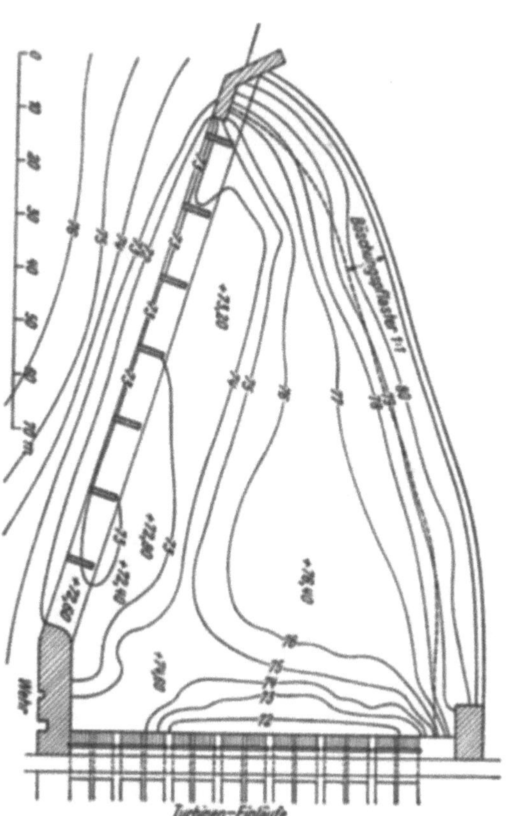

Abb. 1184. Verlandung des Einlaufbeckens des Kraftwerkes Faal an der Drau, innerhalb dreier Jahre. Größte Höhe der Anlandungen etwa 8 [m].

worfen und jedes zu erbauende Wasserkraftwerk muß dann in den allgemeinen Plan passen.

Beim vollständigen Ausbau eines Flusses schließen im allgemeinen die auszunutzenden Flußstrecken aneinander. Die Fallhöhe der einzelnen Werke kann nun nur durch Aufstau oder durch Aufstau und Leitung unter einem Gefälle gewonnen werden, das kleiner ist, als das Gefälle des Flusses. Welche Ausbauart zu wählen ist, hängt von den örtlichen Verhältnissen ab. Bei kleinen Flußgefällen kann durch Leitung des Triebwassers kein nennenswerter Zuwachs an Fallhöhe erzielt werden; in solchen Flüssen kommen nur Staukraftanlagen ohne Triebwasserleitung in Frage. Bei Flußgefällen, die wesentlich größer sind als das Gefälle, das das Wasser in der Triebwasserleitung benötigt, werden Wasserkraftanlagen mit Triebwasserleitung angewandt. Ein Nachteil der Leitung des Triebwassers abseits des Wildbettes besteht darin, daß Monate hindurch das Flußbett in der Entnahmestrecke kein Wasser führt. Der unschöne Anblick einer solchen Flußstrecke kann gemildert werden, wenn stets ein gewisser Mindestdurchfluß im Flußbett belassen wird und es kann überdies durch eine entsprechende Ausgestaltung der Ufer der Entnahmestrecke der Ausblick auf das wasserlose Bett eingeschränkt werden.

Wenn die auszunutzenden Flußstrecken unmittelbar aneinandergrenzen, so wird das Stauziel des Unterliegers manchmal so hoch gewählt, daß der Oberlieger etwas Rückstau erhält; der Unterlieger gewinnt dadurch mehr, als der Oberlieger durch den Rückstau verliert. Es muß aber untersucht werden, ob mit Rücksicht auf die Stauraumverlandung und die durch sie verursachte Flußaufwanderung des Stauendes eine solche Lösung zweckmäßig ist.

Das zugelassene Stauziel wird durch ein unverrückbares Zeichen (Heimzeichen, Heimpfahl, Eichpfahl) festgelegt. In der einfachsten Ausführung besteht das Heimzeichen aus einem Pfahl, in dessen Kopf ein Kupfernagel die Höhe des Stauzieles anzeigt. Bei größeren Anlagen wird das Heimzeichen etwa nach der Abb. 1193 ausgeführt und im Ufer frostfrei gegründet. In der

Abb. 1185. Das Murwehr Mixnitz mit zwei Versenkwalzen. Im Vordergrund das Einlaufbecken, *a)* die Tauchwand und die Spülschützen, *b)* die Einlaufschützen.

Nähe des Heimzeichens wird hochwasserfrei ein Festpunkt errichtet und sowohl das Heimzeichen als auch der Festpunkt an das Landesnivellement angeschlossen. Wo es auf sehr genaue Einhaltung des Stauzieles ankommt, wird überdies ein Wasserstandsschreiber aufgestellt oder es werden die Wasserstände mittels eines elektrischen, durch einen Schwimmer gesteuerten Gebers (Abb. 1194) in den Befehlsraum übertragen.

An der Wasserfassung liegt in der Regel der Wasserspiegel ruhig in der Höhe des Stauzieles; nur bei speicherfähigen Anlagen, bei denen das Stauziel unter den Hochwasserspiegelhöhen liegt, kann das Stauziel zwar im Stauraum überschritten werden, in der Wasserleitung wird aber eine Überschreitung des Stauzieles durch geeignete Maßnahmen verhindert.

An der Unterwassergrabenmündung stellen sich, je nach den Durchflüssen im Wildbett, verschiedene Spiegellagen ein. Bei einer Wasserkraftanlage kann daher nicht einmal mit einer konstanten Rohfallhöhe gerechnet werden.

Abb. 1186. Unterwasserkraftwerk von A. Fischer an der Persante im Bau.

In der Triebwasserleitung erleidet das Wasser infolge der Reibung am benetzten Umfang einen Fallhöhenverlust, der um so größer ist, je größer der Durchfluß ist. Die Nutzfallhöhe hängt daher nicht nur vom Durchfluß im Flusse selbst und allenfalls von der Spiegellage an der Wasserfassung, sondern auch vom Durchfluß in der Triebwasserleitung ab.

III. Die Wasserwirtschaft bei Kraftanlagen.

Der Planung einer Wasserkraftanlage müssen sorgfältige Erhebungen über den Gang der Durchflüsse in der auszunutzenden Flußstrecke vorausgehen. Diese Erhebungen sollen sich auf einen möglichst langen Zeitraum erstrecken, damit neben verläßlichen Mittelwerten auch die Grenzwerte der Durchflüsse (Höchstabfluß HHQ und Kleinstabfluß NNQ) feststehen.

Von größter Bedeutung für die Planung der Wasserkraftanlage ist nun die Feststellung des sogenannten Ausbaudurchflusses und der Zahl der Maschinensätze.

Der Ausbaudurchfluß wird unterschieden in den 24stündigen oder kurz Ausbaudurchfluß und in die Spitzenentnahme, die nur kurzfristig erfolgt und die den 24stündigen Ausbaudurchfluß und den natürlichen Zufluß weit übersteigen kann. Je mehr die Spitzenentnahme den Ausbaudurchfluß übersteigt, desto größer muß der Speicher der Anlage bemessen werden, aus dem die Entnahme erfolgt; in diesem Speicher wird das für die Spitzenentnahme erforderliche Wasser während der Stunden geringer Werksbelastung aufgespeichert. Wenn der vom Speicher ermöglichte Ausgleich zwischen Zufluß und Entnahme sich nur über einen Tag erstreckt, so spricht man von einem Tagesspeicher. Wenn der Speicher so groß ist, daß auch der Wasserüberschuß der Samstage und Sonntage aufgespeichert und erst in der folgenden Woche abgegeben werden kann, so hat man einen Wochenspeicher. Wesentlich größere Speicher ermöglichen schließlich einen unvollkommenen oder sogar einen vollkommenen Jahresausgleich (Jahresspeicher).

Für die Spitzenentnahme werden alle Teile einer Wasserkraftanlage bemessen. Bei reinen Laufwerken, die also gar nicht speicherfähig sind, ist die Spitzenentnahme gleich dem Ausbaudurchfluß.

Ursprünglich wählte man den Ausbaudurchfluß so, daß das Energieverlangen der Stromabnehmer stets gedeckt werden konnte; man konnte daher nur

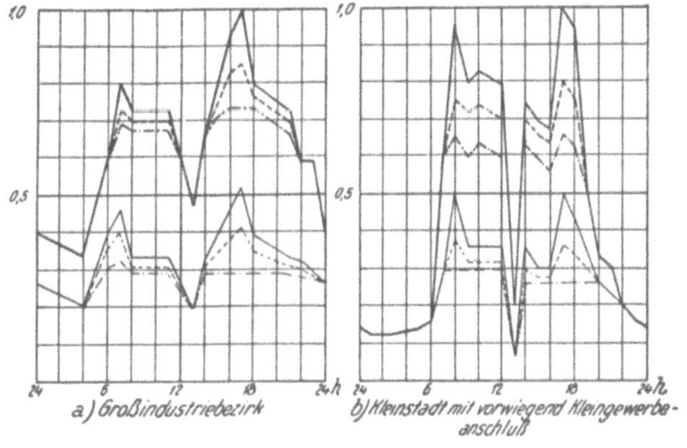

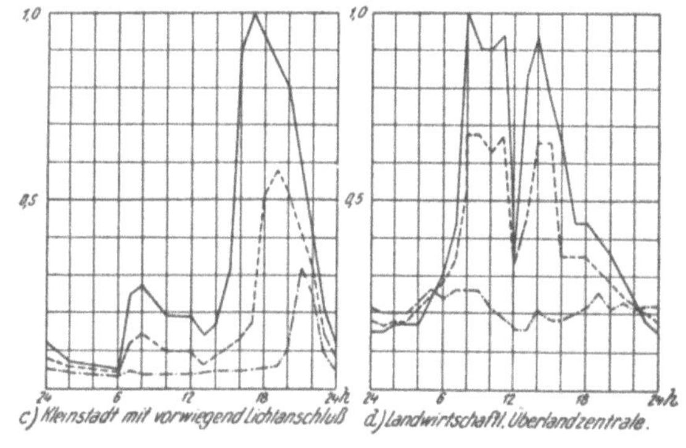

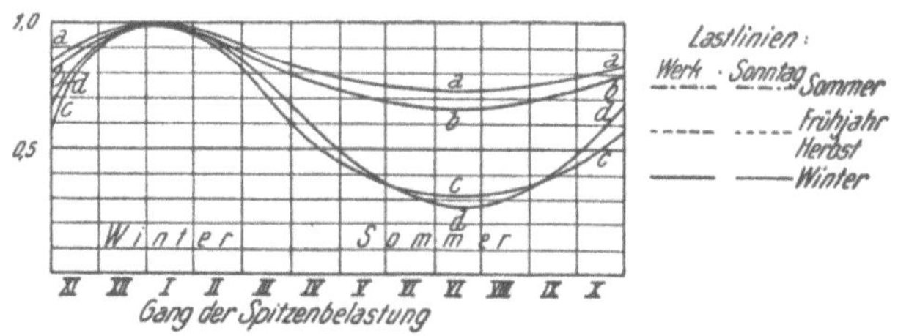

Abb. 1187. Einheitslastlinien nach J. Ornig.

das Niederwasser voll ausnutzen und hatte fast das ganze Jahr hindurch Wasserüberschuß, der nutzlos abgeleitet werden mußte. Viele Teile einer Wasserkraftanlage erfordern aber keine nennenswert höheren Baukosten, wenn der Ausbaudurchfluß höher gewählt wird und man hat daher im Laufe der Zeit den Ausbaudurchfluß immer weiter gesteigert und ist gegenwärtig bei Aufbaudurchflüssen angelangt, die nur drei bis vier Monate im Jahre vorhanden sind. Um nun in der übrigen Zeit, in der Wassermangel herrscht, das Energieverlangen der Stromabnehmer befriedigen zu können, muß während dieser Zeit Energie aus anderen Anlagen bezogen werden. Es ist dann nicht mehr möglich, ein Kraftwerk allein zu betreiben, es müssen vielmehr mehrere Kraftwerke zu einer Gruppe zusammengeschlossen werden, die in ein gemeinsames Leitungsnetz speisen. In einer solchen Gruppe müssen dann Speicherkraftwerke, allenfalls auch Wärmekraftwerke vorgesehen werden. Sehr zweckmäßig ist es, wenn

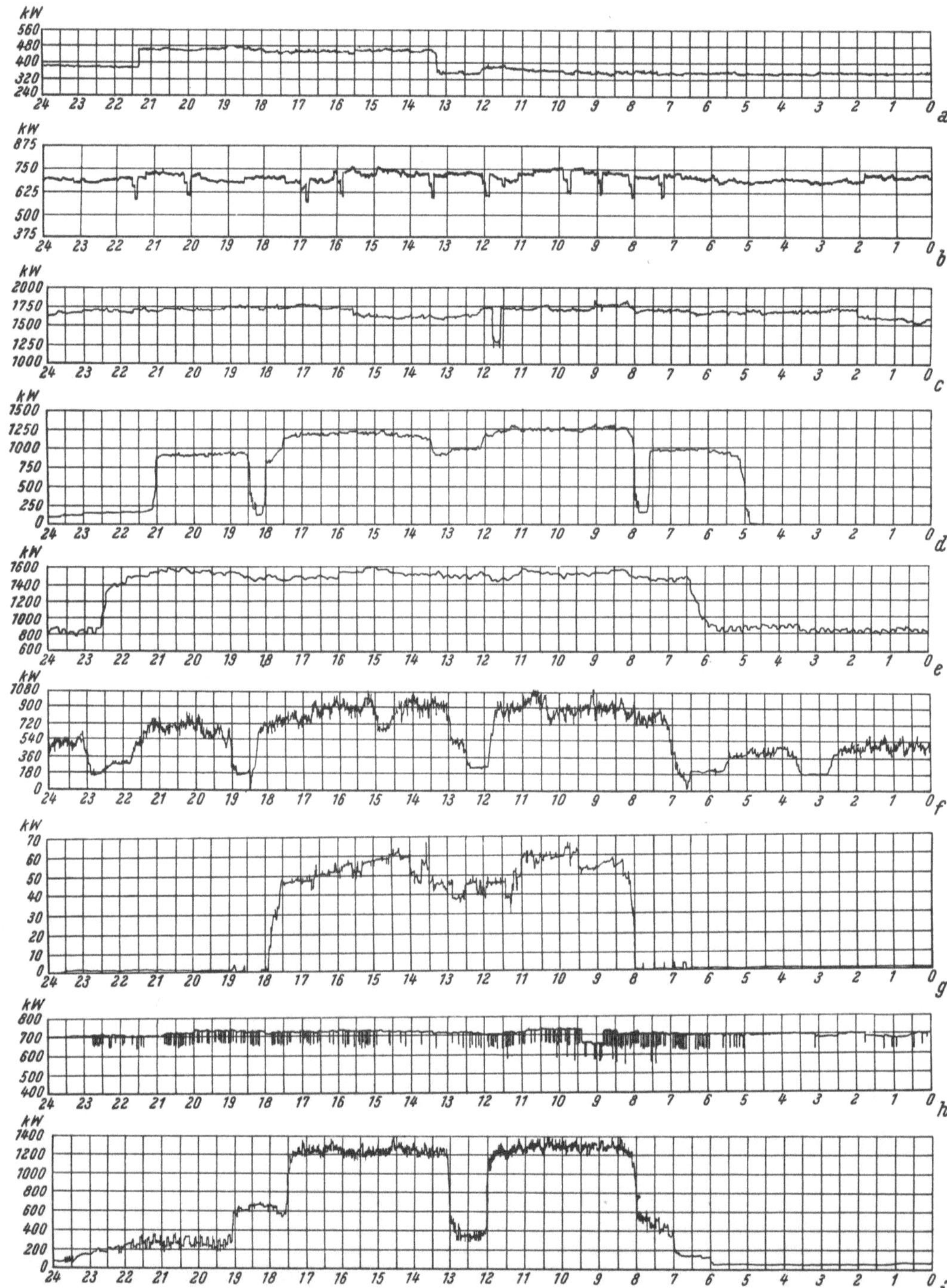

Abb. 1188 a. Tageslastlinien verschiedener Industriewerke. (Nach G. R. Mosca.) a) Eiswerk, b) Chemisches Werk zur Verarbeitung von Kalziumkarbonat, c) Ammoniakwerk, d) Baumwollspinnerei, e) Kunstseidenfabrik, f) Gummiwarenfabrik, g) Farben- und Tintenfabrik, h) Keramisches Werk, i) Autofabrik mit elektrothermischen Verfahren.

Kraftwerke zu einer Gruppe zusammengeschlossen werden, die an verschiedenen Flußsystemen liegen, die zu verschiedenen Zeiten Niederwasser führen.

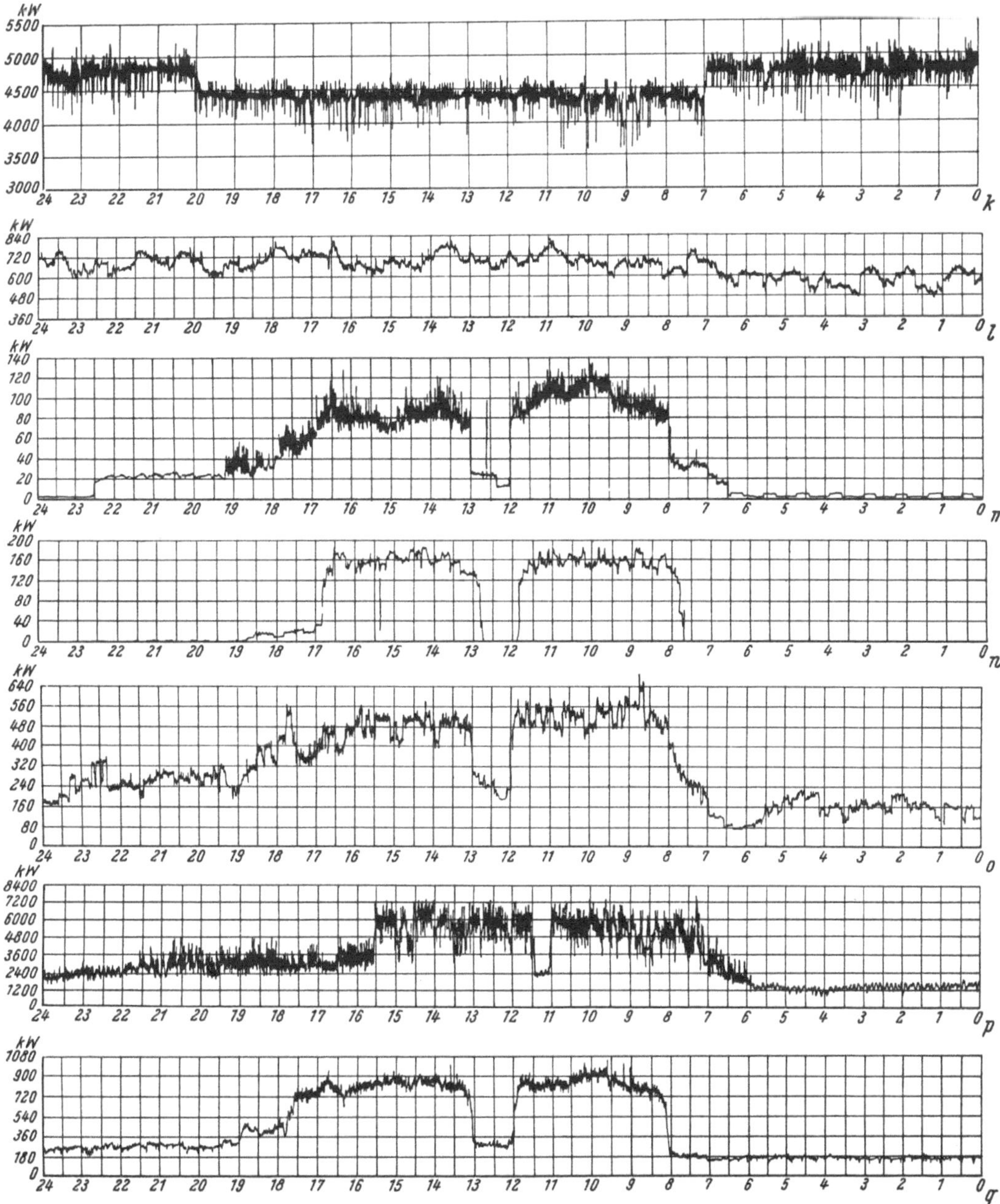

Abb. 1188 b. *k)* Holzstoff- und Zeitungspapierfabrik, *l)* Papierfabrik, *m)* Maschinenfabrik und Schweißerei, *n)* Elektrothermisches Werk, *o)* Elektromaschinenfabrik und Elektrobahnmaterial, *p)* Elektrometallurgische Erzeugung, *q)* Elektromaschinenfabrik.

Kraftwerke, die nicht als reine Laufwerke konstant belastet sind, haben zu gewissen Tageszeiten, besonders in den Nachtstunden, Wasserüberschuß, der ungenützt abläuft, wenn nicht besondere Vorkehrungen getroffen werden. Um auch diese Durchflüsse nutzbringend zu werten, muß die Wasserkraftanlage zur Energiespeicherung eingerichtet werden. Die natürlichste und auch am häufigsten verwendete Weise der Speicherung besteht in der Ansammlung des unbenutzten Wassers unmittelbar im Stauraume, aus dem es zu Zeiten größeren Bedarfes entnommen werden kann. Die orographische Beschaffenheit des Geländes und die Wasserrechte der Unterlieger lassen aber einen solchen Speicherbetrieb nicht immer zu; man kann dann auch an irgend einer günstig gelegenen Stelle eine sogenannte hydraulische Pumpspeicher-

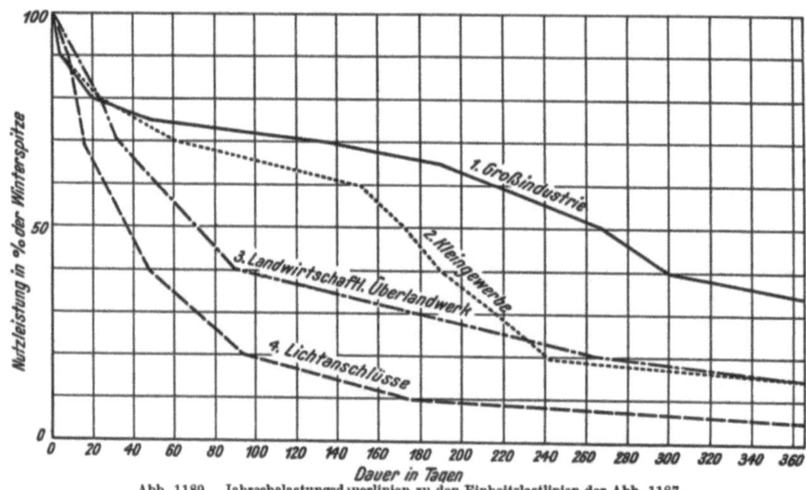

Abb. 1189. Jahresbelastungsdauerlinien zu den Einheitslastlinien der Abb. 1187.

anlage errichten. Diese besteht aus einer vollständigen Kraftanlage, die das Triebwasser aus einem Speicherbecken entnimmt. Das Becken erhält vielfach keinen natürlichen Zufluß, sondern wird durch ein Pumpwerk gespeist, das mit überschüssigem Strom aus einem Laufwerke angetrieben wird. Wenn das hydraulische Pumpspeicherwerk nicht an einem natürlichen Gewässer liegt, so entfällt auch der Unterwassergraben, an dessen Stelle ein unterer Speicher tritt, in den das Wasser während der Arbeitsdauer der Turbinen läuft und aus dem es während der Arbeitszeit der Pumpen wieder abgesaugt und in den oberen Speicher gehoben wird. Der untere Speicher wird ein für allemal mit Wasser angefüllt und es brauchen später nur die unvermeidlichen Verluste infolge von Verdunstung und Versickerung durch undichte Stellen jeweils ersetzt zu werden.

Andere Arten der Energiespeicherung wie z. B. in elektrischen Sammlern (Akkumulatorenbatterien), in Dampfspeichern u. dgl. sind

Abb. 1190. Belastungsgebirge.

zwar öfter angewendet worden, haben aber für größere Anlagen keine Bedeutung erlangt.

Die erforderliche Größe eines Speichers kann bei bekanntem Gang des Zuflusses und der Entnahme leicht ermittelt werden; übersichtlich zeichnerische Verfahren sind schon auf S. 150 geschildert worden.

Jedweder Speicherbetrieb verursacht in der unter der Unterwassergrabenmündung liegenden Flußstrecke eine Veränderung des natürlichen Ganges der Durchflüsse. Während nun diese Veränderung beim Betrieb von Jahresspeichern vielfach sehr erwünscht ist, weil durch den Speicherbetrieb die Hochwasserdurchflüsse verringert, die Niederwasserdurchflüsse aber aufgebessert werden, verursachen die Wochen-, besonders aber die Tagesspeicher Durchflußschwan-

kungen, die den Betrieb eines Unterliegers unter Umständen schwer schädigen können. Die
schwankende Wasserrückgabe in den Fluß ruft dort eine Aufeinanderfolge von Schwallwellen
hervor, die sich flußab fortpflanzen. Zwischen dem Durchgang
zweier solcher Anschwellungen sinkt der Durchfluß manchmal
stärker ab und es kann sich ergeben, daß beim Unterlieger
gerade die kleinen Durchflüsse ankommen, wenn er viel Wasser
braucht, während er die höheren Durchflüsse der Anschwellungen
mit Rücksicht auf den Gang des Energieverlangens nicht
ausnutzen kann. Als Beispiel für solche von einem Kraftwerke verursachten Schwankungen des Durchflusses seien zwei
Ganglinien des Rheins in Basel in der Abb. 1195 wiedergegeben,
die durch das Kraftwerk Laufenburg hervorgerufen worden
sind.

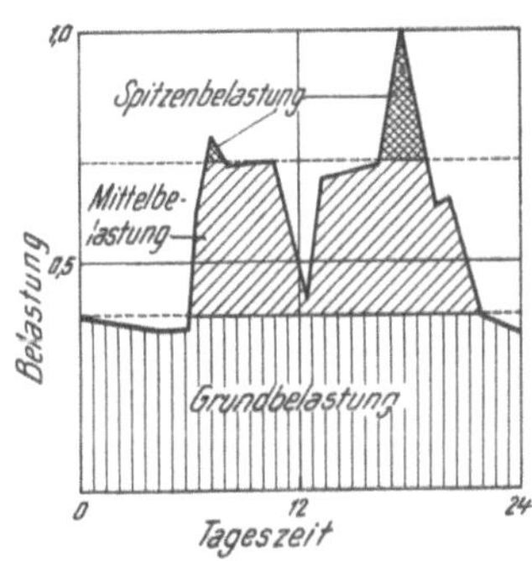

Abb. 1191. Aufteilung der Belastung.

Wenn solche Anschwellungen bis zum Unterlieger längere
Strecken zurückzulegen haben, so verflachen sie sich erfahrungsgemäß (vgl. S. 69) sehr bedeutend. Rufen sie dennoch Störungen im Betriebe des Unterliegers hervor, so erfolgt am
besten eine Entschädigung durch
Stromlieferung; äußerstenfalls kommt
die Schaffung eines sogenannten Ge-
genbeckens in Frage, in das die
schwankenden Abflüsse des Kraftwerkes laufen und aus dem sie gleichmäßig in den Fluß abgelassen werden.
Auch die Beeinflussung der Durchflüsse durch einen Speicherbetrieb
und die dadurch bedingte Störung der
Unterlieger weist auf die Vorteile eines
Zusammenschlusses der Kraftwerke
hin, weil dann die Störungen im
Stromleitungsnetz ohneweiters ausgeglichen werden können.

Wenn die Wasserfassungsstelle, das
Stauziel, die Unterwassergrabenmündung und die Abmessungen der
Wasserleitung festgelegt sind, so kann
bei jedem Wasserstande im Flußlaufe
die Nutzfallhöhe und die Werkslei-

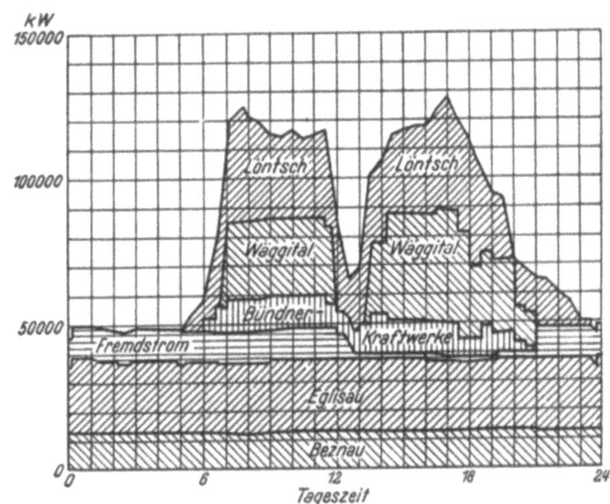

Abb. 1192. Aufteilung der Belastung auf verschiedene Werke in der
Schweiz.

stung ermittelt werden und es können sowohl der Wasserwirtschaftsplan als auch der
Leistungsplan (Abb. 1196) zeichnerisch übersichtlich dargestellt werden.

C. Die Bauarten der Wasserkraftanlagen.

In einer Wasserkraftanlage wird dem Wasser seine Energie entzogen und in eine für die besonderen Zwecke der Anlage erwünschte,
meist elektrische Energie umgewandelt. Diese Umwandlung erfolgt in
den Maschinen, die im Krafthaus aufgestellt sind. Zur Erzielung einer
möglichst hohen Nutzfallhöhe an den Maschinen wird das Wasser mit
möglichst geringen Energieverlusten zugeleitet. Um nun die Entnahme
des Triebwassers aus dem Fluß überhaupt durchführen zu können,
wird im Flusse ein Stauwerk errichtet, das überdies die Leitung des

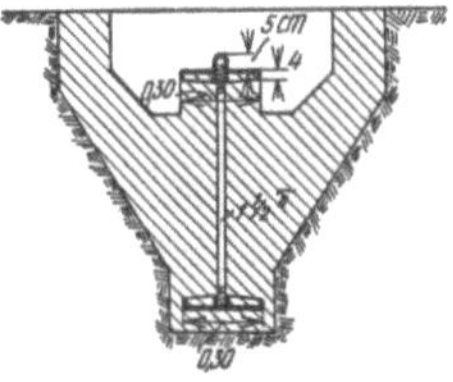

Abb. 1193. Heimzeichen.

Wassers von der Stauwurzel bis zum Stauwerk mit wesentlich kleinerem Gefälle ermöglicht,
als im ursprünglichen Fluß. Durch die Errichtung des Stauwerkes wird also nicht nur die Entnahme des Triebwassers ermöglicht, sondern gleichzeitig Nutzfallhöhe gewonnen. Je nach der
Beschaffenheit des Tales und der Höhe des Stauwerkes wird schließlich auch noch ein mehr
oder minder großer Speicherraum geschaffen, der die Einrichtung einer Wasserwirtschaft im
Kraftwerk ermöglicht.

Es ist nun bei der Ausnutzung eines Flusses zur Energiegewinnung möglich, nur die Nutz-

fallhöhe am Stauwerk auszunutzen oder das Triebwasser vom Stauwerk weg durch eine Triebwasserleitung mit geringen Fallhöhenverlusten weiterzuleiten, um die auszunutzende Fallhöhe
zu vergrößern. Wenn die Fallhöhe am Stauwerk unmittelbar ausgenutzt wird und die Stauwerke
so dicht aufeinanderfolgen, daß Stau auf Stau ohne nennenswerte ungestaute Strecken aufeinander folgt, so liegt der Staffelausbau vor, während bei Anlagen mit Triebwasserleitungen
von einer Seitenentnahme gesprochen wird. Die Frage, ob der Ausbau mit Seitenentnahme
oder Staffelausbau richtiger sei, hat die Fachkreise in letzter Zeit viel beschäftigt. Angestellte
Untersuchungen haben ergeben, daß jede Ausbauweise in einem bestimmten Bereich vorteilhaft
ist, daß diese Bereiche sich aber überschneiden. Maßgebend für die Entscheidung ist, vorausgesetzt daß beide Bauweisen möglich wären, unter anderem die Energieausbeute, die auf
einer gegebenen Flußstrecke erzielt werden kann. An einem Beispiel sei nun gezeigt, wie die
Energieausbeute durch die Ausbauweise beeinflußt wird.

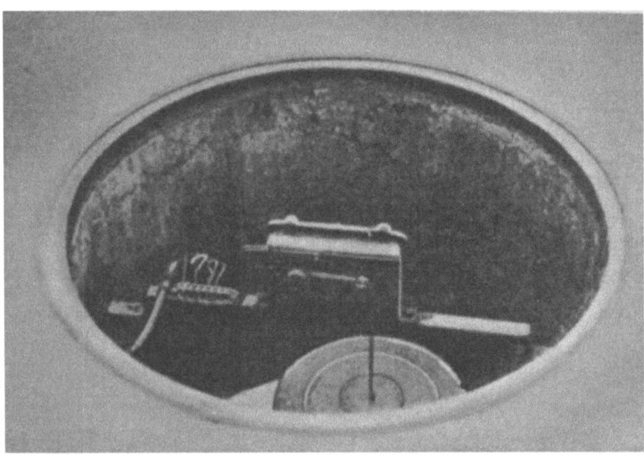

Abb. 1194.   Geber eines elektrischen Wasserstandsfernmelders, eingebaut in
einem Schacht des Einlaufbauwerkes.

Dem Beispiel wird eine Flußstrecke von 30 [km] Länge zugrunde gelegt. Das Flußbett habe eine Sohlenbreite von 50 [m] und die Ufer seien unter 1 : 1 geböscht. Der Durchfluß soll bis zu 100 [m³/sec] ausgenützt werden. Die Stauwerke werden im Fluß bei Staffelausbau so angeordnet, daß beim Durchfluß von 100 [m³/sec] eben ein Stau auf den anderen folgt. Beim Ausbau mit Seitenentnahme soll die Flußstrecke in drei gleichen Anlagen ausgenützt werden; das Gefälle beträgt bei diesen Anlagen im Werksgraben $J = 0,000\ 146$. Die Untersuchung wird für die Flußgefälle $J = 0,001,\ 0,002,\ 0,003$ und $0,004$ durchgeführt. Als Maß für die erzielbare Energie wird bei allen Anlagen das Produkt aus der Wichte γ des Wassers [kg/m³], aus der Entnahme Q [m³/sec] und aus der Fallhöhe am Krafthaus H [m] angesehen; die auf der ganzen betrachteten Flußstrecke erzielbare Energie wird dann bei n Stufen durch das Produkt $n\gamma\ QH$ [kg . m/sec] dargestellt; der Wirkungsgrad der Turbinen ist also gleich eins gesetzt. Das Ergebnis der Untersuchungen ist in der Abb. 1197 zusammengestellt. Man erkennt leicht, daß die Ausnutzung des Wassers mittels des Staffelbaues um so ungünstiger wird, je größer das Flußgefälle ist und je mehr der Durchfluß die Entnahme übersteigt.

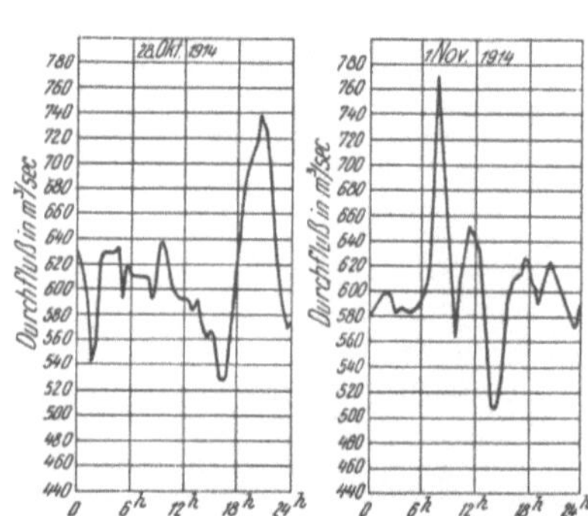

Abb. 1195. Schwankungen des Durchflusses im Rhein
bei Basel infolge des Betriebes des Kraftwerkes Laufenburg. (Eidgen. hydrom. Büro, Bern.)

Während der Fallhöhenverlust infolge des Ansteigens des Unterwassers bei höheren Durchflüssen beim Ausbau mit Seitenentnahme nur eine geringe Rolle spielt, wird er beim Staffelausbau um so schwerwiegender, je geringer die Stauhöhe H der Stufen ist.

Gegen die Ausnutzung eines Flusses mit Seitenentnahme wird ins Treffen geführt, daß die
lange Entnahmestrecke zwischen dem Stauwerk und der Rückgabestelle des entnommenen
Wassers den größten Teil des Jahres nahezu trocken liegt und daher einen unschönen Anblick
biete. Die Einwände, daß der Werksgraben die Gegend verschandle, braucht nicht ernst genommen zu werden; jedenfalls braucht ein Werksgrabendamm den Vergleich mit einem Straßen-
oder gar Eisenbahndamm nicht zu scheuen. Überdies kommt auch der Staffelausbau in der
Regel nicht ohne Dämme aus. Gegen den Ausbau ohne Triebwasserleitung wieder ist einzu-

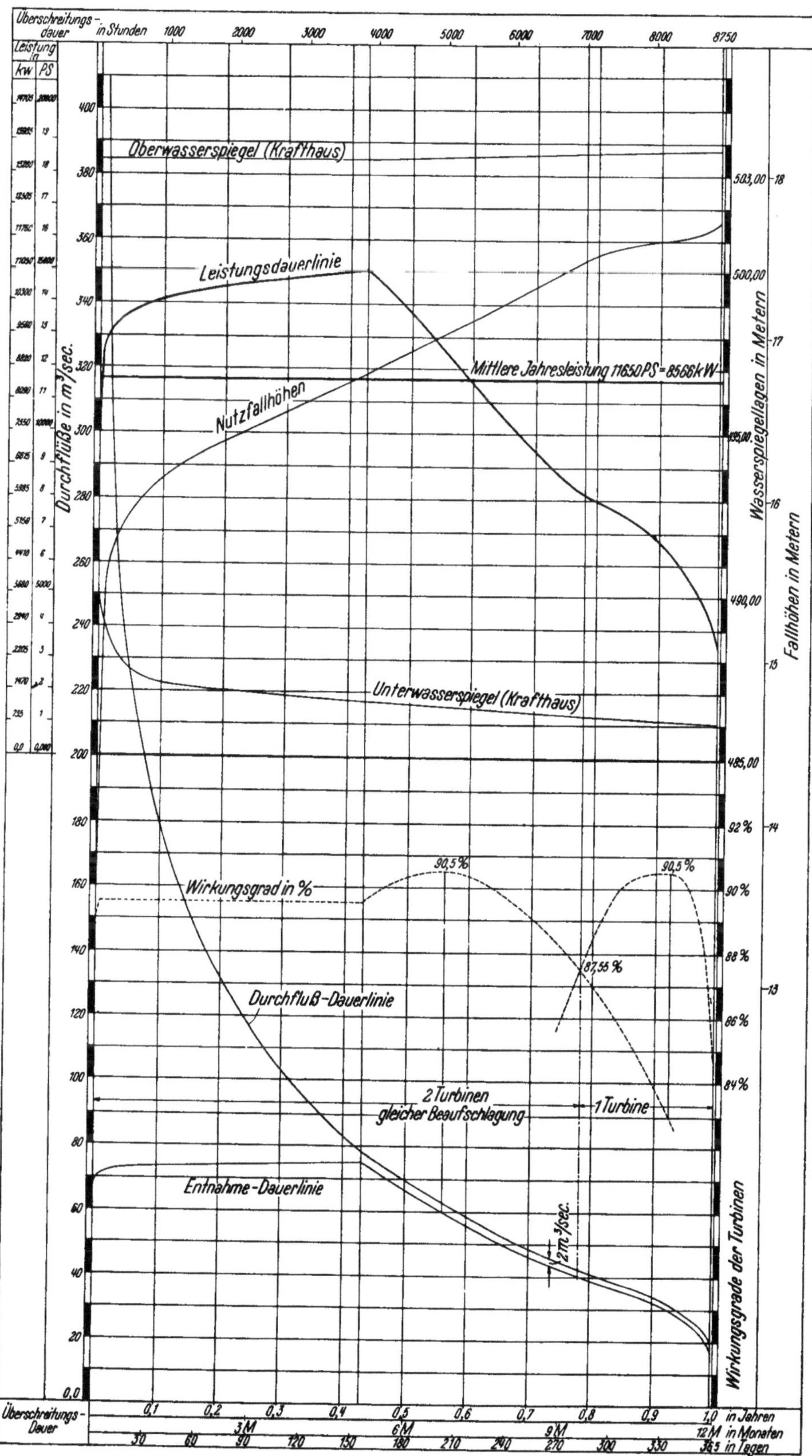

Abb. 1196. Leistungs- und Wasserwirtschaftsplan.

wenden, daß er zur Ausnutzung einer gegebenen Flußstrecke mehr Stauwerke und Maschinenhäuser erfordert, als der Ausbau mit Triebleitung.

Der Ausbau mit Triebwasserleitung wird, wie schon erwähnt worden ist, in Betracht gezogen, wenn die Leitung des Wassers durch die Triebwasserleitung mit wesentlich geringerem Gefälle möglich ist, als das im Fluß herrschende (Abb. 1198). Eine Übersicht über eine solche Kraftanlage geben die Abb. 1199 bzw. die Abb. 1200. Bei großen Nutzfallhöhen wird in die Triebwasserleitung vor dem Krafthaus eine Druckrohrleitung eingeschaltet(Abb. 1200).

Beim Ausbau ohne Triebwasserleitung (Staffelausbau) müssen zur vollständigen Ausnutzung einer Flußstrecke mehrere Stauwerke mit unmittelbar anschließendem Kraftwerk so aufeinanderfolgen, daß die Stauhaltungen aneinanderschließen. Der Längenschnitt eines solchen Flusses ist nach erfolgtem Ausbau gestaffelt und man spricht daher von einem Staffelausbau.

Beim Staffelausbau wird das Kraftwerk entweder neben das Stauwerk in eine Bucht gestellt, etwa so, wie es die Abb. 1183 andeutet oder das Kraftwerk wird in das Stauwerk unmittelbar eingebaut. Hiebei kann in jedem, entsprechend verbreiterten Pfeiler des Wehres eine Wasserkraftmaschine üblicher Bauart eingebaut werden (Pfeilerkraftwerke) oder die Wasserkraftmaschinen werden im Wehrunterbau angeordnet (Unterwasserkraftwerk), (vgl. S. 676), wobei als Wasserkraftmaschinen Rohrturbinen in der Bauweise von A. Fischer angewendet werden.

D. Die Bauwerke der Wasserkraftanlagen.

In einer Wasserkraftanlage wird, wie schon erwähnt worden ist, dem Wasser seine Energie entzogen und in eine für die besonderen Zwecke der Anlage erwünschte Form, meist elektrische Energie, umgewandelt. Diese Umwandlung geschieht in den Maschinen, die im Krafthaus aufgestellt sind; ihnen muß das Wasser mit möglichst geringen Energieverlusten zugeführt

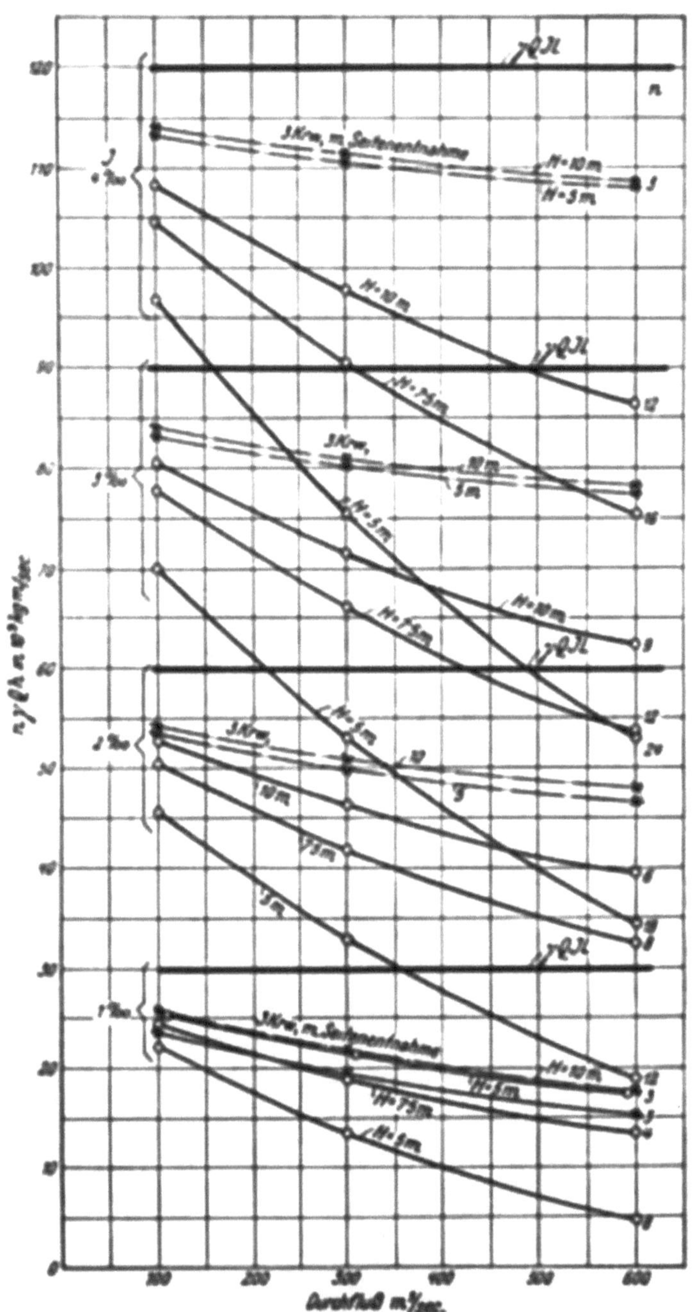

Abb. 1197. Gegenüberstellung der Energieausbeute auf einer 30 [km] langen Flußstrecke bei Staffelausbau und bei Ausbau mit Seitenkanal in drei Stufen. n = Anzahl der Stufen beim Staffelausbau.

werden. Eine Wasserkraftanlage besteht daher im allgemeinen aus einem Stauwerke mit einer Wasserfassungsanlage zur Gewinnung des Triebwassers (vgl. den VII. Teil), der Triebwasserleitung, dem Vorhofe, in dem die Verteilung des Wassers auf die Maschinensätze erfolgt, und dem Krafthause. Neben diesen Hauptteilen sind aber noch eine Reihe von Anlagen erforderlich, die zur Verbesserung der Beschaffenheit des Triebwassers (Rechen- und Entsandungsanlagen),

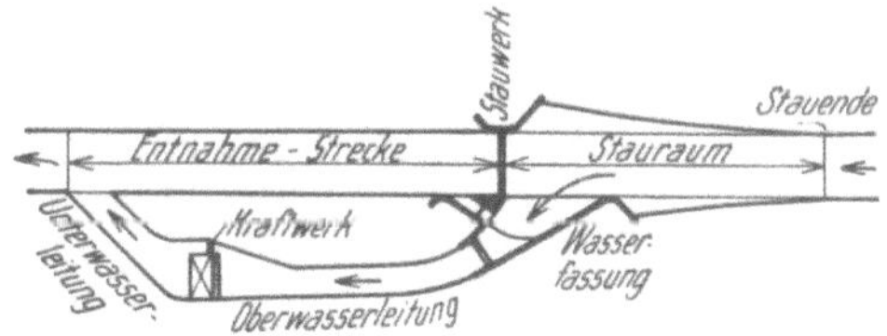

Abb. 1198. Wasserkraftanlage mit Seitenentnahme.

zum Schutze eines allenfalls vorhandenen Druckstollens vor unzulässigen Druckanschwellungen (Wasserschloß) und zum Schutze der Anlagen vor Überflutungen (Entlastungsanlagen) erforderlich sind. Von diesen Bauwerken werden bei den Kraftanlagen nur jene ausgeführt, die mit Rücksicht auf die Bauart der Anlage und die besonderen Verhältnisse unbedingt erforderlich sind.

I. Die Triebwasserleitungen.

Eine Triebwasserleitung hat die Aufgabe, das Wasser

Abb. 1199. Übersicht über das Murkraftwerk Pernegg. *a)* Stauwerk, *b)* Einlauf, *c)* Werksgraben, *d)* Krafthaus, *e)* Entnahmestrecke.

Abb. 1200. Kraftwerk Arnstein an der Teigitsch. *a)* Maschinenhaus, *b)* Steuerhaus, *c)* Schalthaus, *d)* Entnahmestrecke, *e)* Wasserwiderstand, *f)* Druckrohr, *g)* Schrägaufzug, *h)* Steinrippen.

von der Fassungsstelle weg zu den Wasserkraftmaschinen und von diesen weg ins Flußbett zurückzuleiten; diese Aufgabe muß sie in möglichst wirtschaftlicher Weise erfüllen, das heißt, daß die Leitung des Triebwassers mit möglichst geringen Wasser- und Fallhöhenverlusten unter möglichst geringem Aufwand für die Herstellung erfolgen muß. Die Berücksichtigung aller dieser Forderungen führt zum wirtschaftlichsten

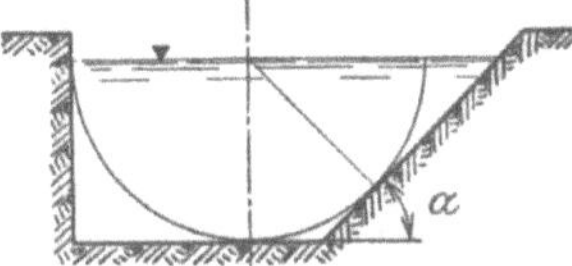
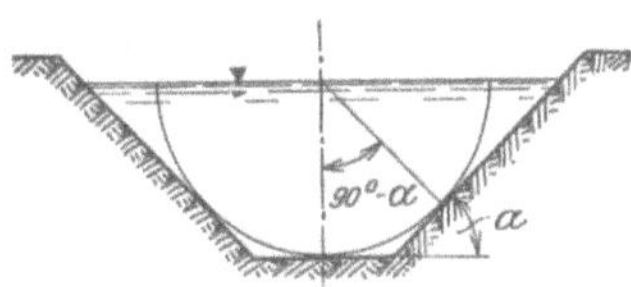

Abb. 1201. Hydraulisch günstige Werksgrabenquerschnitte.

Querschnitt, der der Ausführung zugrunde gelegt wird. Die Ausbildung der Triebwasserleitung erfordert bei den großen Querschnitts- und Längenabmessungen, wie

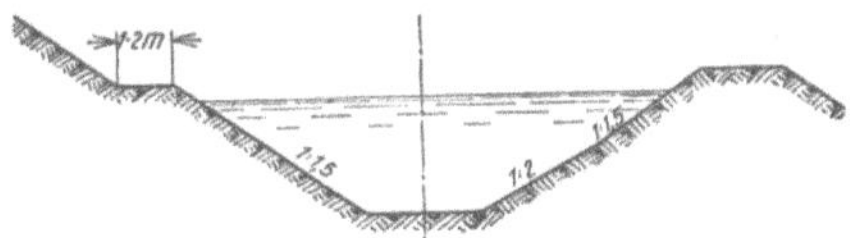

Abb. 1202. Ausbildung der Böschungen tiefer Werksgräben. Links: im Einschnitt; rechts im Auftrag.

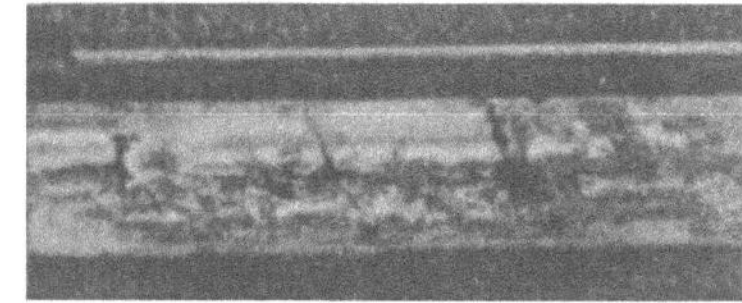

Abb. 1203. Frostschäden an einer betonierten Werksgrabenverkleidung.

sie bei neueren Großanlagen vorkommen und den dadurch bedingten großen Bodenbewegungen und Baustoffbedarf besondere Sorgfalt, weil schon eine kleine Ersparnis am laufenden Meter der Leitung eine nennenswerte Verringerung der Gesamtkosten ergibt.

Die Triebwasserleitungen können von verschiedenen Gesichtspunkten aus unterschieden werden; für die Erörterung ihrer Bemessung und Ausführung eignet sich am besten die Scheidung in

1. Werksgräben.
2. Rohrleitungen und in
3. Stollen.

Bei einer Kraftanlage mit Seitenentnahme werden je nach den orographischen Verhältnissen des Geländes längs der Wasserleitungslinie im allgemeinen mehrere der erwähnten Leitungsarten

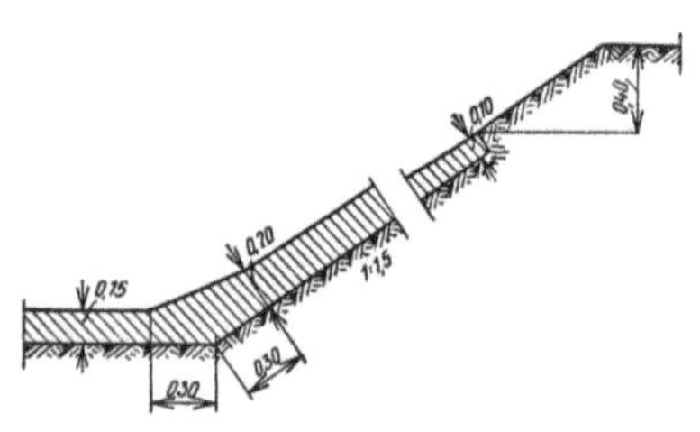

Abb. 1204. Verkleidung der Werksgrabenböschungen bei verkleideter Sohle. (Mittl. Isar A.-G.)

Abb. 1205. Zerstörung einer betonierten Werksgrabenverkleidung infolge Unterspülung des Böschungsfußes.

vorkommen. Wenn die Entnahmestelle und der Ort des Krafthauses festgelegt sind, so ist meist auch schon innerhalb enger Grenzen die Linienführung für die Triebwasserleitungen gegeben. Wo mehrere Linienführungen möglich sind, bringt der wirtschaftliche Vergleich die Entscheidung; bei einer solchen Untersuchung müssen aber auch Umstände, die ziffernmäßig

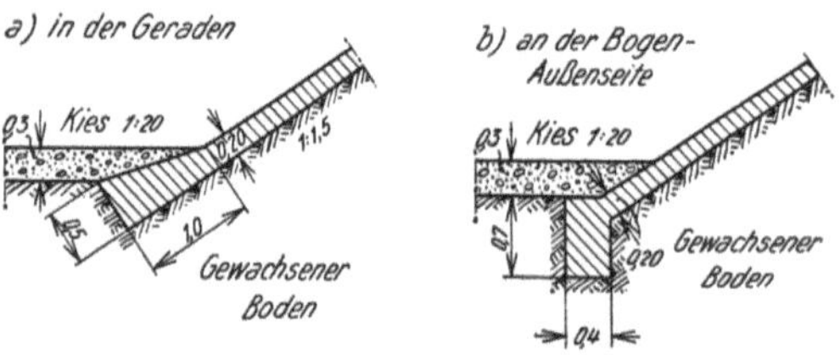

Abb. 1206. Gründung des Fußes der Böschungsverkleidung bei unverkleideter Sohle.

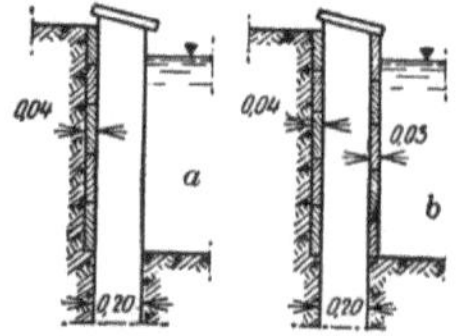

Abb. 1207. Bohlwände als Werksgrabenwandungen.

nicht oder nicht sicher ausgedrückt werden können, wie z. B. Lawinen-, Rutsch- und Steinschlaggefahr, überhaupt alle Verhältnisse, die die Betriebssicherheit berühren, gebührend in Betracht gezogen werden.

a) Die Werksgräben.

Alle Triebwasserleitungen, die als offene Gräben ausgeführt sind, werden kurz als Werksgräben bezeichnet. Je nach der Beweglichkeit des Bodens am benetzten Umfange, der Wasserdurchlässigkeit und Standfähigkeit desselben, werden die Wandungen und die Sohle unverkleidet gelassen oder mit einer mehr oder minder auch statisch wirkenden Verkleidung versehen. Sobald die Lage der Entnahmestelle und des Krafthauses festgelegt ist, ist meist, wie schon erwähnt worden ist, innerhalb enger Grenzen die Linienführung des Werksgrabens festgelegt; im allgemeinen trachtet man, das Triebwasser auf kürzestem Weg dem Krafthaus zuzuführen. Einschnitte sind beim Bau der Werksgräben Dämmen vorzuziehen, weil sie standfester und leichter zu dichten sind. Bei der Linienführung hat man früher ängstlich höhere Dammschüttungen vermieden; die Erfahrungen der letzten Jahre haben aber gelehrt, daß diese Ängstlichkeit übertrieben war, denn es sind Anlagen mit sehr beträchtlichen Dammhöhen in anstandslosem Betrieb (vgl. Abb. 1201 b) mit einer Dammhöhe von 16 [m]. Werden so hohe Dämme angewendet, so müssen natürlich besondere Vorkehrungen zur Sicherung angewendet werden.

1. Die Querschnittsform und die Verkleidung des benetzten Umfanges der Werksgräben.

Als Querschnitt ist für Werksgräben der Trapezquerschnitt am gebräuchlichsten. Rechteckquerschnitte und rechteckähnliche werden nur in Sonderfällen angewendet, besonders im beengten Gelände, bei sehr hohen Grundpreisen und am Übergang zu Bauwerken. Der hydraulisch günstigste Querschnitt ist bekanntlich der bordvollaufende Halbkreisquerschnitt; wegen seiner hohen Baukosten wird er aber nur sehr selten ausgeführt und man greift nach Möglichkeit zu Querschnittsformen, die bautechnisch vorteilhaft sind und sich dabei dem hydraulisch günstigsten möglichst nahe anschmiegen. Ihre Ermittlung und Bemessung liefert die hydrau-

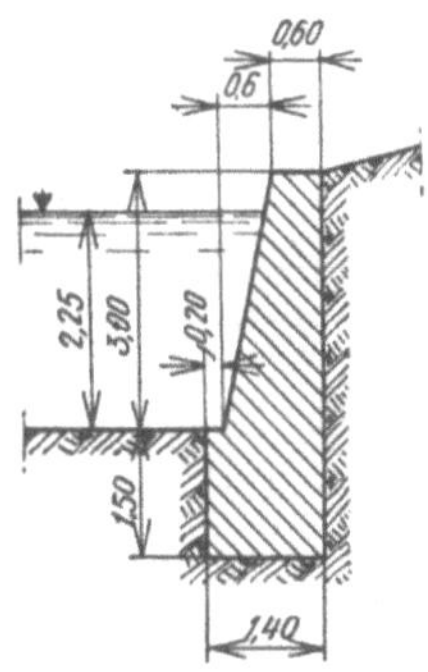

Abb. 1208. Stützmauer als Werksgrabenwand.

Abb. 1209. Verkleidung von Werksgrabenwänden mit Drahtschotterbehältern. (Dr. Pick.)

lische Berechnung, die sowohl den wirtschaftlichen Verhältnissen, als auch den Einschränkungen infolge bautechnischer Forderungen Rechnung tragen muß; solche Querschnitte werden dann als „vorteilhafteste“ bezeichnet. Hydraulisch günstig verhalten sich alle Querschnittsformen, die dem günstigsten Halbkreisquerschnitt umschrieben sind, wie z. B. die in der Abb. 1201 dargestellten. Bei größeren Durchflüssen erfordern sie aber Wassertiefen, die bei Oberwassergräben öfter, bei Unterwassergräben aber in der Regel nicht ausführbar sind; neben der Unannehmlichkeit sehr hoher Böschungen ist besonders bei den Unterwassergräben der Umstand der Ausführung der hydraulisch günstigsten Querschnitte hinderlich, daß die erforderliche tiefe Sohlenlage Arbeiten bei starkem Grundwasserandrang erfordern würde. Das sind Fälle, in denen man dann aus bautechnischen Gründen den hydraulisch günstigsten Querschnitt verläßt und unter Berücksichtigung der örtlichen Verhältnisse zum „vorteilhaftesten“ greift.

Wo es die örtlichen Verhältnisse zulassen, soll man immer die hydraulisch vorteilhaftesten Querschnitte mit ihren großen Tiefen ausführen, weil sie nicht nur hydrau-

Abb. 1210. Werksgraben mit Wänden aus Larssen-Stahlspundbohlen.

lische Vorteile bieten, sondern sich auch hinsichtlich der Eisbildung sehr günstig verhalten.

Die zulässige Neigung der Böschungen hängt von der Standfähigkeit des benetzten Bodens ab; im allgemeinen werden bei unverkleideten Böschungen, Neigungen von etwa 1 : 2 einzuhalten sein, und nur in besonders standfähigen Bodenarten kann man ausnahmsweise bis auf 1 : 1 gehen. Guter Fels läßt fast lotrechte Wandungen zu. In Einschnitten wird über dem höchsten Wasserstand eine etwa 1 bis 2 [m] breite Berme angeordnet (Abb. 1202).

Bei größeren Anlagen ist man in neuerer Zeit auf größte mittlere Geschwindigkeiten bis über 1,5 [m/sec] hinaufgegangen, um die Kosten der Werksgräben, die einen erheblichen Teil des Gesamtbauaufwandes ausmachen, herabsetzen zu können. Solche Geschwindigkeiten erfordern aber unbedingt einen glatten Schutz der Wandungen. Wenn der Boden, durch den der Werksgraben führt, wasserdurchlässig ist, so ist bei den angewendeten großen Wassertiefen

auch zur Abdichtung fast immer eine Verkleidung unerläßlich, während dann, wenn der Boden
dicht ist, die Frage, ob und wie eine Verkleidung auszuführen ist, durch eine wirtschaftliche
Untersuchung entschieden wird; in diesem letzteren Falle bildet die Verkleidung nicht nur

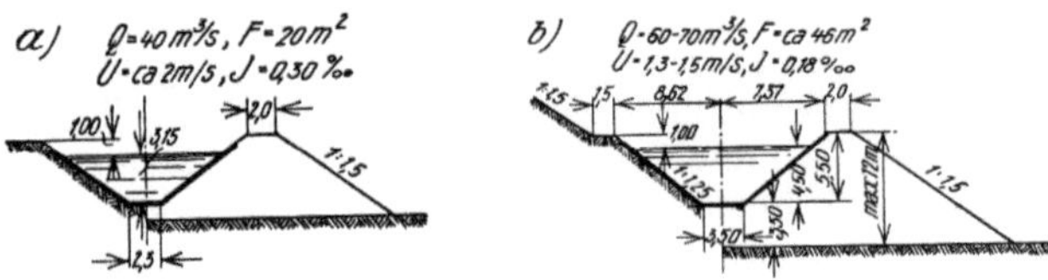

Abb. 1211. Ausgeführte Werksgrabenquerschnitte. *a*) Walchensee, *b*) Alz-Burghausen.

einen Schutz gegen Abspülung, sondern sie glättet auch den benetzten Umfang so, daß kleinere
Fallhöhenverluste auftreten.

   Die Dammschüttungen erreichen bei Werksgräben mitunter recht beträchtliche Höhen
und erfordern daher sorgfältigste Ausführung und Abdichtung. Solche Dämme werden nicht

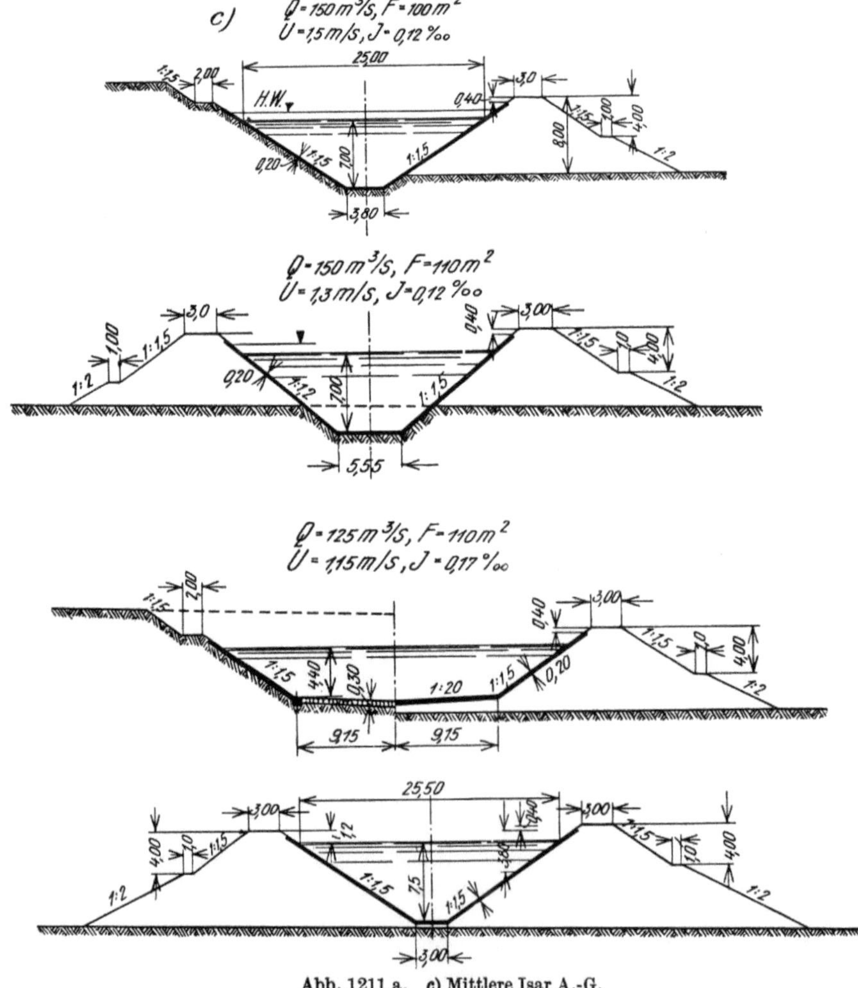

Abb. 1211 a. *c*) Mittlere Isar A.-G.

anders beansprucht als geschüttete Dämme von Talsperren und es müssen daher bei der Bemessung solcher Dämme ähnliche Gesichtspunkte maßgebend sein, wie bei einem Staudamm.
Würde man genau denselben strengen Maßstab anlegen wie bei Staudämmen, so wären aus
wirtschaftlichen Gründen wohl nur die wenigsten Kraftanlagen mit längeren Werksgräben

ausführbar. Daß man weniger strenge Anforderungen an Dämme von Werksgräben stellen darf, ist in den Gefahren begründet, die eine Zerstörung mit sich bringt. Während bei der Zerstörung eines Staudammes in der Regel in die Millionen Kubikmeter gehende Wassermassen von der Unfallstelle vorbrechen und als tiefer Füllschwall mit großer Schnelligkeit das Tal durchlaufen, wird bei der Zerstörung eines Werksgrabendammes der von der Unfallstelle vorbrechende Wasser-

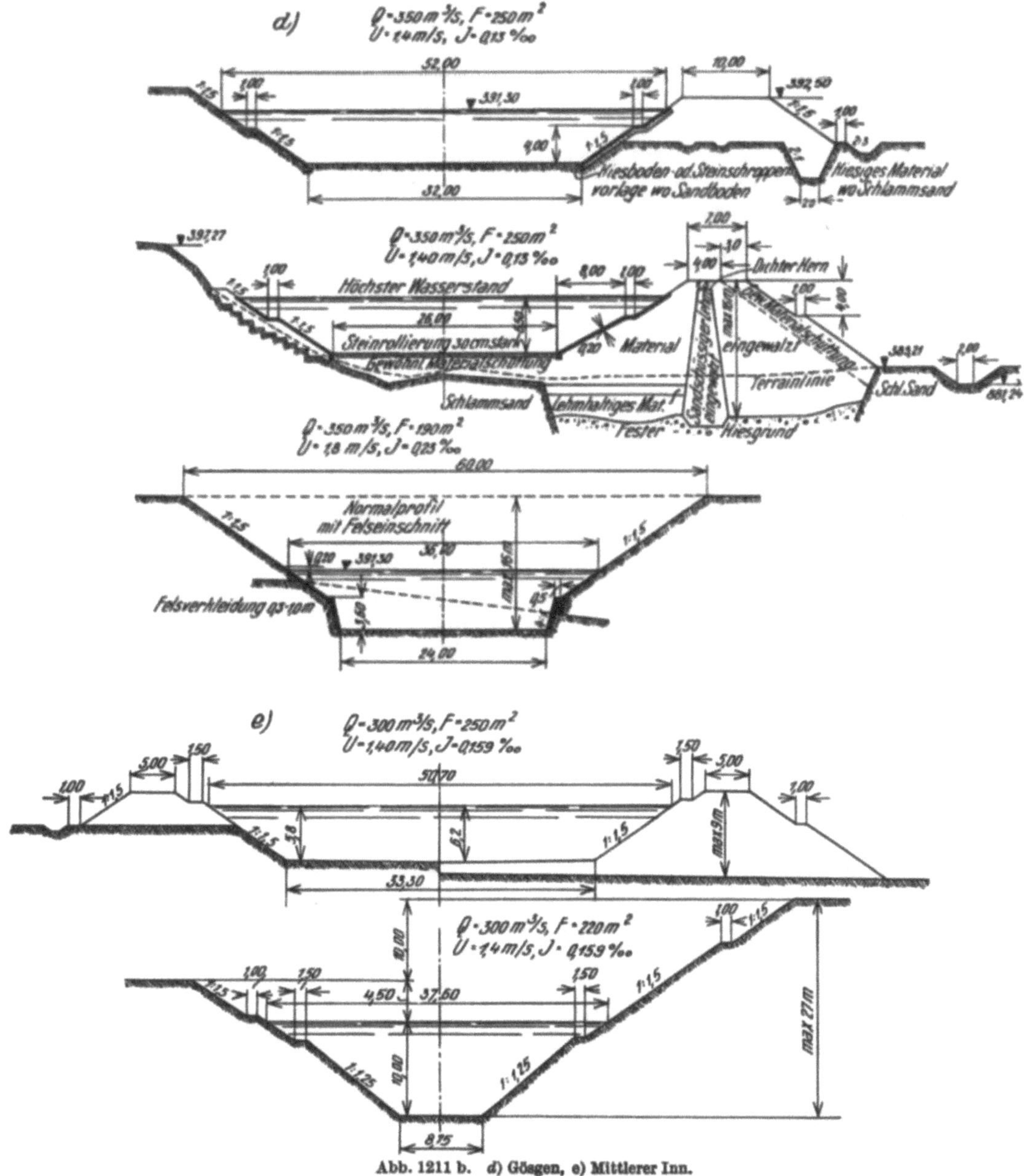

Abb. 1211 b. d) Gösgen, e) Mittlerer Inn.

schwall (vgl. S. 142) nicht viel mehr Wasser führen, als der zwei- bis vierfachen Triebwassermenge entspricht und auch diese Wassermenge nimmt rasch ab, wenn der Werksgraben entleert ist. Es handelt sich hier also um eine wesentlich geringere Gefährdung des Geländes, als bei Staudämmen. Überdies ist der Erguß bei einem zerstörten Werksgrabendamm nur von den Querschnittsabmessungen des Werksgrabens abhängig, aber unabhängig von der Länge der Zerstörung, während bei einem Staudamm der Erguß mit den Abmessungen des Lecks steigt.

Während nun Staudämme in der Regel einen besonderen Dichtungskern aus Lehm oder Beton erhalten, der in der statisch wirkenden Stützschüttung eingebettet ist, oder auf ihr liegt, wird diese Bauweise bei Werksgrabendämmen nur ausnahmsweise (vgl. Abb. 1211) angewendet.

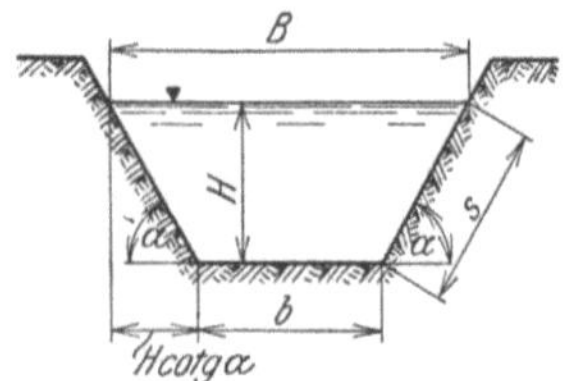

Abb. 1212. Werksgraben mit Trapezquerschnitt.

Die Dichtung der Dämme erfolgt bei Werksgräben durch eine Verkleidung des benetzten Umfanges, die allseits die Versickerung des Wassers hemmt; sie erfolgt fast ausschließlich durch eine Betonverkleidung, die an Ort und Stelle betoniert wird.

Die Erfahrungen an den in den letzten Jahren in großem Maßstab ausgeführten Werksgräben mit Verkleidung haben nun zu einer eigenartigen Ausführung der Betonverkleidung geführt. Man verwendet nämlich zu Abdichtungen eine Betonschicht, die so wenig Zement enthält, daß sie selbst nicht wasserdicht ist, sie bildet lediglich eine Schutzschicht gegen die Abspülung von Bodenteilchen und eine Stützschicht für den eigentlichen Dichtungsstoff, den Schweb, der aus dem Wasser abgesetzt wird und die Poren und Fugen verlegt. Ein neu erstellter Werksgraben mit Betonverkleidung wird erst dicht, wenn ihn schwebführendes Wasser genügend lange durchlaufen hat; die Dichtung wird beschleunigt, wenn dem Durchfluß Lehm beigemengt wird.

Umfangreiche Versuche der Mittleren Isar A. G., über die S. KURZMANN berichtet hat, waren der Ermittlung des Mischungsverhältnisses der Betonverkleidung für den Werksgraben der Werke der Mittleren Isar A. G. gewidmet. In einer Versuchsstrecke von 140 [m] Länge hatte man bei der Mittleren Isar, für die Verkleidung die Mischung 1 Zement + 0,7 Traß + 16 Kiessand versucht, die sich vollkommen bewährt hat; bei der Ausführung im Großen stellte es sich aber heraus, daß die fortlaufende Benetzung der Verkleidung während der Erhärtung, die der Traß erfordert, große Schwierigkeiten bereitet und daß die Verzögerung des Abbindens durch den Traß mit Rücksicht darauf nachteilig ist, daß die Verkleidung während des Abbindens allen Witterungseinflüssen ausgesetzt ist. Man ging daher zu dem den gleichen Kostenaufwand erfordernden, aber rascher abbindenden Mischungsverhältnis 1 : 12 über, daß sich sowohl in der Baudurchführung als auch im Betriebe gut bewährt hat.

Um zu erläutern, welche Bedeutung den Erwägungen und Versuchen über die vorteilhafteste Verkleidung zukommt, sei erwähnt, daß die Verkleidung des benetzten Umfanges der Werksgräben der Mittleren Isar A. G. rund 200 000 [m³] Beton erfordert hat und daß daher schon eine Ersparnis von 10 [l] Zement beim Kubikmeter Beton eine Gesamtersparnis von 2000 [t] Zement bedeutet hat.

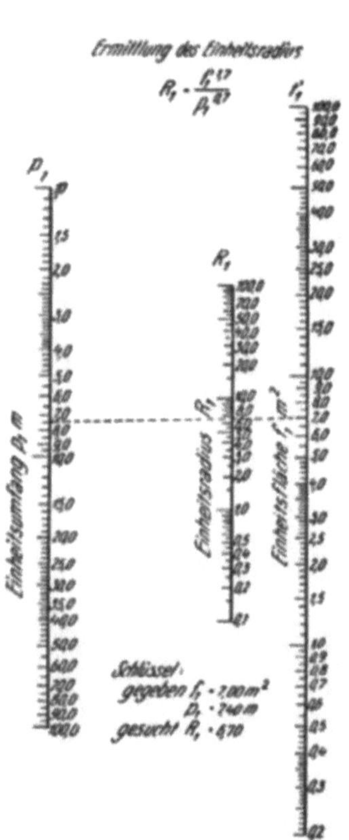

Abb. 1213. Nomogramm zur Ermittlung des Einheitsradius R_1.

So magerer Beton, wie er für die Verkleidung verwendet wird, ist aber gegen Frost besonders empfindlich, weil sich das reichlich in den Poren stehende Wasser beim Frieren ausdehnt und hierbei das Gefüge der Verkleidung lockert und sogar stellenweise Teile absprengt. Dem Ausfrieren sind während des Baues bis zur Betriebsaufnahme alle Teile der Verkleidung des leeren Werksgrabens ausgesetzt, später dann nur jene im Bereiche der Wasserspiegelschwankungen. In dieser Zone richtete der Frost aber besondere Zerstörungen an, wie die Abb. 1203, eine photographische Aufnahme einer solchen Stelle, deutlich erkennen läßt. Man ist daher genötigt, die Verkleidungsoberfläche noch besonders zu schützen. Das Auftragen von Putzschichten fetterer Mischung hat sich nicht bewährt, weil dieser Putz Schwindrisse bekam und stellenweise abblätterte und weil Putz auf abgebundenem Beton an und für sich schlecht haftet; Torkretputz 1 : 6 in 1 [cm] starker Schicht hat sich zwar gut bewährt, kann aber wegen seiner hohen Kosten nicht in Betracht gezogen werden. Am besten hat sich das Verreiben einer Schlempe aus 1 Teil Zement und 3 Teilen Sand in recht flüssigem Zustand mit Besen erwiesen.

Die Böschungsneigung bei Verkleidung wird 1 : 1,25 oder 1 : 1,5 gewählt; die steilere Böschung 1 : 1 wird nur sehr selten bei sehr standfesten Bodenarten ausgeführt; manchmal ist auch die Böschung gebrochen worden, derart, daß in den tieferen Teilen des Werksgrabens die Böschungsneigung bis auf 1 : 2 ermäßigt ist. Für die maschinelle Betonierung der Verkleidung ist aber eine gebrochene Böschung sehr hinderlich. Die Verkleidung wird in der Regel oben mit einer Stärke von 10 [cm] ausgeführt, zunehmend bis zum Böschungsfuß auf etwa 20 bis 25 [cm]; unten stützt sich die Böschungsverkleidung gegen die Sohlenverkleidung, die etwa 12 bis 15 [cm] stark gemacht wird. Die Abb. 1204 stellt die Böschungsverkleidung dar, die bei großen Werksgräben in den Alpen angewendet worden ist und sich gut bewährt hat. Nach oben wird die Verkleidung etwa 0,10 bis 0,20 [m] über den höchsten, in normalem Betrieb vorkommenden Spiegel hinaufgeführt. Wo der Werksgraben mit seiner Sohle in wasserundurchlässigem Boden

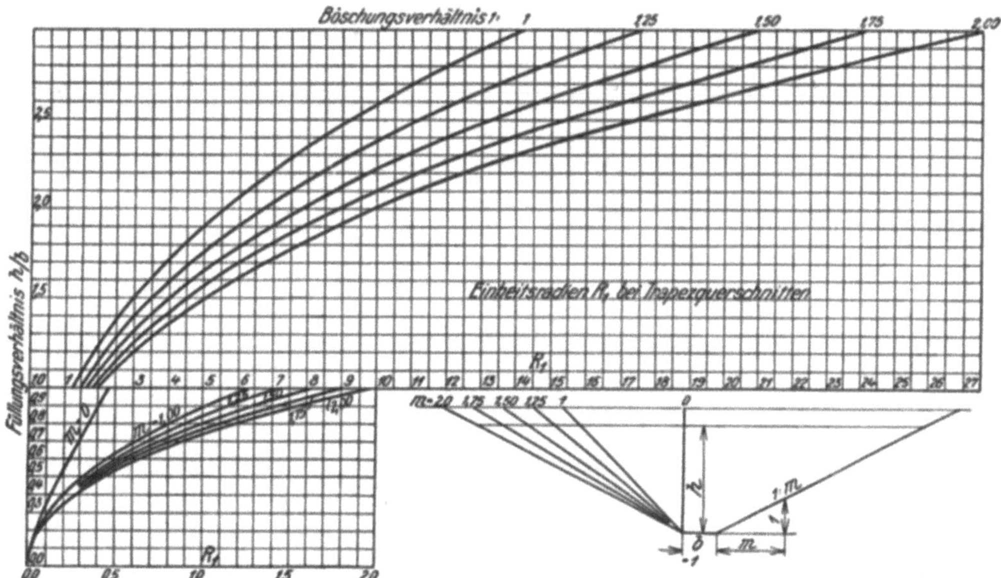

Abb. 1214. Einheitsradien von Trapezquerschnitten.

liegt, kann die Sohlenverkleidung wegbleiben; man schützt die Sohle aber dann vor Ausspülung durch eine Schüttung groben Kieses und der Fuß der Böschungsverkleidung muß besonders ausgebildet werden, weil die Böschung sich jetzt auf den natürlichen Boden stützt. In Gerinnebögen muß an der Bogenaußenseite der Böschungsfuß überdies gegen Unterspülungen besonders geschützt werden. Wird nämlich die Verkleidung am Böschungsfuß in größerer Ausdehnung unterwaschen, so gleitet sie ab und es entstehen Schäden, wie sie die Aufnahme in der Abb. 1205 darstellt. Gründungen des Fußes der Verkleidung eines Werksgrabens zeigen Abb. 1206a und b. Um auf alle Fälle Schäden zu vermeiden, ist es zu empfehlen, auch in dichtem Boden die Sohle zu verkleiden.

Wo der Werksgraben bis in Fels hinabreicht, werden gebrochene Böschungen, etwa wie sie in der Abb. 1211b zu erkennen sind, angewendet; die Stärke der Felsverkleidung hängt von der Beschaffenheit des Felses ab.

Führt der Werksgraben durch hochwertiges oder sehr beengtes Gelände, so kann die Ausführung lotrechter oder fast lotrechter Wandungen wirtschaftliche Berechtigung erlangen. Bei ganz kleinen Verhältnissen werden die Werksgrabenwände dann vielfach aus Holz ausgeführt, indem längs der Grabenwandung Pfähle gerammt werden, die waagrecht liegende Bohlen stützen, wie es in der Abb. 1207 a dargestellt ist. Solche Wandungen rufen große Gefällsverluste hervor, weil sich von jedem einzelnen Pfahl Wirbel ablösen. Glatter, aber auch wesentlich teurer ist eine doppelte Verschalung der Pfähle nach der Abb. 1207b. Solche hölzerne Bohlenwände bewähren sich die ersten etwa fünfzehn bis zwanzig Jahre gut, erfordern aber später unausgesetzte Instandhaltungen. Bei größeren Anlagen wird als Wandung eine Stützwand, etwa wie sie in der Abb. 1208 dargestellt ist, ausgeführt. In der Abb. 1209 ist ein Werksgraben mit Rechteckquerschnitt dargestellt, dessen Wandung

in Drahtschotterbauweise hergestellt ist. Wie die Abb. 1210 zeigt, sind auch Stahlspundwände
schon als lotrechte Wände von Werksgräben angewendet worden.

Sosehr mit Rücksicht auf hohe Dichtigkeit eine zusammenhängende Verkleidung erwünscht
wäre, so läßt sich eine solche auch bei Betonierung an Ort und Stelle nicht ausführen, weil

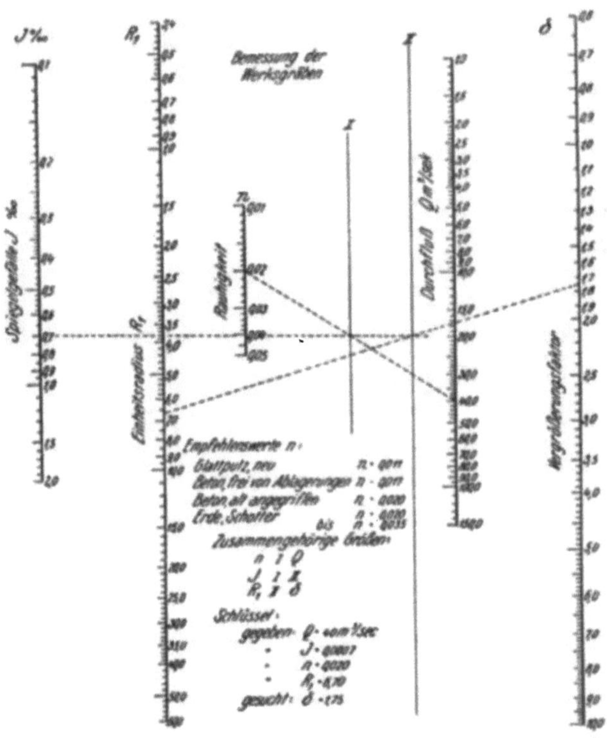

Abb. 1215.   Nomogramm zur Ermittlung des Vergrößerungsfaktors.

das Schwinden des Betons beim Erhärten, ferner Temperaturänderungen und Setzungen
Längenänderungen und Verformungen hervorrufen, die zur Bildung unregelmäßiger, wilder
Risse in der Verkleidung führen würden. Man ordnet daher schon bei der Herstellung regelmäßige Fugen an; an den Böschungen werden nur senkrechte Fugen in Entfernungen von
4 bis 6 [m] hergestellt, während die Sohle in ein Quadratnetz von
4 bis 6 [m] Seitenlänge zerlegt wird. Die Fugen werden ohne besondere Einlagen hergestellt; käme die Verkleidung auf sehr feinkörnigen Boden zu liegen, so wird vor der Betonierung eine 15 bis
20 [cm] Kiesschutzschicht unter den Fugen aufgetragen, die Ausspülungen durch die Fugen verhindern und eine Dränung unter der
Verkleidung bilden soll, die bei rascher Absenkung des Wasserspiegels im Werksgraben, den Boden unter den Platten entwässert.

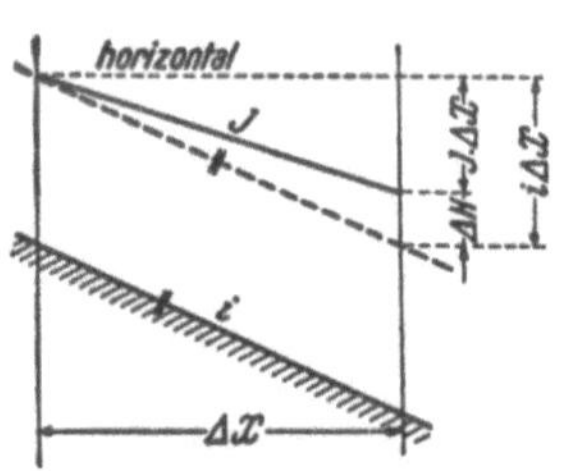

Abb. 1216.   Staulinienermittlung
im Werksgraben.

Wie schon erwähnt worden ist, ist eine Verkleidung aus Magerbeton als solche nicht wasserdicht; erst wenn Sinkstoffe die Poren
verlegt haben, wird die Verkleidung dicht. Um diesen Vorgang zu
beschleunigen, hat man bei der Mittleren Isar A. G. mit Wasser-
strahlen lehmigen Boden ausgespült und in den Werksgraben geleitet. Die erstmalige Füllung
des Werksgrabens muß mit großer Vorsicht erfolgen; die Füllhöhe wird immer erst gesteigert,
wenn man sicher ist, daß der ganze bis dorthin benetzte Umfang dicht geworden ist.

Unterwassergräben liegen in der Regel so tief, daß ihre Sohle schon ins Grundwasser reicht;
bei solchen Gräben ist nur in den seltensten Fällen eine besondere Abdichtung erforderlich,

weil Wasserverluste für das Werk belanglos sind und die Speisung des Grundwassers und die damit verbundene Erhöhung der Spiegellage für das umliegende Gelände mit Rücksicht auf die gegenüber diesem tiefe Lage des Grabens keine Rolle spielen. Wohl aber kann auch in solchen Gräben eine Sicherung des benetzten Umfanges gegen Abspülungen erforderlich werden; zur

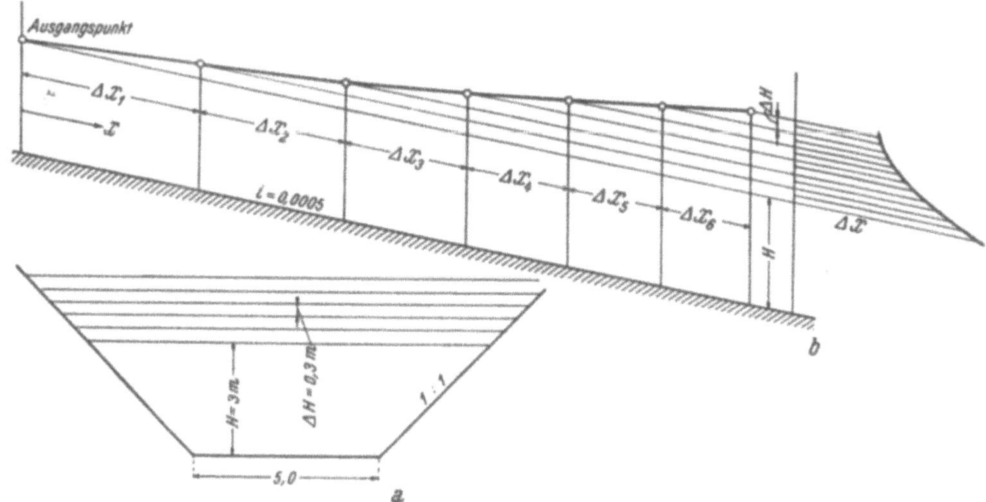

Abb. 1217. Staulinie im Werksgraben.

Sicherung des Böschungsfußes eignen sich Drahtschotterbehälter und die Böschungen werden zweckmäßig mit Bruchsteinpflaster verkleidet oder ebenfalls betoniert.

Die glatte Verkleidung der Böschungen eines Werksgrabens erfordert noch verschiedene Vorkehrungen, weil solche Flächen nicht begehbar sind. So sind, um während des Baues und auch später bei Instandsetzungsarbeiten in den Werksgraben gelangen zu können, in gewissen Entfernungen Treppen anzulegen. Für die Rettung von Menschen, die in den Werksgraben

Abb. 1218. Handbetonieren der Werksgrabenverkleidung in Chancy-Pougny. (H. E. Gruner.)

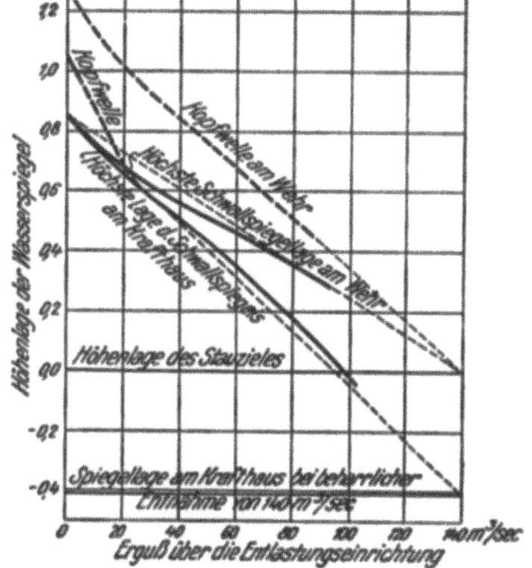

Abb. 1219. Höhenlage des Schwallspiegels bei verschiedenen Ergüssen über die Entlastungsanlage. Zufluß 140 [m³/sec.], Werksgrabenlänge 230,0 [m]. Wassertiefe 5 bis 5,16 [m]. Sohlenbreite 9,5 [m]. Böschungsneigung 1:1.5. Sohlenneigung $i = 0,00025$. Rauhigkeit $n = 0,020$.

gefallen sind, hat man überdies an den Werksgräben der Mittleren Isar, bei diesen Treppen Schwimmbäume angeordnet, die ein Festhalten ermöglichen sollen. In kurzen Zwischenräumen wurden überdies Boxdornsträucher am Ufer gepflanzt, deren Zweige zum Wasser herabhängen und auch ein Festhalten und Emporarbeiten ermöglichen.

2. Die hydraulische Berechnung eines Werksgrabens.

Bei der hydraulischen Bemessung eines Werksgrabens müssen alle im Betriebe eines Kraftwerkes möglichen Durchflüsse und Durchflußänderungen in den Kreis der Betrachtungen gezogen werden. Der Werksgraben muß vor allem für die größte im Betriebe vorkommende Entnahme, die sogenannte Spitzenentnahme berechnet werden; bei dieser ergibt sich der steilst abfallende, also tiefstliegende Wasserspiegel am Werksgrabenende. Zwischen diesem Wasserspiegel und der Waagrechten (Wehrwaage) in der Höhe des Stauzieles liegen alle bei beharrlicher Entnahme möglichen Spiegel. Bei plötzlichen Entnahmeänderungen werden diese Grenzen nach oben bzw. unten überschritten; bei der Bemessung der Höhenlage der Werksgrabenbordränder ist die größte Überschreitung nach oben maßgebend, die eintritt, wenn der größte Durchfluß plötzlich gehemmt wird.

Abb. 1220. Verschiebbares Gerüst zur Betonierung der Böschungsverkleidung.

Die hydraulisch günstigste Querschnittsform ist, wie schon erwähnt worden ist, der volllaufende Halbkreisquerschnitt; aus technologischen Gründen kann diese Querschnittsform aber in der Regel nicht ausgeführt werden und man ist gezwungen, Formen zu wählen, die bei voller Berücksichtigung der technologischen Forderungen sich möglichst nahe dem hydraulisch günstigsten Halbkreisquerschnitte anschmiegen.

Als Querschnittsform kommt für große Werksgräben fast ausnahmslos nur der Trapezquerschnitt in Frage. Im Bereiche von Bauwerken am Werksgraben wird der Trapezquerschnitt in der Regel in einen flächengleichen Rechteckquerschnitt übergeführt. Bei kleinen Querschnitten kann auch ein muldenförmiger Querschnitt gewählt werden.

Abb. 1221. Böschungsbetonierung im Handbetrieb.

Die Leitung des Wassers ist mit Querschnitten der verschiedensten Abmessungen möglich. Je kleiner der Querschnitt gewählt wird, desto geringer sind die Baukosten und die Grunderwerbskosten, ein desto größeres Gefälle ist aber erforderlich und der Einnahmenentgang infolge des Fallhöhenverlustes im Werksgraben wird daher immer größer. Eine wirtschaftliche Untersuchung, bei der für verschiedene Annahmen der Jahresaufwand für den Werksgraben (Abschreibung, Tilgung, Verzinsung, Instandhaltung, Steuern und Abgaben) und der Einnahmenentgang infolge des Fallhöhenverlustes ermittelt werden, liefert den wirtschaftlichsten Querschnitt, für den die Summe aus Jahresaufwand und Einnahmenentgang ein Minimum ist. Zur Erleichterung der Annahmen für derartige Untersuchungen gibt die Zahlentafel 92 eine Übersicht über Gefälle J, die in verschiedenen Werksgräben bei den Spitzenentnahmen q [m³/sec] angewendet worden sind. Für eine erste Schätzung des Werksgrabenspiegelgefälles J bei der Spitzenentnahme q [m³/sec] kann die Gleichung

$$J = \frac{1}{q^{1/3}} \ [^0/_{00}] \tag{952}$$

mit Vorteil verwendet werden.

Zahlentafel 92. Spiegelgefälle J in ausgeführten Werksgräben bei der Höchstentnahme q.

Kraftwerk	Größte Entnahme q [m³/sec]	Gefälle J °/₀₀
Walchensee	40	0,30
Alz, Burghausen	70	0,18
Mittlere Isar	150	0,12
,, ,,	125	0,17
,, ,,	125	0,065
Olten-Gösgen	350	0,13
,, ,,	350	0,23
Mittlerer Inn	300	0,16
Pernegg an der Mur	140	0,25
Mixnitz ,, ,, ,,	110	0,25
Dionysen ,, ,, ,,	75	0,25
Gailwerk	39	0,24
Alz, Hirten-Holzfelden	60	0,25

Bei einem Trapezquerschnitt von der Fläche F [m²] gelten mit den Bezeichnungen der Abb. 1212 die folgenden Beziehungen:

Spiegelbreite

$$B = \frac{F}{H} + H \operatorname{cotg} \alpha \ [\text{m}] \tag{953}$$

Benetzter Umfang

$$P = b + 2s = b + 2\frac{H}{\sin \alpha} \ [\text{m}] \tag{954}$$

Nasser Querschnitt

$$F = \frac{B+b}{2} H = H(b + H \operatorname{cotg} \alpha) \ [\text{m}^2] \tag{955}$$

Sohlenbreite

$$b = \frac{F}{H} - H \operatorname{cotg} \alpha \ [\text{m}] \tag{956}$$

daher benetzter Umfang auch

$$P = \frac{F}{H} - H \operatorname{cotg} \alpha + \frac{2H}{\sin \alpha} \ [\text{m}] \tag{957}$$

Für den hydraulisch günstigsten Trapezquerschnitt muß der benetzte Umfang P ein Minimum werden, es muß also

$$\frac{dP}{dH} = -\frac{F}{H^2} - \operatorname{cotg} \alpha + \frac{2}{\sin \alpha} = 0 \tag{958}$$

oder

$$\frac{F}{H} + H \operatorname{cotg} \alpha = \frac{2H}{\sin \alpha} \tag{959}$$

sein; da ferner die Böschungslänge

$$s = \frac{H}{\sin \alpha} \ [\text{m}] \tag{960}$$

ist, so hat man weiter mit (953) und (959)

$$B = 2s \ [\text{m}] \tag{961}$$

und aus (960) und (961)

$$\frac{H}{B} = \frac{1}{2} \sin \alpha \tag{962}$$

Im hydraulisch günstigsten Trapezquerschnitt beträgt der benetzte Umfang

$$P = b + 2s = 2H \frac{2 - \cos \alpha}{\sin \alpha} \ [\text{m}] \tag{963}$$

Der nasse Querschnitt beträgt

$$F = H\,(b + H \cot g\,\alpha) = H^2 \cdot \frac{2 - \cos \alpha}{\sin \alpha}\ [\text{m}^2] \tag{964}$$

und der Profilradius ist

$$R = \frac{F}{P} = \frac{H}{2}\ [\text{m}] \tag{965}$$

Wenn für den Durchfluß durch den Werksgraben nach Ph. FORCHHEIMER

$$Q = \frac{1}{n}\,J^{0,5}\,R^{0,7}\,F\ [\text{m}^3/\text{sec}] \tag{966}$$

gesetzt wird, so folgt mit den oben zusammengestellten Beziehungen

$$Q = \frac{1}{n}\,J^{0,5}\left(\frac{H}{2}\right)^{0,7} \cdot H^2\,\frac{2 - \cos \alpha}{\sin \alpha}\ [\text{m}^3/\text{sec}] \tag{967}$$

und es folgt daraus für die Wassertiefe

$$H = \left(n\,Q \cdot \frac{\sin \alpha}{2 - \cos \alpha}\right)^{0,37} \cdot \frac{1,624}{J^{0,185}} = 1,624\left(\frac{\sin \alpha}{2 - \cos \alpha}\right)^{0,37} \cdot \left(\frac{n^2\,Q^2}{J}\right)^{0,185}\ [\text{m}] \tag{968}$$

und die Spiegelbreite beträgt, wie aus der Gleichung (962) folgt

$$B = \frac{2\,H}{\sin \alpha}\ [\text{m}] \tag{969}$$

Einige Hilfswerte zur Erleichterung der Berechnung sind in der Zahlentafel 93 zusammengestellt.

Zahlentafel 93. Hilfswerte.

Böschungs-neigung	Böschungs-winkel α	$\sin \alpha$	$\cos \alpha$	$\dfrac{\sin \alpha}{2 - \cos \alpha}$	$\dfrac{2}{\sin \alpha}$	$1{,}624\left(\dfrac{\sin \alpha}{2 - \cos \alpha}\right)^{0,37}$
1 : 0	90°	1,000	0,000	0,500	2,000	1,256
1 : 0,5	63° 26'	0,894	0,447	0,576	2,240	1,323
1 : 0,75	53° 10'	0,800	0,599	0,571	2,500	1,350
1 : 1	45° 0'	0,707	0,707	0,547	2,830	1,299
1 : 1,25	38° 40'	0,625	0,781	0,513	3,200	1,268
1 : 1,50	33° 42'	0,555	0,831	0,476	3,610	1,234
1 : 1,75	29° 40'	0,496	0,868	0,438	4,030	1,196
1 : 2,00	26° 34'	0,447	0,894	0,403	4,480	1,160
1 : 2,50	21° 48'	0,371	0,928	0,346	5,390	1,096
1 : 3,00	18° 26'	0,316	0,949	0,300	6,330	1,040

Solche hydraulisch günstigste Trapezquerschnitte sind, wie ein Blick in die Abb. 1211 lehrt, zu wiederholten Malen ausgeführt worden.

Für einen Querschnitt ganz beliebiger Form lassen sich, wieder mit Benützung der Formel (966) die Abmessungen in einfacher Weise unmittelbar nach einem Verfahren von A. SCHOKLITSCH ermitteln.

Bezeichnet U die mittlere Geschwindigkeit im Querschnitte, n die Rauhigkeit, J das Spiegelgefälle, F den Querschnitt, P den benetzten Umfang und R den Profilradius $= \dfrac{F}{P}$, so gilt für den Durchfluß Q die Beziehung

$$Q = U\,F = \frac{1}{n}\,J^{0,5}\,\frac{F^{1,7}}{P^{0,7}} \tag{970}$$

Zum erwünschten Querschnitt wird nun ein geometrisch ähnlicher derart gezeichnet, daß irgend eine charakteristische Strecke desselben, z. B. die Sohlenbreite, die Spiegelbreite, die Böschungslänge oder die Wassertiefe gleich der Längeneinheit ist; dieser Querschnitt sei Einheitsquerschnitt f_1 genannt. Der benetzte Umfang desselben betrage p_1 und der Durchfluß durch denselben hat die Größe

$$q_1 = \frac{1}{n}\,J^{0,5}\,\frac{f_1^{1,7}}{p_1^{0,7}} = \frac{1}{n}\,J^{0,5}\,R_1 \tag{971}$$

wobei der Bruch

$$R_1 = \frac{f_1^{1,7}}{p^{0,7}} \tag{972}$$

als Einheitsradius bezeichnet sei. Im Querschnitt, dessen Durchfluß Q betragen soll, müssen alle Maße ϑ mal so groß sein; es gilt demnach

$$Q = \frac{1}{n} J^{0,5} \frac{f_1^{1,7}}{p_1^{0,7}} \cdot \frac{\delta^{3,4}}{\delta^{0,7}} = \frac{1}{n} J^{0,5} R_1 \delta^{2,7} \tag{973}$$

Der Einheitsradius R_1 kann leicht aus den Abmessungen des Einheitsquerschnittes berechnet werden und dann aus der obigen Gleichung der Vergrößerungsfaktor ϑ ermittelt werden.

Die Rechnungen können bei Verwendung der in den Abb. 1213 und 1214 bzw. 1215 gegebenen Nomogramme vollständig entfallen. In der Abb. 1215 ist ein Ablesebeispiel eingezeichnet. Für den Durchfluß $Q = 40$ [m³/sec] beim Spiegelgefälle $J = 0,0007$ soll ein trapezförmiger Querschnitt bemessen werden; Neigung der Böschungen 1 : 1,25, die Wassertiefe H soll gleich der doppelten Sohlenbreite b sein. Das Füllungsverhältnis beträgt daher $\frac{H}{b} = 2,00$ und es folgt aus der Abb. 1214 $R_1 = 6,70$ und aus dem Nomogramm Abb. 1215 ergibt sich mit der Rauhigkeit $n = 0,020$ der Vergröße-rungsfaktor $\vartheta = 1,75$. Im Einheits-querschnitt war die Sohlenbreite gleich 1 [m] gesetzt gewesen, so daß also der auszuführende Querschnitt eine Sohlenbreite von 1,75 [m] er-halten muß.

Die Sohle wird bei der größten Entnahme parallel zum Wasser-spiegel gelegt; die Wasserbewegung erfolgt dann bei diesem Durchflusse gleichförmig, bei allen übrigen klei-neren Durchflüssen verläuft der Spiegel nach Staulinien derart, daß sie alle am Einlauf durch die Höhen-lage des Stauzieles laufen. Nur selten wird aber ein Kraftwerk ausgeführt, bei dem nicht der Stauraum und auch der Werksgraben, wenigstens in ge-ringem Umfange, als Speicher für

Abb. 1222. Böschungsbetoniermaschine von Grün und Bilfinger.

Spitzenentnahmen ausgenützt wird. In solchen Fällen muß daher das äußerste Maß der Spiegel-absenkung unter das Stauziel im Stauraume vor der Berechnung des Werksgrabens festgelegt werden. Durch den Werksgraben muß dann die Spitzenentnahme eben noch beim tiefsten Spiegel am Stauwerk laufen. Bei eingehaltenem Stauziel wird dann auch schon bei dieser Spitzenentnahme der Wasserspiegel im Werksgraben eine Staulinie bilden. Wird schließlich die Sohle noch steiler geneigt, um die Spülung des Werksgrabens wirksamer zu gestalten, so fließt überhaupt kein Durchfluß im normalen Betrieb gleichförmig.

Die Staulinien im Werksgraben können leicht ermittelt werden, nur ist, abweichend von Staulinienberechnungen in einem Fluß nicht die Spiegellage am Ende des Werksgrabens, sondern am Einlaufbauwerk bekannt. In einem regelmäßigen Werksgraben können die Staulinien auch hinreichend genau und rasch zeichnerisch ermittelt werden. Bezeichnet i das Sohlengefälle des Werksgrabens, J das Spiegelgefälle, so gilt mit den Bezeichnungen der Abb. 1216

$$\Delta H + J \Delta X = i \Delta X \tag{974}$$

und es ist

$$\Delta X = \frac{\Delta H}{i - J} \tag{975}$$

Auf der Strecke ΔX kann die Bewegung hinreichend genau als gleichförmig angesehen werden. Wenn für die mittlere Geschwindigkeit die Formel

$$U = \frac{1}{n} J^{0,5} R^{2/3} \tag{976}$$

verwendet wird, in der n die Rauhigkeit und R den Profilradius bedeutet, so gilt beim nassen Querschnitt F für den Durchfluß

$$Q = \frac{1}{n} J^{0,5} R^{2/3} F = \frac{1}{n} J^{0,5} \frac{F^{5/3}}{P^{2/3}} \qquad (977)$$

wobei P den benetzten Umfang bezeichnet.

Für das Spiegelgefälle folgt aus Gl. (977)

$$J = \frac{n^2 Q^2 P^{4/3}}{F^{10/3}} \qquad (978)$$

und die in Gl. (975) eingesetzt, erhält man schließlich

$$\Delta X = \frac{\Delta H}{i - \dfrac{n^2 Q^2 P^{4/3}}{F^{10/3}}} \qquad (979)$$

Man nimmt nun zweckmäßig, so wie es in der Abb. 1217 geschehen ist, für ΔH einen kleinen Wert frei an und trägt diese ΔH vom Wasserspiegel für gleichförmige Bewegung nach oben mehrmals auf. Dann werden für einige Wassertiefen H die ΔX nach Gl. (979) berechnet und am Ende des Werksgrabens, so wie es die Abb. 1217 andeutet, aufgetragen, wobei derselbe Längenmaßstab wie im Längenschnitt des Werksgrabens zu verwenden ist. Man kann nun leicht das zu jeder Spiegellage gehörige ΔX abgreifen; um möglichst genau zu arbeiten, werden die den Abschnittsmitten entsprechenden ΔX verwendet, in der in der Abb. 1217 ersichtlichen Weise im Längenschnitt aufgetragen und schließlich die Staulinie gezeichnet.

Abb. 1223. Gerät zur Böschungsbetonierung, System GRÜN und BILFINGER. a) Steinrippen zur Ableitung von Quellen unter der Böschungsverkleidung.

Alle im normalen Betrieb vorkommenden Wasserspiegel im Werksgraben liegen zwischen der Wehrwaage und dem Wasserspiegel bei der Spitzenentnahme, wenn nicht eine Entlastungsanlage Spiegelanstiege am Krafthaus begrenzt. Bei ganz allmählichen Entnahmeänderungen geht dann auch eine Spiegellage in die andere ganz allmählich über. Die selbsttätigen Regler der Wasserkraftmaschinen bewirken aber bei plötzlichen Belastungsänderungen auch plötzlich Entnahmeänderungen; der Wasserspiegel geht dann in die neue Beharrungslage mit Schwall oder Sunkbildung über, wobei die später eintretende Beharrungsspiegellage nach oben, bzw. nach unten überschritten wird. Für die Bemessung eines Werksgrabens ist der sogenannte Stauschwall maßgebend, der bei plötzlicher Abschaltung der Spitzenentnahme auftritt. Die Berechnung der Spiegellage beim Stauschwall ist schon auf S. 142 gezeigt worden. Zu beachten ist, daß sich am Kopf des Stauschwalles stets eine Welle ausbildet, die höher ist als der anschließende Schwallrücken. Die Bordränder des Werksgrabens müssen so

Abb. 1224. Sohlenbetonierung in einem Werksgraben.

hoch liegen, daß die Kopfwelle den Werksgraben durchlaufen kann, ohne Schaden anzurichten.

Die Höhe des Stauschwalles kann herabgesetzt werden, wenn am Maschinenhaus eine Entlastungsanlage vorgesehen wird, die selbsttätig bei Überschreitung einer gewissen Spiegellage einen Teil des Zuflusses in das Unterwasser ableitet; dann kommt nur der im Werksgraben verbleibende Teil des Durchflusses für die Schwallbildung in Betracht und die Schwallhöhe ist, wie ein Blick in die Abb. 1218 lehrt, geringer, und zwar um so geringer, je größer der Abfluß über die Entlastungsvorrichtung ist.

In der Abb. 1218 ist gleichzeitig eine einfache Faustregel dargestellt, wie die Abnahme der Schwallhöhe mit der Größe des Ergusses über die Entlastungseinrichtung einfach, bis auf wenige Zentimeter mit der genaueren Rechnung über-einstimmend, gefunden werden kann. Man trägt

Abb. 1225. Ausbesserung schadhafter Stellen der Böschungsverkleidung mittels eines fahrbaren Torkret-gerätes. (Mttl. Isar A.-G.)

Abb. 1226. Lehren für die Änderung der Böschungsneigung am Übergang des Werksgrabens zum Vorhof beim Kraftwerk Pernegg an der Mur.

zu diesem Zwecke den für vollständige Abflußhemmung ermittelten Spiegelanstieg über das Stauziel und den Gefälleverlust bei ungehemmtem Abfluß unter das Stauziel in der in der Abb. 1218 ersichtlichen Weise auf und zieht die beiden eingezeichneten Linien, die hin-

Abb. 1227. Betonierung eines Böschungsüberganges.

reichend genau die höchsten Schwallspiegellagen sowohl an der Hemmungsstelle als auch am Stauwerk angeben. Die auf diese Weise ermittelten Spiegellagen sind schon im Hinblick darauf hinreichend genau, daß die Höhe der Kopfwelle, die zwar nur kurz ist, nicht sicher vorauszusagen ist.

3. Bauarbeiten an Werksgräben.

Wenn ein Werksgraben ausgeführt werden soll, so erfolgt vor allem die Absteckung der Grabenachse und die Festlegung der auszuführenden Querschnitte durch Profillatten, wobei

auf eine entsprechende Überhöhung der Dammquerschnitte mit Rücksicht auf die vorübergehende Auflockerung Bedacht zu nehmen ist. Hierauf wird von der für den Werksgraben
beanspruchten Bodenfläche der Rasen abgestochen und der Humus abgedeckt. Die Boden-
gewinnung geschieht bei größeren Anlagen fast ausschließlich durch Bagger und die Bodenbewegung erfolgt auf Rollbahnen. Besonderes Augenmerk ist darauf zu richten, daß der Einschnitt derart vorgetrieben wird, daß Niederschlags- und Sickerwässer aus dem Einschnitt

Abb. 1228. Fangdamm zwischen der Mur und dem Unterwassergraben in Pernegg.

unter natürlichem Gefälle zum Abfluß gelangen können. Den Dämmen muß besonderes
Augenmerk gewidmet werden, denn sie müssen
ja bei Wasserbauten nicht nur statisch als
Stützkörper wirken, sondern auch möglichst
wasserdicht sein. Der feinkörnige Boden soll
daher möglichst an der Wasserseite verwendet werden und es ist, ähnlich wie bei
Staudämmen, sorgfältiges Stampfen oder
Walzen nötig.

Die Verkleidung der Böschungen mit
Beton bereitet Schwierigkeiten, weil ansehnliche Mengen Betons auf sehr langge-
streckter Baugrube zur Verarbeitung kommen.
Der Beton wird in Mischmaschinen, die längs
des Werksgrabens aufgestellt sind, fertig ge-

mischt und in Muldenkippern der Verwendungsstelle zugeführt. S. Kurzmann empfiehlt, den fertig
angemachten Beton nicht weiter als 1,5 [km] zu befördern; das gäbe also eine größte gegenseitige
Entfernung der Mischer von etwa 3 [km]. Unter Umständen kann sich auch bei Kraftanlagen eine
zentrale Betonmischanlage als zweckmäßig erweisen, in der für die entfernteren Baustellen der Beton
trocken gemischt wird. Die Anfeuchtung geschieht dann an geeigneter Stelle in der Nähe des
Verwendungsortes.

Zuerst wird die Böschungsverkleidung betoniert. Handbetonierung kommt nur noch für

Abb. 1229. Abspülung einer unverkleideten und ungeschützten Böschung
durch Regenwasser.

kleine Anlagen mit kurzen Werksgräben in Betracht. Die Betonierung
erfolgt zwischen Schalbrettern, die
die Böschung in Streifen oder Felder
teilen, etwa wie es in der Abb. 1219,
1220, und 1221 zu erkennen ist. Gewöhnlich wird zuerst nur jedes zweite
Feld betoniert; nach dem Abbinden
werden die Schalbretter entfernt und
hierauf die restlichen Felder verkleidet.

Bei großen Böschungshöhen ist
dieses Verfahren nicht mehr anwendbar, weil der Beton aus den Schütt-
rinnen entmischt ankäme und neuer-
lich gemengt werden müßte und
überdies die Gefahr bestünde, daß von
den langen Böschungen besonders
während des Stampfens Bodenteile
herabkollern und in der Verkleidung

lose Nester bilden. Gegenwärtig werden große Werksgräben mit eigenen Maschinen verkleidet.
Die Abb. 1222 zeigt als Beispiel ein solches Gerät, das auf je einer Schiene am Grabenrand und
an der Grabensohle fährt. Das Gerät enthält einen Betonmischer, in dem der Beton entweder
gemischt und angefeuchtet oder gemischt zugeführter nur noch angefeuchtet wird. Der Beton
gelangt dann in einen Trichterwagen, der auf Schienen am Gerät verschiebbar ist. Dieser
Trichterwagen verteilt den Beton über der Böschung, der schließlich mittels einer am Trichterwagen hängenden Walze verdichtet wird.

Alle etwa 6 bis 10 [m] liegt eine Fuge, die, nachdem das Schwinden im wesentlichen vor
sich gegangen ist, mit Zementmörtel oder besser mit Asphalt vergossen wird.

Wo aus der Böschung Quellen austreten oder Wasseraustritte zu befürchten sind, werden zur Dränung vor dem Betonieren Schlitze ausgehoben und mit groben Steinen ausgeschlichtet (Abb. 1223). An geeigneten Stellen wird das Sickerwasser durch kurze einbetonierte Rohre in den Werksgraben geleitet.

Die frisch betonierten Böschungsflächen sind gegen Witterungseinflüsse sehr empfindlich und müssen vor der Sonnenstrahlung, vor Wind, Frost und Regen durch Strohmatten, Brettertafeln, Dachpappe oder feucht gehaltene Zementsäcke wenigstens einige Tage geschützt werden, um das Schwinden möglichst herabzusetzen.

Die Verkleidung der Sohle geschieht zuletzt (Abb. 1224) und der Verkehr im Werksgraben darf erst gestattet werden, wenn der Beton erhärtet ist.

Für die Ausbesserung schadhafter Stellen der Böschungsverkleidung eignet sich besonders das Torkretverfahren (Abb. 1225) mit einem fahrbaren Gerät, weil Beton, der nur von Hand aufgetragen wird, auf altem Beton erfahrungsgemäß nicht haftet.

Die Trapezquerschnitte werden vor Bauwerken meist in einen rechteckähnlichen Querschnitt übergeführt. In der Übergangsstrecke wird die Wandung des Werksgrabens durch Lehren (Abb. 1226) abgesteckt, nach denen die Betonierung erfolgt. (Abb. 1227).

Unterwassergräben reichen stets unter den Grundwasserspiegel hinab und die Arbeiten sind dort durch Wasserandrang meist stark behindert. Gegen den Flußlauf wird der Unterwassergraben während der Arbeiten durch einen Fangdamm (Abb. 1228) abgesperrt und im Unterwassergraben wird an einigen Stellen eine Wasserhaltung eingerichtet.

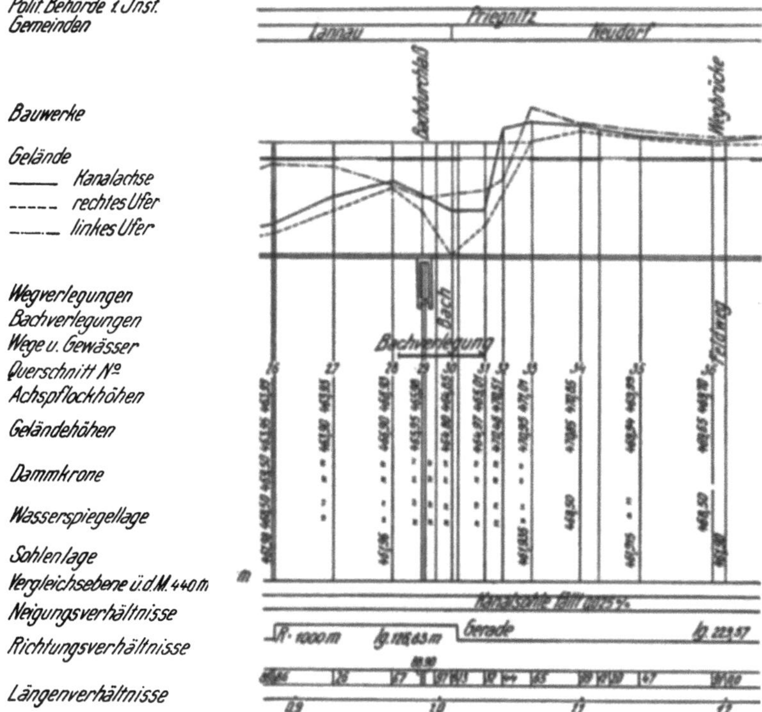
Abb. 1230. Längenschnitt eines Werksgrabens.

Böschungsflächen dürfen nicht lange ohne Schutz der Witterung ausgesetzt bleiben, weil, wie ein Blick in die Abb. 1229 lehrt, Regenwasser sehr rasch Runsen ausspült. Die Verkleidung soll daher möglichst rasch der Fertigstellung der Böschungen folgen. Alle Böschungen, die nicht mit Beton verkleidet werden und nicht vom Wasser bespült sind, werden mit Mutterboden abgedeckt und mit Gras besät, um möglichst rasch eine schützende Vegetationsdecke hervorzurufen.

Der Entwurf des Werksgrabens wird durch den Lageplan, einen Längenschnitt (Abb. 1230) und eine Anzahl von Querschnitten dargestellt. In der Abb. 1231 ist als Beispiel die Darstellung eines Unterwassergrabens gezeigt.

4. Sonderbauwerke an Werksgräben.

Werksgräben leiten das Wasser über weite Strecken und kreuzen hiebei die verschiedensten Verkehrswege und Gewässer; es werden daher an solchen Stellen besondere Bauwerke erforderlich, von denen einige kurz erörtert seien.

Sogenannte *Kanalbrücken* werden angewendet, um den Werksgraben über einen Bach oder einen Verkehrsweg überführen zu können. Sie werden entweder durch einen Trog gebildet,

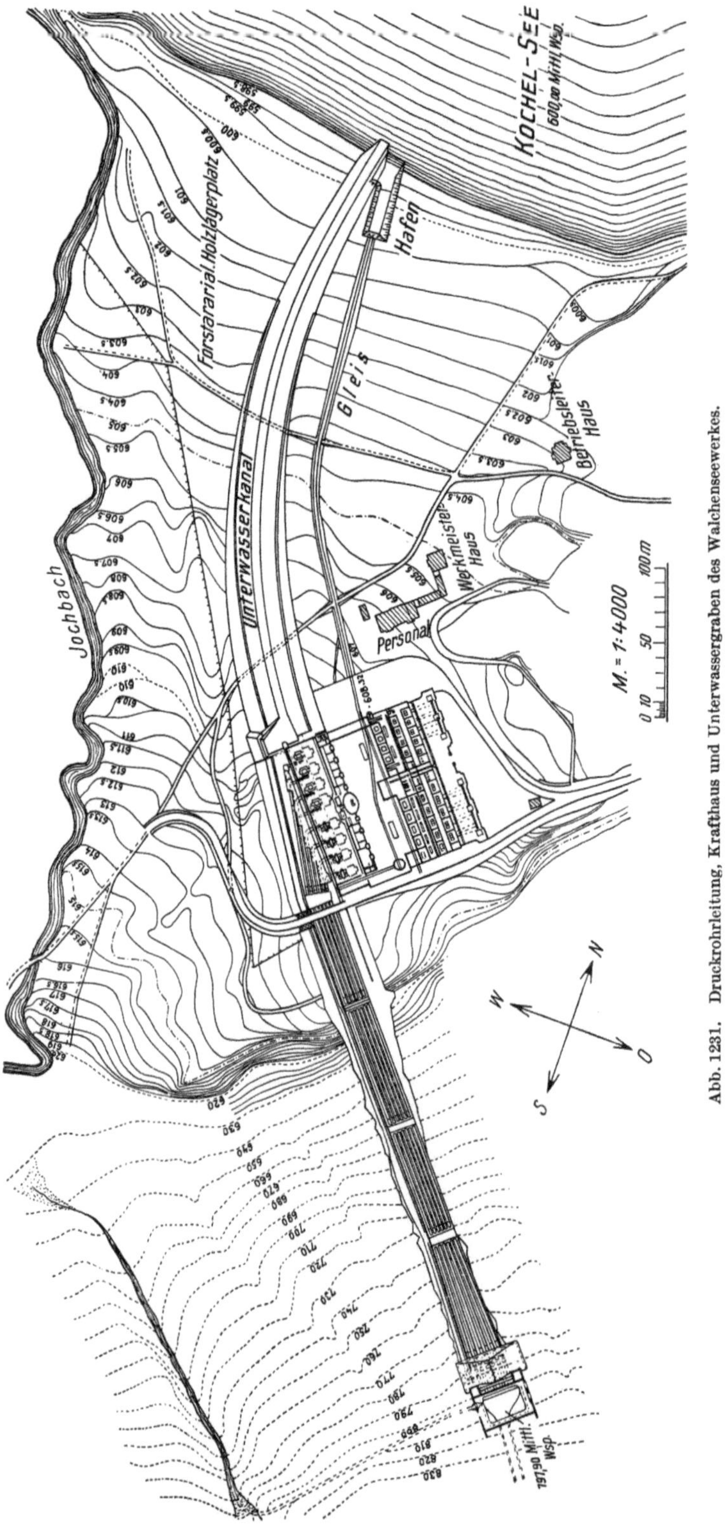

Abb. 1231. Druckrohrleitung, Krafthaus und Unterwassergraben des Walchenseewerkes.

der auf einer Brücke geeigneten Systems liegt oder es wird der Trog selbsttragend ausgebildet und wie eine Brücke gelagert. In einfachster Weise werden Kanalbrücken für kleine Durchflüsse

Zahlentafel 94. Abmessungen von Durchlässen unter Werksgräben. (Nach dem Regelblatt der Mittleren Isar A.-G. in München.)

Querschnittsform der Abb. 1243	a	b	c	d	e
Durchmesser, licht .... [m]	0,30	0,60	0,80	Höhe 1,10 [m] Breite 0,85 [m]	Höhe 2,00 [m] Breite 1,90 [m]
Querschnitt, licht .... [m²]	0,07	0,28	0,50	0,78	2,97
„ Rohr .... [m²]	0,05	0,16	0,26	—	—
„ Betonmantel............... [m²]	0,18	0,48	0,79	1,30	3,68
Bei $U_{max} = 2{,}5$ m/sec — größter Durchfluß .... [m³/sec]	0,17	0,70	1,26	2,00	7,40
Bei $U_{max} = 2{,}5$ m/sec — Gefälle J .... v. H.	4,0	1,5	1,0	0,7	0,3

	a	a	a	a	b	b	b	b	c	c	c	c	d	d	d	e
Überschüttungshöhe bis .... [m]	3,00	5,00	7,00	9,00	3,00	5,00	7,00	9,00	3,00	5,00	7,00	9,00	3,00	5,00	7,00	5 bis 10
Stärke des Betonmantels: Scheitel......... [m]	0,08	0,11	0,11	0,11	0,10	0,15	0,19	0,19	0,12	0,18	0,22	0,22	0,22	0,24	0,26	0,25
„ „ „ Sohle .... [m]	0,11	0,15	0,15	0,15	0,15	0,21	0,26	0,26	0,18	0,24	0,33	0,33	0,28	0,30	0,32	0,65

	a	b, c	d, e
Anwendbar	bis 10 [m] Länge	bei reinem Wasser auf jede Baulänge / bei Sand- und Geschiebeführung bis 20 [m] Länge	auf jede Länge
Mindesttragfähigkeit des Baugrundes	2,00 [kg/cm²]	2,00 [kg/cm²]	3,00 [kg/cm²]

aus Holz hergestellt. In den Abb. 1232 und 1233 sind Beispiele für die Ausbildung des Trogquerschnittes vorgeführt. Für größere Durchflüsse wird der Trog am besten aus Stahlbeton ausgeführt. Die Seitenwände desselben können als Brückenträger, etwa so wie es die Abb. 1234 bis 1236 andeuten, ausgebildet werden. Über den beweglichen Lagern solcher Brücken werden wasserdichte Dehnungsfugen angeordnet, deren Durchbildung den Abb. 1237 und 1238 ohneweiteres entnommen werden kann. Die Ansicht einer anderen Trogbrücke gibt die Abb. 1239.

Über breite tiefe Täler kann das Wasser eines Werksgrabens mittels eines Dükers geleitet werden, der ebenso ausgebildet wird, wie die bei Druckrohrleitungen angewendeten. Die Ausbildung des Überganges des offenen Gerinnes zum Rohr der Einlaufkammern läßt die Abb. 1240 erkennen. In der Einlaufkammer wird eine Schütze und allenfalls ein Überlauf eingebaut.

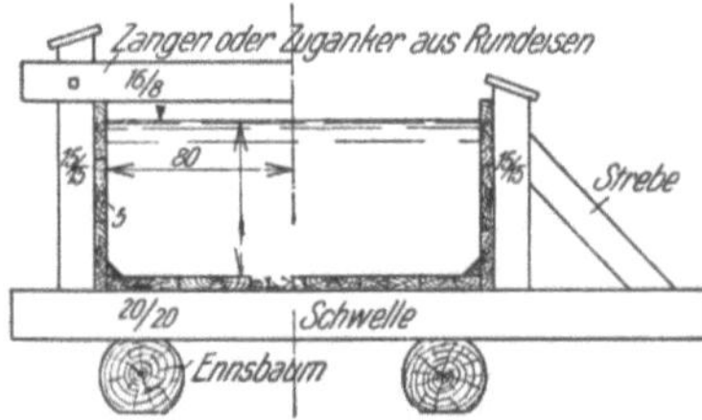

Abb. 1232. Hölzerne Kanalbrücke mit Rechteckquerschnitt.

Kleinere Gewässer, die der Werksgraben kreuzt, werden entweder oben über oder unter ihn durchgeführt. Eine Bachüberführung durch eine hölzerne Brücke ist in der Abb. 1241 dargestellt; dort sind die Seitenwandungen des Troges für den Bach dicht, die Sohle aber durchlässig ausgebildet, damit das Wasser des Baches in den Werksgraben gelangt. Vor der Brücke wird ein Kiesfang angeordnet. Bei großen Hochwässern läuft das überschüssige Wasser, das durch die Sohle nicht durchfällt, über die Brücke weiter und Geschiebe, das bei gefülltem Kiesfang auf die Brücke gerät, bleibt entweder liegen oder wird über den Werksgraben weitergeschleppt. Daß feiner Sand in den Werksgraben gelangt, ist unvermeidlich; wo das nicht zulässig ist, muß die Sohle dicht ausgebildet und auf das Wasser verzichtet werden.

Einige bewährte Bachunterführungen sind durch Schnitte in den Abb. 1242 bis 1146 zusammengestellt und die erforderlichen Abmessungen sind aus der Zahlentafel 94 (siehe S. 703) zu entnehmen.

Verkehrsbrücken über die Werksgräben müssen stets so angeordnet werden, daß sie die Wasserbewegung möglichst wenig behindern. Bei allen derartigen Brücken sollen Pfeiler, wenn sie unumgänglich nötig sind, möglichst schlank geformt und in der geringstmöglichen Zahl angewendet werden. Bei Trapezquerschnitten ist ein Pfeiler in der Mitte (Abb. 1247) zwei Pfeilern am Fuße der Böschungen vorzuziehen.

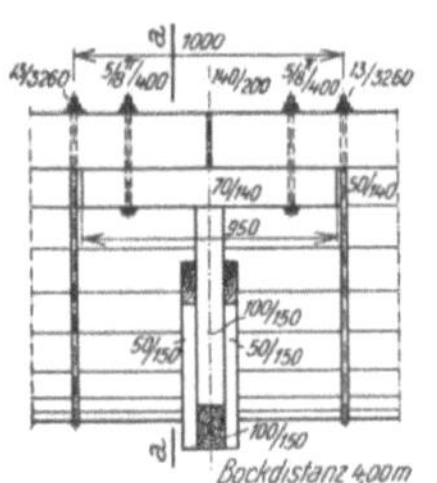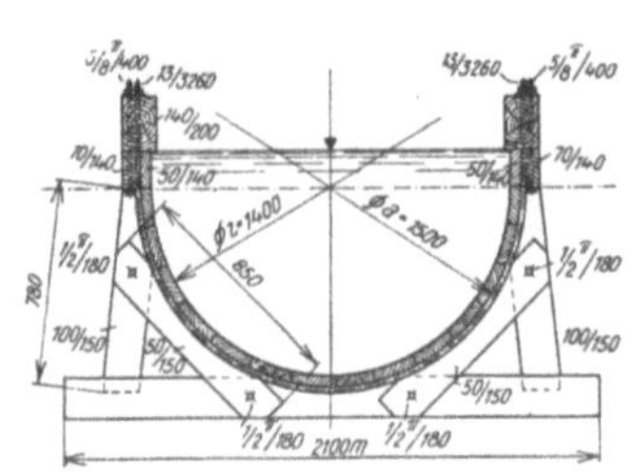

Abb. 1233. Hölzerne Kanalbrücke mit Halbkreisquerschnitt. (Ohrag. Wien.)

5. Die Spülung des Werksgrabens.

In jedem Werksgraben lagert sich im Laufe der Zeit Sand und Schweb ab, der entweder durch den Einlauf am Wehr eingeschleppt oder vom Wasser auf längeren Strecken schwebend mitgeführt wird. Dieser Sand muß zeitweise ausgespült werden, damit nicht störende Querschnittseinengungen auftreten. Zur Erleichterung des Spülens wird vielfach die Sohle des Werksgrabens steiler geneigt als der Wasserspiegel zur Zeit der stärksten Entnahme. Um zu spülen, wird der Spülauslaß voll geöffnet und der Zufluß in den Werksgraben auf etwa ein Drittel bis ein Halb der größten Entnahme gedrosselt. Der Sand wandert während der Spülung relativ langsam und die Freispülung erfordert viel Zeit. Die erforderliche Spülzeit kann aber wesentlich abgekürzt werden, wenn nicht aller Sand bis an das Werksgrabenende gespült wird, sondern ein Teil durch einen längs des Werksgrabens an geeigneter Stelle angeordneten Spülauslaß (Abb. 1248 und 1249) schon früher in das Flußbett abgelassen wird. Eine Spülung des Werksgrabens während des normalen Betriebes durch einen Spülauslaß ist praktisch wirkungslos, weil nur der unmittelbare Bereich des Auslasses auf einige Meter im Umkreis freigespült wird.

6. Zerstörung von Werksgräben.

Zerstörungen treten an Werksgräben hauptsächlich bei Dämmen auf, die bei mangelhafter Ausführung durchsickert und schließlich ausgespült werden. Einen besonderen Unfall erlitt der Werksgraben der Alzwerke schon bald nach der Eröffnung des Betriebes. Dort dürfte Wasser durch eine undichte Stelle des Werksgrabens in den Untergrund gedrungen sein und Anlaß zur Bildung einer Rutschfläche gegeben haben, längs der eine längere Werksgrabenstrecke mit dem Stollenanfang abgerutscht ist. In der Abb. 1250 ist eine Ansicht des Werksgrabens vor der Fertigstellung wiedergegeben und die Abb. 1251 gewährt einen Überblick über die Verwüstungen, die die Rutschung zur Folge gehabt hat. Anläßlich dieses Unfalles sind aus dem Werksgraben 400000 [m³] ausgelaufen, die den Hochwald links vom Werksgraben binnen weniger Minuten fortgespült haben.

Schrifttum.

FRANK, J. und SCHÜLER, J.: Schwingungen in den Zuleitungs- und Ableitungskanälen von Wasserkraftanlagen. Berlin: Springer, 1938. — GARBOTZ: Neuere maschinelle Hilfsmittel im Kanalbau. Dtsch. Wasserwirtsch. 1933. — HARTMANN: Erfahrungen an Kanalanlagen für Kraftwerke. Bautechn. 1926. — JACOB: Die mechanische Kanalbetonierung. Bauing. 1928. — KENNERKNECHT: Großreparatur der Innwerks-Wasserkraftanlage. Wasserkr. u. Wasserwirtsch. 1933. — KUNDE, H.: Bodenvermörtelung mit Zement beim Straßenbau im Osten. Z. VDJ 1942. S. 409. — KURZMANN, S.: Die Betonauskleidung der Werkkanäle. Wasserkr.-Jb. 1924. — DERSELBE: Der zweite Ausbau der Mittleren Isar. Dtsch. Wasserwirtsch. 1928. — NIEBUHR: Die Wirksamkeit künstlich eingebrachter Tonschalen in Kanaldichtungsstrecken. Baut. 1930. — SCHACHERMEYER: Dammbruch beim Kraftwerk Mittlere Isar. Wasserwirtsch. 1931. — SCHOKLITSCH, A.: Graphische Bemessung von Werksgräben. Wasserkr. u. Wasserwirtsch. 1924. S. 221. — REFERAT: Der Bruch des Hangkanals am Kocherfluß der Wasserkraftanlage Ohrnberg. Bautechn. 1927.

b) Die Druckrohrleitungen.

Wenn die Fallhöhe am Krafthaus 10 bis 20 [m] übersteigt (eine genaue Grenze läßt sich nicht angeben), wird das Wasser den Turbinen durch Druckrohre zugeleitet; in Sonderfällen wird statt Druckrohren auch ein Druckschacht ausgeführt. Als Werkstoff für Druckrohrleitungen kommt Stahl, Stahlbeton oder Holz in

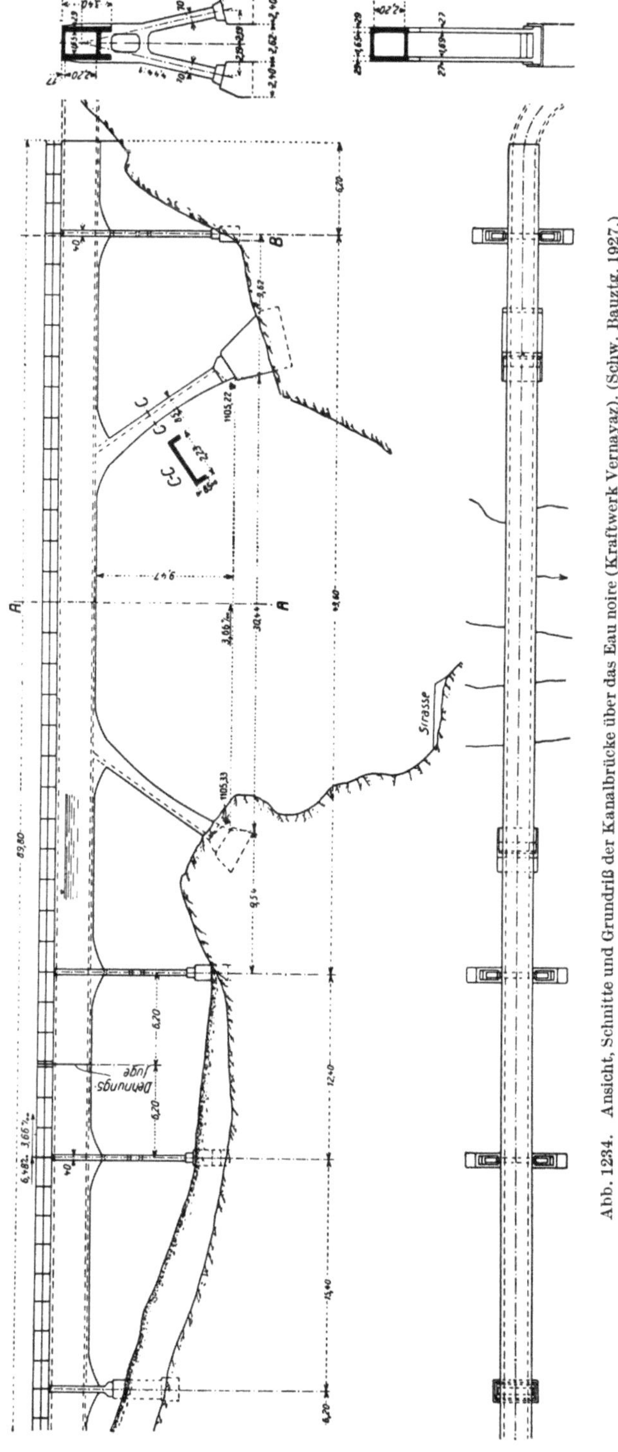

Abb. 1234. Ansicht, Schnitte und Grundriß der Kanalbrücke über das Eau noire (Kraftwerk Vernayaz). (Schw. Bauztg. 1927.)

Betracht. Die Druckrohre werden entweder allseits frei auf Sockeln verlegt (offene Verlegung) oder im Boden gebettet und überschüttet (verdeckte Verlegung).

Freiverlegte Rohre werden in Festpunkten verankert und zwischen den Festpunkten auf Sockeln gelagert. Bei den aufgelösten Rohrleitungen verläuft der Rohrstrang zwischen je zwei Festpunkten geradlinig und ein eingeschaltetes Dehnungsstück (Abb. 1252a) ermöglicht Längenänderungen. Wenn die Dehnungsstücke ausgelassen werden, so wird die Rohrleitung als geschlossene bezeichnet (Abb. 1252 b). Das Rohr übt dann wegen der behinderten Längenänderung sehr erhebliche Drücke auf die Festpunkte aus und wird selbst sehr hoch beansprucht, weswegen geschlossene Leitungen kaum zur Ausführung gelangen. Gekrümmte, geschlossene Leitungen werden manchmal bei Krafthäusern angewendet (fliegende Rohrleitungen).

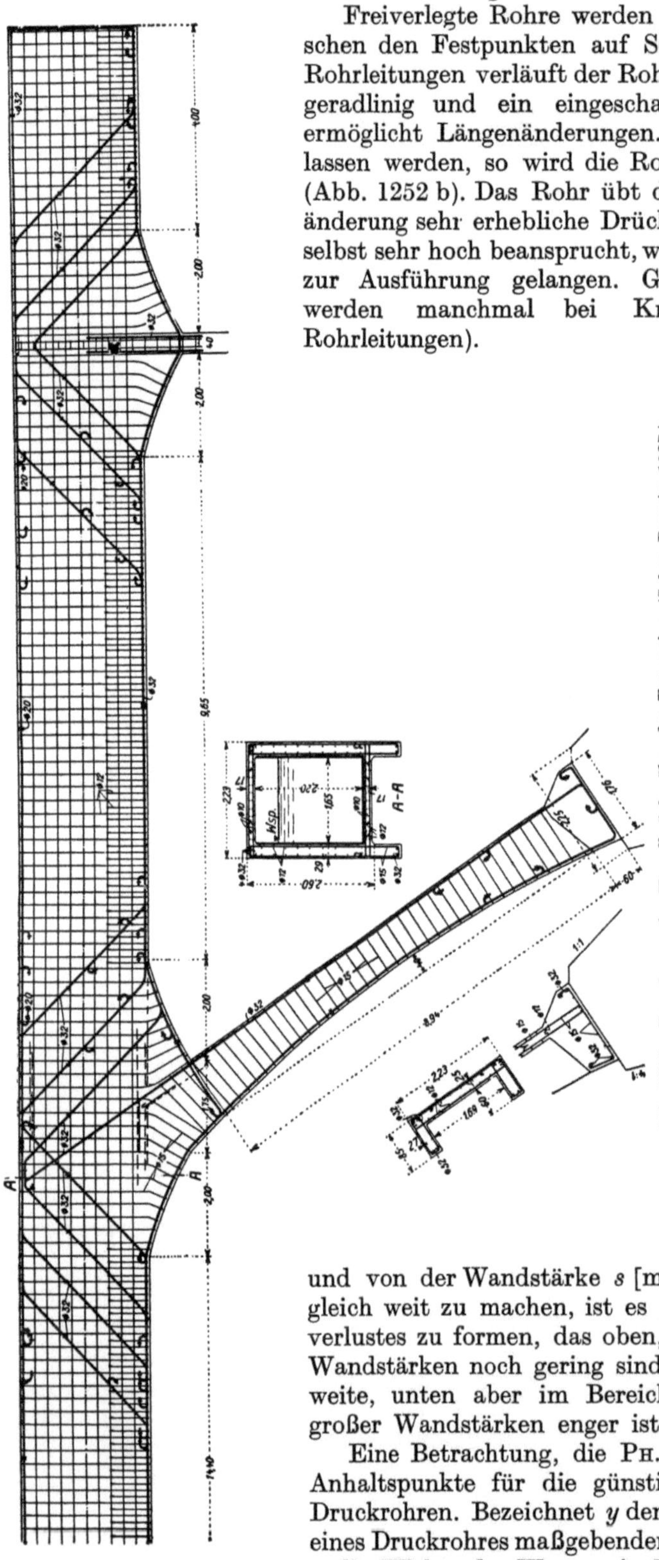

1. Die Bemessung der Lichtweite der Druckrohrleitungen.

Die Bemessung der Lichtweite einer Druckrohrleitung ist in hydraulischer Hinsicht nicht eindeutig, denn es gibt unendlich viele Lichtweiten, die die Leitung eines bestimmten Durchflusses ermöglichen. Klarheit über die zu wählende Lichtweite bringt eine wirtschaftliche Untersuchung. Je kleiner die Lichtweite gewählt wird, desto größer wird der Druckverlust und der auf diesen Druckverlust zurückzuführende Arbeitsausfall. Als wirtschaftlichste und daher auszuführende Lichtweite ist jene anzusehen, für die die Summe aus dem jährlichen Einnahmenentgang infolge des früher erwähnten Arbeitsausfalles und den jährlichen Aufwendungen (Verzinsung und Tilgung des Bauaufwandes, Rücklagen, Abschreibung, Instandhaltung, Abgaben) ein Minimum ist.

Die Kosten eines Druckrohres hängen von der Lichtweite D [m] und von der Wandstärke s [m] ab. Statt nun ein Rohr durchaus gleich weit zu machen, ist es günstiger, ein Rohr gleichen Druckverlustes zu formen, das oben, wo die Wasserdrücke und daher die Wandstärken noch gering sind, weiter ist, als das durchaus gleich weite, unten aber im Bereiche großer Wasserdrücke und daher großer Wandstärken enger ist.

Eine Betrachtung, die Ph. Forchheimer angestellt hat, liefert Anhaltspunkte für die günstigste Verjüngung der Lichtweite von Druckrohren. Bezeichnet y den für die Bemessung der Wandstärken eines Druckrohres maßgebenden Wasserdruck in Metern Wassersäule, γ die Wichte des Wassers in [kg/m³], D die Lichtweite in Metern, s die Wandstärke in Metern und σ die zulässige Zugbeanspruchung des Rohrwandswerkstoffes in [kg/m²], so gilt, wenn ein 1 [m] langer Ring des Rohres betrachtet wird

Abb. 1235. Bewehrung der Kanalbrücke über das Eau noire. (Schw. Bauztg. 1927.)

$$\gamma \cdot y \cdot 1 \cdot D = 2 \cdot 1 \cdot s \cdot \sigma \tag{980}$$

und die erforderliche Wandstärke beträgt

$$s = \frac{\gamma\, D\, y}{2\,\sigma}\ [\mathrm{m}] \tag{981}$$

Das Stahlgewicht eines Druckrohres ist verhältnisgleich

$$D\,\pi\,s = \frac{\gamma\, y\, D^2\, \pi}{2\,\sigma} = \alpha\, y\, D^2 \tag{982}$$

und die Kosten eines Meters des Druckrohres betragen

$$K = \beta\, y\, D^2 \tag{983}$$

Der Durchfluß Q in einem l [m] langen und D [m] weiten Rohr beträgt beim Druckgefälle $J = \dfrac{h}{l}$ unter Verwendung der Formel von PH. FORCHHEIMER

$$Q = \frac{D^2}{4}\,\pi\, U =$$

$$\frac{D^2}{4}\,\frac{\pi}{n}\, J^{1/\imath}\left(\frac{D}{4}\right)^{0,7} \tag{984}$$

Abb. 1236. Kanalbrücke über das Eau noire. (Schw. Bauztg. 1927.)

und der Druckverlust h im l [m] langen Rohr beträgt, wie aus Ge. (984) folgt

$$h = 11{,}3\,\frac{n^2\, Q^2\, l}{D^{5,4}} = \delta\, l\, \frac{Q^2}{D^{5,4}} \tag{985}$$

In zwei aufeinanderfolgenden Rohrstücken von den Lichtweiten D_1 und D_2 und den Längen von je l Metern beträgt der Druckverlust

$$h = \delta\, l\, Q^2\left(\frac{1}{D_1^{5,4}} + \frac{1}{D_2^{5,4}}\right) \tag{986}$$

und die Kosten dieser beiden Rohre betragen

$$K = \beta\, l\, (y_1\, D_1^2 + y_2\, D_2^2) \tag{987}$$

Die Kosten der beiden Rohrstücke werden zu einem Minimum, wenn für sie $d\,h = 0$ und $d\,K = 0$ ist. Man hat dann

$$d\,h = -\,5{,}4\,\delta\, l\, Q^2\left(\frac{d\,D_1}{D_1^{6,4}} + \frac{d\,D_2}{D_2^{6,4}}\right) = 0 \tag{988}$$

oder

$$d\,D_2 = -\,\frac{D_2^{6,4}}{D_1^{6,4}}\, d\,D_1 \tag{989}$$

und

$$d\,K = 2\,\beta l\, (y_1\, D_1\, dD_1 + y_2\, D_2\, dD_2) \tag{990}$$

und es gilt weiter mit Verwendung von (989)

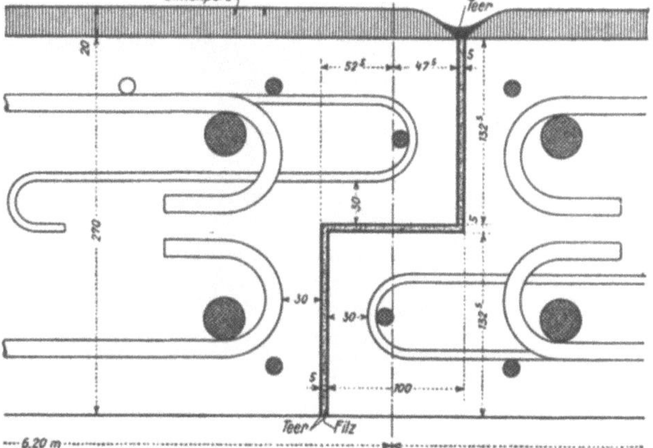

Abb. 1237. Dehnungsfuge der Kanalbrücke über das Eau noire. (Schw. Bauztg. 1927.)

$$y_1\, D_1\, dD_1 - y_2\, D_2\left(\frac{D_2}{D_1}\right)^{6,4} dD_1 = \theta \tag{991}$$

und es folgt, daß

$$y_1\, D_1^{7,4} = y_2\, D_2^{7,4} = \text{Konst} \tag{992}$$

sein muß.

Dieser Bedingung würde ein sich nach unten allmählich verjüngendes Druckrohr entsprechen, das aus technologischen Gründen nicht ausführbar ist. In der Ausführung wird daher das

Druckrohr in mehrere Abschnitte unterteilt, die zylindrisch ausgeführt sind, in deren End-
querschnitten aber die Lichtweiten der oben aufgestellten Regel entsprechen. Die Unterteilung

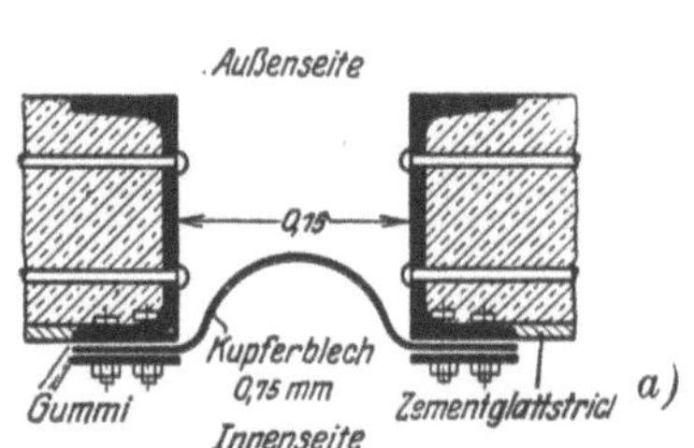

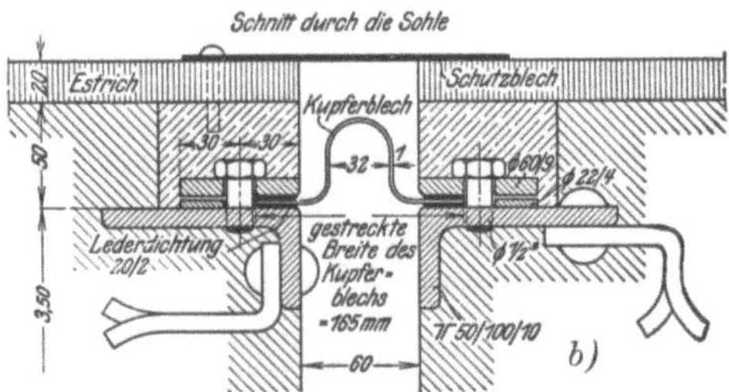

Abb. 1238. Dehnungsfugen in Kanalbrücken. (Nach A. KLEINSLOGEL.) *a)* Kanalbrücke des Kanderwerkes der
E.-Werke A.-G. Berlin, *b)* Kühlkanal des Kraftwerkes Zschornewitz.

(in Abschnitte wird in die Festpunkte der Rohrleitung verlegt und die Querschnittsverringerung vermitteln einbetonierte, schlanke Verjüngungsstücke. Ein nach dieser

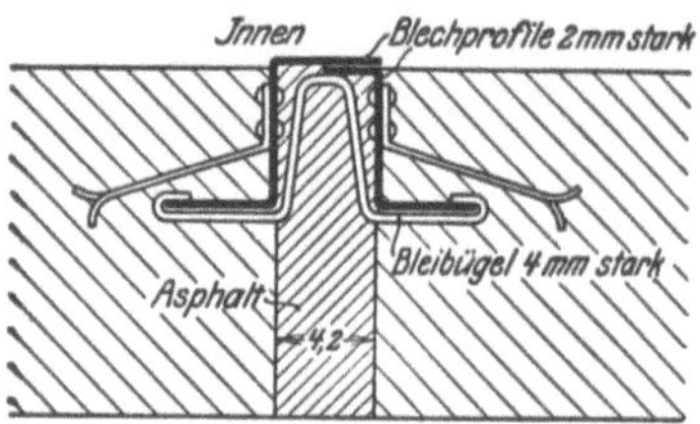

Abb. 1238. *c)* Dehnungsfugen im Aquadukt
über den Drac-Fluß.

Abb. 1239. Kanalbrücke der Rio Claro-Wasserleitung,
Wayss und Freytag A.-G.

Regel ausgeführtes Druckrohr erfordert gegenüber einem durchaus gleich weiten Druckrohr
gleichen Druckverlustes einen um etwa 6 % geringeren Bauaufwand.

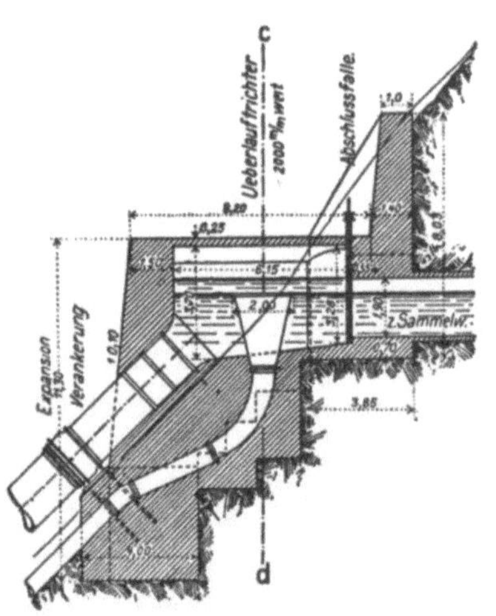

Abb. 1240. Einlaufkammer zum Düker
des Kubelwerkes. (A. LUDIN).

Nachdem nun die Regel für die Verjüngung des
Rohrstranges aufgestellt ist, kann die vorteilhafteste
Rohrlichtweite ermittelt werden. Da nun längs des
Rohres die Durchmesser verschieden sind, wird weiterhin mit Rohrlichtweite jene des untersten Rohrabschnittes bezeichnet; bei gegebenem Längenschnitt
der Druckleitung und festgelegten Festpunkten sind
dann die Weiten der übrigen Rohrabschnitte durch
die Bedingung (992) schon festgelegt.

Für die vorteilhafteste Rohrlichtweite muß, wie
schon erwähnt worden ist, die Summe aus den jährlichen Aufwendungen für das Rohr und dem Einnahmeentgang infolge des Druckverlustes in der
Leitung ein Minimum sein. Dieser Einnahmeentgang
wird nun beim gleichen Rohr sehr verschieden sein,
je nach dem Gang der Belastung. In den Abb. 1187
und 1189 auf S. 677 sind für vier charakteristische
Verbrauchergruppen die Lastganglinien und die dazugehörigen Jahresbelastungsdauerlinien aufgetragen.

Die Ermittlung des jährlichen Arbeitsverlustes
erfolgt nun am einfachsten zeichnerisch. Hiezu wird
die dem Verbraucherkreis entsprechende Jahresbe-
lastungsdauerlinie, so wie es die Abb. 1254 andeutet, aufgetragen. Nun werden willkürlich
einige im Betrieb vorkommende Durchflüsse Q_1, Q_2 .... Q_n [m³/sec] angenommen und für
jeden der Druckverlust h_1, h_2 .... h_n im Druckrohr ermittelt. Die Nutzfallhöhen betragen dann,
wenn H die Rohfallhöhe bezeichnet, $H-h_1$, $H-h_2$ .... $H-h_n$ und die Nutzleistung der
angenommenen Durchflüsse Q [m³/sec] beträgt beim Wirkungsgrad von z. B. $\eta = 0{,}85$

$$L = \frac{1\,000\,Q_n\,(H - h_n)\,\eta}{102} = 8{,}33\,Q\,(H - h)\ \text{[KW]}, \qquad (993)$$

während die Leistungsverluste infolge der Druckverluste

$$V = 8{,}33\,Q_n\,h_n\ \text{[KW]} \qquad (994)$$

ausmachen.

Wenn nun zu jeder der berechneten Nutzleistungen L in der Abb. 1254 waagrecht der dazugehörige Leistungsverlust mit einem beliebigen Maßstab aufgetragen wird, so erhält man die Leistungsverlustlinie für die angenommene Rohrlichtweite. Unter Verwendung der unter 45° geneigten Wendelinie wird weiter, so wie es der Pfeillinienzug andeutet, punktweise die Leistungsverlustdauerlinie gezeichnet. Die schraffierte Fläche gibt schließlich den Jahresarbeitsverlust, der mit dem Preis einer [kWh] multipliziert den Jahreseinnahmenentgang liefert. Bei der Ermittlung des Jahresarbeitsverlustes ist zu beachten, daß die Ordinaten der schraffierten Fläche mit dem gleichen Maßstab zu messen sind, mit dem zuvor waagrecht die Leistungsverluste aufgetragen worden sind.

Die Untersuchung muß für mehrere Rohrweiten durchgeführt werden. Diese Arbeit kann nun wesentlich vereinfacht werden; man nimmt einfach einen beliebigen Durchfluß Q an und berechnet den Druckverlust, den dieser Durchfluß in den verschiedenen, angenommenen Rohren

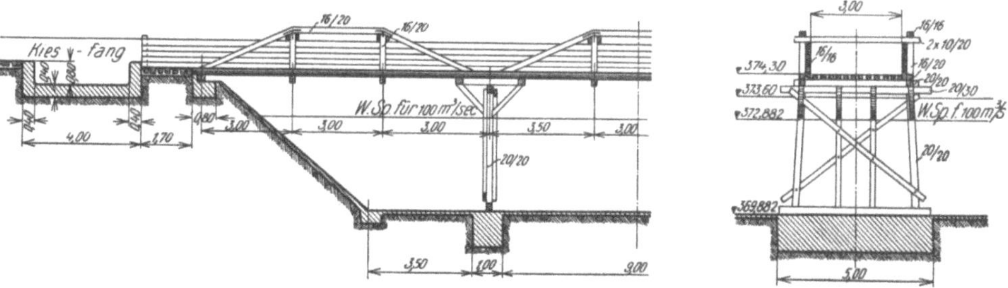

Abb. 1241.   Hölzerne Bachüberführung mit durchlässiger Sohle. (Steweag.)

erleidet. Die Jahresarbeitsverluste in diesen Rohren verhalten sich dann so, wie die Druckverluste beim früher angenommenen Durchfluß Q.

Für die Jahresauslagen sind etwa anzusetzen:

für Abschreibungen	jährlich	2	bis 3%
„ Tilgung	„	1,5	„ 2 „
„ Verzinsung	„	5	„ 7 „
„ Instandhaltung	„	3	„ 5 „
„ Steuern und Abgaben	„	1	„ 2 „
Zusammen	jährlich	12,5	bis 19%

des Bauaufwandes für die Rohrleitung.

Das Gewicht von 1 [m] genietetem Stahlrohr beträgt annähernd $8000\,D\,\pi\,s + 19\%$ für Überlappungen, Laschen, Nieten $+ 6\%$ für Dehnungsstücke und dergleichen, zusammen also $29140\,Ds$ [kg/m], wobei die Lichtweite D und die Wandstärke s in [m] zu messen sind.

Als Kosten genieteter Stahlrohre ab Werk kann bei kurzen Rohren, kleinen Drücken und großen Querschnitten der 1,5- bis 1,75fache Blechpreis, bei langen Druckrohren und Drücken über 60 [m WS] der 2- bis 2,3fache Blechpreis angesetzt werden. Der Zusammenbau auf der Baustelle kostet ohne Schrägaufzug 20 bis 30% des Rohrpreises ab Werk.

Nachdem nun für mehrere angenommene Rohrlichtweiten D [m] einerseits der Einnahmenentgang infolge der Reibungsverluste im Rohr und anderseits die Höhe der Jahresauslagen bekannt sind, werden beide in der Abb. 1255 ersichtlichen Weise aufgetragen und hierauf die Linie der Summen beider gezeichnet, die ein deutlich ausgeprägtes Minimum aufweist, das den wirtschaftlichen Durchmesser charakterisiert.

Bei der Ermittlung des wirtschaftlichsten Durchmessers einer Druckrohrleitung taucht auch die Frage auf, ob ein oder mehrere Rohrstränge parallel zu verlegen seien. Für die Entscheidung sind neben der Kostenfrage noch eine Reihe von anderen Umständen maßgebend.

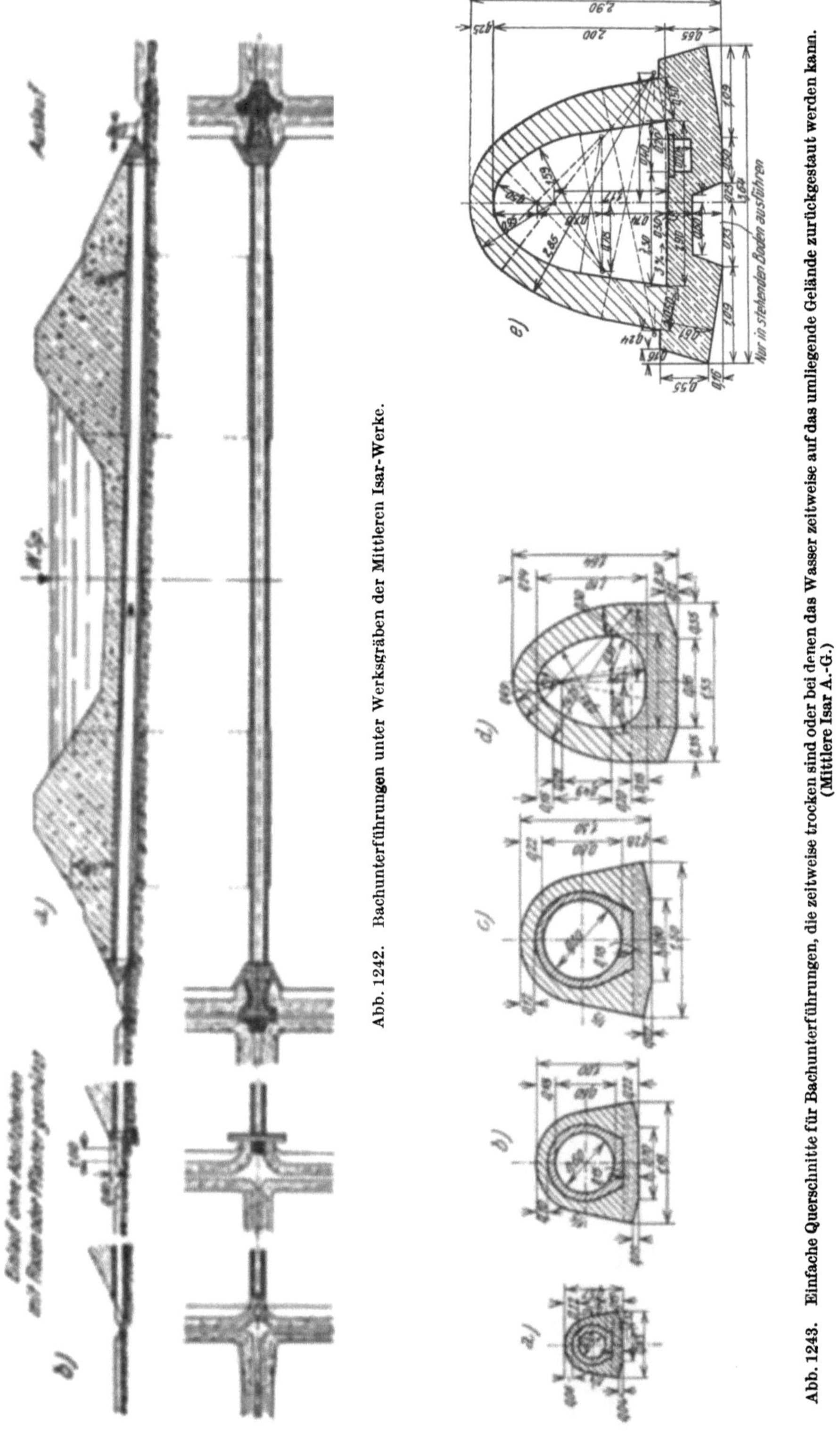

Abb. 1242. Bachunterführungen unter Werksgräben der Mittleren Isar-Werke.

Abb. 1243. Einfache Querschnitte für Bachunterführungen, die zeitweise trocken sind oder bei denen das Wasser zeitweise auf das umliegende Gelände zurückgestaut werden kann. (Mittlere Isar A.-G.)

Wie W. BAUERSFELD gefunden hat, verteuert sich die Druckrohranlage bei Verwendung von n Rohren auf das $\sqrt[3]{n}$ fache des Preises einer einzigen Rohrleitung. Es beträgt also

bei   1   2   3   4   5   gleichen Rohren
der Preis
das   1   1,10   1,17   1,22   1,26 -fache des Preises

eines einzigen Rohres, daß den ganzen Durchfluß leiten könnte. Damit aber diese Verteuerung richtig bewertet werden kann, sei erwähnt, daß die Kosten der Druckrohrleitung

beim Kraftwerk Arnstein ....nur 1,93%
„   „   Wäggital, obere Stufe .... „   4,30%
„   „   Wäggital, untere Stufe .... „   3,46%

des ganzen Kraftwerkbaues betragen haben.

Die Druckrohrleitung muß ge-teilt werden, wenn die erforderliche Lichtweite größer als etwa 4,0 [m] ist, weil größere Rohre über den Regellichtraum der Vollbahnen her-ausragen. Eine Teilung in mehrere Rohrstränge kann bei hohen Wasser-pressungen erforderlich werden, um mit kleineren Wandstärken das Aus-langen zu finden. Vielfach wird auch angestrebt, jeder Turbine das Wasser durch eine eigene Rohrleitung zu-zuleiten, um am Krafthaus mit einem geringsten Aufwand an Krüm-mern und Formstücken, die zusätz-liche Druckverluste verursachen, auszukommen.

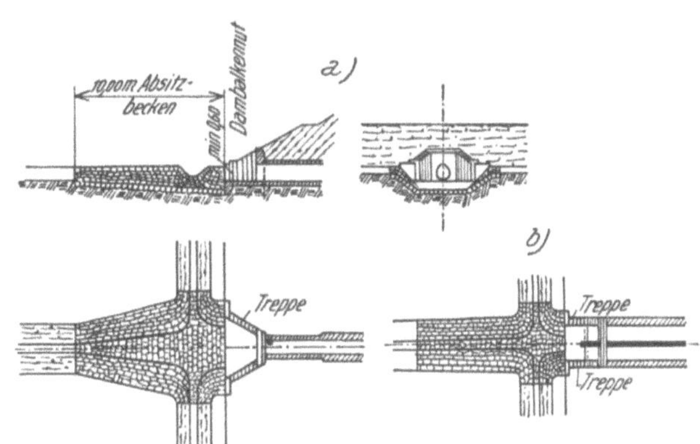

Abb. 1244. Einläufe bei größeren Sand- oder Geschiebebewegungen. *a*) für einfache, *b*) für Doppelquerschnitte (Mittl. Isar A.-G.)

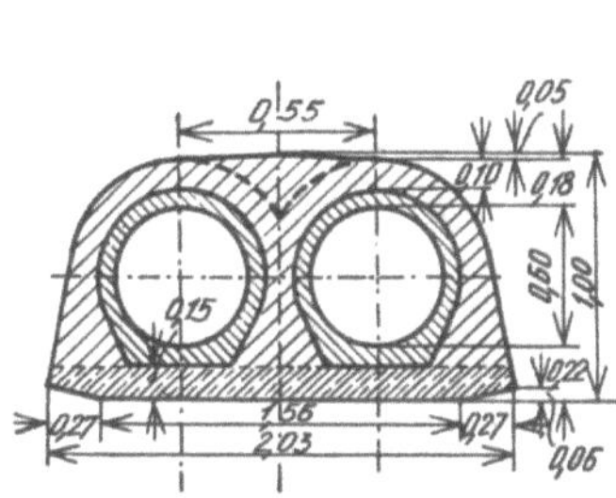
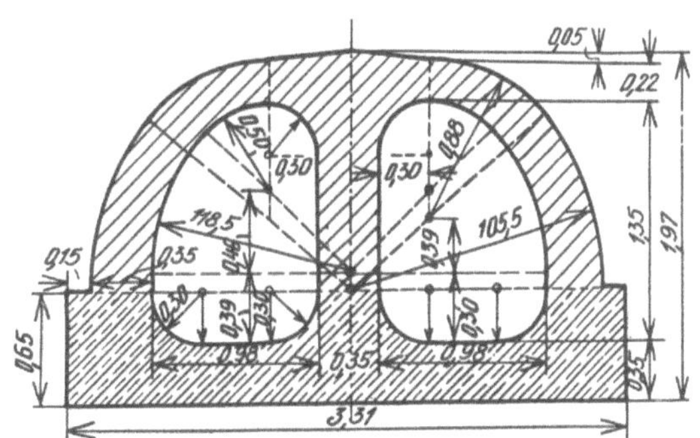

Abb. 1245. Doppelquerschnitte für Bachunterführungen, in denen ständig Wasser und zeitweise Geschiebe läuft. (Mittlere Isar A.-G.)

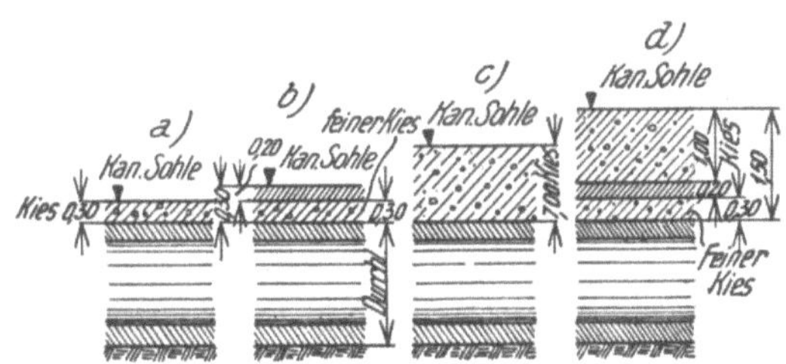

Abb. 1246. Mindestüberdeckung der Unterführungsober-kante. *a*) bei Erdsohle, *b*) bei Betonsohle ohne Schiffahrt, *c*) bei Erdsohle mit Schiffahrt, *d*) bei Erdsohle mit Beton-dichtung und Schiffahrt. (Mittlere Isar A.-G.)

Abb. 1247. Straßenbrücke über den Werksgraben des Murkraftwerkes Pernegg.

Schrifttum.

BAUERSFELD, W.: Die wirtschaftliche Berechnung von Hochdruckturbinenleitungen. Z. ges. Turbinen-wes. 1907. S. 416. — DERSELBE: Die wirtschaftliche Berechnung der Hochdruckturbinenleitungen. Z. VDJ 1906. S. 1954. — BUNDSCHU, F.: Druckrohrleitungen. Berechnungs- und Konstruktionsgrundlagen der

Rohrleitungen für Wasserkraft- und Wasserversorgungsanlagen. Springer-Verlag. Berlin. 1929. — CATHALA, P. J.: Le diamètre le plus économique d'une conduite forcée. Le Génie civil. 1923, H. 10. — FORCHHEIMER, Ph.: Die Verjüngung der Rohrweite bei Hochdruckleitungen. Z. VDJ 1906. S. 1954. — GABLER, R.: Beitrag zur wirtschaftlichen Bemessung der Druckrohrleitung eines Wasserkraftwerkes. Dtsch. Wasserwirtsch. 1927, 113. — LINDORFER, G.: Die wirtschaftlich günstigste Druckrohrleitung. Dtsch. Wasserw. 1927, 373. — LUDIN, A.: Die wirtschaftliche Bemessung von Triebwasserleitungen. Z. ges. Turbinenwes. 1914, H. 13. — MAYER, L.: Der wirtschaftlichste Durchmesser einer Druckrohrleitung. Revue générale de l'Electricité. 17, H. 9. 1925. — SANTO-RINI, P. P.: Le calcul rationnel, des élements d'une conduite forcée en metal usw. J. Rey. Grenoble. 1921. — SCHOKLITSCH, A.: Kostenberechnungen im Wasserbau und Grundbau. Berlin: Springer, 1937. — STEINER, CH. R.: Der wirtschaftliche Durchmesser von eisernen Druckleitungen, Schw. Bauztg. 1916, 311. — TILLMANN, R.: Zur wirtschaftlichen Bemessung eiserner Druckrohrleitungen für Wasserkraftanlagen. Wasserkraft. 1926. S. 175.

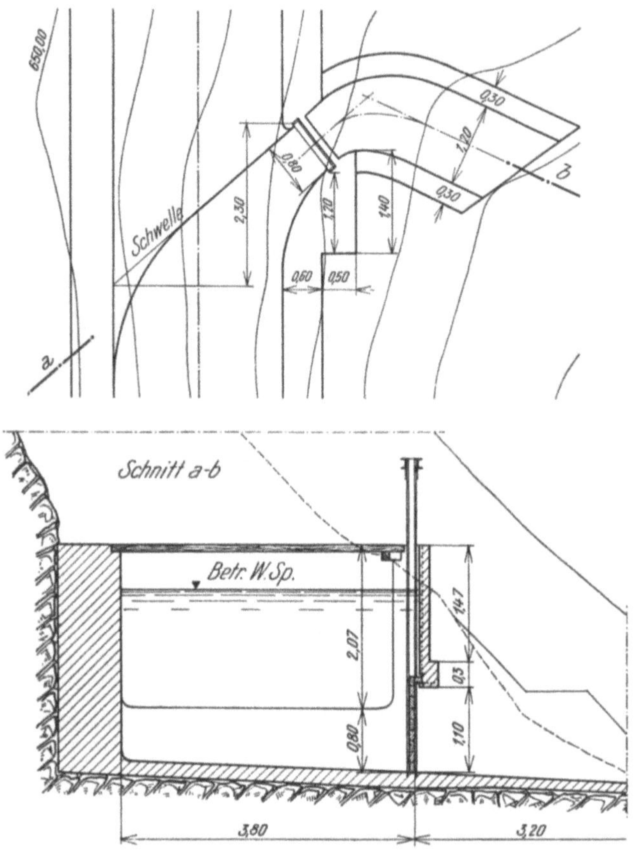

Abb. 1248. Spulauslaß in einem Werksgraben.

2. Stählerne Druckrohre.

Die stählernen Druckrohre werden, von ganz kleinen Lichtweiten abgesehen, gewöhnlich offen, auf Sockeln verlegt. In Bruchpunkten der Rohrachse werden die Rohre in der Regel in Festpunkten verankert; wenn zwischen je zwei Festpunkten Dehnungsstücke eingeschaltet sind, so spricht man von aufgelösten Rohrleitungen. Rohrleitungen ohne Dehnungsstücke zwischen den Festpunkten werden als geschlossene bezeichnet. Wenn ein Bruchpunkt der Rohrleitungsachse nicht verankert ist, so nennt man die Leitung eine fliegende.

Bezeichnet p die höchste vorkommende Wasserpressung in [kg/cm²] und d die Lichtweite des Rohres in [cm], so werden die stählernen Druckrohre bis zu $pd = 10.000$ [kg/cm] als einfache, glatte Rohre ausgeführt; bei $pd > 10.000$ [kg/cm] werden die Rohre bandagiert.

a) Aufgelöste stählerne Rohrleitung.

α) Glatte Rohre. Eine aufgelöste stählerne Rohrleitung wird an jedem Bruchpunkt der Rohrachse und dazwischen alle 100 bis 150 [m], in schweren Betonklötzen (Festpunkten) verankert. Zwischen zwei Festpunkten ist das Rohr alle 6 bis 12 [m] auf Sockeln gelagert und ein Dehnungsstück ermöglicht Längenänderungen.

Abb. 1249. Freispiegelstollen und Werksgraben des Kraftwerkes Peggau an der Mur. *a)* Spülauslaß. (Steir. Elektrizitäts G.)

Die Schwere, die Wasserpressung und das durchlaufende Wasser rufen in der Rohrwand Spannungen hervor, die bekannt sein müssen, um die Wandstärke des Rohres ermitteln zu können.

Die Ringspannungen im Rohr. Um die vom Wasser mit der Pressung p [kg/cm²] hervorgerufenen Ringspannungen zu berechnen, denkt man sich aus dem Rohr das Flächenelement

$du \cdot dz$ mit dem dazugehörigen Zentriwinkel $d\varphi$ herausgeschnitten und an den Schnittflächen die auftretenden Kräfte angebracht (Abb. 1256). Auf dieses Flächenelement wirkt im Rohrinneren die Kraft $p \cdot d_u \cdot dz$; an den Längsschnittflächen greifen die Kräfte $dz \cdot \sigma_1 s$ an, die die in die Richtung der Flächennormalen fallende Resultierende

$$N = 2\,\sigma_1\,s\,dz\,\sin\frac{d\varphi}{2} = \sigma_1\,s\,dz\,\frac{d\,u}{R} \tag{995}$$

Abb. 1250. Der Werksgraben der Alzwerke nach der Fertigstellung.

Abb. 1251. Der Werksgraben der Alzwerke nach der Zerstörung.

wobei $\sin\dfrac{d\varphi}{2} = \dfrac{du}{2R}$ gesetzt ist, ergeben. Wenn das Wandelement im Gleichgewicht stehen soll, so muß bei Vernachlässigung des Gewichtes des Wandelementes

$$\sigma_1\,s\,dz\,\frac{d\,u}{R} = p\,d\,u\,dz \tag{996}$$

sein und es folgt für die Wandstärke des Rohres

$$s = \frac{p}{\sigma_1}\,R \;\text{[cm]} \tag{997}$$

wobei der Rohrhalbmesser R in [cm] zu messen ist.

Die zulässige Beanspruchung σ_1 der Rohrwandung hängt von den Festigkeitseigenschaften des Rohrwandbaustoffes und von der Herstellungsart der Nähte ab. Kleinere Druckrohre

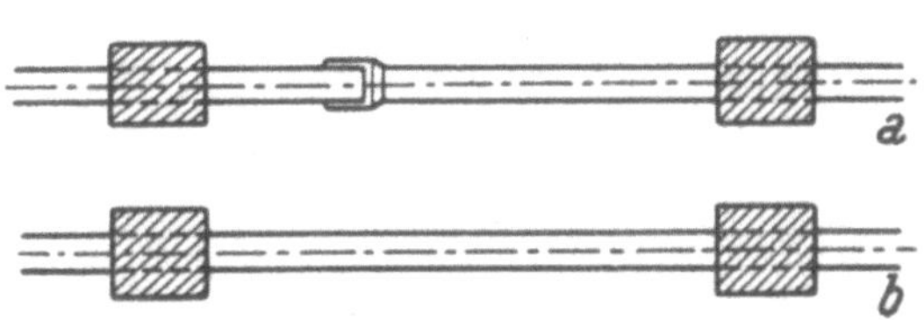

Abb. 1252. Verlegungsarten der Druckrohre.

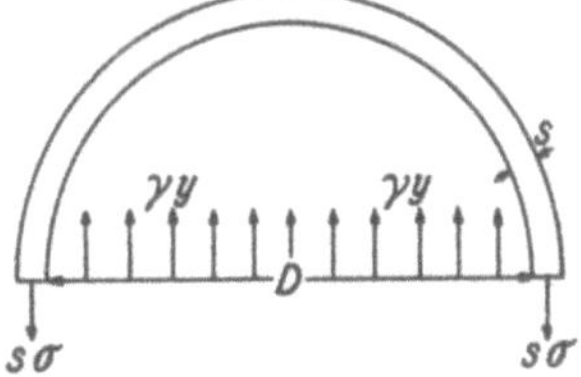

Abb. 1253. Bemessung der Rohrwandstärke.

werden nahtlos gewalzt; bei solchen Rohren kann der Baustoff voll ausgenützt werden (Gütezahl $\varphi = 1$). Größere Rohrleitungen werden aus einzelnen Blechen durch Schweißung oder durch Nietung zusammengebaut. Die Nähte solcher Rohre weisen eine geringere Festigkeit auf, als Stellen im vollen Blech; die Festigkeitsverminderung wird durch die Gütezahl ausgedrückt. Bei geschweißten Rohren rechnet man mit einer Gütezahl $\varphi = 0{,}9$.

Bei genieteten Rohren hängt die Gütezahl von der Art der Nietung der Längsnaht ab; diese kann entweder durch Überlappung oder durch Anwendung von Doppellaschen erfolgen. Beispiele

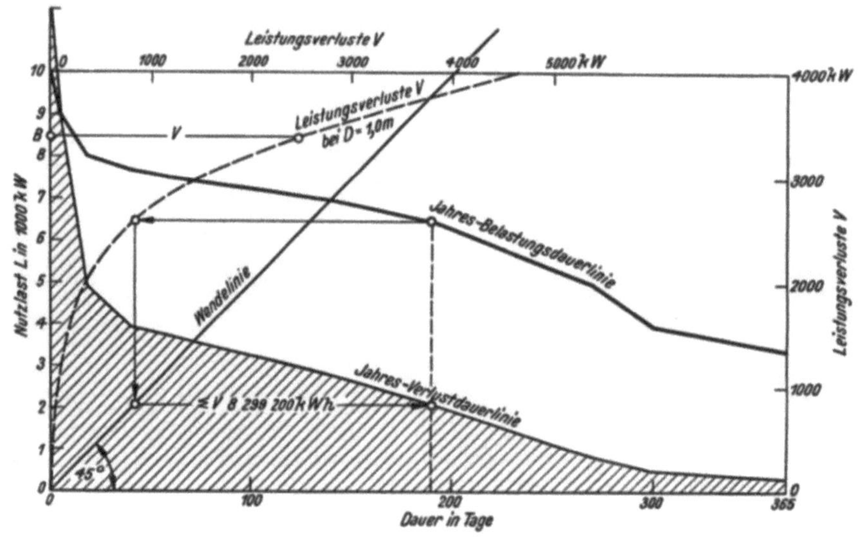

Abb. 1254.   Ermittlung des Jahresarbeitsverlustes infolge der Widerstände in der Rohrleitung.

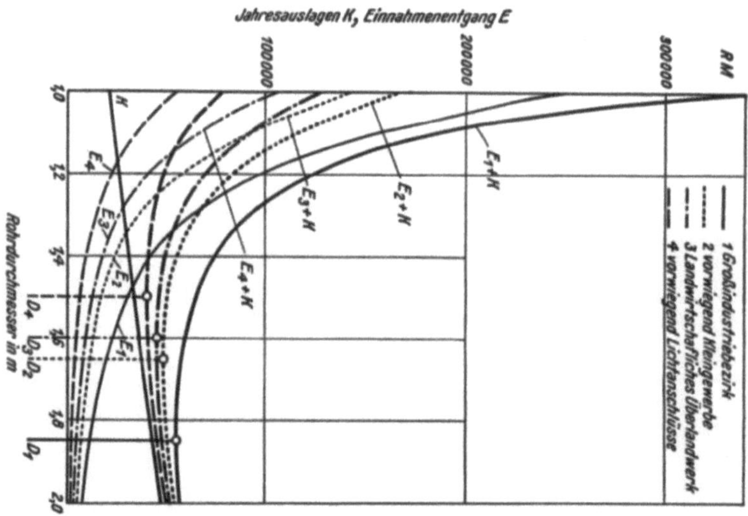

Abb. 1255.   Ermittlung des wirtschaftlichsten Durchmessers.

für solche Nietungen geben die beiden Abb. 1257 und 1258. Die Nietentfernung wird nach den im Kesselbau üblichen Regeln als dicht-feste ausgeführt. Für die Austeilung der Niete empfiehlt E. Broschat die in der Zahlentafel 95 zusammengestellten Maße.

Zahlentafel 95. Empfehlenswerte Maße für dicht-feste Nietung von eisernen Druckrohren.
(Nach E. BROSCHAT.)

Nietdurchmesser d [mm]	11	14	17	20	23	26	30	33	36
Blechdicke [s mm] bei Überlappungsnietung	6	6—7	7—10	10—13	13—16	16—20	20—25	25—30	30—35
bei Doppellaschennietung	6—7	7—9	9—12	12—15	15—18	18—22	22—27	27—32	32—37
Überlappung a [mm]	20	24	28	32	36	40	46	50	54
Nietreihenabstand b [mm]	25	30	35	40	45	50	55	60	65
Kleinstzulässige Teilung mit Rücksicht auf das Verstemmen	27	32	38	44	50	56	64	70	76
Teilung e bei einreihiger Nietung	34	42	50	58	66	74	84	92	100
Teilung e_1 bei mehrreihiger Nietung	47	59	71	84	97	109	127	140	152

Die Gütezahl von Überlappungsnietungen und von Nietungen mit gleich breiten Doppellaschen beträgt für das Blech

$$\varphi = \frac{e-d}{e} \tag{998}$$

und für die Niete

$$\varphi = \frac{n\,P}{es\,\sigma_{\text{zul}}} \tag{999}$$

wobei d den Nietdurchmesser in [cm], e den Nietabstand in der Richtung der Naht in [cm], n die Anzahl der zur Naht parallelen Nietreihen einer Überlappungsnietung oder jene in einer Laschenhälfte bei Doppellaschennietung, P die Tragkraft einer Niete in [kg] auf Abscheeren oder Lochlaibungsdruck (wobei der kleinere Wert maßgebend ist), s die Blechstärke in [cm]

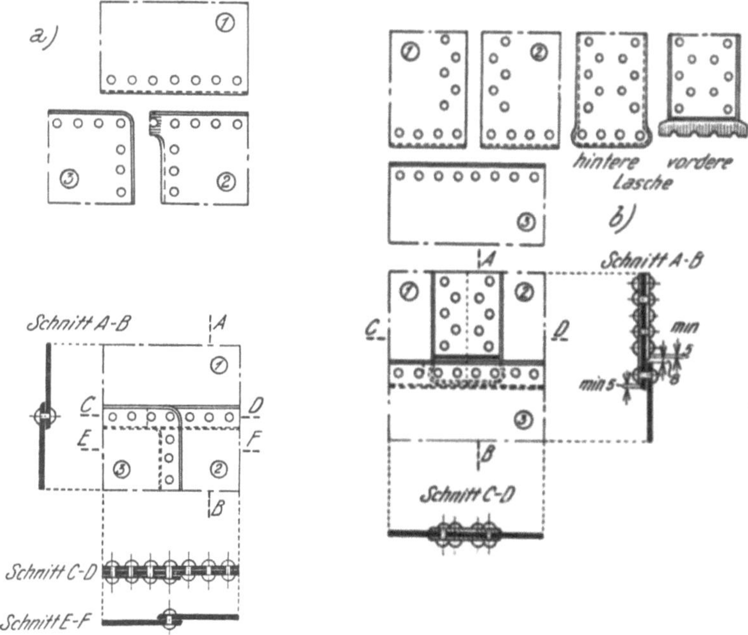

Abb. 1256. Spannungen an einem Wandelement $du \cdot dz$ eines Druckrohres.

Abb. 1257. Druckrohrnietungen. a) überlappt, b) mit Doppellaschen. (Nach S. BROSCHAB.)

und σ_{zul} die zulässige Beanspruchung des Blechwandstoffes in [kg/cm²] bedeutet. Die kleinere aus den beiden Gleichungen sich ergebende Gütezahl φ ist maßgebend. Das Blech darf im Rohr mit

$$\sigma_1 = \varphi\,\sigma_{\text{zul}} \tag{1000}$$

beansprucht werden.

Die zulässige Zugbeanspruchung σ_{zul} wird bei aufgelösten Leitungen, bei Stahl *St* 34 mit 1000 [kg/cm²], bei *St* 55 mit 1600 [kg/cm²] angesetzt, während sie bei geschlossenen Leitungen mit 900 bzw. 1400 [kg/cm²] angenommen wird.

Spannungen infolge der freitragenden Verlegung. Bei der freitragenden Verlegung des Rohres über den Sockeln bildet das Rohr einen durchlaufenden Träger. Bezeichnet L die Stützweite in [cm], G_r das Gewicht des leeren Rohres zwischen zwei Sockeln in [kg], G_w das Gewicht der Füllung dieses Rohrabschnittes in [kg] und β den Neigungswinkel der Rohrachse mit der Waagrechten, so wird das Rohr durch das Biegungsmoment (angenähert)

$$M = \frac{1}{12}(G_r + G_w) L \cos \beta \ [\text{kg.cm}] \qquad (1001)$$

beansprucht. Das Widerstandsmoment W des Rohrwandquerschnittes beträgt (angenähert), wenn die Wandstärke s [cm] gegenüber der Lichtweite D [cm] sehr klein ist,

$$W = \frac{\pi}{4} s D^2 \ [\text{cm}^3] \qquad (1002)$$

und man erhält als größte Spannung in der Richtung der Rohrachse

$$\sigma_2 = \frac{M}{W} = \frac{4M}{\pi s D^2} = \frac{(G_r + G_w) L \cos \beta}{3 \pi s D^2} \ [\text{kg/cm}^2] \qquad (1003)$$

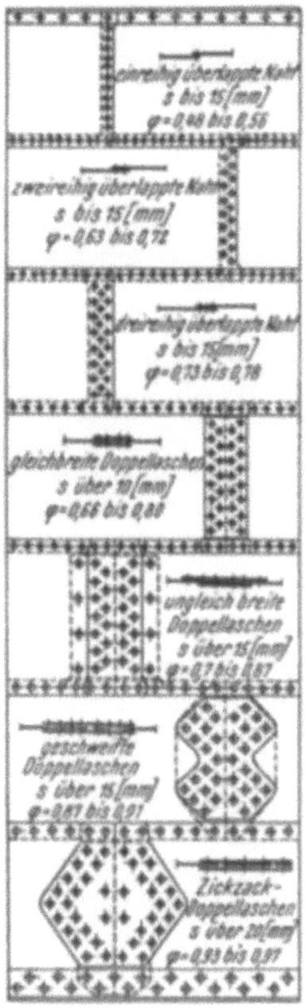

Schweiß- und Nietlängsnähte weisen geringere Festigkeiten auf; sie werden daher nicht an die höchste bzw. tiefste Stelle des Rohrwandquerschnittes gelegt. Gewöhnlich werden sie gegen die lotrechte Symmetrieebene des Rohres um 45° versetzt, wie man es in der Abb. 1259 deutlich erkennen kann; dann liegt die durch die Längsnaht geschwächte Stelle nur in der Entfernung $\frac{1}{2\sqrt{2}} D$ von der neutralen Achse des Rohrwandquerschnittes und die Spannung beträgt an dieser Stelle nur

$$\sigma_2' = \frac{2{,}824 \, M}{\pi s D^2} \ [\text{kg/cm}^2] \qquad (1004)$$

Abb. 1259. Nietung des Druckrohres des Teigitschwerkes Arnstein. *a)* Festpunkt, *b)* Schrägaufzug.

Abb. 1258. Verschiedene Nietungen für Druckrohre. s = Blechdicke, g = Gütezahl. (Nach E. Broschat.)

Der Hangabtrieb. Bezeichnet ΣG_r das Gewicht des leeren Rohrstranges, der unter dem Winkel β gegen die Waagrechte geneigt ist, zwischen dem Dehnungsstück und dem Festpunkt, so überträgt das Rohr auf den Festpunkt die Kraft

$$P_1 = \Sigma G_r \sin \beta \qquad (1005)$$

Die Temperaturkräfte. Temperaturänderungen bewirken Längenänderungen des Rohrstranges, die Bewegungen auf den Rohrsockeln und in den Dehnungsstücken zur Folge haben. Diese Bewegungen können aber erst vor sich gehen, wenn im Rohr in der Richtung der Rohrachse eine Temperaturkraft auftritt, die gleich ist der zu überwindenden Reibung.

Im Rohrsockel ruht das Rohr (Abb. 1260) nur mit einem Teil des Umfanges auf, dem der Zentriwinkel 2α entspricht; für diesen Zentriwinkel werden Werte zwischen 90 und 120° angenommen. Der Schwerpunkt der Auflagerlinie liegt unter der Rohrachse im Abstand

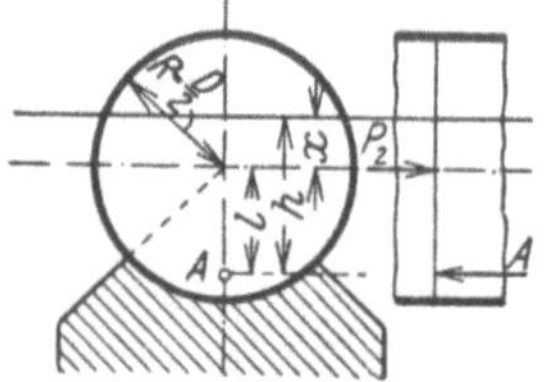
Abb. 1260. Ermittlung des Angriffspunktes der Reibung im Rohrsockel.

$$l = \frac{R \sin \alpha}{\text{arc } \alpha} = \frac{D \sin \alpha}{2 \, \text{arc } \alpha} \ [\text{cm}] \qquad (1006)$$

In diesem Schwerpunkt denkt man sich die Reibung A angreifend. Bezeichnet $\Sigma (G_r + G_w)$ das Gewicht des gefüllten Rohres zwischen einem Dehnungsstück und einem Festpunkt in [kg] und β den Neigungswinkel des Rohres mit der Waagrechten, so beträgt die Reibung in den Sätteln der Sockel

$$A = \mu \, \Sigma \, (G_r + G_w) \cos \beta \ [\text{kg}] \tag{1007}$$

wobei als Reibungsbeiwert μ zu setzen ist:

Stahl auf Beton mit Dachpappezwischenlage .... $\mu = 0{,}40$
Stahl auf Beton oder Mauerwerk .... $\mu = 0{,}45$ bis $0{,}50$
Gußeisen auf Beton .... $\mu = $ bis $0{,}75$
Stahlrohr, mit Beton untergossen .... $\mu = $ bis über $1{,}0$
Stahl auf Stahl, ungeschmiert .... $\mu = 0{,}3$ bis $0{,}5$
„ „ „ mit Graphitschmiere.................... $\mu = 0{,}20$
„ „ „ „ Starrschmiere .... $\mu = 0{,}12$ bis $0{,}15$
und bei Rollagern oder Pendelstützen .... $\mu = 0.05$ bis $0{,}10$

Die Reibung A beansprucht das Rohr exzentrisch, die neutrale Achse liegt über der Rohrachse. Bezeichnet

$$\varrho = \sqrt{\frac{J}{F}} = \frac{D}{\sqrt{8}} \tag{1008}$$

den Trägheitshalbmesser des Rohrwandquerschnittes von der Fläche F, so liegt die neutrale Achse im Abstand

$$x = \frac{\varrho^2}{l} = \frac{D^2}{8\,l} \tag{1009}$$

über der Rohrachse.

Bis zur Überwindung der ruhenden Reibung in den Sätteln nimmt infolge der Temperaturänderung die Längskraft P_2 in der Rohrwand zu. Beim Eintritt der Bewegung wirkt auf den Rohrwandquerschnitt die Reibung mit dem Moment $A \cdot h$ (vgl. Abb. 1260). Wenn keine Verdrehung des Querschnittes auftreten soll, so muß diesem Moment das Moment $P_2 x$ entgegenwirken, es muß also

$$P_2 x = A\,h \ [\text{kg/cm}] \tag{1010}$$

oder

$$P_2 = \frac{h}{x}\,A = \frac{\mu\,\Sigma\,(G_r + G_w)\,\cos\beta \cdot h}{x} \ [\text{kg}] \tag{1011}$$

sein.

Bei Temperaturänderungen erfolgen Bewegungen auch im Dehnungsstück. Die Dehnungsstücke werden in der Regel als Stopfbüchsen (Abb. 1261) ausgebildet, in denen beim Eintritt der Bewegung die Reibung zwischen dem Degenrohr und der Packung überwunden werden muß. Man kann annehmen, daß bei der Inbetriebnahme einer Druckrohrleitung die Packung auf $0{,}9\,b$ durch Einpressen der Brille zusammengepreßt ist. Bei einer Wasserpressung von p [kg/cm²] kann die Packung nur dicht halten, wenn die Pressung zwischen der Packung und dem Degenrohr mindestens auch p [kg/cm²] beträgt. Die Reibung in der Stopfbüchse beträgt dann mindestens

$$P_3 = \mu\,\pi \cdot 0{,}9\,b \cdot D_a\,p \ [\text{kg}] \tag{1012}$$

und für den Reibungsbeiwert wird etwa $\mu = 0{,}25$ bis $0{,}3$ gesetzt.

Die Temperaturänderungen rufen bei Temperaturerhöhung Druckkräfte, bei Abnahme Zugkräfte hervor.

Längskräfte in der Stopfbüchse. Auf das Ende des Degenrohres (Abb. 1261) wirkt der Druck

$$P_4 = p\,f_d \ [\text{kg}] \tag{1013}$$

wobei f_d den Wandquerschnitt des Degenrohres in [cm²] bedeutet. Eine ebenso große Kraft wirkt im Muffenrohr in entgegengesetzter Richtung.

Längskraft in einer Verjüngung. Wenn die Verjüngung nicht in einen Festpunkt verlegt wird, so erfährt das Rohr bei einer Querschnittsverringerung um ΔF [cm²] und einer Wasserpressung von p [kg/cm²] eine in die Richtung des engeren Rohres fallende Beanspruchung,

$$P_5 = \Delta F\,p \ [\text{kg}] \tag{1014}$$

Beanspruchung durch die Schleppkraft. Schließlich ruft auch noch die Schleppkraft, mit

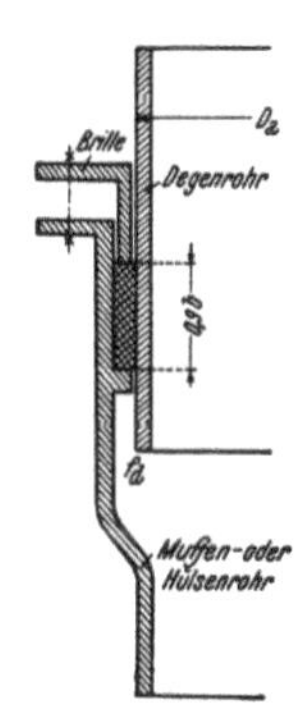

Abb. 1261.
Stopfbüchse.

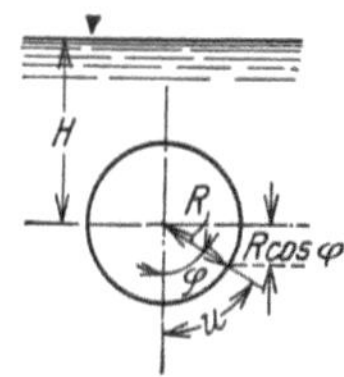

Abb. 1262.

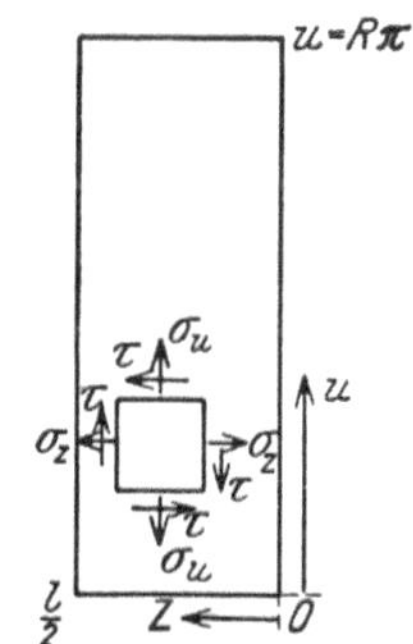

Abb. 1263.

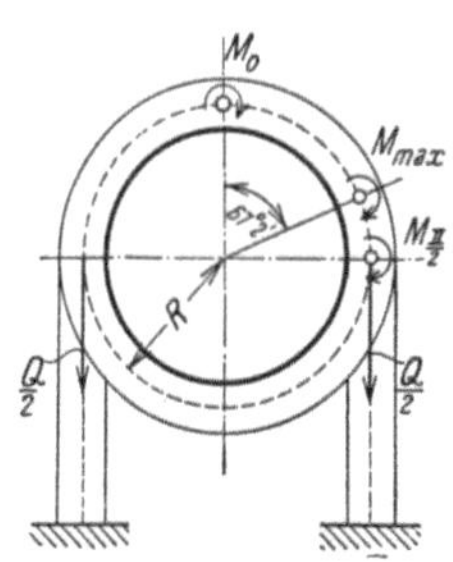

Abb. 1264. Auflagenring für weite Druckrohre.

der das abfließende Wasser auf die Wandung einwirkt, die allerdings geringfügige Längskraft P_6 hervor. Bedeutet J das größte im Betriebe vorkommende Gefälle der Drucklinie, F den lichten Rohrquerschnitt [m²], L die Länge des betrachteten Rohrabschnittes (z. B. vom Festpunkt

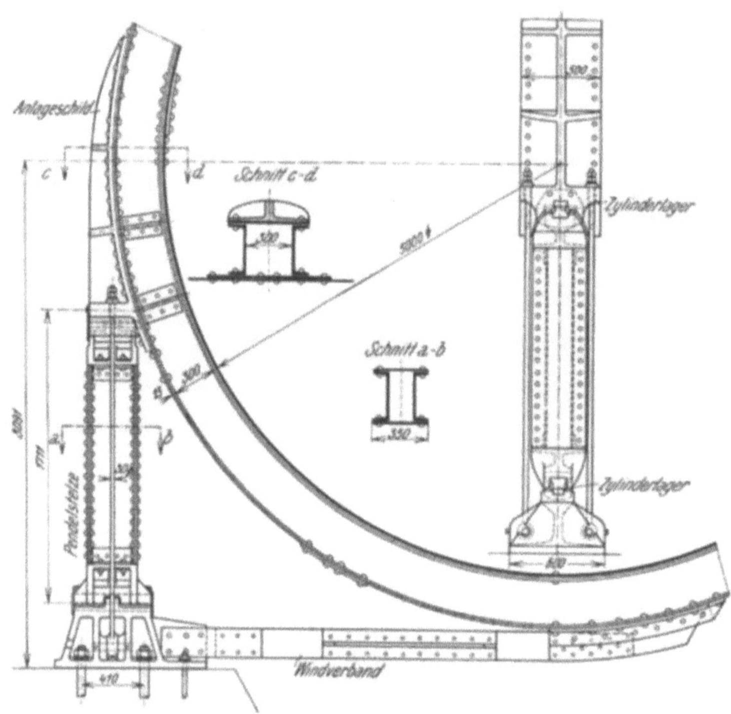

Abb. 1265.   Auflagerring der Druckrohre der Kraftwerke Aufkirchen
und Eitting an der Isar. (Nach HRUSCHKA.)

bis zum Dehnungsstück) in [m] und γ die Wichte des Wassers in [kg/m³], so gilt für die Schleppkraft die Beziehung

$$P_6 = F\,L\,J \;[\text{kg}] \tag{1015}$$

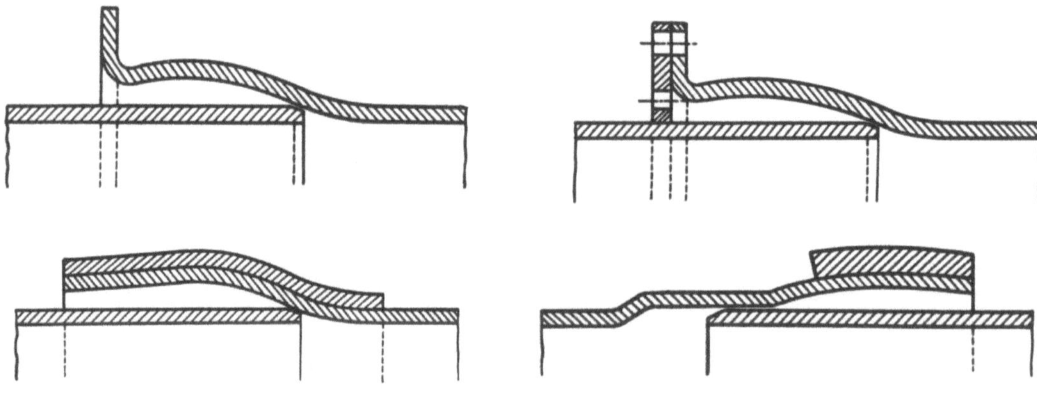

Abb. 1266.   Muffenverbindungen.

Die *Gesamtlängskraft*, die die Rohrleitung beansprucht, beträgt bei Temperaturerhöhungen

$$\Sigma P = P_1 + P_4 + P_5 + P_6 \pm (P_2 + P_3) \tag{1016}$$

während er bei Temperaturerniedrigungen

$$\Sigma P = P_1 + P_4 + P_5 + P_6 \mp (P_2 + P_3) \tag{1017}$$

beträgt; die oberen Vorzeichen gelten für den Strangteil vom Festpunkt aufwärts bis zum Dehnungsstück, die unteren für jenen vom Festpunkt abwärts bis zum Dehnungsstück. Für die Berechnung von ΣP muß die ungünstigste Kombination der Einzelkräfte verwendet werden. Die Beanspruchungen im leeren Rohr sind wesentlich geringer als im gefüllten. Die von den Längskräften im Rohr hervorgerufenen Spannungen betragen

$$\sigma_3 = \frac{\Sigma P}{f} \; [\text{kg/cm}^2] \tag{1018}$$

wobei mit f der Rohrwandquerschnitt in Quadratzentimetern bezeichnet wird.

Gesamtspannungen: In der Rohrwand herrscht ein dreiachsiger Spannungszustand mit den drei Hauptspannungen:

tangential

$$\sigma_t = \sigma_1 - \frac{1}{m}(\sigma_2 + \sigma_3 + p) \tag{1019}$$

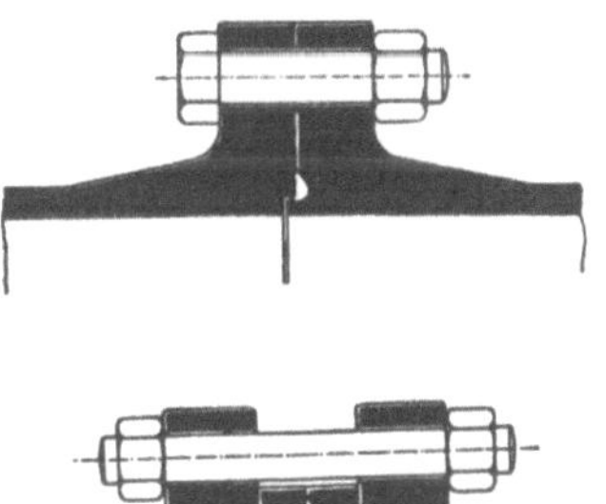

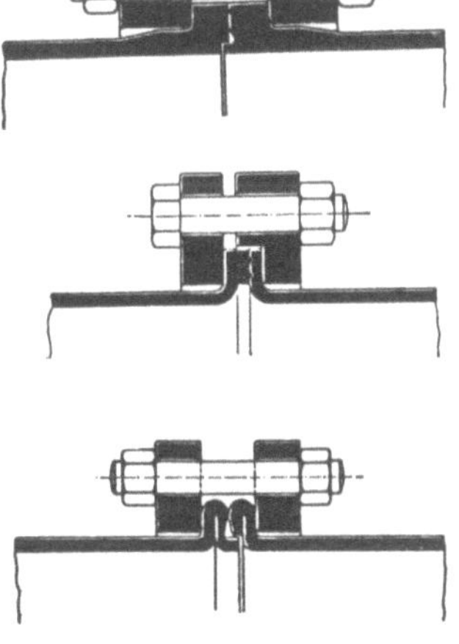

Abb. 1267. Flanschenverbindungen.

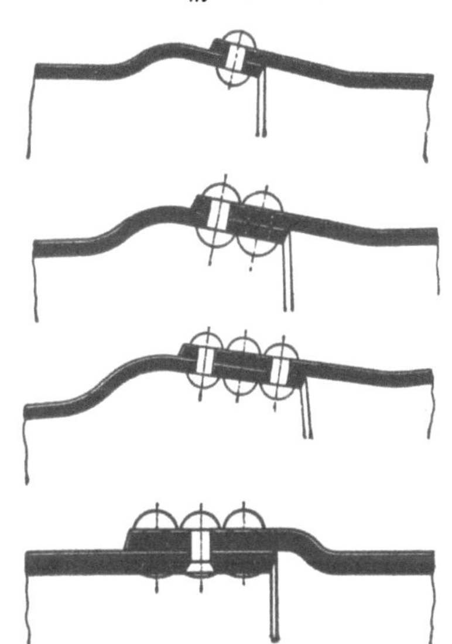

Abb. 1268. Nietmuffenverbindungen.

radial

$$\sigma_r = p - \frac{1}{m}(\sigma_1 + \sigma_2 + \sigma_3) \tag{1020}$$

axial

$$\sigma_a = \sigma_2 + \sigma_3 - \frac{1}{m}(\sigma_1 + p) \tag{1021}$$

wobei $m = \dfrac{10}{3}$ die Poisson'sche Zahl bedeutet.

Beanspruchung des Druckrohres durch Außendruck. Im Falle des Versagens des Belüftungsventils kann unter Umständen im Rohrinnern Unterdruck entstehen und das Rohr steht dann unter dem äußeren Überdruck der Atmosphäre. Es ist nun noch nachzuweisen, daß dieser Außendruck das Rohr nicht einzubeulen vermag. R. v. Mises hat den Außendruck p [kg/cm²] berechnet, der ein Rohr vom Halb-

Abb. 1269. Druckrohre mit Nietmuffen. *a)* Nietung, *b)* Lagerung (Mannesmannröhrenwerke, Düsseldorf).

messer R [cm] einzubeulen vermag; bedeutet s die Wandstärke des Rohres in [cm], L die Länge eines Rohrschusses zwischen zwei Versteifungsringen in [cm], n die Anzahl der bei der

Einbeulung entstehenden Wellen, die den Ausdruck (1022) für $\mathfrak{p}$ zu einem Kleinstwert machen und E den Elastizitätsmodul des Rohrwandstoffes in [kg/cm²], so gilt annähernd

$$\mathfrak{p} = \frac{E}{(n^2 - 1)\left[1 + \left(\frac{n L}{\pi R}\right)^2\right]^2} \frac{s}{R} + 0{,}09\, E\left[(n^2 - 1) + \frac{2\,n^2 - 1{,}3}{1 + \left(\frac{n L}{\pi R}\right)^2}\right] \frac{s^3}{R^3} \quad [\text{kg/cm}^2] \qquad (1022)$$

Abb. 1270. Ansicht eines bandagierten Rohres.

Bedeutet ferner J das Trägheitsmoment des Querschnittes eines Versteifungsringes in [cm⁴], so wird derselbe durch den Außendruck

$$\mathfrak{p} = \frac{3\,J\,E}{R^3\,L} \quad [\text{kg/cm}^2] \qquad (1023)$$

eingebeult.

Da der Außendruck höchstens 1

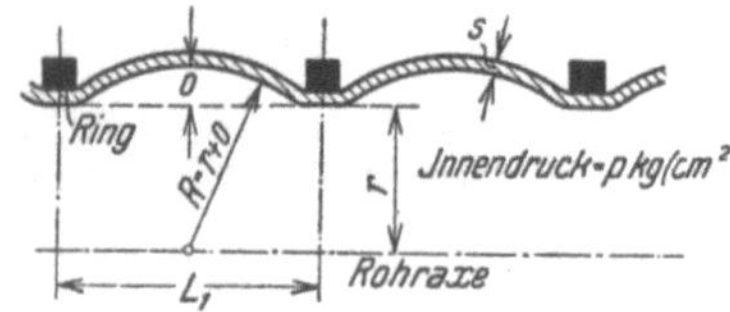

Abb. 1271. Bandagiertes Wellrohr.

[kg/cm²] betragen kann, so geben $\mathfrak{p}$ und $\mathfrak{p}'$ gleichzeitig die Sicherheit gegen Einbeulen an.

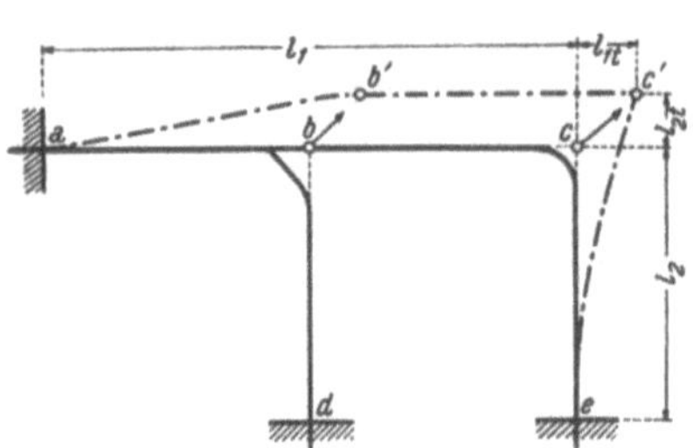

Abb. 1272. Fliegende Leitung.

Bemessung von sehr weiten Rohren nach D. THOMA (Abb. 1262 und 1263). Handelt es sich um ein sehr weites, freitragendes Rohr, so muß die Spannungsverteilung durch die Füllung im Rohr besonders beachtet werden. Vorausgesetzt wird wieder ein dünnwandiges Rohr, das waagrecht liegen möge. An verschiedenen Stellen des Umfanges hat das Wasser die Spannung

$$p = \gamma\,(H + R\cos\varphi) \quad [\text{kg/cm}^2] \qquad (1024)$$

wobei γ die Wichte des Wassers bedeutet und H und R in [cm] einzusetzen sind.

Das Gleichgewicht zwischen den Spannungskomponenten an den Schnittflächen eines Wandelementes erfordert nun, daß

$$\frac{\partial \sigma_u}{\partial u} + \frac{\partial \tau}{\partial z} = 0 \qquad (1025)$$

und

$$\frac{\partial \sigma_z}{\partial z} + \frac{\partial \tau}{\partial u} = 0 \qquad (1026)$$

Wenn die Wandstärke des Rohres mit s [cm] bezeichnet wird, so folgt aus der Gl. (981) auf Seite 707 und aus Gl. (1024)

$$\frac{\sigma_u\,s}{R} = p = \gamma\,(H + R\cos\varphi) \quad [\text{kg/cm}^2] \qquad (1027)$$

oder

$$\sigma_u = \frac{\gamma\,R}{s}\,(H + R\cos\varphi) \quad [\text{kg/cm}^2] \qquad (1028)$$

und die partielle Differentiation nach u liefert

$$\frac{\partial \sigma_u}{\partial u} = \frac{\partial \sigma_u}{R\,\partial \varphi} = -\frac{\gamma\,R\sin\varphi}{s} \qquad (1029)$$

und in (1025) eingesetzt, erhält man

$$\frac{\partial \tau}{\partial z} = \frac{\gamma\,R\sin\varphi}{s} \qquad (1030)$$

Abb. 1273. Verlegung eines Krümmers an einem **Festpunkt** in der Druckrohrleitung des Kraftwerkes Arnstein. *a*) Festpunktgrundwerk, *b*) Verankerungsringe.

und die Integration ergibt, da für $z = 0$ wegen der Symmetrie auch $\tau = 0$ ist,

$$\tau = z\,\frac{\gamma\,R}{s}\,\sin\varphi \tag{1031}$$

Die partielle Differentiation nach φ liefert

$$\frac{\partial\tau}{\partial\varphi} = z\,\frac{\gamma\,R}{s}\,\cos\varphi \tag{1032}$$

und da weiter

$$\frac{\partial\tau}{\partial u} = \frac{1}{R}\,\frac{\partial\tau}{\partial\varphi} \tag{1033}$$

ist, folgt

$$\frac{\partial\tau}{\partial u} = \frac{z\,\gamma}{s}\,\cos\varphi \tag{1034}$$

Wird dieser Wert in die Gl. (1026) eingeführt, so hat man

$$\frac{\partial\sigma_z}{\partial z} = -\frac{z\,\gamma}{s}\,\cos\varphi \tag{1035}$$

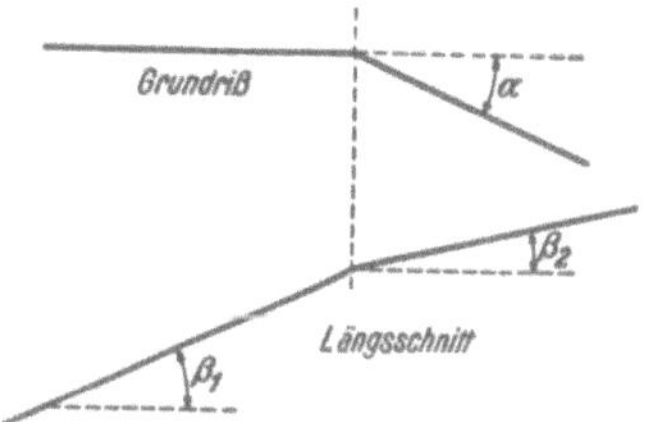

Abb. 1274. Wahrer Ablenkungswinkel τ_w eines räumlichen Krümmers.

und die Integration liefert

$$\sigma_z = -\frac{z^2}{2}\,\frac{\gamma}{s}\,\cos\varphi + f(\varphi) \tag{1036}$$

Um $f(\varphi)$ berechnen zu können, sind weitere Bestimmungen über die Lagerung des Rohres nötig. Es sei also vorerst angenommen, daß die Rohrenden unverrückbar festgehalten sind, daß also die Zylindererzeugenden ihre Längen nicht ändern können. Bezeichnet E_z die Dehnung in der Achsenrichtung des Rohres, so muß also

$$\int_{-\frac{l}{2}}^{+\frac{l}{2}} \varepsilon_z\,dz = 0 \tag{1037}$$

sein. Für die Dehnung gilt

$$\varepsilon_z = \frac{1}{E}\left(\sigma_z - \frac{1}{m}\,\sigma_u\right) \tag{1038}$$

Abb. 1275. Hosenrohr der Druckrohrleitung des Teigitsch-Werkes Arnstein. (Waagner-Biró A.-G.)

wobei m die Poissonsche Konstante bedeutet, die für Flußstahl etwa gleich $\dfrac{10}{3}$ zu setzen ist.

Man hat also dann

$$\int_{-\frac{l}{2}}^{+\frac{l}{2}} -\frac{z^2}{2}\,\frac{\gamma}{s}\,\cos\varphi\,dz + \int_{-\frac{l}{2}}^{+\frac{l}{2}} f(\varphi)\,dz - \frac{1}{m}\int_{-\frac{l}{2}}^{+\frac{l}{2}} \frac{\gamma\,(H+R\cos\varphi)\,R}{s}\,dz = 0$$

und die Integration liefert.

$$f(\varphi) = \frac{\gamma}{s}\left[\left(\frac{l^2}{24} + \frac{R^2}{m}\right)\cos\varphi + \frac{R\,H}{m}\right] \tag{1040}$$

und weiter

$$\sigma_z = \frac{\gamma}{s}\left[\left(\frac{l^2}{24} + \frac{R^2}{m} - \frac{z^2}{2}\right)\cos\varphi + \frac{R\,H}{m}\right]\ [\text{kg/cm}^2] \tag{1041}$$

Abb. 1276. Das Hosenrohr an der Druckrohrleitung des Teigitsch-Werkes vor der Einbetonierung. a) Quersteifung.

Die drei Gleichungen für σ_z, σ_u und τ geben den Spannungszustand an jeder beliebigen Stelle des Rohres an.

Eine andere Möglichkeit das Rohr zu lagern, besteht darin, daß die Endquerschnitte des Rohres, die an starre Ringe angeschlossen sind, sich zwar parallel verschieben, aber nicht neigen können, ein Fall, der bei längeren Leitungen vorkommt, wenn Dehnungsstücke eingebaut sind und die Reibung in den Auflagern vernachlässigt wird.

Bei der Berechnung von $f(\varphi)$ hat man dann zu bedenken, daß alle Zylinderzeugenden sich nur gleich dehnen dürfen und daß der Mittelwert der Spannung σ_z in jedem zur Rohrachse senkrechten Schnitt gleich Null sein muß, daß also

$$\int\limits_{0}^{\pi} \sigma_z \, d\varphi = 0 \qquad (1042)$$

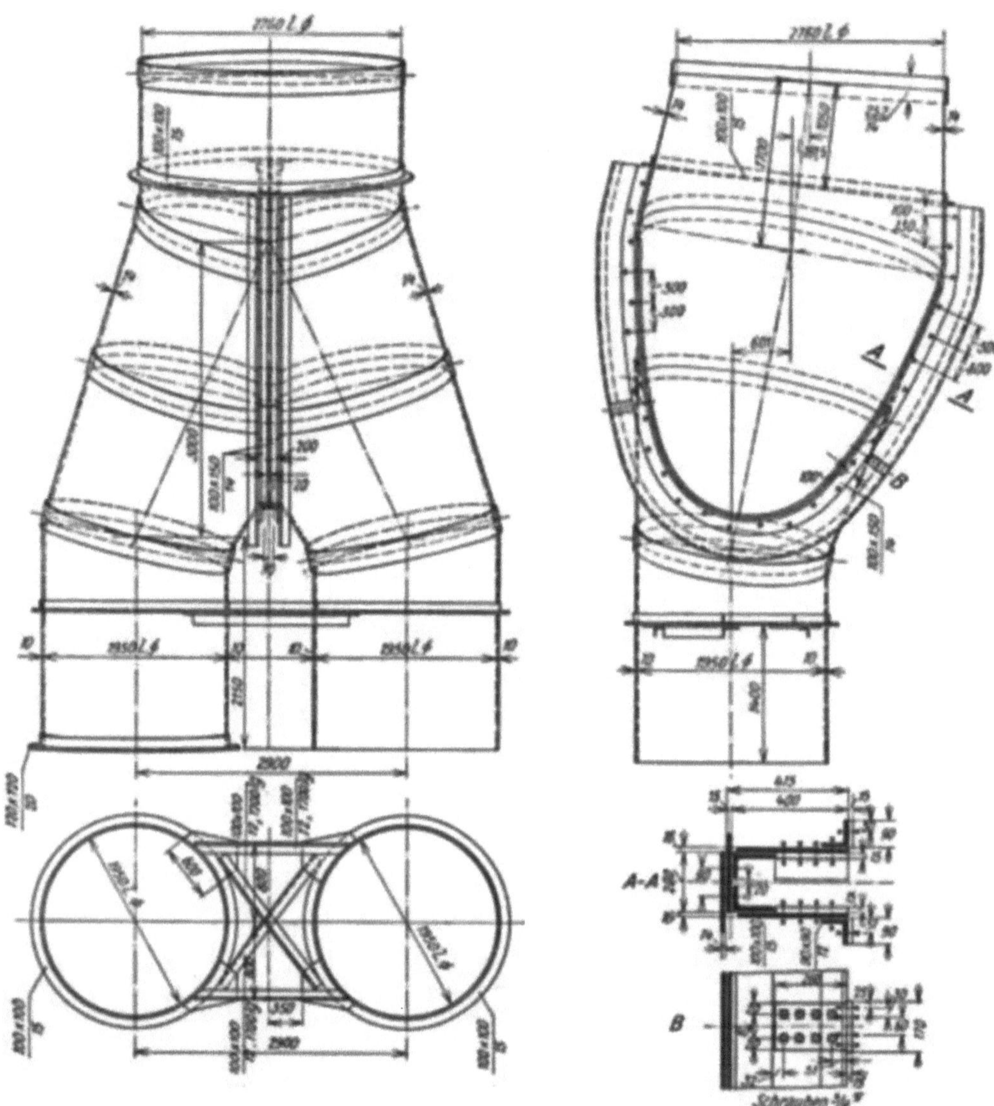

Abb. 1277. Hosenrohr der Druckrohrleitung des Teigitschwerkes Arnstein (Wagner, Biro A.-G.)

und

$$\int\limits_{-\frac{l}{2}}^{+\frac{l}{2}} \varepsilon_z \, dz = \text{konstant} \qquad (1043)$$

sein muß. Man erhält aus der letzten Bedingung

$$f(\varphi) = \frac{l^2}{24} \frac{\gamma}{s} \cos\varphi + \frac{1}{m} \frac{\gamma}{s} H + \frac{1}{m} \frac{\gamma}{s} R^2 \cos\varphi + C \qquad (1044)$$

und aus der ersteren

$$\int\limits_{0}^{\pi} f(\varphi) \, d\varphi = 0 \qquad (1045)$$

und in Verbindung mit Gl. (1044)

$$C = -\frac{1}{m}\frac{\gamma}{s}H \tag{1046}$$

und weiter

$$f(\varphi) = \frac{\gamma}{s}\cos\varphi\left[\frac{l^2}{24} + \frac{R^2}{m}\right] \tag{1047}$$

Dann ist

$$\sigma_z = \frac{\gamma}{s}\left[\frac{l^2}{24} + \frac{R^2}{m} - \frac{z^2}{2}\right]\cos\varphi \tag{1048}$$

und mit den früher abgeleiteten Gleichungen für σ_u und τ ist wieder der Spannungszustand an jeder Stelle des Rohres bestimmt.

An den Lagerungsstellen erhalten solche weite Rohre Versteifungsringe, deren Berechnung K. J. KARLSON durchgeführt hat. Er fand als günstigste Stützpunkte des Ringes die beiden um $\pm\frac{\pi}{2}$ vom Scheitel ab liegenden und berechnete für die den Ring beanspruchenden Momente (Abb. 1264)

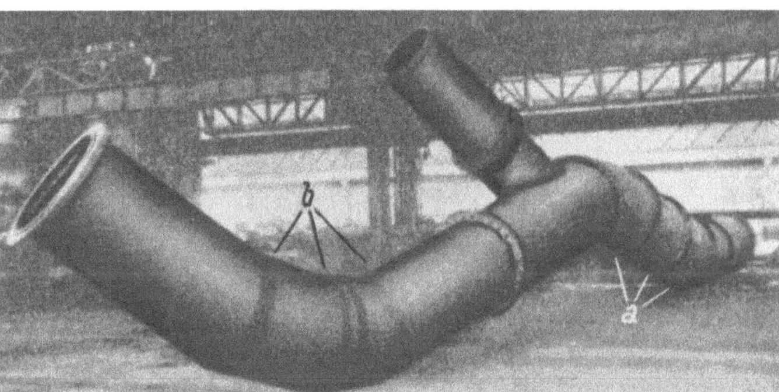

Abb. 1278. Verteilleitung des Kraftwerkes Litledalen (Norwegen). Probedruck 16/kg/cm², Durchmesser 1500/1800 [mm], Wandstärke 15 [mm]. a) Verankerungsgruppe, b) Schweißnähte. (Stahl- und Walzwerk Thyssen.)

$$M_0 = --0{,}0113\,Q\,R \tag{1049}$$

$$M_{\frac{\pi}{2}} = \theta \tag{1050}$$

$$M_{max} = +0{,}015\,Q\,R \tag{1051}$$

Später hat T. HÖCKERBERG noch nachgewiesen, daß das ungünstigste Biegungsmoment auf

$$M_{max} = 0{,}010\,Q\,R \tag{1052}$$

abnimmt, wenn die beiden Stützpunkte um je $0{,}04\,R$ aus den lotrechten Tangenten an den Schwerpunktskreis der Ringquerschnitte nach außen herausgerückt werden.

Die oben angegebenen Gleichungen für die Momente gelten für ein vollkommen gefülltesRohr; bei waagrecht liegenden, nur teilweise gefüllten Rohren sind die Momente größer; so nimmt z. B. bei nur halb gefüllter Leitung das größte Moment bis auf etwa den 2,5fachen Betrag zu. Solche Belastungsfälle treten aber äußerst selten auf und halten nur kurz an und sie brauchen der Ringbemessung in der Regel nicht zugrunde gelegt zu werden. Wenn die Leitung geneigt ist, so bleiben auch die größten Momente unter dieser äußersten Grenze.

Ein Beispiel für die konstruktive Durchbildung von Auflageringen gibt die Abb. 1265 auf S. 718.

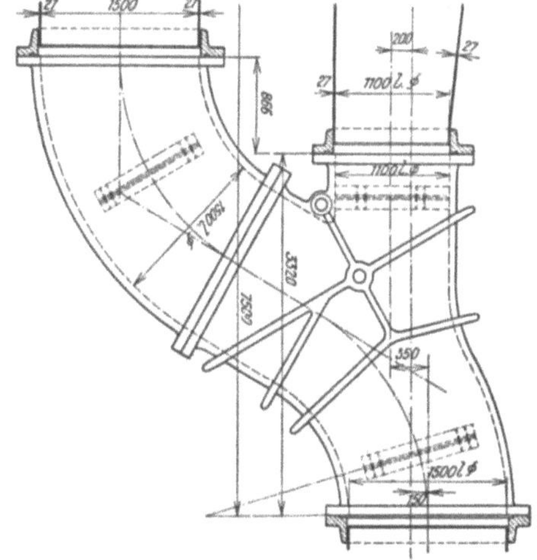

Abb. 1279. Zusammenleitung der beiden Druckrohre im Kraftwerk Arnstein. (Waagner, Biro A.-G.)

Zu den rechnungsmäßigen Wandstärken soll bei Baustahl wegen des Rostens, das auch der beste Anstrich auf die Dauer nicht zu verhindern vermag, ein Zuschlag von zwei bis drei Millimetern gemacht werden. Die Rostgefahr wird durch die Verwendung von kupferlegiertem Stahl mit einem Kupfergehalt von etwa $\frac{1}{3}\%$ erheblich herabgesetzt. Wandstärken unter 6 [mm] bei kleinen und etwa 10 [mm] bei großen Lichtweiten werden nicht ausgeführt, weil sich solche Rohre am Transport stark verformen würden; genietete Rohre aus schwächeren Rohren könnten überdies nicht verstemmt werden.

Die Rohre werden schon im Werke in möglichst langen Stücken hergestellt. Die höchstzulässige Länge wird durch die zur Verfügung stehenden Transportmittel bestimmt. Die an

die Baustelle gelieferten Rohrschüsse werden beim Zusammenbau der Druckrohrleitung auf
verschiedene Weisen verbunden. Nahtlose und geschweißte Stahlrohre können mittels Muffen
(Abb. 1266), mittels Flanschen (Abb. 1267) oder mittels Niet-
muffen (1268 und 1269) verbunden werden. Die Verbindung
genieteter Rohre erfolgt durch Nietungen, für die die Abb. 1257,
1258 und 1259 Beispiele geben.

Die Nietmuffen (Abb. 1268) sind gewöhnlich so geformt, daß
die Nietköpfe nicht in den Lichtraum des zylindrischen Rohres
reichen, damit die Nietköpfe die Strömung nicht stören. Der
Erfolg ist nicht bewiesen; es besteht jedenfalls die Vermutung,
daß die Erweiterung des Rohres an der Nietmuffe mindestens
ebenso hohe Druckverluste verursacht, wie Nietköpfe, die in
den Lichtraum des zylindrischen Rohres reichen.

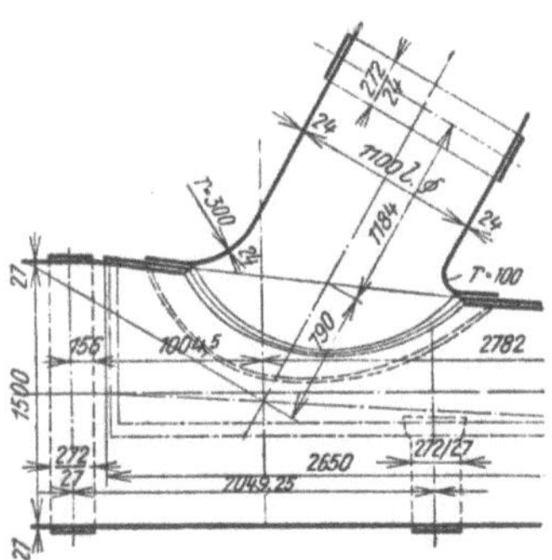

Abb. 1280. Druckrohrabzweigung zu
einer Turbine des Kraftwerkes Arnstein.
(Waagner-Biró A.-G.)

β) **Bandagierte Rohre.** Als bandagierte Rohre werden Druckrohre bezeichnet, auf die außen zur Verstärkung Ringe aufgezogen
werden. Diese Rohre werden als zylindrische, bandagierte Rohre
und als bandagierte Wellrohre hergestellt; sie müssen nach den
Erfahrungen der Mannesmann-Werke angewendet werden, wenn,
wie schon erwähnt worden ist, das Produkt aus der Lichtweite d in [cm] und der größten
im Betrieb vorkommenden Pressung p des Wassers in [kg/cm²] das Maß 10 000 [kg/cm] übersteigt,
weil dann bei einfachen zylindrischen Rohren die
Schweißung der Längsnähte nicht mehr einwandfrei
ausgeführt werden könnte.

Bei den zylindrischen, bandagierten Rohren werden
nach dem Verfahren der Mannesmann-Werke die Bandagen-Ringe auf abgedrehte Sitzflächen am Rohr warm
aufgezogen, so, daß die zylindrische Rohrwand eine
Druckvorspannung erhält. Die Abb. 1270 zeigt ein solches
Rohr.

Zur Berechnung denkt man sich einen Rohrabschnitt
zwischen zwei Bandagen-Ringen einmal quer zum Rohr
in Ringe, das andere Mal in der Längsrichtung des Rohres
in Balken zerschnitten. Auf die Balken und auf die Ringe
wird die Last, also der Druck des Wassers so aufgeteilt,
daß ein Punkt an der Kreuzung eines Balkens mit einem
Ring infolge der Wasserlast als Angehöriger des Ringes

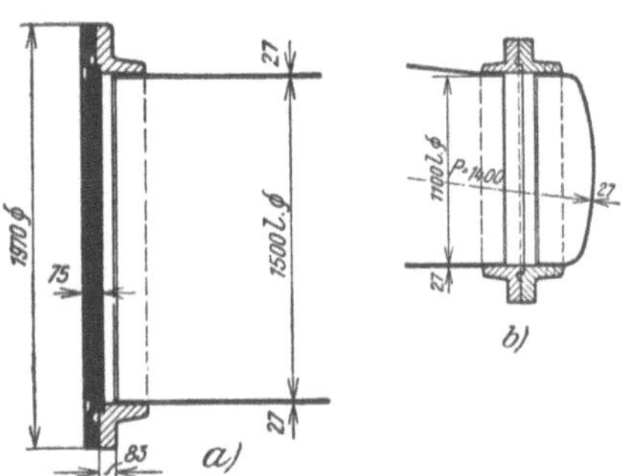

Abb. 1281. Druckrohrabschlüsse mit Blindflanschen im Kraftwerk Arnstein. (Waagner-
Biró A.-G.)

dieselbe elastische Verschiebung erfährt, wie als Angehöriger des Balkens. Anhaltspunkte für die
Berechnung bandagierter Rohre haben R. Unterberger und G. Fabritz (siehe Schrifttumver-
zeichnis) gegeben.

Die Verbindung der Rohre an den Rundnähten erfolgt durch
Nietung oder mittels Flanschen.

Auch in die zylindrischen, bandagierten Rohrleitungen müssen
Dehnungsstücke eingebaut werden.

Die bandagierten Rohre werden durch Sockel unterstützt, auf
denen Gleitsättel liegen, in denen das Rohr mit den Bandagen-Ringen
aufliegt. Die Gleitsättel sind in der Abb. 1270 deutlich zu erkennen.

Zylindrische, bandagierte Rohre sind etwas schwerer als einfache
zylindrische Rohre für dieselbe Wasserpressung.

Das bandagierte Wellrohr (Abb. 1271) wird hergestellt, indem auf
das Rohr Bandagen-Ringe kalt aufgeschoben werden; hierauf wird
das Rohr an den Enden wasserdicht abgeschlossen und einer Wasserpressung ausgesetzt, die zweieinhalbmal so groß ist, als die größte im
Betrieb mögliche. Unter dieser Beanspruchung verformt sich die ursprüngliche zylindrische Rohrwand und es bilden sich zwischen den
Ringen Wellen. Der Vorgang dauert etwa fünf Minuten. Man erhält

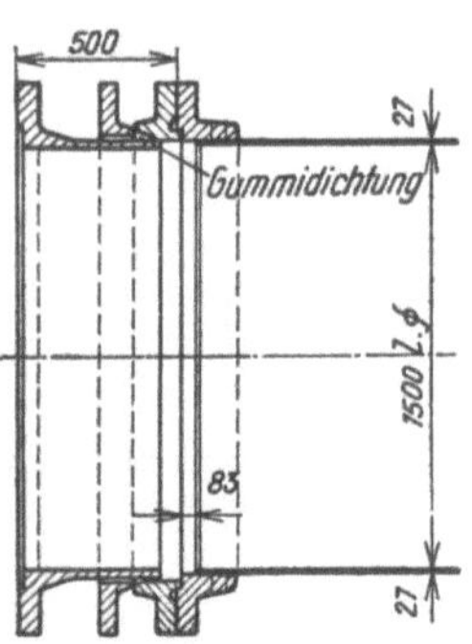

Abb. 1282. Paßstück in der
Druckrohrleitung des Kraft-
werkes Arnstein. (Waagner-
Biró A.-G.)

auf diese Weise ein Rohr mit sehr hoher Elastizitätsgrenze und hoher Sicherheit, weil es ja
schon während der Herstellung einen Druck überstanden hat, der den größten Betriebsdruck
weit übersteigt.

Bandagierte Wellrohre sind so nachgiebig, daß sie ohne Dehnungsstücke verlegt werden können.

Nach den Versuchen in der Versuchsanstalt der Société Hydro-Technique de France sind die Druckverluste 1,27mal so groß als in einem zylindrischen Rohr, dessen Lichtweite gleich ist der kleinsten Weite des Wellrohres.

Mit den Bezeichnungen der Abb. 1271 ergibt sich für den Querschnitt der Bandagen-Ringe

$$f = \frac{L_1\,(p\,r - s\,\sigma)}{\sigma_r}\ [\text{cm}^2] \tag{1053}$$

wobei σ die zulässige Beanspruchung der Rohrwand in [kg/cm²] und σ_r jene der Ringe bedeutet; die Längen sind in [cm] einzusetzen.

Die Verformung der Rohrwand wird so weit getrieben, bis die Wellen als Teile einer Hohlkugel angesehen werden können, deren Krümmungshalbmesser $R = r + o$ beträgt. Die erforderliche Wandstärke hat die Größe

$$s = \frac{R\,p}{2\,\sigma}\ [\text{cm}] \tag{1054}$$

und ist also nur halb so groß als jene eines zylindrischen Rohres.

b) Geschlossene stählerne Rohrleitungen.

Geschlossene Leitungen verlaufen geradlinig zwischen zwei Festpunkten, in denen sie eingespannt sind. Längenänderungen können nicht erfolgen. Sowohl infolge von Temperaturänderun-

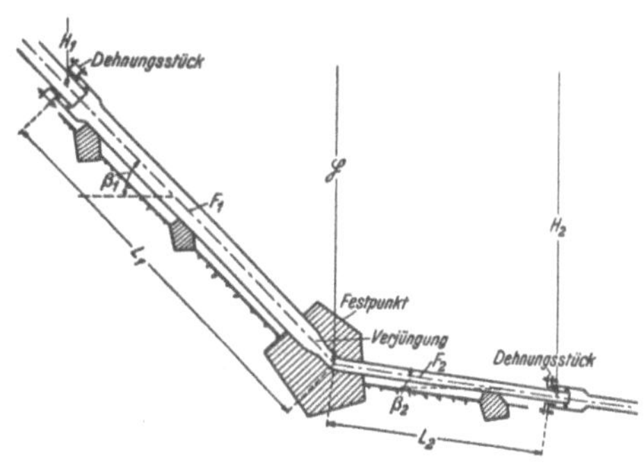

Abb. 1283. Lagerung und Verankerung eines Druckrohres.

gen als auch infolge der Querzusammenziehung, die der Wasserdruck in der Rohrwand bewirkt, werden daher Spannungen in der Längsrichtung des Druckrohres hervorgerufen.

Bezeichnet L die Länge einer Rohrleitung zwischen den Festpunkten in [m], ΔL die Längenänderung in [m], die sich infolge der Temperaturänderung Δt in einer freibeweglichen Rohrleitung einstellen würde und δ die Wärmeausdehnungszahl, so gilt

$$\Delta L = \delta \cdot L \cdot \Delta t\ [\text{m}] \tag{1055}$$

Bei Baustahl wird bei Temperaturen zwischen 0 und 100° für $\delta = 0{,}000011$ gesetzt. Bei einer geschlossenen Leitung kann diese Längenänderung um ΔL nicht vor sich gehen; die Temperaturänderung Δt ruft daher eine Spannung im Rohr hervor. Wenn der Elastizitätsmodul mit E und die Spannung mit σ bezeichnet wird, so ist

$$\frac{\sigma}{E} = \frac{\Delta L}{L} = \delta \cdot \Delta t \tag{1056}$$

und die Spannung beträgt

$$\sigma = \delta \cdot E \cdot \Delta t\ [\text{kg/cm}^2] \tag{1057}$$

Bei Baustahl St 37 und St 52 beträgt der Elastizitätsmodul $E = 2\,100\,000$ [kg/cm²] und es folgt mit diesem Wert für die Spannung

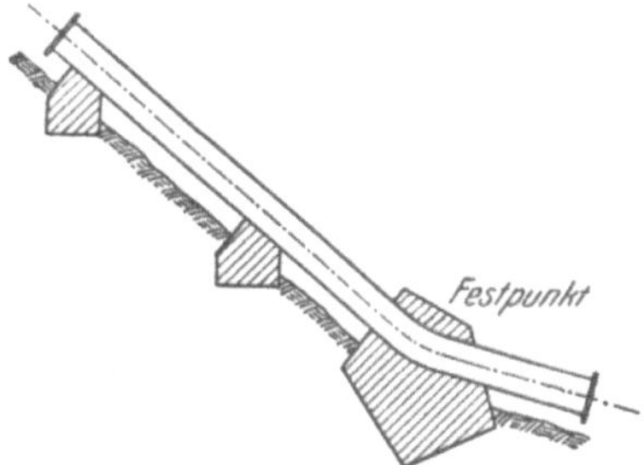

Abb. 1284. Druckrohrabschnitt für eine Probeabpressung vorbereitet.

$$\sigma = 23{,}1\,\Delta t\ [\text{kg/cm}^2] \tag{1058}$$

Diese Spannung ist eine Druck- oder eine Zugspannung, je nachdem ob sich die Temperatur gegenüber der Montage-Schlußtemperatur erhöht oder erniedrigt. Das Rohr, dessen Stahlquerschnitt f [cm²] beträgt, übt auf die Festpunkte die Kraft

$$P = 23{,}1 \cdot f \cdot \Delta t\ [\text{kg}] \tag{1059}$$

aus; diese Kraft ist unabhängig von der Länge der Rohrleitung.

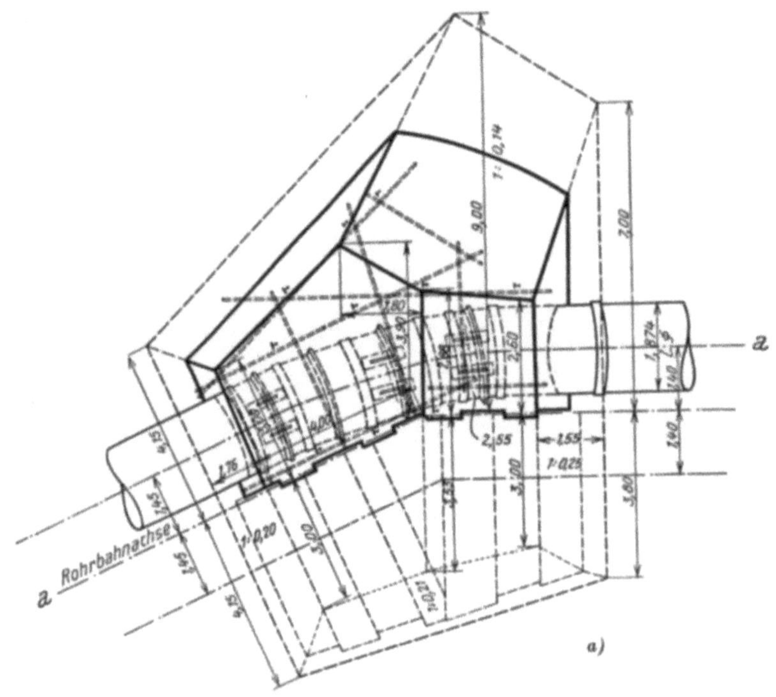

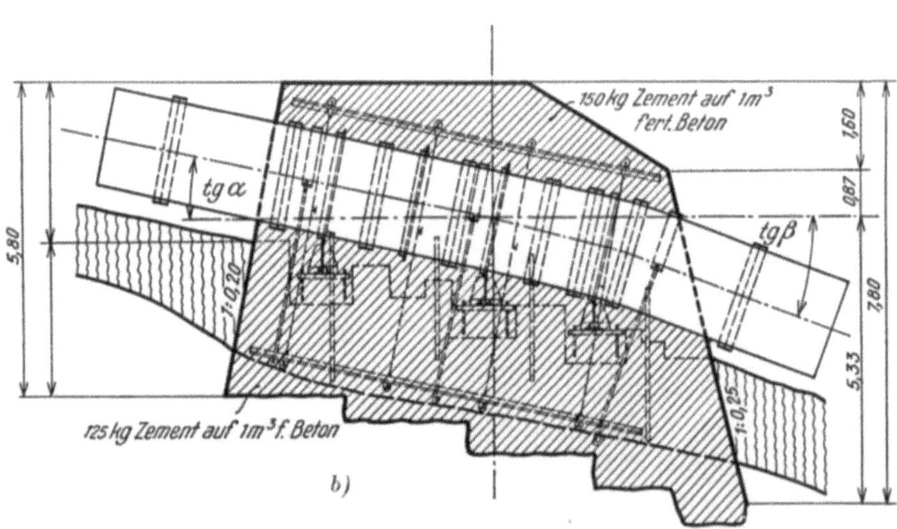

Abb. 1285. Einräumlicher Festpunkt der Druckrohrleitung des Kraftwerkes Arnstein. 1. Ausbau Stewag.
a) Grundriß, b) Längsschnitt a-a.

Der Wasserdruck ruft in der Rohrwandung Ringzugspannungen σ_r hervor, die eine Querzusammenziehung, also eine Verkürzung ΔL_q des Rohres zur Folge haben. Bezeichnet m die Poisson'sche Zahl, für die bei Baustahl $m = 3{,}3$ gesetzt wird, so ist

$$\frac{\Delta L_q}{L} = \frac{\sigma_r}{m\,E} \tag{1060}$$

Die Einspannung in den Festpunkten hemmt auch diese Längenänderung und ruft dadurch Zugspannungen σ_q in der Rohrwand in der Richtung der Rohrachse hervor. Es gilt wieder

$$\frac{\sigma_q}{E} = \frac{\Delta L_q}{L} = \frac{\sigma_r}{m\,E} \tag{1061}$$

und es beträgt die Zugspannung

$$\sigma_q = \frac{\sigma_r}{m} \tag{1062}$$

und die entsprechende Zugkraft

$$P_q = f\,\frac{\sigma_r}{m} \tag{1063}$$

Dieselbe Zugspannung würde auch eine Abkühlung des Rohres um Δt_q unter die Montage-Schlußtemperatur des Rohres hervorrufen. Man kann nun auch schreiben

$$\Delta L_q = \delta\,L\,\Delta t_z \tag{1064}$$

oder

$$\frac{\Delta L_q}{L} = \delta\,\Delta t_q \tag{1065}$$

und mit Verwendung der Gl. (1060) hat man

$$\delta\,\Delta t_q = \frac{\sigma_r}{m\,E} \tag{1066}$$

Abb. 1286. Betonierung eines Festpunktes der Druckrohrleitung des Walchenseewerkes. Verblendung mit Bruchsteinmauerwerk. (Edwards und Hummel.)

Abb. 1287. Baugrube für einen Festpunkt der Druckrohrleitung des Spullerseewerkes.

Abb. 1288. Druckrohrleitung des Schwarzenbachwerkes. a) Nietmuffe, b) Rohrsockel, das Grundwerk für den Sockel des zweiten Rohres vorbereitet. (Siemens-Bau-Union.)

und weiter

$$\Delta t_q = \frac{\sigma_r}{m\,E\,\delta} \tag{1067}$$

Mit $m = 3{,}3$, $E = 2\,100\,000$ und $\delta = 0{,}000011$ folgt schließlich für eine Leitung aus Baustahl

$$\Delta t_q = 0{,}0131\,\sigma_r \tag{1068}$$

c) Fliegende stählerne Druckrohre.

Fliegende Leitungen nach dem Vorbild der Abb. 1272 werden manchmal unmittelbar am Krafthaus ausgeführt. Die Längenänderungen infolge von Temperaturänderungen und infolge

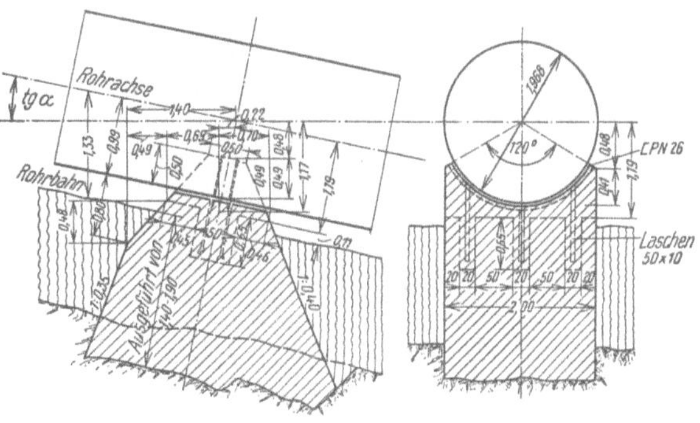

Abb. 1289. Lagerung eines Druckrohres des Teigitschwerkes Arnstein auf einem Betonsockel mit Gleitsattel aus Walzstahl. (Steweag.)

der Querzusammenziehung bewirken die in der Abb. 1272 angedeuteten Verschiebungen und Verbiegungen der fliegenden Rohrleitung, die die Rohrleitung zusätzlich beanspruchen. Um diese Beanspruchungen tunlichst herabzusetzen, sollen sich die Rohrachsen unter 90^0 schneiden und es dürfen die Rohrabschnitte a—d, d—b und e—c nicht kurz gewählt werden und es muß überdies die Montage-Schlußtemperatur besonders gewählt werden.

Durch Einbau von Dehnungsstücken

Abb. 1290. Die Druckrohre des Kraftwerkes Aufkirchen. *a)* Auflagerring, *b)* Endfestpunkt. (Mittl. Isar A.-G.)

Abb. 1291. Druckrohre, in Auflagerringen gelagert. Die Rohrbahn ist abgepflastert.

und Verankerung des Rohres in den Punkten d und e kann die Rohrleitung in eine aufgelöste verwandelt und damit die zusätzliche Beanspruchung ausgeschaltet werden.

d) Formstücke in Druckrohrleitungen.

Richtungs- und Querschnittsänderungen werden bei Druckrohrleitungen aus Holz oder Stahl mit besonderen eisernen oder stählernen Formstücken hergestellt, die jeweils den örtlichen Verhältnissen angepaßt sind. Als häufigst vorkommende Formstücke sind Krümmer und Rohrverbindungen hervorzuheben.

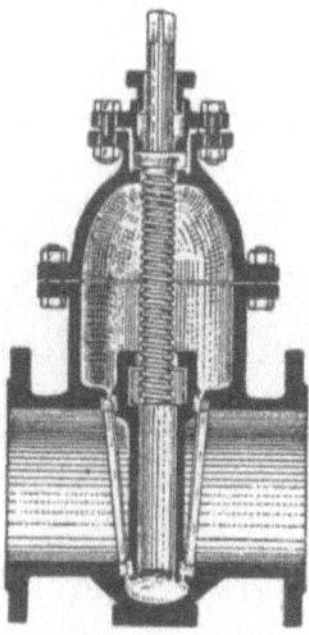

Abb. 1293. Schnitt durch einen normalen Schieber.

Abb. 1292. Druckrohre des Walchenseewerkes.

Die *Krümmer* werden entweder gegossen und für den Anschluß mit Flanschen ausgestattet oder sie werden aus Blechen oder aus Rohrabschnitten durch Schweißen oder Nieten hergestellt

(Abb. 1273) und mit den geraden Rohren mit Flanschen verschraubt oder durch Nietung verbunden. Krümmer werden stets in sogenannten Festpunkten (vgl. S. 726) gegen Verschiebungen gesichert und erhalten hiezu außen Winkelringe, so weit sie einbetoniert sind (vgl. Abb. 1273).

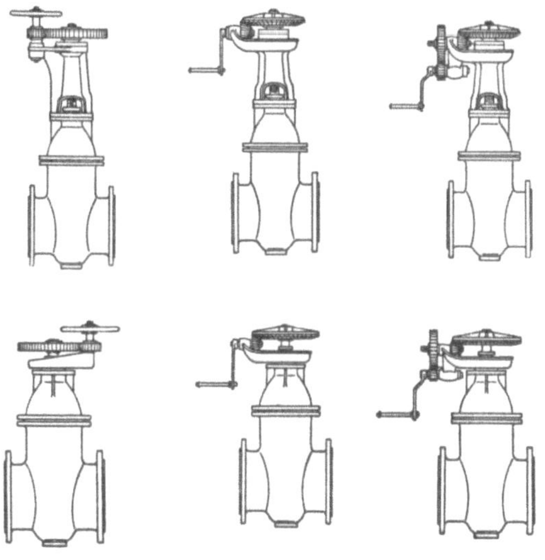

Bei jedem Krümmer wird der Ablenkungswinkel der Rohrachse angegeben. Der Ablenkungswinkel eines Raumkrümmers wird, wie es die Abb. 1274 andeutet, im Längenschnitt und im Lageplan dargestellt. Mit den Bezeichnungen der Abb. 1274 folgt der wahre Ablenkungswinkel aus der Beziehung

$$\cos \alpha_w = \cos \beta_1 \cos \beta_2 \cos \alpha + \sin \beta_1 \sin \beta_2 \quad (1069)$$

Rohrverbindungen werden zur Teilung oder für den Zusammenschluß einzelner Rohrstränge angewendet. Erfolgt die Teilung ohne Richtungsänderung der Leitung im waagrechten Sinne, so wird das Formstück Hosenrohr genannt (Abb. 1275 bis 1277). Besonders verwickelte Formen erhalten die Rohrverbindungen beim Krafthause, wo oft mehrere Leitungen zu einer gemeinsamen Verteilleitung zusammengeschlossen werden, von der erst die Anschlüsse zu den Wasserkraftmaschinen abzweigen. Beispiele solcher Leitungsteile sind in den Abb. 1278, 1279 und 1280 dargestellt.

Abb. 1295. Mit Druckwasser betätigter Schieber. Lichtweite 1500 [mm]. *a)* Steuerventil, *b)* Kraftschalter, *c)* Umlaufleitung, *d)* Entleerung. (Gebr. Reuling, Mannheim.)

Abb. 1296. Schieber mit Druckölantrieb. Lichtweite 700 [mm], Betriebsdruck 19 [kg/cm²]. Der Schieberkeil trägt einen Führungsring *d)*, der bei voll geöffnetem Schieber die Nut für den Keil verdeckt. *a)* Steuerventil, *c)* Umlaufleitung, *b)* Kraftschalter, *e)* Entleerung. (Gebr. Reuling, Mannheim.)

Leitungsstellen, an denen zwei Rohrleitungen aneinandergeschlossen werden, haben Querschnitte, die von der Kreisform wesentlich abweichen, so daß die Leitungswandung auch von Biegungsmomenten beansprucht wird. Solche Querschnitte haben die Neigung, sich unter Innendruck derart zu verändern, daß sie kreisähnlicher werden und sie ändern ihre Form je nach dem Innendruck; dabei bleiben Nietungen vielfach nicht dicht. Es ist aus diesem Grunde erforderlich, solche Querschnitte durch Rippen biegungssteif zu verstärken oder in einem Festpunkt einzubetonieren.

Abb. 1294. Handantriebe für Schieber. (Nach BOPP und REUTHER.)

Wenn der Ausbau einer Druckleitung in mehreren Abschnitten erfolgt, so wird vielfach ein vorübergehender Abschluß der Verteilleitung an Stellen erforderlich, an denen im späteren Ausbau Rohrleitungen angeschlossen werden sollen. Er erfolgt mit Blindflanschen, wie sie in den Abb. 1281a und b dargestellt sind. Gewölbte Abschlußböden erfordern wesentlich geringere Wandstärken als ebene.

Der Anschluß der Druckrohrleitungen an die Verteilleitung am Krafthaus erfordert ein
Paßstück, das zweckmäßig nach der Abb. 1282 ausgeführt wird.

Um schließlich unvermeidliche Winkelfehler, die bei der Herstellung oder beim Zusammenbau entstehen, bei Flanschverbindungen ausgleichen zu können, werden an den erforderlichen
Stellen zwischen die Flanschen Keilringe eingelegt.

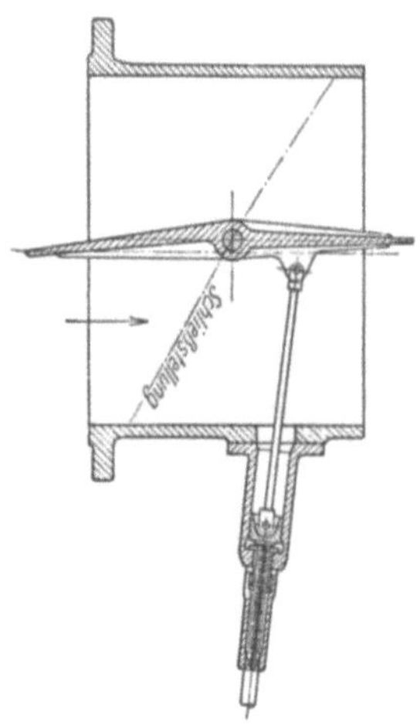

Abb. 1297. Drosselklappe. (Hübner
und Meyer, Wien.)

Abb. 1298. Mit Drucköl betätigte Drosselklappe.
Lichtweite 750 [mm], *a*) Kraftschalter. (Gebr.
Reuling, Mannheim.)

e) Die Lagerung und die Verankerung der Druckrohre.

Die Druckrohre können verdeckt oder offen verlegt werden. Stählerne Druckrohre kleiner
Lichtweite, ferner Gußeisenleitungen, Stahlbetondruckrohre und maschingewickelte Holzrohre werden gewöhnlich verdeckt verlegt. Die verdeckte Verlegung bietet den Vorteil, daß
das Rohr frostfrei liegt, also selbst bei Stillständen des Kraftwerkes nicht einfriert, daß weiter

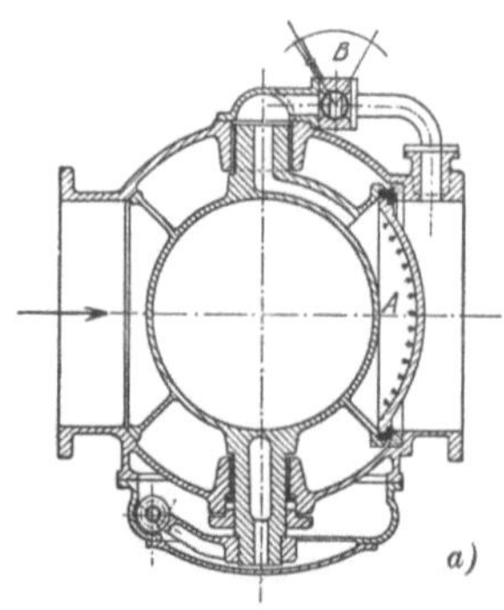

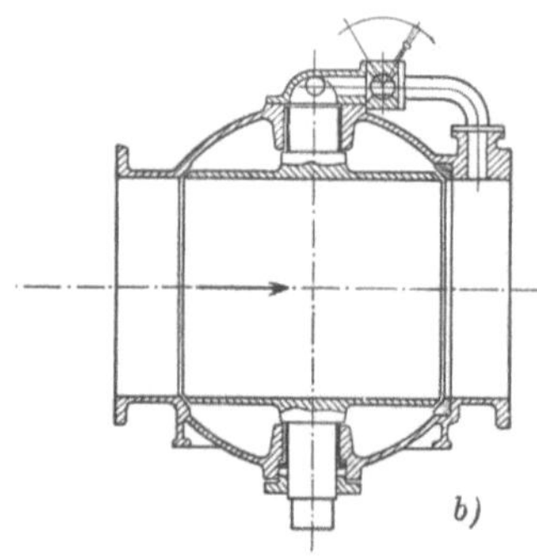

Abb. 1299. Schnitt durch einen Kugelschieber. *a*) geschlossen, *b*) offen. (Escher, Wyss & Co.)

die Nutzung des Geländes nicht behindert wird und daß die Verlegung billig ist. Die Temperaturänderungen, denen eine verdeckte Rohrleitung unterliegt, sind so gering, daß gewöhnlich
Dehnungsstücke entbehrt werden können. Verankerungen sind gewöhnlich nur an ausspringenden
Geländebrüchen erforderlich. Als Nachteil der verdeckten Verlegungsart wäre anzuführen,
daß eine Instandhaltung der Rohrleitung, besonders das Auffinden undichter Stellen sehr kostspielig und zeitraubend ist.

Größere stählerne Druckrohrleitungen und kontinuierliche Holzrohre sind bisher fast ausnahmslos frei verlegt worden, wobei die Rohre gewöhnlich alle 6 bis 12 [m] durch Sockel unterstützt werden. Um ein regelloses Wandern stählerner Rohre auf den Sockeln zu verhüten, werden die freiverlegten Rohre an allen Bruchpunkten der Rohrachse, mindestens aber alle 100 bis 150 [m] in Festpunkten verankert. Längenänderungen infolge von Temperaturänderungen bei nur mäßigen Beanspruchungen der Rohrwand ermöglichen Dehnungsstücke, die zwischen je zwei Festpunkten eingeschaltet werden.

Bei der Ermittlung der an einem Festpunkt angreifenden Kräfte wird das im normalen Betrieb stehende Rohr betrachtet, und zwar ein im Festpunkt verankerter, zwischen den beiden Dehnungsstücken liegender Rohrabschnitt in Betracht gezogen (Abb. 1283).

Es bezeichnen am Rohr ober dem Festpunkt:

Abb. 1300. Kugelschieber, stehend. (Escher, Wyss & Co.)

G_1 das Gewicht des leeren Rohres zwischen dem Dehnungsstück und dem Festpunkt in [kg];
W_1 das Gewicht der Wasserfüllung in diesem Rohr in [kg];
β_1 den Neigungswinkel der Rohrachse mit der Waagrechten;
μ Reibungsbeiwerte (vgl. S. 717);
γ die Wichte des Wassers in [kg/m³];
d_1 den Außendurchmesser des Rohres in [m];
b die Höhe der Packung der Stopfbüchse in [m];

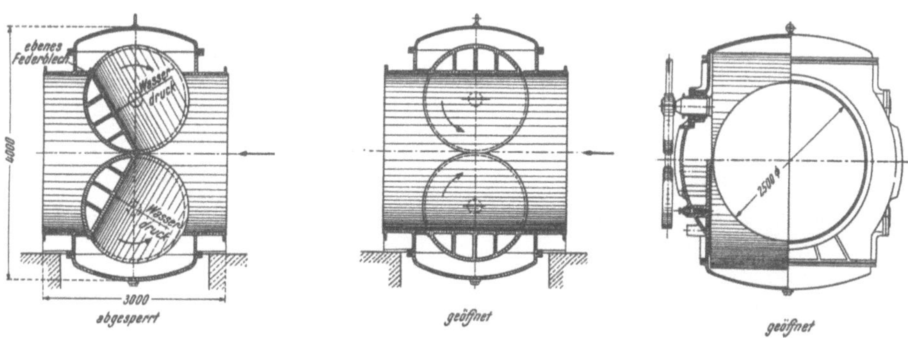

Abb. 1301. Walzenschieber, a) geschlossen, b) geöffnet, c) Schnitt senkrecht zur Achse und Ansicht.

$\mathfrak{H}$ den Abstand des Festpunktes von der maßgebenden Drucklinie in [m];
H_1 den Abstand des Dehnungsstückes von der maßgebenden Drucklinie in [m];
s_1 die Wandstärke des Rohres in der Stopfbüchse in [m];
F_1 den lichten Querschnitt des Rohres in [m²];
L_1 die Länge des Rohres zwischen dem Dehnungsstück und dem Festpunkt in [m];
J_1 das Gefälle der maßgebenden Drucklinie;
ΔH_1 den Druckverlust im Rohr von der Länge L_1 in [m];
U_1 die mittlere Geschwindigkeit im Rohr in [m/sec].

Für das Rohr unter dem Festpunkt gelten dieselben Bezeichnungen mit dem Index 2.

Der obere Rohrstrang übt dann die folgenden Kräfte auf dem Festpunkt aus:

1. Den Hangabtrieb in der Richtung der Rohrachse abwärts (vgl. S. 716)

$$+ G_1 \sin \beta_1 \; [\text{kg}]; \qquad (1070)$$

2. Eine Kraft in der Richtung der Rohrachse infolge der Reibung auf den Sockeln:

$$\pm \mu (G_1 + W_1) \cos \beta_1 \; [\text{kg}] \qquad (1071)$$

abwärts gerichtet ($+$) bei Temperaturerhöhung, aufwärts gerichtet ($-$) bei Temperaturabnahme der Rohrleitung (vgl. S. 717).

3. Eine Kraft in der Richtung der Rohrachse infolge der Reibung in der Stopfbüchse (vgl. S. 717):

$$\pm 0.9 \, \gamma \, \pi \, b \, d_1 \, H \, \mu' \; [\text{kg}]; \qquad (1072)$$

abwärts gerichtet ($+$) bei Temperaturerhöhung, aufwärts gerichtet ($-$) bei Temperaturabnahme (vgl. S. 717).

4. Die Stopfbüchsenkraft in der Richtung der Rohrachse, jeweils gegen den Festpunkt gerichtet (vgl. S. 717):

$$+ \gamma \, \pi \, d_1 \, s_1 \, H_1 \; [\text{kg}]; \qquad (1073)$$

5. Der Wasserdruck in der Richtung der Rohrachse, jeweils gegen den Festpunkt gerichtet:

$$\gamma \, F_1 \, H \; [\text{kg}]; \qquad (1074)$$

6. Die Schleppkraft in der Richtung der Rohrachse, abwärts gerichtet:

$$\gamma \, F_1 \, L_1 \, J_1 = \gamma \, F_1 \, \Delta \, H_1 \; [\text{kg}]; \qquad (1075)$$

Der untere Rohrstrang übt ähnliche Kräfte aus, nämlich:

1. Den Hangabtrieb abwärts

$$+ G_2 \sin \beta_2 \; [\text{kg}]; \qquad (1076)$$

2. Die Kraft infolge der Reibung in den Sockeln:

$$\pm \mu (G_2 + W_2) \cos \beta_2 \; [\text{kg}], \qquad (1077)$$

abwärts ($+$) bei Temperaturabnahme, aufwärts ($-$) bei Temperaturzunahme.

3. Die Stopfbüchsenreibung

$$\pm 0.9 \, \mu' \, \gamma \, \pi \, b \, d_2 \, H \; [\text{kg}], \qquad (1078)$$

abwärts ($+$) bei Temperaturabnahme, aufwärts ($-$) bei Temperaturzunahme.

4. Die Stopfbüchsenkraft:

$$- \gamma \, \pi \, d_2 \, s_2 \, H_2 \; [\text{kg}], \qquad (1079)$$

gegen den Festpunkt gerichtet.

Abb. 1302. Walzenschieber.

Abb. 1303. Einbau von Walzenschiebern nach Flachschiebern an einer Staumauer.

5. Der Wasserdruck:

$$- \gamma \, F_2 \, H \; [\text{kg}], \qquad (1080)$$

gegen den Festpunkt gerichtet.

6. Die Schleppkraft:

$$\gamma\, F_2\, \varDelta\, H_2 \ [\text{kg}], \tag{1081}$$

abwärts gerichtet.

In Krümmern vom Krümmungshalbmesser $\Re$ [m] und dem Zentriwinkel α wirkt schließlich noch die Fliehkraft in der Richtung der Winkelhalbierenden:

$$P = M\,\frac{U_2^2}{\Re} = \frac{\gamma}{g}\left(\frac{2\,\Re\,\pi}{360^0}\,\alpha^0\,F_2\right)\frac{U_2^2}{\Re} = 1{,}778\,\alpha^0\,F_2\,U_2^2 \ [\text{kg}]. \tag{1082}$$

Bei der Druckprobe wird der zu prüfende Rohrabschnitt mittels Blindflanschen abgeschlossen (Abb. 1285); dieser Abschluß erfolgt gewöhnlich an der Stelle der Dehnungsstücke. Für die Beanspruchung des Festpunktes ist die Pressung des Wassers vollkommen belanglos, weil Krümmer mit Kreisquerschnitt ihren Krümmungshalbmesser mit der Wasserpressung nicht ändern. Der Festpunkt kann nur durch jene Kräfte beansprucht werden, den die Gewichtskomponenten und die Reibung auf den Sockeln hervorrufen.

Festpunkte werden aus Magerbeton im Mischungsverhältnis von 120 bis 180 [kg] Zement auf 1 [m³] fertigen Beton ausgeführt; ihre Gründung muß bis auf gut tragfähigen Boden, womöglich bis auf Fels erfolgen. Steht gesunder, fester Fels in geringer Tiefe an, so kann an Festpunktinhalt gespart werden, wenn der Betonkörper im Fels verankert wird. Die Rohrleitungen werden in der Regel im Festpunktbeton vollkommen eingebettet, etwa so, wie es die Abb. 1285 andeutet. Der

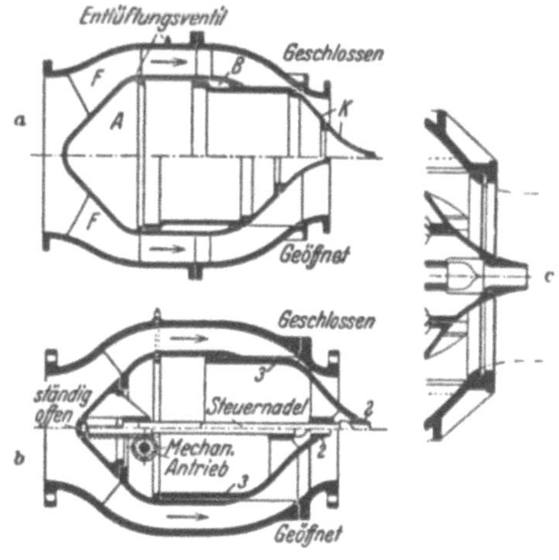

Abb. 1304. Johnson-Ventil. (Nach A. Ludin.)

über dem Druckrohr liegende Beton wird durch Bewehrung vor Absprengung vom Unterbau gesichert; bei Festpunkten an ausspringenden Geländepunkten muß diese Bewehrung die resultierende Beanspruchung voll aufzunehmen vermögen.

Wenn der Ausbau der Druckrohrleitungen in zwei Bauabschnitten erfolgt, so wird der unter dem Boden liegende Unterbau der Festpunkte in der Regel schon gelegentlich des ersten Ausbaues für die endgültigen Abmessungen des Festpunktes ausgeführt, die Oberfläche des für den zweiten Ausbau gedachten Unterbaues und die Seite des ausgebauten Fest-

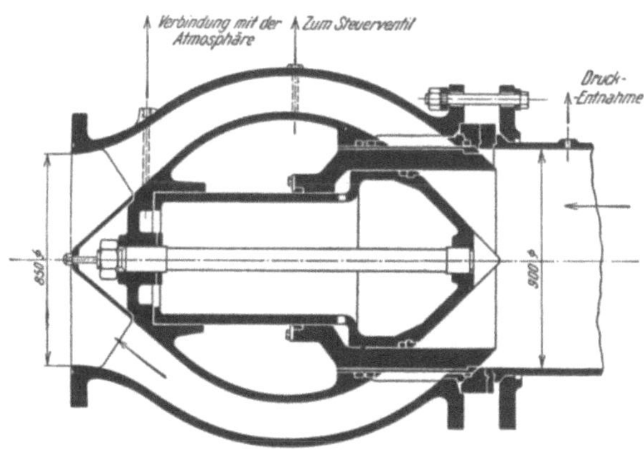

Abb. 1305. Zylinderschieber geschlossen. (Leobersdorfer Maschinenfabrik.)

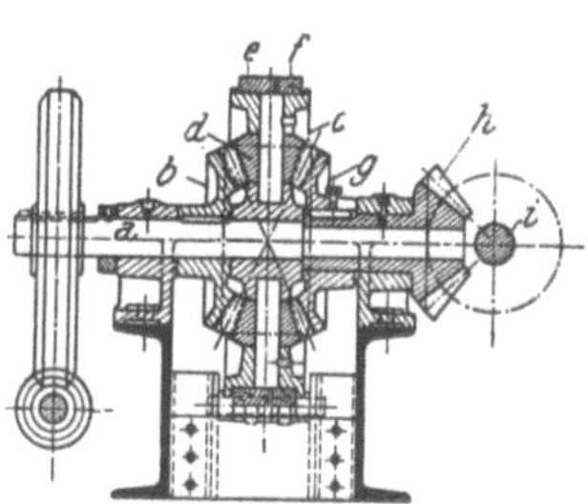

Abb. 1306. Getriebe für eine Freifallschütze. (Nach P. Leybold.)

punktes werden mit einer Verzahnung ausgeführt (vgl. Abb. 1285), die einen guten Verband mit dem später im zweiten Ausbau erst herzustellenden Betonkörper gewährleisten und es werden überdies noch über die Verzahnung emporragende Bewehrungen einbetoniert, die einen sicheren Verband, auch später, sichern. Die aus dem Unterbau hervorragenden Teile dieser Bewehrung werden zur Sicherung gegen Rost gestrichen und der Anstrich wird vor dem Betonieren im zweiten Ausbau sorgfältig abgebrannt. Um ein Gleiten der Rohre in den Festpunkten zu verhindern, werden sie vielfach noch, soweit sie in Beton eingebettet sind, mit aufgenieteten Winkelringen bewehrt, die z. B. in der Abb. 1286 deutlich zu erkennen sind.

Abb. 1307. Die Selbstschlußdrosselklappe *c* und das Ent- und Belüftungsventil *b* an einem Druckrohr des Teigitsch-Kraftwerkes Arnstein. *a*) selbsttätiger Schalter für die Drosselklappe. (Vergl. Abb. 1308.)

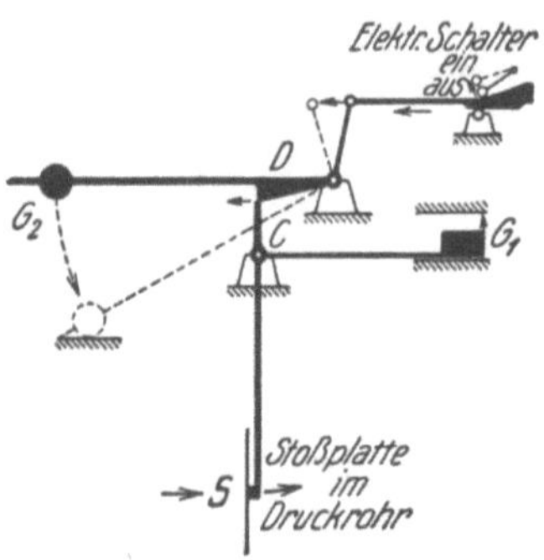

Abb. 1308. Schema der Steuerung der Drosselklappe von J. M. Voith.

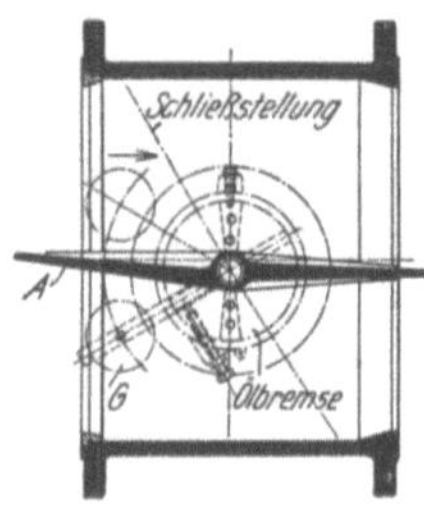

Abb. 1309. Rohrbruchselbstschlußklappe von Hübner und Mayer. *A*) Klappe, *G*) Gegengewicht.

Zwischen den Festpunkten werden die Druckrohre zur Unterstützung auf Rohrsockeln gelagert, in denen Bewegungen in der Richtung der Rohrachse, die durch Längenänderungen infolge von Temperaturänderungen bewirkt werden, mit geringen Widerständen möglich sein müssen. Ein solcher Rohrsockel hat die Gewichtskomponente senkrecht zum Hang und die Reibung bei Rohrbewegungen aufzunehmen; nachdem Bewegungen in beiden Richtungen der Rohrachse möglich sind, müssen auch Beanspruchungen des Sockels und des Baugrundes sowohl bei aufwärts als auch bei abwärts gerichteter Reibung untersucht werden. Auch die Rohrsockel sind bis auf sicher tragfähigen Boden zu gründen. Wenn der Ausbau in zwei Abschnitten erfolgt, so wird vielfach, so wie bei den Festpunkten, der Unterbau für den endgültigen Sockel schon im ersten Ausbau hergestellt (vgl. Abb. 1288).

Zur Verringerung der Reibung zwischen Rohr und Sockel werden im letzteren Rohrsättel aus Gußeisen oder aus gebogenen Walzquerschnitten eingebaut, so, wie es die Abb. 1289 andeutet. Damit das Rohr auch bei großen Bewegungswiderständen im Dehnungsstück vor einem Abheben von den Sockeln sicher ist, werden die Rohre an mehreren Sockeln durch Bügel niedergehalten, die aber nur so weit am Rohr festliegen dürfen, daß die Bewegung im Sattel nicht gehindert wird (vgl. Abb. 1314, und 1315).

Bei größerer Tiefenlage des Geländes unter der Rohrachse hat man statt der Rohrsockel auch sogenannte Pendelstützen angewendet, die sich auf einen Betonsockel im Boden stützen und oben mit einem um das Rohr gelegten Auflagerring verbunden sind. Die Beweglichkeit der Rohre wird durch das Pendeln der Stützen gewährleistet.

Kurze Rohre sehr großen Durchmessers werden mit je zwei Stützen, die an einem Auflagerring angreifen (Abb. 1265 vgl. auch S. 723), auf die Betonsockel abgestützt; manchmal sind diese Stützen auf Rollen gelagert worden (vgl. Abb. 1291).

Die Abb. 1292 gibt eine Ansicht von der Lagerung und Verankerung eines Druckrohres.

Abb. 1310. Rohrbruchselbstschlußklappe mit Be- und Entlüftungsventil. Lichtweite 1200 [mm]. *a*) Klappe, *b*) Umlaufleitung, *c*) Entleerung, *d*) Gegengewicht, *e*) Ölbremse, *f*) Be- und Entlüftungsventil. (Hübner und Mayer, Wien.)

f) Die Ausrüstung der Druckrohrleitungen.

In eine Druckrohrleitung müssen eine Reihe von Ausrüstungsstücken eingebaut werden, die der Betrieb erfordert und die der Sicherung bzw. der

Instandhaltung der Rohrleitung dienen. Als solche Ausrüstungsstücke wären zu erwähnen Absperrorgane für mechanische und solche für selbsttätige Betätigung, Be- und Entlüftungseinrichtungen, Dehnungsstücke, Mannlöcher und Einrichtungen zur Durchflußmessung. *Absperrorgane* dienen zur Sperrung des Durchflusses. Als Absperrorgane werden hauptsächlich Schieber, Drosselklappen, Kugelschieber, Walzenschieber, Johnson-Ventile und Zylinderschieber verwendet.

Die Einrichtung eines sogenannten *Keilschiebers* zeigt die Abb. 1293. Der Abschluß des Rohrquerschnittes erfolgt durch eine keilförmige Schütze, die senkrecht zur Rohrachse mittels einer Schraubenspindel auf und ab bewegt werden kann. Die Abdichtung der Schütze gegen das Rohr geschieht durch aufeinanderpassende Bronzeringe. Bei kleinen Schiebern wird die Schieberspindel unmittelbar von Hand mittels eines Handrades betätigt. Bei größeren Rohrlichtweiten werden zwischen das Handrad oder die Kurbel, Getriebe gelegt (Abb. 1294). Auch elektrischer Antrieb kann für die Bewegung der Schieberschütze vorgesehen werden.

Bei großen Rohrlichtweiten bzw. hohen Wasserdrücken erfolgt die Bewegung der Schieberschütze mittels eines Kolbens, auf den Preßöl oder Preßwasser wirkt. Die Abb. 1295 zeigt als Beispiel einen solchen Schieber. Nachdem die Nut, in der sich die Schütze bewegt, Druckverluste verursacht, ist auch ein Schieber entwickelt worden, an dessen Schütze ein Ring hängt, der bei vollgeöffnetem Schieber die Nut abdeckt (Abb. 1296). Die großen Schieber werden in der Regel mit kleinen Umlaufschiebern ausgerüstet, durch die die hinter dem geschlossenen Schieber liegende Rohrstrecke langsam aufgefüllt werden kann, weil die Öffnung des Schiebers gegen den vollen einseitig wirkenden Wasserdruck zu große Kräfte erfordern würde und weil überdies die rasche Füllung der Rohrleitung durch Öffnung des großen Schiebers zur Zerstörung der Rohrleitung führen würde.

Sehr häufig werden als Absperrorgane auch *Drosselklappen* verwendet. Die Abb. 1297 zeigt eine einfache Drosselklappe für die Betätigung von Hand, während die Abb. 1298 die Ansicht einer Drosselklappe, die durch einen mit Preßöl betätigten Kraftschalter bewegt wird, gibt.

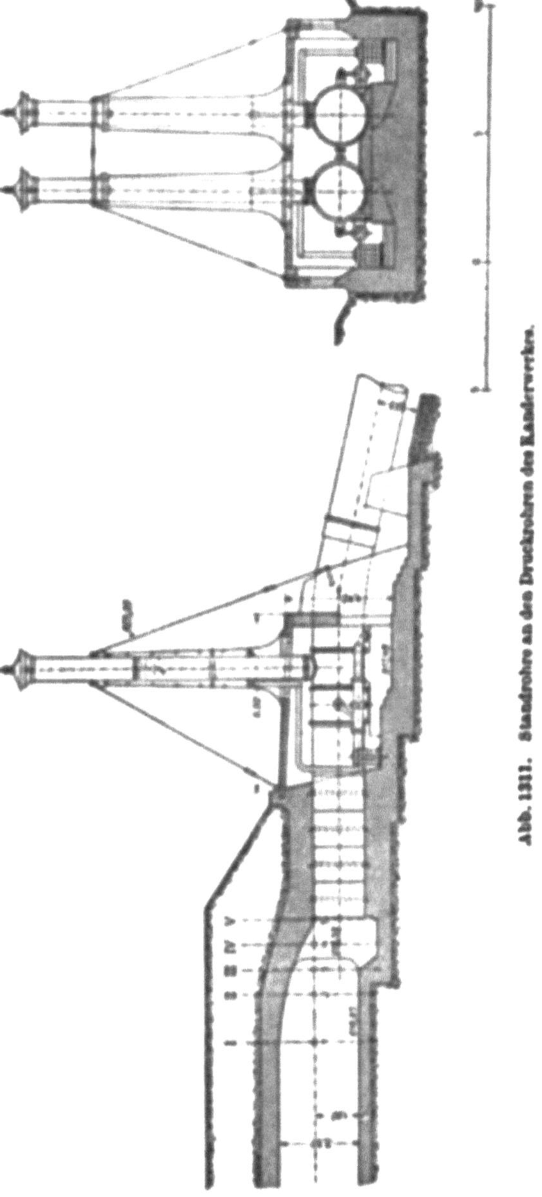

Abb. 1311. Standrohre an den Druckrohren des Kanderwerkes.

Kugelschieber stellen eine Vervollkommnung der gewöhnlichen Absperrhähne dar, wie sie in Gasleitungen verwendet werden. Wie der Abb. 1299 leicht zu entnehmen ist, erfolgt die Absperrung des Durchflusses durch Drehung des Verschlußstückes, das mit der gleichen Lichtweite gebohrt ist, die das Rohr besitzt. Die Drehung erfolgt, wie an der Abb. 1300 gut zu erkennen ist, durch einen Kraftschalter. Die Dichtungsplatte sitzt lose am Verschlußstück und wird bei geschlossenem Schieber mittels Preßwassers an den Sitz am Rohr angepreßt (Abb. 1299a). Der Name des Kugelschiebers rührt vom kugelähnlichen Gehäuse her.

Ähnlich wie Kugelschieber geben auch *Walzenschieber* den Rohrquerschnitt vollkommen frei. Die Abb. 1301 zeigt einen Walzenschieber im Schnitt im geöffneten und im geschlossenen

Zustand. Die Absperrung erfolgt durch Verdrehung zweier Walzen, die entsprechend der Rohrlichtweite quer gebohrt sind. Die Bewegung der Walzen besorgt ein mit Preßöl betätigter Kraft-
schalter. Die Ansicht eines Walzenschiebers gibt die Abb. 1302 und eine Ansicht des Einbaues hinter gewöhnlichen Schiebern an einer Staumauer gibt die Abb. 1303 wieder.

Große Walzenschieber erreichen recht ansehnliche Gewichte; so wiegt z. B. ein Walzenschieber für Betriebsdrücke bis 5 atü bei den

Lichtweiten von   1000   1500   2000 [mm]
                        9,0   22,5   46 [t].

Die bisher beschriebenen Absperrorgane eignen sich nur zur vollständigen Absperrung einer Rohrleitung. Bei Zwischenstellung würden sich Strahlablösungen im Absperrorgan ein-
stellen, die Anlaß zur Bildung von Korrosionen geben. Für die Regulierung des Durchflusses, wie sie bei Grundablaßleitungen erforderlich ist, eignet sich das sogenannte *Johnson-Ventil* (Abb. 1304), bei dem durch Verschiebung des stromlinienähnlich geformten Kolbens der freie Durchflußquerschnitt verändert wird. Die Bewegung des Kolbens erfolgt entweder mittels mechanischen Antriebes oder mittels des Ober-
wasserdruckes.

Der *Zylinderschieber* (Abb. 1305) wird ähnlich verwendet, wie das Johnson-Ventil. Die Absperrung erfolgt durch Verschiebung des Zylin-
ders mittels des Oberwasserdruckes. Die Abb. 1305 zeigt den Schieber in geschlossenem Zustand. In Zwischenstellungen befriedigt die Strö-
mung um die Absperreinrichtung weniger als beim Johnson-Ventil.

Selbsttätige Absperrorgane. Rohrbrüche, die durch unvorhersehbare Zufälligkeiten im Be-
triebe hervorgerufen werden können, würden zu ausgedehnten Verwüstungen führen, wenn das Wasser aus der Leckstelle längere Zeit

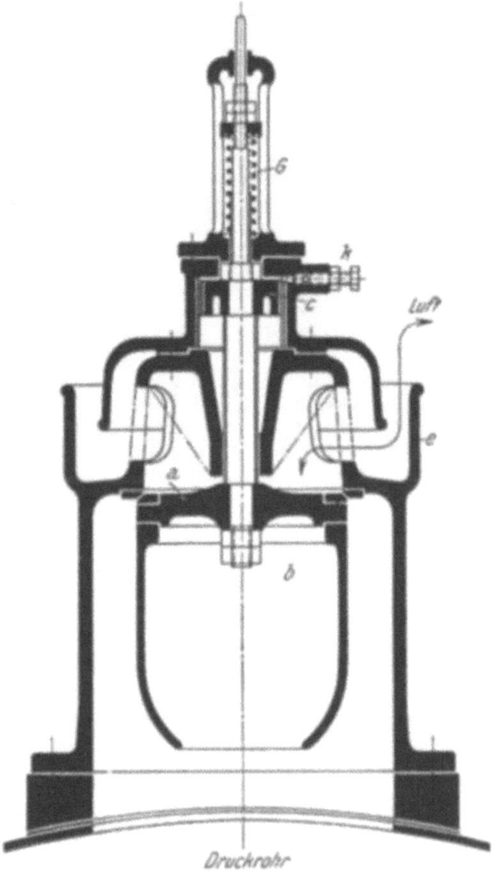

Abb. 1312. Be- und Entlüftungsventil von J. M. Voith.
a) Ventilkörper, *b)* Schwimmer, *c)* Bremskolben, *k)* Regulier-
schraube, *G)* Feder, *e)* Sammelrinne für Leckwasser.

ungehindert austreten und am steilen Hang längs der Leitung herabfließen würde. Um dies zu verhindern, werden entweder vor oder in das Druckrohr selbsttätige Abschlußorgane eingebaut.

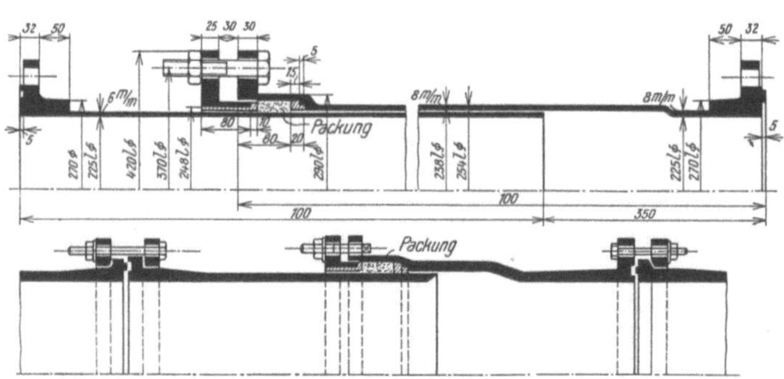

Abb. 1313.   Dehnungsstücke für Druckrohrleitungen.

Wenn das Druckrohr in einem Vorhof beginnt, so wird die dort hinter dem Feinrechen einzubauende Schütze zweckmäßig als Selbstschlußschütze ausgestaltet, die sich durch ihr Gewicht senkt, wenn die Geschwindigkeit im Rohr eine gewisse Grenze überschreitet oder wenn der Wasserspiegel unter eine bestimmte Höhenlage sinkt. Die Auslösung der Schlußbewegung erfolgt durch Einrichtungen mit Stoßplatten, ähnlich jenen bei den später zu beschreibenden Selbstschlußventilen, durch Schwimmer oder willkürlich vom Befehlsraum des Krafthauses aus. Die Fallbewegung wird durch eine Bremse so weit verzögert, daß keine Beschädigungen der Schützenanlage erfolgen können.

Ein einfaches Getriebe für eine Freifallschütze, das in das Schützenwindwerk eingebaut wird, stellt das in der Abb. 1306 dargestellte Planetenradgetriebe von P. Leybold dar. Um die Schützentafeln anzu

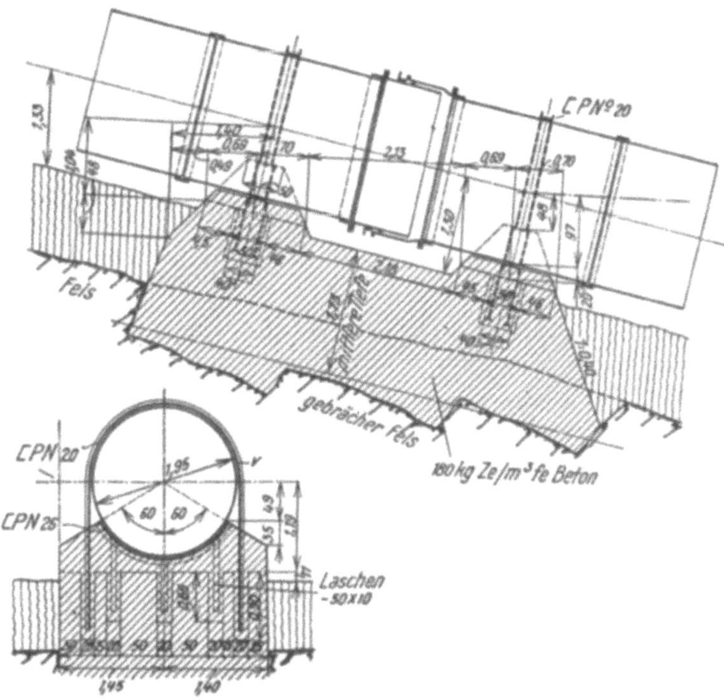

Abb. 1314. Lagerung eines Dehnungsstückes in der Druckrohrleitung des Teigitsch-Werkes Arnstein. (Vergl. Abb. 1315.)

heben, wird auf irgend eine Weise die Welle a angetrieben. Die Bremstrommel c mit den Achsen der Planetenräder ist durch die Bandbremsen e und f gehemmt und es übertragen daher die Planetenräder d die Drehbewegung des Kegelrades b auf das Kegelrad g und weiter auf h und die Welle i, die das Heben der Falle bewirkt. Bei umgekehrtem Drehsinn erfolgt das langsame Senken der Schütze.

Wenn die Schütze als Freifallschütze wirken soll, so muß ein durch die früher erwähnten Einrichtungen (Stoßplatte, Schwimmer, Fernschaltung) betätigter Elektromagnet die Bandbremse e lüften. Nun wird durch das Gewicht der Falle die Welle i und von dieser die Kegelräder h und g und die Planetenräder c angetrieben, die am feststehenden Kegelrad b abrollen. Die Sinkgeschwindigkeit wird durch die Zusatzbremse f geregelt.

Abb. 1315. Ansicht eines eingebauten Dehnungsstückes. a Bügel, b Stopfbüchse.

Die *Be- und Entlüftung* des Druckrohres erfolgt durch die freie Öffnung hinter der Schützentafel. Bei Druckrohren im Anschluß an einen Druckstollen wird oben am Anfang derselben ein sogenanntes Selbstschlußventil eingebaut, das sich selbsttätig schließt, sobald der Durchfluß eine gewisse einstellbare Grenzgeschwindigkeit überschreitet. Das Auslösen der Schließbewegung wird bei den Ventilen verschiedener Hersteller auch in den verschiedensten Weisen bewerkstelligt. In der Abb. 1307 ist eine solche Anlage in der Ansicht dargestellt; als Abschlußorgan dient eine Drosselklappe, die von einem Elektromotor betätigt wird, der wieder durch ein Schaltwerk (Abb. 1308) in Gang gesetzt wird. Dieses enthält eine kreisförmige Stoßplatte S, die entgegen dem Strömungsdruck des Wassers durch das Gewicht G_1 in ihrer Normallage erhalten wird. Übersteigt die Geschwindigkeit im Rohr eine gewisse festgesetzte Grenze, so wird der Hebel mit der Stoßplatte eine kurze Strecke vom Wasser mitgenommen, wobei die Klaue C an der Nase D vorbeigeleitet, so daß der Hebel mit dem Gewicht

G_2 seine Unterstützung verliert, herabfällt und den Elektromotor einschaltet, der die Klappe langsam schließt.

Eine andere selbsttätige Rohrbruchklappe zeigen die Abb. 1309 und 1310, bei der die beiden

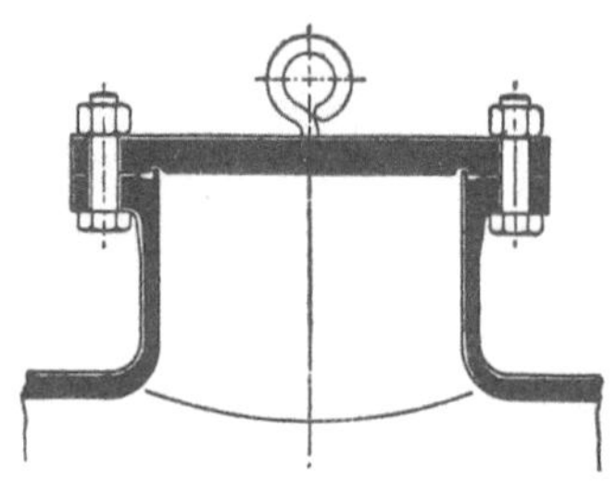

Abb. 1316. Mannloch mit aufgeschweißtem Stutzen.

Abb. 1317. Mannloch in der
Druckrohrleitung des Teigitsch-
Kraftwerkes Arnstein.

Flügel der Klappe verschieden ausgebildet sind; sie wird durch ein verstellbares Gewicht G in ihrer Normalstellung (offen) gehalten. Übersteigt die Strömungsgeschwindigkeit eine festgesetzte Grenze, so wird die Klappe durch den Druck gegen die schräge Fläche des Flügels A

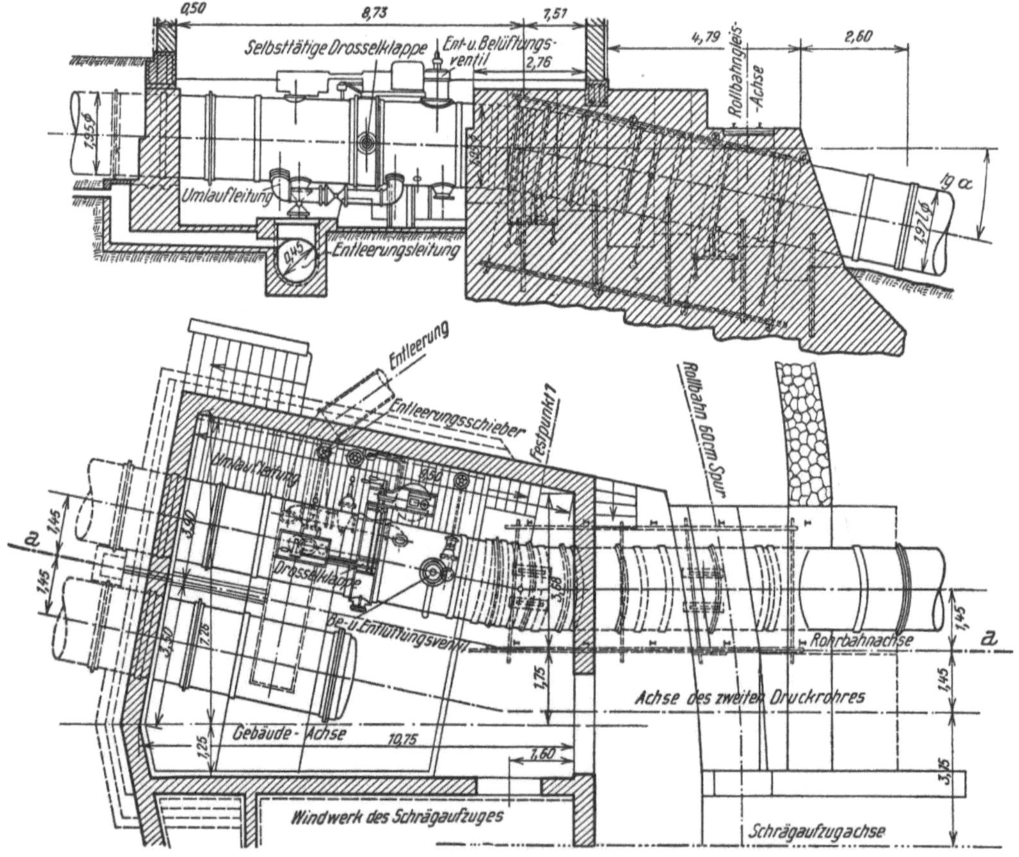

Abb. 1318. Apparatekammer des Teigitsch-Werkes Arnstein. (Steweag.)

in die Schließstellung gedreht, während eine Ölbremse B die Schließbewegung verzögert. Die Klappe läßt sich erst öffnen, wenn die Leitung hinter der Drehklappe durch eine Umlaufleitung gefüllt und der Druck beiderseits der Klappe gleich groß ist.

Schließlich können als Rohrbruchventile alle Abschlußvorrichtungen verwendet werden, die durch Preßöl oder Wasser geschlossen werden. Für die Betätigung kann eine Einrichtung verwendet werden, ähnlich der in der Abb. 1308 schematisch angegebenen oder es kann ein

Venturirohr benützt werden, das das Steuerventil des Kraftschalters an der Abschlußvorrichtung betätigt, sobald die Druckdifferenz, die mit dem Durchflusse zunimmt, eine festgesetzte Grenze überschreitet; das Venturirohr kann gleichzeitig der Wassermessung dienen.

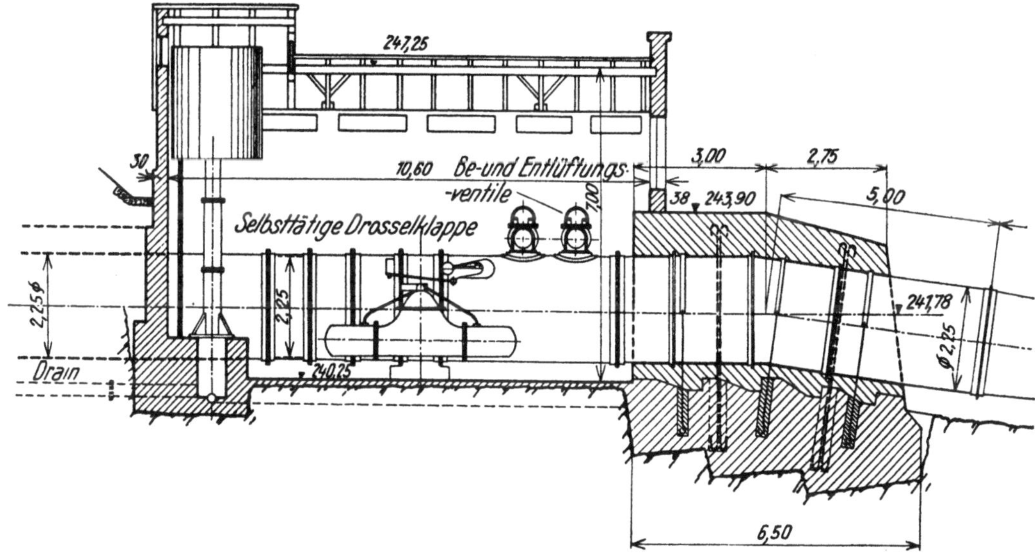

Abb. 1319. Apparatekammer des Kraftwerkes Cala. Links der Druckölbehälter. (H. E. GRUNER.)

Be- und Entlüftungsventile. So wie alle großen Absperrorgane erhält auch das Selbstschlußventil eine eigene Umlaufleitung, durch die die Rohrleitung bei geschlossenem Ventil langsam aufgefüllt werden kann. Der Durchfluß durch die Umlaufleitung darf höchstens 1/20 des größten

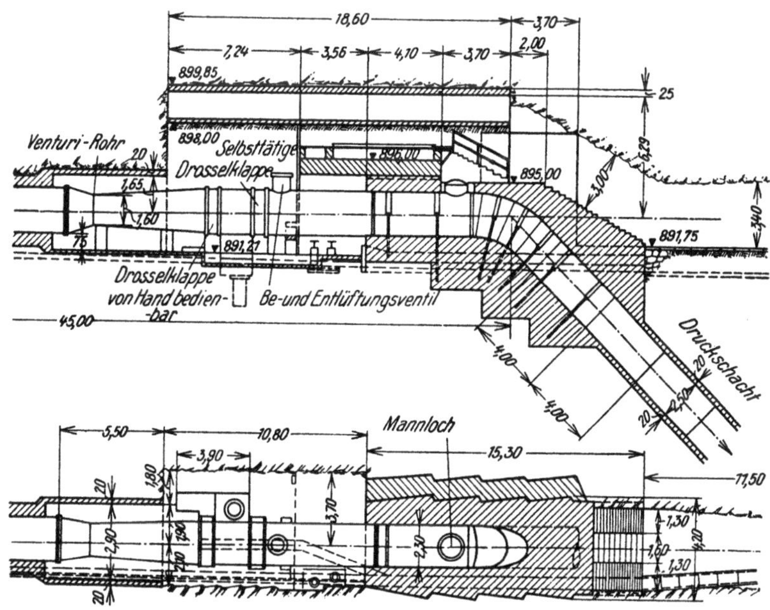

Abb. 1320. Apparatekammer des Kraftwerkes Achensee. (H. E. GRUNER.)

Durchflusses durch das Druckrohr betragen. Das große Absperrorgan wird erst geöffnet, wenn es beiderseits unter gleichem Wasserdruck steht, also entlastet ist. Während der Füllung des Druckrohres durch die Umlaufleitung wird nun der Luftinhalt des Rohres nach oben verdrängt und es muß unmittelbar unter dem Selbstschlußventil ein Entlüftungsventil eingebaut werden, durch das diese Luft entweichen kann. An dieser Stelle muß aber auch für eine Belüftung des Druckrohres gesorgt werden; wird nämlich bei unten offener Druckrohrleitung das Selbstschlußventil, das auch zwangsweise von Hand oder mechanisch zu betätigen ist, geschlossen, so bewegt sich der Rohrinhalt vermöge seiner Trägheit weiter und es würde mangels einer

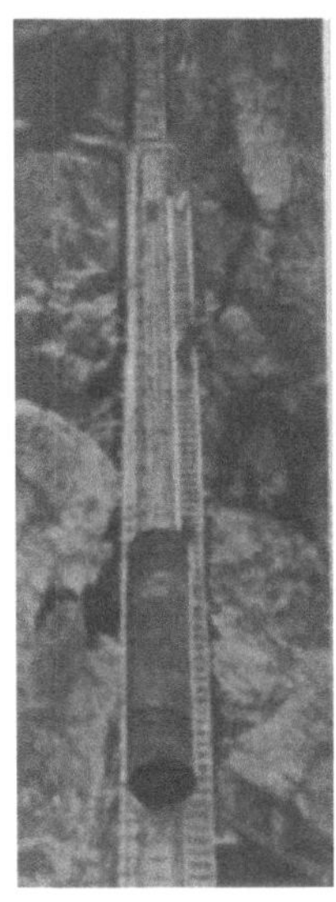

Belüftung unterhalb des Selbstschlußventils Unterdruck entstehen. Da nun Druckrohre, besonders frei verlegte, vielfach nur für Druck von innen bemessen werden, so würde das Druckrohr durch den äußeren Luftdruck eingebeult werden. Solche Zerstörungen werden verhütet, wenn das Rohr eine reichlich bemessene Belüftungseinrichtung erhält. Die Belüftung erfolgt entweder durch Standrohre oder durch eigene Ventile, die sich öffnen, wenn der Druck im Rohr unter jenen der Atmosphäre fällt. Standrohre, wie sie als Beispiel die Abb. 1311 zeigt, erhalten einen Querschnitt gleich ein Halb bis ein Drittel des Druckrohrquerschnittes; sie werden angewendet, wenn die Spiegelschwankungen an der Einbaustelle nicht bedeutend sind oder wenn die Geländeverhältnisse den Aufbau ohne Schwierigkeiten erlauben. Die höchste in Betracht zu ziehende Spiegellage im Standrohr entspricht der höchstmöglichen Spiegellage am Rohranfange, bei Anordnung eines

Wasserschlosses, also dem höchstmöglichen Spiegel in demselben. In Gegenden mit häufigem Frost müssen die Standrohre einen Kälteschutzmantel erhalten, der ein Einfrieren der Standrohre verhütet, oder sie müssen sogar beheizt werden. Da durch die Standrohre die Luft bei der Füllung der Rohrleitungen entweichen kann, machen sie eigene Entlüftungsventile entbehrlich.

Abb. 1321. Schrägaufzug für die Druckrohrleitung Pallanzano. (Mannesmann-Röhrenwerke, Düsseldorf.)

Abb. 1322. Beförderung eines Druckrohrtrummes. Lichtweite 1550 [mm]. Betriebsdruck 53 [at]. (Mannesmann-Röhrenwerke, Düsseldorf.)

Dort, wo die Drücke auch an der Einbaustelle des Selbstschlußventils bedeutende Größe erreichen, wo also hohe Standrohre erforderlich wären, werden Belüftungsventile, wie sie als Beispiel die Abb. 1312 veranschaulicht, billiger. Solche Belüftungsventile

Abb. 1323. Beförderung der Schienen für den Schrägaufzug des Teigitsch-Werkes Arnstein.

werden immer mit den Entlüftungsventilen zusammengebaut. Für die Ableitung des Wassers, das durch Undichtigkeiten der Ventile läuft, muß stets vorgesorgt werden.

Bei dem als Beispiel in der Abb. 1312 angeführten Ent- und Belüftungsventil drückt die Luft das Ventil a nieder, wenn im Rohrinnern Unterdruck entsteht. Wenn das Rohr leer ist, ist auch das Ventil geöffnet, weil die Feder g es nicht anzuheben vermag. Bei gefüllter Leitung erleidet der Ventilkörper b einen Auftrieb, der im Verein mit der Feder das Ventil schließt. Sammelt sich im Ventil Luft an, so verdrängt sie das Wasser und der Auftrieb des Ventilkörpers wird immer kleiner, bis endlich die Federspannung vom Gewicht des Ventilkörpers überwunden wird, das Ventil sich öffnet und die Luft austreten kann. Die Bewegungen des Ventils werden durch die Ölbremse c, die mit einer Schraube k einstellbar ist, verzögert. Durch das Ventil allenfalls durchlaufendes Wasser wird in der Rinne e aufgefangen und abgeleitet.

Dehnungsstücke ermöglichen in aufgelösten Leitungen den Ausgleich der Längenänderungen der Druckrohre. Diese Dehnungsstücke sind in verschiedenen Bauweisen verwendet worden; am häufigsten sind Dehnungsstücke verwendet worden, wie sie die Abb. 1313 im Schnitt zeigt; die Abdichtung des glatten Degenrohres gegen das weitere Muffenrohr erfolgt mittels seiner Stopfbüchse. Die Abb. 1314 führt die Lagerung eines Dehnungsstückes vor Augen. Zwei Bügel aus U-Stählen, die mit einem Spielraum von etwa 20 [mm] um das Rohr gelegt sind, verhüten ein Abheben des Rohres von den Sockeln. Die Abb. 1315 gibt die Ansicht eines Dehnungsstückes mit Stopfbüchse b, in der auch die beiden Bügel a deutlich zu erkennen sind.

Um die Überprüfung und die Instandhaltung der Druckrohre zu ermöglichen, muß dafür gesorgt werden, daß ein Einsteigen in das entleerte Rohr möglich ist. Bei Rohren mit Lichtweiten unter etwa 800 [mm] werden die Dehnungsstücke so ausgebildet, daß nach Entfernung der Flanschenschrauben das Degenrohr so weit in das Muffenrohr eingeschoben werden kann, daß der Einstieg in das Rohr möglich wird. Bei Rohren größerer Lichtweiten werden alle 100 bis 200 [mm] *Mannlöcher* am Druckrohr angeordnet. Bei Druckrohren bis zu Lichtweiten von etwa 1.600 [mm] werden die Mannlöcher oben, bei größeren Lichtweiten seitlich, schräg nach unten eingebaut. Die Abb. 1316 zeigt ein Mannloch mit aufgeschweißtem Stutzen, während die Abb. 1317 die Ansicht eines unmittelbar in der Rohrwand sitzenden Mannloches gibt.

Abb. 1324. Aufziehen der Windwerksteile für den Schrägaufzug des Teigitsch-Werkes Arnstein.

Zur *Durchflußmessung* wird am besten in der Nähe des Rohranfanges ein Venturirohr (vgl. S. 112) oder ein Woltmannflügel (vgl. S. 110) eingebaut, der in der Rohrachse steht. Auch unmittelbar vor den Turbinen, wo das Rohr stark verjüngt wird, kann das Verjüngungsstück als Venturimesser ausgebildet werden; die sonst anschließende konische Rohrerweiterung entfällt dann natürlich.

Die am Rohranfang eingebauten Ausrüstungsstücke, wie das selbsttätige Absperrorgan, das Be- und Entlüftungsventil und die Einrichtung zur Durchflußmessung werden in der *Apparatekammer* frostsicher untergebracht. Beispiele für solche Apparatekammern geben die Abb. 1318, 1319 und 1320. Wenn für die Betätigung des selbsttätigen Absperrorgans Preßöl verwendet wird, so wird in der Apparatekammer auch noch die Preßölpumpe und der Preßölspeicher aufgestellt. Der Preßölspeicher besteht am besten aus einem Zylinder (Abb. 1319), in dem über dem Öl ein durch ein großes Gewicht beschwerter Kolben liegt.

Abb. 1325. Windwerk des Schrägaufzuges am Teigitsch-Kraftwerk Arnstein.

Um den Zusammenbau der Ausrüstung in der Apparatekammer zu erleichtern und Instandsetzungen zu ermöglichen, wird entweder ein Laufkran eingebaut oder wenigstens für eine Aufstellung behelfsmäßiger Hebezeuge vorgesorgt.

g) Die Darstellung des Entwurfes und der Bau.

Die Druckrohrleitung wird durch einen Gesamtlängenschnitt dargestellt, in dem eingetragen werden: die waagrechten Längen, die schiefen Längen, die Bodenhöhe, die Höhe der Rohrachse, die Höhenlage der tiefsten Punkte in den Rohrsätteln, die statischen Wasserdrücke, die lichten Weiten, bei genieteten Rohren die Blechstärke, die Art der Nietung der Längsnähte, die Nietung der Rundnähte, bei jedem Festpunkte der lotrechte und der waagrechte Ablenkungswinkel der Rohrachse, die Lage der Dehnungsstücke, Mannlöcher und sonstige Ausrüstungsteile. Rundnähte, die auf der Baustelle auszuführen sind, werden besonders z. B. durch ein Kreuz oder einen Stern bezeichnet.

Abb. 1326. Schrägaufzug des Teigitsch-Werkes Arnstein. *a* betonierte Festpunkte der Schienen.

Beim Bau wird das Gelände zwischen je zwei Festpunkten, zwischen denen die Leitung gerade läuft, dem Entwurfe entsprechend eingeebnet und es werden hierauf die Betonarbeiten ausgeführt. Für die Beförderung der Baustoffe und der Rohre wird neben der Druckrohrleitung in der Regel ein Schrägaufzug erbaut. Die Abb. 1321 bis 1326 geben einige Ansichten von Arbeiten gelegentlich der Errichtung und vom Betrieb von Schrägaufzügen wieder. Die Schienen der Aufzüge werden durch Verankerung in eigenen Festpunkten, ähnlich jenen der Druckrohre gegen Hangabtrieb gesichert.

Bei der Inbetriebnahme darf die Rohrleitung nur ganz langsam gefüllt werden. Um im Winter eine Vereisung der Rohrleitung zu verhüten, läßt man bei starkem Frost stets etwas Wasser durch die Rohrleitung laufen.

Schrifttum.

ASSOCIAZIONE ITALIANA PER GLI STUDII DEI MATERIALI DA CASTRIZIONE: Norme per la costruzione e il collaudo delle condotte metalliche forzate. Turin. 1922. — BAUDISCH, H.: Beitrag zur Theorie der Rohrbruchsicherungen von Hochdruckwasserkraftanlagen. Wasserwirtsch. 1924. 134. — DERSELBE: Eine neue Rohrbruchsicherung von Hochdruckwasserkraftanlagen. Wasserwirtsch. 1924. 292. — BAUTLIN, A.: Formänderung und Beanspruchung federnder Ausgleichsröhren VDJ. 1910. 43. — BIRAULT, M.: Über die Biegung eines Rohres in einer Querebene. Le génie civile. 1903. 102, 116. — BONO, M.: Alcune osservationi di caratere generale sullo studio, la costruzione, la posa e le prove delle condotte forzate metalliche per impianti elletrici. L'Energia Eletrica. 1927. — BOUCHAYER, A.: Etablissement des conduites forcées. La houille blanche. 1902. — DERSELBE: Conduites forcées en metal. Lyon. 1914. — DERSELBE: Les conduites forcées. Impr. Générale. Grenoble. 1919. — DERSELBE: Des ruptures dans les conduites. La houille blanche. 1911. 73. — BOUCHAYER u. VIALLET: Conduites sous pression. Grenoble. 1925. — BROSCHAT, E.: Der Behälterbau. Leipzig. Spanner. 1926. — BUHLER, A.: Über Ausbildung von Rohrbogen. Schweiz. Bauztg. 1912. — BUNDSCHU: Druckrohrleitungen. 2. Aufl. Berlin. Springer. 1929. — DAIBER, E.: Biegungsspannungen in überlappten Kesselnietnähten. VDJ. 1913. — EGGERS, G.: Rohrbruchsicherungen. Gas- u. Wasserfach. 1931. 724. — ERKER: Biegende Kräfte in einem gekrümmten, unter Druck stehenden Rohr. Schweiz. Bauztg. Bd. 51. 1908. 225. — ESSLINGER, M.: Über die Beanspruchung von Rohrleitungen bei Temperaturänderungen. Wasserkr. u. Wasserwirtsch. 1940. 6. — FEDERHOFER, K.: Zur strengen Berechnung liegender weiter Rohre. Wasserkr. u. Wasserwirtsch. 1943. 237. — FERNAU: Die Wasserkraftanlage von Fully. Öst. J. A. V. 1921. 163. — FERRAND, G.: Les Tuyaux multiondes frettès. La houille blanche. 1927. 12. — FLEISCHER, W. u. SÖRBYE, H.: Rörbruddet ved Bjolvo Kraftanlaeg. Teknisk Ukeblad (Oslo). 1924. — FORCHHEIMER, PH.: Berechnung des zulässigen Außendruckes bei Ringen und Rohren. Öst. J. A. V. 1899. H. 29. — DERSELBE: Über die Festigkeit weiter Rohre. Öst. J. A. V. 1902. 344. — DERSELBE: Zur Festigkeit weiter Rohre. Öst. J. A. V. 1904. 133. — DERSELBE: Zur Einbeulung bei Innenpressung und Biegung bei Zug und Druck. VDJ. 1906. 58. — FRÖHLICH, O.: Beitrag zur Berechnung weiter Rohre. Öst. J. A. V. 1910. 38. — GANDENBURGER, W.: Gesteuerte und selbsttätige Abschlußeinrichtungen in Wasserleitungen. Gas- u. Wasserfach. 1941. 645, 666. — GELLER: Beitrag zur Untersuchung von Rohren im Bauwesen. Bautechn. 1929. — GUIDI, C.: Sulla stabilita delle condotte di acqua con tubi dei grande diametro. Atti della R. Acad. delle Science di Torino. 1913. — HECK: Turbinenrohrleitungen. Mannesmann-Röhrenwerke, Düsseldorf. 1924. — HERZ: Beitrag zur statischen Berechnung von Druckleitungsfestpunkten. Öst. J. A. V. 1925. 260. — HEUBLING, W.: Absperrarmaturen bei Entnahme- und Entlastungsleitungen von Talsperren. Wasserkr. u. Wasserwirtsch. 1930. 5, 21, 58. — HÖCKERBERG, T.: Über Schwerkraftspannungen in weiten Rohren. Teknisk Tidskrift. 1919. — HRUSCHKA, A.: Druckrohrleitungen der Wasserkraftwerke. Wien. Springer. 1929. — DERSELBE: Die Berechnung von Druckrohrleitungen. Elektrotechn. u. Maschinenb. 1922. H. 46, 47. — DERSELBE: Das Stubachwerk I. Elektrotechn. u. Maschinenb. 1931. H. 22, 24. — DERSELBE: Die Berechnung von erdbedeckten nachgiebigen Druckrohrleitungen. Wasserkr. u. Wasserwirtsch. 1941. 257. — HÜRZELER, H.: Zur Dimensionierung von Druckleitungsfixpunkten. Schweiz. Bauztg. 1922. 95. — JAEGER, CH.: Die derzeitigen Anschauungen über die Sicherheit von Druckrohrleitungen. Wasserkr. u. Wasserwirtsch. 1935. 73. — JENTSCH, O.: Schnellschlußorgane für Rohrbruchsicherungsanlagen. Gas- u. Wasserfach. 1941. 449. — KAMMÜLLER: Die Fliehkraft in Rohrkrümmern. Wasserkr. u. Wasserwirtsch. 1930. 21. — KARLSSON, K. J.: Neue rationelle Auflagerkonstruktion von großen Druckrohren. Tekn. Tidn. 1910. — DERSELBE: Über Schwerkraftspannungen in Rohrleitungen von großen Durchmessern und deren rationelle Konstruktion. Schweiz. Bauztg. Bd. 80. 1922. 105. — KÁRMAN, TH.: Über die Formänderung dünnwandiger Rohre. VDJ. 1911. 1889. — KÖHLER, K.: Die Fallrohrbrüche beim Speicherkraftwerk „N" und ihre Ursachen. Bauing. 1927. H. 29. — KRATOCHVIL, ST.: Hydraulische Eigenschaften des Walzenschiebers mit Rücksicht auf Kavitation. Dtsch. Wasserwirtsch. 1940. 54. — KUHN, F.: Praktische Winke für das Entwerfen eiserner Druckrohrleitungen. Wasserwirtsch. 1927. 25. — LÖWY, R.: Die Berechnung der Druckrohrleitung von Turbinenanlagen. Wasserwirtsch. 1926. H. 10. — MANNESMANN-RÖHRENWERKE: Turbinenrohrleitungen. Düsseldorf. 1930. — MAYER, R.: Über Elastizität und Stabilität des geschlossenen und offenen Kreisbogens. Zschft. Math. u. Phys. 1913. 246. — MISES, R.: Der kritische Außendruck zylindrischer Rohre. VDJ. 1914. 756. — PAPADOPALA-SANTO RINI: La solution générale du probleme de la determination des dimensions économiques maximum d'une conduite forcée en métal et son aplication aux calculs pratiques. La houille blanche, 1925. — DERSELBE: Considérations statiques sur le calcul des ancrages des conduites forcées en métal. Annales de l'énergie (Lyon) 1921. 134. 1922. 11. — POHL, K.: Berechnung des biegungsfesten Kreisringes mit radialer, stetiger elastischer Stützung. Stahlbau. 1931. — DERSELBE: Berechnung der Ringversteifungen dünnwandiger Hohlzylinder. Stahlbau. 1931. — RIED, G.: Entwurf von Hochdruck-Rohrleitungen. Wasserkr. u. Wasserwirtsch. 1940. 97. — DERSELBE: Mittel zur Verhinderung von Druckstößen in Pumpenrohrleitungen. Wasserkr. u. Wasserwirtsch. 1940. 130. — DERSELBE: Steuerung von Absperrorganen in Hochdruckleitungen. Wasserkr. u. Wasserwirtsch. 1943. 134. — SCHILLHANSEL, M.: Über das Verhalten von Verteilrohrleitungen bei Temperaturänderungen. Wasserkr. u. Wasserwirtsch. 1940. 6. — SCHNYDER, O.:

Rohrbruchsicherheitsanlagen. Wasserkr. u. Wasserwirtsch. 1939. 230. — DERSELBE: Über Drosselklappen. Wasserkr. u. Wasserwirtsch. 1935. 266. — SCHWERIN, E.: Über die Spannungen in freitragenden gefüllten Rohren. T. angew. Math. Mech. Bd. 2. 1922. 340. — SNIPISCHKI, E.: Ein Nomogramm zur Bestimmung der Kompensatorabmessungen von Rohrleitungen. Gesundh.-Ing. 1932. S. 79. — STEVENS, J. C.: Collapse of a steel water conduit. Eng. News. Bd. 66. 1911. 112. — STARK: Rohrwandbeanspruchung gerader und gekrümmter Flüssigkeitsleitungen mit kreisförmigem Querschnitt und stetiger Auflagerung auf der Rohrsohle. Bauing. 1923. — THOMA, D.: Die Beanspruchung freitragender, gefüllter Rohre durch das Gewicht der Flüssigkeit. Z. ges. Turbinenwes. 1920. 49. — UNTERBERGER, R. u. FABRITZ, G.: Die Berechnung bandagierter Rohrleitungen unter innerem Überdruck. Wasserwirtsch. u. Techn. 1935. H. 14 bis 17. — VEREIN DEUTSCHER INGENIEURE UND DEUTSCHER WASSERWIRTSCHAFTSVERBAND: Regeln für Abnahmeversuche an Wasserkraftmaschinen. VDJ. Berlin. 1926. — VIDMAR, M.: Eine neue Rohrbruchabsperrvorrichtung. Z. ges. Turbinenwes. 1917. 333, 343, 353. — WAGENBACH: Knickbeanspruchung der Turbinenrohrleitungen. Z. ges. Turbinenwes. 1920. — WEIGELIN: Rostschutz an Rohrleitungen. Gas- u. Wasserf. 1928. H. 49. — WILLHEIM, F.: Über den Vergleich der näherungsweisen und exacten Berechnung der Spannungsverteilung in einem Rohr. Öst. J. A. V. 1922. 117. — WILLHEIM, F. u. LEON, A.: Über die Spannungsverteilung in Rohren, die eine gleichmäßig über die horizontale Projection verteilte lotrechte Belastung tragen. Öst. Wschr. öff. Baud. 1915. — REFERATE: Der Bruch der Druckrohrleitungen der Mocassin-Creek-Wasserkraftanlage. Wasserwirtsch. 1926. 279. — Rohrbruch im Mocassin-Creek-Kraftwerk. Eng. News Rec. 1925. H. 17. — Collapse of a large steel pipe. Eng. News. 1913. 909.

3. Stahlbetondruckrohre.

Stahlbetondruckrohre können entweder am gewachsenen Boden, in einem durchlaufenden Betonbett oder auf einzelnen Stützen gelagert werden; die letztere Art der Lagerung wird für die Überführung von Stahlbetonrohren über Täler angewendet. Gewöhnlich werden die Stahlbetonrohre überschüttet. Die Wandung eines Stahlbetonrohres wird durch den Wasserdruck, durch das Eigengewicht und allenfalls durch die Überschüttung beansprucht; diese Beanspruchungen hängen aber weitgehend von der Lagerung des Rohres ab.

Die Druckrohrleitungen aus Stahlbeton werden bei kleinen Lichtweiten aus fabrikmäßig hergestellten Rohren zusammengebaut. Rohre mit Lichtweiten über etwa einen Meter werden besser an Ort und Stelle betoniert.

Für die Verlegung von Fertigrohren eignen sich besonders die Spannbetonrohre, die nach dem Verfahren von FREYSSINET hergestellt sind. Diese Rohre erhalten in der Betonwandung eine Vordruckspannung, die so bemessen wird, daß im Betrieb das Auftreten von Zugspannungen im Beton vermieden wird. Die Fertigrohre werden gewöhnlich in einem Magerbetonbett verlegt, das über ¼ bis ⅓ des Umfanges reicht. Schwierig ist es, die Stoßfugen der Rohre befriedigend zu dichten. In der Abb. 1327 sind einige Beispiele für die Dichtung von Fertigrohren zusammengestellt.

Bei Rohren auf Erdbettung macht die Ermittlung der Beanspruchung durch die Überschüttung große Schwierigkeiten, weil über die Verteilung der Drücke über den Umfang, die von der Überschüttung herrühren, nichts allgemein gültiges bekannt ist. Bisher ist gewöhnlich angenommen worden, daß der Boden das Rohr nach dem Schema der Abb. 1328 belaste. Versuche von A. MARSTON, A.

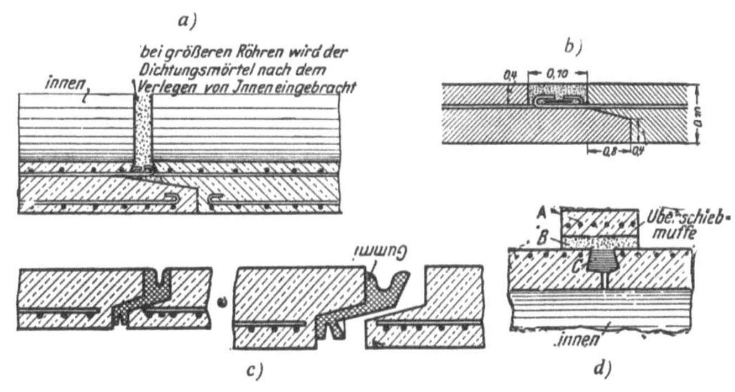

Abb. 1327. Stoßfugendichtungen für Stahlbetonfertigrohre.
a) Falzdichtung mit übergreifender Längsbewehrung. *b)* Falzdichtung mit Übergreifen der Längsbewehrung und eingeschobenem Flachstahlring. *c)* Falzdichtung mit Gummieinlage (nach L. BILLÉ). *d)* Fugendichtung mit Überschiebmuffe.

VOELLMY und von E. JAEGER haben einige Aufklärung über die Druckverteilung über den Umfang des Rohres erbracht und erwiesen, daß die Annahme über die Belastung des Rohres, wie sie die Abb. 1328 zeigt, nur ein Ausnahmsfall ist. So haben Messungen von A. MARSTON an einem Stahlbetonrohr von $D = 1{,}118$ [m] Außendurchmesser bei verschiedenen Überschüttungshöhen H (zwischen der Bodenoberfläche und dem Rohrscheitel gemessen) die in der Abb. 1329 dargestellte Bodendruckverteilung ergeben. Ähnliche Druckverteilungen haben auch Messungen an zahlreichen anderen Rohren gezeigt. Stets war der Druck an der Oberfläche des gewachsenen Bodens gleich oder nahezu gleich Null.

Bei Rohren, die in einem gewachsenen Boden im ausgehobenen Rohrgraben verlegt werden, sind die von beiden Seiten auf das Rohr wirkenden Erddrücke wesentlich kleiner als bei einem Rohr, das in einem Damm verlegt ist.

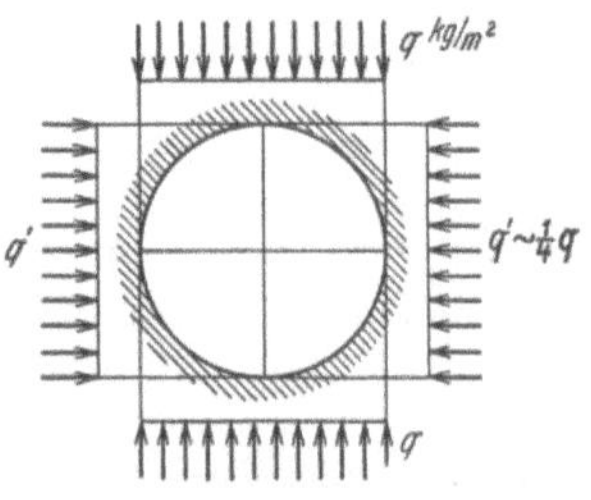

Abb. 1328. Bisher vielfach übliche Annahme über den Erddruck auf ein im Boden verlegtes Rohr. (Nach K. KAMMÜLLER.)

Wie die Erddrücke über den Umfang des Rohres verteilt sind, wenn das Rohr mit einem längs desselben verlaufenden Damm überschüttet ist, ist unbekannt.

Bei der Bemessung von Stahlbetonrohren, die an Ort und Stelle betoniert werden, muß nachgewiesen werden, daß die zulässigen Betonspannungen nirgends überschritten werden. Die Bewehrung wird gewöhnlich mit 0,5% des Betonquerschnittes angenommen. Neben Ringbewährungen an der Außen- und an der Innenseite werden auch noch elliptische Bewehrungen verlegt, die im Scheitel und an der Sohle an der Innenseite, an den Seiten an der Außenseite der Rohrwand liegen. In der Richtung der Rohrachse sowohl an der inneren als auch an der äußeren Laibung verlegte Längsbewehrungen verhindern die Bildung von Schwindrissen im Rohr.

Die an Ort und Stelle betonierten Rohre werden stets in einem Rohrbett (Abb. 1330) gelagert. Um ein Haften des Rohres auf der Unterlage zu verhindern, also Längenänderungen infolge des Schwindens zu ermöglichen, erhält das Betonbett vor der Betonierung des Rohres einen guten Asphaltanstrich oder es wird mit Asphaltpappe belegt.

Die Abb. 1331 bis 1338 zeigen Einzelheiten von ausgeführten Stahlbetondruckrohrleitungen. Die Rohre sind alle überschüttet, um die Temperaturänderungen möglichst niedrig zu halten, weil sich Dehnungsfugen bei Stahlbetonrohren nicht bewährt haben. Besonderes Augenmerk muß dem Schwinden in den ersten Monaten gewidmet werden; es sind bei jedem Bau andere Bauweisen versucht worden, um das Schwinden in unschädlicher Weise vor sich gehen zu lassen. Eine „übliche" Bauweise hat sich noch nicht herausgebildet.

Beim Radaunewerk in Danzig ist die 3,60 [m] weite, 824 [m] lange Druckrohrleitung mit dem in der Abb. 1331 dargestellten Querschnitt ausgeführt worden. In der Längenrichtung ist die Leitung in je 15 [m] lange Rohrschüsse aufgelöst worden, zwischen denen man Fugen offen ließ, die in der in Abb. 1332 ersichtlichen Weise abgedichtet worden sind. Die eigentliche Dichtung erfolgt durch Kupferblech, das eine

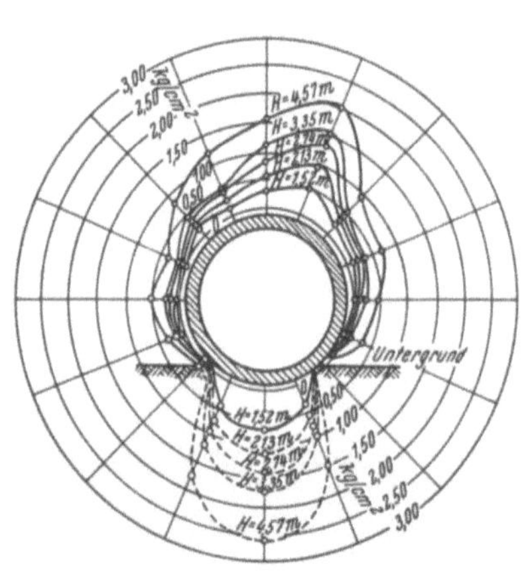

Abb. 1329. Radiale Erdspannungen am Umfang eines Stahlbetonrohres von 1118 [mm] Außendurchmesser, mittels Druckbändern gemessen. (Nach E. MARQUARDT.)

Falte kreisförmigen Querschnittes enthält, in die ein Hanfstrick eingelegt ist, um das Eindringen von Mörtel zu verhindern. Die Nut über dem Kupferblech ist mit einer Fuge torkretiert worden, die mit Bleiwolle verstemmt worden ist und schließlich hat das Rohr einen durchlaufenden Torkretputz erhalten. Das Rohr ist auf einem Viertel seines Umfanges in Beton gebettet; zwischen dem Bett und dem Rohr liegt Asphaltpappe, um Verschiebungen des Rohres im Bett zu ermöglichen. Jeder Rohrschuß ist in der Mitte, wie es die Abb. 1331 zeigt, im Bett verankert, um ein nicht vorhergesehenes Wandern des Rohres zu verhüten.

Eine andere Bauweise hat R. SALIGER beim Bau der 1.720 [m] langen Druckrohrleitung für das Kraftwerk Föhrenwald in Niederösterreich angewendet. Er unterteilte das Rohr in 24 je 71 [m] lange Abschnitte, zwischen denen vorerst 0,67 [m] weite Fugen offen blieben. Die Be-

tonierung erfolgte in drei Schichten, ausgehend von der Rohrmitte, nach dem Schema der
Abb. 1333. Die Fugen (Abb. 1324) sind frühestens sechs Wochen nach der Betonierung durch
Muffen, wie sie in der Abb. 1336 dargestellt ist, geschlossen worden; den Verband zwischen
der Muffe und den Rohren sichert die Längsbewehrung des Rohres, die beiderseits durch die
ganze Fuge durchreicht. Die Rohrleitung ist 1 [m] hoch überdeckt und erst nach weiteren

Abb. 1330. Betonierung einer Stahlbetondruckrohrleitung auf vorbereiteter Betonbettung. (WAYSS & FREITAG.)

vier Wochen gefüllt worden. In besonderer und ebenfalls bewährter Weise hat W. STORTZ eine
150 [m] lange Druckrohrleitung eines Kraftwerkes an der Itter ohne jedwege Fuge ausgeführt.
Stortz hat nämlich gefunden, daß Dehnungsfugen bei Stahlbetonrohrleitungen meist nicht
arbeiten und Anlaß zu Undichtigkeiten geben. Er bemerkte überdies, daß Risse in Druckrohrleitungen zwar im Winter undicht sind, sich im Sommer aber wegen der Ausdehnung der Leitung

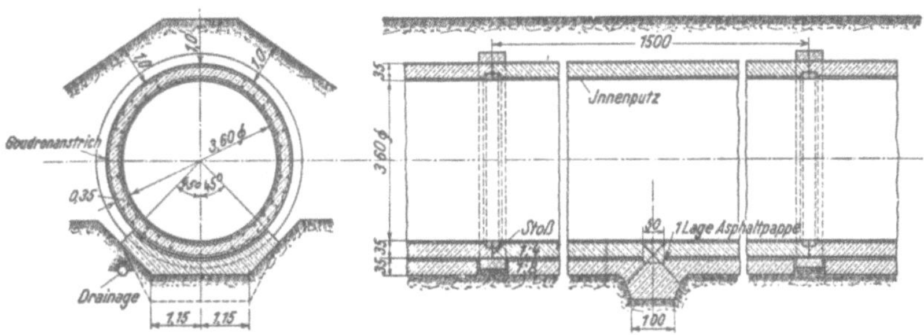

Abb. 1331. Druckrohr des Radaunerwerkes.

infolge der Erwärmung schließen. Er betonierte die Druckrohrleitung aus diesem Grunde
im Winter bei Temperaturen bis zu —18° C, wobei besondere Vorsichtsmaßregeln ergriffen
wurden, wie Anwärmen aller Zuschlagstoffe, der Bewehrung und der betonierten Strecken.
Die Betonierung erfolgte in drei Schüssen, die schließlich ohne bewegliche Fuge dicht aneinandergeschlossen worden sind. Das Verfahren hat sich insoferne bewährt, als sich nirgends in den
Rohrstrecken, die bei niedrigen Temperaturen betoniert worden sind, Risse einstellten.

Beim Bau eines Druckrohres an der Ruhr ist J. FAERBER andere Wege als bisher gegangen.
Er wählte die in den Abb. 1337 und 1338 dargestellte, von ihm Zitronenquerschnitt genannte
Querschnittsform mit einer kräftigen Verstärkung der Kämpfer des Rohres. Der Vorteil dieser
Querschnittsform besteht in der Einfachheit der Schalung und im geringen Aufwand an Be-
wehrung. Die Abb. 1338 zeigt das geschalte Rohr und das fertige Rohr vor der Überschüttung.

Bei höheren Innendrücken bereitet das Dichten der Rohrwandung große Schwierigkeiten,
weil ja bekanntlich Beton ohne besondere Behandlung nicht wasserdicht ist. Zur Dichtung

kommen Verputz mit dichtenden Zusätzen, Anstriche, Torkretierung und Verkleidungen in Anwendung; die letztere kann als Blechfutter oder, wie es bei der Föhrenbachsperre geschehen ist, als Holzfutter, das aus Dauben, ähnlich den Holzrohren zusammengesetzt wird, ausgeführt werden.

Auf Rohrbrücken werden die Stahlbetonrohre frei auf einer durchlaufenden vollen oder geteilten Bettung gelagert (Abb. 1339) oder freitragend auf Pendelstützen verlegt (Abb. 1341).

Schrifttum.

CAMPINI, E.: Costruzioni idrauliche e idraulica Tecnica. Mailand 1933. U. Hoepli. (Druckrohre auf verschiedenen Bettungen.) — EMPERGER, V. F.: Betonrohre für Innendruck. Beton u. Eisen. 1923. H. 17, 18. — ENZWEILER: Das Eisenbetonrohr der Wasserkraftanlage Radaunewerk bei Danzig. Bauing. 1926, 727. — DERSELBE: Das Eisenbetondruckrohr der Wasserkraftanlage Radaune bei Danzig. Bauing. 1926. H. 38. — FAERBER, J.: Die Eisenbetondruckrohrleitung des Kraftwerkes Steinhelle/Ruhr. Bauing. 1929. S. 403. (Zitronenquerschnitt.) — FALSCHLUNGER: Eisenbetonrohre ohne Innendruck. Beton u. Eisen. 1925. S. 189. — FEDERHOFER, K.: Zur strengen Berechnung liegender weiter Rohre. Wasserkr. u. Wasserwirtsch. 1923. S. 237. — FORCHHEIMER, PH.: Zur Festigkeit weiter Rohre. Z. öst. Ing.- u. Arch.-Ver. 1904. S. 133. — HALLER: Stahlbeton-Druckleitung einer Wasserkraftanlage. Bautechn. 1942. S. 91. — HRUSCHKA, A.: Die Berechnung von erdbedeckten nachgiebigen Druckrohrleitungen. Wasserkr. u. Wasserwirtsch. 1941, S. 257. — JAEGER, E.: Die Belastung von Rohrleitungen im Erdreich. Mitt. Nr. 15 der Hannoverschen Hochschulgemeinschaft. 1934. — KAILISCH, A.: Beitrag zur Berechnung von Eisenbetonrohren. Wasserw. 1927. S. 126. — KAMMÜLLER: Die Berechnung von Eisenbetonrohrleitungen. Bauing. 1922. S. 396. — KELEN, N.: Condotte forzate in cemento armato ad alta pressione. Ingeneria. 1923. H. 3. — KLEINLOGEL, A.: Bewegungsfugen im Beton- u. Eisenbetonbau. 2. Aufl. Berlin: 1938. W. Ernst & Sohn. — LUDIN, A.: Herstellung der Rohrleitung für die Spavinaw-Anlage, USA. Bauing. 1925. S. 344. — MARQUARDT, E.: Rohrleitungen und geschlossene Kanäle. Hdb. f. Eisenbetonbau. IX. Band. 4. Aufl. Berlin 1934. W. Ernst & Sohn. — DERSELBE: Geschleuderte Beton- und Eisenbetonrohre, Bautechn. 1930. S. 589. — MARSTON, A.: Standard Tests for Drain Tile and sewer pipe. Proc. Amer. Soc. Text. Mat. 1911. 833, 844. — DERSELBE: Report on Standard tests and specifications for drain Tile. Proc. Amer. Soc. Test. Mat. 1913. 303, 312; 1914, 208—212.   — DERSELBE: Second progress report on culvert pipe investigations, 1915—1921 to the joint concrete culvert pipe committee. Jowa Eng. Exp. Stat. Mineograph Rep. 1922. — DERSELBE: Culvert research report to the advisory board on highway research Proc. S. 284—291. Highway research. 1925. — DERSELBE: The theory of external loads on closed conduits in the light of the latest experiments. Jowa Eng. Exp. Stat. 1930. Bull. 96. — DERSELBE: Recent research relativ to culvert pipe. Publ. roards. 1927. 226—229. — DERSELBE und ANDERSON, A. O.: The theory of loads on pipes in ditsches and tests of cement on clay drain tile and sewer pipe. Bull. Jowa Eng. Exp. Stat. 1913. — MARSTON, A., SCHLICK, W. J. u. CLEMMER, H. F.: The supporting strength of sewer pipe in ditsches and methods of testing sewer pipe in laboratories to determine their ordinary supporting strength. Jowa Eng. Exp. Stat. 1917. Bull. 47. — MARSTON, A. und STEWART, J. T.: Report of the investigations on drain tile of committee C-6 on Standard tests and spezifications for drain tile. Jowa Eng. Exp. Stat. Bull. 36. — MEESS, H.: Versuche mit Eisenbetonröhren für hohen Innendruck. Bauing. 1922. H. 15. — NAGEL, L.: Die Anwendung von Eisenbetondruckrohren bei Wasserkraftanlagen. Z. Öst. J. A. V. 1928. S. 9. — PORR, E.: Ausgeführte Eisenbetondruckrohre. Wasserwirtsch. Wien. 1926. S. 270. — SALIGER, R.: Lange Druckrohrleitungen aus Eisenbeton. Schw. Bauztg. Bd. 86. 1925. S. 171. — DERSELBE: Druckrohre aus Eisenbeton; Ausführung und Versuche. Bauing. 1926. S. 755. — SPANGLER, M. G.: A preliminary experiment on the supporting strength of culvert pipes in an actual embankment. Jowa Eng. Exp. Stat. 1926. Bull. 76. — DERSELBE: Investigation of loads on three cast iron pipe culverts under rockfills. Jowa Eng. Exp. Stat. 1931. Bull. 104. — DERSELBE: The supporting strength of rigid pipe culverts. Jowa Eng. Exp. Stat. 1933. Bull. 112. — STORTZ, W.: Die Druckrohrleitung des Itter-Kraftwerkes bei Eberbach am Neckar. Beton u. Eisen. 1927. S. 25. — VOELLMY, A.: Eingebettete Rohre. Mitt. Nr. 9 a. d. Inst. f. Baustatik a. d. Eidg. Techn. Hochsch. in Zürich. Zürich und Leipzig 1937: A. G. Leemann & Co. — DERSELBE: Eingebettete Rohre. Bauing. 1938. 281. — WAECHTER, A.: Die Eisenbetondruckleitung des Kraftwerkes Riouperouk. Schweiz. Bauztg. 76. H. 6. 1920. — REFERAT: Eisenbetondruckrohre im Kraftwerk Drac-Romanche. Wasserkr. 1925. 334. — REFERAT: Stahlbeton-Druckrohrleitung einer Wasserkraftanlage. Bautechn. 1943. S. 91.

4. Druckrohre aus Holz.

Neben Stahl und Stahlbeton kommt als Werkstoff für Druckrohrleitungen auch Holz in Betracht. Solche Rohre werden, ähnlich einem Faß aus Dauben zusammengebaut und erhalten eine Umschnürung aus Stahl. Bis zu Lichtweiten von 600 [mm] werden die Rohre in Längen von 4 bis 5 [m] fabrikmäßig hergestellt und *maschingewickelte Rohre* genannt (vgl. S. 348).

Für Wasserkraftanlagen werden vorwiegend die sogenannten *kontinuierlichen Holzrohre* verwendet, die an Ort und Stelle aus den Dauben zusammengebaut werden. Solche Rohre können mit Lichtweiten zwischen 500 und etwa 5.000 [mm] und für Wasserdrücke bis etwa 100 [m] ausgeführt werden.

Die Dauben werden aus ausgesuchtem, möglichst astfreiem Holz auf Holzbearbeitungsmaschinen so bearbeitet, daß sie alle genau gleiche Dicke und gleiche Breite aufweisen. Die radial liegenden Berührungsflächen der Dauben werden gewöhnlich glatt bearbeitet; manchmal hat auch die eine Fläche eine niedere, federartige Leiste erhalten, die sich in die glatte Fläche der Nachbardaube einpreßt. Die Stoßstellen der Dauben werden um mindestens 0,6 [m] gegeneinander versetzt.

Die Dichtung der Stoßstellen erfolgt durch 2 bis 3 [mm] starke und 40 [mm] breite Federn aus Flachstahl, die in Nuten an den Stirnflächen eingetrieben werden. Die Federn sind um etwa 6 [mm] länger als die Dauben breit sind; die Enden der Federn pressen sich beim Verspannen des Rohres in die Nachbardauben ein und bewirken so die Dichtung.

Die Dauben werden bei den kontinuierlichen Holzrohren mittels stählerner Spannringe aneinandergepreßt. Diese Ringe be-

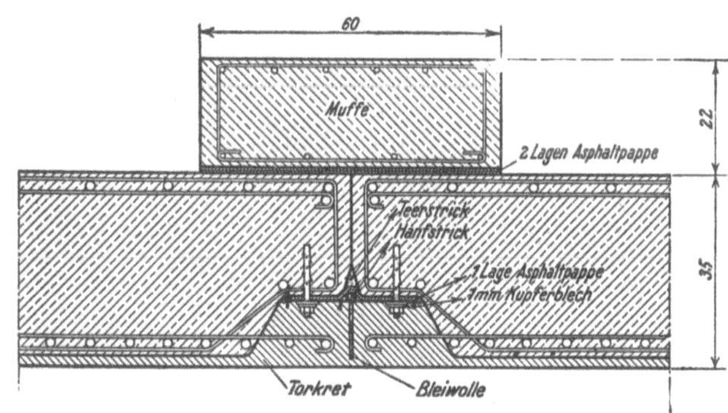

Abb. 1332. Fugendichtung des Druckrohres des Radaunerwerkes.

stehen aus Rundstahl und werden mittels Spannschlössern gespannt. Die Spannschlösser aufeinanderfolgender Ringe liegen gegeneinander versetzt. Um die Gefährdung der Ringe durch Rost herabzusetzen, werden sie heiß asphaltiert oder aus rostträgem Stahl hergestellt und erhalten nach dem Verlegen noch einen ein- oder zweimaligen Schutzanstrich.

Zur Bemessung der Wandstärke der Rohre wird ein 1 [cm] breiter Längsstreifen einer Daube betrachtet. Ein solcher Streifen ist ein durchlaufender Träger, der auf den Verspannungsringen gelagert und vom Wasserdruck H [m] belastet wird. Mit den Bezeichnungen der Abb. 1345 gilt, wenn a den Ringabstand in [cm], d die Wandstärke in [cm] und p die Spannung des Wassers in [kg/cm²] bedeutet

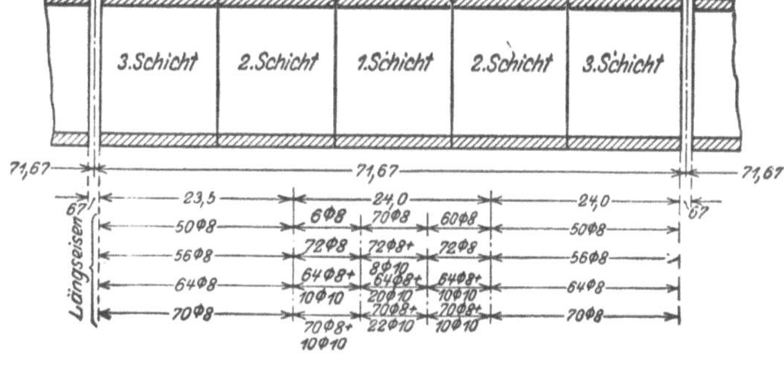

$$M = 0{,}106\,p\,a^2 = k\,\frac{d^2}{6}\ [\text{kg} \cdot \text{cm}]$$

(1083)

Abb. 1333. Schema der Betonierung des Druckrohres des Kraftwerkes Föhrenwald.

k bedeutet die zulässige Biegungsbeanspruchung des Holzes, für die mit Rücksicht auf die Dauerbelastung und auf die vollständige Sättigung mit Wasser nicht mehr als etwa 60 [kg/cm²] gesetzt werden soll. Die Wandstärke des Holzrohres beträgt daher

$$d = 0{,}8\,a\,\sqrt{\frac{p}{k}} = 0{,}253\,a\,\sqrt{\frac{H\,[\text{m}]}{k}}\ [\text{cm}]$$

(1084)

Die Wandstärke wird aber mindestens 2,5 [cm] stark gewählt. Für einen Wasserdruck, $H = 100$ [mWs] ergibt z. B. die obige Formel bei einem Spannringabstand $a = 10$ [cm] eine Daubenstärke von $d = 3{,}2$ [cm]. Es ist zweckmäßig, zu den errechneten Wandstärken noch einen Zuschlag wegen allfälliger Beschädigung der Dauben durch die Spannringe und wegen Schädigung der Dauben durch Mikroorganismen zu machen.

Die Rohre werden aus lufttrockenen Dauben zusammengebaut, die, wenn das Rohr gefüllt wird, quellen. Der Druck, der erforderlich ist, um das Holz am Quellen zu verhindern, beträgt durchschnittlich 10 [kg/cm²] und jener, der aufgewendet werden muß, um gequollenes Holz auf das ursprüngliche Maß zusammenzupressen, hat die Größe von etwa 14 [kg/cm²].

Bezeichnet q den Quelldruck des Holzes in [kg/cm²] und D die Lichtweite in [cm], so betragen mit den Bezeichnungen der Abb. 1345 die Beanspruchungen eines Spannringes:

durch Quelldruck .... daq [kg]

durch Innendruck .... $\dfrac{aDH}{20}$ [kg]

durch Vorspannung .... C [kg]

Die Vorspannung erhalten die Spannringe, um den Zusammenbau zu ermöglichen und die Dauben hinreichend dicht aneinanderzupressen, so daß Vorspannung und Quelldruck zusammen das Rohr dichten. Das Maß der Vorspannung hängt von der Geschicklichkeit des Monteurs ab und läßt sich ziffernmäßig nur schwer erfassen. Wenn die Vorspannung unbeachtet gelassen wird, so wird die zulässige Zugbeanspruchung des Spannringes mit höchstens $\sigma = 800$ [kg/cm²] festgelegt. Der erforderliche Spannringquerschnitt beträgt im Kern des Gewindes

Abb. 1334. Ansicht einer Fuge des Druckrohres Föhrenwald.

$$F = \frac{1}{\sigma}\left(adq + \frac{adH}{20} + C\right) [cm^2]$$

$$(1085)$$

Bei flachliegenden Rohrleitungen mit niedrigen Innendrucken werden die Spannringe durch den Quelldruck unnütz hoch beansprucht. Man hat in solchen Strecken zur Entlastung die Ringspannung nachgelassen, in dem Maße, als das Holz gequollen ist.

Nach der Füllung werden die Rohre infolge des Quellens der Dauben rasch dicht. Bei guten Rohren bleiben die Wasserverluste unter 1 [l/sec . D . km], wobei die Lichtweite D in Metern zu messen ist.

Die Rohre erhalten am besten nach der Verlegung einen mehrmaligen Anstrich aus Karbolineum. Über die Lebensdauer von Holzrohrleitungen sind die Ansichten geteilt; bei Rohren, die stets vollkommen gefüllt sind und bei denen auch der Scheitel unter einem Mindestwasserdruck von $H = 4$ bis 5 [m] steht, kann mit einer Lebensdauer zwischen 20 und 50 Jahren, je nach der Betreuung und dem verwendeten Holz, gerechnet werden. Die Erfahrung hat gelehrt, daß eine ständige, reichliche und vollständige Durchfeuchtung der Rohrwand eine gute Erhaltung des Holzes gewährleistet. Ein wasserdichter Schutzanstrich des Rohres wird gewöhnlich nicht angebracht, weil die Gefahr besteht, daß er vom Wasser, das durch die Holzwand gelangt, abgedrückt wird.

Hölzerne Druckrohrleitungen können verdeckt, in die Erde gebettet oder auf Sockeln frei verlegt werden. Während maschingewickelte Rohre stets verdeckt verlegt werden, werden kontinuierliche Rohre gewöhnlich frei auf Sockeln gelegt, weil hier keine Gefahr des Ausknickens besteht und weil dadurch die Überwachung und allenfalls erforderliche Nachspannungen erleichtert werden.

Die Lagerung der kontinuierlichen Holzrohre erfolgt in Sätteln auf Sockeln. Die Sättel sind dem Rohrumfang angepaßt und sichern die Aufrechterhaltung der Kreisform. Die Abb. 1346 und 1347 geben Beispiele für Rohrsättel. Bei kleinen Rohrlichtweiten genügen Kanthölzer mit kreisförmigem Ausschnitt. Die Rohre können aber auch in halbkreisförmige Stahlbügel eingehängt oder in Stahlringen gelagert werden, die auf Pendelstützen ruhen.

Größere Krümmungen vom Halbmesser 100 D [m] aufwärts können ohne Formstücke beim Zusammenbau mit den normalen Dauben durch Biegung hergestellt werden; kleinere Krümmungshalbmesser erfordern Formstücke aus Stahl. Die Abb. 1348 und 1349 geben Ansichten gekrümmter kontinuierlicher Holzrohre.

Den Übergang vom kontinuierlichen Holzrohr zum Stahlrohr vermitteln stopfbüchsenartige Übergangsstücke, die mit Dichtungsstricken abgedichtet werden, so, wie es die Abb. 1350 und 1351 andeuten.

Die Holzrohre sind gegen Druckschwankungen empfindlich, weil sich bei Druckanschwellungen die Spannringe im Holz einpressen und das Rohr in der Folge undicht wird. Ein Vorteil der Holzrohre ist ihre Glätte und ihre geringe Wärmeleitfähigkeit, die Sicherheit gegen ein Einfrieren bietet.

Um in das Innere der Rohre gelangen zu können, werden, ähnlich wie bei Stahlrohren, Mannlöcher angeordnet, die mit einem Flansch am Rohr sitzen und durch Bügel angepreßt werden.

Schrifttum.

ARMBRUSTER: Holzrohrdüker des badischen Murgkraftwerkes. Wasserkr. u. Wasserwirtsch. 1927. H. 12. — BAUMANN: Erfahrungen mit dem Bau von Holzrohrleitungen. Wasserkr.-Jb. 1924. S. 356. — HOLTEN: Neuere Fortschritte im Holzrohrbau. Wasserkr. u. Wasserwirtsch. 1926. H. 13. — DERSELBE: Riesige Holzrohrleitungen. Gesundh.-Ing. 1926. — DERSELBE: Erfahrungen mit Holzrohrleitungen. Wasserkr. u. Wasserw. 1929. H. 6. — KÖSTLER, F.: Holzrohre in den Vereinigten Staaten. Z. d. VDJ. 1909. S. 1714. — LEGRES, J.: Hölzerne Rohrleitungen. Schweiz. Bauztg. 1924, Bd. 83, H. 4. — LUDIN, A.: Rohrleitungen aus Holz. Wasserkraft 1921, H. 6. — DERSELBE: Holzrohrleitungen. Gesundh.-Ing. 1928. — MEIER, FR.: Neuere Ausführungen von Holzrohrleitungen. Bautechn. 1928. H. 17. — NOSSEK, L.: Das Holzrohr und seine Verwendung in Österreich. Z. Ö.J.A.V. 1924. H. 21, 22. — PAULI, W.: Über Holzrohrbau. Der Schweizer Bauer. 1924. — RABOVSKY, H.: Holzdaubenrohre. Berlin: VDI.-Verlag. — SAILER: Holzrohre für Wasserkraftanlagen. Wasserkr. 1923. H. 19, 20. — SCHMIDT, F.: Berechnung von hölzernen, aus Lamellen zusammengesetzten Druckrohrleitungen. Z. öst. Ing.- u. Arch.-Ver. 1923. S. 52. — SEITZ: Bau einer Holzrohrleitung für das Vermuntkraftwerk. Bautechn. 1930. H. 30. — SUPAN, E.: Holzrohre. Wien; Österr. Holzröhren-A.-G., 1927. — WASSINGER: Holzrohrbau in Deutschland. Deutsche Bauzeitung 1923, H. 12 — WHITE, B. E.: Über Holzrohrleitungen. Power 60. H. 21. 1924. — ZIEGLER: Holzrohrleitungen in Island. Bautechn. 1932.

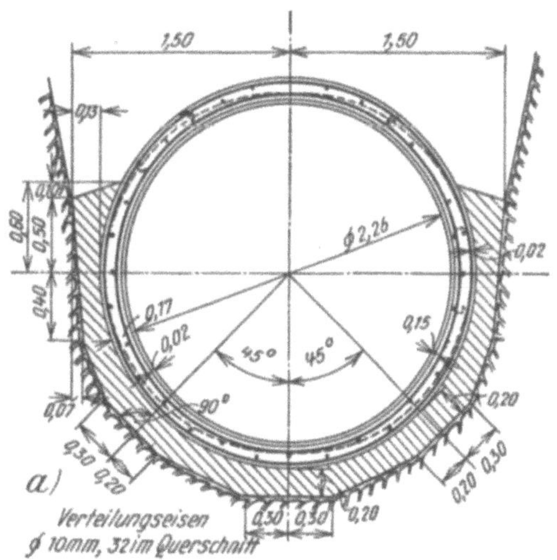

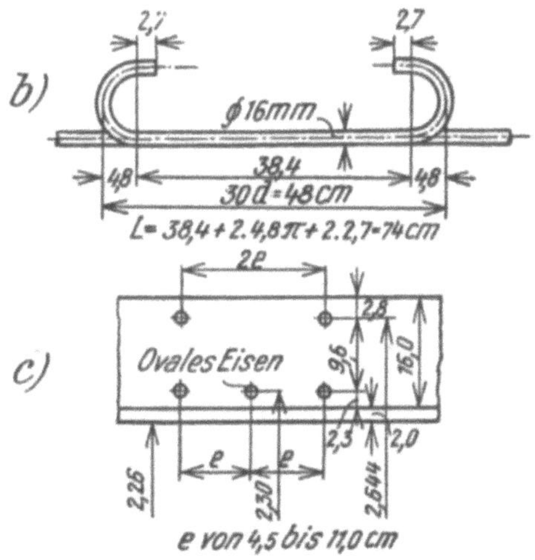

Abb. 1335.   Stahlbetondruckrohr des Kraftwerkes Klosters.

5. Sonderbauwerke an Druckrohren.

Rohrleitungen werden über das Gelände auf möglichst kurzem Wege mit möglichst wenig Richtungsänderungen geführt; die Geländeform längs der Rohrleitung erfordert nun besondere Bauwerke, wenn die Neigungswechsel so schroff oder die Höhenunterschiede so bedeutend sind, daß sie mit der Rohrleitung nicht ausgefahren werden können. Von diesen Bauwerken seien erwähnt: Rohrstollen, Heber, Düker und Rohrbrücken. Die meist große Neigung des Geländes unter den Druckrohren erfordert schließlich vielfach besondere Vorkehrungen zur Ableitung des Niederschlagswassers und in manchen Fällen müssen Lahnenverbauungen beiderseits der Druckrohre ausgeführt werden.

Rohrstollen kommen zur Anwendung, wenn ein schmaler, aber hoher Rücken (Abb. 1352) quer über die Trasse der Druckrohrleitung verläuft. Ein solcher Stollen wird so weit gemacht, daß die Arbeiten beim Zusammenbau außerhalb des Rohres eben noch durchgeführt werden können. Der Mindestabstand zwischen der Rohrwand und Stollenauskleidung beträgt etwa 0,75 [m]. Die Druckrohre werden, wie in der freien Strecke, auf Sockeln gelagert.

Heber dienen dazu, schmale Rücken zu überbrücken; wegen der Umständlichkeit des Betriebes (z. B. Absaugen der ausgeschiedenen Gase aus dem Scheitel) und der Schwierigkeit der Herstellung soll die Erbauung eines Hebers in einer Druckrohrleitung nur in besonders zwingenden Ausnahmsfällen ins Auge gefaßt werden.

Düker. Liegt im Zuge der Trieb-

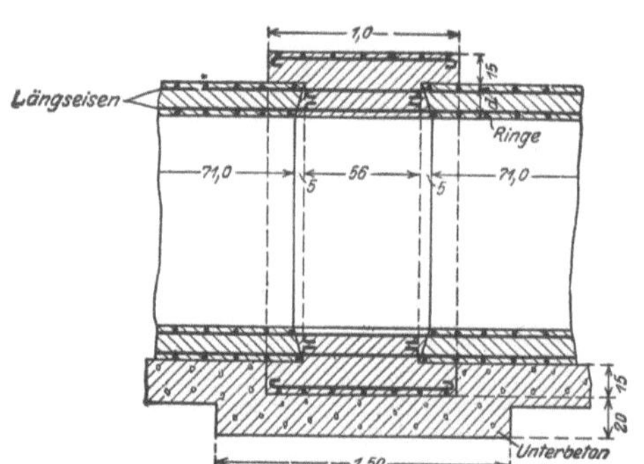

Abb. 1336. Schlußring über den Fugen des Druckrohres Föhrenwald.

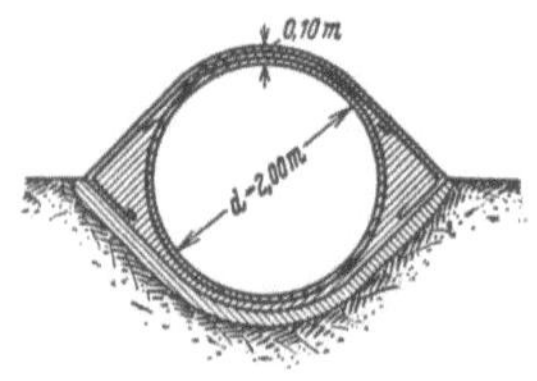

Abb. 1337. Zitronenquerschnitt des Druckrohres des Kraftwerkes Steinhelle a. d. Ruhr. (Nach A. Ludin.)

wasserableitung eine Talmulde, die so ausgedehnt ist, daß sie in der Höhenlage der ankommenden Leitung nicht überschritten werden kann, so wird ein sogenannter Düker eingeschaltet,

Abb. 1338. Zitronenquerschnitt im Bau.

wie er in der Abb. 1353 zu erkennen ist. Im tiefsten Teil des Dükers wird dann in der Regel noch die Einschaltung einer Rohrbrücke nötig. Am Anfang der Rohrbrücke wird in die Rohrleitung meist ein Absperrorgan und ein Spülauslaß eingebaut.

Rohrbrücken werden angewendet, wenn das Druckrohr einen Flußl auf überqueren muß; sie werden entweder derart ausgeführt, daß die Rohrleitung auf einer Brücke geeigneter Bauart verlegt wird, wie es z. B. die Abb. 1340, 1353, 1354 und 1356 vor Augen führen oder

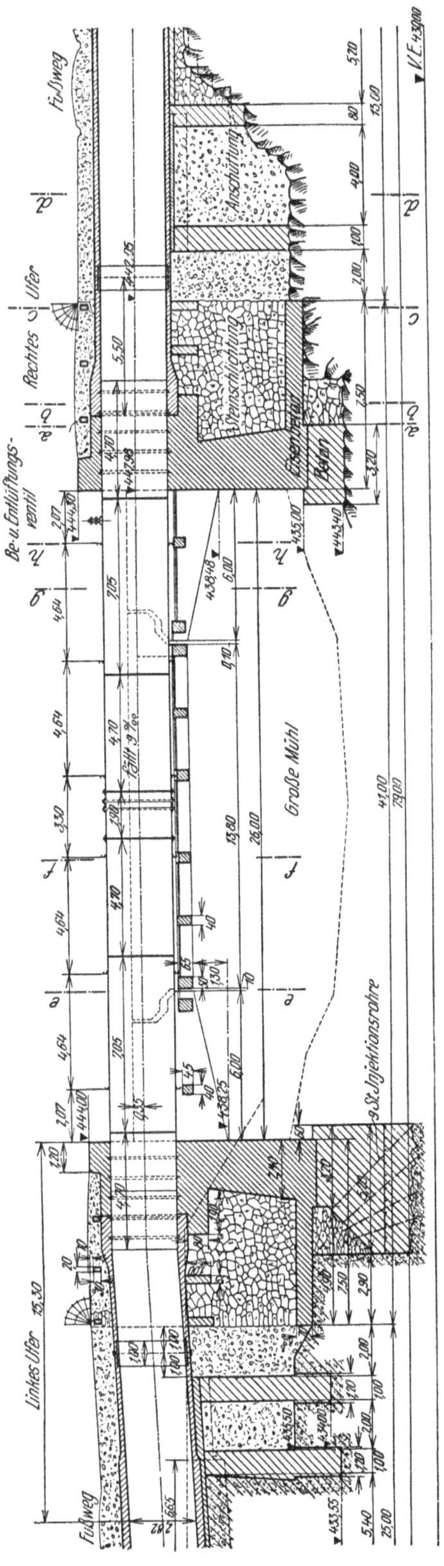

es wird die Druckrohrleitung selbst als tragendes Glied der Brücke ausgebildet. Solche Rohrbrücken können als Hängewerk (Abb. 1357), als Bogenbrücken, wie sie als Beispiel die Abb. 1358 und 1359 darstellen, oder mit freitragenden Rohren (Abb. 1341, 1360) ausgeführt werden.

Für die *Niederschlagswasserableitung* werden neben steil abfallenden Druckrohrleitungen eigene, mit Pflaster oder besonderen Beton- oder Stahlbetonform-

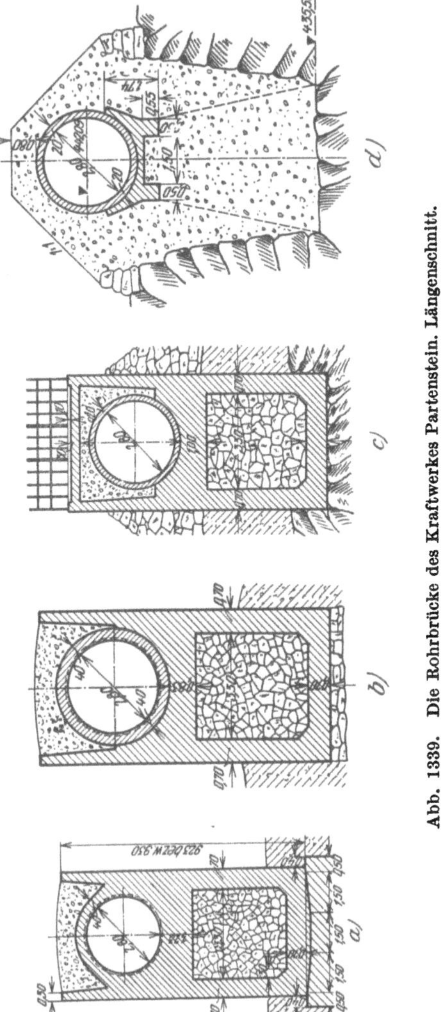

Abb. 1339. Die Rohrbrücke des Kraftwerkes Partenstein. Längenschnitt.

stücken verkleidete Rinnen hergestellt und das ablaufende Wasser wird durch mehrere, quer unter dem Rohre verlaufende Abfanggraben dieser Rinne zugeleitet (Abb. 1259).

Die Lahnenverbauung. Im Hochgebirge besteht endlich die Gefahr der Bildung von Lahnen längs steiler Druckrohrleitungen, weil ja längs des Rohres gelegentlich des Baues alle Bäume geschlagen werden müssen. Eine Bepflanzung wird meist vermieden, damit nicht vom Sturme etwa entwurzelte Stämme die Rohrleitungen beschädigen. Man legt daher im Hochgebirge beiderseits des Druckrohres eine Lahnenverbauung an, die zweckmäßig, wie es die Abb. 1361 andeutet, aus Schienen besteht, die in Bohrlöchern sitzen und zwischen denen lotrechte Hölzer an Drahtseilen hängen.

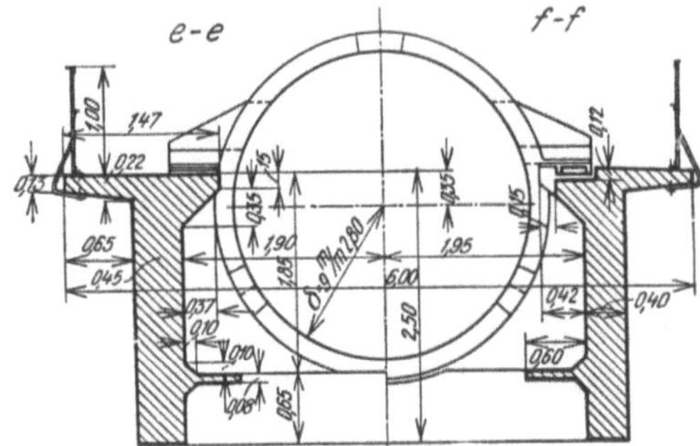

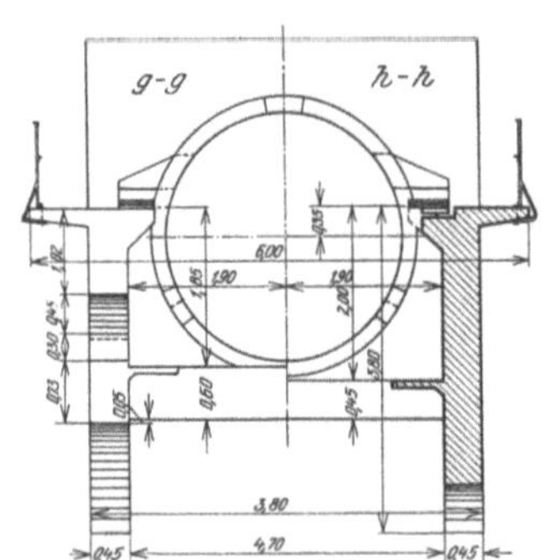

Abb. 1340. Die Rohrbrücke des Kraftwerkes Partenstein. Querschnitte.

6. Zerstörte Druckrohrleitungen.

Zerstörungen sind an Druckrohrleitungen infolge mangelhafter Gründung der Rohrsockel oder wegen unzureichender Belüftung aufgetreten; als Beispiel sei auf die Abb. 1362 verwiesen, die die zerstörte Druckrohrleitung des Kraftwerkes Andelsbuch darstellt, wo infolge von Unterspülung der zu wenig tief gegründeten Sockel das Rohr seine Auflager verloren hat und abgestürzt ist.

C. Stollen.

Stollen leiten das Triebwasser durch einen Bergrücken; wenn die Firste des Stollens benetzt ist, spricht man von Druckstollen, wenn hingegen das Wasser mit freiem Spiegel fließt, so wird der Stollen als Freispiegelstollen bezeichnet.

1. Freispiegelstollen.

In einem Freispiegelstollen fließt das Wasser, so wie in einem Werksgraben, mit freiem Spiegel; die hydraulische Berechnung eines Freispiegelstollens erfolgt daher so, wie jene eines Werksgrabens. Die Querschnittsform eines Freispiegelstollens und die Ausmauerung kann ganz dem Gebirgsdruck angepaßt werden; in hydraulischer Hinsicht sind die üblichen Querschnittsformen ziemlich gleichwertig. In wasserbeständigem und standsicherem Gebirge wäre eine Auskleidung nicht erforderlich; bei Querschnitten, die größer sind, als der aus bergmännischen Gründen erforderliche Mindestquerschnitt von etwa 3—4 [m²] wird aber der benetzte Umfang in der Regel

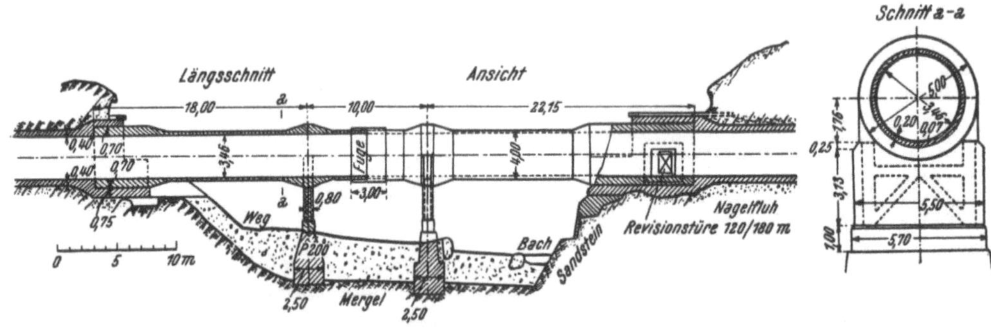

Abb. 1341. Die Rohrbrücke über den Trebsenbach des Wäggitalwerkes.

wenigstens mit Beton abgeglichen, um ihn zu glätten und daher mit kleineren Querschnittsabmessungen das Auslangen zu finden.

Kleine Freispiegelstollen erhalten in standfestem Gebirge vielfach rechteckähnliche Querschnitte, so wie es die Abb. 1303 andeutet. Größere Stollen werden gewöhnlich mit dem sonst im Stollenbau üblichen Hufeisenquerschnitt (Abb. 1366) ausgeführt.

Während die Sohle und die Ulmen bei Freispiegelstollen betoniert werden, wird die Firste gewöhnlich mit Betonformsteinen (vgl. Abb. 1366) oder mit Klinkerziegeln gewölbt. Die Abb. 1365 gibt die Innenansicht eines' Freispiegelstollens, in dem das Klinkerziegelgewölbe deutlich zu erkennen ist.

Wenn das Gebirge Minerale enthält, die Beton schädigen oder wenn das Bergwasser aggressiv ist, muß der Beton der Stollenwandung isoliert werden. Die Abb. 1366 zeigt als Beispiel eine solche Isolierung aus Klinkerziegeln im Asphaltmörtel.

Die Abb. 1367 zeigt schließlich den Längenschnitt eines Freispiegelstollens.

2. Druckstollen.

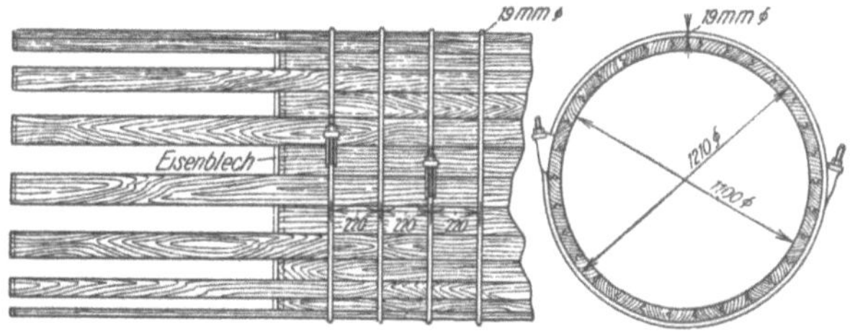

Abb. 1342. Die Rohrbrücke über den Trebsenbach, Wäggitalwerk. (Maillard, Genf.)

Bei der Ableitung des Triebwassers aus einem Stauweiher bietet der Druckstollen sowohl in hydraulischer als auch in betriebstechnischer Hinsicht namhafte Vorteile gegenüber dem Freispiegelstollen, so, daß bei solchen Anlagen stets die Ausführung eines Druckstollens anzustreben ist.

In einem Druckstollen hat nun die Stollenauskleidung einerseits den Gebirgsdruck aufzunehmen, anderseits wird sie aber auch durch den Wasserdruck im Stollen beansprucht. Daß ein Druckstollen unverkleidet gelassen werden kann, wird nur sehr selten vorkommen. Ein

Abb. 1343. Kontinuierliches hölzernes Druckrohr. (Steinbeis und Kons.)

Druckstollen muß unbedingt wasserdicht sein; seine Ausführung kommt daher nur im Gebirge in Frage, das nicht zu Bewegungen neigt. Sowohl die Querschnittsform als auch die Auskleidung müssen so gewählt werden, daß keine Risse im Stollenmantel auftreten können.

Als Querschnittsform kommt für Druckstollen nur der Kreisquerschnitt in Frage. Alle anderen Querschnittsformen werden durch die unter Spannung stehende Wasserfüllung verformt, und zwar um so mehr, je nachgiebiger das Gebirge ist. Der Mantel eines vom Kreisquerschnitt abweichenden Druckstollenquerschnittes erfährt durch die Wasserfüllung nicht nur Zugsbeanspruchungen, sondern auch Biegungsbeanspruchungen, die den Querschnitt kreisähnlicher verformen. Diese Verformung hätte Längsrisse in der Verkleidung zur Folge.

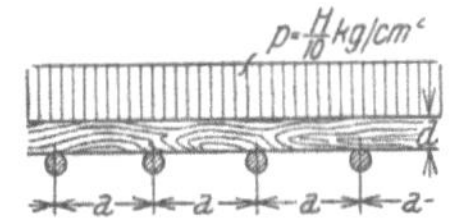

Abb. 1345. Beanspruchung der Wandung eines hölzernen Druckrohres.

Abb. 1344. Zusammenbau eines kontinuierlichen hölzernen Druckrohres in Mylau. Lichtweite 1250 [mm]. (Steinbeis und Kons.)

Die Wandungen kreisrunder Druckstollen werden durch das Wasser gedehnt; sie legen sich hiebei an das Gebirge an, das einen Teil des Wasserdruckes aufnimmt; je unnachgiebiger der Fels ist, um so größer ist dieser Anteil.

Die Nachgiebigkeit des Gebirges kann durch einen einfachen Belastungsversuch überprüft werden, bei dem die Verlängerung eines Durchmessers des Stollens bei verschiedenen Belastungen mittels einer hydraulischen Presse ermittelt werden. Diese Verlängerungen sind teils elastische, die bei Entlastung wieder verschwinden, teils bleibende infolge von Verschiebungen in Klüften und Rissen. Die Abb. 1368 zeigt die Ergebnisse solcher Versuche. Dehnungen von solchen Ausmaßen würden natürlich zu Rißbildungen im Stollenmantel führen, durch die Wasser ins Gebirge gelangen würde. In solchen Fällen sind kostspielige Vorkehrungen, wie Bewehrung des Stollenmantels und Zementeinspritzungen hinter den Stollenmantel erforderlich.

Der Stollenmantel wird vorerst so bemessen, daß er den Gebirgsdruck aufzunehmen vermag; er erhält durch den Gebirgsdruck eine durchaus erwünschte Druckvorspannung, die Rißbildungen infolge der Beanspruchung durch die Wasserfüllung erschwert. Je nach der Druckhaftigkeit des Gebirges erhalten kleinere Druckstollen gewöhnlich Mantelstärken zwischen 0,2 und 0,5 [m].

Ein verläßliches Verfahren zur Berechnung der erforderlichen Mantelstärken gibt es noch nicht.

Um ein sattes Auf liegen des Stollenmantels am Gebirge, besonders in der Firste, zu gewährleisten, wird durch Bohrlöcher hinter den Stollenmantel · Zementmörtel und Zementmilch mit Pressungen bis zu 10 [atü] eingepreßt, die auch natürliche und beim Sprengen entstandene Risse und Klüfte auffüllen. Auf diese Weise wird ein wenig nachgiebiger Bereich im Fels um den Stollen geschaffen und es kann bei Anwendung höherer Einpreßdrücke sogar der Gebirgsdruck und damit die Druckvorspannung im Mantel erhöht werden.

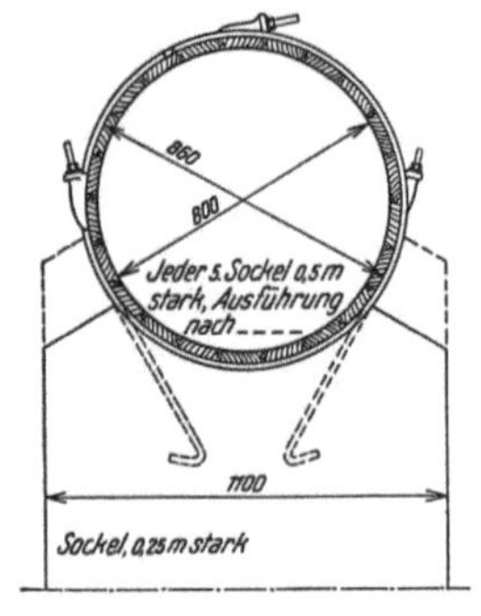

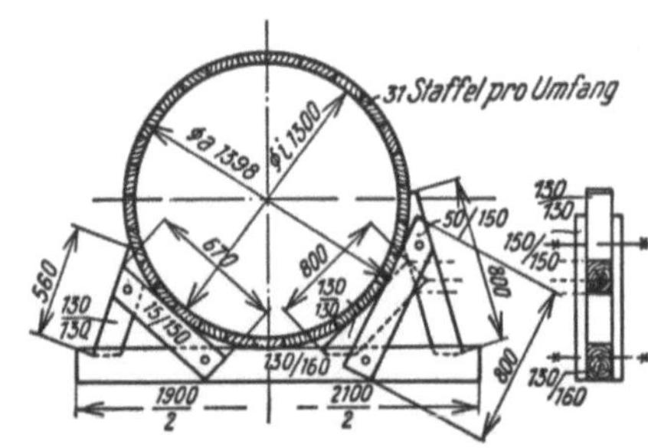

Abb. 1346. Lagerung eines hölzernen kontinuierlichen Druckrohres. (Steinbeis & Kons.)

Abb. 1347. Lagerung eines kontinuierlichen hölzernen Druckrohres auf einem hölzernen Sattel. (Steinbeis & Kons.)

Durch einen Abpreßversuch kann die Wirksamkeit der Zementeinpressungen überprüft werden (vgl. S. 760). Wenn trotz der Zementeinpressungen beim Versuch Risse im Mantel entstehen, dann wird in den Stollen eine Stahlbetonschale von etwa 7 [cm] Dicke eingebaut.

Abb. 1348. Kontinuierliche hölzerne Druckrohrleitung Mylau. Lichtweite 1250 [mm], Wasserdruck 0,3 [at]. (Steinbeis & Kons., Rosenheim.)

Die Bewehrung besteht aus Ringen und einigen Längsrundstählen, die abwechselnd innerhalb und außerhalb der Ringbewehrung verlegt werden. Die Bemessung der Bewehrung ist ohne Willkürlichkeiten nicht durchführbar. Beim Druckstollen des Kraftwerkes Arnstein ist z. B. angenommen worden, daß das Gebirge vollkommen nachgiebig sei und daß die Bewehrung den vollen Wasserdruck aufzunehmen habe. In besseren Felsstrecken werden dann die Bewehrungsringe mit 2400 [kg/cm²], in schlechteren Strecken mit 1500 [kg/cm²] beansprucht. Tatsächlich wirkt ja das Gebirge überall mit und die Beanspruchungen der Bewehrung sind daher wesentlich geringer. Wo der Fels sehr wenig nachgiebig war, hat man auch nur Drahtnetz oder Streckmetall eingelegt und die Betonschale nur 4 [cm] stark gemacht.

Wenn schon von vornherein die Herstellung einer Stahlbetonschale im Druckstollen geplant wird, braucht die statische Stollenauskleidung nicht aus fugenlosem Beton zu bestehen, sondern kann auch aus Formsteinen gemauert werden.

Beispiele für verschiedene Ausführungen von Druckstollen geben die Abb. 1369 (1370, 1371, 1372); den Lageplan eines Druckstollens gibt die Abb. 1373 und den Längenschnitt Abb. 1374.

In besonders schwierigen Fällen, wenn das Gebirge so druckhaft oder so nachgiebig ist, daß auch eine Stahlbetonschale nicht Rißfreiheit gewährleistet, kann eine gußeiserne Stollenauskleidung erforderlich werden, wie sie die Abb. 1375 zeigt.

Die Fensterstollen, von denen aus zusätzliche Angriffsstellen für den Stollenvortrieb geschaffen werden, werden ausgebaut und der Stollen wird nur mit einer dichtschließenden Stollentür abgeschlossen, damit bei Instandsetzungsarbeiten der Stollen auch durch die Fensterstollen wieder betreten werden kann. Die Abb. 1376 zeigt eine solche Stollentür und die Abb. 1377 gibt die Ansicht derselben von der Außenseite. Im Stollen verursacht der Fensterstollen eine starke Unstetigkeit in der Wandung (Abb. 1378), die Wirbel und daher Druckverluste hervorruft. Um solche Druckverluste zu vermeiden, wird entweder in den Stollenmantel am Fensterstollen nur ein Mannloch eingebaut (Abb. 1380) oder es wird vor die Stollentür ein nach der Stollenlaibung gekrümmtes Leitblech gelegt, das die Wirbelbildung verhindert (Abb. 1379).

3. Vor- und Bauarbeiten bei Stollen für die Leitung von Wasser.

Von den beim Bau eines Stollens für die Leitung von Wasser erforderlichen Arbeiten werden die bergmännischen nur kurz gestreift und es wird auf jene besonders eingegangen, die bei Druckstollen erforderlich werden.

Zu den wichtigsten Vorarbeiten gehört die geologische Erkundung des Gebirges, die erweisen muß, ob die geplante Linienführung zweckmäßig ist. Der Absteckung des Stollens geht eine Triangulierung voraus, an die außer dem Anfangs- und Endpunkt auch alle jene Stollen angeschlossen werden, von denen aus Fensterstollen vorgetrieben oder Schächte abgeteuft werden sollen, von denen aus der Stollenvortrieb in Angriff genommen wird. Um nämlich die Bauzeit abzukürzen, wird der Stollenvortrieb an mehreren Stellen begonnen.

Kleinere Stollen werden gewöhnlich im Vollausbruch vorgetrieben. Bei größeren Stollen wird vorerst ein Richtstollen vorgetrieben, der später auf den vollen Querschnitt ausgeweitet wird. Wo das Gebirge nicht genug standfest ist, wird eine Zimmerung eingebaut, wie sie in den Abb. 1381 und 1382 dargestellt ist. Die Ansicht einer einfachen Türstockzimmerung gibt die Abb. 1383.

Die Bohrung der Sprenglöcher erfolgt mit Preßluftbohrhämmern (Abb. 1384,) die entweder mit der Hand frei bedient, zur Unterstützung auf ein Bett gelegt und mit dem Fuß vorgedrückt oder auf Spannsäulen aufgespannt werden.

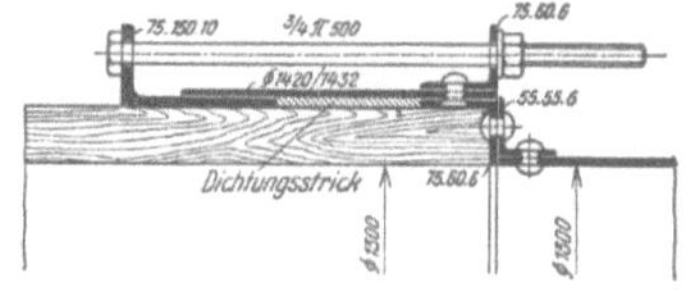

Abb. 1349. Rohrbrücke mit hölzerner Druckrohrleitung. (Steinbeis & Kons.)

Je nach der Beschaffenheit des Gebirges wird der Stollen unverkleidet gelassen, nur torkretiert oder ausgemauert. Die sogenannte Mauerung erfolgt bei Druckstollen in der Regel durch Betonierung. In der Firste muß das Stampfen des Betons besonders sorgfältig erfolgen, damit auch dort der Beton satt am Gebirge anliegt. Es ist zweckmäßig, dort Preßluftstampfer (Abb. 1385) zu verwenden.

Der Verbrauch an Beton geht über den theoretischen, aus der Stollenlichtweite und der vorgesehenen Wandstärke berechneten, weit hinaus,

Abb. 1350. Übergang vom hölzernen zum stählernen Druckrohr. (Nach Steinbeis & Kons.)

weil der unvermeidliche Mehrausbruch (Abb. 1386) wieder ausbetoniert werden muß. Je nach der Art und der Beschaffenheit des Gebirges wird durch den unvermeidlichen Mehrausbruch der Halbmesser des Stollenausbruches um 7 bis 25 [cm] vergrößert. Durch Prämien an die Mineure kann der Mehrausbruch herabgesetzt werden. Der durch den Mehrausbruch bedingte Mehrverbrauch an Beton kann bis zu 100% des theoretischen Betonbedarfes ausmachen. Zur Betonierung werden gewöhnlich etwa 200 [kg] Zement je Kubikmeter fertigen Betons gerechnet.

Wo die von zwei Seiten gegeneinander fortschreitenden Betonierungen des Stollens auf-
einandertreffen, ergibt sich schließlich in der Firste eine Öffnung, deren Ausbetonierung besondere
Schwierigkeiten bereitet. Dieser Gewölbekunstschluß wurde beim Strubbklammwerk in der
in der Abb. 1387 ersichtlichen Weise bewerkstelligt, indem man gitterartig Stahlstäbe einlegte
und die Betonierung mit dem Torkretgerät ausführte.

Wenn die Betonierung nicht in einem Zuge im ganzen Querschnitte ausgeführt werden kann, so, daß also Arbeitsfugen

Abb. 1351. Übergang vom Holzrohr zum Stahlrohr. Lichtweite 1300 [mm], größter Wasserdruck 0,5 [at]. (Öhrag, Wien.)

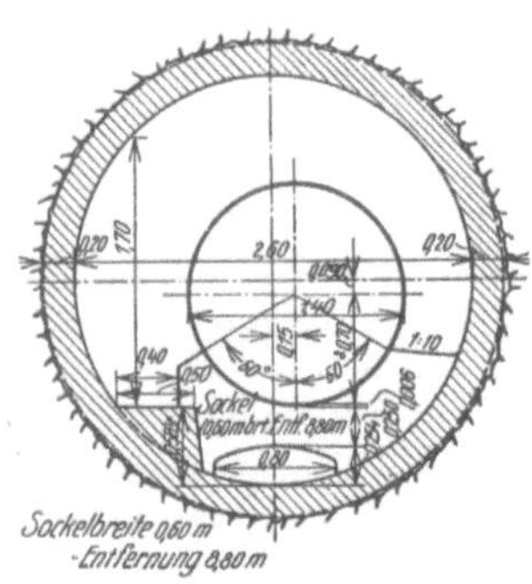

Abb. 1352. Rohrstollen.

entstehen, muß der Zusammenhang in der Arbeitsfuge durch Spickeisen gesichert werden.
Diese werden umgebogen, bei der ersten Betonierung mit einer Hälfte einbetoniert (Abb. 1388)
und sie werden später aufgebogen und mit der anderen Hälfte im später auszuführenden
Stollenmauerwerk gebettet.

In stark druckhaftem Gebirge wird die Ausmauerung, die den Gebirgsdruck aufzunehmen
hat, wie schon erwähnt worden ist, von jener, die dem Wasser-
druck widerstehen muß, vollständig getrennt. Die erstere kann
dann auch aus Betonformsteinen oder aus Klinkerziegeln ausgeführt werden.

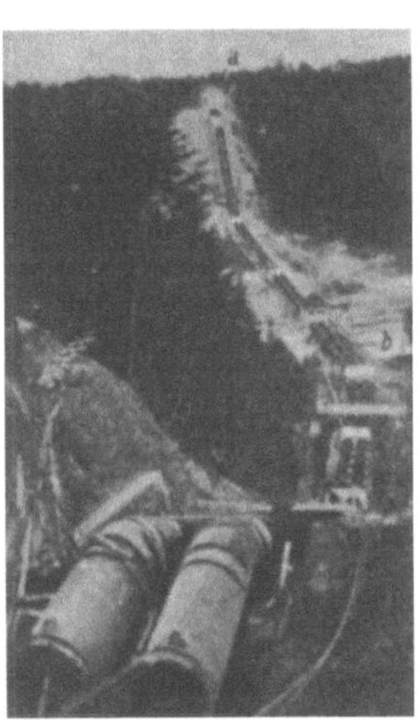

Abb. 1353. Düker der Leitzach-Werke.
a Apparatehaus, b Rohrbrücke.

Abb. 1354. Druckrohrbrücke des Lanzowerkes.

Starker Wasserandrang stört die Betonierung bedeutend, es wird dann eine Dränung, wie
sie in der Abb. 1389 zu erkennen ist, angelegt und jene Stellen der Felslaibung, an denen Wasser
herabläuft, werden mit Rolladenwellblech (Abb. 1390) abgedeckt, das das Wasser gegen die
Dränung ableitet. Die hinter dem Wellblech verbleibenden Hohlräume werden später durch
Zementeinpressung ausgefüllt.

Für die Ableitung des Wassers beim Stollenvortrieb und während der Betonierung werden
unter dem Druckstollen Dränrohre eingebaut. Wenn der Stollenbau vollendet ist, werden diese
Dräne nicht mehr benötigt. Es ist zweckmäßig, diese Dräne mit Beton auszupressen, weil die
ständige Ableitung von Bergwasser sowohl den Beton als auch den Fels schädigen kann und
weil der Wasserdruck auf die Stollenaußenlaibung nur erwünscht ist.

Wenn das Gebirge Minerale enthält, die den Beton schädigen könnten, wie z. B. Gips, Anhydrit, Pyrit, oder wenn das Bergwasser schädliche Verbindungen enthält, müssen besondere Schutzmaßnahmen getroffen werden. Beim Opponitzer Ybbskraftwerk hat man in solchen Strek-

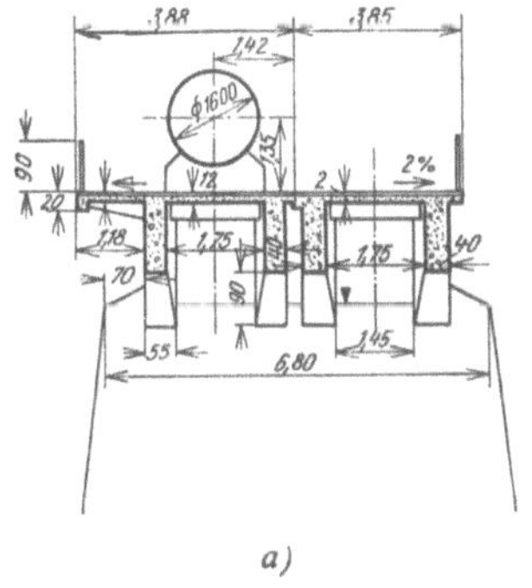
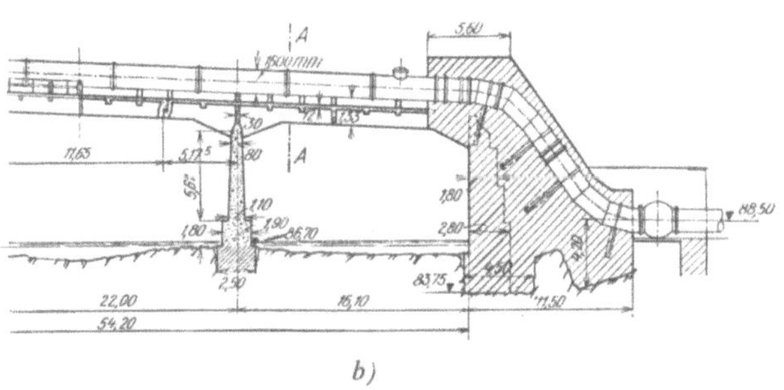

Abb. 1355. Rohrbrücke im Kraftwerk Cala. a) Schnitt A—A, b) Längenschnitt. (H. E. GRUNER.)

ken, wie man es an der Abb. 1366 erkennen kann, den Fels zuerst mit heißem Asphalt verputzt, hierauf eine Rollschicht aus Klinkerziegeln, die in heißen Asphalt getaucht waren, mit Asphaltmörtel aufgemauert und dahinter Betonformsteine verwendet, die am äußeren Ende auch in heißen Asphalt getaucht waren. Die Betonformsteine kamen zur Anwendung, weil abgebundener Beton durch Wasser, das schwefelige Säure enthält, weniger geschädigt wird, als frischer Beton.

Abb. 1356. Rohrbrücke im Ybbsdüker des Kraftwerkes Opponitz. (Städt. Elektrizitätswerk Wien.)

Abb. 1357. Rohrbrücke als Sprengwerk.

Anhydrit neigt, wenn er mit der Luft in Berührung kommt, zu Wasseraufnahme und Volumenvergrößerungen; man überzieht daher trockene Anhydritflächen sofort mit einem Teerölanstrich, feuchte am besten mit einem Torkretputz.

Die Oberfläche eines betonierten Stollens weist zahlreiche Nester und Unebenheiten auf, die geglättet werden müssen, damit die Druckverluste möglichst gering werden. Das geschieht durch einen Verputz (der im Stollen in der Regel gut hält) oder billiger lediglich durch Ausfüllen der Nester und darauffolgendes Tünchen der Leibung mit Zementmilch.

Um die Wasserdichte des Gebirges und des Stollens zu prüfen, werden an mehreren Stellen Abpreßversuche an mindestens 100 [m] langen Stollenabschnitten ausgeführt. Das zu prüfende

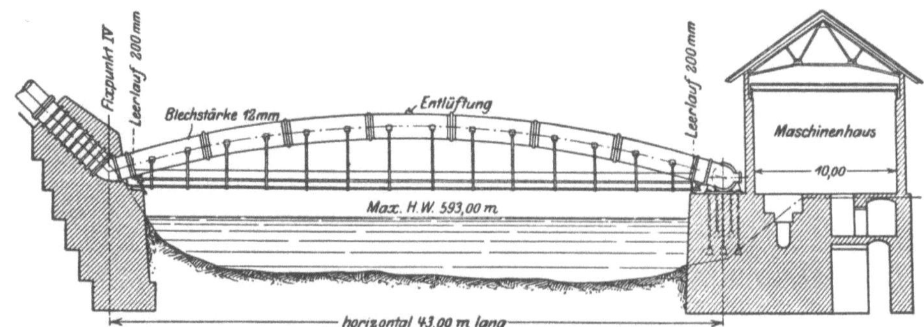

Abb. 1358. Druckrohrbrücke am Kubelwerk.

Abb. 1359. Rohrbrücke L'Argentière.

Stollentrum muß hiebei an den beiden Enden wasserdicht abgeschlossen werden. Man betoniert hiezu an jedem Ende der Versuchsstrecke einen Ring mit einer Öffnung in der Mitte, die mit einem stählernen Deckel abgeschlossen wird. Der Ring muß im Gebirge gut verankert und wasserdicht abgeschlossen werden, etwa so, wie es in den Abb. 1391 bis 1396 zu erkennen ist. Der Deckel (Abpreßdeckel) wird am besten vierteilig (Abb. 1393) aus Stahl hergestellt, in der Versuchsstrecke hinter dem Widerlagerring zusammengebaut (Abb. 1392) und dann aufgestellt und mittels eines Flaschenzuges auf den Widerlagerring aufgepreßt. Als Dichtung wird entweder eine etwa 2 [cm] dicke Asphaltschicht oder ein Belag aus 3 [cm] dicken, in Talg getränkten Filzplatten verwendet. Da trotz aller Vorsichtsmaßnahmen doch stets etwas Wasser durch Undichtigkeiten am Abpreßdeckel aus der Versuchsstrecke abläuft, wird beiderseits vor den Ringen ein kleiner Betondamm aufgeführt, hinter dem sich das Leckwasser ansammeln kann.

Abb. 1360. Rohrbrücke am Düker in Aue im Erzgebirge.

Der Ablauf aus diesem Becken muß so angeordnet werden, daß eine fortlaufende Wassermessung möglich ist; man läßt daher das Wasser entweder über ein Meßwehr laufen oder führt es durch ein Rohr ab, in das ein Wassermesser eingebaut ist. Da Druckstollen stets im Gefälle angelegt werden, so muß sowohl für den Ablauf der Leckwässer vom Abpreßdeckel als auch für jenen der zulaufenden Bergwässer aus der übrigen, oberhalb liegenden Stollenstrecke gesorgt werden. Man baut hiezu durch die Versuchsstrecke eine durch beide Abpreßdeckel laufende Rohrleitung ein und pumpt durch

Abb. 1361. Lahnenverbauung an der Druckrohrleitung des Spullersee-Werkes.

sie das Wasser zum tieferliegenden Ende der Versuchsstrecke etwa so, wie es in der schematischen Darstellung der Abb. 1396 zu erkennen ist. In die Rohrleitung werden innerhalb der Versuchsstrecke zwei elastische Rohrschlingen aus ausgeglühten Stahlrohren eingebaut, damit in den Rohrleitungen bei einem allfälligen Nachgeben der Abpreßdeckel keine Spannungen entstehen. Der Zulauf aus der oberhalb liegenden Stollenstrecke muß vor der Pumpe sorgfältig gemessen werden, damit die aus der Versuchsstrecke zulaufende Wassermenge sicher ermittelt werden kann. Die Wasserzuleitung in die Versuchsstrecke erfolgt am besten aus einer genügend hoch über dem Stollen liegenden Fassungsstelle an einem Bach. Auch die zugeleitete Wassermenge wird genau gemessen und an einem Manometer wird der jeweils im Stollen herrschende Druck abgelesen. Sobald der Stollen gefüllt

Abb. 1362. Druckrohrleitung des Kraftwerkes Andelsbuch infolge Unterspülung von Rohrsockeln zerstört.

ist, ergibt die Differenz aus der zulaufenden und der durch Undichtigkeiten ablaufenden Wassermenge, jene, die durch Undichtigkeiten ins Gebirge läuft. In den Versuchsstrecken ist

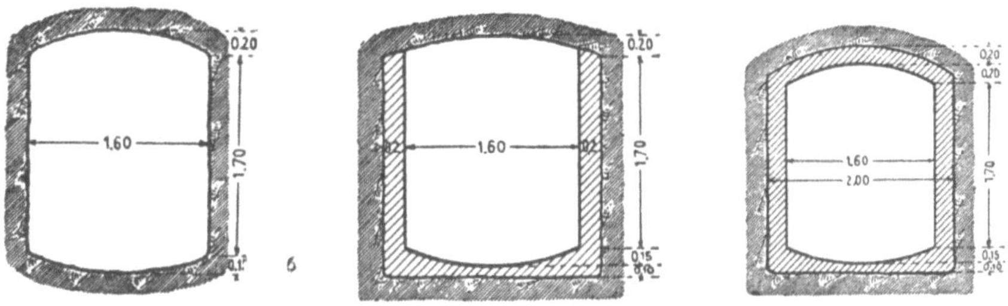

Abb. 1363. Druckstollen des Raabklamm-Werkes. Lichter Querschnitt 2,93 [m²].

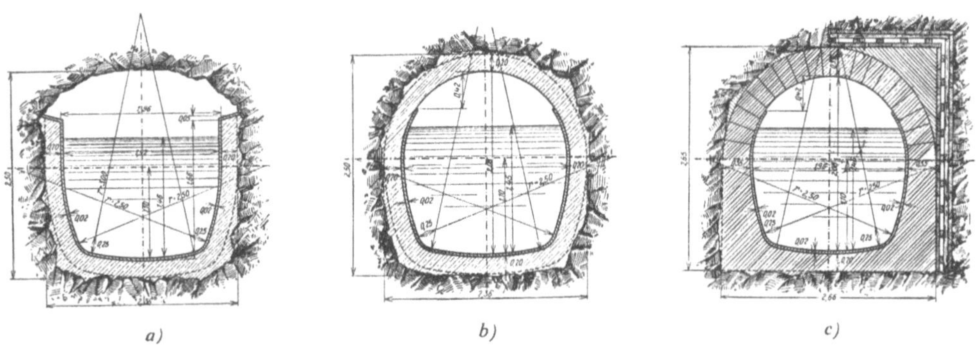

Abb. 1364. Freispiegelstollen der Wiener Hochquellenwasserleitung.

entweder die Mauerung und die dichtende Auskleidung schon fertiggestellt oder es wird das Gebirge in seinem ursprünglichen Zustand belassen, um Anhaltspunkte für dessen Wasserdurchlässigkeit zu erhalten. Die Wasserverluste werden in Litern in der Sekunde auf 1000 [m²] Stollenlaibung angegeben und spezifische Felsverlustwassermenge genannt. In fertig gebauten Strecken des Stollens des Teigitschwerkes ergaben sich z. B. bei einem Innendruck von rund 4 [kg/cm²] als Wasserverlust 0,8 bis 1,0 [l/sec. 1000 m²] und in derselben Größenordnung ergaben sich auch die Verluste bei Versuchen an anderen Stollen. Versuche mit verschiedenen Drücken haben ergeben, daß die Wasserverluste nicht proportional dem Innendruck zunehmen, sondern stärker wachsen, weil sich bei höheren Drücken die bestehenden Risse erweitern, aber auch neue öffnen.

Infolge des Innendruckes dehnt sich die Stollenröhre aus, wobei sowohl das Gebirge als auch die Mauerung ausweicht. Die Zusammendrückungen des Gebirges sind zum Teil elastische, zum Teil bleibende, wie schon erwähnt worden ist.

Abb. 1365. Freispiegelstollen der Alzwerke. *a)* Arbeitsfuge, *b)* Klinkerziegel. (Edwards, Hummel, Kunze, München.)

A. Hugentobler (Zürich) hat ein Gerät gebaut, das sich zur Messung der Dehnung des Stollendurchmessers unter Wasserdruck eignet und die jeweilige Dehnung unmittelbar abzulesen erlaubt. Er befestigt an jedem Arm im Stollen einen Dehnungsmesser, der die Bewegungen auf elektrischem Weg an einem Empfänger außerhalb der Versuchstrecke meldet, an dem die Ablesungen erfolgen.

Das Verhalten eines dem Wasserdruck ausgesetzten Stollens kann auch durch die in den Abb. 1396, 1397 und 1398 dargestellten Meßeinrichtungen ermittelt werden, die beim Kraftwerk Amsteg Verwendung gefunden hat. Die Dehnung der Stollenröhre wird von mehreren Armen auf eine berußte metallene Platte aufgezeichnet, die durch einen Drahtzug während des Versuches gedreht werden kann. Durch Untersuchung der Meßplatte mit dem Mikroskop können Dehnungen von 1/1000 [mm] noch geschätzt werden. Um die Größenordnung der Dehnungen der Stollenröhre anzudeuten, sei erwähnt, daß z. B. in dem 4,3 [m] weiten Stollen von Amsteg bei 4 [atü] Innendruck die Dehnung des Durchmessers bei Biotitgneis 5/100 [mm], bei Serizitschiefer 80/100 [mm] betragen hat; die Dehnungen sind im harten Gestein fast vollständig elastisch, in gebrächem aber größtenteils plastische (bleibende).

Wenn in derselben Versuchsstrecke die Messungen wiederholt werden, so ergeben sich immer kleinere Dehnungen, weil die Deformationen immer weniger plastisch sind und weil Bewegungen in den Klüften hauptsächlich beim ersten Belastungsversuch erfolgen.

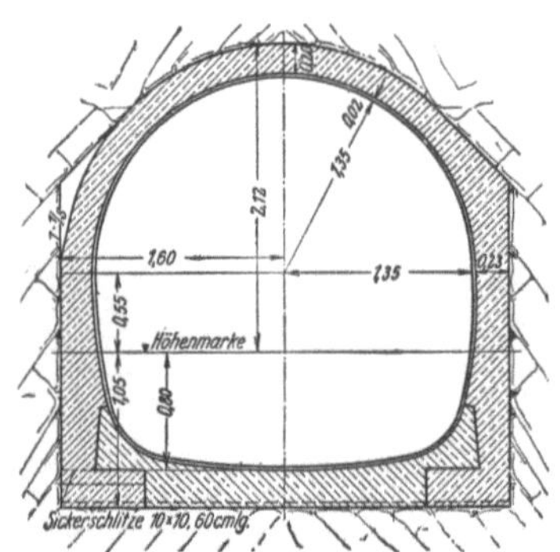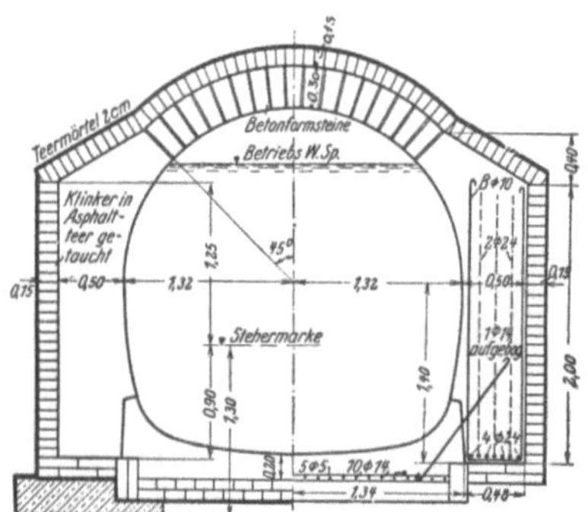

Abb. 1366. Querschnitt des Freispiegelstollens des Ybbswerkes. (Nach R. RANDZIO.)

Damit die oben angeführten Dehnungen, die in Amsteg ermittelt worden sind, auch richtig gewertet werden, sei erwähnt, daß schon bei einer Dehnung um 11/100 [mm] selbst starke Betonauskleidungen Risse erhielten und undicht wurden.

Neben der Nachgiebigkeit des Gebirges gefährdet die Stollenauskleidung aber auch noch der Umstand, daß der Betonmantel in der Firste nie satt am Gebirge anliegt und daher dort, wenn keine besonderen Vorkehrungen getroffen werden, kein Widerlager findet, auf das er den Innendruck übertragen kann. Die Ursache dieser Hohlraumbildung liegt teilweise darin, daß sich der Beton noch vor dem Erhärten trotz sorgfältigen Stampfens zusammensetzt und hiebei vom Gebirge loslöst. Um nun Rißbildung zu verhüten oder zumindest weitgehendst einzuschränken, müssen die Hohlräume zwischen dem Betonmantel und dem Gebirge nachträglich ausbetoniert werden und es müssen auch alle natürlichen und die vom Sprengen herrührenden Risse im Gebirge mit Beton ausgefüllt werden, so, daß um den Stollen eine möglichst unnach-giebige und unbeweg-liche Zone entsteht, gegen die sich der Beton-mantel ohne nennens-werte Dehnungen stüt-zen kann.

Messungen in Stollen haben ergeben, daß auch Temperaturänderungen des Gebirges bewirken, daß z. B. die Durch-messerdehnungen bei Abkühlung des Gebirges dieselbe Größenordnung erreichen, wie jene in-folge des Innendruckes.

Um diese Dehnungen möglichst unschädlich zu machen, trachtet man die Ausfüllung der Hohl-räume hinter der Aus-mauerung derart aus-zuführen, daß die Mauerung unter Außen-druck steht.

Die Hohlraumfül-lung wird durch Ein-spritzung von flüssigem Beton mit Drücken von 5 bis 10 [kg/cm²] be-wirkt. Man verwendet flüssigen Mörtel im Mischungsverhältnis 1:1 bis 1:2 bei gutem und 1:3 bis 1:4 in stark rissigem Gebirge; der Sand soll keine Korn-größen über 1 [mm] ent-halten. Die Löcher für die Einpressung können entweder durch Ein-betonieren von Gasrohr-abschnitten mit Ge-winden oder billiger durch Durchbohren der Mauerung mit Bohr-hämmern hergestellt werden. Für das Ein-pressen werden entweder das Gerät von Wolfs-holz (Abb. 1399) oder jenes der Torkretgesellschaft (Abb. 1400) verwendet. Bei beiden wird der Mörtel eingefüllt und mittels Preßluft durch einen Schlauch hinter die Stollenmauerung getrieben. Um eine Ent-mischung des Mörtels zu verhindern, wird beim Wolfsholzgerät ein Rührwerk betätigt, während beim Torkretgerät nach Senkung des sogenannten „Kochrohres" und Umstellung

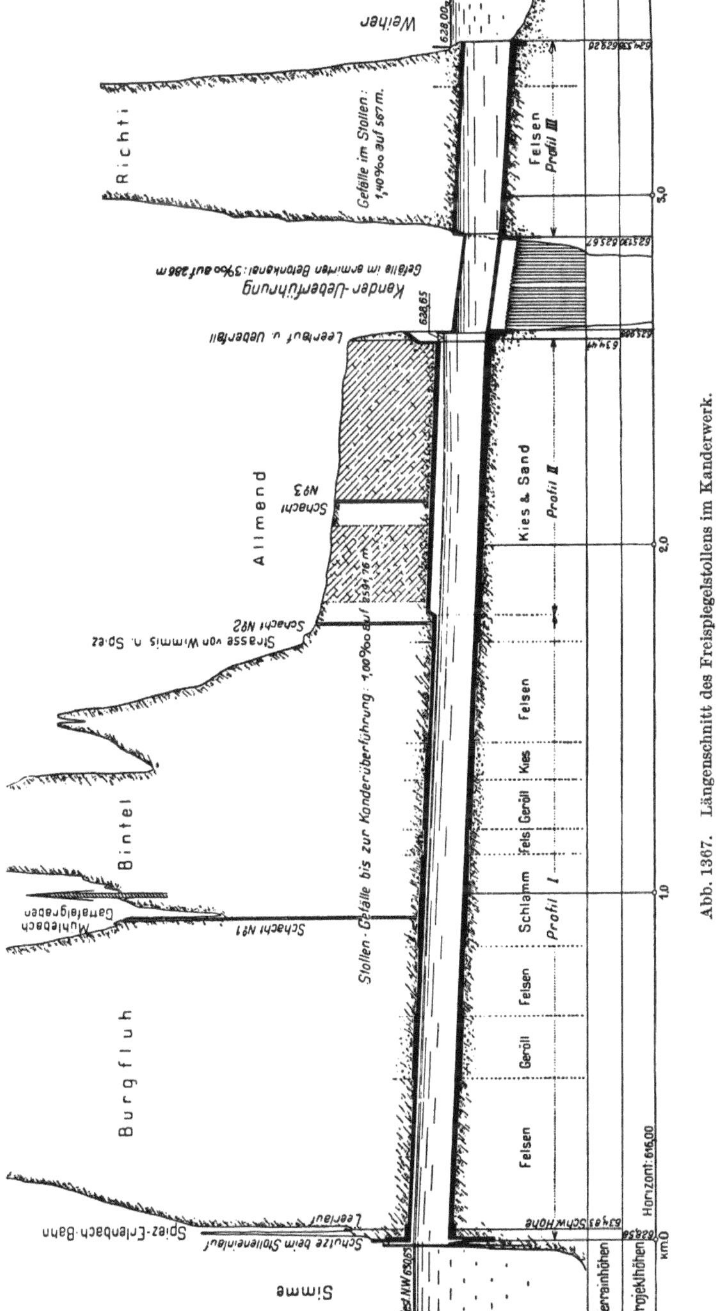

Abb. 1367. Längenschnitt des Freispiegelstollens im Kanderwerk.

der Hähne in der in der Abb. 1400 rechts, ersichtlichen Weise, Preßluft durch den Mörtel getrieben. Die Einspritzdüse wird entweder unter Verwendung einer eigenen Spannsäule (Abb. 1401) mit einer Leder- oder Gummidichtung an die Stollenwandung angepreßt oder es wird bei geringen Drücken die Anpressung behelfsmäßig mit einer Einrichtung bewerkstelligt, die in der Abb. 1402 zu erkennen ist. Wo nach der ersten Hinterpressung der Stollen beim Abklopfen hohl klingt, wird durch neu gebohrte Löcher neuerdings Beton eingepreßt. Die Löcher werden in einer gegenseitigen Entfernung von etwa 2 bis 3 [m] gebohrt und es werden zuerst die unteren und dann die oberen angeschlossen, wobei die Füllung so lange fortgesetzt wird, bis bei den Nachbarlöchern Mörtel austritt.

Die Hinterspritzung erfordert erhebliche Mörtelmengen; man hat z. B. am Druckstollen des Teigitschwerkes bei einem Durchmesser von 2,5 [m] am laufenden Meter durchschnittlich

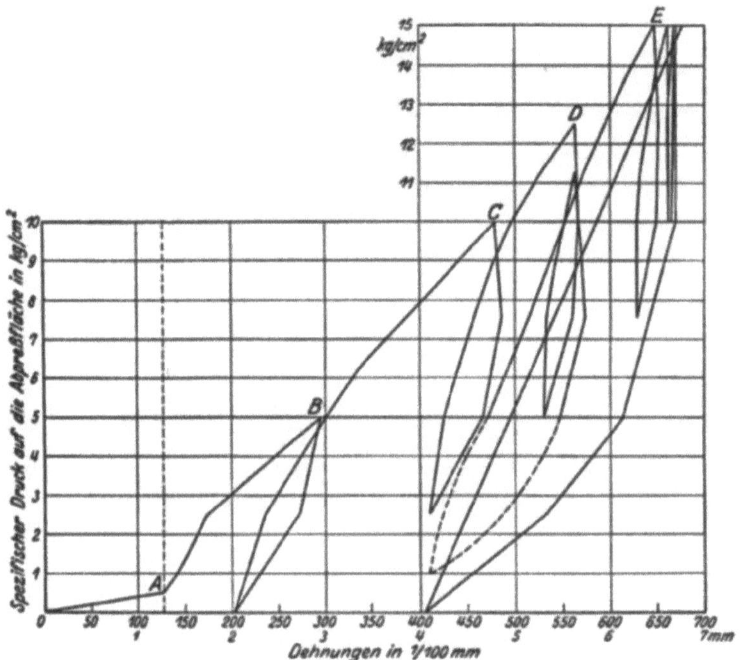

Abb. 1368. Last-Dehnungsdiagramm, aufgenommen im Stollen Amsteg durch die Schweizer Druckstollenkommission.

600 [l] Mörtel bei einem Druck von 5 bis 6 [kg/cm²] verbraucht. Bei den gleichen Einpreßdrücken gingen im oberen Stollen des Wäggitales 174 bis 296 [kg] Zement und 0,112 bis 0,062 [m³] Sand auf. Im Stollen des Schwarzenbachwerkes erforderte die Zementpressung 4,7 [m] Bohrloch auf dem laufenden Meter Stollen und 238 [kg] Zement. Die Kosten dieser Hinterpressung machen einen nennenswerten Anteil der Gesamtstollenkosten aus.

In nachgiebigem Gebirge wird, wie schon betont worden ist, in den Stampfbetonmantel eine Stahlbetonschale eingelegt, die den Innendruck, je nach der Gebirgsbeschaffenheit mehr oder minder vollständig aufnimmt. Die Bewehrung erfolgt durch Rundstahlringe (Abb. 1403) und Verteilungsrundstähle, von denen jeder dritte zwischen den Stampfbeton und die Ringe als Distanzhalter eingelegt werden. Die Betonierung erfolgt durch Torkretierung und darauffolgende Glättung der Betonoberfläche.

Die Torkretierung geschieht mit Beton, der mittels Preßluft gegen den Fels oder die Bewehrung geschleudert wird. Man verwendet hiezu die sogenannte „Zementkanone" der Torkretgesellschaft, die in der Abb. 1404 dargestellt ist. Der trocken gemischte Beton wird nach Senken des Deckels e durch den Trichter b in den Raum c des Gerätes gefüllt. Hierauf wird der obere Deckel (e) geschlossen und der untere gesenkt, und der Beton fällt in den Raum d weiter und füllt die Kammern des Taschenrades g. Durch die Pfeife t wird Preßluft zugeleitet, die auch den Raum d erfüllt. Durch einen kleinen Preßluftmotor wird das Taschenrad g gedreht und so oft eine Tasche an der Pfeife t vorüberkommt, wird sie durch den Luftstrom entleert, der den Inhalt durch den Stutzen l in einen Schlauch bläst und bis zu einer Düse weiterbefördert. Aus der Düse wird

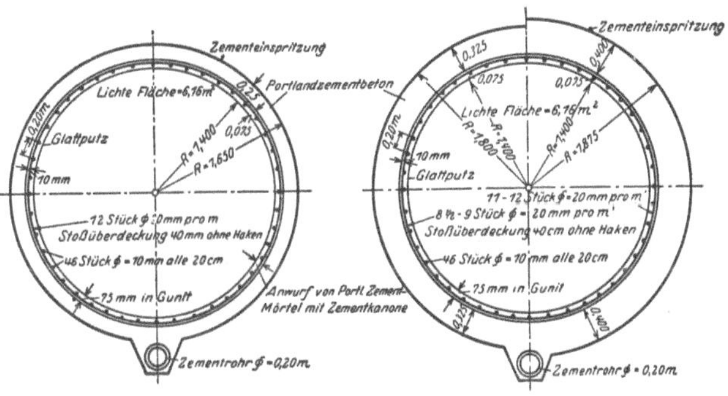

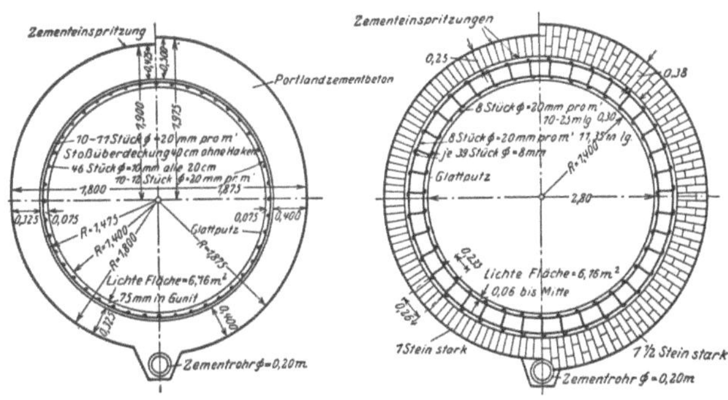

Abb. 1369.   Druckstollen des Kraftwerkes Amsteg. (Nach O. WALCH.)

der Beton mit großer Geschwindigkeit hinausgeschleudert; die Anfeuchtung des Betons geschieht erst in der Düse (Abb. 1405), wo aus einer Anzahl am Umfange angeordneter Öffnungen Wasser beigegeben wird.

Beim Torkretieren kann Kies bis zu etwa 5 [mm] Korngröße verwendet werden. Anfänglich haftet an der Fläche, gegen die der Beton gespritzt wird, nur der Schlamm, die gröberen Körner prallen ab und fallen zu Boden. Erst, wenn die Mörtelschicht aus feinkörnigen Bestandteilen eine gewisse Stärke erreicht hat, bleiben auch die gröberen Körner haften. Der „Rückprall" kann für Betonierungen verwendet werden. Der Wasserzusatz an der Düse wird so geregelt, daß der Beton gut haftet. Die Abb. 1406 zeigt das Torkretieren der Felslaibung in einem Stollen.

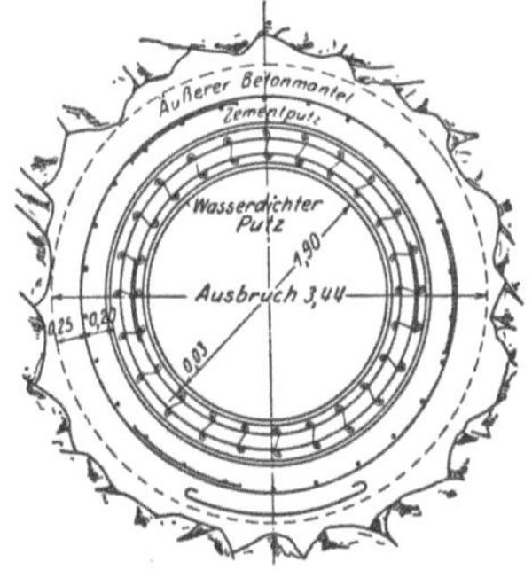

Abb. 1370.   Querschnitt des Druckstollens Venaus in schlechten Gebirgsstrecken. (Nach O. WALCH.)

4. Druckschächte.

Lotrechte oder geneigte Schächte für die Leitung von Wasser werden als Druckschächte bezeichnet; sie werden statt Druckrohren angewendet, wenn das Gelände zu steil oder aus anderen Gründen für den Bau einer Druckrohrleitung ungeeignet ist. Die Abb. 1407 zeigt als Beispiel den Längenschnitt eines Druckschachtes.

In Druckschächten herrschen so hohe Wasserdrücke, daß stets eine dichtende Blechauskleidung erforderlich ist, die gleichzeitig die Innenschalung bei der Betonierung des Schachtmantels bildet. Die Blechhaut kann starr oder nachgiebig ausgebildet sein; beide Arten von Auskleidungen sind verwendet worden.

Starre Auskleidungen bestehen aus genieteten oder geschweißten Rohrschüssen, ähnlich wie bei den Druckrohren, die mit Innenmuffen verbunden werden. An einem Druckschacht in den Alpen sind Wandstärken von 7 bis 25 [mm] verwendet worden; alle vier Meter lag eine Muffe, die ähnlich wie gewöhnliche Muffen von innen mit Strick und Blei abgedichtet worden sind. Im Schacht ist eine eigene Gleitbahn hergestellt worden, die mit zwei Winkelstählen bewehrt ist, zwischen denen eine Betongießrinne liegt (Abb. 1408). Die Schachtauskleidung gleitet mittels Sätteln auf den Winkelstählen herab. Wenn eine Muffenverbindung hergestellt ist, wird der Mantel durch die Gießrinne in Beton (250 bis 300 [kg] Zement je Kubikmeter fertigen Betons) gegossen. Eine andere Gleitbahn zeigt die Abb. 1409. Die Auskleidung dieses Druckschachtes ist elektrisch verschweißt worden, nachdem die Rohre mittels je sechs Dornen in an Ort und Stelle gebohrten und konisch ausgeriebenen Löchern fixiert worden waren (Abb. 1410). Auch die Dorne sind mit der Auskleidung verschweißt worden. Ein Bild vom Herablassen eines Abschnittes des Futterrohres in den Schacht gibt die Abb. 1411.

Eine elastische Blechhaut ist in den Druckschächten des Kraftwerkes Pallanzeno-Rovesca bei Domodossola verwendet worden; die höchsten Wasserdrücke betragen dort 715 und 525 [mWs]. Den Querschnitt des Schachtes zeigt die Abb. 1412. Die Stahlauskleidung besteht aus 6 [m] langen Rohrschüssen (Abb. 1413), die mit Flanschen (Abb. 1414) aneinandergeschlossen sind. Die Rohrwandung, die nur 4 [mm] Stärke hat, erhielt, damit sie elastisch ist, eine Anzahl von Wellen (Abb. 1415). An

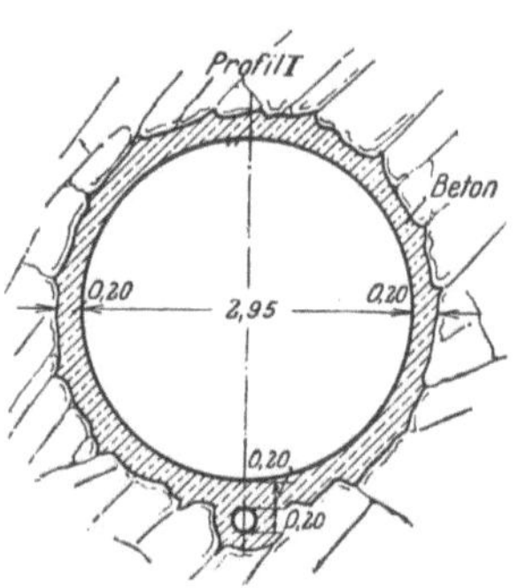

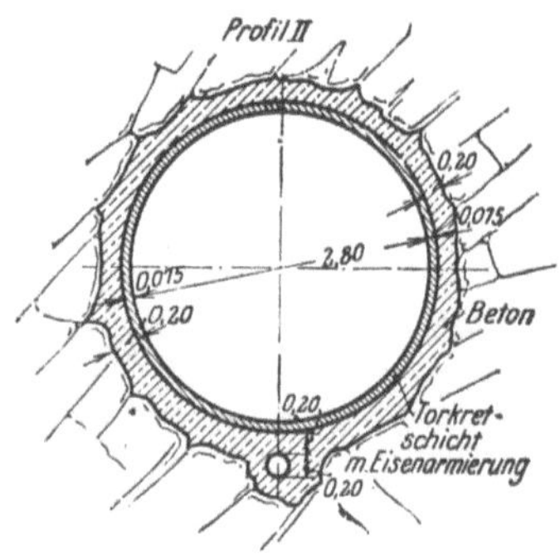

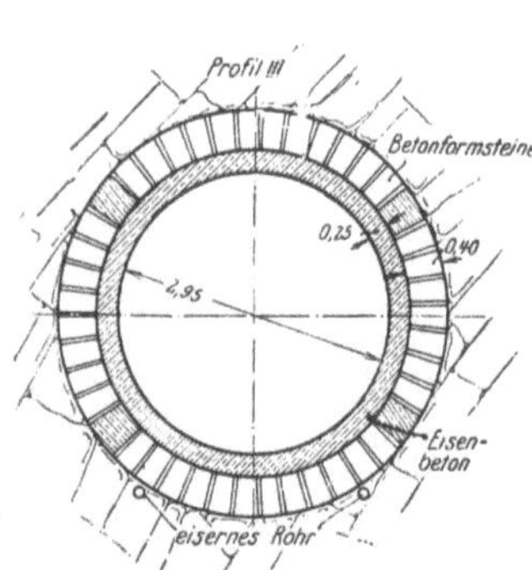

Abb. 1371. Querschnitte des Druckstollens in
Partenstein.

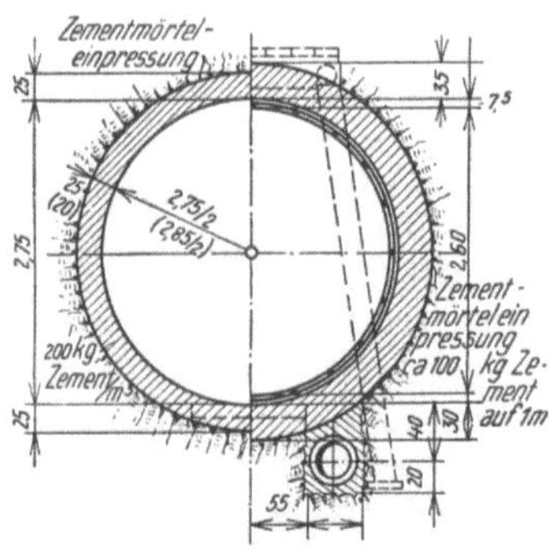

Abb. 1372. Querschnitt eines Druckstollens
links ohne, rechts mit Stahlbetonschale.
(H. E. GRUNER.)

der Außenseite sind diese Wellen mit Blechstreifen überdeckt, die verhindern sollen, daß Beton die Wellen ausfüllt und dadurch die Beweglichkeit der Blechhaut gefährdet. An den Flanschen ist die Nachgiebigkeit stark behindert und auch die Wandstärke ist sehr gering. Bei der Probefüllung hat das Gebirge stärker nachgegeben, als man angenommen hat und es ist hiebei ein Bruch der Blechhaut entstanden, nach deren Instandsetzung sie sich im Betriebe aber gut bewährt haben soll.

Bei der Berechnung einer Blechauskleidung kann ähnlich vorgegangen werden wie bei jener der Bewehrung von Druckstollen. Unter der Annahme vollen Ausweichens des Gebirges und eines Risses im Betonmantel kann die Blechhaut durch den Wasserdruck bis nahe an die Proportionalitätsgrenze beansprucht werden.

Schrifttum.

AMPFERER: Geologische Bemerkungen zum Druckstollenproblem. Z. öst. Ing.- u. Arch.-Ver. 1923. S. 283. — BADER: Vortrieb und Auspölzung von Gebirgstunnels. Berlin: Springer 1911. — BECKER: Die Beschleunigung der Stollenvortriebe. Bauing. 1930. — BIERMANN: Bandförderung des Baustoffes im Tunnelbau. Bautechn. 1927. — BODENSEHER: Die Ausbesserung des durch Gipsquellen zerstörten Wasserstollens des Opponitzer Ybbskraftwerkes der Stadt Wien. Schweiz. Bauztg. 1927. — BÜCHI: Zur Berechnung von Druckschächten. Schweiz. Bauztg. 77. H. 6, 7, 8. 1921. — DÖRR: Erddruck auf die Auskleidung in Stollen und Tunneln. Bautechn. 1924. S. 563. — DERSELBE: Vom elastischen Verhalten der Gesteinswände in Druckstollen, Bauing. 1925. S. 703. — DÜNN: Über das elastische Verhalten des einen Druckstollen umgebenden Felsens, Proc. of the Amer. Soc. of. Cic. Eng. 1923. — DRUCKSTOLLEN-KOMMISSION: Bericht der Druckstollen-Kommission über den Druckstollen des Kraftwerkes Amsteg. — EFFENBERGER: Über das Druckstollenproblem, Entwicklung und gegenwärtiger Stand in Theorie und Praxis. Z. öst. Ing.- u. Arch.-Ver. 1923. S. 269. — DERSELBE: Über Profil und Berechnung von Druckstollen. Schweiz. Bauztg. 1923. — DERSELBE: Theorie des Druckwasserstollens. Melan-Festschrift. — DERSELBE: Messung der Qualität des elastischen Gebirges. Beton u. Eisen. 1922. H. 7. — FANTOLI, G.: Temperatureinflüsse auf Druckstollen. Dtsch. Wasserwirtsch. 1924. H. 8. — FELLNER, V.: Bohr- und Sprengtechnik im Stollenbau unter Berücksichtigung des Sprengluftverfahrens. Bautechn. 1927. — GABLER: Durchführung von Stollenerhaltungsarbeiten bei starkem Bergwasserzulauf. Wasserwirtsch. 1932. — GASPARONI: Su alcune particolarita della condotta forzate in roccia di Mese. L'Energia Elettrica. 1928. — JOYE: Die Dehnungsmessungen am Druckschacht des Achenseekraftwerkes. Wasserkr.-Jb. 1928/29. — KIEFER: Der Stollenbau für die III. Zuleitung der Wasserversorgung der Stadt München. Bautechn. 1932. — KOCHER-PREISWERK, H. F.: Erfahrungen aus dem Druckstollenbau. Schweiz. Bauztg. 108. H. 8, 9. 1936. — KRESS, H. H.: Zur Bemessung der eisernen Auskleidung kreisförmiger Unterwassertunnels. Bauztg. 1940. S. 477. — LEON, A. und WILLHEIM: Über die Zerstörungen in tunnelartig gelochten Gesteinen. Öst. Wochenschr. öff. Baudienst 1912. S. 281. — MAILLART: Über Gebirgsdruck. Schweiz. Bauztg. 1923. S. 168. — MARIONONI: Condotte elastiche in roccia. Energia Elettr. 1926. — MEYER, A.: Selbstkostenberechnung von Stollen in Fels. Hoch- u. Tiefbau. Zürich. — MÜHLHOFER, L.: Die Berechnung kreisförmiger Druckschachtprofile unter Zugrundelegung eines elastisch nachgiebigen Gebirges. Z. öst. Ing.- u. Arch.-Ver. 1921. — DERSELBE: Über die Inanspruchnahme von Druckstollenauskleidungen. Bauing. 1923. H. 18. — DERSELBE: Neuerungen auf dem Gebiete des Druckstollenbaues. Bauing. 1922. — ORNIG, J.: Der Stollen des Teigitschkraftwerkes. Z. öst. Ing.- u. Arch.-Ver. 1924. — PUPPINI: Tensione i deformazioni nelle

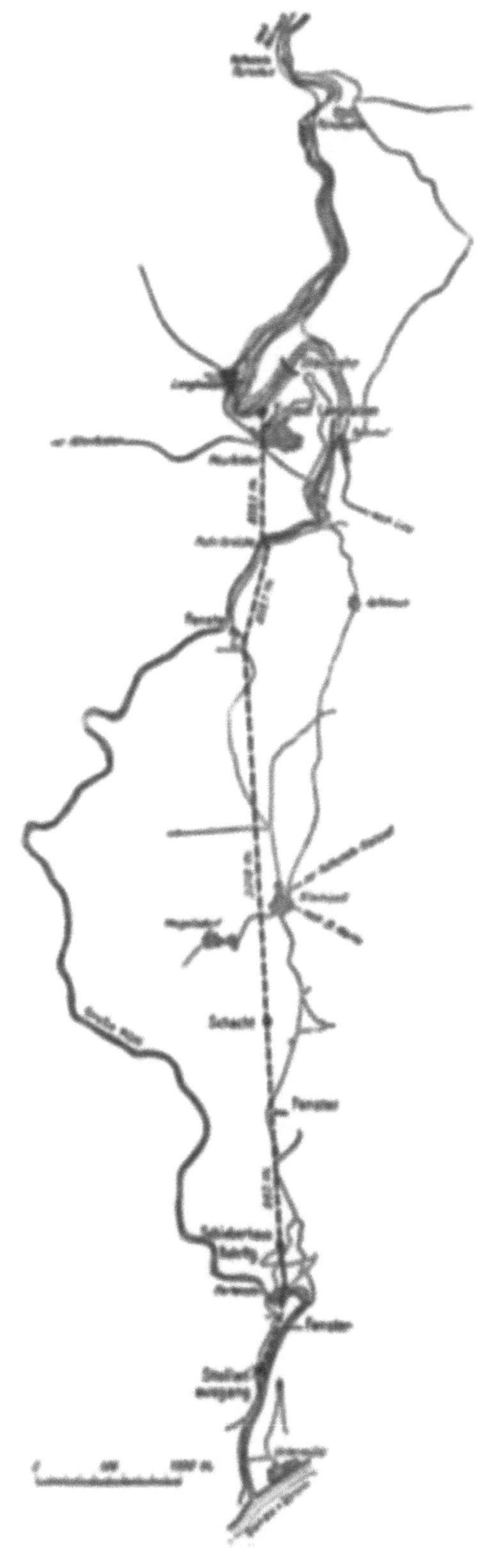
Abb. 1373. Lageplan des Druckstollens Partenstein.

rocci per azione termica dell' acqua delle gallerie in pressione. L'Energia elettr. 1925. S. 864. — RANDZIO: Stollenbau. Berlin. W. Ernst & Sohn. 1927. — RUER: Einiges über Putz im betonierten Stollen für Wasserkraftanlagen. Wasserwirtsch. 1922, H. 7/10. — SCHACHERMAYER: Neue Erfahrungen im Bau von Druckstollen für Wasserkraftanlagen. Wasserwirtsch. 1922, H. 7/10. — SCHAIK, VAN: Erfahrungen über Gesteinsdruck in homogenem Gebirge. Bautechn. 1932. — SCHALLER: Vom Stollen Neckarkraftwerk Aistaig. Bautechn. 1927. — SCHMID: Statische Probleme des Tunnel- und Druckstollenbaues und ihre gegenseitigen Beziehungen. Berlin: Springer, 1926. — SCHULER, A.: Betonierung von Triebwasserstollen mit freitragendem stählernem Schalungsrohr. Z. VDI. 1942, S. 551. — SITSCHINSKYJ, O.: Der Wasserzudrang beim Bau des Bral-Tunnels in der Slowakei. Bautechn. 1940. S. 501. — SÜSSENBERGER: Statische Berechnung und Ausführung achsensymmetrischer Stollen- und Tunnelauskleidungen in losem Gebirge. Zement 1931. — TERRADAS, E.: Tunnels a presion. Beitrag zur Weltkraftkonferenz, Sondertagung. Barcelona, 1929. — WALCH, O.: Die Auskleidung von Druckstollen und Druckschächten. Berlin: Springer, 1926. — DERSELBE: Neuere Arbeitsmethoden beim Bau des Eichholzstollens des Schluchseewerkes. Bauing. 1930. — DERSELBE: Neuere Arbeitsverfahren beim Ausbruch von Stollen. Bautechn. 1933. — DERSELBE: Über die Auskleidung von Druckstollen. Bauing. 1925. H. 4. — WIEDEMANN, K.: Ausführung von Stollenbauten in neuzeitlicher Technik. Bauing. 1938. S. 249. — DERSELBE: Statik der Tunnel- und Stollengewölbe. Bautechn. 1942. S. 425. — DERSELBE: Ausführung von Stollenbauten in neuzeitlicher Technik. Berlin: Ernst & Sohn, 1927. — WIESMANN: Künstliche Lüftung im Stollen- und Tunnelbau. Bautechn. 1924. — WOLFSHOLZ, A.: Über das Druckstollenproblem. Beton und Eisen. 1924. H. 8. — REFERAT: Über Druckverluste in Hochdruck-Wasserkraftanlagen, Schweiz. Bauztg. 1937, Bd. 109. S. 17.

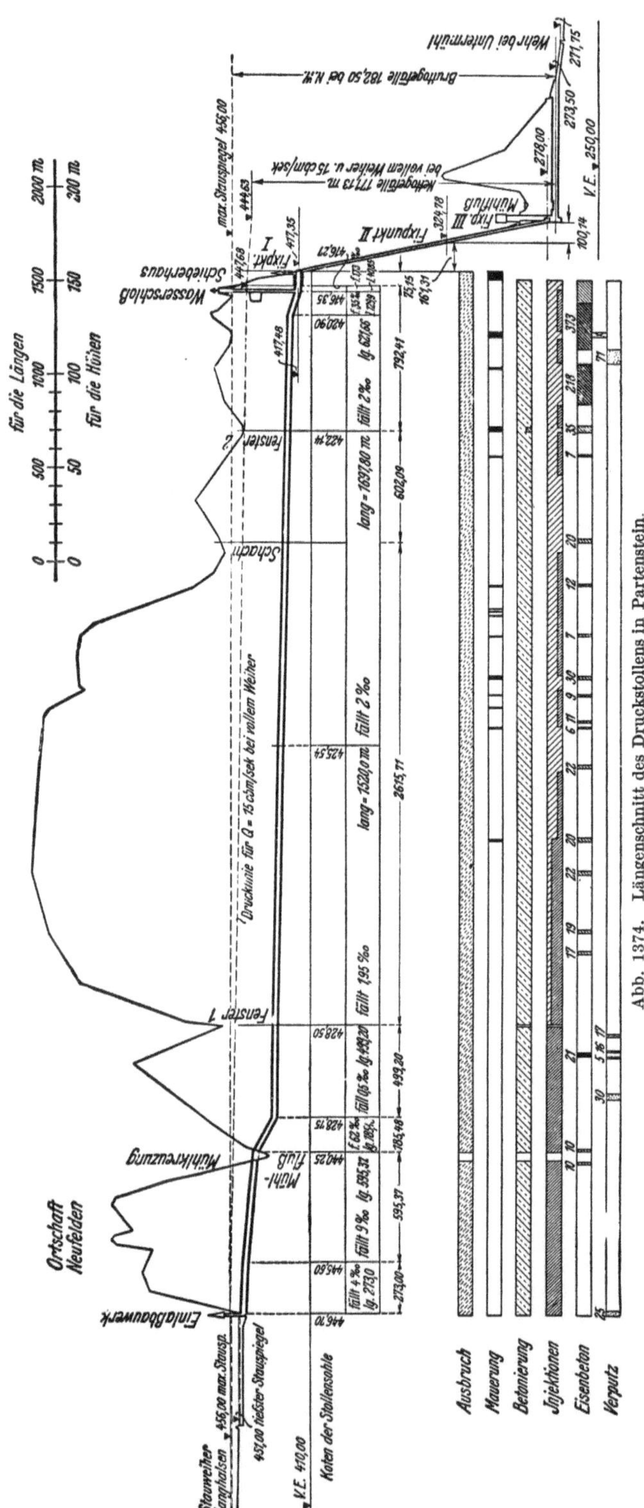

Abb. 1374. Längenschnitt des Druckstollens in Partenstein.

II. Sonderbauwerke.

In der Triebwasserleitung wird, je nach den besonderen örtlichen Verhältnissen der Einbau von Sonderbauwerken erforderlich, die die Beschaffenheit des Wassers, die Art der Triebwasserleitung oder die Eigentümlichkeiten des Betriebes erforderlich machen. Von diesen Sonderbauwerken seien erwähnt das Wasserschloß, der Vorhof, die Rechen, die Entsander, die Entlastungsanlagen und die Energievernichter, die nun eingehend erörtert werden.

a) Das Wasserschloß.

Belastungsschwankungen und Zufälligkeiten im elektrischen Leitungsnetz, das vom Kraftwerk gespeist wird, setzen den Turbinenregler in Tätigkeit, der die Beaufschlagung der Turbinen der jeweiligen Belastung rasch anpaßt. Wenn das Wasser der Kraftanlage durch einen Druckstollen zufließt, so folgt der Stolleninhalt wegen seiner Trägheit den Anforderungen des Turbinenreglers nur langsam nach. Um den Druckstollen vor unzulässigen Druckschwankungen zu schützen, wird nun

Abb. 1375. Gußeiserne Stollenauskleidung der Wasserleitung Rio Claro.

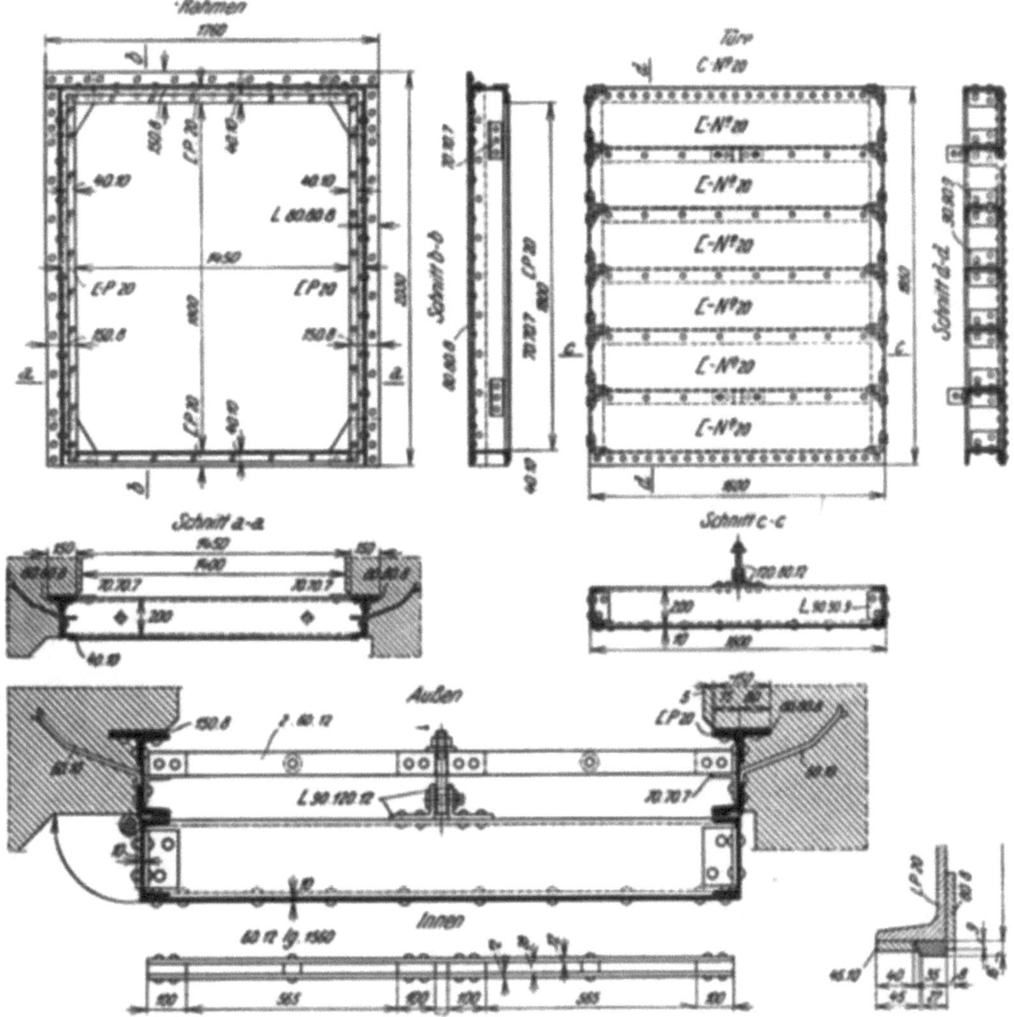

Abb. 1376. Einzelheiten der stählernen Stollentüren des Druckstollens des Teigitschwerkes Arnstein. (Waagner, Biro A. G.)

Schoklitsch, Wasserbau. II. 3. Aufl. 51

als eine Art Sicherung am Stollenende ein Schacht eingebaut (Abb. 1417), der Wasserschloß genannt wird.

Im Wasserschloß steht bei beharrlicher Entnahme der freie Wasserspiegel ruhig und liegt um den Betrag des Druckverlustes im Stollen unter dem Ausgangswasserspiegel am Stollenanfang.

Wenn nun infolge der Tätigkeit der Regler die Entnahme plötzlich oder sehr rasch geändert wird, so kann sich der Durchfluß im Stollen, wie schon früher erwähnt worden ist, wegen der Trägheit des Stolleninhaltes nicht sofort dem neuen Erfordernis anpassen und der Wasserspiegel im Wasserschloß geht nicht einfach in die der neuen Entnahme entsprechende Lage über, sondern vollführt gedämpfte Schwingungen um die Höhenlage der der neuen Entnahme entsprechenden Spiegellage. Nur bei sehr weiten Wasserschlössern nähert sich der Wasserspiegel der neuen Beharrungslage asymptotisch. Die während des Schwingungsvorganges auftretenden äußersten Spiegelausschläge bei den ungünstigsten in Betracht zu ziehenden Entnahmeänderungen müssen nun bekannt sein, wenn das Wasserschloß, der Druckstollen und die abgehenden Druckrohre entworfen werden. Als ungünstigste Entnahmeverminderung muß die Entlastung von der Vollast des Kraftwerkes auf Null in Betracht gezogen werden, die z. B. durch einen Blitzschlag in die Fernleitung ausgelöst werden kann, wenn

Abb. 1377. Stählerne Stollenfenstertür im Druckstollen des Teigitsch-Kraftwerkes Arnstein, von außen gesehen.

die Regler die Beaufschlagung der Turbinen binnen weniger Sekunden sperren, so läuft durch die Druckrohre eine Druckwelle mit hoher Geschwindigkeit gegen das Wasserschloß und der Abfluß aus dem Wasserschloß wird ebenso rasch, wie der Regler arbeitet, gehemmt. Im Vergleich zur Periode der Schwingungen im Wasserschloß ist die Schlußzeit des Reglers sehr klein und es kann bei der Untersuchung der Schwingungsvorgänge im Wasserschloß ohne nennenswerten Fehler mit einer plötzlichen Drosselung des Abflusses gerechnet werden.

Wenn nun der Abfluß aus dem Wasserschloß plötzlich gehemmt wird, fließt durch den Druckstollen wegen der Trägheit des Stolleninhaltes vorerst noch der volle Zufluß, der vor der Hemmung zugeflossen ist, weiter zu. Infolge dieses Zuflusses steigt der Wasserspiegel im Wasserschloß an. Wenn er die Höhenlage des Ausgangs-Wasserspiegels am Stollenanfang erreicht hat, ist aber die Geschwindigkeit im Stollen noch nicht auf Null verzögert, es herrscht vielmehr noch eine größere Geschwindigkeit, es läuft also weiter Wasser gegen das Wasserschloß und der Spiegel im Wasserschloß steigt über die Ausgangs-wasserspiegellage an; es bildet sich nun ein Gegengefälle vom Wasserschloß gegen den Stollenanfang, das den Stolleninhalt zusätzlich verzögert, bis endlich die Geschwindigkeit im Stollen Null geworden ist. Nun steht aber in diesem Augenblick der Wasserspiegel im Wasserschloß wesentlich höher als am Stollenanfang und es setzt eine Rückströmung ein, während der der Wasserspiegel wieder wegen der Trägheit des Stolleninhaltes unter die Ausgangsspiegellage am Stollenanfang absinkt und so fort. Wenn das Wasserschloß durch einen einfachen zylindrischen Schacht gebildet wird, so vollführt der Wasserspiegel im Wasserschloß Sinusschwingungen um die Ausgangsspiegellage am Stollenanfang als Achse, die infolge der Reibung im Stollen gedämpft verlaufen.

Wenn die Entnahme plötzlich verstärkt wird, so läuft plötzlich aus dem Wasserschloß

mehr Wasser ab als durch den Stollen zuläuft und der Wasserspiegel sinkt tief unter die Beharrungslage ab, die der verstärkten Entnahme entspricht. Auch in diesem Falle vollführt der Wasserspiegel gedämpfte Sinusschwingungen mit der neuen Ent-
nahme entsprechenden Beharrungsspiegellage als Achse. Welche Entnahmeverstärkungen in Betracht zu
ziehen sind, hängt von der Lastlinie
des Kraftwerkes ab. Jedenfalls muß
mit der plötzlichen Zuschaltung mindestens eines voll belasteten Maschinensatzes gerechnet werden.

1. Schachtwasserschlösser.

Um nun die Spiegelbewegung
im Wasserschloß bei Entnahmeänderungen berechnen zu können,
sei vorerst ein zylindrisches Schachtwasserschloß vom Querschnitt F [m²]
betrachtet, das am Ende eines L
Meter langen Druckstollens vom
Querschnitt F [m²] errichtet ist. Die
Abb. 1417 zeigt einen Längenschnitt
durch den Druckstollen mit dem
Wasserschloß. Im Druckstollen wird
eine Wasserscheibe von der Masse
dm auf ihrem Weg ds von der Stelle
1 zu Stelle 2 verfolgt.

Die Energie der Scheibe von der
Masse dm in der Lage 1 beträgt, bezogen auf die Vergleichsebene

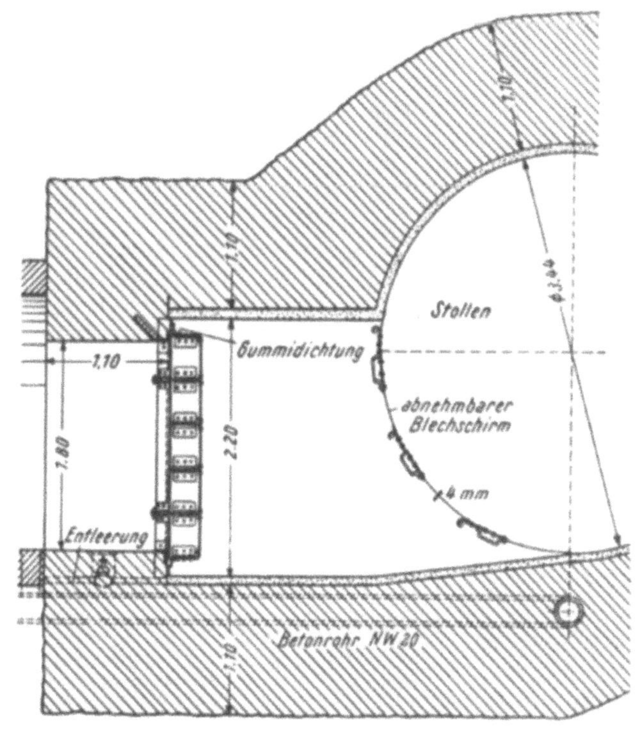

Abb. 1379. Abschluß der Fenster Loch- und Langweid im Druckstollen des Wäggitalwerkes.

$$d\,m\,g\left(\frac{p}{\gamma} + \mathfrak{z} + \frac{U^2}{2g}\right) = E \tag{1086}$$

Nach Verlauf der Zeit dt hat sich die Scheibe um die Strecke ds in die Lage 2 verschoben und die Energie beträgt an dieser Stelle

$$d\,m\,g\left(\frac{p}{\gamma} - \frac{dp}{\gamma} + \mathfrak{z} - d\,\mathfrak{z} + \frac{U^2}{2g} + d\,\frac{U^2}{2g} + dh\right) = E \tag{1087}$$

dh bezeichnet den Druckverlust, den das Wasser am Weg ds infolge der Reibung an der Stollenwandung erleidet. Die Subtraktion der beiden Gleichungen liefert

$$\frac{dp}{\gamma} + d\,\mathfrak{z} - d\,\frac{U^2}{2g} = d\,h \tag{1088}$$

und man erhält weiter, wenn durch ds dividiert wird

$$\frac{d}{ds}\left(\frac{1}{\gamma}\,dp + d\,\mathfrak{z}\right) - \frac{d}{ds}\,\frac{U^2}{2g} = \frac{dh}{ds} \tag{1089}$$

Nun bedeutet

$$\frac{d}{ds}\left(\frac{1}{\gamma}\,dp + d\,\mathfrak{z}\right) = \frac{z}{L} \tag{1090}$$

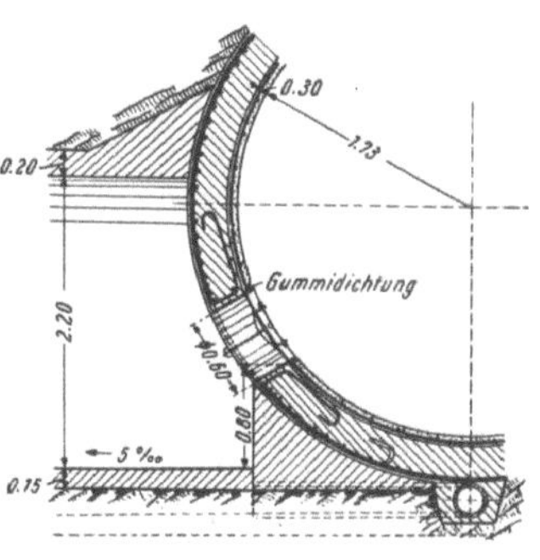

Abb. 1380. Abschluß des Fensters Bäckweid im Druck-stollen des Wäggitalwerkes.

das Gefälle der Drucklinie längs des Stollens, wobei
z die Tiefenlage des Wasserspiegels im Wasserschloß unter der statischen Drucklinie bezeichnet.

$$\frac{dh}{ds} = \frac{h}{L} \qquad\qquad [1091]$$

ist das Reibungsgefälle, wobei h den Druckverlust bezeichnet, der der Geschwindigkeit U im Stollen von der Länge L entspricht.

Bei unveränderlicher Entnahme aus dem Wasserschloß ist $h = z$. Wenn die Entnahme geändert wird, so stimmen z und h nicht mehr überein, weil sich die Geschwindigkeit des Stolleninhaltes wegen der Trägheit nicht sofort der jeweiligen Spiegellage im Wasserschloß anpassen kann.

Die Gleichung (1089) kann nun in der Form

$$\frac{z}{L} - \frac{d}{ds}\frac{U^2}{2g} = \frac{h}{L} \tag{1092}$$

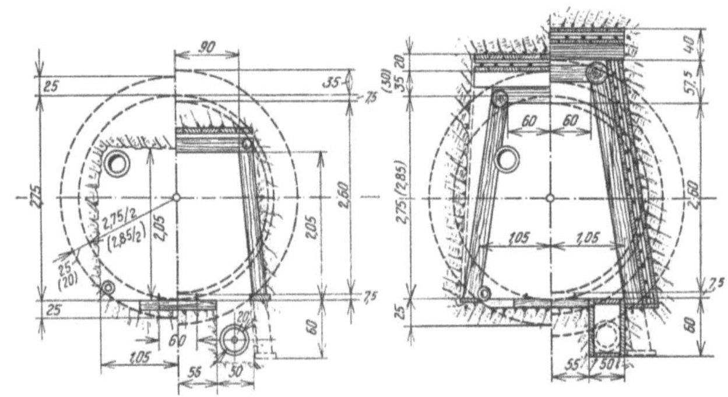

Abb. 1381. Zimmerung im Richtstollen des Achensee-Kraftwerkes. (H. E. Gruner.)

oder

$$\frac{z}{L} - \frac{d}{dt}\frac{U^2}{2g}\frac{dt}{ds} = \frac{h}{L} \tag{1093}$$

geschrieben werden. dt ist ein Zeitelement und es ist

$$\frac{dt}{ds} = \frac{1}{U} \tag{1094}$$

Es ist nun

$$\frac{z}{L} - \frac{1}{U}\frac{d}{dt}\frac{U^2}{2g} = \frac{h}{L} \tag{1095}$$

und weiter

$$\frac{z}{L} - \frac{1}{g}\frac{dU}{dt} = \frac{h}{L} \tag{1096}$$

oder

$$dU = \frac{g}{L}\,dt\cdot(z-h) \tag{1097}$$

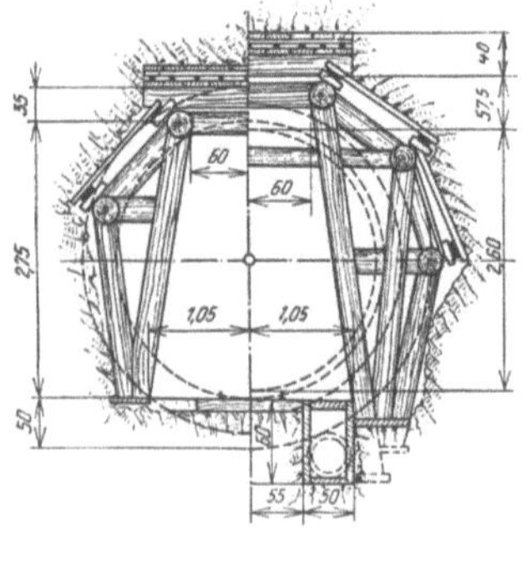

Abb. 1382. Zimmerung im Druckstollen des Achensee-Kraftwerkes im Vollausbruch. (H. E. Gruner.)

Um diese Gleichung auswerten zu können, werden die Differentiale durch endliche Differenzen ersetzt und man hat dann

$$\Delta U = \frac{g}{L}\,\Delta t\,(z-h) \tag{1098}$$

Für die Berechnung der Spiegelbewegung im Wasserschloß ist noch eine zweite Gleichung erforderlich, die die Kontuinitätsbedingung liefert; danach ist die Änderung ΔJ des Wasserinhaltes des Wasserschlosses in der Zeit Δt gleich der Differenz zwischen Zufluß und Abfluß innerhalb dieser Zeit. Bezeichnet F_s den Wasserschloßquerschnitt in $[m^2]$, Δz die Spiegellagenänderung in $[m]$ ($+$ wenn der Spiegel sinkt, $-$ wenn er steigt), q die Entnahme aus dem Wasserschloß in $[m^3/sec]$, F den Querschnitt des Stollens in $[m^2]$ und U die mittlere Geschwindigkeit im Stollen in $[m/sec]$, so gilt also

Abb. 1383. Türstockzimmerung in einem Stollen.

$$\Delta J = \Delta z\,F_s = -\,U\,F\,\Delta t + q\,\Delta t \tag{1099}$$

und es ist

$$\Delta z = (q - UF)\,\frac{\Delta t}{F_s} \qquad\qquad (1100)$$

Bei beharrlicher Entnahme ist q = UF, daher $\Delta z = 0$ und der Wasserspiegel im Wasserschloß steht still. Bei einer Entnahmeänderung wird für q die neue Entnahme und für U die jeweilige Geschwindigkeit im Stollen gesetzt.

Als Druckverlust ist in die Rechnung sowohl der Druckverlust infolge der Wandreibung im Stollen, als auch der Druckverlust am Stollenmundloch und allfällige besondere Verluste längs des Stollens einzuführen. Für die beiden ersteren hat man also je nach der verwendeten Geschwindigkeitsformel, entweder

$$h = U^2\left(\frac{n^2 L}{R^{1,4}} + \frac{1}{2\,g\,\mu^2}\right) \qquad (1101)$$

oder

$$h = U^2\left(\frac{n^2 L}{R^{4/3}} + \frac{1}{2\,g\,\mu^2}\right) \qquad (1102)$$

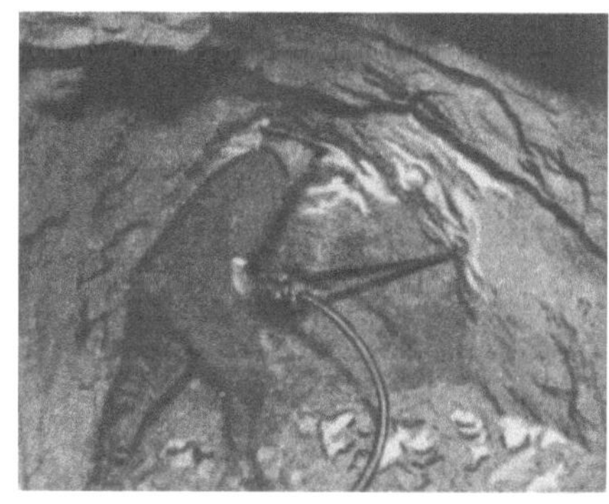

Abb. 1384. Böhler-Schnellbohrhammer. (S. Juhasz, Graz.)

zu setzen. L bezeichnet die Stollenlänge in [m], R den Profilradius in [m] und n die Rauhigkeit nach Ganguillet und Kutter.

Der Ausflußbeiwert μ für den Stolleneinlauf hängt von der Ausbildung des Einlaufes ab; Ergebnisse unmittelbarer Messung liegen nicht vor, so daß dieser Beiwert nur auf Grund der in der Hydraulik bekannt gewordenen Versuche für den Ausfluß durch Ansatzrohre geschätzt werden kann. Wenn der Einlauf zum Stollen trompetenartig erweitert und gut ausgerundet ist, so kann bei Anordnung eines weiten Grobrechens noch genügend sicher mit $\mu = 0{,}80$ gerechnet werden.

Die Spiegelbewegung im Wasserschloß wird durch die Beschaffenheit der Stollenwandung stark beeinflußt und die Auswahl der zugrunde zu legenden Rauhigkeitszahlen erfordert viel Umsicht. Wenn eine Rauhigkeit, der die Stollenoberfläche angepaßt werden soll, festgelegt ist, so ist noch zu überlegen, welche Folgen entstehen, wenn der Stollen glatter oder rauher ausfällt, bzw. wird, als beabsichtigt war und es sind gleichzeitig die Grenzwerte festzulegen, innerhalb deren die Rauhigkeit des ausgeführten Stollens von der geplanten nach aller Voraussicht abweichen kann. Für die höchste Spiegellage bei plötzlicher Entlastung ist ein zu glatt geratener Stollen ungünstiger, während für die tiefste Spiegellage bei Entnahmeverstärkungen ein zu rauh gewordener Stollen maßgebend ist. Man hat daher der Bemessung des Wasserschlosses, je nachdem es sich um

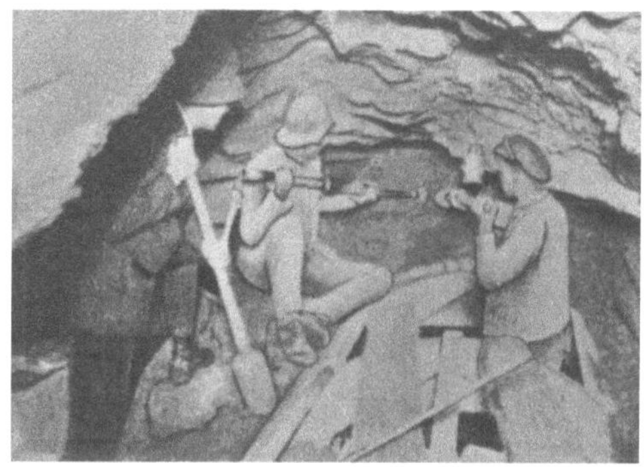

Abb. 1385. Betonierung in der Firste des Stollens des Heimbachwerkes mit Druckluftstampfern. a Druckluftstampfer (Siemens Bau-Union).

Abb. 1386. Stollen roh gesprengt, weiter hinten betoniert. Der Mehrausbruch ist deutlich zu erkennen. (Steweag.)

die höchste oder tiefste Spiegellage handelt, verschiedene Stollenrauhigkeiten zugrunde legen und den jeweils ungünstigeren Grenzwert für die Ermittlung zu verwenden. Handelt es sich

z. B. um einen Stollen, der glatt geputzt werden soll, so kann mit einer Rauhigkeit nach GANGUILLET-KUTTER von $n = 0,013$ und den Grenzwerten $0,013 < n < 0,015$ gerechnet werden.

Gelegentlich des Stollenvortriebes kann es vorkommen, daß das Gebirge wesentlich günstiger angefahren wird als man vorausgesetzt hatte, daß man also dann statt der Mauerung oder Betonierung mit Glattputz den Stollen unverkleidet läßt oder nur torkretiert. Dann muß, weil ja der Stollen schon an mehreren Stellen in Arbeit steht, ein reibungsgleicher Querschnitt aufgesucht werden, in dem die Druckverluste eben so groß sind, wie im ursprünglich geplanten, weil ja nur dann der gewünschte Durchfluß durch den Druckstollen zu erwarten ist. Das Aufsuchen des reibungsgleichen Querschnittes ermöglicht einfach die Abb. 1418, die für die Rauhigkeit nach GANGUILLET-KUTTER entworfen ist. Beträgt z. B. bei einer Rauhigkeit $n = 0,013$ nach GANGUILLET-KUTTER der Querschnitt

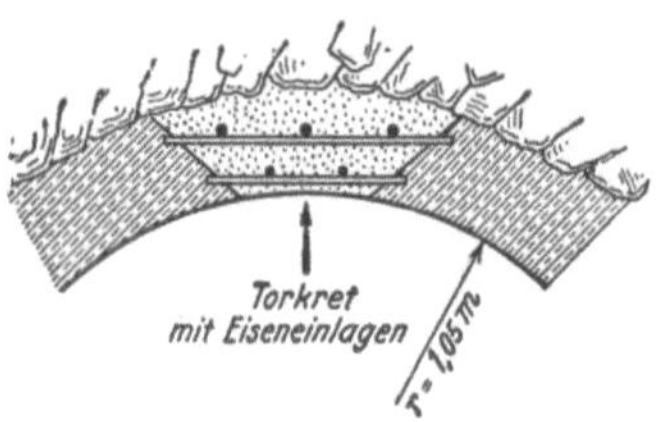

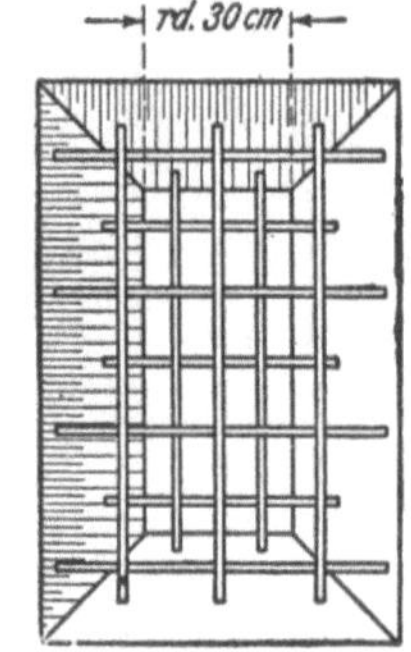

Abb. 1387. Gewölbe-Kunstschluß.

Abb. 1388. Der Behälterstollen im Wasserschloß des Teigitsch-Kraftwerkes. *a* Spickeisen, die vor der Betonierung der unteren Stollenhälfte herabgebogen werden.

$4,4$ [m²], so muß derselbe ohne Auskleidung auf etwa $8,4$ [m²] erweitert werden.

Wenn der Stollen aus verschieden weiten Teilen besteht, wenn also z. B. Teile mit anderer Rauhigkeit und daher anderem Querschnitt ausgeführt sind, so ist bei der Bemessung des Wasserschlosses noch eine eigene Betrachtung anzustellen. Der Druckverlust wird bei einer solchen Ausführung in der bekannten Weise unter Bedachtnahme auf Rauhigkeit und Querschnitt der einzelnen Strecken des Stollens berechnet, wobei die Druckverluste bzw. Gewinne an den Stellen, an denen die Querschnitte sich ändern, zu beachten sind. Für die Auswertung der Gl. (1099) muß aber ein einheitlicher Querschnitt für den ganzen Stollen angenommen werden, am besten jener, in dem der größte Teil des Stollens ausgeführt ist. Für die Spiegelbewegung im Wasserschloß ist nun neben der Wandbeschaffenheit die lebendige Kraft des Stolleninhaltes maßgebend; in einem Stollen mit verschieden weiten Strecken ist aber die lebendige Kraft des Inhaltes eines Längenmeters an verschieden weiten Stellen

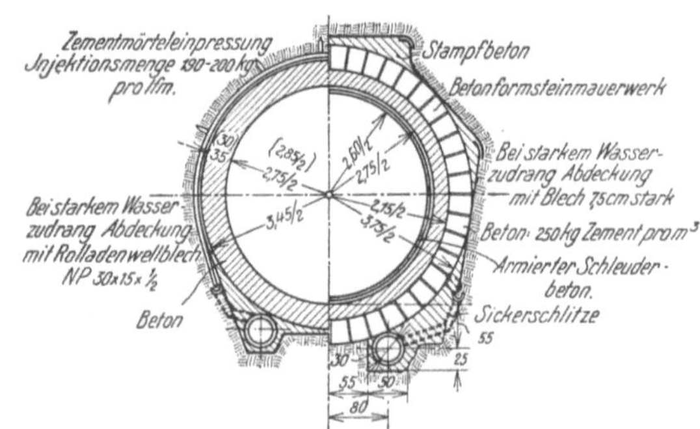

Abb. 1389. Dränung des Druckstollens des Achensee-Kraftwerkes. (H. E. GRUNER.)

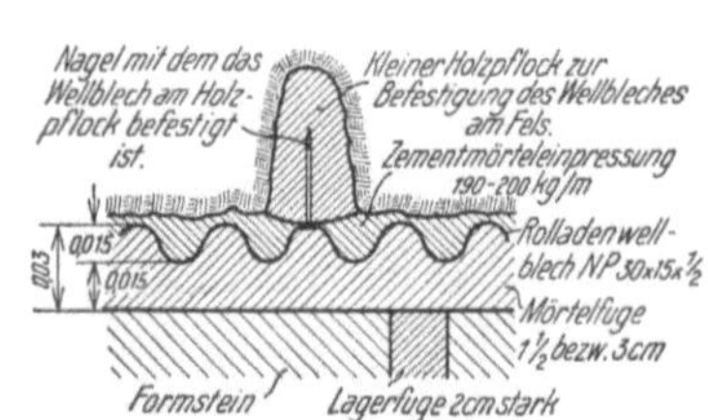

Abb. 1390. Befestigung des Wellbleches zur Dränung während der Betonierung. (Vergl. Abb. 1389.)

wegen der verschieden darin herrschenden Geschwindigkeiten und der verschiedenen Massen verschieden. Man kann sich nun die Strecken mit abweichendem Querschnitt ersetzt denken durch eine solche mit einem Querschnitt, der jenem der übrigen Strecke gleicht, nur muß dann die Länge dieser Ersatzstrecke so bemessen werden, daß die lebendige Kraft des Stolleninhaltes unverändert bleibt. Bezeichnet der Index 1 die Größen der Ersatzstrecke, der Index 2 jene der Strecken mit abweichendem Querschnitt und gelten Größen ohne Index für den übrigen Stollen, so muß also

$$\frac{1}{2}\frac{\gamma}{g}L_2 F_2 U_2{}^2 = \frac{1}{2}\frac{\gamma}{g}L_1 F U^2 \tag{1103}$$

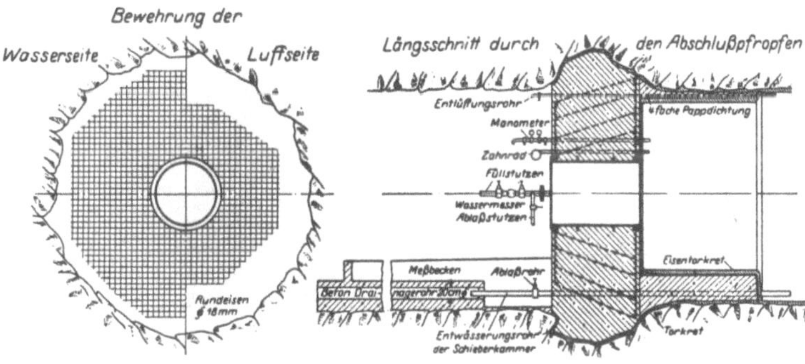

Abb. 1391. Absperrung bei den Versuchen im Schwarzenbach-Stollen.

sein und es folgt für die Länge L_1 der Ersatzstrecke mit gleicher lebendiger Kraft, weil $F_2 U_2 = F U$, ist.

$$L_1 = \frac{L_2 U_2}{U} = L_2 \frac{F}{F_2} \tag{1104}$$

Ist z. B. ein Stollen in Glattputz hergestellt, der bei der Rauhigkeit $n = 0{,}013$ einen Querschnitt von $F = 4{,}4\ [\mathrm{m^2}]$ hat, so muß, wenn die Wandung nur torkretiert wird, der reibungsgleiche Querschnitt etwa $F = 8{,}4\ [\mathrm{m^2}]$ erhalten. Wird nun z. B. eine Strecke von 1000 [m] torkretiert, während der übrige, überwiegende Teil betoniert und glattgeputzt ist, so wird in der Wasserschloßberechnung der Stollenquerschnitt $F = 4{,}4\ [\mathrm{m^2}]$ und statt der Länge von 1000 [m] die des Ersatzstollens für die torkretierte Strecke

$$L_1 = 1000\,\frac{4{,}4}{8.4} = 524\ [\mathrm{m}] \tag{1105}$$

einzusetzen sein. Der Berechnung des Druckverlustes ist aber, wie nochmals betont sei, die tatsächliche Ausführung zugrunde zu legen.

Bei der Berechnung der Spiegelbewegung wird nun will-

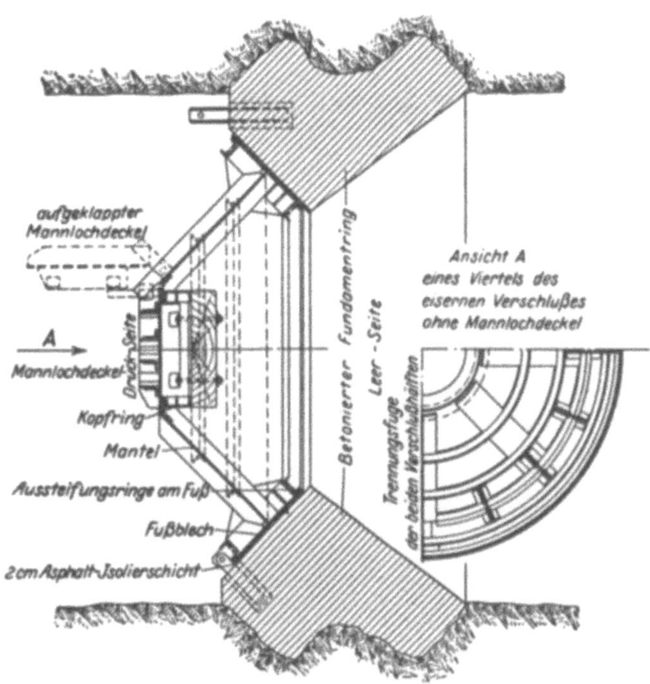

Abb. 1392. Abpreßring und Deckel bei den Versuchen in Amsteg.

kürlich ein während der ganzen Berechnung beizubehaltender Zeitabschnitt $\Delta t = 1$ bis 5 Sekunden angenommen. Man geht von einem Beharrungszustand aus, bei dem der Zufluß $U_0 F$ auch wieder aus dem Wasserschloß entnommen wird. Wenn nun die Entnahme von $U_0 F$ auf q geändert wird, so läßt sich bei gegebenem oder angenommenem Wasserschloßquerschnitt F_s

die Spiegellagenänderung Δz_1 im ersten Zeitabschnitt Δt_1 aus der Gleichung (1100) berechnen.

Nun wird die Gleichung (1098) für den ersten Zeitabschnitt Δt_1 ausgewertet. Während

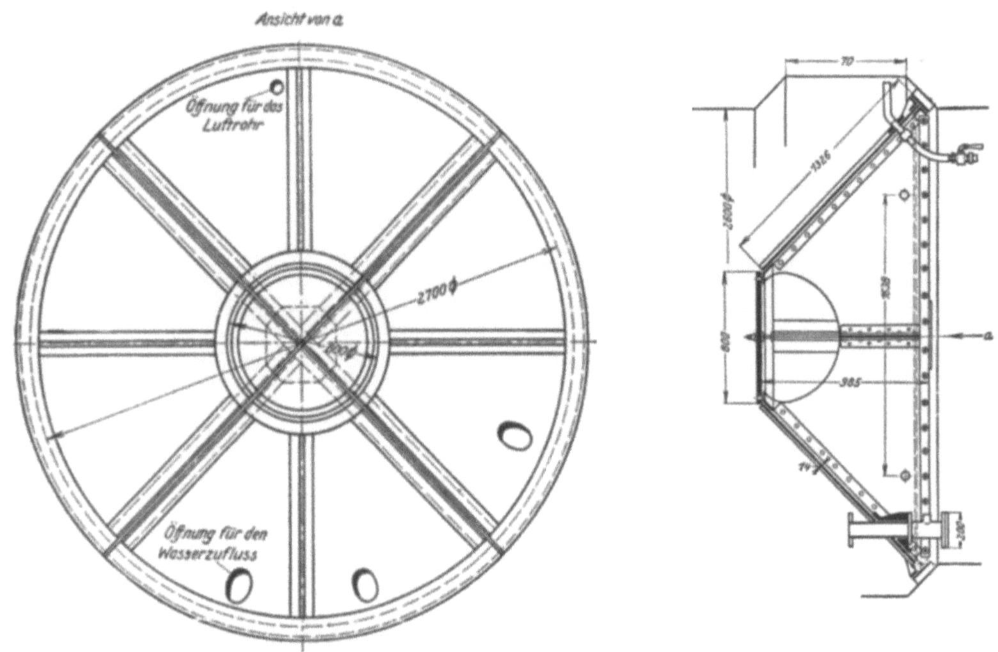

Abb. 1393. Stählerner Abpreßdeckel.

der beharrlichen Entnahme lag der Wasserspiegel im Wasserschloß in der Tiefe h unter der statischen Drucklinie.

Während des ersten Zeitabschnittes Δt_1 ändert sich die Spiegellage im Wasserschloß um Δz_1 nach der Gleichung (1100) und es ist für z_1 in die Gleichung (1098) $h_o + \Delta z_1$ zu setzen, wobei das Vorzeichen von Δz_1 zu beachten ist.

Aus der Gleichung (1098) kann nun ΔU_1 berechnet werden, um das sich die mittlere Geschwindigkeit im Stollen während des ersten Zeitabschnittes Δt_1 ändert. Am Ende des ersten Zeitabschnittes Δt_1 beträgt dann die mittlere Geschwindigkeit im Stollen

$$U_1 = U_0 + \Delta U_1 \qquad (1106)$$

wobei auch das Vorzeichen von ΔU zu beachten ist.

Abb. 1394. Ansicht des Abpreßdeckels im Druckstollen des Teigitsch-Werkes Arnstein. *a* torkretierter Fels, *b* Dichtung, *c* Auflagerung, *d* Abpreßdeckel.

Mit dieser Geschwindigkeit U_1 wird aus der Gleichung (1100) die Spiegellagenänderung Δz_2 im zweiten Zeitabschnitt Δt_2 berechnet und überdies der Druckverlust h_2 aus der Gleichung (1101). In der Gleichung (1098) wird für z nun $z_1 + \Delta z_2$ und für das h das eben ermittelte h_2 gesetzt und die Geschwindigkeitsänderung ΔU_2 im zweiten Zeitabschnitt Δt_2 ausgerechnet und so fort.

Zur Durchführung der Rechnung ist das folgende Formblatt zu empfehlen:

Formblatt zur Berechnung der Spiegellagen in einem Schachtwasserschloß.

Kraftwerk: Teigitsch, untere Stufe	Datum: 2. 2. 1923

Entnahmeänderung: von 0 auf $q = 11{,}6$ [m³/sec]

Wasserschloßquerschnitt: $F_s = 70{,}6$ [m²]

Stollen: Länge $L = 5262$ [m], Querschnitt $F = 4{,}91$ [m²], Profilradius $R = 0{,}625$ [m], Rauhigkeit $n = 0{,}014$

$\Delta t = 4''$			$\dfrac{g}{L}\,\Delta t = 0{,}007456$			Weiherspiegel-Kote: 631,50 [m]				
Zeit t [sec]	$U F \Delta t$ [m³]	$q \cdot \Delta t$ [m³]	$\Delta z F_s = q\,\Delta t - U F \Delta t$ [m³]	Δz [m]	z [m]	ΔU [m/sec]	U [m/sec]	h [m]	$z - h$ [m]	Spiegel-Kote im Wasserschloß [m]
0	0,000	+ 46,40	+ 46,400	+ 6,57	0,00	+ 0,049	0,000	0,00	+ 6,57	631,50
4	+ 0,962	+ 46,40	+ 45,438	+ 6,43	+ 6,57	+ 0,097	+ 0,049	0,01	+ 12,99	624,93
8	+ 2,867	+ 46,40	+ 43,533	+ 6,16	+ 13,00	+ 0,142	+ 0,146	0,07	+ 19,09	618,50
12	+ 5,656	+ 46,40	+ 40,744	+ 5,77	+ 19,16	+ 0,184	+ 0,288	0,20	+ 24,73	612,33

Die Ermittlung der zu den mittleren Geschwindigkeiten U im Stollen gehörigen Druckverluste h werden am besten zeichnerisch durchgeführt. Nach dem Muster in der Abb. 1419 werden waagrecht die Geschwindigkeiten U und lotrecht die Druckverluste nach Gleichung (1101) oder (1102) aufgetragen und dann bei jedem Rechnungsgang einfach der zur betreffenden Geschwindigkeit gehörige Druckverlust h in der Auftragung abgelesen. Nachdem die

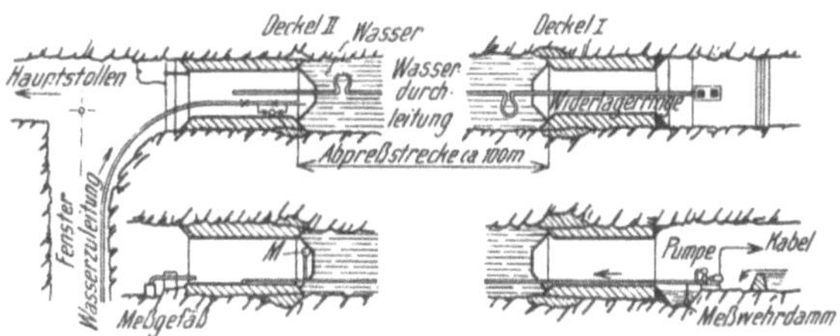

Abb. 1395. Schematische Darstellung einer Abpreßstrecke im Druckstollen des Teigitsch-Werkes Arnstein. (Steweag.)

Druckverluste h bei Geschwindigkeiten U zwischen 0 und 1 [m/sec] erfahrungsgemäß meist sehr klein sind, werden die Druckverluste h für die kleinen Geschwindigkeiten U am besten in zehn-

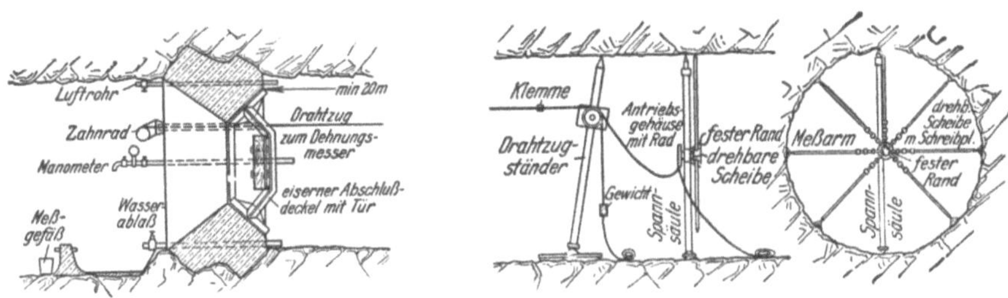

Abb. 1396. Anlage zur Messung der Dehnung im Druckstollen Amsteg.

fach vergrößertem Maßstab aufgetragen, um sie noch mit der erforderlichen Genauigkeit ablesen zu können.

Die rechnerische Ermittlung der Wasserstandslinien und damit der äußersten Spiegellagen ist eintönig und es stellen sich leicht Rechenfehler ein, die dann durch die ganze weitere Rechnung mitgeschleppt werden. Rascher und übersichtlicher führt eine zeichnerische Auswertung der beiden Gleichungen (1098) und (1100) ans Ziel, wie sie die Abb. 1420 und 1421 andeutet. Auf einer waagrechten Leiter werden zu diesem Zweck vom Ursprungspunkt 0 nach links die Geschwindigkeiten U im Stollen, nach rechts die angenommenen Zeitabschnitte Δt mit beliebigen

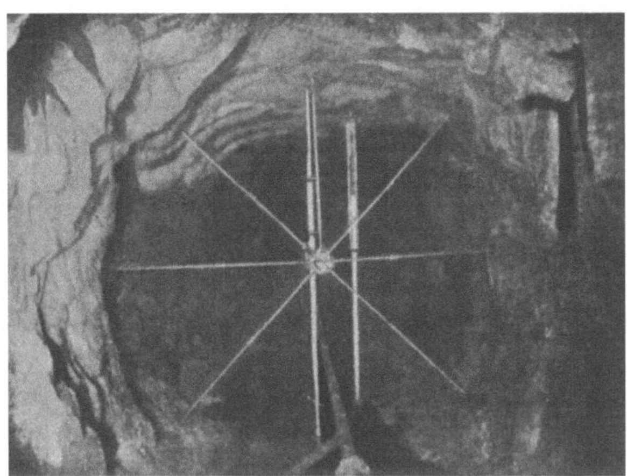

Abb. 1397. Dehnungsmesser im unverkleideten Stollen.

Einheitsmassen aufgetragen. Auf der lotrechten Leiter durch den Ursprungspunkt 0 werden die Spiegellagen im Wasserschloß und zwar die $- z$ nach oben, die $+ z$ nach unten aufgetragen. Hierauf wird die Linie der Druckverluste h mit demselben Einheitsmaß wie die Spiegellagen z eingezeichnet. Schließlich wird die Linie $\Delta z = U \dfrac{F}{F_s} \cdot \Delta t$ und die ΔU - Linie durch den

Abb. 1398. Schreibvorrichtung des Dehnungsmessers von Amsler, Schaffhausen.

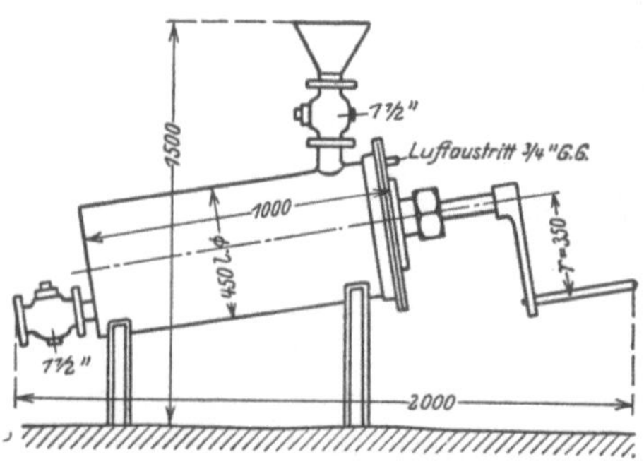

Abb. 1399. Einpreßgerät von Wolfsholz.

Ursprungspunkt gezogen; diese erhält man, indem z. B. ein beliebiges $(z-h)$ von 0 nach unten und das zugehörige ΔU nach links aufgetragen wird.

Wenn die Wasserstandslinie im Wasserschloß bei einer Entlastung auf $q = 0$ ermittelt werden soll, so wird von der Geschwindigkeit U_o im Stollen vor der Entlastung ausgegangen. Auf der lotrechten durch U_o in der Abb. 1420 kann sofort die Spiegellagenänderung Δz abgegriffen und vom Ausgangswasserspiegel nach oben auf der entsprechenden Zeitordinate aufgetragen werden. Dieser Punkt gibt den ersten Punkt W_1 der gesuchten Wasserstandslinie. Die Waagrechte durch W_1 wird mit der Parallelen zur ΔU-Linie durch den Punkt H_0 zum Schnitt gebracht und die Lotrechte durch diesen Punkt P_1 schneidet auf der U-Achse

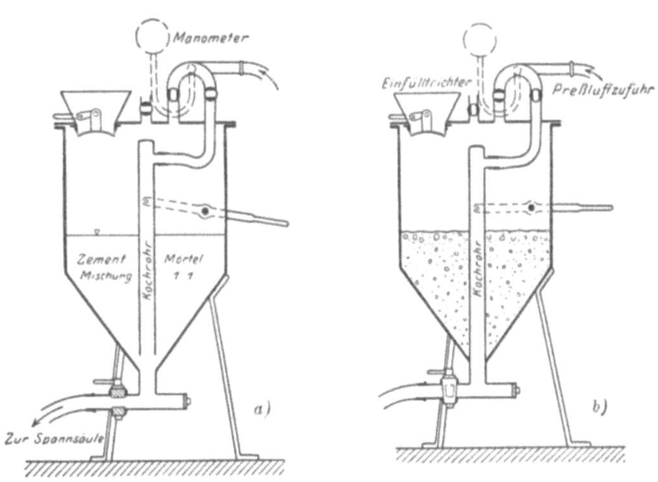

Abb. 1400. Einpreßgerät der Torkretgesellschaft. *a*) beim Einpressen, *b*) beim Kochen.

die Geschwindigkeit U_1 ab, die nach Verlauf der Zeit Δt im Stollen herrscht. Wie man sich in der Abb. 1420 leicht überzeugen kann, ist ja der waagrechte Abstand

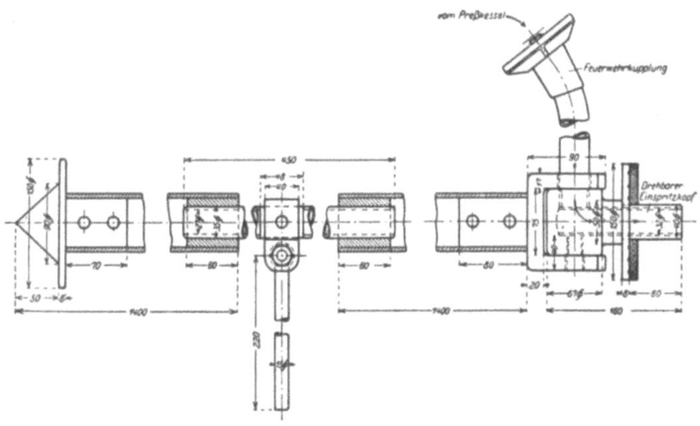

Abb. 1401. Spannsäule mit der Vorrichtung zum Einpressen von Beton.

der Punkte H_0 und P_1 gleich $\Delta U_1 = \dfrac{q}{L}\,\Delta t\,(z_1 - h_0)$. Diese Konstruktion wird nun, so wie es die Abb. 1420 andeutet, so lange wiederholt, bis der höchste Wasserstand erreicht ist. Die Punkte $P_1, P_2, P_3 \ldots$ liegen auf einer Spirale um den Punkt 0; es ist zweckmäßig diese Spirale zu zeichnen, weil ihr stetiger Verlauf eine leichte Kontrolle der Konstruktion ermöglicht.

Wenn es sich nur um eine Entnahmeänderung handelt, wenn also auf die Entnahme q übergegangen wird, so muß zu den früher in der Abb. 1420 aufgetragenen Linien noch eine Gerade parallel zur U-Achse im Abstand $\dfrac{q \cdot \Delta t}{F_s}$ gezogen werden (Abb. 1421); die Spiegellagenänderung im Zeitabschnitt Δt beträgt jetzt

$$\Delta z = \frac{q \Delta t}{F_s} - U \frac{F}{F_s} \Delta t \qquad (1107)$$

und diese Gleichung kann leicht in der in der Abb. 1421 angedeuteten Weise ausgewertet werden. Der übrige Gang der Konstruktion gleicht jenem in der Abb. 1420.

In der Abb. 1422 ist als Beispiel der Gang der Konstruktion für eine plötzliche gänzliche Entlastung und für eine Entnahmevermehrung gezeigt.

Bei längerem Druckstollen kann es möglich sein, daß ein Wasserschloß angeordnet wird, wie es die Abb. 1423a andeutet. Im Endwasserschloß entstehen dann auch wieder gedämpfte Sinusschwingungen, die aber jetzt nicht mehr um eine waagrechte Achse vor sich gehen, sondern um die Wasserstandslinie im Zwischenwasserschloß. Bezeichnet F_I den Querschnitt des Stollens bis zum Zwischenwasserschloß, F_{II} jenen des Stollens vom Zwischenwasserschloß zum Endwasserschloß, U_I bzw. U_{II} die Geschwindigkeiten in diesen Stollen, L_1 und L_2 die Längen dieser Stollen, F_{sI} den Querschnitt des Zwischenwasserschlosses und F_{sII} jenen des Endwasserschlosses, so beträgt die Inhaltsänderung im Zwischenwasserschloß (unter Berücksichtigung der Vorzeichen der Spiegellagenänderung)

Abb. 1402. Injektion im Druckstollen des Teigitsch-Werkes Arnstein.

$$\text{Inhaltsänderung} = -\text{Zufluß} + \text{Abfluß}$$

$$\Delta z_I F_{sI} = -F_I U_I \Delta t + F_{II} U_{II} \Delta t \qquad (1108)$$

und im Endwasserschloß gilt

$$\Delta z_{II} F_{sII} = -F_{II} U_{II} \Delta t + q \Delta t \qquad (1109)$$

wobei q den angestrebten beharrlichen Abfluß durch die Druckrohrleitung bedeutet. Die Spiegellagenänderungen betragen daher im Zwischenwasserschloß

$$\Delta z_I = -\frac{F_I}{F_{sI}} U_I \Delta t + \frac{F_{II}}{F_{sI}} U_{II} \Delta t = -\Delta z'_I + \Delta z''_I \qquad (1110)$$

und im Endwasserschloß

$$\Delta z_{II} = -\frac{F_{II}}{F_{sII}} U_{II} \Delta t + \frac{q \Delta t}{F_{sII}} \qquad (1111)$$

Auch die Ermittlung der Wasserstandslinien im Zwischen- und im Endwasserschloß kann einfach zeichnerisch ermittelt werden. Die Abb. 1423 zeigt als Beispiel die Ermittlung der Wasserstandslinien bei vollständiger Hemmung des Abflusses aus dem Endwasserschloß, also für $q = 0$.

Die Gleichung (1110)

Abb. 1403. Bewehrung der Stahlbetonschale im Druckstollen des Teigitsch-Werkes Arnstein mit Ringen von der Stärke 8 bis 16 [mm] in Abständen von 5 bis 7 [cm]. Verteilrundstähle vom Durchmesser 8 [mm] alle 20 [cm]. Die Ringe haben Haken und die Stabenden übergreifen sich um 30 [cm]. Jeder dritte Verteilstahl liegt als Distanzhalter zwischen der Ringbewehrung und der Stollenverkleidung.

$$\Delta z_I = -\Delta z'_I + \Delta z''_{II} \qquad (1112)$$

kann auch leicht zeichnerisch ausgewertet werden, wie es in der Abb. 1423 zu erkennen ist. Der Gang der übrigen Konstruktion verläuft ähnlich wie in den Abb. 1420 und 1421.

Es war naheliegend, durch Versuche zu prüfen, wie weit die an einer Anlage gemessenen Spiegellagen mit den berechneten übereinstimmen. Aufnahmen der Wasserstandslinie bei plötzlicher Drosselung hat E. L. Lauchli an dem zylindrischen Schachtwasserschlosse des Tallulah-Kraftwerkes ausgeführt; die Ergebnisse sind in der Abb. 1424 zusammengestellt und es sind ihnen die nach den Gleichungen (1098) und (1100) berechneten beigezeichnet. Ähnliche Ergebnisse hatten auch Modellversuche, die von A. Schoklitsch an einem Wasserschloß am Ende eines 64,6 [m] langen Versuchsstollens ausgeführt worden sind; auch sie ergaben, ebenso wie die Messungen am Tallulah-Wasserschlosse, wie ein Blick in die beiden Abb. 1425 und 1426 lehrt, daß die Rechnung zwar etwas größere Ausschläge liefert, als sie gemessen werden, daß aber die beiden Formeln gut verwendbar sind.

2. Aufgelöste Wasserschlösser.

Ursprünglich sind die Wasserschlösser als zylindrische Schachtwasserschlösser ausgeführt worden (Abb. 1427 a); der Querschnitt des Schachtes ist um so größer gewählt worden, je länger und weiter der Stollen war und je mehr die Ausschläge des Wasserspiegels im Wasserschloß herabgesetzt werden sollten. Bald stellte sich aber heraus, daß große Querschnitte des Wasserschlosses auf der ganzen Höhe nicht nur überflüssig, sondern sogar unerwünscht sind und man ging zur sogenannten aufgelösten Wasserschloßform über, bei der der Schacht etwa die Lichtweite des Druckstollens hat und man ordnete nur oben und unten Erweiterungen zur Begrenzung der Spiegelausschläge an (Abb. 1427 b; die obere Erweiterung wurde gewöhnlich kelchförmig ausgebildet, während die untere ein kurzer Stollen bewirkte. Die Grundrißform der beiden Erweiterungen ist in hydraulischer Hinsicht vollkommen belanglos, es kommt nur auf die waagrechten Querschnittsflächen an; die Grundrißform der Erweiterungen wird ausschließlich nach bautechnischen Gesichtspunkten festgelegt.

Die Ermittlung der Wasserstandslinien in einem aufgelösten Wasserschloß erfolgt ähnlich wie in einem Schachtwasserschloß unter Verwendung der beiden Gleichungen (1098) und (1100). In solchen Wasserschlössern ist aber der Wasserschloßquerschnitt F_s in verschiedenen Höhen verschieden. Zur Ermittlung der Spiegellagenänderungen Δz im Wasserschloß eignet sich dann das folgende Verfahren. Ausgewertet wird die Gleichung (1100) in der Form

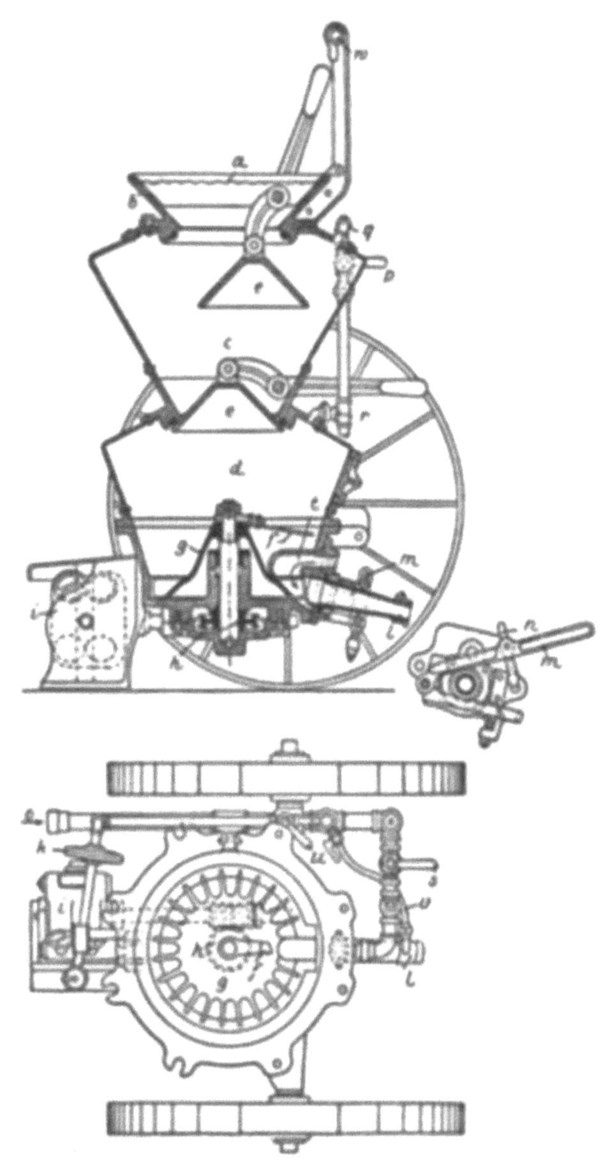

Abb. 1404. Das Torkretgerät.

$$\Delta z F_s = -U F \Delta t + q \Delta t = \Delta J \tag{1113}$$

Die bei einer Entnahme q und einer bestimmten Geschwindigkeit U im Stollen auftretende Änderung des Inhaltes ΔJ des Wasserschlosses läßt sich leicht zeichnerisch ermitteln (Abb. 1428) ähnlich, wie in der Abb. 1429 die Spiegellagenänderungen. Um aus der Inhaltsänderung bei einem aufgelösten Wasserschloß die zugehörige Spiegellagenänderung Δz zu erhalten, wird von einem beliebigen Horizont aus nach oben und unten die Inhaltslinie des Wasserschlosses gezeichnet, wie es das Abb. 1429 andeutet und wie es auch in der Abb. 1428 geschehen ist. In dieser Inhaltslinie wird vom jeweiligen Wasserspiegel aus unter Beachtung des Vorzeichens $\Delta J = \Delta z F_s$ abgetragen und in der in Abb. 1429 ersichtlichen Weise die Spiegellagenänderung Δz und weiter die neue Spiegellage z ermittelt. Den Gang der Konstruktion der Wasserstandslinie zeigt als Beispiel die Abb. 1428 für eine Entnahmevermehrung.

Bei einer Entnahmeverstärkung ist es erwünscht, daß der Stolleninhalt rasch auf die der angestrebten Entnahme q entsprechende Geschwindigkeit beschleunigt wird. Der Behälterstollen wird daher so angeordnet, daß er vollständig unter der im Betrieb vorkommenden tiefsten Beharrungsspiegellage liegt und seine Größe wird so gewählt, daß der tiefste Spiegelausschlag noch etwa 0,25 [m] über der Behälterstollensohle liegt.

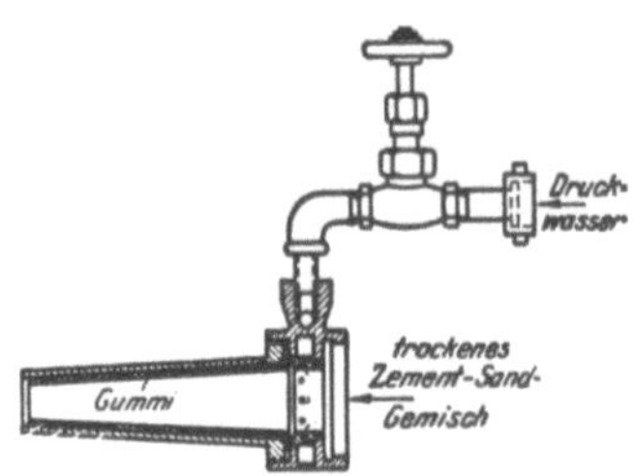

Abb. 1405. Düse des Torkretgerätes.

Abb. 1406. Torkretierung der Stollenlaibung.

Die abgehenden Druckrohre müssen mindestens zwei Meter unter dem tiefsten Spiegelausschlag liegen, um das Einsaugen von Luft sicher zu verhindern. Der tiefste Spiegelausschlag bestimmt aber nicht nur die Höhenlage der abgehenden Druckrohre, sondern auch jene des Stollenendes.

Die Erfahrung an Wasserschlössern mit Behälterstollen hat gelehrt, daß selbst bei Anlagen, die das Triebwasser aus einem Stauweiher entnehmen, deren Wasser also wenig Sinkstoffe führt, schon nach wenigen Jahren der Behälterstollen stark verschlickt und daß Ablagerungen bis über einen halben Meter Dicke entstehen, die den Nutzinhalt des Behälterstollens verringern und die Funktion des Wasserschlosses gefährden können. Diesem

Abb. 1407. Längenschnitt des Druckschachtes im Strubbklammwerk.

Übelstande kann abgeholfen werden, wenn der Inhalt des Behälterstollens in ständiger Bewegung gehalten wird. Es wird dies erreicht, wenn der Steigschacht des Wasserschlosses nicht unmittelbar über dem Druckstollen, sondern so, wie es die Abb. 1430 andeutet, ans Ende des Behälterstollens gesetzt wird, der dadurch gleichzeitig eine einwandfreie Entlüftung erhält, während die Wasserbewegung im Stollen durch die Verbindung zum Behälterstollen auch weniger gestört wird, als bei unmittelbar aufgesetztem Steigschachte.

Die beiden Abb. 1431 und 1432 zeigen als Beispiele zwei ausgeführte aufgelöste Wasserschlösser.

Eine weitere Verbesserung kann am auf-

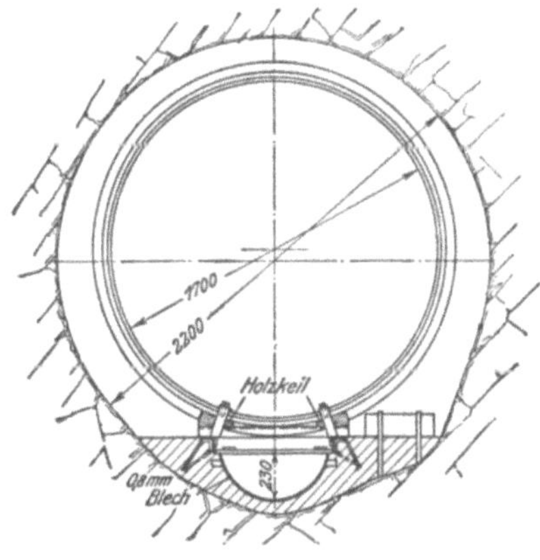

Abb. 1408. Querschnitt durch den Druckschacht des Strubbklammwerkes mit der Betongießrinne.

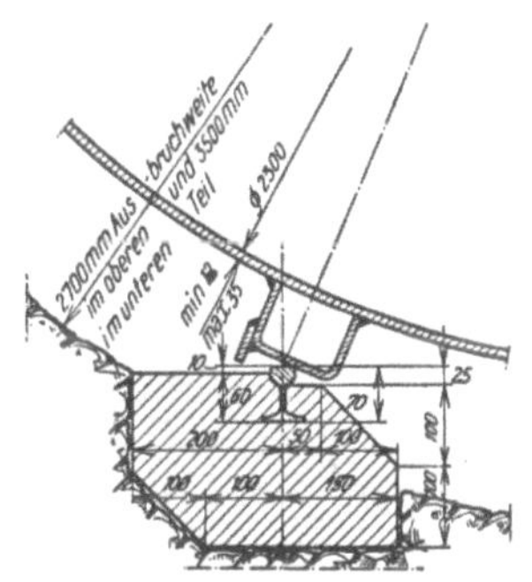

Abb. 1409. Gleitschuh der Druckschachtauskleidung beim Achenseekraftwerk. (Tiroler Wasserkraft A.-G.)

gelöstem Wasserschloß erzielt werden, wenn der enge Steigschacht noch in die obere Erweiterung (Abb. 1427c) des Wasserschlosses hinein hochgeführt wird, weil dann der Wasserspiegel bei Entnahmedrosselungen binnen weniger Sekunden bis zu einer festgesetzten Höhe über die statische Drucklinie ansteigt und auf diese Weise schon nach Verlauf weniger Sekunden ein wirksames, im vorhinein festgesetztes Gegengefälle gegen den Stollenanfang hin entsteht. Die um den hochgeführten Steigschacht angeordnete Auf-

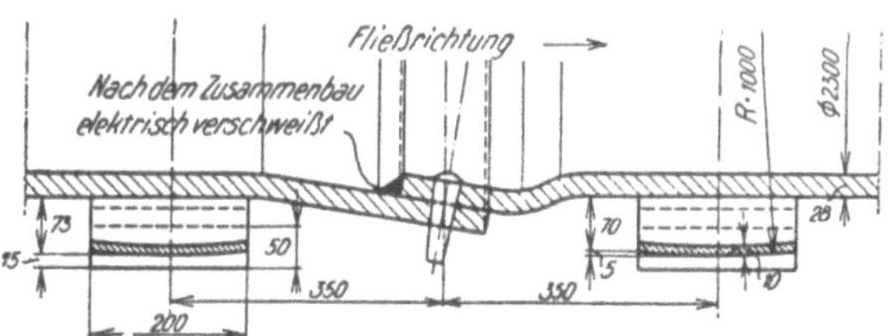

Abb. 1410. Verbindung der Rohrschüsse der Druckschachtauskleidung beim Achensee-Kraftwerk. (Tiroler Wasserkraft A.-G.)

fangkammer wird dann lediglich zur Aufnahme des über dem Schachtrand überlaufenden Wassers bemessen.

Den Gang der Konstruktion zur Bemessung der Auffangkammer zeigt die Abb. 1433. Neben den Auftragungen, wie sie schon früher erläutert worden sind, wird in der in der Abb. 1433 ersichtlichen Weise die Überfallkronenhöhe durch eine waagrechte Linie gekennzeichnet; über ihr werden für mehrere Geschwindigkeiten im Stollen die Überfallhöhen gezeichnet. So lange der Wasserspiegel

Abb. 1411. Herablassen des Futterrohres in den Druckschacht des Strubbklammwerkes.

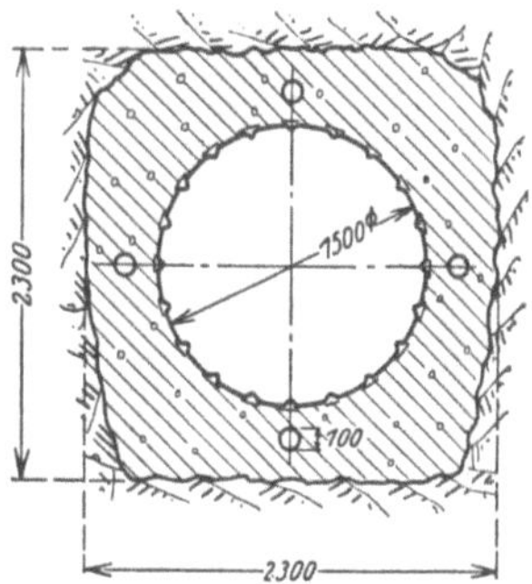

Abb. 1412. Querschnitt des Druckschachtes Rovesca mit vier Dränrohren.

im Steigschacht des Wasserschloßschachtes liegt, ist der Gang der Konstruktion genau derselbe wie in einem Schachtwasserschloß. Vom Augenblick des Überlaufes an gilt die Gleichung (1100) nicht mehr und die Spiegellagen werden weiterhin durch die Überfallhöhen bestimmt, die Punkte S_2, S_3 ... im Beispiel der Abb. 1433 liegen daher auf der Überfallhöhenlinie.

Die Abstände zwischen der U-Achse und der $UF \cdot \varDelta t$-Linie in den Punkten $\dfrac{U_1 + U_2}{2}$, $\dfrac{U_2 + U_3}{2}$, ... geben jene Wassermengen $\varDelta k$ an, die während der Zeitabschnitte $\varDelta t$ in die Auffangkammern laufen. Der Inhalt der Auffangkammern muß daher $\varSigma \varDelta k$ betragen. Die höchste Füllung in der Auffangkammer soll nicht über die Höhe der Überfall-

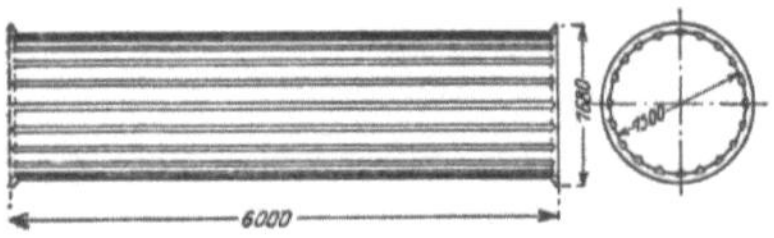

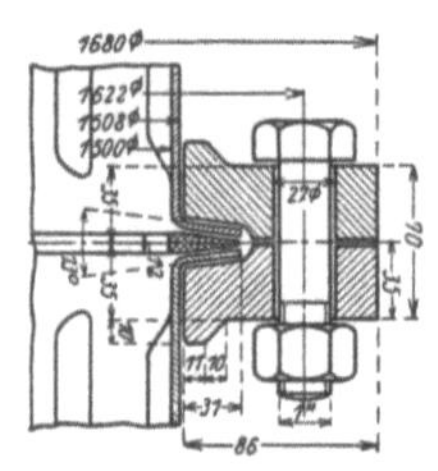

Abb. 1413.   Auskleidung des Druckschachtes Rovesca. Ansicht. (Nach E. RANDZIO.)

krone reichen und die Sohle derselben wird in die Höhenlage des Ruhewasserspiegels (höchste Spiegellage im Weiher) oder etwas darunter gelegt. Der erforderliche Querschnitt F_k der Auffangkammer kann demnach leicht berechnet werden.

Beim Absinken des Wasserspiegels im Steigschacht muß sich die Auffangkammer wieder entleeren können; hiezu werden im Steigschacht in der Höhe der Auffangkammersohle Öffnungen angeordnet. Damit durch diese Öffnungen beim Wasseranstieg kein Wasser läuft, können sie mit Klappen im Schacht ausgerüstet werden. Ein vollständiger Abschluß der Entleerungsöffnungen ist aber gar nicht nötig und man kann die Klappen ersparen. Es genügt ja, wenn die Öffnungen so eng bemessen werden, daß der Wasserspiegel trotz des Durchflusses durch die Öffnungen in die Auffangkammer bis etwas über die Überfallkrone aufsteigt. In der Konstruktion der Abb. 1433 tritt dann an die Stelle der Überfallhöhenlinie die Überfallkronenlinie. Die erforderliche Auffangkammer wird etwas größer als bei Anordnung von Klappen.

Abb. 1414.   Druckschacht Rovesca. Flanschenverbindung der Auskleidung. (Nach E. RANDZIO.)

Um die Öffnungen ohne Klappen zu bemessen, wird die Wasserstandslinie auch für die Auffangkammern gezeichnet; das ist ja leicht möglich, weil ja der Querschnitt F_k der Auffangkammer und für jeden Zeitabschnitt $\varDelta t$ die Wassermenge $\varDelta k$ bekannt ist, die zuläuft. Ebenso kann für jeden Zeitabschnitt $\varDelta t$ der Zufluß $UF \cdot \varDelta t = \varDelta k$ aufgetragen werden, so, wie es in der Abb. 1434 geschehen ist. Man kennt dann sowohl den Gang der Zuflüsse in die Auffangkammern als auch jenen der an den Ausflußöffnungen wirksamen Druckhöhen H und kann nun den Gesamtquerschnitt aller Ausflußöffnungen so bemessen, daß stets noch etwas Wasser über die Überfallkrone läuft, die Wasserspiegellage dort also gewährleistet ist.

Damit sich die Auffangkammern beim Absinken

Abb. 1415.   Auskleidung des Druckschachtes Rovesca. (Nach E. RANDZIO.)

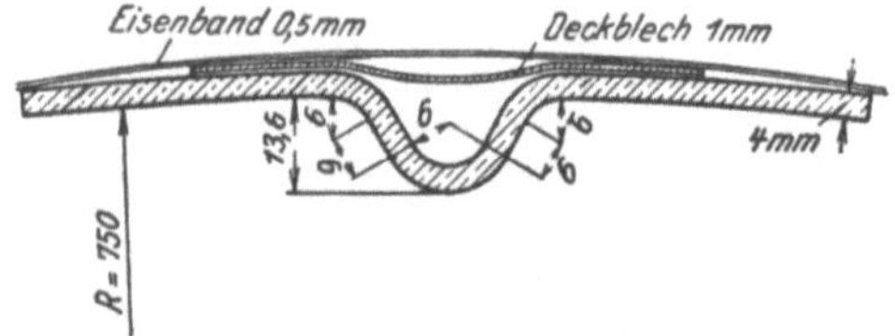

Abb. 1416.   Druckschacht Rovesca. Ausbildung der Wellen im Futterrohr. (Nach E. RANDZIO.)

des Wassers im Steigschacht rasch entleert, beim Anstieg aber wenig Wasser durch die Entleerungsöffnungen läuft, werden die Ausflußöffnungen in der Auffangkammer trompetenförmig ausgebildet. Im Innern des Steigschachtes führt man die Ausflußöffnung als Borda'schen Ansatz mittels eines scharf endigenden, in den Schacht reichenden kurzen Rohres aus, so, wie es die Abb. 1435 andeutet. Dadurch wird die erwünschte Ventilwirkung erzielt. In der Abb. 1436 sind eine Reihe von Wasserstandslinien aufgetragen, die das Verhalten des beschriebenen Wasserschlosses im Betrieb bei den ungünstigsten Entnahmeänderungen zeigen.

Die bauliche Ausgestaltung eines Wasserschlosses, das in sparsamster Weise bemessen ist, zeigen die Abb. 1437 bis 1439 vom Wasserschlosse des Teigitschkraftwerkes. Das Wasserschloß ist nach der Form c in der Abb. 1427 mit Rückschlagklappen in den Ablauföffnungen ausgeführt. Um das Einwerfen von Gegenständen in den

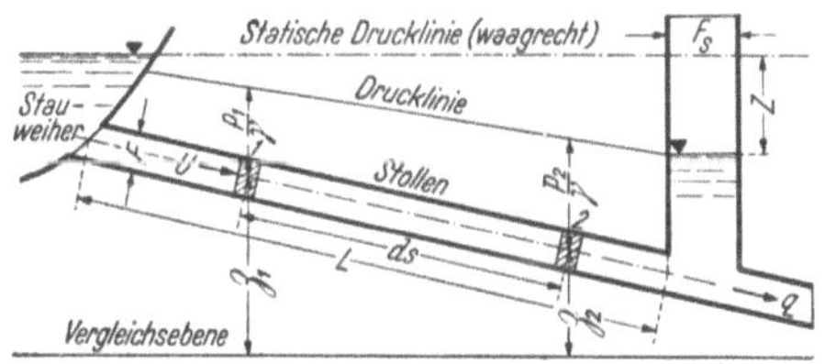

Abb. 1417. Schematischer Längenschnitt durch den Druckstollen und das Wasserschloß.

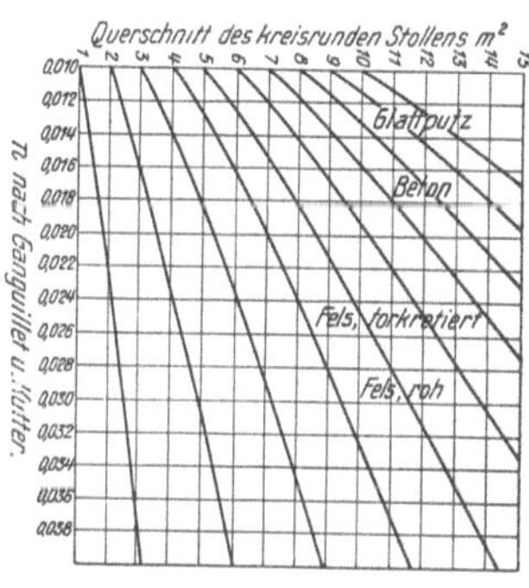

Abb. 1418. Reibungsgleiche Querschnitte.

Steigschacht zu verhindern, sind sowohl der Überlauf am Steigschachte, als auch die Ablauföffnungen durch Drahtgitter geschützt. Überdies ist vor dem abgehenden Stollen ein Rechen eingebaut, der Fremdkörper von den Druckrohren fernhalten soll.

Gelegentlich eines Versuches wurde die Entnahme plötzlich von 5,5 [m³/sec] auf 0 gedrosselt

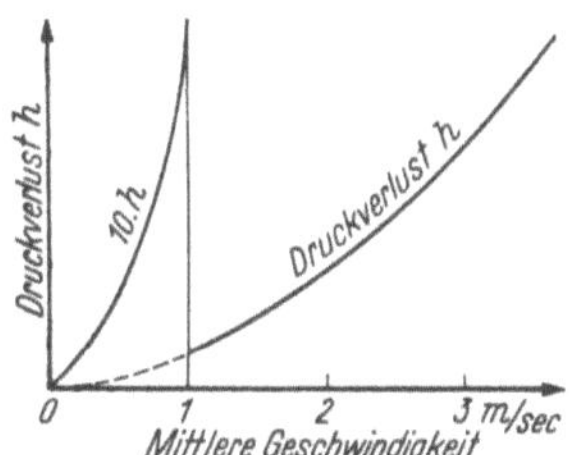

Abb. 1419. Druckverluste im Stollen.

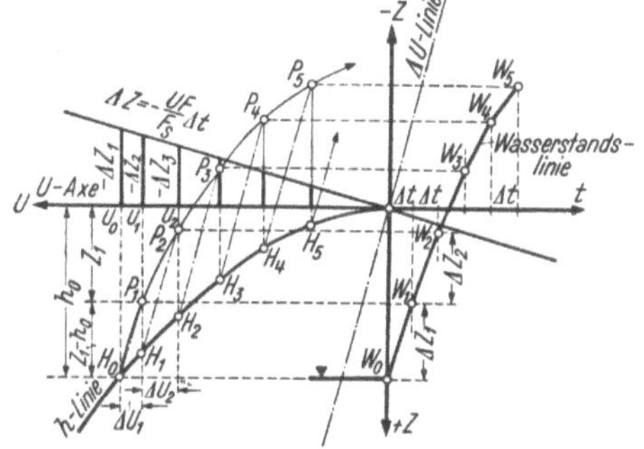

Abb. 1420. Schema für die Auswertung der beiden Gleichungen (1098) und (1100) bei plötzlicher Entlastung.

und die Wasserstandslinien aufgenommen, die bis auf wenige Zentimeter mit den nach dem beschriebenen Verfahren ermittelten übereinstimmen.

Besonderes Augenmerk ist bei eingedeckten Wasserschlössern auf eine genügend weit bemessene Lüftung zu richten. Bei dem in der Abb. 1431 gezeigten Wasserschloß werden z. B. bei Entlastung von 16,5 [m³/sec] auf Null in den ersten Sekunden etwa 16,5 [m³/sec] Luft ausgeblasen, die bei zu enge bemessenen Lüftungsöffnungen die Eindeckung zerstören können, während bei Betriebsverstärkung unter Umständen Unterdruck im Wasserschloßraum entstehen kann.

Die Abb. 1440 zeigt den Einfluß der Wandrauhigkeit n des Stollens auf die erforderliche Größe der Auffangkammern des in der Abb. 1437 dargestellten Wasserschlosses und führt eindringlich die Wichtigkeit einer zutreffenden Wahl des Rauhigkeitsbeiwertes vor Augen.

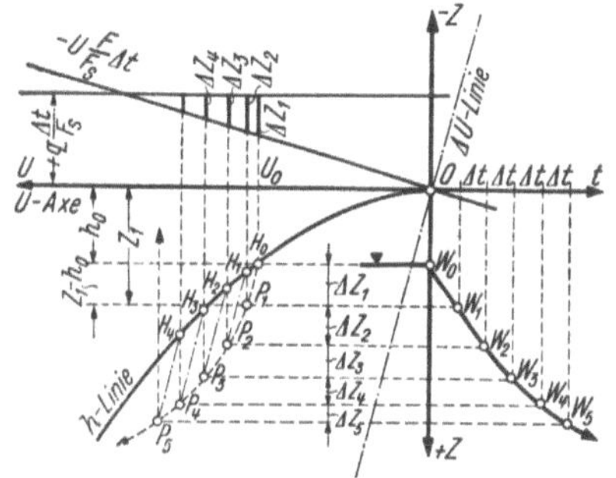

Abb. 1421. Schema für die Auswertung der beiden Gleichungen (1098) und (1100) bei Entnahmeänderung.

Der erforderliche Rauminhalt der Auffangkammer wird um so kleiner, je höher die Überfallkrone am Steigschacht gelegt wird. Die Abb. 1441 zeigt am Beispiel des Wasserschlosses in der Abb. 1437 die Beziehung zwischen der Überfallkronenhöhe und dem erforderlichen Rauminhalt der Auffangkammer.

Die in der Abb. 1433 gezeigte Konstruktion kann ohne weiteres auch für die Bemessung eines Wasserschlosses mit Überlauf und Ableitung des überlaufenden Wassers verwendet werden.

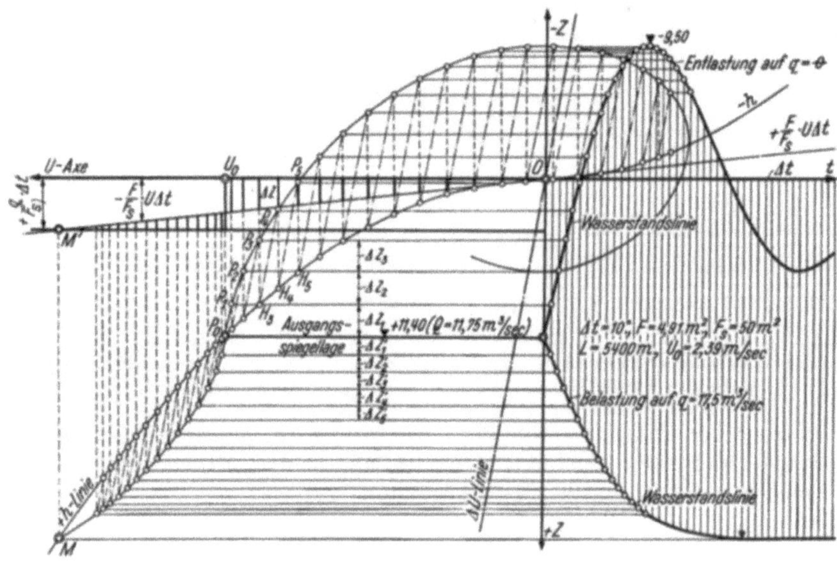

Abb. 1422.   Zeichnerische Ermittlung der Spiegelbewegung in einem Schachtwasserschloß bei Entlastung bzw. bei Entnahmeverstärkung.

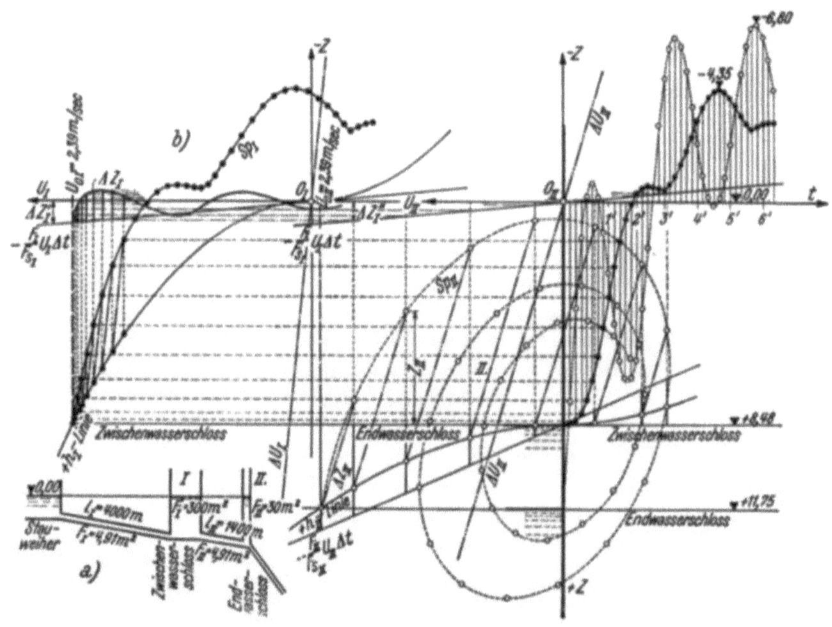

Abb. 1423.   Zeichnerische Ermittlung der Spiegelbewegung in zwei hintereinanderliegenden Wasserschlössern.

3. Gedämpfte Wasserschlösser.

Um an Wasserschloßrauminhalt zu sparen, sind auch sogenannte gedämpfte Wasserschlösser vorgeschlagen worden. Bei diesen wird zwischen den Stollen und dem Wasserschloß nur eine enge Verbindung angeordnet. Diese Wasserschlösser werden hier nicht weiter behandelt; sie erfordern zwar nur kleine Wasserschloßräume, bewirken aber das Auftreten hoher, durchaus unerwünschter Druckanschwellungen im Stollen.

Der Verbilligung des Wasserschlosses steht, besonders bei langen Stollen, eine wesentliche Verteuerung des Stollens gegenüber.

4. Das Wasserschloß im Unterwasserstollen.

Bei manchen Wasserkraftanlagen muß das aus den Saugrohren der Turbine auslaufende Wasser mittels eines Stollens in das Wildbett zurückgeleitet werden. An die Stelle des Unterwassergrabens tritt dann ein Unterwasserstollen. Bei plötzlichen Belastungen der Turbinen fließt nun in den Unterwasserstollen plötzlich mehr Wasser ein und es ist erforderlich, den Unterwasserstollen vor Druckanschwellungen infolge dieses erhöhten Zuflusses zu bewahren. Das geschieht, wie es in der Abb. 1442 angedeutet ist, durch

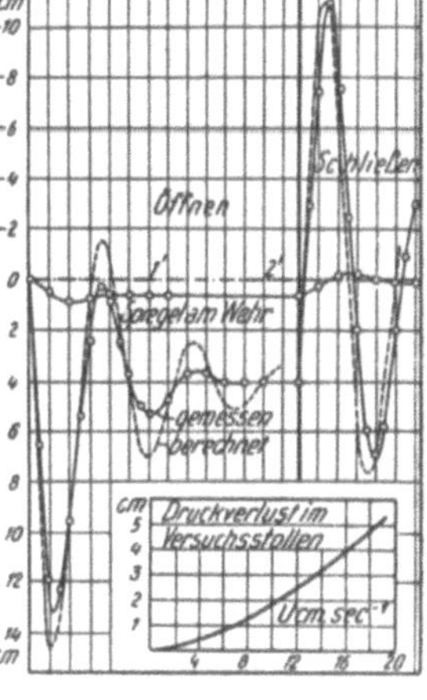

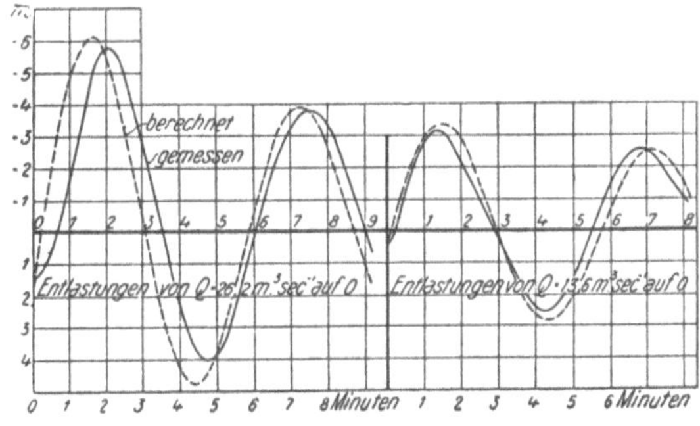

Abb. 1424. Spiegelbewegungen im Schachtwasserschloß des Tallulahfälle-Kraftwerkes.

Abb. 1425. Spiegelbewegung in einem Versuchswasserschloß.

ein Wasserschloß, das möglichst nahe dem Krafthaus anzuordnen ist. Zur Ermittlung der äußersten Spiegelausschläge dienen auch bei diesen Wasserschlössern die beiden Gleichungen (1098) und (1100), nur müssen jetzt die Spiegellagen vom Wasserspiegel am Stollenende aus gemessen und nach oben positiv, nach unten negativ bezeichnet werden. Der Gang der Konstruktion ist der Abb. 1443 zu entnehmen. Die Auftragungen erfolgen so, wie bei den Abb. 1420 und 1421.

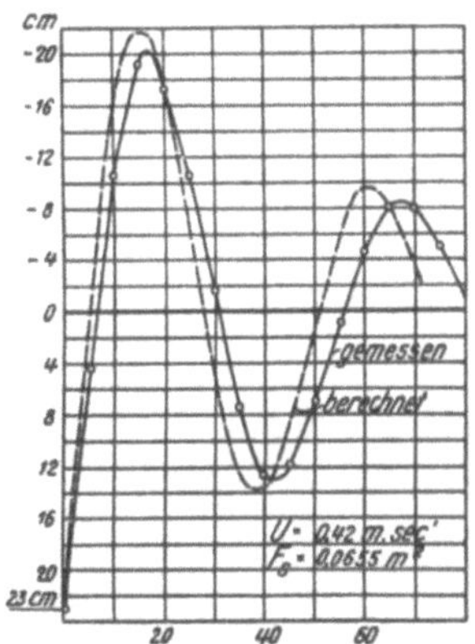

Abb. 1426. Spiegelbewegung in einem Versuchswasserschloß bei plötzlicher Absperrung.

Schrifttum.

BRAUN, E.: Über Wasserschloßprobleme. Z. ges. Turbinenwes. 1920. S 145. — DERSELBE: Über graphische Behandlung von Wasserschloßproblemen. Schweiz. Bauztg. 77. S. 117. 1921. — DERSELBE: Zur Berechnung von Wasserschlössern. Schweiz. Bauztg. Bd. 86. 1925. S. 67. — CALANNE, J. und GADEN, D.: Théorie des chambres d'équilibre. Paris: Gauthier-Villars, 1926. — DIESELBEN: De la stabilité des installations hydrauliques munies des chambres d'équilibre. Schweiz. Bauztg. 90, S. 55. 1927. — DUBS, R.: Allgemeine Theorie über die veränderliche Bewegung des Wassers in Leitungen. II. Teil. Berlin: Springer, 1909. — FERRO, G.: Ausgleichsschächte in Druckstollen. Wasserkr. 1926. S. 131. — FINALY ST. V.: Über das Wasserschloßproblem. Z. öst. Ing.- u. Arch.-Ver. 1917. S. 593. — FORCHHEIMER, PH.: Hydraulik. 3. Aufl. Leipzig: B.G. Teubner. 1930. — DERSELBE: Grundzüge der Hydraulik. 2. Aufl. Leipzig: B.G. Teubner. 1926. — DERSELBE: Zur Ermittlung der Schwingungen im Wasserschloß. Z. VDI. 1912. S. 1291. — FRANK, J.: Zur graphischen Berechnung gedämpfter Wasserschlösser. Bauing. 1930. S. 807. — GAULIS, A.: Calcul des surélevations produites dans une chambre d'eau faisant suite à un canal sous pression. Bullet. Techn. de la Suisse romande. 36. S. 174. 1910. — GIBSON, A. H.: Hydroelektric Engineering. Blackie and Son. 1921. — JOHNSON, E. D.: The surge Tank in water power plants. Trans. Amer. Soc. Mech. Eng.

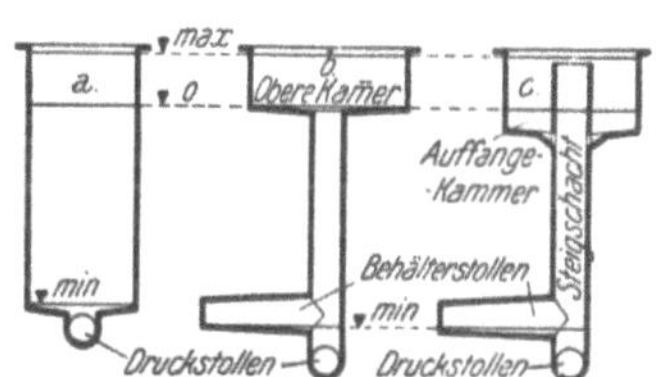

Abb. 1427. Hydraulich gleichwertige Wasserschlösser. a Schachtwasserschloß, b und c aufgelöste Wasserschlösser.

30. S. 443. 1908. — DERSELBE: The differential surge Tank. Trans. Amer. Soc. Civ. Eng. 78. S. 760. 1915. — KAMMÜLLER: Fortschritte in der konstruktiven Gestaltung des Wasserschlosses. Wasserwirtsch. 1931. H. 7, 9. — KARAS, K.: Zeichnerische Ermittlung der Spiegelbewegung gedämpfter Wasserschlösser. Bauing.

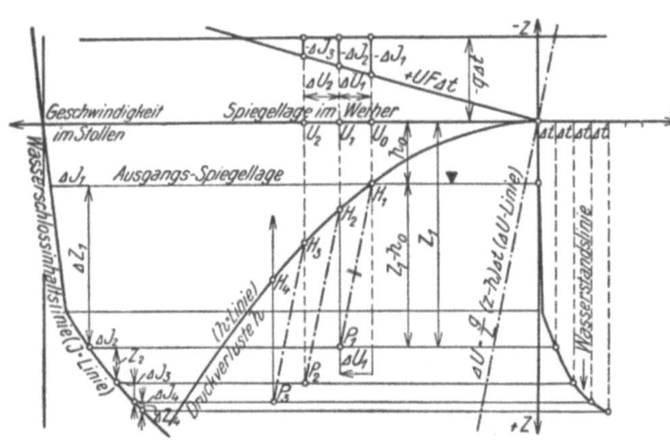

Abb. 1428. Zeichnerische Ermittlung der Spiegelbewegung in einem aufgelösten Wasserschloß bei Entnahmeverstärkung.

1941. S. 335; Wasserkr. u. Wasserwirtsch. 1942. S. 82. — KUHN, F.: Beitrag zum Wasserschloßproblem. Z. ges. Turbinenwes. 1920. H. 34. — LAUCHLI, E. L.: Tests chek computed values of surges. Eng. Rec. 71. S. 378. 1915. — LIEBISCH, W.: Über Schwingungen im Wasserschloß. Z. öst. Ing.- u. Arch.-Ver. 1911. S. 276. — LORENZ, H.: Schwingungen in Flüssigkeitsleitungen und ihr Einfluß auf Kreiselräder. Z. ges. Turbinenwes. 1908. S. 437. — MARCHETTI, A.: Prove su un modello di galleria forzata con diversi pozzi piezometrici. L'Energia Elettrica. 1941. H. 10. — MEAD, D. W.: Water power Engineering. 2. Aufl. Mc. Graw Hill Book Co. 1920. — MÜHLHOFER, L.: Zeichnerische Bestimmung der Spiegelbewegung in Wasserschlössern von Wasserkraftanlagen mit unter Druck durchflossenem Zulaufgerinne. Berlin: Springer, 1924. — DERSELBE: Zur Berechnung von Wasserschlössern mit oberer u. unterer Speicherkammer. Z. öst. Ing.- u. Arch.-Ver. 1924. S. 393. — MÜLLER, A.: Über Ausgleichsbecken mit oberhalbliegendem Überfall bei Wasserkraftanlagen. Schweiz. Bauztg. Bd. 85. 1925. S. 266. — PRAŠIL, F.: Wasserschloßprobleme. Schweiz. Bauztg. 52. 1908. S. 271, 301, 317, 333. — PRESSEL, K.: Beitrag zur Bemessung des Inhaltes von Wasserschlössern. Schweiz. Bauztg. Bd. 53. 1909. S. 57, 210. — SCHAUTA, F.: Versuche und Untersuchungen am Wasserschloß einer zu erweiternden Wasserkraftanlage. Wasserkr. u. Wasserwirtsch. 1940. S. 215. — SCHOKLITSCH, A.: Spiegelbewegung in Wasserschlössern. Schweiz. Bauztg. 81. 1923. S. 129. — DERSELBE: Über die Spiegelbewegung in Wasserschlössern bei Anwendung eines Zwischenwasserschlosses. Z. öst. Ing.- u. Arch.-Ver. 1921. S. 175. — DERSELBE: Graphische Hydraulik. Sammlung mathematisch-physikalischer Lehrbücher. Bd. 21. Leipzig: B. G. Teubner. 1923. — DERSELBE: Über die Bemessung von Wasserschlössern. Wasserkr.-Jb. 1925/26. S. 214. — SCIMEMI, F.: Le oscillazioni dei pozzi piezometrici in rellazione alle condotte d' alimentazione degli impianti idroelettrici. L'energia elletrica. 1925. — SITTE, F.: Der Höchstschwall in Schachtwasserschlössern. Wasserwirtsch. 1925.

Abb. 1429. Wasserschloßinhaltslinie.

S. 282. — STRICKLER, A.: Exakte und angenäherte Formeln zur Wasserschloßberechnung. Schweiz. Wasserwirtsch. 1913/14. S. 249. — THOMA, D.: Beiträge zur Theorie des Wasserschlosses bei selbsttätig geregelten Turbinenanlagen. Oldenburg. München: 1910. — VOGT, F.: Berechnung und Konstruktion des Wasserschlosses. Stuttgart. 1923. — DERSELBE: Die Anlage von Wasserschlössern. Dtsch. Wasserwirtsch. 1924. H. 4. — WARREN, M.: Penstock and surge Tank problems. Proc. Amer. Soc. Cio. Eng. Bd. 40. 1914. — DERSELBE: Water hammer surge Tanks and pipe line sizes. Proc. Amer. Soc. Cio. Eng. Bd. 40. 1914. — ZORN, J.: Beitrag zur Ermittlung einer sparsamen Wasserschloßform. Z. öst. Ing.- u. Arch.-Ver. 1923. H. 11, 12. — REFERAT: Salmon river surge Tank. Eng. Rec. Bd. 70. 1914. S. 82. — REFERAT: Concrete surge Tank disconnectad at base, operates on differential-principle. Eng. Rec. Bd. 71. 1915. S. 368. — REFERAT: Ausgleichsschächte in Druckstollen. Wasserkr. u. Wasserwirtsch. 1926. S. 131. — REFERAT: Die Wasserkraftanlage an den Outardes-Fällen. Dtsch. Wasserwirtsch. 1938. S. 211.

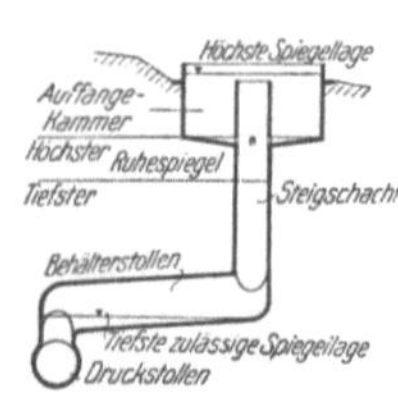

Abb. 1430. Wasserschloßform zur Verhütung von Schwebanlandungen im Behälterstollen.

b) Der Vorhof.

Der Vorhof wird am Ende eines Werksgrabens oder Freispiegelstollens angeordnet, wenn an dieser Stelle die Aufteilung des Wassers auf die Turbinen oder bei größeren Fallhöhen auf die Druckrohre erfolgen soll; gleichzeitig wird dort noch eine letzte Säuberung des Wassers von Schwemmseln, Eis und Sinkstoffen durchgeführt und der Betrieb der Kraftanlage erfordert in der Regel den Einbau einer Entlastungsanlage, über die bei Drosselungen der Entnahme der Wasserüberschuß teilweise oder vollständig abläuft. Die Grundrißform dieses Vorhofes hängt davon ab, in welcher Richtung, bezogen auf jene des Gerinnes, die Ableitung des Wassers erfolgt. In den Bildern 1444 a bis c sind einige derartige Anordnungen zusammengestellt; anzustreben ist stets jene, die in der Abb. 1444 c dargestellt ist, weil sie die geringsten Fallhöhenverluste verursacht. Bei den anderen Grundrißausbildungen wird der Rechen vom Wasser schräg getroffen, so daß größere Fallhöhenverluste entstehen; um sie herabzusetzen, ist vielfach eine kostspielige Vergrößerung der Rechenfläche erforderlich. Der Grundriß in der Abb. 1444a, der früher stark bevorzugt worden ist, wird gegenwärtig nur angewendet, wenn die Geländebeschaffenheit die Ausbildung nach Abb. 1444c ausschließt. In den Abb. 1445 bis 1446 sind als Beispiele einige Vorhöfe neuerer Anlagen wiedergegeben.

Zur Abhaltung von Schwemmseln und Eis wird vor den Einlaufkammern ein Feinrechen

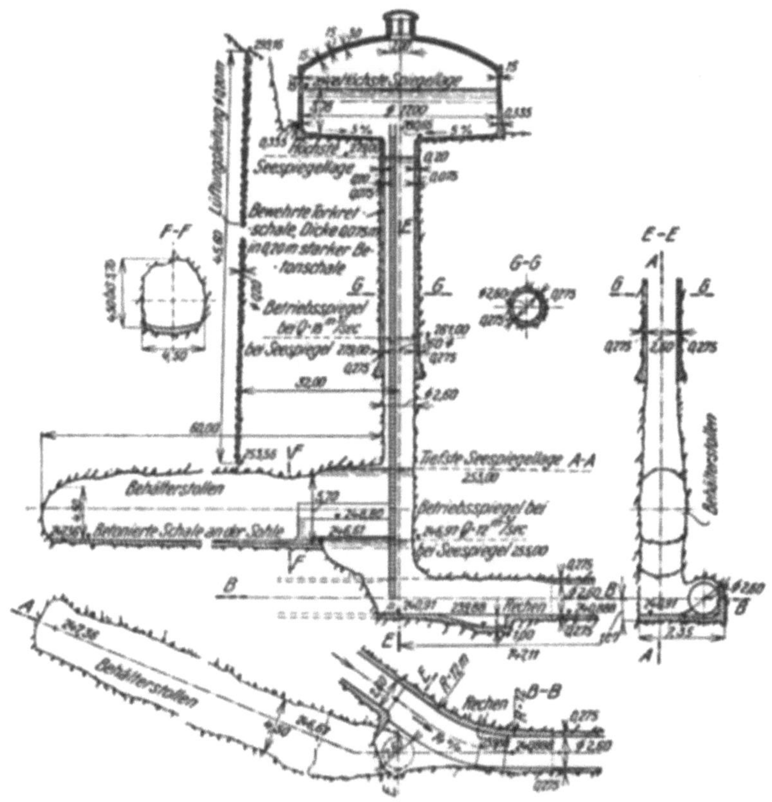

Abb. 1431. Wasserschloß des Kraftwerkes Cala. (H. E. Gruner.)

angeordnet; hinter diesem liegt der Bedienungssteg, auf dem bei kleinen Anlagen die Mannschaft arbeitet, der die Reinhaltung des Rechens obliegt. Bei größeren Anlagen wird eine Rechenreinigungsmaschine aufgestellt, die auf Schienen längs des Rechens verschiebbar ist. Für die Abfuhr des Rechengutes werden Muldenkipper verwendet, die auf Schienen laufen, die zwischen den Schienen der Rechenreinigungsmaschine liegen. Bei Vorhöfen von Schachtturbinen hat man auch Rinnen eingebaut, in die das Rechengut gestreift und in denen es durch einen Spülstrom in das Unterwasser gefördert wird. Um Vereisungen des Rechens zu verhindern und an Bedienungsmannschaften zu sparen, werden die Rechen auch elektrisch heizbar (vgl. S. 811) ausgebildet.

Hinter dem Bedienungssteg liegen die Absperrschützen der einzelnen Kammern; um das Windwerk vor atmosphärischen Einwirkungen zu schützen und um die Anlage besser in die Landschaft eingliedern zu können, wird bei größeren Anlagen ähnlich wie bei Wehren, das Windwerk und der Bedienungssteg derselben überdeckt und man hat manchmal den Überbau bis über den Rechen erstreckt, um deren Wärmeausstrahlung herabzusetzen. Vor den Absperrschützen werden Dammbalkennuten angeordnet, damit Instandsetzungsarbeiten mit möglichst geringen Betriebsstörungen ausführbar sind. Bei der Grundrißanordnung nach Abb. 1444c ist es zweckmäßig, die Dammbalkennuten vor den Rechen zu verlegen, damit auch Rechen-

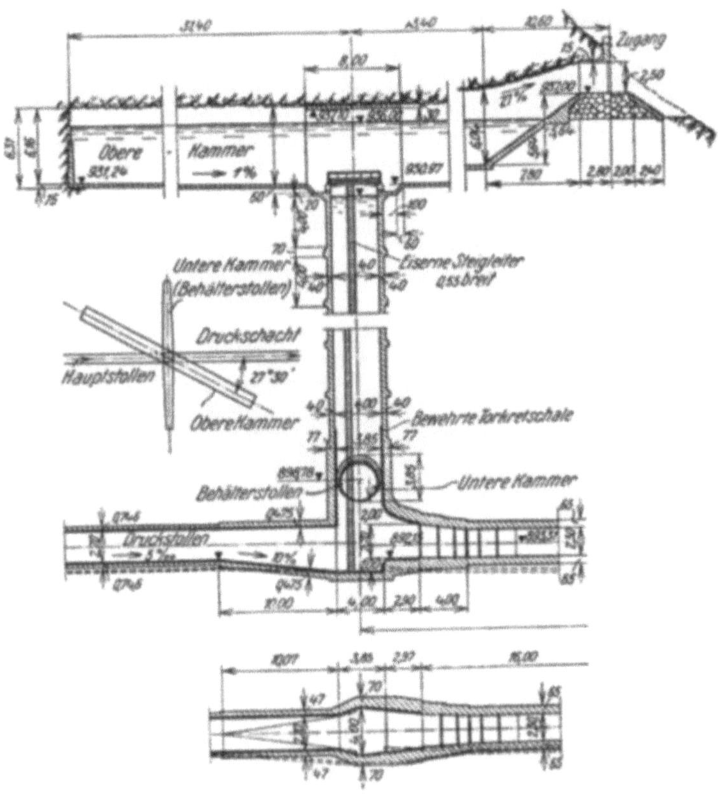

Abb. 1432. Wasserschloß des Achensee-Kraftwerkes. (H. E. GRUNER.)

instandsetzungen ohne nennenswerte Betriebsstörungen möglich sind.

Die Breitenabmessungen der Einlaufkammern hängen bei der Weiterleitung des Wassers durch Druckrohre von der erforderlichen Rechenbreite, bei unmittelbarer Einleitung des Wassers in die Turbinenschächte von der erforderlichen Wellenentfernung der Maschinensätze ab.

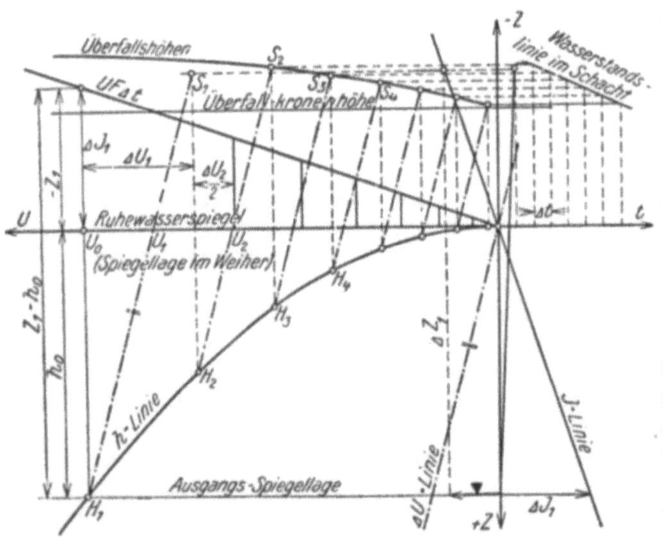

Die Eisabwehr am Rechen wird vielfach durch Tauchwände oder Eisbäume unterstützt. Wie ein Blick in die Abb. 1458a bis d anschaulich erläutert, bewegt sich das Treibeis nach ganz verschiedenen Bahnen, je nachdem, ob ein Eisbaum angeordnet ist oder nicht und je nachdem Eis abgelassen wird oder nicht. Man erkennt in diesen Abbildungen auch deutlich den Wert eines Eisbaumes. An Stellen mit wenig lebhafter Strömung setzt sich das Eis fest und friert zu einer Decke zusammen. Die Ableitung des Eises, das sich vor dem Eisbaum

Abb. 1433. Zeichnerische Ermittlung der Wasserstandslinie in einem Sparwasserschloß (Abb. 1417c). Bei Entnahmeveränderung. (z_1—h und —z, links in der Abbildung sind bis in die Höhe von S zu messen.)

oder vor der Tauchwand ansammelt, geschieht über eine Stauklappe oder Senkschütze, die über oder neben dem Grundablasse liegt und die auch zur Entlastung bei Entnahmedrosselungen mitverwendet wird.

Im Vorhof wird bei Grundrissen nach Abb. 1444c, die Wasserbewegung stark verzögert und es setzen sich in der Folge größere Mengen von Sinkstoffen ab, die von den Einlaufkammern ferngehalten und zeitweise ausgespült werden müssen. Überdies kommen gelegentlich von Spülungen des Werksgrabens die Ablagerungen aus diesem durch den Vorhof durch. Damit die mit diesen Spülungen verbundenen Betriebsstörungen möglichst kurz sind, muß nun die Sohle des Vorhofes entsprechend ausgebildet werden. Die Spülung kann entweder kontinuierlich während des Betriebes oder stoßweise bei stark abgesenktem Wasserspiegel erfolgen. Um den Rechen frei von Ablagerungen zu erhalten, wird an seinem Fuße (vgl. die Abb. 1445, 1446 und 1447) eine Stufe und vor ihr eine Mulde angeordnet, die größere Mengen von Sand aufnimmt; in die Rechenschwelle werden Spülöffnungen eingebaut, die aus ihrer nächsten Umgebung die Sinkstoffe ableiten; ihre Wirkung reicht aber, wie ein Blick in Abb. 1459 lehrt, über ihre nächste Umgebung nicht hinaus. Der ganze Vorhof kann nur gesäubert werden, wenn der Spiegel vollständig abgesenkt und ein Bruchteil des Höchstdurchflusses im Werksgraben zur Spülung verwendet wird. Eine derartige Spülung im Vorhofe des Murkraftwerkes Peggau zeigen die Abb. 1460 und 1461, wo selbst mehrere Meter dicke Ablagerungen binnen etwa acht Stunden ausgespült werden können.

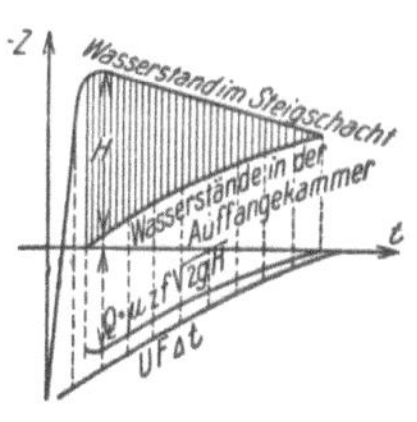

Abb. 1434. Zeichnerische Ermittlung der Größe der Durchlaßöffnungen ohne Klappen an einem Sparwasserschloß.

Damit der Spülstrom möglichst wirksam ist, darf nur so viel Wasser zur Spülung verwendet werden, daß es den Grundablaß und allenfalls vorhandene Spülöffnungen ohne nennenswerten Stau durchläuft. Bei Vorhofgrundrissen nach Abb. 1444c ist es zweckmäßig, die Rinne vor dem Rechen so groß auszubilden, daß sie das ganze Spülwasser gegen den Grundablaß abzuleiten vermag. Die Sohle erhält gegen die Spülöffnungen hin ein möglichst großes Gefälle und sie wird so ausgebildet, daß der Spülstrom sich gleichmäßig über die zu spülende Fläche ausbreitet. Quergefälle soll die Vorhofsohle nicht erhalten, weil das Spülwasser dann im tiefsten Teile des Vorhofes abläuft und die Ablagerungen nur seitlich annagt, so daß die Spülung fast unwirksam wird. Ohne Nachhilfe mit Geräten oder Spülstrahlen von Druckwasser lassen sich aber trotz sorgfältigster Durchbildung der Sohle Ablagerungen vielfach nicht abspülen; in der Abb. 1462 ist als Beispiel das Modell eines Vorhofes dargestellt, in dem die deutlich sichtbaren Ablagerungen ohne mechanische Nachhilfe nicht abspülbar waren. Diese Ablagerungen erreichen im Laufe der Zeit beträchtliche Höhen, wie ein Blick in die Abb. 1463 und 1465 lehrt.

Abb. 1435. Formung der Abläufe aus der Auffangkammer in den Steigschacht eines Sparwasserschlosses zur Erzielung einer Ventilwirkung.

Beim Spülen entstehen große Schleppkräfte, die, wie wohl kaum besonders betont werden muß, eine Verkleidung der Sohle und der Böschungen des Vorhofes erfordern.

Die Verbreiterung eines Werksgrabens zu einem Vorhof nach der Abb. 1444c soll möglichst schlank ausgeführt werden, weil nur dann die Ausbreitung des Spülstromes über die ganze Sohle und eine wirksame Spülung gewährleistet ist.

Bei Vorhofgrundrissen nach der Abb. 1444 a und b ist es zweckmäßig, den Querschnitt des Vorhofes entsprechend der Abnahme des Durchflusses gegen das Ende hin zu verjüngen, so daß die Wassergeschwindigkeit bis zum letzten Maschinensatz annähernd konstant bleibt; wenn der Querschnitt größer ist, so setzen sich beträchtliche Mengen von Sinkstoffen in den weniger lebhaft durchströmten Teilen ab, die nur schwer abspülbar sind.

In Kraftwerken am Ende sehr langer Werksgräben, bei denen mit heftigen Belastungsstößen zu rechnen ist, wie z. B. bei solchen, die vorwiegend Strom für Bahnen liefern, kann es erforderlich werden, den Vorhof als vorgeschobenen Spitzenweiher auszubilden, der für die kurzen Belastungsspitzen das erforderliche Wasser liefert.

Bei Drosselungen der Entnahme steigt der Wasserspiegel im Vorhofe rasch an und wenn die Drosselung plötzlich erfolgt, etwa wie sie die Regler der Turbinen bei plötzlichen Entlastungen der elektrischen Maschinen ausführen, läuft vom Vorhofe aufwärts ein Stauschwall (vgl. S. 142 bis 148), dessen Höhe für die Bemessung der Bordränder des Vorhofes und des Werksgrabens maßgebend ist. Bei kurzen Werksgräben und großer Entfernung des nächsten Unterliegers vom Werke kann die Bordhöhe so bemessen werden, daß der Stauschwall das Gerinne nirgends überflutet. Wenn der nächste Unterlieger aber schon nahe dem Werke sein Wasser aus dem Flusse

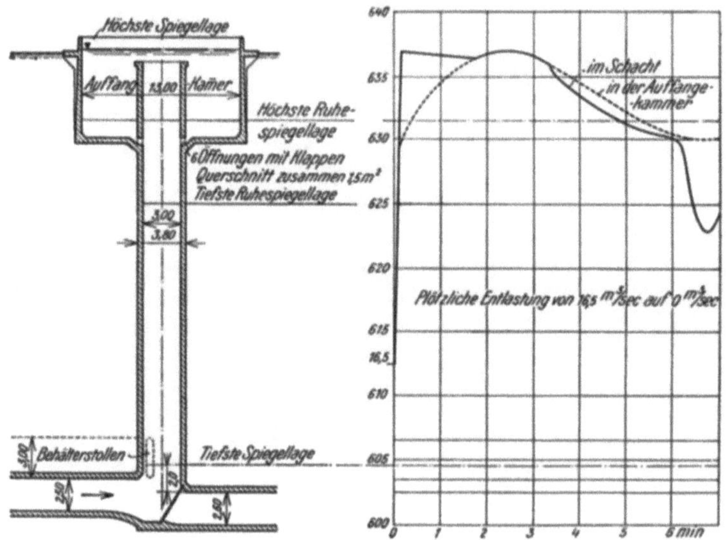

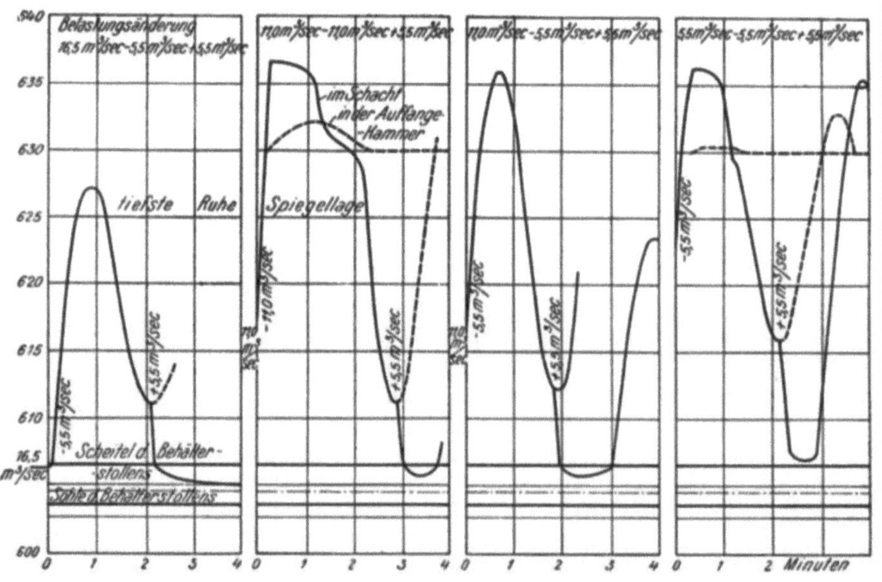

Abb. 1436. Spiegellinien im Wasserschloß des Teigitsch-Kraftwerkes Arnstein bei verschiedenen Entnahmeänderungen. Stollenlänge $L = 5262$ [m]; Stollenrauhigkeit: $^1/_3$ der Länge betoniert mit Glattputz, $D = 2,50$ [m], $n = 0,013$, $^2/_3$ der Länge nur torkretiert $D = 3,33$ [m], $n = 0,027$.

entnimmt, so muß bei plötzlichen Entnahmedrosselungen der Wasserüberschuß noch am Krafthause ins Flußbett geleitet werden, damit Störungen im Wasserbezug des Unterliegers vermieden werden. Man ordnet dann ebenso, wie bei sehr langen Werksgräben, wo der Stauschwall hoch wird, Entlastungsanlagen an einer geeigneten Stelle des Vorhofes an, über die das überschüssige

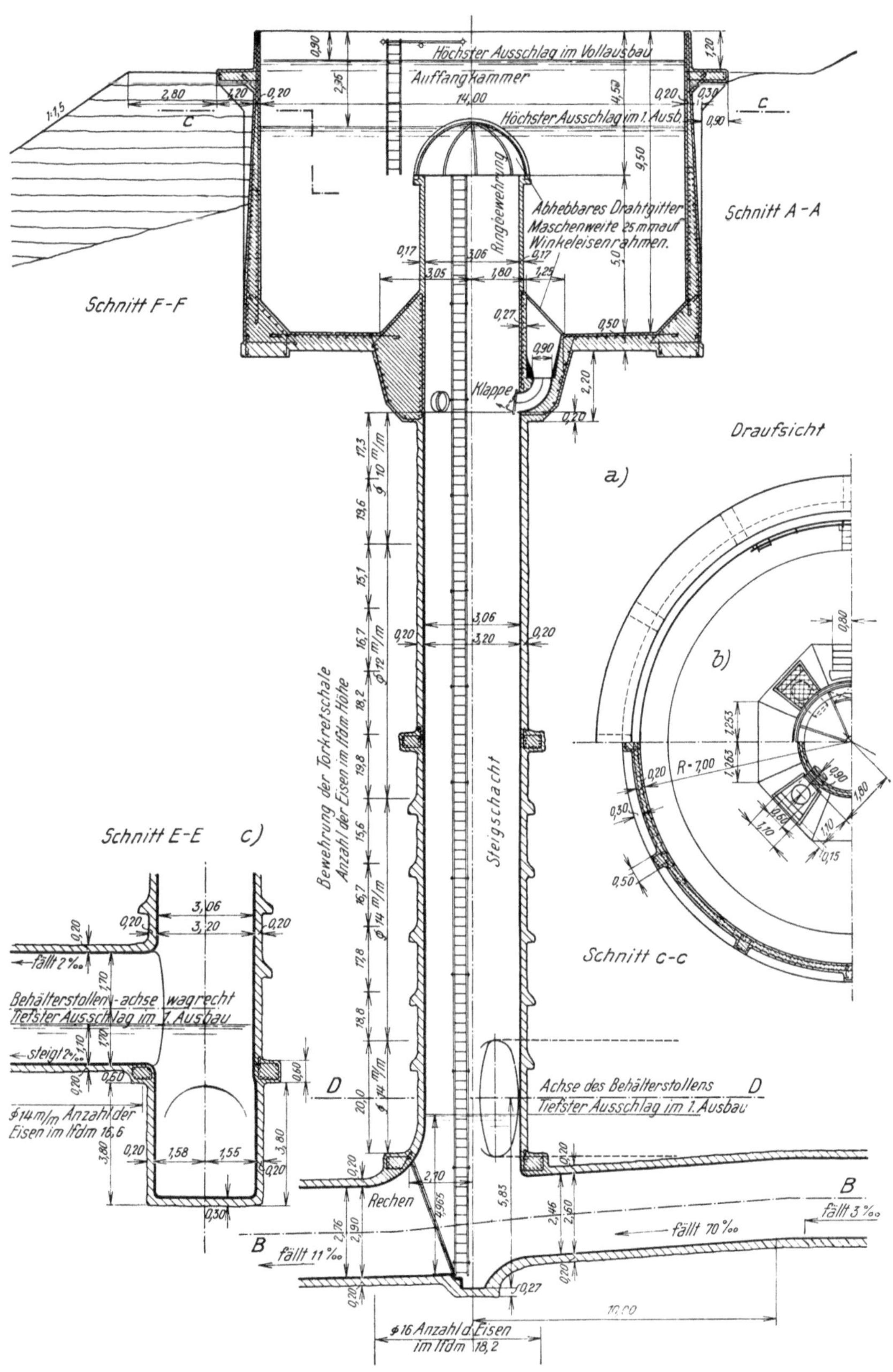

Abb. 1437 a, b, c. Wasserschloß des Teigitsch-Kraftwerkes Arnstein.

Wasser teilweise oder vollständig abgeleitet wird; hiedurch kann die Höhe des sich bildenden Stauschwalles beliebig herabgesetzt werden. Als Entlastungseinrichtungen eignen sich das

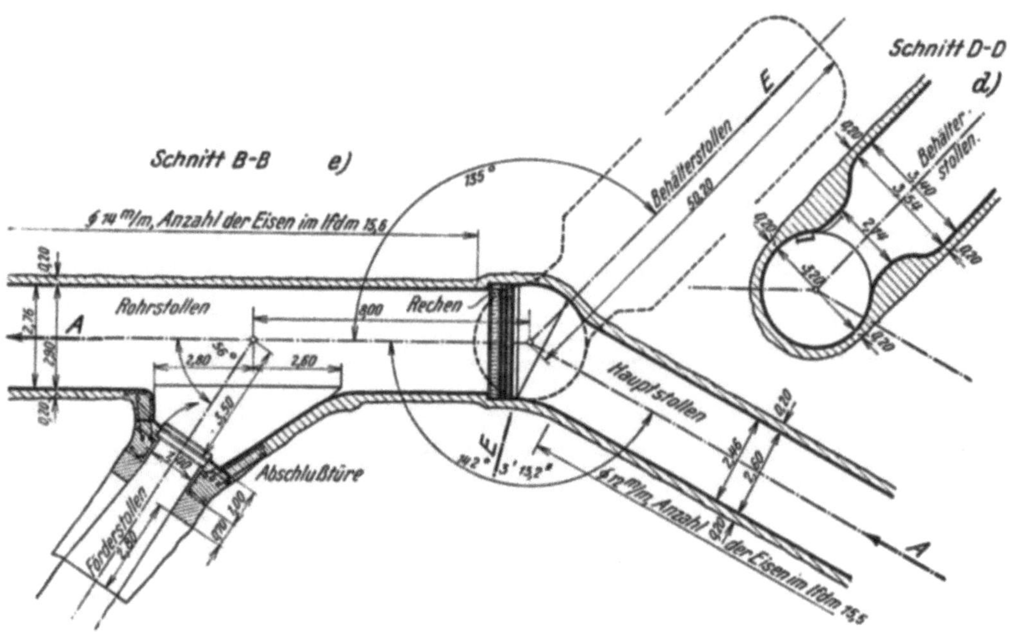

Abb. 1437 d, e. Wasserschloß des Teigitsch-Kraftwerkes Arnstein.

Übereich (Streichwehr) oder mit weniger Raumbeanspruchung Einrichtungen, wie Heber, selbsttätige Stauklappen, selbsttätige Schützentafeln u. dgl., die stets neben oder über dem Grundablaß des Vorhofes angeordnet werden. Sie treten in der Regel in Tätigkeit, wenn der Wasserspiegel über jene Höhenlage ansteigt, die sich bei der Entnahme der geringsten Betriebswassermenge einstellt. Die Wasserableitung geschieht gemeinsam mit jener vom Grundablasse durch ein Leerschußgerinne oder ein Leerschußrohr, an dessen Ende meist ein Energievernichter erforderlich ist. Einige Beispiele für die Anordnung der Entlastungsanlage im Vorhofe und die Wasserableitung bei größeren Anlagen sind in den vorhergehenden Abbildungen zusammengestellt und die Abb. 1466 zeigt die Überwasserableitung vom Vorhofe eines kleinen Kraftwerkes.

Am Vorhofe sind eigene Vorkehrungen erforderlich, um Wassersickerungen unter den Bauwerken des Vorhofabschlusses zu verhindern, weil diese, besonders bei größeren Fallhöhen, die ganze Anlage gefährden können. Das Abschlußbauwerk mit den Einlaufkammern wird aus diesem Grunde, ähnlich wie bei einem Stauwerk, entweder bis auf die undurchlässige Schichte, womöglich Fels, gegründet oder es werden die Sickerwege wenigstens durch Spundwände verlängert, etwa so, wie es in der Abb. 1447 zu erkennen ist. Dort hat man überdies hinter der Spundwand ein eigenes Dränsystem angeordnet, das die laufende Beobachtung und Ableitung etwa unter der Spundwand durchgedrungenen Wassers erlaubt.

Abb. 1438. Blick in die Auffangkammer des Wasserschlosses im Teigitsch-Kraftwerk Arnstein. *a* Steigleiter, *b* elektrischer Wasserstandsfernmelder, *c* Steigschacht, *d* Ablauföffnungen mit Klappen.

c) Die Rechen.

Wenn Wasser aus natürlichen Gewässern abgeleitet wird, so ist es in der Regel erforderlich, Treibzeug und Eis weitgehend von der Ableitung fernzuhalten. Überdies fordern die Fischereiberechtigten, daß Fische durch die Ableitung nicht gefährdet oder geschädigt werden. Bei der Ableitung des Triebwassers für eine Wasserkraftanlage ist es vom Standpunkte des Kraftwerksbetriebes aus nur nötig, all jenes Triebzeug aufzufangen, das die Turbine nicht anstandslos durchläßt; für diesen Zweck genügen Rechen mit Spaltweiten, die etwas kleiner sind als die engsten Durchgangsweiten in der Turbine. Die Spaltweite solcher Rechen würde also von der Art der Turbine abhängen. Um zu verhindern, daß Fische durch die Turbine gelangen, werden wesentlich kleinere Spaltweiten der Rechen gefordert.

Zum Schutz der Fische schreibt z. B. das preußische Verwaltungsgesetz vom 11. V. 1916 vor: „Den Eigentümern von Turbinen kann die Herstellung und Unterhaltung von Vorrichtungen, die das Eindringen der Fische in die Turbinen verhindern, auf ihre Kosten auferlegt werden, soweit solche Vorrichtungen mit dem Unternehmen vereinbar und wirtschaftlich gerechtfertigt sind." Und die Ausführungsbestimmungen vom 16. III. 1918 besagen: „Um ein Eindringen der Fische in die Turbinen zu verhindern, sind in der Regel Schutzgitter notwendig, deren Stäbe im Querschnitt rechtwinkelig sein und eine Stärke von mindestens 40 × 7 [mm] haben müssen. Die Stäbe müssen in einem Abstand von mindestens 75 [cm] durch Querriegel verbunden sein und ihr Abstand darf nicht über 2 [cm] betragen. Ausnahmsweise werden auch andere zweckdienliche Einrichtungen genügen." Ähnliche Vorschriften gelten auch in anderen Ländern.

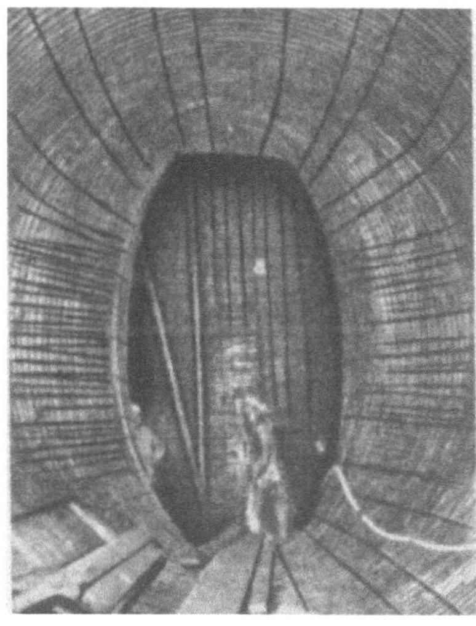

Abb. 1439. Bewehrung des Behälterstollens im Wasserschloß des Teigitsch-Kraftwerkes Arnstein. *a* Steigschacht.

Die Eigentümer von Turbinen, besonders in Niederdruckanlagen, haben seit jeher die Anordnung zur Herstellung von Rechen mit geringen Spaltweiten bekämpft, weil durch solche Rechen empfindliche Fallhöhenverluste (vgl. S. 125) entstehen und weil sie den Fischen doch keinen absoluten Schutz bieten. Die größeren Fische werden nämlich von der Strömung an die Rechen angepreßt, kommen vielfach nicht mehr los und werden schließlich von der Rechenharke der Putzmaschine erfaßt und beschädigt, während kleine Fische doch durch die Rechenspalte gelangen.

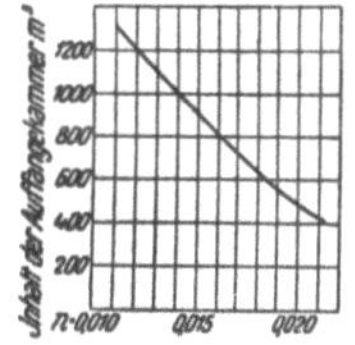

Abb. 1440. Einfluß der Rauhigkeit *n* des Stollens auf die Größe der Auffangkammer des Wasserschlosses in der Abb. 1437. Stollenlänge *L* = 5262 [m], Stollenquerschnitt 4.91 [m²], Überfallkrone am Steigschacht 4,50 [m] über den Ruhewasserspiegel. Entlastung von 16,5 [m³/sec] auf 0.

Wenn Fische durch die Turbinen gelangen, so wird von den Fischereiberechtigten befürchtet, daß die Fische mechanisch durch die Laufradschaufeln beschädigt und überdies durch den raschen Druckwechsel am Übergang von den Schaufelkanälen in das Saugrohr Schaden erleiden. Durch Versuche an bestehenden Kraftanlagen, besonders am Kraftwerk Lilla Edet, konnte nun nachgewiesen werden, daß bei Propeller- und Kaplanturbinen mit Fallhöhen bis 20 [m] selbst große Fische nur selten beim Durchgang durch die Turbinen beschädigt werden. Die Forderung, bei solchen Anlagen den Feinrechen, der vom Standpunkte der Fischerei belanglos, vom Standpunkte des Betriebes aus aber durchaus unerwünscht ist, wegzulassen, ist durchaus berechtigt. Bei anderen Turbinenarten ermöglicht der elektrische Rechen die

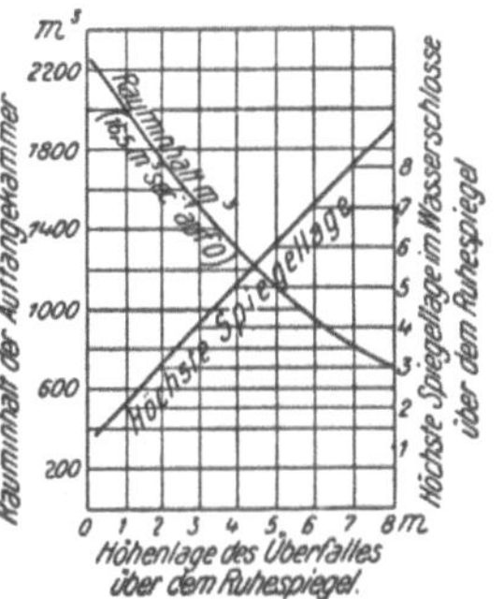

Abb. 1441. Erforderlicher Rauminhalt der Auffangkammer des Wasserschlosses in der Abb. 1437 bei verschiedenen Höhenlagen des Überfalles über dem Ruhwasserspiegel. Stollenlänge *l* = 5262 [m], Stollenquerschnitt 4,91 [m²], Stollenrauhigkeit *n* = 0,012, Steigschachtweite 3,0 [m]. Überfalllänge 7,5 [m].

Forderungen des Betriebes mit jenen der Fischereiberechtigten durchaus in Einklang zu bringen.

Die Rechen, die an Kraftwerken und Entnahmeanlagen zur Anwendung gelangen, werden nach der Spaltweite unterteilt in Grobrechen und Feinrechen. Um Rechen eisfrei halten zu können, können sie beheizbar ausgestaltet werden und um auch an Grobrechen den Durchgang von Fischen zu verhindern, werden sie als sogenannte elektrische Rechen ausgebildet.

Jeder Rechen verursacht einen Fallhöhenverlust, für dessen Berechnung auf den Seiten 125 bis 137 Anhaltspunkte gegeben worden sind.

Wenn Rechen eingebaut werden, so muß stets auch dafür gesorgt werden, daß diese auch ohne nennenswerte Betriebsstörungen gereinigt werden können, weil sie sonst empfindlichere Störungen verursachen können als das Treibzeug, das ohne diesen Rechen in die Anlage gelangt.

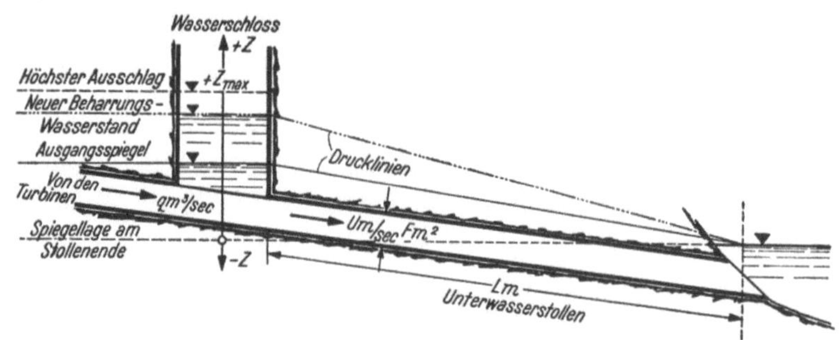

Abb. 1442. Wasserschloß in einem Unterwasserdruckstollen.

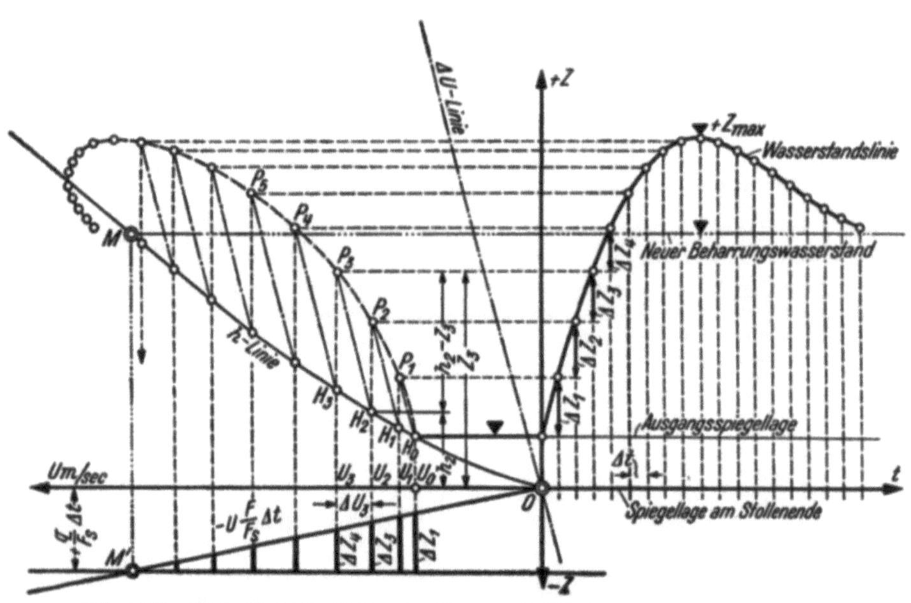

Abb. 1443. Zeichnerische Ermittlung der Wasserstandslinie im Wasserschloß eines Unterwasserdruckstollens bei plötzlicher Belastung der Turbinen.

1. Grobrechen.

Grobrechen werden eingebaut, um sperriges Treibzeug, das sich in der Turbine verklemmen würde, aufzufangen. Die Spaltweite hängt von der Turbinenart ab und liegt bei ausgeführten Anlagen zwischen 5 und 30 [cm].

Als Rechenstäbe sind Stahlrohre (Abb. 1467), Schienen und Walzstahlquerschnitte (Abb. 1468) verwendet worden. Diese Stabquerschnitte haben hydraulisch außerordentlich ungünstige Querschnitte und es ist daher zweckmäßig solche Walzquerschnitte mit verschweißten Blechen stromlinienförmig zu verkleiden oder zu ergänzen und mit Beton auszugießen (Abb. 1469).

Die Beanspruchung von reinen Grobrechen durch das strömende Wasser ist nur geringfügig; sie kann erheblich werden, wenn sie durch

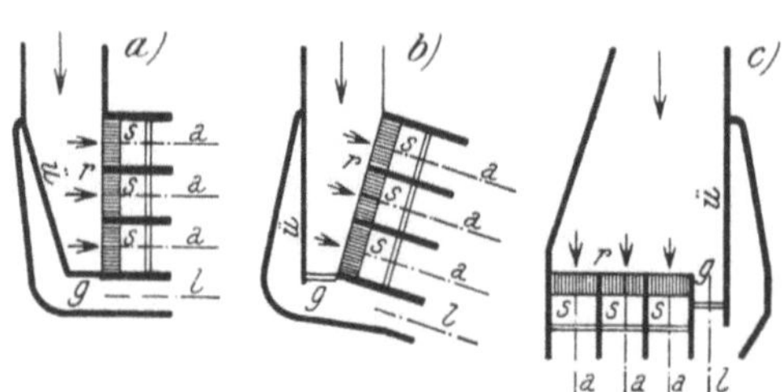

Abb. 1444. Grundrißformen des Vorhofes. a Turbinen- oder Druckrohrachse, s Schützen, r Feinrechen, g Grundablaß, ü Übereich.

Treibzeug verlegt werden. Am besten ist es, die Grobrechen für den vollen Wasserdruck, wie er bei vollständiger Verlegung auftritt, zu entwerfen und den Werkstoff bei dieser Annahme bis zur Proportionalitätsgrenze zu beanspruchen.

2. Feinrechen.

Feinrechen sind gewöhnlich, entsprechend den Forderungen der Fischereiberechtigten, mit Spaltweiten von 20 [mm] oder weniger ausgeführt worden. Je nach der Art der vorgesehenen Rechenreinigung werden die Feinrechen verschieden gebaut.

Rechen, die in Werksgräben, vor den Einläufen zu den Turbinen bzw. zu den Druckrohren eingebaut werden, bestehen aus Rechentafeln, die unter einem Winkel von etwa 60° gegen die Waagrechte liegen. Die Rechentafeln werden aus Rechenstäben zusammengestellt, zwischen denen alle etwa 75 [cm] Distanzstücke liegen, so wie es die Abb. 1470 erkennen läßt. Mittels Rundstahlstangen, die durch Bohrungen in den Rechenstäben und durch die Distanzstücke gesteckt sind, werden die Rechenstäbe und die Distanzstücke fest aneinandergepreßt, so, daß die Distanzstücke durch das Wasser nicht in Drehung versetzt und die Rechenstäbe ausschleifen können. Als Rechenstäbe sind am häufigsten solche von rechteckigem Querschnitt angewendet worden. Wie schon auf Seite 126 gezeigt worden ist, verursachen Stäbe mit Stromlinienquerschnitt aber wesentlich geringere Fallhöhenverluste. Am Boden stützen sich die Rechenstäbe gegen einen einbetonierten Winkelstahl (Abb. 1471); wenn auch Strömungen von der Rückseite her möglich sind, wie z. B. bei Spülungen des Turbinenvorhofes, so müssen die Stäbe gegen ein Abheben gesichert werden, z. B. durch einen einbetonierten U-Stahl.

Bei kleinen Anlagen werden die Rechentafeln oben nur an

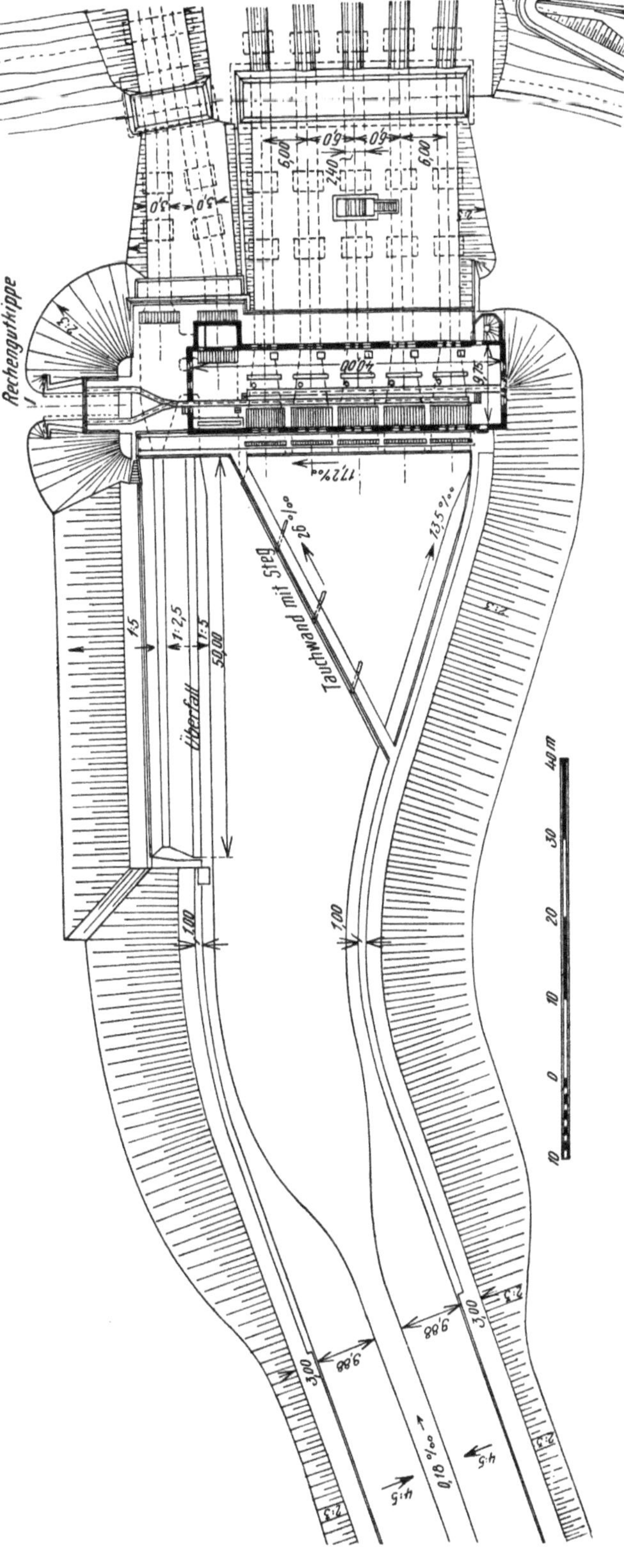

Abb. 1445. Der Vorhof des Kraftwerkes Burghausen.

Träger gelehnt; besser ist es, jede Rechentafel mehrmals, etwa wie es die Abb. 1472a und b
andeuten, mit dem Auflager zu verschrauben. Bei größeren Anlagen sind die Rechentafeln

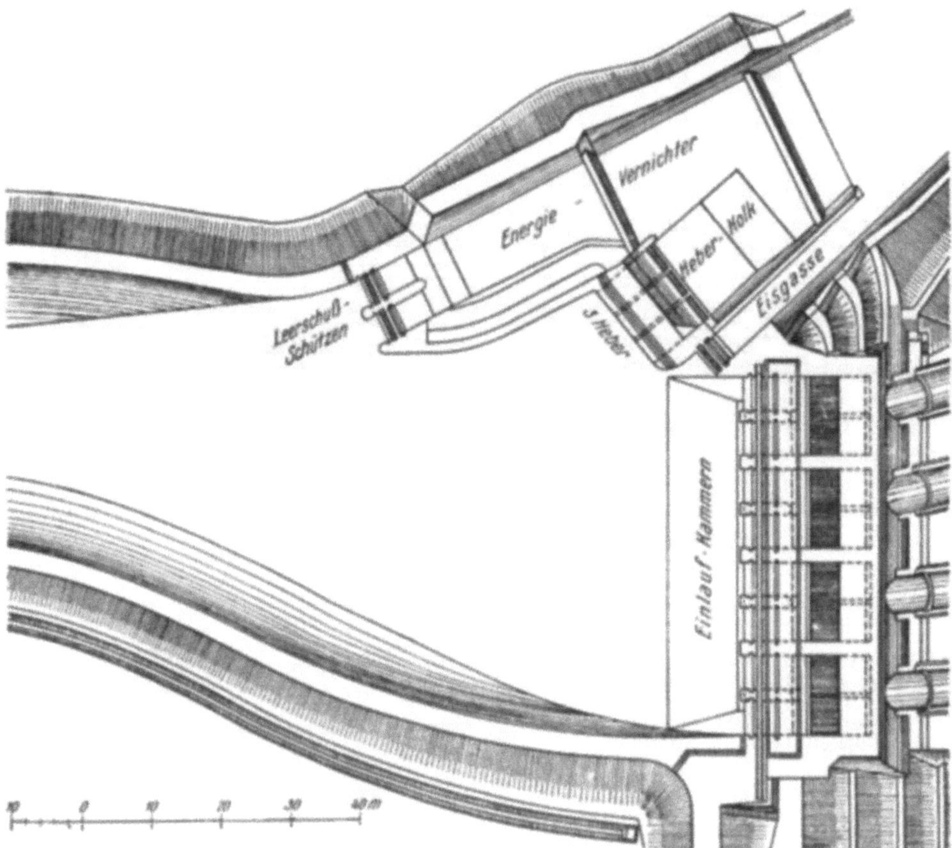

Abb. 1446. Der Vorhof der Kraftanlage Aufkirchen II. (Mittl. Isar A.-G.)

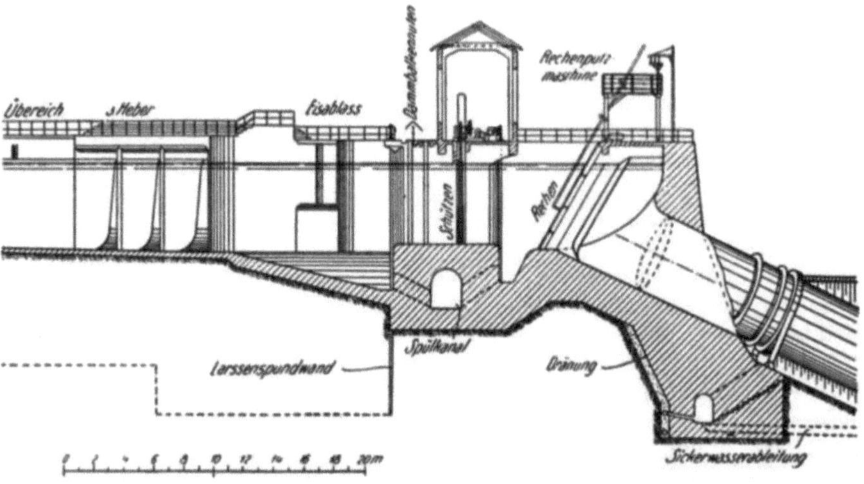

Abb. 1447. Schnitt durch Vorhof des Kraftwerkes Aufkirchen II. (Vgl. Abb. 1446.) (Mittl. Isar A.-G.)

auch auf Rollen hochziehbar gelagert worden. Hohe Rechentafeln werden durch waagrechte Querträger gestützt (Abb. 1473), die am besten stromlinienförmigen Querschnitt erhalten oder stromlinienförmig verkleidet werden.

Nachdem die Fische im Winter nicht wandern, hat man auch Feinrechen gebaut, deren schmale Felder zwischen den Stäben eines Grobrechens gelagert sind und im Winter leicht

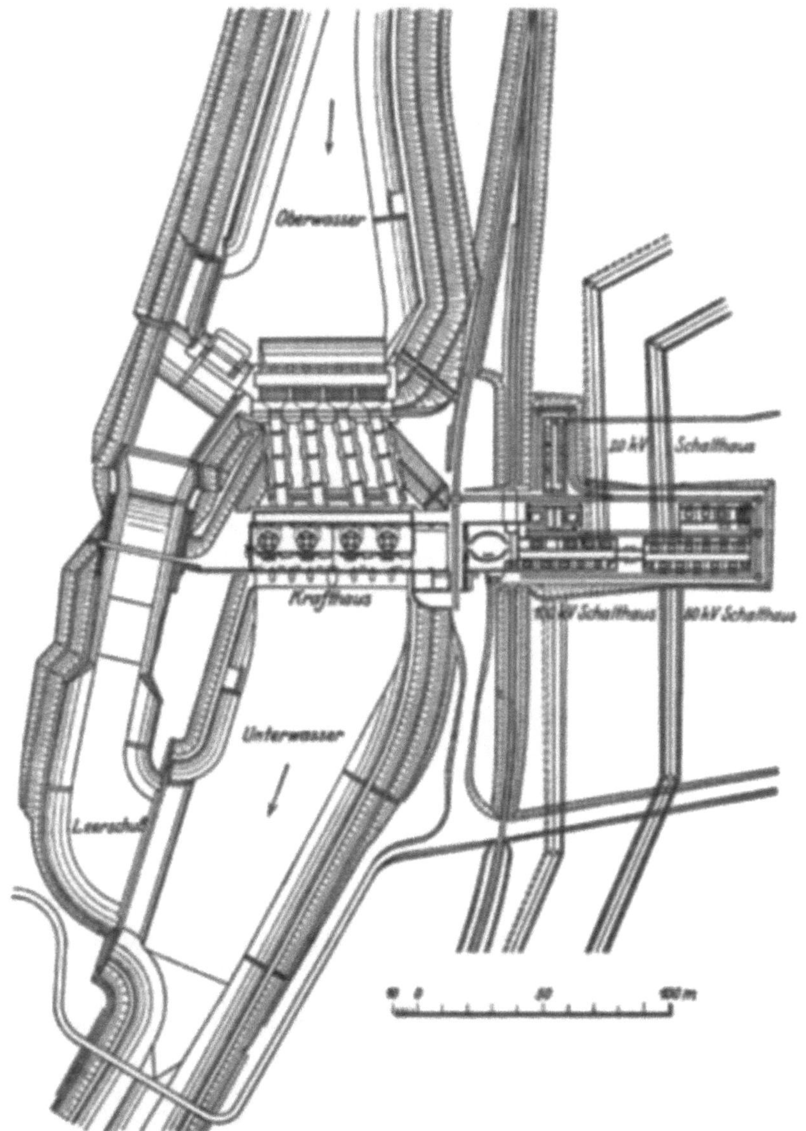

Abb. 1448. Der Vorhof des Kraftwerkes Eitting. (Mittl. Isar A.-G.)

entfernt werden können. Solche Rechen genügen den Bedürfnissen der Fischereiberechtigten und den berechtigten Wünschen des Kraftwerksbetriebes.

Wenn die Feinrechen so tief unter Wasser liegen, daß sie in ihrer normalen Lage nicht gereinigt werden könnten, werden sie hochziehbar gemacht. Vor dem Hochziehen muß die Wasserentnahme gesperrt werden; solche Rechen werden deswegen gewöhnlich paarweise angeordnet, so, daß während der Reinigung des einen wenigstens eine verringerte Entnahme durch den anderen möglich ist.

Die Abb. 1474 zeigt einen längs einer schrägen Bahn aufziehbaren Rechen. Wenn die Rechen lotrecht hochgezogen werden müssen, werden sie als Korbrechen ausgeführt, so, daß sie das

Rechengut, das beim Aufhören des Strömungsdruckes herabfällt, beim Hochziehen mitbringen. Die Einrichtung eines solchen Korbrechens zeigen die Abb. 1475 bis 1477.

An manchen Stellen einer Anlage werden auch Rechen eingebaut, die im normalen Betrieb aus dem Wasser kein Treibzeug herausfangen und daher auch nur bei einer Betriebseinstellung zugänglich werden. Solche Rechen haben lediglich den Charakter einer Sicherung gegen das Einschleppen von sperrigen Stücken gelegentlich eines Unfalles. Die Abb. 1478 und 1479 zeigen als Beispiel einen solchen Rechen im Wasserschloß vor dem abgehenden Stollen.

Abb. 1449. Der Vorhof des Kraftwerkes Eitting. (Vgl. Abb. 1448.)
a Streichwehr, b Grundablässe, c Heber, d Energievernichter, e Rechenhaus.

3. Elektro-Rechen.

Die Tatsache, daß Fische durch die Einwirkung elektrischen Stromes sehr reizbar sind, wird dazu ausgenutzt, um die Fische am Durchschwimmen eines Querschnittes zu hindern. Hiezu werden im Wasser zwei Reihen von stabförmigen Elektroden angeordnet, die mit einer

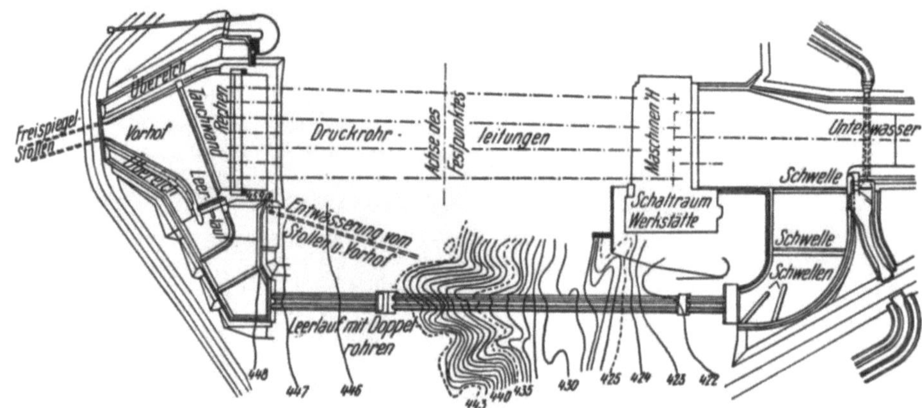

Abb. 1450. Lageplan des Kraftwerkes Margarethenberg an der Alz mit dem Vorhof.

Wechselstromquelle (50 Hertz) verbunden werden. Zwischen den Elektroden besteht dann im Wasser ein elektrisches Feld und wenn Fische in dieses Feld geraten, so fließt durch ihren Körper Strom, der Reizerscheinungen bewirkt. Die Feldstärke muß aber sorgfältig bemessen werden, weil sonst Betäubung und allenfalls eine dauernde Schädigung der Fische eintritt.

Abb. 1451. Die Kraftanlage Margarethenberg an der Alz.

Abb. 1452. Der Vorhof der Kraftanlage Aufkirchen II. (Vgl. Abb. 1446.) a Grundablaß, b Streichwehr, c Heber, d Eisablaß, e Energievernichter, Rechenhaus. (Mittl. Isar A.-G.

Die Elektroden werden in zwei hintereinanderliegenden Reihen nach dem Schema der Abb. 1480a oder b angeordnet. Nach Untersuchungen von W. HOLZER soll das Verhältnis $a/b = 1{,}4$ gewählt werden. Bezeichnet r den Halbmesser von kreisrunden Elektroden, so soll $r/b = 0{,}06$ genommen werden. Wenn z. B. an einem Rechen $b = 1{,}25$ [m], $a = 1{,}74$ [m],

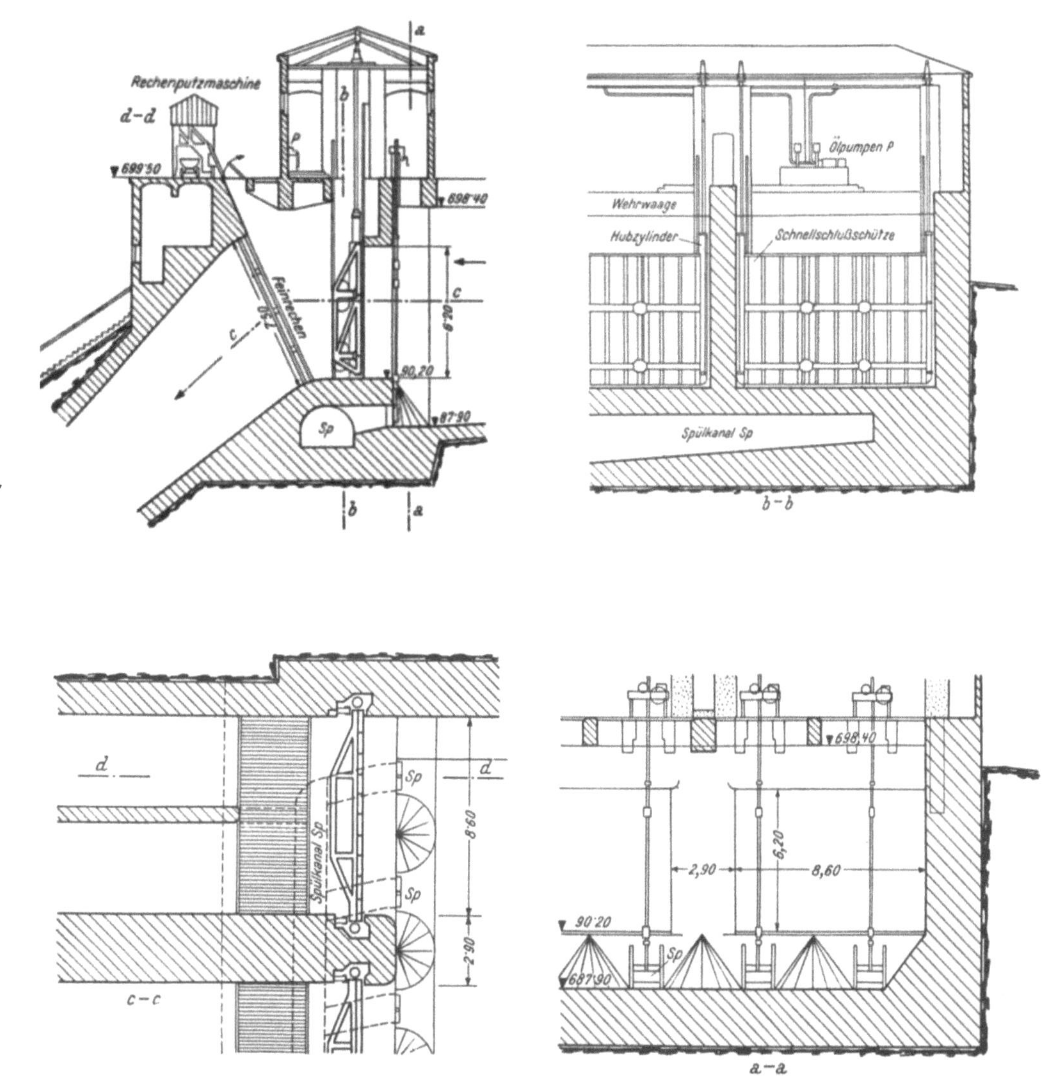

Abb. 1453. **Vorhof des Murkraftwerkes** Mixnitz. Sp Spülöffnungen. (H. GRENGG.)

$r = 0{,}08$ [m] gewählt wird, so reicht nach Untersuchungen von HOLZER eine Spannung von rund 10 Volt aus und der Leistungsbedarf je Quadratmeter gesperrten Gerinnequerschnittes soll sich auf etwa $0{,}45$ [Watt/m²] belaufen. Der Leistungsbedarf ausgeführter amerikanischer Elektro-Rechen liegt zwischen 3,9 und 33 Watt je Quadratmeter des gesperrten Querschnittes.

Ein Elektro-Rechen soll schräg zur Strömung angeordnet werden, damit die Fische vom Rechen abgelenkt, leicht aus dem zu sperrenden Bereich gelangen.

4. Die Rechenreinigung.

Die Reinigung von feststehenden Rechen erfolgt bei ganz untergeordneten Anlagen von Hand mittels der Rechenreinigungsharke (Abb. 1481). Bei größeren Anlagen wird zur Entfernung des am Rechen angesammelten Treibzeuges und allenfalls angesetzten Eises eine Rechenputzmaschine verwendet. Die Harke der Putzmaschine sitzt entweder an einem Rahmen, (Abb. 1482) und wird ähnlich einer Handharke frei durch das Wasser herabgesenkt und am Rechen gleitend hochgezogen oder sie läuft auf Rollen längs der Rechentafel (Abb. 1483a, b und c).

Das Rechengut wird gewöhnlich in einen Muldenkipper (Abb. 1484) gestreift und auf ein Lager verstürzt. Manchmal wird das Rechengut auch in eine Rinne gestreift und in das Unterwasser gespült.

Im Kraftwerk Forshuvudforsen ist hinter einem Grobrechen von 70 [mm] Spaltweite noch ein Feinrechen nur mit Rücksicht auf die Fischerei angeordnet. Der Feinrechen besteht aus übereinanderliegenden Rechentafeln von je 1500 [mm] Höhe mit waagrecht liegenden Rechenstäben. Die einzelnen Tafeln werden zur Reinigung einfach um 180° gedreht, so daß sie vom Wasser in entgegengesetzter Richtung durchflossen werden. Das Rechengut des Feinrechens läuft dann durch die Turbinen weiter.

Rechen, die tief unter dem Wasserspiegel liegen, müssen, wie schon erwähnt worden ist, hochziehbar ausgeführt werden, um sie vom Rechengut zu befreien.

Die Abb. 1487 zeigt, wie weitgehend ein Feinrechen durch Rechengut verlegt werden kann.

Die Schwemmselmengen, die vom Rechen aus dem Wasser herausgefangen werden, sind zu manchen Zeiten außerordentlich groß. So berichten z. B. Haas und Bitterli, daß im Kraftwerk Rheinfelden mittels des Rechens von 1039,5 [m²] innerhalb einer Herbstwoche 1650 [rm]

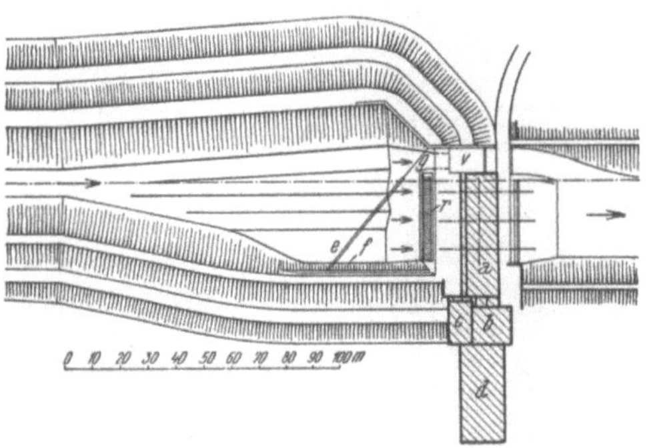

Abb. 1454. Der Vorhof des Murkraftwerkes Pernegg. *a* Maschinenhaus, *b* Steuerhaus, *e* Eisbaum, *f* Berme zur Lagerung des Eisbaumes im Sommer, *r* Feinrechen, *g* Grundablaß, *v* Senkschütze.

Abb. 1455. Der Vorhof des Murkraftwerkes Pernegg. *r* Feinrechen, *g* Grundablaß.

Abb. 1456. Ansicht des Abschlußbauwerkes im Vorhof Mixnitz. (Vgl. Abb. 1453.) Zwischen den Spülöffnungen liegen Betonhalbkegel zur Führung des Spülwassers.

Laub entfernt werden mußten. Der jährliche Arbeitsausfall infolge der Fallhöhenverluste am Rechen betrug bei Reinigung des Rechens von Hand 5 Mio [kWh] (5% der Nutzarbeit) und ging nach Einführung der maschinellen Rechenreinigung auf 3 Mio [kWh] herab. Zur Reinigung des Rechens von Hand waren zeitweise 80 bis 100 Männer nötig, während bei maschineller Reinigung 5 bis 20 Männer ausreichten.

Wenn das Rechengut nicht in das Unterwasser oder in das Wildbett geleitet werden kann, wird es am besten kompostiert und dann der landwirtschaftlichen Verwertung zugeführt.

5. Die Eisabwehr am Rechen.

Rechen sollen Eisschollen aufhalten, sie müssen aber selbst vor Vereisung bewahrt werden. Um den Rechen von treibenden Eisschollen zu entlasten, wird vielfach vor dem

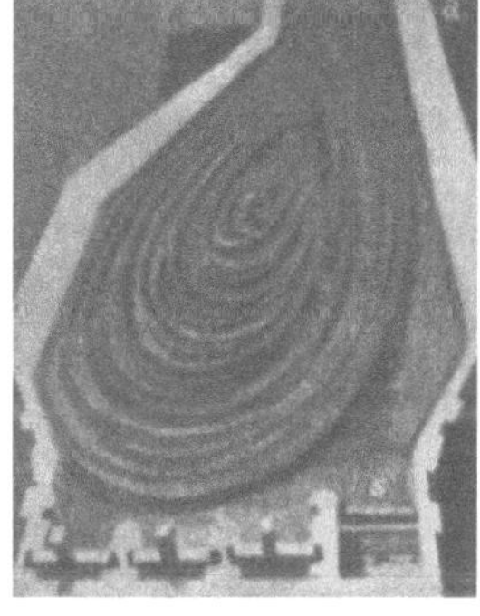
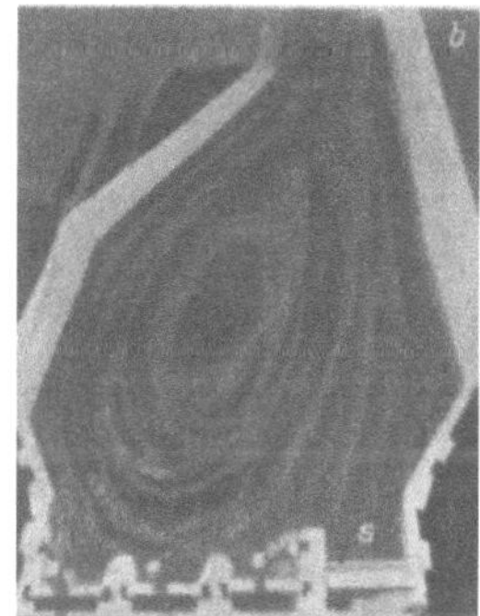
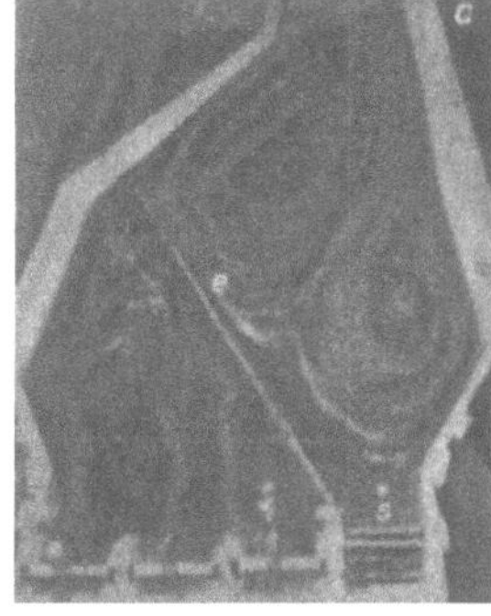
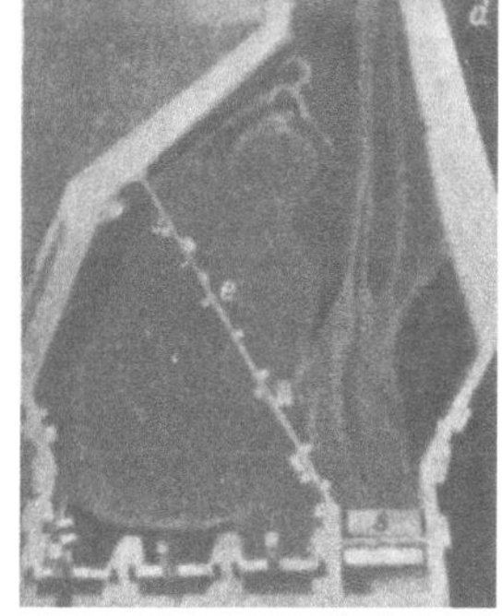

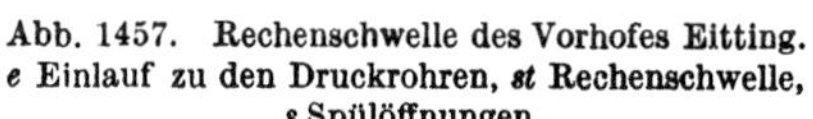

Abb. 1457. Rechenschwelle des Vorhofes Eitting.
e Einlauf zu den Druckrohren, st Rechenschwelle,
s Spülöffnungen.

Abb. 1458. Eisbewegung in einem Vorhof. Modellversuche a die Senkschütze s ist abgesenkt, c die Senkschütze s ist geschlossen, der Eisbaum e ist eingelegt, d die Senkschütze s ist abgesenkt, der Eisbaum ist eingelegt.

Rechen eine Tauchwand angeordnet, die etwa 0,5 bis 1,0 [m] tief unter den tiefsten Betriebswasserspiegel zur Zeit des Eistriebes herabreicht. Nur Eisschollen, die unter der Tauch-

Abb. 1459. Wirksamkeitsbereich des Spülablasses und einer Spülöffnung in der Rechenschwelle bei eingehaltenem Betriebswasserspiegel; Modellversuch.

wand hindurchgelangen, sind dann noch vom Rechen aufzufangen und werden von der Rechenreinigung entfernt.

Ganz besonderes Augenmerk muß den Maßnahmen gewidmet werden, die die Vereisung des Rechens verhindern. Wenn im Wasser Nadeleis treibt, so kann binnen kürzester Zeit der ganze Rechen durch Eisnadeln verlegt werden (Abb. 1488), die sich an den Rechenstäben festsetzen. Dieses Festsetzen kann aber nur erfolgen, wenn die Temperatur der Rechenstäbe auf 0^0 oder noch tiefer absinkt. Die Maßnahmen, die der Eisfreihaltung der Rechen dienen, müssen daher darauf hinzielen, die Abkühlung der Rechenstäbe auf 0^0 zu verhindern. Die Abkühlung der Rechenstäbe, die über den Wasserspiegel emporragen, erfolgt durch Wärmeausstrahlung. Nachdem Wasser für die Wärmeausstrahlung eines Körpers von der absoluten Temperatur 273^0 undurchlässig ist, wird die Abkühlung der Rechenstäbe unter die Temperatur des Wassers wirksam verhindert, wenn die Rechenstäbe noch unter dem Wasserspiegel endigen und die Fortsetzung der Rechenstabflucht über den Wasserspiegel herauf mit den Rechenstäben in keiner wärmeleitenden Verbindung steht.

Rechenstäbe, die über den Wasserspiegel emporragen, können nur durch Beheizung vor unzulässiger Abkühlung bewahrt werden. Die Beheizung ist am häufigsten elektrisch bewirkt worden, indem die Rechenstäbe selbst als Heizelemente geschaltet, vom Strom durchflossen werden. Als Heizstrom wird niedergespannter Drehstrom hoher Stromstärke

Abb. 1460. Spülung des Vorhofes im Murkraftwerk Peggau.

verwendet. Wie es in der Abb. 1489a angedeutet ist, werden je 2 bis 4 Rechenstäbe leitend zu Paketen verbunden und in Dreieckschaltung an die Heizleitung angeschlossen. Den Heizstrom liefert ein Heizspannungswandler, der an der Niederspannungsseite eine Anzahl von Anzapfungen mit z. B. 100, 125, 150 ... Volt besitzt; die anzuwendende Spannung wird am besten durch Versuche ermittelt, weil sich der elektrische Leitungswiderstand der Rechenstäbe wegen der vielen erforderlichen Verbindungsstellen nicht sicher vorausberechnen läßt. Die Isolierung der Stabpakete erfolgt durch Eichenholz (Abb. 1489), das in Karbolineum getränkt ist. Die elektrisch leitende Verbindung der Rechenstäbe eines Paketes geschieht am besten durch aufgeschweißte Flacheisen. Selbstverständlich dürfen bei elektrischer Heizung die Pakete einer Rechentafel nicht mit durchlaufenden Rundstahlstäben verschraubt werden.

Abb. 1461. Sandablagerung im Vorhof Peggau gegenüber dem Feinrechen wird abgespült.

Zur Beheizung von 1 [m²] Rechenfläche sind in den Alpen 0,5 bis 1 [kW/m²] erforderlich; in den nordischen Ländern steigt der Energieverbrauch bis auf 5 [kW/m²]. Um diesen Energieverbrauch, der bei Anlagen mit kleinen Fallhöhen sehr empfindlich werden kann, herabzusetzen, wird jetzt nur die obere Rechenhälfte beheizbar gemacht und man läßt überdies die Rechenstäbe nicht über den Wasserspiegel emporragen. Vielfach wird die Rechenheizung überdies nur in jenen Rechenfeldern eingerichtet, die bei den im Winter geringeren Durchflüssen im Betrieb stehen.

Die hohen Leistungsverluste, die die elektrische Beheizung gerade in jener Zeit verursacht, in der einem hohen Energieverlangen der Verbraucher ein niedriges Energiedargebot des Flusses gegenübersteht, hat zu Abhilfemaßnahmen angeregt. Bei einem Kraftwerk steht für die Rechenbeheizung Wärme aus der Abluft der Stromerzeugerbelüftung und aus dem Kühlwasser der Spannungswandlerkühlung zur Verfügung. Beide Arten von Abwärme sind schon mit Erfolg zur Beheizung verwendet worden.

Um die Abluft der Stromerzeugerbelüftung zur Rechenbeheizung zu verwenden, werden die Rechenstäbe bis über den Wasserspiegel hochgeführt und man leitet die Abluft zwischen dem Wasserspiegel und der Bedienungsbrücke gegen den Rechen und läßt sie zwischen den Rechenstäben abstreichen.

Im Kraftwerk Lilla Edet in Schweden sind an die Stirnseiten der Grobrechenstäbe 20 [mm] weite Stahlrohre aufgeschweißt, die oben und unten an weite Zu- und Ableitungsrohre angeschlossen sind. Zur Beheizung wird das Kühlwasser der Spannungswandler verwendet, das auf diese Weise gleichzeitig gekühlt wird. Der Feinrechen wird in Lilla Edet entfernt, weil einerseits im Winter keine Fische wandern und überdies eine nennenswerte Gefährdung der Fische in Kaplanturbinen nicht bestünde.

Schrifttum.

GROSSMANN: Rechenreinigungsmaschinen. Escher Wyss Mitt. 1929. — HAAS und BITTERLI: Verbesserte Rechenreinigung im Kraftwerk Rheinfelden. Z. VDI. 1926. — HOLZER, W.: Der elektrische Fischrechen. Mitt. 38 des Inst. f. Wasserbau d. T. H. Berlin und Wasserkr. u. Wasserwirtsch. 1931. S. 203. — DERSELBE: Der elektrische Fischrechen. Dissertation, T. H. Berlin. 1932. — LUDIN, A.: Versuche über

Abb. 1462. Ergebnis einer Vorhofspülung mit halber Ausbauentnahme bei abgesenktem Wasserspiegel. Modellversuch.

Abb. 1463. Die Anlandungen im Vorhof des Kraftwerkes Töging am Inn. *a* Blick gegen das Kraftwerk. *b* Blick vom Rechenhaus gegen den Werksgraben. (Innswerk Töging.)

Abb. 1464. Blick in den schlank erweiterten Vorhof im Kraftwerk Pernegg.

die Entbehrlichkeit des Fischrechens bei Niederdruck-Wasserkraftanlagen. Schw. Wasser- und Elektr. Wirtsch. 1929. — LUNDBECK: Untersuchung über die Beschädigung von Fischen, besonders Aalen, in den Turbinen des Kraftwerkes Friedland (Ostpr.) Zschft. f. Fischerei u. Hilfswiss. 1927. — REID: Electric heating of rack-bars in hydroelectric plants. Paper. Meeting of the Eng. Inst. of Canada at Montreal. Quebec. 1928. — REFERAT: Bauart und Unterhaltung der Turbinenrechen. Mechanische Rechenreiniger. E. T. Z. 1925. — REFERAT: La construction et l'entretien des grilles pour la protection des Turbines hydrauliques. Genie civil. 1924/II.

Abb. 1465. Anlandungen am Übergang des Werksgrabens zum
Vorhof im Kraftwerk St. Valentin. (H. E. GRUNER.)

Abb. 1466. Vorhof mit Druckrohr und Abflußtreppe für das Freiwasser am Feistritzwerk.

— REFERAT: Versuche über den zulässigen Abstand der Stäbe von Turbinenrechen. Wasserkr. u. Wasserwirtsch. 1929. — REFERAT: Vertical steel net protects intakes at lake Cushmann Dam. Eng. News. Rec. 1927/I. — REFERAT: Versuche mit lebenden Fischen beim Durchgang durch Turbinenrechen. Wasserkr. u. Wasserwirtsch. 1930. S. 36.

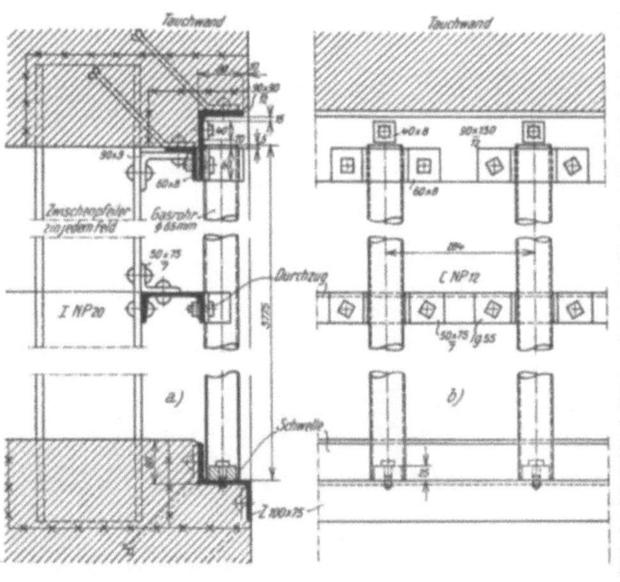

Abb. 1467. Grobrechen am Einlauf des Murwehres Pernegg. (Steweag.)

d) Entlastungseinrichtungen.

Um zu verhindern, daß an irgend einer Stelle eines Kraftwerkes der Wasserspiegel unzulässig hoch ansteigt, werden Entlastungsvorrichtungen eingebaut, die selbsttätig zu wirken beginnen, wenn der Spiegel eine gewisse, festgesetzte Höhenlage überschreitet. Die Entlastungseinrichtungen sind entweder feste Bauwerke, wie z. B. die Streichwehre, Überfälle und Heber, oder sie bestehen aus einer Überfallöffnung, die durch bewegliche Verschlußkörper abgeschlossen sind, deren Öffnungs- und Schließbewegung vom Wasser selbst besorgt oder gesteuert wird; zu dieser letzteren gehören die selbsttätigen Stauklappen, die selbsttätigen Schützen und unter Umständen auch die Dachwehre und dergleichen Stauverschlüsse.

Die älteste und früher auch am meisten angewendete Entlastungsvorrichtung war der Überfall und das Streichwehr; die Überfallkrone wird in

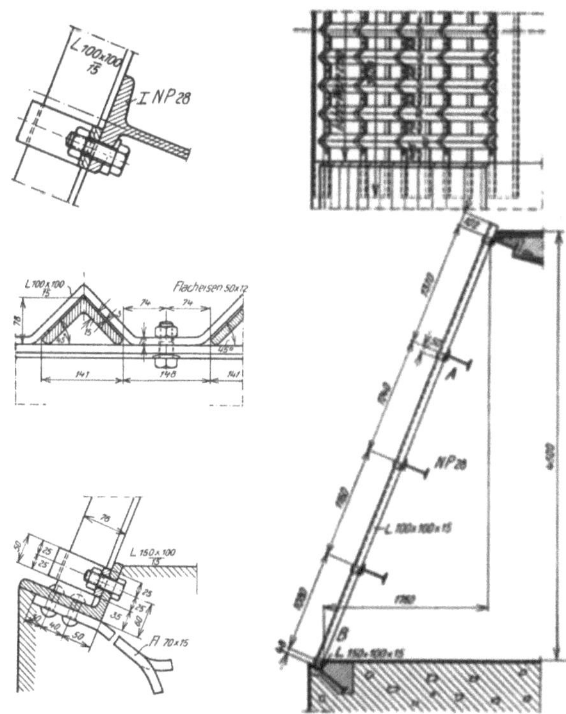

Abb. 1468. Grobrechen am Entnahmeturm der Langmann-Staumauer. (Steweag.)

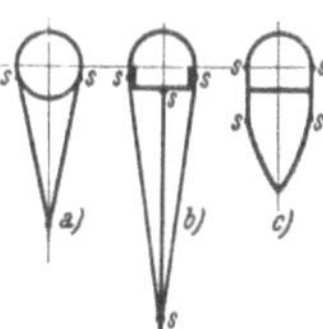

Abb. 1469. Grobrechenstäbe mit Stromlinienquerschnitt.

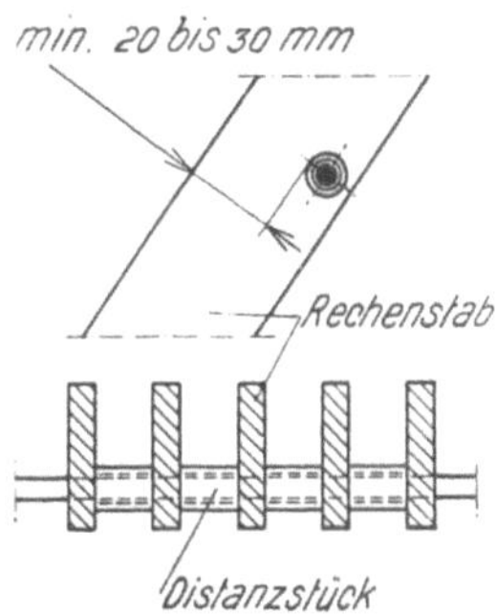

Abb. 1470. Feinrechen aus Flachstahlstäben.

die Spiegelhöhe jenes Durchflusses gelegt, bei dem man eben noch keine Wasserverluste zulassen will. Der Erguß Q über einen Überfall von der Breite B wird bei Vernachlässigung der Ankunftsgeschwindigkeit des Wassers bekanntlich aus der Formel

$$Q = \frac{2}{3}\,\mu\,B\sqrt{2\,g}\ H^{3/2} \qquad (1114)$$

berechnet, in der H die Überfallhöhe bezeichnet, die gleichzeitig auch die Toleranz dieser Entlastungsvorrichtung angibt; Überfallbeiwerte μ für diese Formel sind auf der Seite 129 zusammengestellt. In der Regel ist der Erguß Q, der abzuleiten ist, gegeben und außerdem durch die örtlichen Verhältnisse entweder die Überfallbreite B oder Überfallhöhe H und man berechnet dann aus obiger Formel die dritte Größe. Sind alle drei Größen mit Größenwerten gegeben, die aber der obigen Gleichung nicht genügen, so ist ein freier Überfall unmöglich und man muß zu einer anderen Entlastungseinrichtung greifen.

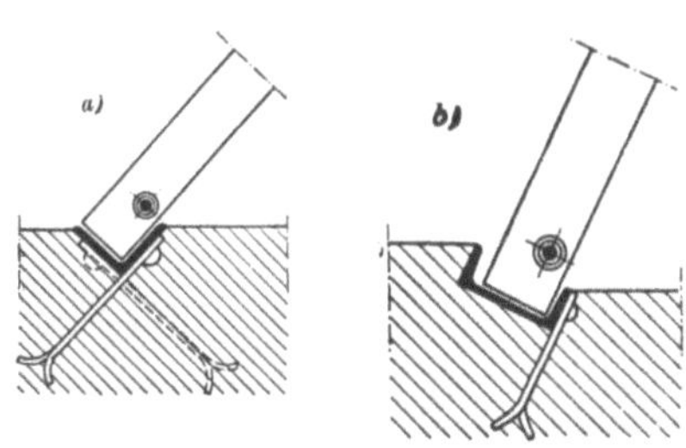

Abb. 1471. Lagerung der Feinrechentafeln in der Rechenschwelle. a) auf Winkelstahl, b) auf [-Stahl.

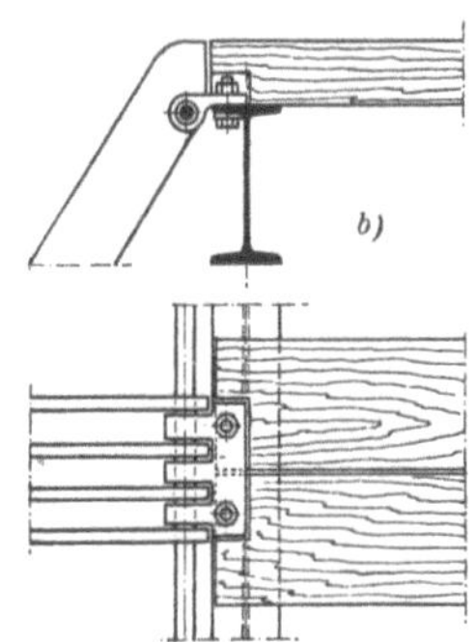

Abb. 1472. Obere Lagerung der Feinrechentafeln. a) auf Holzbalken, b) auf I-Träger.

Wenn die abzuleitende Überwassermenge Q und die höchstzulässige Überfallhöhe H gegeben sind und sich eine Überfallbreite B ergibt, die bei geradliniger Überfallkrone nicht untergebracht werden kann, so kann man den Überfall krümmen bzw. in einzelne Bögen auflösen (vgl. S. 130). Ist auf diese Weise die nötige Überfallbreite nicht unterzubringen oder wird ein solcher Überfall zu kostspielig, so muß eine andere Entlastungsvorrichtung angewendet werden.

Überfälle, deren Krone in der Richtung des strömenden Wassers liegen, werden Streichwehre genannt; für die Bemessung eines solchen sind schon auf der Seite 136 die erforderlichen Formeln angegeben worden. Die bauliche Ausgestaltung kann der Abb. 1490 entnommen

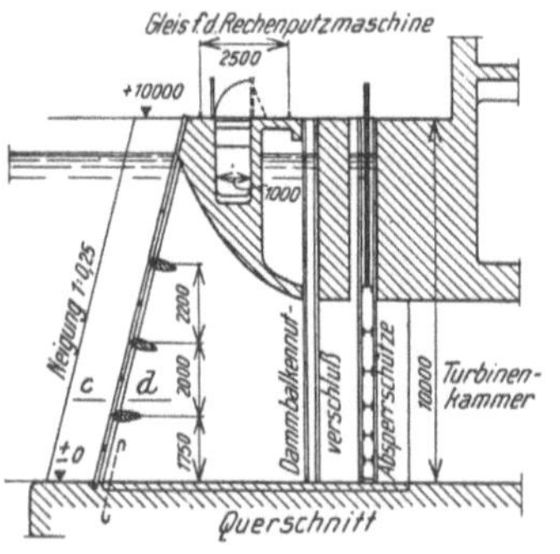

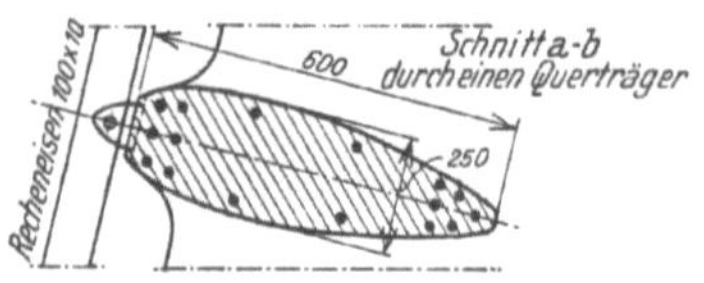

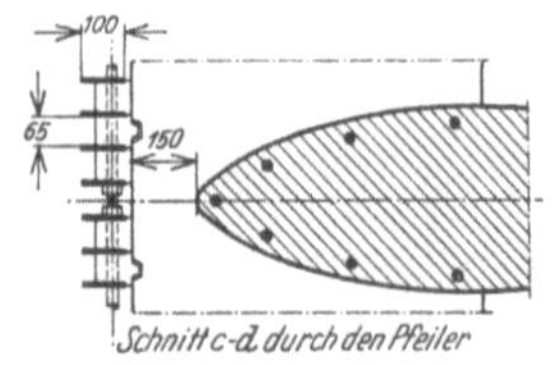

Abb. 1473. Feinrechen. (Jonneret fils ainé, Genf.)

Abb. 1474. Hochziehbarer Rechen an dem Entnahmestollen eines Speichers. (A. Baumann, Wädenswyl.)

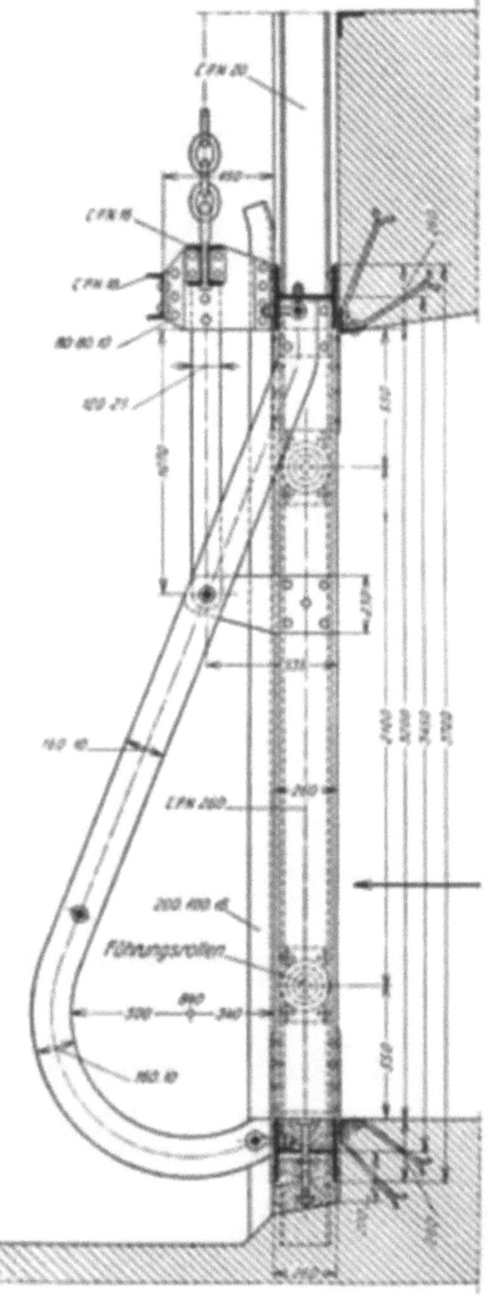

Abb. 1475. Korbrechen am Einlauf des Kraftwerkes
Arnstein an der Teigitsch. (Steweag.)

werden; die Ablaufrinne wurde vielfach nicht mit rechteckigem Grundriß ausgeführt, sondern man machte sie am Anfang eng und erweiterte sie in dem Maße, als der Durchfluß durch sie

durch den Erguß über das Streichwehr vermehrt wurde. Solche Streichwehre erfordern sehr bedeutende Baulängen, wie es deutlich in der Abb. 1491 zu erkennen ist, und sie verursachen namhafte Kosten, so daß man gegenwärtig immer mehr davon abkommt, Streichwehre auszuführen. An ihrer Stelle werden Heber (vgl. S. 547) oder selbsttätige Stauverschlüsse benutzt.

Als selbsttätige Verschlüsse von Entlastungsöffnungen kommen in erster Reihe Stauklappen, wie sie auf den Seiten 616 bis 625 beschrieben worden sind, unter Umständen auch Dachwehre in Betracht. Von der Maschinenfabrik Augsburg-Nürnberg (MAN) sind auch Schützentafeln selbsttätig beweglich ausgebildet worden. Die Abb. 1492 zeigt schematisch die Steuerung einer solchen Anlage, wie sie schon mehrfach ausgeführt worden ist. Die Wirkungsweise folgt

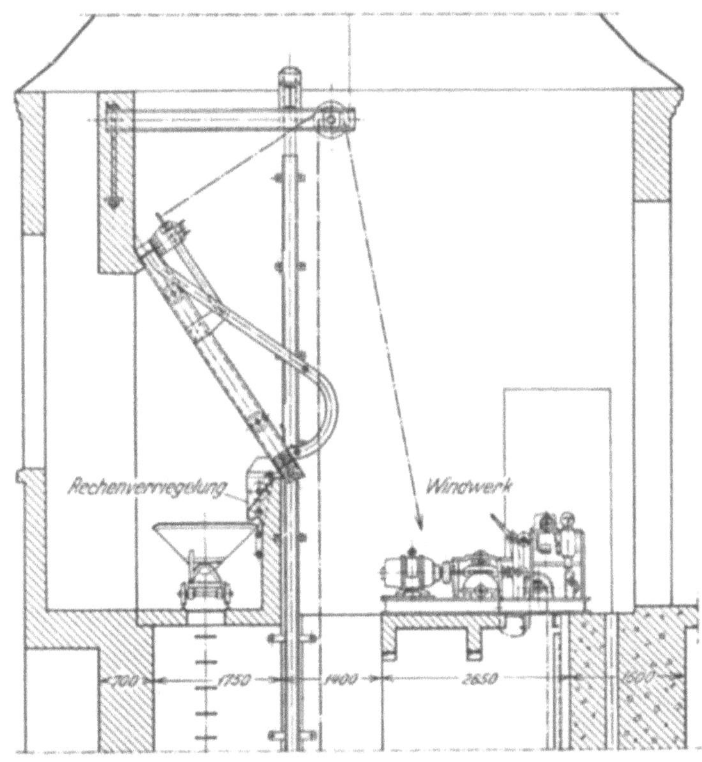

Abb. 1476. Korbfeinrechen des Kraftwerkes Arnstein zur Reinigung hochgezogen. (Steweag.)

Abb. 1477. Korbfeinrechen des Kraftwerkes Arnstein, zur Reinigung hochgezogen.

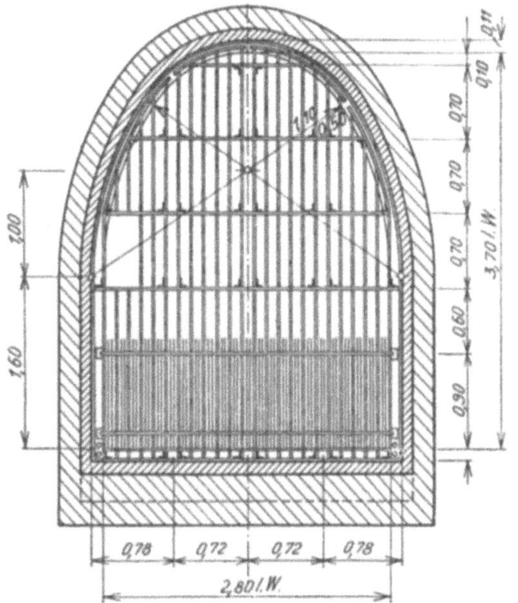

Abb. 1478. Rechen im Wasserschloß des Teigitsch-Kraftwerkes Arnstein. (Steweag.)

ohneweiteres aus der Abb. 1492. Solange das Stauziel nicht überschritten ist, hält der wasserbelastete Teller t die obere Falle in Normalstellung (Abb. 1492a). Wenn der Wasserspiegel aber über das Stauziel ansteigt, so fällt das Wasser über den trichterartigen Überlauf und füllt den Raum unter dem Teller, der nun einen Auftrieb erleidet und die Falle nicht mehr zu halten vermag. Der Ablaufkanal des Raumes unter dem Teller ist nicht abgeschlossen, sondern nur mit einem Schieber gedrosselt, so daß nach Aufhören des Zuflusses über den Überlauf das Wasser unter dem Teller ablaufen kann.

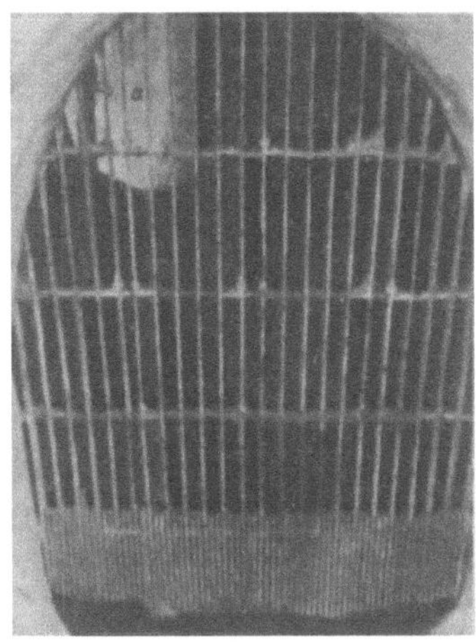

Abb. 1479. Ansicht des Rechens im Wasserschloß des Teigitsch-Kraftwerkes Arnstein. *a* Behälterstollen.

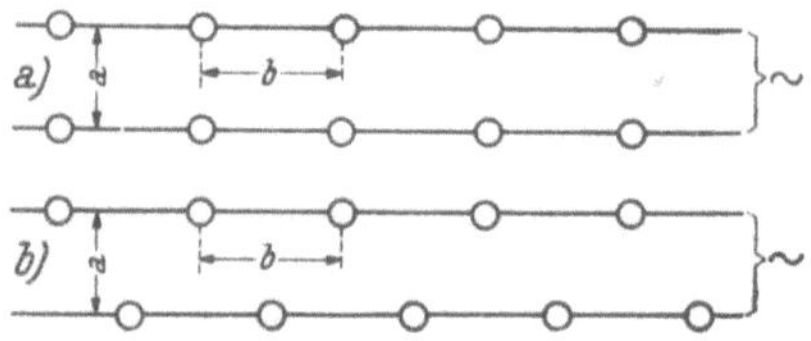

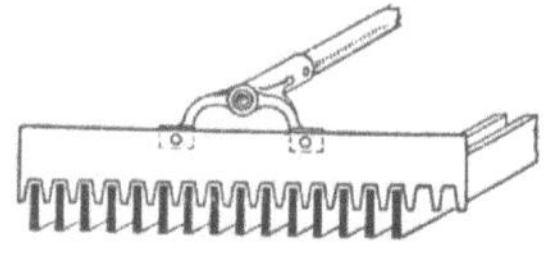

Abb. 1480. Anordnung der Stäbe eines Elektrorechens.

e) Entsander.

In den meisten Flüssen führt das Wasser zu Zeiten großer Durchflüsse mehr oder minder große Mengen von Sand in die Triebwasserleitung ein, der vom Wasser schwebend durch das Einlaufbauwerk gebracht wird. Dieser Sand gelangt teils noch schwebend, teils an der Sohle treibend bis zu den Turbinen und schleift dort alle mit dem Wasser in Berührung stehenden Teile umsomehr aus, je rascher das Wasser fließt, je größer also die Nutzfallhöhe ist. Diese Ausschleifungen rauhen die Flächen auf und führen zu weitgehenden Verformungen der Schaufeln und Düsen und in der Folge zu einer bedeutenden Verschlechterung des Wirkungsgrades. So

Abb. 1481. Rechenreinigungsharke.

Abb. 1482. Rechenreinigungsmaschine in Olten-Gösgen. (Schw. Bauztg. Bd. 85.)

berichtet z. B. N. FALETTI, daß die Schaufeln einer Peltonturbine (Nutzfallhöhe $H = 318$ [m], Leistung 10.500 [PS]) deren ursprüngliches Gewicht je 130 [kg] betragen hat, infolge Abschliffes innerhalb von 7 Jahren je 20 bis 30 [kg] oder 0,33 bis 0,5 [g] je Stunde und Schaufel verloren hat. Bei manchen Schaufeln war nach 7 Jahren nur noch $^2/_3$ der ursprünglich dem Strahl ausgesetzten Fläche vorhanden.

In den hintereinander an der Etsch liegenden Kraftwerken Töll ($H = 71$ [m]) und Marling ($H = 128$ [m]) betrug innerhalb von zwei Jahren der Arbeitsverlust infolge des Ausschliffes der Turbinen 13,2 [Mio kWh] oder 5,66% der ursprünglichen Leistung.

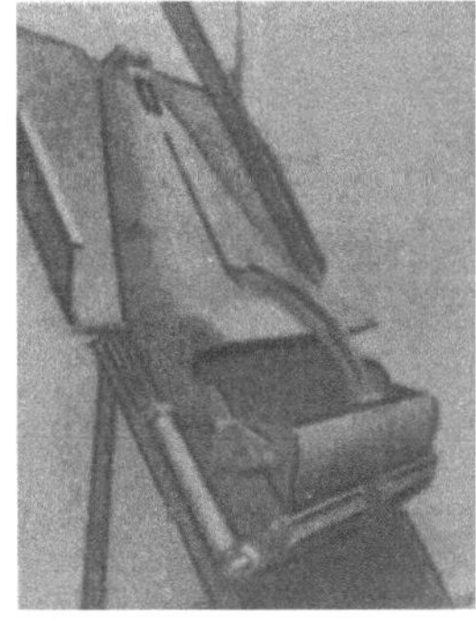

Abb. 1483. Rechenreinigungsmaschine von Escher Wyss, Ravensburg.
a) Ansicht, *b)* während des Hochziehens, *c)* während des Herablassens.

Beim Kraftwerk Klösterli in der Schweiz hat H. DUFOUR festgestellt, daß infolge des Abschliffes der Wirkungsgrad der Turbinen innerhalb von 2 Monaten von 92,5% auf 82% zurückgegangen ist.

Die Folgen der Sorglosigkeit, mit der manchmal die Fragen des Geschiebe- und Schwebtriebes beim Entwurf und Ausbau einer Kraftanlage behandelt worden sind, stehen im krassen

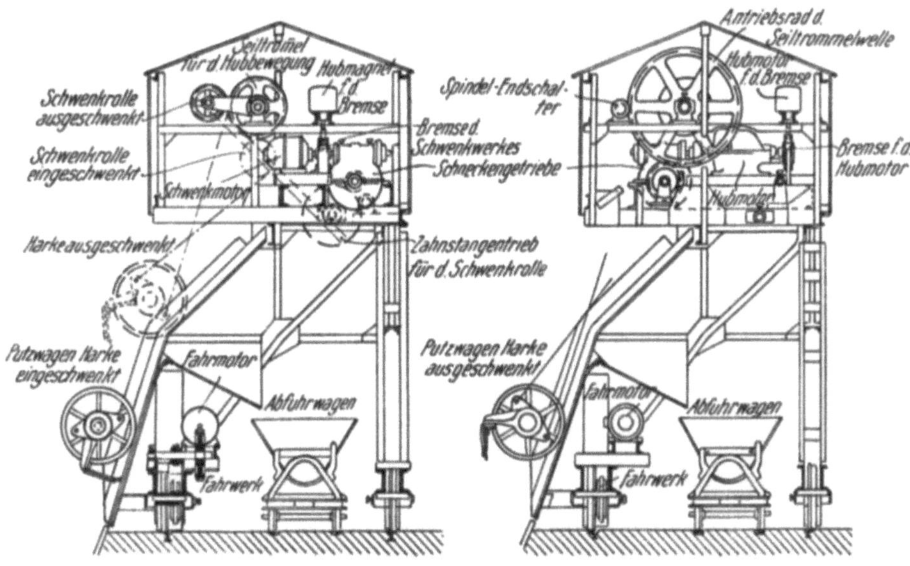

Abb. 1484. Rechenreinigungsmaschine von J. M. Voith.

Widerspruch zu der Sorgfalt und den Geldopfern, die gebracht worden sind, um z. B. durch eine kostspielige Ausgestaltung des Saugrohres den Wirkungsgrad der Turbinen um 1 oder 2% zu verbessern.

Das Ausscheiden des unerwünschten Sandes aus dem Wasser ist verhältnismäßig einfach möglich. Das Wasser wird durch langgestreckte Becken, die sogenannten Entsander, geleitet, die es langsam durchfließt; hiebei setzt sich ein Teil des Sandes zu Boden. Je weitgehender

Abb. 1485. Rechenreinigungsmaschine von J. M. Voith.

der Sand ausgeschieden werden soll, um so kleiner wird die mittlere Durchflußgeschwindigkeit U [m/sec] gewählt. Bei mittleren Tiefen ausgeführter Entsander von 1,5 bis 3,5 [m] liegt die mittlere Geschwindigkeit U zwischen 0,2 und 0,4 [m/sec.]

Abb. 1486. Rechenreinigungsmaschine von J. M. Voith.

Die Länge eines Entsander-Beckens muß nun so bemessen werden, daß die Durchflußzeit durch das Becken gleich der Sinkzeit des kleinsten auszuscheidenden Kornes ist; das kleinste noch auszuscheidende Sandkorn, das im Wasserspiegel in den Entsander einläuft, kann dann am Ende des Entsanders eben die Sohle erreichen. Die Sinkgeschwindigkeit verschieden großer Sandkörner kann der Abb. 1493 entnommen werden; die Sinkgeschwindigkeiten σ [m/sec.] gelten aber nur für ruhendes Wasser. In bewegtem Wasser muß mit kleineren Sinkgeschwindigkeiten gerechnet werden.

L. Levin berücksichtigt bei der Berechnung der Entsanderlänge die Verzögerung der Sinkgeschwindigkeit der Teilchen im bewegten Wasser zahlenmäßig.

Bezeichnet U die mittlere Geschwindigkeit im Entsander in [m/sec] und H die Wassertiefe im Entsander in [m], so beträgt die Sinkgeschwindigkeit, wie L. Levin gezeigt hat, $\sigma - U\,\eta$. Für den Beiwert η kann nach Versuchen von Velikanov, Bestelli, Büchy und Bourkooff etwa

$$\eta = \frac{0{,}132}{\sqrt{H}} \qquad (1115)$$

gesetzt werden. Im Entsander von der Länge L [m] muß dann

$$\frac{L}{U} = \frac{H}{\sigma - \eta\,U} \qquad (1116)$$

sein und es folgt für die erforderliche Länge des Entsanders

$$L = \frac{U\,H}{\sigma - \dfrac{0{,}132}{\sqrt{H}}\,U} =$$

$$= \frac{U\,H^{3/2}}{\sigma\sqrt{H} - 0{,}132\,U} \; [\text{m}] \qquad (1117)$$

Wenn der Nenner der Gl. (1117) negativ wird, so ist mit den gewählten Querschnittsabmessungen des Entsanders eine Sandausscheidung unmöglich.

Abb. 1487. Verlegter Feinrechen. (A. Ludin.)

Die bekannten Entsander unterscheiden sich vorwiegend durch die Art und Weise, wie der abgesetzte Sand aus dem Entsander entfernt wird. Wegen der großen ausgeschiedenen Sandmassen kommt ein mechanisches Ausräumen nicht in Betracht, man verwendet vielmehr hiezu das Wasser und spült den abgesetzten Sand aus dem Entsander heraus und weiter in den Fluß zurück. Man unterscheidet Entsander mit stoßweiser und solche mit fortlaufender Räumung.

Entsandungsanlagen mit stoßweiser Spülung sind von J. Büchi vorgeschlagen worden. Die Abb. 1494 zeigt den Längenschnitt einer solchen Anlage. Um eine bessere Verteilung des Ablaufes des reinen Wassers zu erreichen, ordnet Büchi eine Abzugsvorrich-

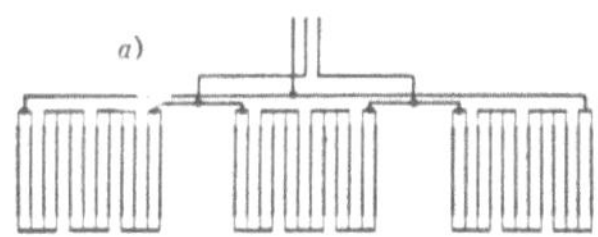

tung aus einer quer geschlitzten Holztafel an, deren Einzelheiten auch der

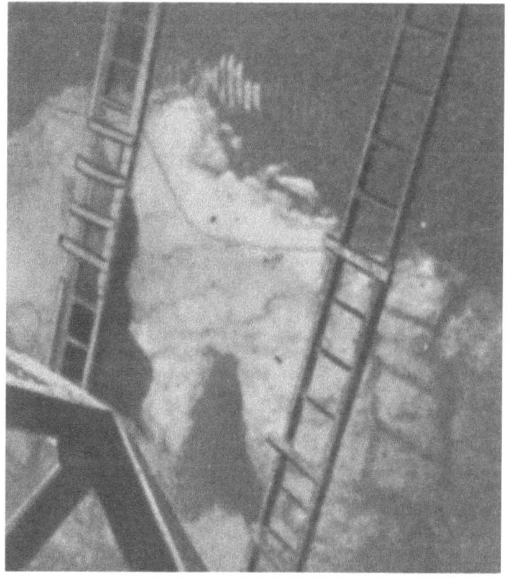

Abb. 1488. Durch Nadeleis verlegter Feinrechen.

Abb. 1494 zu entnehmen sind. Der Nutzinhalt der Ab-

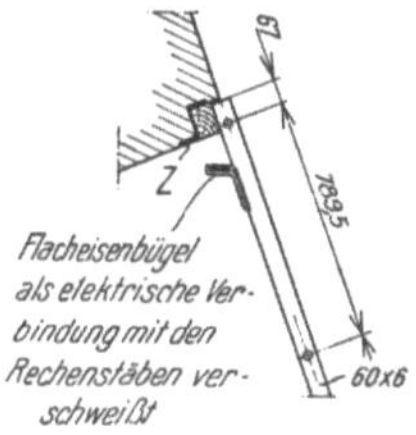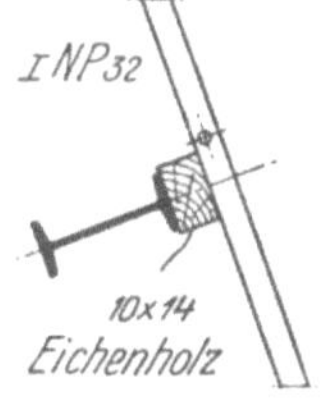

Abb. 1489. Elektrisch erwärmter Feinrechen. *a)* Schema einer Rechenheizung mit Drehstrom in Dreieckschaltung, *b)* Isolierung der Rechenstäbe mit in Karbolineum getränktem Hartholz.

setzkammern beträgt, je nach dem geforderten Grad der Reinigung des Wassers bis zum hundertfachen sekundlichen Durchfluß. Über die Abmessungen und den Reinigungserfolg einiger ausgeführter Anlagen gibt die Zahlentafel 96 Aufschluß.

Zahlentafel 96. Angaben über Entsandungsanlagen von Büchi.

Anlage	Durchfluß [m³/sec]	Inhalt der Absetzbecken für [1 m³/sec] Durchfluß [m³]	Korngröße des Sandes [mm]		
			Abgesetzter Sand in % des zulaufenden		
Borgne	10	80	1,8—0,8 / 100	0,8—0,6 / 98	0,6—0,3 / 98
Biaschina	15	95	1,8—0,8 / 96	0,8—0,6 / 80	0,6—0,3 / 45
Klosters	14	75	—	—	—
Kärstelenbach	7	73	1,56—1,07 / 98,5	0,71—0,42 / 91,8	0,31—0,16 / 57,2

Um den abgesetzten Sand ausspülen zu können, wird der Durchfluß sehr stark gedrosselt,
so daß über die geneigte Sohle ein dünner, aber rasch fließender Spülstrom abläuft. Um während
der Spülung den Betrieb des Wasserkraftwerkes nicht unterbrechen zu müssen, werden stets
nebeneinander mehrere Entsanderkammern angeordnet.

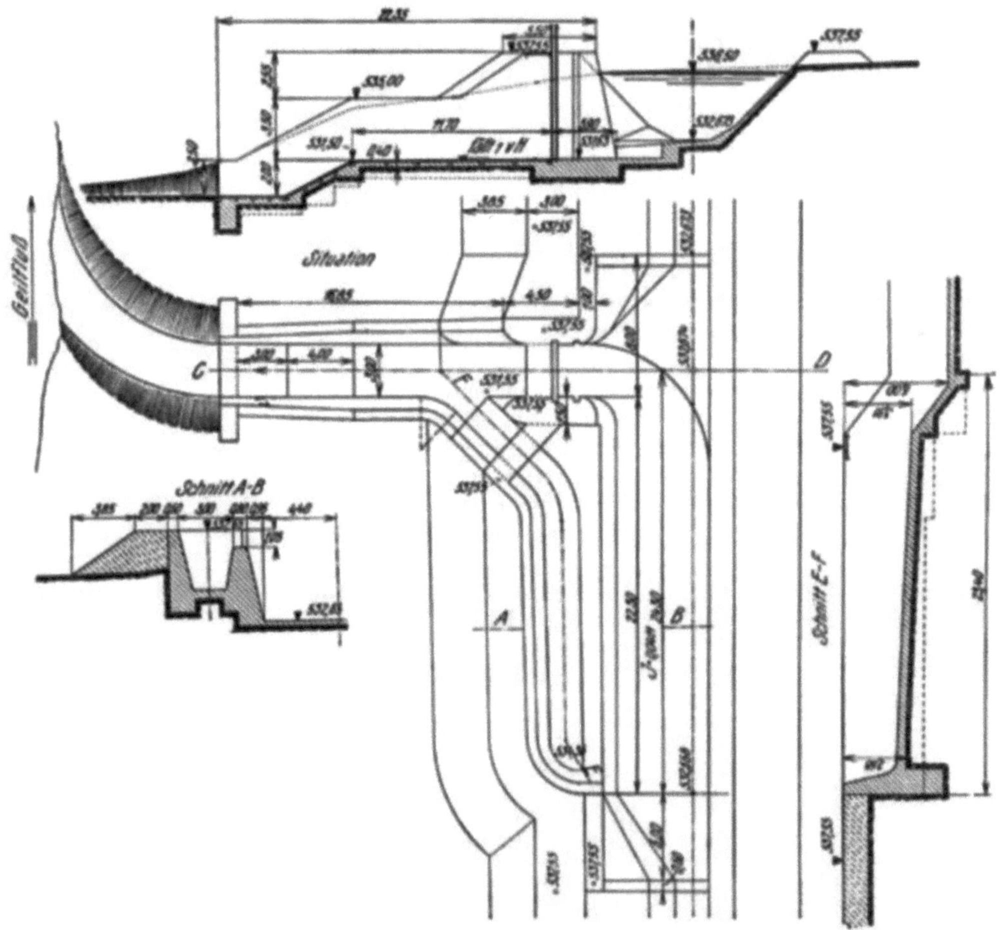

Abb. 1490. Das Streichwehr im Werksgraben Arnoldstein.

H. Dufour hat Entsander (Abb. 1495) geschaffen, aus denen der abgesetzte Sand fortlaufend
ausgespült wird. Er hat, dem kleinen Wirkungsbereich einer Spülöffnung ohne Absenkung des
Wasserspiegels Rechnung tragend, eine große Zahl von Spülöffnungen längs der ganzen Beckensohle angeordnet und den Querschnitt der Kammern so geformt, daß der absitzende Sand

an den steiler als $1:1$ geneigten Sohlflächen den Spülöffnungen zugleitet. Unter den Spülöffnungen verläuft der Spülkanal, durch den der Sand vom Spülwasser fortgeführt wird.

Die Spülöffnungen müssen besonders ausgebildet werden; um zu verhindern, daß bei abgestellter Spülung absitzender Sand durch die Spülöffnungen gelangt und den darunter liegenden Kanal auffüllt, sind an die Spülöffnungen kurze flachgeneigte Kanälchen angeschlossen, (Abb. 1496) in denen bei abgestellter Spülung der Sand liegenbleibt. Der Winkel α im Längenschnitt der Spülkanälchen muß kleiner gewählt werden, als der Böschungswinkel des

Abb. 1491. Streichwehr am Kraftwerk Calusco. (Italien.)

Sandes unter Wasser, die Neigung der Linie $A—B$ muß also geringer als etwa $2:3$ sein. Die Spülkanälchen werden auch seitlich stark verjüngt. Damit der Zufluß sich sicher über den ganzen Querschnitt der Entsanderkammern gleichmäßig ausbreitet, werden am Einlauf zu jeder Kammer hintereinander mehrere Rechen aus lotrecht stehenden Holzlatten angeordnet.

Nachdem bei Dufour'schen Entsandern die Sandabfuhr fortlaufend vor sich geht, genügt bei kleinen Durchflüssen eine einzige Kammer. Bei größeren Durchflüssen ist es zweckmäßig, mehrere nebeneinander liegende Kammern anzuordnen, weil die Führung durch die

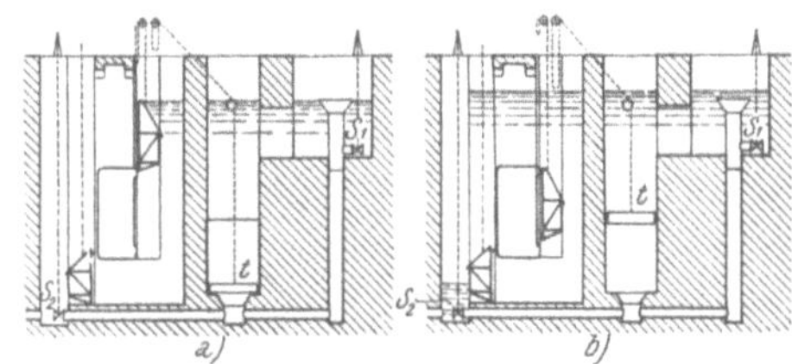

Abb. 1492. Steuerung einer selbsttätigen Schützentafel. (MAN.)

Kammertrennungswände eine geordnete Strömung herbeiführt. Einige Angaben über ausgeführte Dufour'sche Entsander sind in der Zahlentafel 97 zusammengestellt.

Zahlentafel 97. Angaben über ausgeführte Entsandungsanlagen von H. Dufour.

Anlage	Durchfluß [m³/sec]	Durchflußgeschwindigkeit [m/sec]	Inhalt des Absetzraumes in [m³] für [1 m³/sec] Durchfluß	Korngröße des Sandes [mm] Abgesetzter Sand in % des zulaufenden			Abgesetzter Sand in % des zulaufenden
				1,8—0,8	0,8—0,6	0,6—0,3	
Ackersand	3,4—4,5	0,34—0,45	60	100	98	95	65
Vièze	4	0,33	40	—	—	—	—
Gornergratbahn (Findelenbach)	1,0	0,25	66	—	—	—	—
Yanacato am Rio Rinac	20,0	0,40	72	—	—	—	—
Pont du Pas	4,0	0,33	45	—	—	—	—

In den Abb. 1495 bis 1498 werden einige Beispiele für Entsander in der bewährten Bauart nach Dufour gegeben. Um bei größeren Durchflüssen die Entsanderkosten herabzusetzen, schaltet Dufour den Entsander erst nach einer längeren geraden Gerinnestrecke ein. In einer geraden, regelmäßigen Gerinnestrecke sinkt ein großer Teil des Sandes vom Spiegel in die Wasserschichten im unteren Teil des Gerinnequerschnittes ab und es genügt, nur die mit Sand angereicherte Wasserschichte in der Nähe der Gerinnesohle durch den Entsander zu leiten (Abb. 1497). Die Teilung des Durchflusses im Gerinne erfolgt mittels einer waagrechten Holzplatte J. Der Durchfluß durch den Entsander wird mittels der Schütze N im Gerinne geregelt.

Bei Niederdruckanlagen genügt es, wie es die Abb. 1498 andeutet, knapp vor den Turbinen einige Spülschlitze einzubauen, durch die der an der Sohle treibende Sand in den Saugkrümmer abgeleitet wird.

Das Verhältnis des in einem Entsander ausgeschiedenen Sandes zum Sand, den das zulaufende Wasser führt, ist kein festes. Jeder Entsander wird so bemessen, daß er beim größten Durchfluß Körner über einer festgesetzten Größe ausscheidet. Von den feineren Körnern fällt nur ein Teil aus und es kann vorkommen, daß gelegentlich eines Hochwassers auch ein guter Entsander nahezu nichts ausscheidet, wenn das Wasser zufällig nur sehr feinkörnigen Sand führt. In der Zahlentafel 98 sind einige Beobachtungsergebnisse zusammengestellt, die erkennen lassen, daß es unmöglich ist, den Wirkungsgrad eines Entsanders durch eine unveränderliche Zahl anzugeben.

Wie auf Seite 809 erwähnt worden ist, hat bei den Kraftwerken Töll und Marling der Ausfall an Arbeit innerhalb von zwei Jahren infolge des Ausschliffes der Turbinen 13,2 [Mio/kWh] betragen. Nach dem Einbau eines Dufour-Entsanders ist der Arbeitsausfall infolge Ausschliffes innerhalb von zwei Jahren auf 2,5 [Mio/kWh] zurückgegangen; der Einbau des Entsanders brachte also innerhalb von zwei Jahren einen Gewinn von 10,7 [Mio/kWh] und führte überdies einen besseren Zustand der Laufräder herbei.

L. Levin nützt zur Entsandung des Triebwassers eine längere, gerade Werksgrabenstrecke aus und leitet dann den an der Sohle treibenden Sand durch eine Öffnung (Abb. 1499) in der inneren Seitenwand einer Krümmung des Werksgrabens. Vor dieser

Zahlentafel 98. Beobachtungen am Dufour-Entsander des Kraftwerkes San Francesco am Liro. (Nach N. Faletti.)

Durchfluß [m³/sec]	Mittlere Geschwindigkeit U im Entsander [m/sec]	Sandzufuhr [m³/24 h]	Sandausscheidung [m³/24 h]	Wirkungsgrad %
4,0	0,121	665	421	63,3
4,0	0,121	380	290	76,3
4,0	0,121	2320	1170	50,4
4,0	0,121	320	297	92,8
5,7	0,173	1220	1112	91,0
6,0	0,182	207	0	0
6,0	0,182	366	319	87,2
6,0	0,182	72	36	50,0
6,0	0,182	72	36	50,0
8,0	0,242	89	43	48,3
9,0	0,273	3060	1080	35,3
10,0	0,303	915	112	12,2
10,5	0,318	444	326	73,5
11,0	0,334	123	104	84,6
11,4	0,345	5700	3100	54,4
13,0	0,394	650	325	50,0

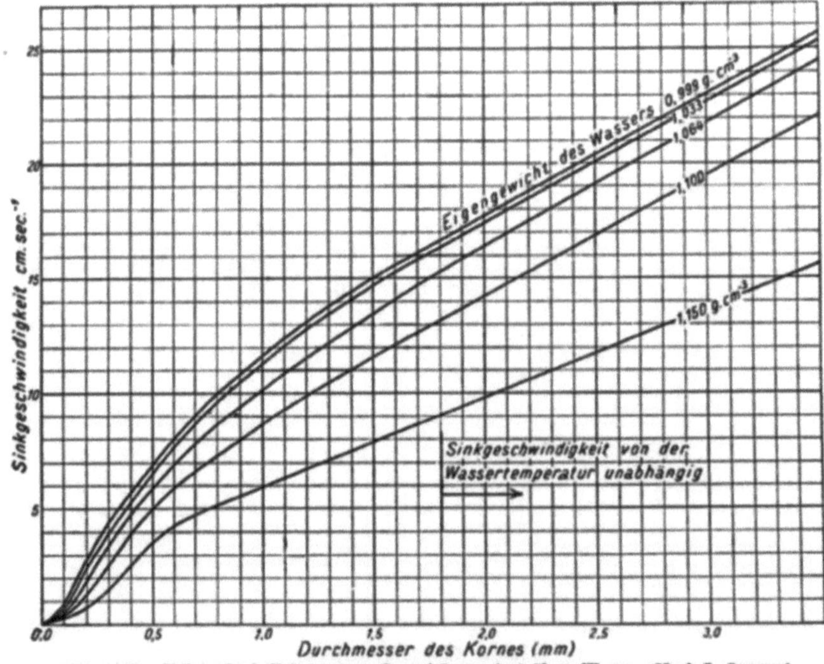

Abb. 1493. Sinkgeschwindigkeiten von Quarzkörnern in trübem Wasser. (Nach L. Sudry.)

Krümmung muß der Werksgraben auf einer mindestens L [m] langen Strecke gerade verlaufen, die aus der Gl. (1117) berechnet wird.

Der an der Sohle abgesetzte Sand wandert als Geschiebe in den Gerinnebogen. Wie schon auf Seite 215 geschildert worden ist, setzt im Bogen eine wendelförmige Strömung ein, die das Geschiebe gegen die Innenseite des Bogens treibt. Wenn nun an der Sohle in der Innenwandung des Bogens eine Öffnung angeordnet wird, so kann der Sand durch sie ausgespült werden. Levin hat gelegentlich von Versuchen gefunden, daß bei richtiger Lage und Bemessung der Auslauföffnung der Sand praktisch vollständig ausgespült werden kann. Der Spülwasserverbrauch beträgt 1 bis 4% des Durchflusses im Werksgraben. Die richtige Lage der Spülöffnung im Bogen (Winkel α) kann nur auf Grund von Modellversuchen verläßlich festgelegt werden. Bezeichnet h die Höhe der Spül-

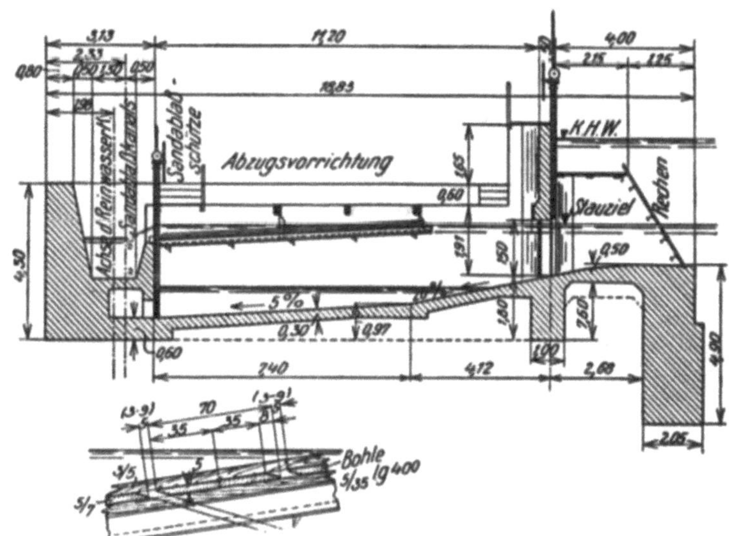

Abb. 1494. Büchi-Entsander im Mallnitz-Kraftwerk und Einzelheiten der Abzugsvorrichtung.

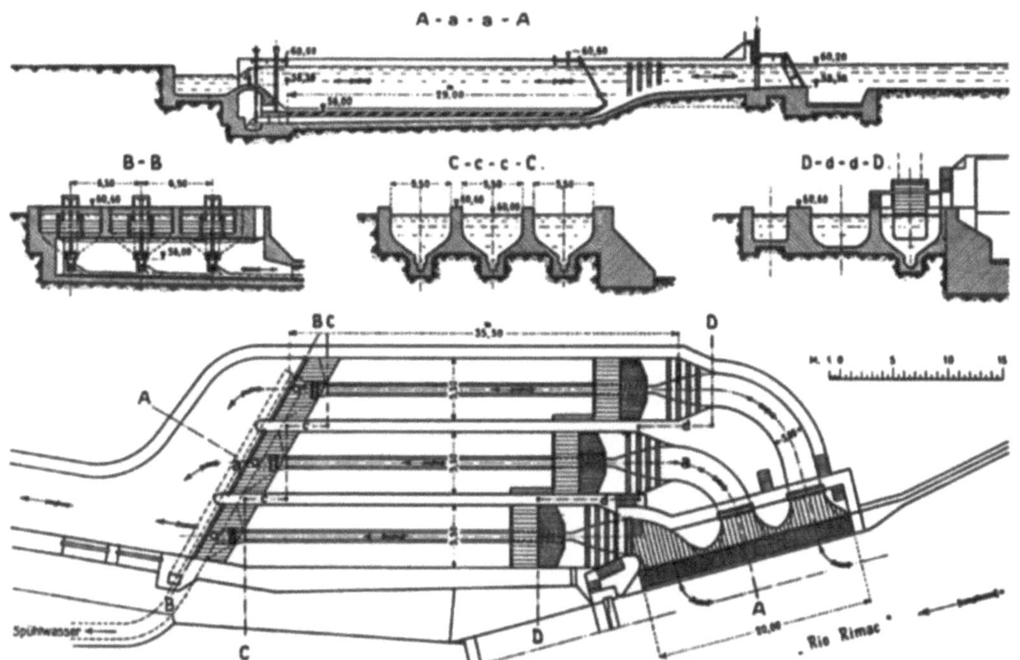

Abb. 1495. Die Entsandungsanlage Yanacato von H. Dufour. (Schw. Bauztg. Bd. 83.)

öffnung, so soll die Breite der Öffnung die Abmessungen (vgl. Abb. 1499)

$$l = (2,5 \text{ bis } 3,0)\,h \tag{1118}$$

und

$$l' = (5 \text{ bis } 7)\,h \tag{1119}$$

gewählt werden.

Für die Ableitung der Geschiebe aus einem natürlichen Fluß, z. B. vor der Mündung in einen Stauweiher, eignet sich das in der Abb. 1500 dargestellte Bauwerk. Je nach dem Durchfluß durch die Spülöffnung können die Geschiebe mehr oder minder vollständig aus dem Bett abgeleitet werden. Die Abb. 1501 zeigt die Ansicht des Entkiesers gelegentlich eines Modellversuches.

Schrifttum.

BÜCHI, J.: Entsandungsanlagen für Wasserkraftwerke. Zschft. d. VDJ. 1927. S. 1224. — DUFOUR, H.: Rilievi et osservazioni sull' esercicio e la mantenucione degli impianti di Tel e di Marlengo in relazionei agli efetti di un dissabiatore ad elliminazione continua. L'Energia Elettrica. 1934. H. 4. — DERSELBE: Le

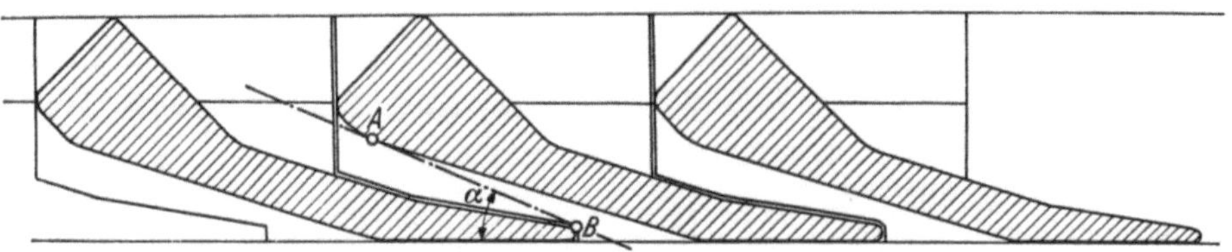

Abb. 1496. Spülkanäle in der Sohle eines DUFOUR-Entsanders.

dessableur, les turbines et la production d'énergie de l'Usine de Marlengo. La Houille blanche. 1936. S. 1. — DERSELBE: Entsandungsanlagen ohne automatische und mit automatischer Sand- und Geschiebeabführung. Zschft. d. österr. Ing.- u. Arch.-Ver. 1924. S. 191. — DERSELBE: Automatische Entsandungsanlage des Kraftwerkes Liro-Inferiore. Schweiz. Bauztg. Bd. 87. 1926. S. 175. — DERSELBE: L'usure des Turbines hydrauliques. Bullet. Techn. de la Suisse romande. 1919. H. 25,26. 1920. — DERSELBE: Automatic eliminators for alluvial mater in water turbine supplies. Eng. Bd. 120. 1925. S. 247. — DERSELBE: Neues über Turbinenabnutzungen und automatische Entsandungsanlagen. Schweiz. Bauztg. Bd. 83. 1924. S. 169. — DERSELBE: L'usure des Turbines et les rendements de l'usine de Massaboden. Schweiz. Wasserwirtsch. 1921/22. S. 45. — FALETTI, N.: L'erosione e la corrosione delle Turbine idrauliche. L'Energia Elettrica. 1934. S. 277. — KÜRSTEINER, L.: Das Kraftwerk Vièze bei Monthey. Schweiz. Bauztg. Bd. 67. 1916. S. 291. — LEVIN, L.: Nouveau dispositif de dessablement des canaux. Génie civile. 1937. — NIETHAUMMER, P.: Entsandungsanlagen nach Patent H. Dufour. Schweiz. Bauztg. Bd. 78. 1921. S. 295. — SCHOKLITSCH, A.: Die Entsandung des Wassers in Kraftanlagen. Wasserkr. u. Wasserwirtsch. 1942. S. 94.

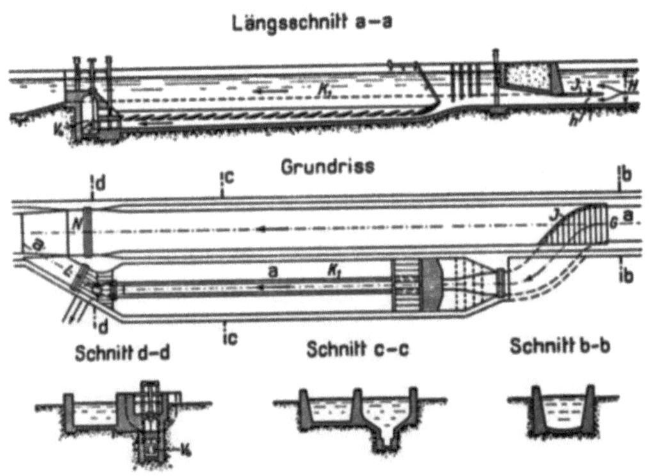

Abb. 1497. Entsandungsanlage für mittelgroße Durchflüsse von H. DUFOUR. (Schw. Bauztg. Bd. 83.)

f) Energievernichter.

Bei der Ableitung des Überwassers von Entlastungsanlagen bzw. des Freiwassers an Talsperren muß dafür gesorgt werden, daß das Wasser, das mit hoher Bewegungsenergie das Unterwasser erreicht, keine Schäden anrichten kann. Man wandelt hiezu die Bewegungsenergie des Wassers in Wärmeenergie um, die im Wasserbau belanglos ist und die nicht mehr in Bewegungsenergie rückwandelbar ist. Vom Standpunkt des Wasserbaues ist die schädliche Bewegungsenergie des Wassers also gleichsam vernichtet und man hat die Bauwerke, in denen diese Energieumwandlung bewirkt wird, kurz Energievernichter genannt. Wenn diese Bezeichnung auch nicht exakt ist, so wird sie, nachdem sie sich eingebürgert hat, doch beibehalten, um so mehr, als keine bessere Bezeichnung bekannt ist.

Schon auf Seite 152 ist erwähnt worden, daß die Umwandlung der Bewegungsenergie in Wärmeenergie die Flüssigkeitsreibung bewirkt. Die verschiedenen Energievernichter, die gegenwärtig angewendet werden, unterscheiden sich nur durch die Art und Weise, wie die Flüssigkeitsreibung hervorgerufen wird.

Nachdem hohe Flüssigkeitsreibung überall dort auftritt, wo große Geschwindigkeitsunterschiede zwischen benachbarten Flüssigkeitsschichten auftreten, werden in Energievernichtern möglichst gegenläufige Strömungen hervorgerufen. Energievernichter, die das Wasser zum Zersprühen bringen, werden nicht mehr ausgeführt, weil das Bauwerk zu sehr erschüttert wird und weil im Winter lästige Eisbildung auftritt.

1. Abflußtreppen (Kaskaden).

Wenn die Absturzhöhe an einem Entlastungsbauwerk zu groß erschienen war, ist schon vor Jahrzehnten der Absturz einfach in eine Reihe von Abstürzen aufgelöst worden, indem man eine Absturztreppe anordnete, die gewöhnlich als Kaskade bezeichnet worden ist. Die

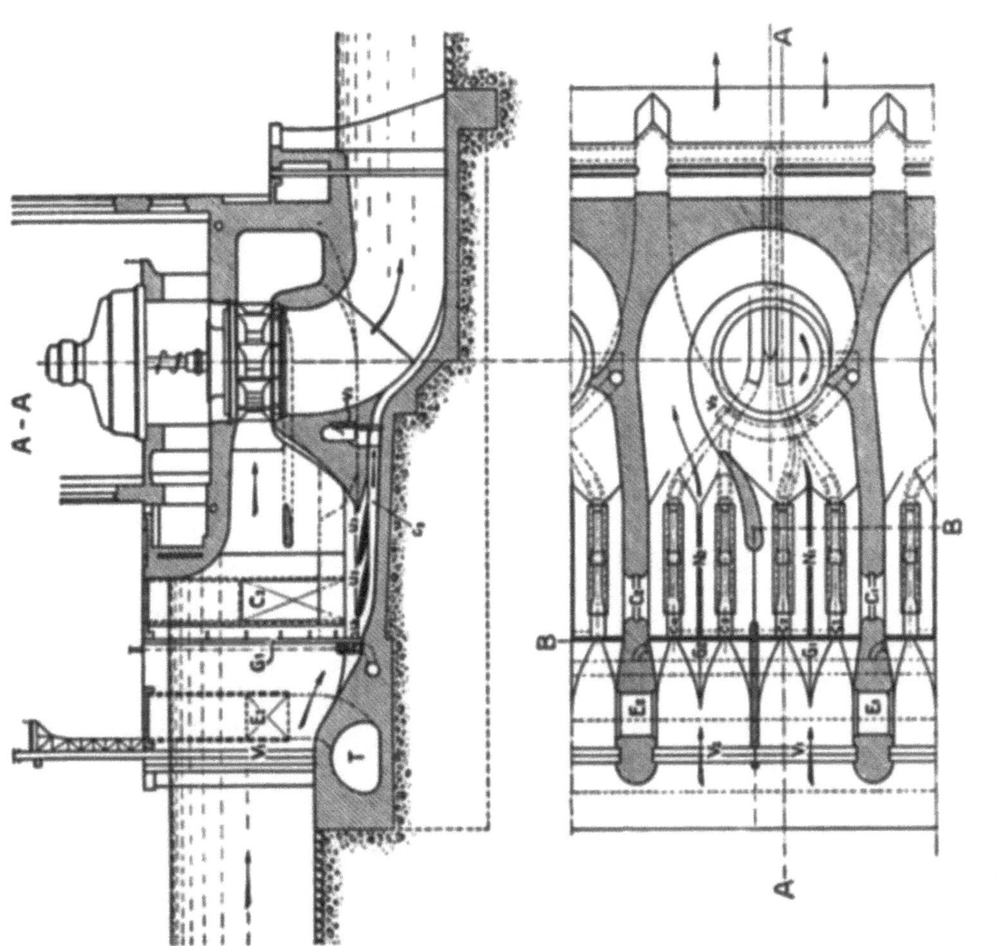

Abb. 1498. Entsander von H. Dufour für große Durchflüsse, eingebaut im Turbineneinlauf. (Schw. Bauztg. Bd. 83.)

Abb. 1502 zeigt den Längenschnitt durch Abflußtreppen verschiedener Bauweisen. Th. Rümelin empfiehlt bei Abflußtreppen ohne Gegenschwellen (Abb. 1502a) die Stufenlänge mindestens gleich

$$L = y + 3h, \text{ besser } = 4h \qquad (1120)$$

zu wählen, wobei y die Sprungweite des Ergusses bedeutet. Bei Abflußtreppen mit Gegenschwelle (Abb. 1502b und c) soll nach Rümelin die Stufenlänge

$$L = 3h \tag{1121}$$

und die Höhe der Gegenschwelle mindestens zwei Meter betragen; tatsächlich sind die Gegenschwellen bei ausgeführten Abflußtreppen mit wesentlich geringeren Höhen ausgeführt worden.

Die Abb. 1503 zeigt als Beispiel den Längenschnitt durch die Abflußtreppe des Kraftwerkes Isolaz an der Magra, die am Ende eines Schußrohres angeordnet ist. Die Abb. 1504 und 1505 geben Ansichten von Abflußtreppen.

Bei Abflußtreppen mit Gegenschwellen ist es wichtig, durch Dräne in der Gegenschwelle eine Entleerung der Becken nach Aufhören des Zuflusses zu ermöglichen, um Eisschäden zu vermeiden.

Die Abflußtreppen werden nur mehr selten ausgeführt, wenn Fels die Anlage mit geringen Kosten ermöglicht.

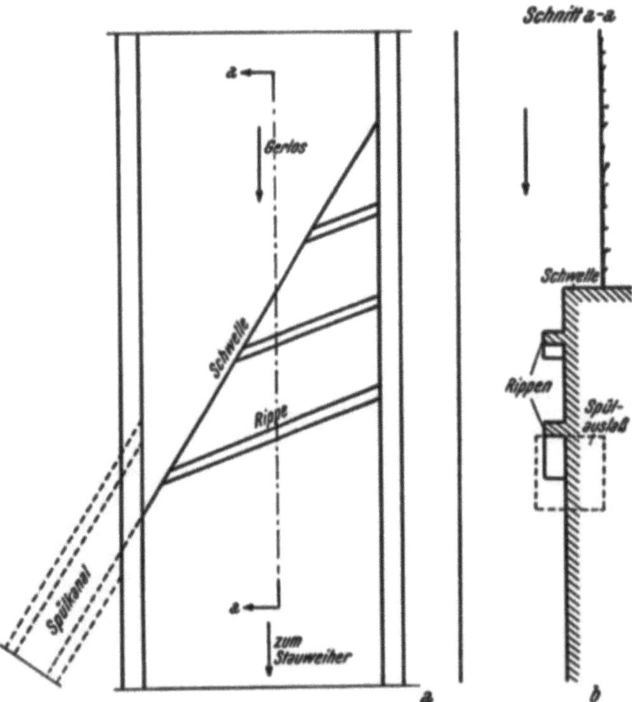

Abb. 1499. Ableitung von abgesetztem Sand aus einem Werksgraben an der Innenseite einer Krümmung nach L. Levin.

2. Schußrinnen und -rohre.

Wenn Wasser durch ein glattes unbelüftetes Rohr mit hoher Geschwindigkeit läuft, so treten große Druckverluste auf. Bezeichnet D die Rohrlichtweite in Metern, U die mittlere Geschwindigkeit in [m/sec], ν die kinematische Zähigkeit, nämlich den Bruch

$$\nu = \frac{\eta\, g}{\gamma} \tag{1122}$$

(η Zähigkeit des Wassers in [kg/sec . m²] und γ die Wichte in [kg/m³], so gilt für die Strömung im Rohr nach Versuchen von A. Schoklitsch bei Geschwindigkeiten bis $U = 25$ [m/sec] und bei Reynolds'schen Zahlen

$$\Re = \frac{UD}{\nu} \tag{1123}$$

zwischen 2200 und 500 000 die Formel von Blasius

$$J = \alpha\, \frac{U^2}{D\Re^{1/4}} \tag{1124}$$

J bedeutet das Gefälle der Drucklinie und für den Beiwert α gibt Blasius 0,01613 an, während die oben erwähnten Versuche $\alpha = 0,01611$ geliefert, also die Ziffer von Blasius vollauf bestätigt haben.

Für die Zähigkeit des Wassers bei der Temperatur t ist nach J. L. Poiseuille zu setzen

Abb. 1500. Der Entkieser des Gerloswerkes.

$$\eta = \frac{0,0001814}{1 + 0,0337\, t + 0,00022\, t^2} \ [\text{kg/sec. m}^2] \tag{1125}$$

Als Energievernichter eignen sich nur enge, sehr rasch durchflossene Rohre; so beträgt z. B. der Druckverlust von Wasser von $t = 14^0$, das ein 100 [mm] weites Rohr mit der Geschwindigkeit $U = 25$ [m/sec] durchläuft, auf einen Meter Rohrlänge 2,65 [m].

Wenn ein von Wasser rasch durchströmtes Rohr belüftet wird, so ändert sich der Abflußvorgang vollständig. In solchen Rohren, ebenso wie in Schußrinnen nimmt das rasch dahinschießende Wasser sehr viel Luft auf und erhält dadurch ein schaumiges Gefüge. Die Abb. 1506 zeigt das Eindringen von

Abb. 1501. Ansicht des Modells des Entkiesers des Gerlos-Werkes.

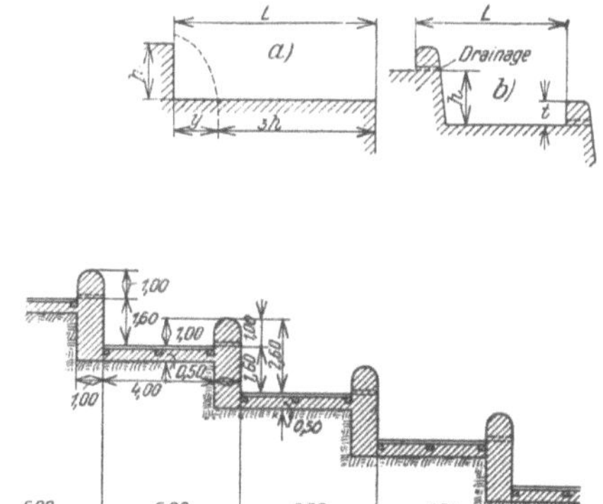

Abb. 1502. Abflußtreppen. a) ohne, b) und c) mit Tosbecken.

Luft in rasch fließendes Wasser gelegentlich eines Versuches. Die Ursache für das Eindringen der Luft ist noch ungeklärt.

An ausgeführten Schußrohren und Schußrinnen haben Beobachtungen das überraschende Ergebnis geliefert, daß die mittlere Geschwindigkeit des Wasser-Luftgemisches nicht über etwa 22 [m/sec] ansteigt. Der Wasseranteil des schaumigen Wasser-Luftgemisches betrug nur zu 2 bis 4 Zehntel des Rauminhaltes.

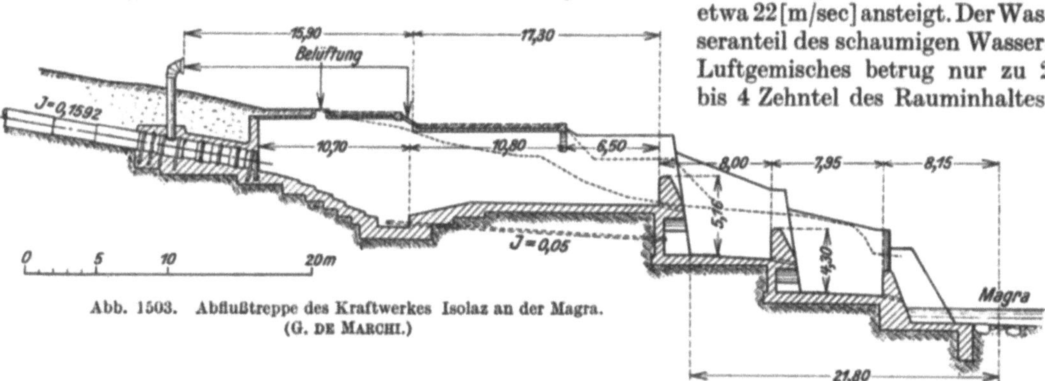

Abb. 1503. Abflußtreppe des Kraftwerkes Isolaz an der Magra. (G. DE MARCHI.)

R. EHRENBERGER hat die Bewegung eines Wasser-Luftgemisches durch Versuche zu klären versucht; er stellte für die Gemischgeschwindigkeit U in sehr glatten, unter dem Winkel α geneigten Rinnen die Gleichung

$$U = 55\, R^{0,52} \sin^{0,4} \alpha \qquad (1126)$$

auf, in der R den Profilradius (benetzte Querschnitt F: benetzten Umfang P) bedeutet. Der Anteil μ des Wassers (Gesamtdurchfluß UF) beträgt, wenn

$$\sin \alpha < 0{,}476 \text{ ist}, \mu = \frac{Q}{F\,U} = 0{,}40\, R^{-0,05} \sin^{-0,26} \alpha$$

$$(1127)$$

$$\sin \alpha > 0{,}476 \text{ ist}, \mu = \frac{Q}{F\,U} = 0{,}26\, R^{-0,05} \sin^{-0,74} \alpha$$

$$(1128)$$

Abb. 1504. Abflußtreppe des Kraftwerkes Paderno.

und der Abfluß von Q [m³/sec] Wassers erfordert Gerinneabmessungen, die nach den beiden Beziehungen

Abb. 1505. Abflußtreppe an der Thaya-
Staumauer in Frein.

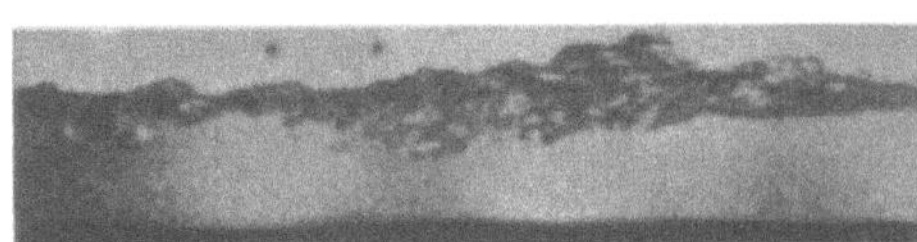

Abb. 1506. Eindringen von Luft unter die Oberfläche
rasch fließenden Wassers.

$$Q = 22\,\sin^{0,14}\alpha\,\frac{F^{1,47}}{P^{0,47}},\ \text{wenn}\ \sin\alpha < 0,476 \qquad (1129)$$

oder

$$Q = 15,4\,\sin^{-0,34}\alpha\,\frac{F^{1,47}}{P^{0,47}},\ \text{wenn}\ \sin\alpha > 0,476 \qquad (1130)$$

ist, berechnet werden können. Die Gleichungen gelten für die Neigungen bis $\alpha < 45^0$ und Profilradien $R = \frac{F}{P} < 0,30$ [m].

Die Abb. 1507 bis 1509 zeigen den Abfluß von Wasser-Luft-Gemischen. Die Luftaufnahme beginnt bei Geschwindigkeiten von etwa $3,5$ [m/sec] $< U < 4,5$ [m/sec].

Als Beispiel für die Ausbildung einer Schußrohrleitung zeigt die Abb. 1510 Längen- und Querschnitte der Schußrohre des Kraftwerkes Margarethenberg an der Alz. Wenn am Ende des Schußrohres oder der Schußrinne der Untergrund nicht aus sehr festem Fels besteht, muß noch ein Energievernichter angeschlossen werden (Abb. 1511), in dem die Energie des aus dem Schußrohr austretenden Wassers weiter vernichtet wird. Im Kies würde das mit großer Geschwindigkeit aus dem Schußrohr auslaufende Wasser einen tiefen Kolk ausspülen (Abb. 1513.)

3. Gegenstromenergievernichter.

In den Gegenstromenergievernichtern wird das Freiwasser in zwei oder mehr Strahlen geteilt, die unter Wasser gegeneinander geleitet werden. Bemessungsregeln für solche Energievernichter sind nicht bekannt.

Die Abb. 1514 zeigt den Gegenstromenergievernichter in Roßnow, bei dem überdies noch Wasser über eine Abflußtreppe auf die gegeneinander strömenden Strahlen stürzt. Die Abb. 1515 gibt eine Ansicht dieser Anlage.

Abb. 1507. Schaumiger Abfluß aus den Grundablässen der Staumauer Assuan am Nil.

Einen anderen Gegenstromenergievernichter zeigt die Abb. 1516 und die Abb. 1517 gibt die Ansicht während der Vernichtung von 50 000 [PS].

In den Berg eingebaut ist der Gegenstromenergievernichter des Kraftwerkes Kardaun am Eisack, dessen Einrichtungen die Abb. 1518 wiedergibt.

Abb. 1508. Schaumiger Abfluß am Entlastungsüberfall an der Staumauer Pack an der Teigitsch und Energievernichter von A. SCHOKLITSCH. *a* Beginn der Luftaufnahme.

4. Düsenenergievernichter.

Wenn Wasser durch beschränkte Öffnungen in einen weiten, wassererfüllten Raum läuft, so erleidet es einen Energieverlust, der nach C. CH. BORDA berechnet werden kann. Bezeichnet U die mittlere Geschwindigkeit in [m/sec], F den durchströmten Querschnitt und kennzeichnet der Index 1 den engen, 2 den weiten Querschnitt, so erleidet das Wasser bei einer plötzlichen Querschnittsvergrößerung einen Druckverlust

$$H_v = \frac{(U_1 - U_2)^2}{2\,g} = \frac{U_2^2}{2\,g}\left(\frac{F_2}{F_1} - 1\right)^2 [\text{m}]$$

$$(1131)$$

K. BÄNNINGER hat durch Versuche bei Querschnittsverhältnissen $1,1 < \frac{F_2}{F_1} <$ 10 diese Beziehung bestätigt. Wenn der Querschnitt F_1 in ein weiteres Rohr blendenartig eingebaut wird, so ist der Druckverlust größer, als ihn die Gleichung (1131) ergibt, weil der Strahl hinter der Blende auf einen Querschnitt kleiner als F_1 eingeschnürt wird.

O. POEBING hat einen Energievernichter (Abb. 1519) entworfen, in dem mehrere derartige blendenartige Einengungen hintereinander angeordnet sind. Die Blenden dürfen nicht zu knapp aufeinanderfolgen, weil sich der Durchfluß sonst nicht vollständig

Abb. 1509. Die Leerschußrinne des Kraftwerkes Opponitz. (Städt. Elektr. Werke Wien.)

auf den Querschnitt F_2 des weiten Rohres ausbreitet. Andere Düsenenergievernichter, für die aber keine Bemessungsregeln bekannt sind, zeigen die Abb. 1520 bis 1522.

5. Wirbelstrahlenergievernichter.

Die Turbinenfabrik Escher, Wyss & Co. ruft die zur Energievernichtung erforderlichen hohen Geschwindigkeitsunterschiede zwischen benachbarten Wasserschichten hervor, indem sie,

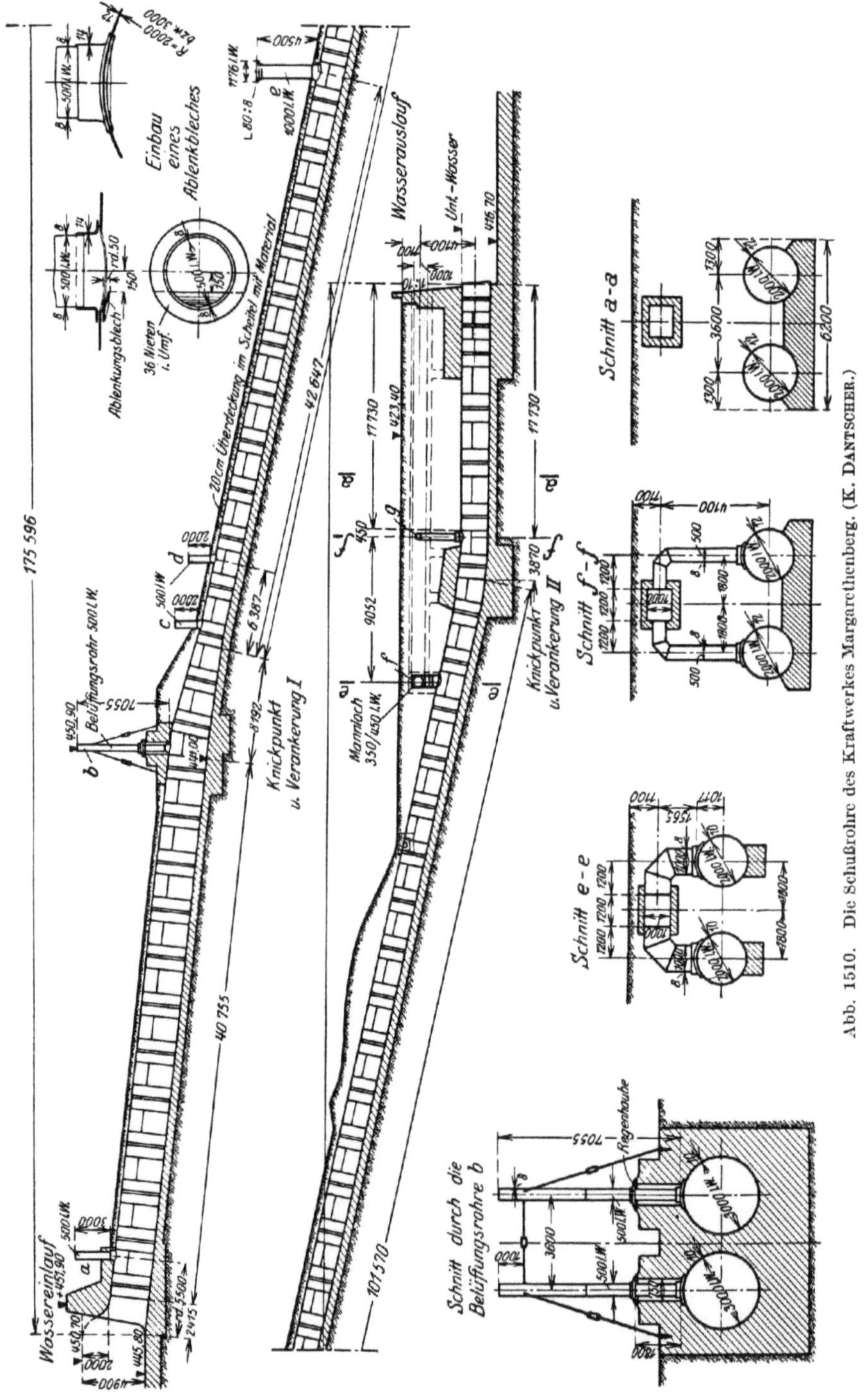

Abb. 1510. Die Schußrohre des Kraftwerkes Margarethenberg. (K. Dantscher.)

wie es die Abb. 1512 andeutet, in dem aus einem Rohr zulaufenden Wasser durch Leitschaufeln gegensinnige Wendelströmungen hervorruft.

6. Energievernichtung im Tosbecken.

Die Energievernichtung in Tosbecken geht in den Wasserwalzen vor sich, die sich über und unter dem durchschießenden Wasserstrahl bilden. Beim Entwurf eines solchen Tosbeckens kommt es darauf an, die Bildung wirksamer, also flacher Wasserwalzen zu erzwingen (vgl. den Abschnitt Energievernichtung im ersten Band.)

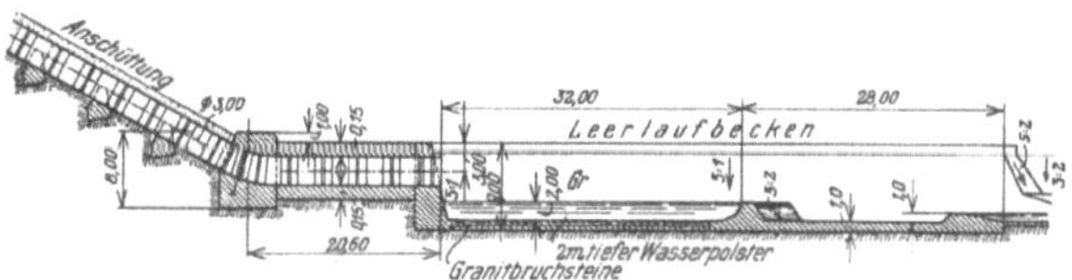

Abb. 1511. Das Schußrohr des Kraftwerkes Burghausen mit dem anschließenden Energievernichter. (F. KENNERKNECHT.)

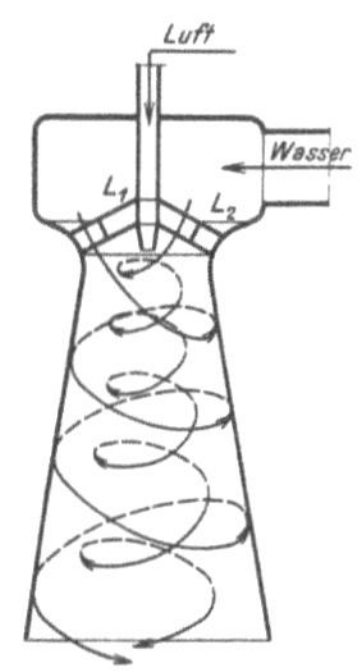

Abb. 1512. Wirbelstrahlenergievernichter von Escher, Wyss & Co.

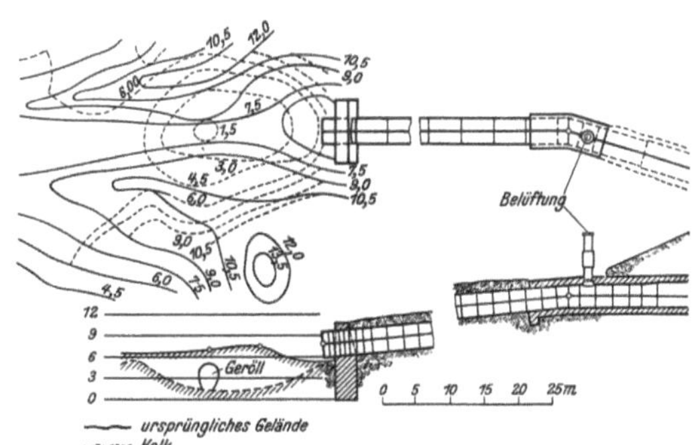

Abb. 1513. Kolk am Auslauf des Schußrohres am Florence See, USA. (Nach Steele & Mourée.)

Das einfachste Tosbecken stellt die Abb. 1523 dar. Für jedes solches Tosbecken gibt es einen bestimmten Erguß, bei dem es als Energievernichter versagt. Beträgt der Zufluß auf den Breitenmeter $q\,[\mathrm{m^3/sec\,.\,m}]$ und die Länge des Tosbeckens $L = 2/3\,W$, so soll nach Versuchen von A. SCHOKLITSCH die Höhe S der Gegenschwelle mindestens

$$S = 0{,}6\,q^{1/2}\left(\frac{W}{g}\right)^{1/4}\ [\mathrm{m}]\qquad (1132)$$

betragen.

Statt einfacher Gegenschwellen empfiehlt J. SMETANA auf Grund seiner Modellversuche die schon von E. BEYERHAUS vorgeschlagene stufenförmige Gegenschwelle (Abb. 1524). Die Stufenbreite b soll gleich $2a$ gemacht werden. Für die Beckenlänge empfiehlt Smetana mit den Bezeichnungen der Abb. 1524

$$L = 2{,}72\,t_1\left(\sqrt{1 + 8\,A_1} - 3\right)\ [\mathrm{m}]$$
$$(1133)$$

und für die Tiefenlage der Beckensohle

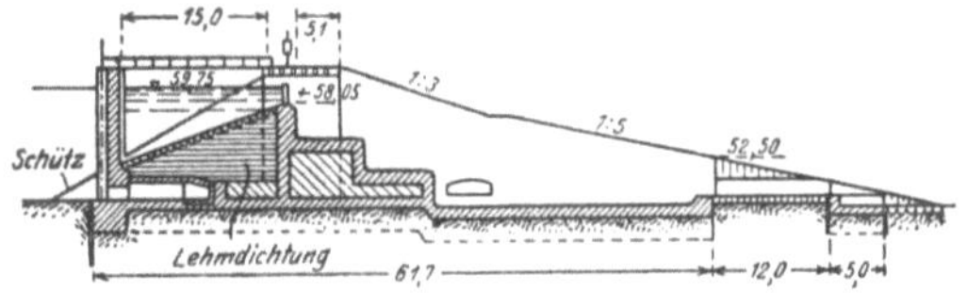

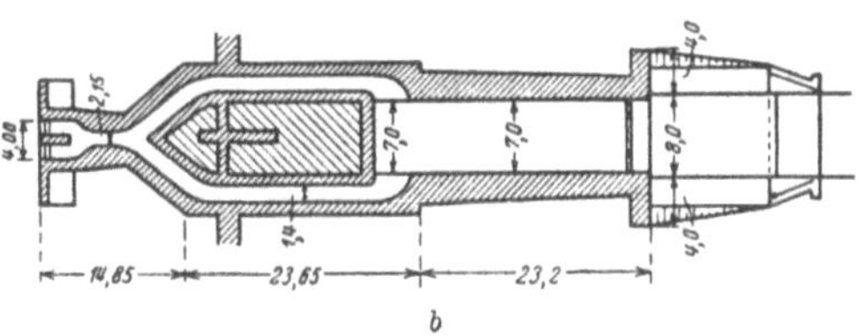

Abb. 1514. Gegenstrahlenergievernichter in Roßnow. *a* Schnitt, *b* Grundriß.

$$y = 0{,}6\,t_1\left(\sqrt{1 + 8\,A_1} - 1\right)\ [\mathrm{m}] \tag{1134}$$

A bedeutet die Abflußkennzahl und es gilt mit den Bezeichnungen der Abb. 1524

$$A_1 = \frac{U_1}{\sqrt{g\,t_1}} \tag{1135}$$

Abb. 1515. Gegenstromenergievernichter am Kraftwerk Roßnow. (Siemens Bau-Union.)

Eine genaue Beobachtung der Wasserbewegung in einem einfachen Tosbecken hat gelehrt, daß der Wasserstrahl den größten Teil des Tosbeckens an der Sohle kriechend durchquert. Nachdem die Reibung zwischen dem Strahl und einer Walze größer ist als jene zwischen dem Strahl und der glatten Sohle, muß die Erzwingung der Bildung einer kräftigen Grundwalze die Energievernichtung verbessern. A. Schoklitsch hat daher am Eintritt des Wassers in das Tosbecken eine Stufe angeordnet, die sogenannte Sprungkante, an der sich der Wasserstrahl vom festen Umriß loslösen muß. Die Abb. 1525 zeigt dieses Tosbecken und die verschiedenen Abflußbilder, die sich einstellen. Bei geringen Zuflüssen bewegt sich der Strahl tatsächlich zwischen zwei Walzen durch (Abb. 1525a). Wenn der Zufluß gesteigert wird, so wellt sich der Strahl und wird fußfrei (Abb. 1525b). Wenn der Zufluß weiter gesteigert wird, schlägt plötzlich der Strahl gegen die Sohle durch (Abb. 1525c), dann wird mit zunehmendem Zufluß die Deckwalze immer kleiner (Abb. 1525d), bis sie endlich aus dem Tosbecken herausgeschleudert wird und der Energievernichter versagt (Abb. 1525e).

Mit den Bezeichnungen der Abb. 1525f gelten bei einem Zufluß q [m³/sec] über dem Breitenmeter die folgenden Bemessungsregeln:

Tosbeckenlänge:

$$L = (0{,}5 \text{ bis } 1{,}0)\ W\ [\mathrm{m}] \tag{1136}$$

Höhe der Gegenschwelle:

$$S = \beta\,q^{1/2}\left(\frac{W}{g}\right)^{1/4}\ [\mathrm{m}] \tag{1137}$$

mindestens aber $0{,}1\ W$; der Beiwert β kann der Abb. 1526 entnommen werden. Der Beiwert ε wird am besten zwischen etwa 0,03 und 0,08 gewählt und für ϱ genügt in der Regel 0,15.

Die Krone der Gegenschwelle soll nicht über die anschließende Flußsohle emporragen, weil sonst das über die Gegenschwelle abstürzende Wasser die Sohle doch beträchtlich auskolkt.

Als Beispiel zeigt die Abb. 1527 den Schnitt durch den Energievernichter von A. Schoklitsch an der Langmannsperre des Teigitschwerkes und die Abb. 1528 gibt eine Ansicht des Bauwerkes.

Abb. 1516. Gegenstromenergievernichter des Kraftwerkes Töging am Inn.

Beim Kraftwerk Pernegg mußte sowohl das durch den Grundablaß des Vorhofes als auch der über die Senkschütze ablaufende Erguß durch denselben Energievernichter geleitet werden. Wie ein Blick in die Aufnahmen der ersten Modellversuche in der Abb. 1529 lehrt, trafen die Überfallstrahlen den Abfallboden unter ganz verschiedenen Winkeln. Um Erschütterungen

des Bauwerkes zu vermeiden, erhielt das Überfallbauwerk einen Leitboden, der nach der Unter-
fläche des stärksten vorkommenden Strahles geformt ist (Abb. 1530 und 1531), so daß alle
Strahlen auf den Abfallboden im steilen Bereich auftreffen. Die Ausbildung der Sprungkante
und der Gegenschwelle sowie deren Verkle.dung mit Granitquadern zeigen die Abb. 1532
und 1533.

7. Rippenenergievernichter.

Um das Fortkriechen eines Wasserstrahles auf der glatten Bauwerksohle ohne nennenswerte
Energievernichtung zu verhindern, können an der Sohle Querrippen angeordnet werden, die die
Bildung zahlreicher Grundwalzen erzwingen.
E. Bazika hat solche Rippen zur Ver-
zögerung des Abflusses durch eine Floß-
gasse angeordnet, um diese steiler und
daher kürzer ausbilden zu können und
E. Jacoby hat Anhaltspunkte für deren
Berechnung gegeben (vgl. den Abschnitt:
Einrichtungen für den Verkehr der Flöße
über Staustufen).

Auch im Ablaufgerinne unter Peltonturbinen können solche Querrippen zur
Vernichtung der Energie des Strahles
dienen, der bei Entlastungen an der Düse
gegen die Sohle abgelenkt wird.

Abb. 1517. Der Gegenstromenergievernichter des Innwerkes Töging.
Vernichtung von 50.000 PS. (Bauleitung des Innwerkes.)

8. Energievernichter mit Schikanen.

Der Einbau von sogenannten Schikanen (Abb. 1534) an der Sohle eines Tosbeckens hat sich
in der Regel nicht bewährt, weil der Abflußstrahl auf die Schikanen aufprallt und das Wasser
stark versprüht wird und gleichzeitig in der Regel Erschütterungen auftreten.

Schrifttum.

BÄNNINGER, K.: Studien und Versuche über Umsetzung von Geschwindigkeiten in Druck usw. Zschft.
f. d. ges. Turbinenwesen. 1906. S. 12. — BAZIKA, E.: Einrichtung zur Verringerung der Durchflußgeschwindigkeit in künstlichen Gerinnen.
Österr. Patent. Nr. 56469/Kl. 84.
— CININ, P.: Die Wasserkraftanlagen der „Societa Ligure Tos-
cana di elletricita" auf dem Serekio
und seinen Zuflüssen. D. Wasserwirtsch. 1927. S. 365. — CORRAZ-
ZA, H. H.: Das Großkraftwerk
Kardaun am Eisack. Wasserkr.
u. Wasserwirtsch. 1919. S. 39. —
EHRENBERGER, R.: Eine neue
Geschwindigkeitsformel für künstliche Gerinne mit starken Neigungen (Schußtennen) usw. Wasserw., Wien. 1930. S. 573. —
ESCHER, WYSS & CO.: Ein-
richtung zur Unschädlichmachung
kinetischer Flüssigkeitsenergie usw.
Baut. 1933. S. 410. — KENNER-
KNECHT, F.: Die Energiever-
nichtungsanlage des Innwerkes.
Wasserkraft u. Wasserwirtschaft.
1926. S. 148. — KREUTER, F.:

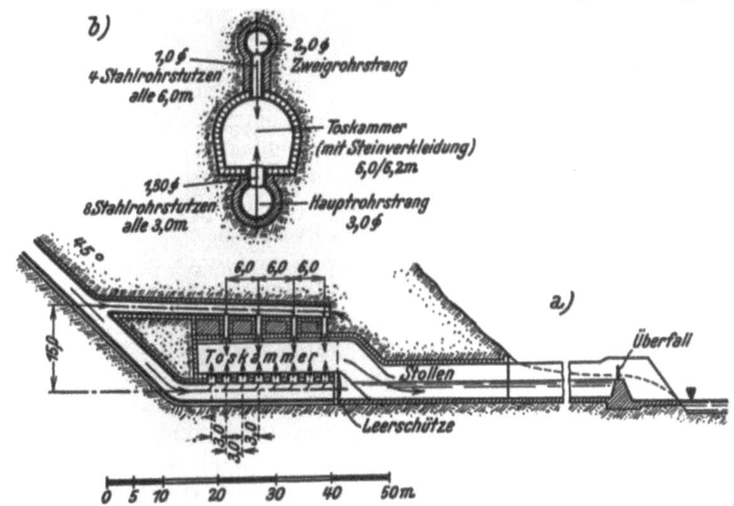

Abb. 1518. Gegenstromenergievernichter des Kraftwerkes Kardaun am Eisack.
(M. H. CORRAZZA.)

Hydraulische Bremse. Wasserkraft u. Wasserwirtschaft. 1920. S. 65. — POEBING, O.: Ein neuer Energie-
vernichter. Wasserkr. u. Wasserwirtsch. 1924. S. 373. — DERSELBE: Ein amerikanisches 40 000-PS-
Peltonturbinenaggregat für 725 [m] Gefälle. Wasserkr. u. Wasserwirtsch. 1928. S. 257. — RÜMELIN, TH.:
Wasserkraftanlagen I. Sammlung Göschen. Nr. 665. S. 87. — SCHOKLITSCH, A.: Stauraumverlandung und
Kolkabwehr. Springer-Verlag. 1926. S. 108. — DERSELBE: Energievernichter. Wasserkr. 1926. S. 108. —
SMETANA, J.: Le bassin d'amortissement du barrage réservoir sur un affluant de la Vltava près de Husinec.
Résume en francais. Spravy Vereyne Sluzby technicke. 1933.

III. Das Krafthaus.

Im Krafthaus erfolgt die Umwandlung der Energie des Wassers. Dort werden die erforderlichen Maschinen aufgestellt und die für den Betrieb nötigen Nebenanlagen errichtet, die bei Wasserkraftelektrizitätswerken besonders dann, wenn sie als Überlandwerke arbeiten, recht ausgedehnt sind, Die Anlagen eines solchen Krafthauses gliedern sich in

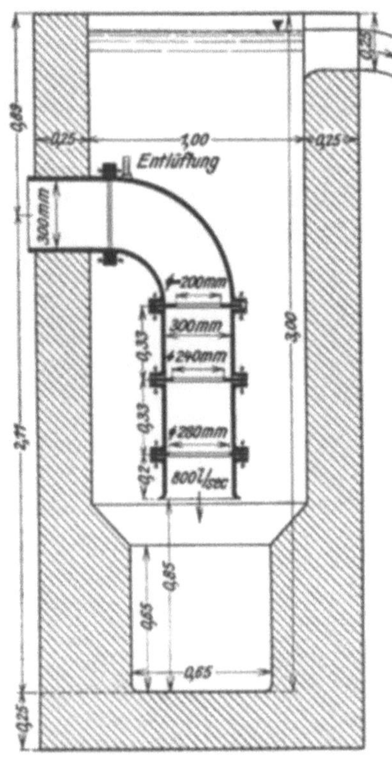

Abb. 1519. Düsenenergievernichter von O. Poebing im Kraftwerk Berneck in Bayern. Fallhöhe 118 [m], Durchfluß 10,8 [m/] sec]; Grundriß des Betonbauwerkes quadratisch.

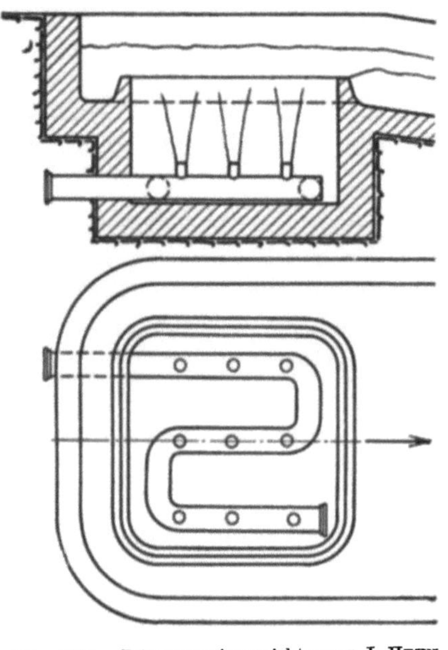

Abb. 1520. Düsenenergievernichter von J. Heyn.

die Maschinenanlage, die Steueranlage und die Schaltanlage. Diese Teile sind bei größeren Werken auch räumlich getrennt in eigenen Gebäuden untergebracht; bei kleineren Anlagen erfolgt die Unterbringung in einem gemeinsamen Bau und es vereinfacht sich die ganze Anordnung unter Umständen so weit, daß das Steuerhaus und das Schalthaus überhaupt wegfällt. Alle diese Räume sind so aneinanderzureihen, wie es der Betrieb erfordert und es muß überdies darauf Bedacht genommen werden, daß all die aufzustellenden schweren Maschinen leicht zu ihren Aufstellungsorten zugeführt werden können. Schließlich ist noch auf die Feuersicherheit Rücksicht zu nehmen, die es wünschenswert macht, das Schalthaus, das zahlreiche mit Öl gefüllte Geräte enthält, von der übrigen Anlage feuersicher zu trennen. Die Abb. 1535 veranschaulicht eine zweckmäßig durchgeführte Gliederung aller Anlagen beim Krafthaus.

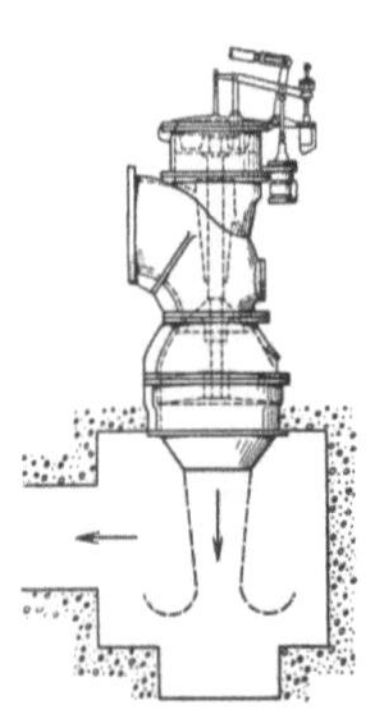

Abb. 1521. Druckregler mit Düsenenergievernichter.

Abb. 1522. Die Kreuter-Bremse *a)* mit Zuleitung des Wassers von oben, *b)* mit Zuleitung des Wassers von unten.

a) Maschinenhaus.

Das Maschinenhaus einer Wasserkraftanlage besteht aus dem Maschinenraum und einer Anzahl von Nebenräumen, wie Werkstätten, Kanzleien, Vorratsräume, Kleiderablage, Waschraum, Klosett, die entsprechend ihrem Verwendungszwecke um den Maschinenraum herum angeordnet werden. Der wichtigste Raum ist der Maschinenraum, in dem die Wasserkraftmaschinen und die Stromerzeuger zur Aufstellung gelangen. Von der Bauart der Wasserkraftmaschinen wird die Ausgestaltung des Maschinenhauses weitgehend beeinflußt, so daß es zweckmäßig ist, vorerst die Wasserkraftmaschinen so zu erörtern, daß sich der entwerfende Bauingenieur über ihre Wirkungsweise, ihren Einbau und ihren Raumbedarf im klaren ist.

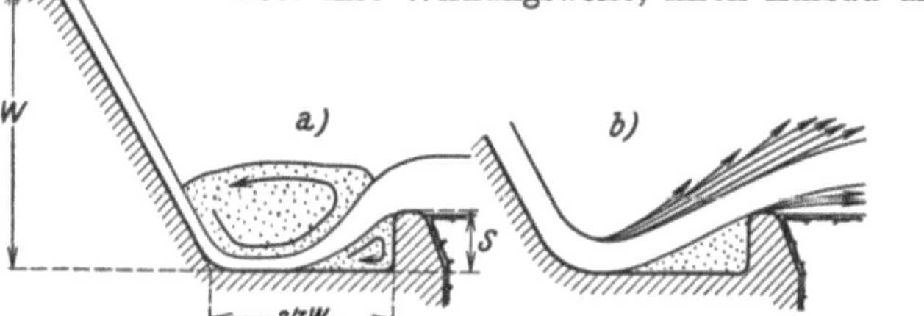

Abb. 1523. Einfaches Tosbecken. a) gut arbeitend, b) versagend.

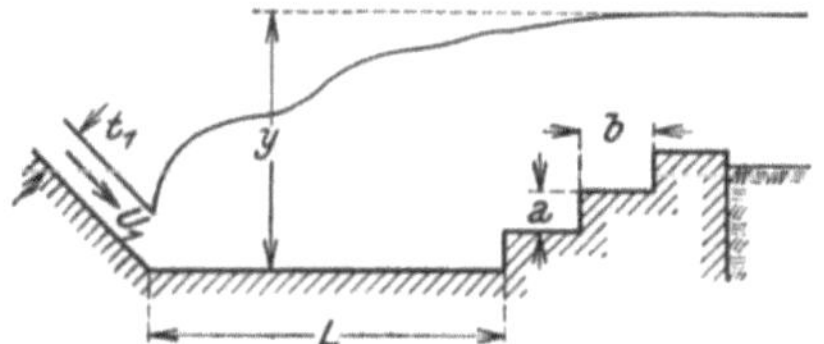

Abb. 1524. Tosbecken mit abgesteppter Gegenschwelle.

1. Die Wasserkraftmaschinen.

Normen auf dem Gebiete der Wasserkraftanlagen.

DIN 33 (Juli 1927)	Bl. 1. Bezeichnungen, Freistrahlturbinen.
	Bl. 2. Stehende Turbinen.
	Bl. 3. Liegende Turbinen.
	Bl. 4. Liegende Kesselturbinen.
	Bl. 5. Liegende Spiralturbinen.
DIN 1946	VDJ-Regeln für Abnahmeversuche an Wasserkraftmaschinen. 1930.
VDJ-Regeln	für Wassermengen-Messungen bei Abnahme von Wasserkraftmaschinen. 1936.

Wasserkraftmaschinen werden angewendet, um dem Wasser seine Energie mehr oder minder vollständig zu entziehen und in mechanische Energie umzuwandeln. Die Energie des Wassers kommt als Energie der Lage, des Druckes und der Bewegung vor und man kann, wenn das Wasser als ideale Flüssigkeit angesehen wird, jede dieser Energiearten nach dem Bernouillischen Satz verlustlos in eine der anderen angeführten umwandeln, z. B. in Energie der Lage. Sinkt nun die Wassermenge Q [m³] um die Fallhöhe H [m] herab, so leistet sie hiebei die Arbeit

$$A = \gamma Q H \text{ [kgm]} \qquad [1138]$$

wenn mit γ [kg/m³] die Wichte des Wassers bezeichnet wird. Fließen diese Q [m³] in einer Sekunde durch eine Wasserkraftmaschine, so könnte diese äußerstenfalls

$$N_a = \frac{\gamma}{102} Q H \text{ [kW]} = \frac{\gamma}{75} Q H \text{ [PS]}$$

$$(1139)$$

leisten. Diese Leistung N_a ist die theoretisch mögliche, sie wird im

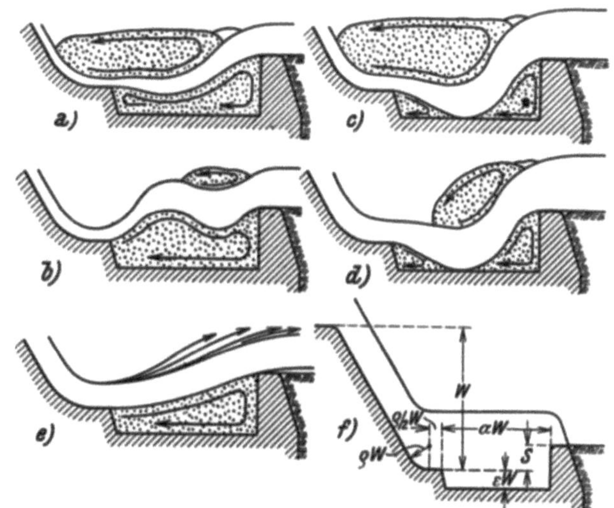

Abb. 1525. Energievernichter von A. SCHOKLITSCH. a) bis e) Bewegungsweise des Wassers im Energievernichter bei verschiedenen Ergüssen, f) Aufbau des Energievernichters.

Turbinenbau als „absolute Leistung" bezeichnet. Nun arbeiten aber alle Maschinen mit Verlusten, so daß die tatsächliche Leistung stets kleiner ausfällt. Bei den Wasserkraftmaschinen kommen hydraulische und mechanische Verluste vor; die hydraulischen werden hervorgerufen durch die Reibung zwischen dem Wasser und den Turbinenschaufeln, durch meist unvermeidliche Wirbelbildungen, besonders an den Rückseiten der Schaufeln, durch den Stoß des Wassers gegen die Laufradschaufeln, durch die sogenannten Spaltverluste (das Wasser, das durch den Spalt zwischen Laufrad und Leitradkranz ohne Nutzleistung durchtritt) und endlich durch die Energie des die Turbine verlassenden Wassers. Die mechanischen Verluste rühren von der Reibung in den Lagern und Stopfbüchsen her.

Die effektive Leistung N_e ist kleiner als die absolute N_a und beträgt nur

$$N_e = \eta\, N_a = \frac{\eta\,\gamma}{102}\, QH\,[\text{kW}] = \frac{\eta\,\gamma}{75}\, QH\ [\text{PS}] \tag{1140}$$

wobei für überschlägige Berechnungen $\eta = 0{,}82$ gesetzt werden kann, so daß sich für die effektive Leistung die einfache Formel

$$N_e = 8\,QH\ [\text{kw}] = 10{,}9\,QH\ [\text{PS}] \tag{1141}$$

ergibt.

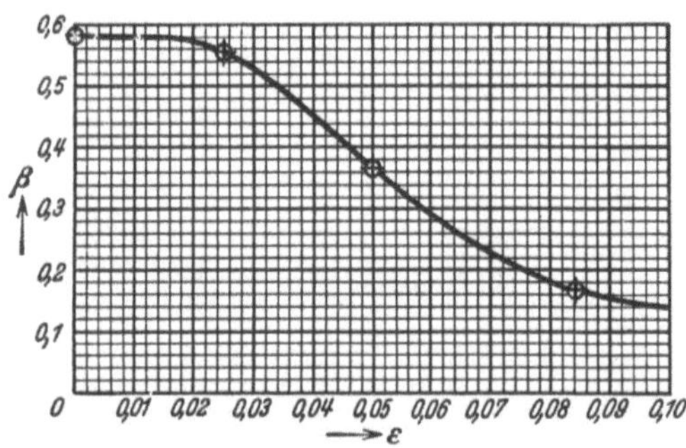

Abb. 1526. Bemessung der Höhe S der Gegenschwelle (Gl. 1137) des Energievernichters von A. SCHOKLITSCH.

Die Wasserkraftmaschinen können geschieden werden in Wasserräder und in Turbinen. Die Wasserräder, die früher allgemein in Verwendung gestanden sind und mitunter recht gute Wirkungsgrade hatten, die jenen von älteren Turbinen nicht nachstanden, hatten aber sehr geringe und stark veränderliche Drehzahlen, so daß sie in den letzten Jahrzehnten von den rascher laufenden Turbinen verdrängt worden sind;

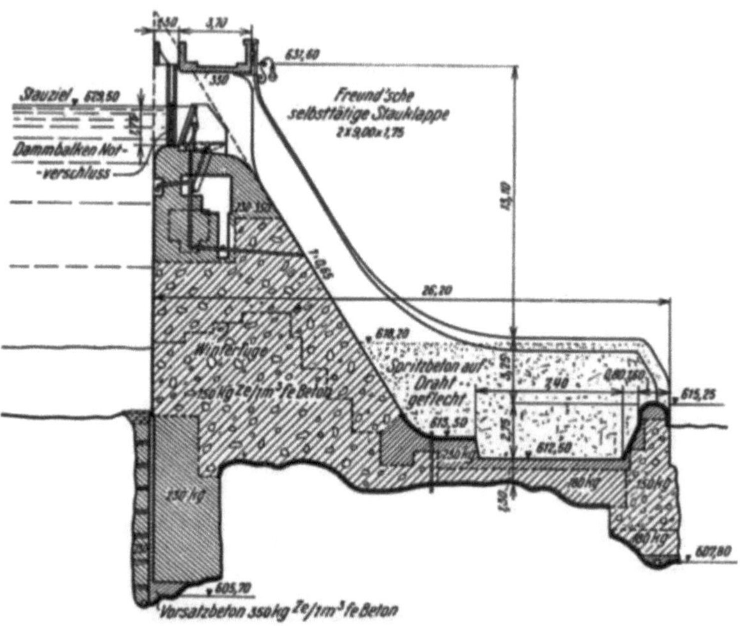

Abb. 1527. Energievernichter von A. SCHOKLITSCH an der Langmann-Staumauer der Teigitsch-Werke.

nur bei kleinen Anlagen im Gebirge, wie Sägen und Mühlen, werden sie noch von ortsansässigen Handwerkern ausgeführt. Für größere Anlagen, insbesondere für solche, die der Stromlieferung dienen, kommen nur mehr Turbinen in Betracht, die nach der Art der Zuleitung des Wassers in Teilturbinen und in Vollturbinen geschieden werden. Bei den ersteren wird das Wasser nur an einem Teil des Umfanges dem Laufrad zugeführt; hierher gehören die inneren Partialturbinen (Schwammkrugturbinen), die äußeren Partialturbinen (Bankiturbinen) und die Freistrahlturbine (Peltonrad, Abb. 1536) von denen heute nur das zu hoher Vollkommenheit ausgebildete Peltonrad ausgeführt wird. Die Vollturbinen werden nach der Richtung der Zuleitung des Wassers zum Laufrade weiter unterschieden in Achsialturbinen (Henschel-Jonval-Turbinen und Rohrturbine von A. Fischer), innere Radialturbine (Fourneyron-Turbinen), äußere Radialturbinen (Francis-Turbinen, Abb. 1537).

Den Propeller- und den Kaplanturbinen wird das Wasser von außen radial zugeleitet und es durchströmt das Laufrad axial. Von den angeführten Vollturbinen wird die Henschel-Jonval-Turbine und die Fourneyron-Turbine nicht mehr ausgeführt.

a) Die Francis-Turbinen.

Eine Francis-Turbine besteht aus dem feststehenden Leitrade, zwischen

Abb. 1528. Ansicht des Energievernichters von A. SCHOKLITSCH an der Langmann-Staumauer der Teigitsch-Werke. a) Gegenschwelle, b) Sprungkante.

Abb. 1529. Wasserbewegung im Modell des Energievernichters für das Kraftwerk Pernegg.

dessen Schaufeln das Wasser den Schaufeln des umlaufenden Laufrades zufließt. Das Wasser, das durch die Leitschaufeln dem Laufrade zuströmt, besitzt Energie der Bewegung und Energie des Druckes;

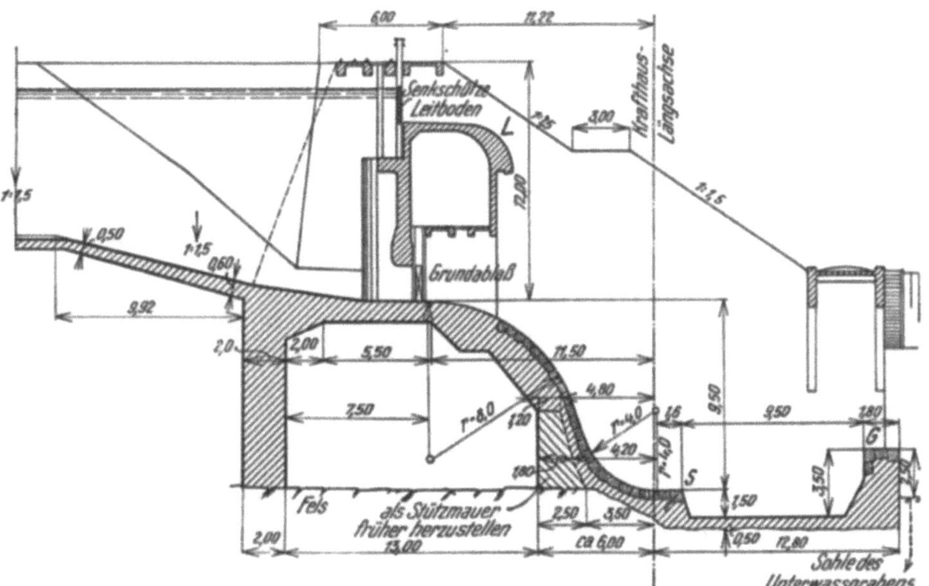

Abb. 1530. Entlastungsanlage und Energievernichter von A. SCHOKLITSCH am Krafthaus Pernegg an der Mur. L Leitboden, S Sprungkante, G Gegenschwelle.

beide gehen beim Durchgang durch die Kanäle des Laufrades an dieses über und können ihm als mechanische Energie wieder entzogen werden.

Energie der Bewegung wird dem Wasser durch Ablenkung des Wasserstrahles an den entsprechend gekrümmten Turbinenschaufeln entzogen. Trifft ein Wasserstrahl mit der unter dem Winkel β_1 gegen die Waagrechte gerichteten Geschwindigkeit v_1 eine vorerst feststehende Turbinenschaufel (Abb. 1538) tan-

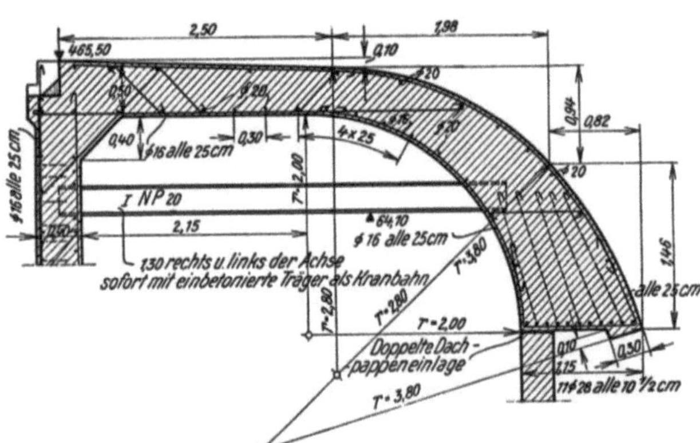

Abb. 1531. Der Leitboden L der Entlastungsanlage. (Steweag.)

gential, so wird er längs der Schaufel abgelenkt und verläßt sie wieder tangential mit der Geschwindigkeit v_2, die die Neigung β_2 gegen die Waagrechte hat. Wenn die Wasserbewegung längs der Schaufel vollkommen verlustlos angenommen wird, so ist die Austrittsgeschwindigkeit $v_2 = v_1$ und die Schaufel erleidet einen Druck, der nach dem Impulssatz berechnet werden könnte.

Der Strahl übt auf die feststehende Schaufel nur einen Druck aus; damit auch Arbeit geleistet wird, muß sich die Schaufel mit der Geschwindigkeit u, der Laufgeschwindigkeit, bewegen. Wird die in der Richtung von u fallende Komponente des Strahldruckes mit P bezeichnet, so beträgt die Leistung dann

$$L = P \cdot u \quad [\text{kgm/sec}] \quad (1142)$$

Wenn der Wasserstrahl auch die mit der Geschwindigkeit u bewegte Schaufel mit der Geschwindigkeit v_1 in der Richtung der Tangente treffen soll, so muß er die absolute Eintrittsgeschwindigkeit w_1 haben, die gleich ist der Resultierenden aus der relativen Eintrittsgeschwindigkeit v und der Laufgeschwindigkeit u (Abb. 1539).

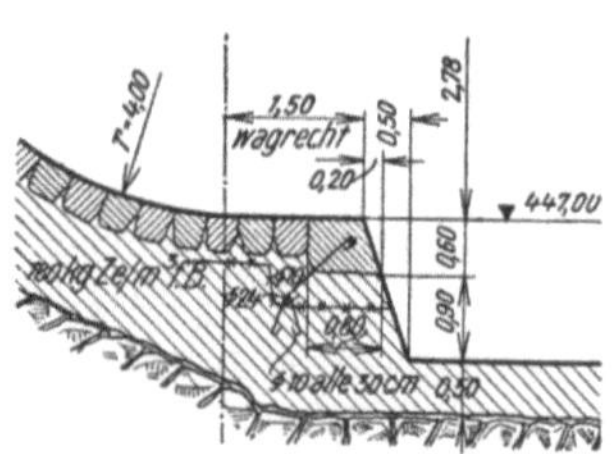

Abb. 1532. Die Sprungkante S des Energievernichters in Abb. 1530 (Steweag.)

Bei verlustloser Strömung längs der Schaufel ist die relative Austrittsgeschwindigkeit $v_2 = v_1$ und sie setzt sich mit der Laufgeschwindigkeit u zur resultierenden absoluten Austrittsgeschwindigkeit w_2 zusammen.

Bei den Vollturbinen wird der Strahl beim Durchgang durch einen Schaufelkanal aber nicht nur abgelenkt, sondern auch noch beschleunigt. Der Strahl tritt in den Schaufelkanal mit Überdruck ein und um die Wirkung desselben zu verfolgen, muß die Bewegung zwischen zwei Laufradschaufeln

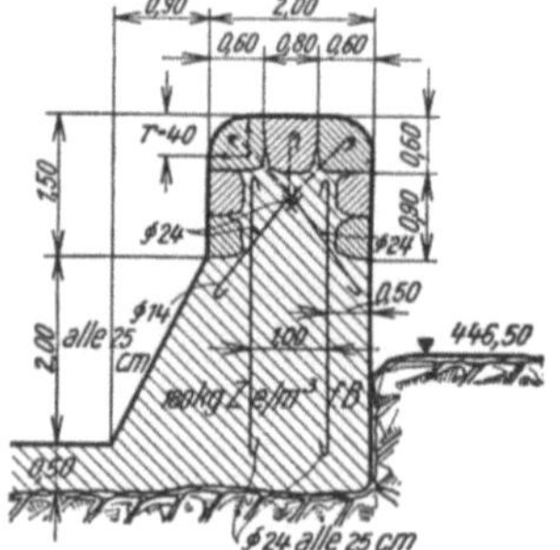

Abb. 1533. Die Gegenschwelle G des Energievernichters in Abb. 1530 (Steweag.)

längs eines mittleren Stromfadens betrachtet werden. Das Wasser tritt in den Schaufelkanal (Abb. 1540) mit der absoluten Eintrittsgewindigkeit w_1 und der relativen v_1 ein und steht in diesem Querschnitte noch unter einem Druck $\mathfrak{h}$ [m WS].

Die durch die Strahlumlenkung allein hervorgebrachte Leistung wurde schon früher besprochen. Auf seinem Wege durch den Kanal wird nun die Druckenergie des Wassers in Bewegungsenergie umgewandelt, wobei nach dem Impulssatze die Kanalwandung, also die Schaufel, entgegengesetzt der Ausflußrichtung des Wassers einen Druck erleidet, der Reaktion genannt wird. Die in die u-Richtung fallende Komponente des Druckes auf die Schaufel beträgt bei einem Durchflusse Q [m³/sec]

$$P_r = \frac{\gamma}{g} Q \left(v_2 \cos \beta_2 - v_1 \cos \beta_1\right) \quad (1143)$$

und die Leistung beträgt bei einer Laufgeschwindigkeit u

$$L_r = P_r \cdot u = \frac{\gamma}{g} Q\, u \left(v_2 \cos \beta_2 - v_1 \cos \beta_1\right) \quad (1144)$$

Abb. 1534. Energievernichter von J. R. Freeman.

Bei der Betrachtung der Wasserbewegung durch einen Turbinenkanal wird nicht der ganze Kanal, sondern nur ein mittlerer Wasserfaden betrachtet und man nimmt an, daß die Geschwindigkeiten und Drücke in jedem Querschnitte des Kanals ebenso groß sind, wie in jenem Punkte des Wasserfadens, der dem betreffenden Querschnitte angehört. In den Kanal des Laufrades tritt das Wasser nun mit der absoluten Geschwindigkeit w_1 ein, zu deren Erzeugung von der gesamten Nutzfallhöhe der Betrag $\frac{w_1^2}{2g}$ verbraucht wurde; die Relativgeschwindigkeit am Laufradeintritt beträgt dann v_1 und das Wasser verläßt das Laufrad mit der relativen Austrittsgeschwindigkeit v_2. Auf seinem Weg durch das Laufrad wird die Energie des

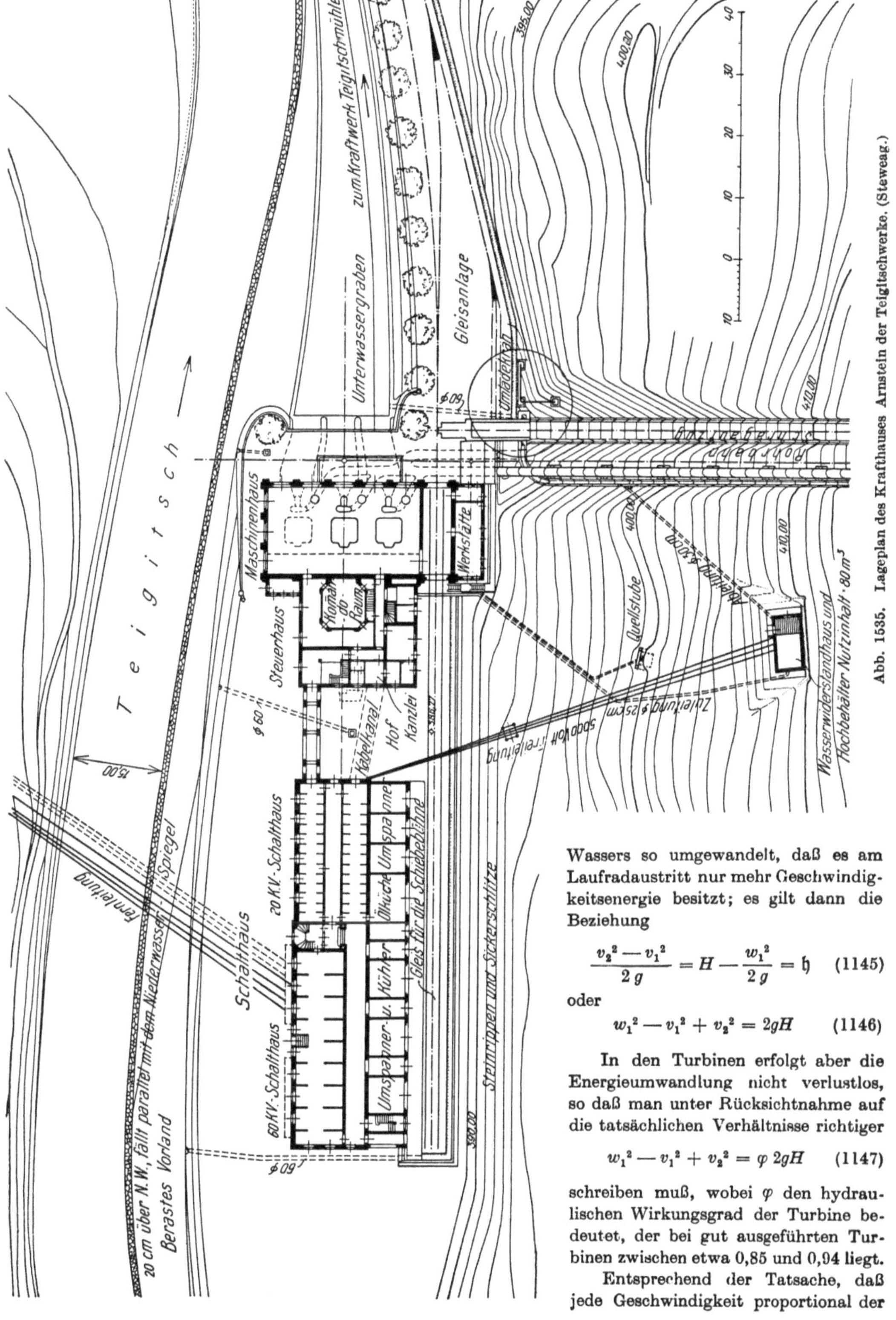

Wassers so umgewandelt, daß es am Laufradaustritt nur mehr Geschwindigkeitsenergie besitzt; es gilt dann die Beziehung

$$\frac{v_2^2 - v_1^2}{2g} = H - \frac{w_1^2}{2g} = \mathfrak{h} \qquad (1145)$$

oder

$$w_1^2 - v_1^2 + v_2^2 = 2gH \qquad (1146)$$

In den Turbinen erfolgt aber die Energieumwandlung nicht verlustlos, so daß man unter Rücksichtnahme auf die tatsächlichen Verhältnisse richtiger

$$w_1^2 - v_1^2 + v_2^2 = \varphi \, 2gH \qquad (1147)$$

schreiben muß, wobei φ den hydraulischen Wirkungsgrad der Turbine bedeutet, der bei gut ausgeführten Turbinen zwischen etwa 0,85 und 0,94 liegt.

Entsprechend der Tatsache, daß jede Geschwindigkeit proportional der

Quadratwurzel aus dem zu ihrer Erzeugung nötigen Fallhöhe ist, werden die Geschwindigkeiten in der Turbine $\sqrt{H}$ proportional gesetzt. Wenn eine Turbine für die Fallhöhe H_x berechnet worden ist, so kann sie auch bei der Fallhöhe H verwendet werden, nur müssen dann sowohl die Geschwindigkeiten als auch die Durchflüsse im Verhältnis $\sqrt{H} : \sqrt{H_x}$ geändert werden. Für Vergleichszwecke ist es wünschenswert, alle für eine Turbine gültigen Werte auf eine bestimmte Fallhöhe zu beziehen. Als zweckmäßigste derartige Fallhöhe hat sich $H = 1$ [m] herausgestellt. Um aus den für die Fallhöhe $H = 1$ [m] gültigen Werten einer Turbine jene für die Fallhöhe H zu ermitteln, brauchen dann nur die Geschwindigkeiten und der Durchfluß mit $\sqrt{H}$ und die Leistung mit $H^{3/2}$ multipliziert werden.

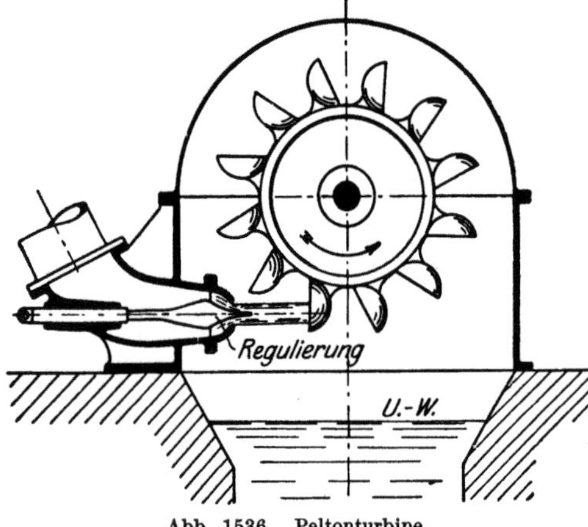

Abb. 1536. Peltonturbine.

Auf die Fallhöhe $H = 1$ [m] bezogen lautet dann die früher abgeleitete Gleichung

$$w_1{}^2 - v_1{}^2 + v_2{}^2 = \varphi\, 2g = c_e{}^2 \tag{1148}$$

diese Gleichung wird als Hauptgleichung einer Turbine bezeichnet, die in der Richtung der Welle vom Wasser durchströmt wird; das ist eine Axialturbine, wie sie heute nur mehr von A. FISCHER für seine Unterwasserkraftanlagen ausgeführt wird.

Jetzt werden als Vollturbinen nur mehr Radialturbinen gebaut, bei denen also das Wasser radial gegen die Welle strömt; die Laufräder solcher Turbinen haben nun am Laufradeintritt eine andere Umfangsgeschwindigkeit u_1 als am Laufradaustritt (u_2) und das Wasser muß beim Durchgang durch das Laufrad die Fliehkraft überwinden. Betrachtet man ein Wasserteilchen in der Entfernung r von der Welle, das radial die Dicke dr und senkrecht zum Halbmesser r den Querschnitt 1 hat, so hat die am Teilchen angreifende Fliehkraft die Größe

$$d\,p = \frac{\gamma}{g}\,dr\,\frac{u^2}{r} = \frac{\gamma}{g}\,r\omega^2\,dr \tag{1149}$$

wenn mit ω die Winkelgeschwindigkeit des Laufrades bezeichnet wird. Denkt man sich längs eines Wasserfadens solche Teilchen aneinander gereiht, so drückt eines gegen das andere und das äußerste erleidet infolge der Fliehkraft den radial nach außen gerichteten Druck

$$p = \frac{\gamma}{g}\,\omega^2 \int\limits_{r_2}^{r_1} r\,dr = \frac{\gamma\omega^2}{2g}\,(r_1{}^2 - r_2{}^2) = \frac{\gamma}{2g}\,(u_1{}^2 - u_2{}^2) \tag{1150}$$

oder in Metern Wassersäule gemessen

$$h_f = \frac{1}{2g}\,(u_1{}^2 - u_2{}^2) \tag{1151}$$

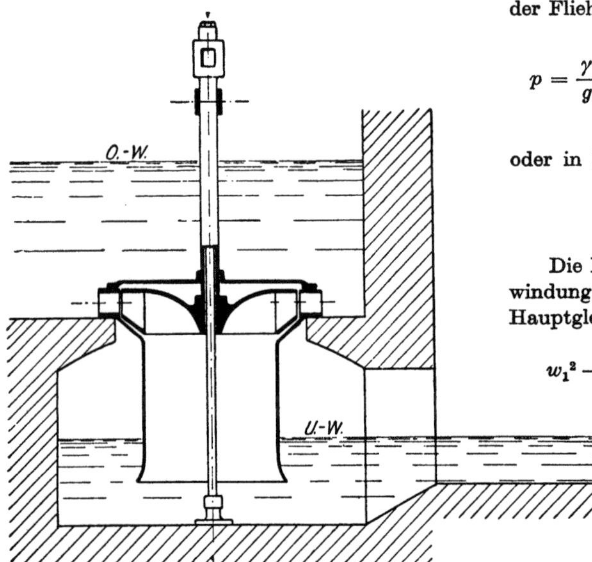

Abb. 1537. Francis-Turbine.

Die Fallhöhe h_f ist bei der Radialturbine zur Überwindung der Fliehkraft nötig und man muß daher die Hauptgleichung für diese Turbinenart in der Form

$$w_1{}^2 - v_1{}^2 + v_2{}^2 = 2g\left[H - \frac{1}{2g}\,(u_1{}^2 - u_2{}^2)\right] \tag{1152}$$

anschreiben und man hat schließlich, etwas umgeformt und unter Berücksichtigung des hydraulischen Wirkungsgrades

$$w_1{}^2 - v_1{}^2 + v_2{}^2 + u_1{}^2 - u_2{}^2 = \varphi\, 2g\, H \tag{1153}$$

oder für die Fallhöhe $H = 1$ [m]

$$w_1{}^2 - v_1{}^2 + v_2{}^2 + u_1{}^2 - u_2{}^2 = 2g\,\varphi = C_e{}^2 \tag{1154}$$

Diese Gleichung gibt nun die Beziehung an, in der die Geschwindigkeiten am Laufradeintritt und -austritt stehen; alle anderen Größen, die bei der Bemessung einer Turbine noch in Frage kommen, werden auf Grund von Erfahrungsregeln festgesetzt.

Der Konstrukteur einer Turbine hat es nun in der Hand, bei einer absoluten Eintrittsgeschwindigkeit w_1, die nach Größe und Richtung gegeben ist, durch eine entsprechende Formung der Schaufeln des Laufrades innerhalb gewisser Grenzen die Umfangsgeschwindigkeit u_1 des Laufrades willkürlich festzulegen.

In der Abb. 1541 sind für die drei charakteristischen Arten der Francis-Turbinen die Geschwindigkeitsverhältnisse am Laufradeintritt und am -austritt und die sich ergebenden Schaufelformen dargestellt. Die Umfangsgeschwindigkeit u_2 am Laufradaustritt ist sowohl nach Größe als auch nach Richtung, die relative Austrittsgeschwindigkeit v_2 nur der Größe nach durch die Hauptgleichung festgelegt. Frei wählbar sind

noch die Richtung der relativen Austrittsgeschwindigkeit v_2 und sowohl die Größe als auch die Richtung der absoluten Austrittsgeschwindigkeit w_2. Damit der Wirkungsgrad der Turbine möglichst groß wird, läßt man das Wasser bei der zugrunde gelegten Beaufschlagung ohne Tangentialkomponente austreten, wählt also $a_2 = 90^0$ und hat damit auch den Winkel β_2 festgelegt.

Wenn das Laufrad in der Minute n Umläufe machen soll, so besteht zwischen der Umfangsgeschwindigkeit u_1 und dem Eintrittsdurchmesser D_1 des Laufrades die Beziehung

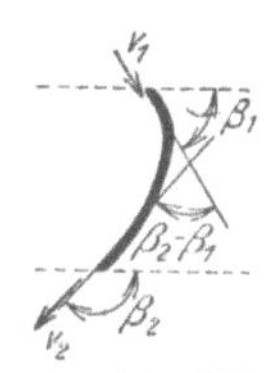

Abb. 1538. Strömung längs einer feststehenden Turbinenschaufel.

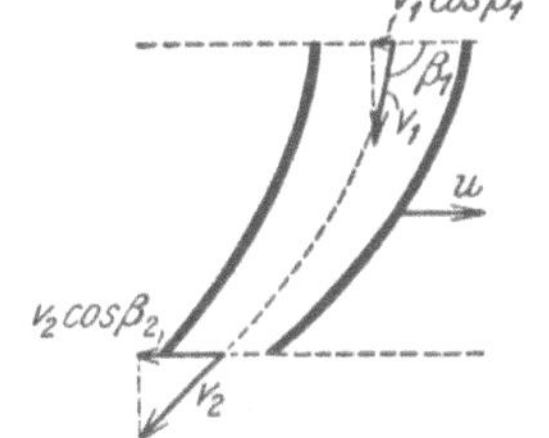

Abb. 1539. Strömung längs einer mit der Laufgeschwindigkeit u umlaufenden Turbinenschaufel.

$$n \pi D_1 = 60 u_1 \qquad (1155)$$

oder

$$u_1 = \frac{n}{60} \pi D_1 \qquad (1156)$$

und man kann nach Annahme der Schaufelbreite b auch die Laufgeschwindigkeit u_2 am Austrittsdurchmesser $D_2 = D_1 - 2b$ berechnen.

Der bisherigen Betrachtung ist eine bestimmte Beaufschlagung der Turbine zugrunde gelegen; Turbinen laufen aber nicht immer gleich belastet und es wird daher je nach der Belastung eine Änderung der Beaufschlagung nötig. Es soll nun noch untersucht werden, welche Folgen eine solche Änderung hat. Die Änderung der Beaufschlagung soll durch die Turbinenregelung derart erfolgen, daß bei genau gleichbleibender Umlaufzahl der Wirkungsgrad möglichst hoch bleibt. Diesen Forderungen entspricht am besten die FINKsche Drehschaufelregulierung, die in der Abb. 1542 dargestellt ist; sie verändert die Beaufschlagung durch Verdrehung der Leitschaufeln, wobei sowohl die Größe als auch die Richtung der absoluten Eintrittsgeschwindigkeit w_1 geändert wird. Unverändert bleiben die Umfangsgeschwindigkeiten u_1 und u_2, ferner die Winkel β_1 und β_2 und die Weite der Laufradkanäle; die relative Eintrittsgeschwindigkeit v_1 und die relative Austrittsgeschwindigkeit v_2 ändern daher ihre Richtung nicht, wohl aber ihre Größe und zwar proportional der Aufschlagswassermenge.

Die Untersuchung wird in der Regel für $\frac{1}{4}$, $\frac{1}{2}$, $\frac{3}{4}$ und volle ($\frac{1}{1}$) Beaufschlagung durchgeführt. Die Berechnung der Turbine erfolgt für jene Beaufschlagung, bei der die Turbine hauptsächlich laufen wird und bei der sie ihren besten Wirkungsgrad haben soll; diese Beaufschlagung liegt meist zwischen $\frac{3}{4}$ und $\frac{1}{1}$ der Höchstbeaufschlagung. Soll die Turbine z. B. bei $\frac{3}{4}$-Beaufschlagung den besten Wirkungsgrad haben, so ergeben sich am Laufradeintritt bzw. -austritt die in der Abb. 1543 graphisch dargestellten Beziehungen zwischen den Geschwindigkeiten und man erkennt leicht, daß am Laufradeintritt nur bei $\frac{3}{4}$-Beaufschlagungen die Geschwindigkeiten nach Größe und Richtung im Einklang stehen, bei allen anderen hat die absolute Eintrittsgeschwindigkeit

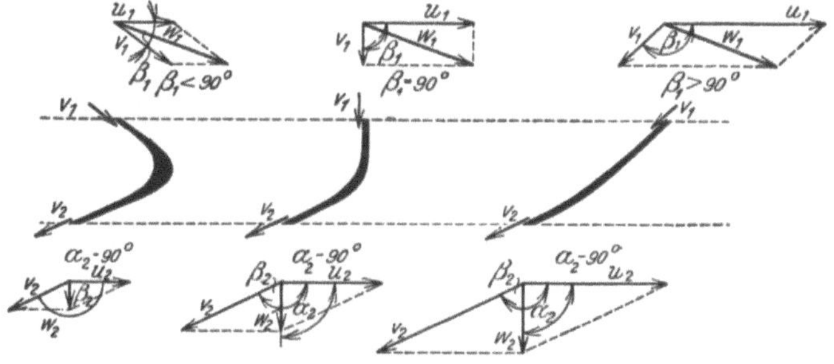

Abb. 1540. Strömung durch einen Schaufelkanal.

eine unrichtige Größe und Richtung und es muß noch eine durch w_s gekennzeichnete Geschwindigkeitskomponente hinzukommen, damit das Wasser tangential in den Laufradkanal einströmt. Diese Komponente wird Stoßkomponente genannt und die entsprechende Beschleunigung erteilt dem Wasser die Arbeits bzw. die Rückseite der Laufradschaufel; die hiebei geleistete Arbeit geht für die Nutzleistung der Maschine verloren und verringert den Wirkungsgrad. Am Laufradaustritt tritt das Wasser auch nur bei $\frac{3}{4}$-Beaufschlagung in der beabsichtigten Weise aus, bei allen anderen erfolgt der Austritt mit einer Tangentialkomponente und mit relativ großer Geschwindigkeit, wodurch eine weitere Verschlechterung des Wirkungsgrades bei diesen Beaufschlagungen eintritt; diese Verschlechterung ist um so größer, je schnelläufiger die Turbine ist. Es ergeben sich auf diese Weise Ganglinien des Wirkungsgrades, bezogen auf die

Abb. 1541. Strömung längs der Schaufeln von Vollturbinen verschiedener Schnellläufigkeit. a) Langsamläufer, b) Normalläufer, c) Schnelläufer.

Beaufschlagung, wie sie in der Abb. 1594 für mehrere Francis-Turbinen verschiedener Schnelläufigkeit einander gegenübergestellt sind.

Nun sei eine Reihe verschieden großer, aber geometrisch ähnlicher Turbinen betrachtet. Bezeichnet y die radiale Komponente der absoluten Eintrittsgeschwindigkeit w_1, b_1 die Eintrittsbreite (das ist bei einer

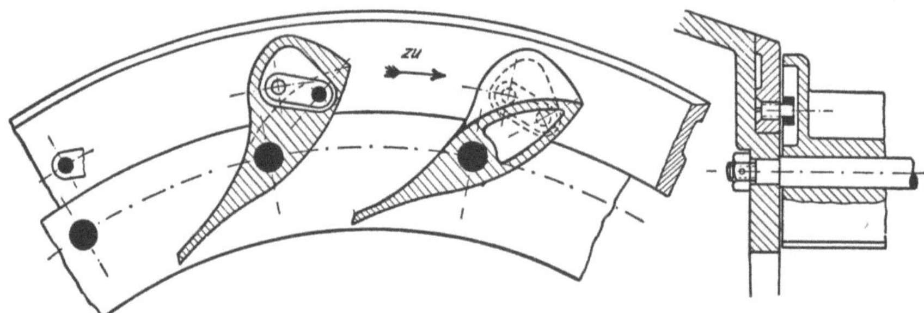

Abb. 1542. Finksche Drehschaufel-Regulierung.

reinen Francis-Turbine die Länge der Eintrittskante einer Laufschaufel) und D_1 den Eintrittsdurchmesser des Laufrades, so beträgt der Durchfluß bei einer Fallhöhe $H = 1$ [m]

$$q = \pi D_1 b_1 y \ [\text{m}^3/\text{sec}] \tag{1157}$$

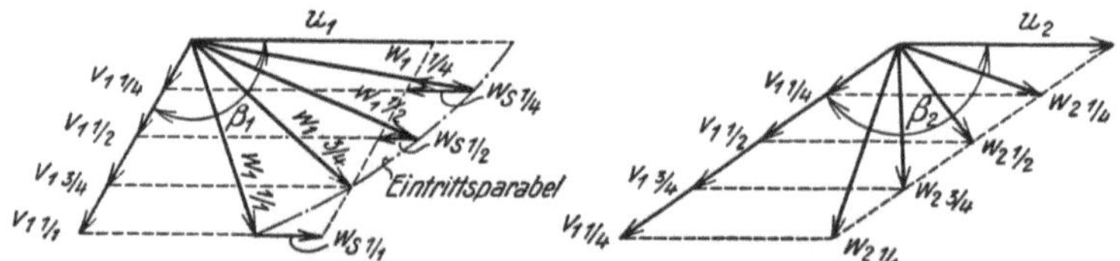

Abb. 1543. Geschwindigkeitsverhältnisse in teilweise beaufschlagten Laufrädern.

Für eine solche Turbinenreihe ist das Verhältnis $\dfrac{b_1}{D_1} = c$ konstant, also unabhängig von der Größe der Turbine. Das Verhältnis ändert sich nur mit der Bauart; die Werte für c liegen bei Francis-Turbinen etwa zwischen den Grenzen 0,05 für sehr langsam und 0,5 für sehr schnell laufende Turbinen. Setzt man nun in die obige Gleichung für b_1 den Wert $c D_1$ ein, so erhält man

$$q = \pi c D_1^2 y \ [\text{m}^3/\text{sec}] \tag{1158}$$

Für den Eintrittsdurchmesser $D_1 = 1$ [m] stellt daher $\pi c y$ jenen Durchfluß dar, den die Turbine bei einer Fallhöhe von $H = 1$ [m] schluckt; dieses Produkt wird als Schluckwert S der Turbine bezeichnet. Wenn für eine Turbinenreihe der Schluckwert S bekannt ist, so erhält man die Schluckmenge einer Turbine derselben Reihe mit dem Eintrittsdurchmesser D_1 beim Gefälle $H = 1$ [m] aus

$$q = S D_1^2 \ [\text{m}^3/\text{sec}] \tag{1159}$$

Die am Durchmesser D_1 gemessene Umfangsgeschwindigkeit u_1 einer Turbine wird kurz Laufwert genannt und die Drehzahl (je Minute) n einer Turbine beträgt

$$n = \frac{u_1 \, 60}{\pi D_1} \tag{1160}$$

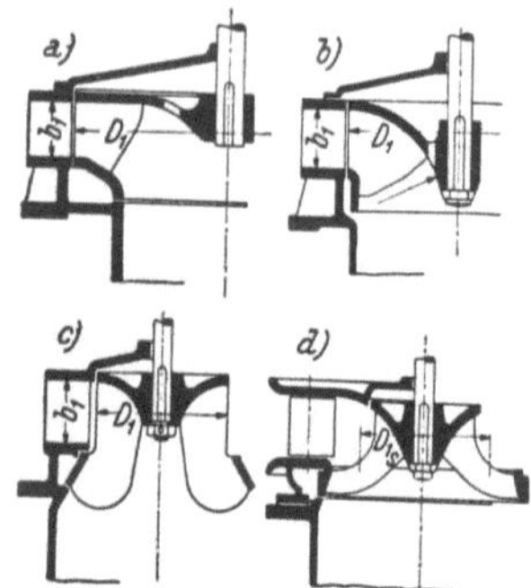

Abb. 1544. Francis-Laufräder. a) Langsamläufer, $n_s = 50$ bis 125, $\dfrac{b_0}{D_1}$ 0,05 bis 0,15, b) Normalläufer, $n = 125$ bis 200, $\dfrac{b_0}{D_1} = 0,15$ bis 0,23, c) Schnelläufer, $n_s = 200$ bis 350, $\dfrac{b_0}{D_1} = 0,23$ bis 0.37, d) Hochschnelläufer, $n_s = 350$ bis 500.

oder wenn für D_1 der Wert aus Gl. (1158) gesetzt wird, ist

$$n = u_1 \frac{60}{\pi} \sqrt{\frac{S}{q}} \tag{1161}$$

u_1 und S sind von der Turbinengröße unabhängige Konstante einer Turbinenreihe; je größer diese Konstanten sind, desto größer ist unter sonst gleichen Verhältnissen die Drehzahl n der Turbine. Durch die Wahl eines bestimmten q ist man nun in der Lage, der obigen Gleichung eine besondere Bedeutung zu verleihen, man wählt nämlich dafür jene Wassermenge, die eine Turbine der Reihe bei einem Gefälle von $H = 1$ [m] schluckt, die gerade 1 [PS] leistet. Die Drehzahl n_s mit diesem besonderen q_1 ist nun eine Konstante der ganzen Reihe. Dieses besondere q_1 sollte eigentlich für alle Turbinenreihen das gleiche sein; tatsächlich arbeiten verschiedene Turbinenreihen aber mit verschiedenen Wirkungsgraden η und man trägt dem Rechnung, indem man schreibt

$$1\,\mathrm{PS} = \frac{1 \cdot q_1 \cdot 1000}{75}\,\eta \tag{1162}$$

und es folgt daraus

$$q_1 = \frac{0{,}075}{\eta} \tag{1163}$$

Wird dieser Wert in die obige Gleichung für die Drehzahl n eingesetzt, so erhält man die Drehzahl n_s dieser besonderen Turbinengröße

$$n_s = u_1 \frac{60}{\pi} \sqrt{\frac{S\,n}{0{,}075}} = 70\,u_1 \sqrt{\eta\,S} \tag{1164}$$

Dieses n_s wird spezifische Drehzahl der Turbine oder Drehwert genannt und ist also die minutliche Drehzahl derjenigen Turbinen der betreffenden Reihe, die unter einer Fallhöhe $H = 1$ [m] eben 1 [PS] leistet. n_s ist für alle Turbinen derselben Reihe eine Konstante, weil u_1, S und bis zu einer gewissen Grenze auch der

Abb. 1545. Ansicht des Leitrades einer Francis-Turbine im Kraftwerk Peggau. *a* Leitschaufel,
b Regulierring, *c* Lenker.

Wirkungsgrad η innerhalb der Reihe von der Größe der Turbine unabhängig sind. Je größer der Laufwert u_1, der Schluckwert S und der Wirkungsgrad η einer Turbinenreihe ist, um so größer ist ihr Drehwert n_s, so daß also n_s das charakteristische Kennzeichen der Schnelläufigkeit der Reihe ist. Da sowohl der Schluckwert S als auch der Wirkungsgrad η unter dem Wurzelzeichen in der Formel für den Drehwert n_s stehen, so daß ihre Vergrößerung wenig ausgiebig ist, sind die Konstrukteure in erster Linie bestrebt, den Laufwert u_1 ihrer Turbinenreihe zu vergrößern, um große Schnelläufigkeit zu erreichen. Erst in zweiter Linie wird der Konstrukteur den Schluckwert S und den Wirkungsgrad η zu vergrößern suchen, um die Schnelläufigkeit zu erhöhen.

Bei reinen Francis-Turbinen liegen die Laufwerte zwischen den Grenzen von etwa

$$u_1 = 2{,}5 \text{ bis } 4{,}0 \text{ [m/sec]} \tag{1165}$$

und die Schluckwerte zwischen den Grenzen

$$S = 0{,}10 \text{ bis } 2{,}00 \text{ [m}^3\text{/sec]} \tag{1166}$$

Diese Werte gelten, wie alle Grundwerte des Turbinenbaues für die Fallhöhe $H = 1$ [m] und der Schluckwert S überdies für einen Eintrittsdurchmesser $D_1 = 1$ [m]. Wird für den Wirkungsgrad $\eta = 0{,}75$ in üblicher Weise angenommen und für den Laufwert u_1 und den Schluckwert S die obigen Grenzen eingesetzt, so ergeben sich für die Drehwerte reiner Francis-Turbinen die beiden Grenzen

$$48 < n_s < 350$$

Die aus den Francis-Turbinen heraus sich entwickelnden Schnelläufer, die aber keine reinen Francis-Turbinen mehr sind, erreichen Drehwerte von etwa $n_s = 500$.

Große Schnelläufigkeit erfordert, wie früher schon festgestellt worden ist, auch einen großen Schluck-wert $S = \pi\,c\,y$; die radiale Komponente y der absoluten Eintrittsgeschwindigkeit wird zwischen 0,7 und 1,6 [m/sec] gewählt und der Konstrukteur trachtet, um den Schluckwert zu erhöhen, das Laufrad so zu for-men, daß das Verhältnis c gleich Eintrittsbreite b_1 : Eintrittsdurchmesser D_1 möglichst groß wird; er erreicht dies durch eine entsprechende Formung der Eintrittskante.

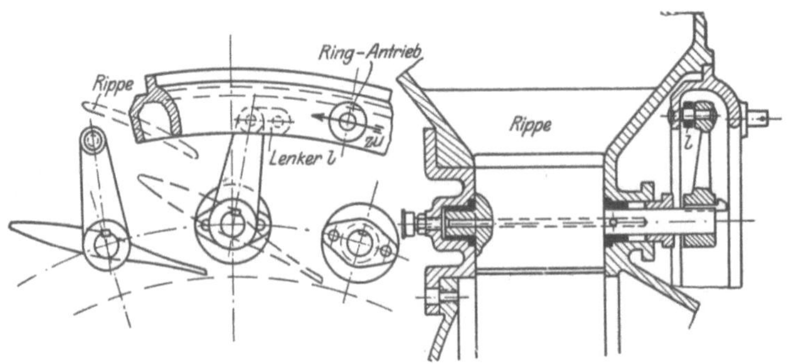

Abb. 1546.   Finksche Drehschaufelaußenregulierung.

Bei reinen Langsamläufern liegen die Mitten der Eintritts- und der Austrittskanten auf einer Waagrechten und man hat es mit einer reinen Radialturbine zu tun. Erst nachdem das Wasser die Laufradschaufeln ver-lassen hat, wird es durch die inneren Begrenzungen des Laufrades um 90⁰ in die Richtung des Saugrohres umgelenkt (Abb. 1544 a). Bei schnelläufigeren Turbinen, den sogenannten Normalläufern, beginnt die Um-lenkung des Wassers in die Richtung des Saugrohres schon zwischen den Schaufeln des Laufrades und die Laufradschaufeln werden an der Außenseite nach unten gezogen (Abb. 1544 b), der Eintritt des Wassers

Abb. 1547.   Einrad-Francis-Turbine mit liegender Welle in Gußspirale mit Außenregelung. (Escher Wyß & Co.)

ins Laufrad erfolgt aber noch immer radial, das heißt, die Eintrittskante wird von den Wasserfäden noch senkrecht geschnitten. Beim Francis-Schnelläufer schneiden die Wasserfäden die Eintrittskante nicht mehr senkrecht und die Eintrittskante, die in ihrem oberen Teil noch senkrecht steht, ist unten scharf nach außen gezogen (Abb. 1544 c), um das Radprofil nicht einzuschnüren. Wird die Schnelläufigkeit weiter gesteigert, so zeigt das Rad an der Austrittsseite eine ausgesprochene Erweiterung gegen das Saug-rohr hin, um möglichst kleine Austrittsver-luste zu erzielen. Bei den Hochschnelläufern bleibt schließlich kein Teil der Eintrittskante mehr senkrecht (Abb. 1544 d), je schnelläu-figer das Rad ist, desto mehr durchsackend in der Richtung der Wasserbewegung ist die Eintrittskante, um möglichst kleine Eintritts-durchmesser D_1 zu erzielen. Hand in Hand mit der notwendigen Erhöhung der Lauf-werte u_1 mußte die Umbildung des ganzen Laufrades gehen, da schon beim Francis-Schnelläufer die scharfe Umlenkung des

Wassers am Wulst des Rades bedenklich war. Betrachtet man nun das Bild eines Schnelläufers, so erkennt man leicht, daß die Eintrittskante nicht mehr lotrecht ist, so daß schwer von einem Eintrittsdurchmesser gesprochen werden kann und daß neue Festsetzungen notwendig sind. Bei solchen Turbinen ist es nun üblich, als Eintrittsdurchmesser den Durchmesser D_{1s} der Bahn des Schwerpunktes der Eintrittskante anzu-sehen und in den früher abgeleiteten Formeln D_1 durch D_{1s} zu ersetzen.

Sowohl die Zuleitung des Wassers in der erforderlichen Richtung auf das Laufrad, als auch die Änderung der Beaufschlagung geschieht, wie es schon erwähnt worden ist, ausschließlich durch die von FINK erdachten, drehbaren Leitschaufeln. Zwischen den Enden der Leitschaufeln und dem Laufradeintritt liegt ein freier Raum, der Schaufelspalt, der bei reinen Francis-Turbinen 10 bis 30 [mm], bei den schnellaufenden Turbinen über 200 [mm] und bei kleinen Beaufschlagungen noch mehr beträgt. Die Leitschaufeln sitzen drehbar zwischen den Leitkränzen und bilden mit diesen das Leitrad; zwischen diesem und dem Kranz des Laufrades besteht der sogenannte Kranzspalt, der so eng als möglich gehalten wird; seine Weite liegt meist zwischen 0,25 und 1,50 [mm].

Die Zahl der Leitschaufeln wird stets größer gemacht als jene des Laufrades, damit sich in keiner Lage des Laufrades Leitschaufelenden und Eintrittskanten des Laufrades in größerer Zahl decken und dadurch Stöße hervorrufen. Die Leitschaufeln werden je nach den Fallhöhen und der Beschaffenheit des Wassers aus Gußeisen, Bronze oder Stahl gegossen oder aus Stahl geschmiedet. Damit diese Schaufeln den Durchfluß vollständig zu drosseln vermögen, müssen die Schaufelenden und jene Stellen der Schaufelrücken, gegen die sich bei geschlossenem Leitrad die Schaufelenden lehnen, sorgfältig bearbeitet werden.

Abb. 1548. Einrad-Francis-Turbine mit liegender Welle in Gußspirale mit Außenregulierung. Rechts Regler, ganz links Druckregler. (Escher Wyss & Co., Ravensburg.)

Die Verdrehung der Leitschaufeln geschieht durch Verschiebung des Regulierringes, der am Leitkranz sitzt; zwischen ihm und den Leitschaufeln liegen die Lenker. Die Leitschaufeln werden entweder mit einer Bohrung hergestellt und auf die mit den Leitkränzen festverschraubten Drehbolzen aufgeschoben, das ist die sogenannte Innenregulierung (Abb. 1545 und 1549) oder sie werden mit zwei Drehzapfen in einem Stück erzeugt. Der eine Drehzapfen ist in einer Büchse des einen Leitkranzes gelagert, der andere reicht durch eine Stopfbüchse durch den zweiten Leitradkranz aus dem Gehäuse heraus (sogenannte Außenregulierung, Abb. 1546) und trägt am Ende einen kurzen Hebel, an der der Lenker angreift.

Die Verdrehung des Regulierringes geschieht sowohl bei der Innen- als auch bei der Außenregulierung meist durch ein Doppelgestänge (Abb. 1547), das von der Reglerwelle betätigt wird; bei der Außenregelung kann der Ring auch durch einen einzigen, mit ihm festverbundenen Hebel verdreht werden, wenn der Regler unmittelbar neben der Turbine aufgestellt werden kann (Abb. 1547).

Die Leitschaufeln sind infolge der Reglertätigkeit zwischen den Leitradkränzen in fast ununterbrochener, wenn auch vielfach nur geringfügiger Bewegung begriffen, die zur Folge hat, daß Sinkstoffe aus nicht genügend entsandetem Wasser zwischen die Schaufeln und die Kränze geraten und beide ausschleifen (Abb. 1549). Man stellt darum bei viel Sand führendem Wasser die Leitradkränze auch mit auswechselbaren Leitwänden aus Bronze oder Stahlguß her. Um die Auswechslung beschädigter Leitschaufeln ohne Zerlegung der ganzen Turbine zu ermöglichen, wird bei großen Anlagen der obere Leitraddeckel geteilt ausgeführt.

Bei der Außenregulierung, bei der die Leitschaufeln mit ihren Zapfen in den Leitkränzen sitzen, ist noch eine eigene Verbindung und Absteifung der beiden Leitradkränze gegeneinander nötig, die durch sogenannte Stützschaufeln (vgl. Abb. 1630) bewerkstelligt wird. Bei der Innenregulierung erfolgt die gegenseitige Abstützung der Leitwände durch die Drehbolzen der Leitschaufeln.

Im Betrieb kann es vorkommen, daß sich Fremdkörper zwischen die Leitschaufeln verklemmen. Um zu verhindern, daß beim Schließen des Leitapparates wertvolle Teile der Turbine brechen, werden als „Sicherungen" die Lenker als Bruchglieder ausgeführt, indem sie knapp bemessen werden, so daß sie, die leicht auswechselbar sind, in erster Reihe brechen und vor weiterem Schaden bewahren.

Der *Raumbedarf einer Francis-Turbine* kann annähernd festgestellt werden, wenn ihr Laufraddurchmesser D_1 bekannt ist, in dem die Abmessungen einer ähnlichen Turbine (also einer solchen mit ähnlichem Drehwert n_s) im Verhältnis der Laufraddurchmesser D_1 verändert werden. Bezeichnet μ_1 den Laufwert und n_{1m} die Umläufe je Minute eines Laufrades bei der Nutzfallhöhe $H = 1$ [m], so gilt die Beziehung

$$D_1 \, \pi \, n_{1m} = 60 \, u_1 \tag{1167}$$

Bei der Nutzfallhöhe H macht das Rad n Umläufe je Minute und es gilt (vgl. S. 834)

$$n_{1m} = \frac{n}{\sqrt{H}} \tag{1168}$$

so daß man auch schreiben kann

$$D_1 = \frac{60}{\pi} u_1 \frac{\sqrt{H}}{n} = 19{,}1 \, u_1 \frac{\sqrt{H}}{n} \tag{1169}$$

Zwischen dem Drehwert n_s und dem Laufwert μ_1 besteht nach R. Honold die Beziehung

$$u_1 = 2{,}21 + 0{,}00581 \, n_s \tag{1170}$$

Wenn (1170) in die Gleichung (1169) eingesetzt wird, erhält man schließlich für den Laufraddurchmesser

$$D_1 = 19{,}1 \, (2{,}21 + 0{,}00581 \, n_s) \frac{\sqrt{H}}{n} = (42{,}21 + 0{,}111 \, n_s) \frac{\sqrt{H}}{n} \tag{1171}$$

(wegen Berechnung von n_s vgl. S. 835). Die Drehzahl n hängt von der Beschaffenheit der anzutreibenden Maschine ab.

Die *Außenabmessungen einer Turbine*, nämlich größte Außenabmessung D senkrecht zur Welle und größte Außenbreite B (in Richtung der Welle), die ja den Raumbedarf der Turbinen bestimmen, können nach den folgenden Regeln geschätzt werden:

Offene Schachtturbinen	$D = 1{,}25 \, D_1 + 0{,}25$ [m]
stehend, einfach	$B = (0{,}5 \text{ bis } 0{,}7) \, D$ [m]
liegend, einfach	$B = (2 \text{ bis } 3) \, D$ [m]
liegend, Zwillingsturbine	$B = (3 \text{ bis } 4) \, D$ [m]
Kesselturbinen	$D = 2{,}5 \, D_1 + 0{,}4$ [m]
Stirnkesselturbinen	$B = 3{,}0 \, D_1 + 1{,}0$ [m]
Spiralturbinen	$D = (2{,}5 \text{ bis } 3{,}5) \, D_1$ [m]
stehend, einfach	$B = 2 \, D$ [m]
liegend, einfach	$B = 2 \, D$ [m]
liegend, Zwillingsturbinen	$B = (2{,}5 \text{ bis } 3) \, D$ [m]
Turbinen in Betonspirale	$D = (2 \text{ bis } 2{,}2) \, D_1$ [m]
stehend, einfach	$B = (0{,}7 \text{ bis } 1{,}3) \, D$ [m]

Für die Schätzung der Gewichte G der Francis-Turbinen in Tonnen ohne Saugrohr können die folgenden Regeln dienen:

Bei Laufraddurchmessern	$0{,}5 < D_1 < 2{,}5$ [m]
Schachtturbine stehend, einfach	$G = 3{,}25 \, D_1 \, 1{,}87$ [t]
Schachtturbine liegend, einfach	$G = 3{,}75 \, D_1 \, 1{,}87$ [t]
Stirnkesselturbine, liegend	$G = 7{,}9 \; D_1 \, 1{,}87$ [t]

Bei einer Nutzfallhöhe H [m] und einer Höchstleistung $N > 1500$ [PS] beträgt das Gewicht G der Turbine, einschließlich des Reglers, des Schiebers und sonstigen Zugehörs annähernd:

Francis-Schachtturbinen, einfach, stehend

$$G = (0{,}045 \text{ bis } 0{,}055)\, \frac{N}{H^{'/_3}} \text{ [t]} \qquad (1172)$$

Francis-Turbinen, stehend, in Betonspirale

$$G = (0{,}6 \text{ bis } 0{,}7)\, \frac{N}{H^{'/_3}} \text{ [t]} \qquad (1173)$$

Gewichte von Schnelläuferturbinen ohne Zugehör, $n_s = 260$ bis 440 für den Einbau im offenen Schacht:

liegend:

| Laufraddurchmesser $D_1 =$ | 300 | 500 | 700 | 900 | [mm] |
| Gewicht G | = 1,0 | 1,63 | 2,75 | 4,5 | [t] |

stehend:

| Laufraddurchmesser $D_1 =$ | 750 | 1000 | 1300 | 1600 | 2000 | 2500 | [mm] |
| Gewicht G | = 2,0 | 3,65 | 5,40 | 7,55 | 11,6 | 19,5 | [t] |

b) Die Propellerturbine.

. In dem Bestreben, die Schnelläufigkeit der Turbinen immer höher zu treiben, mußte die Schaufelform der Laufräder gegenüber jenen der Francis-Turbinen ganz wesentlich geändert werden. Sowohl die Eintritts- als auch die Austrittskanten der Laufradschaufeln sind nahezu waagrecht gelegt worden (Abb. 1551) und der Schaufelkranz ist ganz weggelassen worden. Zur Herabsetzung der Reibung werden nur wenige, schmale Schaufeln am Laufrad angeordnet; die Laufräder ähneln den Schiffspropellern und diese Turbinen sind daher Propellerturbinen genannt worden (vgl. Abb. 1551).

Die axiale Durchströmung des Laufrades bringt es mit sich, daß längs eines Flügels die absolute Zulaufgeschwindigkeit w_1 in verschieden große Lauf- und Relativ-Geschwindigkeitskomponenten zu zerlegen ist, da sich ja die Laufgeschwindigkeit u_1 mit der Entfernung von der Welle ändert. Nimmt man an, daß die absolute Zulaufgeschwindigkeit w_1 überall gleich groß und gleich gerichtet ist und daß die absolute Ablaufgeschwindigkeit w_2 axial gerichtet und ebenfalls überall gleich groß sein soll, so sind je nach der Entfernung von der Welle verschiedene Schaufelkrümmungen erforderlich und die Schaufeln müssen, damit diese Forderung erfüllt werden kann, in der Nähe der Welle nach der Abb. 1552a am Umfang aber etwa nach der Abb. 1552b geformt werden.

Propellerturbinen arbeiten mit großen absoluten Austrittsgeschwindigkeiten w_2 und es treten daher so große Austrittsverluste auf, daß ihre Verwendbarkeit von einer zweckentsprechenden Saugrohrausbildung abhängt, die einen Rückgewinn des größten Teils des Austrittsverlustes erlaubt. Über die Ausbildung dieser Saugrohre wird in einem folgenden Abschnitt zu sprechen sein.

Die Regelung der Propellerturbine erfolgt durch Verdrehung der Leitschaufeln, so wie es schon bei den Francis-Turbinen geschildert worden ist.

Für die annähernde Ermittlung des Propellerdurchmessers D_2 können die folgenden Anhaltspunkte dienen. Propellerturbinen arbeiten mit Austrittsverlusten von etwa 30 bis 50%, die Austrittsgeschwindigkeit beträgt daher bei einer Nutzfallhöhe H annähernd $w_2 = (0{,}3 \text{ bis } 0{,}5)$ $\sqrt{2gH}$. Der Nabendurchmesser d_2 wird etwa gleich $0{,}4\,D_2$ gemacht und die Ringfläche, durch die das Wasser austritt, wird durch die Flügel um etwa 5% eingeengt, so daß also für den Auslauf aus dem Laufrad die Fläche

$$F = 0{,}95\, \frac{\pi}{4}\, (D_2{}^2 - d^2) = 0{\cdot}626\, D_2{}^2 \qquad (1174)$$

frei bleibt. Beträgt die Aufschlagswassermenge Q, so erfordert die Strömung am Laufradaustritt den Querschnitt

$$F = \frac{Q}{w_2} = \frac{Q}{0{,}3 \text{ bis } 0{,}5\, \sqrt{2gH}} \qquad (1175)$$

und aus den beiden Gleichungen (1174) und (1175) folgt für den Laufraddurchmesser

$$D_2 = (1{,}1 \text{ bis } 0{,}85)\, Q^{'/_2} H^{-'/_4} \qquad (1176)$$

Der größte Außendurchmesser des Leitapparates beträgt etwa das 1,5- bis 1,8fache des Laufraddurchmessers D_2.

Propellerturbinen erreichen zwar gute Höchstwirkungsgrade, sobald aber die Beaufschlagung von jener, bei der der beste Wirkungsgrad auftritt, abweicht, so sinkt er sehr rasch ab, und schon bei halber Beaufschlagung sind viele Propeller praktisch wegen zu schlechten Wirkungsgrades nicht mehr verwendbar (vgl. Abb. 863). Die Drehwerte n_s der Propellerturbinen liegen zwischen etwa 400 und 800.

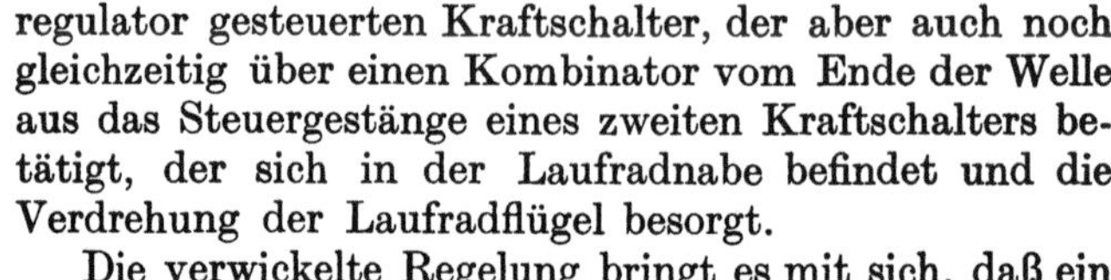

Abb. 1549. Abnützung eines Regulierringes durch Sand und Schweb.

Der geschilderte ungünstige Gang des Wirkungsgrades von Propellerturbinen bei wechselnder Beaufschlagung ist darauf zurückzuführen, daß die relative Eintrittsgeschwindigkeit nur bei einer bestimmten Beaufschlagung zur Laufradschaufel tangential liegt; bei allen anderen treten Stoßverluste auf und das Wasser verläßt das Laufrad mit größeren Tangentialkomponenten der absoluten Austrittsgeschwindigkeiten. V. Kaplan gelang die konstruktive Ausbildung von Propellerlaufrädern mit drehbaren Schaufeln, die bei den verschiedenen Beaufschlagungen derart verstellt werden, daß die Tangente zur Schaufel an der Eintrittskante stets annähernd parallel zur relativen Eintrittsgeschwindigkeit liegt. Die Messungen mit derartigen Turbinen haben überraschend hohe Wirkungsgrade ergeben und einen Gang desselben, der jenen der besten bisher bekannten Turbinen erreicht. In der Abb. 1553 sind die Geschwindigkeiten an einer Schaufel einer Kaplan-Turbine in der Nähe der Nabe einmal bei offenem Leitapparat, das andere Mal bei gleicher Drehzahl bei verringerter Leitradöffnung und dementsprechend verdrehten Flügeln dargestellt. Die absolute Eintrittsgeschwindigkeit w_1 wird in die u_1- und in die v_1-Komponente zerlegt; man erkennt, daß das Wasser stoßfrei eintritt und mit geringfügiger Tangentialkomponente austritt.

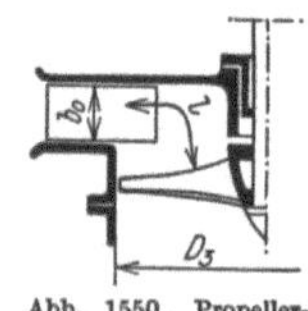

Abb. 1550. Propellerturbine. $n = 400$ bis 800.

Die Regelung der Kaplan-Turbinen ist wesentlich verwickelter, als jene der übrigen Turbinen, wie ein Blick in die Abb. 1554 deutlich erkennen läßt; es müssen ja bei dieser Turbine nicht nur die Leitschaufeln, sondern auch die Flügel gleichzeitig verdreht werden. Die Verstellung der Leitschaufeln erfolgt ähnlich wie bei Francis-Turbinen durch einen von einem Zentrifugalregulator gesteuerten Kraftschalter, der aber auch noch gleichzeitig über einen Kombinator vom Ende der Welle aus das Steuergestänge eines zweiten Kraftschalters betätigt, der sich in der Laufradnabe befindet und die Verdrehung der Laufradflügel besorgt.

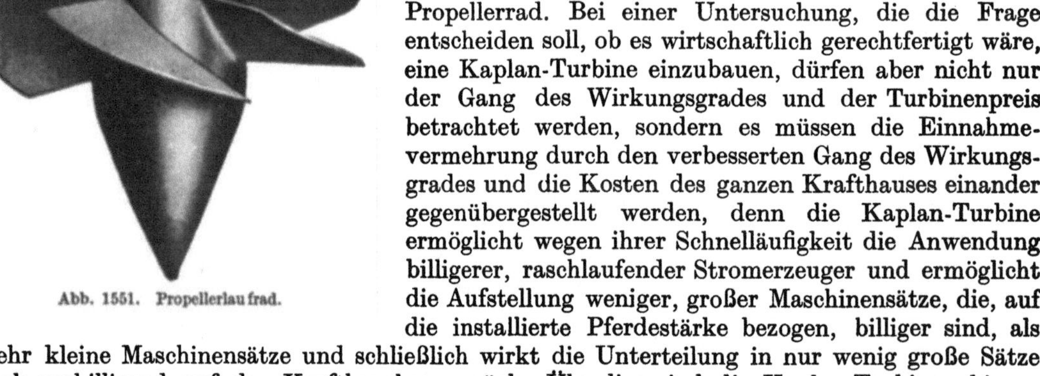

Abb. 1551. Propellerlaufrad.

Die verwickelte Regelung bringt es mit sich, daß ein Kaplan-Laufrad um etwa 40% schwerer und mithin auch wesentlich (30 bis 75%) teurer ist, als ein gewöhnliches Propellerrad. Bei einer Untersuchung, die die Frage entscheiden soll, ob es wirtschaftlich gerechtfertigt wäre, eine Kaplan-Turbine einzubauen, dürfen aber nicht nur der Gang des Wirkungsgrades und der Turbinenpreis betrachtet werden, sondern es müssen die Einnahmevermehrung durch den verbesserten Gang des Wirkungsgrades und die Kosten des ganzen Krafthauses einander gegenübergestellt werden, denn die Kaplan-Turbine ermöglicht wegen ihrer Schnelläufigkeit die Anwendung billigerer, raschlaufender Stromerzeuger und ermöglicht die Aufstellung weniger, großer Maschinensätze, die, auf die installierte Pferdestärke bezogen, billiger sind, als mehr kleine Maschinensätze und schließlich wirkt die Unterteilung in nur wenig große Sätze auch verbilligend auf den Krafthausbau zurück. Überdies sind die Kaplan-Turbinen bis zu 40% überlastbar.

Für die Schätzung des Raumbedarfes einer Kaplan-Turbine gilt dasselbe wie für die Pro-

pellerturbinen. Die Wellenentfernungen, mit denen Kaplan-Turbinen in Krafthäusern eingebaut
worden sind, betragen

$$W = (2{,}5 \ \text{bis} \ 4{,}5)\, D_2 \tag{1177}$$

In den letzten Jahren hat A. FISCHER rein axiale Propellerturbinen entwickelt, deren Leitschaufeln radial angeordnet sind, so, wie es die Abb. 1556 andeutet. Diese Fischer-Turbinen
können in ein Rohr eingebaut werden und werden daher auch kurz als Rohrturbinen bezeichnet.

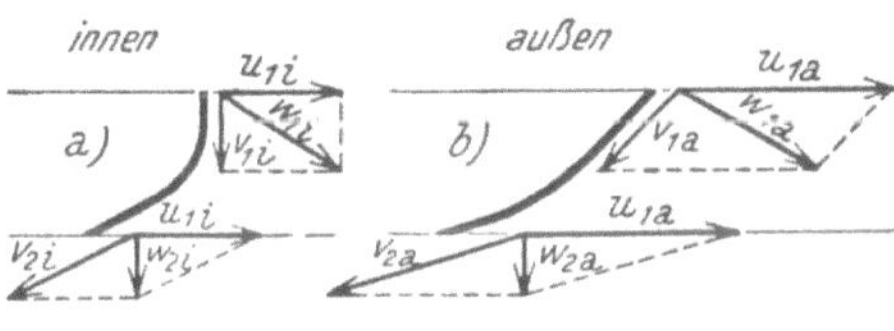

Abb. 1552. Geschwindigkeiten an einer Schaufel einer
Propellerturbine.

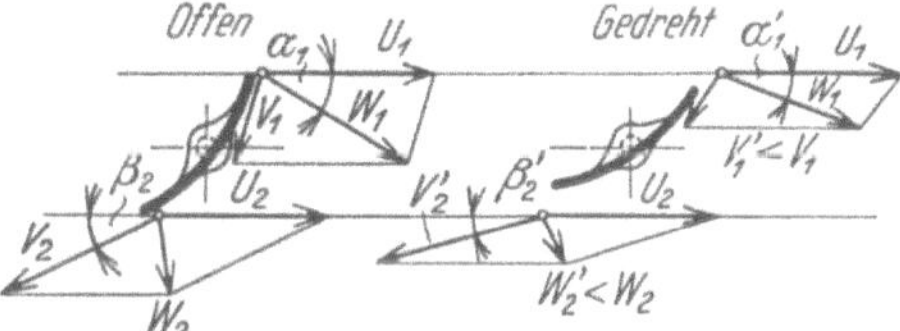

Abb. 1553. Geschwindigkeiten an der Schaufel einer
Kaplan-Turbine.

A. FISCHER hat die Turbine und den Stromerzeuger auch in einer Maschine vereinigt; er ordnet
dann den Läufer des Stromerzeugers um das Laufrad an, derart, daß die Propellerschaufeln
die Speichen des Läufers des Stromerzeugers sind. Das Turbinenlaufrad mußte daher wieder
einen Laufradkranz erhalten, auf den der Läuferkranz des Stromerzeugers aufgeschrumpft
ist. Beiderseits des Laufradkranzes bestehen Spalten, durch die aber nur 0,5 bis 1% der größten
Beaufschlagung durchtreten; dieses Spaltverlustwasser wird, unschädlich für den Stromerzeuger,

abgeleitet. Bei Stillstand der
Maschine werden die Spalten
selbsttätig vollkommen abgedichtet. Die Abb. 1556 zeigt
einen Schnitt durch eine Fischer-
Turbine und die Abb. 1557
und 1558 geben Ansichten solcher Maschinensätze.

Der Verlauf des Wirkungs-
grades als Funktion der Beaufschlagung ist etwas günstiger
als jener der früher beschriebenen Propellerturbinen. Trotz
der hydraulisch schönen Zu-
und Ableitung des Wassers ist
der Wirkungsgrad eines Fischer-
Maschinensatzes aber nicht
höher als jener einer gewöhnlichen Propellerturbine, weil die
Vorteile der hydraulisch-schönen
Führung des Wassers durch die
Nachteile der im Aufschlagwasser stehenden Drosselklappe
und des Laufradkranzes aufgewogen werden.

c) Der Aufbau und die
Ausführungsformen der
Vollturbinen.

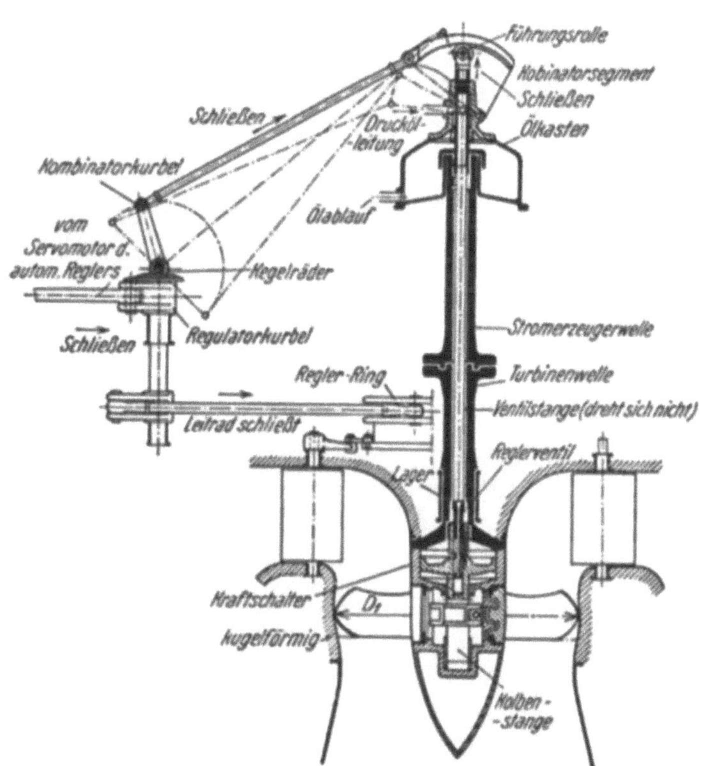

Abb. 1554. Regelung einer Kaplan-Turbine. (Nach E. ENGLESSON.)

Die Ausführungsform der
Vollturbinen hängen von der Art und Weise ab, wie das Wasser dem Leitapparat zugeführt
wird. Bei niedrigen Nutzfallhöhen bis etwa 10 [m] (eine feste Grenze läßt sich nicht angeben)
und kleinen Anlagen wird die Turbine in der Regel einfach in den offenen Schacht eingebaut,
man spricht dann von einer Schachtturbine. Bei höheren Nutzfallhöhen fließt das Wasser
durch eine Rohrleitung zur Turbine, die in ein Gehäuse eingebaut ist, man spricht dann von

geschlossenen Turbinen; diese Turbinen werden wieder unterschieden in Kesselturbinen, bei denen eine Turbine von ähnlichem Bau wie jener der Schachtturbinen in einem von einer Rohrleitung gespeisten Kessel eingebaut ist, und in Spiralturbinen, bei denen das Wasser dem Leitapparat durch eine Spiralleitung, sorgfältig geführt, zuströmt. Kesselturbinen werd n schon bei kleinen Fallhöhen ausgeführt; je nach dem Durchflusse liegt die untere Grenze zwischen 4 und 10 [m]. Bei Spiralturbinen muß noch unterschieden werden, aus welchem Werkstoffe die Spirale hergestellt wird; bei kleinen Fallhöhen unter etwa 20 [m] wird die Spirale vielfach aus Beton derart ausgeführt, daß die Spirale einen Teil des Krafthauses bildet, während sie bei größeren Fallhöhen aus Stahl oder aus Gußeisen verfertigt wird. Schließlich können auf einer Welle ein oder mehrere Laufräder sitzen und die Welle kann lotrecht stehen oder liegen.

Für diese verschiedenen Ausführungsformen der Turbinen sind vom Verband deutscher Wasserturbinenfabriken im Verein mit d m deutschen Wasserwirtschafts- und Wasserkraftverband Bezeichnungen festgelegt worden, die gleichzeitig einen guten Überblick über die Mannigfaltigkeit der Ausführungsformen bieten und in der Abb. 1559 zusammengestellt sind.

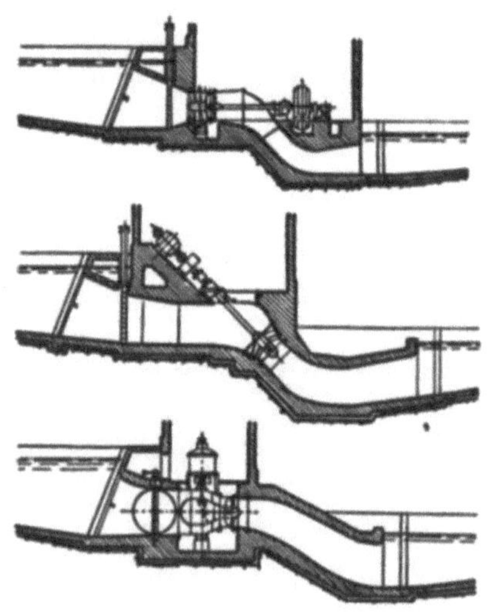

Abb. 1555. Achsialturbinen von A. FISCHER, Einbauarten.

Die Schachtturbinen werden sowohl mit liegender Welle als auch mit stehender Welle ausgeführt; anzustreben ist stets die Ausführung der Turbine mit stehender Welle, weil bei einer solchen Ausführung der Krafthausbau die kleinsten Abmessungen erhält, der Maschinenhausboden leicht hochwasserfrei anzuordnen ist und auch die hydraulischen Verhältnisse, die im Wirkungsgrad zum Ausdrucke kommen, günstiger sind, wie bei liegender Welle.

Den Aufbau und die Bezeichnung der einzelnen Teile einer Schachtturbine mit stehender Welle läßt die Abb. 1560 erkennen; das Laufrad ist auf der Welle fliegend angeordnet, die in einem Lager am Leitraddeckel geführt und im höher oben liegenden Spurlager hängt. Das Spurlager hat bei dieser Anordnung das Gewicht der Welle, des Laufrades und des Läufers, des Stromerzeugers bzw. wenn ein Getriebe dazwischen geschaltet ist, jenes eines Kegel- oder Stirnrades und den Strömungsdruck des Wassers auf das Laufrad, also sehr beträchtliche Lasten zu tragen. Die Abb. 1561 zeigt eine solche Schachtturbine mit stehender Welle in der Ansicht.

Der Aufbau der Schachtturbinen mit liegender Welle erfolgt ähnlich jenem bei stehender Welle. An den Mauerring schließt hier unmittelbar ein Krümmer an. Der Mauerring wird bei Einradturbinen in die Krafthausmauer eingebaut; der Ablaufkrümmer kann entweder auf der Seite des Maschinenraumes oder im Schacht liegen und man spricht im ersten Falle von einer Turbine mit Krümmer außen (Abb. 1562 und 1563), im anderen Falle von einer Turbine mit Krümmer innen (Abb. 1564 und 1565).

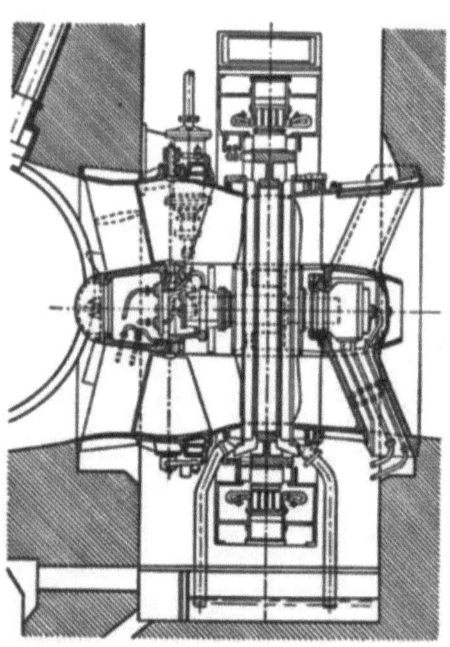

Abb. 1556. Schnitt durch einen Maschinensatz von A. FISCHER.

Wenn es die gewünschte Drehzahl erforderlich macht, werden auch zwei oder mehr Laufräder auf eine Welle gesetzt und man hat dann die sogenannten Mehrfachturbinen. Die Abb. 1566 veranschaulicht als Beispiel den Aufbau einer Zwillingsturbine mit liegender Welle im Schacht mit Francis-Normallaufrädern und die Abb. 1567 gibt die Ansicht einer solchen Zwillingsschachtturbine wieder. Bei allen Mehrfachturbinen muß besonderes Gewicht darauf gelegt werden, daß die im Wasser stehenden Lager stets ohne besondere Mühe geschmiert werden

können. Bei wichtigeren und größeren Anlagen macht man das im Wasser liegende Lager durch einen eigenen Einsteigschacht (Abb. 1566) auch während des Betriebes zugänglich.

Geschlossene oder Gehäuse-Turbinen werden als Kesselturbinen oder als Spiralturbinen ausgeführt. Wie schon erwähnt worden ist, steht bei den Kesselturbinen eine Turbine, die ähnlich den Schachtturbinen gebaut ist in einem Blechkessel, dem das Wasser entweder in der Richtung der Turbinenwelle (Abb. 1568 und 1569) oder senkrecht dazu fließt; man spricht im ersteren Falle von Stirn-, im letzteren von Querkesselturbinen. Solche Turbinen sind bisher bei Fallhöhen, von 4 [m] aufwärts ausgeführt worden; ihr hauptsächlichstes Anwendungsgebiet liegt bei geringeren Fallhöhen, aber großen Durchflüssen, bei denen Spiralgehäuse sehr teuer werden.

In hydraulisch vollkommenster Weise wird das Wasser dem Leitapparat durch eine um ihn gelegte Spirale zugeführt, solche Turbinen werden Spiralturbinen genannt. Die Spirale soll so weit sein, daß der Druckverlust infolge der Wandreibung in derselben keine Rolle spielt. Die Bemessung der aufeinanderfolgenden Querschnitte

Abb. 1557. Ansicht des Propellers und des Läufers eines Maschinensatzes von A. FISCHER.

erfolgt derart, daß die mittlere Geschwindigkeit längs der Spirale, deren Mittellinie sich immer mehr dem Leitapparat nähert, nach dem Flächensatze zunimmt. Für die mittlere Geschwindigkeit im Eintrittsquerschnitt einer Eisenspirale empfiehlt C. CAMMERER etwa

$$U = 0,17 \sqrt{2gH} = 0,75 \sqrt{H} \ [\text{m/sec}] \tag{1178}$$

zu wählen, während R. HONOLD doppelt so große Geschwindigkeiten empfiehlt. Über 10 [m/sec] soll man aber nicht hinausgehen.

Die Spirale wird aus Gußeisen, aus Stahlblech oder aus Beton hergestellt. Betonspiralen kommen nur für Turbinen mit lotrechter Welle in Betracht und werden bei Fallhöhen bis etwa 20 [m] ausgeführt, bei denen auch Schachtturbinen möglich wären, während Eisenspiralen meist dann angewendet werden, wenn die Zuleitung des Wassers durch Rohre erfolgt. Die Abb. 1570 veranschaulicht den Aufbau einer Spiralturbine mit

Abb. 1558.   Ansicht eines Maschinensatzes von A. FISCHER.

stehender Welle in einer Gußspirale, während die Abb. 1571 die Ansicht einer derartigen Spiralturbine mit liegender Welle wiedergibt.

Die Abb. 1572 zeigt die Ansicht einer Blechspirale. Den Aufbau einer Turbine für den Einbau in eine Betonspirale gibt schließlich die Abb. 1573. Die beiden weißen Ringe in diesem

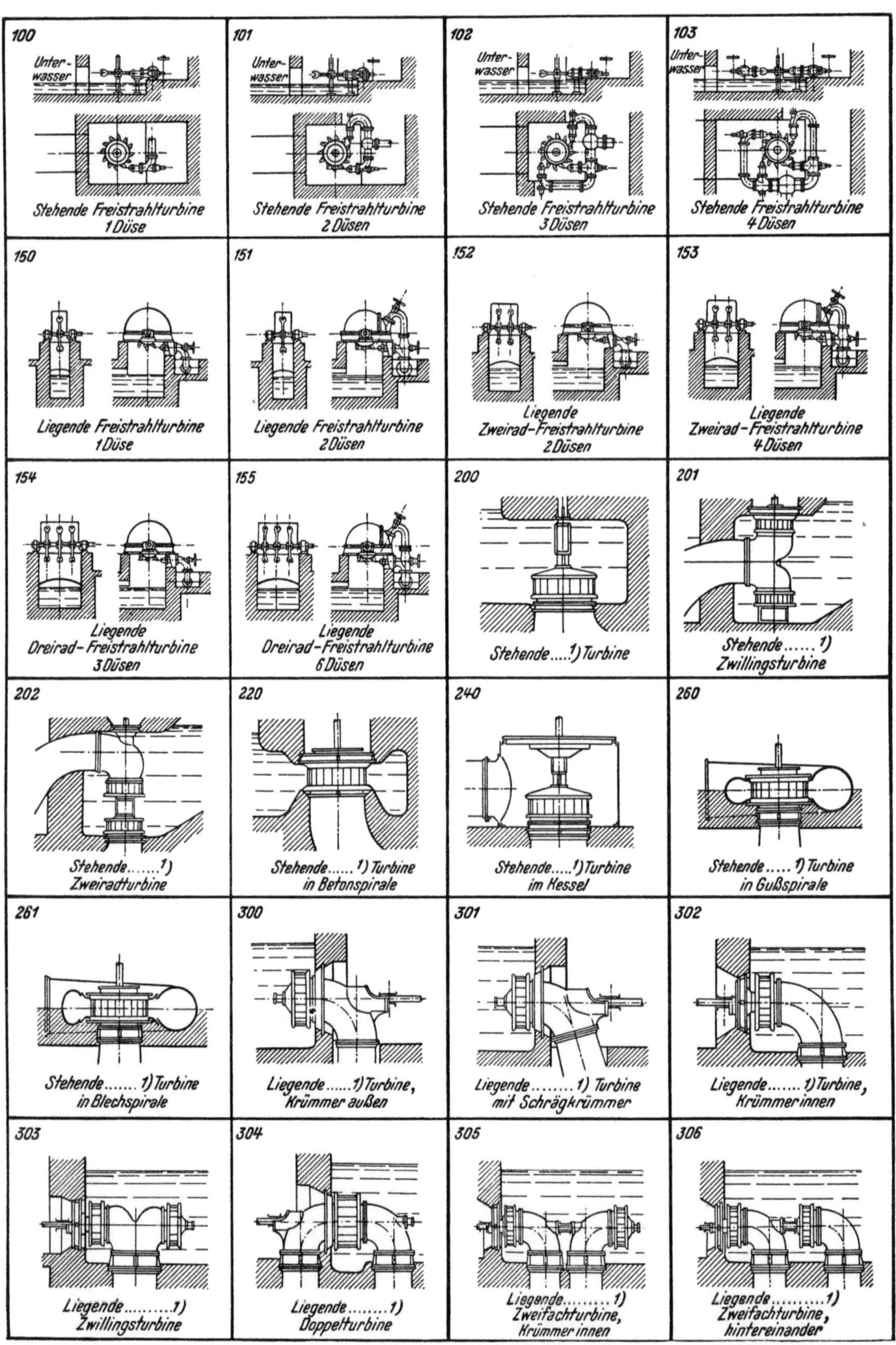

Abb. 1559. Vereinbarte Bezeichnungen der Turbinen nach DIN 33. Die Art der Turbine (Francis-, Propeller- oder Kaplan-Turbine) ist anzugeben.

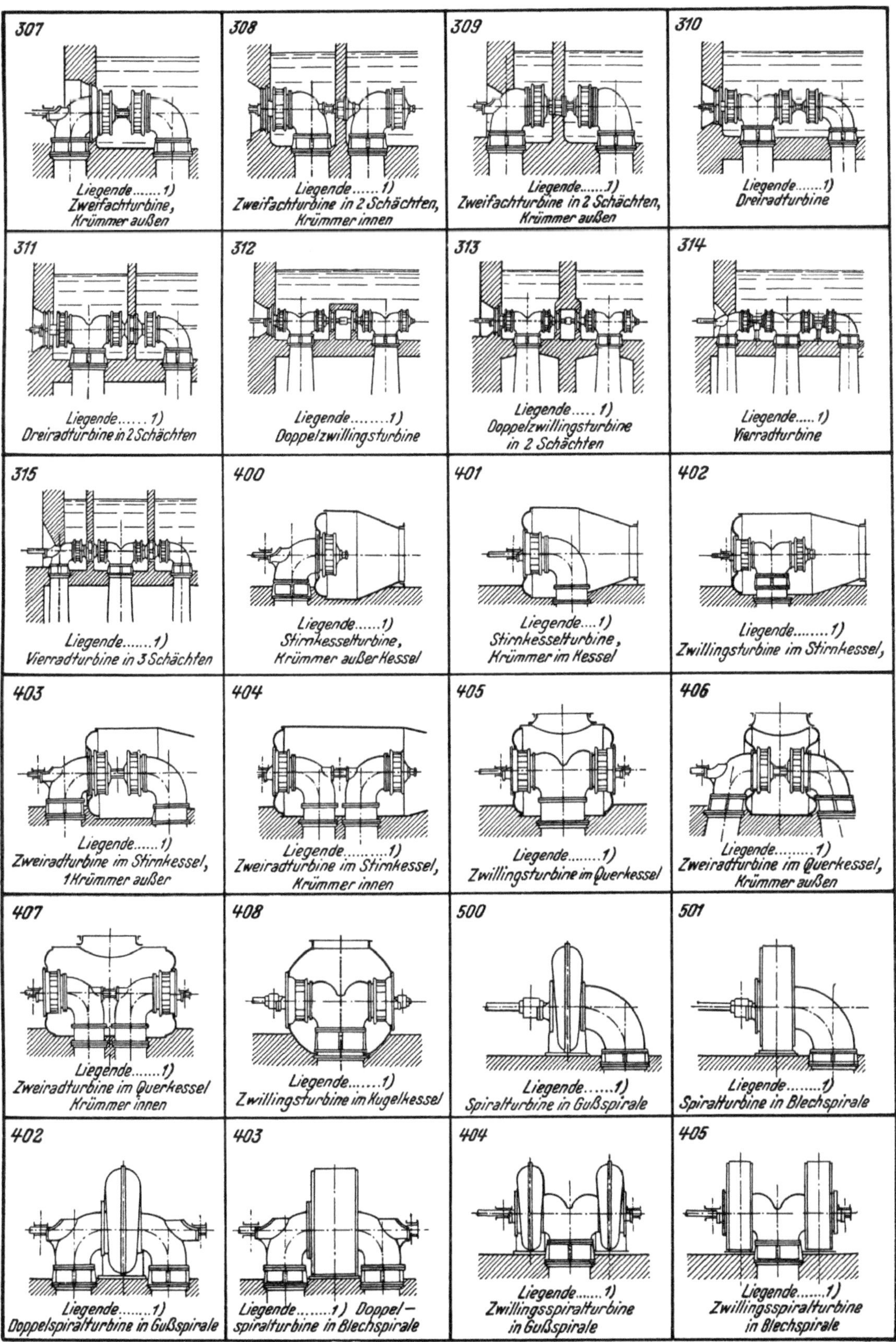

Abb. 1559a. Vereinbarte Bezeichnungen der Turbinen nach DIN 33. Die Art der Turbine (Francis-, Propeller- oder Kaplan-Turbine) ist anzugeben.

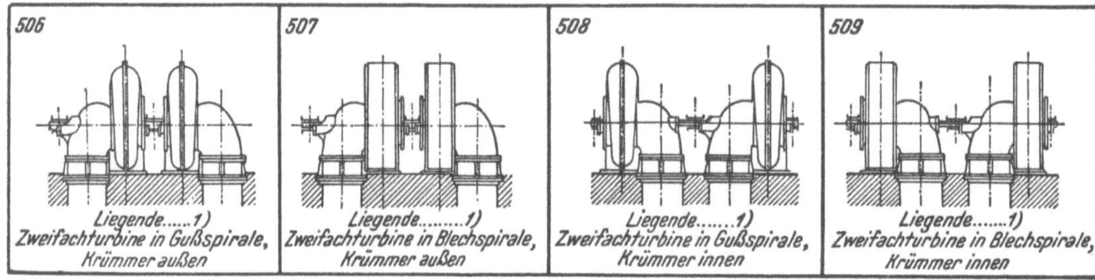

Abb. 1559 b Vereinbarte Bezeichnungen der Turbinen nach DIN 33. Die Art der Turbine (Francis-, Propeller- oder Kaplan-Turbine) ist anzugeben.

Bild werden einbetoniert; dazwischen liegt das Leitrad mit den Leitschaufeln und es sind auch die Stützschaufeln zwischen den beiden Leitradkränzen deutlich zu erkennen.

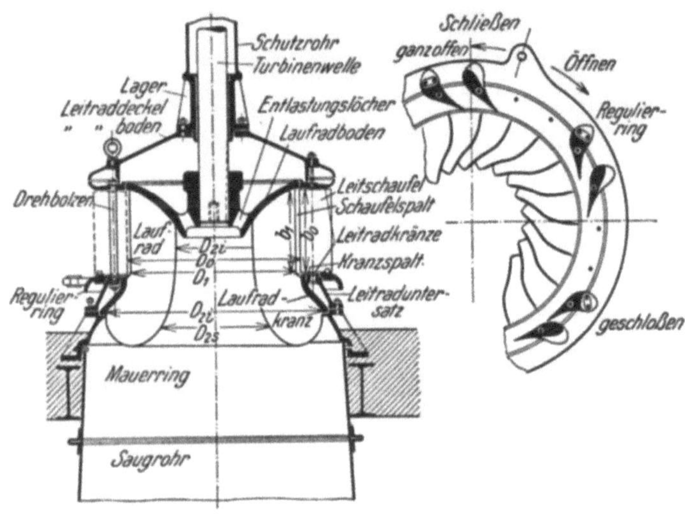

Abb. 1560.   Einradturbine mit stehender Welle im offenen Schacht.

Die bisher dargestellten Turbinen waren durchwegs Francis-Turbinen; der Aufbau ändert sich nur unwesentlich, wenn Propellerlaufräder angewendet werden. (Wegen des Einbaues von Fischer-Turbinen vgl. S. 842.)

d) Das Saugrohr.

Bei allen heute in Gebrauch stehenden Vollturbinen wird das aus dem Laufrade austretende Wasser durch Vermittlung des sogenannten Saugrohres in das Unterwasser geleitet. Das Saugrohr ermöglicht hiebei einerseits, das Laufrad über dem Unterwasser anzubringen, ohne auf den der Höherlegung entsprechenden Anteil der Fallhöhe zu verzichten und anderseits den Rückgewinn eines Teiles der Energie des aus dem Laufrade austretenden Wassers.

Besonders dieser Rückgewinn ermöglicht überhaupt erst eine wirtschaftliche Anwendung der mit sehr hohen Austrittsverlusten arbeitenden schnelläufigen Turbinen (Propeller- und Kaplan-Turbinen).

Um die Wirkungsweise eines Saugrohres zu betrachten, wendet man den Satz von BERNOUILLI einerseits für den Saugrohreintritt, anderseits für den Saugrohraustritt an. Man hat dann mit den Bezeichnungen der Abb. 1574, wenn die Fallhöhenverluste im Saugrohr mit H_r und die Drücke mit p bezeichnet werden

Abb. 1561.   Einradturbine mit stehender Welle im offenen Schacht. (Amme-Luther-Werke, Braunschweig.)

$$\frac{p_3}{\gamma} + z_3 + \frac{v_3^2}{2g} = \frac{p_4}{\gamma} + z_4 + \frac{v_4^2}{2g} + H_r \qquad (1179)$$

oder

$$\frac{p_3}{\gamma} = \frac{p_4}{\gamma} + (z_4 - z_3) + \frac{v_4^2 - v_3^2}{2g} + H_r = \qquad (1180)$$

$$= \frac{p_4}{\gamma} - L_s - \frac{v_3^2 - v_4^2}{2g} + H_r = -H_s - \frac{v_3^2 - v_4^2}{2g} + H_r$$

hierin bedeutet H_s die sogenannte statische Saugfallhöhe und $\dfrac{v_3^2 - v_4^2}{2g}$ die dynamische Saugfallhöhe.

Bei lotrechten Saugrohren kann der Kleinstabstand z_4 der Saugrohrunterkante vom Betonboden aus der Bedingung berechnet werden, daß die zylindrische Austrittsfläche unter dem Saugrohr mindestens ebenso groß sein muß, wie die Austrittsfläche F_4 des Saugrohres, daß also

$$\pi \frac{D_4{}^2}{4} - z_4 \pi D_4 \qquad (1181)$$

oder

$$z_{4\min} = \frac{D_4}{4} \qquad (1182)$$

sein muß.

Die dynamische Saugfallhöhe wird um so größer, je kleiner die Geschwindigkeit v_4 genommen wird. Die Frage nach der Erweiterung des Saugrohres von der Eintritts- zur Austrittsfläche hat daher besondere Bedeutung. Wird die Erweiterung bei einer gegebenen Saugrohrlänge L_8 übertrieben, so löst sich der Ausflußstrahl von den Wandungen los und der Zwischenraum wird von wirbelndem Wasser erfüllt, wobei einerseits die Reibungsverluste weit über das rechnungsmäßige Maß ansteigen und anderseits der Energierückgewinn hinter dem rechnungsmäßigen Betrag zurückbleibt.

Einer theoretischen Behandlung ist die Strömung in einem solchen konisch erweiterten Saugrohr deshalb schwer zugänglich, weil sie nicht geordnet

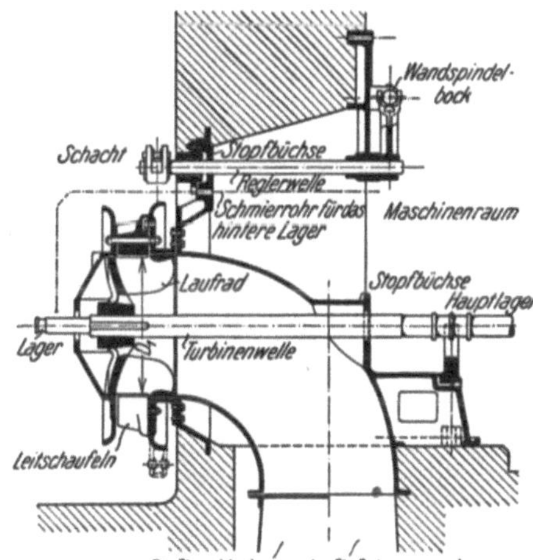

Abb. 1562. Einradturbine mit liegender Welle im offenen Schacht, Krümmer außer dem Schacht. (Nach C. CAMMERER.)

erfolgt. Neben einer meridionalen Geschwindigkeitskomponente besitzen die Wasserteilchen auch eine mehr oder minder große Tangentialkomponente, die sich mit der Beaufschlagung ändert und eine resultierende Wendelbewegung hervorbringt.

Unter Voraussetzung einer geordneten, nur meridionalen Strömung und unter Vernachlässigung der Reibung an der Rohrwand berechnet F. PRAŠIL die Gleichung des Umrisses für das Saugrohr (Abb. 1575), in dem keine Strahlablösung erfolgt. Für die Bewegung durch **das Saugrohr fand er die Potentialfunktion**

$$\Phi = (-x^2 - y^2 + 2z^2) \qquad (1183)$$

Die Differentiation von Φ liefert die drei Geschwindigkeitskomponenten

$$u = \frac{\partial \Phi}{\partial x} = -2mx \qquad (1184)$$

$$v = \frac{\partial \Phi}{\partial y} = -2my \qquad (1185)$$

$$w = \frac{\partial \Phi}{\partial z} = +4mz \qquad (1186)$$

Die Gleichung

$$-x^2 - y^2 + 2z^2 = \text{Konst} \qquad (1187)$$

entspricht den Flächen gleichen Potentials; weil weiter die Geschwindigkeit

ist, stellt

Abb. 1563. Einradturbine mit liegender Welle, Krümmer außer dem Schacht. (Amme-Luther-Werke, Braunschweig.)

$$V^2 = u^2 + v^2 + w^2 \qquad [1188]$$

$$x^2 + y^2 + 4z^2 = \text{Konst} \qquad (1189)$$

die Gleichung der Flächen gleicher Strömungsgeschwindigkeiten V dar.

Die orthogonalen Trajektorien der Äquipotentialflächen bilden die Stromlinien. Die Differentialgleichungen ihrer Projektionen auf die x-z- und auf die y-z-Ebene lauten

$$\frac{dx}{dz} = \frac{u}{w} = -\frac{x}{2z} \qquad (1190)$$

und

$$\frac{dx}{dy} = \frac{u}{v} = \frac{x}{y} \qquad (1191)$$

und man erhält durch Integration

Schoklitsch, Wasserbua. II. 3. Aufl

$$x^2 z = \text{Konst} \tag{1192}$$

und

$$\frac{x}{y} = \text{Konst} \tag{1193}$$

und weiter durch Multiplikation dieser beiden Gleichungen die Gleichung für die Stromflächen

$$\frac{x^3 z}{y} = \text{Konst} \tag{1194}$$

Eine dieser Stromflächen kann durch eine feste Wand ersetzt werden; wird das Saugrohr mit Kreisquerschnitt ausgeführt, so ergibt sich als Leitlinie, für die Erzeugende des Saugrohres, weil in jedem waagrechten Schnitt $x = y$ ist,

$$x^2 z = \text{Konst} \tag{1194a}$$

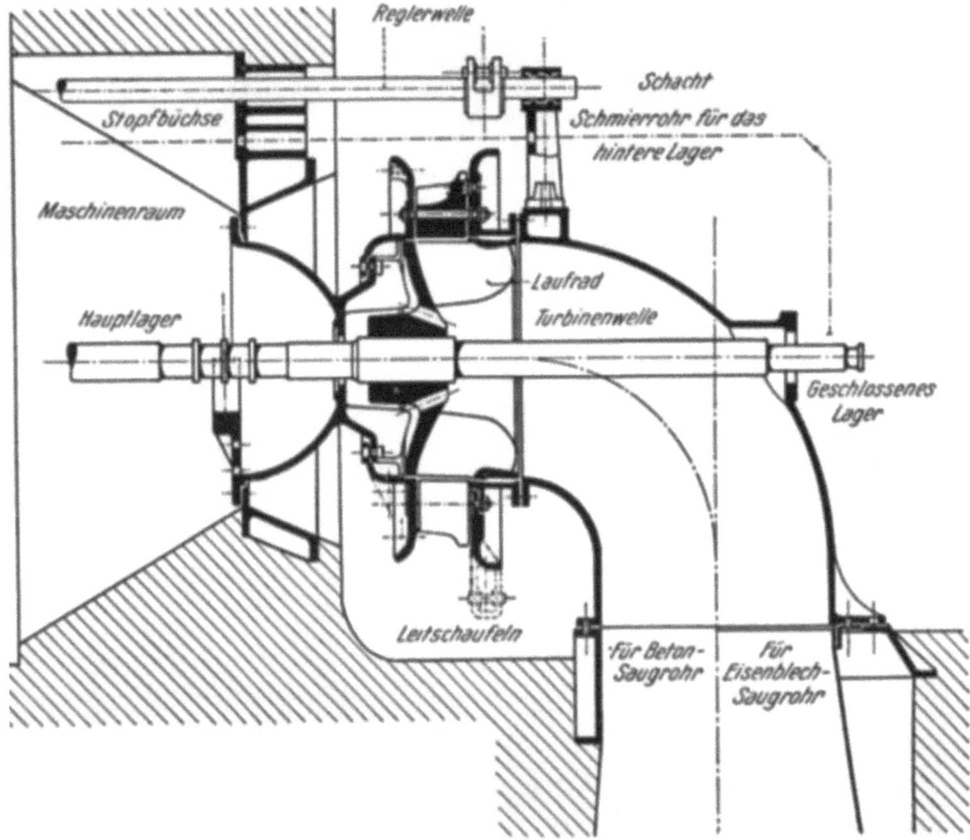

Abb. 1564. Einrad-Francis-Turbine mit liegender Welle im offenen Schacht, Krümmer im Schacht. (C. Cammerer.)

Die rein meridionale Bewegung im Saugrohr tritt nur bei einem Austrittswinkel von $\beta_2 = 90^0$ auf, der sich wieder nur bei einer ganz bestimmten Beaufschlagung einstellt. Bei jeder anderen Beaufschlagung tritt das Wasser mit einer Tangentialkomponente aus dem Laufrade aus und durchläuft das Saugrohr nicht mehr meridional, sondern nach einer wendelförmig gewundenen Bahn. Diese Tangentialkomponente ruft nun, wenn nichts vorgekehrt wird, Leistungsverluste hervor.

Für die Änderung der Tangentialkomponente c_u beim Durchlaufen eines konisch erweiterten Saugrohres gilt nach dem Flächensatz die Beziehung

$$c_u r = \text{Konst} \tag{1195}$$

wenn mit r der veränderliche Saugrohrhalbmesser bezeichnet wird. Für den Rückgewinn der Energie, die der Tangentialkomponente entspricht, ist es nun notwendig, eine Saugrohrform anzuwenden, in der neben einer stetigen Verringerung der meridionalen Komponente auch eine Verringerung der tangentialen Komponente erzwungen wird.

Für den Rückgewinn der Energie, die der tangentialen Austrittskomponente c_u entspricht, eignet sich besonders ein Saugrohr nach der in der Abb. 1576 dargestellten Form, bei dem das Austrittsende breit aneinandergezogen wird. Ein Loslösen des Ausflußstrahles von den

Abb. 1565. Einradturbine mit liegender Welle, Krümmer im Schacht. (Amme-Luther-Werke, Braunschweig.)

Wandungen im unteren breiten Teil wird hiebei durch die Anordnung des konischen Hügels am Boden verhindert. Das Wasser fließt vom Rand des Saugrohres entweder durch eine Spirale oder unmittelbar dem Unterwasser zu. In dieses Saugrohr fließt das Wasser mit der tangentialen Komponente c_{u2} ein und sie verringert sich längs des Saugrohres auf c_{u4}.

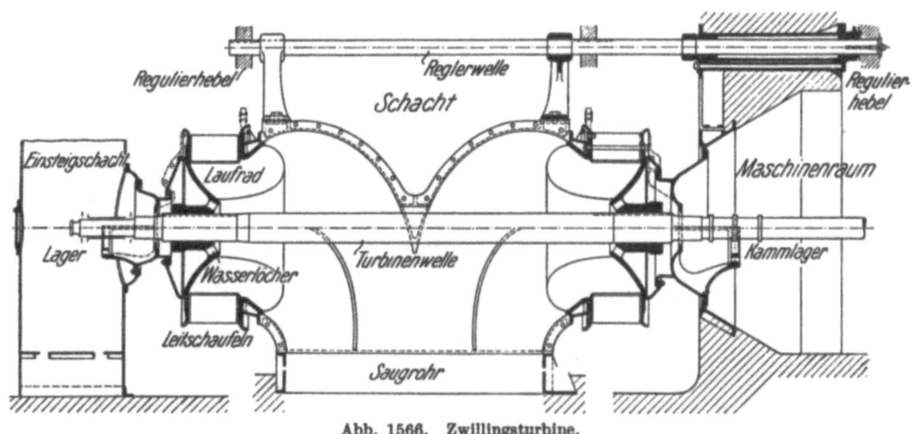

Abb. 1566. Zwillingsturbine.

Nach dem Flächenansatz gilt mit den Beziehungen der Abb. 1574 bzw. 1576

$$c_{u2} D_3 = c_{u4} D_4 \qquad (1196)$$

oder

$$c_{u4} = c_{u2} \frac{D_3}{D_4}. \qquad (1197)$$

Der Fallhöhenrückgewinn, der dieser Verzögerung entspricht, beträgt

$$\frac{c_{u2}^2}{2g} - \frac{c_{u4}^2}{2g} = \frac{c_{u2}^2}{2g}\left[1 - \left(\frac{D_3}{D_4}\right)^2\right] \qquad (1198)$$

und die entsprechende Verbesserung des Wirkungsgrades macht bei einer Gesamtfallhöhe H

$$\eta_u = \frac{c_{u_2}{}^2}{2\,g\,H}\left[1-\left(\frac{D_3}{D_4}\right)^2\right] \tag{1199}$$

Hand in Hand mit der Entwicklung der Laufräder zu immer höherer Schnelläufigkeit ging die Umgestaltung des Saugrohres. In seiner ursprünglichen Form hatte das Saugrohr lediglich

Abb. 1567. Zwillingsturbine mit liegender Welle im offenen Schacht. (Amme-Luther-Werke, Braunschweig.)

den Fallhöhenverlust zu verhüten, der dem Höhenunterschied zwischen Laufrad und Unterwasser entsprach. Je schnelläufigere Laufräder gebaut wurden, um so größere absolute Austrittsgeschwindigkeiten mußten angewendet werden und um so größer wurden auch die Tangentialkomponenten derselben. Um auf kurzem Wege möglichst viel der Austrittsenergie rückgewinnen zu können, war es nun notwendig, Saugrohre zu entwerfen, bei denen der Ausfluß aus der Turbine rasch weit ausgebreitet wird und gleichzeitig ein Anlegen des Ausflusses an die Außenwand des Saugrohres erzwungen

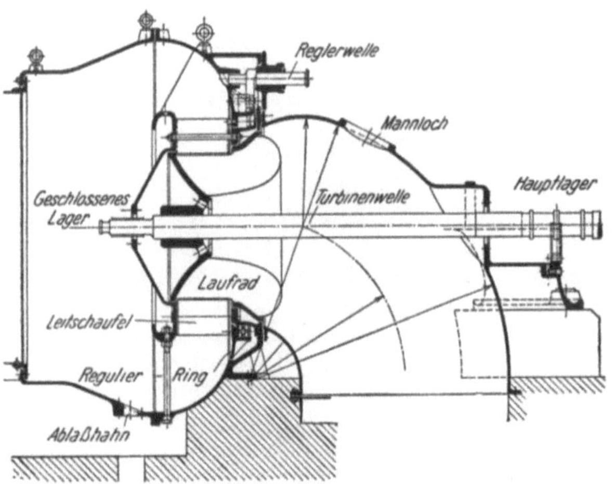

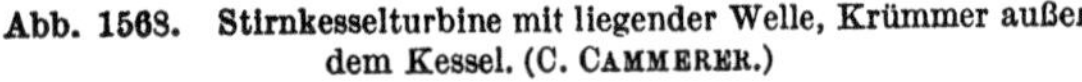

Abb. 1568. Stirnkesselturbine mit liegender Welle, Krümmer außer dem Kessel. (C. CAMMERER.)

Abb. 1569. Stirnkesselturbine mit liegender Welle, Krümmer außer dem Kessel. (Amme-Luther-Werke, Braunschweig.)

wird, so daß sich also nirgends Strahlablösungen und Hohlräume bilden können. Diese Bestrebungen führten zu den in der Abb. 1577a bis h schematisch dargestellten Saugrohrformen. In der Abb. 1578 ist auch die Ansicht eines Moody-Saugrohres wiedergegeben.

Welches der gezeigten Saugrohre sich für eine bestimmte Turbine am besten eignen wird, läßt sich nicht ohneweiters sagen. Die Erfahrung hat gelehrt, daß eine und dieselbe Turbine mit verschiedenen Saugrohren sehr verschiedene Wirkungsgrade aufweisen kann und daß sichere Anhaltspunkte für die zweckmäßigste Saugrohrform nur Modellversuche geben.

Nachdem das Wasser stets 2 bis 7% Luft absorbiert enthält, die sich bei größeren Unterdrücken ausscheidet und im Saugrohr auch in Zonen höheren Druckes nicht mehr absorbiert wird, so empfiehlt es sich, die Saughöhe (statisch plus dynamisch) nicht höher als 0,6 bis 0,7 des Luftdruckes anzunehmen. Die Saughöhe ist hiebei bei Turbinen mit liegender Welle von der höchstgelegenen Stelle des Laufradaustrittes aus zu rechnen.

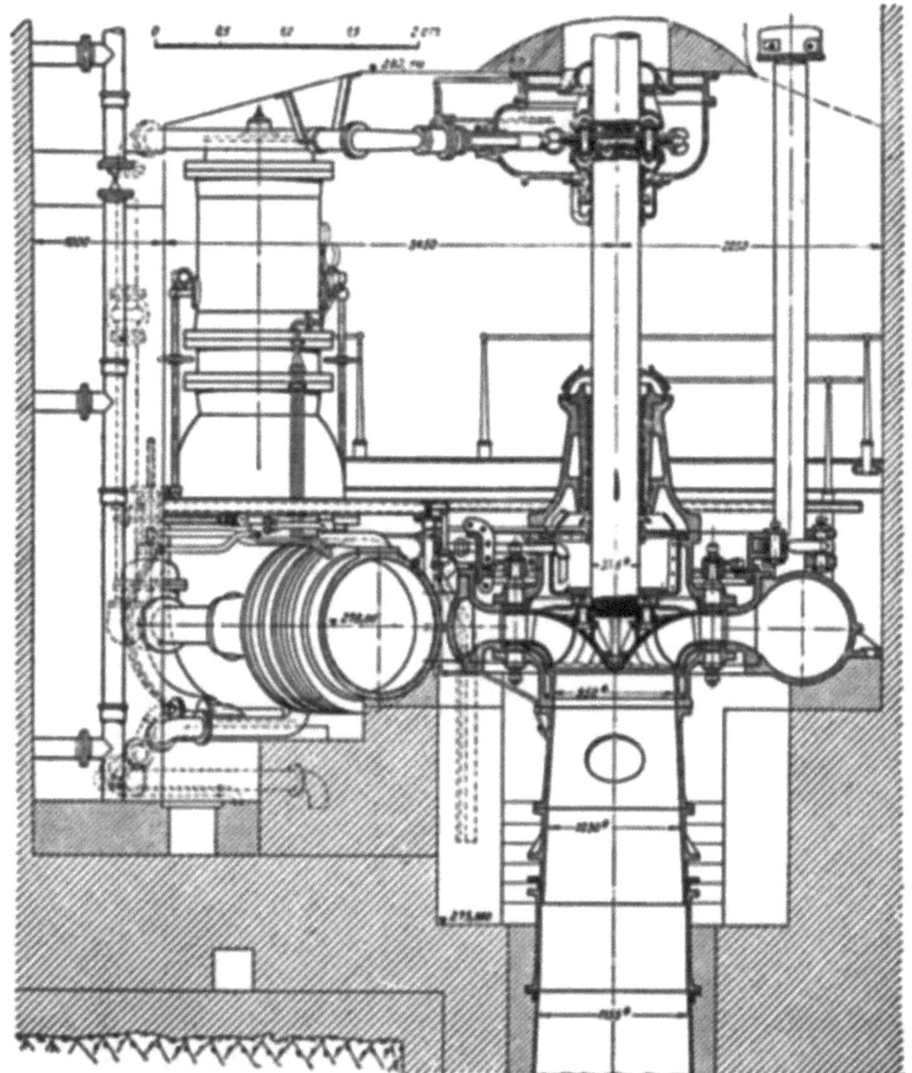

Abb. 1570. Einradspiralturbine mit stehender Welle in Gußspirale. 15.400 [PS]. Fallhöhe 179 [m].

Der Luftdruck hängt bekanntlich von der Höhenlage des Ortes ab; wird derselbe in der Seehöhe 0 gleich 760 [mm] = 10,33[mWS] gesetzt, so beträgt er in den Höhen:

0	200	400	500	800	1.000	1.200	1.500	2.000	[m]
10,33	10,08	9,83	9,59	9,57	9,15	8,95	8,62	8,13	[mWS]

Die zulässige Saughöhe kann weiter, über die früher festgesetzte Grenze durch das Auftreten der Kavitation (Hohlraumbildung), die durch die besondere Bauart der Turbine bedingt wird, eingeschränkt werden. Die Kavitation ist eine Erscheinung, die an raschlaufenden Schiffspropellern schon vor Jahrzehnten beobachtet worden ist. Bei geringen Umlaufzahlen, also langsamer Fahrt, entsprachen manche Propeller vollkommen bei voller Maschinenleistung blieb aber der Schraubenschub weit hinter der erwarteten Größe, während die Drehzahl stärker anstieg als zu erwarten war. Der Schraubenschub setzt sich nämlich aus zwei Teilen zusammen, aus dem Wasserdruck auf der Druckseite und dem Zug auf der Saugseite der Schraubenflügel; beide nahmen mit der Umlaufzahl des Propellers zu und der Wasserdruck auf der Saugseite nimmt mit zunehmender Umlaufzahl endlich auf den Dampfdruck des Wassers, praktisch also auf 0 ab. Von dieser Umlaufzahl an nimmt bei weiterer Umlaufsteigerung zwar der Druck auf der Druckseite weiter zu, an der Saugseite herrscht aber stets der der Wassertemperatur entsprechende Dampfdruck und das Wasser löst sich auf der Zugseite von den Flügeln los, während der resultierende Schraubenschub eben hinter der Vorausberechnung zurückbleibt. Der Hohlraum an der Saugseite der Propellerflügel ist vom Wasserdampf und von den im Wasser absorbierten Gasen, besonders Sauerstoff erfüllt; im Verein mit der mechanischen Wirkung des Wassers und der darin enthaltenen Sinkstoffe verursacht besonders der Sauerstoff Anfressungen mit schwammartigem Aussehen.

Die gleichen Erscheinungen werden auch bei raschlaufenden Francis-, Kaplan- und Propellerturbinen beobachtet; sie äußern sich in Anfressungen an Turbinenteilen, Sinken des Wirkungsgrades und Erschütterungen und Knallen des Saugrohres. Eine Vermehrung der Saughöhe über das mit Rücksicht auf die Hohlraumbildung (Kavitation) zulässige Maß macht sich in der Regel zuerst durch Anfressungen an den Turbinenschaufeln bemerkbar (Abb. 1579, 1580). Untersuchungen von A. DAVIS haben ergeben, daß solche Anfressungen bei Francis-Turbinen aber nur bei Gesamtfallhöhen von über 9,7 [m] aufgetreten sind. Bei kleineren Fallhöhen treten nur Leistungsverluste auf, während bei großen Fallhöhen neben Anfressungen und Leistungsverlusten hauptsächlich die Erschütterungen störend wirken. Die mit der Hohlraumbildung verbundenen Anfressungen machen sich nicht nur an den Laufradschaufeln bemerkbar, sondern auch an anderen Turbinenteilen, und an der Innenseite von Krümmern, an denen eine Loslösung des Wassers möglich ist.

Abb. 1571. Einradturbine mit liegender Welle in Gußspirale. (Masch.-Fabr. Geislingen.)

Die Druckerniedrigung an den der Hohlraumbildung (Kavitation) ausgesetzten Turbinenteilen setzt sich zusammen aus der allgemeinen Erniedrigung des Druckes infolge der statischen und der dynamischen Saughöhe und den örtlichen Druckerniedrigungen an einzelnen Turbinenteilen infolge ihrer besonderen Bauart.

Bei langsamlaufenden Francis-Turbinen ist die örtliche Druckerniedrigung gering. Bei raschlaufenden Turbinen werden die Schaufeln schmäler gemacht, um die Reibungsverluste nicht zu hoch anwachsen zu lassen und besonders bei diesen Laufrädern werden die örtlichen Druckerniedrigungen von Bedeutung; bei diesen Turbinen, die mit großer Austrittsgeschwindigkeit arbeiten, ist aber auch die allgemeine Druckerniedrigung infolge der dynamischen Saughöhe groß.

Versuche mit einer Propellerturbine haben bei gleichbleibender Gesamtfallhöhe und verschiedenen Saughöhen den in der Abb. 1581 dargestellten Verlauf des Wirkungsgrades ergeben. Die geringe Zunahme des Wirkungsgrades bei Beginn der Kavitation ist auf die verringerte

Abb. 1572. Ansicht einer Blechspirale. (Mittl. Isar A.-G.)

Reibung an den Laufradschaufeln bei beginnender Ablösung des Wassers zurückzuführen. Ein und dieselbe Turbine kann bei niedriger Drehzahl entsprechen, während bei einer Steigerung der Drehzahl Kavitation auftritt. Als Beispiel seien die Verhältnisse bei einem Kraftwerk angeführt, das Drehstrom von 42 Perioden lieferte. Wegen des bevorstehenden Zusammenschlusses mit einem anderen Kraftwerk, das Drehstrom mit 50 Perioden erzeugt, wurden Messungen angestellt, die klarstellen sollten, ob es möglich ist, die bestehenden Laufräder einfach mit höherer Drehzahl laufen zu lassen. Es ergab sich bei Erzeugung von Drehstrom mit

Perioden 42   46   50
ein Wirkungsgrad ab
  Schalttafel von $\eta = $ 0,79 0,81 0,64

Auf Grund des Ergebnisses dieser Messungen sind neue Laufräder in Auftrag gegeben worden. Bis zum Einbau liefen die alten Laufräder etwa ein Jahr mit zu hoher Drehzahl. Beim Ausbau der alten Laufräder zeigte sich nun, daß innerhalb dieses Jahres an den Schaufeln Korrosionen aufgetreten sind, die bei einzelnen Schaufeln die Wandung durchlöchert hatten (Abb. 1580). Der starke Abfall des Wirkungsgrades bei der hohen Drehzahl ist auf das Auftreten von Kavitationen zurückzuführen.

Bezeichnet H_a den Luftdruck in [mWS], H_s die statische Saughöhe in [m] und H die Nutzfallhöhe in [m], so kann nach THOMA

$$k = \frac{H_a - H_s}{H} \qquad (1200)$$

als eine für die Beurteilung der Hohlraumbildung (Kavitation) charakteristische Größe angesehen werden. Wenn k kleiner als ein bestimmter, für die betreffende Turbinenart gültiger Grenzwert σ ist, tritt Kavitation auf. Auf Grund von Erfahrungen an amerikanischen Turbinen geben F. H. ROGERS und L. F. MOODY die folgenden Grenzwerte σ an:

Abb. 1573.   Ansicht einer Einradturbine mit stehender Welle für den Einbau in eine Betonspirale. (Escher Wyss & Co,. Ravensburg.)

Francis-Turbinen:

n_s	=	50	100	150	200	250	300	350	300
σ	=	0,04	0,06	0,08	0,12	0,19	0,30	0,45	0,60

Propellerturbinen:

n_s	=	500	550	600	650	700	750
σ	=	0,30	0 52	0,81	1,12	1,44	1,79

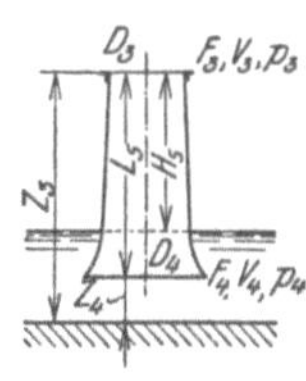

Abb. 1574. Saugrohr.

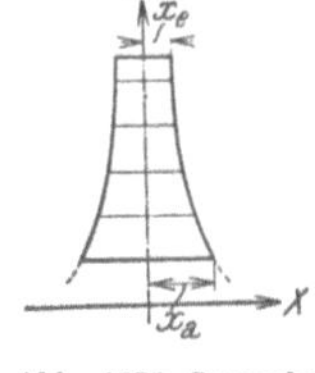

Abb. 1575. Saugrohr von PRASIL.

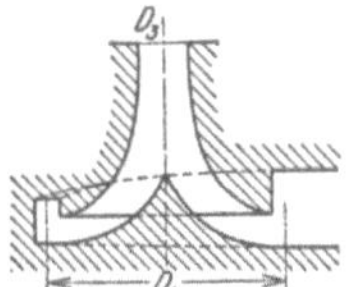

Abb. 1576. Saugrohr mit Hügel.

Die Ausbildung der Saugrohre verursacht dann, wenn die Gefahr der Kavitation groß ist, besondere Kosten, weil dann das Laufrad in nur geringen Höhen über dem Unterwasser laufen, mitunter sogar im Unterwasser waten muß und die Unterbringung des Saugrohres tief in den

Untergrund führt, wo gewöhnlich mit großem Grundwasserandrange zu kämpfen ist. Diesem Übelstande sucht H. B. Taylor durch die umgekehrte Turbine, wie sie in der Abb. 1582 dargestellt ist, zu begegnen. ·Der Vorschlag ist zwar noch nicht ausgeführt worden, er soll aber trotzdem erwähnt werden, weil der darin enthaltene Grundgedanke den Ausweg aus unangenehmen Gründungsverhältnissen bei einem Krafthaus weisen kann.

Die Maschinenfabrik Escher Wyss & Co. verhindert die Kavitation an Turbinen, indem sie sie mit

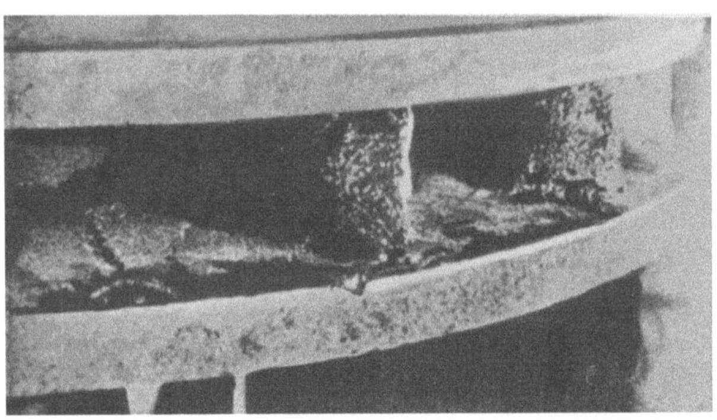

Abb. 1577. Saugrohrformen. *a)* gerades Saugrohr, *b)* Saugkrümmer. *c)* Saugkrümmer von Voith, *d)* Prasil-Krümmer *e)* Saugrohr von White, *f)* Kaplan-Saugkrümmer, *g)* und *h)* Moody-Saugrohr.

Abb. 1578.　Moody-Saugrohr.

Gegendruck arbeiten läßt. So läßt sie bei einer Anlage eine Francis-Spiralturbine bei einer Nutzfallhöhe von 390 [m] mit einem Gegendruck von 55 [m] arbeiten. Auf derselben Welle sitzt ein Kaplan-Laufrad mit festem Leitrad, das mit einer Nutzfallhöhe von 55 [m] mit 5 [m/WS] Gegendruck arbeitet und natürlich für dieselbe Drehzahl bemessen ist, wie das Francis-Laufrad. Die letzten 5 [m] Fallhöhe werden in einer Kaplan-Turbine mit festem Leitrad ausgenutzt, durch die das Wasser mehrerer zweistufiger Maschinensätze geleitet werden kann.

Für die ganze Ausbildung des Saugrohres sollen noch einige praktisch erprobte Winke gegeben werden. Die Austrittsgeschwindigkeit w_4 am Saugrohraustritt wird in der Regel zwischen 0,8 und 3,0 [m/sec] gewählt, und zwar greift man auf die größere Geschwindigkeit bei großen

Fallhöhen. Wird w_4 größer genommen, so wird neben Leistungsverlusten eine Beschädigung von Sohle und Ufer des Unterwassergrabens zu befürchten sein.

Wenn die Überführung der Geschwindigkeit w_3 in w_4 mit einem geraden Saugrohr wegen zu großer Länge nicht möglich ist, so wird das Saugrohr gekrümmt, wodurch man es dann in der Regel leicht auf die nötige Länge bringen kann.

Um zu verhindern, daß Luft von unten ins Saugrohr eindringt, läßt man das Saugrohr mit seinem höchsten Randpunkt 0,4 bis 0,6 [m] ins niedrigste Unterwasser tauchen.

Abb. 1579. Korrosionen an den Schaufeln eines Francis-Langsamläufers als Folge von Hohlraumbildung. (J. M. Voith.)

Nachdem die Strömungsverhältnisse in einem geraden Saugrohr unvergleichlich günstigere sind als in einem Saugkrümmer, wird man immer bestrebt sein, mit einem geraden Saugrohr auszukommen. Auch wenn der Saugkrümmer sehr schlank gehalten ist, so daß bei diesen Querschnittsverhältnissen im geraden Saugrohr eine Loslösung des Abflusses von der Wandung ausgeschlossen erscheint, kann im Saugkrümmer an der Bogeninnenseite eine solche Loslösung eintreten. Um diesem Übelstande abzuhelfen, baut die Firma J. M. Voith in den Krümmern eine ihr patentierte Führungswand ein, die den Wirkungsgrad der Anlage nennenswert verbessern kann.

Wenn der Saugkrümmer aus Beton ausgeführt wird, so geht man meist vom Kreisquerschnitt allmählich in den Rechteckquerschnitt mit wohlausgerundeten Ecken über und man stellt diese Querschnittsänderung durch eine Reihe von aufeinanderfolgenden Querschnitten dar, wie es am VOITH-Saugkrümmer in den Abb. 1583 und 1584 angedeutet ist. Die Führungswand erleidet infolge der Umlenkung des Wassers an der Oberseite Drücke, ähnlich wie die Krümmer der Druckrohrleitungen, die unter Anwendung des Impulssatzes ermittelt werden können und sie wird an der Unterseite durch Unterdruck beansprucht, wenn sich der Durchfluß von der Wandung loslöst; für die Berechnung dieses Unterdruckes fehlen sichere Grund-

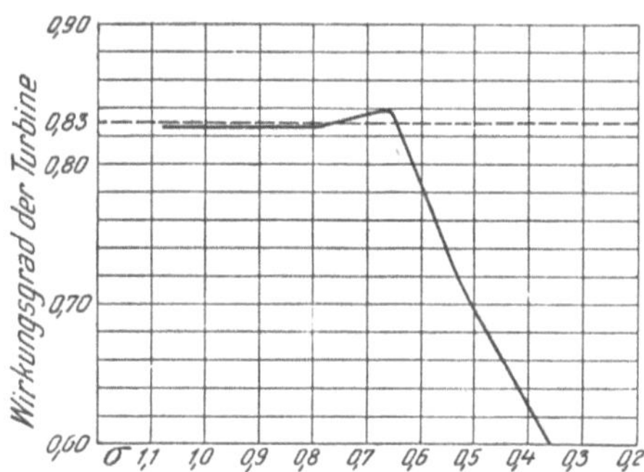

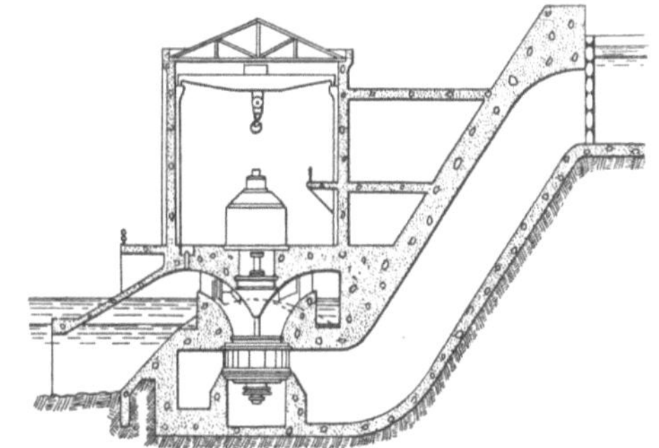

Abb. 1580. Korrosionen an einer Laufradschaufel einer Francis-Turbine infolge von Hohlraumbildung.

Abb. 1581. Verlauf des Wirkungsgrades einer Propellerturbine bei gleichbleibender Gesamtfallhöhe aber verschiedenen Saughöhen. (D. THOMA.)

lagen. Um diesem Umstande, sowie den Tangentialkomponenten Rechnung zu tragen, ist es zweckmäßig, zu den errechneten Drücken auf die Zwischenwand einen Zuschlag zu machen, der am Anfange der Wand etwa 1 [t/m²] beträgt und gegen das Ende etwa auf 0,2 [t/m²] abnimmt.

Die Schalung für einen Saugkrümmer stellt die Abb. 1586 dar. Die Sohle des Saugkrümmers soll etwa so ausgeführt werden, wie es in den Abb. 1616 und 1628 zu erkennen ist; eine Ausbildung mit Stufen, wie es in der Abb. 1587 angedeutet ist, ist nicht zu empfehlen, weil die Gefahr der Rißbildung im Beton besteht

Am Ende der Saugkrümmer wird durch eine Spundwand die Ausspülung des Bodens unter dem Bauwerk verhindert, wie es in den meisten der später dargestellten Maschinenhaus-Längenschnitten deutlich zu erkennen ist. Damit an den Saugrohren unbehindert durch das Unterwasser Instandsetzungen durchgeführt werden können, werden am Auslaufe Dammbalkennuten angeordnet und im tiefsten Teil wird ein Pumpensumpf eingebaut, aus dem während Instandsetzungen das zusickernde Wasser abgepumpt wird. Bei großen Werken wird eine Pumpenanlage für alle Saugrohre in einem eigenen Raum ständig aufgestellt.

Fallhöhenvermehrer sind einige Male angewendet worden, um den bei Niederdruck-Kraftwerken bei höheren Durchflüssen im Fluß sehr empfindlichen Rückgang der Nutzfallhöhe herabzusetzen. Die bisher vorgeschlagenen Fallhöhenvermehrer lassen sich in zwei Gruppen

Abb. 1582. Verkehrte Turbine, Vorschlag von H. B. TAYLOR.

zusammenfassen. Die einen beschleunigen den Abfluß aus der Turbine noch im Saugrohr, während die anderen den Unterwasserspiegel am Saugrohrauslauf senken. In letzter Zeit ist das letztere Verfahren bevorzugt worden. Man leitete das Freiwasser so zum Saugrohrende, daß dort schießende Bewegung auftrat und der Wassersprung erst flußab des Saugrohrauslaufes auftrat. Der Höhe des Wassersprunges entspricht die gewonnene Nutzfallhöhe.

M. WIIG entnimmt das Freiwasser zur Beschleunigung des Abflusses aus den Saugrohren durch Heber, deren Einlauf unter jenem der Turbine liegt. Das Wasser umfließt beiderseits

die Turbine und der Heberauslauf ist so geformt, daß das Saugrohrende in voller Breite überdeckt ist.

Schrifttum:

WIIG, M.: Die Entwicklung der Fallhöhenvermehrung bei Niederdruckwasserkraftanlagen. Dissertation.
Techn. Hochschule Berlin. 1933. (Mit reichen Schrifttumsangaben.)

e) Die Pelton-Turbinen.

Tangential-, Becher- oder Pelton-Turbinen sind Turbinen, bei denen ein oder mehrere
isolierte, aus Düsen austretende Strahlen in nahezu tangentialer Richtung auf die Schaufeln,
die am Umfange des Laufrades (Abb. 1589)
sitzen, auftreffen. Der Düse entströmt ein
runder Strahl und die einzelnen Schaufeln
werden so ausgebildet, daß der Strahl von
ihnen um fast 180° umgelenkt wird. Damit
keine Axialschübe in der Turbine auftreten,

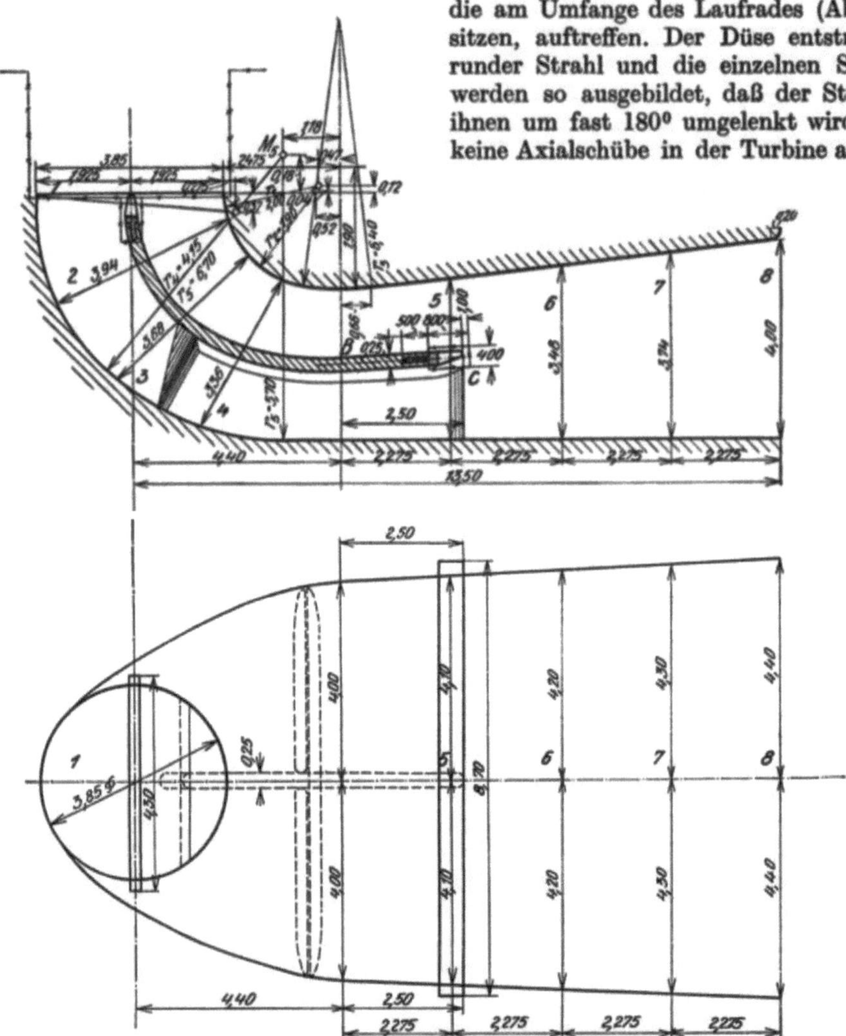

Abb. 1583. Schnitte durch den Saugkrümmer von Voith im Murkraftwerk Pernegg.

erhalten die Schaufeln, wie es in der Abb. 1588 zu erkennen ist, in der Mitte eine annähernd
radial gerichtete Schneide, auf die die Strahlachse genau auftreffen muß. Diese Schneide teilt
den Strahl und die beiden Schaufelhälften lenken ihn um.

Beträgt der Wasserdruck an der Düse in Metern Wassersäule gemessen H, so fließt das Wasser aus derselben, wenn die Reibung vernachlässigt wird, mit der Geschwindigkeit

$$w_1 = \sqrt{2\,g\,H}\ \text{[m/sec]} \tag{1201}$$

aus und übt auf eine Schaufel, die den Strahl genau um $\beta = 180°$ umlenkt, einen Strahldruck

$$P = \frac{\gamma}{g} Q (w_1 - w_1 \cos \beta) = 2 \frac{\gamma}{g} Q w_1 \qquad (1202)$$

aus. Damit ein Tangentialrad etwas leistet, muß es sich nun mit der Umlaufgeschwindigkeit u drehen; diese Umlaufgeschwindigkeit wird in jenem Kreis gemessen, den der Schnittpunkt der Strahlachse mit der Schneide in der Schaufel beschreibt (Strahlkreis). Die Leistung des Rades beträgt dann

$$E = 2 \frac{\gamma}{g} Q (w_1 - u) u \qquad (1203)$$

und man hat, wenn $u = a \, w_1$ gesetzt wird,

$$E = 2 \frac{\gamma}{g} Q w_1^2 (1 - a) a \qquad (1204)$$

Die größte Leistung wird erzielt, wenn

$$k = (1 - a) a \qquad (1205)$$

zu einem Maximum, also

$$\frac{dk}{da} = 0 \quad \text{und} \quad \frac{d^2k}{da^2} < 0 \qquad (1206)$$

wird; das trifft zu, wenn

$$a = 0,5 \qquad (1207)$$

oder

$$u = 0,5 \, w_1 \qquad (1208)$$

ist.

Dann beträgt die größte Leistung

$$E_a = 0,5 \frac{\gamma}{g} Q w_1^2 = \gamma QH; \; \text{(kgm/sec)} \qquad (1209)$$

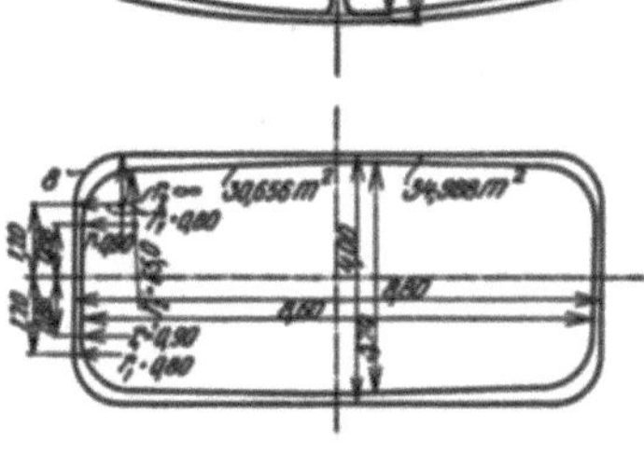

Abb. 1584. Querschnitte des Saugkrümmers von J. M. Voith im Kraftwerk Pernegg.

das ist jene größte Leistung, die theoretisch erzielbar wäre, wenn bei dieser Energieumwandlung keine Verluste auftreten würden. Tatsächlich treten aber unvermeidliche Verluste auf, so daß die Nutzleistung nur

$$E_s = \eta E_a = \eta \gamma QH \; \text{(kgm/sec)} \qquad (1210)$$

beträgt; η ist der Wirkungsgrad, der bei guten Peltonrädern über 0,90 liegt.

Die Regelung der Beaufschlagung bei wechselnder Belastung erfolgt durch Verstellung einer in der Düsenachse beweglichen Nadel; wird diese vorgeschoben, so engt sie den Düsenquerschnitt ein und drosselt den Durchfluß. Die Verstellung der Nadel erfolgt bei einfachen Anlagen von Hand (Abb. 1589), bei größeren Anlagen selbsttätig durch einen Regler, wie er auf Seite 870 beschrieben wird.

Die spezifische Drehzahl n_s (vgl. S. 868) liegt bei Peltonrädern mit einer Düse für ein Laufrad zwischen $n_s = 4$ und 30; ist der Durchfluß für eine Düse zu groß oder ist eine andere

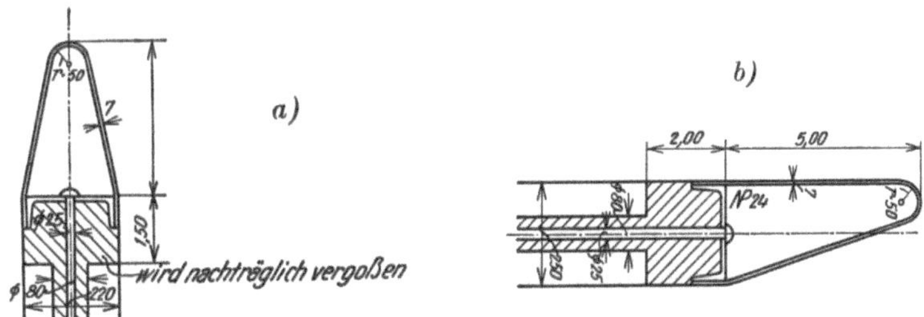

Abb. 1585. Bewehrung der Enden der Zwischenwand im Saugkrümmer von Voith. a) Anfang der Zwischenwand, b) Ende.

spezifische Drehzahl erwünscht, so werden mehr Düsen angewendet; aus baulichen Gründen geht man aber über 3 Düsen für ein Laufrad in der Regel nicht hinaus und man verwendet, um mehr Düsen unterbringen zu können, allenfalls mehrere Laufräder auf einer Welle.

Die Schaufeln werden in der Regel mit dem Rad verschraubt. Nur ausnahmsweise bei ganz kleinen Durchmessern werden sie mit dem Rad in einem gegossen. Sie erhalten in der Symmetrieebene am Rande einen Ausschnitt, um sie näher an die Düse heranbringen zu können und ein besseres Auftreffen des Strahles auf die Schaufeln zu erreichen (Abb. 1589).

Peltonturbinen müssen stets so aufgestellt werden, daß das Laufrad verläßlich über dem höchstmöglichen Spiegel im Unterwassergraben läuft. Eine solche Aufstellung wird „Freihängen" des Peltonrades genannt. Saugrohre haben sich bei dieser Turbinenart nicht bewährt.

Der Raumbedarf einer Peltonturbine hängt vom Strahlkreisdurchmesser D_1 und vom Strahldurchmesser d ab. Soll die Turbine n Umläufe in der Minute machen, so muß die Umlaufgeschwindigkeit

Abb. 1586. Kernschalung eines Saugrohres im Kraftwerk Arnstein an der Teigitsch.

$$u = \frac{n}{60} D_1 \pi \ [\text{m/sec}] \tag{1211}$$

sein; u wird, wie schon erwähnt worden ist, im Strahlkreis (Durchmesser D_1) gemessen und wird bei einer Fallhöhe von H [m] in der Regel gleich

$$u = 0,47 \sqrt{2\,g\,H} \ [\text{m/sec}] \tag{1212}$$

gemacht. Aus (1211) und (1212) folgt dann

$$D_1 = \frac{60}{\pi\,n}\,u = \frac{60}{\pi\,n}\,0,47 \ \sqrt{2\,g\,H} = 39,8 \ \frac{\sqrt{H}}{n} \cdot [\text{m}] \tag{1213}$$

Der Düse vom Querschnitte f entströmt in der Sekunde bei guter Ausbildung derselben der Durchfluß

$$Q = 0,95\,f \sqrt{2\,g\,H} \ [\text{m}^3/\text{sec}] \tag{1214}$$

und der Querschnitt des freien Strahles beträgt etwa

$$0,95\,f = \frac{Q}{\sqrt{2\,g\,H}} \ [\text{m}^2] \tag{1215}$$

und der Durchmesser des Strahles mißt daher

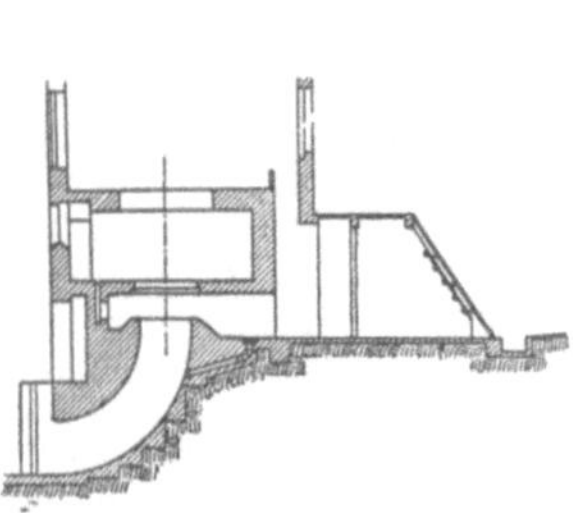

Abb. 1587. Die Anordnung von Stufen im Grundwerk eines Saugrohres ist nicht zu empfehlen.

$$d = \sqrt{\frac{4}{0,95\,\pi} \frac{Q}{\sqrt{2\,g\,H}}} =$$
$$= 0,57 \ \sqrt{\frac{Q}{\sqrt{H}}} \ [\text{m}] \tag{1216}$$

Der größte Strahldurchmesser, der noch zulässig ist, beträgt

$$d_{\max} = \frac{1}{6}\,D_1 = 6,63 \ \frac{\sqrt{H}}{n} \tag{1217}$$

Die Breite einer Schaufel wird in der Regel

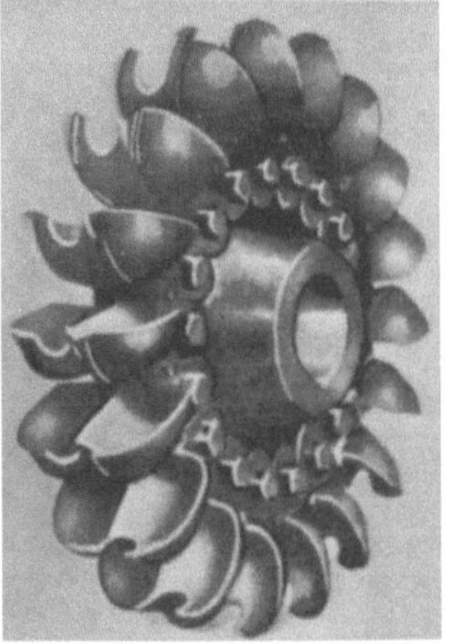

Abb. 1588. Peltonrad. (Escher Wyss & Co., Ravensburg.)

$$b = (2,8 \text{ bis } 3,2)\,d \sim 3\,d \sim 1,7 \ \sqrt{\frac{Q}{\sqrt{H}}} \ [\text{m}] \tag{1218}$$

gemacht und der Strahl trifft die Schaufel in der Entfernung

$$e = (1,35 \text{ bis } 1,6)\,d \sim 1,5\,d \sim 0,86 \ \sqrt{\frac{Q}{\sqrt{H}}} \tag{1219}$$

vom äußeren Rande; um den größten Durchmesser des Laufrades zu erhalten, ist daher noch der Betrag $2e$ zum Laufraddurchmesser D_1 zuzuzählen. Zwischen den Schaufeln und dem Gehäuse wird ein Zwischenraum gleich dem 3- bis 5fachen, im Mittel 4fachen Strahldurchmesser gelassen, so, daß der größte Außendurchmesser des Gehäuses etwa

$$D = D_1 + 2e + 8d = D_1 + 11d = \sim 39{,}8\,\frac{\sqrt{H}}{n} + 5{,}6\,\sqrt{\frac{Q}{\sqrt{H}}}\;[\mathrm{m}] \qquad [1220]$$

wird. Die größte Breite B des Gehäuses beträgt durchschnittlich

$$B = 3b = 9d \sim 5{,}1\,\sqrt{\frac{Q}{\sqrt{H}}}\;[\mathrm{m}] \qquad (1221)$$

Bei der Feststellung der Nutzfallhöhe H ist der Fallhöhenverlust infolge des Freihängens des Peltonrades in Rechnung zu stellen.

Die abgeleiteten Formeln lassen erkennen, daß die Aufschlagwassermenge Q für die Größe des Laufraddurchmessers D_1 belanglos ist; nur die Schaufelbreite wird durch sie beeinflußt.

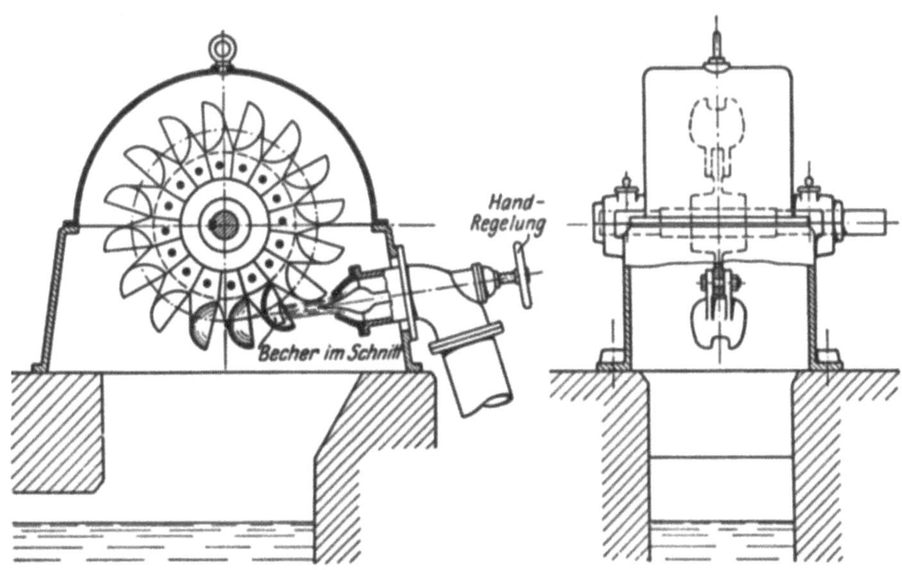

Abb. 1589. Peltonturbine mit Handregelung.

Peltonturbinen werden in der Regel mit liegender Welle gebaut, solche mit stehender Welle sind selten ausgeführt worden. Der Aufbau einer Peltonturbine mit liegender Welle ist in der Abb. 1590 zu erkennen, während die Abb. 1591 die Ansicht einer solchen Turbine wiedergibt.

f) Die Auswahl der Turbinen.

Wenn ein Laufrad bei verschiedenen Fallhöhen H und H' verwendet wird, so verhalten sich seine Drehzahlen

$$n : n' = \sqrt{2gH} : \sqrt{2gH'} = \sqrt{H} : \sqrt{H'} \qquad (1222)$$

und im selben Verhältnisse stehen auch die Durchflüsse, die die Turbine in der Sekunde schluckt; es gilt also auch

$$Q : Q' = F\sqrt{2gH} : F\sqrt{2gH} = \sqrt{H} : \sqrt{H'} \qquad (1223)$$

Die Leistungen des Laufrades stehen zueinander im Verhältnis

$$N : N' = \eta\,\gamma\,Q\,H : \eta\,\gamma\,Q'\,H' = \eta\,\gamma\,F\sqrt{2g}\,H^{3/2} : \eta\,\gamma\,F\sqrt{2g}\,H'^{3/2} = H^{3/2} : H'^{3/2} \qquad (1224)$$

Wird $H' = 1$ [m] gesetzt, so folgt aus der Gleichung (1222)

$$n_{1m} = \frac{n}{\sqrt{H}} \qquad (1225)$$

aus der Gleichung (1223)

$$q = \frac{Q}{\sqrt{H}} \qquad (1226)$$

und aus der Gleichung (1224)

$$N_{1m} = \frac{N}{H^{3/2}} \qquad (1227)$$

Für die geometrisch ähnlichen Turbinen einer Reihe ist das Produkt

$$n_s = n_{1m} \sqrt{N_{1m}} =$$

$$= \frac{n}{\sqrt{H}} \sqrt{\frac{N}{H^{3/2}}} = \text{konstant} \qquad (1228)$$

(n_s ist, wie nochmals bemerkt sei, die Drehzahl einer Turbine der Reihe, die beim Gefälle 1 [m] gerade 1 [PS] leistet). Wird weiter der Wirkungsgrad $\eta = 0{,}75$ gesetzt, wie es üblich ist und die Leistung N in Pferdestärken gemessen, so gilt

$$N = 10\, QH \qquad (1229)$$

und es ist weiter

$$n_s = \frac{n}{\sqrt{H}} \sqrt{\frac{10\, QH}{H^{3/2}}} = n \sqrt{\frac{10\, Q}{H^{3/2}}} \qquad (1230)$$

n_s wird als spezifische Drehzahl oder Drehwert einer Turbinenreihe bezeichnet und ist eine Kennziffer für sie; es entspricht nämlich erfahrungsgemäß

$n_s =$ 4 bis   30 den Peltonturbinen mit einer Düse,
$n_s =$ 30 ,,   70 ,,   ,,   mit mehreren Düsen,
$n_s =$ 50 ,,   125 ,, Francis-Langsamläufern,
$n_s =$ 125 ,,   200 ,,   ,,   Normalläufern,
$n_s =$ 200 ,,   350 ,,   ,,   Schnelläufern,
$n_s =$ 350 ,,   500 ,, Hochschnelläufern (Expreßläufern),
$n_s =$ 500 ,, 1000 ,, Kaplan-Turbinen,
$n_s =$ 400 ,,   800 ,, Propellerturbinen.

Bei niedrigen Nutzfallhöhen ergeben sich nun bei der gegebenen Aufschlagwassermenge Q und für die geforderte Drehzahl n vielfach sehr hohe spezifische Drehzahlen n_s, oft so hohe, für die man überhaupt kein Laufrad bauen kann oder solche, die einer Tubinenart entsprechen, die man aus irgendeinem Grunde nicht ausführen will. Um bei Aufrechterhaltung der gewünschten Drehzahl n die spezifische Drehzahl n_s herabzusetzen, wird die Aufschlagwasse menge auf z-Düsen, die auf ein oder mehrere Laufräder auf gemeinsamer Welle wirken, bzw. auf z-Laufräder auf einer gemeinsamen Welle aufgeteilt. Die spezifische Drehzahl eines Maschinensatzes mit z-Düsen bzw. z-Laufrädern beträgt dann noch immer

$$n_s = \frac{n}{H^{3/4}} \sqrt{10\, Q} \qquad (1231)$$

während jene für eine einzelne Düse bzw. für ein einzelnes Laufrad mit dem Durchfluß $\dfrac{Q}{z}$

$$n_{sz} = \frac{n}{H^{3/4}} \sqrt{\frac{10}{z}\, Q} \qquad (1232)$$

ausmacht. Aus dem Vergleich der beiden Gleichungen (1231) und (1232) folgt

$$n_{sz} = \frac{n_s}{\sqrt{z}} \qquad (1233)$$

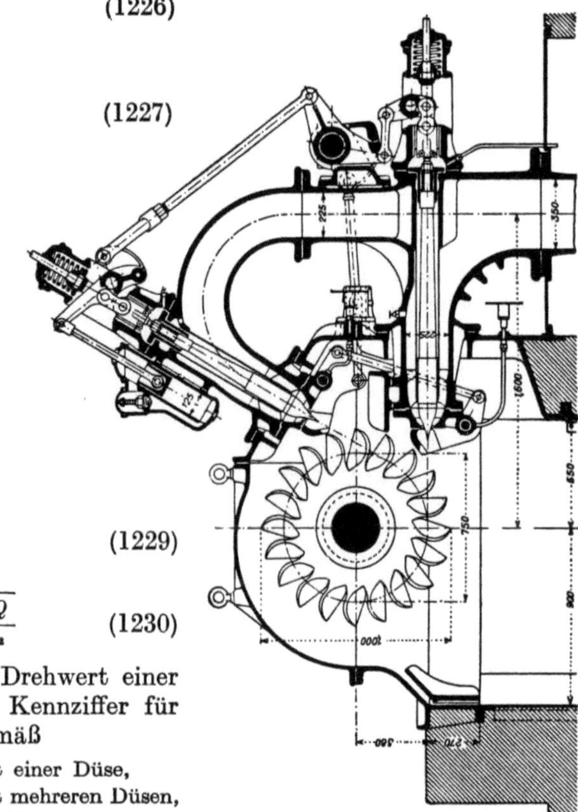

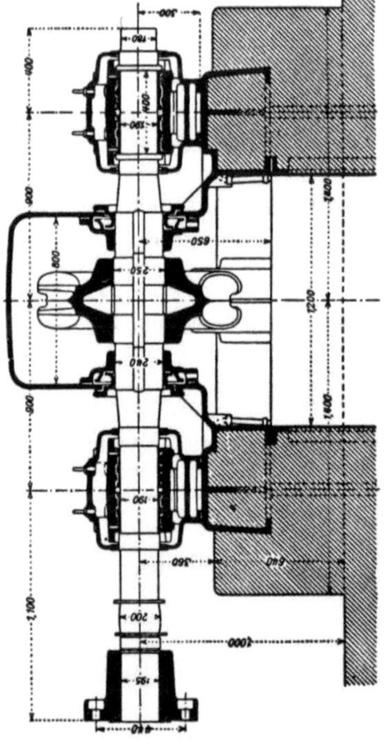

Abb. 1590.   Eine Pelton Turbine des Kraftwerkes Lac d' Oô. (Schw. Bauztg. Bd. 74.)

Ergibt sich also, wenn der Gesamtdurchfluß von nur einer Düse bzw. nur einem Laufrad verarbeitet würde, eine zu hohe spezifische Drehzahl n_s, so kann sie leicht herabgesetzt werden, indem man parallel z-Düsen oder z-Laufräder verwendet.

Für z = 2   3   4   5   6   Laufräder bzw. Düsen
gilt n_{sz} = 0,708   0,578   0,500   0,447   0,408   mal n_s.

Abb. 1591. Einradfreistrahlturbine mit liegender Welle und zwei Düsen. (Escher Wyss & Co.)

Aus konstruktiven Gründen werden mehr als 3 bis 4 Düsen für ein Pelton-Rad oder mehr als 6 Francis-Laufräder auf einer Welle nicht ausgeführt.

Schließlich soll noch an einem Beispiele die Anwendung der früher gegebenen Formeln erläutert werden. Gegeben sei eine Nutzfallhöhe von $H = 15{,}0$ [m] und ein Durchfluß $Q = 40$ [m³/sec] für einen Maschinensatz und die Turbine soll einen Drehstromerzeuger mit einer Drehzahl $n = 375$ unmittelbar antreiben. Soll eine Turbine mit nur einem Laufrad angewendet werden, so hat man eine spezifische Drehzahl $n_s = 1000$, der eine Kaplan-Turbine eben noch entspricht. Wollte man aus irgend welchen Gründen eine solche Kaplan-Turbine nicht ausführen, so müßten mehrere Laufräder auf einer Welle verwendet werden. Es könnten, je nachdem man

	2	3	4	5	6 Laufräder anwendet,
Propellerlaufräder mit n_s =	708	578	500	—	— oder
Hochschnelläufer mit n_s =	—	—	—	447	408

verwendet werden; Francis-Turbinen kämen selbst bei sechs Laufrädern auf einer Welle noch nicht in Frage. Sollte aus irgend einem Grunde unbedingt eine Francis-Turbine verwendet werden, so müßte zwischen die Turbine und den Stromerzeuger ein Stirnradgetriebe gelegt werden. Wird z. B. ein solches gewählt, das die Drehzahl im Verhältnis $1:10$ ins Schnelle steigert, so braucht die Francis-Turbine nur $\dfrac{375}{10} = 37{,}5$ Umläufe zu machen und dieser Turbine entspräche mit $n_s = 89$ ein Francis-Langsamläufer.

An dem vorgeführten Beispiel ist klar zu erkennen, daß Turbinen mit mehreren Laufrädern auf einer Welle durch Einfachturbinen hoher Schnelläufigkeit oder durch

Abb. 1592. Kammradgetriebe.

Einfach-Francis-Turbinen mit Stirnradvorgelege ersetzbar sind. Tatsächlich wird von diesem Ersatz stets Gebrauch gemacht, weil bei Einfachturbinen die Summe aus Maschinenkosten und Kostenanteil der Krafthausbauwerke niedriger ausfällt als bei Mehrfachturbinen.

Das früher erwähnte Zahnradgetriebe wird bei Turbinen mit stehender Welle und mit Leistungen bis etwa 1000 [PS], wenn man von dem nur bei ganz kleinen Anlagen möglichen geschränkten Riementrieb absieht, meist mit Kegelrädern bewirkt. Das Kegelradgetriebe hat den Vorzug, daß durch eine Turbine mit stehender Welle normale Stromerzeuger mit waagrechter zweimal gelagerter Welle angetrieben werden können. Die Kegelradgetriebe werden meist mit einem kleinen eisernen Ritzel und einem großen Kammrad mit eingesetzten Holzzähnen in Untergriff- oder Obergriffanordnung ausgeführt (Abb. 1592). Bei größeren Anlagen reichen die hölzernen Kammradzähne nicht mehr aus, man verwendet dann Stahlkegelräder. Bei großen Anlagen werden Stirnradgetriebe (Abb. 1593) angewendet, bei denen die Ritzelwelle lotrecht, so wie die Turbinen-

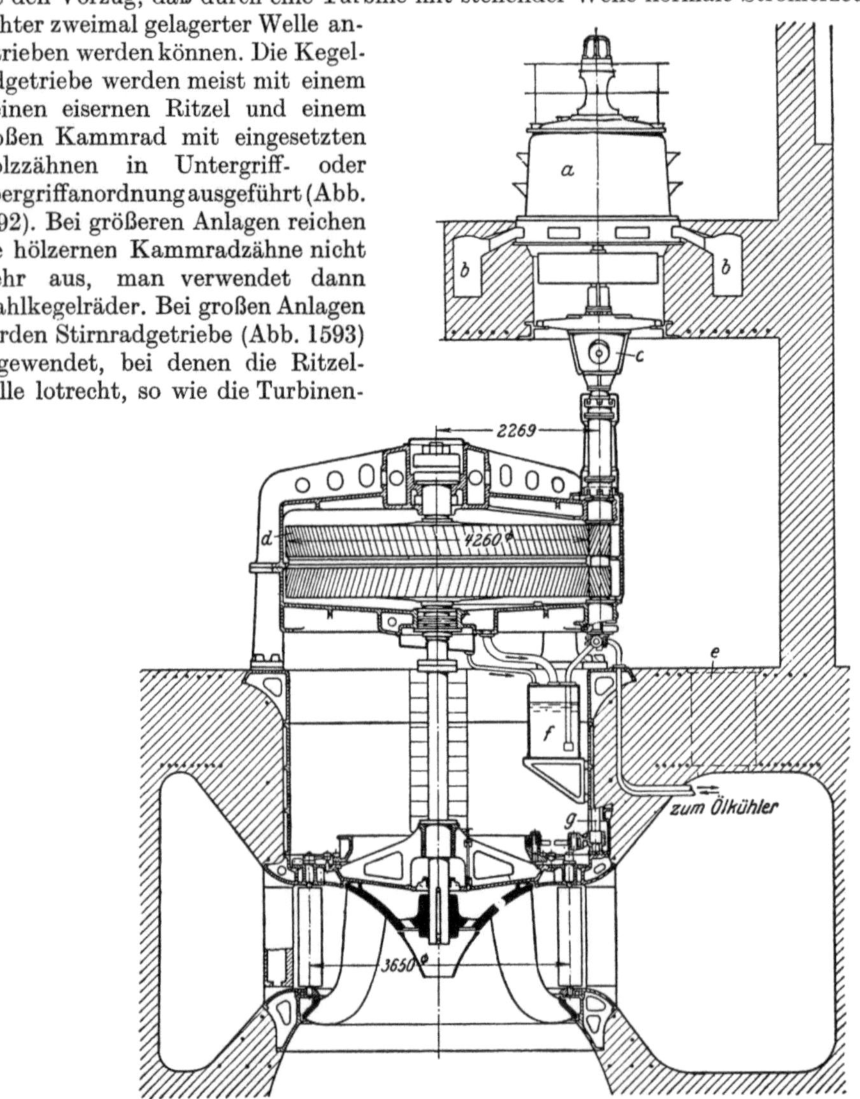

Abb. 1593. Francis-Turbine mit Stirnradgetriebe.

welle steht und kuppelt mit der Ritzelwelle unmittelbar den Stromerzeuger, der nun in Schirmbauart mit lotrechter Welle ausgeführt wird (Abb. 1593). Die Verzahnung wird als reine Stirnverzahnung (mit zur Welle parallelen Zähnen), als Schrägverzahnung, meist aber als Pfeilverzahnung gefräst. Das Getriebe wird fortgesetzt mit Drucköl bespült, das zur Kühlung durch Rohrschlangen läuft, die im Aufschlagwasserstrom stehen. Das Übersetzungsverhältnis solcher Getriebe kann sehr hoch gewählt werden; solche von 1 : 25 gelten nicht als außergewöhnliche; das höchste bisher ausgeführte Übersetzungsverhältnis beträgt 1 : 36. Ebenso wie für Turbinen mit lotrechter Welle werden auch Getriebe für Turbinen mit waagrechter Welle gebaut, doch ist ihre Anwendung in Wasserkraftanlagen eine seltene.

Wenn das Getriebe sorgfältig ausgeführt wird, so kann bei Vollast mit einem Wirkungsgrad von 99%, bei $^3/_4$-Last von 98,8% und bei Halblast von 98,4% gerechnet werden. Diese Verluste werden reichlich aufgewogen durch den besseren Wirkungsgrad raschlaufender Stromerzeuger, deren Anwendung durch das Getriebe ermöglicht wird; Messungen der Brown-Boveri-A. G.

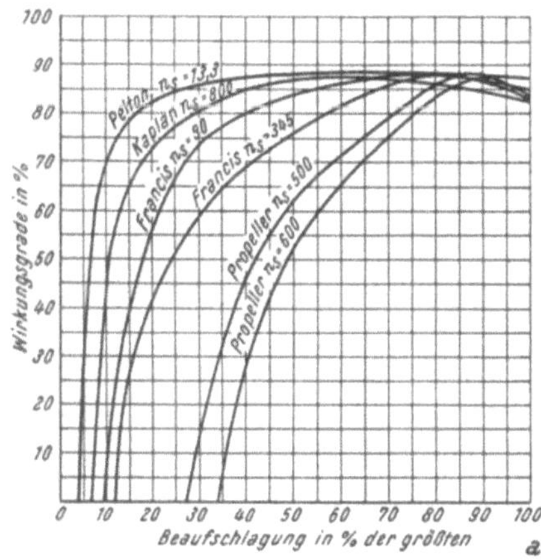
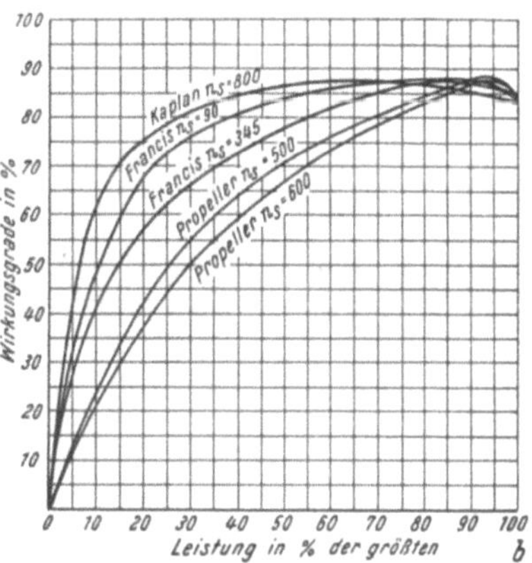

Abb. 1594. Gang des Wirkungsgrades in Prozenten des besten bei verschiedenen Beaufschlagungen bzw. Leistungen bei Turbinen verschiedener Schnelläufigkeit (n_s).

haben nämlich für einen 2000 [kVA]-Drehstromerzeuger in Schirmbauart die folgenden Wirkungsgrade ergeben:

Belastung		$^4/_4$	$^3/_4$	$^2/_4$	$^1/_4$	
Umläufe $n =$	93,3	$\eta = 93$	92	90	80,5	v. H.
„ $n =$	750	$\eta = 95$	94	92,5	90	v. H.

also einen Gewinn von 2 bis 9,5% bei der höheren Drehzahl.

Der Umstand, daß das Zahnradgetriebe mit so guten Wirkungsgraden arbeitet und die Verwendung billiger Francis-Turbinen ermöglicht, bewirkt, daß Francis-Turbinen mit Zahnradgetriebe in aussichtsreichen Wettbewerb mit der Kaplan-Turbine treten können.

Ausschlaggebend für die Entscheidung bei der Auswahl der Turbinenart dürfen aber nicht allein die Kosten der Maschinensätze und jene des entfallenden Krafthausanteiles sein, sondern es muß auch noch das Verhalten der Turbinen im Betriebe betrachtet werden. Vom betriebstechnischen bzw. wasserwirtschaftlichen Standpunkte aus beurteilt, ist jene Turbine die wertvollste, die das Wasser, das sie durchläuft, am besten ausnutzt; das geschieht in Turbinen, deren Wirkungsgrad sich in einem weiten Bereich

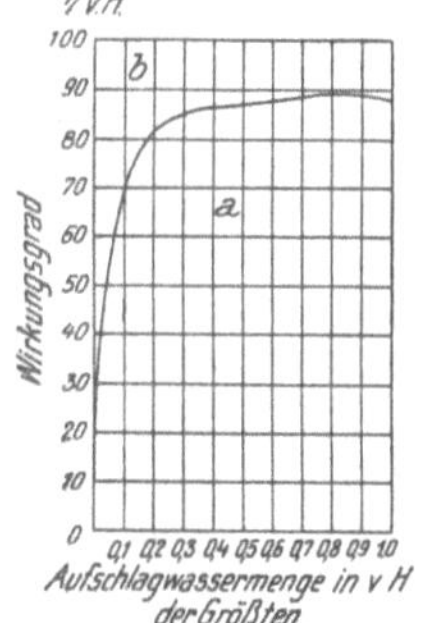

Abb. 1595. Gang des Turbinenwirkungsgrades in Abhängigkeit von der Beaufschlagung.

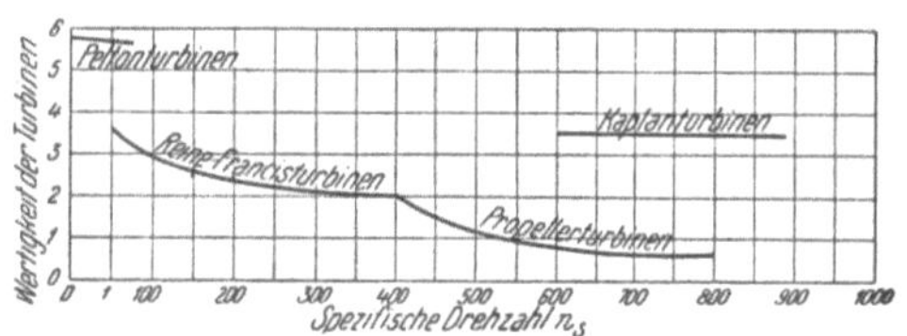

Abb. 1596. Wasserwirtschaftliche Wertigkeit der verschiedenen Turbinenarten.

der Beaufschlagung nur wenig ändert; besonders hohem Wirkungsgrad, der aber stark abfällt, wenn die Beaufschlagung geändert wird, kommt nur selten besondere Bedeutung zu, nämlich nur dann, wenn es möglich ist, die betreffende Turbine stets mit ihrem besten Wirkungsgrad laufen zu lassen.

Die Erfahrung hat nun gelehrt, daß zu jeder spezifischen Drehzahl n_s auch ein ganz bestimmter charakteristischer Gang des Wirkungsgrades, bezogen auf die Beaufschlagung gehört. Je höher die spezifische Drehzahl n_s ist, um so ungünstiger ist im wasserwirtschaftlichen Sinn der Gang des Wirkungsgrades, wie ein Blick in die Abb. 1594 lehrt; nur die Kaplan-Turbinen weisen, vermöge ihrer drehbaren Laufradschaufeln, einen Gang des Wirkungsgrades auf, der nahe bis an jenen guter Peltonräder heranreicht. Wird der Gang des Wirkungsgrades in Abhängigkeit von der Beaufschlagung aufgetragen, wie es in der Abb. 1595 geschehen ist, so kann durch das Flächenverhältnis

$$W = \frac{a}{b}$$ die wasserwirtschaftliche Wertigkeit einer Turbine durch

eine Ziffer ausgedrückt werden. Diese Wertigkeiten sind in der Abb. 1596 für verschiedene Turbinenarten eingetragen; die Auftragung läßt die weitgehende wasserwirtschaftliche Überlegenheit der Kaplan-Turbine über die Propellerturbine deutlich erkennen.

Mit Rücksicht auf die Baukosten trachtet man im Maschinenhaus wenige, aber große Maschinensätze aufzustellen. Die Ermittlung der aufzustellenden Zahl von Maschinensätzen liefert eine Betrachtung des Ganges der verfügbaren Durchflüsse im Jahr, des Ganges der Werksbelastung und des Wirkungsgrades der Maschinen; die Unterteilung soll so erfolgen, daß die Maschinen stets im Bereich der guten Wirkungsgrade arbeiten. Auftragungen, wie sie z. B. für zwei Maschinensätze in der Abb. 1597 durchgeführt sind, erleichtern die anzustellenden Überlegungen.

Abb. 1598.   Fliehkraftpendel.
(J. M. Voith, Heidenheim.)

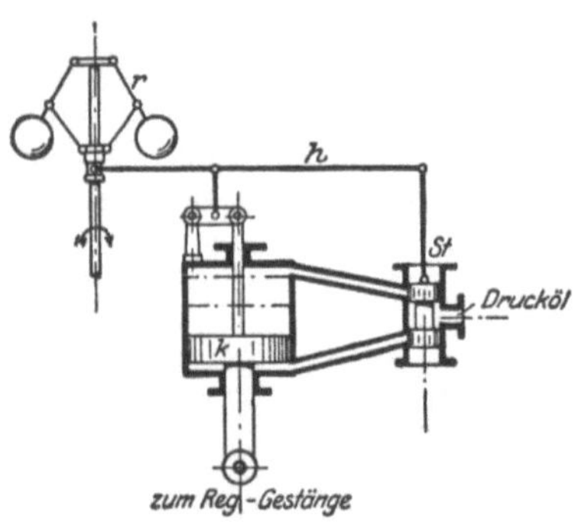

Abb. 1597.   Beziehung zwischen Beaufschlagung und Leistung bei Propeller- und Kaplan-Turbinen. ($n = 800$.)

g) Die Regler der Turbinen.

Jede Turbine muß, weil sich ihre Drehzahl n bei Belastungsschwankungen ohne besondere Vorkehrungen ändern würde, eine Regelung erhalten, die die Aufschlagwassermenge entsprechend der Belastung verstellt; bei Vollturbinen besteht sie aus den um das Laufrad liegenden drehbaren Leitschaufeln, bei den Peltonturbinen aus verstellbaren Düsen. Die Verstellung der Regelung erfolgt bei kleinen, einfachen Anlagen, bei denen man auf eine genaue Einhaltung der Drehzahl keinen großen Wert legt, von Hand, bei großen Anlagen, bei denen die Verstellung große Kräfte erfordert und insbesondere dann, wenn mehrere Maschinen mit genau gleicher Drehzahl parallel arbeiten müssen, durch eigene Maschinen, die Regler genannt werden.

Ein Regler besteht aus einem Flüssigkeitsmotor (Servomotor oder Kraftschalter), der mit Drucköl von 5 bis 25 [at] Pressung betätigt wird und die Regelung verstellt, und einer äußerst empfindlichen Einrichtung, die den Kraftschalter bei Drehzahländerungen der Turbine steuert, deren wichtigster Teil das Fliehkraftpendel ist (Abb. 1598).

Ein einfacher Regler ist schematisch in der Abb. 1599 dargestellt; ändert sich die Belastung der Turbine, wird sie z. B. entlastet, so nimmt die Drehzahl zu. Infolge der höheren Drehzahl entfernen sich die Gewichte des Fliehkraftpendels von der Welle und ziehen hiebei die Reglermuffe hoch, wobei sich der rechte Arm des Hebels h senkt und das Steuerventil

Abb. 1599.   Einfacher Regler.

St herabschiebt. Das Drucköl kann nun unter den Kolben K des Kraftschalters gelangen, hebt ihn, betätigt das Reglergestänge und drosselt auf diese Weise den Zufluß zum Laufrad. Gleichzeitig mit der Verschiebung des Reglergestänges durch den Kolben K hat dieser aber auch den Drehpunkt des Hebels h verschoben. Bei der besprochenen Belastungsänderung steht nach beendeter Reglertätigkeit der Kolben K des Kraftschalters (Servomotors) etwas höher als früher und der Steuerkolben St wird durch den Hebel h in die

Ruhestellung zurückgeführt. Dieser Vorgang wird als Nachführung bezeichnet. Der Drehpunkt des Hebels h bleibt aber dauernd höher als früher; dadurch wird aber auch die Reglermuffe höher gehalten und einer höheren Lage derselben entspricht eine etwas höhere Drehzahl der Turbine. Die entlastete Turbine läuft daher schneller als die belastete und das Reglerdiagramm verläuft nach der Abb. 1600. Ohne Nachführung würde die Erreichung eines Beharrungszustandes fast unmöglich, weil der Regler hin und her pendelnd fast stets zu weit öffnen bzw. schließen würde.

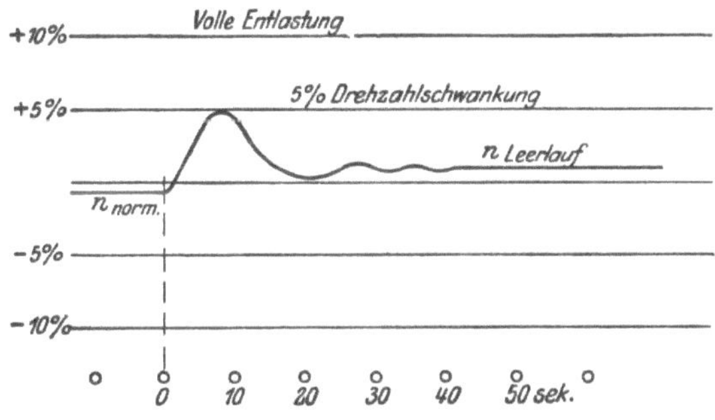

Abb. 1600. Diagramm eines einfachen Reglers.

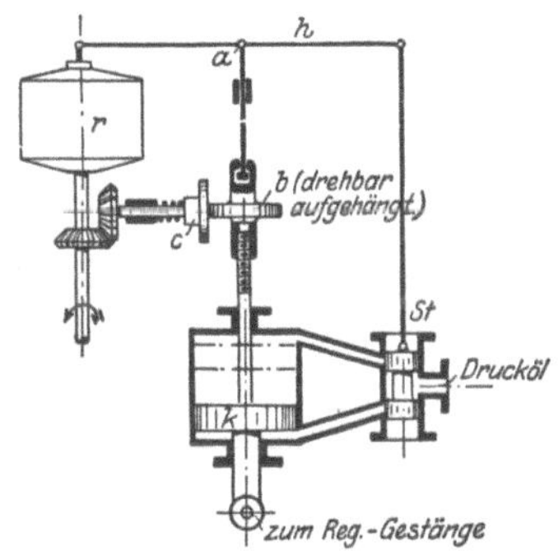

Abb. 1601. Regler mit nachgiebiger Rückführung.

Ein einfacher Regler reicht für Anlagen, die Gleichstrom liefern, aus; bei großen Anlagen, die Drehstrom liefern, muß aber konstante Drehzahl ohne Rücksicht auf die Belastung gefordert werden, und um diese Forderung zu erfüllen, ist dann noch ein weiteres Glied, die sogenannte nachgiebige Rückführung nötig. In der Abb. 1601 ist schematisch ein solcher Regler mit einer nachgiebigen Rückführung, die durch Reibräder c betätigt ist, dargestellt; ein solcher Regler wird Isodromregler genannt. Die Wirkungsweise ist ähnlich wie beim früher beschriebenen; liegt aber nun z. B. nach Entlastung der Turbine der Drehpunkt a des Hebels h zu hoch, so gerät die waagrechte Reibscheibe b aus dem Mittelpunkt der lotrechten, durch die Welle des Fliehkraftpendels angetriebenen heraus und wird durch die letztere so lange gedreht, bis die durch die unter der waagrechten Reibscheibe b liegende Verschraubung bewirkte Verkürzung des lotrechten Gestänges den Hebeldrehpunkt a wieder in seine normale Lage zurückführt. Dann ist auch die waagrechte Reibscheibe b wieder genau in jener Höhenlage, in der ihr Berührungspunkt mit der angetriebenen Scheibe in deren Mitte liegt und in der sie nicht mehr bewegt wird.

Eine andere nachgiebige Rückführung ist in dem in den Abb. 1602 und 1603 dargestellten Regler eingebaut; auch bei dieser ist das Gestänge, das den Hebeldrehpunkt trägt, in seiner Länge verstellbar. Statt einer Schraube ist hier ein mit Öl gefüllter Zylinder (18) eingebaut, in dem sich ein Kolben mit zwei engen Ventilen bewegt. Bei raschen Bewegungen kann der Kolben als starr im Zylinder sitzend angesehen werden, weil das Öl nur langsam durch das entsprechende Ventil entweicht; rasche Bewegungen macht der Hebeldrehpunkt mit. Die Federn führen den Hebeldrehpunkt aber wieder in seine Normallage zurück und üben

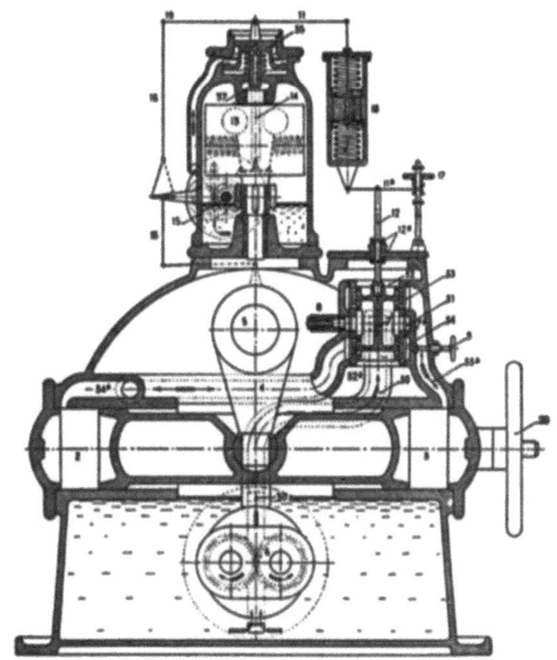

Abb. 1602. Windkesselloser Regler von Escher Wyss & Co.

dabei einen Druck auf den Kolben aus, der langsam (durch das Öl gebremst) seine der Belastung der Turbine entsprechende Lage einnimmt. Nun kann es aber vorkommen, daß noch vor Erreichung dieser Lage die Federspannung nicht mehr hinreicht, die Bewegungswiderstände des Kolbens zu überwinden, so daß doch die

Abb. 1603. Regler von Escher Wyss & Co.

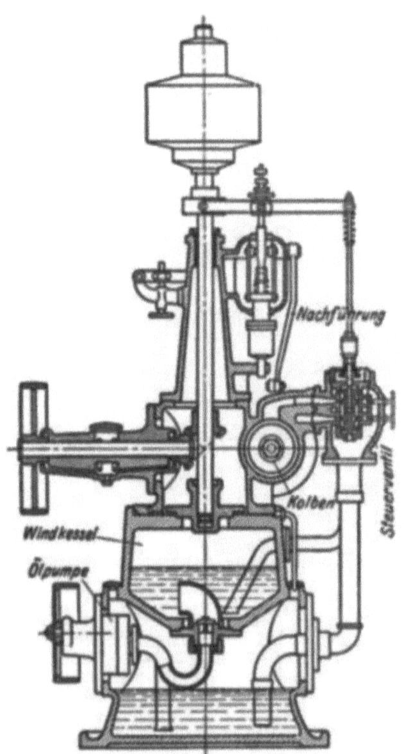

Abb. 1604. Regler mit Windkessel. (Escher
Wyss & Co.)

normale Drehzahl wieder nicht genau eingestellt wird;
diese Erscheinung wird Unempfindlichkeit der
Isodromvorrichtung genannt. Sie kann durch besondere Einrichtungen auch noch ausgeschaltet
werden.

Bei kleineren Reglern ist im Unterbau des Reglers
noch eine Ölpumpe untergebracht (Abb. 1604), die
das für die Betätigung des Kraftschalters erforderliche Drucköl liefert und ein Windkessel, in dem ein
kleiner Druckölvorrat gespeichert wird. Bei größeren
Anlagen kann auch für alle Kraftschalter des
Kraftwerkes eine mit entsprechenden Reserven aus-
gestattete zentrale Ölpumpanlage eingerichtet werden.
Um die Regler zu verbilligen, werden für kleinere
Anlagen auch windkessellose Regler (Abb. 1602
und 1603) gebaut, bei denen aber dann die Ölpumpen
so groß gehalten werden müssen, daß sie das für
vollen Abschluß nötige Öl in der erforderlichen Zeit
zu liefern vermögen. Um die Turbine in Gang
setzen zu können, muß der Leitapparat geöffnet
werden; da bei windkessellosen Reglern und stehender Turbine kein Preßöl zur Betätigung des Kraftschalters vorhanden ist, muß der Leitapparat bei
der Ingangsetzung mit der Hand mittels eines
Schraubenzuges, der in der Abb. 1603 zu erkennen
ist, geöffnet werden. Schließlich sei noch erwähnt,
daß jeder Regler zur willkürlichen Verstellung der
Drehzahl von Hand, bei größeren Anlagen auch
durch einen kleinen Elektromotor, der vom Befehlsraum aus betätigt werden kann, ausgerüstet wird.

Regler werden in der Regel durch Riemen von der
Turbinenwelle aus angetrieben; um beim Herabfallen des
Riemens ein Durchgehen zu verhüten, werden Sicherheits-
vorrichtungen angebracht, die beim Versagen des Regler-
antriebes die Turbine abstellen. In der Abb. 1605 ist als
Beispiel eine derartige Einrichtung von J. M. VOITH dargestellt. Am Antriebriemen des Pendels liegt eine in Kugellagern
laufende Rolle, die bei einem Riemenbruch herabfällt und die
Verriegelung löst, so daß die Feder den Hebel hinaufdrückt,
der das Regelventil auf „Schließen" stellt. Bei großen Anlagen wird auch elektrischer Antrieb des Reglers angewendet.

Die Regelung der Kaplan-Turbine erfolgt, wie schon erwähnt worden ist, durch Verstellung sowohl der Leitschaufeln
als auch der Laufradschaufeln. Zur Verstellung der Leitschaufeln wird ein Regler mit Kraftschalter, wie er bei den
Vollturbinen üblich ist, verwendet; die Verstellung der Lauf-
schaufeln erfolgt bei kleinen Anlagen durch denselben Kraftschalter, in dem ein eigenes Gestänge zu den Schaufeln
geführt wird. Bei großen Anlagen befindet sich für die Lauf-
schaufelverstellung ein eigener Kraftschalter in der Nabe des
Flügelrades, der durch Preßöl betätigt und durch das Gestänge
des sogenannten Kombinators (Abb. 1554) gesteuert wird.
Sowohl die Preßölzu- und -ableitung als auch die Steuerung
des Kraftschalters sind durch die hohle Stromerzeuger- und
Turbinenwelle in die Nabe hinabgeführt.

Doppelregler für Gehäuseturbinen. Wenn den Turbinen das
Wasser durch lange Rohrleitungen zufließt, so ruft der Regler
bei raschem Abschluß des Leitapparates (bei zeitgemäßen
Reglern erfolgt vollständiger Abschluß innerhalb von etwa
2 Sekunden) in der Rohrleitung Druckanschwellungen hervor, die die Kosten der Rohre wesentlich erhöhen würden.
Solche Druckanschwellungen können vermieden bzw. in
engen Grenzen gehalten werden, wenn unmittelbar an der
Turbine ein vom Regler gesteuertes Ventil, der sogenannte

Druckregler, eingebaut wird, der beim raschen Schließen des Leitapparates so weit geöffnet wird, daß das vom Laufrad abgesperrte Wasser in das Unterwasser entweichen kann. Unmittelbar nach dem Schließen des Leitrades bleibt dann der Durchfluß durch die Druckrohre unverändert und der Druckregler schließt nach beendeter Reglertätigkeit langsam den Abfluß wieder ab, so daß also die Druckanschwellungen im Druckrohr wesentlich herabgesetzt sind.

Bei kleineren Anlagen wird der Druckregler, wie es in der schematischen Darstellung der Abb. 1606 und in den Ansichten der Abb. 1607 und 1608 zu erkennen ist, durch ein Gestänge vom Kraftschalter des Turbinenreglers geöffnet und vom Wasserdruck wieder geschlossen, wobei die Schließbewegung durch eine eigene Ölbremse verlangsamt wird. Bei großen Druckreglern wird die Schließbewegung durch einen am Ventil selbst angebauten Kraft-

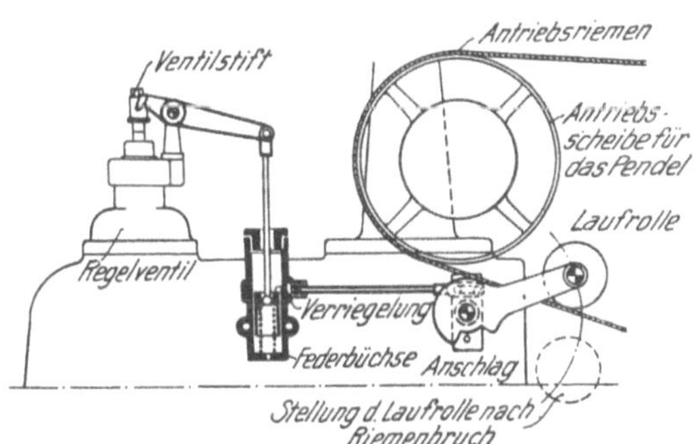

Abb. 1605. Sicherheitsvorrichtung von J. M. Voith zur Abstellung der Turbine bei Bruch des Riemens zum Regler.

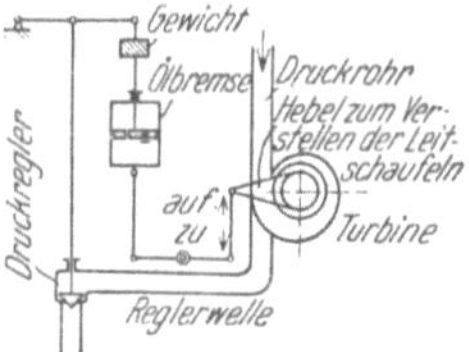

Abb. 1606. Schema eines Druckreglers.

schalter besorgt, der mit Preßöl angetrieben und vom Turbinenregler gesteuert wird, während die Öffnung durch das Wasser selbst erfolgt. Bei Anlagen, die gleichbleibenden Wasserabfluß erfordern, kann der Druckregler noch mit einer einstellbaren Begrenzung der Schließbewegung ausgerüstet werden.

In Anlagen mit wechselndem Wasserzufluß muß auch darauf gesehen werden, daß der Verbrauch annähernd mit dem Zuflusse im Einklang steht. Es werden bei solchen Anlagen die Regler mit einer Öffnungsbegrenzung ausgerüstet, die vom Werksgraben aus durch Schwimmer- oder Druckluftübertragung gesteuert werden, derart, daß sie den Leitapparat nicht weiter öffnen können, als es dem Zufluß entspricht.

Die Steuerung durch Schwimmer ist nur bei kleinen Entfernungen sicher möglich, bei größeren Entfernungen wird ein Fernschwimmer angewendet, der den Regler derart betätigt, daß der Oberwasserspiegel eine konstante Lage beibehält. In der Abb. 1609 ist schematisch eine Fernschwimmereinrichtung und in der Abb. 1610 ein Schnitt durch den Fernschwimmer selbst dargestellt. Vom Fernschwimmer bis zu jener Stelle, an der der Wasserspiegel konstant gehalten werden soll, führt eine Luftleitung aus Gasrohren, die mit ihrem oberen Ende in das Wasser etwa $h = 0{,}20$ [m] tief taucht; ihr unteres Ende ist an den Schwimmerbehälter angeschlossen. Eine kleine Luftpumpe fördert dauernd Luft in die Rohrleitung, die fortgesetzt am oberen Leitungsende austritt; die Luft erreicht einen Druck, der der Tauchtiefe h des Rohres entspricht. Im Fernschwimmergehäuse ist eine Luftglocke lotrecht beweglich eingebaut, unter der das Luftrohr mündet, so daß also auch der Raum unter der Glocke unter dem Drucke h steht. Die Glocke erleidet dadurch einen Auftrieb, dem die Schraubenfeder entgegenwirkt, so daß die Glocke genau mit dem Oberwasserspiegel auf und ab geht. Die Bewegung wird durch ein Gestänge, das in der in Abb. 1609 deutlich zu erkennen ist, zur

Abb. 1607. Spiralturbine mit Druckregler (im Vordergrund). (J. M. Voith, Heidenheim.)

Beeinflussung des Reglers benutzt. Um bei verlegtem Rechen eine Entleerung der Einlaufkammer zu vermeiden, wird noch ein in der Abb. 1609 strichliert gezeichnetes Rohr hinter dem Rechen angeordnet, das etwas tiefer taucht, als jenes vor dem Rechen. Wenn der Rechen stark verlegt ist, so sinkt der Spiegel hinter ihm so lange, bis das Luftrohr frei wird; dann entweicht die Luft und der Fernschwimmer stellt die Turbine ab. Auf diese Weise wird der Rechen vor Überlastung bewahrt und der Wärter zur Reinigung gezwungen. Der Wasserspiegel wird mit einer Schwankung von höchstens 0,06 bis 0,07 [m] in der geforderten Lage erhalten. Für die Luftleitung wird gewählt:

bei einer Rohrlänge von 1—60	60—225	225—650	650—1500	1500—6000 [m]
eine Rohrweite von 20	25	32	38	50 [mm].

Abb. 1608. Einrad-Francis-Turbine mit stehender Welle in Gußspirale, mit Außenregelung. Links der Druckregler. (Escher Wyss & Co.)

Der Fernschwimmer kann auch dazu verwendet werden, bei wechselnden Fallhöhen die Turbine so einzustellen, daß ein konstanter Durchfluß abläuft; dieser Fall tritt ein, wenn bei einer Kraftanlage ein Gegenbecken errichtet werden muß, aus dem ein ausgeglichener Wasserdurchfluß abläuft und bei dem die Fallhöhe zwischen dem jeweiligen Wasserspiegel im Gegenbecken und im Flusse auch zur Energiegewinnung ausgenutzt werden soll. In den Abb. 1611 und 1612 sind zwei Anordnungen für die Einstellung eines konstanten Durchflusses durch die Turbine dargestellt. Bei der in der Abb. 1611 angedeuteten Einrichtung wird zur Regelung des Durchflusses der Spiegelhöhenunterschied beiderseits einer Spannschütze verwendet, die auf den abzuleitenden Durchfluß eingestellt wird. Bei stark schwankenden Fallhöhen wird die Anlage besser nach

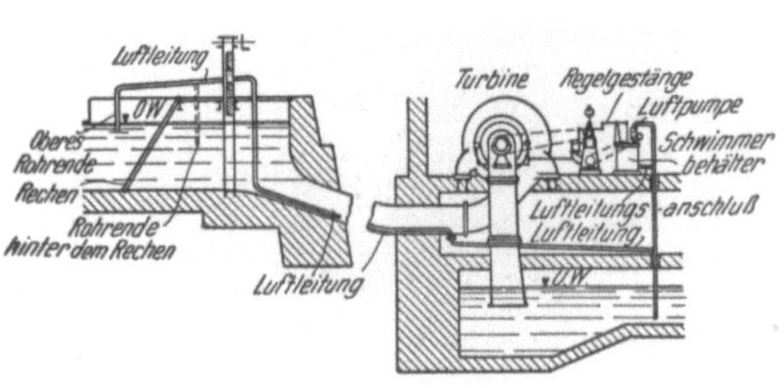

Abb. 1609. Fernschwimmer zum Konstanthalten des Oberwasserspiegels.

der Abb. 1612 ausgebildet. Dort wird in der in der Abb. 1612 ersichtlichen Weise eine Luftleitung vom Oberwasser zum Luftraume des Schwimmkastens und eine zweite Luftleitung vom Unterwasser zum Schenkel eines U-Rohres geführt, das mit einer Anzeigeflüssigkeit erfüllt ist. In beide Luftleitungen fördert je eine

Luftpumpe Luft, die eine Spannung erreicht, die der Eintauchtiefe des betreffenden Rohres entspricht. Im U-Rohre stellt sich ein Spiegelhöhenunterschied ein, der bis auf einen konstanten Betrag der Fallhöhe zwischen Oberwasser und Unterwasser entspricht. Der konstante Betrag entspricht der Fallhöhe, die bei gleicher Tauchtiefe beider Rohre, also gleicher Spiegellage in den beiden Schenkeln des U-Rohres herrscht. Die Bewegungen des Schwimmers werden zur Steuerung des Durchflusses durch die Turbine benützt; damit der Schwimmerweg kleiner ist, ist der eine Schenkel des U-Rohres weit ausgeführt.

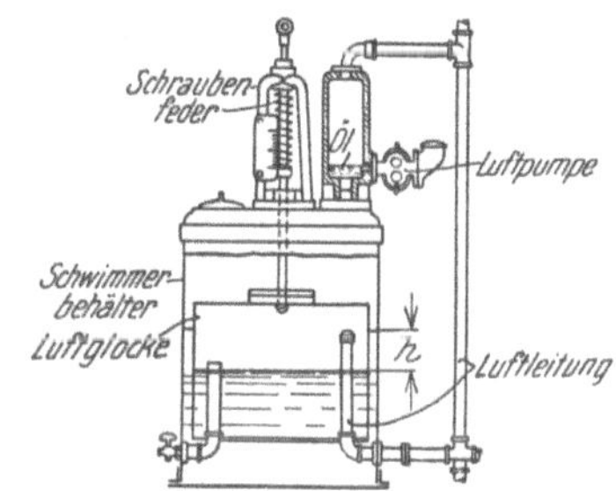

Abb. 1610. Schnitt durch den Fernschwimmer von J. M. Voith.

Doppelregler für Freistrahlturbinen. In der Abb. 1613 ist ein Doppelregler für eine Strahlturbine (Peltonrad) dargestellt. Die Ableitung des Wasserüberschusses vom Laufrad geschieht hier durch einen Strahlablenker, der in den Strahl hineinschneidet. Bei einer plötzlichen Entlastung geht die Reglermuffe in die Höhe und das Steuerventil *st* läßt Preßöl von oben auf den Kolben *k* des Kraftschalters wirken, der nun den Hebel *h* herabdrückt und den Strahlablenker *a* in den Strahl einschiebt. Die Nadel hat, nachdem sich der Hebel gesenkt hat, entsprechend der Öse *s* Spiel und wird durch Druckwasser, das durch eine enge Bohrung aus dem Druckrohr in den Zylinder des Nadel-Kraftschalters gelangt, langsam vorgetrieben, wodurch der Durchfluß durch die Düse gedrosselt wird. Der weitere Vorschub der Nadel wird nun wieder durch den Hebel *h* gehemmt und die Bewegung der Nadel und des Strahlablenkers sind so abgestimmt, daß bei jeder Dauerstellung die Schneide des Ablenkers den Strahl gerade berührt. Der Kolben *k* führt während seiner Abwärtsbewegung das Steuerventil wieder in die Normalstellung zurück. Bei Anwendung dieses Reglers läuft die unbelastete Turbine rascher als die belastete; würde konstante Drehzahl verlangt, so müßte er mit einer nachgiebigen Rückführung ausgestattet werden. Bei größeren Anlagen erhält auch der Strahlablenker einen eigenen, durch Preßöl angetriebenen Kraftschalter; das Schema eines solchen Doppelreglers mit nachgiebiger Rückführung, dessen Wirkungsweise ohneweiters klar ist, gibt die Abb. 1614 wieder.

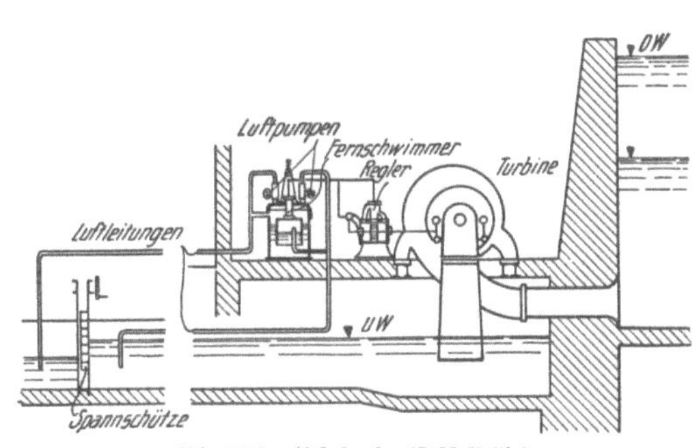

Abb. 1611. Abflußregler. (J. M. Voith.)

Regelung bei Parallelbetrieb. Solange einzelne Turbinen zu regeln sind, die Arbeitsmaschinen unmittelbar antreiben, braucht wohl an die Regelung keine besonders hohe Anforderung gestellt werden und man kommt mit Handregelung oder einfachen selbsttätigen Reglern aus. Arbeiten aber mehrere, von Turbinen angetriebene Stromerzeuger, besonders Wechsel- oder Drehstromerzeuger auf ein gemeinsames Netz, so muß auf die genaue Einhaltung der vorgesehenen Drehzahlen besonderer Wert gelegt werden und man greift, wie schon erwähnt worden ist, zu den sogenannten Isodromreglern.

Für die Güte der Regulierung ist nun die Zeit maßgebend, innerhalb der vom Regler die der Belastungsänderung entsprechende Durchflußänderung bewerkstelligt wird und mit welchem Genauigkeitsgrad er bei verschiedenen Belastungen die vorgeschriebene Drehzahl einzuhalten vermag. Diese erstere Zeit wird Öffnungs- bzw. Schließzeit T genannt und sie soll bei guten Reglern nur einige Sekunden betragen. Wie schon früher auseinandergesetzt worden ist, halten die Regler die Drehzahl nicht bei jeder Belastung genau auf derselben Höhe; bezeichnet n_v die Drehzahl bei Vollast, n_l jene bei Leerlauf, so wird der Bruch

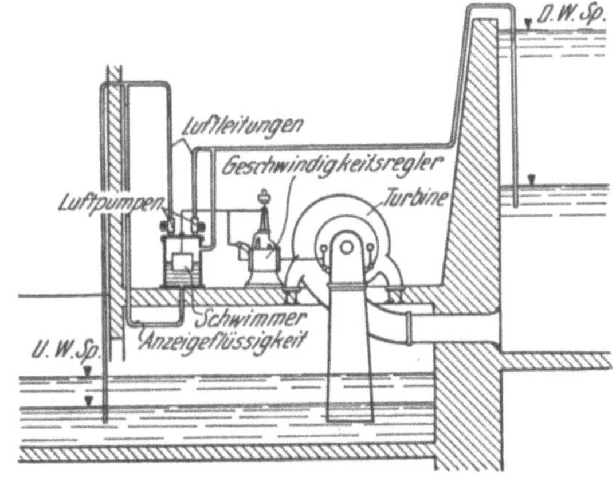

Abb. 1612. Abflußregler bei stark schwankenden Fallhöhen. (J. M. Voith.)

$$\vartheta = \frac{n_l - n_v}{{}^{1}/_{2}\,(n_l + n_v)} \qquad (1234)$$

als *Ungleichförmigkeit der Regelung* bezeichnet. Infolge der Reibung und der sonstigen Widerstände im Fliehkraftpendel, im Gestänge und im Steuerventil wird der Regler überhaupt erst in Tätigkeit treten, wenn die Drehzahlüber- oder Unterschreitung ein gewisses Maß erreicht, das Unempfindlichkeit der Regelung genannt wird und etwa 0,1 bis 0,3% betragen kann.

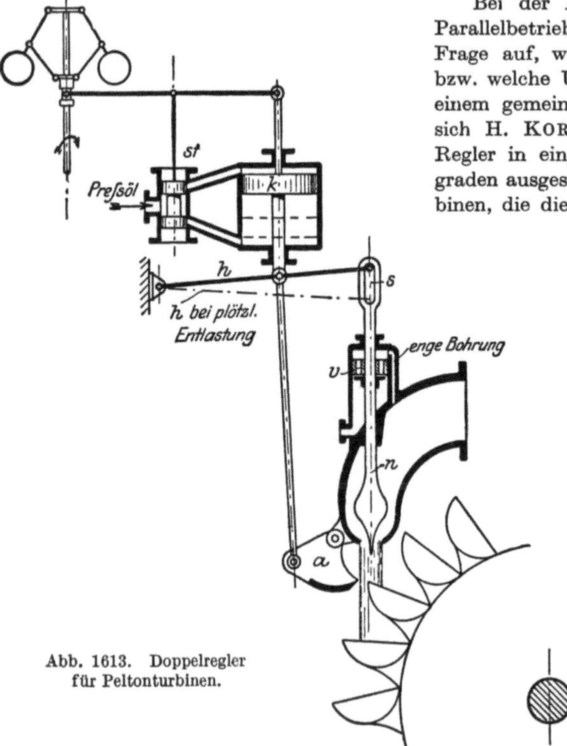

Abb. 1613. Doppelregler für Peltonturbinen.

Bei der Beschaffung von Reglern für Turbinen, die im Parallelbetrieb auf ein gemeinsames Netz arbeiten, tritt die Frage auf, welcher Ungleichförmigkeitsgrad noch zulässig ist, bzw. welche Ungleichsförmigkeitsgrade verschiedener Regler in einem gemeinsamen Netz haben dürfen. Mit dieser Frage hat sich H. KORN eingehend befaßt und nachgewiesen, daß die Regler in einem Netz mit verschiedenen Ungleichförmigkeitsgraden ausgestattet sein müssen, derart, daß er bei jenen Turbinen, die die hauptsächlichsten Schwankungen der Belastung aufzunehmen haben, am kleinsten ist. In einem großen Netz werden immer sogenannte Laufwerke und Spitzenwerke zusammen arbeiten. In Laufwerken, bei denen Wasserspeicherung nur in ganz geringem Maße möglich ist, werden die Regler mit größerer Ungleichförmigkeit aufgestellt und man erreicht auf diese Weise, daß der größte Teil der Leistungsänderungen im Netze von den Speicherwerken aufgenommen wird. Erst wenn die Turbinen der Spitzenwerke gänzlich entlastet sind, beginnen die Regler der Laufwerke ihre Tätigkeit. Das Bestreben, die Reglerarbeit in einem Netz dem Spitzenwerk zu übertragen, wird noch durch eine entsprechende Bemessung der Schwungmassen der einzelnen Maschinensätze unterstützt, da in einem Verbundbetrieb der Regler desjenigen Maschinensatzes zuerst in Tätigkeit treten wird, bei dem die Abweichung vom Beharrungszustand am ersten die Grenzen der Unempfindlichkeit des Pendels überschreitet; man wird daher, soweit es die Druckrohrleitung zuläßt, dem Spitzenwerke kleinere Schwungmassen geben als dem Laufwerke.

Wie schon auf Seite 865 erläutert worden ist, stellen sich bei plötzlichen Belastungsänderungen trotz der Tätigkeit des Reglers vorübergehende Drehzahlschwankungen ein, die sich im Parallelbetrieb von Stromerzeugern störend bemerkbar machen. Bei der Bestellung einer Turbine werden daher in solchen Fällen scharfe Bedingungen hinsichtlich des Reguliervorganges gestellt und man verlangt von solchen Reglern,

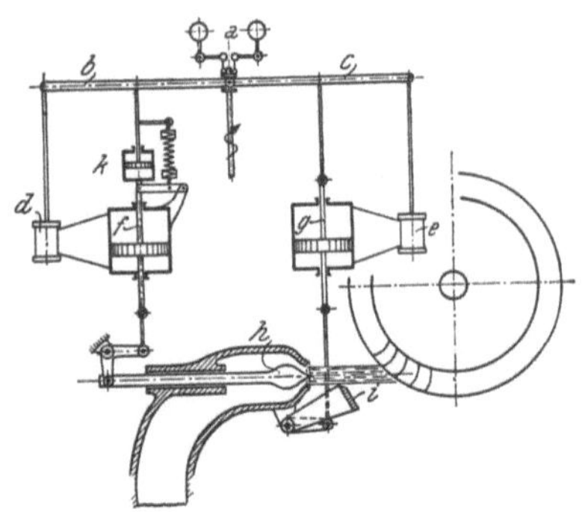

Abb. 1614. Isodromdoppelregler für Peltonturbinen. *a* Fliehkraftpendel, *d, e* Steuerventile, *f, g* Kraftschalter, *h* Düsennadel, *i* Strahlablenker, *k* nachgiebige Rückführung. (Nach O. MOHR und G. v. NOELTSCH.)

daß bei Belastungsänderungen von ...... $\mp 25\%$ $\mp 50\%$ -100%

die äußersten Drehzahlschwankungen .... $\pm 1,5\%$ $\begin{array}{c}+ 2,5\% \\ - 3,0\%\end{array}$ $+ 5\%$

nicht überschreiten dürfen.

Diese kurze Schilderung der Tätigkeit der Regler bei Parallelbetrieb in einem Netz wurde gegeben, um dem Bauingenieur einen Einblick in die verwickelten Verhältnisse zu geben, mit denen bei der Bemessung des Reglers für eine Turbine unter Umständen zu rechnen ist. Die Entscheidung für die Art und Weise der Regelung eines Maschinensatzes bleibt selbstverständlich ausschließlich Sache des auf diesem Spezialgebiete eingearbeiteten Maschineningenieurs.

Das Schwungrad. Die Frage, ob ein Maschinensatz mit einem Schwungrad ausgerüstet werden soll, läßt sich nicht allgemein beantworten. Maßgebend sind einerseits die Anforderungen, die an den Betrieb hinsichtlich der Gleichförmigkeit der Drehzahl gestellt werden, anderseits die Art der Netzbelastung, der Wasserzuleitung und die Beschaffenheit des angewendeten Reglers. Bei Turbinen, die mit Drehstromerzeugern unmittelbar gekuppelt sind, ist die nötige Schwungmasse in der Regel vorhanden oder im Läufer des Stromerzeugers leicht unterzubringen, so, daß also das Schwungrad nur in Ausnahmsfällen zur Anwendung kommen wird. Als Beispiel für den Zusammenbau einer Turbine mit einem Schwungrad sei auf die Abb. 1615 verwiesen.

Schrifttum.

CAMMERER, C.: Vorlesungen über Wasserkraftmaschinen. 2. Aufl. W. Engelmann, Leipzig. 1924. — HOLL-TREIBER: Die Wasserkraftmaschinen. Sammlung Göschen. Nr. 541, 542. — KORN, H.: Turbinenregelung mit Rücksicht auf die Erfordernisse größerer Drehstrom- oder Wechselstromnetze. Die Wasserwirtsch. 1926. S. 217.   QUANTZ, L.: Wasserkraftmaschinen. Springer-Verlag. Berlin. — SCHMITTHENNER, C.: Eine genaue Prüfung der lotrechten Stellung von Turbinenwellen. Wasserkraft und Wasserwirtsch. 1937. S. 291. — THOMA, D.: Die neuere Entwicklung der Turbinenregler. Wasserkraftjahrbuch. 1924. S. 541. — REFERAT: Das Rheinkraftwerk Ryburg-Schwörstadt. Bauing. 1929. S. 925. — REFERAT: Neuere Bauformen hydroelektrischer Maschinensätze für Niedergefälle. Wasserkr. und Wasserwirtsch. 1940. S. 68.

Abb. 1615. Doppel-Francis-Turbine mit liegender Welle in Gußspirale. Links der Regler, rechts ein Schwungrad und die elastische Kupplung. (Escher Wyss & Co.)

h) Der Einbau der Turbinen.

Bei der Betrachtung des Einbaues der Turbinen ist es zweckmäßig, die Maschinenhäuser nach der Art der Wasserzuleitung zum Leitrad zu scheiden.

Krafthäuser mit Schachtturbinen werden nur bei Fallhöhen bis etwa 20 [m] angewendet. Bei Krafthäusern mit Schachtturbinen steht die Turbine im Schacht im Wasser. Bei Turbinen mit lotrechter Welle steht das Krafthaus über dem Schacht, wie es die Abb. 1616 bis 1618 andeuten. Als Stromerzeuger kann ein solcher in Schirmbauart mit lotrechter Welle verwendet werden oder es wird über der Turbine ein Kammradgetriebe und ein raschlaufender Stromerzeuger mit waagrechter Welle eingebaut. Das Leitrad muß stets 1,5 bis 2 [m] unter dem Wasserspiegel liegen, um das Einsaugen von Luft zu verhindern; wenn diese Wasserüberdeckung nicht ohne weiteres gewährleistet ist, wird die Turbine in einem sogenannten Heberschacht, so, wie es die Abb. 1618 andeutet, eingebaut. Die Luft im Heberschacht wird mit einer Pumpe abgesaugt. Zur fortlaufenden Ableitung von Luft, die sich im Heberschacht aus dem Wasser abscheidet, kann dieser Raum durch eine Rohrleitung mit dem Anfang des Saugrohres, wo ja Unterdruck herrscht, verbunden werden.

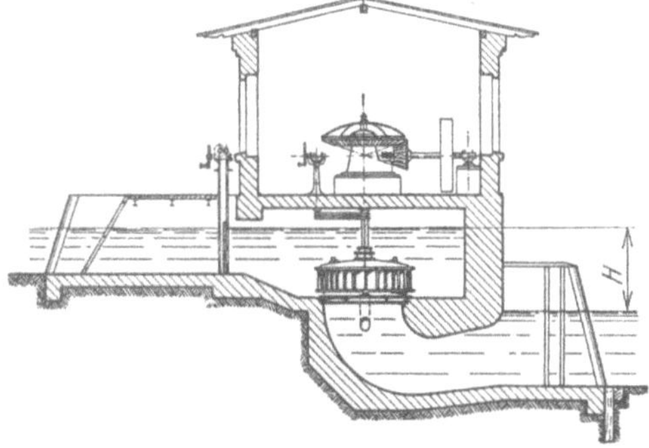

Abb. 1616. Einradturbine mit stehender Welle in offenem Schacht, mit Kammradgetriebe und Handregelung.

Die Anwendung der Turbinen mit lotrechter Welle ermöglicht es, den Maschinenhausflur verläßlich hochwasserfrei zu legen, und gleichzeitig die statische Saughöhe klein zu halten.

Der Einbau von Turbinen mit liegender Welle im Schacht zeigen die Abb. 1619 bis 1622. Bei diesem Einbau liegt das Krafthaus neben dem Schacht und die Turbinenwelle wird durch eine Stopfbüchse in den Maschinenraum geführt.

Krafthäuser mit Turbinen in Betonspiralen. Der Einbau von Turbinen im Schacht kommt nur mehr bei kleineren Anlagen von untergeordneter Bedeutung in Betracht, wo auf eine sorgfältige Führung des Wassers bis zum Leitrad kein großes Gewicht gelegt wird. Bei größeren Anlagen sind die Mehrfachturbinen durch die schnelläufigeren Propeller- und Kaplan-Turbinen verdrängt worden, bei denen mit einem Laufrad das Auslangen gefunden wird. Bei großen Anlagen wird die Turbinenwelle stets lotrecht gestellt und das Wasser wird dem Laufrad durch eine Betonspirale zugeführt. Die Abb. 1623 bis 1628 zeigen Schnitte durch Krafthäuser mit Turbinen in Betonspiralen.

In der Betonspirale nähert sich in aufeinanderfolgenden Querschnitten die Mittellinie immer mehr dem Leitrad. Die Querschnitte werden so bemessen,

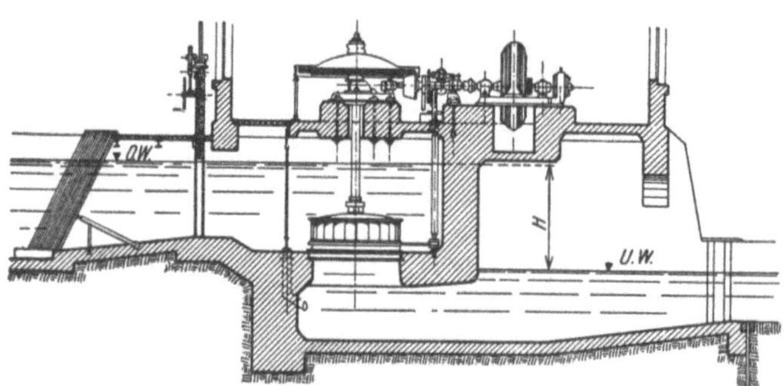

Abb. 1617. Einradturbine mit stehender Welle in offenem Schacht mit Kammradgetriebe. (MAG, Geislingen.)

daß entsprechend dem Flächensatz die mittlere Geschwindigkeit in aufeinanderfolgenden Querschnitten zunimmt; entsprechend der Zunahme der Geschwindigkeit und dem Abfluß durch das Leitrad werden also die Querschnitte längs der Spirale verringert. Die Abb. 1629 zeigt die Form einer Betonspirale und die Art ihrer Darstellung. Der Sporn am Ende der Spirale kann aus Beton nicht scharf auslaufend hergestellt werden, er wird daher mit Stahl bewehrt und mit einer Stützschaufel der Turbine verbunden. Die Abb. 1630 zeigt die Bewehrung des Sporns und seine Stellung gegenüber der Turbine.

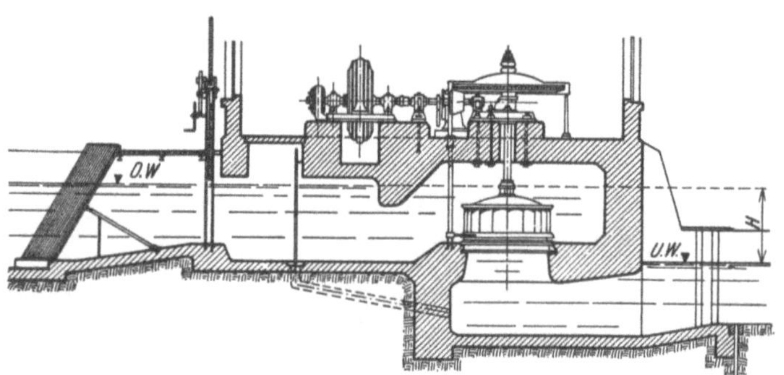

Abb. 1618. Einradturbine mit stehender Welle im Heberschacht, mit Kammradgetriebe. (MAG, Geislingen.)

Die Decke der Spirale trägt die Last des Stromerzeugers und des durch das Wasser belasteten Laufrades, also sehr namhafte Lasten. Die Abb. 1631 und 1632 zeigen die Bewehrung der Decke der Spirale; man erkennt leicht den zur Lastaufnahme eingelegten Trägerrost. Die Bewehrung der Sohle einer Spirale stellt die Abb. 1633 dar und in der Abb. 1632 sind einige Schnitte durch die Spiralendecke zusammengestellt. Die schwierige Schalung für die Betonierung einer Spirale lassen schließlich die beiden Abb. 1634 und 1635 erkennen.

Betonspiralen fließt das Wasser bei geringen Fallhöhen unmittelbar, bei größeren Fallhöhen durch einen Stahlbetonschlauch zu, der einen rechteckigen Querschnitt hat, der bei größerer Breite durch eine Trennungswand unterteilt

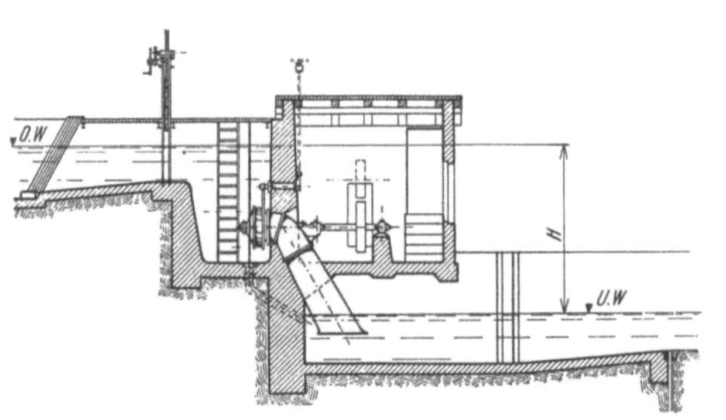

Abb. 1619. Einradturbine mit liegender Welle im offenen Schacht, Krümmer außer dem Schacht. (MAG, Geißlingen.)

wird, die die Decke des Schlauches und den Feinrechen stützt. Die Abb. 1636 zeigt die Bewehrung einer solchen Trennungswand.

Die Abb. 1637 gibt einen Überblick über die Rüstung und Schalung zur Betonierung der Decke zum Schlaucheinlauf und der darüberliegenden Bauwerksteile. Die Bewehrung und die Schalung des Schlauches selbst stellen die Abb. 1638 und 1639 dar.

Sowohl beim Einbau der Turbinen im Schacht als auch beim Einbau in Betonspiralen stellt das Krafthaus, am Ende des Werksgrabens ein Stauwerk dar. Es muß daher so wie bei einem Stauwehr dafür gesorgt werden, daß Sickerungen von Wasser aus dem Vorhof unter dem Krafthaus durch ins Unterwasser das Bauwerk nicht gefährden können. Hiezu wird bei Gründung des Krafthauses in losem Boden die Sohle des Vorhofes betoniert und überdies an der Rechenschwelle der Sickerweg durch eine Spundwand oder durch eine Herdmauer (Abb. 1628 a und b) abgeschnitten oder wenigstens verlängert. Wenn Wasser durch den Boden unter dem Krafthaus läuft, so muß der Sohlwasserdruck auf den Schlauch zur Spirale und auf den Boden des Saugkrümmers bei der Bemessung dieser Bauwerksteile beachtet werden. Die Nichtbeachtung hat schon zu einem Durchbruch des Saugrohrbodens und zu einem darauffolgenden hydraulischen Grundbruch geführt.

Das Ende des Saugrohrbodens im Unterwassergraben wird durch eine Spundwand gegen Unterkolkung gesichert.

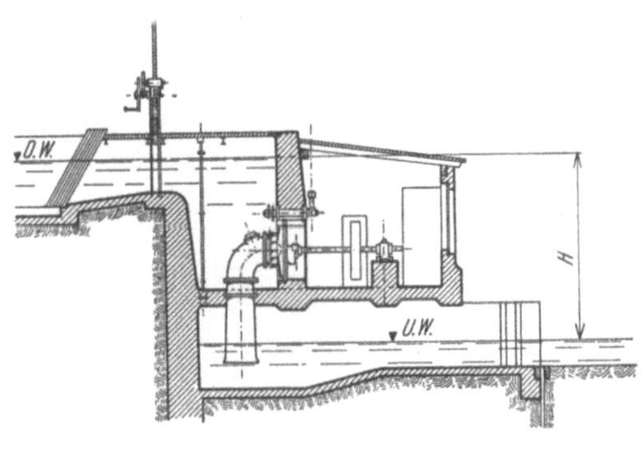

Abb. 1620.　Einradturbine mit liegender Welle im offenen Schacht, Krümmer im Schacht. (MAG, Geislingen.)

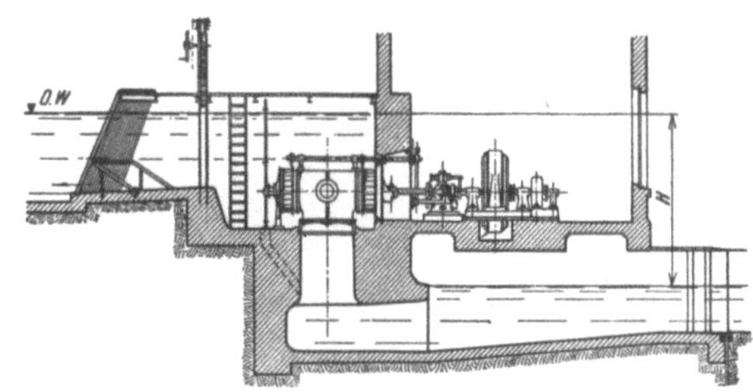

Abb. 1621.　Zwillingsturbine im offenen Schacht.

Zur Absperrung des Zuflusses zu den Turbinen erhält jede Turbine eine Schütze oder einen anderen Stauverschluß. Um Instandsetzungen durchführen zu können, wird überdies der Zulauf zu jeder Turbine und der Saugrohrauslauf mit einem Notverschluß (Dammbalken oder Nadelverschluß) ausgestattet.

In dem Bestreben, die Kosten des Krafthaushochbaues herabzusetzen, ist in neuerer Zeit der Hochbau überhaupt weggelassen worden und man hat die Stromerzeuger wettersicher

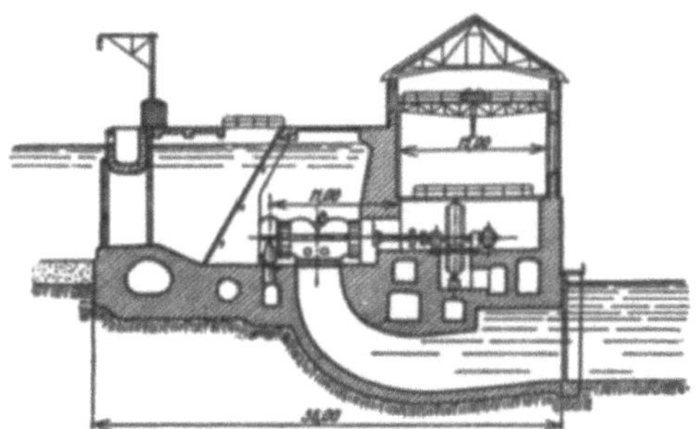

Abb. 1622. Zwillingsturbine im offenen Schacht im Draukraftwerk Faal.

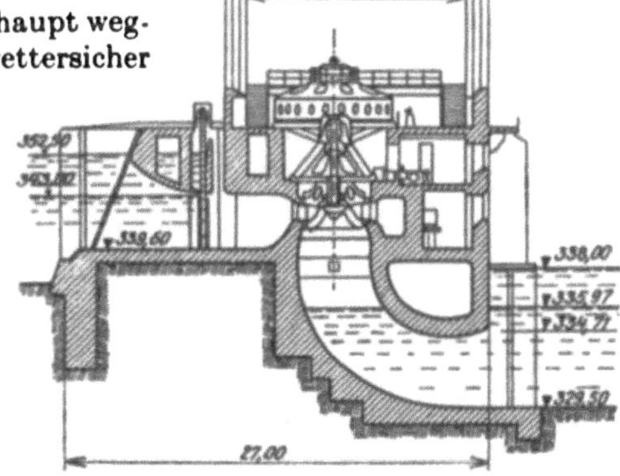

Abb. 1623. Querschnitt durch das Maschinenhaus Eglisau. (Nach Schw. Bauztg. 1919.)

mit Blechhauben überdeckt. Der Zusammenbau der Maschinensätze und Instandhaltungsarbeiten ermöglicht ein über den Maschinen verfahrbarer Portalkran.

Wenn eine Turbine als Heberturbine eingebaut ist, so kann, bei hochliegender Einlaufspirale die Turbine auch ohne Einlaufschütze trocken gelegt werden. Zur Entlüftung der Heberhaube dient ein Ejektor oder eine Luftpumpe. Zur Sperrung des Zuflusses wird durch ein Belüftungsventil Luft in die Heberhaube eingelassen.

Krafthäuser mit Gehäuseturbinen. Wenn die Nutzfallhöhe so groß ist, daß bei betonierten Leitungen Wasserdichtigkeit nicht mehr gewährleistet ist, ferner bei knappen Raumverhältnissen oder bei Neubauten auch schon bei kleineren Fallhöhen werden Gehäuseturbinen (Spiralturbinen, Kesselturbinen) angewendet. Das Wasser wird den Turbinen dann mittels Druckrohren zugeleitet. Wenn auf einen besonders guten Wirkungsgrad Wert gelegt wird, wird das Wasser dem Leitrad durch eine Stahlblech- oder eine Gußeisenspirale zugeleitet. Kesselturbinen werden bei sehr großen Durchflüssen an-

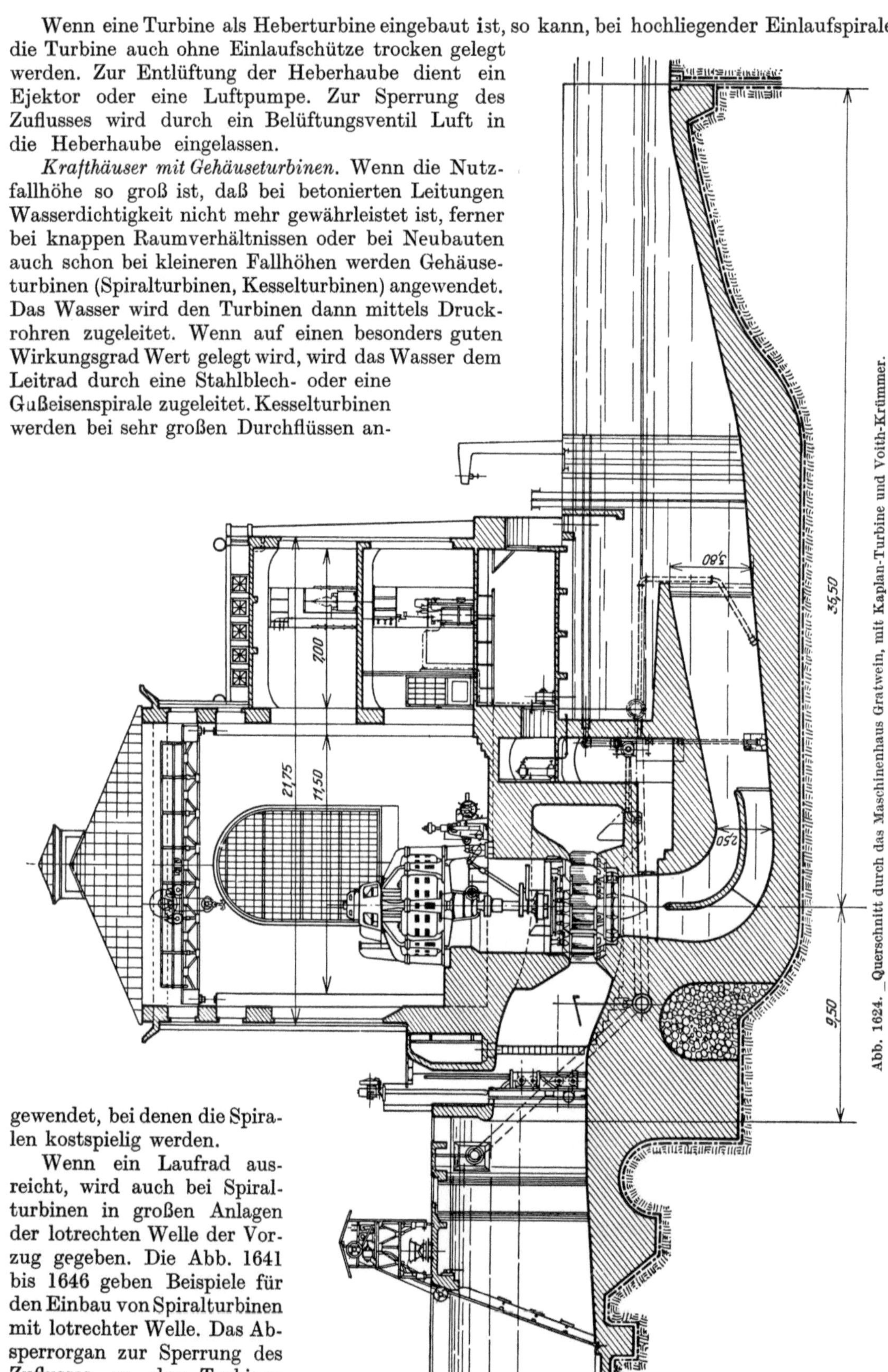

Abb. 1624. — Querschnitt durch das Maschinenhaus Gratwein, mit Kaplan-Turbine und Voith-Krümmer.

gewendet, bei denen die Spiralen kostspielig werden.

Wenn ein Laufrad ausreicht, wird auch bei Spiralturbinen in großen Anlagen der lotrechten Welle der Vorzug gegeben. Die Abb. 1641 bis 1646 geben Beispiele für den Einbau von Spiralturbinen mit lotrechter Welle. Das Absperrorgan zur Sperrung des Zuflusses zu den Turbinen liegt unmittelbar vor den Turbinen. Bei Fallhöhen über etwa 50 [m] wird zur Verhütung von unzulässigen Druckanschwellungen im Druckrohr ein Druckregler eingebaut, der vom Turbinenregler gesteuert wird (vgl. Abb. 1642, 1643).

Bei Spiralturbinen mit waagrechter Welle wird die Spirale stets freistehend aufgestellt. Die Einlaufstutzen der Spirale werden der Lage des Druckrohres angepaßt. Ein Beispiel für ein Maschinenhaus mit Spiralturbinen mit waagrechter Welle gibt die Abb. 1647.

Den Einbau von Kesselturbinen führen die Abb. 1648, 1649 vor Augen.

Krafthäuser mit Peltonturbinen. Die Aufstellung von Peltonturbinen erläutern die Abb. 1650. Auch bei diesen Turbinen liegt das Abschlußorgan im Druckrohr unmittelbar vor der Turbine. Die Laufräder hängen frei über dem Unterwasser. Der Ablaufkanal unmittelbar unter den Turbinen erfordert aber eine besondere Ausbildung. Bei Entlastungen lenkt der Regler einen Teil des aus der Düse austretenden Strahles vom Rad ab und dieses abgelenkte Wasser trifft nun den

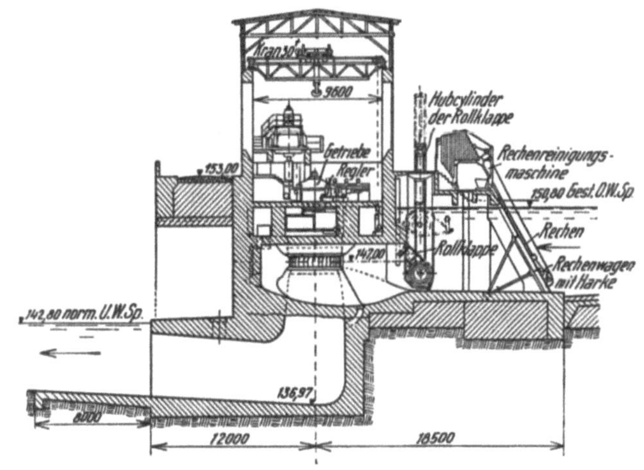

Abb. 1625. Querschnitt durch das Maschinenhaus Mühleberg. (Nach Schw. Bauztg. 1919.)

Ablaufkanal mit seiner vollen Bewegungsenergie. Der Ablaufkanal muß daher in unmittelbar in Mitleidenschaft gezogenen Bereich widerstandsfähig verkleidet werden und es ist bei größeren Fallhöhen überdies die Anordnung eines Energievernichters erforderlich. In der Abb. 1650 erfolgt die Energievernichtung in einem einfachen Tosbecken.

Der Strahl, der bei einer Entlastung einer Peltonturbine gegen das Unterwasser abgelenkt wird, trifft entweder unmittelbar ins Unterwasser oder auf die Wandung des Schachtes und wird dort gegen das Unterwasser abgelenkt. (Abb. 1651). Er reißt beim Tauchen ins Unterwasser viel Luft mit, so daß der Raum unter dem Peltonlaufrad gut belüftet werden muß, um zu verhindern, daß das Unterwasser bis zum Laufrad aufsteigt. Ganz verhindern läßt sich der Wasseranstieg nicht, weil ja die Umlenkung des Abflußstrahles an der Sohle in die Ablaufrichtung nur durch den Druck des angestiegenen Wassers bewirkt wird (vgl. S. 132).

Durch Querrippen in der Sohle des Ablaufkanals kann die schießende Bewegung auf kurzer Strecke in die strömende übergeführt werden.

Die *Anordnung der Druckrohre an den Krafthäusern* kann auf die verschiedensten,

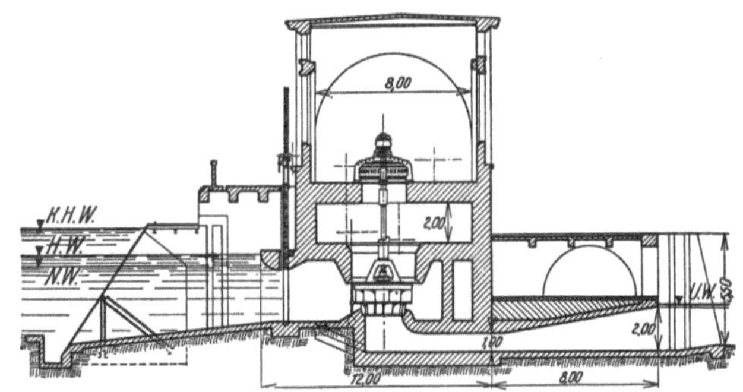

Abb. 1626. Einbau einer Kaplan-Turbine in einer Betonspirale im Kraftwerk Nunberg. (Nach E. Fabritius.)

meist durch die Örtlichkeit gegebenen Weisen erfolgen. Gewöhnlich hat man angestrebt, jeder Turbine das Wasser durch eine eigene Rohrleitung zuzuleiten, weil dadurch höhere Betriebssicherheit erzielt wird und weil sich dann die Turbinen gegenseitig während der Reglertätigkeit nicht nennenswert beeinflussen. Man hat aber auch, besonders bei kleineren Maschinensätzen, mehrere Maschinen an eine Druckrohrleitung angeschlossen, um an Rohrkosten zu sparen. Manchmal hat man auch darauf verzichtet, die gegenseitige Beeinflußbarkeit der Turbinen auszuschließen und hat zur Erhöhung der Betriebssicherheit die Druckrohrleitungen an eine gemeinsame Verteilleitung angeschlossen, aus der jede Turbine das Aufschlagwasser erhält.

Die Abb. 1652 zeigt Anordnungen der Druckrohre gegenüber dem Krafthaus. Man hat früher das Maschinenhaus seitlich der Achse der Druckrohrleitung angeordnet (Abb. 1652c), um dadurch zu erreichen, daß im Falle eines Rohrbruches das herabschießende Leckwasser das Krafthaus nicht gefährde. Der Umstand, daß einerseits auch diese Anordnung keine Gewähr für Schutz vor derartigen Schäden bietet und daß anderseits jetzt stets Abschlußorgane in die Druckrohrleitungen eingebaut werden, die den Durchfluß selbsttätig sperren, wenn die im normalen Betrieb in der Druckrohrleitung vorkommende Höchstgeschwindigkeit überschritten wird, wird jetzt auf eine möglichst einfache Linienführung der Hauptwert gelegt und es werden die Anordnungen nach Abb. 1652a und b bevorzugt.

Der Einbau der Turbinen in das Stauwerk ist möglich, wenn die durch den Einbau bedingte feste Verbauung des Flußquerschnittes die Ableitung der Hochwässer nicht gefährdet. Der Einbau von Turbinen in ein Stauwerk bewirkt aber eine sehr ungleichmäßige Verteilung des

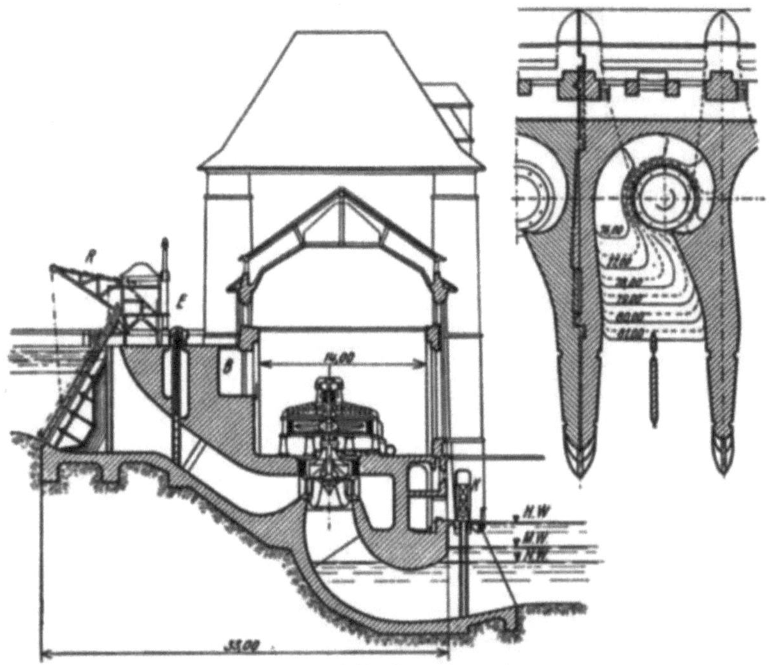

Abb. 1627. Querschnitt durch das Maschinenhaus Olten-Gösgen. (Nach Schw. Bauztg. 1909.)

Abflusses über die Wehrbreite und wirkt daher ungünstig auf die Kolkbildung ein (vgl. S. 201). Überdies ist beim Einbau der Turbinen in das Wehr der Raum sehr beschränkt, Instandsetzungen werden sehr umständlich und die Anlage ist unübersichtlich.

Beim Einbau von Turbinen in das Stauwerk sind zwei verschiedene Bauweisen zu unterscheiden, nämlich der Einbau in den festen Wehrunterbau und der Einbau in die Pfeiler und Widerlager.

Den Einbau in den festen Wehrkörper hat erstmals J. HALLINGER vorgeschlagen. Die Abb. 1653 gibt eine Übersicht über Vorschläge HALLINGERS für den Einbau von Francis-Turbinen. Um bei den an Stauwerken gewöhnlich nur geringen Nutzfallhöhen die erforderliche Schnelläufigkeit zu erreichen, waren zur Zeit, als er seine Vorschläge machte, mehrere Laufräder auf einer Welle erforderlich, die quer zum Fluß gelegt sind. Der Stromerzeuger liegt in einem Maschinenhaus üblicher Bauart am Ufer (Abb. 1653d). Im Anschluß an die Turbinen wird ein Grundablaß angeordnet, der entweder am anderen Ufer oder bei symmetrischer Ausbildung der Anlage in der Mitte liegt. In den Vorschlägen der Abb. 1653 fehlen Vorkehrungen zur Verhinderung des Eintrittes von Geschieben und Sand in die Turbinen. Die Rechenreinigung bereitet, besonders bei höheren Durchflüssen, bei denen Wasser über die Turbinen abläuft, erhebliche Schwierigkeiten.

Einen Schritt weiter ist A. Fischer beim Entwurf seines „*Unterwasserkraftwerkes*" gegangen, indem er die Stromerzeuger mit den Turbinen zusammenbaut (vgl. S. 567) und daher das ganze Kraftwerk unter den Oberwasserspiegel in den Wehrunterbau hineinlegt. Die Turbinenwellen liegen im Unterwasserkraftwerk in der Flußrichtung. Die Abb. 1654 zeigt ein einfaches Unterwasserkraftwerk für kleine Stauhöhen, bei dem der Stromerzeuger gekapselt ist und im Zulauf zur Turbine liegt. Die Absperrung des Zulaufes erfolgt mittels einer Drosselklappe. Unmittelbar vor dem Rechen liegen Dammfalze für einen Notverschluß.

Beim Unterwasserkraftwerk in der Abb. 1655 ist der Stromerzeuger um das Laufrad gelegt. Um das Laufrad ausbauen zu können, ist das Gehäuse des Stromerzeugers geteilt. Die obere Hälfte kann auf schrägen Gleitschienen so weit verschoben werden, bis das Polrad zugänglich ist. Für eine Rechenputzmaschine sind am Wehrkörper Schienen vorgesehen.

Im Unterwasserkraftwerk der Abb. 1656 ist die Welle des Maschinensatzes waagrecht gelegt. Die Unterstromseite des Stauwerkes ist als Schußboden ausgebildet. Der bei umgelegter Klappe

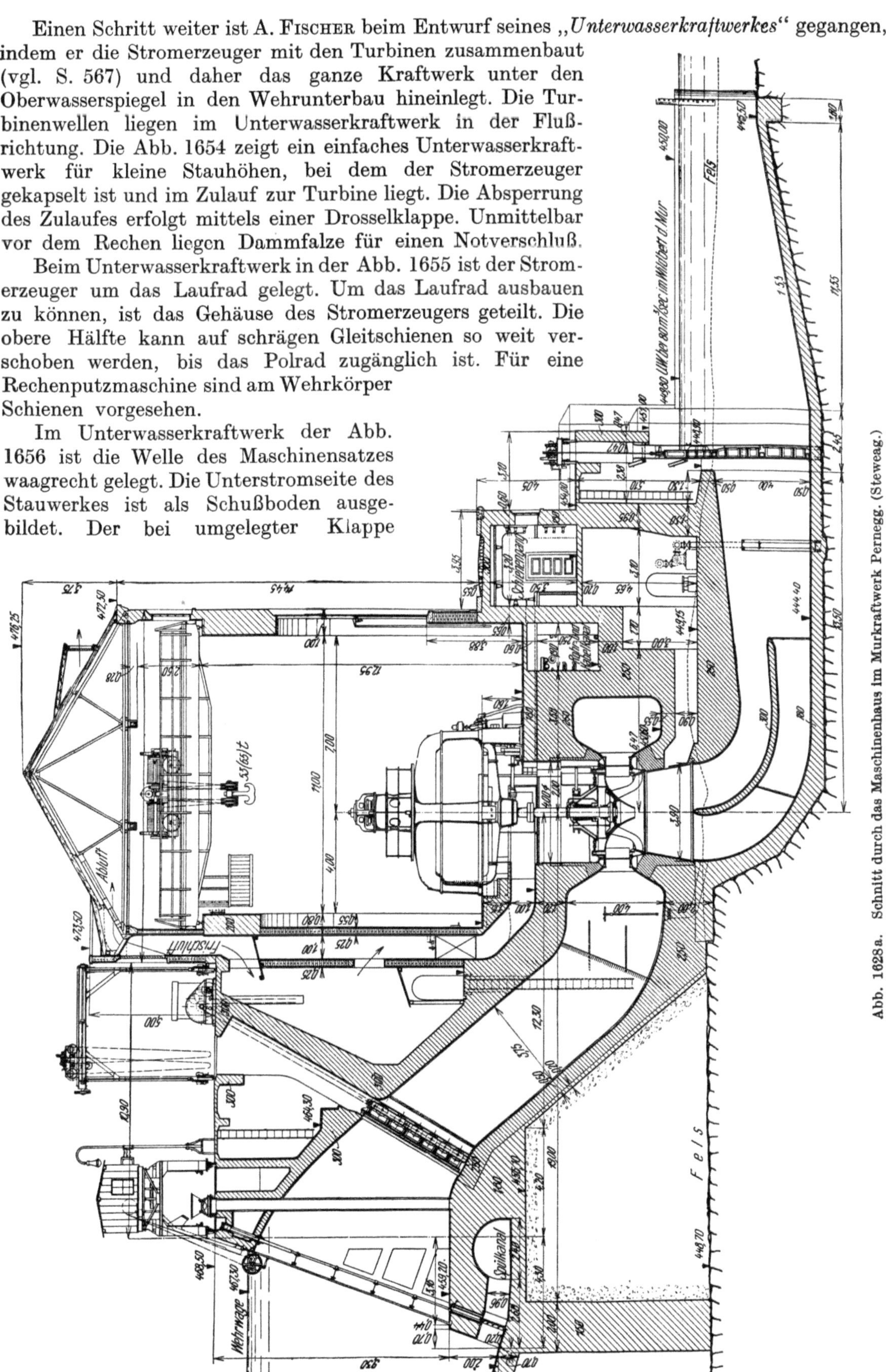

Abb. 1628a. Schnitt durch das Maschinenhaus im Murkraftwerk Pernegg. (Steweag.)

ablaufende Strahl soll bei hochliegendem Unterwasserspiegel den Wassersprung flußab des Saugrohres verschieben, so daß die Leistungsverluste bei Hochwasserführung infolge Rückstaues
möglichst klein bleiben.

Der Bedienungsgang läuft durch das ganze Wehr durch. An mehreren Stellen werden zwischen
den Maschinensätzen Grundablässe mit Segmentverschlüssen angeordnet. Ob diese tatsächlich
hinreichen, die Geschiebe in befriedigender Weise abzuleiten, muß die Zukunft lehren.

Die Ansicht eines „Unterwasserkraftwerkes" nicht überströmt und übererströmt, geben die
Abb. 1657a und b.

Den Einbau von Turbinen in Wehrpfeiler hat PRÜSSMANN bei Kraftwerken am Main ausgeführt. Die Turbinen sind, wie es die Abb. 1658 andeutet, in einem langen 15,40 [m] dicken
Pfeiler eingebaut. Die ungünstigen Strömungsverhältnisse bei höheren Durchflüssen sowohl am
Turbineneinlauf als auch am Auslauf haben
aber bewirkt, daß dieser Einbau der Turbinen
nicht mehr ausgeführt wird.

Man ist gegenwärtig dazu übergegangen,
je einen Maschinensatz in einen Wehrpfeiler
einzubauen und hat damit das geschlossene
Maschinenhaus aufgegeben. A. SCHÖNBACH
hat das in der Abb. 1659 angedeutete Pfeilerkraftwerk vorgeschlagen, bei dem die in
Pfeilern eingebauten Maschinensätze etwas
flußauf des Stauwerkes im Stauraum stehen.
Die Kraftwerkspfeiler werden also allseits
vom anlaufenden Hochwasser umspült. Wie
ein Blick in die Abb. 1659b lehrt, verzichtet
SCHÖNBACH auf Rechen und Einlaufschützen
und baut die Turbinen als Heberturbinen
ein. Um bei Hochwasser den Leistungsaus-
fall infolge des Anstieges des Unterwassers
herabzusetzen, ist die mittels einer Schütze
verschließbare Ejektordüse D vorgesehen und
das durch das Wehrfeld abgelassene Wasser
soll überdies flußab des Saugrohrendes einen
Wassersprung hervorrufen. Der Einbau der
Maschinensätze soll mittels eines Schwimm-
kranes erfolgen.

Der Zugang zu den Pfeilern soll entweder
durch die Kabelgänge K oder über leichte
Stege vom Wehrbedienungssteg erfolgen.

Abb. 1628b. Aussteifung des Schlitzes für die Herdmauer des
Kraftwerkes in Abb. 1629a mittels lotrechter Zimmerung.

Wenn auch an dem in der Abb. 1659
dargestellten Vorschlag von A. SCHÖNBACH
manche Einzelheiten abänderungsbedürftig
sind, so wird sein Vorschlag doch angeführt, weil er einen interessanten Beitrag zur Schaffung
neuer Bauformen für Staukraftwerke bildet.

H. GRENGG und H. LAUFFER haben auch ein Pfeilerkraftwerk entwickelt, bei dem die Maschinensätze in die Wehrpfeiler selbst eingebaut werden. Die Abb. 1660 zeigt als Beispiel den
Grundriß eines ausgeführten Pfeilerkraftwerkes. Den Einbau der Turbine zeigt die Abb. 1661a
und die Abb. 1661b stellt einen Schnitt durch ein Wehrfeld mit den MAN-Hakenschützen
dar. Die Windwerke der Schützen liegen auf den Pfeilern. In Höchstlage ragen die zusammengeschobenen Hakenschützen frei über die Dienstbrücke empor.

Die Stillsetzung der Turbine erfolgt durch Schließen des Leitrades. Auf Einlaufschützen ist verzichtet, vor dem Rechen ist aber ein Dammbalkennotverschluß vorgesehen. Die Tauchwand kragt
über den Einlauf weit aus. Ein Portalkran bedient die ganze Anlage und versetzt die Notverschlüsse.

Bei verlandetem Stauraum können die Geschiebe am Einlauf im Pfeilerkopf Schwierigkeiten
bereiten. Auch dann, wenn das Freiwasser unter den angehobenen Wehrverschlüssen abgeleitet
wird, dringt die Anlandung, wie ein Blick in die Abb. 1662 lehrt, bis in den Pfeilerkopf vor.
Wenn in die Sohle des Einlaufes am Pfeilerkopf Spülöffnungen eingebaut werden, so kann
der Bereich um den Pfeilerkopf frei von Anlandungen gehalten werden (Abb. 1663).

Durch unsymmetrische Ableitung des Freiwassers kann auch ohne Spülöffnungen der Bereich des Pfeilerkopfes einigermaßen von Anlandungen freigehalten werden; durch diese Ableitung wird aber die Kolkbildung flußab des Stauwerkes sehr ungünstig beeinflußt und auch am Pfeilerkopf treten, besonders wenn der Stauraum noch nicht verlandet ist, tiefe Kolke auf.

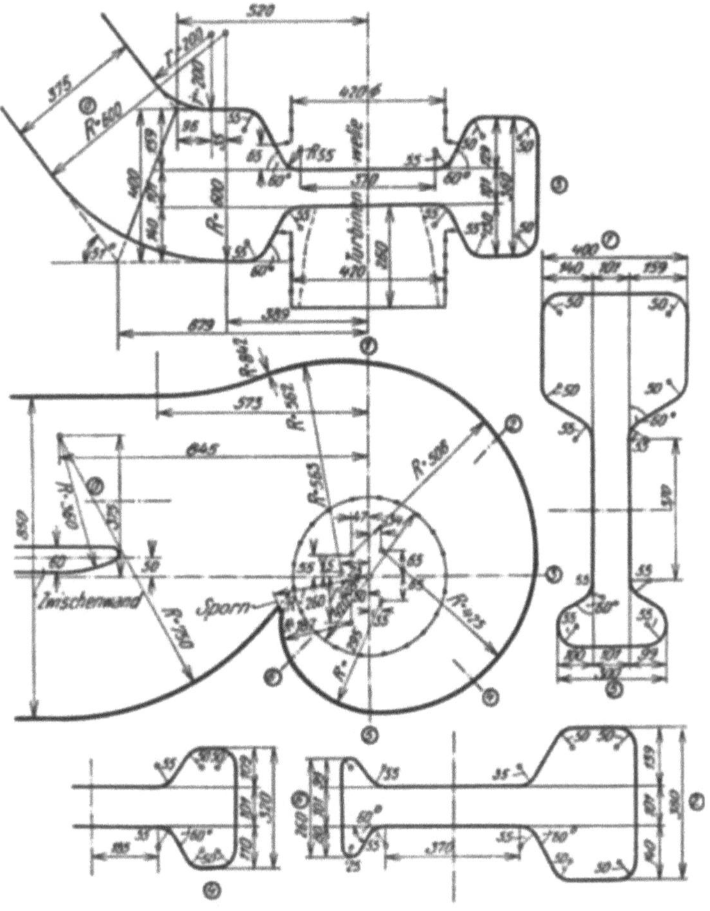

Abb. 1629. Schalungsplan für die Betonspirale des Murkraftwerkes Pernegg.
(J. M. Voith.)

Die Tauchwand muß bei Pfeilerkraftwerken möglichst weit flußauf des Wehrverschlusses gelegt werden, weil unmittelbar am Pfeiler der Wasserspiegel bei freigegebenem Wehrfeld steil abfällt. Die Abb. 1664 zeigt z. B. den Verlauf des Wasserspiegels in einem Wehrfeld des in den Abb. 1662 und 1663 gezeigten Modelles.

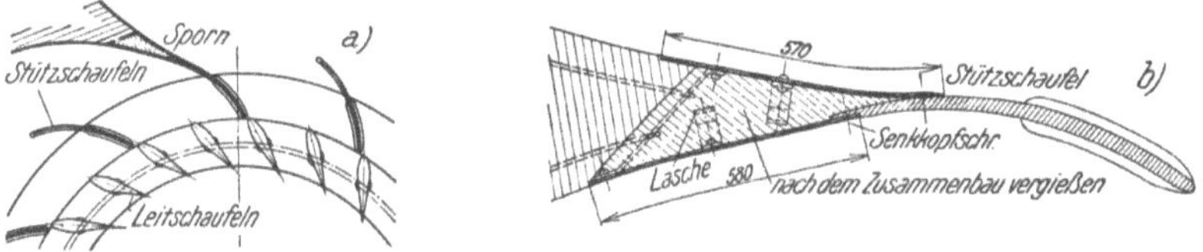

Abb. 1630. Ausbildung des Sporns der Betonspirale und die Anordnung der Stützschaufeln im Murkraftwerk Pernegg. (J. M. Voith.)

Schrifttum.

HALLINGER, J.: Anordnung für Flußkraftwerke. Wasserkr. und Wasserwirtsch. 1942. S. 217. — REINDL, C.: Francis-Turbinen mit liegender Welle nach der Einbauweise von Hallinger. Zschft. d. V. D. J. 1924. — SCHÖNBACH, A.: Niedergefälle-Wasserkraftanlagen in aufgelöster Bauweise (Wehrpfeilerkraftwerk). Wasserkr. u. Wasserwirtsch. 1942. S. 131. — REFERAT: Turbinenpfeiler (Prüßmann) bei Wehrbauten. Bautechn. 1924.

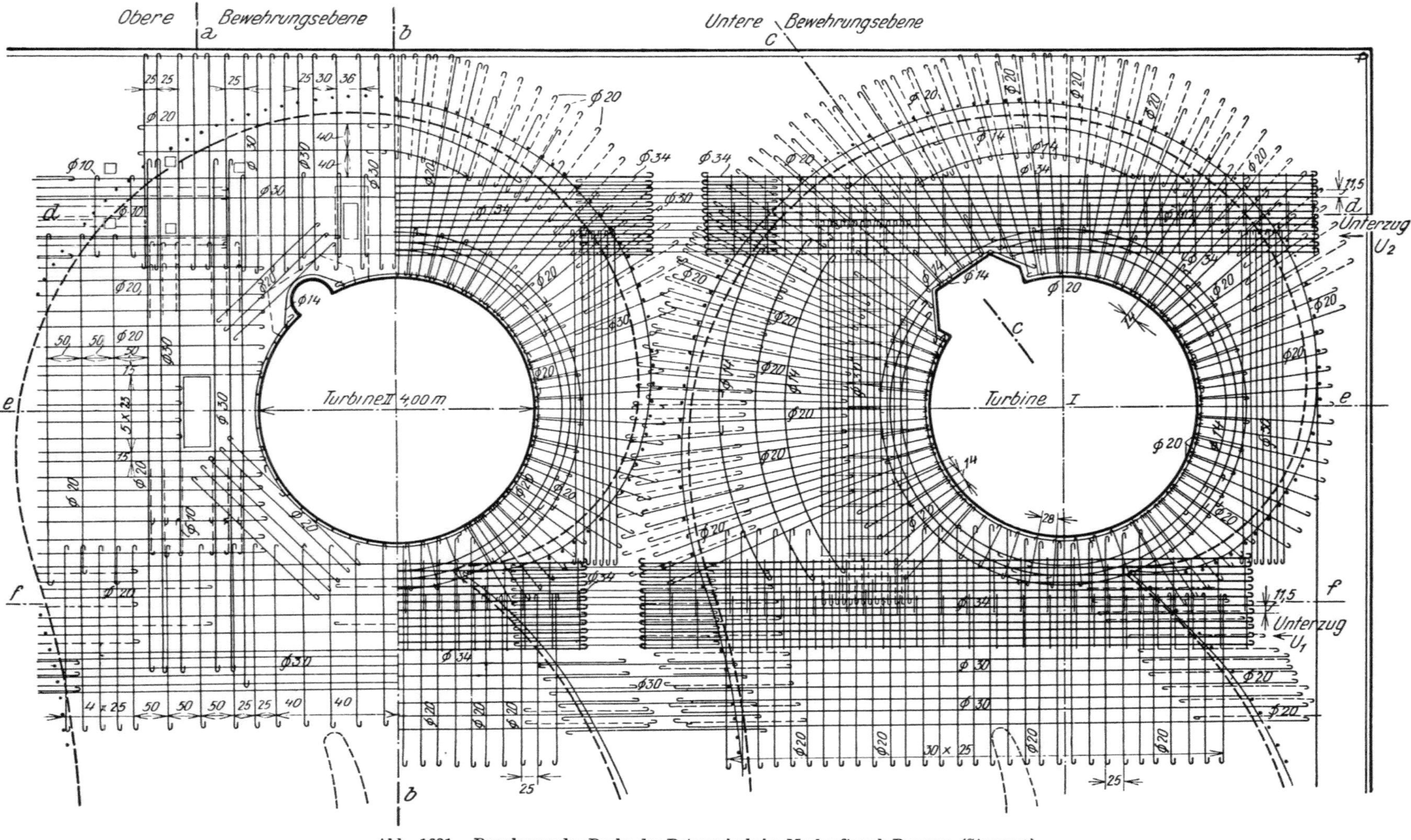

Abb. 1631. Bewehrung der Decke der Betonspirale im Murkraftwerk Pernegg. (Steweag.)

2. Die Stromerzeuger.

Die Stromerzeuger werden fast ausnahmslos mit den Wasserkraftmaschinen unmittelbar gekuppelt. Bei kleinen Anlagen werden elastische (Abb. 1665), bei größeren starre Kupplungen (Abb. 1666) verwendet. Riemenantrieb wird nur bei ganz untergeordneten Anlagen in Betracht gezogen.

Die Stromerzeuger liefern in der überwiegenden Mehrzahl aller Fälle Drehstrom von 50 Perioden; manchmal kommt bei Bahnkraftwerken auch Einphasenwechselstrom mit $16^2/_3$ Perioden in Betracht. Gleichstrom wird nur in ganz kleinen Anlagen erzeugt. Wenn Industrien Gleichstrom benötigen, wird er gewöhnlich in Umformern aus Drehstrom erzeugt.

Zu Wasserkraftmaschinen mit liegender Welle kommen auch Stromerzeuger mit liegender Welle zur Anwendung (Abb. 1667). Wasserkraftmaschinen mit lotrechter Welle werden mit Stromerzeugern mit lot-

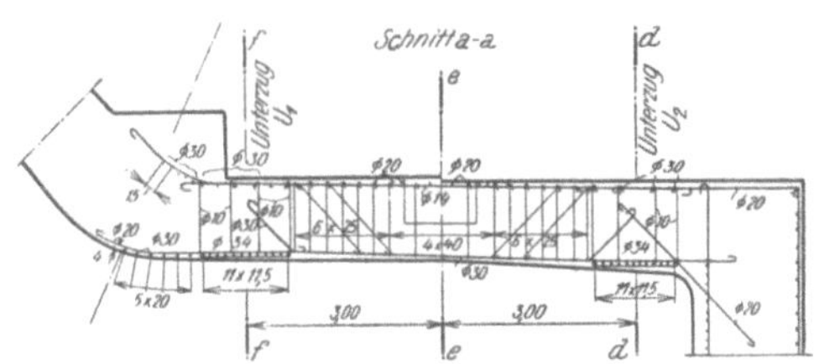

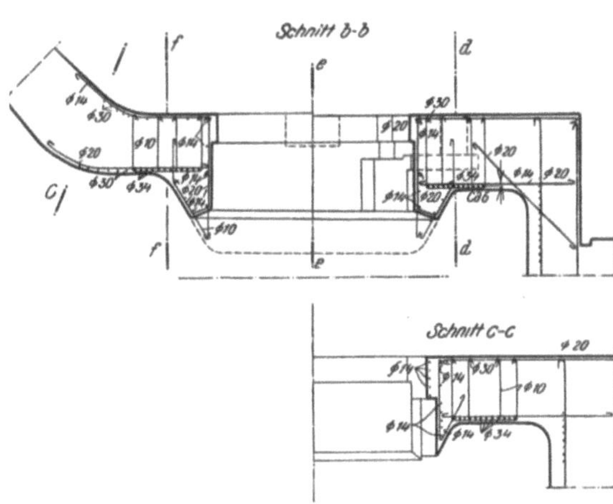

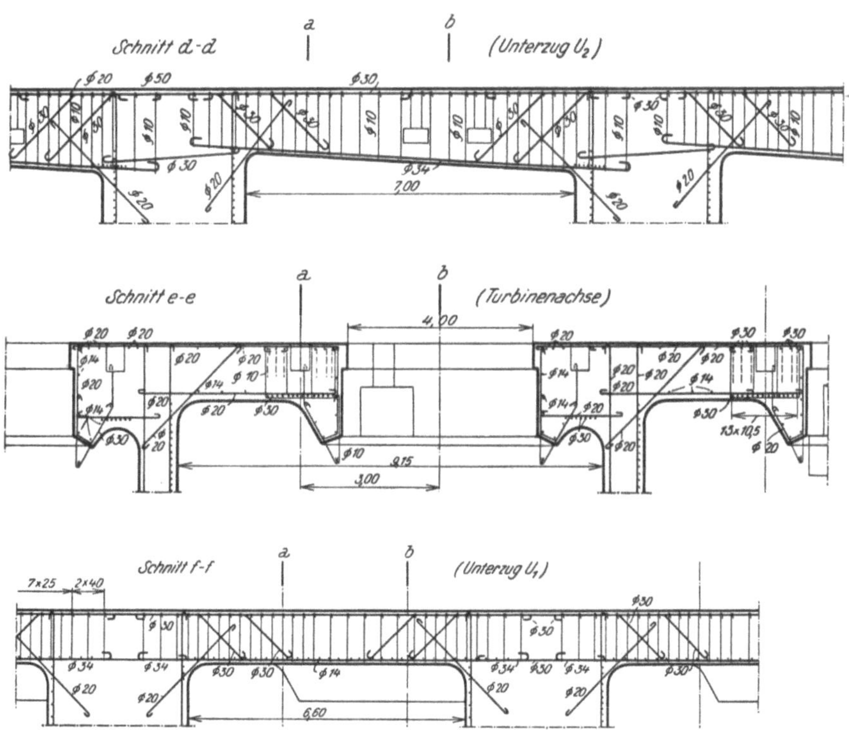

Abb. 1632. Schnitte durch die Decke der Betonspirale im Murkraftwerk Pernegg. (Steweag.) (Vgl. Abb. 1631.)

rechter Welle in sogenannter Schirmbauart gekuppelt (Abb. 1669).

Bei stärkeren Belastungen erwärmen sich große Stromerzeuger so bedeutend, daß sie durch Zufuhr von frischer Luft künstlich gekühlt werden müssen; sie werden dann mit geschlossenen Gehäusen gebaut, die überdies die Reinhaltung der Maschinen erleichtern und die Maschinengeräusche dämpfen. Die Zuleitung der Frischluft und die Ableitung der Warmluft bietet bei Stromerzeugern mit liegender Welle keine Schwierigkeiten (Abb. 1670). Bei Stromerzeugern in Schirmbauart (Abb. 1671) erfolgt die Zu- und Ableitung der Luft durch betonierte Kanäle, die zu sehr verwickelten Grundwerken der Stromerzeuger führen. Die Abb. 1672 zeigt die

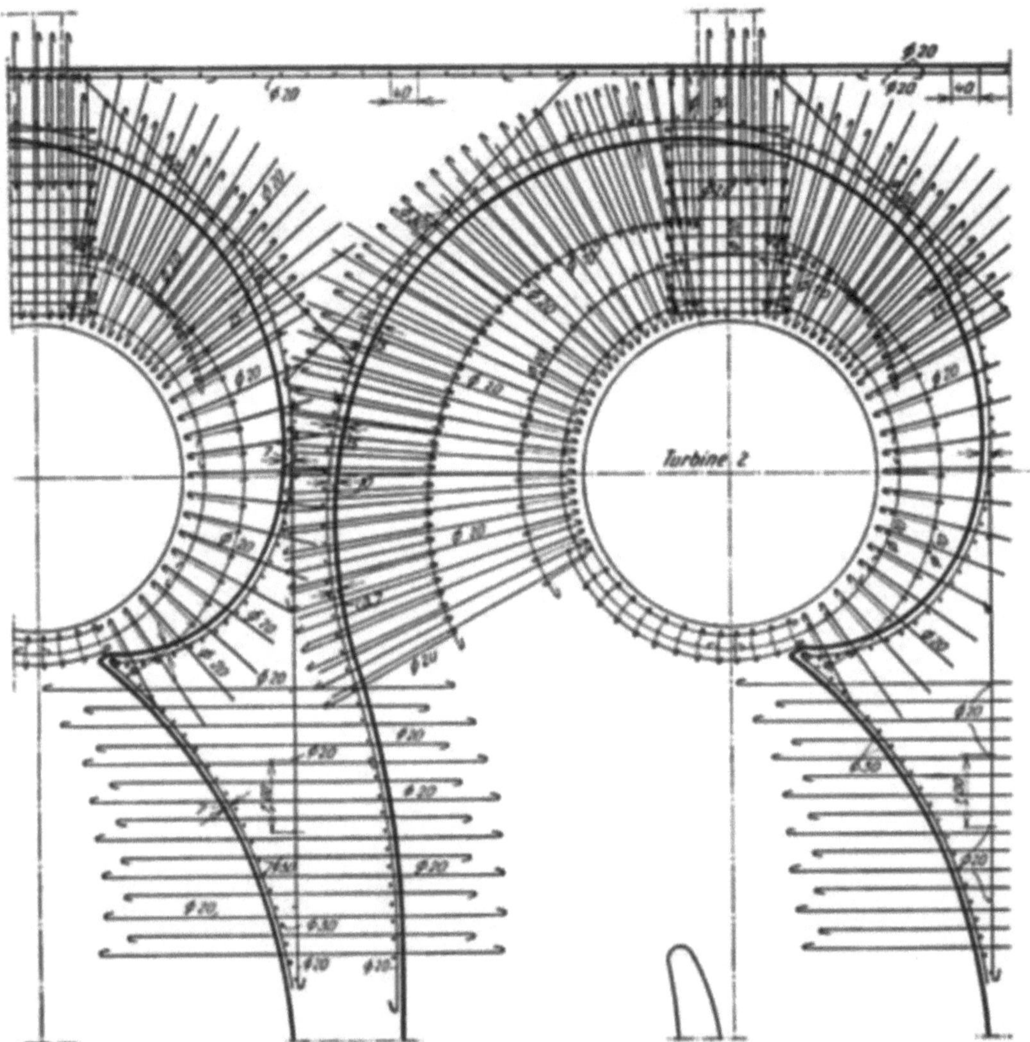

Abb. 1633. Bewehrung der Sohle der Betonspirale im Murkraftwerk Pernegg. (Stewaeg.)

Anordnung der Lüftungskanäle für einen Stromerzeuger in Schirmbauart und die Abb. 1673 gibt die Ansicht eines Stromerzeugergrundwerkes mit den Lüftungskanälen. Diese Kanäle werden begehbar oder mindestens bekriechbar gemacht. Die Luft wird vom Läufer des Stromerzeugers in Bewegung gesetzt.

Die Erzeugung von Drehstrom erfordert bei einer Polpaarzahl p des Stromerzeugers eine Drehzahl von $3.000 : p$; mögliche Drehzahlen sind daher: 3.000, 1.500, 1.000, 750, 600, 500, 375, 250, 187, 150, 125, 107, 94, 83, 75. Je größer die Leistung eines Stromerzeugers ist, desto niedriger wird die Drehzahl gewählt.

Größere Stromerzeuger sind, wie ein Blick in die Zusammenstellungen in den Zahlentafeln 98 und 99 lehrt, außerordentlich schwer; ihre Beförderung erfordert vielfach behelfsmäßige

Beförderungseinrichtungen. Die Abb. 1668 zeigt als Beispiel die Beförderung eines Läufers mit waagrechter Welle.

Zahlentafel 98. Gewichte von Drehstromerzeugern, einschließlich der erforderlichen Lager und Stützen, aber ohne Spurlager. (Nach H. FÖRSTER.)

Bauart	Dreh-zahl	1000 kVA 6000 V		3200 kVA 6000 V		6400 kVA 6000 V		12 500 kVA 10 000 V		25 000 kVA 10 000 V	
		GD^2* [tm²]	Gewicht G [t]	GD^2 [tm²]	Gewicht G [t]	GD^2 [tm²]	Gewicht G [t]	GD^2 [tm²]	Gewicht G [t]	GD^2 [tm²]	Gewicht G [t]
Welle lotrecht	1000	1	10	3	21	—	—	—	—	—	—
	500	3	14	12	30	35	50	100	80	200	140
	250	13	20	50	45	150	75	250	120	700	200
	125	65	32	220	70	600	110	1000	180	2500	290
	94	130	47	450	95	850	155	2500	250	6000	400
Welle waagrecht	1000	1	9	3	19	—	—	—	—	—	—
	500	3	12	12	27	33	45	100	75	200	130
	250	13	17	50	40	150	65	250	110	700	180
	125	65	27	220	60	600	100	1000	160	2500	260
	94	130	35	450	75	850	130	2500	210	6000	350

*) D = Durchmesser des Läufers.

Zahlentafel 99. Angaben über ausgeführte, große Stromerzeuger in Schirmbauart. (Nach N. POPOFF.)

Anlage	Leistung kVA	Spannung V	Drehzahl n	Durchmesser des Läufers [m]	Außendurch-messer des Stromerzeugers [m]	Perioden	Schwung-moment GD^2 [tm²]	Gewicht der um-laufenden Teile [t]	Gewicht Gesamt [t]	Belastung des Drucklagers [t]	Umfangsge-schwindigkeit des Läufers [m/sec]
Wynan	2 200	9 500	107	—	—	50	300	—	66	—	—
Eglisan	5 150	8 500	83,4	6,5	8,0	50	1 400	—	123	80	28,5
Gösgen	7 000	8 000	83,4	—	—	50	1 150	—	150	—	—
Chancy-Pougny ...	7 000	11 000	83,3	6,9	9,0	50	2 694	—	—	270	30,0
Mühleberg	8 000	17 600	167	—	—	50	860	—	148	—	—
Kachlet	8 500	6 300	75	7,6	9,2	50	2 800	110	237	260	29,8
Hauterive........	8 750	8 500	375	—	—	50	140	—	83	—	—
Rempen	16 500	9 700	500	2,5	4,7	50	110	—	109	70	65,2
Shannon	30 000	10 500	150	5,0	7,3	50	2 600	190	367	480	39,2
Conowingo	40 000	13 800	81,8	9,5	11,6	60	—	—	—	750	40,6

3. Der Laufkran.

Im Maschinenhaus wird stets ein Laufkran angeordnet, dessen Tragkraft dem Gewicht des schwersten, nicht teilbaren Maschinenteiles entspricht. Bei kleinen Anlagen erfolgt die Fortbewegung des Krans und das Anheben der Lasten mittels Handarbeit, bei größeren Anlagen wird elektrischer Antrieb vorgesehen. Die beiden Abb. 1674 und 1675 zeigen den Aufbau solcher Laufkrane. Die Krane laufen auf sogenannten Kranbahnschienen (vgl. S. 576), die durchlaufend gelagert sind. Die Kranbahnen müssen so hoch liegen, daß die Krane alle Maschinenteile über die übrigen Maschinen hinweg zum Abstellplatz befördern können. Infolge von Schwingungen der am Kran hängenden Last und unbeabsichtigter Schrägzüge werden die Mauern des Maschinenhauses in der Höhe der Kranbahnschienen auch waagrecht beansprucht; es wird für die waagrecht wirkende Kraft gewöhnlich (5 bis 7,5) % der größten lotrechten Raddrücke angesetzt. Der Laufkran soll so angeordnet werden, daß er auch Lasten von Fahrzeugen aufnehmen kann.

b) Die Steueranlage.

Der Befehlsraum ist der wichtigste Teil der Steueranlage; er kann mit dem Nervenzentrum des menschlichen Organismus verglichen werden; hier laufen alle Stromleitungen und Signalleitungen durch und an Schaltpulten und -brettern (Abb. 1676) sind übersichtlich alle erforderlichen Anzeigeapparate und Schalter und sonstige Geräte untergebracht, so daß von dieser zentral gelegenen Stelle aus der Diensttuende den ganzen Betrieb zu überblicken und nach erhaltenen Weisungen zu leiten vermag. Der Befehlsraum wird so angeordnet, daß er einen guten Überblick über den ganzen Maschinenraum gewährt; er bildet den Übergang vom eigentlichen Wasserkraftwerk zum elektrischen Teil der ganzen Anlage. Bei kleineren Anlagen fällt vielfach der eigentliche Befehlsraum weg und die Schalttafeln werden dann im Maschinenraum selber untergebracht.

Abb. 1634. Rüstung für die Schalung einer Betonspirale.

Neben allen elektrischen Anzeigegeräten werden im Befehlsraum vielfach auch noch Tafeln angebracht, die alle hydraulischen Anzeigegeräte enthalten, wie z. B. Wasserstandsanzeiger von der Wasserfassung, vom Wasserschloß, vom Vorhof und vom Unterwasser, Durchflußzeiger, Geräte, die die Stellung der verschiedenen Absperrvorrichtungen anzeigen, Druckmesser u. dgl. In größeren Anlagen werden auch an allen wichtigen Lagern Widerstandsthermometer eingebaut, deren Anzeigegerät ebenfalls im Befehlsraum untergebracht sind, so daß der Diensttuende sich auch jederzeit vom Zustande der Lager überzeugen kann.

Abb. 1635. Schalung für die Betonspiralen im Murkraftwerk Pernegg an der Mur.

c) Die Schaltanlage.

Im Schaltraum sind die für das zu speisende Netz erforderlichen Ölschalter, die Spannungswandler (Umspanner, Transformatoren) und alle für den Betrieb des Schalthauses erforderlichen Einrichtungen, wie Blitzschutz, Ölküche, die Ölkühlanlage und anderes, untergebracht, worauf hier nicht näher eingegangen werden kann. Nur einige Bilder mögen die innere Einrichtung eines solchen Schalthauses vor Augen führen. Die Schaltanlagen werden in zwei grundsätzlich verschiedenen Arten gebaut, bei der einen sind alle elektrischen Geräte in einem Hause in Zellen untergebracht, wie es z. B. die Abb. 1677, 1678 und 1679 veranschaulichen. Bei der anderen Art stehen die Geräte im Freien, von der Luft bespült und allen Witterungseinflüssen

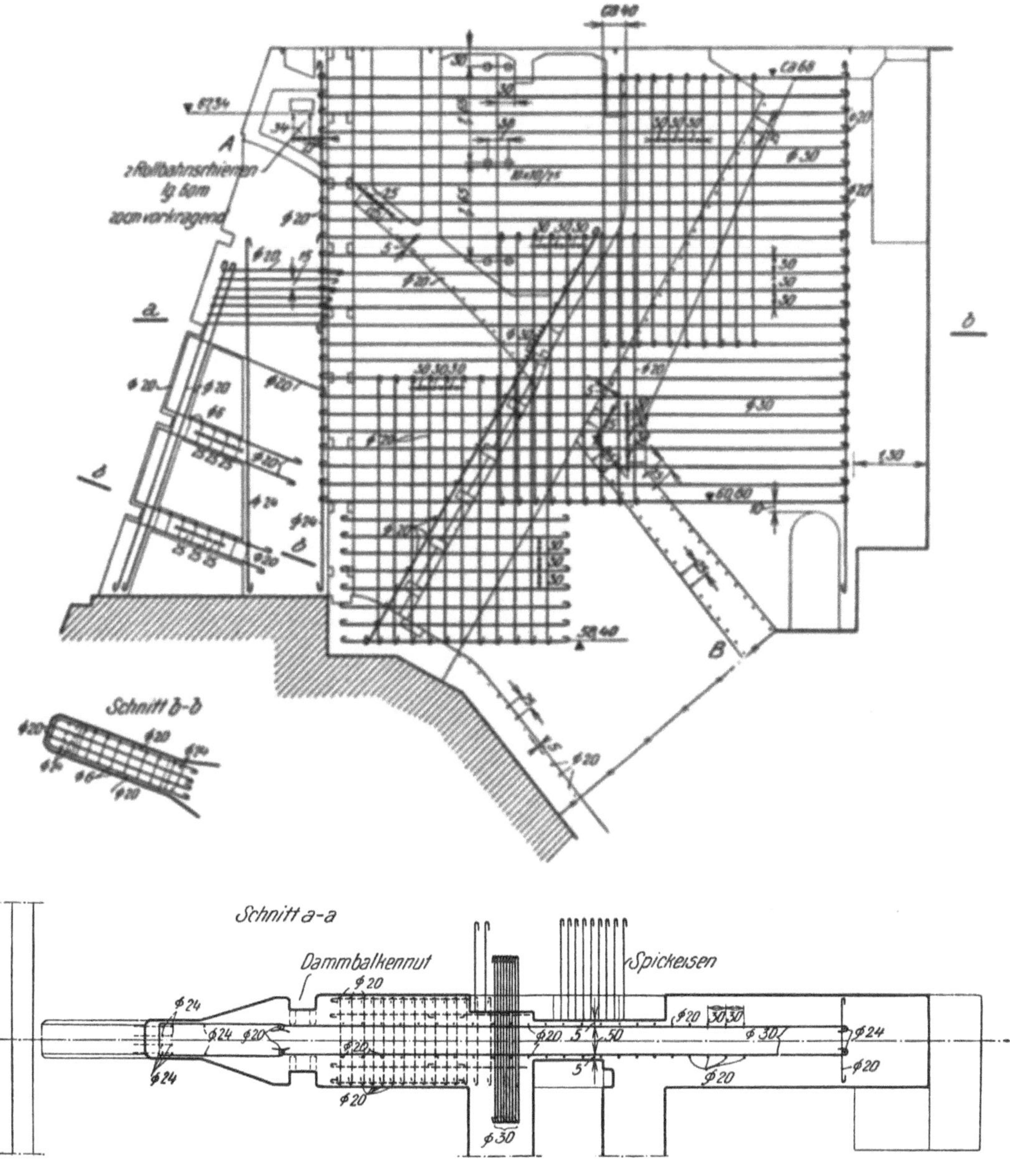

Abb. 1636. Bewehrung der Trennungswand der Turbineneinläufe im Murkraftwerk Pernegg. (Steweag.)

ausgesetzt (Abb. 1680), wobei die Leitungen an stählernen Gestängen isoliert aufgehängt sind. Diese Bauart wird in letzter Zeit bevorzugt, weil sie bei hinreichender Betriebssicherheit nur etwa zwei Drittel des Bauaufwandes der Schalthäuser erfordert.

In der Nähe der Schaltanlage wird vielfach ein Wasserwiderstand als Belastungswiderstand (Abb. 1681) eingebaut, der wenigstens für die volle Leistung eines Maschinensatzes bemessen ist. Er dient zur Belastung der Stromerzeuger bei den Abnahmeversuchen und bei späteren Messungen.

d) Die Ausgestaltung des Maschinenhauses.

Die Maschinen werden entweder in einem gemeinsamen Raum (Maschinenhalle) oder auf einem gemeinsamen Unterbau unter wettersicheren Hauben untergebracht oder sie können auch in das Stauwerk unmittelbar eingebaut werden (Unterwasserkraftwerke, Pfeilerkraftwerke).

Ein gemeinsamer Maschinenraum erhält in der Regel rechteckigen Grundriß; seine Abmessungen richten sich nach den Abmessungen der aufzustellenden Maschinen. Der freie Raum zwischen zwei Maschinen muß ein gefahrloses Bewegen zwischen den laufenden Maschinen und Instandsetzungsarbeiten ermöglichen; größere Maschinenteile werden auf dem sogenannten Abstellplatz abgelegt. Die Höhe des Maschinenhauses hängt von der größten Höhe der Maschinenteile ab, die über die anderen Maschinen hinweg bewegt werden müssen; es ergeben sich in der Regel sehr ansehnliche Höhen des Maschinenhauses.

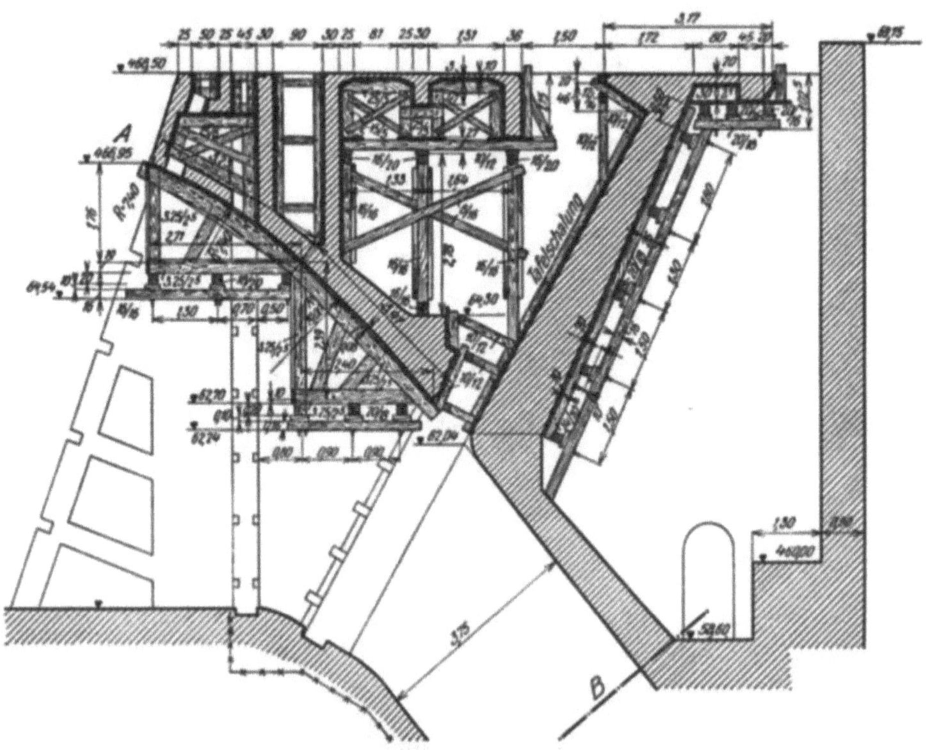

Abb. 1637.　Schalung für die Decke des Einlauftrichters in Pernegg an der Mur. (Steweag.)

Der Maschinenhausflur wird stets hochwasserfrei gelegt. Der Fußbodenbelag wird aus abwaschbaren Stoffen hergestellt, die so widerstandsfähig sind, daß sie durch abgelegte Maschinenteile nicht beschädigt werden. Für den Abstellplatz eignet sich am besten Holzstöckelpflaster. Die Wände werden gewöhnlich mit Fliesen verkleidet, soweit sie mit den Händen berührt werden können. Für die Eindeckung des Maschinenraumes eignen sich besonders Holzdecken, von denen kein Abtropfen von Kondenswasser zu befürchten ist.

Die Belichtung des Maschinenhauses erfolgt durch hohe Fenster. Oberlichten sind wegen der Gefahr der Kondenswasserbildung nicht zulässig.

Eine Beheizung des Maschinenhauses ist gewöhnlich nicht erforderlich, weil schon die Maschinen den Raum hinreichend erwärmen. Im Sommer muß aber für eine Belüftung vorgesorgt werden. Man kann annehmen, daß sich die Verluste an mechanischer und elektrischer Energie in den Stromerzeugern in Wärmeenergie umsetzen. Bei offenen Stromerzeugern gelangt die ganze Wärme in den Maschinenraum, bei geschlossenen Bauarten wird sie von der Maschinenbelüftung abgeführt und kann für Raumbeheizungen ausgenützt werden.

Die Stromleitungen von den Stromerzeugern zur Schaltanlage werden bei kleinen Anlagen in Kabelkanälen geführt, die unter dem Maschinenflur liegen und mit Riffelblech abgedeckt

sind; bei größeren Anlagen liegen unter dem Maschinenhausflur eigene Kabelgänge, die 2 bis 2,5 [m] hoch und so breit sind, daß ein mindestens ein Meter breiter Gang für die Begehung frei bleibt.

Der Maschinenraum muß gut zugänglich sein und es muß möglich sein, von außen kommende Lasten ohne besondere Umstände bis in den Wirksamkeitsbereich des Laufkranes zu bringen.

Wenn im Krafthaus Turbinen mit stehender Welle untergebracht sind und zwischen der Turbinenwelle und jener des Stromerzeugers ein Getriebe liegt, so werden die Maschinen in verschiedenen Geschossen untergebracht; besonders die Regler und die Öldruckanlage kommt vielfach in solchen Anlagen unter dem eigentlichen Maschinenraum zur Aufstellung.

Die Innenausstattung der Maschinenräume bei verschiedenen Turbinen- und Stromerzeugerbauweisen lassen die

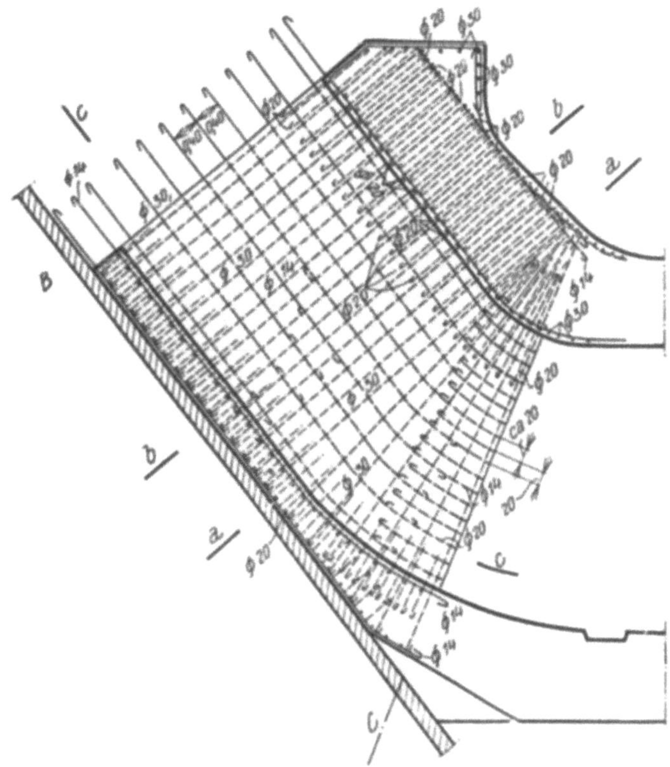

Abb. 1638. Bewehrung der Seitenwand des Druckrohres *B* bis *C*. (Vgl. Abb. 1628a.)

Abb. 1682 und 1683 erkennen und in den Abb. 1684 und 1685 sind Grundrißanordnungen von Maschinenhäusern zusammengestellt.

Die Außenansicht der Maschinenhäuser wird ohne kleinliche Verzierungen gediegen ausgeführt und der Landschaft angepaßt.

Als Beispiele für derartige, gelungene Ausführungen werden die Abb. 1686 bis 1689 angeführt. Im Hochgebirge sind manchmal besondere Ausführungen erforderlich, wie z. B. bei einer Kraftanlage (Abb. 1690) in Tirol, bei der das Dach steinschlagsicher herzustellen war.

Um an den Hochbaukosten des Maschinenhauses Ersparnisse erzielen zu können, hat man auch die Maschinenhallen niedrig gebaut, nur so hoch, als es der normale Betrieb erfordert. Ein Laufkran kann in so niedrigen Maschinenräumen nicht untergebracht werden; um den Zusammenbau der Maschinen und Instandsetzungen bewerkstelligen zu können, wird ein

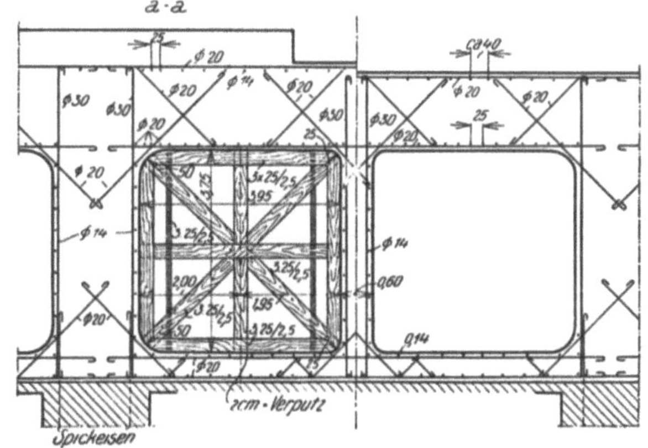

Abb. 1639. Schalung und Bewehrung des Druckrohres *B* bis *C*.
(Vgl. Abb. 1628a.) (Steweag.)

Portalkran angeordnet, der außerhalb des Maschinenraumes auf Schienen läuft. Über den Maschinensätzen wird der erforderliche Teil des Daches abhebbar gemacht und durch die freigelegte Öffnung hebt der Portalkran die Maschinenteile ab.

Schließlich ist man noch weiter gegangen und hat auch auf den gemeinsamen Maschinenraum verzichtet und nur die einzelnen Maschinensätze mit Stahlhauben wasserdicht abgedeckt (Abb. 1692).

Schließlich sei noch besonders darauf hingewiesen, daß bei jeder Kraftanlage das Bedürfnis besteht, die Beaufschlagung einer Turbine genau zu messen. Wenn für diese Messung nicht

Abb. 1640. Kernschalung für die kurzen Druckrohre im Kraftwerk Pernegg an der Mur. (Steweag.)

schon im Zulaufe oder in der Druckrohrleitung vorgesorgt ist, so muß die Unterwasserleitung hiezu eingerichtet werden. Manchmal hat man im Unterwassergraben ein Meßwehr angeordnet (Abb. 1693), bei dem der Raum unter dem Überfallstrahl gut belüftet ist. Das Wasser muß der Meßstelle beruhigt zufließen, weswegen Gitter u. dgl. eingebaut werden, die die Bewegung verteilen. Die Wellenbildung, die die Messung der Spiegellage stört, wird durch schwimmende Holztafeln gedämpft, etwa so, wie es in der Abb. 1694 angedeutet ist.

E. Besondere Wasserkraftanlagen.

I. Die Pumpspeicherkraftanlagen.

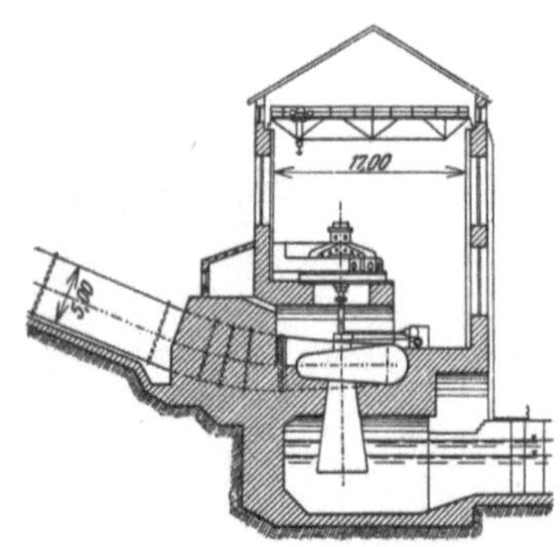

Abb. 1641. Querschnitt durch das Maschinenhaus Aufkirchen.

Wasserkraftanlagen sind nur in seltenen Ausnahmsfällen Tag und Nacht gleichmäßig belastet; die meisten verfügen über einen Energieüberschuß während der Nachtstunden, für den nur sehr schwer lohnender Absatz gefunden wird. Durch die Errichtung einer hydraulischen Pumpspeicheranlage im Anschlusse an Wasserkraftwerke besteht nun die Möglichkeit, die fast wertlose Nachtenergie derselben in hochwertige Spitzenenergie umzuwandeln.

Eine hydraulische Pumpspeicheranlage besteht im allgemeinen aus einem tiefgelegenen und einem hochgelegenen Wasserspeicher, einer Druckrohrleitung zwischen beiden und der Maschinenanlage. Während der Nachtstunden wird mit überschüssiger Energie eines Laufwerkes Wasser in den Hochspeicher gepumpt und dort gespeichert. Zur Zeit der Lichtspitze werden dann Turbinen in Betrieb genommen, die aus dem Hochspeicher gespeist werden.

Die Speicher können, je nach der Örtlichkeit, durch natürliche oder künstlich geschaffene Becken gebildet werden. Wenn die Anlage an einem Fluß mit reichlicher Wasserführung errichtet wird, kann unter Umständen der Tiefspeicher wegfallen.

Eine Pumpe, die Turbine und der Stromerzeuger werden zu einem Maschinensatz zusammengebaut. Nach Bedarf wird die elektrische Maschine als Motor oder als Stromerzeuger benützt und mit der Pumpe bzw. mit der Turbine gekuppelt. Die Abb. 1695 bis 1697 geben Beispiele für den Aufbau solcher Maschinensätze.

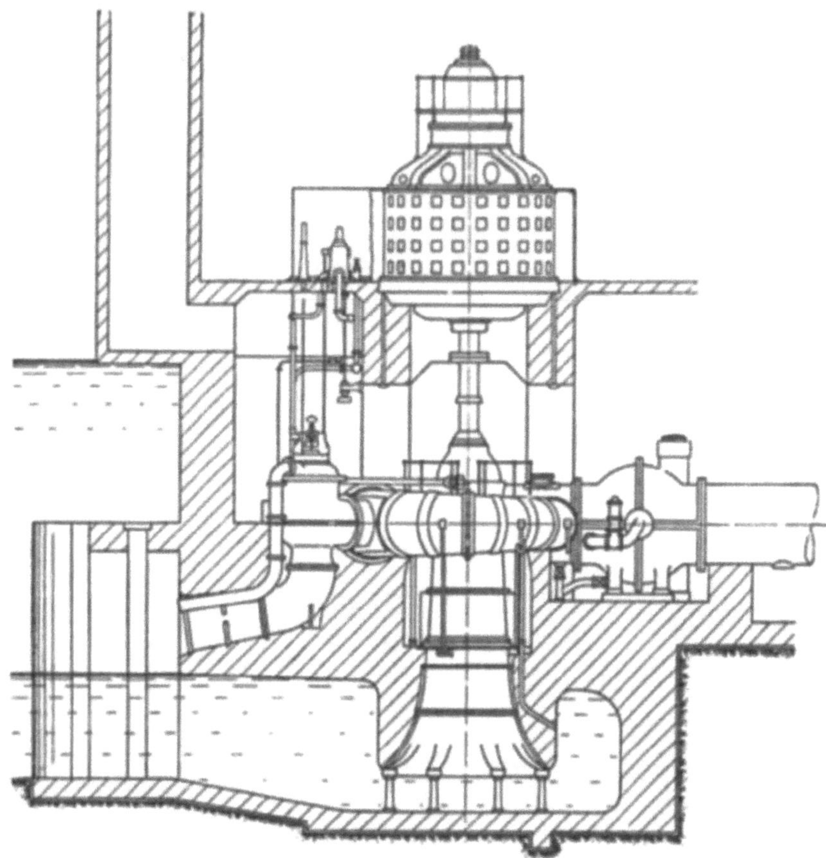

Abb. 1642. Einbau einer Spiralturbine mit stehender Welle im Kraftwerk Kanidera, Japan. Links Druckregler, rechts Kugelschieber. (Nach Elektrotechn. Zeitschrift 1925.)

Nach MAAS kann in einem Pumpspeicherwerk mit den folgenden Wirkungsgraden bei Vollbelastung gerechnet werden:

	Beim Pumpbetrieb	Beim Turbinenbetrieb
Umspanner	0,98	0,98
Motor	0,96	—
Stromerzeuger	—	0,965
Pumpe	0,86	—
Turbine	—	0,89
Rohrleitung	0,99	0,97
Wirkungsgrad des Pumpwerkes	0,80	
„ „ Kraftwerkes		0,82
Gesamtwirkungsgrad des Pumpspeicherwerkes	0,66	

Im Betrieb laufen die Maschinen nicht stets vollbelastet; dann ist der Gesamtwirkungsgrad geringer. Nach A. LUDIN kann im Betrieb mit einem durchschnittlichen Wirkungsgrad von etwa 0,54 gerechnet werden.

In den Rohrleitungen eines Pumpspeicherwerkes wird zeitweise das Wasser ruhen und es muß daher dafür gesorgt werden, daß die Leitung nicht einfriert. Wenn es die örtlichen Verhältnisse nicht zulassen, besteht das einfachste Mittel darin, Holzrohre zu verwenden oder wenn diese wegen hoher Drücke nicht mehr hinreichen, die Leitung überschüttet zu verlegen. Damit

Überflutungen hintangehalten werden, ist der Einbau eines sicher wirkenden Wasserstands-
fernzeigers mit einer Alarmeinrichtung erforderlich, die bei Überschreitung der höchstzulässigen
Spiegellage im Hochbehälter in Tätigkeit tritt. Die erstmalige Füllung geschieht von einem
nahegelegenen Gewässer oder mit Wasser, das aus Brunnen gepumpt wird. Im Betrieb braucht
nur das durch Undichtigkeiten versickerte und das verdunstete Wasser ersetzt werden.

Die Ansicht einer Pumpspeicheranlage mit Hoch- und Tiefspeicher gibt die Abb. 1689.

Schrifttum.

BODENSEHER und GABLER: Die Pumpspeicherung im Rahmen einer großstädtischen Elektrizitäts-
versorgung. Weltkraftkonf. Bez. Berlin. 1930. — KÜHNE, G.: Betriebsfragen der Pumpspeicherung. Wasserkr.

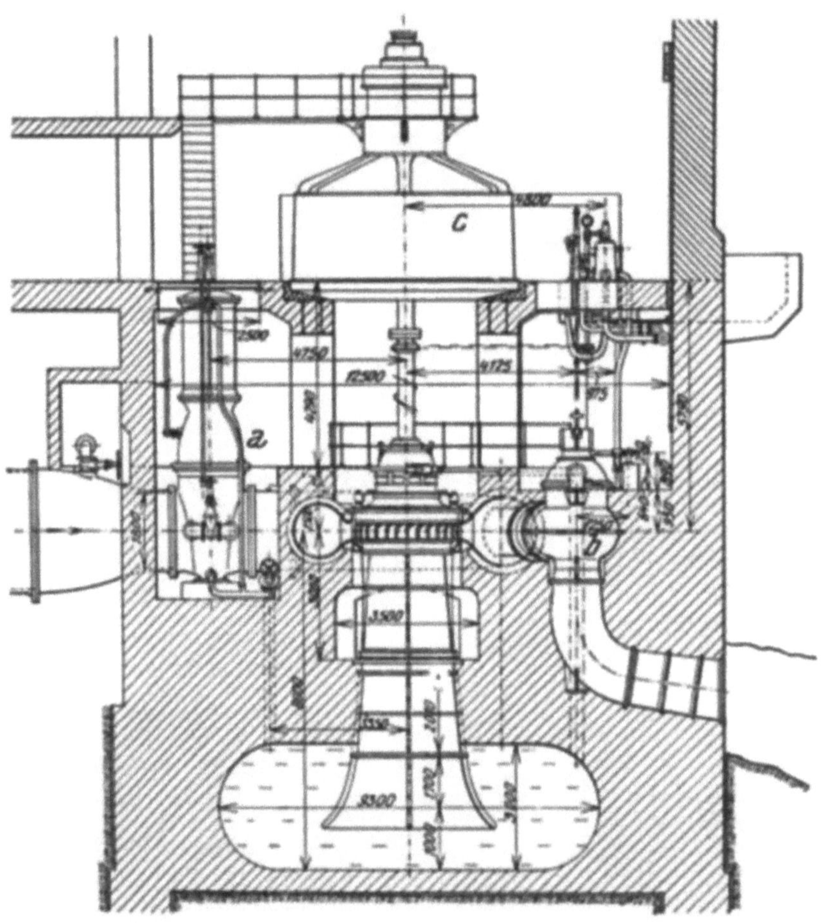

Abb. 1643. Einbau einer Spiralturbine mit stehender Welle im Kraftwerk Momoyama, Japan.
a Absperrschieber, *b* Druckregler, *c* Schirmstromerzeuger. (Escher Wyss & Co.)

u. Wasserwirtsch. 1928. — LELL: Die Frage der Pumpspeicherung mit besonderer Berücksichtigung ihrer
Wirtschaftlichkeit. D. Wasserwirtsch. 1930. — LUDIN, A.: Wasserkraftanlagen. Handbibl. f. Bauing. Springer-Verlag, Berlin. 1934. — LÜCHER, J. M.: Hydraulische Akkumulierungs- und Pumpanlagen. Die Binnen-
schiffahrt und Wasserkraftausnutzung der Schweiz. S. 33. Zürich 1926. — MAAS, A.: Hydraulische Hoch-
speicherwerke. Zschrft. V. D. J. 1924. — DERSELBE: Untersuchungen über die hydraulische Speicherung
von Dampfkraftenergie. Wasserkr. Jb. 1925/26. — DERSELBE: Turbinen und Pumpen für Pumpspeicher-
werke. Escher-Wyss Mitt. 1930. — MEIXNER, H.: Hydraulische Speicherung bei Wasserkraftanlagen. Mitt. d.
Hauptver. deutscher Ing. in der CSR. Heft 10, 11, 12, 1924, mit reichen weiteren Schrifttumsangaben. —
MUSIL: Die Wirtschaftlichkeit der Energiespeicherung für Elektrizitätswerke. Springer-Verlag, Berlin. 1930. —
THORMANN, R.: Das hydraulische Akkumulierungswerk in Neckartenzlingen. V. D. J., 60, S. 314. 1916. —
WALCH: Die Bauarbeiten am Speicherbecken und an der Rohrbahn des Speicherwerkes Bringhausen. Bau-
techn. 1930. — REFERAT: Die Pumpspeicheranlage Hemfurth an der Edertalsperre. Wasserkr. u. Wasserwirtsch.
1927.

II. Grundwasserkraftanlagen.

Das Grundwasser hochgelegener Talbecken kann unter Umständen zur Energiegewinnung
benützt werden. Derartige Anlagen bestehen aus einer hochgelegenen Fassungsanlage, z. B.
einer ausgedehnten Brunnenanlage, aus der das Grundwasser gepumpt und in die Rohrleitung
einer Kraftanlage eingeleitet wird. Wenn der Grundwasserstrom durch eine unterirdische
Sperrmauer (Lehmschürze, Betonschürze oder Spundwand) abgedämmt werden kann, so wird

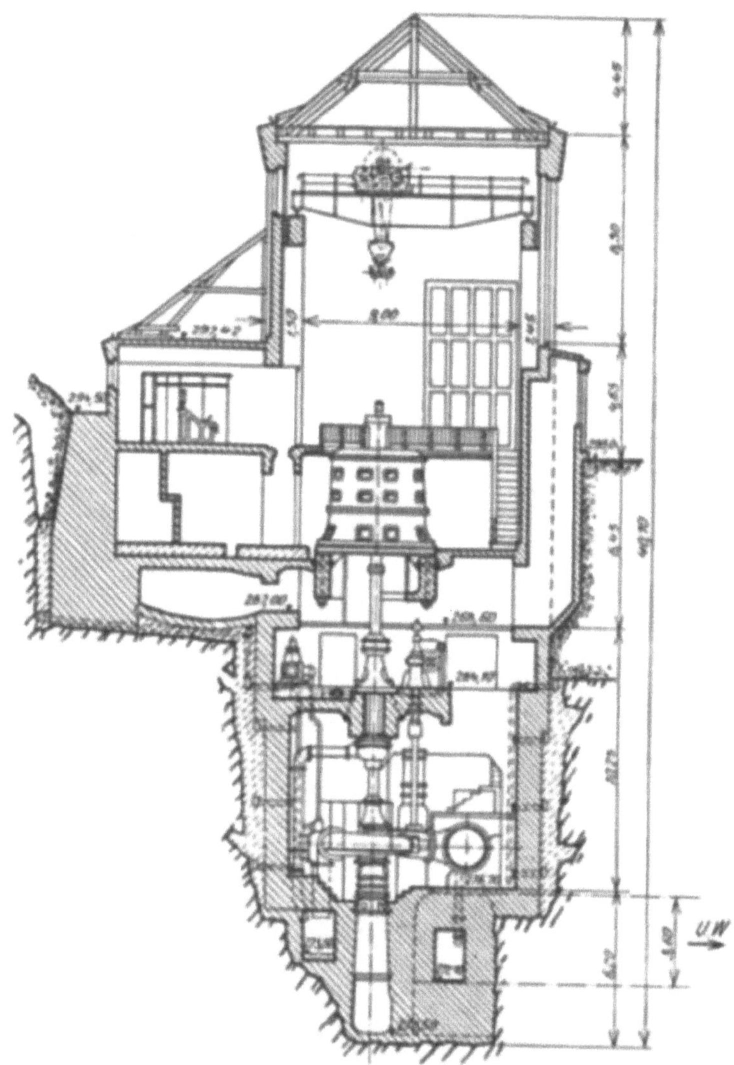

Abb. 1644. Querschnitt durch das Maschinenhaus Partenstein. (Oberöst. Kraftwerke A.-G.)

die Grundwasserfassungsanlage auch bis zu einem gewissen Grade speicherfähig. Durch künstliche Versenkung von Wasser während der Sommermonate kann die Grundwasserergiebigkeit
erhöht werden.

III. Gezeitenkraftanlagen.

An manchen Küsten erreichen die Höhenunterschiede des Meeresspiegels zwischen Ebbe
und Flut so beträchtliche Größen (15 [m] und darüber), daß bei geeigneter Beschaffenheit der
Küste die Ausnutzung der Gezeiten zur Energiegewinnung möglich ist. Eine solche Anlage
kann an einer Bucht errichtet werden, die durch einen Damm vom offenen Meere getrennt ist.
In den Damm wird die Kraftanlage eingebaut, die vom Meerwasser bei Flut in der Richtung

vom Meere gegen die Bucht, bei Ebbe in umgekehrter Richtung durchflossen wird. Zweimal des Tages, wenn der Höhenunterschied der Spiegellagen beiderseits des Dammes nicht groß ist, kommt die Kraftanlage zum Stillstande. Sie kann daher selbständig als Energiequelle nicht bestehen, sondern muß mit irgend einer anderen Anlage verbunden oder mit Speicheranlagen ausgerüstet werden. Bedeutung haben die Gezeitenkraftanlagen bisher nicht erlangt.

Schrifttum.

SCHOKLITSCH, A.: Gezeitenkraftwerk bei Pleasent-Point. Wasserkr. u. Wasserwirtsch. 1937. S. 292.

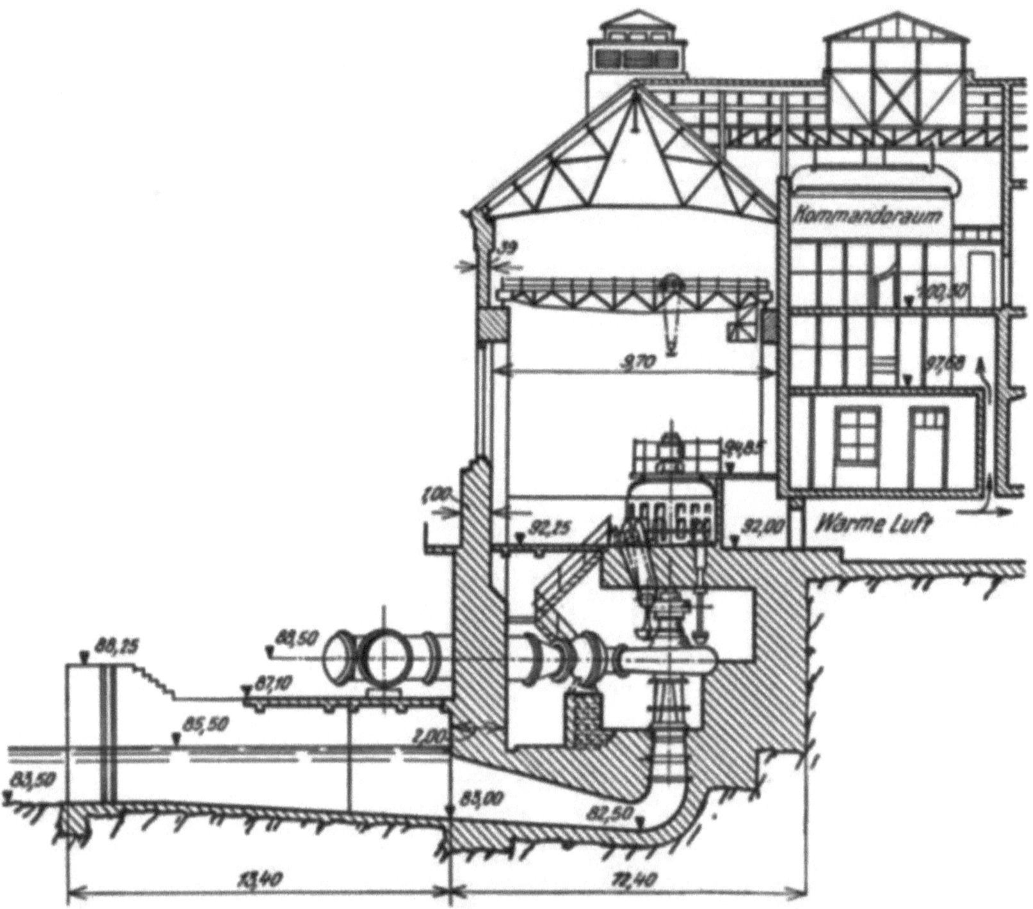

Abb. 1645. Querschnitt durch das Maschinenhaus des Kraftwerkes Cala. (Nach H. E. GRUNER.)

IV. Wartungslose und selbsttätige Kraftanlagen.

In dem Bestreben, einerseits die Wärterlöhne in Kraftanlagen zu senken und anderseits die Betriebssicherheit zu erhöhen, sind bedienungslose und in weiterer Folge selbsttätige Wasserkraftanlagen entwickelt worden. Im wasserbaulichen Teil unterscheiden sich bediente und bedienungslose Kraftanlagen nicht; die bedienungslosen bzw. die selbsttätigen Kraftanlagen erhalten lediglich im maschinellen Teil eine Anzahl von Zusatzeinrichtungen, die die Tätigkeit des Wärters ersetzen.

Bei den wartungslosen Anlagen wird die In- und Außerdienststellung der Maschinensätze von Hand vorgenommen; nur die Führung und Überwachung des laufenden Betriebes erfolgt ohne Wartung. Wenn auch das In- und Außerdienststellen der Maschinensätze selbsttätig erfolgt, ausgelöst durch ein von ferne gegebenes Signal oder durch bestimmte Betriebsverhältnisse, so ist das Kraftwerk selbsttätig. Wenn schließlich die zur Führung des Betriebes erforderlichen Schaltungen von ferne gesteuert werden, so wird die Anlage ferngesteuert genannt.

Bei wartungslosen Anlagen kann die selbsttätige Abstellung der Maschinensätze nur dem Regler übertragen werden, der den Wasserzufluß zum Laufrad sperrt oder es kann durch das Ansprechen der Überwachungseinrichtung auch noch das Schließen des Abschlußorgans vor der Turbine ausgelöst werden. Die Überwachungseinrichtungen bei wartungslosen Anlagen erstrecken sich auf den Regler, auf die Maschinen und auf den elektrischen Teil der Anlage. Der Maschinensatz wird stillgesetzt, wenn eine Störung am Regler auftritt, wie Versagen des Antriebes, unzulängliche Spannung oder unzulässige Temperatur des Öles und Versagen der Steuerung des Reglers, ferner wenn die Temperatur der Maschinenlager eine bestimmte Höhe überschreitet und wenn im elektrischen Teil Überlastung, Überspannung auftritt.

Bei den selbsttätigen Anlagen kommen noch die Einrichtungen für das selbsttätige Anlassen und Abstellen der Maschinensätze dazu. Der Anlaßvorgang zerfällt in das Ingangsetzen des Maschinensatzes bis zur Erreichung der erforderlichen Drehzahl, in die Parallelschaltung und in die Belastung. Beim Abstellen der Maschinensätze werden alle Einrichtungen selbsttätig so verstellt, daß sie wieder anlaßbereit sind.

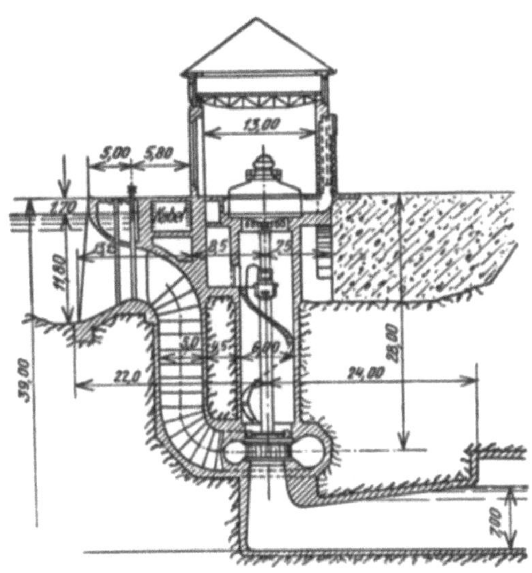

Abb. 1646. Querschnitt durch ein Maschinenhaus mit tiefliegender volleinbetonierter Spiralgehäuseturbine mit lotrechter Welle. (Wasserkr. u. Wasserwirtsch. 1927.)

Schrifttum.

FABRITZ, G.: Selbsttätige Wasserkraftanlagen. Wasserkr. u. Wasserwirtsch. 1929. S. 272—285. — DERSELBE: Die vollständige Anlage der Pichlerwerke Weiz. Wasserwirtsch. Wien. 1931. H. 33. — DERSELBE: Neuzeitliche selbständige Regler und ihre Hilfseinrichtungen. Wasserwirtsch. Wien. 1931. H. 19 bis 25. — DERSELBE: Turbinenanlage Teigitschmühle. Wasserwirtsch. Wien. 1926. H. 18. — DERSELBE: Ausführungsformen selbsttätiger Wasserkraftanlagen. Wasserkr. u. Wasserwirtsch. 1935. H. 16. — FLECK, B.: Ferngesteuerte Kleinwasserkraftanlagen in Südafrika. A. E. G.-Mitt. 1929. H. 7. — DERSELBE: Bedienungslose Wasserkraftanlagen. A. E. G.-Mitt. 1931. H. 2. — DERSELBE: Bedienungslose Asynchron-Wasserkraftanlagen Triberg. A. E. G.-Mitt. 1932. H. 8. — GAGG, A.: Regler für unbediente Kraftwerke. E. W. C.-Mitt.

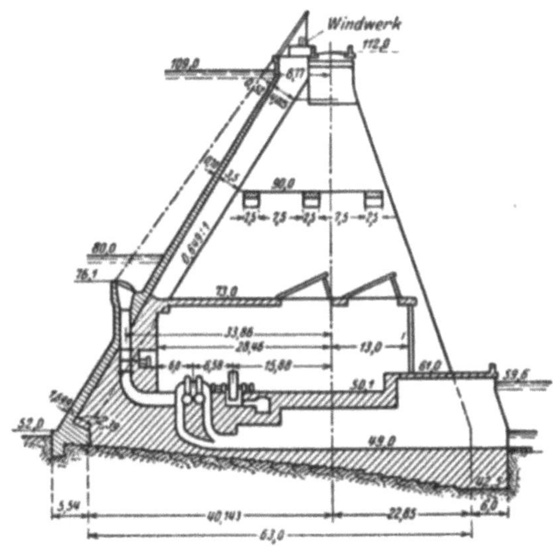

Abb. 1647. Tirso-Gewölbereihenstaumauer. Schnitt durch das Maschinenhaus.

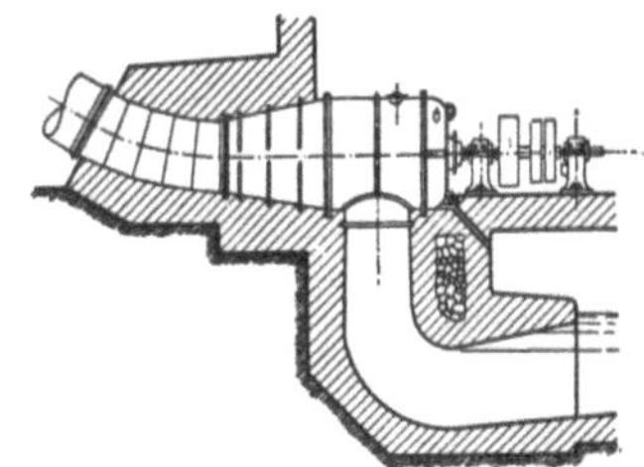

Abb. 1648. Einbau einer Kesselturbine. (MÖLLER, Brackwede.)

1928. H. 5. — HÜLLMANN, H.: Bedienungslose Wasserkraftanlagen. Elektro-Wirtschaft 1928. S. 464. — LATZKO u. PLECHL: Automatische Fernregulierung der Wasserkraftmaschinen im Achenseekraftwerk E. u. M. 1929. H 36. — MÜLLER, H.: Das Elektrizitätswerk Thorenberg. Bulletin S. E. V. 1931. H. 12. — RINDERKNECHT, E.: Die Turbinenregelung der fernbedienten Wasserkraftanlage Buchs-Altendorf. E. W. C.-

Mitt. 1929. H. 3. — SPETZLER, O.: Die Ausnützung der Laufwasserkräfte am Hengsteysee. Zschrft. d. V. D. J. 1930. H. 23. — VETSCH, U.: Bedienungslose Wasserkraftanlagen. Schweiz. Bauztg. 1929. H. 6.

V. Die Kleinwasserkraftanlagen.

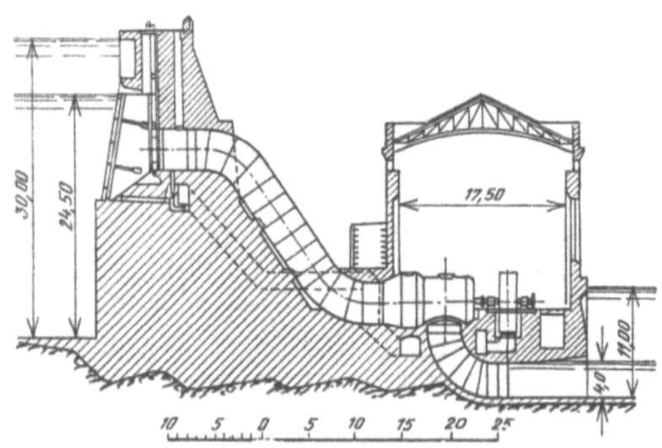

Abb. 1649. Querschnitt durch das Maschinenhaus Vamma. (Nach R. KOECHLIN.)

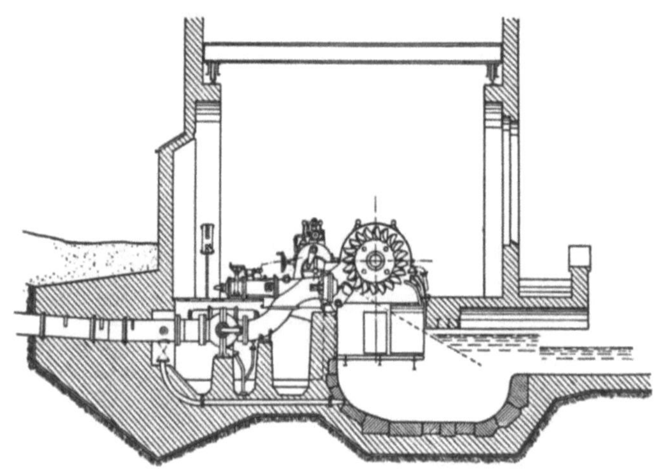

Abb. 1650. Peltonturbine im Kraftwerk Tremorgio. (Escher Wyss & Co.)

Abb. 1651. Wasseranstieg hinter dem abgelenkten Strahl einer Peltonturbine — Modellversuch.

Kleinwasserkraftanlagen sind Anlagen, die zur Deckung des Eigenbedarfes des Eigentümers errichtet werden, wenn die Entfernung von der nächstgelegenen Stromleitung groß ist oder wenn die Wasser- und die Gefällsverhältnisse eines in der Nähe liegenden Baches so günstig sind, daß die Kosten der Energie, die aus der Eigenanlage gewonnen wird, kleiner sind als jene bei Bezug aus einem Überlandnetz. Der wasserbauliche Teil einer solchen Anlage ähnelt jenem der großen Werke, nur wird die Ausstattung wesentlich einfacher zu halten sein, weil ja auch die Anforderungen, die an eine solche Anlage gestellt werden, wesentlich niedrigere sind und weil die kleinen, in Betracht kommenden Durchflüsse auch vielfach Vereinfachungen der Anlagen erlauben.

Einen besonderen Aufschwung nahm der Ausbau der Kleinwasserkräfte erst, als es gelang, Wasserkraftmaschinen und Stromerzeuger herzustellen, die keiner besonderen Regelung und Wartung bedürfen. Als Wasserkraftmaschinen werden je nach der Fallhöhe und den Durchflüssen Peltonturbinen, Francisturbinen oder Propellerturbinen verwendet. Wenn die erforderliche Beaufschlagung das ganze Jahr hindurch zur Verfügung steht, werden die Turbinen ohne Regelung, die Vollturbinen also mit feststehenden Leitschaufeln ausgeführt. Wenn die Zuflüsse schwanken, so erhalten die Turbinen Handregelung, damit der Leitapparat den jeweiligen Durchflüssen ang paßt werden kann; eine weitere Regelung auch bei schwankender Belastung ist nicht erforderlich. Wenn die Belastung abnimmt, so erhöht sich die Drehzahl der Turbine und sie erreicht bei vollständiger Entlastung etwa die doppelte normale Drehzahl. Die Bauarten solcher Turbinen veranschaulichen die Abb. 1699 bis 1701.

Als Stromerzeuger, die in der Regel unmittelbar mit der Turbine gekuppelt und vielfach sogar mit dieser zu einem Maschinensatz fest zusammengebaut sind, werden eigene Gleichstromerzeuger, Bauart Reindl-Petersen, verwendet, die bei allen in Betracht kommenden Drehzahlen Strom gleichbleibender Spannung liefern und daher selbständige hydraulische Regler

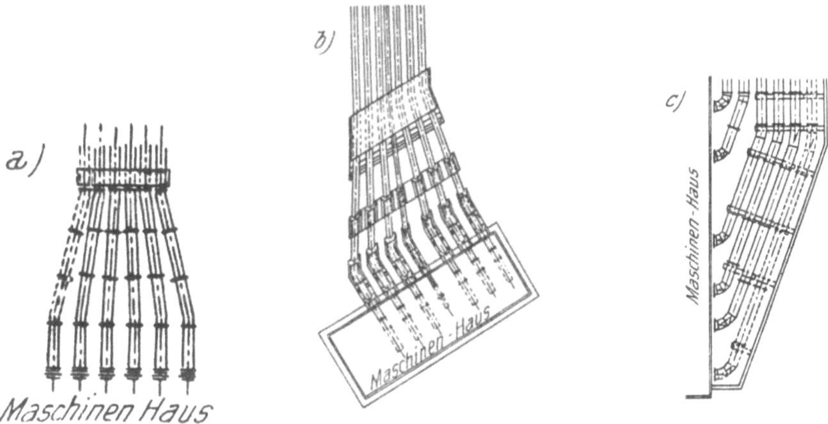

Abb. 1652. Anordnung der Druckrohre an Krafthäusern.

entbehrlich machen. Das Anlassen des Maschinensatzes geschieht entweder durch Öffnen des vor der Turbine eingebauten Schiebers oder es wird durch Fernsteuerung unter Benützung der Stromleitungen bewerkstelligt.

VI. Bombensichere Wasserkraftanlagen.

Bei Wasserkraftanlagen können nicht alle Teile gegen Luftangriffe gesichert werden. Es können aber schon beim Entwurf Vorsorgen getroffen werden, die allenfalls auftretende Schäden auf einen möglichst kleinen Bereich beschränken.

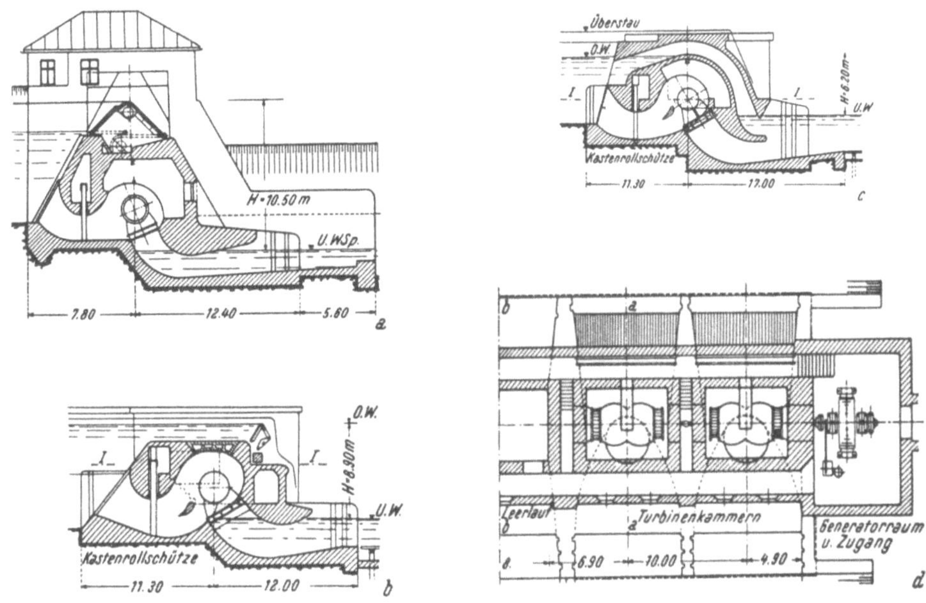

Abb. 1653. Unterwasserkraftwerk. (Nach I. Hallinger.)

In den sichtbaren Teilen der Triebwasserleitung werden selbsttätige Absperrorgane eingebaut, die den Abfluß sperren, wenn die größte im normalen Betrieb vorkommende Strömungsgeschwindigkeit überschritten wird. Bei Druckrohrleitungen kann die verdeckte Verlegung oder die Ausführung eines Druckschachtes ins Auge gefaßt werden.

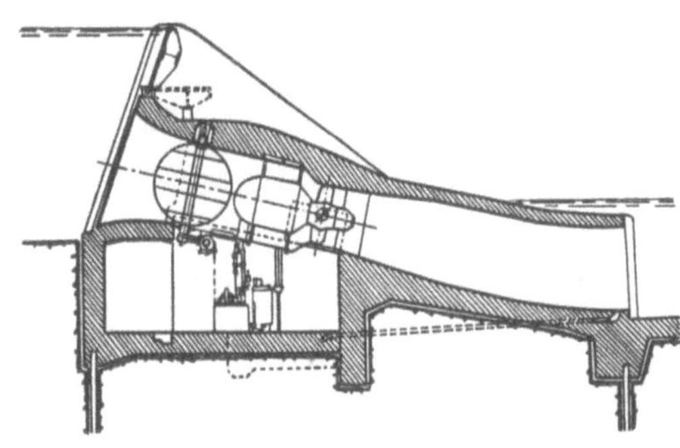

Abb. 1654. Unterwasserkraftwerk nach A. FISCHER mit gekapseltem Stromerzeuger.

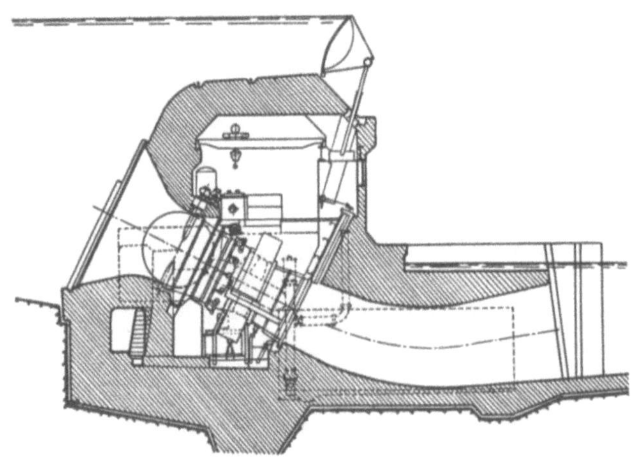

Abb. 1655. Unterwasserkraftwerk von A. FISCHER mit Turbine mit geneigter Welle.

Der empfindlichste Teil der Wasserkraftanlage ist die Maschinenanlage. Um sie gegen Bombenschäden zu schützen, können je nach der Örtlichkeit, die Maschinen entweder im Fels in einer Kaverne aufgestellt werden oder der Maschinenraum wird bombensicher überdeckt.

Die Abb. 1702 und 1703 zeigen als Beispiel ein schweizerisches Kavernen-Kraftwerk mit 5 Peltonturbinen mit lotrechten Wellen und je zwei Düsen (Gesamtleistung 47.500 kW).

Die Abb. 1704 gibt den Querschnitt durch das Maschinenhaus eines Pumpspeicherwerkes in Italien, dessen zwei Meter starkes Betongewölbe noch zwölf Meter hoch überschüttet ist.

Schrifttum.

KAECH, A., JUILLARD, H. und AEMMERER, F.: Das Kraftwerk Innertkirchen, die zweite Stufe der Oberhasliwerke. Schweiz. Bauztg. Bd. 120. 1942. S. 47. — SCHMITTHEMMER, C.: Neue Konstruktionen und Mitteilungen auf dem Gebiete der Wasserkrafttechnik in Schweden. Wasserkr. u. Wasserwirtsch. 1943. S. 36. — SPETH, O.: Bombenwirkung gegen Stahlbeton und Ermittlung von Schutzdicken. Bauing. 1942. S. 339. — REFERAT: Der Luftschutz der Wasserkraftwerke. Wasserkr. und Wasserwirtsch. 1938. S. 67. — REFERAT: Luftschutzfragen. Wasserkr. u. Wasserwirtsch. 1938. S. 46. — REFERAT: Der Ausbau der französischen Rhone, insbesondere die Fortschritte der Arbeiten von Génissiat. Bauing. 1942. S. 319. — REFERAT: Die neuen Wasserkraftanlagen am Salto- und Turano-Fluß (Italien). Wasserkr. u. Wasserwirtsch. 1939. S. 160.

Siebenter Teil.

Meliorationen.

A. Normen und Vorschriften auf dem Gebiete der Meliorationen.

DIN	1180.	(Sept. 1931).	Dränrohre.
			Beiblatt Dränrohre, Erläuterungen.
DIN	1181.	(Dez. 1931).	Viehtränke.
DIN	1184.	(Febr. 1938).	Schöpfwerke.
DIN	1957.	(Sept. 1933).	Technische Vorschriften für Kulturbauarbeiten, Ausbau und Anlage von Wasserläufen und Deichbau.
DIN	1958.	(Sept. 1932).	Dränarbeiten.
DIN	1957—1959.	(Jän. 1933).	Beiblatt. Technische Vorschriften für Kulturbauarbeiten, Erläuterungen.

Reichsministerium für Ernährung und Landwirtschaft: Anweisung für die Planung, Ausführung und Unterhaltung von Dränanlagen. 6. Auflage. Springer-Verlag. 1941.

Unter dem Begriffe der Meliorationen werden alle Maßnahmen zusammengefaßt, die eine dauernde Verbesserung landwirtschaftlich ausgenützter Bodenflächen anstreben; zu den wichtigsten derartigen Maßnahmen gehören jene, die den Wasserhaushalt in der von den Pflanzenwurzeln durchsetzten obersten Bodenschicht regeln, nämlich die Entwässerung und die Bewässerung.

B. Die Bodenentwässerung.

Für jede Pflanzengattung gibt es einen bestimmten Wassergehalt im Boden, bei dem der Ernteertrag am höchsten ist, und die Pflanzen werden geschädigt, wenn die Poren des Untergrundes weitgehender mit Wasser erfüllt sind, weil die Wurzelatmung und die Tätigkeit der Bodenbakterien, die für das Gedeihen unerläßlich sind, behindert werden. Übermäßig nasser Boden ist überdies kalt, weil einerseits Wasser eine höhere Wärmekapazität besitzt als Boden und weil die Verdunstung des Wassers Wärme bindet. Auf sehr nassem Untergrund beginnt deshalb das Wachstum wesentlich später als auf trockenem und auch die Bestellarbeiten sind in bindigen Böden bei großer Nässe wegen ihrer Klebrigkeit erschwert. Schließlich werden die landwirtschaftlichen Nutzpflanzen in ihrem Wachstum durch andere Pflanzen geschädigt, die in großer Nässe zwar gut gedeihen, aber nicht erwünscht sind.

Kulturschädliche Nässe im Boden ist beim Begehen des Bodens leicht am Aufquellen von Wasser unter der Last des Körpers, am Vorherrschen von Nässe bevorzugenden Pflanzen und an der fahlen Blattfarbe der Nutzpflanzen sowie am späten Abschmelzen des Schnees, am späten Ausreifen der Frucht und am häufigen Auswintern zu erkennen.

Der für jede Pflanzenart vorteilhafteste Feuchtigkeitsgrad stellt sich bei einer bestimmten Tiefenlage des Grundwasserspiegels ein; so soll z. B. bei Ackerboden der Grundwasserspiegel mindestens 0,80 [m] tief liegen, man wird aber womöglich bei Getreide und Hackfrüchten durch die Entwässerung eine Senkung bis auf (1,15 bis 1,25) [m], bei Rübenbau auf (1,50 bis 2,80) [m] anstreben. Bei Wiesen wird eine mittlere Tiefenlage des Grundwasserspiegels von 0,60 [m] angestrebt. Je nach der größeren oder kleineren kapillaren Saughöhe des Bodens wird von diesen Mittellagen nach unten oder oben abgewichen. Eine zu tiefe Lage des Grundwasserspiegels schädigt auch wieder das Wachstum und man darf

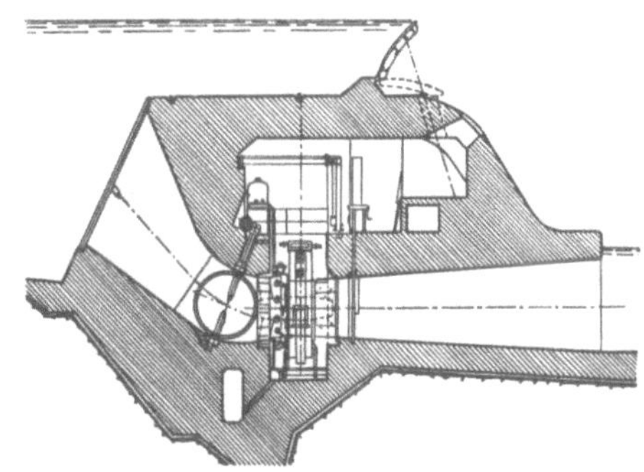

Abb. 1656. Unterwasserkraftwerk von A. FISCHER mit Rohrturbine mit waagrechter Welle.

a

b

Abb. 1657. Unterwasserkraftwerk von A. FISCHER. a nicht überströmt, b überströmt.

unter die oben angeführten Tiefenlagen nur dann wesentlich herabgehen, wenn während der Vegetationsperiode der Pflanzen eine Bewässerung erfolgen kann.

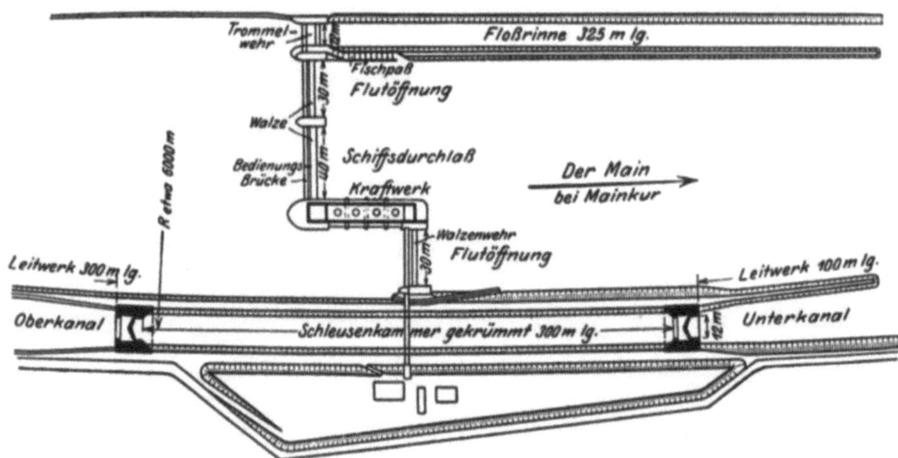

Abb. 1658. Staustufe Mainkur am Main.

Die übermäßige Nässe im Boden kann entweder vom behinderten Abfluß des Oberflächenwassers oder von der zu hohen Lage des Grundwasserspiegels herrühren. In bindigem, festgelagertem Boden versickert schon das Niederschlagswasser nur langsam; wenn dann infolge ungünstiger Geländegestalt noch Wasser benachbarter Gebiete am Grundstück zusammenläuft, so füllen sich alle Poren des Bodens, die das Wasser hartnäckig festhalten und es kann sogar zur vorübergehenden Bildung von Wasseransammlungen in Mulden kommen. Die zu hohe Lage des Grundwasserspiegels kann auf eine zu geringe Tiefenlage der wasserundurchlässigen Schicht, auf großen Zufluß von Grundwasser aus Nachbargebieten und auf behinderten Grundwasserabfluß zurückzuführen sein. Hohe Spiegellage im Vorfluter, hervorgerufen durch

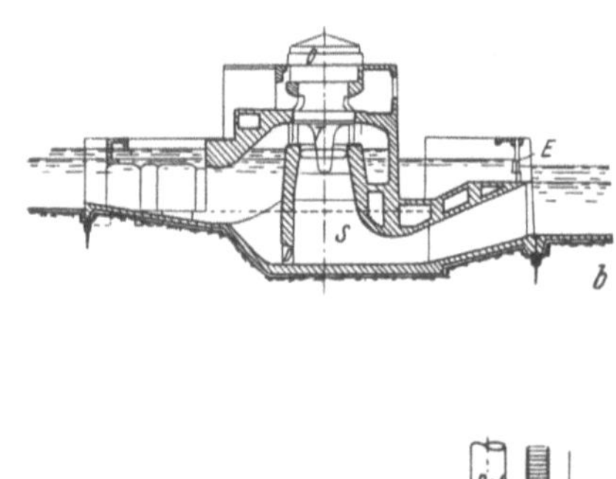

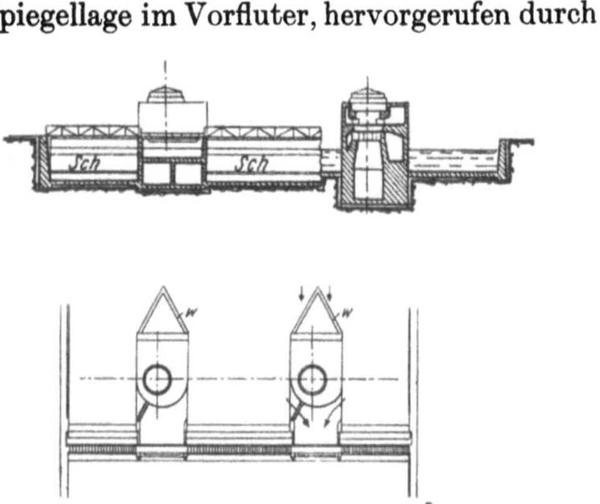

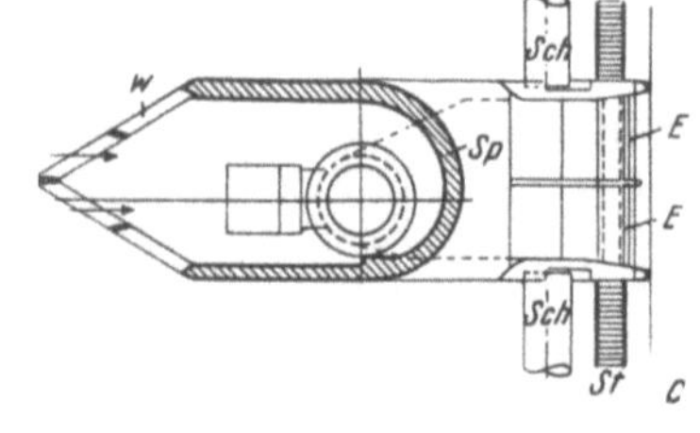

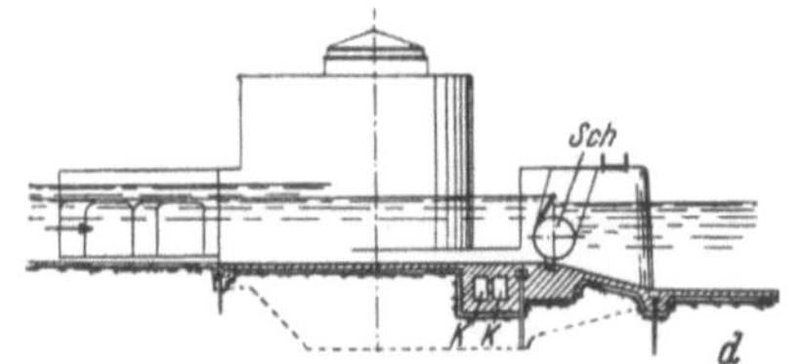

Abb. 1659. Pfeilerkraftwerk von SCHÖNBACH.

Verkrautung oder Verwilderung, übermäßiges Serpentinieren oder zu hohe Sohlenlage des Bettes und ungünstiges Streichen der undurchlässigen Schicht können den Grundwasserabfluß behindern.

Abhilfe gegen übermäßige Bodennässe wird dadurch geschaffen, daß der Zufluß von Tag-
und Grundwasser zum betrachteten Grundstück aus dem Nachbargelände unterbunden und
dann allenfalls noch der Abfluß
des auf das Grundstück gefal-
lenen Niederschlagswassers erleichtert und der Grundwasserspiegel abgesenkt wird. In Aus-
nahmefällen kann auch die Höherlegung der Bodenoberfläche, die
Kolmation, in Frage kommen.

Die Ableitung des Tag- und
des Grundwassers erfordert vor
allem die Schaffung einer entsprechenden Vorflut. Im Vorfluter wird eine derartige Höhenlage des Wasserspiegels angestrebt, daß wenigstens unmittelbar vor und während des Pflan-

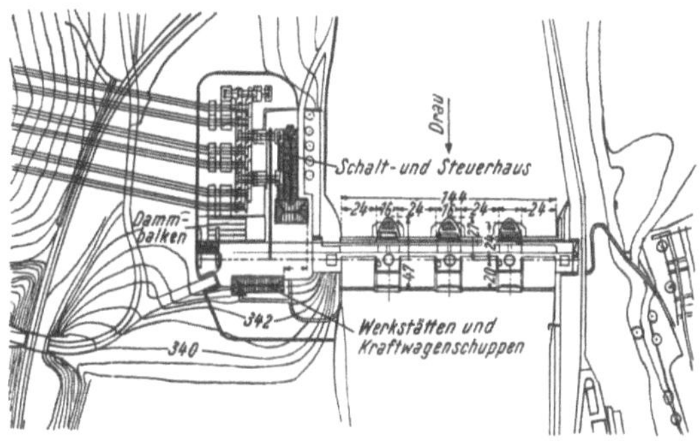

Abb. 1660. Pfeilerkraftwerk (H. Grengg.)

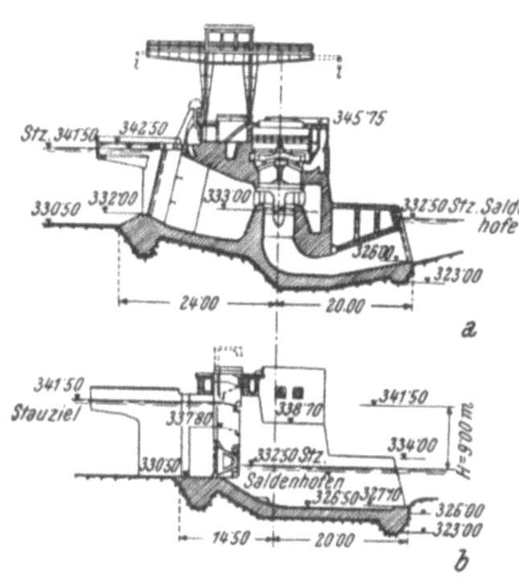

Abb. 1661. Pfeilerkraftwerk. *a* Schnitt durch den
Pfeiler. *b* Schnitt durch ein Wehrfeld. (H. Grengg.)

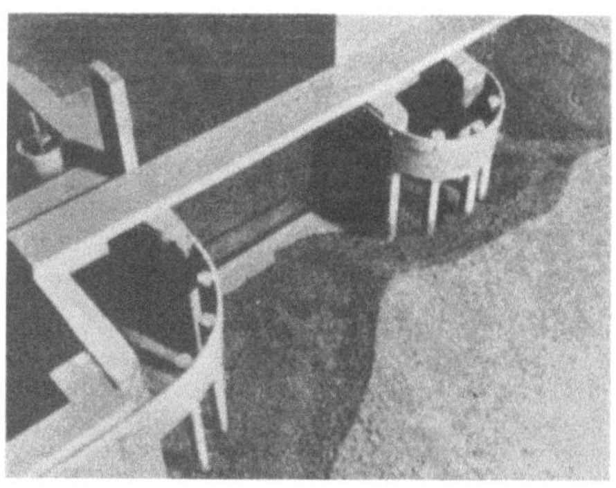

Abb. 1662. Sohlenausbildung im Stauraum eines Pfeilerkraftwerkes. Halbmodell. Durchfluß $Q = 834\,\tfrac{1}{2}$ [m³/sec]. Ableitung
des Freiwassers unter den Fallen. Spulöffnungen im Pfeiler
geschlossen.

Abb. 1663. Wie Abb. 1667. Spulöffnungen im Pfeiler geöffnet.

zenwachstums die Entwässerung der Grundstücke ohne Rückstau erfolgen kann. Maßnahmen zur Erreichung dieses Zieles sind die
Säuberung des Bettes des Vorfluters von Verkrautung und Stauden, regelmäßiger Ausbau
des Bettes für den zu erwartenden größten
Abfluß, Streckung eines serpentinierenden
Flußlaufes durch Durchstiche, die eine Senkung der Sohle bewirken (vgl. S. 199) und
es ist, wenn diese Maßnahmen nicht zur erforderlichen Tiefenlage des Wasserspiegels
führen, dann allenfalls das Pumpen des aus
dem Grundstücke abgeleiteten Wassers in den
zu hoch liegenden Vorfluter zu erwägen. Für
den Antrieb derartiger Pumpwerke kommen
elektrisch angetriebene Pumpen, in beson-
deren Fällen auch Pumpen in Frage, die von Windmotoren betätigt werden. Die Ableitung
des Wassers aus den Grundstücken erfolgt durch offene Gräben oder durch unterirdische

Leitungen. Offene Gräben leiten das Tagwasser und, wenn sie genügend tief liegen, auch Grundwasser, unterirdische Leitungen nur das letztere ab.

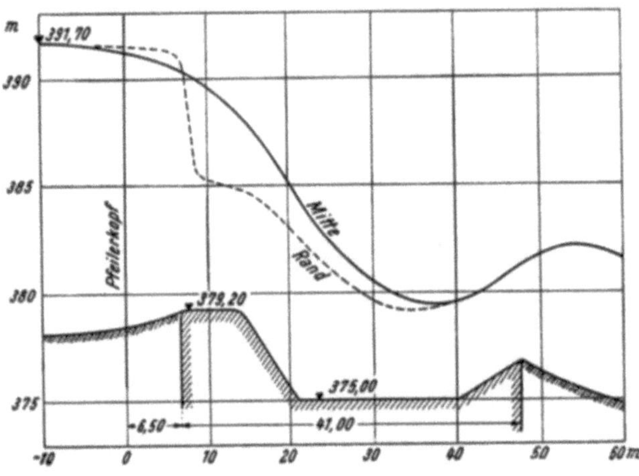

Abb. 1664. Verlauf des Wasserspiegels am Pfeilerkopf.

I. Die Entwässerung durch offene Gräben.

Die Entwässerung durch offene Gräben hat gegenüber der unterirdischen den Vorzug, daß das Tagwasser rasch abläuft, daß große Durchflüsse leicht abzuleiten sind, daß die Wasserableitung auch bei ganz geringen Gefällen noch ausführbar ist und die Anlagen jederzeit leicht zugänglich und instand zu setzen sind. Diesen Vorzügen stehen aber die Nachteile gegenüber, daß die Gräben wegen der erforderlichen flachen Böschungen, besonders bei größeren Grabentiefen viel Gelände dem Nutzungszweck entziehen, daß sie den Ver-

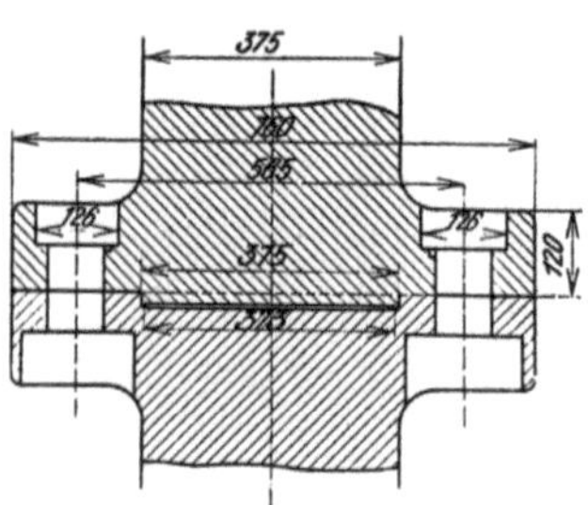

Abb. 1666. Starre Kupplung.

Abb. 1665. Elastische Kupplung.

kehr am Grundstücke behindern und zahlreiche Überbrückungen erfordern, daß sie eine ständige Instandhaltung erfordern, und daß sich in ihnen unerwünschtes Unkraut ansiedelt und von dort auf das ganze Gelände verbreitet.

Die Hauptentwässerungsgräben (Zuggräben) werden in erster Reihe durch die Rinnen und Mulden des Geländes gelegt und man trachtet, sie unmittelbar in den Vorfluter einmünden zu lassen (Abb. 1705 und 1706). Liegt der Spiegel im Vorfluter zu hoch, so wird längs desselben ein

Abb. 1667. Maschinensaal des Kraftwerkes Peggau an der Mur. *a* Schalttafel, *b* Erregermaschinen. *c* offene Stromerzeuger, *d* Regler, *e* Reglerwelle, *f* Schiene für den Laufkran. Betriebsaufnahme 1908. (Steeg, Graz.)

Parallelgraben (Abb. 1707) angeordnet, der oben tief ins Gelände einschneidet und das Wasser mit wesentlich geringerem Gefälle flußab des zu entwässernden Grundstückes in den Vorfluter leitet. Die Hauptgräben (Zuggräben) werden in Entfernungen von (100 bis 200) [m] angeordnet und dazwischen werden alle (20 bis 50) [m] Beetgräben derart angelegt, daß das Gelände mit einem Netz von Gräben bedeckt ist. Für das Gefälle, mit dem die Gräben angelegt werden, sind durch die Geländebeschaffenheit Grenzen gezogen, denn es darf bei jeder Bodenart eine be-

Abb. 1668. Beförderung eines Läufers der Stromerzeuger zum Kraftwerk Peggau an der Mur. Geschwindigkeit 2 bis 3 [km] im Tag.

Abb. 1669. Stromerzeuger in Schirmbauart im Murkraftwerk Pernegg.

stimmte Geschwindigkeit bzw. Schleppkraft nicht überschritten werden, wenn die Sohle nicht ausgespült werden soll. Aus wirtschaftlichen Gründen geht man aber, um die Querschnitte klein halten zu können, bis nahe an diese Grenze heran. Um die erforderlichen Erd-

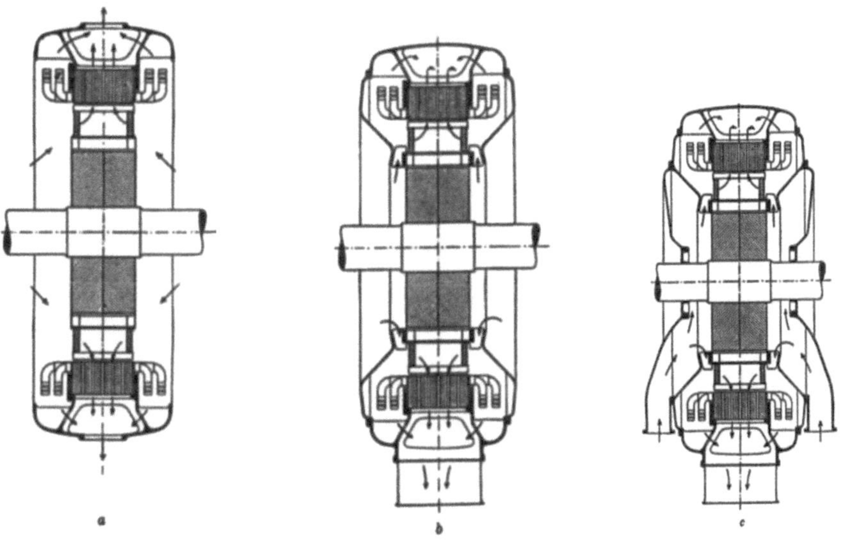

Abb. 1670. Lüftung von Stromerzeugern mit liegender Welle. a offene, b halbgeschlossene, c geschlossene Bauart. (Siemens-Schuckert-Werke.)

arbeiten auf ein Minimum zu beschränken, folgt man mit dem Gefälle der Grabensohle möglichst weitgehend der Geländeoberfläche. Ergibt sich hiebei ein zu großes Gefälle, so kann die Grabensohle durch den Einbau von Abstürzen gestaffelt und dadurch die Wasserbewegung verzögert werden.

Als Grabenquerschnitt wird ein Trapez gewählt, dessen Seiten je nach der Bodenbeschaffenheit geböscht werden; bei Lehmboden wird eine Böschungsneigung 1:1,5 bis 1:2, bei Sandböden 1:2 bis 1:3 ausgeführt. Wenn die Grabentiefe etwa 2 [m] überschreitet, wird in der Böschung eine Berme angeordnet. Die Sohlenbreite hängt vom abzuleitenden Durchfluß und von der Beschaffenheit des Bodens ab und wird nicht kleiner als 0,3 [m] gemacht.

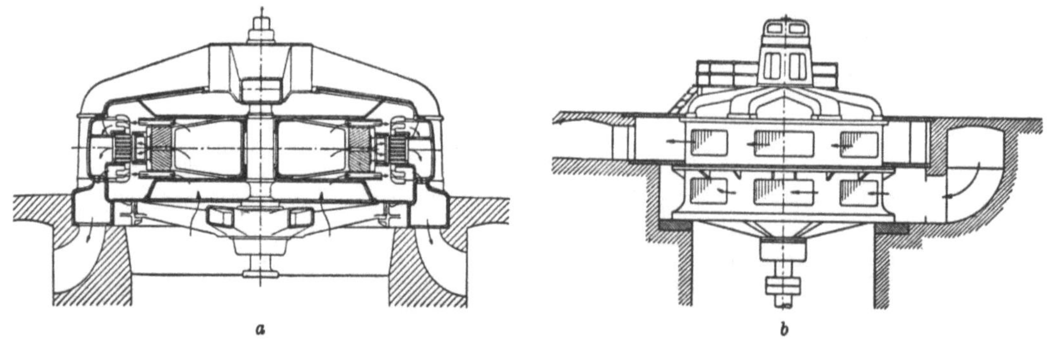

Abb. 1671.   Lüftung von Stromerzeugern in Schirmbauart. *a* für mittlere, *b* für große Leistungen. (Siemens-Schuckert-Werke.)

Der benetzte Umfang der Gräben, mindestens aber die Böschungen werden gegen Abspülung besonders gesichert, und zwar bei geringen Schleppkräften mit Flachrasenbelag, bei größeren in einer der in den Abb. 1708a bis i dargestellten Weise.

Die Tiefenlage der Grabensohle wird je nach dem, ob nur Oberflächenwasser oder ob auch Grundwasser abzuleiten ist, verschieden bemessen. Gräben, die nur Tagwasser abzuleiten haben,

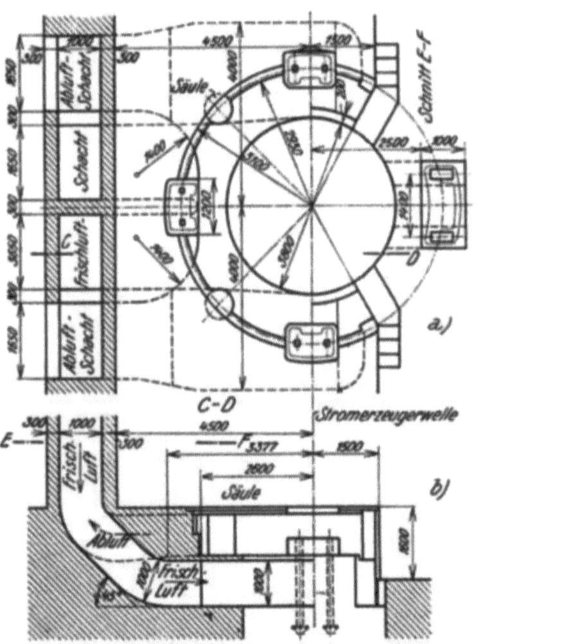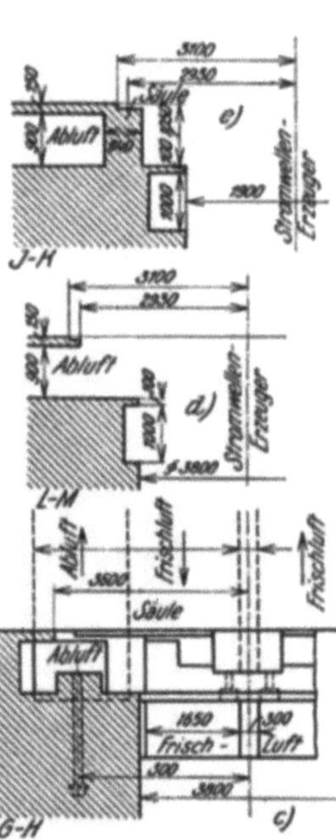

Abb. 1672.   Die Frisch- und Abluftkanäle bei den Stromerzeugern in Pernegg. (Steweag.) (Lies Stromerzeugerwelle statt Stromwellenerzeuger.)

werden nur so tief gelegt, als es die Unterbringung des Querschnittes erfordert. Wenn auch das Grundwasser abgesenkt werden soll, muß die Grabensohle so tief gelegt werden, daß der Wasserspiegel bei Trockenwetterabfluß, wenn also kein Oberflächenwasser in den Graben gelangt, etwa 0,25 [m] unter der angestrebten Tiefenlage des Grundwasserspiegels verläuft, weil zwischen den Gräben der Grundwasserspiegel höher liegt (Abb. 1709).

Der Graben hat im allgemeinen Grundwasser und oberflächlich zufließendes Niederschlagswasser abzuleiten. Die von einem Hektar in der Sekunde zusickernde größte Grundwassermenge wird in der Regel bei Ackerland mit 0,001 [m³/sec. ha], bei Wiesengründen mit 0,00065 [m³/sec. ha] angenommen. Die Ermittlung des oberflächlich dem Graben zufließenden Niederschlagswassers bzw. des durch einen Graben in der Sekunde abzuleitenden Wassers stößt auf große Schwierigkeiten und man kommt ohne mehr oder minder begründete Annahmen nicht aus. Wenn eine kurzandauernde Überflutung des Geländes bei seltenen, besonders heftigen oder lang andauernden Niederschlägen zugelassen wird, so kann die größte in Betracht zu ziehende Abflußmenge Q eines Gebietes von F [km²] nach der Formel (vgl. S. 63)

$$Q = \alpha \sqrt{F} \ [\text{m}^3/\text{sec}] \qquad (1235)$$

berechnet werden, wenn für den Beiwert α bei flachem Talgelände etwa 0,75 bis 2, bei Hängen $\alpha = 3$ bis 6,5

Abb. 1673. Stromerzeugergrundwerk mit Lüftungskanälen im Mur-Kraftwerk Mixnitz. *a* Frischluft, *b* Warmluft.

gesetzt wird. Die Herstellung der Gräben wird immer an der Mündung in den Vorfluter begonnen, damit das zusickernde Wasser ungehindert ablaufen kann. Die Aushub wird zur Ausfüllung von Mulden im Gelände verführt oder derart ausgebreitet, daß nirgends der Zufluß des Oberflächenwassers in den Graben behindert wird.

Aus dem Nachbargelände oberflächlich zufließendes Niederschlagswasser wird womöglich in Gräben, sogenannten Abfanggräben abgefangen und abgeleitet. Besonders unerwünscht ist ein solcher Zufluß aber, wenn das zu entwässernde Gebiet tief liegt, so daß durch ein Pumpwerk eine künstliche Vorflut geschaffen werden muß; dann trachtet man, solches Tagwasser,

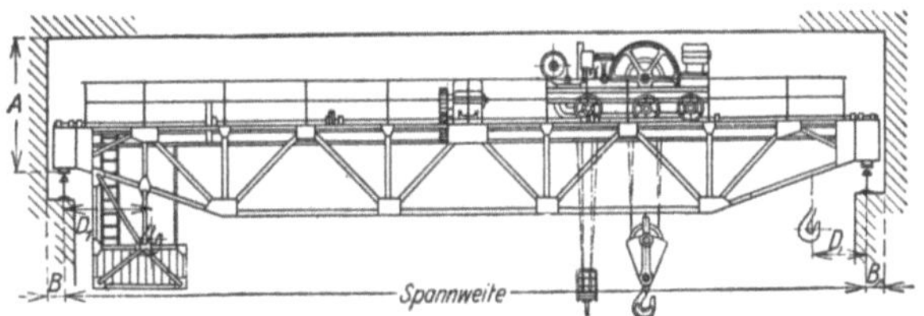

Abb. 1674. Elektrischer Laufkran. Deutsche Maschinenfabriks-A.-G. Duisburg.

um die Pumparbeit zu verringern, durch einen eigenen flachverlaufenden Graben (Randgraben), mit Umgehung des zu entwässernden Gebietes in den Vorfluter unter natürlichem Gefälle einzuleiten (Abb. 1710). Wenn so ein Gebiet überdies von einem Wasserlauf durchzogen wird, der ein größeres Einzugsgebiet besitzt und zu Zeiten das zu entwässernde Gebiet überflutet, so kann auch der Durchfluß dieses Wasserlaufes ganz oder teilweise durch die Rand-

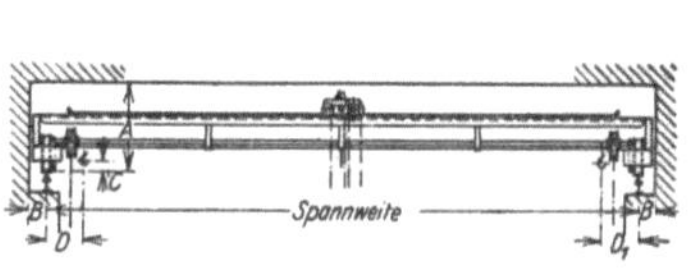

Abb. 1675. Handlaufkran der Deutschen Maschinen-fabriks-A.-G. in Duisburg.

Abb. 1676. Der Befehlsraum im Teigitsch-Kraftwerk Arnstein.

gräben um das Gebiet abgeleitet werden. Als Beispiel zeigt die Abb. 1711 die Entwässerung eines Talgeländes mit offenen Gräben. Deutlich sind die annähernd parallel zur Grenze zwischen dem Talboden und dem Hang verlaufenden Abfanggräben zu erkennen, die ebenso

Abb. 1677. Trennschalter im Kraftwerk Arnstein an der Teigitsch.

Abb. 1678. Umspannerhalle.

Abb. 1679. Krafthaus des Murkraftwerkes Pernegg. *a* Abspanngerüst, *b* Schalthaus, *c* Steuerhaus, *d* Maschinenhaus.

wie die Seitengräben in den Hauptgraben entwässern.

Bei Hochwasserdurchflüssen im Vorfluter läuft das Wasser in die Entwässerungsgräben zurück und kann unter Umständen das zu entwässernde Gebiet überfluten. Um dies zu verhindern, werden längs des Vorfluters und der in ihn mündenden Gräben Dämme (Abb.1712) errichtet, die eine Überflutung des Geländes verhindern; um die erforderlichen Höhen dieser sogenannten Rückstaudämme zu ermitteln, werden die vom Hochwasserspiegel im Vorfluter ausgehenden Staulinien in den Gräben ermittelt und die Dammkronen über diese Spiegellage gelegt. Solche Rückstaudämme behindern aber das oberflächliche Abfließen des Niederschlagswassers und es müssen daher an geeigneten Stellen durch den Damm Rohre (Rohrsiele) mit Klappen (Abb. 1713) eingebaut werden, die nach dem Absinken des Wasserstandes im Graben den Wasserabfluß aus dem zu entwässernden Gelände ermöglichen. In ähnlicher Weise kann auch die Mündung des Grabens in den Vorfluter ausgerüstet werden. Ein solches Bauwerk, das den Eintritt von Wasser aus dem Vorfluter in den Graben verhindert, wird Siel genannt.

Je nach den vom Graben abgeleiteten Durchflüsse und der Wichtigkeit der Anlage werden die Siele verschieden ausgerüstet. Sie bestehen aus geschlossenen oder offenen Kanälen, die durch den Damm des Vorfluters führen und an der Wasserseite desselben abgeschlossen werden können. In einfachster Ausführung besteht der Abschluß aus einer um eine waagrechte Achse drehbaren Klappe, die vom Hochwasser im Vorfluter auf ihren Sitz angepreßt, während sie durch Überdruck von der Grabenseite her geöffnet wird. Größere Querschnitte werden durch hölzerne Tore, ähnlich den Stemmtoren der Kammerschleusen oder durch Schützen u. dgl. geschlossen. Quellen, die in dem zu entwässernden Gebiete auftreten, werden, wenn sie trotz der in der Nachbarschaft angelegten Entwässerungsgräben nicht verschwinden, gefaßt und ihre Schüttung durch einen Graben dem nächsten Entwässerungsgraben zugeleitet.

Schrifttum.

ARNDT, L.: Entsumpfung der Niederung von Vrana. Öst. Wschr. öff. Baudienst. 1906, 782. — HOROWITZ, J.: Entwässerung des Blato-Polje auf der Insel Curzola. Öst. Wschr. öff. Baudienst. 1910, 485. — *Reichsministerium f. Ernährung und Landwirtschaft*: Anweisung für die Planung, Ausführung und Unterhaltung von Dränanlagen. Berlin: Springer, 1941. — STEINER, A.: Entwässerungspumpwerke und Großpumpwerk Bosut. Bautechn. 1937, 57.

Abb. 1680. Freiluftschaltanlage (5000/100.000 V des Kraftwerkes Gaming.

II. Die unterirdische Entwässerung (Dränung).

Die Entwässerung, bei der das Grundwasser unterirdisch abgeleitet wird, wird Dränung genannt; sie hat gegenüber der Entwässerung durch offene Gräben den besonderen Vorteil, daß die Bewirtschaftung des zu entwässernden Grundes nicht behindert wird und daß sie in

Abb. 1681. Wasserwiderstand des Kraftwerkes Gösgen. (Schw. Bauztg. Bd. 15.)

der Regel keine besondere Instandhaltung erfordert. Sie ist aber nur ausführbar, wenn das Gelände mindestens ein Gefälle von $J = 0,001$ hat.

Abb. 1682. Maschinensaal des Kraftwerkes Arnstein an der Teigitsch. *a* Regler, *b* Druckregler. *c* Drehstromerzeuger, *c* Erregermaschine, *e* Laufkran.

Die unterirdischen Entwässerungsleitungen können auf die verschiedensten Weisen hergestellt werden; jedenfalls muß die Leitung derart ausgeführt sein, daß dauernd ein hinreichend großer Abflußquerschnitt im Boden erhalten bleibt. In den Abb. 1714a bis i sind eine Anzahl ausgeführter Dränleitungen im Schnitte dargestellt; Holz kann verwendet werden, wenn die Leitung stets vollständig unter Wasser liegt. Am häufigsten kommt die Röhrendränung zur Ausführung; wo plattige Steine billiger zu erlangen sind, kann die Steindränung ausgeführt werden. Die in den Abb. 1714a bis c zusammengestellten Ausführungen sind Notbehelfe, die nur bei ganz kurzen Leitungen angewendet werden sollen.

Abb. 1683. Maschinensaal des Kraftwerkes Partenstein an der Mühl.

Zahlentafel 100. Abmessungen und Eigenschaften der Dränrohre DIN 1180.

Nennweite d	Zulässige Abweichung von der Nennweite	Zulässige Abweichung von der Kreisform	Rohrlänge l	Wandstärke s		Bruchlast	$100\,\dfrac{l_{max}-l_{min}}{d+2s}$
				Kleinstmaß	Größtmaß		
[mm]			[mm]	[mm]	[mm]	[kg]	
40				7,5	11	280	
50				8	12	370	
65			333 ± 5	8,8	14	540	
80	$+5\%$ und -3%	bei keiner Nennweite über 12%, im Durchschnitt höchstens bis zu 6%		9,5	16	740	höchstens 4
100				10,5	18	1000	
130				12	20	1400	
160			333 ± 5	14	23	2000	
200			500 ± 7	16	26	2800	

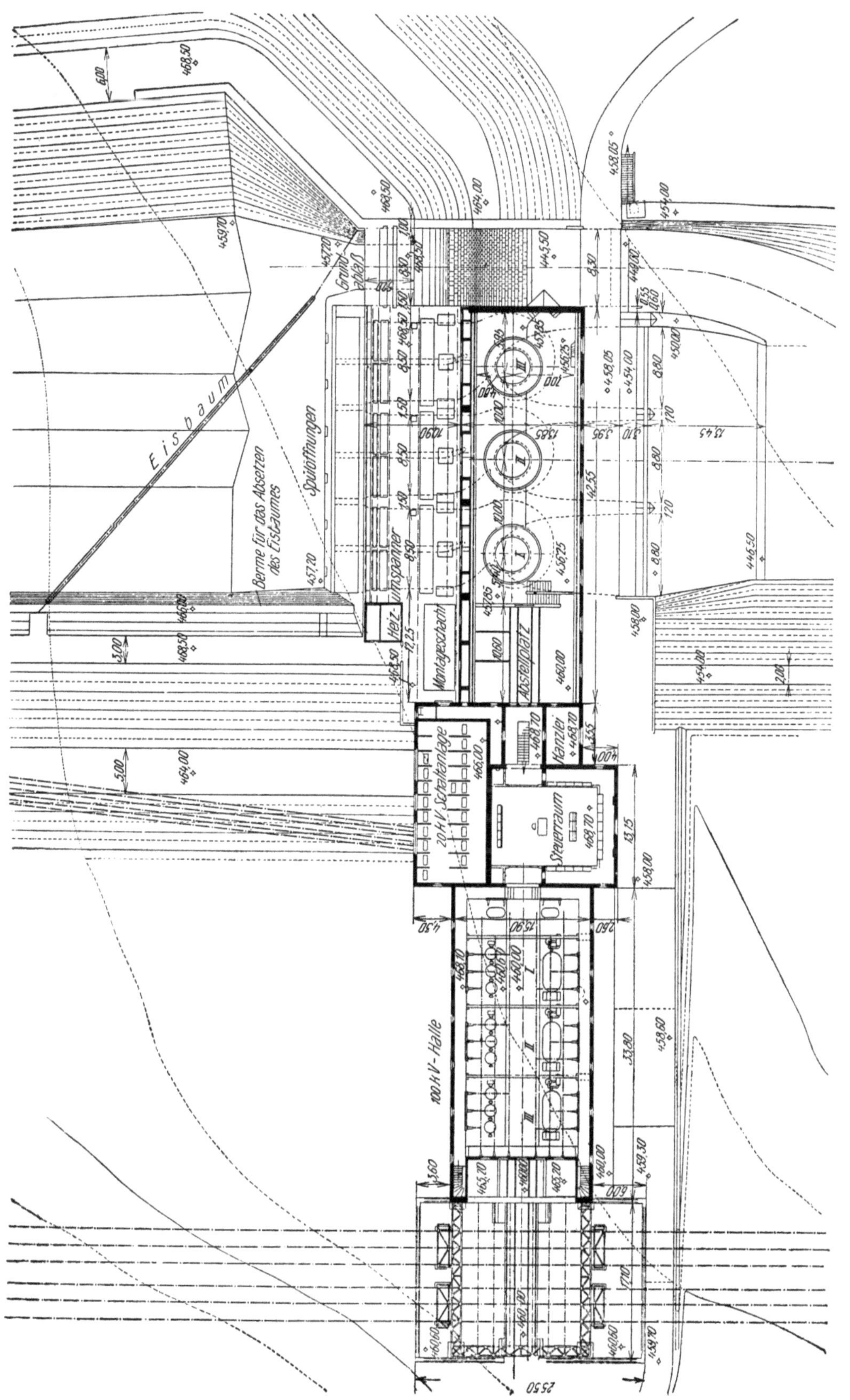

Abb. 1684 Grundriß des Krafthauses Pernegg an der Mur. (Steweag.)

Dränrohre werden aus kalkfreiem Ton erzeugt; sie müssen gut gebrannt und innen glatt
sowie kleinporig sein. Rohre, in die nach einstündigem Kochen in einprozentiger Salzsäure nach

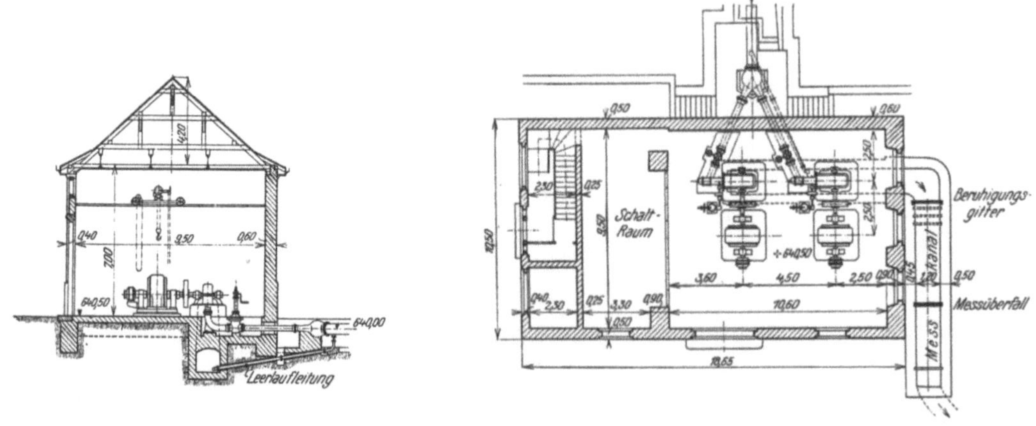

Abb. 1685. Maschinenhaus des Brumbachwerkes. (H. E. Gruner.)

Abb. 1686.   Kraftwerk Arnstein an der Teigitsch. *a* Druckrohr.

Abb. 1687.   Kraftanlage Töging am Inn. *a* Rechenhaus, *b* Unterwassergraben.

der Abkühlung eine Messerspitze tiefer als 1 [mm] eindringt, gelten nach Kopecky
als schlecht gebrannt. Lufttrockene Rohre, die nach vierundzwanzigstündiger Lagerung im Wasser mehr als
15% Wasser aufnehmen, gelten als porös. Die Dränrohre werden in Längen von
0,33 [m] mit den in der Zahlentafel 100 zusammengestellten Abmessungen hergestellt.

Die Endflächen der Rohre
müssen senkrecht zur Rohrachse liegen und dürfen keine
Grate und scharfe Kanten aufweisen. Die Rohre müssen gerade sein; bezeichnet an einem
d [mm] weiten gekrümmten
Rohr l_{max} die größte Länge am
Rohr in [mm], im Bogen gemessen und l_{min} die kleinste Länge
in [mm], in der Sehne gemessen, so darf der Wert
$$\frac{100\,(l_{max}-l_{min})}{d+2s}$$ den Wert 4 nicht
überschreiten. Freiliegende Kalkteilchen dürfen höchstens den
Durchmesser von 2 [mm] haben
und die Summe der Durchmesser
aller an einem Rohr freiliegenden
Kalkteilchen darf 10 [mm] nicht

überschreiten. In eine Rohrdränleitung sickert das Wasser durch die offenen Fugen der
dicht aneinandergereihten Dränrohre. Die Dräne, in die das Wasser aus dem Boden läuft,
werden Saugdräne oder Sauger genannt; sie entwässern in einen Sammeldrän oder Sammler,

der das Wasser dem Vorfluter zuführt. Ein Sammler mit seinen Saugern wird als Drän-abteilung bezeichnet. Die Sauger werden immer parallel zueinander verlegt; der Winkel, den sie mit den Schichtenlinien einschließen, wird um so größer genommen, je geringer die

Abb. 1688. Wasserkraftanlage Aufkirchen II der Mittleren Isar A.-G. von Unterwasser gesehen. *a* Unterwasser-graben, *e* Entlastungsanlage mit Energievernichter.

Geländeneigung ist. Wenn die Dräne annähernd senkrecht zu den Schichtenlinien ver-laufen, so spricht man von einer Längsdränung (Abb. 1715), verlaufen die Sauger an-nähernd in der Richtung der Schichten-linien, so liegt die Querdränung (Abb. 1716) vor. Bei Saugern, die zu den Schichtenlinien schräg liegen, spricht

Abb. 1689. Das Krafthaus Pernegg an der Mur, vom Unterwasser aus gesehen. *e* Energievernichter, *u* Unterwassergraben.

Abb. 1690. Maschinenhaus im Eggental mit stein-schlagsicherem Dach.

man von einer Schrägdränung oder, wenn der Sammler nach dem Vorbild in der Abb. 1717 verläuft, von einer Zickzackdränung.

Anzustreben ist stets die Querdränung oder die Schrägdränung, weil sie eine sichere Ab-leitung des Grundwassers gewährleisten und weil die Sammler mit großem Gefälle, also mit kleinen Querschnitten verlegt werden können.

Die größte Länge der Sauger bei der Quer- und bei der Schrägdränung soll 200 [m] in der Regel nicht überschreiten; Längen über 250 [m] sind nur in beson-ders begründeten Fällen zulässig. Die Sauger der Längsdränung sollen nicht länger als 150 [m] gemacht werden. Bei geringen Gefällen und bei Neigung zu Rutschungen werden die Saugerlängen wesentlich kürzer gewählt.

Die Dränabstände hängen von der Som-merniederschlagssumme, von der Tiefen-lage der Dräne, der Geländeneigung und von der Beschaffenheit des Bodens ab. Die

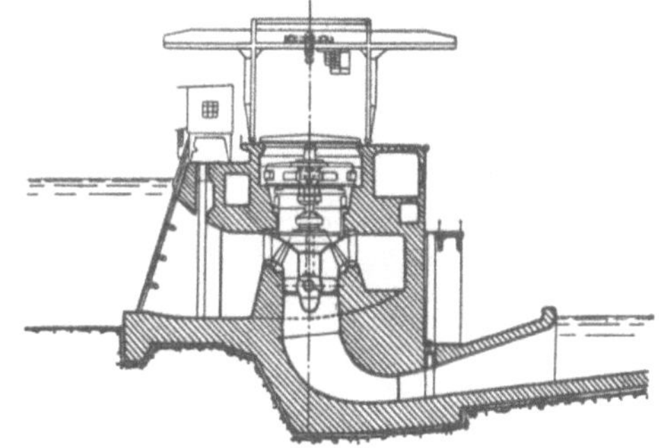

Abb. 1691. Maschinenhaus ohne Hochbau mit Blechhaube über den Maschinen.

Tiefenlage, in der die Dräne verlegt werden, hängt von der Kultur, die auf der zu dränenden Fläche betrieben wird, ab. Die geringste Tiefenlage der Dräne beträgt normal 0,8 [m]. Nur die Anfangsstrecken der Sauger können bei der Anwendung künstlichen Gefälles (vgl. S. 914) ausnahmsweise nur 0,7 [m] tief verlegt werden.

Bei der Ackerdränung werden die Dräne in

sehr schweren (wenig
durchlässigen Böden) . (0,8 bis 1,0) [m] tief.
schweren bis mittel-
schweren Böden ..... (1,0 ,, 1,2) ,,   ,,
mittelschweren und
leichten Böden ...... (1,2 ,, 1,3) ,,   ,,

verlegt. Tiefwurzelnde Pflanzen können in mittelschweren bis leichten Böden aber auch Dräntiefen bis zu 1,8 [m] erforderlich machen; so sind z. B.

bei Zuckerrüben, Espar-
sette und Luzerne ...... (1,4 bis 1,5) [m],
bei Hopfen und Wein ..... (1,6 ,, 1,8) ,,

als Dräntiefen nötig.

Bei der Dränung von Dauerwiesen werden die Dräne in der Regel 0,8 bis 1,1 [m] tief verlegt. Im norddeut- schen Flachland werden die Dräne bei Dauerwiesen nur 0,6 [m] tief, in den Alpen 1,3 [m] tief verlegt. Bei Weiden werden die Dräntiefen zwischen jenen bei Äckern und bei Dauerwiesen gewählt.

Für die Bezeichnung der Böden ist entscheidend der Anteil an Körnern unter einer Größe von 0,02 [mm]; dieser Anteil wird in Gewichtsprozenten angegeben. Ein Boden wird bezeichnet als

schwerer Ton, wenn er . (75 bis 100)%
gewöhnlicher Ton,
wenn er .... (60 ,, 75)%
schwerer Lehm, wenn er . (50 ,, 60)%
gewöhnlicher Lehm,
wenn er .... (40 ,, 50)%
sandiger Lehm, wenn er .(25 ,, 40)%
lehmiger Sand, wenn er . (10 ,, 25)%
Sand, wenn er ..... weniger als 10%

Körner, kleiner als 0,02 [mm] enthält.

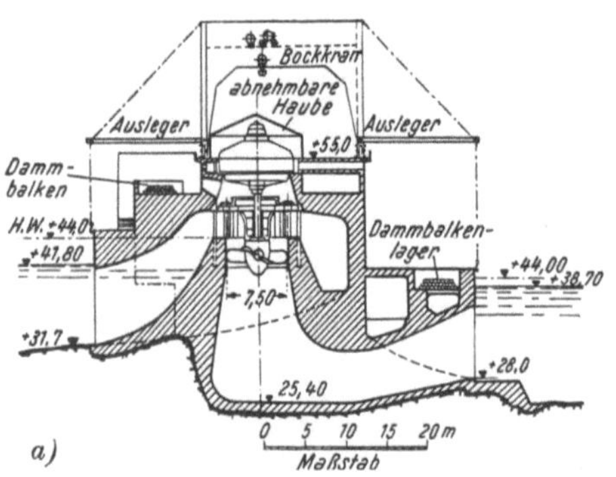

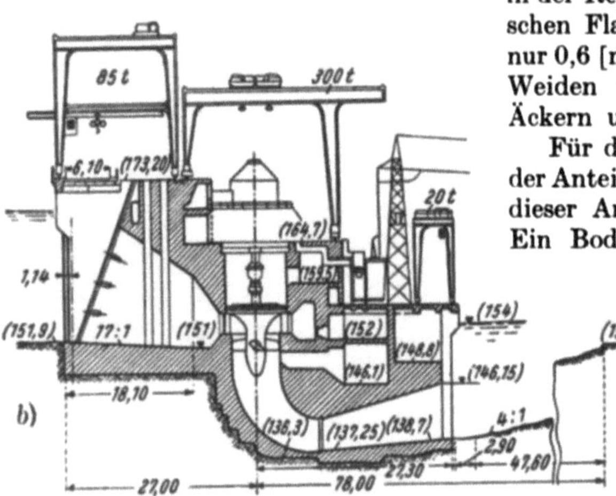

Abb. 1692. Maschinenhäuser ohne Hochbau. a) Krafthaus Vargön, b) Krafthaus Wheeler-Dam.

Die Dränabstände können der Abb. 1718 entnommen werden. Bei stark wechselnder Boden- beschaffenheit können Zweifel über die anzuwendenden Dränabstände auftreten. Dann werden die Dränabstände reichlich bemessen und nach Bedarf später Zwischendräne verlegt.

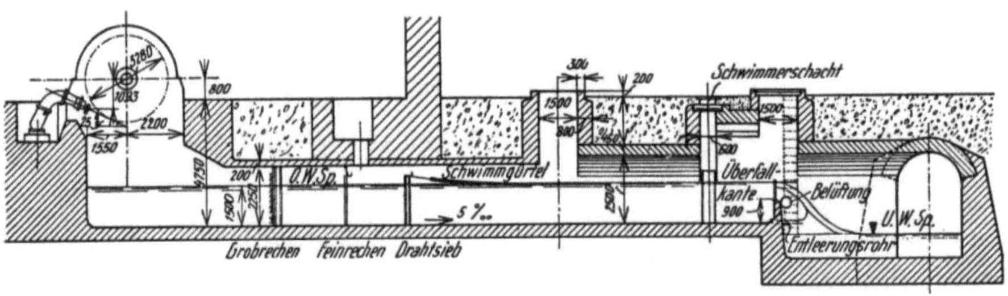

Abb. 1693. Meßwehr im Turbinenablaufkanal des Spullersee-Kraftwerkes.

Wenn die zu entwässernde Bodenschicht aus zwei verschieden gekörnten Schichten besteht, so ermittelt man die Saugstrangentfernung l nach dem Verfahren von J. BLAUTH, indem man rechts vom Lot durch den Sauger in der Bodenoberfläche die den beiden Böden entsprechenden halben Strangentfernungen $\frac{1}{2}\,l_1$ und $\frac{1}{2}\,l_2$ aufträgt, diese Punkte mit dem Sauger verbindet und nach dem in der Abb. 1719 angegebenen Schema c—d parallel s—b zeichnet.

Die Kopfenden der Sauger werden bis auf den halben Dränabstand an die Grenze des zu entwässernden Grundstückes herangeführt. Wenn aus dem Nachbargrundstück starker Grundwasserzufluß zu erwarten ist, so wird bei der Längsdränung ein eigener Kopfdrän (Abb. 1720) parallel zur Grundstücksgrenze verlegt, der das Grundwasser abfängt; dieser Kopfdrän wird womöglich tiefer als die anderen Sauger eingebaut.

Wenn die Kopfenden benachbarter Sauger, die mit den Abständen e_1 bzw. e_2 verlegt sind, einander gegenüberliegen, so werden die Verbindungslinien der Kopfenden im Höchstabstand von $\dfrac{2}{3}\cdot\dfrac{e_1+e_2}{2}=\dfrac{e_1+e_2}{3}$, mindestens aber einen Meter festgelegt.

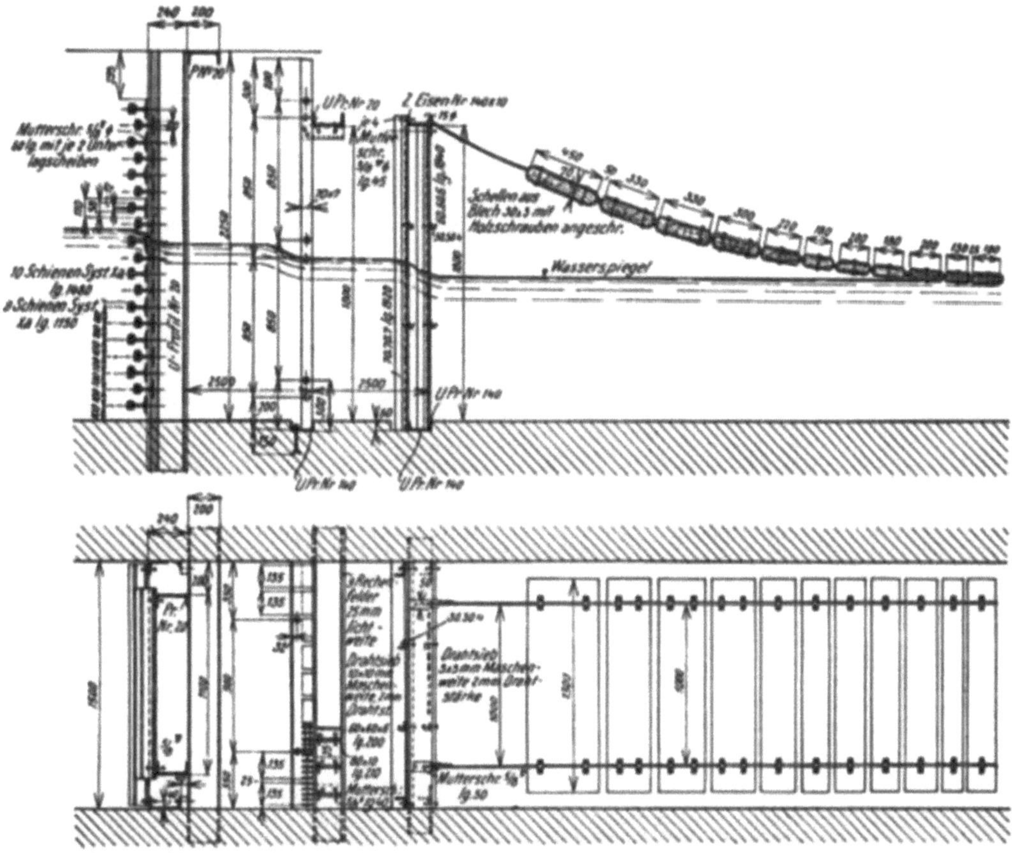

Abb. 1694. Einrichtung zur Beruhigung des Wassers im Zulauf zum Meßwehr. (Vergl. Abb. 1693.)

Dräne parallel zu tiefliegenden Vorflutern werden im vollen Dränabstand, neben flachliegenden Vorflutern im halben Dränabstand verlegt. Vorfluter und Verkehrswege, mit Ausnahme wenig benützter Wirtschaftswege, sollen von Saugern nicht gekreuzt werden.

Bei Äckern und Wiesen werden die Dräne so tief verlegt, daß die Gefahr des Verwachsens mit Wurzeln nicht besteht. Die Wurzeln von Bäumen reichen aber wesentlich tiefer hinab, als die Dräne gewöhnlich verlegt werden. Um nun ein Verwachsen mit Wurzeln zu verhindern, werden Sammler womöglich nicht näher als 20 [m] an Bäumen verlegt und im Bereich der Bäume nur kurze Sauger angeordnet (Abb. 1721). Wenn es unvermeidlich ist, einen Sammler näher an Bäumen zu verlegen, so wird er auf 20 [m] Länge im Bereiche des Baumes gedichtet. Die Dichtung erfolgt durch Betonierung eines Wulstes an den Stoßstellen der Dränrohre, durch Überschieben von Muffen, die durch Dreiteilung weiterer Rohre gewonnen werden und nach der Verlegung ausbetoniert werden oder durch Muffen aus Dachpappe, die mit Draht gebunden werden. Zur Verhütung des Einwachsens von Wurzeln können auch im Bereich der Bäume

Tonmuffenrohre, die gedichtet werden, Verwendung finden. Neben der Abdichtung der Dränrohre werden die Enden der Dränrohre auch manchmal mit Karbolineum getränkt.

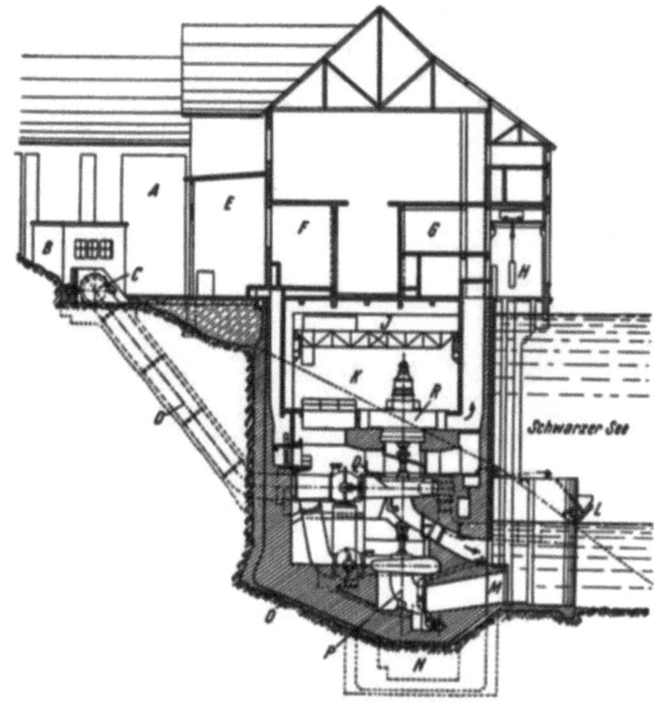

Abb. 1695. Querschnitt des Maschinenhauses der Pumpspeicheranlage am Schwarzen See. *A* Montagehalle, *B* Schieberhaus, *C* Drosselklappe, *D* Abzweigleitung, *E* Spannungswandler. *F* Schalter, *G* Apparatehaus, *H* Schützen, *I* zwei Krane für je 5,5 [t], *K* Maschinenraum, *L* Klappe, *M* Pumpeneinlauf, *N* Sumpf. (Escher Wyss & Co.)

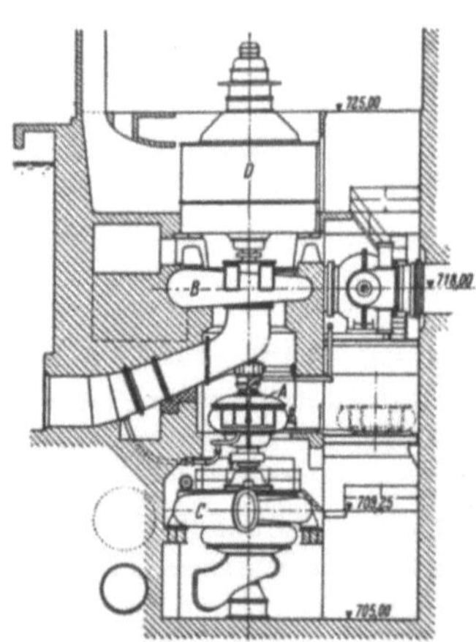

Wenn sich das Verlegen von Dränrohren in Triebsand nicht vermeiden läßt, so werden nur kurze, mindestens 50 [mm] weite Sauger verlegt und die Stoßstellen mit Kiesfiltern umpackt.

Wenn die Dichtung von Dränen auf längeren Strecken erforderlich wird, wie z. B. in Gärten oder Friedhöfen, so wird der Eintritt des Wassers sehr erschwert. Man kann dann die Dränung von

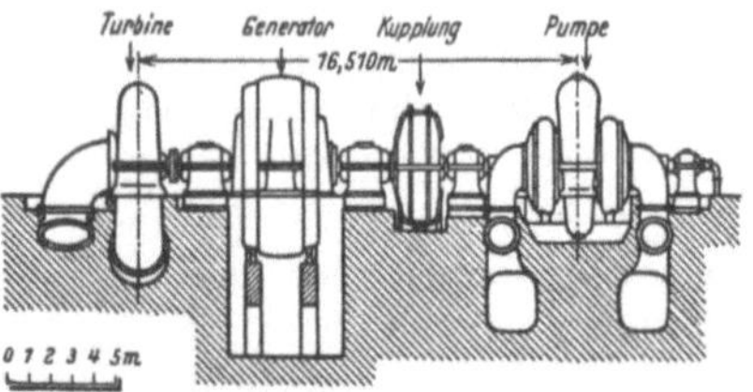

Abb. 1696. Pumpenspeicherwerk Schluchsee.

Abb. 1697. Pumpspeichermaschinensatz des Schwarzenbachwerkes.

Rérolle anwenden, bei der der Drän gedichtet ist und für den Wassereintritt alle etwa 10 [m] 0,50 [m] tiefe Schächte nach dem Vorbild der Abb. 1722 angeordnet werden, die mit Kies aufgefüllt werden.

Dränrohre sind für keine großen Außendrücke bemessen; an der Kreuzung von Dränstängen mit Straßen und Bahnen, die auf das unumgängliche Mindestmaß beschränkt werden müssen, ist ein besonderer Schutz der Leitungen erforderlich. Bei Kreuzungen mit Straßen werden Sammler am besten bis auf 10 [m] beiderseits derselben aus Betonrohren ausgeführt. Kreuzungen mit der Bahn unterliegen besonderen Vorschriften, nach denen im Rohrstrang beiderseits des Bahnkörpers außerhalb des Bahngrundes Revisionsschächte einzu-

Abb. 1698. Pumpspeicheranlage Stura di Viu.
(G. Sulzer, Winterthur.)

Abb. 1699. Klein-Francis-Turbine mit angebautem Gleichspannungs - Gleichstromerzeuger Bauart Petersen Reindl. (Masch.-Fabr. Eßlingen.)

Abb. 1700. Klein-Francis-Turbine mit Handregelung.
(Escher Wyss & Co.)

Abb. 1701. Klein-Pelton-Turbine mit Handregelung.
(Escher Wyss & Co.)

bauen sind, zwischen denen die Leitungen aus Eisen-, Steinzeug- oder Betonrohren herzustellen sind. Die Sauger und die Sammler werden womöglich annähernd parallel zur Geländeoberfläche mit gleichmäßigem Gefälle verlegt. Wenn das Gelände so flach verläuft, daß in den Dränrohren die vorgesehene Minimalgeschwindigkeit nicht erreicht wird, so werden die Dräne mit „künstlichem Gefälle" in immer tiefer eingeschnittenen Gräben verlegt. Wenn hingegen das Gefälle so groß ist, daß die größtzulässige Geschwindigkeit überschritten würde, so wird die Zickzackdränung ausgeführt oder es werden in die Dräne Absturzschächte (Abb. 1723) eingebaut.

Der durch einen Dränstrang abzuleitende Durchfluß hängt von den Niederschlägen, von der Geländeneigung und von der Durchlässigkeit des Bodens ab. Die nach der deutschen „Dränanweisung" anzunehmenden Abflüsse können für flaches Gelände ohne starken Fremdwasserzufluß der Zahlentafel 101 entnommen werden. Die Abflüsse, die aus dieser Zahlentafel entnommen werden, können bei starker Geländeneigung ermäßigt werden; bei starkem Zufluß von Fremdwasser müssen die Zahlenwerte erhöht werden.

Die in Dränen aus mittelschweren Böden abzuleitenden Abflüsse können nach NIELSEN unter Berücksichtigung der Geländeneigung ermittelt werden.

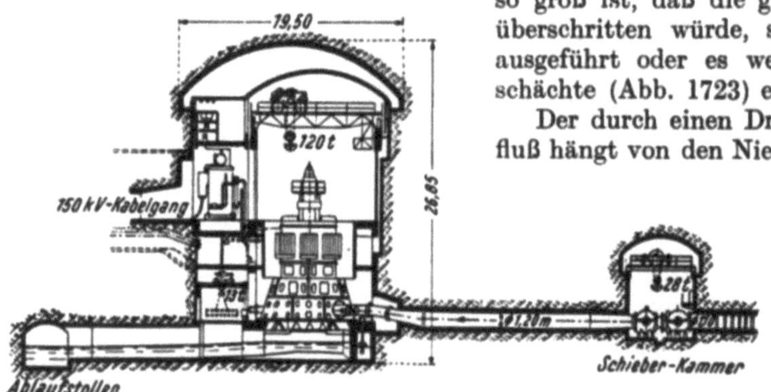

Abb. 1702. Querschnitt durch das Kavernenkraftwerk Innertkirchen. (Schw. Bauzeitung, Bd. 120.)

Zahlentafel 101. Wasserspenden in [l/sec. ha] flacher Gebiete ohne starkem Fremdwasserzufluß. (Deutsche Dränanweisung.)

Mittlere Jahresniederschlagsumme	In schweren und mittelschweren Böden	In leichten Böden, mit weniger als 30% Körner unter 0,02 [mm]
Unter 650 [mm] (Norddeutschland)	0,4	0,55
650 bis 750 [mm]	0,4 bis 0,55	0,55 bis 0,70
Über 750 [mm] (Gebirge)	0,55 bis 0,70	0,70 bis 1,00

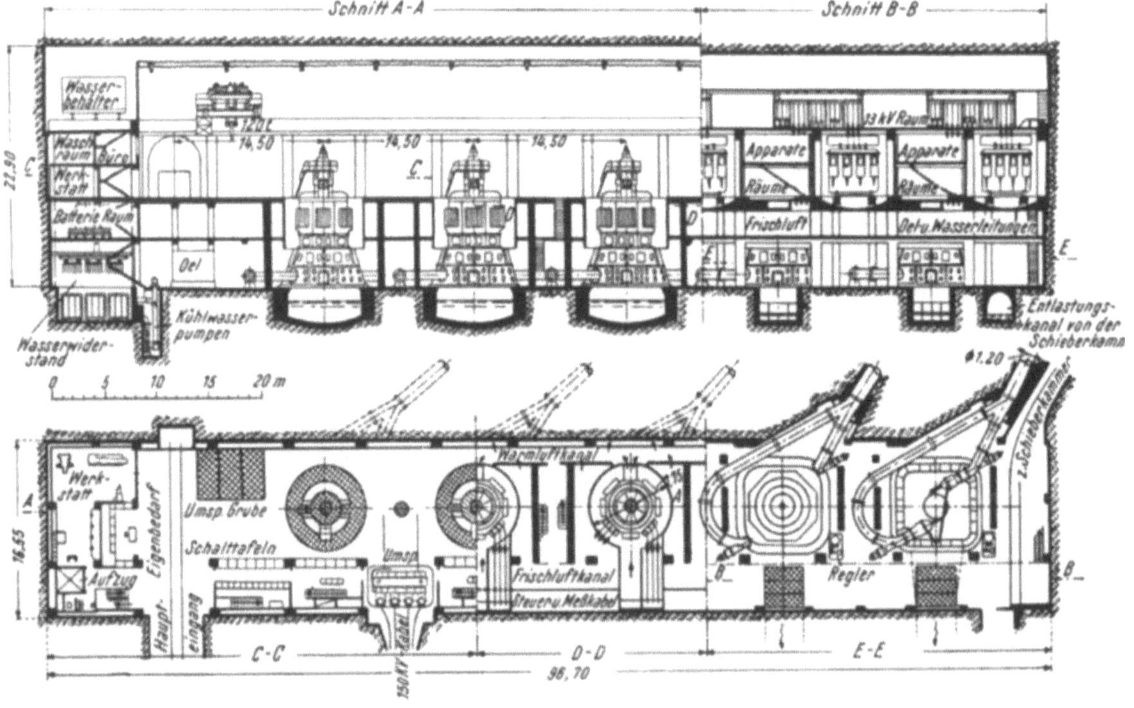

Abb. 1703. Kavernen-Kraftwerk Innertkirchen. Grundriß und Längsschnitt. (Schw. Bauztg. Bd. 120.)

Nielsen fordert, daß der versickerte Anteil der Niederschläge aus den Monaten Dezember, Januar, Februar und März bei Äckern innerhalb von 14, bei Wiesen innerhalb von 21 Tagen

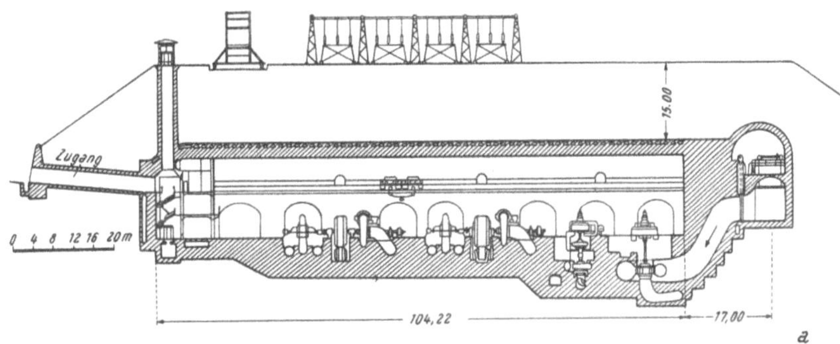

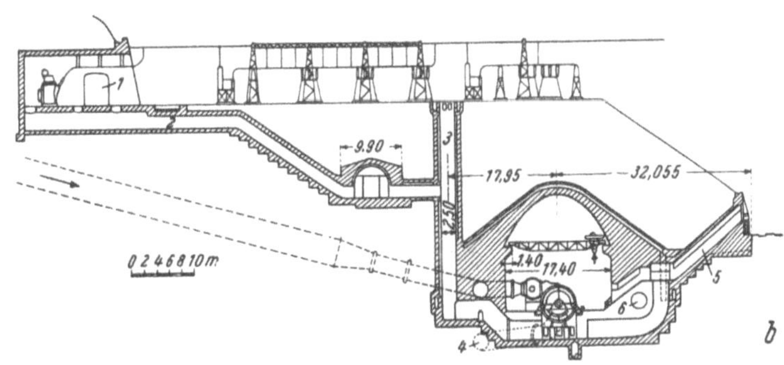

Abb. 1704. Längenschnitt und Grundriß des Kraftwerkes Cotilla. 1 Schaltergang, 2 Leitungsschienenstollen, 3. Lüftungsschacht, 4. Turbinenablauf, 5. Zugang. 6. Sammelleitung der Pumpen.

abgeleitet werden müssen. Bezeichnet N_w die Niederschlagsumme innerhalb der früher erwähnten Monate in [mm], so beträgt der durch die Dräne abzuleitende Ablauf bei Äckern

$$q = 0{,}00826\, \varphi\, N_w\ [\text{l/sec} \cdot \text{ha}] \qquad (1236)$$

und bei Wiesen

$$q = 0{,}00551\, \varphi\, N_w\ [\text{l/m} \cdot \text{ha}] \qquad (1237)$$

Für den Beiwert φ, der von der Geländeneigung abhängt, sind die aus der Zahlentafel 102 zu entnehmenden Werte zu setzen. In schweren Böden fließt weniger, in leichten (sandigen) Böden mehr zu.

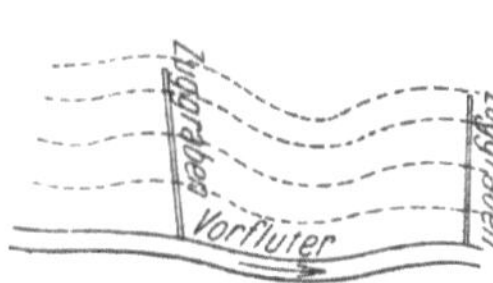

Abb. 1705. Entwässerung mittels Zuggräben.

Zahlentafel 102. Beiwerte φ

Flächenneigung in °/₀₀	φ
0 bis 20	0,50
20 „ 30	0,45
80 „ 140	0,40
140 „ 200	0,35
über 200	0,3 bis 0,2

Abb. 1706. Mündung eines Zuggrabens in den Vorfluter.

Die Bemessung der Dränleitungen erfolgt unter Verwendung der Formel von KUTTER. Bezeichnet J das Gefälle, d die Lichtweite des Dräns in [m] und Q den Durchfluß in [m³/sec] am Ende der betrachteten Strecke, so gilt demnach für die Geschwindigkeit im vollaufenden Drän

$$U = \frac{50\,d}{2\,m + \sqrt{d}}\,\sqrt{J}\ \text{[m/sec]} \tag{1238}$$

und der Durchfluß beträgt

$$Q = \frac{39{,}25\,d^3}{2\,m + \sqrt{d}}\,\sqrt{J}\ \text{[m}^3\text{/sec]} \tag{1239}$$

Für die Rauhigkeit m werden Werte zwischen 0,25 und 0,35, gewöhnlich 0,30 verwendet. Für die Rauhigkeiten $m = 0{,}25$, 0,30 und 0,35 sind in der Zahlentafel 103 die Werte $\frac{U}{\sqrt{J}}$ und $\frac{Q}{\sqrt{J}}$ für die genormten Nennweiten zusammengestellt, die die Berechnung erleichtern.

Zahlentafel 103. Hilfswerte zur Berechnung der Dränweiten.

Nennweite d [mm]		40	50	65	80	100	130	160	200
$\sqrt{d}$ [m$^{1/2}$]		0,20	0,2237	0,255	0,283	0,3163	0,3605	0,400	0,447
d^3 [m³]		0,000064	0,000125	0,0002746	0,000512	0,0010	0,002197	0,004096	0,0080
$\dfrac{U}{\sqrt{J}}$	m = 0,25	2,86	3,46	4,30	5,11	6,13	7,55	8,89	10,57
	m = 0,30	2,50	3,03	3,80	4,53	5,46	6,76	8,00	9,55
	m = 0,35	2,22	2,71	3,40	4,07	4,12	6,12	7,28	8,73
$\dfrac{Q}{\sqrt{J}}$	m = 0,25	0,00359	0,00678	0,01425	0,0257	0,0481	0,1000	0,1785	0,3315
	m = 0,30	0,00314	0,00594	0,01260	0,0228	0,0428	0,0896	0,1608	0,3000
	m = 0,35	0,00279	0,00531	0,01128	0,0204	0,0387	0,0811	0,1461	0,2740

Zahlentafel. 104. Kleinst- und größtzulässige Gefälle in Dränsträngen in ⁰/₀₀.

Gefälle	bei der mittleren Geschwindigkeit im vollaufenden Rohr in [m/sec]	Rauhigkeit m	Nennweite d des Dräns in [mm]							
			40	50	65	80	100	130	160	200
Kleinstzulässiges	0,35	0,25	15,0	10,3	6,6	4,7	3,3	2,2	1,6	1,1
		0,30	19,6	13,2	8,5	6,0	4,1	2,7	1,9	1,3
		0,35	24,9	16,7	10,6	7,4	5,1	3,3	2,3	1,6
	0,30	0,25	11,0	7,5	4,9	3,5	2,4	1,6	1,1	0,8
		0,30	14,4	9,8	6,3	4,4	3,0	2,0	1,4	1,0
		0,35	18,3	12,3	7,8	5,5	3,7	2,4	1,7	1,2
	0,25	0,25	7,7	5,2	3,4	2,4	1,7	1,1	0,8	0,55
		0,30	10,0	6,8	4,3	3,0	2,1	1,4	1,0	0,7
		0,35	12,7	8,5	5,4	3,8	2,6	1,7	1,2	0,8
	0,20	0,25	4,9	3,3	2,2	1,5	1,1	0,7	0,5	0,35
		0,30	6,4	4,4	2,8	2,0	1,3	0,9	0,6	0,45
		0,35	8,1	5,4	3,5	2,4	1,7	1,1	0,75	0,5
	0,15	0,25	2,8	1,9	1,2	0,85	0,6	0,4	0,3	0,2
		0,30	3,6	2,5	1,6	1,1	0,75	0,5	0,35	0,25
		0,35	4,6	3,1	2,0	1,4	0,9	0,6	0,4	0,3
Größtzulässiges	1,00	0,25	122	84	54	38	27	17,5	12,5	9
		0,30	160	109	69	49	33,5	22	15,5	11
		0,35	203	136	87	60	41	27	19	13
	1,50	0,25	275	188	122	86	60	40	28,5	20
		0,30	360	245	156	110	75	49	35	25
		0,35	457	307	195	136	93	60	42	30

Die Dränleitungen verlanden, wenn die Abflußgeschwindigkeit zu klein ist und sie werden vom wandernden Sand ausgeschliffen, wenn die mittlere Geschwindigkeit wesentlich über 1 [m/sec] ansteigt. Um Verlandung zu verhindern, soll die mittlere Geschwindigkeit im volllaufenden Rohr bei Triebsand 0,35 [m/sec], in anderen Böden 0,15 bis 0,20 [m/sec] nicht unterschreiten. Die danach zulässigen kleinsten und größten Gefälle sind in der Zahlentafel 104 zusammengestellt.

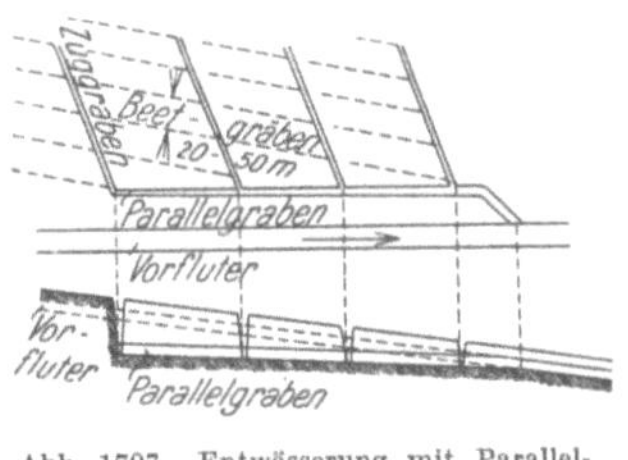

Abb. 1707. Entwässerung mit Parallel-gräben.

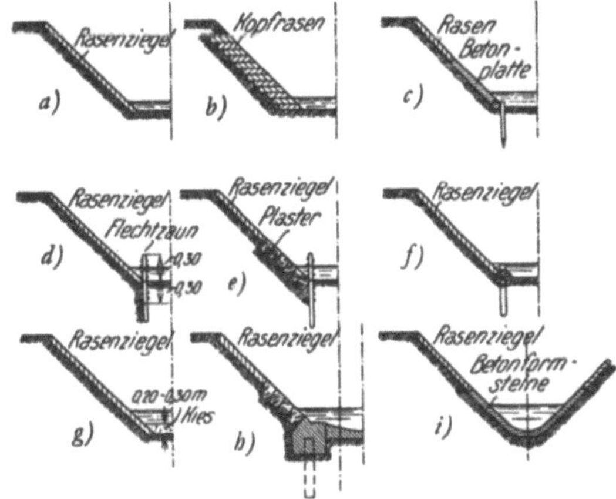

Abb. 1708. Sicherung der Böschungen von Entwässerungsgräben.

Die Sauger entwässern in die Sammler. Die Zusammenleitung der Sauger mit den Sammlern geschieht entweder nach dem Vorbild der Abb. 1729, bei dem in die normalen Dränrohre Löcher geschlagen werden. Der Sauger wird von oben an den Sammler angeschlossen und das Ende des

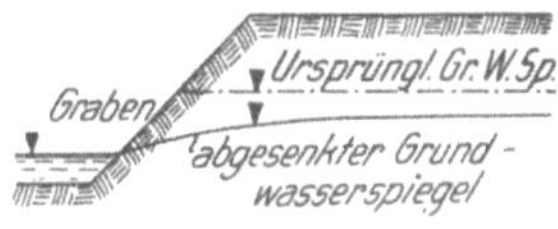

Abb. 1709. Grundwasserspiegel an Entwässerungsgräben.

Saugers wird, ebenso wie der Anfang, mit einem Stein abgeschlossen. Empfehlenswerter ist die Verwendung von Haken- und Lochrohren zur Herstellung der Verbindung (Abb. 1725). Manch-

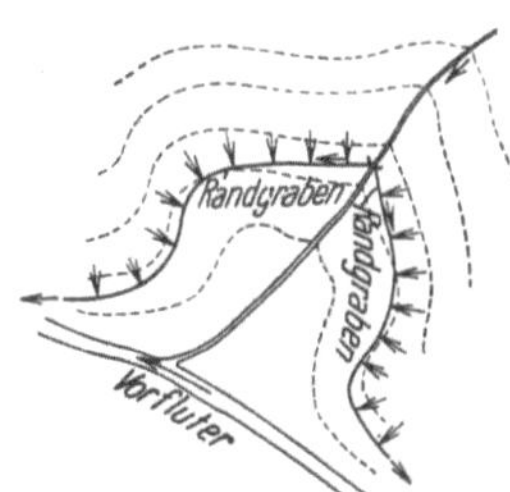

Abb. 1710. Ableitung von Tag-wasser um ein Entwässerungs-gebiet mittels Randgräben.

mal sind auch Astrohre (Abb. 1726) verwendet worden.

Zur Überführung eines Dränstranges auf die nächstgrößere Dränrohrweite werden Übergangs-rohre nach Abb. 1727 angewendet.

Wo in Sammlern Lichtweiten von 200 [mm] nicht mehr hinreichen, kann eine Verstärkung,

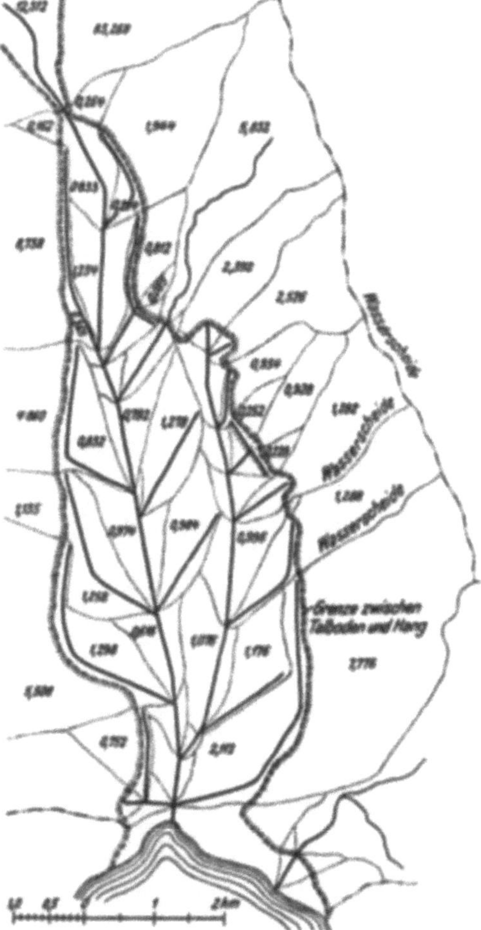

Abb. 1711. Entwässerung mittels offener Gräben. Die eingetragenen Zahlen geben die Teilflächengrößen in [ha] an.

wie sie die Abb. 1728 andeutet, angewendet werden oder man geht auf Betonrohre oder offene Gräben über.

Die Ableitung des Wassers aus den Sammlern kann durch Versenken geschehen, wenn in geringer Tiefe unter der zu entwässernden Schicht eine gute, durchlässige liegt, die das Wasser abzuleiten vermag. Sonst läßt man die Sammler mit eigenen Auslaufobjekten in den Vorfluter münden; beim Ent-

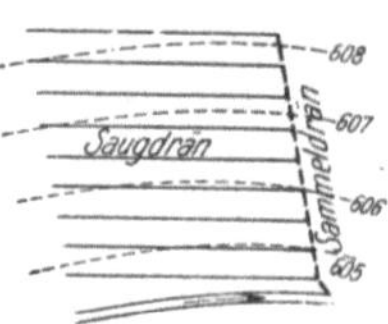

Abb. 1712. Rückstaudamm am Entwässerungsgraben.

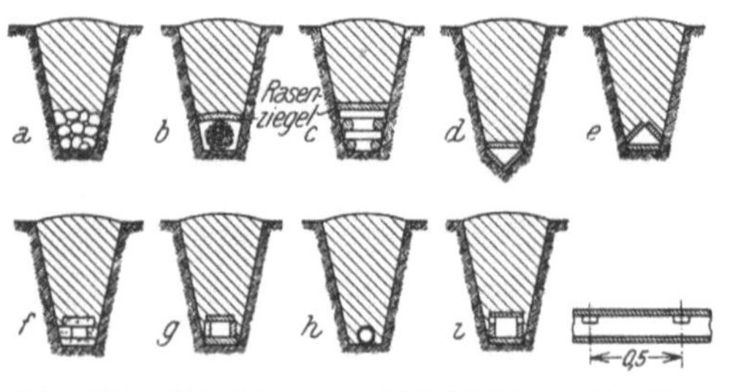

Abb. 1713. Rohrsiel mit Klappe.

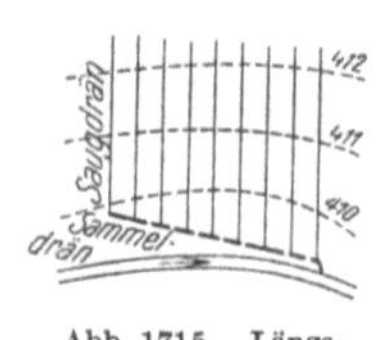

Abb. 1716. Querdränung.

Abb. 1714. Dränleitungen. *a* Feldsteindrän, *b* Faschinendrän, *c* Lattendrän, *d, e, f* Steindräne, *g* Ziegeldrän, *h* Röhrendrän, *i* Kastendrän von PUTZ.

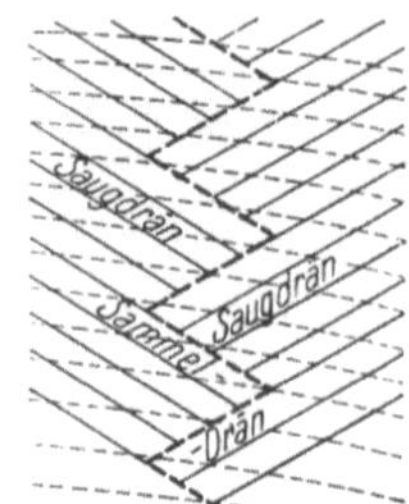

Abb. 1715. Längsdränung.

Abb. 1717. Zickzackdränung.

wurf des Dränsystems muß aber schon darauf Bedacht genommen werden, daß die Zahl dieser Ausläufe möglichst gering wird. Am Auslauf wird die Böschung und die Sohle des Vorfluters gegen Ausspülung geschützt und das Sammlerrohr womöglich durch schräges Abschneiden gegen das Einkriechen von Tieren gesichert (Abb. 1729). Ein Vergittern des Auslaufrohres ist nur zulässig, wenn sich das

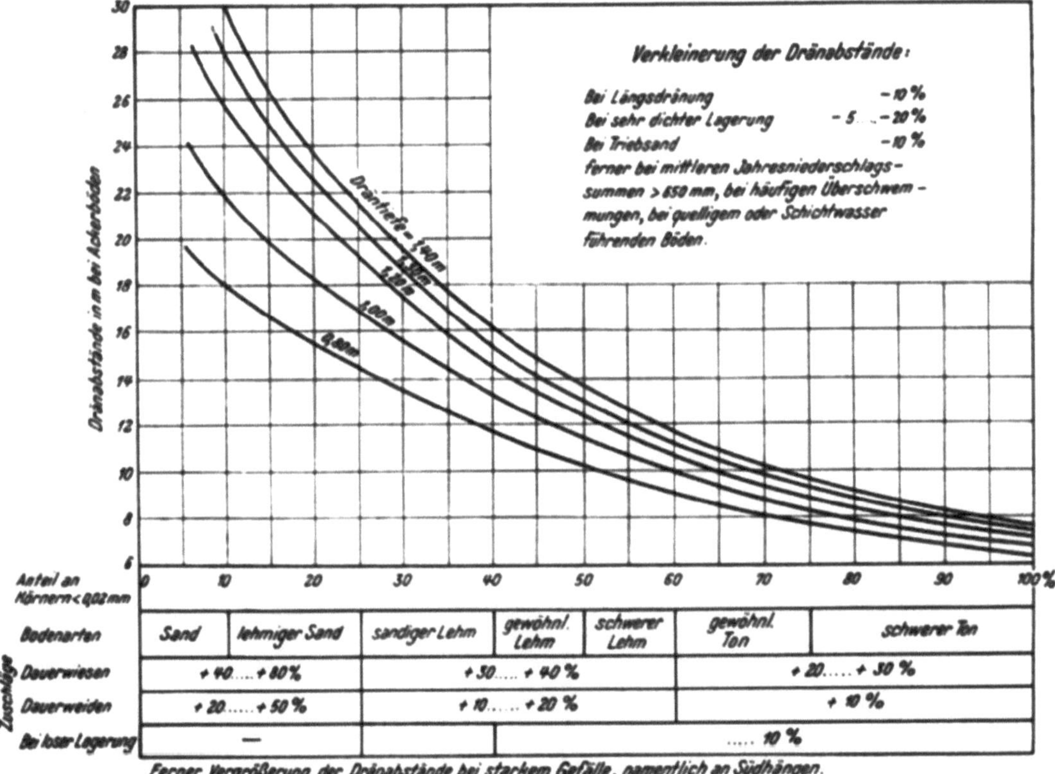

	Sand	lehmiger Sand	sandiger Lehm	gewöhnl. Lehm	schwerer Lehm	gewöhnl. Ton	schwerer Ton
Bodenarten	Sand	lehmiger Sand	sandiger Lehm	gewöhnl. Lehm	schwerer Lehm	gewöhnl. Ton	schwerer Ton
Dauerwiesen	+ 40 ... + 80 %		+ 30 ... + 40 %			+ 20 ... + 30 %	
Dauerweiden	+ 20 ... + 50 %		+ 10 ... + 20 %			+ 10 %	
Bei loser Lagerung	—				... 10 %		

Abb. 1718. Ermittlung der Dränabstände. (Nach „Dränanweisung".)

allenfalls verlegte Gitter bei Innendruck klappenartig öffnet. Wenn sich das Gelände gegen den Vorfluter hin so weit senkt, daß der Sammler nicht mehr unter die Frostgrenze zu liegen käme, so läßt man ihn in einen Stichgraben (Abb. 1729b) münden, in dem das Wasser dem Vorfluter offen zuläuft.

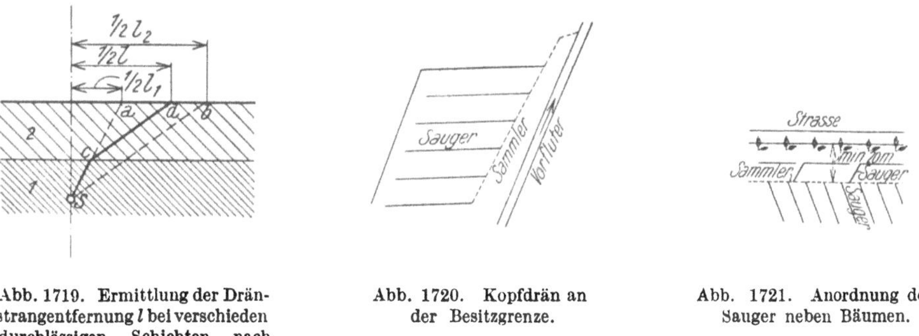

Abb. 1719. Ermittlung der Drän-strangentfernung l bei verschieden durchlässigen Schichten nach J. BLAUTH.

Abb. 1720. Kopfdrän an der Besitzgrenze.

Abb. 1721. Anordnung der Sauger neben Bäumen.

In einer Dränabteilung werden manchmal noch Sonderbauwerke erforderlich, Wenn ausnahmsweise mehrere Sammler zusammengeleitet werden, so werden kleine Sammelbrunnen (Abb. 1730) angeordnet, in die die Sammler, um eine Beobachtung zu ermöglichen, frei entwässern.

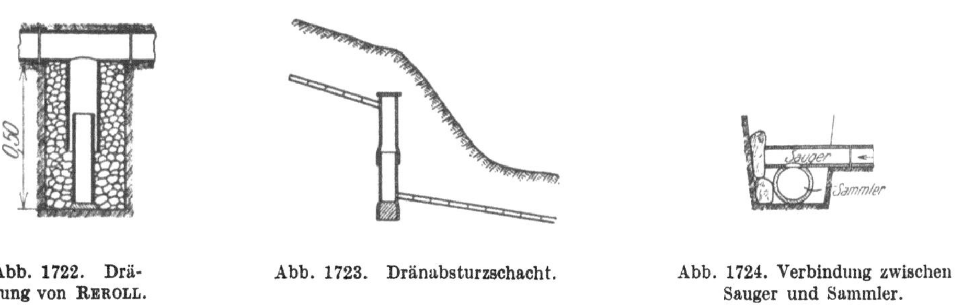

Abb. 1722. Drä-nung von REROLL.

Abb. 1723. Dränabsturzschacht.

Abb. 1724. Verbindung zwischen Sauger und Sammler.

Durch Röhrendränung wird ohne besondere Vorkehrungen nur Grundwasser abgeleitet; damit z. B. aus Mulden auch Tagwasser ablaufen kann, werden an den tiefsten Stellen sogenannte Schlucker eingebaut (Abb. 1731), die mit einem eigenen Strang an den nächsten Sammler angeschlossen werden. Damit kein Schlamm in die Leitung gelangt, wird die Grube für den Schlukker mit Kies und Sand filterartig aufgefüllt.

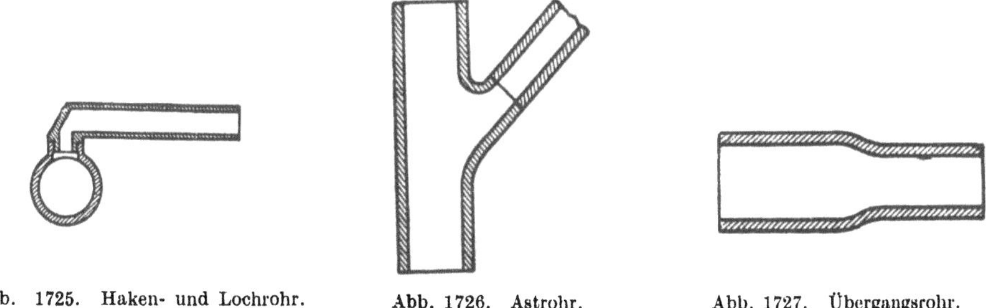

Abb. 1725. Haken- und Lochrohr.

Abb. 1726. Astrohr.

Abb. 1727. Übergangsrohr.

Ähnlich verfährt man mit Quellen, die in dem zu entwässernden Gebiete auftreten, indem man etwa in der in der Abb. 1732 angedeuteten Weise dem Wasser leichten Zutritt zum Dränstrang schafft, der wieder zum nächsten Sammler geleitet wird.

Im nachgiebigen Boden können die Rohre nicht sicher verlegt werden; man schafft dann den Rohren eine gute Auflage, indem man sie auf Bretter (Abb. 1733) legt oder indem man alle 0,50 [m] Doppelpfähle schlägt, auf die Stangen genagelt werden, die die Rohre tragen (Abb. 1734).

Um die Luftzirkulation in der Dränabteilung zu fördern, werden manchmal die Kopfenden der Sauger, so wie es die Abb. 1735 andeutet, durch eine Leitung verbunden und an der höchsten Stelle ein Luftschacht (Abb. 1735b) angeordnet.

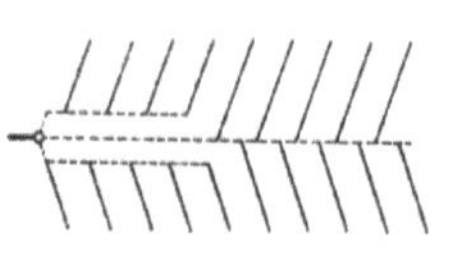

Abb. 1728. Verstärkung von Sammlern.

Zum Reinigen der Dräne werden manchmal Dränschächte eingebaut und es werden Vorkehrungen getroffen, die Dräne mit reinem Wasser spülen zu können.

Der Vorfluter. Die Sammler entwässern in den Vorfluter. Ein ausreichend bemessener und hinreichend tief liegender Vorfluter ist Vorbedingung für die zufriedenstellende Entwässerung durch eine Dränleitung. Die Vorflutergräben werden so bemessen, daß sie die häufig auftretenden Hochwässer bordvoll abzuleiten vermögen. Nur selten auftretende, große Hochwässer können in der Regel das Gelände überfluten; auch sie bordvoll abzuleiten, würde unwirtschaftlich hohe Kosten verursachen.

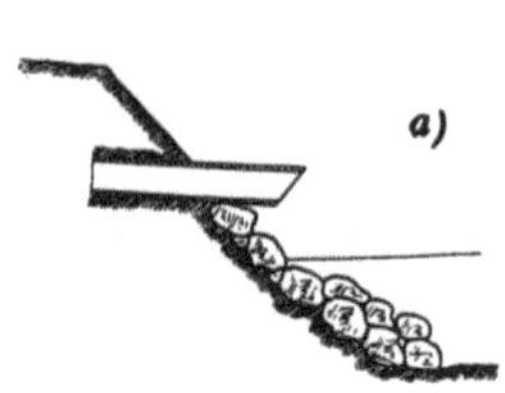
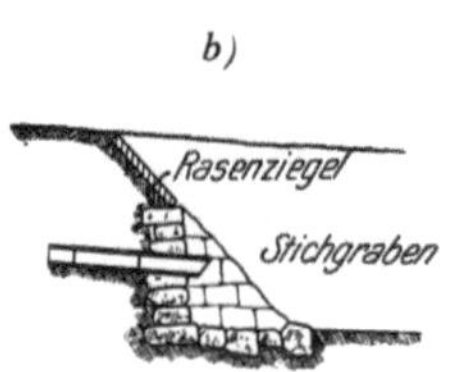
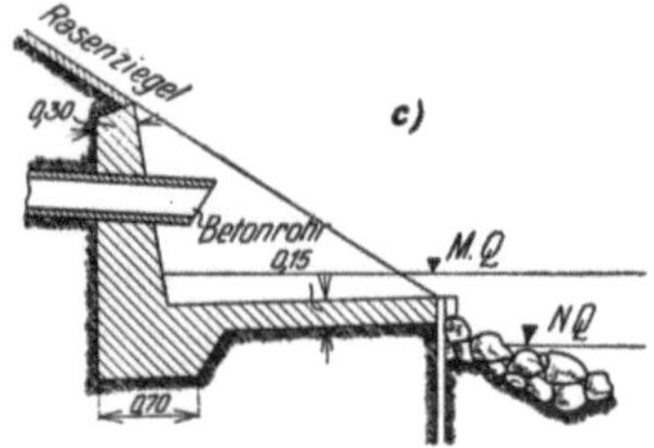

Abb. 1729. Auslauf eines Sammlers. *a)* einfachste Ausführung, *b)* Ausmündung in einen Stichgraben, *c)* gute Ausführung.

Zur Berechnung der Vorflutergräben wird gewöhnlich die Rauhigkeit nach GANGUILLETT und KUTTER $n = 0,030$ bis $0,035$ gewählt. Die Sohlenbreite wird im Flachland nicht unter $0,5$ [m], im Gebirge nicht unter $0,4$ [m] genommen und die Böschungen erhalten gewöhnlich die Neigung $1:1,5$, höchstens aber $1:1$.

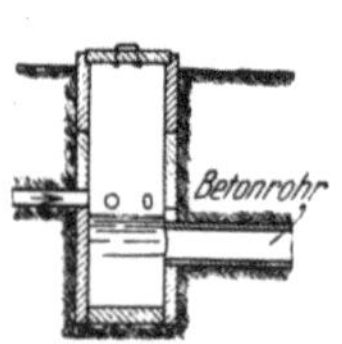
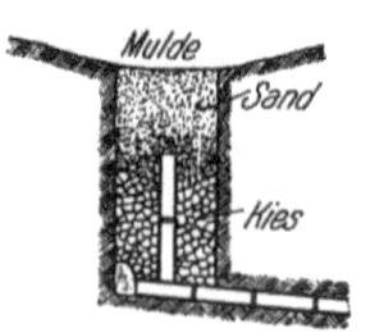
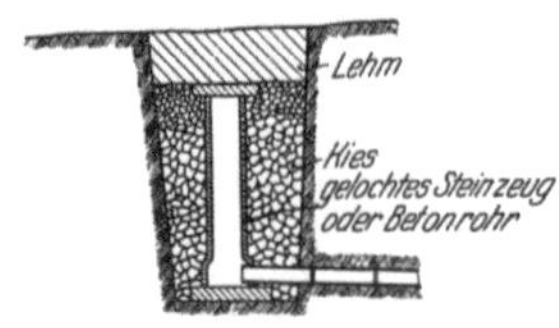

Abb. 1730. Sammelbrunnen zur Zusammenleitung von Sammlern.

Abb. 1731. Schlucker zur Entwässerung von Mulden.

Abb. 1732. Quellfassung in gedräntem Gelände.

Das Gefälle der Vorflutergräben muß mindestens $J = 0,0003$ betragen. Bei sehr großen Gefällen der Vorfluter muß die Sohle befestigt werden oder es werden Sohlabstürze, allenfalls mit Wasserbremsen angeordnet.

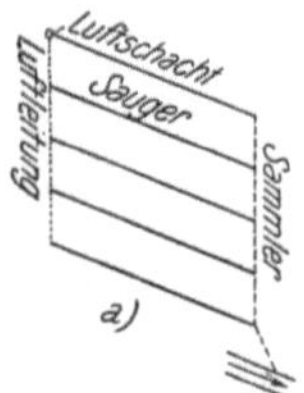

Abb. 1733. Verlegung von Dränrohren auf Brettern.

Abb. 1734. Stangendränung.

Abb 1735. Lüftung von Dränen. *a)* allgemeine Anordnung, *b)* Luftschacht.

Die Sammler müssen mindestens $0,2$ [m] über der Sohle des Vorflutergrabens ausmünden und überdies über dem mittleren Wasserstand im Graben während der Wachstumszeit liegen.

Die Vorarbeiten für eine Dränung umfassen die Beschaffung von Katasterplänen des Gebietes, die Geländeaufnahme und den Entwurf des Höhenschichtenplanes mit einem Schichtenabstand von $(0,1$ bis $1)$ [m], je nach der Geländeneigung und die Erkundung der Bodenbeschaffenheit.

Bodenart	Kurz-zeichen	In schwarzer Darstellung	In farbiger Darstellung (farbiger Grund)
Steine > 20 [mm]	G_2		dunkelzinnober
Kies, Grus, (20...2) [mm]	G_1		hellzinnober
Grobsand, (2...0,2) [mm]	S_2		dunkelgelb
Feinsand, (0,2...0,02) [mm]	S_1		hellgelb
Triebsand	$S_1 Tr$	Tr	Tr hellgelb
Gewöhnlicher Lehm	L		hellbraun
Schwerer Lehm	$\underline{L}$		dunkelbraun
Gewöhnlicher Ton	T		hellviolett
Schwerer Ton	$\overline{T}$		dunkelviolett
Mutterboden (Humus, Moor)	H		dunkelgrau
Kalk	K		hellblau

Abb. 1736. Darstellungen in Bodenkarten.

Ganz besonders sorgfältig muß auch der Vorfluter beobachtet und sein Längenschnitt sowie zahlreiche Querschnitte, bezogen auf Festpunkte bis auf größere Länge flußab des zu entwässern-

Bodenart	Kurz-zeichen	In schwarzer Darstellung	In farbiger Darstellung (farbiger Grund mit schwarzen Zeichen)
Schwach lehmiger, feiner Sand mit Ortsteinnestern	$\breve{l}\,S_1$		hellgelb
Stark lehmiger, feiner Sand	$\bar{l}\,S_1$		hellgelb
Stark humoser, lehmiger, feiner Sand	$\bar{h}lS_1$		hellgelb
Schwach humoser, toniger, feiner Sand	$\breve{h}tS_1$		hellgelb
Stark eisenhaltiger, grober Sand	$\bar{e}\,S_2$	$\bar{e}$	dunkelgelb $\bar{e}$
Feinsandiger (gewöhnlicher) Lehm ...	$s_1\,L$		hellbraun
Schwach humoser, schwerer Lehm ...	$\breve{h}\,\underline{L}$		dunkelbraun
Humoser (gewöhnlicher) Ton	$h\,T$		hellviolett
Feinsandiger Ton mit vielen Steinen	$s_1\bar{g}_2T$		hellviolett
Schwach humoser, eisenhaltiger, schwerer Ton	$\breve{h}e\bar{T}$	e	dunkelviolett e

Abb. 1737. Beispiele für die Darstellung der Bodenarten.

den Grundes aufgenommen werden. Schließlich muß ein Verzeichnis der Eigentümer der Grundstücke, die entwässert werden sollen, beschafft werden.

Zur Erkundung der Bodenbeschaffenheit werden Schurfgraben und Bohrungen benützt, in denen die Art der Schichten, ihre Lage und Mächtigkeit, die Lage des Grundwasserspiegels,

Beimengung	wenig		mittel		viel		Beimengung	wenig		mittel		viel	
	Kurzzeichen	Darstellung	Kurzzeichen	Darstellung	Kurzzeichen	Darstellung		Kurzzeichen	Darstellung	Kurzzeichen	Darstellung	Kurzzeichen	Darstellung
Steine	$\breve{g}_2$	+	g_2	++	$\bar{g}_2$	+++	Ton	$\breve{t}$	|	t	||	$\bar{t}$	|||
Kies, Grus	$\breve{g}_1$	o	g_1	oo	$\bar{g}_1$	ooo	Mutterboden (Humus)	$\breve{h}$	—	h	=	$\bar{h}$	≡
Grobsand	$\breve{s}_2$	•	s_2	••	$\bar{s}_2$	•••	Kalk	$\breve{k}$	$\breve{k}$	k	k	$\bar{k}$	$\bar{k}$
Feinsand	$\breve{s}_1$	·	s_1	··	$\bar{s}_1$	··	Eisen	$\breve{e}$	$\breve{e}$	e	e	$\bar{e}$	$\bar{e}$
Lehm	$\breve{l}$	/	l	//	$\bar{l}$	///	Ortstein		⌐⌐			⌐⌐	

Abb. 1738. Darstellung der Beimengungen im Boden.

allfällige Horizontbildungen, die Dichte der Lagerung, die Bodenfeuchte und die Verwurzelung festgestellt werden. Wenn Bodenproben in einer Versuchsanstalt zu untersuchen sind, so wird von jeder Probe etwa 1 [kg] eingesandt. Die Proben werden gewöhnlich aus der Mitte der Schichten entnommen und am besten in sorgfältig beschrifteten Konservengläsern verpackt.

Zur Beschreibung der Beschaffenheit des Bodens wird bei jeder Schicht die Feuchte, die Körnung, die Lagerungsdichte, die Farbe, der Geruch, der Kalkgehalt, Bodenrisse und die Durchwurzelung (Wurmlöcher) festgestellt.

Die Körnung kann genau nur in der Versuchsanstalt festgestellt werden; roh läßt sich die Körnung durch Reiben einer kleinen Bodenprobe zwischen den Fingern überprüfen. Die Betrachtung des Bodens mit der Lupe, allenfalls Untersuchung einer Bodenprobe in einer Schlämmflasche können Schätzungen erleichtern.

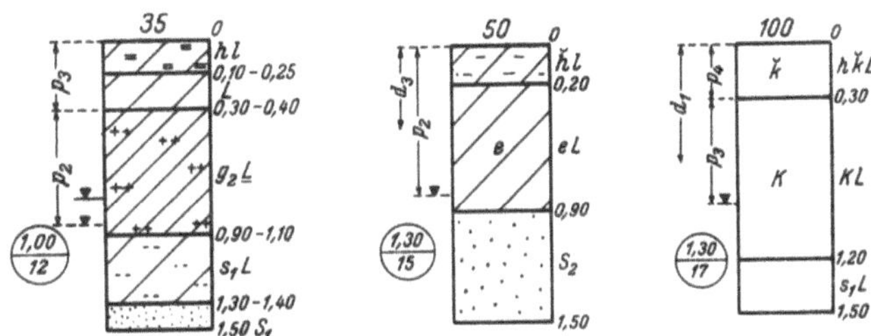

Abb. 1739. Darstellung eines Bodenschnittes.

Die Farbe des Bodens dient vorwiegend zur Beurteilung hinsichtlich eines allfälligen Eisengehaltes. Eisenhaltige Böden haben bei Luftmangel olivgrüne oder bläulich bis schwarze Farbe, bei Luftzutritt ockergelbe bis rote Farbe.

Der Kalkgehalt kann roh durch Betupfen mit verdünnter Salzsäure überprüft werden. Bei Böden mit weniger als 1 % Kalkgehalt erfolgt kein Aufbrausen, bei 3 bis 4 % braust die Salzsäure deutlich, bei 5 % stark auf.

Horizontbildungen bilden sich unter der Einwirkung des versickerten Wassers oder im Grundwasserspiegel. Der A-Horizont bildet die Oberkrume, die meist arm an Kolloiden und an Kalk ist. Der B-Horizont ist mit den aus dem A-Horizont ausgespülten Teilchen angereichert und gedichtet. Als C-Horizont wird der unveränderte Untergrund bezeichnet. Der G-Horizont wird endlich durch Absätze aus zulaufendem Grundwasser gebildet, wie z. B, Eisenablagerungen.

Die Ergebnisse der Bodenuntersuchung werden übersichtlich zeichnerisch dargestellt und hiebei die folgenden Kurzzeichen und Farben verwendet:

Kurzzeichen für die Darstellung der Eigenschaften des Bodens:

Bodenfeuchte:

trocken	w_0
frisch	w_1
feucht	w_2
naß	w_3
im Grundwasser liegend	w_4

Lagerungsdichte:

sehr dicht (ortsteinartig)	p_1
dicht	p_2
mäßig porös	p_3
sehr locker, krümelig	p_4

Durchwurzelung:

stark	d_1
mäßig	d_2
vereinzelt	d_3

Rißbildung:　r

Horizontalbildung: schwach —, mittel =, stark ≡ ausgebildet.

A - Horizont .... $A\,H$		B-Horizont .... $B\,H$	
Bodenstreuschicht............. A_0H		C-Horizont .... $C\,H$	
Humose Ackerkrume bis Pflug-		G-Horizont .... $G\,H$	
tiefe .... A_1H			
Übergangsboden .... A_2H			
Abschlämmassen in Mulden .... A_sH			

Beim *Entwurf* der Dränabteilung soll die höchstzulässige Länge der Sauger und der Sammler möglichst voll ausgenützt werden. Wenn Sammler mit einer Lichtweite von 0,20 [m] nicht mehr hinreichen, so wird der vollbelastete Sammler ohne weitere Wasserzuleitung weitergeführt und es werden, etwa wie es in der Abb. 1728 auf Seite 920 gezeigt ist, weitere Sammler beiderseits des anderen verlegt und man läßt je nach den örtlichen Verhältnissen entweder alle drei Sammler in einem gemeinsamen Auslaufbauwerk ausmünden oder man vereinigt die Sammler in einen Brunnen und leitet das Wasser durch Betonrohre bis zum Vorfluter.

Von den Sammlern und vom Vorfluter werden Längenschnitte gezeichnet, in denen auch zeichnerisch die abzuleitenden Durchflüsse Q eingetragen werden; aus den Durchflüssen und den Sammlergefällen können dann leicht die erforderlichen Rohrweiten berechnet und im Längenschnitt jene Stellen ermittelt werden, an denen ein Wechsel der Rohrweite erforderlich ist. Wenn die Sauger und Sammler mit künstlichen Gefällen verlegt werden, so müssen an den Kopfenden und an den Anschlußstellen der Sauger die Verlegungstiefen im Dränplane eingetragen werden.

Abb. 1740.
Dränabsteckung.

Schließlich wird der Kostenanschlag und eine Rentabilitätsberechnung aufgestellt.

Der *Bauausführung* geht die Absteckung des Dränsystems im Gelände voran. Zuerst werden die Sammler abgesteckt, und zwar Anfangs- und Endpunkt, allfällige Punkte, in denen ein Richtungswechsel erfolgt, und dazwischen alle 20 [m] allfällige Punkte durch je einen Boden- und einen Schriftpflock. Hierauf wird beiderseits jedes Sammlers je ein Sauger abgesteckt, weiter je zwei auf diesen Sauger senkrechte Linien, auf denen die Saugerentfernungen e aufgetragen werden, durch die die Sauger festgelegt sind (Abb. 1740) und schließlich werden noch die Enden durch je einen Pflock kenntlich gemacht, auf dem der Strang ebenso wie im Plane bezeichnet wird.

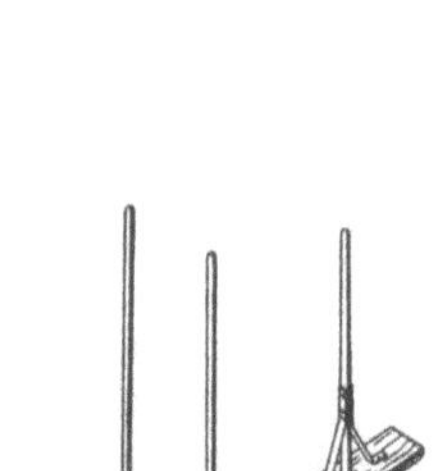

Abb. 1741. Dränwerkzeuge.
(Nach F. Friedrich.)

Der Aushub der Gräben erfolgt stets von der tiefsten Stelle aus, damit das zusickernde Wasser gleich abzulaufen vermag. Der Mutterboden (Humus) wird bei dieser Arbeit auf die eine, der übrige Aushub auf die andere Grabenseite geworfen. Der Graben wird möglichst schmal, mit besonderen Spaten, wie sie die Abb. 1741 zeigt, ausgehoben und es wird schließlich die Sohle noch mit Stampfern, die dem Außendurchmesser der Rohre angepaßt sind, gestampft. Sauger werden an die Sammler von oben angeschlossen; die Sohle der Sammelgräben wird aus diesem Grunde stets um den Sammlerdurchmesser unter die Sohle des Saugergrabens gelegt (Abb. 1724).

Aufschüttungen müssen in Gräben unbedingt vermieden werden. In flachem Gelände wird die plangerechte Sohlenlage der Gräben schließlich durch ein Nivellement überprüft.

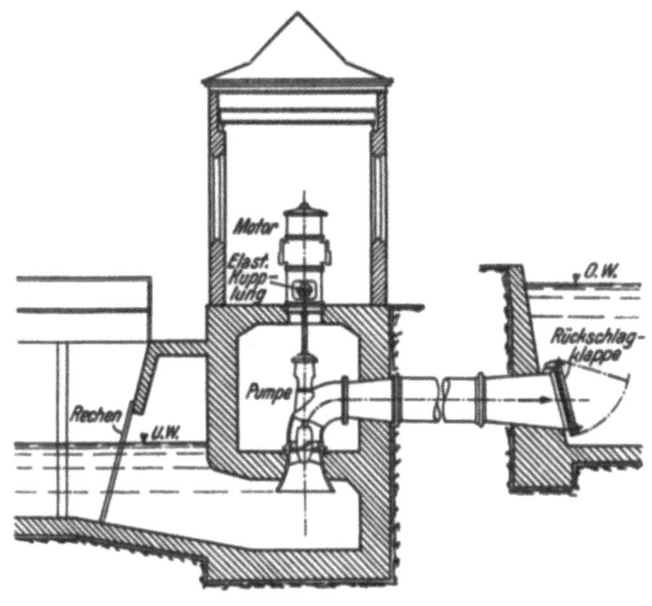

Abb. 1742. Pumpwerk mit Propellerpumpe geschlossener Bauart. (Escher Wyss & Co.)

Die Rohre werden von oben herab fortschreitend verlegt. Das oberste Rohr wird am Kopfende mit einem flachen Stein abgeschlossen und die folgenden Rohre werden mit Legehaken in den Graben herabgelassen und an die schon verlegten möglichst fugendicht angeschlossen. Krumme Rohre werden so verlegt, daß die Krümmungsebene waagrecht liegt, damit sich im Drän keine Säcke bilden, die leicht verschlammen. Die Rohre werden hierauf verstochen, indem mit dem Spaten knapp über dem Rohre von der Grabenwand Boden losgelöst und über den Rohren etwa 25 [cm] hoch ausgebreitet wird, als Schutz gegen Beschädigungen durch herabfallende harte Schollen oder Steine beim Zuschütten der Gräben. Beim Zuwerfen darf der Boden nicht gestampft werden. Als letzte Schicht wird der Mutterboden aufgetragen. Einschließlich des Verlustes durch Bruch werden für den laufenden Meter Dränstrang 3,25 Dränrohre gerechnet und gleichmäßig längs der abgesteckten Dräne ausgelegt. Als Bauzeit für die Dräne wird eine solche gewählt, in der der Boden noch hinreichend feucht ist, so, daß die Grabenwände ohne Aussteifung stehen.

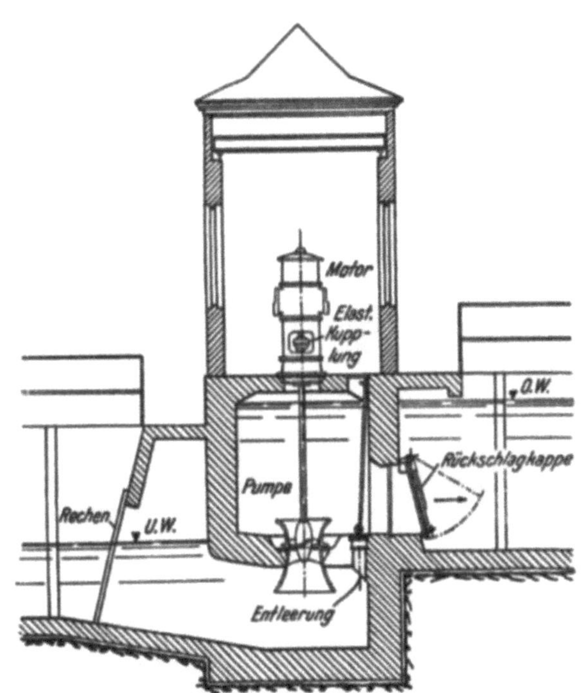

Abb. 1743. Pumpwerk mit offener Propellerpumpe.

Der Erfolg der Dränung besteht in einer Ertragssteigerung, die je nach der Boden- und der Kulturart (40 bis 70)%, in besonderen Fällen sogar über 100% beträgt.

III. Pumpwerk für Entwässerungsanlagen.

Bei der Entwässerung wird stets die Ableitung des Wassers unter natürlichem Gefälle in den nächsten Vorfluter angestrebt. Wenn der Wasserspiegel in diesem aber in bezug auf die zu entwässernde Fläche zu hoch liegt und wenn auch durch einen flachverlaufenden Parallelgraben der erforderliche Spiegelhöhenunterschied zwischen dem Abfluß aus der Dränabteilung und dem Vorfluter nicht zu beschaffen ist, so kann das Wasser nur durch Überpumpen aus einem

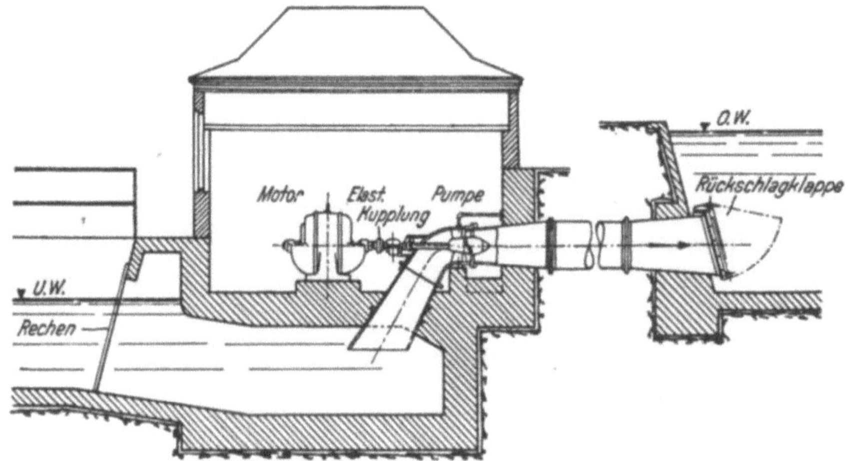

Abb. 1744. Pumpwerk mit Propellerpumpe geschlossener Bauart. (Escher Wyss & Co.)

Sammelbrunnen in den Vorfluter abgeleitet werden. Wo ständig mit hinreichend lebhaftem Wind gerechnet werden kann, ist der Antrieb durch einen Windmotor möglich. In den meisten Fällen wird man aber genötigt sein, die Pumpe mit einem Verbrennungs- oder mit einem Elektromotor anzutreiben. Neben den Zentrifugalpumpen eignen sich für solche Anlagen besonders Schrauben-schaufler, die für große Durchflüsse und kleine Förderhöhen, wie sie bei Entwässerungen meist vorkommen, gebaut werden. Wenn die Förderhöhe 1,5 [m] übersteigt, so wird für je weitere 1,5 [m] ein weiteres Propellerrad auf derselben Pumpwelle angeordnet.

Die Abb. 1742 bis 1745 geben Beispiele für die Anordnung von Entwässerungspumpwerken. Stets muß vorgesorgt werden, daß das Pumpwerk mittels Absperrorganen, Schützen oder Dammbalken trocken-gelegt werden kann. Das Eindringen sperriger Körper in die Pumpe soll durch Rechen verhütet werden.

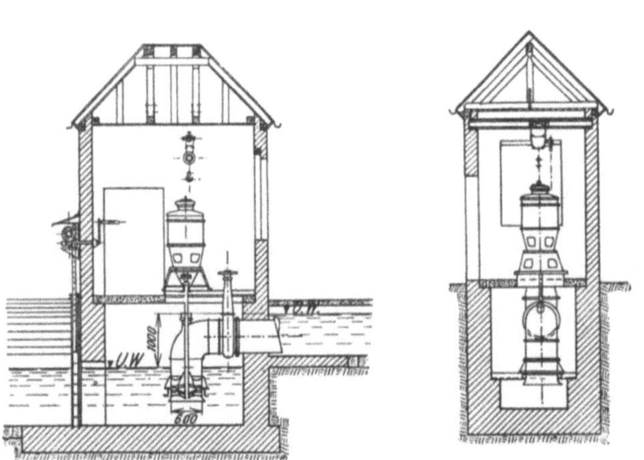

Abb. 1745. Pumpwerk mit Schraubenschaufler. (MAN)

IV. Die Kolmation.

Statt durch eine Entwässerung den zu geringen Abstand zwischen der Bodenoberfläche und dem Grund-wasserspiegel zu erhöhen, kann bei entsprechenden örtlichen Verhältnissen dieses Ziel auch durch eine Hebung der Bodenoberfläche mit abgelagerten Sinkstoffen erreicht werden. Eine solche Auflandung des Geländes wird Kolmation genannt; sie ist möglich, wenn aus einem nahe vorbeifließenden Gewässer sinkstoffreies Wasser auf das zu kolmatierende Gelände geleitet werden kann. Das Grundstück wird hiebei mit Dämmen umgeben, so daß nach der Einleitung des trüben Wassers ein oder mehrere aneinanderliegende, bis zu 2 [m] tiefe Becken entstehen, die vom Wasser mit einer Geschwindigkeit von einigen [cm/sec] durchflossen werden. Sie wirken dann ähnlich wie Klärbecken, und das Wasser verläßt sie, nachdem es den größten Teil der Sinkstoffe abgelagert hat. Im Zuleitungsgerinne sind Geschwindigkeiten über 1 [m/sec] erforderlich, da bei geringeren schon im Gerinne die Klärung beginnt. Die Zuleitung des trüben Wassers muß über die ganze Breite des Beckens verteilt erfolgen, weil sich sonst eine Strömung in einem schmalen Teil des Beckens ausbildet, die so rasch vor sich geht, daß nur wenig Sinkstoffe abgesetzt werden. Die für die Steuerung des Wasserzu- und -abflusses erforderlichen beweglichen Stauanlagen werden in billigster Weise aus Holz, meist als Dammbalkenwehre ausgeführt.

Ähnlich wie durch Kolmation kann die Bodenoberfläche auch künstlich durch Aufspülung gehoben werden. Der aufzuspülende Boden wird mittels Wasserstrahlen gelöst (Abb. 1747). Das Gemisch aus Boden und Wasser wird mittels Rinnen unter natürlichem Gefälle auf das aufzuspülende Gelände geleitet (Abb. 1748), das durch Dämme (Abb. 1749) in Felder geteilt wird, die abwechselnd beschickt werden.

Schrifttum.

BREITENBACH: Die Bestimmung der Dränentfernung auf Grund der Hygroskopizität des Bodens. Dissertation. Universität Königsberg. 1911. — ERMERT: Der Einfluß der Dränungen auf die Hochwasserführung der Wasserläufe. Dtsch. Landw. Presse. 1935, 271. — FAUSER, O.: Meliorationen. Sammlung Göschen, Nr. 691, 692. — DERSELBE: Eine verfehlte Dränierung in schwerem Tonboden. Kulturtechniker 1910, 179; 1911, 139. — KOPECKY: Neue Erfahrungen auf dem Gebiete der Bodenentwässerung mittels Dränage. Kulturtechniker 1908, 9. — KRAUSE: Über den Einfluß der Dränagen auf das Hochwasser der Flüsse. Kulturtechniker 1898, 1. — KUHLEWIND: Die Maulwurfsdränung ohne und mit Tonrohren. 1932. — LETSCH: Zur Ertragssteigerung durch Dränanlagen. Kulturtechniker 1919, 171. — LÖBBECKE, V.: Bericht über die Dränage-Anlagen mit künstlicher Entwässerung in Groß-Neudorf bei Brieg, Bezirk Breslau. Kulturtechniker 1909, 5. — OEHLER: Erfahrungen mit der Maulwurfsdränung auf Hochburg. Kulturtechniker 1933, 9. — PFEIFFER: Ertragssteigerung durch Dränung. Kulturtechniker 1924, 153. — POLLEX: Arbeitsleistungen im Dränungsbau. Kulturtechniker 1930, 557. — Referat: Pilzwucherungen in Dränagen. Kulturtechniker 1911, 278. — REICHEL: Grabenbagger. Kulturtechniker 1924, 6. — RICHTER: Verstopfungen in Dränagen. Kulturtechniker 1914, 217. — ROTHE: Die Strangentfernung bei Dränung im Mineralboden. Kulturtechniker 1929, 155. — SCHROEDER, G.: Schrittweise Dränung.

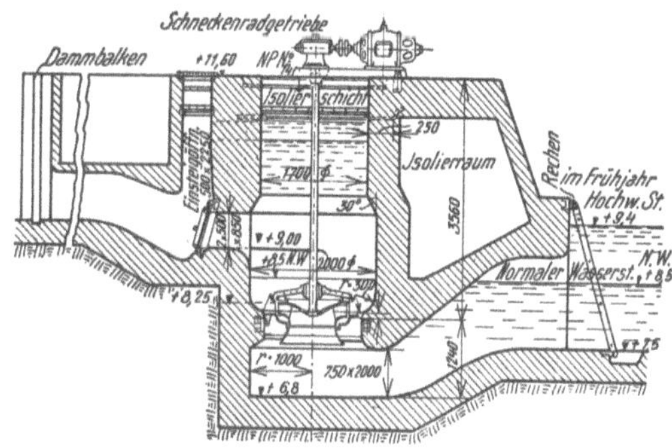

Abb. 1746. Pumpwerk mit Zentrifugalpumpe. (Maffei-Schwartzkopf-Werke.)

Abb. 1747. Bodenabspülung in Otrokowitz mit behelfsmäßigen Mitteln.

Abb. 1748. Bodenaufspülung. Im Hintergrund eine Spülrinne.

Kulturtechniker 1928, 463. — DERSELBE: Landwirtschaftlicher Wasserbau. Handbibl. f. Bauing. III. Teil.
Bd. 7. Berlin: Springer, 1937. — STAHLSCHMIDT: Die zweckmäßigsten Holzkastendräns für Moorboden.
Mitt. Ver. Moorkult. 1928, 203. — STEINER, A.: Entwässerungspumpwerke und Großpumpwerk Bosut.
Bautechn. 1937, 57. — STRATE: Die Herstellung von Drängräben durch Dampfgeräte. 1908, 179. — TIAN, G.:

Abb. 1749.   Bodenaufspülung. Damm zur Felderteilung.

Die Erschließung der Pontinischen Sümpfe.
Bauing. 1938, 645. — TILLNER: Neue Bau-
weise von Holzkastendräns. Kulturtechniker
1928, 267. — VOGT: Eisenbakterien und
Grünlanddränung. Dtsch. Landw. Presse. 1930,
Nr. 2. — ZUNKER: Beziehung zwischen
Bodenbeschaffenheit und Entfernung der
Sauger von Dränungen. Landw. Jb. 1921/22.
— DERSELBE: Die spezifische Oberfläche des
Bodens als Grundlage für die Normung der
Dränentfernung. Kulturtechniker 1923, 89.

C. Die Bewässerung.

Pflanzen brauchen zu ihrem Wachstum gewisse Mengen von Nährstoffen,
wie Kalk, Kali, Phosphorsäure, Stickstoff, und überdies Wasser. Der Ernteertrag hängt von jenem unentbehrlichen
Stoff ab, an dem die Pflanze am meisten Mangel leidet; das Wasser ist in dieser Hinsicht den
unentbehrlichen Nährstoffen gleichzusetzen und die Erfahrung hat gelehrt, daß die Nährstoffe
umso besser ausgenützt werden, je mehr sich die Feuchte im Boden jenem Grade nähert, der
der betreffenden Pflanze am besten zusagt. Jede Pflanze verbraucht nun während ihrer
Wachstumszeit eine bestimmte Wassermenge und wenn diese aus den Niederschlägen nicht
gedeckt werden kann, so wird das Wachstum behindert, allenfalls sogar ganz unterbunden.
Durch Bewässerung des Geländes kann diesem Mangel abgeholfen werden.

Die Bewässerung kann eine *anfeuchtende* sein, bei der den Pflanzen gerade jene Wassermenge
zugeführt wird, die von den aus den Niederschlägen den Pflanzen zugute kommenden Mengen
für das intensivste Wachstum erforderliche fehlt und sie kann auch eine *düngende* sein, bei der
das zugeleitete Wasser überdies noch schwebend und gelöst Nährstoffe mitbringt. Sowohl die
anfeuchtende als auch die düngende Bewässerung bringen noch eine Reihe weiterer Wirkungen
auf den Boden und die Pflanzen mit sich, die durchaus erwünscht sind. So wird durch die Bewässerung die Durchlüftung des Bodens gefördert, Ungeziefer kommt um, auf Wiesen tritt eine

Zahlentafel 105. Mindestwasserbedarf in [mm] verschiedener Pflanzen in
Deutschland auf mittelschwerem Lehmboden (nach WOHLTMANN).

Pflanze	Wein-bau	Winter-getreide	Gerste	Hafer	Rüben, Kartoffel	Wiese	Weide
April..............	40	40	30	40	40	60	60
Mai..............	70	70	60	70	50	75	70
Juni	40	60	50	70	50	60	70
Juli..............	60	78	60	80	80	75	90
August	50	40	30	40	65	60	90
September	40	40	50	50	35	40	70
Oktober	30	60	60	60	40	60	70
November	34	44	36	44	48	48	50
Dezember	34	44	36	44	48	48	50
Januar............	34	44	36	44	48	48	50
Februar	34	44	36	44	48	48	50
März	34	44	36	44	48	48	50
Jahr	500	600	520	630	600	670	770
Wachstumszeit	330	380	340	410	360	430	520

Veredlung des Grasbestan-
des ein, und wenn das
Wasser im Frühjahr wärmer
ist als der Boden, so er-
folgt eine Erwärmung des
Bodens, die einen früheren
Beginn des Wachstums zur
Folge hat.

Für die Bewässerung
sind alle Wässer geeignet,
die keine den Pflanzen
schädlichen Stoffe enthalten. In Betracht kommt
Flußwasser, Wasser aus
Seen und Stauweihern,
Grund- und Quellwasser
und städtische sowie man-
che industrielle Abwässer.
Für die düngende Bewäs-
serung eignet sich nur Flußwasser und Abwasser; Was-
ser aus Seen, Stauweihern,

ferner Grund- und Quellwasser enthalten keine nennenswerten Pflanzennährstoffe. Der Gehalt des Flußwassers an Nährstoffen wechselt in weiten Grenzen mit den Wasserständen. Bei Niederwasser ist der Gehalt an gelösten Stoffen groß, während fast keine Schwebestoffe darin enthalten sind; bei Hochwasser hingegen führt das Wasser wenig gelöste, aber viel schwebende Stoffe. Quell- und Grundwasser ist im Sommer zu kalt und sollte in Teichen vorgewärmt werden. Ungeeignet sind neben vielen Industrieabwässern die Abflüsse aus Mooren und aus eisenschüssigem Boden.

Nach A. KREUZ fehlen im Deutschen Reich bei ¾ aller Wiesen und bei ¼ aller Äcker die idealen Regenhöhen. Die beiden Zahlen allein lassen schon erkennen, welche Bedeutung der Bewässerung zukommt.

I. Der Wasserbedarf der Pflanzen, seine Zuleitung und Zumessung.

Der Wasserbedarf der Pflanzen hängt von der Pflanzenart, vom Grad ihrer Entwicklung und vom Gang der meteorologischen Elemente ab, die die Verdunstung bedingen. Der Regenbedarf hängt überdies, wegen der Versickerung, von der Bodenbeschaffenheit und vom Gang der Niederschläge ab. Für mittelschwere Böden in Deutschland kann der Regenbedarf verschiedener Nutzpflanzen den beiden Zahlentafeln 105 und 106 entnommen werden.

Zahlentafel 106. Regenbedarf [mm] von Nutzpflanzen auf mittelschwerem Boden (nach FRECKMANN).

Pflanze	April	Mai	Juni	Juli	August	September	Summe
Winterroggen	40	70	70	40...50	—	—	220...230
Winterweizen	40	70	80	60	—	—	250
Wintergerste	40	70	70	40	—	—	220
Sommerroggen	50	80	80	60	—	—	270
Sommerweizen	50	80	80...90	70	—	—	280...290
Sommergerste	50	70...80	70	50	—	—	240...250
Hafer	50	70	70...80	60	—	—	250...260
Lupinen	40...50	70	70	60	—	—	240...250
Kartoffel	40	60	70	80...90	80...90	60	390...410
Rüben	50	50	70	80...90	90	70	410...420
Klee	60	90	80...90	90	80	—	400...410
Wiese	60	90...120	90...120	100...120	80...90	—	420...490
Weide	60	90...100	90...120	90...120	90...120	70...80	490...580

Wo die natürlichen Niederschläge zur Deckung des Wasserbedarfes zur Erzielung höchster Erträge nicht hinreicht, muß der Wasserfehlbedarf zugeführt werden; diese Wasserzufuhr wird anfeuchtende Bewässerung genannt. Bei einer bestimmten Monatsniederschlagssumme ist der Fehlbetrag umso kleiner, je gleichmäßiger die Niederschläge über das Monat verteilt sind, weil dann am wenigsten oberflächlich abläuft.

Neben Wasser verbrauchen die Pflanzen aber auch Nährstoffe, wie Stickstoff, Kali, Phosphor und Kalk; um Höchsterträge zu erzielen, müssen auch diese Pflanzennährstoffe in den erforderlichen Mengen vorhanden sein. Einen Teil des Nährstoffbedarfes entziehen die Pflanzen dem Boden, der Rest muß zugeführt werden. Diese Zufuhr kann entweder in fester Form durch Düngung oder in Wasser gelöst durch die düngende Bewässerung erfolgen. Für die düngende Bewässerung eignen sich die in Kläranlagen vorgereinigten Abwässer, die schon die Pflanzennährstoffe enthalten. Allerdings enthalten die Abwässer die Nährstoffe in der Regel nicht in der für einen Höchstertrag erforderlichen Zusammensetzung und es ist dann noch eine ergänzende Düngung mit einzelnen Nährstoffen erforderlich. Die düngende Bewässerung mit Abwasser bedingt, wenn die Nährstoffe für Höchsternten zugeführt werden, eine weit über den Bedarf der Pflanzen hinausgehende Wasserzufuhr. Um in schweren Böden Schädigungen der Pflanzen durch diese Wasserzufuhr zu verhüten, kann eine Dränung des Geländes erforderlich werden.

Einen Überblick über den Nährstoffbedarf einiger Nutzpflanzen gibt die Zahlentafel 107.

Zahlentafel 107. Nährstoffbedarf einiger Nutzpflanzen (nach V. WRANGEL).

Pflanze		Ertrag in [q/ha]			Nährstoffbedarf einer mittleren Ernte in [kg/ha]			
		gering	hoch	mittel	N	P_2O_5	K_2O	CaO
Getreide	Korn	10	40	20	49	22	42	13
	Stroh	20	80	30				
Grünmais	lufttrocken	50	180	85	102	42	17	60
Kartoffel	Knollen	100	320	180	80	32	148	50
	Kraut	30	100	50				
Zuckerrübe	Wurzeln	220	500	300	120	50	175	58
	Kraut	120	400	200				
Erbsen	Samen	10	40	15	90	25	32	46
	Stroh	20	60	25				
Raps	Samen	13	40	25	122	65	75	58
	Stroh	25	70	50				
Luzerne	lufttrocken	50	160	80	208	56	120	208
Rotklee	„	30	100	50	100	30	60	105
Wiesenheu	„	40	100	60	90	40	120	80

Der Nährstoffgehalt des Abwassers hängt von der Herkunft des Abwassers, bei städtischem Abwasser überdies vom Wasserverbrauch ab. Einige Anhaltspunkte für die Abschätzung des Nährstoffgehaltes geben die Angaben in der Zahlentafel 108.

Wenn das Abwasser gereinigt wird, so wird es nährstoffärmer und zwar um so ärmer, je weitgehender die Reinigung getrieben wird. Die Nährstoffe gehen aber nicht verloren, sondern werden mineralisiert und gelangen in den Schlamm, mit dem sie wieder der Landwirtschaft zugeführt werden können.

Aus hygienischen und ästhetischen Gründen sollte nur vorgereinigtes Wasser zur Bewässerung verwendet werden und die Bewässerung mit Abwasser vier Wochen vor der Ernte unterlassen werden.

Die Zuleitung des Bewässerungswassers erfolgt in offenen

Zahlentafel 108. Gelöste Pflanzennährstoffe in einem [m³] Abwasser (zum Teil nach KÖNIG).

Abwasser		N [g/m³]	K_2O [g/m³]	P_2O_5 [g/m³]	CaO [g/m³]
Städtisches Abwasser,	Berlin	109	73	32	107
„ „	Breslau	92	60	20	82
„ „	Halle	148	180	43	232
„ „	Tapiau	85	62	29	
„ „	Brünn	63	39	15	123
Brennerei		36	37	17	170
Stärkefabrik		56	58	28	114
		23	90	19	294
Zuckerfabrik		30	28	5	163
		19	34	10	198
Brauerei		15	21	10	128
		14	100	14	155

Gräben, ähnlich den Werksgräben; ihre Berechnung und Verkleidung geschieht ähnlich wie bei diesen.

Für die Wasserzumessung an die Verbraucher stehen Meßüberfälle in Verbindung mit Schützen in Verwendung. Gut bewährt haben sich die Wasserteiler von NEYREL-BEYLIER und PICCARD-PICTET. Die Abb. 1750 zeigt schematisch einen solchen Teiler; er besteht aus einer Schwelle S, über der die Bewegung in die schießende übergeht, die eine gleichmäßige Geschwindigkeitsverteilung längs a-c erwarten läßt. Durch eine entsprechende Einstellung der verschwenkbaren Zunge kann eine beliebige Teilung des Zuflusses Q bewirkt werden.

II. Die Staubewässerung.

Die Staubewässerung wird als Rückstau-, Einstau-, Überstaubewässerung und als Stauberieselung angewendet. Bei der *Rückstaubewässerung* wird in einem Wasserlauf der Abfluß gehemmt, so daß ein Stau entsteht, der eine Hebung des Grundwasserspiegels beiderseits der Ufer bewirkt. Die Wirkung beschränkt sich nur auf schmale Geländestreifen beiderseits des Wasserlaufes; bei stark durchlässigem Boden ist die unterirdische Abdichtung der Stauanlage durch Spundwände kostspielig.

Etwas verbessert gegenüber diesem System ist die *Einstaubewässerung*, bei der das zu bewässernde Gelände von einem Grabensystem durchzogen wird, das mit dem Wasserzuleitungsgraben in Verbindung steht (Abb. 1751). Durch einfache Stauanlagen wird der Abfluß im Zuleitungsgraben wie früher gehemmt und das Wasser aufgestaut, so, daß sich die anderen Gräben füllen. In das zu bewässernde Gelände gelangt das Wasser nur durch Versickerung aus dem Grabensystem. Auf diese Weise wird ein zu tiefes Absinken des Grundwasserspiegels verhindert, allenfalls sogar eine Hebung erreicht. Auch bei diesem System ist die Bewässerung nur auf schmalen Streifen beiderseits der Gräben wirksam. Um das Gelände durchgehend anzufeuchten, werden die Gräben sehr eng aneinander gelegt (Furchenbewässerung, Abb. 1752, 1753); bei Mais, Rüben, Kartoffeln in 0,80 [m], bei Gärten in 1,5 bis 2,0 [m] Entfernung; sie werden dann mit dem Pflug mit Gefällen von (0,3 bis 2)% und mit Längen bis zu 150 [m] hergestellt und erhalten so viel Wasser, als auf ihre Länge versickert. Auf diese Weise erfolgt die Zuleitung der Abwässer aus städtischen Leitungen auf die Rieselfelder, wobei das Gelände gleichzeitig gedüngt wird.

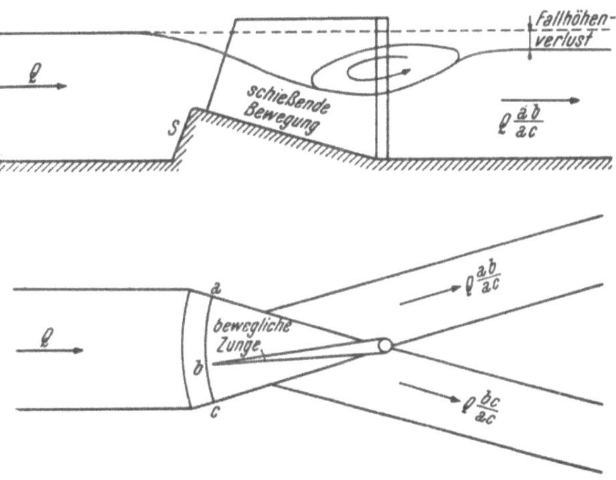

Abb. 1750. Teiler in Bewässerungsgräben.

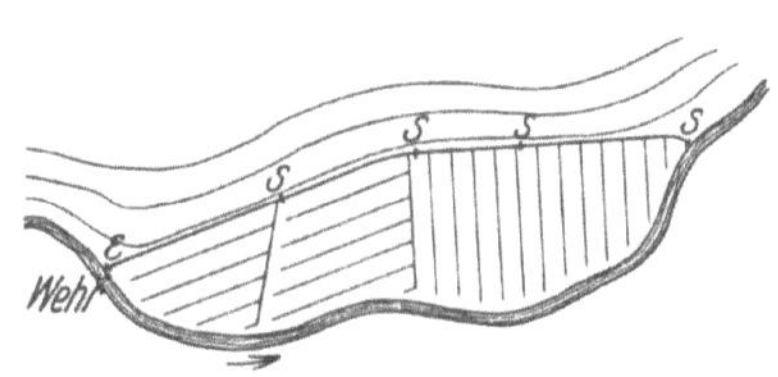

Abb. 1751. Einstaubewässerung. *E* = Einlauf, *S* = Schützen.

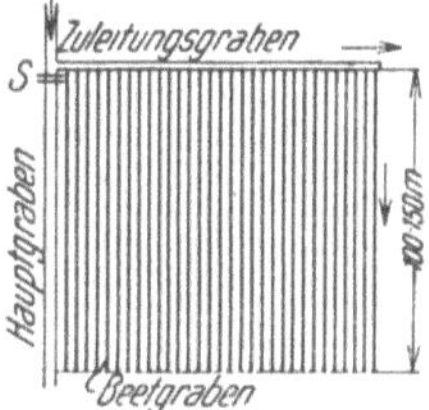

Abb. 1752. Furchenbewässerung. *S* = Stauwerk.

Der Wasserbedarf hängt von der Durchlässigkeit des Bodens ab und wird am besten durch einige einfache Versuche in Probegruben an Ort und Stelle ermittelt. Die Versickerung in den Gräben läßt im Laufe der Zeit nach, weil die Grabenwandungen durch Sinkstoffe und Pflanzenreste gedichtet werden.

Die *Überstaubewässerung* bewirkt auch Düngung des Bodens, kann aber in der Regel nur während der Wachstumsruhe angewendet werden. Bei diesem System wird das zu bewässernde Gelände mit Dämmen eingefaßt, durch weitere Dämme in Reviere geteilt und diese werden (0,20 bis 0,60)[m] hoch überstaut. Die Dämme erhalten Kronenbreiten von 0,80 bis 1,50 [m] und Kronenhöhen (0,3 bis 0,4) [m] über dem höchstmöglichen Wasserspiegel. Die Wasserzuleitung in die Reviere erfolgt durch Gräben und die Kreuzung derselben mit den Dämmen wird mit einfachen Schützen- oder Dammbalkenwehren ausgestattet, um die Füllung und die Entleerung plangemäß bewirken zu können. Die einzelnen Reviere des zu bewässernden Geländes werden so bemessen, daß mit dem zur Verfügung stehenden Zuflusse die Überstauung in längstens acht Tagen bewirkt werden kann; bei einer mittleren Überstauung von 0,40 [m] kann für einen Zufluß von 1 [l/sec] eine Revierfläche von 1700 [m²] gerechnet werden.

Die Überstaubewässerung eignet sich vorwiegend für sehr flaches Gelände mit Gefällen unter etwa $2^0/_{00}$; ein Einebnen des Bodens ist nicht erforderlich. Durch die Ablagerung von Sinkstoffen (eine solche Anlage ist ja gleichzeitig eine Kolmationsanlage) tritt im Laufe der Zeit selbsttätig eine Ebnung und Hebung der Bodenfläche ein.

Bei der Überstaubewässerung steht das Wasser im Revier ruhig und verliert den für des Wachstum der Pflanzen besonders wichtigen Sauerstoff. Diesem Übelstande wird abgeholfen, indem man das Wasser in ständiger Bewegung durch fortlaufende Zuleitung von frischem Wasser hält; die Ableitung erfolgt an geeigneten, besonders ausgerüsteten Stellen über die Dämme mit Überfallhöhen von (0,05 bis 0,10) [m]. Eine solche Bewässerung wird dann *Stauberieselung* genannt.

Eines besondere Art der Überstaubewässerung erfolgt bei der Kultur des Wasserreises. Die Abb. 1754 zeigt als Beispiel die Bewässerung der Reisversuchsfelder in Vársànyhely in Ungarn.

Abb. 1753. Furchenbewässerung.

III. Die Berieselung.

Bei der Berieselung läuft das Wasser in dünner Schicht über die zu bewässernde Fläche. Dieses Wasser versickert teilweise auf seinem Wege längs des Rieselhanges; je durchlässiger der Boden ist, desto größer muß das Gefälle des Hanges sein, weil bei zu flachem Gelände die Wasserbewegung sehr langsam vor sich geht und das gesamte Wasser versickert, bevor es den unteren Rand des Rieselhanges erreicht hat. Anderseits darf die Hangneigung nicht zu groß sein, damit die Schleppkraft nicht die Bodenteilchen in Bewegung setzt; bei zu großem Gefälle werden Rinnen ausgespült, in denen das Rieselwasser konzentriert abläuft. Wegen der leichten Abspülbarkeit des für die Bodenkultur geeigneten Bodens wird die Berieselung nur auf Wiesen angewendet, wo die Grasnarbe die Bodenoberfläche schützt. Das günstigste Gefälle für die Berieselung beträgt etwa (25 bis 40) $^0/_{00}$, doch kann sie bei gut eingeebnetem Hang und dichtem Boden schon bei Flächengefällen von (10 bis 15) $^0/_{00}$ ausgeführt werden. Das für die Berieselung erforderliche Gefälle ist entweder schon im Gelände vorhanden oder es kann künstlich geschaffen werden; man spricht dann im letzteren Falle von einem *Kunstwiesenbau*.

Den Rieselhängen wird das Wasser durch Gräben zugeleitet, über deren talseitigen Rand es überläuft (Abb. 1755). Von der aus 1 [m] Rieselrinne in der Sekunde abfließenden Rieselwassermenge q wird längs des Hanges ein Teil versickern und ein kleiner Rest oder auch gar nichts kommt am Ende des Hanges bei der Entwässerungsrinne an. Die Zeit, die vom Beginne des Überlaufens des Rieselgrabens vergeht, bis das Wasser am unteren Rande des Rieselhanges anlangt, wird Anlaufzeit t_a genannt, während die folgende Zeit als Rieselzeit t_r bezeichnet wird. Die gesamte Zeitdauer, während der dem Hange Wasser zugeleitet wird, beträgt $t_z = t_a + t_r$, und die in dieser Zeit zugeleitete Wassermenge, durch die Dicke einer über dem Rieselhang gleichmäßig ausgebreitet gedachten Wasserschicht gemessen, wird Bewässerungshöhe h_b genannt. Zwischen der Bewässerungshöhe h_b und dem Zufluß q besteht dann mit den Bezeichnungen der Abb. 1755 die Beziehung

$$q\,t_z = b \cdot 1 \cdot h_b \qquad (1240)$$

wobei q in [1/sec], t_z in Sekunden, b in Metern und h_b in Millimetern zu messen sind.

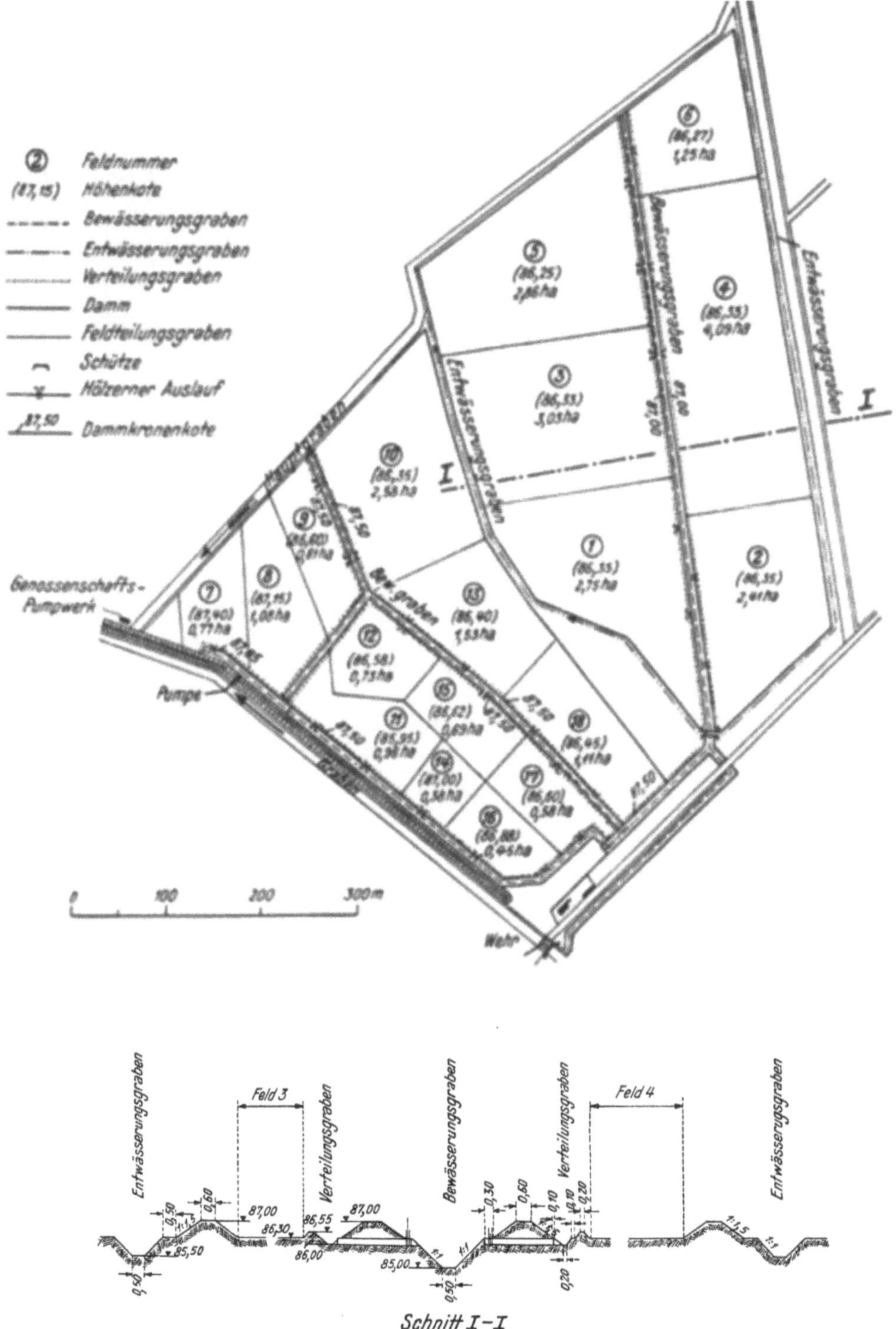

Abb. 1754. Überstaubewässerung auf Reisfeldern in Ungarn.

Während der Rieseldauer t_z versickert ein Teil des zugeleiteten Wassers, der durch die Höhe h_v der entsprechenden Wasserschicht in Millimetern gemessen wird. Die Geschwindigkeit u in [mm/sec], mit der Wasser, das auf den Boden aufgeleitet wird, versickert, hängt von der Durchlässigkeit desselben ab und beträgt etwa (0,001 bis 0,005) [mm/sec] bei Lehmböden und (0,01 bis 0,03) [mm/sec] bei Sandböden und wird am besten an Ort und Stelle gemessen. Während der Rieseldauer t_z beträgt daher die Versickerungshöhe

$$h_v = u\,t_z \ [\text{mm}]. \tag{1241}$$

In der Zeit dt fließt einem 1 [m] breiten Streifen des Rieselhanges der Durchfluß $q \cdot dt$ zu; von diesem versickert, wenn das erste Wasser in der Entfernung x vom Rieselgraben angelangt ist, der Teil $u \cdot dt \cdot x$ und der Rest geht für den Vorbau dx der Wasserschicht auf. Fließt das Wasser in der vorgebauten Schicht (Abb. 1755) mit der Tiefe H_a, so beträgt diese Wassermenge $H_a \cdot dx$ und es gilt die Raumgleichung

Abb. 1755a. Rieselhang.

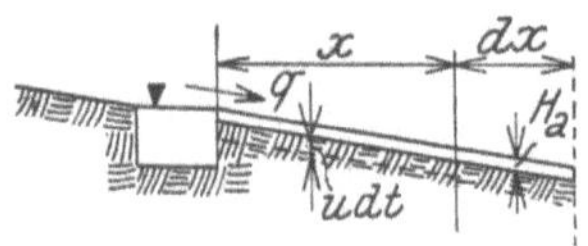

Abb. 1755b. Abfluß über einen Rieselhang.

$$q \cdot dt = u \cdot dt \cdot x + H_a \cdot dx \tag{1242}$$

aus der

$$dt = \frac{H_a\,dx}{q - ux} \tag{1243}$$

folgt. Wird $q - ux = a$ gesetzt, so hat man $dx = -\dfrac{da}{u}$

und es ist

$$dt = -\frac{H_a \cdot da}{u\ \ a} \tag{1244}$$

und weiter

$$t_a = \int_{x=0}^{x=b} dt = -\frac{H_a}{u}\,ln\,a \Big]_{x=0}^{x=b} = -\frac{H_a}{u}\,ln\,(q - ux)\Big]_{x=0}^{x=b} \tag{1245}$$

für $x = 0$ gilt

$$0 = -\frac{H_a}{u}\,ln\,q + C \tag{1246}$$

und für $x = b$ gilt

$$t_a = -\frac{H_a}{u}\,ln\,(q - u\,b) + C \tag{1247}$$

so, daß man endlich

$$t_a = \frac{H_a}{u}\,ln\,\frac{q}{q - u\,b} \tag{1248}$$

erhält.

Nun ist

$$\frac{q}{q - b\,u} = \frac{q \cdot t_z}{q\,t_z - b\,u\,t_z} = \frac{b \cdot h_b}{b\,h_b - b\,h_v} = \frac{h_b}{h_b - h_v} \tag{1249}$$

Wenn das Verhältnis der Bewässerungshöhe h_b zur Versickerungshöhe h_v

$$\frac{h_b}{h_v} = \beta \tag{1250}$$

gesetzt wird, so kann man auch schreiben

$$\frac{q}{q - b\,u} = \frac{\beta}{\beta - 1} \tag{1251}$$

und die Anlaufdauer der Bewässerung beträgt dann

$$t_a = \frac{H_a}{u}\,ln\,\frac{\beta}{\beta - 1} \tag{1252}$$

Zur Vereinfachung der Berechnung seien für verschiedene β die Werte $ln\,\dfrac{\beta}{\beta - 1}$ beigefügt:

$\beta =$	1,0	1,1	1,2	1,3	1,4	1,5	2,0	3,0	4,0	5,0	6,0
$ln\,\dfrac{\beta}{\beta - 1} =$	∞	2,4	1,8	1,5	1,2	1,1	0,7	0,4	0,29	0,22	0,18.

Für H_a sind um so größere Wassertiefen zu setzen, je schlechter der Hang eingeebnet ist; bei gut gepflegten Rieselhängen kann H_a etwa gleich (0,01 bis 0,02) [m] gesetzt werden.

Bei sparsamster Bewässerung, bei der am unteren Rand des Rieselhanges eben alles Wasser versickert sein soll, ist $\beta = 1$; tatsächlich geht man wegen der Unsicherheit in der richtigen Ermittlung der Durchlässigkeit womöglich nicht unter $\beta = (1,5$ bis $2,0)$ herab. Bei der düngenden Bewässerung rechnet man mit $\beta = 5$ bis 6.

Nach Ablauf der sogenannten Anlaufdauer t_a ist das erste Wasser nun am untersten Rande des Rieselhanges angekommen und während der weiteren Rieseldauer t_r läuft das Wasser über die ganze Fläche des Hanges, hiebei versickert die Wassermenge $b \cdot u \cdot t_r$, während der Zulauf $q \cdot t_r$ beträgt. Durch den Entwässerungsgraben fließt während der Rieselung $(q - b\,u)\,t_r$ ungenutzt für die Anfeuchtung ab. Die Wasserschichthöhe

Abb. 1756. Schema der natürlichen Hangberieselung.

$$h_r = u\,t_r \qquad (1253)$$

kommt den Pflanzen zugute. Die gesamte Rieseldauer beträgt demnach

$$t_z = t_a + t_r = \frac{H_a}{u}\,ln\,\frac{\beta}{\beta - 1} + \frac{h_r}{u} \qquad (1254)$$

Da nun

$$\beta = \frac{h_b}{h_v} = \frac{b\,h_b}{b\,h_v}\,\frac{q\,t_z}{b\,u\,t_z} = \frac{q}{b\,u} \qquad (1255)$$

Abb. 1757. Stechschütze.

ist, so ergibt sich für die während der Rieseldauer in der Sekunde zuzuleitende Wassermenge in [l/sec]

$$q = \beta\,b\,u \qquad (1256)$$

oder, bezogen auf 1 [ha]

$$i = \frac{q}{b \cdot 1} \cdot 10000 = 10000\,\beta\,u \ [l/sec \cdot h_a]. \qquad (1257)$$

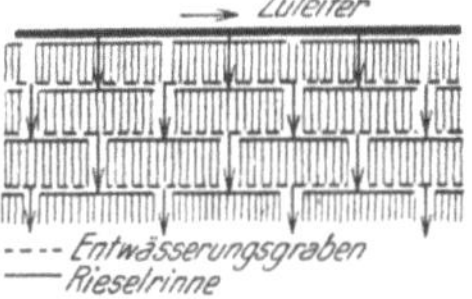

Abb. 1758. Hangberieselung mit Wiederverwendung des ablaufenden Wassers.

Diese auf das Hektar in der Sekunde aufzuleitende Wassermenge wird kurz als Intensität i der Rieselung bezeichnet. Mit diesen Formeln, die von A. Friedrich stammen, können leicht bei gegebenem Zufluß die Abmessungen eines Rieselhanges sowie die Rieseldauer festgelegt werden. Je nach dem Ver-

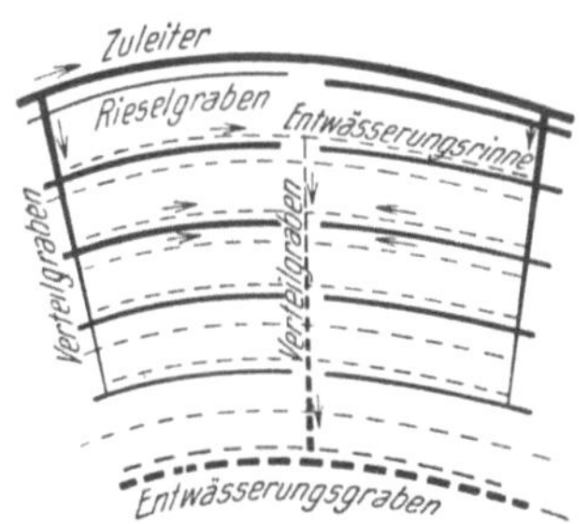

Abb. 1759. Hangberieselung ohne Wiederverwendung des ablaufenden Wassers.

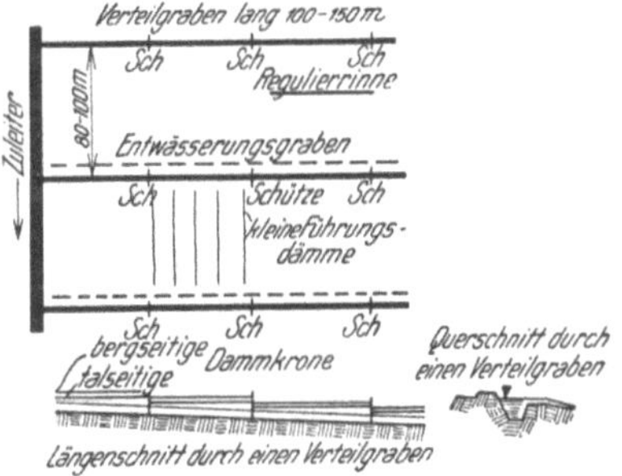

Abb. 1760. Staugrabenberieselung.

laufe der Witterungen werden im Jahre drei bis acht anfeuchtende Rieselungen mit je einer Bewässerungshöhe von $b_b = (100$ bis $200)$ [mm] durchgeführt.

Bei der *natürlichen Hangberieselung* wird das Wasser am oberen Rande der zu bewässernden Fläche in einem offenen Graben, dem Zuleiter, zugeleitet (Abb. 1756). In Abständen von 50 bis 60 [m] zweigen vom Zuleiter die Verteilrinnen ab, die im größten Geländegefälle und bei welligem

Gelände auf dem Rücken angelegt werden. Von diesem zweigen wieder alle (5 bis 25) [m] beiderseits Rieselrinnen ab, die annähernd den Schichtenlinien folgen und Längen von (25 bis 30) [m] erhalten. Die Zuleitungsgräben erhalten Trapezquerschnitt, während die Verteiler- und die Rieselgräben mit annähernd rechteckigen Querschnitten ausgeführt werden. Die Querschnitte der Verteilgräben, die mit Breiten zwischen (0,40 und 0,60) [m] und Tiefen zwischen (0,20 und 0,30) [m] ausgeführt werden, läßt man, entsprechend dem Durchfluß, den sie zu leiten haben, vom Zuleiter weg abnehmen. Die Verteilrinnen erhalten durchwegs etwa eine Tiefe von 10 [cm] und eine Breite von (10 bis 15) [cm].

Um das Wasser in einem Rieselgraben zum Überschlagen über den Grabenrand zu bringen, wird unter der Abzweigstelle der Rieselgräben der Verteilergraben mit Rasen, einem Stein oder bei besseren Anlagen mittels eines Stechschützes (Abb. 1757), das in den Boden gesteckt wird, abgesperrt. Das Wasser rieselt dann über den Hang herab und läuft in den nächsten Rieselgraben, aus dem es neuerdings überschlägt, wenn auch unterhalb dieses der Verteilergraben gesperrt ist. In wenig durchlässigen Böden kann der Verteilergraben allenfalls auch ganz weggelassen werden. Das Wasser wird auf diese Weise vollständig für die Rieselung ausgenützt, es fließt nichts ungenützt ab, die unteren Rieselflächen erhalten aber sehr sauerstoffarmes Wasser. Durch die Verteilrinne kann wahlweise auch den unteren Rieselhängen frisches Wasser zugeleitet werden. Eine andere Grabenanordnung bei natürlicher Hangberieselung ohne Verteilergräben ist in der Abb. 1758 angedeutet, dort läuft das Wasser am Ende einer Rieselhangfläche in einen Entwässerungsgraben und von diesem in einen tieferliegenden Rieselgraben und so fort.

In der Abb. 1759 ist eine Hangberieselung ohne Wiederverwendung des am unteren Rande des Rieselhanges zusammenlaufenden Wassers dargestellt. Die Entwässerungsgräben werden etwa (0,50 bis 0,75) [m] oberhalb der Rieselrinnen ausgeführt.

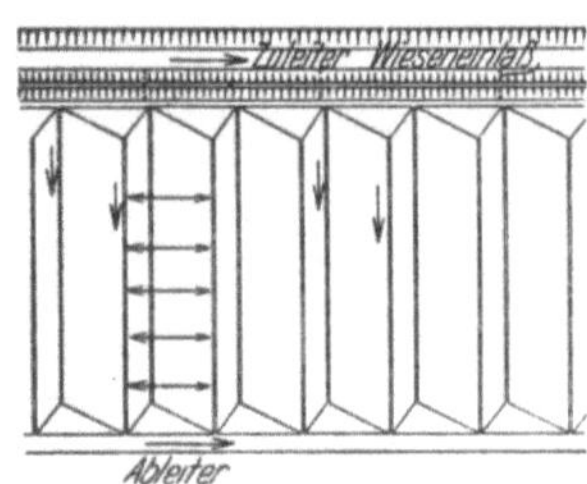

Abb. 1761. Künstlicher Rückenbau.

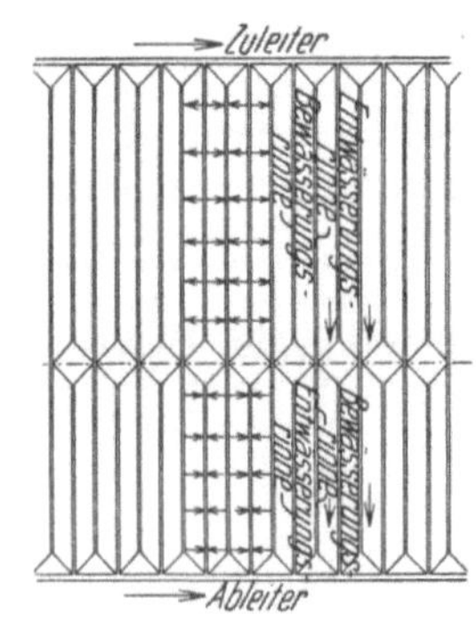

Abb. 1762. Künstlicher Hangbau.

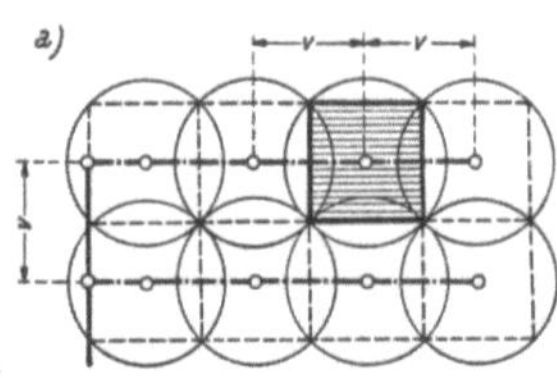
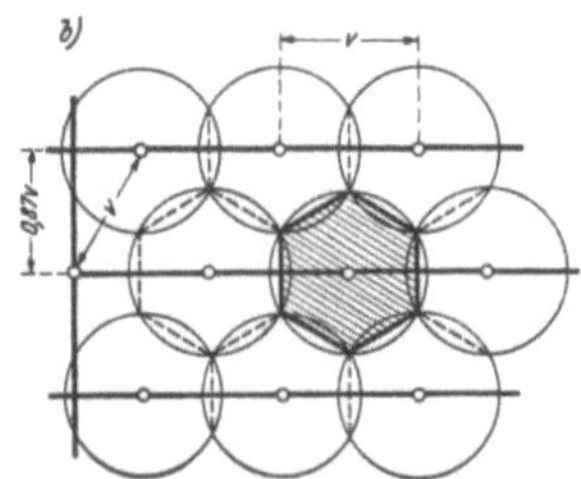

Abb. 1763. Feldereinteilung bei der Beregnung.

Die bisher beschriebenen Berieselungsanlagen erfordern zahlreiche Gräben, die in der Anlage und Erhaltung kostspielig sind und die Maschinenarbeit sehr erschweren oder unmöglich machen. Diese Nachteile sind bei der Staugrabenberieselung, die in der Abb. 1760 angedeutet ist, vermieden. Dort zweigen vom Zuleiter Verteilergräben ab, die durch gestaffelte Dämme eingefaßt sind. An mehreren Stellen werden kleine Schützen eingebaut, die den Durchfluß anstauen und in der flußaufliegenden Haltung über den niedrigeren talseitigen Damm zum Überschlagen bringen. Das Wasser läuft über den Hang und schließlich in einen Entwässerungsgraben, der knapp bergauf des nächsten Verteilergrabens verläuft. Wenn das Wasser Rinnen im Hang ausspült, so werden nach Bedarf kleine Regulierrinnen eingebaut, die das Wasser wieder über den Hang verteilen. Eine gleichmäßige Wasserverteilung am Hang wird auch durch kleine Führungsdämme in der Fließrichtung erreicht, die hergestellt werden, indem in der Richtung des

Dammes die Rasendecke durchschnitten, beiderseits des Schnittes etwas aufgehoben und mit Erde unterstopft wird.

Aus dem Verteilergraben läßt man das Wasser bei der Staugrabenrieselung mit 1 [cm] Schichtdicke über den talseitigen Damm abfließen; über den laufenden Meter Damm fließen dann etwa (1,2 bis 1,4) [l/sec] ab und es kann aus der Formel (1251) leicht die höchstzulässige Entfernung der Gräben berechnet werden.

Wo das natürliche Geländegefälle unter etwa $20^0/_{00}$ beträgt, ist die Rieselung nur mehr möglich, wenn durch umfangreiche Erdarbeiten das ganze zu bewässernde Gelände in ein System von aufeinanderfolgenden Rücken mit sägezahnförmigem Querschnitt

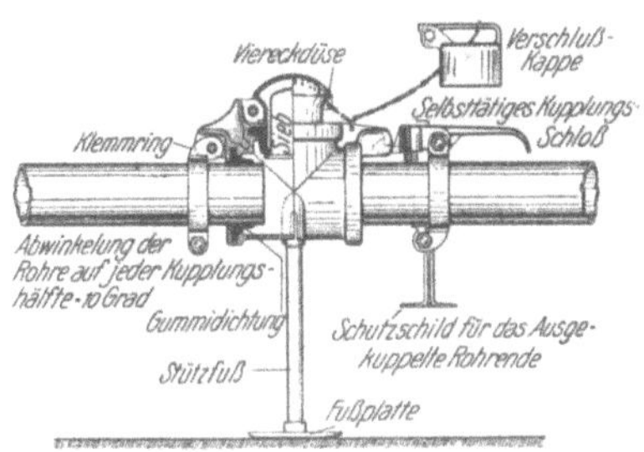

Abb. 1764. Lanninger-Gelenkrohrkupplung mit Viereckdüse und Stützfuß.

Abb. 1765. Umlaufende Lanninger-Weitstrahlregnerdüse.

oder in ein System von nebeneinanderliegenden dachartigen Flächen umgestaltet wird; man nennt die erstere Art den künstlichen Rückenbau (Abb. 1761), die letztere den künstlichen Hangbau (Abb. 1762). Die Anlage, Erhaltung und Bewirtschaftung derartiger Kunstwiesen ist aber kostspielig und es sind derartige Rieselanlagen nur selten angelegt worden.

IV. Die Dränbewässerung.

Statt der oberflächlichen Zufuhr von Wasser auf das anzufeuchtende Gelände hat man auch versucht, das Wasser unmittelbar jener Bodenschicht zuzuleiten, in der die Pflanzenwurzeln liegen. Die einfachste Art, in einem gedränten Gelände den Wurzeln Wasser zuzuführen, besteht darin, durch Ventile in den Sammlern den Wasserabfluß aus dem Dränsystem zu hemmen und hiedurch den Grundwasserspiegel ansteigen zu lassen. Im Sommer enthält der Boden aber vielfach nicht so viel Wasser, daß der Grundwasserspiegel durch diese Maßnahme gehoben werden könnte; dann muß gleichzeitig oberflächlich Wasser gerieselt werden und man kann durch eine entsprechende Bedienung der Ventile im Dränsystem den Grundwasserstand heben oder senken und neben der Anfeuchtung durch die Bewegung des Grundwasserspiegels auch eine gute Durchlüftung des Bodens bewirken.

Bei der Dränbewässerung von WODICKA werden ähnlich wie bei der Querdränung in einer Tiefe von (1,00 bis 1,20) [m] 6 [cm] weite Dränleitungen in Entfernungen von (8 bis 15)[m] verlegt, in die das Wasser zur Bewässerung eingeleitet wird, (0,4 bis 0,5)[m] tiefer liegt ein Entwässerungsdränsystem, in dessen Sammler Ventile eingebaut sind, so daß die Höhen-

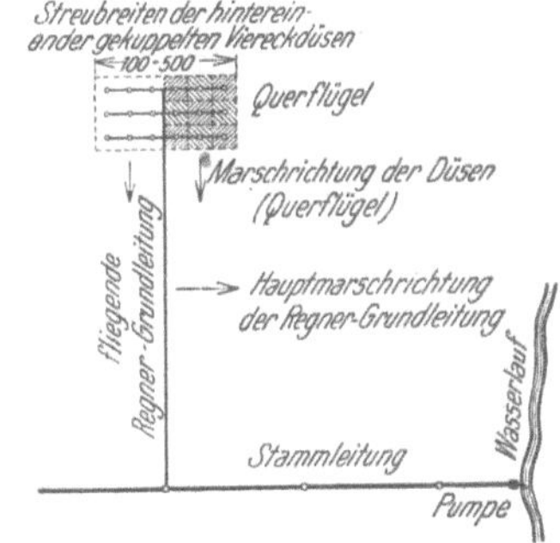

Abb. 1766. Schema einer Beregnungsanlage.

lage des Grundwasserstandes geregelt werden kann. Beiderseits des Ventiles wird der Sammler auf je etwa 5 [m] Länge aus Betonmuffenrohren ausgeführt, die mit Kitt gedichtet sind, damit ein Umsickern des Ventiles verhütet wird. Die Enden der Sauger werden bis über den Boden hochgeführt, um die Luftzufuhr in den Untergrund zu erleichtern. In sandigem Boden ist bei der Dränbewässerung nur ein Erfolg zu erwarten, wenn die undurchlässige Schicht in geringer Tiefe liegt, so daß ein Auffüllen des Bodens mit Wasser gewährleistet ist.

V. Die Beregnung.

In sparsamster Weise geschieht die Zufuhr der zur anfeuchtenden Bewässerung erforderlichen Wassermenge durch Beregnung. In ihrer einfachsten Art erfolgt sie von Hand mit der Gießkanne oder mit einem Zerstäuber, der mittels eines Schlauches an eine Wasserleitung angeschlossen ist. Bei größeren Anlagen ist diese einfache Art der Beregnung zu kostspielig und man führt dann besondere Regneranlagen aus. Das Wasser wird dem Gelände durch Druckrohre, die Zuleiter, zugeführt, die fest verlegt oder fliegend sein können. Wenn festverlegte Rohre im Winter vollständig entleert werden können, reicht eine Verlegungstiefe von etwa 0,5 [m] aus;

Abb. 1767. Beregnung mit Weitstrahlregnerdüsen der Lanninger A.-G.

wenn eine Entleerung nicht möglich ist, so erfolgt die Verlegung frostfrei, also mindestens 1 [m] tief. An den Zuleiter werden die meist fliegenden Verteilleitungen angeschlossen und an diese wieder die Querflügel mit den Düsen, aus denen das Wasser verregnet wird.

Die Düsen sollen so beschaffen sein, daß sie das Gebiet möglichst gleichmäßig überregnen. Das zu beregnende Gebiet wird in gleiche, regelmäßige Felder unterteilt, die von je einer Düse beregnet werden. Diese Düsen müssen das Gebiet voll beregnen, so, daß also nirgends nennenswerte unberegnete oder doppelt beregnete Streifen vorkommen. Die mögliche Feldereinteilung des zu beregnenden Gebietes zeigt die Abb. 1763.

Die Düsen sind entweder feststehend in einem Düsenkopf angeordnet oder umlaufende Weitstrahldüsen. Für Gartenberegnungen werden noch besondere Kleingeräte, sogenannte Garten- und Parkregner hergestellt. Die feststehenden Düsen beregnen entweder

Abb. 1768. Fahrbare Pumpe für Beregnungsanlagen. (Nach K. DIERKES.)

Kreis-, Quadrat- oder Sechseckflächen; die Abb. 1764 zeigt als Beispiel eine Quadratdüse. Die Weitstrahldüsen haben Wurfweiten bis zu 200 [m]; sie werden als Kreis, Kreisausschnitt und als Quadratregner ausgebildet. Die Düsen laufen langsam um und bestreichen das zu beregnende Feld. Die Bewegung wird durch das auslaufende Wasser in den verschiedensten Weisen bewirkt. Die in der Abb. 1765 als Beispiel gezeigte Weitstrahldüse von LANNINGER beregnet ein quadratisches Feld und hat zwei Düsen, von denen die eine durch die Reaktion des austretenden Wassers in raschen Umlauf versetzt wird und den engeren Bereich beregnet, während die andere, die von der ersten angetrieben wird, sich langsam dreht, bei jeder Umdrehung viermal gehoben und gesenkt wird und den weiteren Bereich bespritzt. Die Düsen sitzen auf den Quer- oder Düsenleitungen (Abb. 1766 und 1767). Je nach dem Wasserdrucke werden Wurfweiten von (6 bis etwa 200) [m] erreicht. Die

Beantwortung der Frage nach der günstigsten Wurfweite liefert eine wirtschaftliche Betrachtung, bei der zu beachten ist, daß die Pumpkosten um so höher werden, je höher der erforderliche Druck ist, daß aber bei großen Wurfweiten die Verlegung der Verteilleitungen weniger häufig erfolgen muß. Weitwerfende Düsen erfordern viel Wasser; das Wasser wird bei solchen Düsen an einigen Stellen der Leitung konzentriert entnommen, wodurch höhere Druckverluste als bei gleichmäßiger über die Leitung verteilter Abgabe entstehen. Nicht unberücksichtigt darf schließlich die Art der zu beregnenden Pflanzen bleiben, da hochaufwachsende Pflanzen der Verlegung der Rohrleitungen größere Hindernisse bereiten als niedere.

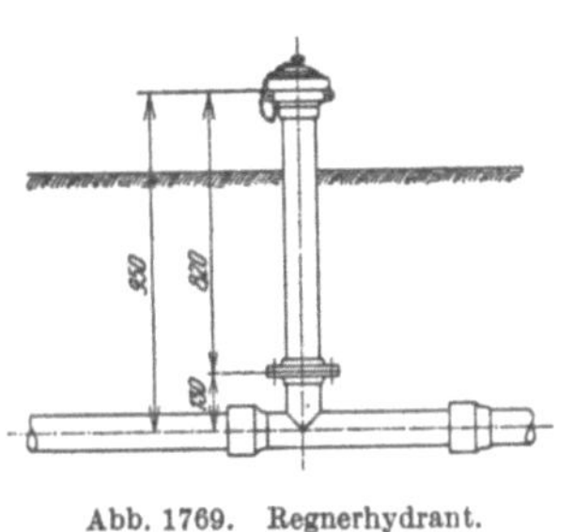

Abb. 1769. Regnerhydrant. (Nach H. Dierkes.)

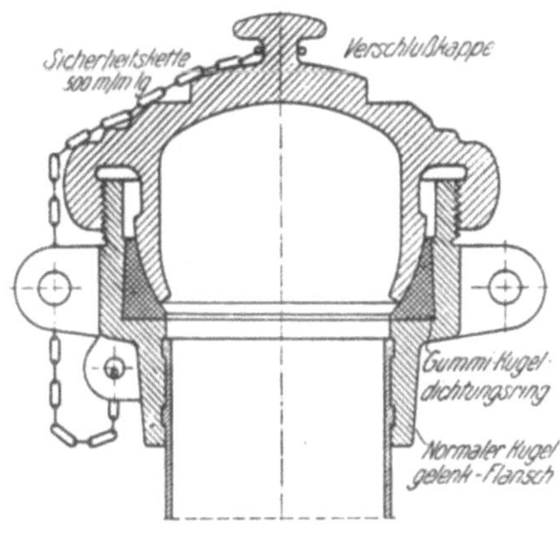

Abb. 1770. Verschlußkappe zum Regnerhydranten. (Nach H. Dierkes.)

Die Regnergrundleitung wird entweder auch beweglich (fliegend), ähnlich den in den Abb. 1766 bzw. 1767 und 1773 dargestellten, ausgeführt, oder sie wird, wenn Weitwurfdüsen zur Anwendung kommen, im Boden verlegt. In besonderen Fällen kann auch die bewegliche Verlegung der Stammleitung und die Anwendung einer fahrbaren Pumpe (Abb. 1768) in Frage kommen. Der Anschluß einer beweglichen Grund-

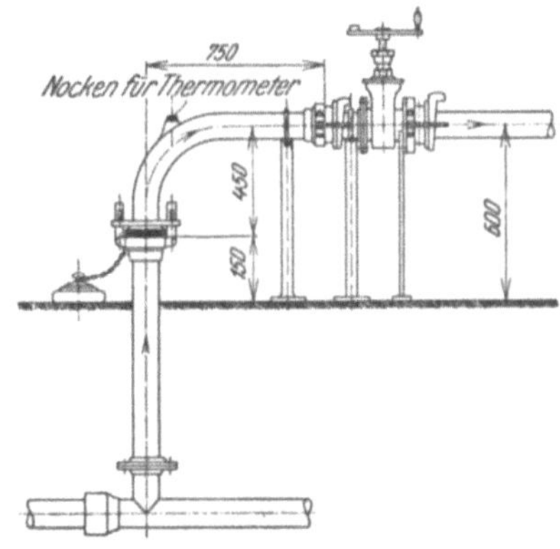

Abb. 1771. Regnerhydrant mit angeschlossener Regnerleitung. (Nach K. Dierkes.)

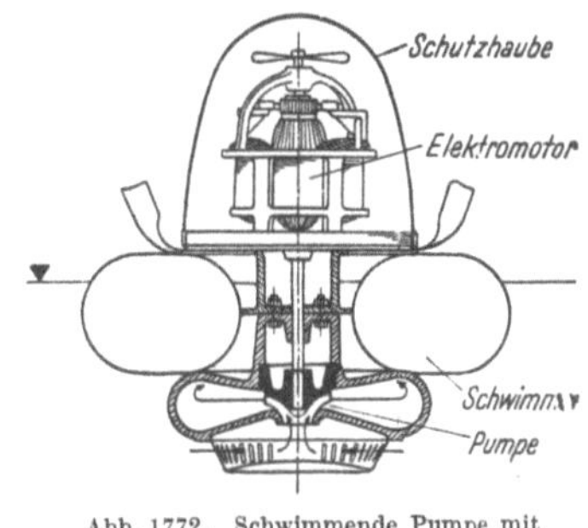

Abb. 1772. Schwimmende Pumpe mit Elektroantrieb.

leitung an eine festverlegte Stammleitung erfolgt an Regnerhydranten (Abb. 1769, 1770, 1771), die von den Erzeugern in den verschiedensten Weisen ausgeführt werden. Je nach der Länge der Rohrleitungen und der erforderlichen Wurfweite der Düsen sind an der Pumpe Wasserdrücke von (1,5 bis etwa 7,0) [kg/cm²] notwendig.

So braucht z. B. eine Lanninger-Viereckdüse für 12 [m] Wurfweite an der Düse einen Druck von (1,2 bis 1,5) [kg/cm²]. Bei einem Druck von 2,0 [kg/cm²] nimmt bei ihr die Wurfweite wegen der zu feinen Zerstäubung des Wassers ab.

Die anfeuchtende Beregnung wird (3- bis 8) mal im Jahre mit je (30 bis 40) [mm] Regenhöhe und mit einer Regendichte von $i = (0,5$ bis $2,5)$ [mm/min] ausgeführt, so daß für eine Beregnung 12 bis 80 Minuten erforderlich sind.

Abb. 1773. Rohrkupplung. (Nach K. Dierkes.)

Die erforderliche Weite der Rohre und die Druckverluste werden ähnlich wie in einem Rohrnetz für die Trinkwasserversorgung (vgl. S. 341) berechnet, und auch die Pumpenanlage ist ähnlich beschaffen.

Bei Beregnungsanlagen in Ungarn wird das Wasser für die Beregnung in offenen Gräben zugeleitet, in denen die Pumpe auf einem Kahn schwimmend verfahren wird. Eine Schwimmpumpe, bei der auch der Kahn entbehrlich ist, zeigt die Abb. 1772.

Für die Beregnung ist jedes Wasser verwendbar, das keine Stoffe enthält, die die Pflanzen schädigen und das keine so groben festen Teile mitführt, daß die Düsen verstopft werden könnten.

Die Rohrleitungen werden aus einem möglichst billigem Baustoff hergestellt. Für Stammleitungen kommen neben Gußeisen- und Stahlrohren auch solche aus Stahlbeton, Eternit oder aus Holz, als sogenannte maschingewickelte Holzrohre (vgl. S. 348) in Betracht, während für die fliegenden Leitungen Stahlrohre, Leichtmetall- oder Eternitrohre verwendet werden.

Die fliegenden Leitungen werden mit leicht lösbaren Kupplungen aneinandergeschlossen; als Beispiele seien die Abb. 1764 und 1773 angeführt.

Die beiden Zahlentafeln 109 und 110 geben schließlich einen Überblick über die Mehrerträge, die durch Beregnung erzielt worden sind.

Schrifttum.

ANGERER: Neues erfolgreiches Verfahren der wirtschaftlichen Abwasserbeseitigung und -verwertung durch Abwasserverregnung. Gesundh.-Ing. 1931, 21. — BALL: Betrachtungen über die pflanzenphysiologischen Grundlagen der künstlichen Beregnung. Kulturtechniker 1934, 1. — BÄR, K.: Ernährungswirtschaftliche Fragen bei der landwirtschaftlichen Abwasserverwertung. Gesundh.-Ing. 1939, 80. — BROUWER, W.: Beregnungszeitpunkt und Beregnungserfolg. Schriften Reichskuratorium Techn. Landwirtsch. 1933, H. 49. — DERSELBE: Die Bedeutung des Zuschußwassers für d. Landwirtschaft. Gesundh.-Ing. 1940, 656. — CARL, A.: Erfahrungen und Entwicklungen auf dem Gebiete der landwirtschaftlichen Abwasserverwertung. Städtereinig. 1939, 202. — DERSELBE: Die Verwertung der Abwässer in der Landwirtschaft und in Siedlungen. Gesundh.-Ing. 1937, 459. — ENGEL: Die landwirtschaftliche Verwertung der Abwässer der Stadt Leipzig usw. Dtsch. Landeskulturztg. 1936, 18. — DERSELBE: Die landwirtschaftliche Verwertung städtischer Abwässer. Dtsch. Landw. Presse. 1935, 233. — FAUSER, O.: Meliorationen, II. Sammlung Göschen, Nr. 692. — FRECKMANN: Versuche über den Wasserbedarf verschiedener Gräser. Landw. Jb. Erg.-Bd. 1. 1926, 51. — FRECKMANN und SCHONNOPP: Neuere Erfahrung mit der Feldberegnung. Dtsch. Landw. Presse. 1935, H. 18, 19. — FRIEDRICH, A.: Kulturtechnischer Wasserbau, 3. Aufl. Berlin: P. Parey, 1912. — GREVEMEYER, M.: Landwirtschaftliche Abwasserverwertung durch unterirdische Bewässerung. Gesundh.-Ing. 1937, 367. — HAGENBUCHER: Erfahrungen der Praxis mit dem Krause-Regner. Prakt. Ratgeber im Obst- u. Gartenbau 1921, 143. — HEILMANN, A.: Über die biologischen Grenzen der landwirtschaftlichen Verwertung städtischer Abwässer. Gesundh.-Ing. 1940, 521. — HEMMERT-HALSWICH, A. und GEBAUER, O.: Die hygienischen und landwirtschaftlichen Forderungen bei der Abwasserverwertung. Gesundh.-Ing. 1940, 190. — HESS: Über die Wasserverluste bei Bewässerungsanlagen. Arch.- u. Ing.-Ver. Hannover 1883. — KRESNIK, P.: Berechnung der Wassermengen, der Wasser- und Zeitverteilung bei Bewässerungsanlagen. Öst. Wschr. öff. Baudienst. 1917, 350. — KREUZ, A.: Abwasserreinigung in Klein- und Mittelstädten durch landwirtschaftliche Verwertung. Gesundh.-Ing. 1940, 494. — KRÜGER: Über Einstaubewässerung und Grabenversickerung. Mitt. Kaiser Wilhelm-Inst. Landwirtsch. Bd. 4. Bromberg, 1911. — LAUX, K.: Abwasserwirtschaft durch Feldberegnung. Potsdam: E. Stein, 1932. — LÜDECKE: Über die zur Anfeuchtung ausgedehnter Landstriche erforderlichen Wassermengen. Kulturtechniker 1905, 9. — OEHLER: Grundzüge der Entwicklung der Feldberegnung in Deutschland. ATL-Schriftenreihe 1928, H. 3. — PALLMANN, H.: Die Probleme der Düngung in der Landwirtschaft, mit besonderer Berücksichtigung der Verwertung der Abwasser. Schweiz. Bauztg. 109, 175, 1937. — PILASKI: Über den Wasserverbrauch der hauptsächlichsten Kulturpflanzen. Bot. Arch. 1926. — PÖNNINGER, R.: Tropfkörper und landwirtschaftliche Abwasserverwertung. Gesundh.-Ing. 1938, 342. — PRÜSS, M.: Die landwirtschaftliche Abwasserverwertung und ihre Bedeutung für die Erzeugungsschlacht. Bautechn. 1937, 314. — Richtlinien des Deutschen Gemeindetages für die landwirtschaftliche Verwertung der gemeindlichen Abwässer. Gesundh.-Ing. 1937, 457. — SCHILDKNECHT: Die Bestimmung der Bewässerungsbedürftigkeit in der Landwirtschaft. Kulturtechniker 1932, 133. — SCHOKLITSCH, A.: Über die Möglichkeit der Reiskultur in Mitteleuropa. Wasserkr. u. Wasserwirtsch. 1937, 183. — DERSELBE: Die ungarischen Bewässerungsanlagen in den Jahren 1932 bis 1934. Wasserkr. u. Wasserwirtsch. 1937. — SCHRÖDER, G.: Landwirtschaftlicher Wasserbau. Handbibl. Bauing. 3. Bd. 7. Berlin: Springer 1937. — SCHUSTER, FR.: Beitrag zu technischen Fragen der Abwasserverwertung. Bautechn. 1938, 329. — WEBER: Die landwirtschaftliche Abwasserverwertung in der Rieselfeldgenossenschaft Delitzsch-Schenkenberg. Kulturtechniker 1934, 151. — WEISE: Die Fortentwicklung der landwirtschaftl. Bewässerung unter Verwertung der städt. Abwässer. Bautechn. 1935. 527. — ZUNKER, F.: Rohrreibungsbeiwerte im Feldberegnungsnetz einer Preßhefeabwasserverregnungsanlage. Gesundh.-Ing. 1940, 6. — DERSELBE: Landwirtschaftliche Verwertung der Abwässer. Gesundh.-Ing. 1936, 373, 386. — ZWINKAU: Bau einer Groß-Feldberegnungsanlage zur landwirtschaftlichen Verwertung gewerblicher Abwässer. Bautechn. 1937, 601.

Zahlentafel 109. Mehrerträge je [ha] infolge Beregnung mit Abwasser aus halbortsfesten Leitungen ohne Vorreinigung in Tapiau und Allenstein im Jahre 1929 (nach ANGERER).

Frucht	Ort	Boden	Abwassergabe [mm]	Gesamtertrag [q/ha]	Ertrag Korn [q/ha]	Ertrag Stroh [q/ha]	Gesamtmehrertrag gegenüber unberegnet [q/ha]	Mehrertrag Korn [q/ha]	Mehrertrag Stroh [q/ha]	Wert des Mehrertrages RM	Abwassergabe [m³ ha]	Ertrag je m³ Abwasser Pf	Kosten je m³ Abwasser Pf	Reingewinn je m³ Abwasser Pf	Reingewinn je ha infolge Abwasserberegnung RM
Roggen	Tapiau	Mittelboden	0	65,80	20,00	48,80	0	0	0	0	0	0	0	0	0
			40	76,36	23,51	52,55	10,56	3,51	7,05	87,82	400	21,20	18,27	+ 2,93	+ 11,72
			70	73,93	23,00	50,93	8,13	3,00	5,13	72,83	700	10,40	18,27	− 7,87	− 54,81
	Allenberg	Leichter Boden	0	49,60	16,75	32,85	0	0	0	0	0	0	0	0	0
			80	63,50	20,20	43,30	13,90	3,45	10,45	95,12	800	11,80	16,38	− 4,58	− 36,64
Kartoffel	Tapiau	Mittelboden	0	256,00	.	.	0	0	0	0	0	0	0	0	0
			40	292,80	.	.	36,60	.	.	182,00	400	45,50	18,27	+ 27,23	+ 108,92
			70	303,50	.	.	47,30	.	.	236,50	700	33,70	18,27	+ 15,43	+ 108,01
Klee	Allenberg	Lehm	0	31,58	.	.	0	0	0	0	0	0	0	0	0
			80	50,43	.	.	18,85	.	.	167,94	800	20,90	16,38	+ 4,62	+ 36,96
	Tapiau	Sand	0	11,85	.	.	0	0	0	0	0	0	0	0	0
			80	42,50	.	.	30,65	.	.	276,30	800	34,50	18,27	+ 16,23	+ 129,84
Rüben	Tapiau	Mittelboden	0	696,40	.	.	0	0	0	0	0	0	0	0	0
			150	1057,80	.	.	361,40	.	.	650,50	1500	43,30	18,27	+ 25,03	+ 375,45
			300	1509,00	.	.	812,60	.	.	1462,70	3000	48,70	18,27	+ 30,43	+ 912,90
Kohl	Allenberg	Kiesiger Boden	0	0	.	.	0	0	0	0	0	0	0	0	0
			100	576,00	.	.	576,0	.	.	4032,00	1000	403,20	16,38	+386,82	+3868,00
		Lehm	0	0	.	.	0	0	0	0	0	0	0	0	0
			80	192,00	.	.	192,0	.	.	1344,00	800	168,00	16,38	151,61	+1212,96

Zahlentafel 110. Mehrerträge infolge anfeuchtender Beregnung mit Reinwasser (nach K. LAUX).

Frucht	Jahr	Land	Beregnet mit	Ertrag ohne Beregnung	Ertrag mit Beregnung	Mehrertrag	Mehrertrag
			mm	q/ha	q/ha	q/ha	%
Kartoffel..........	1918	Sachsen	30	131,25	175,00	45,75	35
	1918	,,	40	131,25	193,75	62,50	48
	1921	Mecklenburg	50	50,20	81,20	31,00	62
	1921	,,	40	52,00	87,40	35,40	68
	1921	,,	50	96,00	134,00	38,00	40
	192J	Ungarn	100	151,00	273,00	122,00	81
	1921	Ostpreußen	40	170,00	270,00	100,00	59
	1921	,,	30	200,00	300,00	100,00	50
	1921	,,	40	200,00	400,00	200,00	100
Zuckerrübe	1908—14	Posen	?	268,00	334,00	96,00	25
	1922	Ungarn	?	217,22	348,26	131,04	60
	1920	Pommern	15	311,12	362,29	51,12	16
Futterrübe........	1922	Pfalz	30	397,00	1299,00	902,00	227
	1922	,,	30	533,00	1365,00	832,00	156
	1922	,,	30	615,00	1288,00	673,00	110
Winterroggen	1910	Posen	80	20,00	24,00	4,00	20
Sommerroggen	1910	,,	70	12,00	16,00	4,00	33
Sommergerste	1920	Pfalz	30	30,06	40,27	10,21	30
Hafer	1907—12	Posen	95	20,00	30,00	10,00	50
	1921	Pfalz	30	33,42	38,62	5,20	17
	1922	Ostpreußen	40	1,80	23,90	22,10	1228
Luzerne (Heu)	1908—10	Österreich	116	50,3	96,40	46,10	96
Lupinen-Peluschken	1918	Sachsen	20	102,00	164,00	62,00	61
Lupinen, gelb......	1924	Brandenburg	93	157,90	216,50	58,60	37
Grasheu, lufttrocken	1925	Grenzmark	täglich 1,3...4,5	84,30	121,50	37,20	44
Weide	1921	Sachsen	80...100	5,50	15,46	9,96	170
	1922	,,	80...100	5,50	18,00	12,50	218
	1923	,,	85	5,50	15,63	10,13	184
	1925	Schlesien	60	5,50	15,20	9,70	176
Seradella	1922	Brandenburg	43	77,50	117,5	40,00	52
Bohnen	1916	Posen	120	68,00	125,00	57,00	84
Frühkohl	1919	Württemberg	3×20	205,00	280,00	75,00	39
Wirsingkohl	1919	,,	3×20	220,00	355,00	135,00	62
Weißkohl	1919	,,	3×20	310,00	470,00	150,00	52
Rotkohl	1919	,,	3×20	185,00	315,00	130,00	70
Rüben, gelb	1919	,,	3×20	290,00	370,00	120,00	28
Erbsen, grüne	1919	,,	3×20	77,50	115,00	37,50	48
Tomaten..........	1919	,,	2×20	90,00	107,50	27,50	20
Erdbeeren.........	1921	Brandenburg	6×10	33,50	54,50	21,50	38
Spinat	1921	,,	2×10	1,10	1,32	0,22	20
Kohlrüben	1921	,,	100	370,28	471,36	101,28	27
Knollensellerie	1921	,,	?	193,60	283,60	90,00	47
Zwiebeln..........	1921	,,	?	125,40	171,40	40,00	37

Achter Teil.

Der Flußbau.

Natürliche Flüsse sind im Urzustand in der Regel weitgehend verwildert, in Arme gespalten, der Stromstrich ist unbeständig und die Ufer werden angegriffen. Ungünstige Krümmungsverhältnisse und die zahlreichen Inseln hemmen den Abfluß des Hochwassers und den Abgang des Eises und führen zu häufigen Überflutungen des ganzen Talgeländes, und der ungeordnete Ablauf des Wassers führt zu einer Störung der Durchfuhr der Geschiebe, die wieder die Unordnung im Fluß steigert.

Der Flußbau bezweckt die Ordnung des Flußbettes. Wie weitgehend diese Ordnung zu treiben ist, hängt von den besonderen Verhältnissen am Fluß ab. Stets muß die Zusammenfassung des Flusses in ein einheitliches, regelmäßiges Bett angestrebt werden (*Bändigung des Flusses*), wobei gleichzeitig Krümmungen mit zu kleinen Krümmungshalbmessern durch *Streckung* des Laufes (Rektifikation, Begradigung) verbessert werden. Hand in Hand mit der Bändigung des Flusses werden Vorkehrungen für den Hochwasserschutz getroffen. In schiffbaren Flüssen muß schließlich noch durch die *Regulierung* des Flußbettes ein beständiger Talweg mit hinreichender Fahrwassertiefe geschaffen werden.

Wenn die Ordnung im Fluß hergestellt ist, läuft das Wasser, das Eis und das Geschiebe ab, ohne Schaden anzurichten, die Ufer und die Sohle sind gesichert und es können in der Regel weite Flächen des Talgeländes, die früher vom verwilderten Fluß verwüstet worden waren, einer Nutzung zugeführt werden.

Die Arbeiten zur Ordnung eines Flußlaufes werden flußauf fortschreitend ausgeführt; gleichzeitig werden auch die erforderlichen Arbeiten an den Wildbächen in Angriff genommen.

Flußbauten dienen, wie früher auch erwähnt worden ist, dem Schutze des Talgeländes vor Verwüstungen durch Hochwässer. Dieser Schutz kann durch flußbauliche Maßnahmen allein nicht befriedigend bewerkstelligt werden. Es muß vielmehr im Flußgebiet eine geordnete Wasserwirtschaft eingerichtet werden; hiezu werden die Hochwässer im Entstehungsgebiet in eigenen Speichern aufgefangen und später in unschädlicher Weise dem Flusse wieder zugeleitet.

Je nach dem angestrebten Ziele und der Beschaffenheit des Talgeländes und des Flußlaufes werden die verschiedensten Baustoffe, Bauwerke und Bauweisen angewendet. Alle Arbeiten sollen so angelegt sein, daß die hauptsächlichsten Bodenbewegungen vom Wasser selbst besorgt werden. Weil der Boden aber nur in Bewegung gerät, wenn die Durchflüsse ein gewisses Maß überschreiten, so stehen zur Bodenbewegung nur verhältnismäßig kurze Abschnitte eines Jahres zur Verfügung und es erfordern daher die Flußbauten bis zu ihrer Vollendung lange Zeiträume. Je mehr die Erreichung eines angestrebten Zieles beschleunigt werden muß, desto mehr muß im allgemeinen die Arbeit des Wassers durch Hand- und Maschinenarbeit unterstützt werden und desto kostspieliger werden in der Regel auch diese Arbeiten. Die Zeiten niedriger Durchflüsse, in denen die Geschiebe im Flußbett ruhen, wird für die Sicherung von Ufern und bereits erzielten Anlandungen, zur Ausbesserung bestehender Bauten und zur Anlage neuer, die während der nächsten Hochwässer in Wirksamkeit treten sollen, verwendet.

Zur Beschreibung der gelegentlich der Verbauung zu leistenden Arbeiten und der erforderlichen Bauten ist es zweckmäßig, die Gewässer in Wildbäche, Gebirgs- und Flachlandflüsse zu scheiden.

A. Die Baustoffe und die Baukörper der Flußbauten.

Die Baustoffe, die bei den Flußbauten verwendet werden, sind in der Mehrzahl besondere, die bei anderen Bauten selten oder gar nicht zur Anwendung kommen. Sie werden fast durchwegs der nächsten Umgebung der Baustellen entnommen, damit die Transportkosten, die bei den großen erforderlichen Massen eine bedeutende Rolle spielen, möglichst gering bleiben. Die Baustoffe müssen aber auch den besonderen Anforderungen der Flußbauten entsprechen; während bei anderen Anlagen starre Bauwerke aufgeführt werden, müssen die Flußbauten, wenigstens anfänglich, vielfach nachgiebig, elastisch sein und sich bis zu einem gewissen Grade der jeweiligen Änderungen der Sohlenlage anschmiegen.

Neben toten Baustoffen werden im Flußbau auch in großem Ausmaße lebende Baustoffe angewendet, die sich in den Flußbauwerken begrünen und durch ihr Wurzelwerk das Bauwerk verfestigen und durch ihr Astwerk die Strömung im Bereich um das Bauwerk verzögern. Die Anwendung lebender Baustoffe hat sich seit vielen Jahrzehnten in den Alpenländern außerordentlich bewährt.

In ausgedehntem Maße werden bei Flußbauten *Bruchsteine* für Steinwürfe, Steinsätze und Pflaster verwendet; geeignet sind alle Steine, die wetterbeständig sind. Besonders bevorzugt werden Steine hoher Wichte; sie sollen vorwiegend Abmessungen über 0,3 bis 0,5 [m] haben. Die Bruchsteine sind früher bei der Übernahme in leicht meßbare geometrische Figuren geschlichtet und nach dem Raummaß bezahlt worden. Gegenwärtig überwiegt die Bezahlung nach dem leichter und sicherer feststellbaren Gewicht.

Wo die Beschaffung von Bruchsteinen, wie z. B. in der Ebene, Schwierigkeiten bereitet, wird *Beton* in den verschiedensten Formen, vornehm-

Abb. 1774. Herstellung unregelmäßiger Betonsteine an der Mur. (E. GERNGROSS.)

Abb. 1775. Normalfaschine.

lich als fertige Betonware, angewendet. Natürliche Bruchsteine werden in Beton nachgeahmt, indem in würfelförmigen Formen (Abb. 1774) von etwa 1 [m] Seitenlänge Beton unter Zwischenlage von Pappe eingestampft wird. Nach dem Erhärten wird der Betonklotz mit Brecheisen nach den Pappeeinlagen auseinandergebrochen. Für Pflasterungen werden auch rechteckige oder sechseckige Platten, allenfalls solche mit Stahlbewehrung verwendet, und auch unmittelbare Betonierung kommt in Frage. Beton hat bei Flußbauten vorwiegend durch sein Gewicht zu wirken, weswegen fettere Mischungen als 1 : 10 selten verwendet werden.

Holz wird in Form von Bauholz und von Faschinenholz verwendet. Als Bauholz kommt sowohl Rundholz als auch Kantholz zur Verwendung und zwar vorwiegend für Pfähle und für Stein-

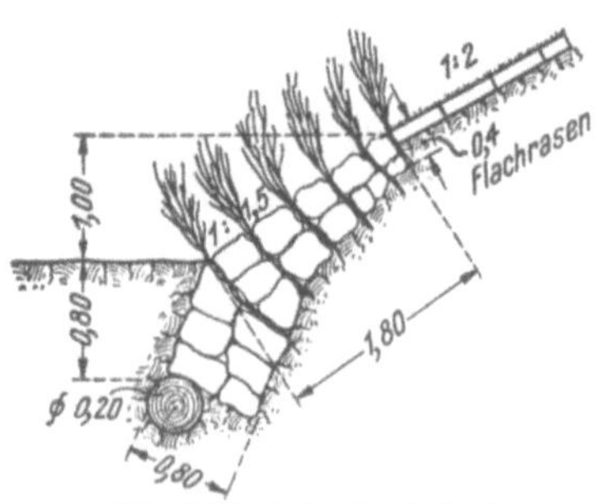

Abb. 1776. Lebender Steinsatz.

Abb. 1777. Angeheftete Böschungsverkleidung aus Beton nach M. MÖLLER.

kästen. Faschinen werden als wachsfähige aus Weidenstauden oder als nicht wachsfähige, sogenannte Waldfaschinen, aus Erlen-, Pappel- oder Fichtenstauden bzw. Ästen verwendet, die nicht stärker als 3 [cm] sind. Wachsfähige Weidenstauden werden vor Beginn der Vegetationsperiode im Frühjahr geschnitten und verwendet. Die Stauden werden zu sogenannten Normalfaschinen (Abb. 1775) von 3 bis 4 [m] Länge mit geglühtem Eisendraht gebunden und entweder stückweise oder nach dem Raummaße bezahlt; eine Normalfaschine entspricht etwa 0,2 bis 0,28 [m³] Stauden (Raummaß). Endlich wird Holz noch in Form von Spick- und von Zaunpfählen in den verschiedensten Stärken und Längen sowie als Rauhbaum und als Steckling verwendet.

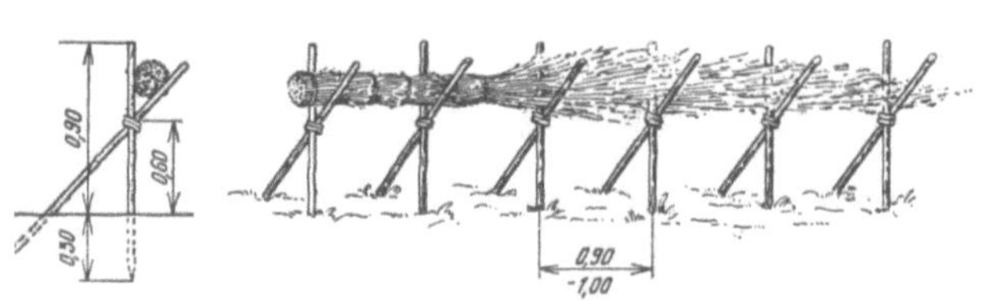

Abb. 1778. Ortsfeste Wurstbank zur Herstellung von Wippen. (FR. KREUTER.)

Zur *Berasung* von Böschungsflächen werden diese entweder mit Grassamen besämt oder mit Rasenziegeln belegt. Zur Besämung werden 50 [kg] Grassamen auf 1 [ha] gerechnet. Die Rasenziegel (Soden) werden auf Wiesen quadratisch gestochen; sie erhalten in der Regel eine Dicke von 0,08 bis 0,15 [m] und eine Seitenlänge von (0,30 oder 0,33) [m].

Neben den aufgezählten Stoffen wird vielfach noch Stahl in den verschiedensten Formen, besonders als Drahtgitter an Flußbaukörpern verwendet.

Aus den aufgezählten Baustoffen der Flußbauten werden nun auf die verschiedensten Weisen Baukörper hergestellt, aus denen schließlich die Bauwerke aufgebaut oder zusammengesetzt werden. Von diesen Baukörpern seien nun die wichtigsten und häufigst angewendeten kurz beschrieben.

Ein *Steinwurf* wird aus natürlichen oder künstlichen Bruchsteinen durch einzelnes Abwerfen und oberflächliches Zurechtschlichten der Bruchsteine mit Stahlstangen, soweit es im Wasser möglich ist, hergestellt. Ein genaues Einhalten von planmäßigen Querschnittsformen ist nicht möglich, und der Steinaufwand ist größer, als es dem Rauminhalt der in den Plänen dargestellten geometrischen Körpern entspricht. Steinwürfe dienen entweder als Grundwerk für ein Flußbauwerk oder sie müssen ein bestehendes Bauwerk vor Unterspülung sichern.

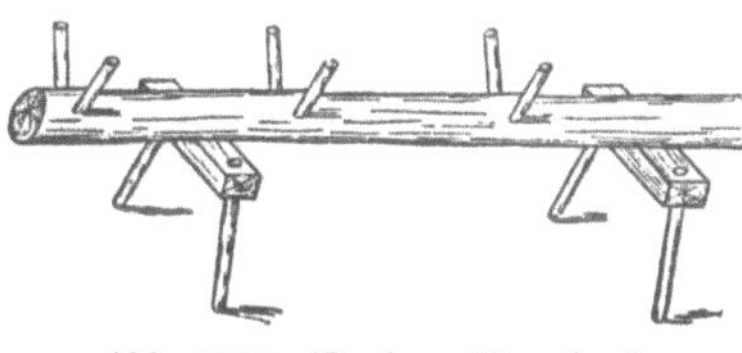

Abb. 1779. Tragbare Wurstbank.

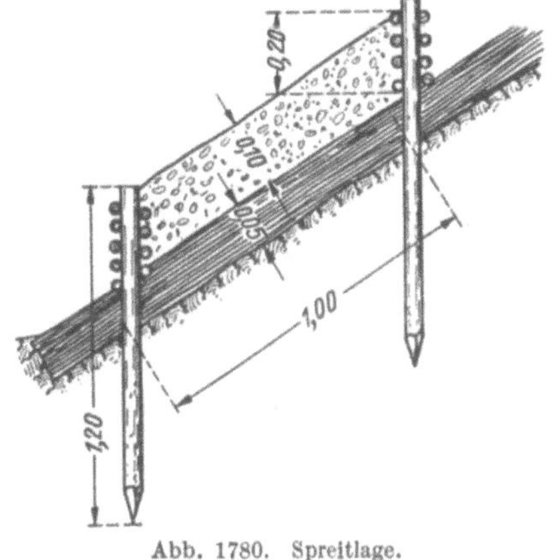

Abb. 1780. Spreitlage.

Bruchsteinpflaster wird meist in Stärken zwischen (0,3 und 0,6) [m] ausgeführt und dient zum besonders wirksamen Schutz des darunter liegenden Bodens gegen Abspülung. Es wird als Trockenpflaster oder als Mörtelpflaster ausgeführt. Bei beiden Arten wird das Pflaster auf einer Bettung aus Steinen oder Kies hergestellt. Die einzelnen Steine werden roh zugerichtet und derart versetzt, daß eine annähernd ebene Fläche in die plangemäße Pflasterfläche zu liegen kommt, wobei die Mehrzahl der Steine hochkantig gestellt wird. Durchlaufende Fugen im Pflaster sind in der Strömungsrichtung des Wassers unzulässig. Die Zwischenräume zwischen den einzelnen Pflastersteinen werden von innen mit Steinzwickeln sorgfältig verkeilt und vielfach mit Moos ausgestopft. Trockenpflaster fällt rasch der Zerstörung anheim, wenn sich an irgendeiner Stelle ein Stein lockert und von der Strömung ausgehoben wird; solches Pflaster muß daher stets an den Rändern,

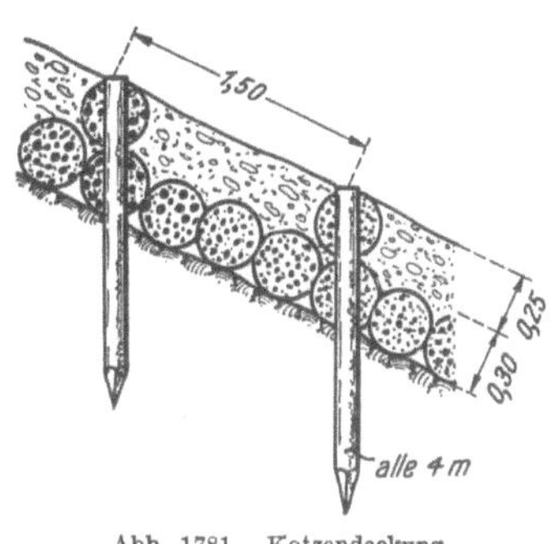

Abb. 1781. Kotzendeckung.

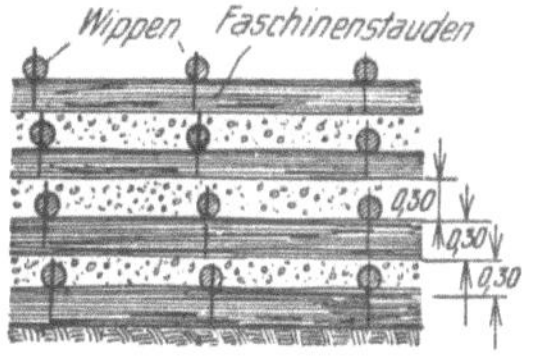

Abb. 1782. Packwerk.

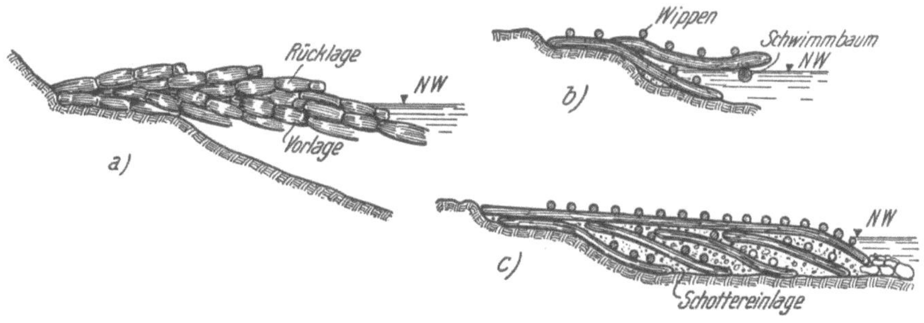

Abb. 1783. Herstellung einer Sinklage.

soweit sie unter dem Wasserspiegel liegen, besonders gesichert werden. Um das Fortschreiten einer an irgendeiner Stelle entstandenen Zerstörung zu begrenzen, empfiehlt es sich, die Pflasterung etwa durch Pfähle mit Zangen oder Schwellen oder durch kräftige Flechtzäune in einzelne Felder zu unterteilen, auf die dann allfällige Zerstörungen beschränkt bleiben. Wo das Pflaster durch die Strömung besonders gefährdet ist, werden die Steine im Zementmörtel ver-

Abb. 1784. Stapellauf eines Sinkstückes. (Fr. Schaffernak.)

setzt. Pflaster kann äußersten Falles bis zu etwa 0,3 [m] unter dem Niederwasserspiegel ausgeführt werden. Alle Arten von Pflaster dürfen erst hergestellt werden, wenn größere Senkungen an den Bauwerken nicht mehr zu erwarten sind.

Lebender Steinsatz wird angewendet, wenn eine Begrünung der Böschung mit Weiden angestrebt wird. Zwischen die Steine werden bis zum Boden durchreichende grüne Weidenreiser eingelegt (Abb. 1776), die sich bewurzeln und den Steinen guten Halt bieten. Ein Nachteil des lebenden Steinsatzes ist die besonders bei schmalen Gerinnen sehr erhebliche Einschränkung des Durchflußquerschnittes durch die anwachsenden Weiden, der schon beim Entwurf Rechnung getragen werden muß.

Betonpflaster (vgl. Abb. 1807) wird angewendet, wenn geeignete Bruchsteine in der Nähe der Baustelle nicht leicht beschafft werden können. Es wird aus rechteckigen oder sechskantigen Platten in Stärken zwischen 0,15 und 0,45 [m] ausgeführt. Die Platten werden auf Sandbänken,

wo sich Kies und Sand in geeigneter Beschaffenheit findet, im Mischungsverhältnis von etwa 1 : 10 betoniert und können nach etwa 8 Tagen zur Baustelle befördert werden, oder die Erzeugung erfolgt auf der Baustelle selbst, wobei der leichter beförderbare Kies und Sand zugeführt wird.

Böschungsverkleidung mit Beton kann ebenfalls bei Mangel an geeigneten Bruchsteinen auf Böschungen angewendet werden, die nicht mehr in Bewegung sind. Ihre Herstellung erfolgt ähnlich jener an den Werksgrabenböschungen. Weil aber am Flusse Unterspülungen der Böschungsfüße nicht ausgeschlossen sind, werden sie nach dem Vorschlage von M. Möller vielfach auf den Böschungen mit Eisenbetonpflöcken (Abb. 1777) angeheftet.

Ein Nachteil der Böschungsverkleidung mit Beton besteht darin, daß sich an den betonierten Böschungen nur schwer eine Vegetation ansiedelt und daß es daher schwierig ist, den Flußufern das vielfach geforderte malerische Aussehen zu verleihen.

Faschinenwippen (Faschinenwürste) sind wurstartige, beliebig lange Bündel aus Faschinenstauden. Sie werden mit Durchmessern von 0,10 bis 0,30 [m] aus Weidenfaschinen hergestellt und alle 0,25 oder 0,33 [m] mit 1 [mm] starkem geglühten Stahldraht fest abgebunden. Die Stauden werden alle mit dem Stammende nach einer Seite gelegt, und zwar so, daß die Stammenden gegeneinander versetzt und von außen unsichtbar zu liegen kommen. Die Herstellung erfolgt auf der Wurstbank (Abb. 1778), die

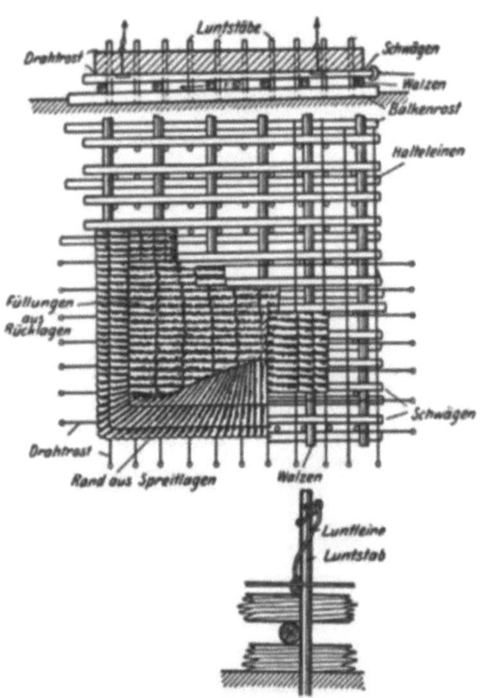

Abb. 1785. Aufbau eines Sinkstückes. (Nach O. Franzius.)

aus je zwei in Entfernungen von 1 [m] stehenden Pflöcken besteht, von denen einer lotrecht, der andere schräg eingeschlagen wird. Die Wippen werden im lebenden Zustande verwendet und mit Spickpfählen von (0,06 bis 0,10) [m] Dicke und 0,6 bis 0,5 [m] Länge, die durch sie durchgeschlagen werden, niedergehalten. Die Abb. 1779 zeigt eine leicht übertragbare Wurstbank.

Spreitlagen (Berauhwehrung, Rauhwehr) (Abb. 1780) bestehen aus bis zu 0,20 [m] starken Lagen von Faschinenreisern, die durch quergelegte Wippen, Zöpfe oder Flechtzäune niedergehalten werden. Die ganze Spreitlage wird 0,15 bis 0,25 [m] hoch überdeckt und sie soll ausschlagen. Die Wippen werden in gegenseitigen Entfernungen von etwa 0,6 bis 0,75 [m] aufgelegt und alle etwa 0,6 [m] mit einem Spickpfahl niedergehalten. Die Reiser werden senkrecht oder schräg zur Strömungsrichtung verlegt, mit den Stammenden unten. Wenn die Länge der Reiser nicht hinreicht, werden sie

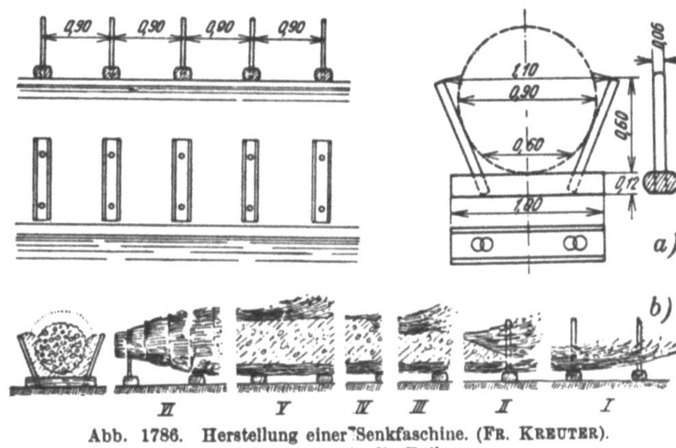

Abb. 1786. Herstellung einer Senkfaschine. (FR. KREUTER). *a)* die Böcke, *b)* die Füllung.

derart verlegt, daß die Wipfelenden der unteren Lage die Stammenden der oberen sicher decken. Der Fuß der Spreitlage wird durch einen Flechtzaun, einen Zopf oder eine zweifache Wippe und vielfach noch durch einen Steinwurf gesichert.

In neuerer Zeit ist versucht worden, die Faschinenreiser sparsamer zu verwenden. Es hat sich gezeigt, daß es vielfach genügt, die mindestens zwei Meter langen lebenden Weidenfaschinenreiser in einer Lage mit 5 [cm] Abstand auf der Böschung auszulegen. Der Fuß der Spreitlage wird mittels eines Zopfes gesichert. Auf der Böschung werden die Reiser alle 0,75 bis 1,0 [m] durch Spreitgeflechte niedergehalten. Schließlich wird die Spreitlage mit Erde bestreut, so, daß alle Reiser satt auf der Erde aufliegen, aber nicht vollständig bedeckt werden. Die Stammenden der Reiser der Spreitlage werden etwa 15 [cm] tief in die Erde gebettet, um eine Begrünung zu gewährleisten.

Abb. 1787. Herstellung des Leitwerksgrundbaues mit Senkfaschinen, die von Kähnen aus versenkt werden, in Retendorf an der Drau. (FR. SCHAFFERNAK.)

Kotzendeckungen (Abb. 1781) werden ähnlich wie Spreitlagen angewendet, wenn eine Böschung zu schützen ist. Die Wippen werden dicht nebeneinander an der Böschung verlegt, alle 1,5 [m] mittels weiteren Wippen und Pfählen niedergehalten und überdies mit Kies überdeckt.

Packwerke werden aus annähernd waagrechten 0,20 bis 0,30 [m] starken Lagen von Faschinenstauden zusammengebaut, die durch Wippen niedergehalten werden. Jede Lage wird mit einer etwa 0,30 [m] starken Schicht von Schotter, Geschiebe oder Steinen beschwert (Abb. 1782). Über der obersten Schotterlage am Packwerk wird in der Regel zum Schutze derselben ein Bruchsteinpflaster zwischen Flechtzäunen oder eine Platte aus Magerbeton angeordnet oder es wird die Krone durch sich kreuzende Flechtzäune, die mit Schotter ausgefüllt und mit einer Spreitlage bedeckt sind, gesichert. Auf diese Weise werden äußerst widerstandsfähige Baukörper geschaffen. Zur

Abb. 1788. Grundbau aus Senkfaschinen für das Leitwerk und den Fangkopf beim Murdurchstich in Wildon. (FR. SCHAFFERNAK.)

dauernden Festigung der Packwerke ist erforderlich, daß die im und über dem Wasserspiegel liegenden Reiser noch lebend sind.

Sinklagen sind mit Steinen, Kies oder Schotter beschwerte Faschinenlagen, die, wie es die Abb. 1783 andeutet, vom Ufer aus in tiefes Wasser vorgebaut werden. Die Faschinenlagen haben Dicken von 0,6 bis 1,0 [m] und werden von einem bis zum Wasserspiegel herab reichenden

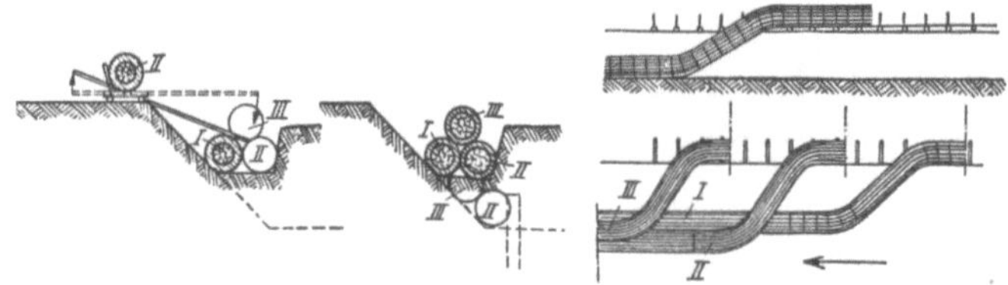

Abb. 1789. Herstellung und Versenkung einer Sinkwalze.

Einschnitte am Ufer, der sogenannten Wurzel, aus verlegt. Jede Faschinenlage besteht aus einer Vor- und einer Rücklage von Faschinen (Abb. 1783 a), die durch Wippen und Pfähle aneinandergeheftet werden. Durch die Beschwerung mit Kies oder Steinen sinkt die ursprünglich mit Unterstützung von Schwimmbäumen schwimmend im Wasser vorgebaute Faschinenlage unter. Die Sinklagen setzen sich im Laufe der Zeit um ein Zwölftel ihrer Höhe.

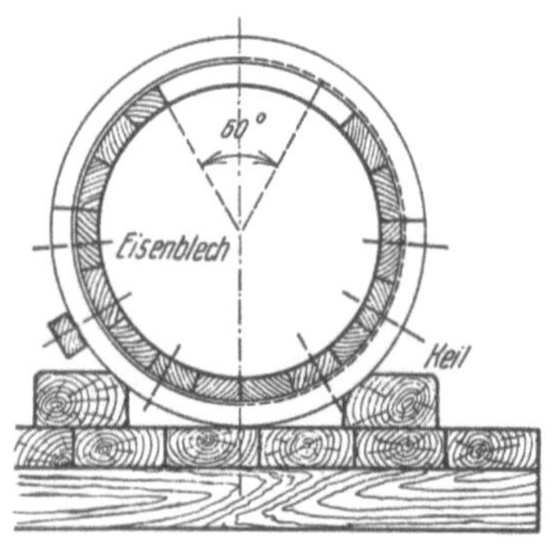

Abb. 1790. Schalung für die Herstellung von Betonsinkwalzen nach F. KREUTER.

Abb. 1791. Herstellung einer Betonsinkwalze mit einer Schalung ähnlich jener in der Abb. 1790.

Sinkstücke sind große rechteckige Tafeln aus Faschinen von 1 [m] Höhe und beliebigen Breiten und Längen, die am Land oder auf einem Gerüst zusammengebaut werden. Man läßt die fertigen Tafeln ins Wasser gleiten (Abb. 1789) und befördert sie schwimmend zur Verwendungsstelle; dort werden sie mit Stein und Kies beschwert und so zum Sinken gebracht. Auf das versenkte Sinkstück werden weitere, immer schmälere, versenkt, bis das Bauwerk seine geplanten Abmessungen erreicht hat. Zum Zusammenbau eines Sinkstückes werden die Faschinen in mehreren Lagen bis zu einer Schichtdicke von etwa 1 [m] übereinandergelegt, derart, daß am Umfang nur Stammenden von Faschinenreisern zu sehen sind. An der Unter- und an der Oberfläche des Sinkstückes laufen sich kreuzende, 5 [mm] starke Stahldrähte; an der Kreuzungsstelle werden die unteren und die oberen Drähte miteinander durch das Sinkstück hindurch mit Leinen oder Drähten fest verbunden, die während des Zusammenbaues an den sogenannten Luntpfählen (Abb. 1785) befestigt

Abb. 1792. Herstellung einer Drahtschotterwalze an der Traisen in St. Pölten.

sind. Auf der Oberfläche werden schließlich Flechtzäune hergestellt, zwischen die die Beschwerung beim Versenken eingeworfen wird.

Senkfaschinen sind walzenförmige Körper mit Durchmessern von 0,6 bis 0,9 [m], die aus einer etwa 0,15 bis 0,25 [m] starken Hülle aus Faschinenreisern bestehen, die mit Schotter oder Geschieben ausgefüllt und mit 3 [mm] starkem geglühten Stahldraht abgebunden werden. Die Senkfaschinen sind so schwer, daß sie nicht befördert werden können; sie werden deswegen an der Verwendungsstelle hergestellt und zwar in einer solchen Lage, daß sie unmittelbar über dem Verwendungsort versenkt oder auf diesen abgerollt werden können (Abb. 1786 und 1787). Die Herstellung geschieht auf Böcken, wie sie in der Abb. 1786a dargestellt sind und die Arbeiten bis zur

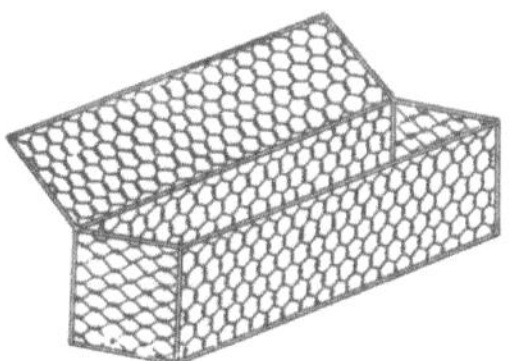

Abb. 1793. Drahtschotterbehälter leer.   Abb. 1794. Füllung eines Drahtschotterbehälters.

Vollendung sind deutlich in der Abb. 1786b zu erkennen. In Abständen von etwa 0,3 bis 0,5 [m] werden die Senkfaschinen mit Draht abgebunden, nachdem sie vorher an der betreffenden Stelle mit einer Würgekette und einem Hebel fest zusammengezogen worden waren. Um die Senkfaschine abzurollen, werden an der betreffenden Seite die Holznägel aus den Böcken herausgezogen, hierauf von der anderen Seite Hebebäume zwischen den Böcken untergeschoben und diese auf Befehl angehoben. Die Senkfaschinen werden gewöhnlich in Längen von 4 bis 6 [m] hergestellt. Wenn sie endlos ausgeführt werden, werden sie *Sinkwalzen* genannt; die Herstellung der Sinkwalzen geschieht ähnlich, wie es oben beschrieben worden ist. Sobald ein längeres Stück fertiggestellt ist, kann der Anfang der Sinkwalze auf untergelegten Hölzern zum Abgleiten gebracht werden (Abb. 1789). Senkfaschinen und Sinkwalzen sind nur haltbar, wenn sie ständig unter Wasser liegen; sie dürfen nicht dauernd stärkeren Strömungen und wandernden Geschieben ausgesetzt werden, sondern müssen dann durch einen Steinwurf geschützt werden.

Betonwalzen sind im Jahre 1903 in der Mur bei Lebring das erstemal angewendet worden. Sie bestehen aus Beton, der mit Jute und Drahtnetz umgeben und ähnlich wie die Senkfaschinen mit 5 [mm] starkem geglühten Eisendraht abgebunden wird. Die Jute hat nur den Zweck, die Ausspülung des Zements vor dem Erhärten zu verhüten und das Drahtnetz mit einer Maschenweite von etwa 4 [cm] aus 3 [mm] starkem Stahldraht soll die Walze beim Versenken und bis zum Erhärten zusammenhalten. Alle 0,50 [m] wird die Walze abgebunden, und alle etwa 0,20 [m] laufen längs der Walze Drähte, die mit den Bunddrähten verbunden sind. Der Beton wird

Abb. 1795. Drahtschotterkörbe als Ersatz für Steinwurf bei einer Ufersicherung.

mit einer leichten Längs- und Ringbewehrung versehen. Die Herstellung der Walzen geschieht in einer besonderen Schalung, wie sie in der Abb. 1790 dargestellt ist. In die muldenförmige untere Hälfte der Schalung werden der Reihe nach eingelegt: die Längs- und die Bunddrähte, das Drahtnetz, die Jute und die Bewehrung, schließlich wird die Mulde mit Beton gefüllt. Die Umhüllung der Walze hängt außen über die untere Schalung herab; nun wird die obere Schalungshälfte aufgesetzt, die aus halbkreisförmig gebogenem T-Stahl und Schalbrettern mit Blechfutter, in Abschnitten von etwa 2,5 [m] Länge unterteilt, bestehen. In der oberen Schalungshälfte fehlt im Scheitel auf einem Sechstel des Umfanges die Schalung, damit durch den verbleibenden

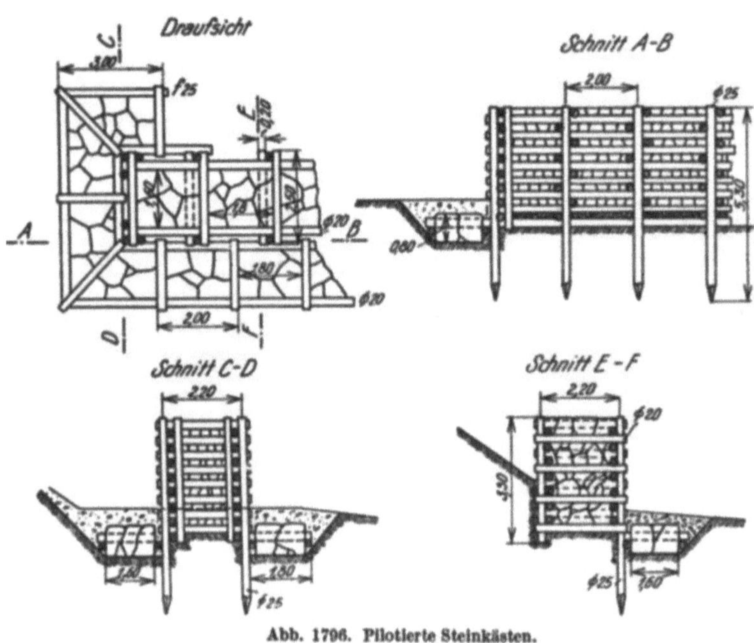

Abb. 1796. Pilotierte Steinkästen.

Schlitz weiterer Beton eingebracht und gestampft werden kann. Wenn die Betonierung der Walze vollendet ist, wird die obere Schalungshälfte wieder abgehoben und es wird über den Betonkörper die Jute (Abb. 1791) und das Drahtnetz gelegt, das letztere mit Draht vernäht und schließlich die Walze abgebunden. Um sie zu versenken, wird sie mit der unteren Schalung um etwa 90° gedreht, worauf die Walze herausfällt. Beim Auftreffen auf der Fußsohle schmiegt sie sich an den Boden gut an. Sie wird angewendet, um Auskolkungen in starker Strömung zu schließen, oder an Flußbauwerken, woselbst schwerer Steinwurf der Strömung nicht standhält.

Drahtschotterwalzen werden ähnlich hergestellt wie Betonwalzen, indem ein Drahtnetz in eine Mulde oder auf Böcke gelegt, mit Steinen und Schotter gefüllt (Abb. 1792) und schließlich mit Draht vernäht wird. Das Drahtgitter muß sehr haltbar sein und wird daher aus verzinktem Stahldraht mit einer Stärke von 2,5 bis 4,0 [mm] und mit Maschenweiten bis 15 [cm], je nach

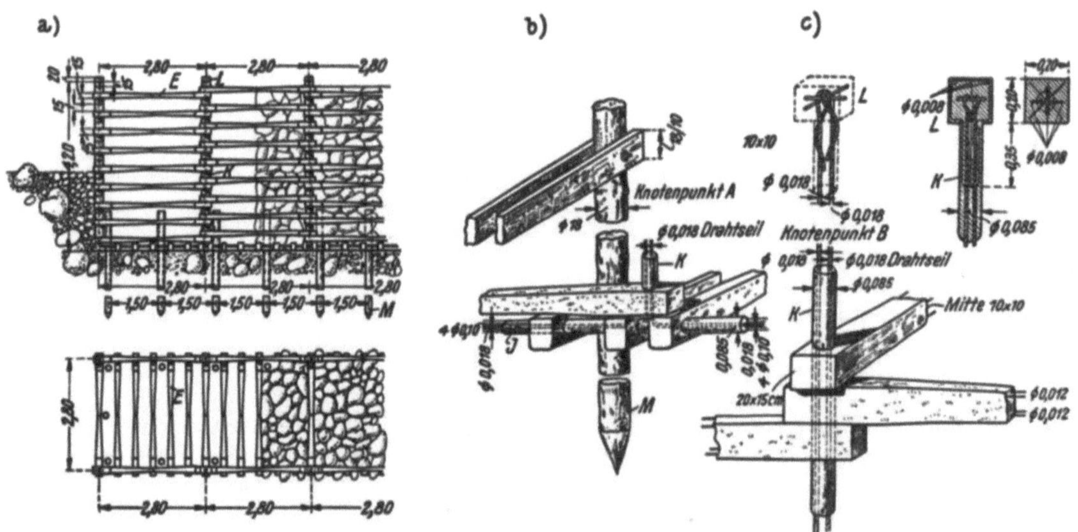

Abb. 1797. Steinkasten aus Stahlbetonformstücken, Bauart Andreocci. a) Aufbau, b) Verankerung der Steinkästen mittels Pfählen, c) Einzelheiten des Steinkastens.

der Größe der Füllsteine, verwendet. Die Drahtwalzen werden ähnlich wie die Betonwalzen zur Verhinderung von Unterspülungen verwendet, wenn Steinwurf nicht sicher standhalten würde oder wenn Steine nicht zu erlangen sind. Sie sollen aber vor der Berührung mit wanderndem groben Geschiebe geschützt werden, weil das Drahtnetz vom Geschiebe bald durchgeschliffen wird. So wie Betonwalzen schmiegen sich die Drahtwalzen in Kolken der Sohle gut an.

Drahtschotterbehälter sind Baukörper aus parallel epipedischen (Abb. 1793) oder korbartigen Behältern (Abb. 1795), die aus Drahtgitter hergestellt, mit Schotter und Geschieben ausgefüllt und schließlich mit Draht vernäht werden. Das Drahtnetz wird aus 2 bis 4 [mm] starkem verzinkten Eisendraht mit Maschenweiten bis zu 15 [cm] hergestellt. Die Abmessungen der Behälter werden dem Bauwerk angepaßt, das aus den Drahtschotterbehältern zusammengebaut werden soll. Ausgeführt werden Längen bis zu 6 [m], Breiten bis zu 2 [m] und Höhen bis 1,5 [m].

Abb. 1798. Rauhbäume als behelfsmäßiger Uferschutz.

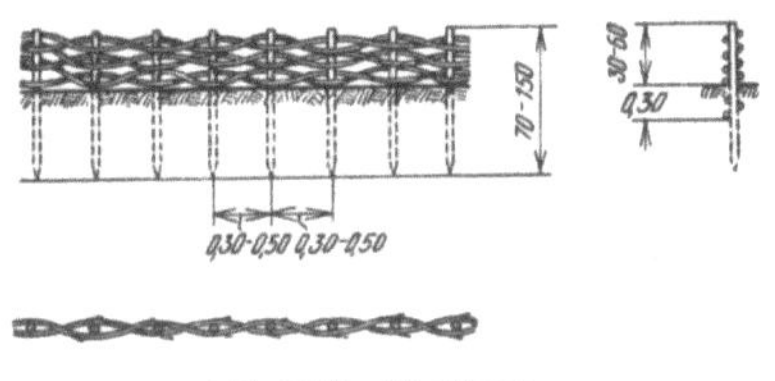

Abb. 1799. Flechtzaun.

Steinkästen finden eine ähnliche Verwendung wie Drahtschotterbehälter, aber an Gewässern mit besonders wilder Wasserbewegung, wie sie in den Hochgebirgsflüssen und Wildbächen vorkommt. Sie bestehen aus Kisten von Rundholz, die blockhausartig zusammengesetzt sind. Die Rundhölzer werden entweder nur aufeinander gelegt oder bündig überplattet und mit grobem Geschiebe oder mit Bruchsteinen zur Beschwerung ausgefüllt (Abb. 1746) und oben entweder ausgepflastert oder mit nebeneinanderliegenden Rundhölzern abgedeckt. Die einzelnen Rundhölzer werden entweder miteinander verschraubt oder sie werden an ihren gegenseitigen Auflagerflächen senkrecht gebohrt und auf 1 bis 2 [cm] starke Rundeisenstangen aufgeschoben, die schließlich umgeschlagen werden. Der Steinkasten wird mittels gerammter Pfähle oder mittels Schienen, die in Bohrlöcher gesteckt sind, gegen Verschiebungen gesichert.

Wenn geeignetes Holz für den Bau von Steinkästen nicht verfügbar ist, so können nach dem Vorschlag von A. Andreocci sehr widerstandsfähige Steinkästen aus Stahlbetonelementen zusammengebaut werden. Die Abb. 1797 zeigt

Abb. 1800. Querbauten aus Flechtzäunen.

einen solchen Steinkasten mit Einzelheiten der Verbindung der Stahlbetonelemente. Die lotrechten Stahlbetonstäbe an der Verbindung der Elemente werden erst an Ort und Stelle betoniert und mit Stahlseilen bewehrt; das Ende dieser Stäbe bildet ein Würfel (*L*), in dem die Enden der Stahlseile liegen.

Rauhbäume (Abb. 1798) werden für die erste Sicherung der Ufer an Einrissen und für den Aufbau von durchlässigen Bauten verwendet.

Flechtzäune finden bei den verschiedensten Flußbauwerken Anwendung. Sie bestehen aus etwa 6 bis 15 [cm] starken, bis 1,50 [m] langen Rundholzpfählen, die in Entfernungen von (0,3 bis 0,5) [m] in Reihen eingeschlagen und mit Stauden ausgeflochten werden (Abb. 1799 und 1800). Die Zäune werden (0,3 bis 0,6) [m] hoch gemacht und müssen mindestens 0,25 [m] tief in den Boden einbinden, damit sich die unteren Flechtreiser begrünen können. Sowohl die Pfähle als auch die Stauden sollen aus begrünbarem Weidenholz genommen werden.

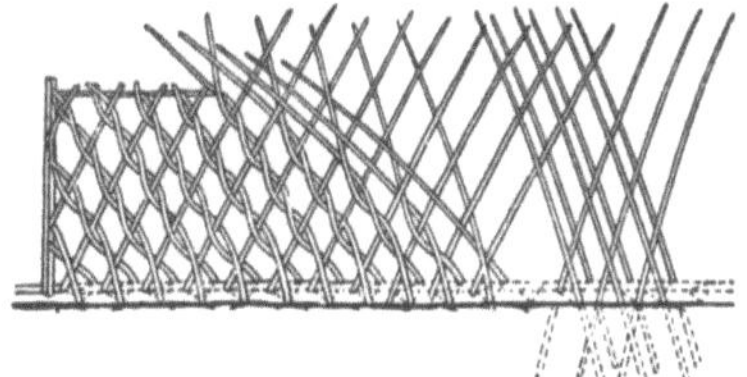

Abb. 1801. Leichter lebender Flechtzaun. (Nach Frank und Czermak.)

Um das Begrünen aller Flechtreiser eines Flechtzaunes zu erreichen, müssen auch alle Flechtreiser mit dem Stammende im Boden stecken. Die Abb. 1801 zeigt die Herstellung eines sogenannten *lebenden Flechtzaunes*, der als Ersatz für Wippen verwendet werden kann. Ein Flechtzaun, der vom strömenden Wasser nur mäßig beansprucht wird, nur wenig Flechtreiser erfordert und sich sicher begrünt, ist in der Abb. 1802 dargestellt.

Ein weiteres Flechtwerk, das als Ersatz für Wippen dient und sich sicher begrünt, ist der *lebende Zopf*, dessen Herstellung die Abb. 1803 erläutert.

Stecklinge werden aus 1 bis 2 [cm] starken, etwa (0,4 bis 1,0) [m] langen Weidentrieben im Frühjahr geschnitten und in Entfernungen von 0,15 [m] in den Boden gesteckt, wo sie sich bewurzeln und nach einigen Jahren wirksamen Schutz gegen Abspülun-

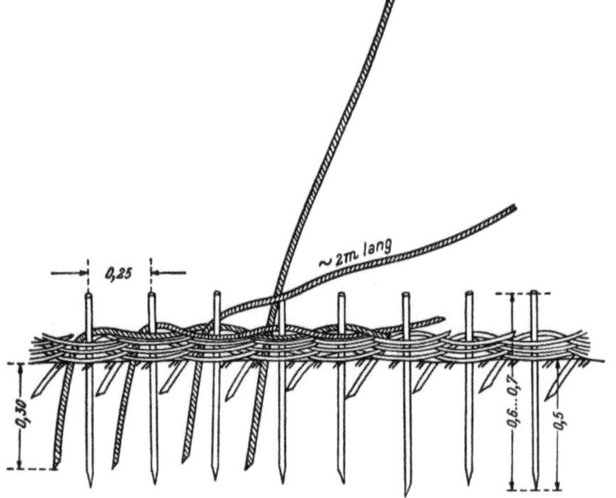

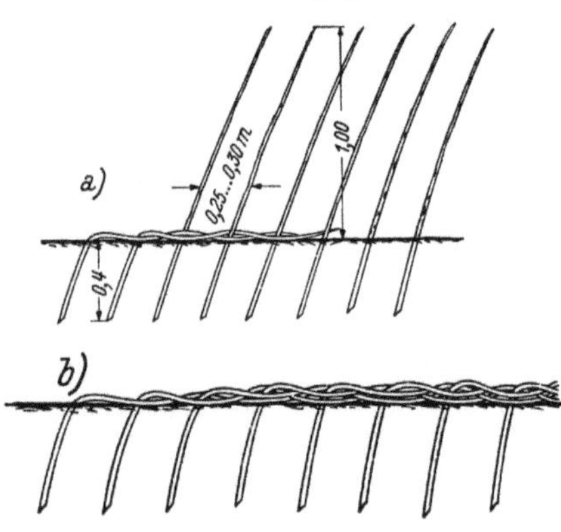

Abb. 1803. Lebender Zopf. *a)* Beginn der Flechtung, *b)* der fertige Zopf. (Nach FRANK und CZERMAK.)

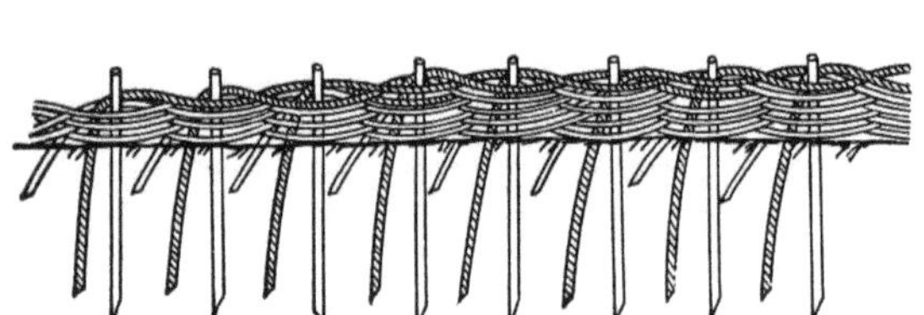

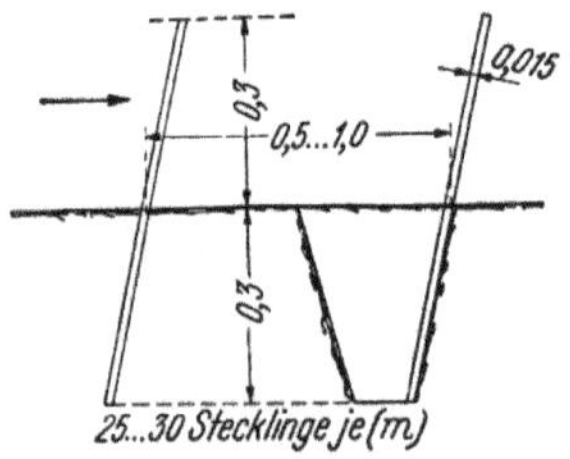

Abb. 1804. Lebender Kamm aus Stecklingen. (Nach FRANK und CZERMAK.)

Abb. 1802. Lebender Flechtzaun. (Nach FRANK und CZERMAK.)

gen bieten. Sie werden entweder in Reihen gesteckt, die schräg zur Strömung verlaufen, als „Nester" am Umfange eines Kreises von etwa 0,6 bis 1 [m] Durchmesser oder unregelmäßig verteilt.

Wenn die Stecklinge ganz dicht alle (3 bis 4)[cm] in Reihen gepflanzt werden, so wird diese Pflanzung *lebender Kamm* genannt. Die üblichen Abmessungen können der Abb. 1804 entnommen werden. Der Pflanzgraben wird etwa 0,3 [m] tief ausgehoben und nach dem Einlegen der Stecklinge wieder verfüllt und festgetreten.

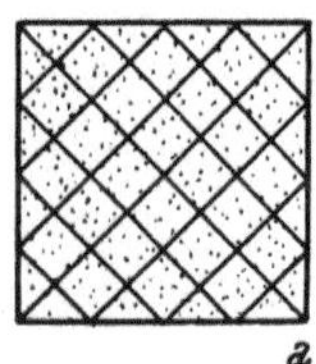 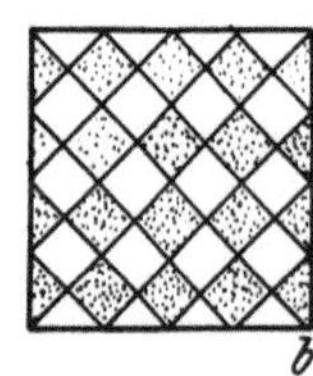  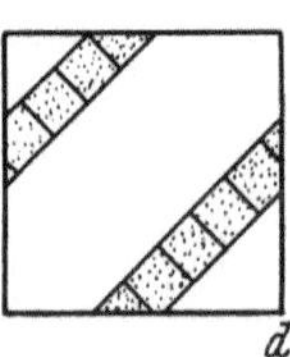 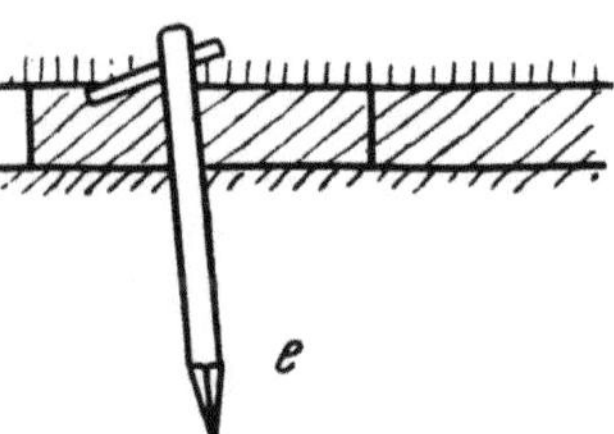

Abb. 1805. Rasenbelag auf Böschungen. *a)* dichter Belag, *b)* schachbrettartig, *c)* Kreuzrasen, *d)* Stangenrasen, *e)* Befestigung der Soden.

Rasenbelag wird auf Böschungen aus Rasenziegeln (Soden) in Reihen gelegt, die schräg zur Strömung verlaufen. Die Rasenziegel werden gewöhnlich dicht aneinander gelegt. Wenn mit Rasenziegeln gespart werden muß, so können sie schachbrettartig (Abb. 1805b), als Kreuzrasen

(Abb. 1805 c) oder als Stangenrasen (Abb. 1805 d) verlegt werden. Die Zwischenräume zwischen den Rasenziegeln werden mit Mutterboden aufgefüllt und besämt und sollen mit kurzen, nicht wachsfähigen Spickpfählen am Boden angenagelt werden (Abb. 1805 e), damit sie nicht durch ein Hochwasser, das vor der Bewurzelung eintrifft, abgespült werden. An Stellen mit heftigen Strömungen bei Hochwasser hat sich statt des Annagelns der Ziegel ein Überdecken derselben mit weitmaschigem Drahtnetz, das an den Rändern und an mehreren Stellen dazwischen mit Hakenpfählen niedergenagelt wird, bewährt.

Abb. 1806. Kopfrasenbelag.

Abb. 1807. Ufersicherung mit Betonsteinen. *a)* Steinwurf mit unregelmäßigen Betonsteinen, *b)* Pflaster mit Betonquadern, *c)* betonierte Krone, *d)* Vorrat an unregelmäßigen Betonsteinen zur Ergänzung des Steinwurfes. Die Würfel sind noch nicht zerlegt. *e)* Berme. (E. GERNGROSS.)

Kopfrasenbelag wird nach der Abb. 1806 aus Rasenziegeln aufgeschlichtet. Er ergibt widerstandsfähige Böschungen, ist aber kostspielig und wird nur selten angewendet.

Besämung kann nur auf jenen Teilen von Böschungen angewendet werden, die voraussichtlich sehr selten vom Hochwasser erreicht werden, weil die Berasung erst nach etwa 2 Jahren wider-

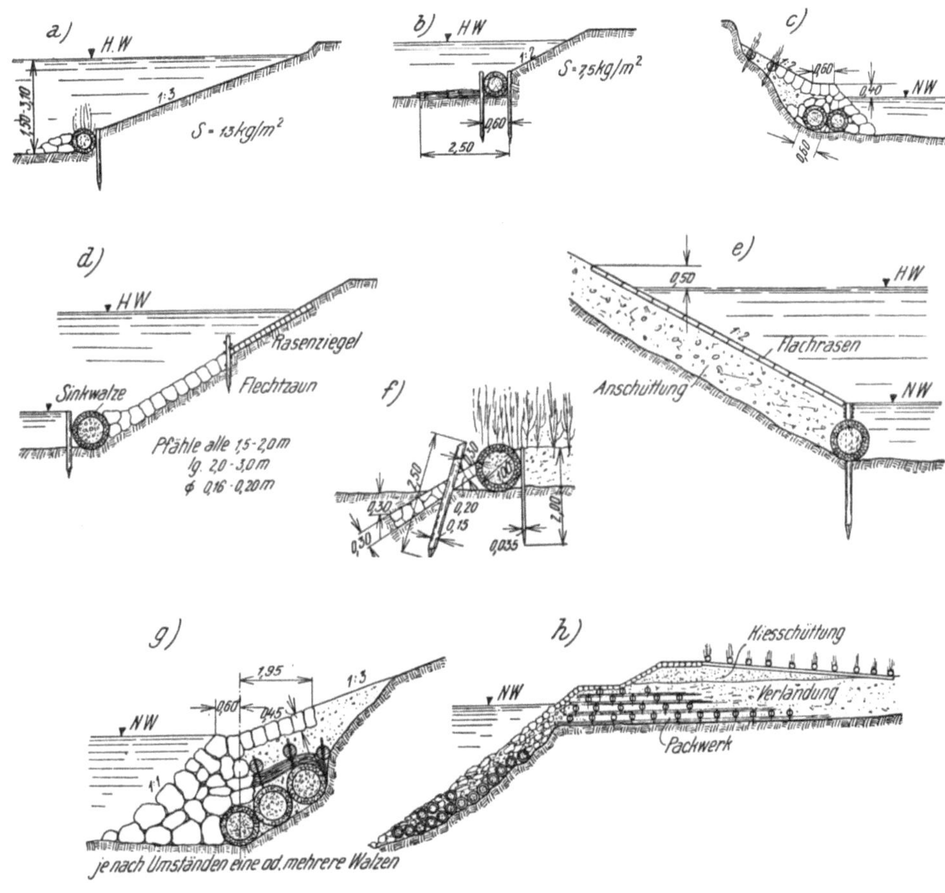

Abb. 1808. Ufersicherung mit Senkfaschinen oder Sinkwalzen. (Nach F. KREUTER und H. MEIXNER.)

standsfähig wird. Gegen Abspülungen können besämte Böschungen durch sich kreuzende Streifen von 0,15 [m] breiten Rasenziegeln, die in 1 [m] Entfernung verlegt sind, gesichert werden.

Bei der Auswahl der Baukörper, aus denen die Flußbauten zusammengesetzt werden, ist die größte Schleppkraft maßgebend, denen sie erfahrungsgemäß widerstehen. In der folgenden Zahlen-

tafel 111 sind einige Schleppkräfte zusammengestellt, denen die Baukörper erfahrungsgemäß widerstehen, wenn die Bauwerke vor Unterkolkungen geschützt werden.

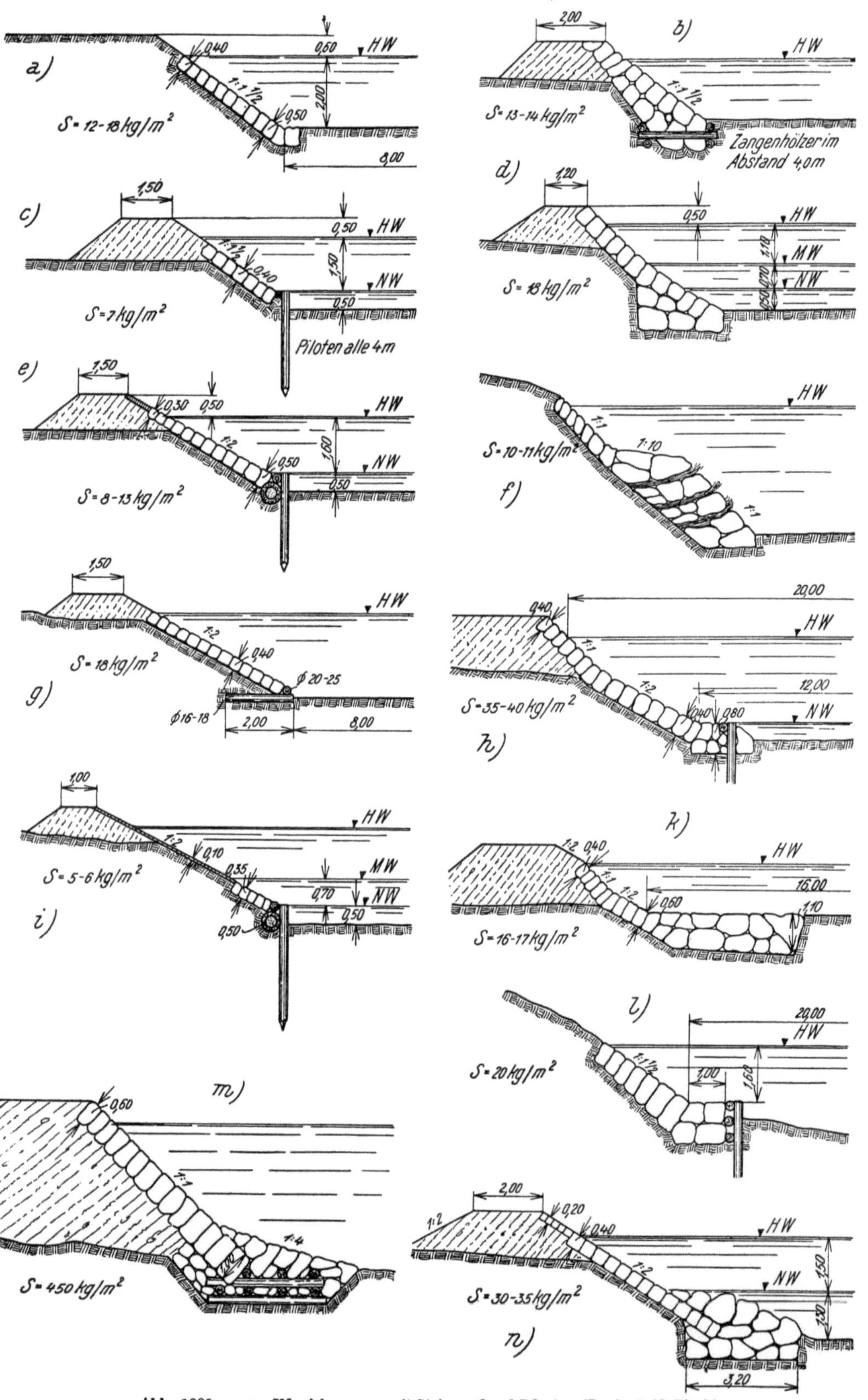

Abb. 1809 a—n. Ufersicherungen mit Steinwurf und Pflaster. (Denkschrift Tirol.)

Zahlentafel 111. Bei verschiedenen Flußkörpern zulässige Schleppkräfte:

	kg/m²
Rasenbelag, bei kurzandauernder Einwirkung	2,0
Grober Sand zwischen Flechtzäunen	1,0
Kies zwischen Flechtzäunen	1,5
Pflasterung, Neigung 1 : 1, 0,3 [m] stark	16,0
Ufersicherungen aus Faschinen	7,0
Flechtzäune, parallel oder schief zur Strömungsrichtung	5,0
Trockenmauer auf Holzrost	60,0
Betonmauer mit Steinverkleidung, 0,60 bis 1,40 [m] stark	60,0
Packwerk, abgepflastert	17,0
Steinwurf aus großen Blöcken	24,0
Steinkästen	bis 150,0

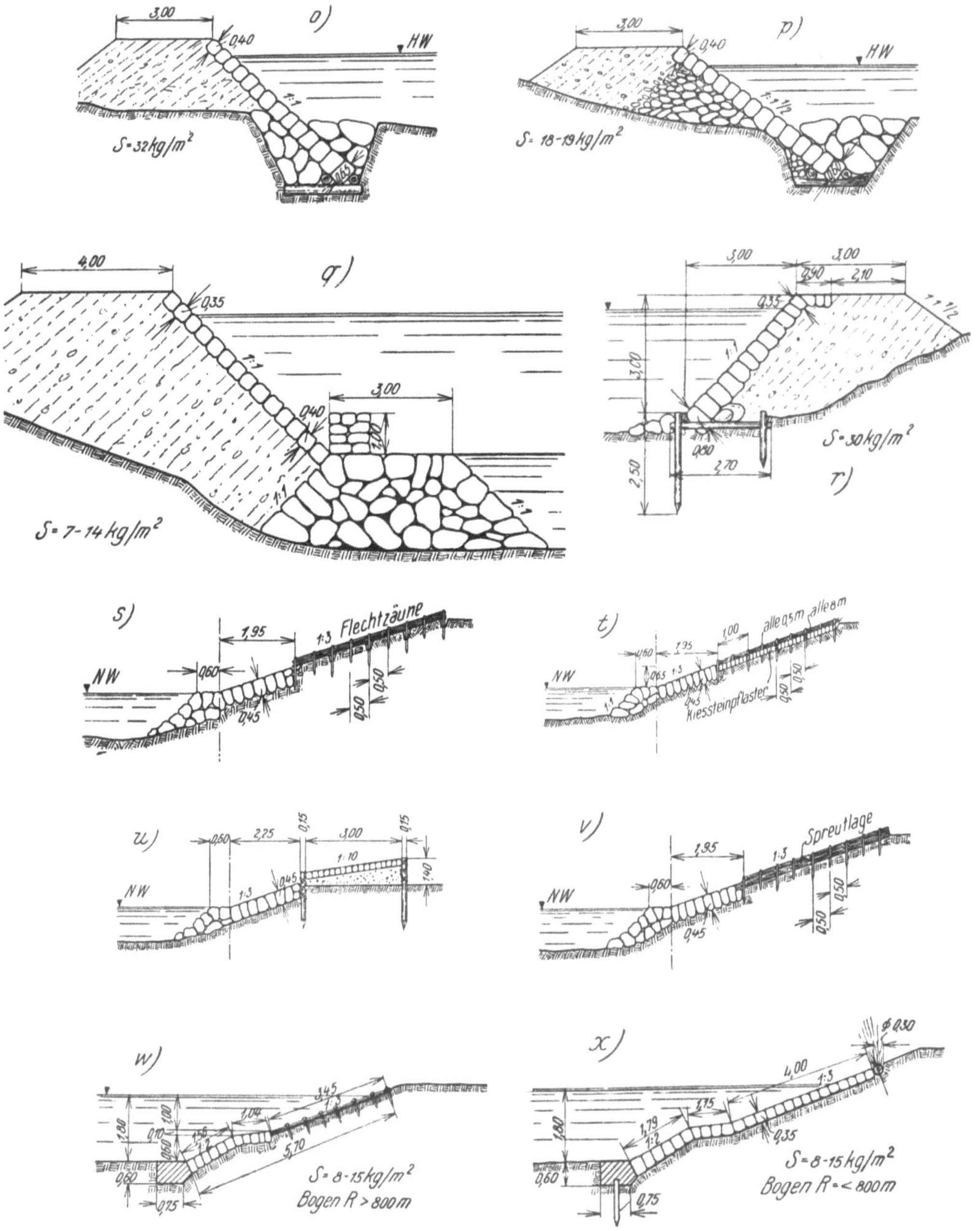

Abb. 1809 o—x. Ufersicherungen mit Steinwurf und Pflaster. (Denkschrift Tirol.)

Bei Schleppkräften über etwa 150 [kg/m²] halten nur tief gegründete, schwere Betonkörper, die gegen Abschliff durch eine besondere Verkleidung geschützt werden, auf die Dauer stand.

Schrifttum.

ANDREOCCI, A.: Besondere Arten von Wildbachverbauungen im Passeiertal usw. Wasserkr. u. Wasserwirtsch. 1930, 37. — BECKER, A.: Über lebende Baustoffe. Baut. 1934, 14. — BECKER, A., MUSSGNUG, R., FRANK, F. und CZERMAK, H.: Die lebende Verbauung. Arch. Wasserwirtsch., H. 72. Berlin, 1943. — *Denk-*

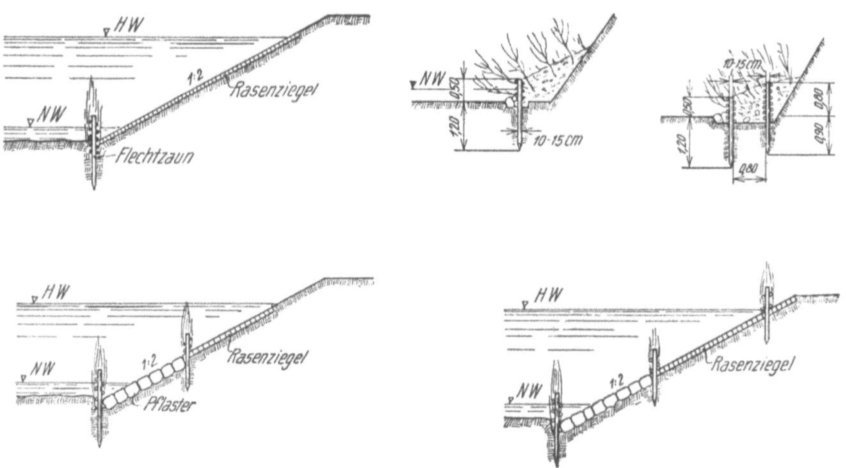

Abb. 1810. Ufersicherungen mit Flechtzäunen.

schrift über die Wildbachverbauung in Tirol. Innsbruck, 1894. — HLAWINKA, V.: Uprava Toku a Hrazeni Bystrin. Brünn, 1927. — HOECH, TH.: Drahtwalzen mit Steinfüllung. Zentralblatt d. Bauverw. 35, 335 (1915). — HROMATKA, F.: Die Betonsinkwalze nach der Bauart Feuerlöscher. Öst. Wochenschr. öff. Baudienst 12, 97 (1906). — KRAUTH, TH.: Drahtwalzen bei der Rheinregulierung Sondernheim—Straßburg.

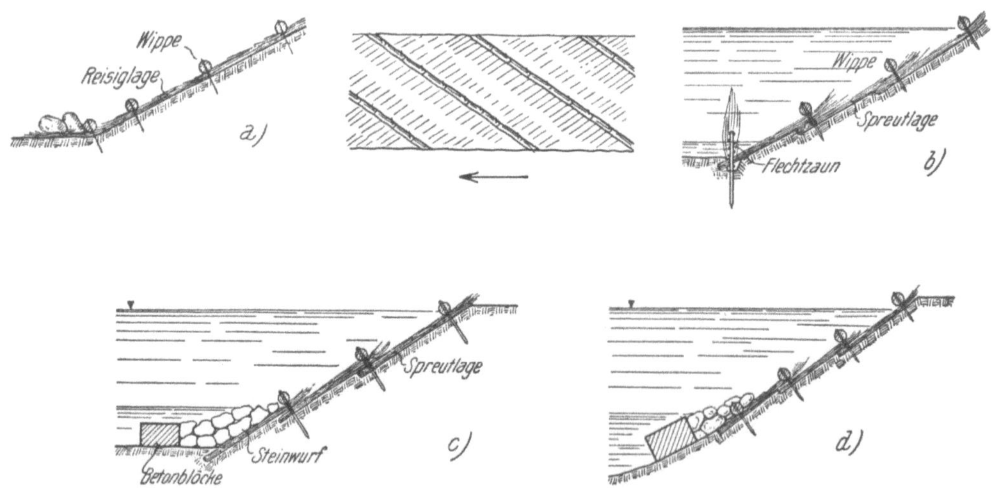

Abb. 1811. Ufersicherungen aus Faschinenstauden.

Zbl. Bauverw. 35, 548 (1915). — KREUTER, F.: Der Flußbau. Hand. d. Ingenieurwissensch. III. Teil, W. Engelmann. 1921. Bd. 6, 5. Aufl. Leipzig. — PERL, K.: Die Verwendung der Drahtwalzen mit Klaubsteinfüllung im Flußbau. Z. öst. Ing.- u. Arch.-Ver. 67, 7 (1915). — POLLACK, V.: Uferschutzbauten mit Drahtschotterbehältern bei Flußregulierungen und Wildbachverbauungen. Öst. Wochenschr. öff. Baudienst 20, 732 (1914). — THEUERKAUF: Hochwertiger Rasen als Befestigungsmittel bei Wasserbauten. Bautechn. 1936, H. 42.

B. Die Flußbauwerke.

Die bei der Verbauung der Flüsse zur Anwendung kommenden Bauwerke können geschieden
werden in Ufersicherungen, Einschränkungsbauwerke, Sohlensicherungen, Sperrdämme, Schlickfänger und Durchstiche.

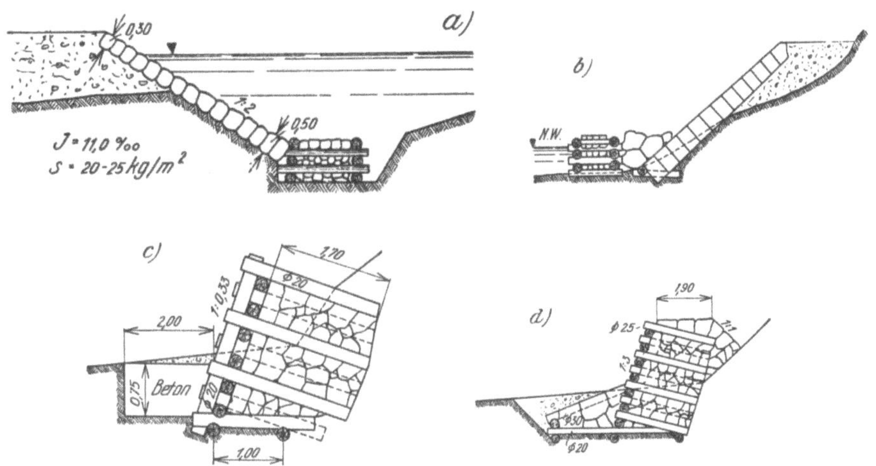

Abb. 1812. Ufersicherungen mit Steinkästen. (Nach F. WANG und Denkschrift Tirol.)

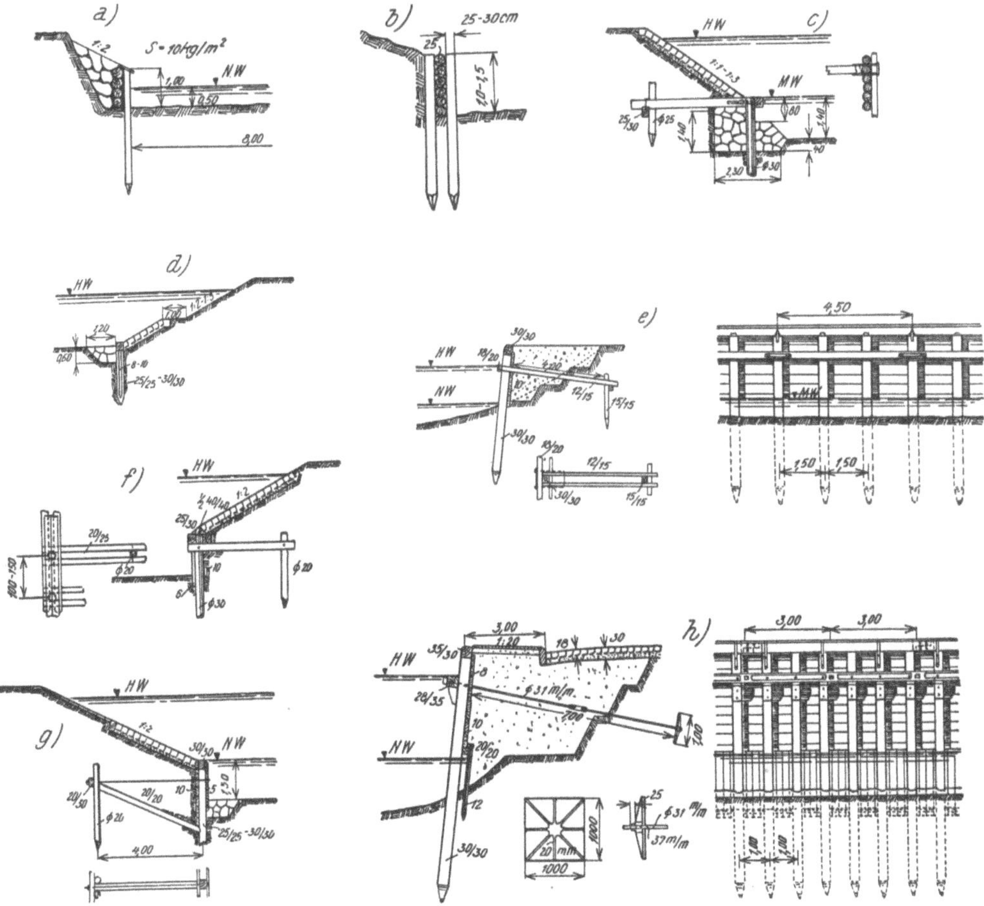

Abb. 1813. Ufersicherungen aus Holz.

I. Ufersicherungen.

Ufersicherungen (Uferdeckwerke) werden bei Flußbauten angewendet, um bestehende Ufer
vor Unterspülungen und Einrissen zu bewahren und neu sich bildende in der beabsichtigten
Linie zu erhalten. Ufersicherungen sind in geraden Flußstrecken an beiden Ufern, in Krümmungen
nur an der Außenseite erforderlich. Der Fuß der Uferböschungen ist den stärksten Angriffen des
Wassers ausgesetzt und er muß daher auch besser geschützt werden als die höher liegenden Teile.
Welche Baukörper für die Ufersicherungen anzuwenden sind, hängt von den am Ufer bei den
großen Hochwässern auftretenden Schleppkräften und davon ab, ob noch nennenswerte Sohleneintiefungen zu erwarten sind. Wenn die Sohle noch nicht zur Ruhe gekommen ist, werden nachgiebige Sicherungen aus Bruchstein oder aus Schotterkörpern (Sinkwalzen, Senkfaschinen,
Drahtschotterkörper) verwendet. Der endgültige Ausbau erfolgt schließlich mit Stein oder Betonkörpern, zwischen die lebende Weidenreiser eingelegt werden, die sich begrünen und mit ihren
Wurzeln das Bauwerk verfestigen; bei kleinen Gewässern genügt vielfach auch die Ufersicherung

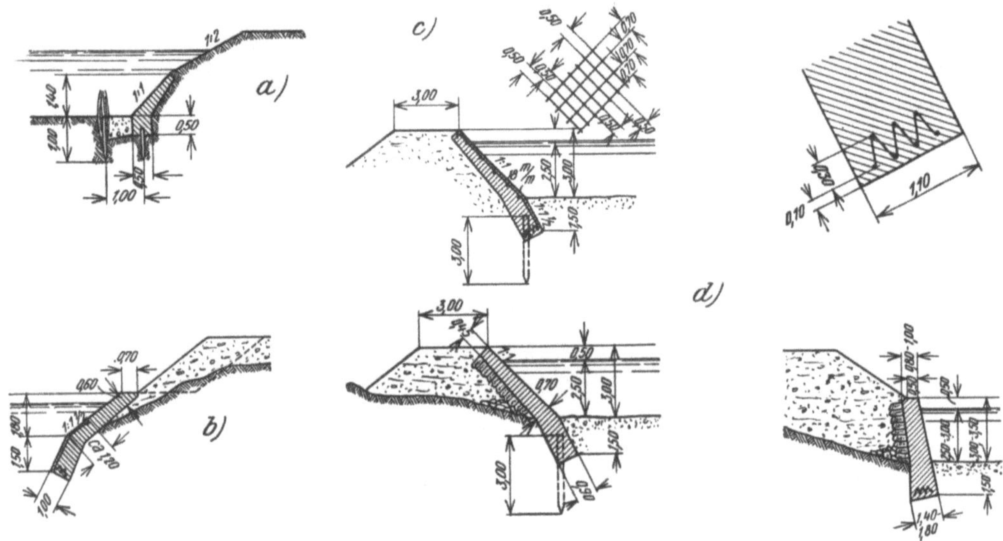

Abb. 1814.   Ufersicherungen aus Beton und Stahlbeton.

mit Flechtzäunen aus begrünbaren Weidenruten. Bei starker Geschiebebewegung, wie sie an
Wildbächen und Gebirgsflüssen vorkommt, werden die Weidenstauden am Fuße des Ufers
vielfach bei Hochwasser entrindet und dadurch in ihrem Wachstum stark behindert, manchmal
auch vernichtet.

Die Ufersicherungen erhalten bei größeren Uferhöhen in der Mittelwasserhöhe eine (1 bis
2)[m] breite Berme (Abb. 1809), die die Erhaltungsarbeiten wesentlich erleichtert. In den folgenden Abb. 1808 bis 1819 sind eine große Zahl von Ufersicherungsarten als Beispiele zusammengestellt; die beigesetzten Schleppkräfte, bei denen diese Bauten standgehalten haben, werden
eine zweckentsprechende Auswahl erleichtern.

Der Ausbau der Ufersicherungen geht in mehreren Abschnitten vor sich, wenn die Sohlenlage nicht stabil oder wenn die angestrebte Uferlinie noch nicht erreicht ist, wenn man also
mit Sohleneintiefungen zu rechnen hat oder wenn das angestrebte Ufer hinter dem augenblicklich
bestehenden liegt. Bei Ufern, an denen die Sohle in Eintiefung begriffen ist, wird der Fuß der
Ufersicherung unterspült und das Bauwerk muß nachgiebig ausgebildet sein, damit eine unzulässig weitreichende Unterspülung des Ufers hintangehalten wird. Der Fuß solcher Ufersicherungen wird, damit er in den Kolk nachsinken und das Ufer schützen kann, aus Bruchstein, Senkfaschinen oder Drahtschotterbehälter bzw. aus einer Verbindung der beiden letzteren mit Bruchsteinen hergestellt. In den Abb. 1817 bis 1819 sind einige Beispiele für die Umbildung der Ufersicherungen bei einer sich eintiefenden Sohle zusammengestellt. Wenn das angestrebte Ufer

hinter dem augenblicklich bestehenden liegt, so wird, wie es in den Abb. 1818 bis 1822 dargestellten Beispielen entnommen werden kann, durch eine Steindeponie oder durch vorbereitete

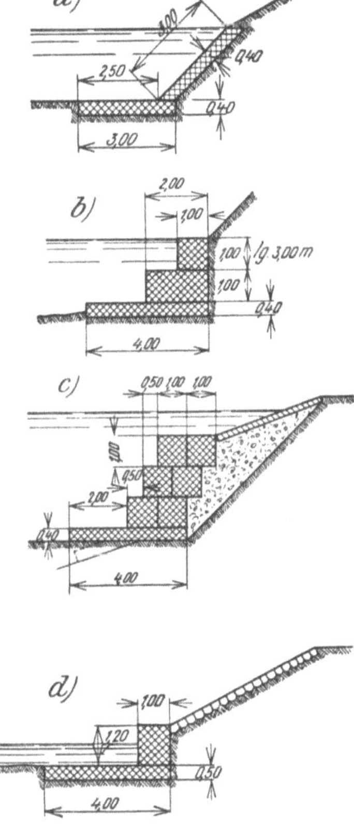

Abb. 1815. Ufersicherungen in Drahtschotter-Bauweise. (Berg- und Wildbachverbauungs A.-G., Jergitsch.)

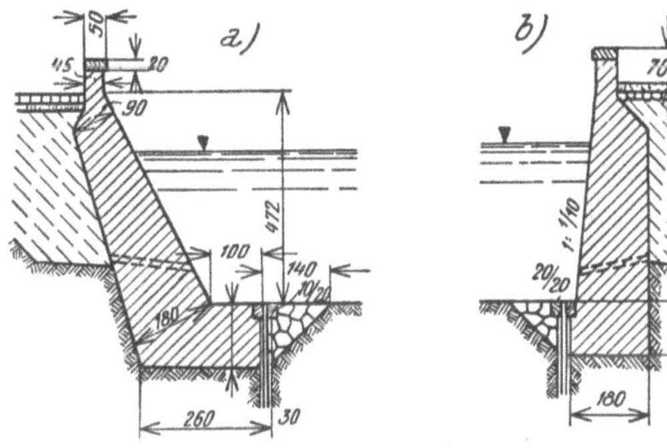

Abb. 1816. Ufermauern.

Senkfaschinen das weitere Abtreiben des Ufergeländes aufgehalten. Die Bruchsteine bzw. die Senkfaschinen rollen, wenn die angestrebte Uferlinie erreicht ist, ab und decken das Ufer, das schließlich in einer passenden Weise endgültig gesichert wird. Damit die Steine nicht zu weit ins Flußbett abrollen, hat man, wie es in der Abb. 1820h angedeutet ist, vor den Steinwurf Betonkörper gelegt; Sinkwalzen werden durch gerammte Pfähle in der beabsichtigten Lage erhalten oder angehängt.

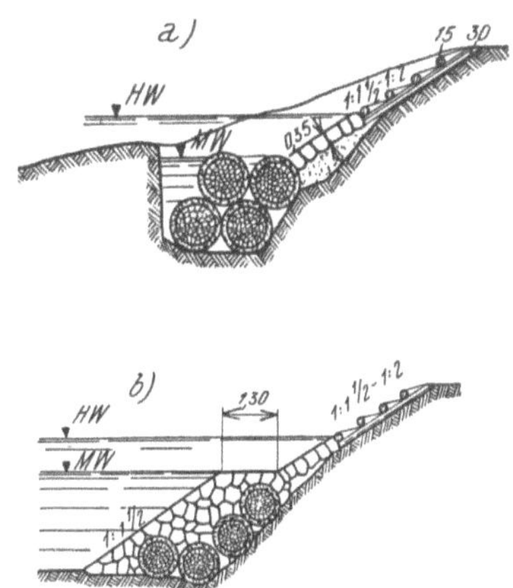

Abb. 1817. Ufersicherung mit Sinkwalzen und Steinwurf bei sinkender Sohle. a) zu Baubeginn. b) Endzustand.

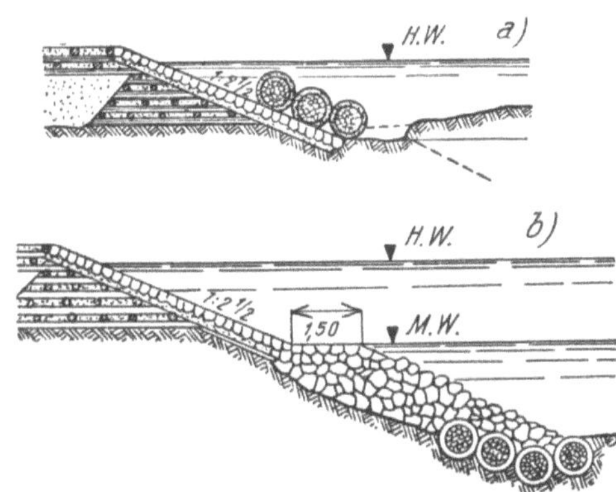

Abb. 1818. Ufersicherung mit Sinkwalzen bei niedergehender Sohle. a) erstes, b) zweites Baustadium. (V. Hlavinka.)

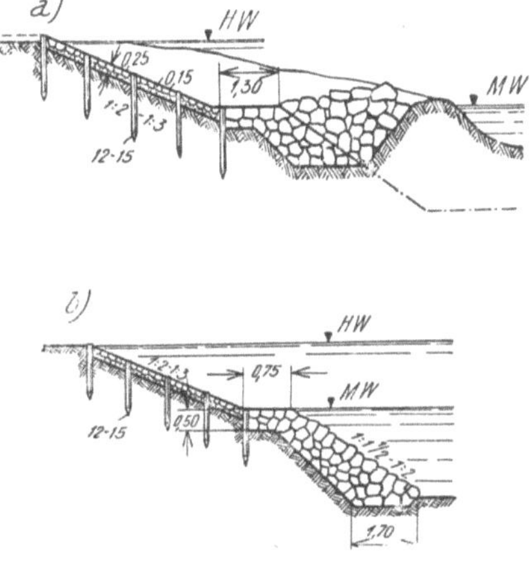

Abb. 1819. Ufersicherung mit Steinwurf und Pflaster bei sinkender Sohle. a) Anfangs-, b) Endzustand. (V. Hlavinka.)

Schrifttum.

Arndt, L.: Ein neues Verfahren von Uferschutz und Leitwerken. Verfahren des ital. Ing. Palvis. Z. öst. Ing.- u. Arch.-Ver. 1915, 737. — Bechstein, O.: Uferbefestigungen aus Eisenbeton. System de Muralt.

Prometheus 1914, 25. — FABER, E.: Ausbau der Ufer des Oberrheins zwischen Straßburg und Mannheim. Dtsch. Bauztg. 1887, 423. — FREUND, A.: Die Berechnung von Bohlwänden nach der Elastizitätslehre.

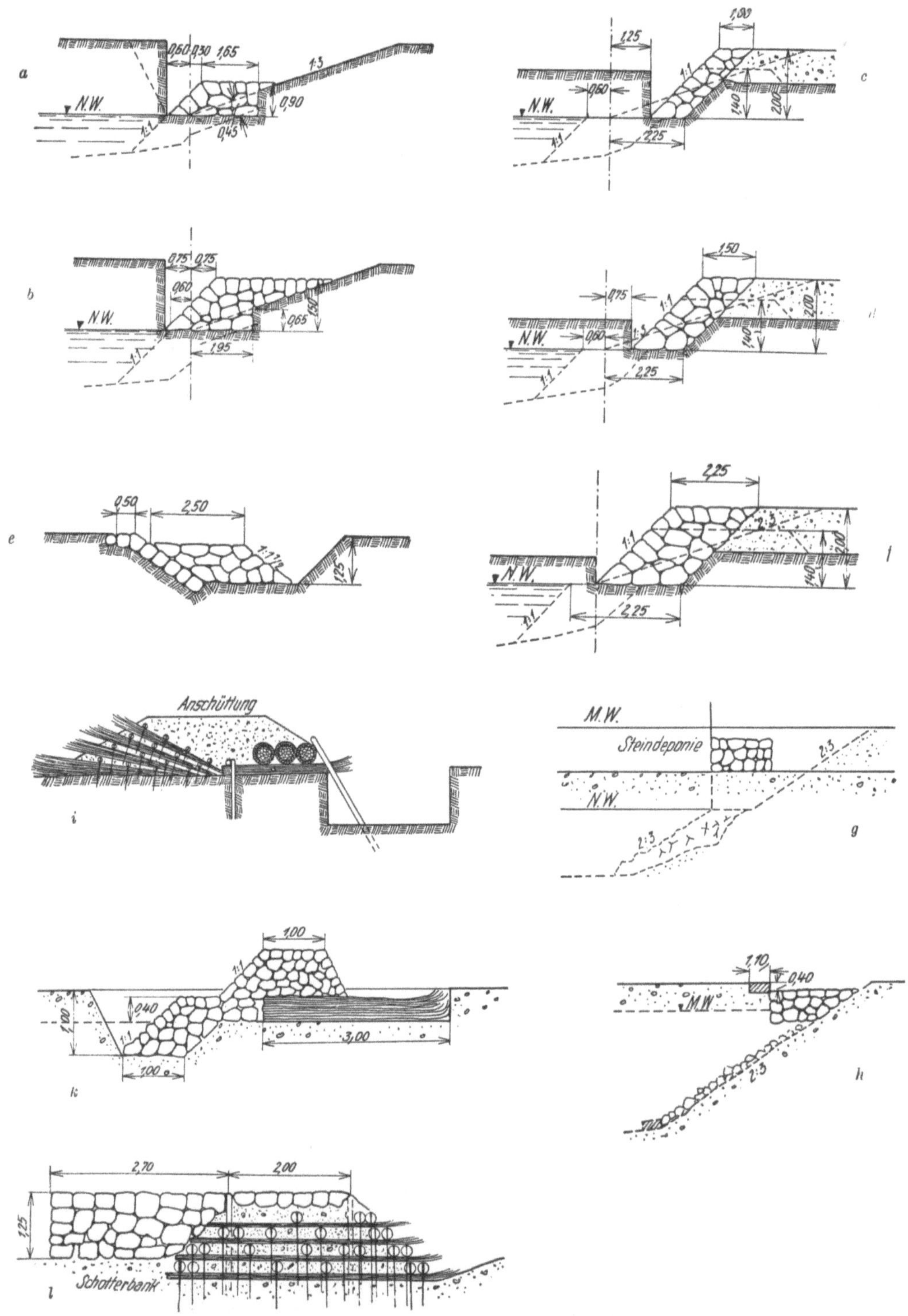

Abb. 1820. Vorversicherung neu zu bildender Ufer. (Nach Fr. KREUTER.)

Z. Bauwes. 1919, 481. — HLAVINKA, V.: Uprava Toku a Hrazoni Bystrin. Brünn, 1927. — PERKINS, F. C.: Ufersicherungen aus Beton am Missourifluß und seinen Nebenflüssen. Beton u. Eisen 1915, 115. — POLIVKA, J.: Neuere Uferbefestigungen in Beton und Eisenbeton. Beton u. Eisen 1916. S. 229. — SCHRAG, E.: Uferdeckwerke aus Eisen und Eisenbeton. Zbl. Bauverw. 1915, 401. — SPACEK, ST.: Uferbefestigungen aus Beton. Zbl. Bauverw. 1912, 444. — DERSELBE: Ufersicherungen aus Eisen und Eisenbeton. Zbl. Bauverw. 1915, 401. — DERSELBE: Die Regulierung des unteren Iserflusses. Öst. Wschr. öff. Baudienst 1914, 791. — *Denkschrift* über die Wildbachverbauung in Tirol. Innsbruck, 1894.

II. Einschränkungsbauten.

Bei der Bändigung eines stark verwilderten Flußlaufes trachtet man wenigstens eine Uferlinie mit

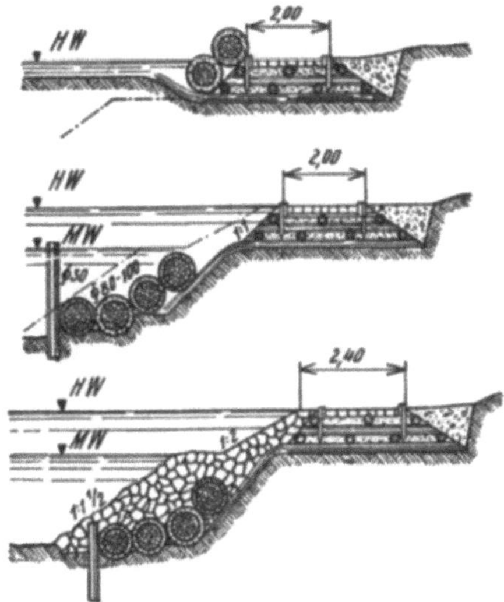

Abb. 1821. Ufervorversicherung mit Sinkwalzen in drei Bauzuständen.

Abb. 1822. Ufervorversicherung mit unregelmäßigen Betonsteinen an der unteren Mur. (E. GERNGROSS.)

einem der bestehenden Ufer zusammenfallen zu lassen, weil dadurch die Bauwerke wesentlich vereinfacht und verbilligt werden. In verwilderten Flußstrecken bestehen aber vielfach Flußbreiten, die jene, die durch die Bändigung angestrebt werden, weit überschreiten. Der ursprüngliche Flußlauf muß daher an vielen Stellen durch eigene Bau-

Abb. 1823. Leitwerk an der Mur. 1. Bauzustand. Grundbau aus Senkfaschinen, darüber Flechtzaun, flußseitig Steinwurf. (E. GERNGROSS.)

Abb. 1824. Bau eines Leitwerkes an der Mur. 1. Bauzustand. *a)* Senkfaschine, *b)* Senkwalze, *c)* Flechtzaun, *d)* Steinwurf. (E. GERNGROSS.)

werke eingeschränkt werden, die entfernt vom alten Ufer verlaufen. Je nach ihrer Anlage werden solche Bauwerke in Längs- oder Parallelwerke und in Buhnen geschieden.

Parallelwerke (Längswerke, Leitwerke) werden erbaut, um den Flußlauf in die neue, angestrebte Lage zu bringen und dort zu erhalten. Sie bestehen aus dammartigen Bauwerken, die am ursprünglichen Flußgrunde errichtet werden. Leitwerke stehen im ersten Baustadium im allgemeinen mit beiden Seiten im Wasser (Abb. 1823); sie bewirken infolge der Einschränkung des Flußlaufes eine Erhöhung der Schleppkraft, die wieder Eintiefungen der Sohle im neuen Flußschlauche hervorruft. Die Leitwerke müssen dementsprechend an der Flußseite nach-

Abb. 1825. Leitwerk an der Mur. Das Bett hinter dem Leitwerk ist verlandet und durch Querbauten gesichert. Zweiter Bauzustand. Die Krone ist betoniert. (E. GERNGROSS.)

giebig ausgebildet werden, so daß bei Senkungen der Sohle Unterspülungen des Leitwerkes durch ein Nachgeben des Vorfußes verhindert werden. Gleichzeitig mit der planmäßigen Ausbildung des neuen Flußlaufes wird auch die Verlandung des hinter dem Leitwerke liegenden Geländes angestrebt. Bei Flußbauten besteht der Grundsatz, Bodenbewegungen weitgehend durch das Wasser besorgen zu lassen. Die Leitwerke werden daher in der Regel im ersten Baustadium nur so hoch aufgebaut, daß sie bei allen über Mittelwasser liegenden Wasserständen überströmt werden (Abb. 1823) und erst später nach und nach erhöht (Abb. 1825). Hiebei gelangt sinkstoffreiches Wasser hinter die Leitwerke und es wird dort das Gelände aufgelandet (Abb. 1826). Die Bauwerke müssen nun so angeordnet werden, daß einerseits möglichst viel Sinkstoffe führendes Wasser hinter die Leitwerke gelangt und daß sich aber

Abb. 1826. Leitwerk an der Mur verlandet. (Vergl. Abb. 1823.) (E. GERNGROSS.)

anderseits hinter ihnen keine Strömungen bilden können, die die schon gebildeten Anlandungen wieder abspülen oder den Bestand des Leitwerkes gefährden können. Der Anfang des Leitwerkes wird zu diesem Zwecke sicher in das alte Ufergelände eingebunden (Abb. 1827a), und es werden zwischen dem Leitwerke und dem alten Ufer quer zum Flußbette verlaufende Querbauten (Traversen) gebaut, die die durchgehende Strömung hinter dem Leitwerk erschweren oder sogar verhindern. Unter Umständen muß auch das alte Ufer hinter dem Leitwerk noch einen vorübergehenden Schutz erhalten, damit Strömungen hinter dem Leitwerk keinen Schaden anrichten können.

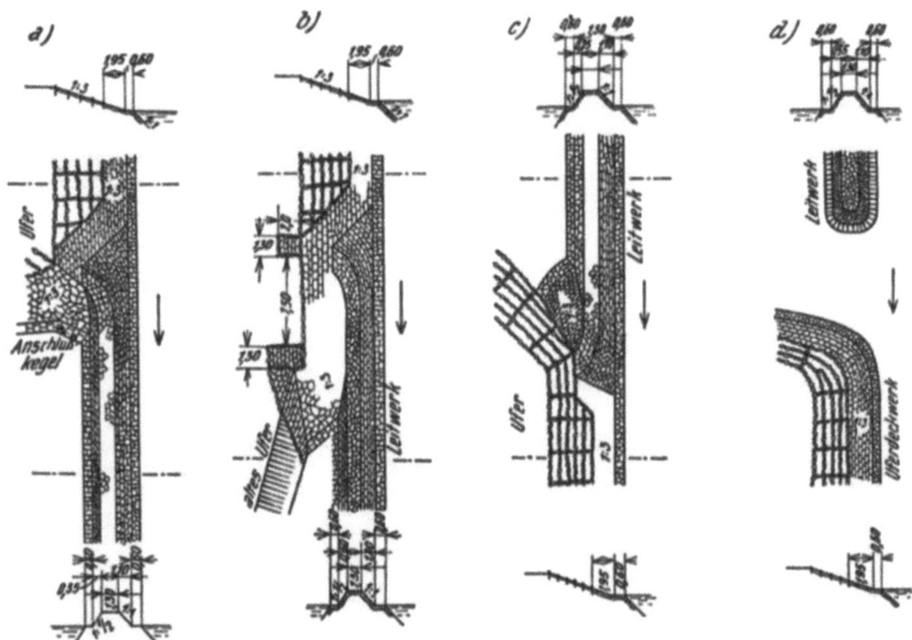

Abb. 1827. Anschluß der Leitwerke an bestehende Ufer. *a)* Anschluß der Leitwerkwurzel an das Hinterland unter stumpfem Winkel, *b)* unter spitzem Winkel, *c)* Anschluß des Leitwerkes an das Hinterland, *d)* freies Ende eines Leitwerkes. (F. v. HOCHENBURGER.)

Die Querbauten (Abb. 1829) hinter den Leitwerken, die in Entfernungen gleich der 1 bis 5fachen Bettbreite angeordnet und in das alte Ufer gut eingebunden werden, sind überströmbar oder hochwasserfrei ausgeführt worden. Wenn sie überströmbar (Abb. 1830b) sind, muß die flußab gelegene Seite derart ausgebildet werden, daß der Bau durch abstürzendes Wasser nicht unterspült werden kann. Leichtere derartige Querbauten werden nach den Querschnitten der Abb. 1832 ausgeführt, schwere, besonders die nicht überströmbaren, erhalten Querschnitte ähnlich den Leitwerken oder den Buhnen (vgl. S. 973).

Die Verlandung hinter dem Leitwerk wird durch hochwasserfreie Querbauten (Abb. 1830c) gefördert, weil jedes Feld frisches schwebführendes Wasser erhält, während bei den überströmten Querbauten hinter dem Leitwerk hauptsächlich Wasser läuft, das seine Sinkstoffe schon in den ersten Feldern abgesetzt hat. Damit, wenigstens anfänglich, auch noch Geschiebe hinter die

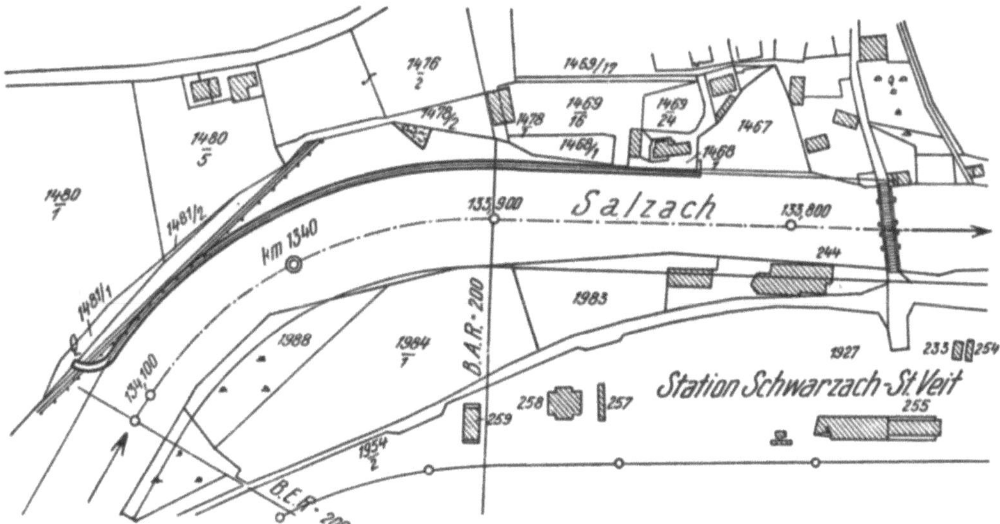

Abb. 1828a. Leitwerk an der Salzach. (Landesbauamt Salzburg.)

Leitwerke gelangen, werden vielfach Öffnungen etwa so, wie es in den Abb. 1830c und 1834 angedeutet ist, frei gelassen, deren Weite etwa ein Fünftel der Bettbreite beträgt. Auch sogenannte Hakenwerke, wie sie in den Abb. 1833 und 1834 dargestellt sind, haben sich gut bewährt.

Die Anlandungen in den Feldern hinter dem Leitwerk werden durch sogenannte Schlickzäune, die aus Flechtzäunen oder Weidenpflanzungen parallel zu den Querbauten bestehen, vor Abspülungen gesichert, und später wird das Gelände mit Weidenstecklingen bepflanzt, die weiteren Schutz gewähren und das Absetzen von Sinkstoffen fördern.

In Wildbächen kann mit einer Verlandung hinter einem Leitwerk nicht gerechnet werden; dort werden die Leitwerke hochwasserfrei ausgeführt. Das Gelände dahinter füllt sich mit Boden von den Hängen auf oder wird mit Geröllen aufgefüllt. (Abb. 1844.)

Abb. 1828b. Leitwerk an der Salzach mit Grundbau aus Drahtwalzen. (Landesbauamt Salzburg.)

Abb. 1828c. Leitwerk an der Salzach mit Grundbau aus Drahtwalzen. Anschluß des flußabwärtigen Endes an das bestehende Ufer. (Landesbauamt Salzburg.)

In den Abb. 1835 bis 1841 sind Querschnitte von zahlreichen Leitwerken zusammengestellt, die sich für die verschiedensten Schleppkräfte eignen, und die Abb. 1828, 1829, 1842 und 1844 geben Ansichten von Leitwerken wieder.

Eine besondere Bauweise zur Einschränkung übermäßiger Gerinnebreiten und zur Erzielung einer raschen Verlandung der abgewürdigten Teile des Flußbettes besteht in der Anwendung der sogenannten *durchlässigen Bauten*. Diese sind eigentlich keine Flußbauwerke, sondern nur

Abb. 1829. Leitwerk mit Querbauten an der Salzach.

Bauhilfsmittel, die die im Fluß wandernden Geschiebe in der angestrebten Weise in die abgewürdigten Teile des alten Flußschlauches lenken. Sobald diese Bauten ihre Aufgabe erfüllt haben, das ist meist nach Verlauf von einigen Hochwässern, müssen sie umgebaut oder entfernt und

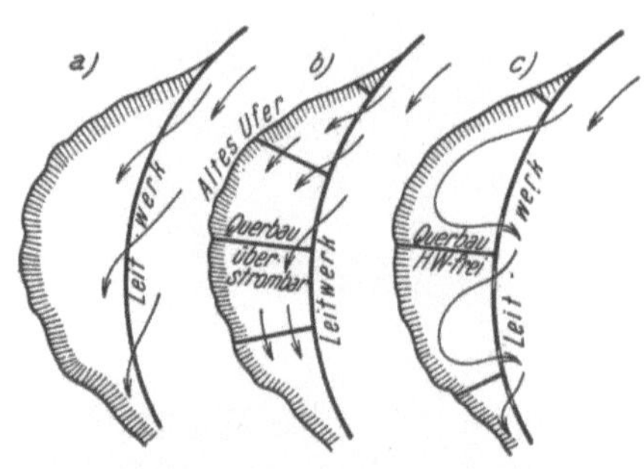

Abb. 1830. Schema von Parallelwerken.

durch den eigentlichen Leitwerksbau ersetzt werden, durch den das neue Ufer gebildet wird. Die dahinter liegenden Anlandungen müssen gegen Abspülung gesichert werden. Durch die Anwendung der durchlässigen Bauwerke gelingt vielfach eine rasche Verlandung der abgewürdigten Gerinneteile und die Leitwerke können bei geschickter Anordnung der durchlässigen Bauten in seichtem Wasser ähnlich einem Uferschutz ausgeführt werden.

Je nach der Tiefe des Niederwassers werden die durchlässigen Bauten in verschiedenen Bauweisen hergestellt: Bei großen Wassertiefen werden sie in Form von Sinkbäumen angewendet; bei mittleren Wassertiefen, die das Rammen von Pfählen erlauben, kommen die Wolf'schen Gehänge zur Anwendung und bei kleinen Niederwassertiefen werden die sogenannten Lattenbaue ausgeführt.

An der Isar wandte A. Wolf zur Einleitung der Bändigungsarbeiten sogenannte Gehänge an. Diese bestehen aus Faschinentafeln, die durch Waldlatten versteift sind und so, wie es die Abb.1847

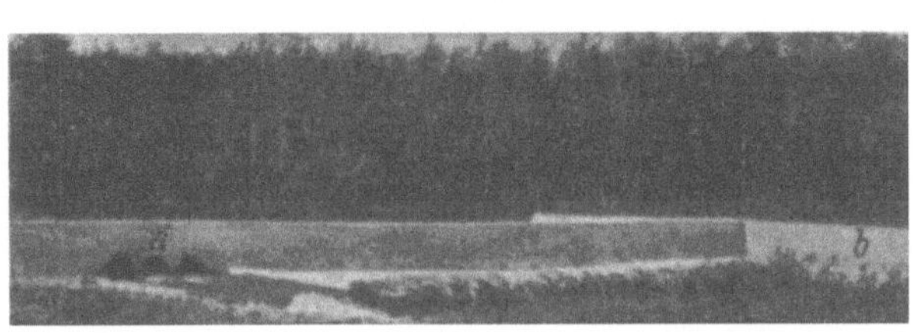

Abb. 1831. Überströmbarer Querbau aus Beton mit Kieskern. *a)* Durchflußöffnungen, *b)* Ufersicherungen. Vor dem Querbau das Sturzbett.

erkennen läßt, an Pfählen über der Niederwasserhöhe mit Stahldraht aufgehängt werden. Solche Bauten bewirken hinter den Gehängen einen niedrigeren Wasserstand als im Flußschlauch, der eine heftige Strömung an der Sohle durch das Bauwerk hervorruft, die dort wanderndes Geschiebe in den Altarm führt. Hinter den Gehängen herrschen geringere Geschwindigkeiten an der Sohle und auch eine geringere Schleppkraft, so daß ein mehr oder minder großer Teil des unter den Bauten durchgetriebenen Geschiebes unmittelbar hinter den Gehängen abgelagert wird. Es entsteht dort eine Geschwindigkeitsverteilung und eine Geschiebebewegung, ähnlich jener, die in der Abb. 1848 angedeutet ist. Die größeren Geschwindigkeiten an der Sohle bewirken unter den Gehängen Auskolkungen, die um so tiefer reichen, je größer der Spiegelhöhenunterschied beiderseits der Gehänge ist. Anderseits sind die Gehänge um so wirksamer, je größer dieser Unterschied ist. Um übermäßig tiefreichende Kolke zu verhindern, können, so wie es in der Abb. 1849 angedeutet ist, die Gehängetafeln an die Sohle versenkt und mit Sinkwalzen beschwert werden, während oben neue Tafeln eingehängt werden.

Die erste Anlandung hinter dem Gehänge stammt in der Regel aus Geschieben, die von der Ausspülung des Kolkes herrühren. Wenn der Wasserabfluß hinter dem Gehänge stark behindert

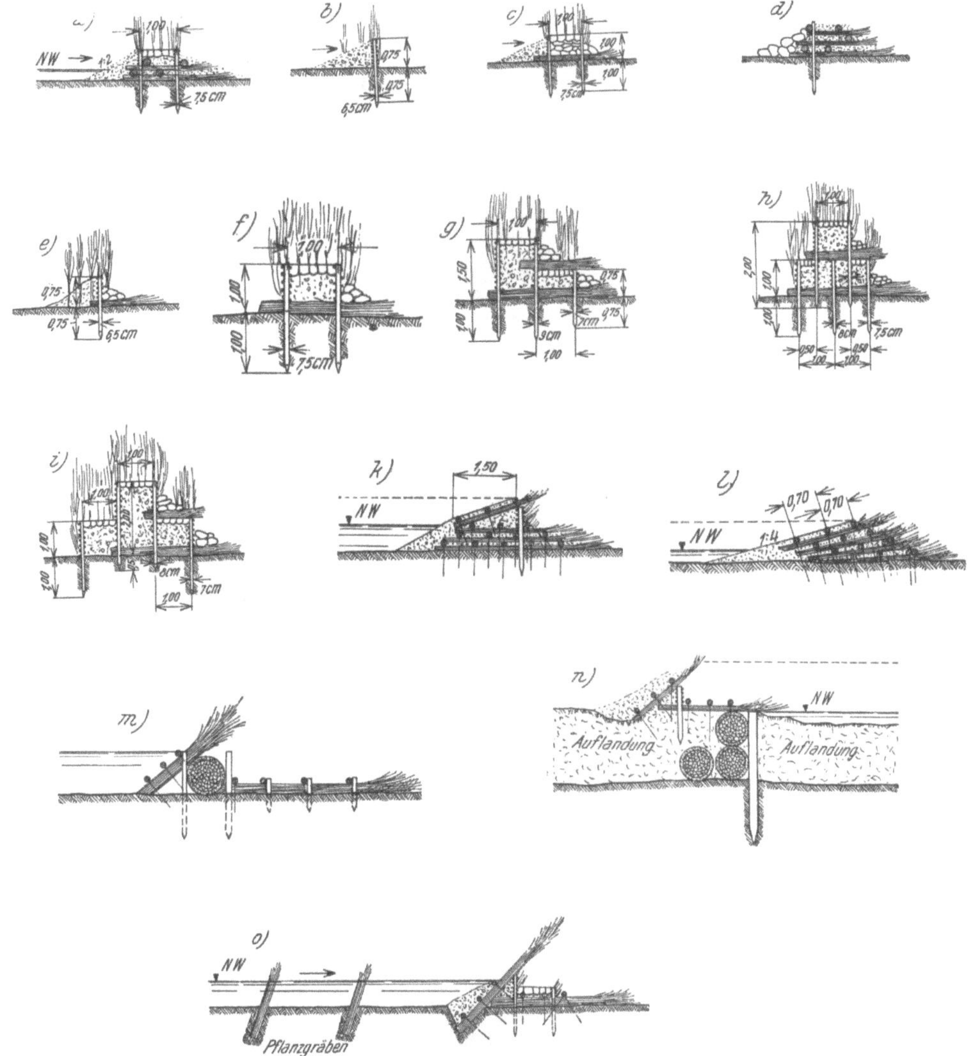

Abb. 1832. Leichte Querbauten als Schlickfänger. (Nach F. Wang und F. Kreuter.)

ist, so bleibt auch die Verlandung auf die nächste Umgebung der Gehänge beschränkt. Durch eine Regelung der Spiegelhöhenunterschiede am Gehänge und des Abflusses durch den Altarm kann die Vorrückung und die Höhe der Anlandung beeinflußt werden. Gehänge hinter denen der Abfluß fast gänzlich behindert ist, bewirken keine fortschreitende Anlandung. Die Gehänge können weitreichende Anlandungen auch nur bewirken, wenn ein ausreichender Geschiebenachschub aus dem Flußschlauche erfolgt und es muß daher bei ihrer Anlage die Geschiebebewegung im Flusse gehörig beachtet werden. Gehänge an Stellen, denen kein Geschiebe zuläuft, können zwar auf den vor ihnen liegenden Flußschlauch die erwünschte Wirkung haben, wie z. B. Abtreiben einer Sandbank infolge Ablenkung des Stromstriches, sie bewirken aber nur eine örtliche Anlandung mit Geschieben, die, wie früher erwähnt worden ist, aus dem unter ihnen liegenden Kolk stammen. Weiter hinter ihnen können nur Geschiebe aus dem Fluß abgelagert werden.

Abb. 1833. Hakenwerk. (Landesbauamt Graz.)

Die Regelung des Durchflusses in den Altarm und damit auch des Spiegelhöhenunterschiedes beiderseits der Gehänge erfolgt durch Auslassen von Gehängetafeln in einzelnen, durch die gerammten Pfähle gebildeten Feldern (Abb. 1850). Hochwasser, das über die Gehänge überfällt, treibt die abgelagerten Geschiebe weiter in den Altarm vor, kann aber auch Auskolkungen hinter den Gehängen bewirken. Man verhindert dies, indem man auf die höher emporragenden Pfähle, die die Gehänge tragen, Waldlatten mit Zwischenräumen, ähnlich wie es in der Abb. 1851 zu erkennen ist, aufnagelt.

Die (0,20 bis 0,30[m]) starken Pfähle werden bei geringen Tiefen einzeln alle 2,5 bis 3,0[m] gerammt, bei größeren Tiefen werden je zwei bis drei hintereinander geschlagen und mit Riegeln verbunden, um die Gehängeanlage widerstandsfähiger, zu machen. Die Pfähle müssen mindestens bis zur Hälfte in den Flußgrund gerammt werden. Wolf'sche Gehängebauten werden in Gewässern mit feinerem Geschiebe und hauptsächlich an Stellen verwendet, wo die Niederwassertiefe eben noch das Rammen von Pfählen erlaubt, die Querschnittseinschränkung aber durch eine Vorrichtung erfolgen muß, die unter den Niederwasserspiegel hinabreichen muß.

Abb. 1834. Hakenwerk an der Mur. Die Krone liegt im MW-Höhe. (E. Gerngross.)

Die Gehänge verlegen sich im Laufe der Zeit mit Schweb, werden schwerer und sinken dann tiefer herab, wobei sich ihre Wirkung oft in nicht beabsichtigter Weise ändert. A. Wolf hat später statt der Gehänge auch sogenannte *Lattenbaue* verwendet, wie sie in der Abb. 1851 und 1852 dargestellt sind. Ihre Wirkung ist ähnlich jener der Gehänge; die Strömungen unter ihnen und

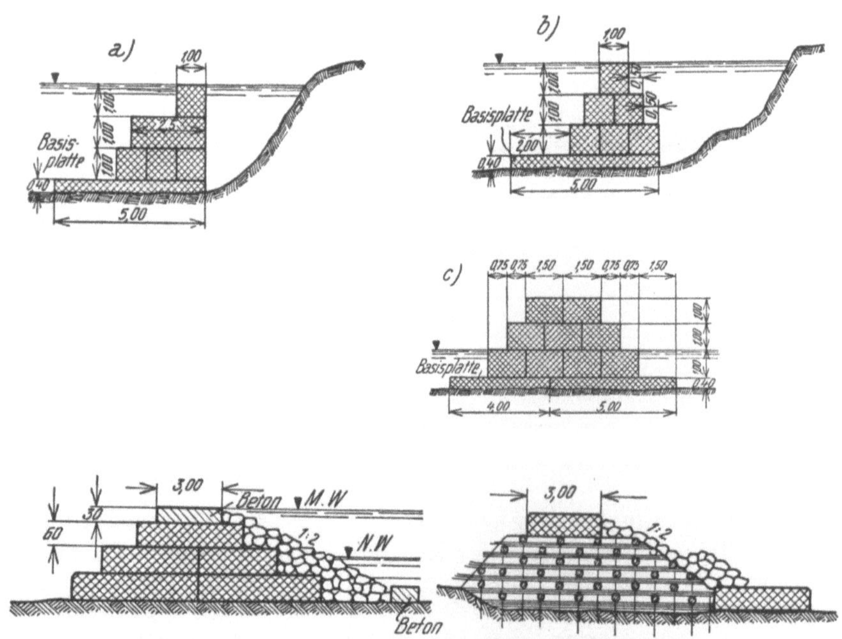

Abb. 1835. Leitwerke in Draht-Schotterbauweise. (Berg- und Wildbachverbauungs A.-G.)

die Bildung der Geschiebeanlandung hinter ihnen stellt die Abb. 1848 dar. Die Verlattung wird vom Niederwasserspiegel an bis über den Mittelwasserspiegel hinauf ausgeführt; für das Auslaufen des durch den Lattenzaun geflossenen Wassers bleibt am unteren Ende des Alt-gewässers eine Strecke unverbaut. Als Beispiel für die Anlage und die Wirkung eines Latten-baues sei die Abb. 1853 a und b angeführt.

Lattenbaue bewähren sich nur, wenn das Niederwasser geringe Tiefen aufweist, so daß

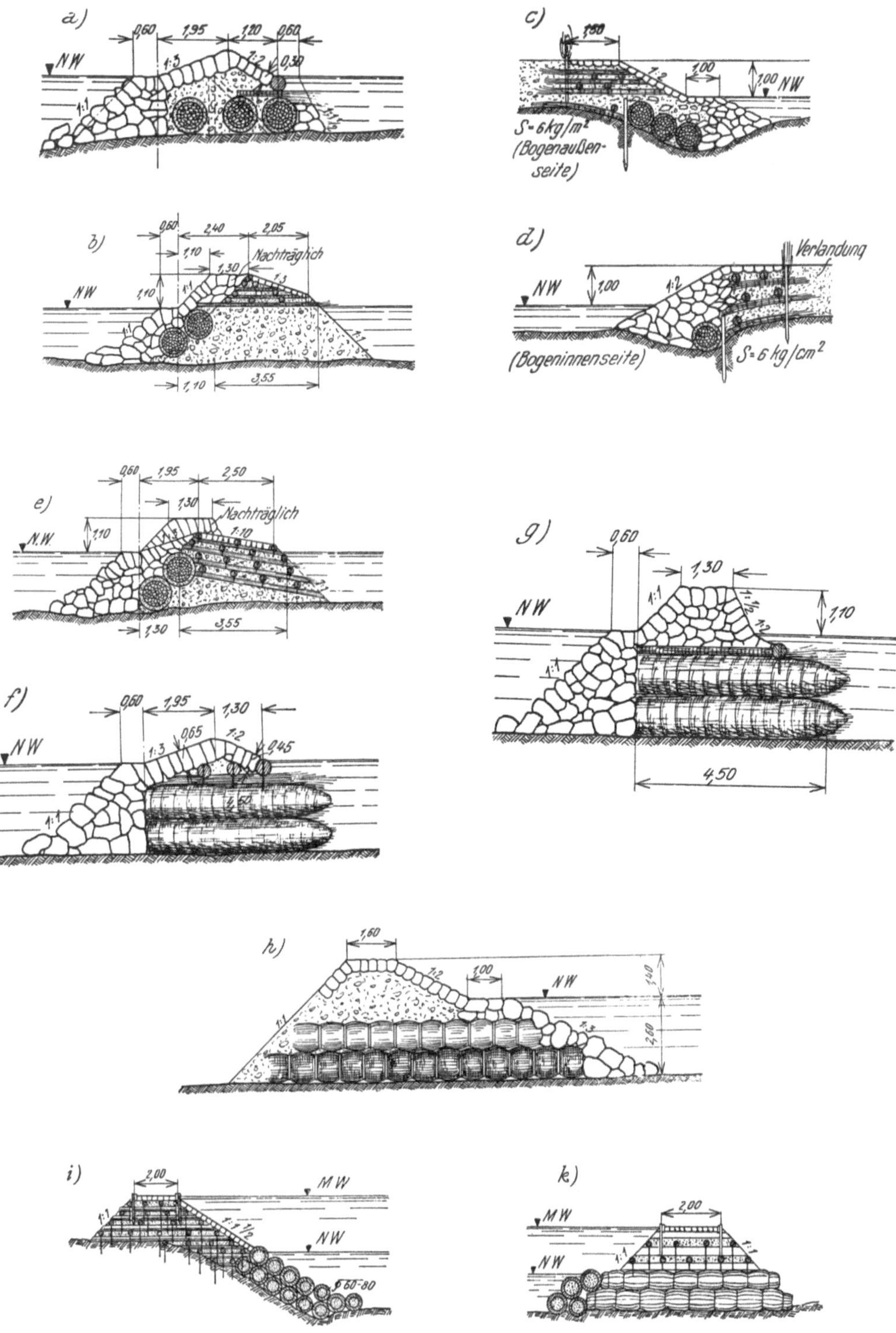

Abb. 1836. Leitwerke aus Senkfaschinen. *a)*, *b)*, *e)*, *f)* und *g)* an der Mur nach F. v HOCKENBURGER, *c)* *d)* an der Isar, *h)* am Eisack, *i)* *k)* nach V. HLAVINKA.

also die Verlattung tief gegen die Sohle herabreicht und den erforderlichen Spiegelhöhenunterschied hervorruft. In tieferem Wasser werden, wie früher schon erwähnt wurde, Gehänge verwendet oder es wird eine Verbindung von Verlattung mit Gehängen eingebaut; statt der Gehänge

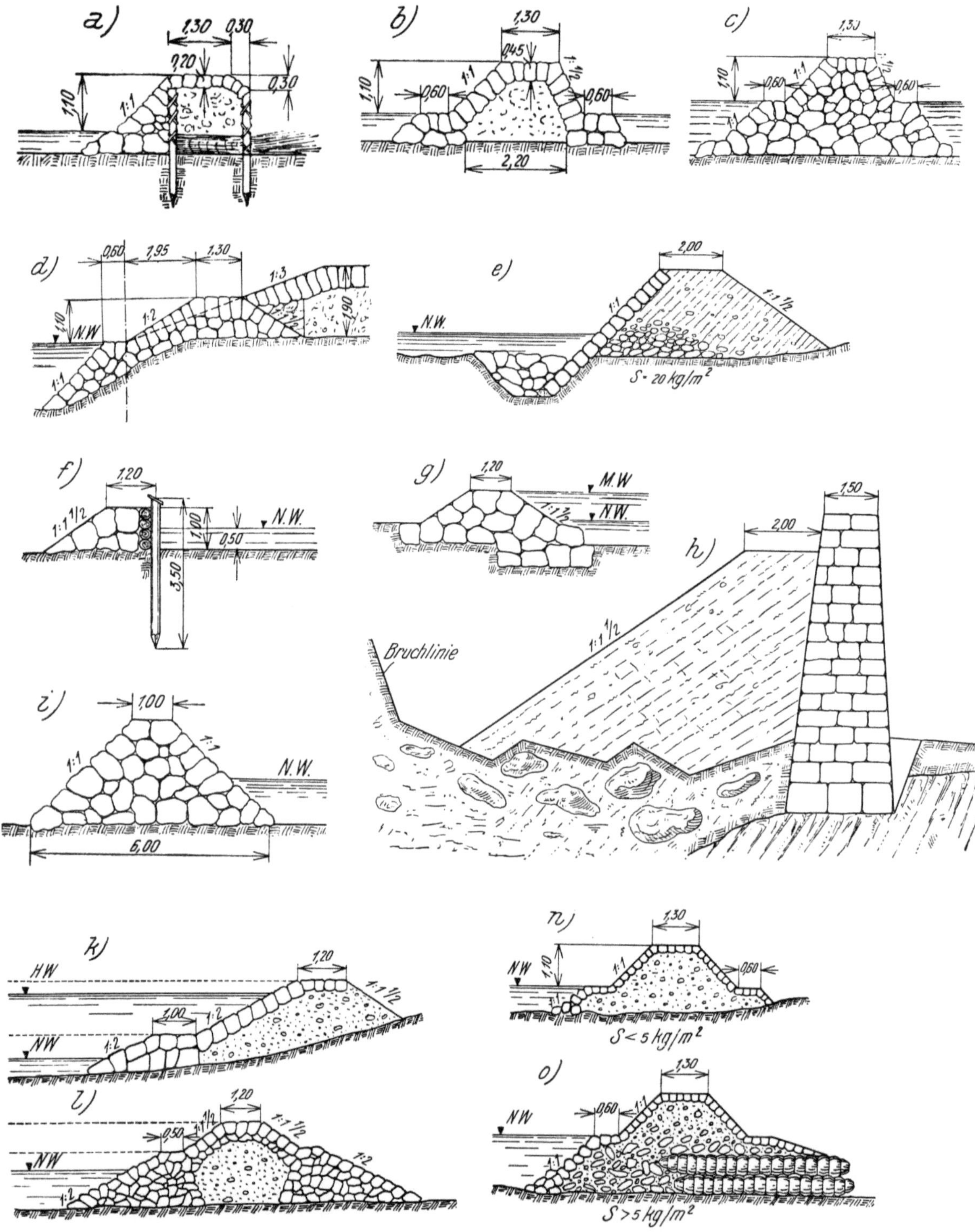

Abb. 1837. Leitwerke aus Kies und Stein. *a)*, *b)*, *c)*, *d)* an der Mur, *e)* Chiese bei Cortina, *f)* Drau bei Innichen, *g)* Drau bei Arnbach, *i)* Rienz bei Ehrenburg, *h)* Maso bei Saltone, *k)* Isar bei Mittenwald, *l)* oberer Main, *m)* Donau bei Ingolstadt, *n)*, *o)*, *p)* Mur. (Nach F. v. HOCHENBURGER und Denkschrift Tirol.)

können auch Rauhbäume etwa so, wie es die Abb. 1852 andeutet, verwendet werden. Die Wolf-
schen Lattenbaue werden ähnlich wie die Gehänge etwas vor das zu errichtende Leitwerk gestellt.

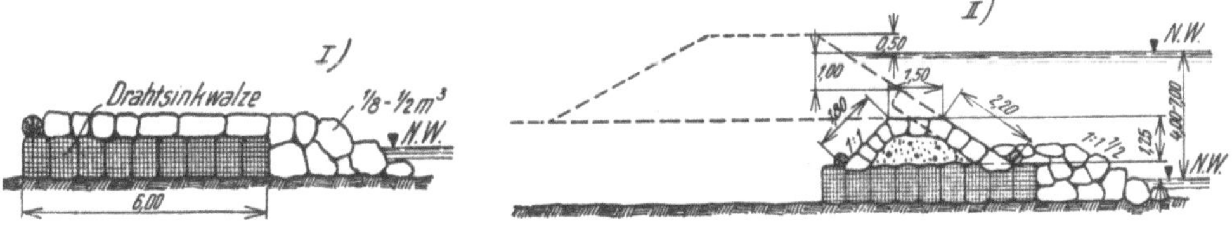

Abb. 1838. Leitwerk an der Salzach (vergl. Abb. 1828a—c). *I.* Erster Bauzustand, *II.* Zweiter Bauzustand.
(Landesbauamt Salzburg.)

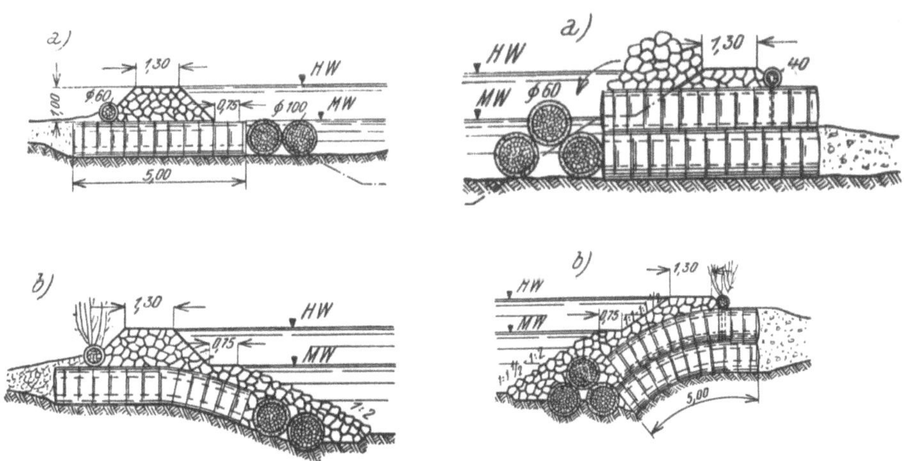

Abb. 1839. Leitwerke aus Senkfaschinen bei sich eintiefender Sohle. *a)* erster Bauzustand, *b)* zweiter Bauzustand.
(V. HLAVINKA.)

In ausgedehntem Maße hat A. WEBER an der Drau von Rauhbäumen als *Sinkbäumen* Gebrauch
gemacht, um ausgedehnte Kolke und Ufereinrisse zur Verlandung zu bringen, nachdem sich
diese Bäume auch schon bei Arbeiten an der
Donau und an der Theiß bewährt hatten. Er
versenkte die Sinkbäume in Reihen längs der
angestrebten Uferlinie, wie es die Abb. 1855
andeutet; um sie an Ort und Stelle zu erhalten,
wurde jeder einzelne mittels einer Kette an

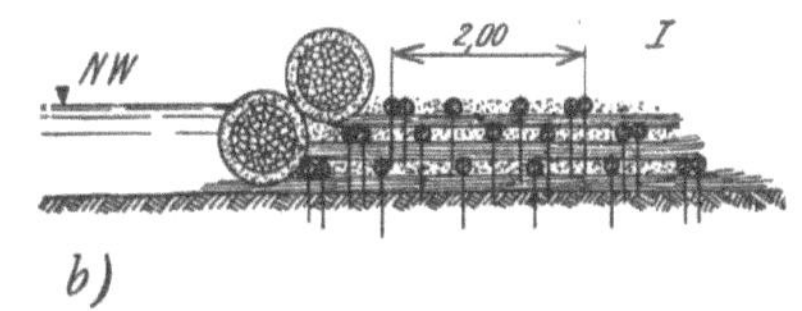

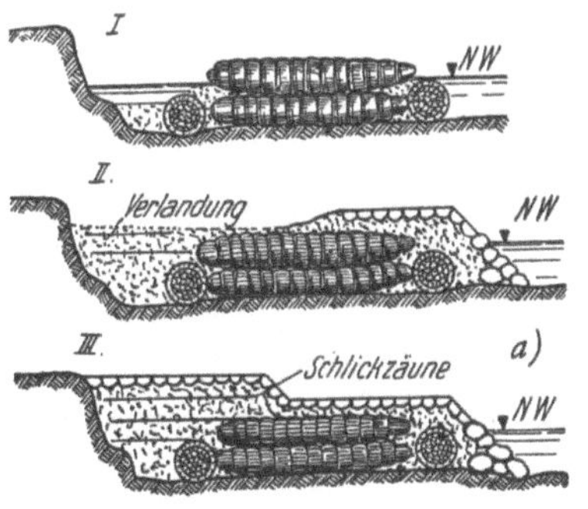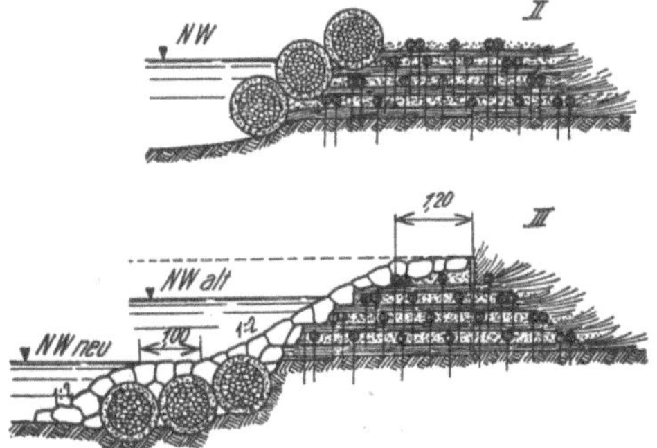

Abb. 1840. Leitwerke aus Senkfaschinen in verschiedenen Bauzuständen. *a)* Torrento Torre, *b)* Lech bei Schongau.

einem Betonblock verankert (Abb. 1855). Die Sinkbäume sind von Wasserfahrzeugen (Abb. 1856)
aus etwas vor der angestrebten Uferlinie ins Wasser mit Tiefen bis zu 7 [m] unter Niederwasser

versenkt worden. Ihre Wirkung war ähnlich jener der Wolf'schen Bauweise. Die Sinkbäume verzögern die Wasserbewegung, erlauben aber den Durchtritt von Geschieben und Sinkstoffen und führen zu einer rasch fortschreitenden Auflandung des hinter denselben liegenden Flußgrundes.

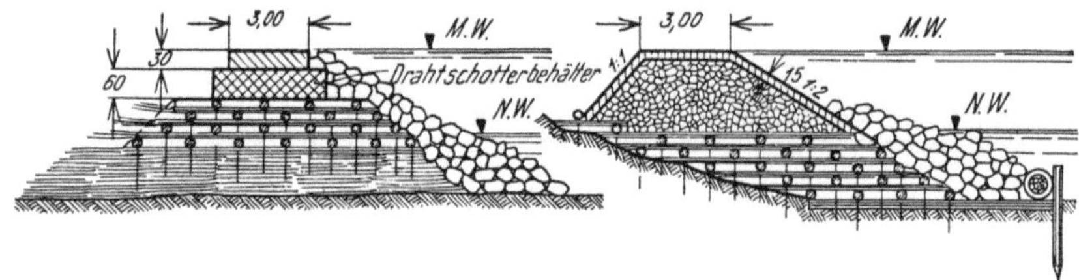

Abb. 1841. Leitwerk aus Packwerk mit Stein bzw. Beton. (V. HLAVINKA.)

Die Sinkbäume werden in derartigen Längen verwendet, daß sie über den Niederwasserspiegel etwa 2 bis 3 [m] emporragen; sie werden mittels einer kurzen Kette, an einem etwa 2,5 Tonnen schweren Betonblock verankert, der im Mischungsverhältnis 1:10 bis 1:15 hergestellt wird. Als Rauhbäume eignen sich am besten Fichten mit möglichst dicht stehenden Zweigen. Sinkbäume eignen sich als Hilfsmittel zur Verlandung von Altgewässern

Abb. 1842. Leitwerk an der Mur mit freiem Ende, gut begrünt. (E. GERNGROSS.)

Abb. 1843. Bau eines Leitwerkes aus Senkfaschinen mit Betonquaderpflaster 50 × 50 × 30 [cm] und Wurf aus unregelmäßigem Betonsteinen an der unteren Mur. (E. GERNGROSS.)

und zur Einschränkung übermäßiger Bettbreiten, wenn die Wassertiefe so groß ist, daß Pfähle nicht mehr gerammt werden können.

E. FABER hat gefunden, daß auch einfache Pfähle, die in zwei Reihen mit gegenseitigen Abständen von 1 bis 2 [m] gerammt werden, ähnlich wie die Wolf'schen Bauten wirken.

Abb. 1844. Steinkastenleitwerk am Ofenbach. (Wildbachverbauungssektion Salzburg.)

Bei ganz feinem Sand hat endlich AUDOUIN an der Loire Altgewässer durch Anwendung einfacher, schützenartiger Holztafeln, die sich in Rahmen an Pfahlreihen längs der angestrebten Uferlinie heben und senken ließen, zur Verlandung gebracht und gleichzeitig den Stromstrich in die angestrebte Richtung abgelenkt. Sein System ist wohl wesentlich kostspieliger als das Wolf'sche, es bietet aber den Vorteil leichter Regulierbarkeit.

Statt Holz in den verschiedenen bisher beschriebenen Arten verwendet DOELL starkes, weitmaschiges Drahtnetz, das die Sinkstoffe und die feineren Geschiebe durchläßt, während die gröberen, an der Sohle wandernden, unter den Netzen durchgespült werden. Auch diese Netze rufen Spiegelhöhenunterschiede beiderseits hervor und wirken ähnlich wie die früher beschriebenen durchlässigen Bauten.

Auch lediglich zur Verlegung des Stromstriches und zum Abtreiben von Sandbänken werden schwebende Bauten verwendet. Ohne Rücksicht auf ihren Zweck müssen alle derartigen Bauten am Anfange sicher in das Ufergelände eingebunden werden, damit Hochwasser unter keinen Umständen die Bauwerke umströmen kann.

Sowohl die schwebenden Bauten, als auch jene von Faber und Audouin werden durch Eis schwer gefährdet und eignen sich daher hauptsächlich für Gewässer, in denen nicht mit Eisstößen zu rechnen ist.

Alle bisher beschriebenen durchlässigen Bauwerke sind eigentlich keine Regulierungsbauwerke, sondern, wie schon erwähnt worden ist, nur Hilfsmittel, die die Schaufelarbeit bei Flußbauten verringern sollen und vorwiegend dazu dienen, das Wasser zu nutzbringender Arbeit zu lenken. Hat das Wasser diese Arbeit geleistet, also Geschiebe abgetrieben oder Anlandungen bewirkt, so sind die Bauten zu entfernen und die erzielten Anlandungen müssen nun durch die im Flußbau seit jeher üblichen Mittel vor Abspülung gesichert werden. Das geschieht bei Gehängebauten, indem man, so wie es die Abb. 1857 erkennen läßt, die Faschinentafeln fallen läßt und die Pfähle abschneidet; die Tafeln stecken mit ihren Enden vielfach in den Anlandungen fest. Der weitere Ausbau geschieht dann so, wie es gelegentlich der Besprechung der Leitwerke angegeben worden ist. Wenn schwebende Bauten nach einigen Hochwässern den erwarteten Erfolg nicht bringen, so war ihre Anlage in der Regel verfehlt.

Buhnen (Staken, Sporen, Wuhren) sind Querbauten, die vom Ufer aus in das Bett bis zur angestrebten Uferlinie vorgebaut werden, um übermäßige Breiten zur Verlandung zu bringen. Die Bezeichnungen der einzelnen Teile einer Buhne sind in der Abb. 1858 eingetragen. Die Buhnen (Abb. 1859) werden entweder normal, stromaufgerichtet (inklinant) oder stromab gerichtet (deklinant) angelegt; in allen drei Lagen schränken sie die Bettbreite auf die plangemäße ein, nur ihre verlandende Wirkung ist verschieden. Die Erfahrung hat gelehrt, daß stromaufgerichtete Buhnen die zwischen ihnen liegenden Felder am wirksamsten auflanden. An den Köpfen der Buhnen bildet sich infolge des durch sie bewirkten Staues ein Kolk, ähnlich wie an Brückenpfeilern, aus, der bei den stromaufgerichteten Buhnen am tiefsten reicht, und die Buhnen bewirken infolge der Zusammendrängung des Wassers eine Tieferlegung der Sohle. Die Buhnen-

Abb. 1845. Böschungssicherung durch Platten an Ort und Stelle betoniert.

Abb. 1846. Böschungssicherung am Leitwerk mit Betonformsteinen.

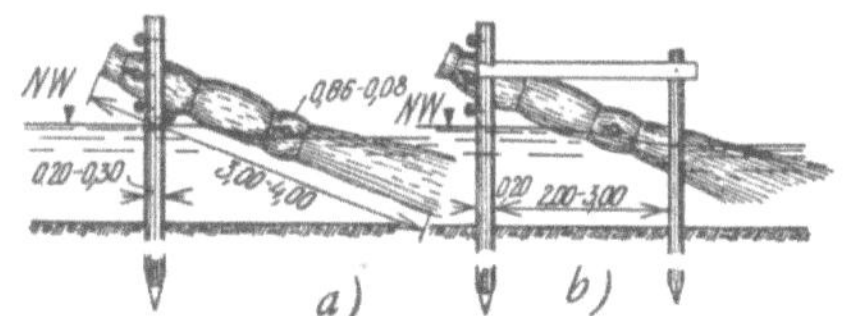

Abb. 1847. Wolf'sche Gehänge *a)* bei geringer, *b)* bei starker Strömung.

köpfe und die anschließenden Teile der Buhnen müssen daher so ausgeführt werden, daß sie entweder durch den Kolk nicht gefährdet werden oder aber den Sohlenausspülungen elastisch folgen und schließlich den Kolk-

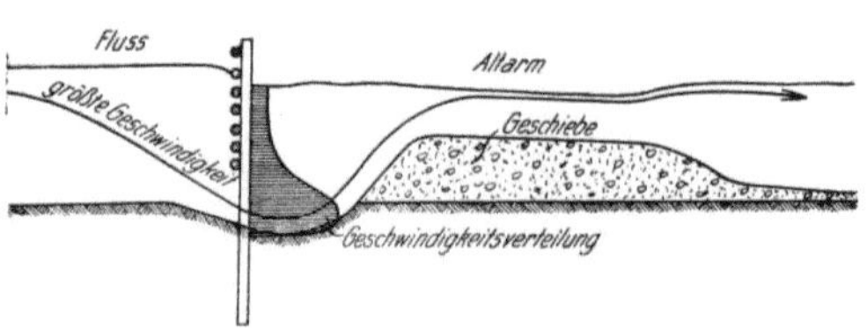

Abb. 1848. Strömung durch einen Lattenbau.

boden decken. Der Kolk wird auch um so tiefer, je steiler die Böschungen der Buhne am Kopfe geneigt sind. In den Feldern zwischen den Buhnen gerät das Wasser in langsam kreisende Bewegung (Abb. 1860) und es werden dort Geschiebe und Schweb abgelagert. Die Umströmung einer Buhne an der Wurzel wird durch eine sorgfältige Einbindung derselben in das alte Ufer, die etwa (3 bis 10) [m] tief gemacht wird, verhindert.

Die Kronen der Buhnen sind überströmbar oder hochwasserfrei ausgeführt worden; bei den ersteren läßt man die Krone gegen das Ufer hin ansteigen, bei den letzteren wird sie waagrecht

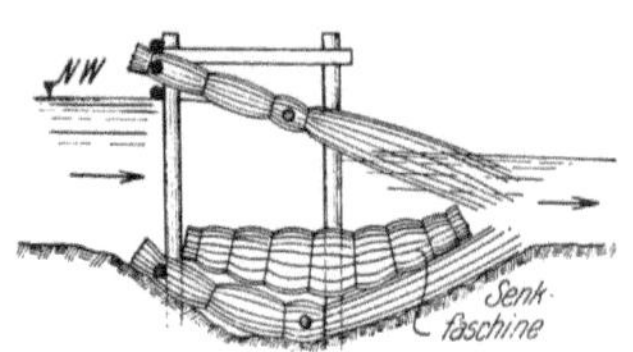

Abb. 1849. Wolf'sches Gehänge mit Senkfaschine im Kolk.

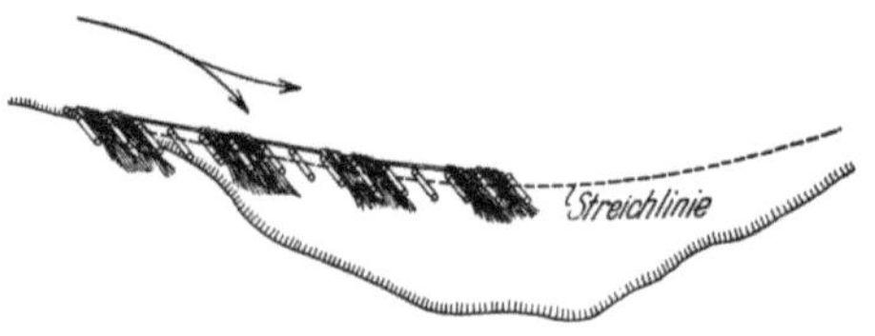

Abb. 1850. Anwendung der Gehänge an einem Ufereinriß.

gelegt. Liegt der Kopf der Buhne unter dem Niederwasserspiegel, so wird sie als *Tauchbuhne* bezeichnet, liegt auch die Krone unter dem Niederwasser, so wird sie *versenkte Buhne* genannt. Die Krone einer Buhne darf niemals höher gelegt werden als das benachbarte Ufer, weil sonst bei Hochwasser Umströmungen zu befürchten sind. Überströmbare Buhnen müssen auf ihrer

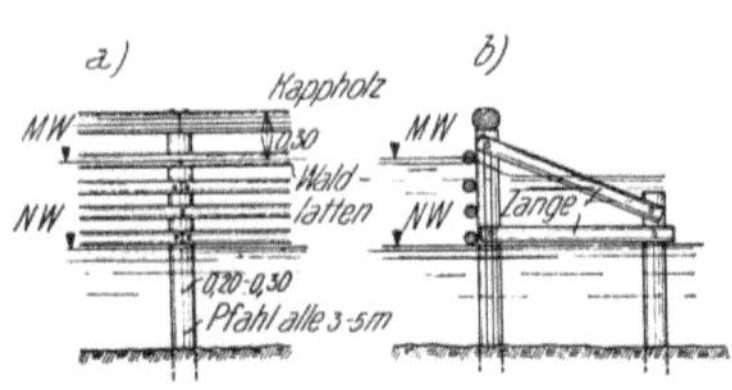

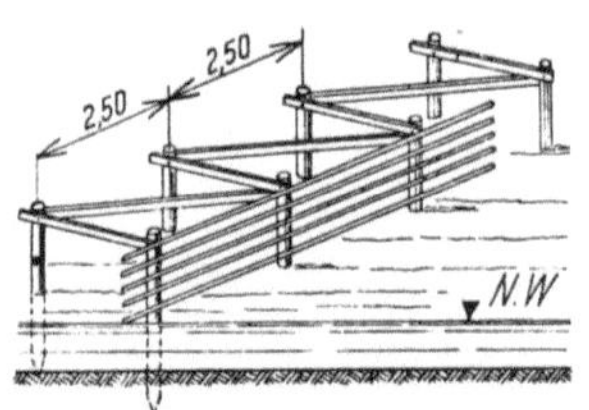

Abb. 1851. Lattenbau bei heftiger Strömung.

Rückseite mit einem Sturzbett ausgerüstet werden, das Unterspülungen durch das überlaufende Wasser verhindert. Hochwasserfreie Buhnen verlanden wirksamer, bewirken aber stärkere Kolke an den Köpfen.

Für die Ermittlung der gegenseitigen Entfernung der Buhnen gibt es keine zuverlässigen Regeln; TEUBERT empfiehlt, sie in geraden Strecken so anzuordnen, daß zwei benachbarte Buhnen mit dem Ufer und mit der Streichlinie eine Raute bilden, an der Bogenaußenseite werden sie enger aneinander, an der Innenseite weiter auseinander gelegt. In Bogen mit kleinen Krümmungshalbmessern haben sie sich nicht bewährt, dort werden Leitwerke verwendet. In geraden Strecken werden die Buhnen stets so angeordnet, daß sich die Achsen gegenüberliegender Buhnen in der Gerinneachse schneiden.

Der besondere Vorteil, den die Anwendung der Buhnen gegenüber dem Leitwerk bietet, besteht darin, daß die Bettbreite nachträglich noch leicht verändert werden kann; ihm steht als Nachteil gegenüber, daß das Flußbett sich zwischen den Buhnen nicht regelmäßig ausbildet, weil sie nur in

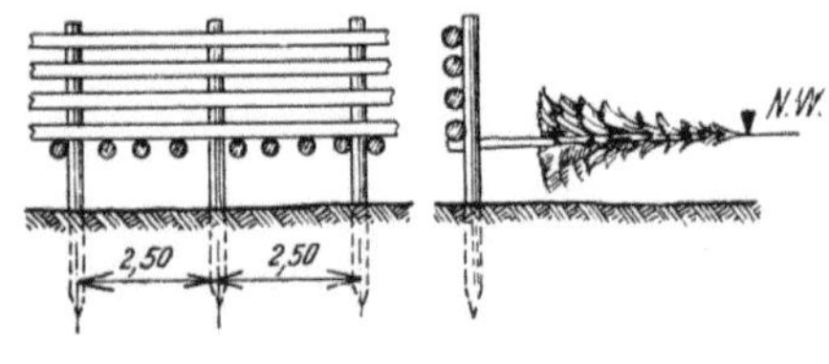

Abb. 1852. Lattenbau mit Rauhbäumen.
(V. HLAVINKA.)

großen Entfernungen von einander liegende Lehren bilden, während das Bett dazwischen mehr oder minder sich selbst überlassen ist und daß sie der Schiffahrt hinderlich sind. Der

Hauptgrund dafür, daß sie trotzdem angewendet werden, liegt darin, daß die Verbauung mit ihnen meist weniger Aufwand erfordert als jener mit Leitwerken. In Gebirgsflüssen mit heftiger Geschiebebewegung haben sich Buhnen nicht bewährt.

Die Anlage der Buhnen erfolgt in der Regel flußab fortschreitend. Wo die angestrebte Ufer-linie sich weniger als 10 bis 15 [m] dem alten Ufer nähert, werden statt der Buhnen besser Leitwerke erbaut.

Die Erfolge stellen sich bei der Anwen-dung der Buhnen nur langsam ein. Als Beispiel für eine Verbauung mit Buhnen sei jene der Innstrecke bei Terfens-Weer in Tirol (S. 996) erwähnt. Dort ist zu erkennen, wie der Inn seinen Lauf fort-während geändert hat und wie man ihn später, langsam fortschreitend, festgelegt hat. Von einer Anzahl von Buhnen sind dort vorerst nur die Köpfe erbaut worden; hinter ihnen haben sich bald starke An-landungen gebildet, auf denen man später die Buhnen bis zum ehemaligen Ufer aus-gebaut hat. Die Buhnen waren dort hochwasserfrei angeordnet worden. Ein weiteres Beispiel für die mit Buhnen er-zielbaren Erfolge ist in der Abb. 1911 (S. 997) dargestellt. Dort sind die Buhnen überströmbar. Der Kopf liegt in Nieder-wasserhöhe und die Krone steigt bis zur Mittelwasserhöhe an. Durchflüsse, die das Mittelwasser überschreiten, überströmen die Buhnen vollständig.

a)

b)

Abb. 1853. Der Lech, vom ¦Unterletzner Plateau gegen Süden gesehen. a) vor Baubeginn, Sept. 1907; b) am 24. Januar 1909. (Bauleitung Reutte.)

Buhnen werden aus Sinklagen (Abb. 1861), aus Senkfaschinen (Abb. 1862), in Drahtschotter-bauweise (Abb. 1863 bis 1865), aus Steinkasten (Abb. 1862), aus Bruchsteinen (Abb. 1866) oder aus Kies (Abb. 1862), je nach der Schleppkraft und den verfügbaren Baustoffen ausgeführt. Buhnen aus Sinklagen sind hauptsächlich in den norddeutschen Strömen bei großen Tiefen

Abb. 1854. Sinkbäume in der Drau.

ausgeführt worden; als Beispiel einer solchen sei in der Abb. 1867 noch eine an der Oder übliche dargestellt. Die Grundlage der Buhnen bilden dort im tiefen Wasser einige Lagen von Sink-stücken, darüber kommen Sinklagen und auf diesen schließlich am Kopf Bruchsteinpflaster zwischen Flechtzäunen, weiter hinten eine Spreitlage. Bei heftiger Strömung kann die Grundlage der Buhnen ähnlich wie bei Leitwerken aus Senkfaschinen aufgebaut werden. Diese Bauweise eignet sich auch besonders für die Tauchbuhnen und für versenkte Buhnen.

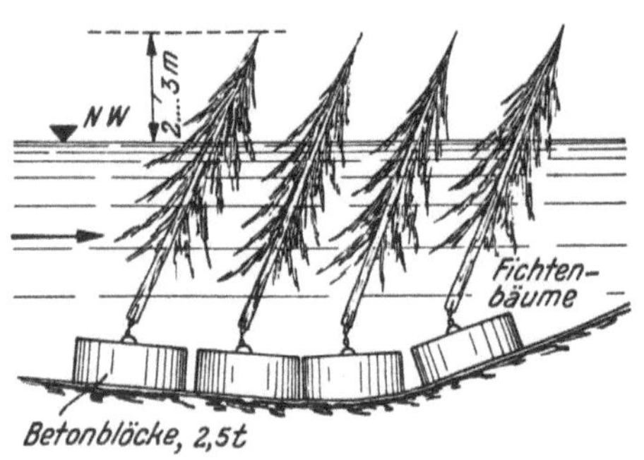

Abb. 1855. Sinkbäume, an Betonblöcken verankert.

Abb. 1856. Versenken eines Sinkbaumes in der Drau. (Fr. SCHAFFERNAK.)

Buhnen in Drahtschotterbauweise sind in den Abb. 1863 bis 1865 dargestellt. Die Grundlage der Buhnen bilden die breiten Grundplatten, über denen die Schotterbehälter aufgebaut werden. Wenn sich am Kopf ein Kolk bildet, so senken sich die weit ausladenden Grundplatten, decken die Kolkböschung und verhindern eine Unterspülung der Buhne. Buhnen aus Steinkästen sind in Gebirgsflüssen manchmal angewendet worden; man verwendete womöglich pilotierte Steinkästen. Buhnen aus Bruchstein werden zuerst nur von Schiffen oder von Gerüsten ausgeschüttet und erst später, wenn die Schüttung sich beruhigt hat, über dem Niederwasser abgepflastert. Über den Niederwasserspiegel wird meist eine um die Buhne laufende, etwa 1 [m] breite Berme angeordnet. Die Böschung der Streichseite wird unter 1 : 1,5, jene der Rückseite unter 1 : 1 geneigt ausgeführt. In heftiger Strömung können als Grundlage der Buhnen auch Lagen von Senkfaschinen verwendet werden. Buhnen aus Kies werden aus dem

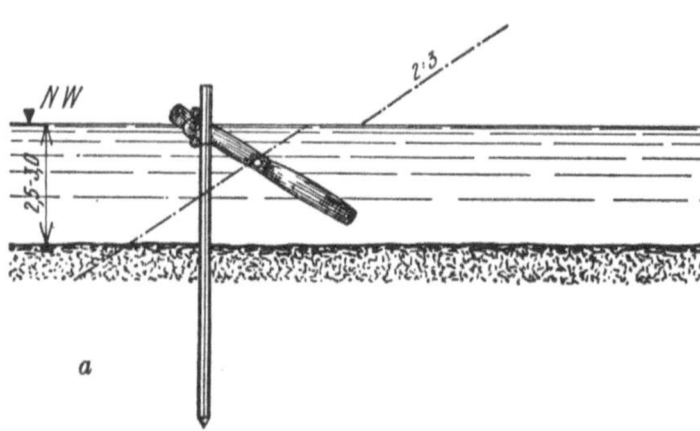

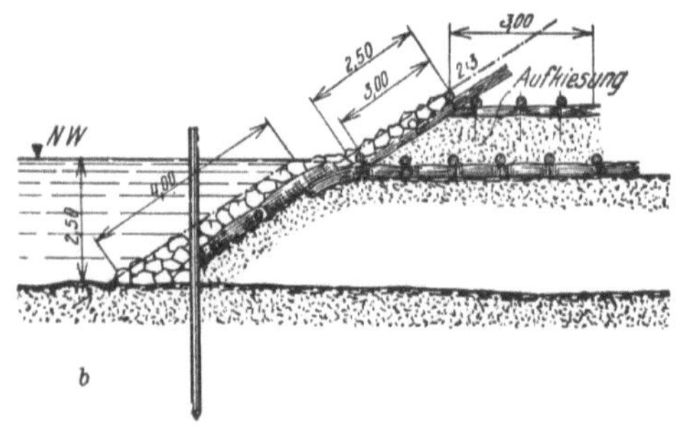

Abb. 1857. Ausbau eines Leitwerkes an Wolf'schen Gehängen. *a)* Wolf'sches Gehänge, *b)* nach dem Ausbau des Leitwerkes.

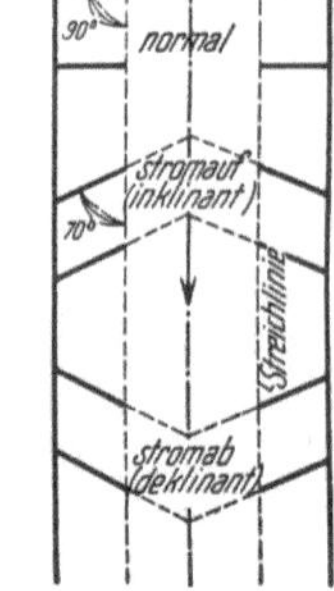

Abb. 1859. Stellung der Buhnen zum Stromstrich.

Kies des Flußbettes geschüttet und an der Oberfläche, wie es in der Abb. 1862 zu erkennen ist, abgepflastert. Der Fuß des Böschungspflasters wird durch eine Steinschüttung gesichert.

Die in den Feldern zwischen den Buhnen abgesetzten Geschiebe und besonders der Schweb (Abb. 1868) werden durch Flechtzäune oder Schlickfänger vor Abspülung bewahrt. Wenn die Reiser der Schlickzäune sich begrünen, so fördern sie weiter die Bildung von Auflandungen, die schließlich mit Setzlingen weiter befestigt werden.

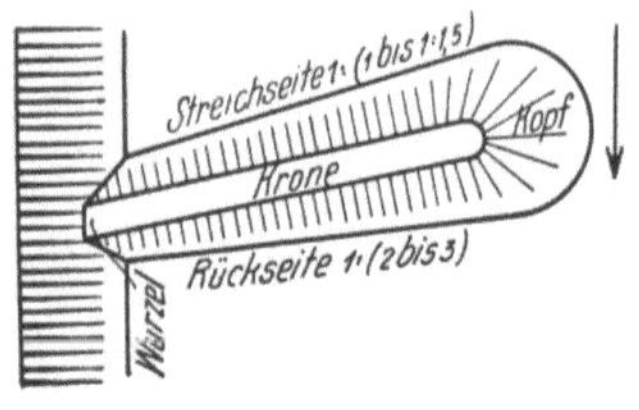

Abb. 1858. Buhne.

Abb. 1860. Strömung in einem Buhnenfeld.

Schrifttum.

EHRENBERGER, R.: Modellversuche über Strömungserscheinungen in Buhnenfeldern. Z. öst. Ing.- u. Arch.-Ver. 1925, 411. — FABER, E.: Über neuere Methoden des Flußbaues. Dtsch. Bauztg. 1897, 86. — DER-

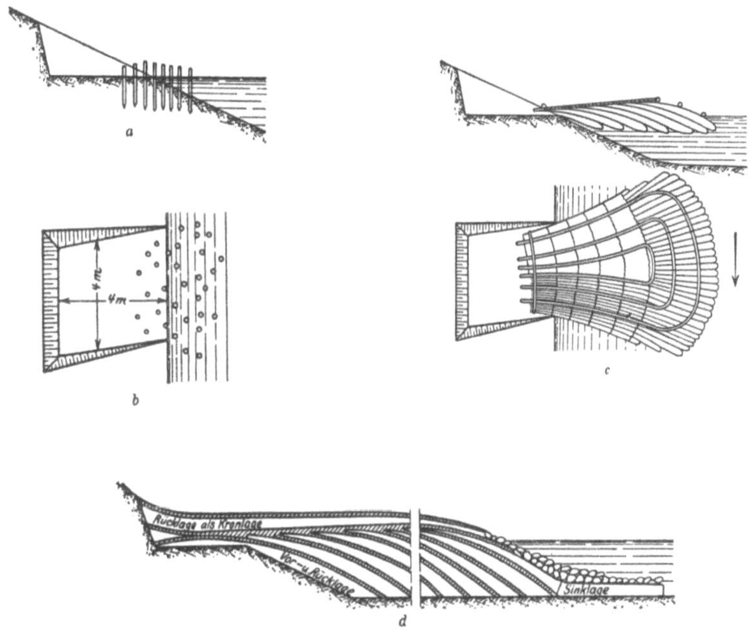

Abb. 1861. Bau einer Buhne aus Sinklagen. *a), b)* Buhnenkammer, *c)* Bau der ersten Schwimmlage, *d)* die fertige Buhne mit der Sicherung des Fußes. (L. FRANZIUS.)

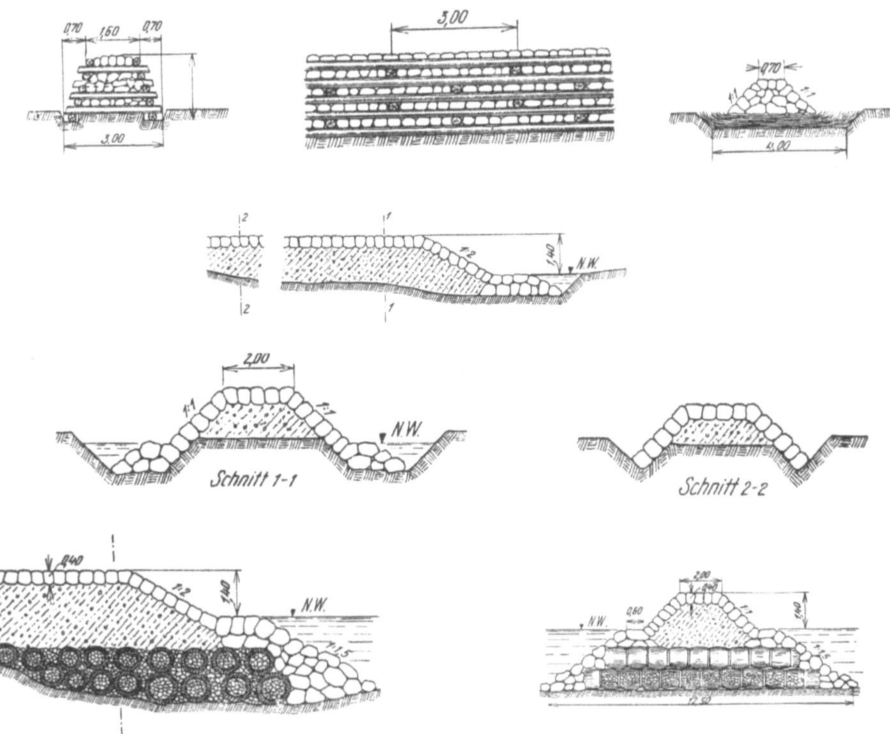

Abb. 1862. Buhnen in verschiedenen Bauweisen an der Drau und am Eisack. (Denkschrift Tirol.)

SELBE: Die Wolf'schen Bauten zur Verbesserung geschiebeführender Flüsse. Bautechn. 1925, 185. — DERSELBE: Die Wolf'schen Bauweisen zur Regulierung geschiebeführender Flüsse. Dtsch. Bauztg. 1903, 574. — FRANZIUS, L.: Regulierung der Flüsse für Niedrigwasser. Zbl. Bauverw. 1899, 269. — GRÜNHUT, C.: Über die Verwendung des Betonkunststeins bei der Murregulierung.
Öst. Wschr. öff. Baudienst 1914, 273. — DERSELBE: Die Re-

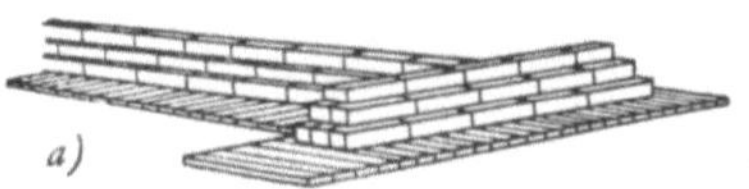

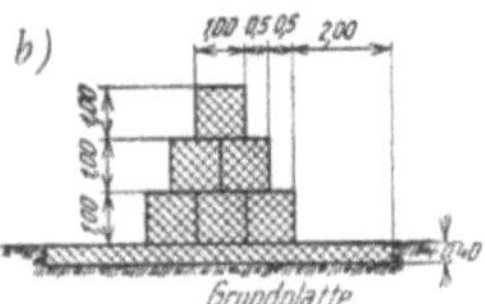

Abb. 1863. Buhne in Drahtschotter-Bauweise. *a)* Ansicht, *b)* Querschnitt. (Berg- und Wildbachverbauungs A.-G.)

gulierung der Torrente Torre. Öst. Wschr. öff. Baudienst 1914, 699. — HERBST, A.: Die Donau bei Regensburg. Öst. Wschr. öff. Baudienst 1898, 195. — HLAVINKA, V.: Uprava Toku a Hrazeni Bystrin. Brünn, 1927. — HOCHENBURGER, F.: Das Wolf'sche Bausystem an der Isar. Wschr. öst. Ing.- u. Arch.-Ver. 1889, 235. — KRAPF, PH.: Das Wesen und die Anwendung der Wolf'schen Pfahlwerke. Öst. Wschr. öff. Baudienst 1919, 151. — MAYR, M.: Die Korrektion der geschiebeführenden Gebirgsflüsse mittels einseitiger Leitwerke. München, 1911. — MUTTRAY und SOLDAN: Der Ausbau der Weser. Z. Bauwes. 1919, 121. — ROLOFF, E.: Mitteilungen über nordamerikanisches Wasserbauwesen. S. 9 u. 10. — WEBER, A.: Über eine

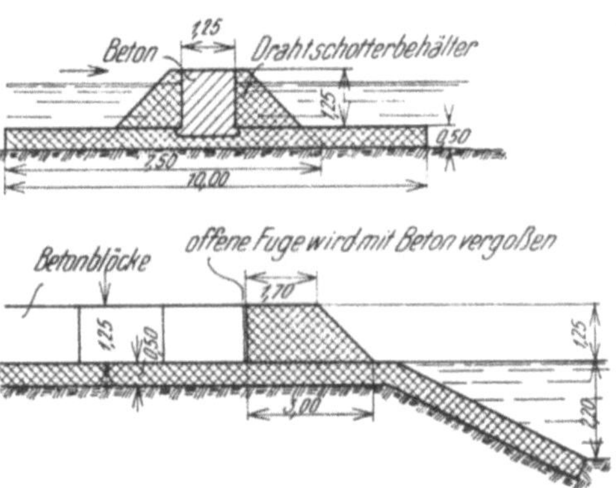

Abb. 1864. Buhne mit Unterbau aus Drahtschotterwalzen und Krone aus Beton.

Abb. 1865. Buhne aus Drahtschotterbehältern mit Betonkrone.

Anwendung von Sinkbäumen am Drauflusse. Öst. Wschr. öff. Baudienst 1905, 261. — WOLF, A.: Neuere Strombauten an der Isar. Z. Bauwes. 1886, 515. — DERSELBE: Über die Regulierung geschiebeführender Flüsse usw. Wschr. Baukde. 1886, 339. — WOLFF, E.: Flußregulierung und Nutzbarmachung von Wasserkräften in Bayern und Württemberg. Zbl. Bauverw. 1882, 112.

III. Grundschwellen und Geschiebesperren.

Abb. 1866. Buhne aus Bruchstein.

Grundschwellen sind feste Wehre, die angewendet werden, um die Sohle eines Flusses im Längenschnitt auf planmäßige Höhe einzustellen. Sie reichen von einem Ufer zum andern und ihre Krone liegt an den Ufern vielfach höher als in der Mitte. In besonderen Fällen werden Grundschwellen auch nur in der einen Gerinnehälfte angelegt, um die Ausbildung gewisser Querschnittsformen zu erzwingen bzw. um in schiffbaren Flüssen die Ausbildung einer Niederwasserrinne mit hinreichender Fahrwassertiefe zu fördern; sie werden dann auch Tauchbuhnen (vgl. S. 972) genannt. In Gewässern mit heftiger Geschiebebewegung werden die Grundschwellen auch eingebaut, um das Gefälle zu ermäßigen; es bildet sich dann ein abgestaffelter Längenschnitt der Sohle aus, in dem das Gefälle auf einzelne Stufen konzentriert ist, zwischen denen die Sohle nur geringe Neigung hat. Je nach der im Flußlauf vorkommenden größten Schlepp-

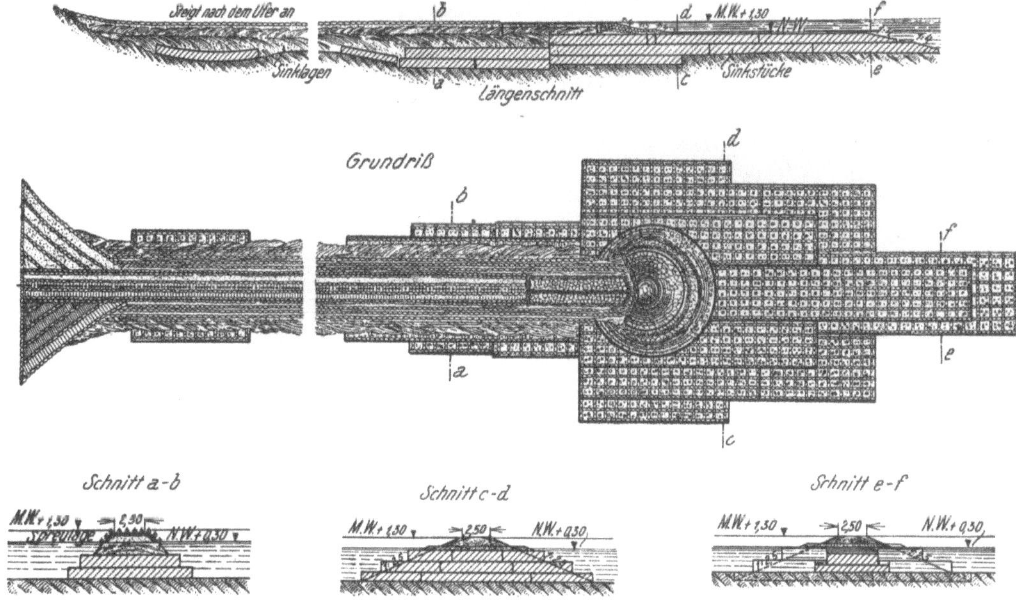

Abb. 1867. Oderbuhne. (Nach F. KREUTER.)

kraft, den erhältlichen Baustoffen und der Höhe der Grundschwellen werden diese in den verschiedensten Bauweisen, ähnlich den festen Wehren, ausgeführt, von denen eine Anzahl in den Abb. 1869 bis 1873 zusammengestellt sind. Die Schwellen werden stets sorgfältig in die Ufer eingebunden und erhalten einen Schutz gegen Unterkolkungen, ähnlich wie Wehre.

Geschiebesperren sind kleine Talsperren, die in Wildbächen zur Anwendung kommen, um die Gefälle zu ermäßigen, die Sohlenausspülung zu verhindern und durch Hebung der Talsohle die Hangfüße zu festigen. Sie werden aus Beton, Bruchsteinmauerwerk, Trockenmauerwerk, Holz oder einer Verbindung von Stein mit Holz ausgeführt, je nachdem, welche Baustoffe im unmittelbaren Bereiche der Baustelle am leichtesten zu beschaffen sind. Die

Abb. 1868. Anlandung, *a* in einem Buhnenfeld *b* Buhne in Drahtschotter-Bauweise.

Ausbildung solcher Sperren in verschiedenen Bauweisen wird tiefer unten ausführlicher erläutert werden. Alle Sperren erhalten am talseitigen Fuße ein wohlgesichertes Sturzbett, dessen

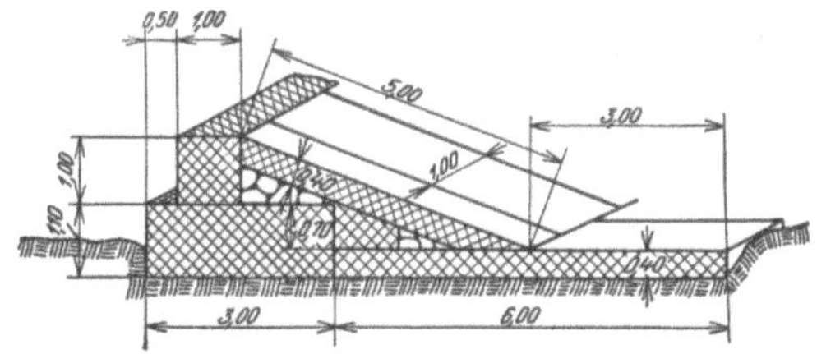

Abb. 1869. Grundschwelle in Drahtschotter-Bauweise, ständig überronnen.

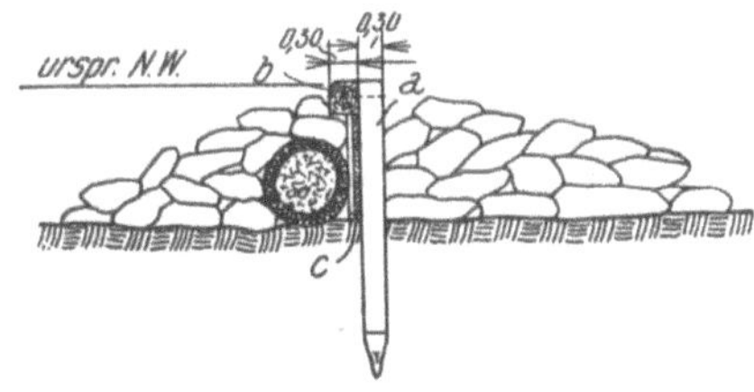

Abb. 1870. Grundschwelle mit Blockwandwehr und Steinwurf, ständig überronnen.

Länge flußab etwa gleich der 1,5- bis 2fachen Absturzhöhe gemacht und am Ende in der Regel durch eine Gegenschwelle begrenzt wird, die ein Tosbecken schafft. Die Krone der Mauern läßt

man in der Regel gegen die Hänge zu ansteigen, um das Wasser sicher im mittleren Teil des
Gerinnes zusammenzufassen. Auch Kronenerhöhungen mit einer Stufe in der Nähe des Hanges
sind ausgeführt worden; zwischen den beiderseitigen Stufen kann die Mauerkrone dann waagrecht
liegen. In manchen Fällen ist schließlich das Wasser auch zwischen Leitwerken (Abb. 1874) geführt
worden, die bis zur Mauer vorgebaut sind; zwischen ihnen legt man dann die Krone meist waagrecht. Die seitliche Begrenzung des Sturzbettes geschieht durch Mauern, die hinreichend hoch an

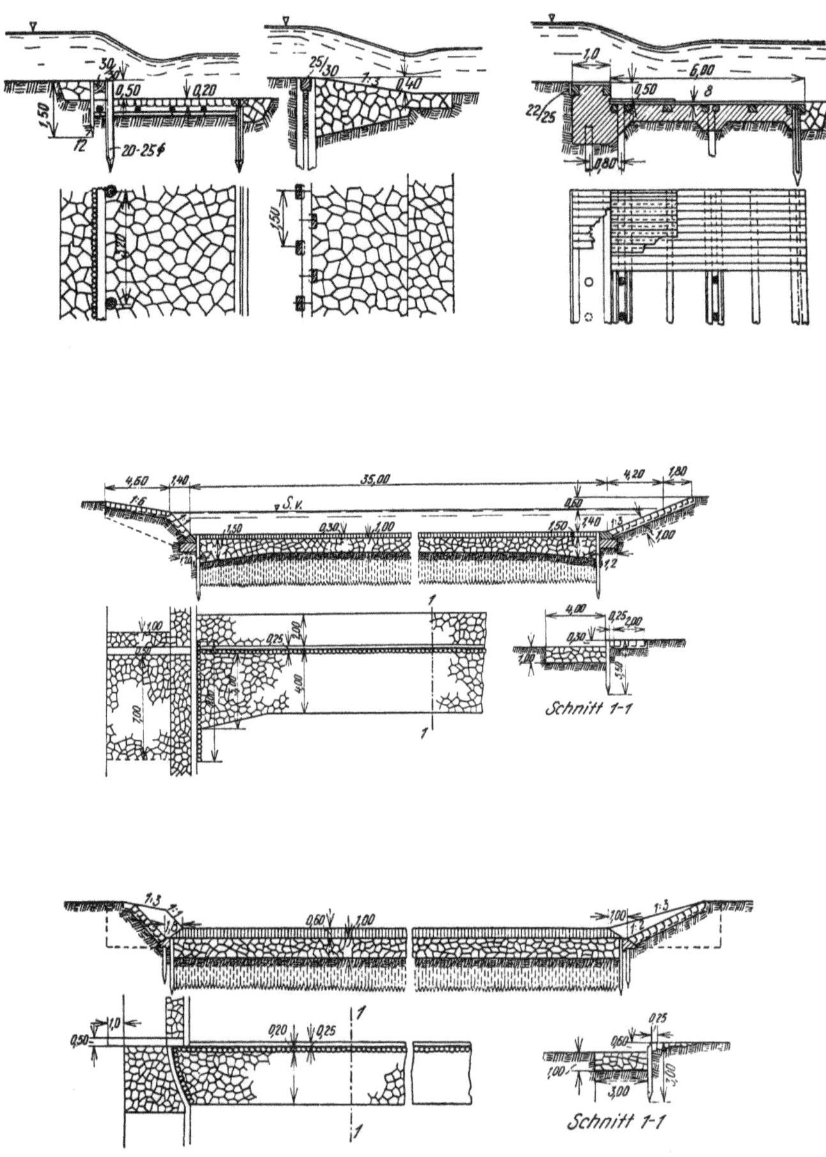

Abb. 1871. Ständig überronnene Grundschwelle in verschiedenen Bauweisen. (V. HLAVINKA.)

beiden Ufern hinaufgeführt werden. Die Gründung soll womöglich unmittelbar auf Fels erfolgen;
ist das nicht möglich, so werden die Sperren am talseitigen Fuß durch ein besonders sorgfältig
hergestelltes Sturzbett gegen Unterspülung gesichert und die talab nächste Sperre wird so
angeordnet, daß die durch sie bewirkte Anlandung an der oberen Sperre mindestens noch 0,25 [m]
stark ist. Da schließlich Geschiebesperren nur das Geschiebe zurückhalten sollen, der dauernde
Aufstau von Wasser aber unerwünscht ist, werden in Sperren, die sehr dicht ausgeführt sind,
besonders in solchen aus Beton oder aus Mauerwerk, eigene Durchlässe für den Wasserabzug
angelegt; sie erhalten, wenn sie große Querschnitte besitzen, an der Bergseite der Mauer einen

Stabrost aus Stahl oder Holz, der die gröberen Geschiebe anfänglich zurückhält. Später bildet sich an diesen Öffnungen ein Filter aus, der auch Kies und Sand am Durchgang hindert.

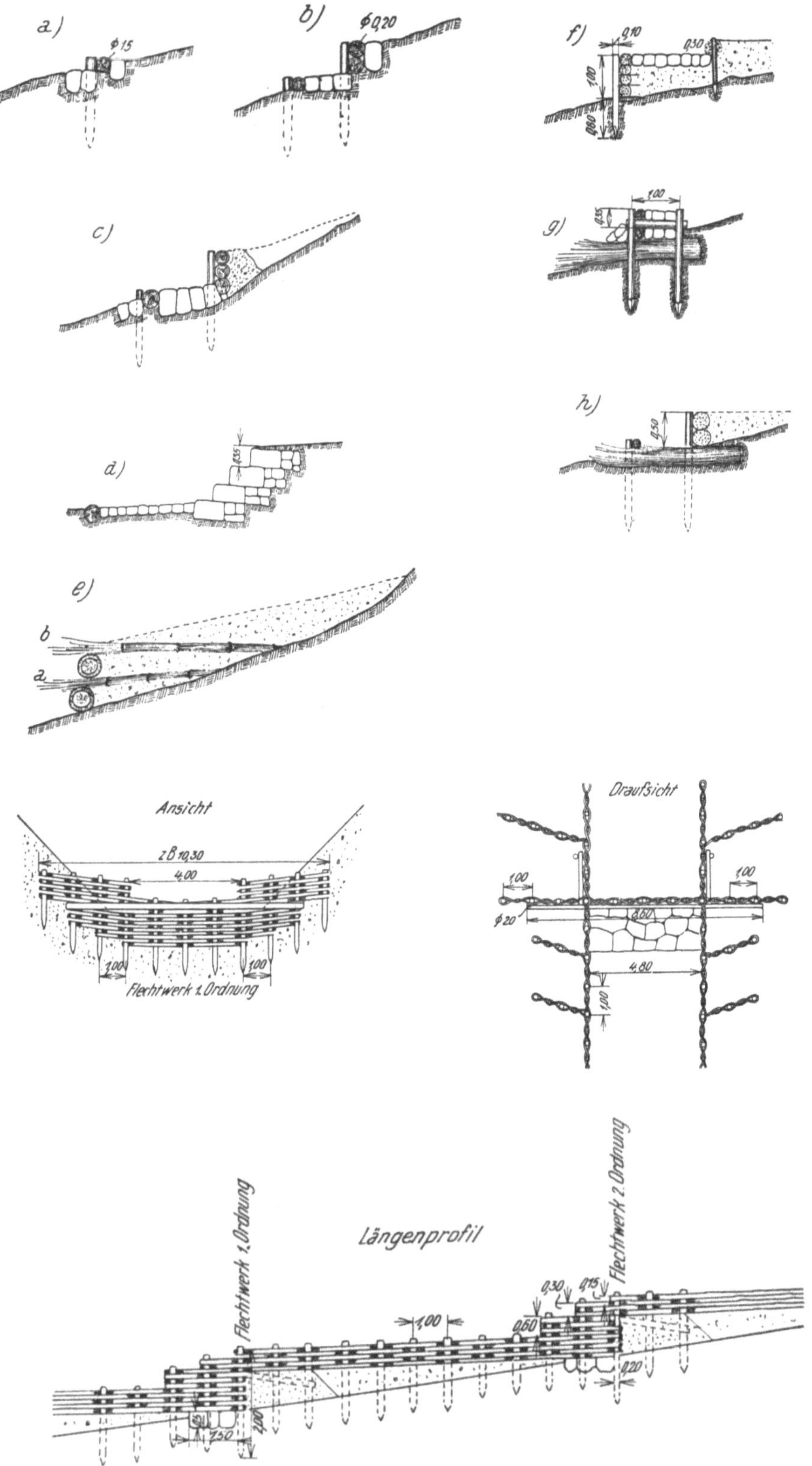

Abb. 1872. Grundschwellen, nicht ständig überronnen. (F. WANG.)

Wenn Steinblöcke vorhanden und Sand und Zement leicht zugeführt werden kann, werden
die Geschiebesperren am besten aus Steinblöcken und Mörtel gemauert. Sie sind dann Schwergewichtsstaumauern (Abb. 1875 und 1876), die durch den Wasserdruck, der der größten Über-

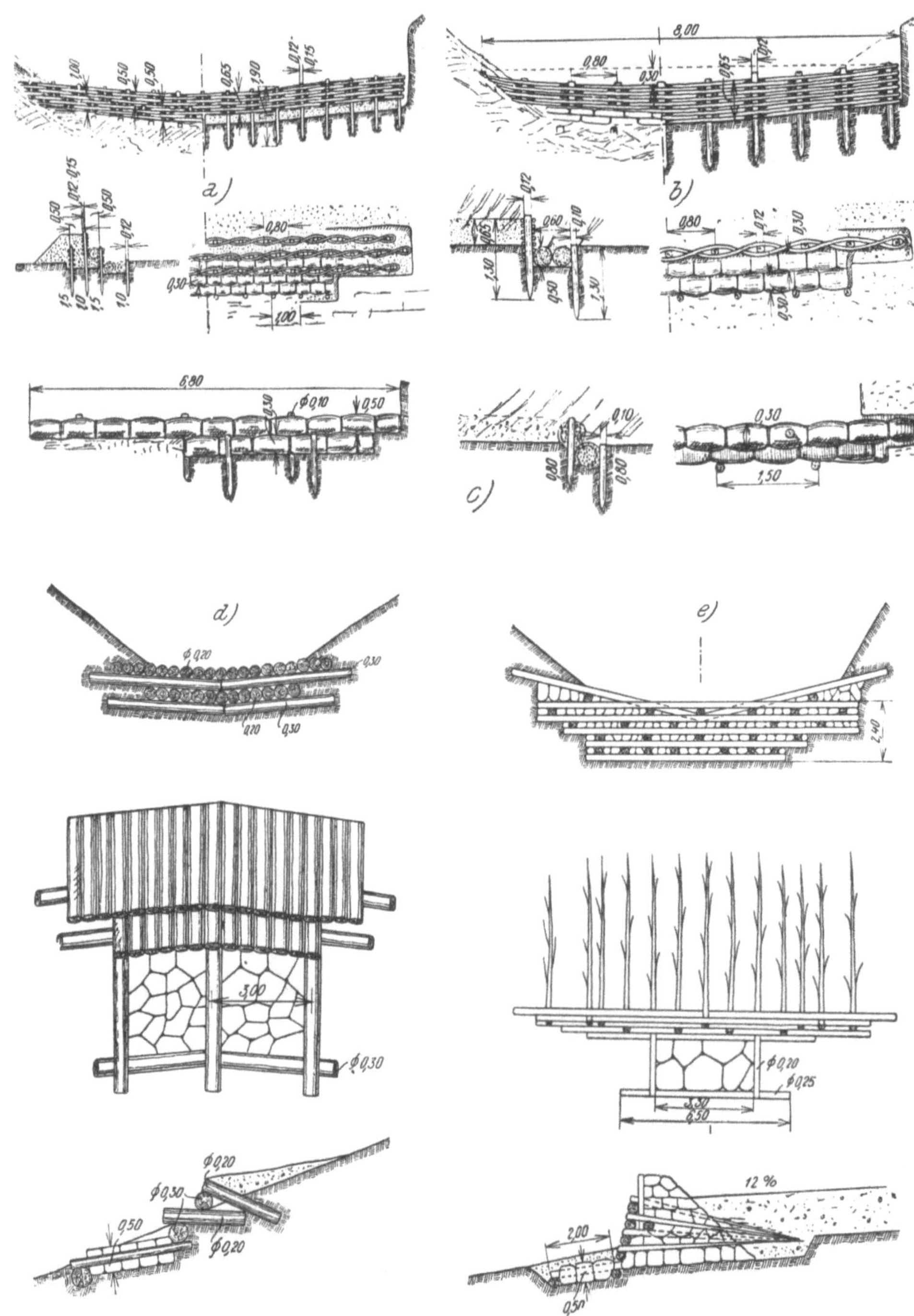

Abb. 1873.   Grundschwellen, nicht ständig überronnen. (F. WANG nach Denkschrift Tirol.)

strömungshöhe entspricht, den Erddruck der Anlandung und die allfällige Auflast, die von einer
über die Kronengleiche emporragenden Anlandung herrührt, beansprucht werden. Weil solche
Mauern nicht so sorgfältig ausgeführt werden können, wie Staumauern für Wasser, dringt in die
Sohlfuge Wasser ein, so daß die Mauer Auftrieb erleidet. So wie bei Staumauern, wird der Quer-

schnitt derart bemessen, daß nirgends Zugspannungen auftreten und die statische Untersuchung wird so wie bei Staumauern für einen 1 [m] breiten lotrechten Mauerstreifen ausgeführt. Als Grundform der Mauer wird ein Dreieck angewendet, dessen Spitze man sich im höchsten Wasserspiegel über der Mauer denkt; der Mauerkörper wird in der Höhe der beabsichtigten Mauerkrone abgeschnitten und durch ein Bekrönungsdreieck verbreitert. Vielfach wird die talseitige Begrenzung aber einfach gerade ausgeführt, so daß der Querschnitt trapezförmige Gestalt annimmt, weil die Talseite solcher Mauern durch abstürzendes Gerölle weniger leicht

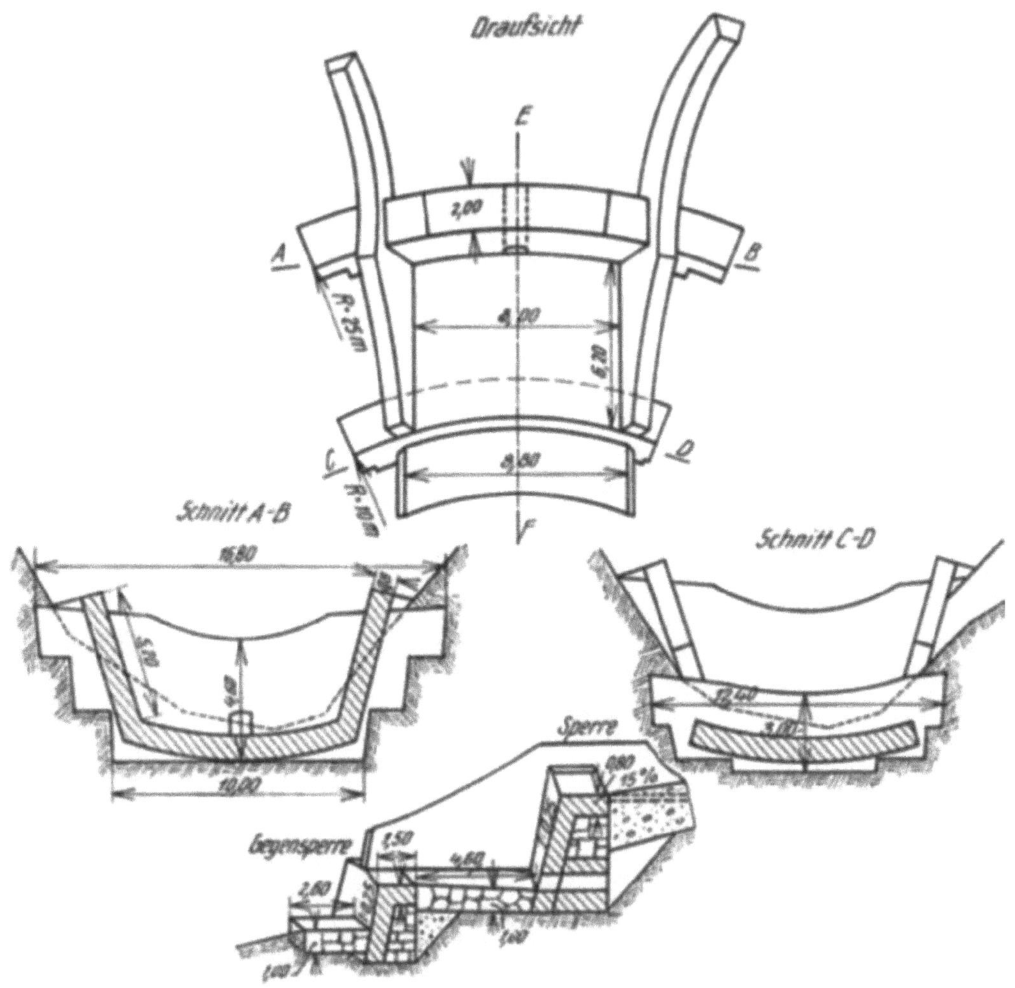

Abb. 1874. Geschiebesperre mit Leitwänden. (Denkschrift Tirol.)

beschädigt wird. Für die Abmessungen solcher Sperren von der Höhe h empfiehlt P. Kresnik als talseitigen Anzug der Mauer 1 : 0,25 und als Kronenbreite 0,35 bis 0,45 h.

Die Mauern werden sowohl gerade als auch bogenförmig mit einer Pfeilhöhe ausgeführt, die gleich ein Zehntel der Sehnenlänge in der Kronenhöhe ist; eine allfällige Bogenwirkung ist sehr erwünscht, wird aber gewöhnlich nicht in Rechnung gestellt.

Geschiebesperren aus Trockenmauerwerk (Abb. 1877) werden meist bogenförmig ausgeführt. Gebräuchliche Abmessungen sind in der Abb. 1878 eingetragen. Die Krone wird aus möglichst schweren, lagerhaften Steinen hergestellt, die vielfach mit Stahlklammern, die in den Löchern mit Schwefel oder Blei vergossen sind, gegeneinander verankert werden. Die Beanspruchung ist dieselbe wie jene der Mauern im Mörtel, die ganze Mauer erleidet aber einen Auftrieb, der bei der Berechnung des Gewichtes berücksichtigt werden muß.

Auch aus gemischtem Mauerwerk (Abb. 1876) sind Geschiebesperren ausgeführt worden, indem man etwa eine 1 [m] starke Mauerwerksschicht an der Krone und an der Luftseite in Mörtel, den übrigen Teil aber trocken aufgemauert hat. Solche Sperren sind widerstandsfähiger als reine Trockenmauersperren. Die üblichen Abmessungen, die erfahrungsgemäß hinreichen, sind in der Abb. 1879 eingetragen. Durchlässe für das Wasser werden ebenfalls in Mörtel ausgemauert. Als Beispiel für die bauliche Ausbildung sei die Sperre in der Abb. 1874 angeführt.

In neuerer Zeit werden dort, wo Steine schwer, Zuschlagstoffe aber leicht zu beschaffen sind, die Sperren betoniert (Abb. 1880). Weil Beton durch Geschiebe stark abgeschliffen wird, muß die Mauerkrone bei Bächen mit starker Geschiebebewegung mit Quadern (Abb. 1876) aus dauerhaftem Gestein oder mit Holz verkleidet werden.

Abb. 1875. Geschiebesperre aus Bruchsteinmauerwerk am Lettenbach bei Pürgg. (Wildbachverbauungssektion Graz.)

Abb. 1876. Geschiebesperre aus Beton mit Bruchsteinverkleidung am Lorenzenbach. (Wildbachverbauungssektion Graz.)

Abb. 1877. Geschiebesperre aus Trockenmauerwerk am Kaarlbach. (Wildbachverbauungssektion Graz.)

Hölzerne Geschiebesperren (Abb. 1881) werden angewendet, wenn Holz zu niederen Preisen im nächsten Bereich der Baustelle beschafft werden kann und besonders dann, wenn geeignete, hinreichend große Steine für den Bau steinerner Sperren oder Zuschlagstoffe für die Betonierung nicht vorhanden sind. Holz hat in solchen Sperren, weil es nicht ständig unter Wasser ist, eine beschränkte Lebensdauer, die auf 15 bis 20 Jahre geschätzt wird. Solche Sperren erfordern daher eine sorgfältige Überwachung und rechtzeitige Instandsetzung. Je nach der Beschaffenheit des Tales werden die Holzsperren verschieden ausgeführt. Wenn das Tal eng ist, wird aus Holz ein liegendes Tragwerk (Abb. 1882) gebildet, das sich gegen die Hänge stützt und nur mit Steinen beschwert und gedichtet, manchmal auch an der Wasserseite zum Schutze gegen Beschädigungen mit Steinen hinterschlichtet und abgepflastert wird. Beispiele für die

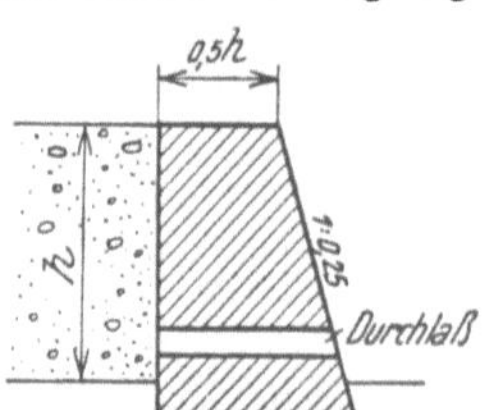

Abb. 1878. Bemessungsregel für Geschiebesperren aus Trokkenmauerwerk.

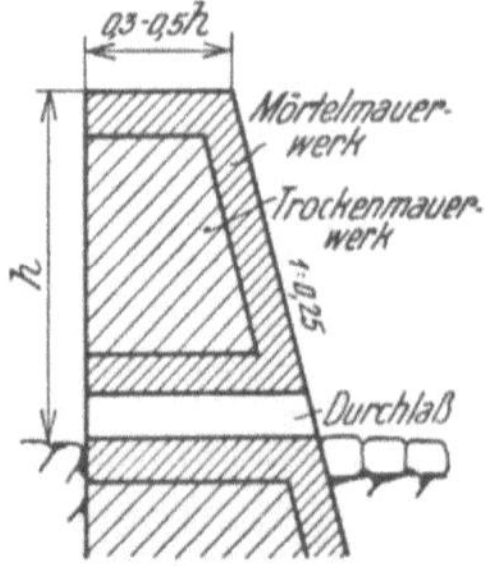

Abb. 1879. Bemessungsregel für Geschiebesperren aus gemischtem Mauerwerk.

Tragwerke derartiger Sperren sind in der Abb. 1883 zusammengestellt. Wenn das Tal weit oder die Hänge für die Auflagerung des hölzernen Tragwerkes nicht geeignet sind, werden Steinkästen verschiedener Bauweisen verwendet, die entweder an und für sich standfest sind oder die noch im flußaufliegenden Gerinne verankert werden. Bei allen hölzernen Sperren wird Rundholz verwendet, das entweder nur an den Auflagerflächen bearbeitet wird oder die Hölzer werden auch bündig überplattet. Die Zwischenräume zwischen den Hölzern der Steinkästen werden von innen mit Steinen sorgfältig verkeilt. Die Verbindung der Hölzer

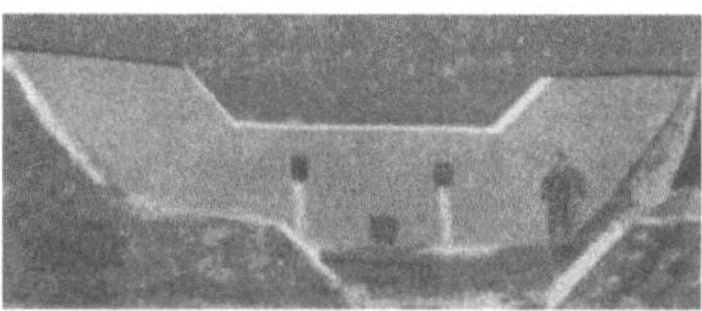

Abb. 1880. Geschiebesperre aus Beton am Grabnerbach bei Admont. (Wildbachverbauungssektion Graz.)

Abb. 1881. Geschiebesperre aus Holz am Mörschbach bei Donnerswald. (Wildbachverbauungssektion Graz.)

geschieht durch Nägel, Klammern, Schrauben oder mit Rundstählen, die durch alle übereinander liegenden Verbindungsstellen durchreichen und schließlich oben nur umgeschlagen werden. Die Krone hölzerner Sperren wird entweder schwer abgepflastert, vielfach aber auch mit einem Rundholzbelag versehen.

Schrifttum.

ANGERHOLZER, F.: Grundschwellen aus Eisenbeton. Öst. Wschr. öff. Baudienst 1914, 346. — HERBST, A.: Die Korrektion der Elbe bei Dresden. Allg. Bautzg. 1898, 73. — HEROLD, H.: Die Regulierung des Glanflusses. Öst. Wschr. öff. Baudienst 1915, 425. — HLAVINKA, V.: Uprava Toku a Hrazeni Bystrin. Brünn, 1927.

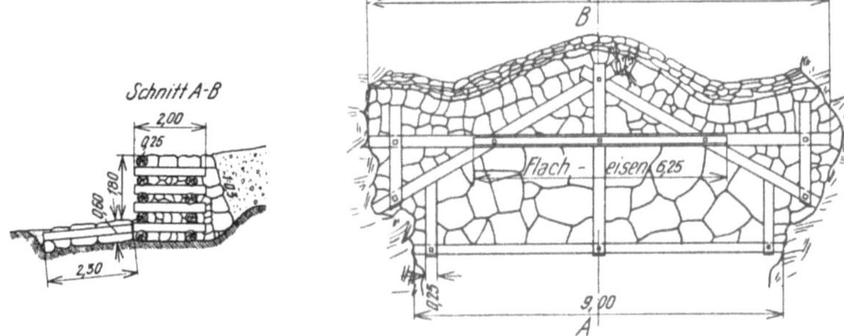

Abb. 1882. Steinkastensperre mit Sprengwerk. (Denkschrift Tirol.)

— STECHER: Neue Bauweise für Stromregulierung an der oberen Elbe. Zbl. Bauverw. 1906, 338. — STRELE, G.: Grundriß der Wildbachverbauung. Wien: Springer, 1934. — WANG, F.: Die Gesetze der Bewegung des Wassers und des Geschiebes. Wien, 1899. — DERSELBE: Grundriß der Wildbachverbauung. Leipzig: S. Hirzel, 1901/1903.

IV. Durchstiche.

Durchstiche kommen zum Ausbau, wenn die angestrebte Linienführung des Flusses über Boden führt, der bisher entweder gar nicht oder nur selten vom Wasser überronnen worden war. Vom angestrebten Flußquerschnitt wird in der Regel nur ein Teil als durchlaufender Leitgraben mechanisch ausgehoben, das Abtragen des restlichen Bodens muß das Wasser selbst besorgen. Nur wenn die Schleppkraft des Wassers so gering ist, daß der Abtrag durch das Wasser zu lange Zeit erfordern würde, ferner bei ganz geringen Längen oder dann, wenn der Aushub für Anschüttungen notwendig gebraucht wird, und in schiffbaren Flüssen wird der Durchstich in voller Breite mechanisch ausgehoben. Der Leitgraben muß mindestens ein Zehntel der Bettbreite erhalten; je breiter er gemacht wird, desto rascher geht die Ausbildung des Durchstiches vonstatten. In geraden Strecken wird der Graben in der Mitte des Durchstiches angelegt (Abb. 1884a), in Krümmungen kommt

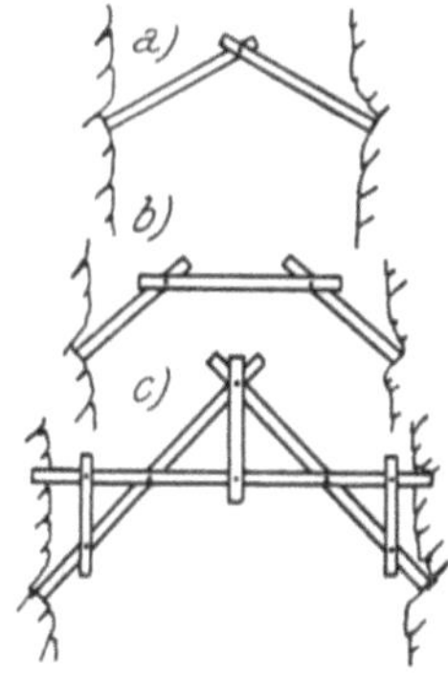

Abb. 1883. Tragwerke hölzerner Geschiebesperren.

er um so näher an das innere Ufer, je kleiner der Krümmungshalbmesser ist (Abb. 1884b). F. v. HOCHENBURGER hat bei den Regulierungsbauten an der Mur beim kleinsten dort zugelassenen Krümmungshalbmesser von 1100 [m] die Grabenachse nur ein Drittel der Bettbreite vom inneren Ufer angeordnet. Gleichzeitig mit der Ausbildung des Durchstichquerschnittes wird

die Verlandung des Altarmes angestrebt; man legt daher den Anfang des Durchstiches derart
an, daß die vom Fluß herabgebrachten Geschiebe wenigstens anfänglich vorwiegend in den
Altarm wandern. Am Ende des Durchstiches müssen die im Leitgraben in Bewegung gesetzten
Geschiebe ohne Stauungen weiterlaufen, weswegen die Ausmündung stets so angeordnet werden
muß, daß dort auch dann lebhafte Strömung herrscht, wenn im Altarm noch Wasser läuft.

Der Aushub des Leitgrabens wird am unterstromseitigen Ende begonnen und meist nur bis
zum Wasserspiegel, der sich im Graben einstellt, ausgeführt. Bei kleinen Durchstichen erfolgt

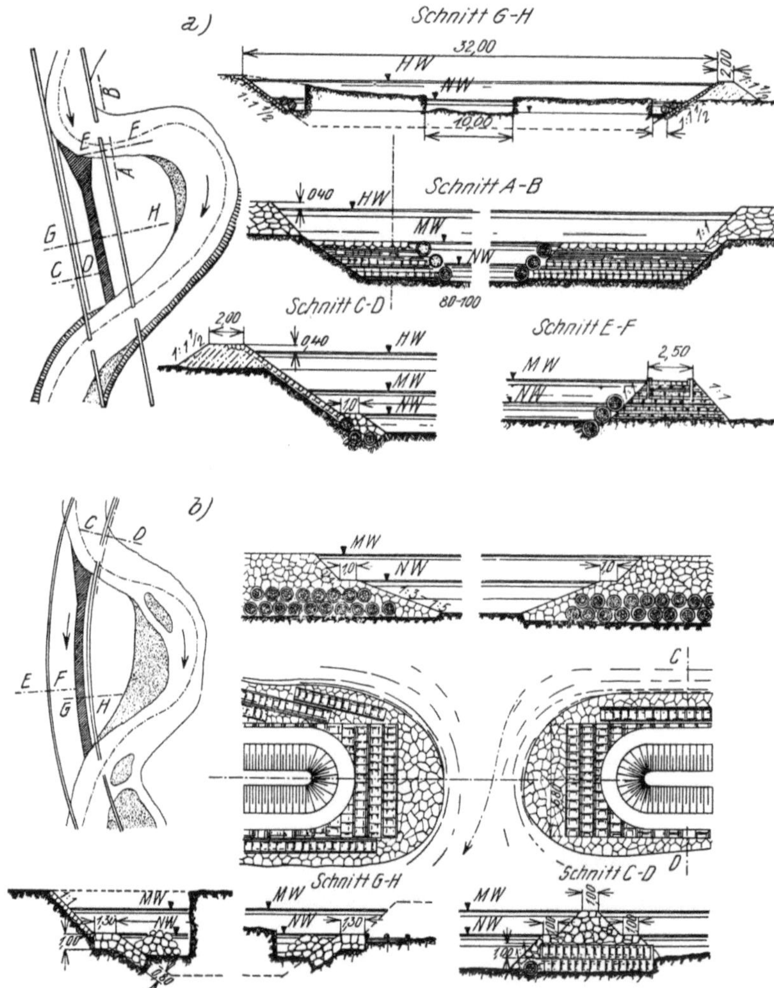

Abb. 1884. Die Anlage von Durchstichen und die Sperrung der abgewürdigten Strecke mit Senkfaschinen. *a)* in der Geraden, *b)* im Bogen.

der Aushub durch Handarbeit, bei größeren mit Baggern, etwa Löffelbaggern auf Raupen-
bändern. Zur Beschleunigung der Querschnittausbildung kann der Graben bei großen Durchstichen auch unter dem sich einstellenden Wasserspiegel herab mit Schwimmbaggern ausgehoben
werden.

In den angestrebten Uferlinien wird durch Vorversicherungen (siehe S. 960) dafür vorgesorgt, daß der Abbruch des Geländes dort zum Stehen kommt. Wenn die Sohle schließlich
eine beharrliche Lage angenommen hat, wird erst der endgültige Uferschutz ausgebaut. Das
auf den laufenden Meter des Ufers zu schlichtende Bruchsteinvolumen kann angenähert aus
der Länge der zu schützenden Uferböschung und der Dicke der für den Schutz erforderlichen
Bruchsteinlage ermittelt werden. Bei Durchstichen an der Mur südlich von Graz, wo Schlepp-

kräfte bis zu 6 bis 8 [kg/m²] aufgetreten sind, hat sich in geraden Strecken eine Bruchsteinmenge von 0,5 [m³] für den Quadratmeter zu schützende Böschungsfläche und am konkaven Ufer eine solche von 0,7 [m³] gut bewährt. Wo Mangel an Bruchsteinen herrscht, können Betonsteine oder Sinkwalzen Verwendung finden. Die Sinkwalzen werden entweder durch entsprechend lange Stahldrähte oder durch schräg geschlagene Pfähle am zu weiten Abrollen gehindert.

Wenn das Gelände, durch das der Durchstich geführt wird, vom Hochwasser überflutet wird, so können aus dem Grabenaushub Dämme beiderseits desselben geschüttet werden, die den Durchfluß über dem Graben anfänglich zusammenhalten und die später mit fortgespült werden. Damit sich längs des Grabens für die Ufervorversicherungen nicht vorzeitig Strömungen ausbilden, werden diese mehrmals abgebaut; auch diese vorübergehenden Abschlüsse werden später, wenn die Querschnittausbildung sich ihrer Vollendung nähert, vom Wasser abgetragen. Der Aushub der Gräben für die Ufervorversicherungen wird zweckmäßig für deren Hinterfüllung verwendet.

Der Leitgraben wird soweit flußauf ausgehoben, bis ihn nur mehr ein mehrere Meter breiter Bodenstreifen vom Flußlaufe trennt. Die Eröffnung (Abb. 1885) erfolgt am besten, wenn der Mittelwasserstand überschritten wird. Damit aber das Wasser in den Graben gedrängt wird, muß der Altarm am Anfange des Durchstiches in der Uferlinie abgebaut werden. Das Abbauen

a) Abb. 1885. Die Eröffnung eines Durchstiches an der unteren Mur. *a)* die Eröffnung, *b)* eine Viertelstunde *b)*
später. (E. GERNGROSS.)

kann entweder durch einen Sperrdamm geschehen, in dem anfänglich eine Öffnung frei bleibt, durch die jenes Wasser, das der Durchstichgraben anfänglich nicht zu fassen vermag, läuft, oder die Durchströmung des Grabens wird durch die Anlage von schwebenden Bauten in der Uferlinie eingeleitet.

Der obere Teil eines festen Abschlußbaues am Altarm wird Leitwerk, der untere Fangwerk genannt; beide werden sorgfältig in die Ufer eingebunden und die Öffnung im Abschlußbau wird in der Sohle vielfach durch eine Lage von Senkfaschinen gesichert, um Auskolkungen an dieser Stelle zu verhindern (Abb. 1884).

Besonders rasch kann die Verlandung des Altarmes erreicht werden, wenn für den Abschluß schwebende Bauten angeordnet werden; diese werden etwas vor die Uferlinie gestellt, weil sich unmittelbar unter ihnen die Sohle eintieft. Je nachdem, wie der Durchfluß durch die schwebenden Bauten geregelt wird, wird entweder nur eine hohe Anlandung als Grundlage für den Uferausbau oder (bei stärkerer Strömung) eine fortschreitende Verlandung des ganzen Altarmes erreicht. Wenn der Querschnitt des Durchstiches bis an die Ufervorversicherungen abgetragen ist, wird der Altarm bis auf Mittelwasserhöhe vollständig abgebaut, so daß die weitere Auflandung, so, wie jene des Geländes hinter Leitwerken vor sich geht.

V. Bauten zur Förderung und zur Sicherung von Anlandungen.

In abgewürdigten Flußstrecken ist es erwünscht, möglichst rasch Anlandungen hervorzurufen, damit diese Flächen trocken werden und einer Nutzung zugeführt werden können.

Geschiebeanlandungen können in durchströmten, abgewürdigten Flußteilen durch die Anwendung von durchlässigen Bauten (vgl. S. 972) rasch hervorgerufen werden. Hinter Leitwerken wird die Anlandung durch Öffnungen im Leitwerk (vgl. S. 964) beschleunigt.

Über den Geschiebeanlandungen wird die Anlandung von Schweb angestrebt. Schweb setzt sich aber nur befriedigend ab, wenn zwar aus dem Flußschlauch schwebbeladenes Wasser zuströmt, die Strömungsgeschwindigkeit gegenüber jener im Flußschlauch aber stark vermindert ist.

Die Verzögerung der Strömungsgeschwindigkeit wird durch quer zur Strömung angeordnete Bauten bewirkt. In diesem Sinne wirken Buhnen und die Querbauten hinter den Leitwerken. An Stellen, an denen die Sohle schon bis über den Niederwasserspiegel aufgelandet ist, fördern die weitere Verlandung sogenannte Schlickzäune, Schlickfänger und Pflanzungen von Weiden in Reihen oder in Entennestern (vgl. S. 965).

Abb. 1886. Der Wildbach in der Scesa Plana (Vorarlberg). *a* Kessel, *b* Klamm, *c* Schuttkegel.

C. Die Verbauung der Gewässer.

I. Allgemeine Gesichtspunkte.

Alle flußbaulichen Maßnahmen bilden mehr oder minder schwere Eingriffe in das sogenannte „Regime" des Flusses, die Folgen für weite Strecken des Flußlaufes nach sich ziehen. Die Auswirkung flußbaulicher Maßnahmen dauern viele Jahrzehnte an und werden daher vielfach unterschätzt. Wenn daher Arbeiten an einem Flußlauf in Aussicht genommen werden, so müssen ihre Auswirkungen auf den ganzen Fluß wohl erwogen werden, und sie sollen nur in Angriff genommen werden, wenn sie in den Rahmen eines allgemeinen Planes zur Ordnung des Flusses passen.

Beim Entwurf für die Ordnung des Flusses muß stets bedacht werden, daß in einem natürlichen Fluß nicht nur Wasser fließt, daß vielmehr auch Geschiebe und Schweb durchläuft und daß Ordnung im Fluß nur herrschen kann, wenn nicht nur das Wasser zweckmäßig abgeleitet wird, sondern auch Gleichgewicht in der Geschiebebewegung des Flusses herrscht.

Wenn die Flußsohle stabil sein soll, so müssen in eine Flußstrecke eben so viele Geschiebe einlaufen, als aus ihr herausbefördert werden. Das Flußbett ist im stabilen Fluß nur der Weg, auf dem die Geschiebe wandern; der Ersatz kommt aus dem Einzugsgebiet. Wenn an irgend einer Stelle der Geschiebetrieb z. B. durch ein Stauwerk gehemmt wird, so wird die Geschiebewirtschaft des Flusses gestört; flußab des Stauwerkes greift das Wasser daher die Sohle an und nimmt so viele Geschiebe auf, bis der Durchfluß mit Geschieben wieder gesättigt ist. Die Sohleneintiefung hält so lange an, als der natürliche Geschiebestrom durch das Stauwerk gehemmt wird. Ähnlich wie die Hemmung der Geschiebebewegung durch ein Stauwerk wirkt die Hemmung der Geschiebezufuhr in das Flußbett, also die Verbauung der Wildbäche; die Geschiebezufuhr aus den Wildbächen darf nur gedrosselt oder gehemmt werden, wenn es die geordnete Geschiebewirtschaft im Flusse erfordert. Die Gewinnung von ein paar Hektar Wald oder landwirtschaftlich nutzbaren Bodens im Bereiche des Wildbaches spielen bei solchen Erwägungen keine Rolle. Die Geschiebezufuhr aus Wildbächen darf nur unterbunden werden, wenn sie mehr Geschiebe in den Fluß liefert als dieser abzufördern vermag, wenn also die Flußsohle in einer unerwünschten Aufhöhung begriffen ist.

Abb. 1887. Verbauung der Plaike am rechten Hang des Kaarlbaches mit Weidenflechtzäunen und die Sicherung des Fußes mittels eines Steinkastens. (Wildbachverbauungssektion Graz.)

Von außerordentlicher Bedeutung für die Stabilität der Flußsohle ist die Linienführung des einheitlichen Bettes. Nachdem bekanntlich in geraden und in schwach gekrümmten Flußstrecken Kiesbänke abwechselnd an beiden Ufern wandern, soll es vermieden werden, ohne besonderen Zwang lange gerade oder schwach gekrümmte Strecken einzulegen. Nur zwischen gegensinnige Bögen werden kurze Zwischengerade gelegt, um die Ausbildung eines guten Passes zu erreichen.

Die Bögen werden gewöhnlich als Kreisbögen ausgeführt; die geraden Strecken bilden Tangenten an die Kreisbögen. In neuerer Zeit ist öfter der Gedanke erörtert worden, Gerade mittels Übergangsbögen in die Kreisbogen überzuleiten. Bei den Krümmungshalbmessern, die im Flußbau Anwendung finden und bei den verhältnismäßig kleinen Geschwindigkeiten des Wassers besteht in hydraulischer Hinsicht keine Notwendigkeit, Übergangsbögen einzulegen.

Die Breite des auszubauenden Flußbettes ist schwierig zu ermitteln. Gewöhnlich wird sie so gewählt, daß die Jahresmittelwässer im vegetations-losen Bett abfließen. In der Höhe des Jahresmittel-wassers werden an beiden Ufern ein bis zwei Meter breite Bermen vorgesehen. Die Verschneidung des mitt-leren Wasserspiegels (MW) mit den Ufern wird ge-wöhnlich als Streichlinie bezeichnet und im Lageplan eingezeichnet. Die Breite des Bettes, also der Abstand der beiden Streichlinien wird am besten einer Strecke entnommen, in der der Fluß schon im einheitlichen Bett fließt. Flußab nimmt die erforderliche Bettbreite etwa proportional der Quadratwurzel aus dem Einzugs-gebiet zu (vgl. S. 215). Zwischen den beiden Ufern ver-läuft die Flußsohle entweder eben, so daß der Quer-schnitt trapezförmig ist, oder er stellt sich muldenförmig ein (vgl. S. 187). Sicherheitshalber wird am besten mit einem trapezförmigen Querschnitt gerechnet.

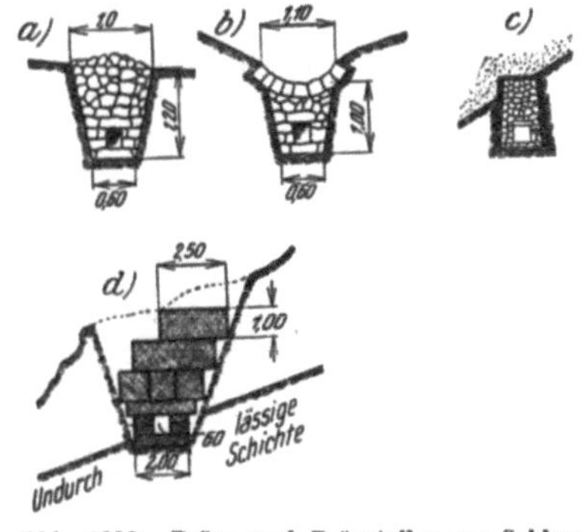

Abb. 1888. Dräne und Dränstollen zur Sohlen-entwässerung. *a) b)* mit Steinansschlichtung, *c)* ausgeschlichteter Stollen, *d)* Drän in Drahtschot-terbauweise.

Durchflüsse, die das Jahresmittelwasser überschreiten, überfluten die Bermen. Wie weit sie im geschlossenen Bett abgeleitet werden, hängt von der Art der Bodennutzung im Tal und von der Jahreszeit des Auftretens der Hochwässer ab.

II. Die Wildbachverbauung.

Als Wildbäche werden Gewässer im Berg- und im Hügelland bezeichnet, die sehr unstetige Durchflüsse haben und große Mengen von Geschieben führen, die sie im Unterlaufe ablagern. Ihr Gefälle ist meist außerordentlich groß und in manchen Strecken vielfach vom natürlichen Böschungswinkel der Geschiebe ihres Bettes nicht sehr verschieden. Die Ge-schiebe stammen entweder von Auskolkungen der Tal-sohle und Ausspülungen der Ufer oder sie bestehen aus den Verwitterungsprodukten des Gebirges, die sich auf Halden ansammeln und stoßweise gelegentlich heftiger Regen in das Wildbachbett gelangen. Die großen Gefälle der Wildbachgerinne haben zur Folge, daß relativ kleine Durchflüsse große Geschiebemengen in Bewegung zu setzen vermögen; die Wirkung der Schleppkraft des Wassers tritt manchmal in den Hintergrund und das Wasser spielt dann zwischen den sich zu Tal bewegenden Geschieben nur die Rolle eines Schmiermittels; man spricht dann nicht mehr von Geschiebebewegung, sondern von einem Murgang (Mure, Rüfe, Gieße).

Das ganze Gebiet eines Wildbaches kann in der Regel in drei Abschnitte (Abb. 1886) eingeteilt werden, nämlich in das Sammelgebiet (Kessel, Zirkus), in die Klamm (To-bel, Schlucht) und in den Schuttkegel. Diese drei Gebiete sind bald scharf ausgeprägt, wie meist im Hochgebirge, bald aber auch nicht scharf zu trennen und der Schutt-

Abb. 1889. Sickerdohle am Gerlingbach. (Wild-bachverbauungssektion Graz.)

kegel fehlt im Hügellande sogar vielfach. Das Sammelgebiet ist das eigentliche Einzugsgebiet eines Wildbaches. In zahllosen Runsen läuft dort das Niederschlagswasser längs der steilen Flächen herab und spült meist große Geschiebemengen in das Wildbachgerinne ein. Die Hänge sind dort steil, unter dem natürlichen Böschungswinkel oder eher noch steiler geneigt; einsickern-des Wasser, Quellen und Lahnen, die Unterspülung des Fußes der Hänge bringen überdies außer-ordentlich große Massen an den Hängen in Bewegung, die auch alle in das Wildbachgerinne gelangen, sich dort ansammeln und gelegentlich von größeren Durchflüssen, wie sie sich zur Zeit der Schneeschmelze oder nach Sturzregen einstellen, talab in Bewegung gesetzt werden.

Die Klamm (Tobel, Schlucht) ist eine Strecke des Wildbachgerinnes, in der das Bett meist durch Felsen eingeengt ist und steil verläuft.

Der Schuttkegel bildet sich dort, wo die steile Klamm in den flachen Talboden einmündet; dort werden die Geschiebe größtenteils abgelagert, weil infolge des verringerten Gefälles und der Ausbreitung des Wassers die Schleppkraft für die Weiterbeförderung nicht mehr hinreicht.

Die Wildbäche sind die hauptsächlichsten Quellen, aus denen die Flüsse mit Geschieben versorgt werden. Dieser Geschiebeversorgung muß besonderes Augenmerk zugewendet werden. Die Einrichtung einer geordneten Geschiebewirtschaft im Flußgebiet ist die Hauptaufgabe, der sich alle anderen Wünsche unterzuordnen haben. Auch die Arbeiten an Wildbächen haben sich der Hauptaufgabe einer Ordnung der Geschiebewirtschaft im Flusse unterzuordnen. Die Entscheidung der Frage, ob die Geschiebezufuhr aus einem Wildbach in den Fluß zu unterbinden ist oder nicht, kann nur eine Betrachtung der Geschiebeverhältnisse im Flusse bringen; die Gewinnung von nutzbarem Boden im Wildbachgebiet kann nicht ausschlaggebend sein.

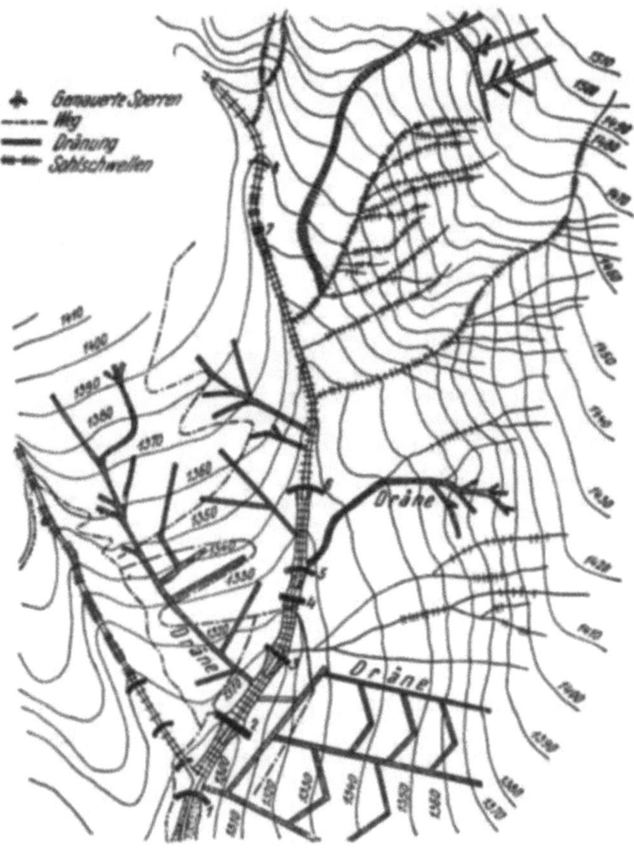

Abb. 1890. Dränungen und Verbauungen im Gebiete eines Wildbaches.

Hinsichtlich der Geschiebezufuhr in den Fluß können die Wildbäche in zwei Gruppen geschieden werden und zwar in solche, bei denen die Hänge so gesichert und begrünt werden können, daß schließlich der Geschiebetrieb innerhalb bescheidener Grenzen bleibt und in solche, bei denen die Geschiebefracht nur unbedeutend herabgesetzt werden kann. Zur letzteren Gruppe gehören Wildbäche, deren Kessel bis über die Vegetationsgrenze hinaufreicht. Bei solchen Wildbächen hängt die Geschiebezufuhr in das Wildbachbett von der Verwitterung des Gesteins in den Felswänden ab, die nicht beherrschbar ist. Technische und forstliche Maßnahmen können dort die Geschiebezufuhr nur mäßig herabsetzen.

Die Arbeiten zur Verbauung eines Wildbaches gliedern sich in die Beruhigung und Befestigung der Hänge und die Sicherung der Hängefüße, in die Ordnung des Bachbettes und in die Ordnung des Schuttkegels.

Abb. 1891. Lehnenentwässerung mittels Steinrippen im Einachgraben. (Wildbachverbauungssektion Graz.)

a) Die Verbauung der Hänge.

Wildbachbetten leiden gewöhnlich unter übermäßiger Zufuhr von Schuttmassen, die teils vom Niederschlagswasser an den steilen Hängen des Kessels herabgespült werden, teils infolge Unterspülung der Hangfüße in das Bachbett abgleiten. Eine

Einschränkung der Schuttzufuhr ins Bachbett setzt daher eine Sicherung der Hangfüße und eine Beruhigung, Verbauung und Befestigung der Hänge voraus.

Der Verbauung der Hänge geht die Sicherung der Hängefüße voran (Abb. 1881). Wo der Talboden noch hinreichend breit für die Unterbringung des Bachbettes ist, werden Ufersicherungen aus schwerem Trockenmauerwerk oder aus Steinkisten hergestellt. Wenn das Talgelände schon zu schmal geworden ist, muß die Talsohle durch den Einbau von Sperren vorerst gehoben werden. Wenn anderseits der Talboden viel breiter ist, als es das Bachbett erfordert, wird das Bachbett durch die Anlage von Leitwerken geordnet.

Während bei der Dränung landwirtschaftlich genützten Bodens die Dräne nur hinreichend tief unter den Grundwasserspiegel gelegt werden, kann bei der Beruhigung der Hänge von einem Grundwasserspiegel nicht gesprochen werden;

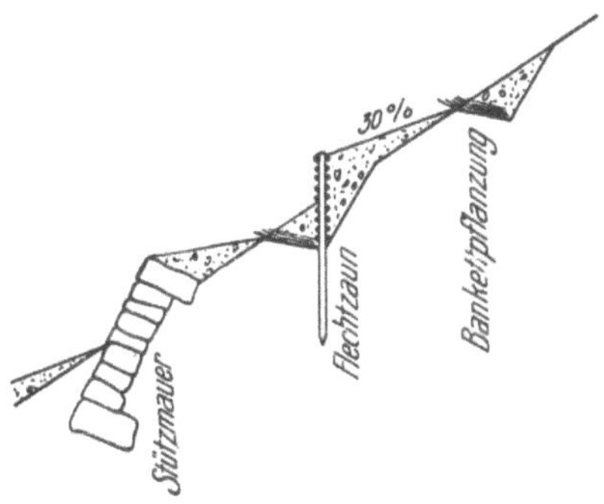

Abb. 1892. Sicherung der Hänge gegen Abtragung durch Tagwasser. (Nach F. WANG.)

der Drän schneidet hier nur einzelne Wasseradern ab und leitet deren Erguß sowie das in den Drän zusickernde Tagwasser unschädlich ab. Drängräben, in denen Dräne zur Beruhigung von Hängen eingebaut werden, werden daher bis zur Bodenoberfläche mit gut durchlässigem Boden aufgefüllt, so, wie es die Abb. 1888, 1889 und 1890 erkennen lassen. Die Dräne werden aus Stoffen erbaut, die ohne Schwierigkeiten in der nächsten Umgebung beschafft werden können; es kommen also in Frage Feldsteindräne, Steindräne und Lattendräne. Wenn der Drän besonders elastisch sein soll, werden Faschinendräne angewendet, bei denen das Wasser zwischen den in den Graben eingelegten Faschinenreisern abläuft; sehr elastisch sind auch Dräne aus Drahtschotterkörpern (Abb. 1888d).

Abb. 1893. Lehnenbindung mittels Flechtzäunen und Abstaffelung der Sohle. (Wildbachverbauungssektion Graz.)

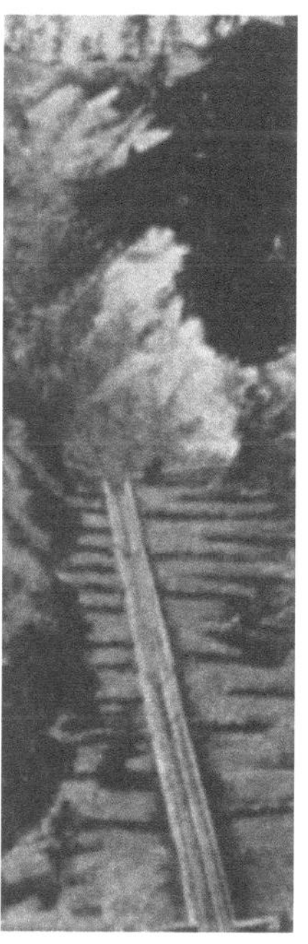

Abb. 1894. Verbauung einer Rinne und Lehnenbindung mittels Flechtzäunen, am Kaarlbach.(Wildbachverbauungssektion Graz.)

Vor der Verbauung der Hänge werden Steinblöcke und dergleichen, die nur lose hängen und deren Absturz nur eine Frage kurzer Zeit ist, zum Absturz gebracht, damit sie nicht später Bauwerke gefährden können. Soweit es die örtlichen Verhältnisse erlauben, wird durch die Anlage von Abfanggräben der Zufluß von Niederschlagswasser über die Ränder der Abbruchlehnen eingeschränkt, um Abspülungen und Durchnässungen, die zu Rutschungen Anlaß geben, einzudämmen. Quellen an den Abbruchlehnen werden gefaßt und abgeleitet und feuchte Stellen werden gedränt. Die Abb. 1890 zeigt die Anlage solcher Dräne. Die Dräne werden ähnlich ausgebildet, wie jene, die zur Entwässerung landwirtschaftlich genutzten Bodens angewendet werden. Die Sohle der Dräne wird aber, wenn Bewegungen auf einer undurchlässigen Schicht zu erwarten sind, in diese gelegt; so weit der Drän durch durchlässigen Boden verläuft, muß die Dränsohle wasserdicht ausgeführt werden. Wenn das zu dränende Gelände in Bewegung begriffen ist, werden elastische Dräne eingebaut. Rohrdräne werden selten gewählt, weil die Beförderung der Dränrohre zu schwierig ist und weil die Dräne bei Bodenbewegung zu leicht unterbrochen werden.

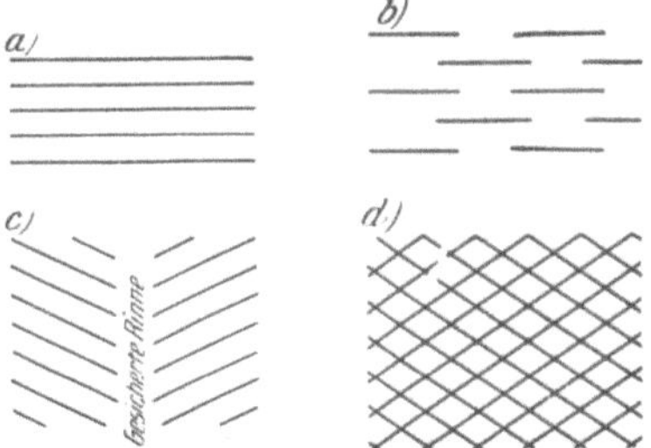

Abb. 1895. Anordnung von Flechtzäunen zur Lehnenbindung.

Wenn die undurchlässige Schicht, auf der Bodenbewegungen zu erwarten sind, tief liegt, so wird zur Dränung ein Stollen vorgetrieben, der in der undurchlässigen Schicht liegt und nach Einbau des Dräns mit Steinen ausgeschlichtet wird (Abb. 1888 c).

Die Hangflächen werden gegen Abspülung durch ablaufende Niederschlagswasser durch eine Vegetationsdecke geschützt. Die Pflanzen können aber erst Schutz gewähren, wenn sie in einer fortgeschrittenen Entwicklungsstufe stehen; bis diese erreicht ist, müssen die Lehnen durch bauliche Maßnahmen gebunden werden, von denen die Errichtung von Trockenstützmauern, Flechtzäunen und Bankettpflanzungen, wie sie die Abb. 1892 bis 1895 erkennen lassen, erwähnt seien. Die Flechtzäune werden in verschiedenen Anordnungen, wie sie die Abb. 1895 andeutet, hergestellt. Im Schutz der Lehnenbindungsbauten wird die Lehne bepflanzt.

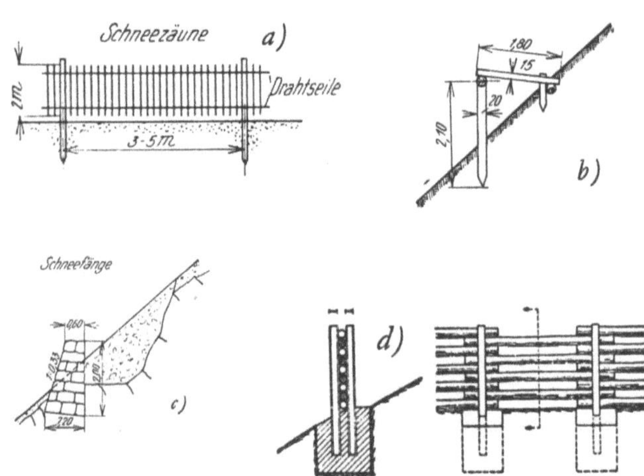

Abb. 1896. Lahnenverbauung, *a)* Schneezaun, *b)* Schneebrücke. *c)* Trockenmauer, *d)* Schneezaun, schwer.

Welche Pflanzen für die Bindung der Hänge zu wählen sind, hängt von der Seehöhe und von der Bodenbeschaffenheit ab. H. Gams hat eine Übersicht gegeben, die die Auswahl der Pflanzen erleichtert.

Für Hangbefestigungen verwendbare Pflanzen:

1. Für Niederungen und mittlere Lagen:

Bäume und hohe Sträucher:

Feldahorn (Acer campestre), Spitzahorn (Acer platanoides), Weißbuche (Carpinus betules), Gemeiner Weißdorn (Crataegus oxyacantha), Eingriffeliger Weißdorn (Crataegus monogyana), Esche (Fraseinus excelsior), Traubenkirsche (Prunus padus), Wildkirsche (Prunus ovium), Stieleiche (Anercus pedunculata), Feldulme (Ulmus campestris).

Sträucher:

Liguster (Ligustrum vulgare), Pfaffenkäppchen (Evonymus europaeus), Maulbeere (Morus alba), Gemeiner Schneeball (Viburnum opulus), Wolliger Schneeball (Viburnum lantana), Gemeiner Hartriegel (Cornus sanguinea), Haselnuß (Corylus avellana), Schlehe (Prunus spinosa).

In Lagen bis 1200 [m]:

Bäume und hohe Sträucher:

Bergahorn (Acer pseudoplatanus), Sandbirke (Betula verrucosa), Weißbuche (Carpinus betulus), Steineiche (Quercus sessiflora), Eberesche (Sorbus ancuparia), Esche (Fraseinus excelsior), Bergulme (Ulmus montana), Mehlbeerbaum (Scrbus aria).

Sträucher:

Haselnuß (Corylus avellana), Pfaffenkäppchen (Evonymus europaeus), Liguster (Ligustrum vulgare), Berghollunder (Sambucus racemosa), Purpurweide (Salix purpurea), Sanddorn (Hippophae rhannoides), Wilde Rose (Rosa canina), Alpenrose (Rosa alpina).

Nadelhölzer:

Gemeine Kiefer (Pinus silvestris), Latschkiefer (Pinus montana), Bergwacholder (Juniperus communis nana).

Weiden für feuchte, humose Böden:

Hanfweiden (Salix viminalis riparia und Salix viminalis belgiae), geeignet für Flechtwerke bei Flußbauten und bei Lehnenverbauungen; Gelbe Mandelweide (Salix amygdolina vitellina), (hohe Bodenansprüche). Sanddornblättrige Weide (Salix Lippophaefolia), (hohe Bodenansprüche).

Weiden für trockene Kiesböden:

Purpurweide (Salix purpurea), (2 bis 3 [m] lange Jahrestriebe, geringe Bodenansprüche), Grauweide (Salix incana), (1 bis 2 [m] lange Jahrestriebe, geringe Bodenansprüche).

Die zur Lehnenbindung vorgenommenen Pflanzungen müssen, besonders während ihrer ersten Entwicklungszeit, gepflegt und vor Beschädigungen geschützt werden. Zu ernsten Schäden können auf den Hängen Lahnen führen. Wo die Schneeverhältnisse die Lahnbildung begünstigen,

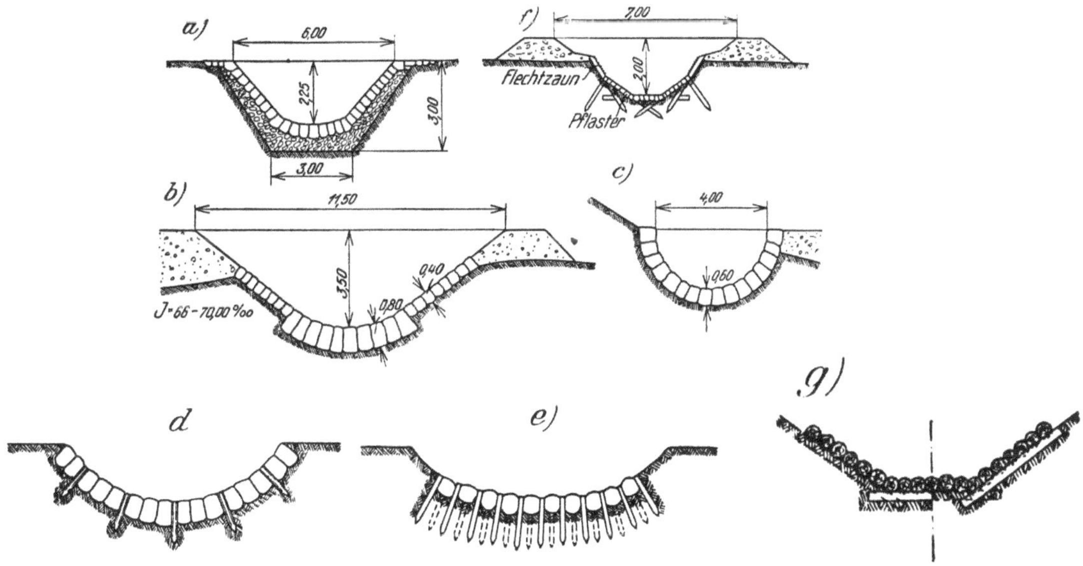

Abb. 1897. Verbauung von Rinnen und Runsen. (Denkschrift Tirol und F. KREUTER.)

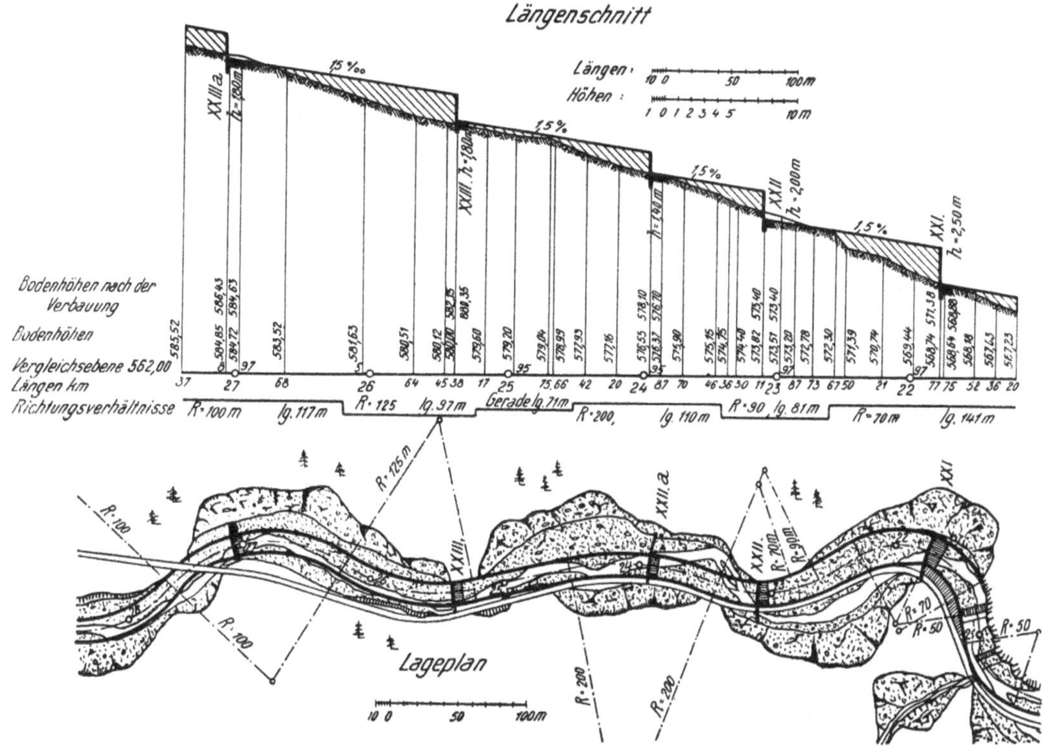

Abb. 1898. Verbauung des Langbathwildbaches in Oberösterreich.

müssen Bauwerke errichtet werden, die verhindern, daß Schnee in Bewegung gerät und die jungen Pflanzen vernichtet. Solche Bauwerke bewirken eine Aufrauhung des Hanges; sie sind aber nur dann voll wirksam, wenn sie über die größte Schneehöhe emporragen. Die Abb. 1896 gibt einen Überblick über derartige Bauwerke in verschiedenen Bauarten.

Wenn das Entstehungsgebiet einer Lahne unterhalb der Grenze des Baumwuchses liegt, dann sind die Bauwerke der Lahnenverbauung nur vorübergehend nötig, nur so lange, bis die gepflanzten Bäume hinreichend widerstandsfähig geworden sind. Diese Bäume bilden später den sichersten Schutz gegen die Bildung der Lahnen. Über der Grenze des Baumwuchses müssen die Bauwerke der Lahnenverbauung ständig erhalten werden.

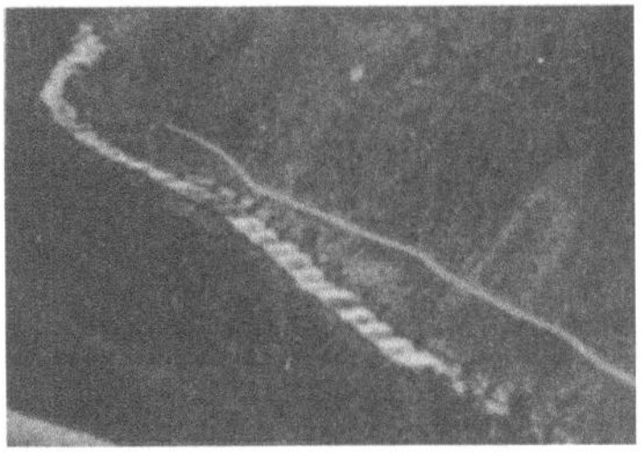

Abb. 1899. Sohlenabstaffelung am Triebenbach. (Wildbachverbauungssektion Graz.)

b) Die Ordnung des Wildbachbettes.

Die Ordnung des Wildbachbettes bezweckt die Schaffung eines angemessenen Bettes mit gesicherten Ufern und gesicherter Höhenlage der Sohle. Bögen werden tunlichst vermieden.

Wenn die Bachsohle aus abspülbarem Boden oder aus Geschieben besteht, muß sie gegen eine weitere Eintiefung geschützt werden. Um die Sohle lediglich in der bestehenden Höhenlage zu erhalten, kann bei kleinen Bettquerschnitten und bei geringem Gefälle eine durchlaufende Schale aus Stein oder Holz oder aus einer Verbindung beider ausgeführt werden, etwa so, wie es die Abb. 1897 andeutet.

Wenn das Bachbett zu tief liegt und die Sicherung der Hangfüße eine Verbreiterung des Bettes erfordert, so wird die Sohle durch den Einbau von Staustufen gehoben. Die Sohle wird dann abgestaffelt, wobei sich das für den Geschiebetrieb wirksame Gefälle ermäßigt. Die Abb. 1898 zeigt die Abstaffelung des Langbathbaches in Oberösterreich und die Abb. 1899 bis 1902 geben Ansichten von Sohlenabstaffelungen in verschiedenen Bauweisen. Auf der S. 981 sind Anhaltspunkte für den Entwurf von Grundschwellen und Sperren zur Sohlenabstaffelung gegeben worden. Je höher die Schwellen oder Sperren gemacht werden, desto mehr wird die Talsohle verbreitert und desto mehr Geschiebe werden vorübergehend zurückgehalten. Der Geschieberückhalt solcher Sperren ist aber nicht anhaltend. Die Neigung, mit der sich die neue Anlandung flußauf der Sperren einstellt, hängt von den Durchflüssen und von den Geschiebemassen ab, die ins Bachbett gelangen. Je mehr Geschiebe ins Bachbett gelangen, um so steiler stellt sich unter sonst gleichen Umständen die neue Sohle ein.

Abb. 1900. Verbauung des Sulzbaches bei Wald. (Wildbachverbauungssektion Graz.)

Wenn nach der Errichtung einer Sperre ebensoviel Geschiebe durch das Gerinne herabkommt, wie vorher, so bewirkt die Sperre nur eine parallele Hebung der alten Sohle. Eine geringere Neigung kann sich nur einstellen, wenn durch eine Verbauung der Bruchlehnen die Geschiebezufuhr herabgesetzt wird.

Während der Verlandung des Geschiebespeicherraumes einer Sperre fließt das Wasser über die Sperre geschiebefrei ab und es tritt daher eine Vertiefung der Sohle flußab der Sperre ein. Auf diesen Umstand muß bei der Gründung der Sperren geachtet werden; man trachtet die Sperren so anzulegen, daß die Anlandung flußauf einer Sperre den Fuß der fluß-

Abb. 1901. Gemauertes Gerinne mit Sohlenabstaffelung am Erlachgraben. (Wildbachverbauungssektion Klagenfurt.)

Abb. 1902. Abstaffelung der Sohle mit Stein und Holzsperren am Lichtmoosbach bei Admont. (Wildbachverbauungssektion Graz.)

aufliegenden mindestens 0,25 [m] hoch überdeckt. Wenn sich im Laufe der Zeit die Sohle am Fuß der flußaufliegenden Sperre tiefer einstellt, als im Entwurf angenommen worden war, so kann die Sohle noch durch Sperren II. Ordnung (Abb. 1903) gehoben werden.

Die Sohlenabstaffelung eines Abschnittes des Wildbachbettes kann nun durch wenige hohe oder viele niedrige Sperren bewerkstelligt werden (Abb. 1904). Man bevorzugt gewöhnlich die Anwendung vieler, niedriger Sperren, weil die Verteidigung des Sturzbettes flußab der Sperren

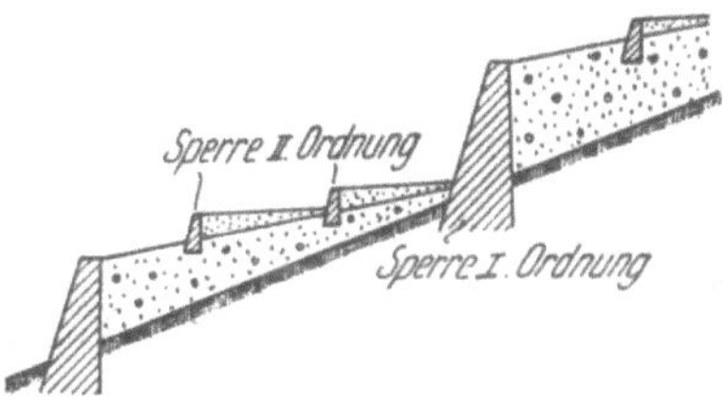

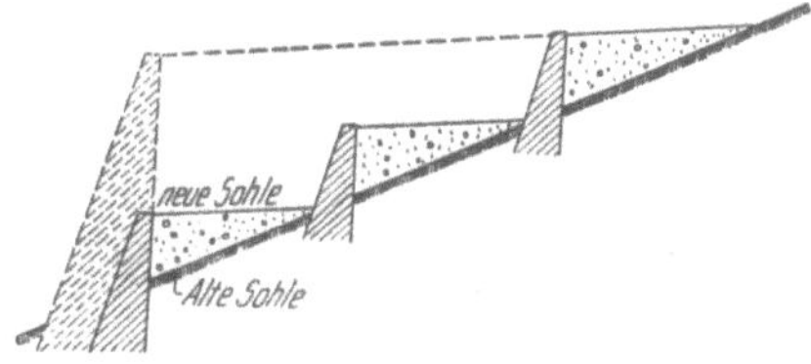

Abb. 1903. Geschiebesperren zweiter Ordnung.

Abb. 1904. Sohlenabstaffelung durch Geschiebesperren.

einfacher und die Schäden im Falle des Bruches einer Sperre geringer sind als bei hohen Sperren. Ein Vorteil hoher Sperren ist manchmal der größere Geschiebespeicherraum.

Die Errichtung der Sperren geschieht in der Regel flußauf fortschreitend, während gleichzeitig die Bruchlehnen verbaut werden.

c) Die Verbauung des Schuttkegels.

Die Schuttkegel älterer Wildbäche haben im Laufe der Zeit vielfach große Ausdehnungen erlangt, und sie werden zum Teil land- und forstwirtschaftlich genutzt, zum Teil sind sie sogar besiedelt. Der Schuttkegel bietet dem ablaufenden Hochwasser wenig Hindernisse und es fehlt jedwede Führung durch Talhänge; der Bach verlegt daher am Schuttkegel sein Bett oft von Hochwasser zu Hochwasser, wobei die Kulturen und Siedlungen verwüstet werden.

a)

b)

Abb. 1905. Bändigung der Aurach bei der Reindlmühle. a) vor der Verbauung, b) nachher. (Wildbachverbauungssektion Graz.)

Um den Schuttkegel vor Verwüstungen zu schützen, wird der Bach in ein einheitliches Bett zusammengefaßt, das für den Höchstabfluß bemessen wird. Das einheitliche Bett wird möglichst geradlinig über den Schuttkegel herabgeführt. Um Ablagerungen im Bett zu verhindern, wird es möglichst glatt gemacht. Als Querschnittsform für das Gerinne werden Rechtecke, Trapeze oder Schalen gewählt. Wenn das Bett am Schuttkegel eingeschnitten ist, werden die Ufer mit schwerem Bruchsteinpflaster gesichert, das unabhängig von der Sohlensicherung gegründet ist. Bei geringer Tiefenlage der Bachsohle wird das Bett am Schuttkegel zwischen Dämmen geführt.

Die Sohle des Bachgerinnes leidet stark durch den Ausschliff durch die ablaufenden Geschiebe. Sie wird schwer abgepflastert, mit bis zu 0,8 [m] hohen Steinen, und das Pflaster wird durch Roste oder alle 2 bis 4 [m] durch eine Rundholzschwelle gesichert. In selteneren Fällen sind die Bachgerinne auch ganz mit Rundholz ausgekleidet worden.

Schwierigere Verhältnisse liegen vor, wenn im Sammelgebiet Schutthalden liegen, die bis über die Vegetationsgrenze hinaufreichen oder wenn die Nutzung des Schuttkegels noch vor beendeter Verbauung des Sammelgebietes und der Klamm Schutzmaßnahmen erfordert. Dann bringt das Hochwasser noch große Geschiebemengen zu Tal, die nicht in den Fluß eingeleitet werden dürfen. Je nach den Geschiebemengen, die der Wildbach bringt, muß dann ein mehr oder minder großer Teil des Schuttkegels geopfert und als Geschiebelagerplatz bestimmt werden, auf den auch weiterhin die Geschiebe abgelagert werden. Solche Geschiebelagerplätze sind vielfach von der Bevölkerung schon in alten Zeiten angelegt worden. Die seitliche Begrenzung

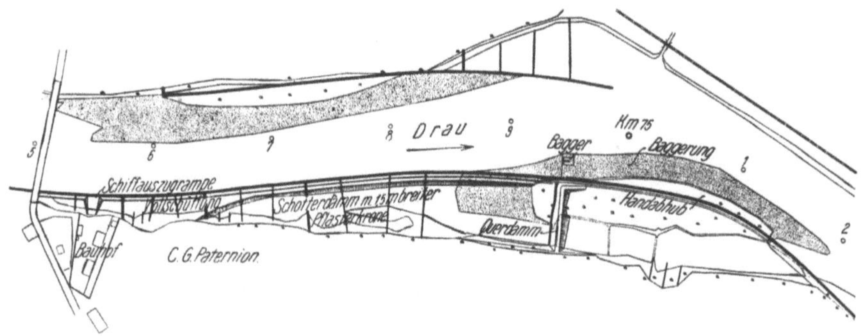

Abb. 1906. Behebung einer Flußspaltung an der Drau. (Draubauleitung Villach.)

dieser Plätze ist in der Regel durch Wassermauern bewirkt worden, die aus großen Steinblöcken vom Schuttkegel erbaut worden sind, oder es wurden Dämme mit schwerem Pflaster ausgeführt. Wenn Wege den Lagerplatz kreuzen, so werden in der Mauer Wassertore eingelegt, die beim Eintritt höherer Durchflüsse im Wildbache durch Dammbalken geschlossen werden. Am Lagerplatz selbst wird der Bach in der Regel sich selbst überlassen. Stein- und Sandgewinnung dortselbst ist erwünscht, weil dadurch Raum für neue Ablagerungen frei gemacht wird.

d) Sonderbauwerke an Wildbächen.

Kreuzungsstellen zwischen Verkehrswegen und Wildbächen bilden vielfach schwache Stellen der ersteren, die im Laufe der Zeit viel Sorge bereiten, besonders, wenn sie in geringer Höhe über dem Bachbett liegen; man weicht daher solchen Kreuzungen soweit als möglich aus. Wichtigere Verkehrswege kreuzen einen Wildbach in der Regel am Schuttkegel. Sie können über das vom Hochwasser überronnene Gebiet auf Brücken übergeführt werden, deren Öffnungen so weit sind, daß Verklausungen durch Holz ausgeschlossen sind. Der Verkehrsweg muß so weit auf der Brücke liegen, als eine Bettverlegung am Schuttkegel in Frage kommen kann. Bahnen sind vielfach unter dem Schuttkegel durch Tunnel geführt worden. Wenn die Bahn den Schuttkegel hoch oben in der Nähe der Klamm kreuzt, so kann der Wildbach auch auf einer Brücke, über die Bahn übergeleitet werden. Kreuzungen von Straßen mit Wildbächen werden bei ständigen Durchflüssen mit Brücken hinreichend großer Lichtweiten bewerkstelligt, während Wildbäche, die nur zeitweise Wasser führen, vielfach nur in gepflasterten Rinnen in der Fahrbahn übergeleitet werden.

Abb. 1907. Behebung einer Flußspaltung an der Drau. (Vgl. Abb. 1906.)

Schrifttum.

BIERBAUMER, A. u. v. SIEGL, H. R.: Lawinen und Steinschlaggefahren und die Mittel zu ihrer Bekämpfung. Allg. Bauztg., 1915, 46. — COAZ, J.: Statistik und Verbauung der Lawinen in den Schweizer Alpen. Bern, 1910. — CULMANN: Bericht über die schweizerischen Wildbäche. Zürich, 1864. — DEMONTZEY, P.:

Studien über die Arbeiten der Wiederbewaldung und Berasung der Gebirge. Übersetzt von A. v. Seckendorff. Wien: C. Gerold & Sohn, 1880. — *Denkschrift* über die Wildbachverbauung in Tirol. Innsbruck, 1894. — DUBISLAV, F.: Wildbachverbauung und Regulierung von Gebirgsflüssen. Berlin: P. Parey, 1902. — DUILE, J.: Über Verbauung der Wildbäche in Gebirgsländern. Innsbruck: Wagner, 1826. — GAMS, H.: Pflanzen zur Wildbach- und Lawinenverbauung in den Alpen. Dtsch. Wasserwirtsch. 1940, 188. — DERSELBE: Die Wahl

zur künstlichen Berasung und Bebuschung von Bachbetten, Schutthängen und Straßenböschungen geeigneter Pflanzen des Alpengebietes. Mit 16 Diagrammen als Manuskript für die Wildbach- und Lawinenverbauungsämter vervielfältigt. Innsbruck, 1939. — DERSELBE: Die natürliche und künstliche Begrünung von Fels- und Schutthängen in den Hochalpen. Forschungsges. Straßenwes., Forschungsarbeit 25. Berlin, 1940. — HÄRTEL, O.: Wildbachverbauung und Wasserwirtschaft 1940, 353. — HENRICK, J.: Die Verbauung des Schesatobels in Vorarlberg. Schweiz. Z. Forstwes. 1924. — KREUTER, FR.: Die Weißlahn bei Brixen. Z. öst. Ing.- u. Arch.-Ver. 1899. — POLLACK, V.: Erfahrungen im Lawinenverbau. Leipzig und Wien, 1906. — DERSELBE: Über Erfahrungen im Lawinenverbau in Österreich. Z. öst. Ing.- u. Arch.-Ver. 1906, 177. — SCHOKLITSCH, A.: Geschiebeforschung, Voraussetzung geordneter Geschiebewirtschaft. Dtsch. Wasserwirtsch. 1940, 351. — SCHUBERT: Die Wildbäche und deren Verbauung. Wasserkraft u. Wasserwirtsch. 1930, 243, 249. — STINY, J.: Die geologischen Grundlagen der Verbauung der Geschiebeherde in Gewässern. Wien: Springer, 1931. — STRELE, G.: Zur Frage der Wildbachverbauung. Dtsch. Wasserwirtsch. 1940, 349. — DERSELBE: Wie und wozu Wildbachverbauung. Dtsch. Wasserwirtsch. 1940, 221.

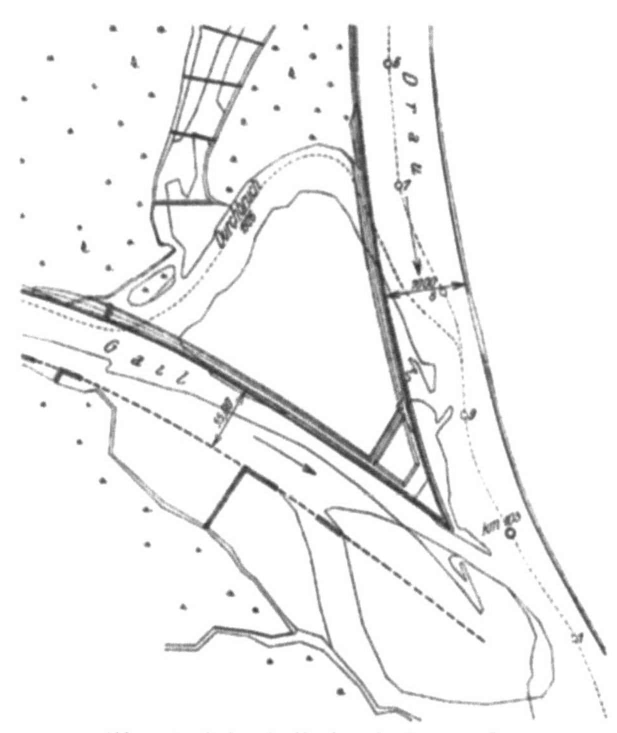

Abb. 1908. Ausbau der Mündung der Gail in die Drau. (Draubauleitung Villach.)

— DERSELBE: Die Systeme der Wildbachverbauung. Dtsch. Wasserwirtsch. 1940, 374. — DERSELBE: Lawinen und Lawinenverbauung. Wasserkr. u. Wasserwirtsch. 1943, 240. — DERSELBE: Die Wirkung des Waldes auf die Bodenbindung und Geschiebebildung. Dtsch. Wasserwirtsch. 1939, 385. — DERSELBE: Grundriß der Wildbachverbauung. Wien: Springer, 1934. — DERSELBE: Über Geschiebestausperren. Schweiz. Bauztg. 93, H. 3, 1929. — WANG, F.: Grundriß der Wildbachverbauung. Leipzig: S. Hirzel, 1901/1903.

III. Die Bändigung der Flüsse.

Die Bändigung der Flüsse umfaßt die Zusammenfassung der Durchflüsse in ein einheitliches Bett, die Verbesserung der Krümmungsverhältnisse und die Festlegung der Höhenlage der Sohle.

Die Linienführung des angestrebten Bettes ist von so einschneidender Bedeutung für die Bettausbildung, daß ihr die größte Sorgfalt gewidmet werden muß. Bevor an die Festlegung der anzustrebenden Linienführung ge-

Abb. 1909. Ausbau der Mündung der Gail in die Drau. (Vgl. Abb. 1908.) (Draubauleitung Villach.)

schritten werden kann, muß die Frage geklärt werden, ob die Tiefenlage der bestehenden Sohle entspricht. Wenn die Tiefenlage entspricht, so darf durch die angestrebte Linienführung der Flußlauf nicht verkürzt werden. Eine Tieferlegung der Flußsohle kann durch weiter flußab ausgeführte Durchstiche (vgl. S. 199) leicht erreicht werden.

Das angestrebte neue Flußbett wird im Lageplan durch die Achse des Flußlaufes und durch die Streichlinien festgelegt. Als Streichlinie wird gewöhnlich die Verschneidung des Mittelwasserspiegels mit dem Ufer betrachtet. Wie schon erwähnt worden ist, werden bei der Linienführung gerade oder schwach gekrümmte Strecken tunlichst vermieden (vgl. S 214). Zur Erleichterung der flußbaulichen Maßnahmen wird stets angestrebt ein Ufer mit einem schon bestehenden zusammenfallen zu lassen; in Krümmungen wird stets angestrebt, das äußere Ufer in die bestehende Uferlinie zu legen.

Je kleiner der Krümmungshalbmesser ist, desto schwieriger wird die Verteidigung des äußeren Ufers. Wenn der Krümmungshalbmesser die 5- bis 8fache Bettbreite unterschreitet, so wird

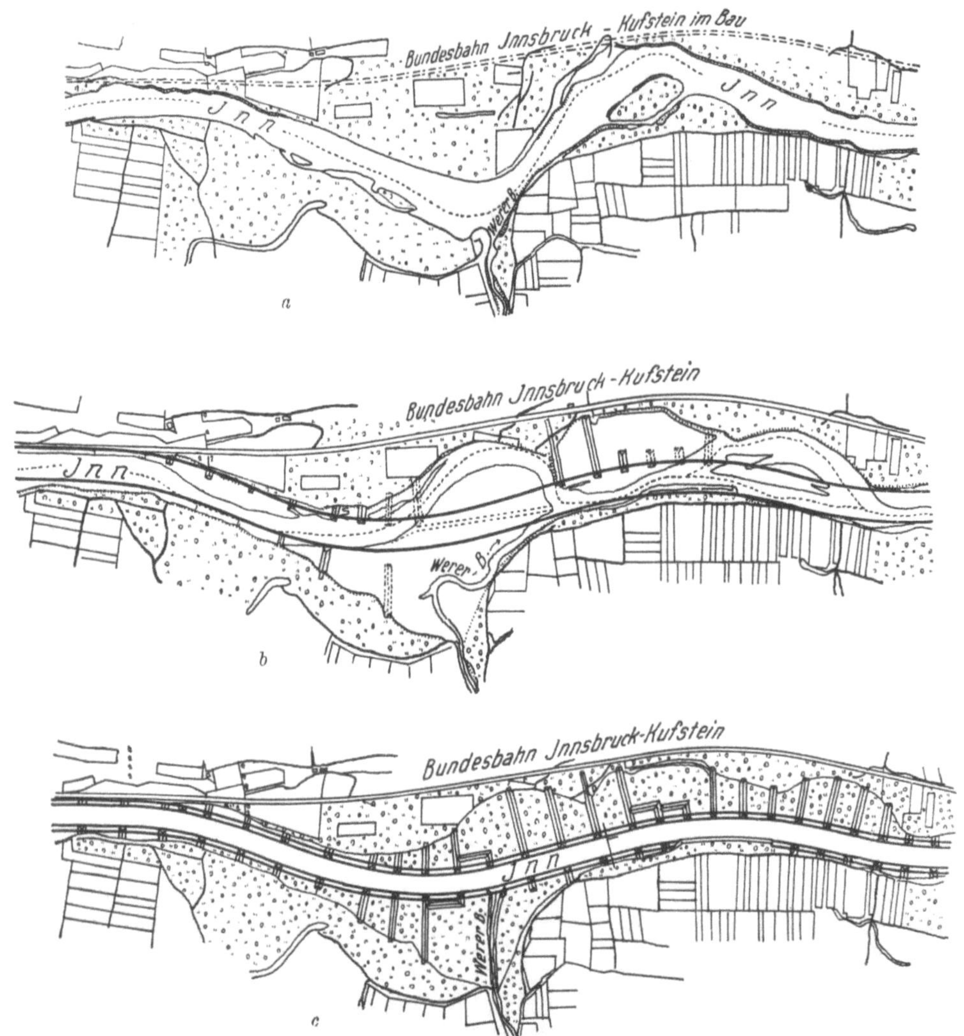

Abb. 1910. Bändigung des Inn bei Terfens-Weer mit Buhnen. *a* Zustand 1855 bis 1871; *b* Zustand 1884; *c* Zustand 1898. (Fr. DUBISLAV.)

der Bogen verflacht. Zwischen gegensinnige Bögen wird eine Zwischengerade gelegt, deren Länge gleich der 2- bis 4fachen Gerinnebreite ist (vgl. S. 216).

Die anzuwendende Bettbreite wird am besten einer einheitlichen Flußstrecke entnommen. Anhaltspunkte für die Änderung der Bettbreite flußab sind schon auf S. 215 gegeben worden.

Wenn eine Tieferlegung der Flußsohle erwünscht ist, so werden weiter flußab mittels Durchstichen Flußschlingen abgeschnitten. Wie schon auf S. 199 erläutert worden ist, tieft sich der Fluß flußauf der Durchstiche ein, während er sich flußab aufhöht.

Bei der Festlegung der Querschnittsabmessungen wird ein sogenanntes Berechnungshochwasser benützt, das innerhalb von n Jahren, also mit der Häufigkeit $1/n$ auftritt. Die dem Berechnungshochwasser entsprechenden spezifischen Abflüsse q [m³/sec km²] nehmen längs des Flußlaufes ab, weil eine gleichmäßig dichte Überregnung oder das gleichzeitige Einsetzen der Schnee-schmelze im ganzen Einzugsgebiet um so wahrscheinlicher ist, je größer das Einzugsgebiet ist.

Der Querschnitt wird gewöhnlich so geformt, daß die Jahresmittelwässer den Querschnitt bis zu den Bermen füllen. Bei größeren Durchflüssen sind die Bermen überflutet. In Gebirgs-flüssen schließen an die Bermen von 1 bis 2 [m] Breite Böschungen mit einer Neigung von höch-stens 1 : 2 an. Flachlandflüsse erfordern für die Ableitung der Hochwässer sogenannte Doppel-querschnitte, deren Vorländer 0,5 bis 1,5 [m] tief durchströmt werden (vgl. S. 1001).

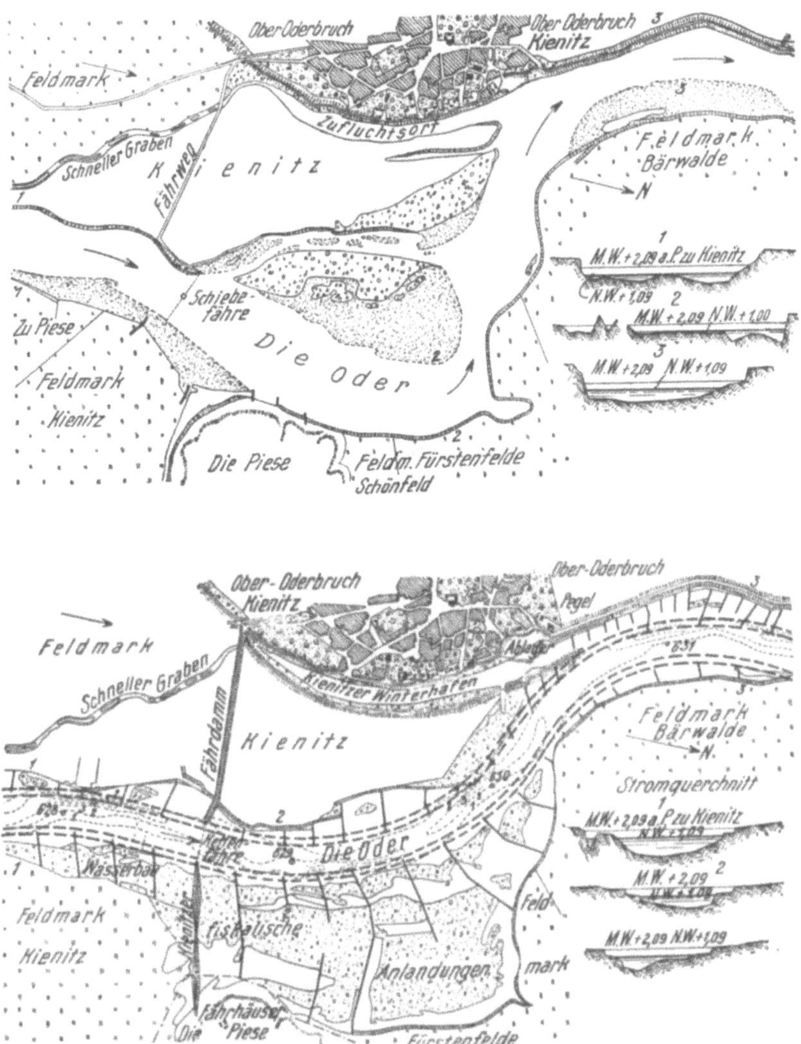

Abb. 1911. Bändigung der Oder bei Kienitz mit Buhnen. Oben: Zustand der Oder 1846. Unten: 1887. Baudurchführung: 1870 bis 1872. (Fr. Kreuter.)

Der Bettquerschnitt wird so bemessen, daß mittlere Hochwässer noch ohne Überflutung des Talgeländes ablaufen. Ob eine Überflutung des Talbodens zulässig ist, hängt von der Nutzung des Bodens und vom Zeitpunkt des Eintreffens der Hochwässer ab.

In Strecken, in denen eine Betteintiefung zu erwarten steht, werden Flußbauwerke für den Ausbau des angestrebten Bettes verwendet, die nachgiebig sind und dem Niedersinken der Sohle folgen, also solche mit längsgelegten Sinkwalzen und Steinwurf. Sinkwalzen können durch vorgeschlagene Pfähle zu einem annähernd lotrechten Niedergehen gezwungen werden; Stein-wurf kollert aber bei Unterspülungen seines Fußes nach und engt die Sohle wesentlich ein, wenn die Eintiefung bedeutend ist. Es ist in solchen Fällen zweckmäßig, den Steinwurf um so weiter hinter die Streichlinie zu setzen, je größer die erwartete Eintiefung ist. Als Beispiele für die Linienführung und die allgemeine Anordnung der Flußbauwerke sind in den Abb. 1906 bis 1914 einige ausgeführte Bändigungen dargestellt.

Der Aufbau der Flußbauwerke wird den bei Hochwasser auftretenden Schleppkräften angepaßt. Bauweisen mit Faschinen haben sich im allgemeinen an Gebirgsflüssen nicht dauernd bewährt. Sie werden nur zur Einleitung der angestrebten Bettumbildung verwendet. Sinkwalzen werden durch Steinwurf vor dem wandernden Geschiebe geschützt. Wenn die Sohlenlage

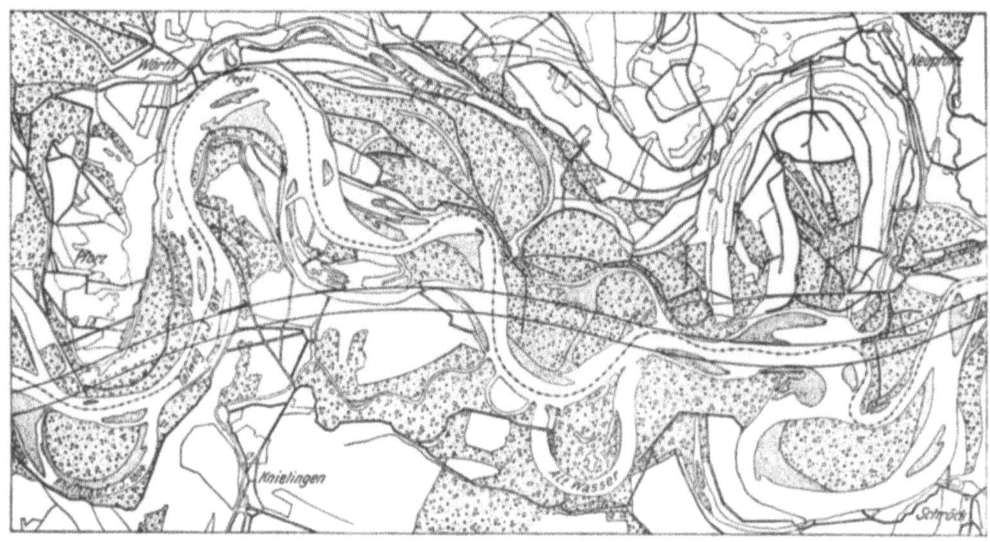

Abb. 1912. Bändigung des Rheins bei Pforz. (Fr. KREUTER.)

zur Ruhe gekommen ist, werden die Bauwerke am besten mit Stein oder Beton ausgebaut. Die Verwendung von wachsfähigen Faschinen ist nur in der Mittelwasserspiegelhöhe von Erfolg; unter diesen Höhenlagen werden sie vielfach durch die Beschädigungen durch das wandernde Geschiebe, höher oben durch Feuchtigkeitsmangel im Wachstum behindert.

Soweit die Streichlinie längs alter Ufer läuft, werden diese lediglich gesichert. Wo sich die Streichlinie von den alten Ufern entfernt, werden in der Regel Leitwerke angewendet; Buhnen sind bei Gebirgsflüssen nur selten zur Anwendung gekommen. In Bögen müssen die Leitwerke

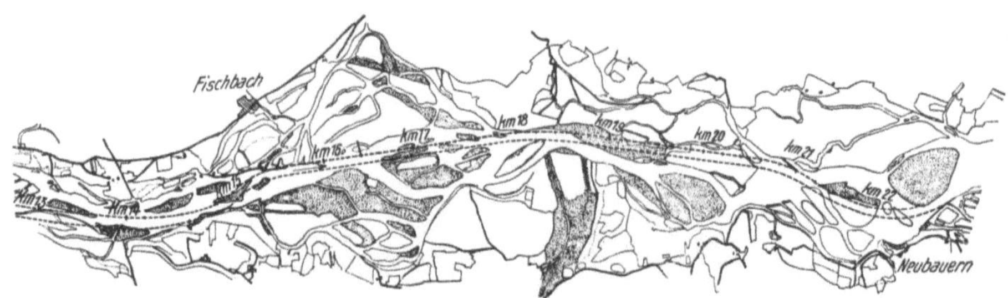

Abb. 1913. Bändigung des Rheins bei Neubauern. (Fr. KREUTER.)

besonders in der unteren Hälfte des äußeren Ufers sehr widerstandsfähig und derart ausgebildet sein, daß sie durch die dort auftretenden Krümmungskolke nicht geschädigt werden. Man trägt der Kolkbildung an der Bogenaußenseite durch Vermehrung der Sinkwalzen und eine reichlichere Bemessung des Steinwurfes Rechnung. An der Bogeninnenseite ist in der Regel kein besonderer Uferschutz erforderlich, weil sich dort ohnehin Anlandungen bilden. Nach Möglichkeit soll bei Gebirgsflüssen von schwebenden oder durchlässigen Bauten zur Lenkung der Geschiebebewegung reichlich Gebrauch gemacht werden.

Ganz besonders sei betont, daß jede Bauarbeit, die an einem Flußlaufe zwecks Bändigung desselben in Angriff genommen wird, in den Rahmen eines Entwurfes passen soll, der die Verbauung des gesamten Flußlaufes zum Ziel hat. Örtliche Bauten, die außerhalb des Rahmens eines solchen Entwurfes ausgeführt werden, können auch nur örtlichen Schutz vor den Angriffen des Wassers bieten und ihre Wirkung ist meist nur von kurzer Dauer; sie bleiben ein Flickwerk, das mit Flußbau vielfach nichts gemein hat, und die angewendeten Mittel sind in den meisten Fällen verloren.

IV. Die Regulierung der Flüsse.

An schiffbaren Flüssen folgt auf die Bändigung die Regulierung, die im einheitlichen Bett eine beständige, allen Anforderungen entsprechende Schiffahrtsrinne schaffen soll. Dieses Ziel wird durch die Niederwasserregulierung erreicht, die im einheitlichen Bett eine Niederwasserrinne schafft. Die Einschränkung der Bettbreite erfolgt mittels niedriger Leitwerke mit Querbauten oder mittels versenkter Buhnen (Abb. 1915).

Die Schiffahrt fordert eine möglichst unveränderliche, von den Wasserständen unabhängige Lage des Stromstriches. Man vermeidet daher bei der Bändigung längere gerade oder nur schwach gekrümmte Strecken.

Als Flußbauwerke sind an Flachlandflüssen vielfach solche aus Faschinen bevorzugt worden. In neuerer Zeit werden auch hier die Bauten, wenn die Sohle festliegt, mit Stein, Beton oder in Drahtschotterbauweise ausgebaut. Zur Einschränkung übermäßiger Breiten sind vorwiegend Buhnen verwendet worden. Durchstiche müssen in voller Breite ausgehoben werden, weil die Schiffahrt nicht erlaubt, die Ausbildung des Flußbettes den Hochwässern allein zu überlassen. Überdies stünde zu befürchten, daß für die Schiffahrt unerwünschte Ablagerungen im Bett flußab der Durchstiche entstünden, wenn diese, so wie es bei Gebirgsflüssen üblich ist, ausgeführt würden. Stellenweise wird bei der Ausbildung der Niederwasserrinne die Nachhilfe durch Baggerung erforderlich werden. Sohlenformen, die durch Baggerungen geschaffen werden, sind aber nur von Bestand, wenn sie der Linienführung des Bettes und den dort herrschenden Strömungsverhältnissen entsprechen; dann sind die Baggerungen ein vielfach erwünschtes Hilfsmittel, das die Ausbildung dieser natürlichen Sohlenformen beschleunigt, ohne daß weiter flußab wieder Anlandungen entstehen. Wo die durch Baggerung geschaffene Sohlenform den Verhältnissen im Bett nicht entspricht, wird sie in der Regel schon vom ersten Hochwasser wieder umgestaltet und sie könnte nur durch dauerndes Baggern aufrechterhalten werden.

Die Schiffahrt fordert für die Fahrwasserrinne bestimmte Maße, die vom Tiefgang und der Breite der verkehrenden Fahrzeuge abhängen. Bei Niederwassertiefen unter 1,0 bis 1,5 [m] ist ein lebhafterer Schiffsverkehr nicht möglich.

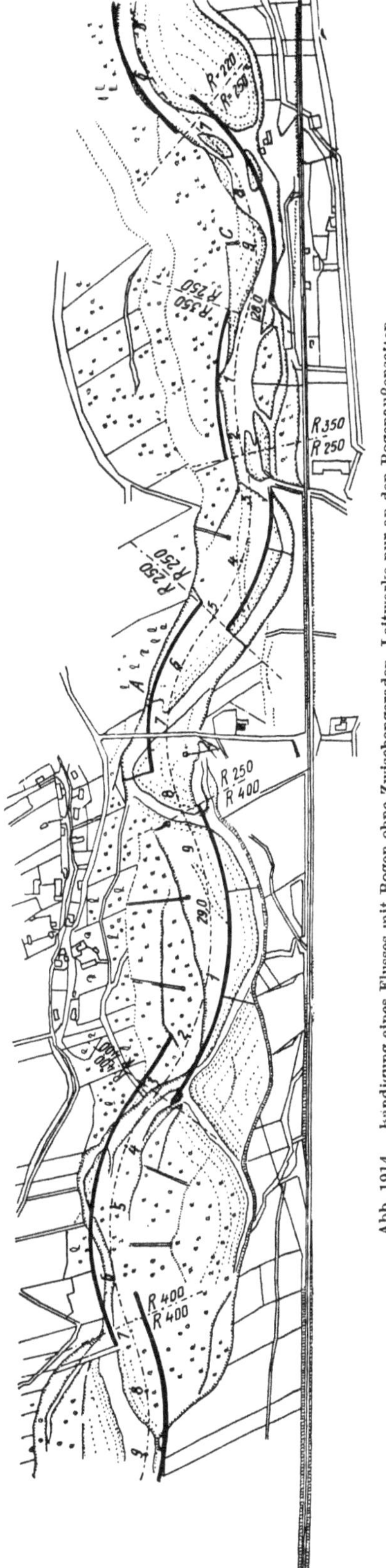

Abb. 1914. Bändigung eines Flusses mit Bogen ohne Zwischengeraden. Leitwerke nur an den Bogenaußenseiten.

Wenn durch die Mittel der Regulierung im Fluß keine befriedigende Schiffahrtsrinne geschaffen werden kann, dann kann nur die Flußkanalisierung die Schiffahrt im Flußbett ermöglichen.

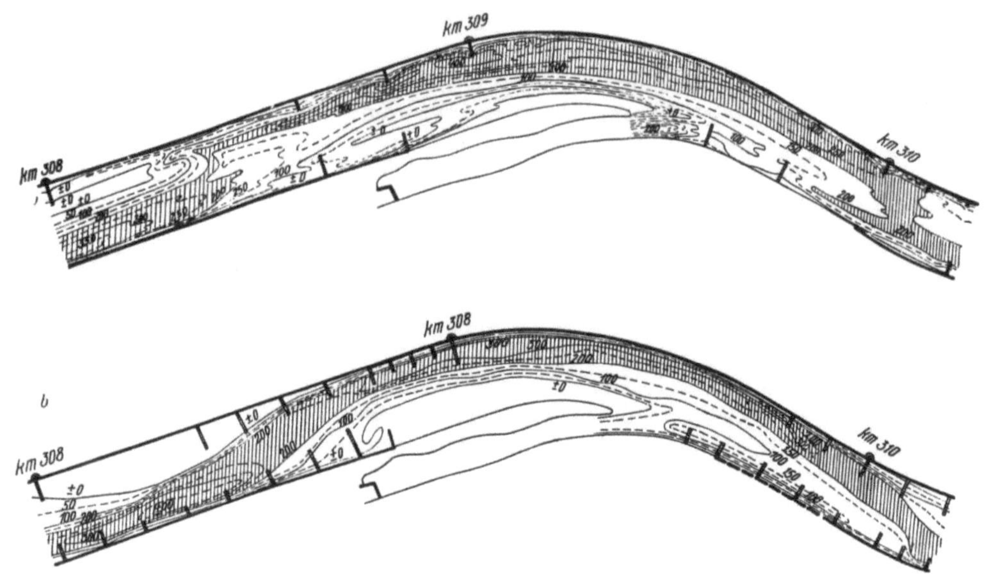

Abb. 1915. Niederwasserregulierung an der Donau zwischen *km* 308 und 310. *a* Vor der Niederwasserregulierung; *b* nach teilweiser Regulierung. (K. DANTSCHER.)

Schrifttum.

DANTSCHER, K.: Die Schaffung der Großschiffahrtsstraße zwischen Regensburg und Passau. Wasserstraßen-Jb. 1927. München: Pflaum. — ENGELS, H.: Handbuch des Wasserbaues. Leipzig: W. Engelmann, 1922. — KREUTER, F.: Der Flußbau. Handbuch der Ingenieur-Wissenschaft. III. Teil, Bd. 6. 5. Aufl. Leipzig: W. Engelmann, 1921.

D. Der Hochwasserschutz.

Alle Maßnahmen, die unter dem Namen Hochwasserschutz zusammengefaßt werden, bezwecken, daß Talgelände, das der Fluß durchzieht, mehr oder minder vollständig vor Hochwasserschäden zu bewahren. Diese Maßnahmen bezwecken entweder nur den örtlichen Schutz des Geländes (Hochwasserabwehr), oder sie zielen auf eine Verringerung der Hochfluten (Hochwasserrückhalt) hin, die dem ganzen Tale zugute kommen; zu den ersteren gehört die Anlage von Deichen (Hochwasserdämmen) und Umflutkanälen, von den letzteren sind hervorzuheben alle Vorkehrungen, die den Abfluß der Niederschläge im Gelände und den Ablauf des Wassers im Flußtale verzögern.

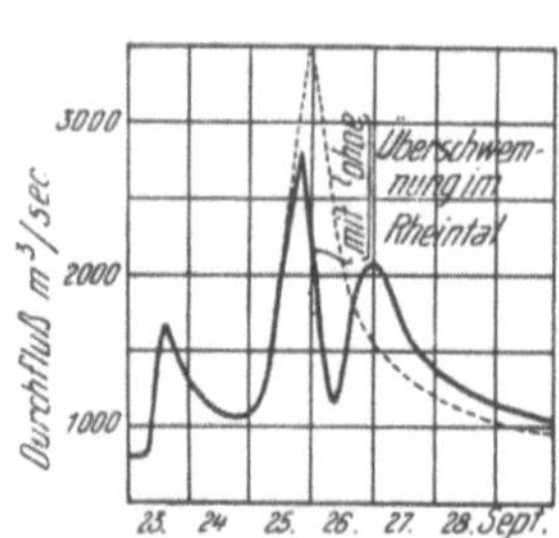

Abb. 1916. Hochwasserwelle im Rhein im September 1927.

Abb. 1917. Doppelquerschnitt.

I. Die Hochwasserabwehr.

Die Maßnahmen zur Hochwasserabwehr haben nur den Charakter reiner Abwehrmaßnahmen, ohne aber das Übel selbst, die Hochfluten, mildern zu können; vielfach werden sogar durch solche Maßnahmen die Verhältnisse in den weiter flußab liegenden Gebieten noch verschlechtert.

Wohl das älteste und meist angewandte Mittel zur Bekämpfung von Schädigungen durch das Hochwasser besteht in der Anlage von Deichen, nämlich Dämmen beiderseits des Flußbettes, deren Kronen bis über die höchsten Hochwasserspiegel emporreichen. In früheren Zeiten, in denen man noch nicht an die Bändigung eines verwilderten Flußbettes dachte, sondern sich mit einem fallweisen Schutz gefährdeter Ufer begnügte, wurden die Deiche meist außerhalb jener Gebiete, in denen der Wasserlauf oft in zahllose Arme geteilt dahinfloß, auf sicherem Talboden errichtet. Sie lagen je nach der Beschaffenheit des Geländes bald nahe beisammen,

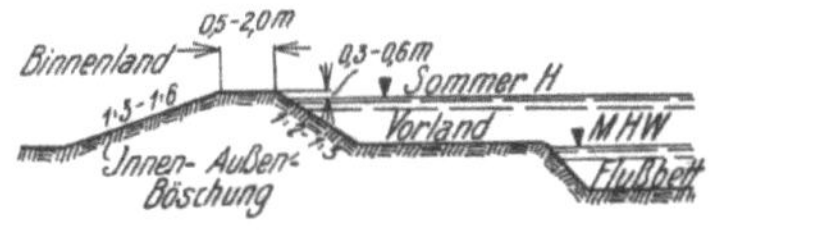

Abb. 1918. Sommerdeich.

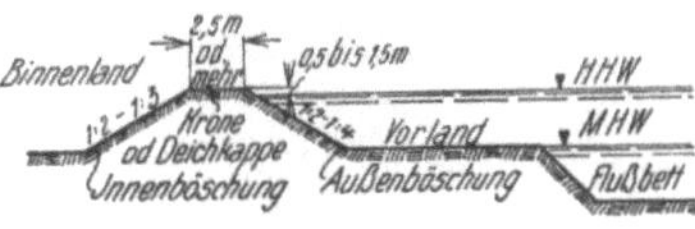

Abb. 1919. Winterdeich.

bald schlossen sie auch breite Gebietsstreifen ein. In neuerer Zeit hat man verwilderte Flüsse gebändigt und ein einheitliches Bett, das wenigstens kleinere Hochwässer noch faßt, geschaffen und man war darauf bedacht, das dem Flusse abgerungene Talgelände möglichst weitgehend der Nutzung zuzuführen und daher vor Hochwasser zu schützen. Die Deiche wurden daher so nahe an den Flußlauf herangelegt, als es eben die Ableitung der großen Hochwässer erforderte. In einem derart ausgebauten Flusse werden infolge der Ausschaltung der früher bestandenen natürlichen Rückhaltbecken, die aus den bei Hochfluten überschwemmten Talgeländen bestanden, die Hochwässer in den weiter flußab liegenden Gebieten immer gefährlicher, der Anstieg erfolgt rascher und bis zu wesentlich größeren Durchflüssen. Als Beispiel für den Einfluß der Eindeichung sei die in der Abb. 1916 dargestellte Hochwasserwelle im

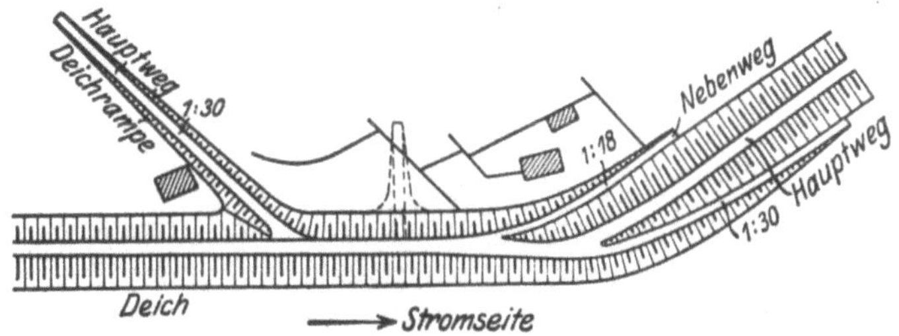

Abb. 1920. Deichrampe.

Rhein im September 1927 herangezogen; dort wäre der Durchfluß bis auf 3000 [m³/sec] angestiegen, wenn die Deiche nicht gebrochen wären. Infolge der Überflutung des Tales entstand aber ein Rückhaltgebiet und der Durchfluß erreichte flußab des Überschwemmungsgebietes nur 2300 [m³/sec].

Durch die Eindeichung entsteht ein sogenannter Doppelquerschnitt, wie ihn etwa die Abb. 1917 erkennen läßt. Bis zu kleineren Hochwässern läuft der Durchfluß im eigentlichen Flußbett ab; große Hochwässer überfluten das Vorland. In den Flachlandstrecken der deutschen Flüsse treten während des Sommers nur geringere Hochwässer ein; die größten Durchflüsse treten am Ende des Winters auf, wenn die Schneeschmelze bei noch gefrorenem Boden einsetzt. Je nachdem nun die Höhe der Deiche nur zur Abwehr der Sommerhochwässer oder auch zur Abwehr der Winterhochwässer bemessen wird, unterscheidet man Sommerdeiche und Winterdeiche. Die Sommerdeiche schützen das Binnenland vor Überflutung während der Wachstumsperiode der landwirtschaftlichen Nutzpflanzen; die Winterhochwässer überrinnen die Sommerdeiche und lagern im überfluteten Gebiete Schlick ab. Die Dämme müssen derart bemessen werden,

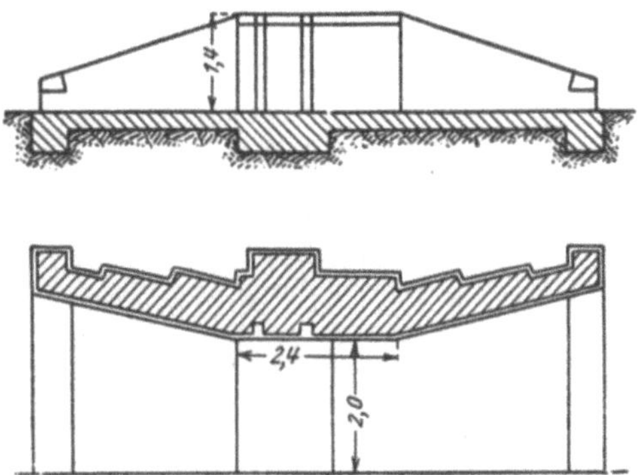

Abb. 1921. Durchfahrt durch einen Deich.

daß sie beim Überrinnen nicht zerstört werden; Sommerdeiche erhalten die im Schema der Abb. 1918 eingetragene Abmessung. Die Krone wird gegen den Flußlauf zu schwach geneigt, damit Niederschlagswässer rasch ablaufen. Die Böschungen werden sorgfältig mit Rasen bekleidet; Bepflanzung mit Bäumen ist unzulässig. Winterdeiche erhalten die in der Abb. 1919 eingetragenen Abmessungen und müssen selbst die größten Hochwässer abwehren. Ihre Kronenbreite wird größer genommen, weil die Krone vielfach als Verkehrsweg dient; mindestens muß aber die Zufuhr der zur Instandhaltung und Verteidigung erforderlichen Baustoffe möglich sein.

Die Herstellung der Deiche geschieht nach denselben Grundsätzen, nach denen die Staudämme und die Werksgrabendämme ausgeführt werden. Wenn genügend undurchlässiger Boden vorhanden ist, werden sie als einheitliche Dämme geschüttet und verdichtet, nachdem vorher Mutterboden und fäulnisfähige Stoffe sorgfältig aus der Sohlfuge abgeräumt worden sind. Wenn nur wenig dichter Boden verfügbar ist, erhalten die Dämme nur eine Dichtungsdecke an der Außenböschung (also an der Wasserseite). Bei der Bemessung der Kronenhöhe gelegentlich der Herstellung muß auf das Setzen der Dämme Rücksicht genommen werden. Der Boden für die Schüttung der Dämme wird dem Vorlande aus Gräben entnommen, die quer zum Ufer verlaufen und im Laufe der Zeit wieder verlanden. Zwischen den wasserseitigen Deichfuß und dem Graben muß ein mindestens 5 bis 10 [m] breiter Streifen, die sogenannte Außenberme, unangetastet bleiben.

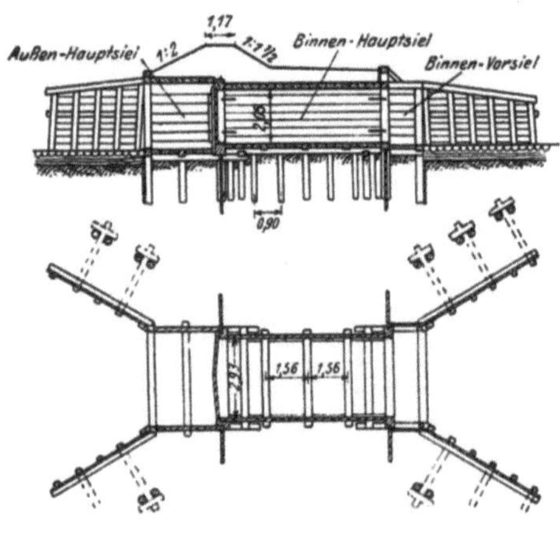

Abb. 1922. Balkensiel.

Dem Verkehr auf den Deich hinauf und über ihn hinüber ins Vorland vermitteln Rampen (Abb. 1920), die mit einer Steigung von höchstens 8 bis 10% angelegt werden. In besonderen Fällen, wenn die Anlage der Rampen nicht möglich ist, werden Wassertore (Abb. 1921) eingebaut, die beim Eintreffen des Hochwassers mit Dammbalken abgeschlossen werden.

Die Eindeichung hat zur Folge, daß die Sinkstoffe zwischen den Deichen zusammengehalten werden und das Vorland im Laufe der Zeit auflanden, so, daß später Erhöhungen der Deiche erforderlich werden. Die Auflandungen werden um so größer, je weiter die Deiche auseinander liegen, je mehr also die vom Hochwasser durchflossenen Querschnitte die zur Ableitung unbedingt erforderlichen überschreiten.

Der zwischen den Deichen hochliegende Wasserstand hindert den Ablauf des Grundwassers in den Fluß, so, daß also im Binnenland der Grundwasserspiegel während der Dauer der Hochwässer ansteigt. Außerdem dringt Flußwasser in den Untergrund und steigt bei langanhaltenden Hochfluten als Quellwasser, Qualm-, Dränge- oder Küverwasser im Binnenland empor. Dieses Wasser muß allenfalls durch Pumpen in den Fluß abgeleitet werden; es schädigt die Landwirtschaft, weil es aus dem Boden die Pflanzennährstoffe auslaugt.

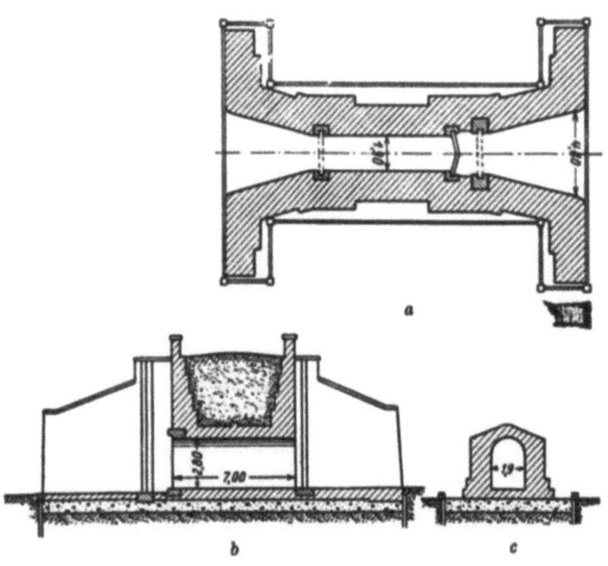

Abb. 1923. Kurzes Siel bei Hassum. a Grundriß; b Längenschnitt, c Querschnitt durch die Mitte.

Dort, wo Gewässer durch die Deiche in den Fluß abgeleitet werden, müssen noch Vorkehrungen getroffen werden, damit nicht das abzuwehrende Wasser an diesen Stellen hinter die Deiche gelangen kann. Nebenflüsse erhalten aus diesem Grunde Rückstaudämme (Rückdeiche), die an die Deiche anschließen und deren Kronen über der sich im Nebenflusse ausbildenden Staulinie verlaufen. Kleine Wässer und Vorflutgräben von Entwässerungen werden mittels sogenannter Siele (Abb. 1923 bis 1926) durch die Deiche geführt, das sind Durchlässe, die mit eigenen Vorrichtungen das Rückströmen von Wasser entweder selbsttätig oder nach Betätigung durch Wärter hindern.

Als selbsttätige Abschlüsse stehen Klappen (Abb. 1925 und 1926) am Ende von Röhrendurchlässen in Verwendung. Größere Siele werden durch Sieltore (Abb. 1927) oder andere Abschlußvorrichtungen für die Dauer der Hochflut geschlossen.

Dämme werden, wenn sie nicht eigens ausgerüstet sind, durch Überströmung vernichtet; es ist daher zweckmäßig, in den Sommerdeichen Stellen für die Überströmung durch die Winterhochwässer vorzurichten. Solche Überlaufdeiche erhalten, wenn sie nur berast sind, besonders flache Innenböschungen mit Neigungen bis 1 : 20. Die Länge der Überlaufdeichkrone soll so bemessen werden, daß die Schleppkraft auf Rasenböschungen 2 [kg/m²] nicht überschreitet, weil größere Schleppkräfte die Rasendecke und den Damm gefährden. Die Krone solcher Strecken wird, wie kaum besonders betont werden muß, tiefer als im übrigen Deich gelegt. Wenn die Innenböschung und das anschließende Gelände durch Stein, Beton oder Holz geschützt wird, können wesentlich größere Neigungen als bei Rasendecke verwendet werden.

Auch an Winterdeichen kann unter Umständen die Anlage einer Überfallstrecke in Frage kommen; über sie läuft bei außergewöhnlichen Hochfluten Wasser während des Höchststandes ins Binnenland. Sie muß als eine Art Sicherung des übrigen Deiches angesehen werden, weil ohne sie die Hochflut allenfalls zu einem Dammbruch führen könnte, bei dem sich weit größere Wassermengen ins Binnenland ergießen würden, die überdies an der Bruchstelle ausgedehnte Verwüstungen anrichten würden.

Neben den beschriebenen, den Hochwasserschutz gewährenden Deichen sind mancherorts auch Deiche angelegt worden, die zwar nicht die Überflutung verhindern, wohl aber vor Schaden durch das

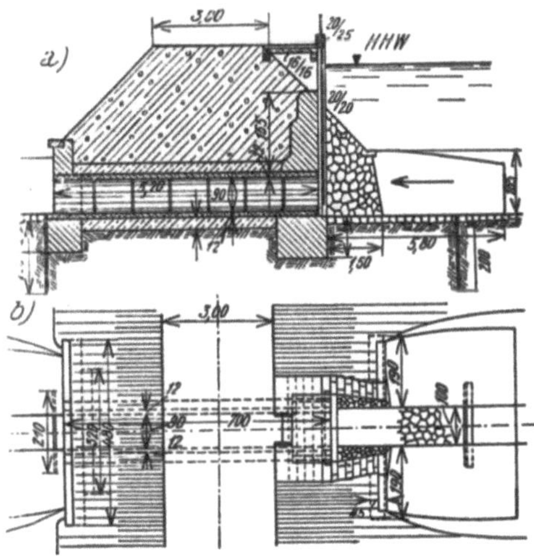
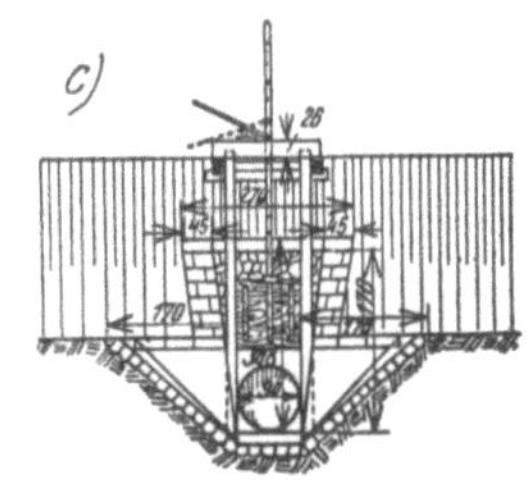

Abb. 1924. Rohrsiel mit Schützenabschluß. a) Längsschnitt, b) Grundriß; c) Ansicht von der Wasserseite. (V. HLAVINKA.)

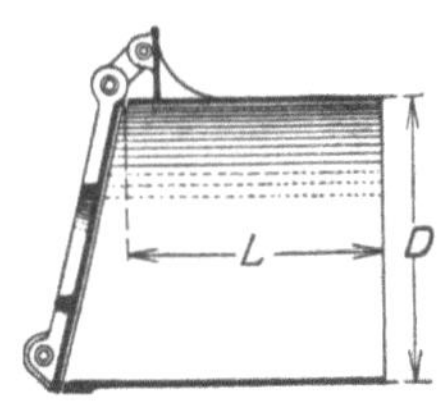

Abb. 1925. Rohrsiel mit Klappe $D = 0,2; 0,3; 0,4\,[m]$; $L = 0,4\,[m]$.

Abb. 1926. Rohrsiele mit Klappen.

strömende Wasser bewahren sollen, indem sie die Strömung von besonders gefährdeten Stellen ablenken. Solche Deiche werden offene Deiche genannt, im Gegensatz zu den früher beschriebenen, die als geschlossene bezeichnet werden.

Wenn Ortschaften zu beiden Seiten des Flusses liegen, die durch die Hochwässer gefährdet und so nahe beiderseits an die Ufer herangebaut sind, daß die Unterbringung des Hochwasserquerschnittes innerhalb der Ortschaft unmöglich ist, so kann bei geeigneter Geländegestaltung ein Kanal, ein sogenannter Umflutkanal, der flußauf der Ortschaft vom Flusse abzweigt und um diese außen herumgeführt wird, die Flußstrecke innerhalb der Ortschaft entlasten.

II. Der Hochwasserrückhalt.

Die Anlage von Deichen erfordert wegen der großen erforderlichen Längen derselben einen sehr hohen Aufwand. Deiche beschleunigen überdies in gänzlich unerwünschter Weise den Hochwasserablauf und steigern infolge der Ausschaltung von Rückhaltebecken die Höchstabflüsse. Wenn daher an einem Fluß der Hochwasserschutz neu einzurichten ist, muß wohlerwogen werden, ob es nicht zweckmäßiger ist, statt die Hochwässer durch Deiche abzuwehren, ihre Entstehung im Oberlauf der Flüsse durch die Schaffung von Hochwasserrückhaltebecken zu bekämpfen und gleichzeitig mit dem während des Hochwassers zurückgehaltenen Wasser das Niederwasser aufzubessern, also die Wasser-

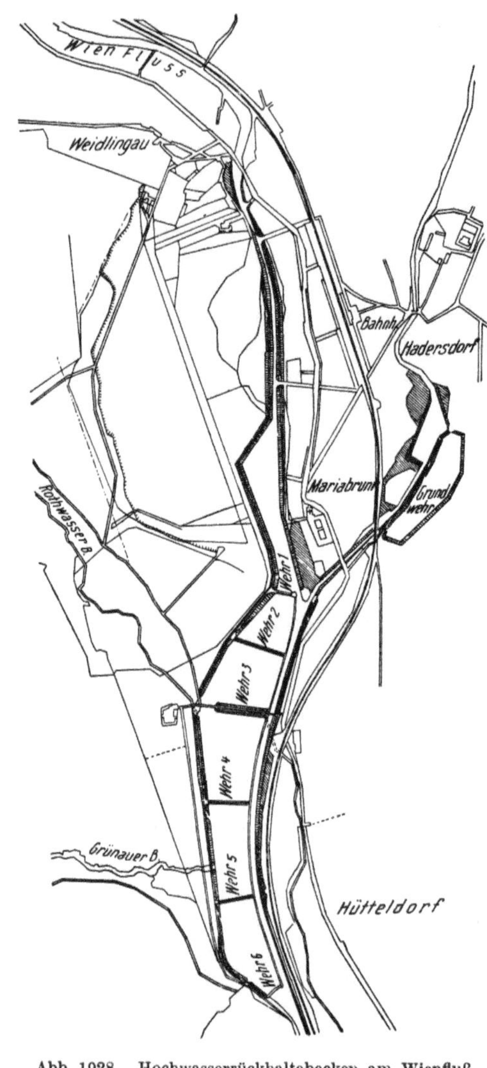

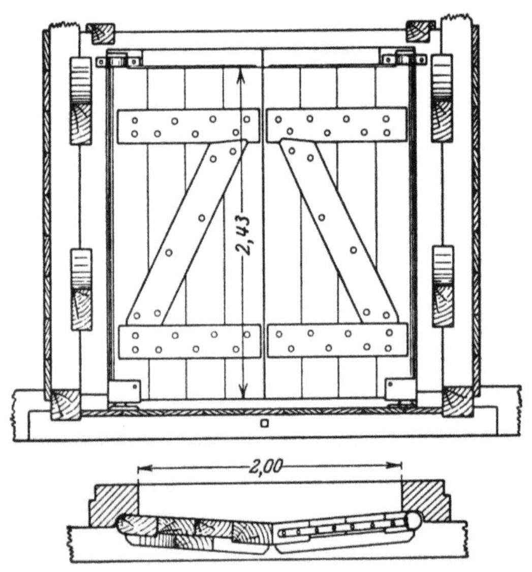

Abb. 1927. Hölzernes Sieltor.

Abb. 1928. Hochwasserrückhaltebecken am Wienfluß in Wien. (FR. KREUTER.)

wirtschaft im Flusse günstiger zu gestalten. Während aus der Eindeichung nur die unmittelbar an den Deich angrenzenden Gebiete Nutzen ziehen, flußab gelegene Gebiete sogar geschädigt werden, nützen Hochwasserrückhaltebecken dem ganzen Flußgebiet.

Die Wirkung der Rückhaltebecken kann noch unterstützt werden durch waagrechte Gräben im Einzugsgebiet, die Niederschläge auffangen und durch die Erhaltung eines dichten Pflanzenwuchses im Einzugsgebiet, der den Abfluß der Niederschläge verzögert.

Als Rückhaltebecken kommen natürliche Seebecken und künstlich geschaffene Stauweiher in Betracht. Seebecken erniedrigen schon an und für sich die Flutwellen; ihre Wirksamkeit kann durch eine Stauanlage am Seeausfluß weitgehend erhöht werden.

Wo kein natürlicher See vom Fluß durchflossen wird, können an geeigneten Stellen durch Talsperren oder Wehre (Abb. 1928), Rückhaltebecken geschaffen werden, die ähnlich wie Seen die Scheitelwerte der Hochwasserdurchflüsse mildern (vgl. S. 69). Solche Speicher können gleichzeitig auch noch anderen Zwecken dienstbar gemacht werden, z. B. der Gewinnung von Energie, der Beschaffung von Wasser zur Bewässerung, der Verbesserung der Schiffahrt. Der Speicherraum wird dann unterteilt in einen Raum, der der Wassernutzung dient und in einen zweiten, der für den Hochwasserschutz bestimmt ist. Vom Gang der Durchflüsse innerhalb des Jahres und von der Anlaufdauer der Hochwässer hängt es ab, ob der Hochwasserschutzraum nur zu gewissen Jahreszeiten oder das ganze Jahr hindurch bereitgehalten werden muß.

Schrifttum.

KLEINHANS, O.: Einfluß des Innundationsgebietes auf die Hochwasserstände. Öst. Wschr. öff. Baudienst 1901, 355. — SCHWEICHER, F. und HILBERT: Der Deichbau Orsoy am Niederrhein. Bautechn. 1942, 337.

Neunter Teil.

Verkehrswasserbau.

Der Verkehr auf natürlichen und künstlichen Wasserstraßen stellt die

Abb. 1929. Schiffszug in einem Schiffahrtskanal.

älteste Beförderungsart für große Massen dar. Je nach der Beschaffenheit des Wasserweges ist die Massenbeförderung in verschiedenen Weisen bewerkstelligt worden. In Gebirgstälern, in denen das Wasser nur mit geringen Tiefen, aber großen Geschwindigkeiten fließt, hat sich das Triften von Holz noch bis in die heutige Zeit erhalten; dort wird das geschlagene Holz einfach in den natürlichen Flußlauf geworfen, wo es schwimmend zu Tal treibt. Am Bestimmungsort wird in den Flußlauf ein Rechen eingebaut, der das Holz auffängt; es wird dann aus dem Wasser gehoben und seiner Verwendung zugeführt. Wenn für diese Beförderungsart die Tiefe nicht hinreicht, so wird an einer geeigneten Stelle ein Stauwerk, eine sogenannte Klause errichtet, an der der Zufluß aufgestaut und stoßweise als Schwall wieder abgelassen werden kann. Die Schwallwellen befördern dann das Triftholz auch zu Zeiten geringer Durchflüsse zu Tal.

An größeren Gewässern wird das Holz zu Flößen der verschiedensten Abmessungen zusammengebaut, die einzeln oder zu Floßzügen vereinigt talab treiben. Ebenso wie das Triften hat auch die Flößerei in Mitteleuropa stark an Bedeutung verloren und ist an vielen Gewässern schon aufgegeben worden. Hiezu haben einerseits viel die Gefahren beige-

Abb. 1930. Treideln an einem Schiffahrtskanal mittels Pferden.

tragen, denen die Flöße auf ihrer Fahrt, besonders an Gebirgsflüssen, ausgesetzt sind und anderseits der Umstand, daß die Floßfahrt nur bei gewissen Wasserständen möglich bzw. behördlich gestattet ist; dieser Wasserstandsbereich ist in letzter Zeit noch vielfach zugunsten der Wasserkraftwerke eingeschränkt worden, so daß für die Floßfahrt nur relativ kurze Zeitabschnitte innerhalb des Jahres zur Verfügung stehen.

Zahlentafel 112. Abmessungen deutscher Wasserstraßen, Schleusen und Schiffe. (Nach R. SEIFERT.)

| Wasserstraße | Größte Schiffsabmessungen | | | Trag-fähigkeit | Schleusenabmessungen | | | Kanalabmessungen | | | | | Kleinste lichte Durchfahrts-höhe | Kleinster Krüm-mungs-halb-messer |
	Länge L [m]	Breite B [m]	Tiefgang T [m]	[t]	Länge [m]	Breite [m]	Tiefe [m]	Spiegel-breite [m]	Sohlen-breite [m]	Tiefe mitten [m]	Tiefe seitlich [m]	Böschung unter Wasser	[m]	[m]
Masurischer Kanal	49,2 30,0	4,6 6,0	1,2 1,2	140 200	45,0	7,5	2,5	19,4	12,4	2,0	1,5	1 : 2 oben bis 1 : 12 unten	4,0	.
Bromberger Kanal	65,0 55,0	8,0 7,4	1,75 1,4	600 400	57,6	9,6	2,5	19,0	13,0	2,0	1,5	1 : 2	4,0	.
Oder-Spree-Kanal	55,0 40,2	8,0 4,6	1,75 1,7	500 210	57,0	9,6	3,0	31 ... 28	11,0	3,0	.	1 : 3 oben 1 : 4,25 unten	3,5	.
Finow-Kanal	40,2 ...41	4,6 ...5,1	1,4	170	41,0	5,34	1,57	23,0	16,0	2,0	.	1 : 2	3,2	.
Kanal Berlin-Stettin	65,0	8,0	1,75	600	67,0 85,0	10,0 10,0	3,0 3,0	33,0	20,0	3,0	2,3	1 : 3 oben bis 1 : 14 unten	4,25	.
Teltow-Kanal	65,0	8,0	1,75	600	67,0	10,0	2,5	34,0	20,0	2,6	2,1	1 : 3 oben bis 1 : 20 unten	4,0	.
Elbe-Trave-Kanal	78,5	11,5	1,75	1300	80	12,0	2,5	32,0	22,0	2,0	.	.	.	.
Ems-Weser-Kanal Mittellandkanal	65,0	8,0	1,75 2,00	600 1000	85,0 225,0	10,0 12,0	3,0 3,0	31,0	16,0	3,0	2,5	1 : 2 oben bis 1 : 16 unten	4,5	.
Rhein-Herne-Kanal	80,0	9,0	2,5	1500	165,0	10,0	4,5	34,5	15,0	3,5	.	1 : 2	4,0	.
Wesel-Detteln-Kanal Lippe-Seitenkanal	80,0 80,0	– 9,0 9,5	2,5 2,3	1500 1350	225,0	12,0	4,5	34,5 ...39,0	15,0	3,5	3,5	1 : 3 oben 1 : 4 unten	5,0 ... 5,5	.
Dortmund-Ems-Kanal	65,0 66,75 60,0 40,0	8,0 8,2 8,0 7,2	1,75 2,0 2,0 2,0	600 1000 800 400	67,0 70,0 105 Hebewerk 165,0	8,6 8,8 12,0 10,0	3,0 2,5 3,0 3,0	30,0	18,0	2,5	.	.	4,0	.

Hunte-Ems-Kanal	65,0	8,0	1,75	600	105,0	12,0	3,0	26,75	14,0	3,37 ...3,0	3,37 ...3,0	1:2,5	4,0	·
Ems-Jade-Kanal	33,0	6,2	1,8	150	33,0	6,5	2,0	17,5	8,5	1,5... 3,0	1,5 ...3,0	·	1,5 Drehbrücken	·
Rhein-Marne-Kanal	38,5	5,0	1,8	300	38,5	5,2	2,5	16,0	10,0	2,1	2,1	1:1,5	3,7	·
Neue Hauptwasserstraße Kanal Fluß	80,0	9,2 10,5	2,0 1,6	1000	85,0 105,0 185 ... 350	12,0 12,0 12,0	3,0 3,0 3,0	34,0	16,0	3,5	3,0	·	4,0	1000
Neue Nebenwasserstraße	40,2	4,6	1,6 2,0	200 250	41,0	5,3	2,0 ...2,5	23,0	13,0	2,5	2,0	·	3,2	300
Rhein	85,0	11,0	2,6	1800	—	—	—	—	—	—	—	—	—	—

Der Verkehr mit Schiffen, der zu Tal und zu Berge möglich ist, hat an Bedeutung immer mehr zugenommen. Er findet sowohl an natürlichen Flußläufen mit entsprechend tiefem Wasser als auch auf künstlichen Wasserstraßen statt. Die verwendeten Schiffe bewegen sich entweder mit eigener Kraft fort oder sie werden von eigenen Schleppschiffen oder vom Ufer aus gezogen.

A. Die Wasserfahrzeuge und ihre Fortbewegung.

Von den verschiedenen Beförderungsarten auf den Wasserwegen hat heute nur noch jene mit Schiffen besondere Bedeutung. Die Abmessungen der Schiffe werden bei der Flußschiffahrt den Abmessungen, besonders der Tiefe, des zu befahrenden Wasserweges angepaßt; für den Fernverkehr werden meist die am betreffenden Wasserweg größtmöglichen Schiffe verwendet, während die kleineren vorwiegend dem Nahverkehr dienen. Abmessungen der auf einigen deutschen Wasserwegen üblichen Schiffe können den Zahlentafeln 112 und 113 entnommen werden. Die Wasserverdrängung eines Schiffes wird aus der Formel

$$V = \vartheta\,LBT\;[\text{m}^3] \tag{1258}$$

berechnet, in der L die größte Länge in [m] ohne Steuer, B die größte Breite in [m] in der Wasserlinie ohne Scheuerleisten, T die Tauchtiefe (Tiefgang) in [m] und ϑ den Völligkeitsgrad bedeuten, der bei Binnenschiffen zwischen 0,8 und 0,9 liegt. Im Mittel verhalten sich nach O. FRANZIUS bei Binnenschiffen

$$L:B:T = 36:4,5:1$$

und die Tragfähigkeit beträgt 0,75 bis 0,82 der Wasserverdrängung.

Die Fluß- und Kanalschiffe haben im Gegensatz zu den Seeschiffen ebenen Boden und lotrechte Bordwände, so daß der Querschnitt einem Rechteck mit unten abgerundeten Ecken ähnelt. In der Abb. 1929 sind solche Kanalschiffe auf der Fahrt zu sehen.

Die Fortbewegung der Schiffe geschieht durch Staken, durch Treideln oder durch den Zug eigener Schleppschiffe, seltener durch eigene Kraft des Schiffes. Beim Staken werden die Schiffe mittels Stangen, die gegen den Kanalgrund gestemmt werden, fortbewegt. Beim Treideln erfolgt das Ziehen der Schiffe vom Ufer aus durch Menschen, Tiere (Abb. 1930) oder Maschinen; heute hat nur noch das Treideln mit Maschinen Bedeutung, das entweder mit elektrisch angetriebenen Laufkatzen, die an Seilen oder Schienen hängen, mit elektrischen Lokomotiven oder Motorwagen

Zahlentafel 113. Abmessungen von auf deutschen Flüssen üblichen Schiffen.

Fluß	Größte Länge [m]	Größte Breite [m]	Tiefgang		Gewicht [t]	Tragfähigkeit [t]	Wasserverdrängung [t]	Völligkeitsgrad
			leer [m]	voll [m]				
Weser	61	8,7	0,40	1,90	160	650	810	0,81
Elbe............	75	10,6	0,39	2,00	250	1090	1340	0,87
Rhein	87	11,1	0,47	2,60	360	1760	2120	0,87
Oder (Breslau)	55	8,0	0,40	2,00	150	610	760	0,89

betrieben wird. Dem Schiff wird beim Treideln durch das Steuer stets eine solche Lage gegeben, daß der Bug vom Treidelweg weg weist, weil es sonst durch die Treidelleine ans Ufer gezogen würde. Das Treideln wird erst lohnend, wenn der Güterverkehr etwa 2,000.000 Tonnen jährlich übersteigt.

Das Schleppen der Schiffe geschieht mit Schraubendampfern, die eine größere Zahl von Schiffen, die zu einem Schiffszug verbunden sind, schleppen (Abb. 1929). Die Schleppgeschwindigkeit wird auf Wasserstraßen mit Rücksicht auf die Wellenbildung meist um etwa 5 [km/st] angesetzt; bei einer Geschwindigkeit von 8,5 [km/st] ergibt sich am Ufer eine Wellenhöhe von etwa 0,15 [m], bei 11 [km/st] von 0,30 [m] und bei 12,5 [km/st] schon eine solche von 0,90 [m].

Der Fortbewegung der Schiffe wirkt der Schiffswiderstand entgegen, der nach Versuchen von FROUDE und H. ENGELS mit der Potenz 2,25 der Fahrgeschwindigkeit zunimmt. Der Schiffswiderstand hängt weiter von der Form des Schiffes und von der Form und von den Abmessungen des Kanals ab. Der Widerstand, den ein Schiffszug aus n-Schiffen bei seiner Fortbewegung erfährt, ist, wenn die gegenseitige Entfernung der Schiffe kleiner als etwa 50 [m] ist, geringer als der n-fache Widerstand eines einzelnen Schiffes, und zwar um so kleiner, je näher aufeinander die Schiffe folgen.

Bei der Fahrt eines Schiffes wird fortgesetzt Wasser verdrängt, das vom Bug längs des Schiffes gegen das Heck zurückfließen muß. Vor dem Schiff steigt der Wasserspiegel an und er senkt sich gegen das Heck zu; auf diese Weise entsteht jenes Spiegelgefälle, das zur Aufrechterhaltung der früher erwähnten Rückströmung längs des Schiffes erforderlich ist. Diese Strömung muß bei einer bestimmten Fahrgeschwindigkeit um so rascher vor sich gehen, je kleiner der Kanalquerschnitt im Vergleich zum Schiffs-

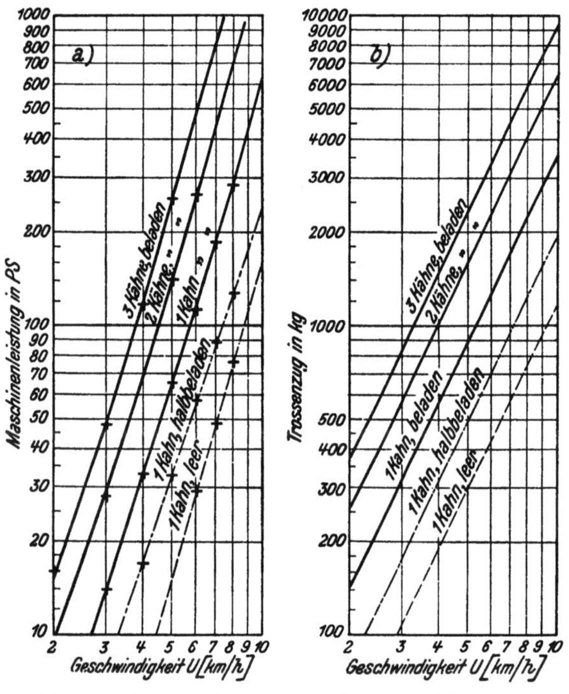

Abb. 1931. Bei Versuchsfahrten von MATTERN und BUCHHOLZ am Oder-Spree-Kanal ermittelte Trossenzüge und Maschinenleistungen.

querschnitt ist und um so größer ist auch der Schiffswiderstand.

F. GEBERS hat für den Widerstand W von Schiffen, unter denen die Wassertiefe, die sogenannte Flottwassertiefe, größer als 1 [m] ist, die Formel

$$W = (k f + \lambda O) U_r^{2,25} \text{ [kg]} \tag{1259}$$

aufgestellt, in der k ein Formbeiwert des Schiffes ist, der gleich 1,7 für scharf gebaute, auch für leere Kähne, und 3,5 für stumpfe Kähne ist. f bedeutet die Hauptspantfläche in Quadratmetern, O die benetzte Oberfläche des Schiffes in Quadratmetern, U_r die Relativgeschwindigkeit des Schiffes gegen das rückströmende Wasser an den Seiten in [m/sec] und λ einen Beiwert, der von der Beschaffenheit der Schiffsoberfläche abhängt und für stählerne Schiffe mit gutem Anstrich gleich 0,14 und bei rauhen Holzschiffen gleich 0,28 ist.

Bedeutet U die Fahrgeschwindigkeit in [m/sec], so ist

$$U_r = \frac{U \cdot (f + f_s)}{F - (f + f_s)} + U \quad \text{[m/sec]} \qquad (1260)$$

wobei F den Kanalquerschnitt vor der Ankunft des Schiffes in [m²], f die Hauptspantfläche in [m²], $f_s = sb$ den Querschnitt der Absenkung (Wasser + Schiff) während der Fahrt in [m²], b die Spiegelbreite in [m], s die Spiegelsenkung in [m] bezeichnen, für die

$$s = \frac{U^2}{2\,g}\left[\left(\frac{F}{F - f}\right)^2 - 1\right] \quad \text{[m]} \qquad (1261)$$

Abb. 1932. Wasserstraßen im Deutschen Reich und in Südost-Europa.

zu setzen ist. Wird ferner mit B die größte Breite des Schiffes in [m], mit T der Tiefgang in [m] und mit L die Länge in [m] ohne Steuer bezeichnet, so gilt annähernd

Benetzte Oberfläche:

$$O = 0{,}85\,L\,(B + 2\,T) \quad \text{[m²]} \qquad (1262)$$

Hauptspantfläche:

$$f = 0{,}98\,B\,T \quad \text{[m²]} \qquad (1263)$$

Bodenfläche bei scharf gebauten Schiffen:

$$O_B = 0{,}7\,L\,B \quad \text{[m²]} \qquad (1264)$$

Bodenfläche bei stumpf gebauten Schiffen:

$$O_B = 0{,}8\,L B \quad \text{[m²]} \qquad (1265)$$

Benetzte Seitenflächen:

$$O_s = O - O_B \quad \text{[m²]} \qquad (1266)$$

Wenn die Flottwassertiefe kleiner als 1 [m] ist, gilt für den Schiffswiderstand die Formel

$$W = (kf + \lambda\,O_s + \lambda_B\,O_B)\,U_r{}^{2,25} \tag{1267}$$

Bei guten stählernen Schiffsböden und einer Flottwassertiefe von

	1,0	0,75	0,50	0,25	[m]
beträgt $\lambda_B =$	0,140	0,185	0,258	0,350	

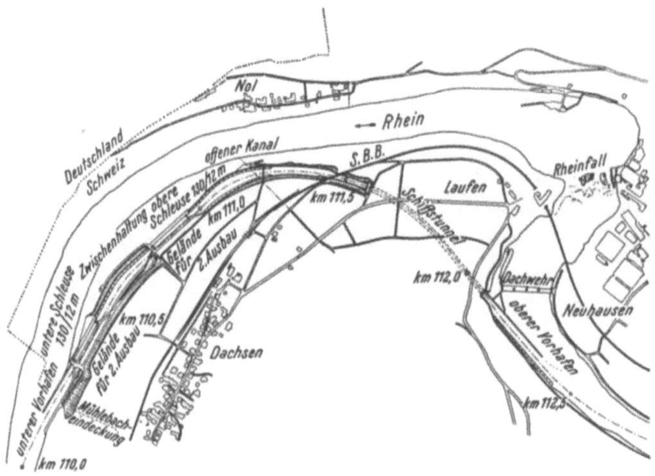

Abb. 1933. Umgehung des Rheinfalles.

Bei genauerer Betrachtung der obigen Formel erkennt man, daß sowohl ein kleiner Kanalquerschnitt als auch eine große Spiegelbreite den Schiffswiderstand vermehren, beides Umstände, die bei der Bemessung der Kanäle zu berücksichtigen sind.

Nicht ganz im Einklang mit den Versuchen von FROUDE, ENGELS, GEBERS, stehen die Ergebnisse von Messungen, die MATTERN und BUCHHOLZ am Oder-Spree-Kanal angestellt haben, bei

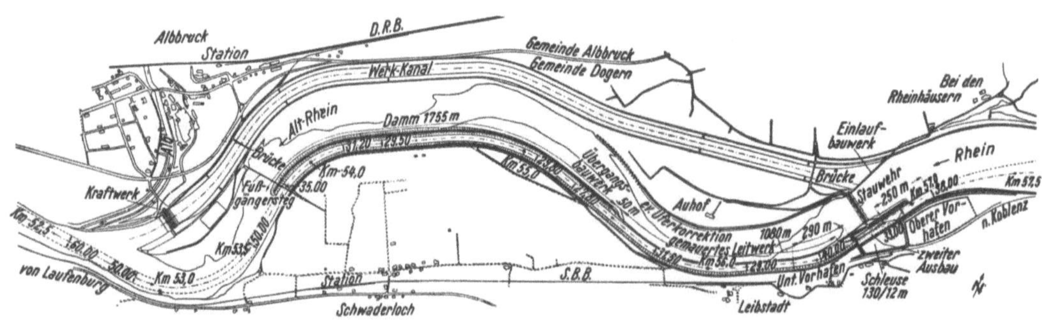

Abb. 1934. Albbruck-Dogern. Die Schiffahrtsrinne.

denen sich der Trossenzug proportional dem Quadrat der Fahrgeschwindigkeit ergeben hat. Die Versuchsergebnisse sind in der Abb. 1931 dargestellt.

Schrifttum.

ENGELHARDT, FR.: Kanal- und Schleusenbau. Berlin: Springer, 1926. — ENGELS, H.: Handbuch des Wasserbaues, 3. Aufl., Leipzig: W. Engelmann, 1923. — DERSELBE: Modellversuche über den Einfluß der Form und Größe des Kanalquerschnittes auf den Schiffswiderstand. Berlin: W. Ernst & Sohn, 1898. — DER-

SELBE und GEBERS, FR.: Über Schleppversuche mit Kanalkahnmodellen in unbegrenztem Wasser und in drei verschiedenen Kanalprofilen, ausgeführt in der Übigauer Versuchsanstalt. Jb. schiffahrtstechn. Ges. 1907, 389; 1908, 487. — FRANZIUS, O.: Der Verkehrswasserbau. Berlin: Springer, 1927. — HAACK, R.: Schiffswiderstand und Schiffsbetrieb. Nach Versuchen am Dortmund-Ems-Kanal. A. Ascher & Co., 1900. — KEMPF, G.: Wirtschaftliche Geschwindigkeiten bei Fahrt auf flachem Wasser. Werft Reed. Hafen 1923, H. 23. — KOCH: Seiltreidelanlage Fürstenberg. a. O. Bautechn. 1930, 54. — KREY, H.: Fahrt der Schiffe auf beschränktem Wasser. Berlin, 1911. — MAY: Der Rhein-Rhone-Kanal und der Schiffszug mit Motorlokomotiven. Dissertation. Techn. Hochschule Aachen, 1921. — THIELE: Über den Schiffswiderstand auf

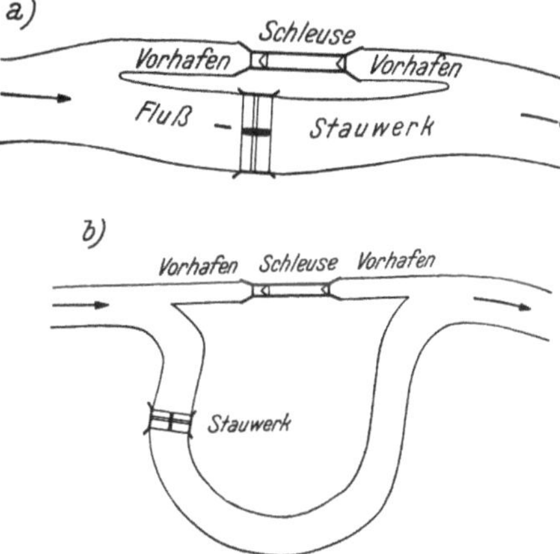

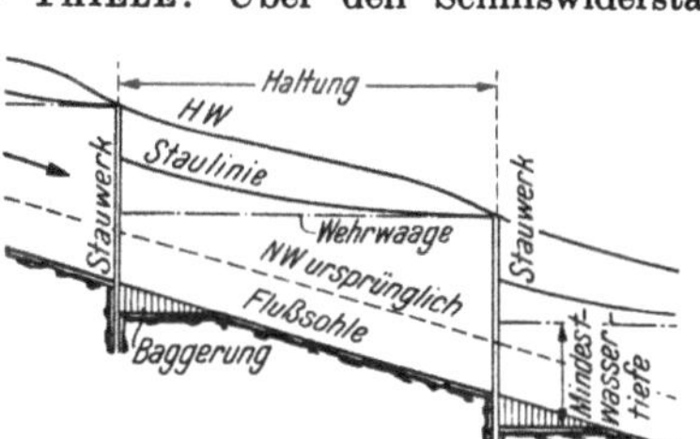

Abb. 1935. Längenschnitt eines kanalisierten Flusses.

Abb. 1936. Anordnung der Schleusen in kanalisierten Flüssen.

Kanälen. Zbl. Bauverw. 1901, 345. — WEITBRECHT, H. M.: Über Schiffswiderstand auf beschränkter Wassertiefe. Jb. schiffsbautechn. Ges. 1921.

B. Die Wasserstraßen.

Die Wasserstraßen, auf denen sich der Schiffsverkehr abspielt, werden in natürliche und künstliche geschieden. Als natürliche Wasserstraßen werden alle jene Gewässer angesehen, in denen durch flußbauliche Maßnahmen allein bei Niederwasser eine Fahrrinne mit hinreichen-

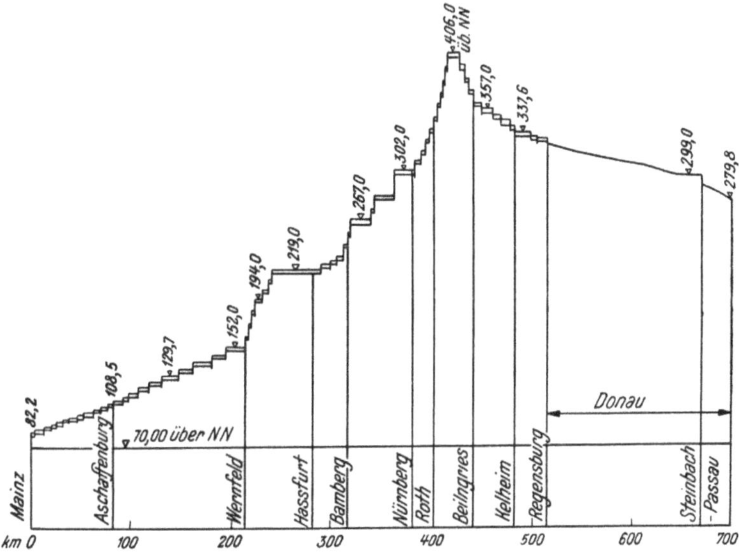

Abb. 1937. Längenschnitt des Rhein-Main-Donau-Kanals.

der Wassertiefe geschaffen werden kann. Künstliche Wasserstraßen sind alle Gewässer, in denen durch Stauwerke eine hinreichende Fahrwassertiefe geschaffen wird und die Schiffahrtskanäle. Die Abb. 1932 gibt eine Übersicht über die wichtigsten natürlichen und künstlichen Wasserstraßen in Mitteleuropa.

I. Natürliche Wasserstraßen.

In natürlichen Flüssen wird die Fahrrinne durch die sogenannte Niederwasserregulierung (vgl. S. 999) so weit verbessert, daß Schiffe auch während des Niederwassers fahren können. Die Mindesttiefe zur Zeit des Niederwassers muß um etwa 0,50 bis 0,75 [m] größer sein als die Tauchtiefe der Schiffe, also etwa 2,50 bis 2,75 [m] betragen und die Stromgeschwindigkeit soll 1,50 [m/sec] nicht wesentlich übersteigen.

II. Künstliche Wasserstraßen.

Stauwerke und Wasserkraftanlagen an schiffbaren Flüssen, sowie natürliche Steilstrecken und Wasserfälle bereiten der Schiffahrt Schwierigkeiten. Um den Schiffen das Überwinden solcher Hindernisse zu ermöglichen, sind besondere Anlagen erforderlich. Die Abb. 1933 zeigt, wie z. B. der Rheinfall bei Schaffhausen von den Schiffen mittels Schleusen und einer kurzen künstlichen Wasserstraße umgangen werden soll.

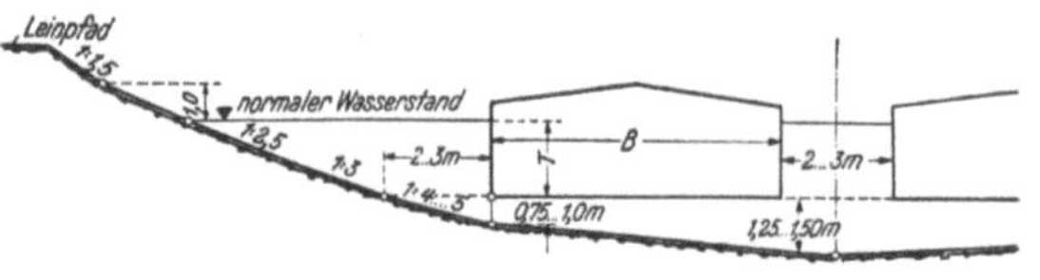

Abb. 1938. Bemessung des Querschnittes eines Schiffahrtskanals.

Wasserkraftanlagen mit Werksgraben hindern die Schiffahrt infolge des Wassermangels in der Entnahmestrecke. Die Schiffe müssen dann entweder durch den Werksgraben geleitet und am Krafthaus in das Unterwasser geschleust werden oder es werden die Schleusen, so wie es beim Kraftwerk Albbruck-Dogern am Rhein (Abb. 1934) geschieht, unmittelbar am Stauwerk angeordnet und die Schiffe fahren durch eine am Rande des Wildbettes in der Entnahmestrecke angelegte Schiffahrtsrinne.

a) Kanalisierte Flüsse.

Wenn auch durch eine Niederwasserregulierung die erforderliche Wassertiefe in der Fahrrinne zur Zeit des Niederwassers nicht geschaffen werden kann, so wird der Fluß entweder kanalisiert oder es wird ein Parallelkanal gebaut.

Bei der Flußkanalisierung wird, wie es das Schema in der Abb. 1935 andeutet, der Fluß durch eine Anzahl von Stauwerken in Haltungen mit geringem Gefälle und größerer Tiefe zerlegt. Unmittelbar flußab der Stauwerke wird in Flüssen ohne nennenswerte Geschiebeführung manchmal, um an Stauwerkshöhe zu sparen, die Flußsohle zur Beschaffung der erforderlichen Fahrtiefe ausgebaggert. Die Stauwerke werden derart aneinandergereiht, daß das nächste flußauf gelegene stets noch im Stau des unterhalb liegenden steht. Die Stautiefen werden bei Niederwasser in Schleusen überwunden; bei höheren Wasserständen erfolgt die Schiffahrt

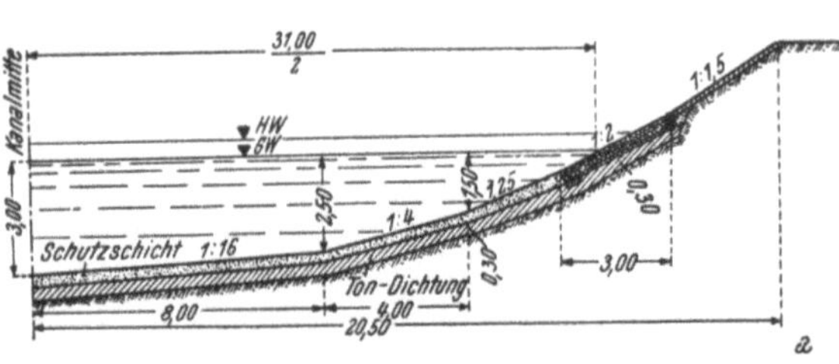

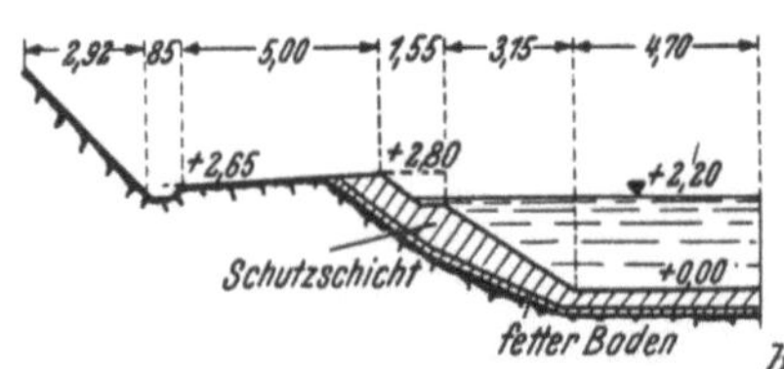

Abb. 1939. Dichtungen für Schiffahrtskanäle. a Tondichtungen, b Betondichtung.

vielfach durch eigene Schiffsdurchlässe unmittelbar durch das Stauwerk.

Die Stauwerke sind früher lediglich für die Bedürfnisse der Schiffahrt errichtet worden; das Wasser selbst ist an den Staustufen nicht weiter benützt worden. Für diese Zwecke haben Stauwerke geringer Dichtigkeit, wie z. B. Nadelwehre hingereicht, die bei Eisgang oder höheren

Wasserständen umgelegt worden sind. Gegenwärtig werden solche Staustufen für Energiegewinnung ausgenützt. Die Kraftanlage wird dann gewöhnlich unmittelbar in das Stauwerk eingebaut.

Die Stauhöhe der einzelnen Staustufen muß unter Rücksichtnahme auf die Landwirtschaft bemessen werden; gewöhnlich wird gefordert, daß durch den Stau der Grundwasserspiegel nicht so weit gehoben werden darf, daß die Landwirtschaft nennenswert leidet. Für die Landwirtschaft ist es günstig, wenn der Stauspiegel 0,5 bis 1,0 [m] unter dem Talgelände liegt.

Die Schleuse und ihre Vorhäfen werden vom Fluß durch einen Damm (Leitwerk, Mole) getrennt (Abb. 1936a). Wenn das Stauwerk in einer Flußschlinge erbaut wird, so ist es zweck-

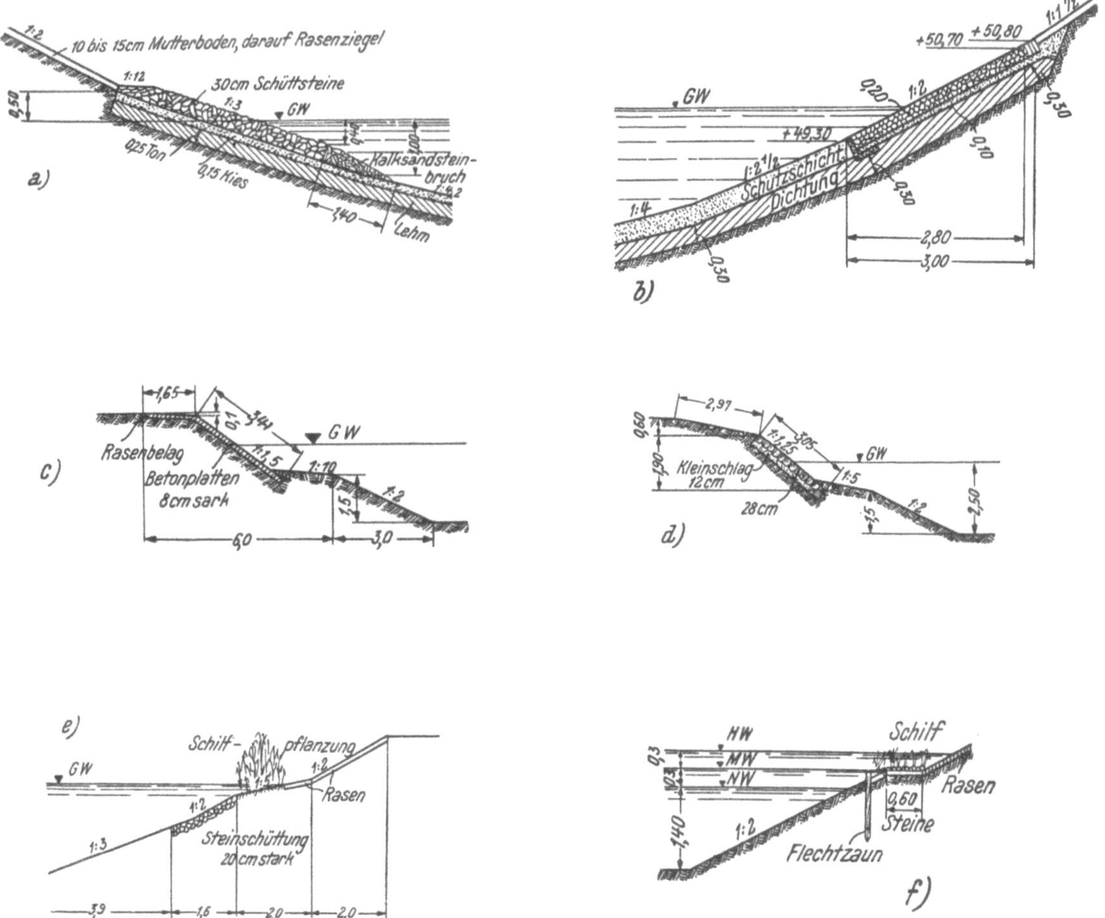

Abb. 1940. Uferbefestigungen an Schiffahrtskanälen.

mäßig, die Schleuse in einen Durchstich zu legen und den Kanal aus dem Flußbett am äußeren Ufer abzweigen bzw. einmünden zu lassen (Abb. 1936b).

Schrifttum.

BREUER: Die Kanalisierung des Oberpregels. Die Staustufe Wehlau. Bautechn. 1937, 225. — SCHÄFER, A.: Neuere Gesichtspunkte für Flußkanalisierung, unter besonderer Berücksichtigung der Neckar-Kanalisierung. Bautechn. 1937, 4, 100. — WITTE, E.: Eine Flußkanalisierung. Bautechn. 1940, 21.

b) Schiffahrtskanäle.

Schiffahrtskanäle werden angelegt, wenn durch den Schiffsverkehr nicht am selben schiffbaren Flusse liegende Orte verbunden werden sollen oder wenn die zur Schiffbarmachung des

Flusses aufzuwendenden Mittel zu hoch wären. Im ersteren Falle wird der Kanal die zwischen den zu verbindenden Flüssen liegende Wasserscheide zu überwinden haben, während im letzteren Falle der Kanal der Hauptrichtung des Flusses folgt. Ein Schiffahrtskanal besteht aus einer Anzahl von Haltungen in verschiedenen Höhenlagen, in denen das Wasser vollkommen oder nahezu ruht und die durch Schleusen oder Schiffshebewerke verbunden sind.

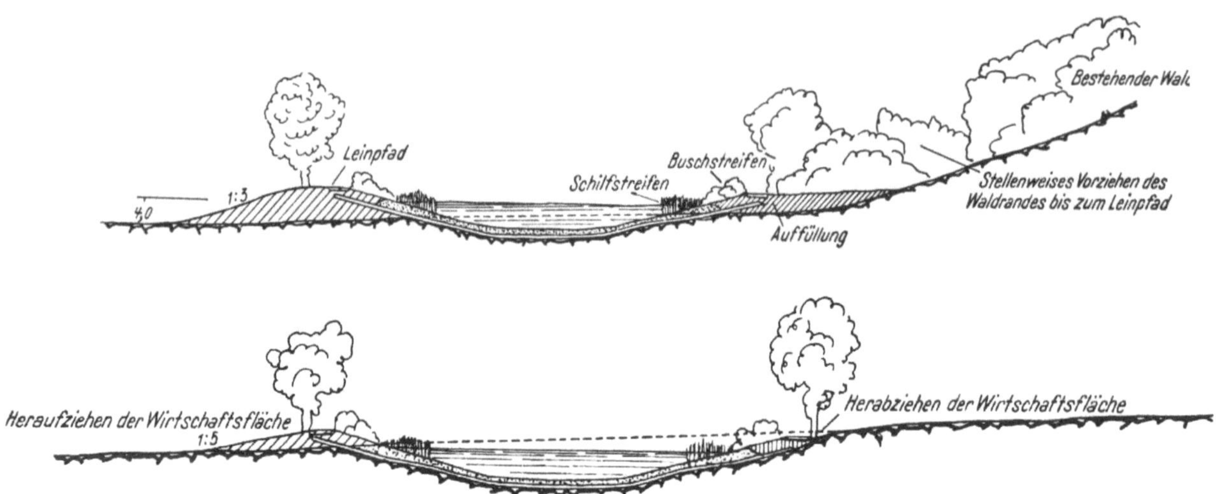

Abb. 1941. Wasserstraßen, in die Landschaft gut eingefügt. (Nach Fr. Hautum.)

Der Längenschnitt eines Schiffahrtskanals besteht also aus Haltungen und Stufen und erhält das Aussehen einer Treppe, wie sie als Beispiel die Abb. 1937 darstellt. Schiffahrtskanäle längs eines Tales werden Parallelkanäle, auch Seitenkanäle, solche, die eine Wasserscheide überwinden, Scheitelkanäle genannt; die höchstgelegene Haltung der letzteren wird als Scheitelhaltung bezeichnet. Neben Schiffahrtszwecken kann ein Kanal auch noch anderen Zwecken, wie z. B. der Energiegewinnung oder Meliorationen dienen. Der nasse Querschnitt soll dann aber mindestens siebenmal so groß sein, als der eingetauchte Schiffsquerschnitt.

Die Querschnitte von Schiffahrtskanälen sind trapezförmig oder muldenförmig ausgeführt worden. Für die Bemessung eines muldenförmigen Querschnittes gibt die Abb. 1939 Anhaltspunkte. Damit der Schiffswiderstand nicht übermäßig ansteigt, wird der Kanalquerschnitt bei einer Fahrgeschwindigkeit von 5 [km/sec] 5- bis 6mal, bei 7 [km/sec] etwa 10mal so groß gemacht, als der eingetauchte Schiffsquerschnitt.

In Bögen mit dem Krümmungshalbmesser R [m] werden zweischiffige Kanäle um den Betrag

$$\Delta B = \frac{L^2}{4\,R}\ [\mathrm{m}] \qquad (1268)$$

verbreitert, wobei L die Länge der längsten Schiffe in [m] bedeutet, die am Kanal verkehren.

Abb. 1942. Kraftwerk Siebenbrunn an der Traun. Anordnung der Floßgasse.

Bei der *Linienführung* der Schiffahrtskanäle muß neben den Anforderungen des Verkehrs (kürzester Weg zwischen den zu verbindenden Orten) vor allem auf die Grundwasserstände im Gelände geachtet werden. Tief eingeschnittene Schiffahrtskanäle wirken als Entwässerungsgräben, die den Grundwasserspiegel unzulässig tief absenken können, so, daß die landwirtschaftliche Nutzung geschädigt wird. Wenn die Grundwasserspiegellage erhalten werden muß, so muß der Wasserspiegel im Kanal annähernd in die Höhenlage des Grundwasserspiegels gelegt werden.

Die Kanallinie wird so geführt, daß möglichst lange, gerade Haltungen zwischen hohen Stufen entstehen. Richtungsänderungen werden mit Kreisbogen bewerkstelligt, deren kleinster Halbmesser an Hauptwasserstraßen 1000 [m], an Nebenwasserstraßen 300 [m] beträgt.

Die Scheitelhaltung soll so angeordnet werden, daß die Wasserversorgung aus dem umliegenden Gebirge womöglich unter natürlichem Gefälle erfolgen kann. Die Länge einer Haltung muß mindestens so groß sein, daß eine Schleusung die Wasserspiegellage um höchstens (3 bis 5) [cm] ändert.

Die Sohle jeder Haltung erhält ein Gefälle, das bei kurzen Haltungen nicht über 0,2 $^0/_{00}$, bei längeren Haltungen bis etwa 0,03 $^0/_{00}$ ermäßigt wird.

Die Linienführung an Hängen soll tunlichst vermieden werden. Sowohl Dämme als auch Einschnitte werden in der Regel nicht über 30 [m] hoch bzw. tief ausgeführt. Tunnel für Schiffahrtszwecke sind ausgeführt worden, sie sollen aber vermieden werden, weil sie bei den großen erforderlichen Querschnittsabmessungen große bauliche Schwierigkeiten bereiten und sehr kostspielig sind. Bahnen und Straßen werden im allgemeinen über den Kanal geführt. Die kleinste Durchfahrtshöhe muß bei Hauptwasserstraßen 4,0 [m], bei Nebenwasserstraßen etwa 3,3 [m] betragen. Über Flüsse wird der Kanal mit einer Kanalbrücke überführt. Kleinere Gewässer ohne Geschiebeführung können mit Dükern unter dem Kanal durchgeleitet werden.

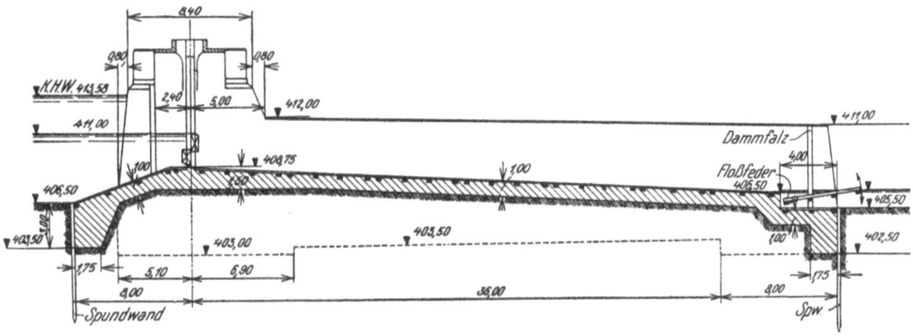

Abb. 1943. Floßgasse im Murwehr Peggau.

Spiegelkreuzungen von Hauptkanälen sollen möglichst vermieden werden, weil sie den Verkehr behindern. Die Einmündung eines Schiffahrtskanals in einen schiffbaren Fluß wird wegen der wechselnden Flußwasserstände mit einer Schleuse ausgeführt.

Die auf den Kanälen verkehrenden Schiffe sind länger, als der Kanal breit ist, so daß in etwa 10 bis 30 [km] Entfernungen eigene Wendestellen angeordnet werden (vgl. S. 1050).

Um schließlich den Kanal vor Entleerung bei Dammbrüchen und dgl. zu sichern, werden an geeigneten Stellen Sicherheitstore eingebaut.

Der benetzte Umfang der Schiffahrtskanäle bedarf einer besonderen Ausgestaltung. Wenn die Spiegellage im Kanal über dem Grundwasserspiegel liegt, so muß der benetzte Umfang abgedichtet werden. In der Nähe des Wasserspiegels ist überdies ein Schutz gegen Beschädigungen durch Wellenschlag erforderlich und die Sohle muß gegen Beschädigungen durch die Schiffsschraube der Schlepper und der Selbstfahrer geschützt werden.

Die *Abdichtung* kann durch eine Lehm- oder Tonschicht, durch eine bewehrte Betonplatte oder durch eine Asphaltschicht bewerkstelligt werden.

Tondichtungen werden mit einer Stärke von 0,3 bis 0,6 [m] eingebaut und werden, wie es die Abb. 1939a andeutet, mit einer (0,6 bis 1,0) [m] dicken Kiesschutzschicht überdeckt.

Eine Betondichtung zeigt die Abb. 1939b; sie wird nach dem Vorschlag von O. Franzius etwa 5 [cm] stark ausgeführt und erhält in der Mitte eine Bewehrung, die die Platte nicht steif zu machen sondern nur Verschiebungen im Falle eines Bruches zu verhindern hat. Die Betondichtung darf erst aufgebracht werden, wenn die Setzungen geschütteter Umrißteile des Kanals im wesentlichen beendet sind. Auch die Betondichtungen erhalten eine Schutzdeckung, ähnlich, wie die Tondichtungen.

Beim Bau eines Kanals im oberschlesischen Industriegebiet und beim Erweiterungsbau des Dortmund-Ems-Kanals ist die Abdichtung des Kanals mit Asphalt versucht worden. Am erstgenannten Kanal ist der Kanalumriß vor dem Auftragen der Dichtung mit Zement bestreut worden, der mittels Stabrechen zwei bis fünf Zentimeter tief mit dem Sand vermischt worden ist; hierauf wurde die Oberfläche vorsichtig mit Wasser besprengt. Nach zwei Tagen war die oberflächliche Betonschicht so weit erhärtet, daß die Asphaltdichtung aufgetragen werden konnte. Am Dortmund-Ems-Kanal ist die Unterlagsschicht durch Einwalzen von Schlacken in den sandigen Lehm des Kanalumrisses verfestigt worden.

Die Sandasphaltmischung, die zur Herstellung der Dichtung am Dortmund-Ems-Kanal verwendet worden ist, hatte die folgende Zusammensetzung:

Grobsand, (1 bis 3) [mm]	30	Gewichtsteile
Feinsand, (0 bis 1) [mm]	50	,,
Steinmehl	20	,,
Spramex	11,5	,,

Das Mischgut ist heiß auf die Unterlage aufgetragen und bei 150 bis 160° auf 6 [cm] Stärke ausgewalzt worden.

Auf die Dichtungsschicht wird noch eine Schutzschicht aufgetragen, die nicht wasserdicht zu sein braucht. Am Dortmund-Ems-Kanal ist dem Mischungsgut für die 10 [cm] starke Schutzschicht nur soviel Asphalt zugesetzt, daß die Körner des Kies-Sand-Gemisches sicher verkittet werden. Für die Schutzschicht hat man die Mischung:

Grobkies (3 bis 30) [mm]	70	Gewichtsteile
Grobsand (1 bis 3) [mm]	15	,,
Feinsand (0 bis 1) [mm]	15	,,
Mexphalt	5,5	,,

verwendet. Am erstgenannten Kanal ist nur an der Kanalsohle eine 30 [cm] starke Schutzschicht aus Kiessand aufgeschüttet worden.

Wenn der Kanalumriß aus einem nicht verfestigten Boden (Kies) besteht, so muß er im Bereiche des Wasserspiegels einen Schutz gegen Beschädigungen durch Wellen erhalten, die die Fahrzeuge im Kanal hervorrufen. Die Befestigung erstreckt sich auf einen Bereich, der etwa je einen Meter über und unter den gewöhnlichen Wasserstand reicht. Dieser Schutz wird entweder durch Steinwurf, durch Pflaster oder durch eine Schilfpflanzung bewerkstelligt. Die Abb. 1940 zeigt einige ausgeführte Uferbefestigungen.

Abb. 1944.   Floßkanal mit Floß.

Beiderseits der Schiffahrtskanäle werden Leinpfade von 3 bis 4 [m] Breite angelegt, um die Kähne durch Treideln fortbewegen zu können.

FR. HAUTUM schlägt zur landschaftsverbundenen Eingliederung eines Schiffahrtskanals die in der Abb. 1941 angedeutete Behandlung des Geländes und Anpflanzung vor. Die Verflachung der luftseitigen Dammböschungen ist natürlich durchführbar, verteuert aber die Baukosten erheblich. Der Buschstreifen zwischen dem Leinpfad und dem Kanal ist nur möglich, wenn die Schiffe nicht getreidelt werden. Bedenklich ist die Bepflanzung von Dämmen mit Bäumen; sie ist nur zulässig, wenn die Dammkrone so breit gemacht wird, daß weder die Baumwurzeln, noch vom Wind gestürzte Bäume den Kanal schädigen können.

Schrifttum.

BAERTZ: Die neueste Ausbildung der Ufer- und Sohlenbefestigung bei den Erweiterungsbauten des Dortmund-Ems-Kanals. Bautechn. 1939, 137. — ENGELHARD FR.: Kanal- und Schleusenbau. Berlin: Springer, 1927. — FRANZIUS, O.: Der Verkehrswasserbau. Berlin: Springer, 1900. — HAUTUM, FR.: Die Querschnittsgestaltung von Schiffahrtskanälen. Dtsch. Wasserwirtsch. 1939, 473. — JORDAN und GERSTENBERGER: Der Südflügel des Mittellandkanals. Bautechn. 1936, 524. — KOENIG: Der Elbe-Havel-Kanal. Bautechn. 1939, 458. — KREY, H.: Die Wirkung der Schleusungen auf den Wasserstand und die Wasserbewegung in den Haltungen. Z. dtsch. Wasserwirtsch.- u. Wasserkraftverb. 1921, H. 5. — LIEBSCH, U.: Der Bau des Staubeckens Stauwerder bei Gleiwitz. Bautechn. 1939, 541. — MUGGE, H.: Bau der Schleusenkanals der Staustufe einer

Flußkanalisierung. Bautechn. 1940, 453. — SCHILLER und GORGES: Versuche mit Asphaltbauweisen beim Erweiterungsbau des Dortmund-Ems-Kanals. Bautechn. 1936, 445, 456. — SCHMIES, P.: Über Querprofile von Binnenschiffahrtskanälen. Berlin: Springer, 1925. — STEFFENBERGER, H.: Der Allerkanal- und Landgrabendüker unter dem Mittellandkanal. Bautechn. 1937, 11, 35. — VOGT, S.: Versuche mit Asphaltdichtungen beim Bau des Kanals. Bautechn. 1936, 409. — WINKEL, R.: Änderung des Wasserstandes in den Haltungen infolge Schiffahrtsschleusungen. Wasserkraft 1922, H. 13. — DERSELBE: Die hydromechanischen Vorgänge beim Schleusen eines Schiffes. Bautechn. 1923, 324. — DERSELBE: Besondere Wellenerscheinungen in Schiffahrtskanälen infolge von Schleusungen. Bautechn. 1926, 110.

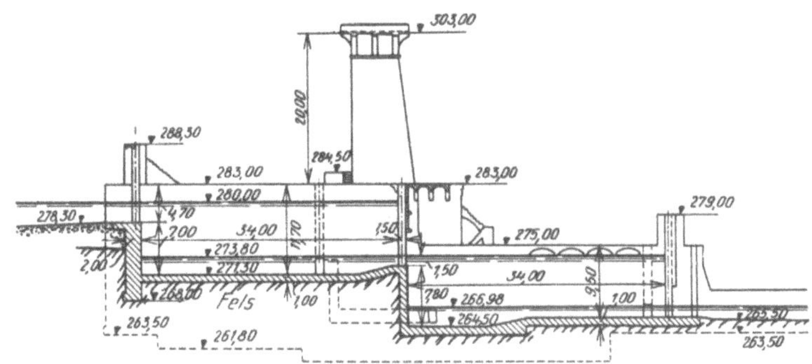

Abb. 1945. Floßschleusen im Kraftwerk Faal an der Drau.

III. Die Wasserwirtschaft an Wasserstraßen.

An kanalisierten Flüssen ist für die Schiffahrt vielfach Wasser im Überflusse vorhanden, dort braucht nur für eine stets hinreichende Fahrwassertiefe gesorgt zu werden und das Wasser kann an den Staustufen noch für Energiegewinnung ausgenützt werden.

Anders verhält es sich bei Schiffahrtskanälen, denen sowohl die erste Füllung als auch der Verbrauch im weiteren Betrieb fortlaufend zugeführt werden muß. Dieser Verbrauch setzt sich zusammen aus dem Wasserverbrauch der Schleusen und aus den Verlusten, die durch Versickerung, Verdunstung und durch Ablauf durch die Torverschlüsse, die ja nie vollkommen dicht sind, entstehen. Der Wasserverbrauch der Schleusen hängt von der Dichte des Verkehrs,

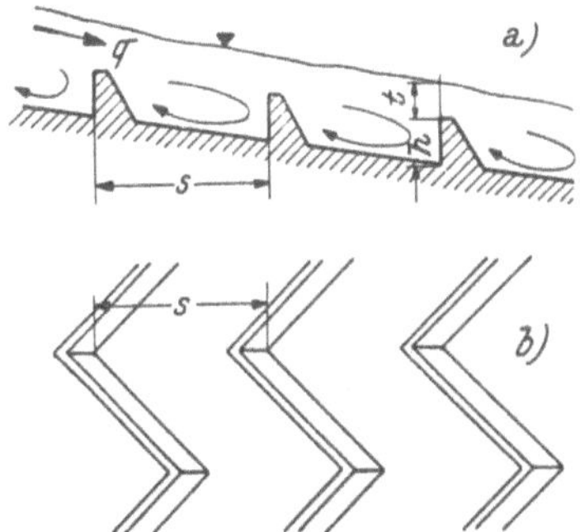

Abb. 1946. Rippenenergievernichter von
E. BAZIKA für Floßgassen.

Abb. 1947. Ansicht des Rippenenergievernichters von
E. BAZIKA in einer Floßgasse.

nämlich der Zahl von Schiffen, die innerhalb eines Tages durch die Schleuse fahren, von der Art der Schleusung und von der Bauart der Schleusen ab. Bezeichnet V den Schleuseninhalt zwischen dem Unter- und dem Oberwasserspiegel, D_b die Wasserverdrängung eines Schiffes bei der Bergfahrt, D_t jene bei der Talfahrt (sie kann je nach der Ladung bei ein und demselben Schiffe verschieden sein), so ist der Wasserverbrauch für ein Aufschleusen

$$W_b = V + D_b \qquad (1269)$$

weil das Schiff beim Einfahren D_b verdrängt, beim Ausfahren oben diese Wassermenge aber aus der oberen Haltung noch in die **Kammern** laufen muß.

Beim Abschleusen wird die Wassermenge

$$W_t = V - D_t \tag{1270}$$

benötigt. Für eine Berg- und Talfahrt wird daher die Wassermenge

$$W_b + W_t = 2 V + D_b - D_t \tag{1271}$$

verbraucht. Erfolgt die Schleusung von zwei sich an der Schleuse kreuzenden Schiffen, so kann wesentlich an Wasser gespart werden. Dann wird zuerst das Schiff aufgeschleust, wobei die Wassermenge

$$W_b = V + D_b \ [\text{m}^3] \tag{1272}$$

aufgeht. In die gefüllte Schleuse fährt dann das

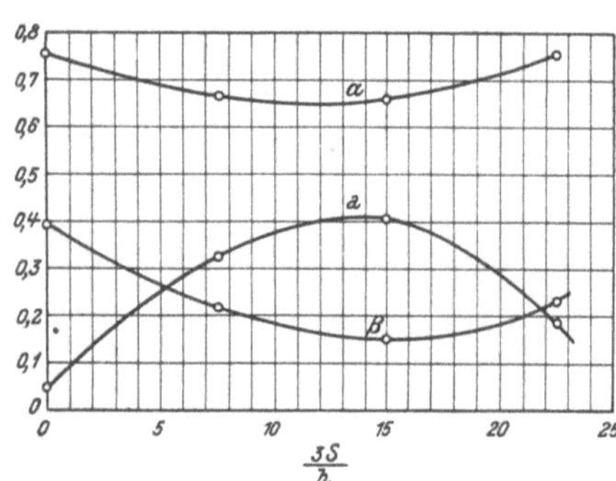

Abb. 1948.　Beiwerte zur Bemessung des Rippenenergievernichters von E. BAZIKA.

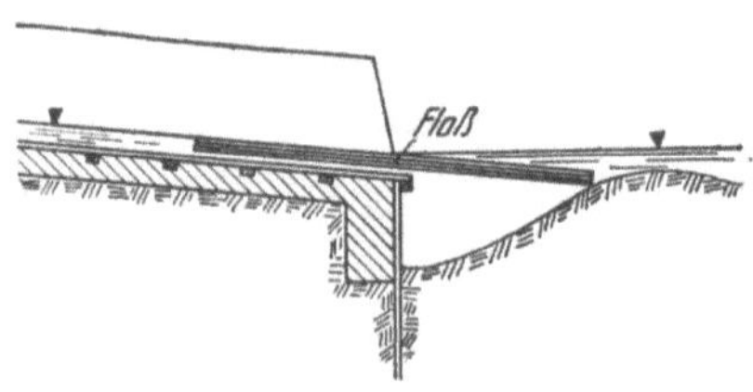

Abb. 1949.　Gefährdung von Flößen am Ende von Floßgassen.

talabfahrende Schiff ein und verdrängt dort die Wassermenge D_t, so daß der Verbrauch des Abschleusens

$$W_t = - D_t \ [\text{m}^3] \tag{1273}$$

und der Gesamtverbrauch für die Schleusung zweier sich kreuzender Schiffe

$$W_b + W_t = V + D_b - D_t \ [\text{m}^3] \tag{1274}$$

ausmacht. Die Wasserersparnis entspricht gerade einer Kammerfüllung, weil sich meist durchschnittlich $D_b = D_t$ einstellen dürfte. Die Ersparnis macht etwa die Hälfte jener Wassermenge aus, die aufgeht, wenn die Berg- und Talfahrten unabhängig voneinander erfolgen. Für die Ermittlung des Wasserverbrauches wird angenommen, daß nur die Hälfte oder ein Drittel aller Berg- und Talfahrten an den Schleusen zur Kreuzung kommen. Bei t Talfahrten und b Bergfahrten, von denen k mit Kreuzungen erfolgen, beträgt der Wasserverbrauch dann

$$W = t (V - D_t) + b (V + D_b) - kV = \sim V (t + b - k) \ [\text{m}^3] \tag{1275}$$

wobei nach der früher gemachten Annahme für $k = {}^1\!/_4$ bzw. ${}^1\!/_6$ der Berg- und Talfahrten zu setzen ist.

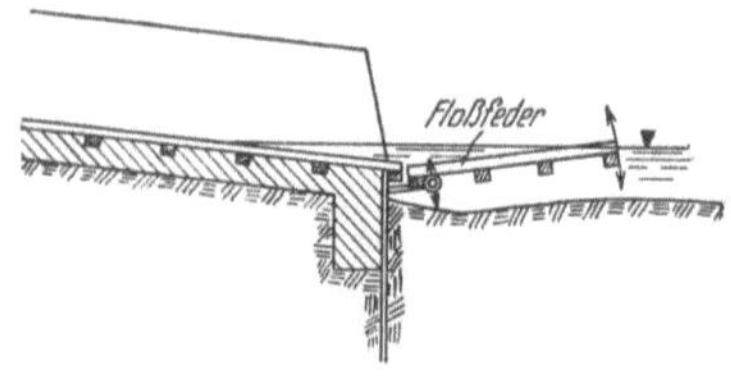

Abb. 1950.　Floßfeder.

Der Wasserverbrauch für Schleusung aus der Scheitelhaltung ist, wenn diese nur dem Durchzugsverkehre dient, bei dem die Ladung der zu Berg und der zu Tal fahrenden Schiffe annähernd gleich ist, gleich der Summe der Schleusenfüllungen an beiden Enden der Haltung.

Der Wasserverbrauch der Schleusen kann durch Anordnung von Sparbecken (vgl. S. 1045) herabgesetzt werden.

Zum Wasserverbrauch beim Schleusen kommen die Verluste infolge des Ablaufens von Wasser durch undichte Stellen der Torverschlüsse, für die man 5 [l/sec] für 1 [m] Schleusenfallhöhe rechnet.

Wenn alle Schleusen gleiche Fallhöhe haben und die Schiffe den Kanal bis zur Scheitelhaltung durchfahren, so ist für den Wasserverbrauch der Schleusen nur jener der obersten einzusetzen, ebenso sind die Verluste durch die Torverschlüsse nur für die oberste Schleuse zu rechnen, weil ja dieses Wasser alle weiteren Schleusen durchläuft und für die folgenden Haltungen

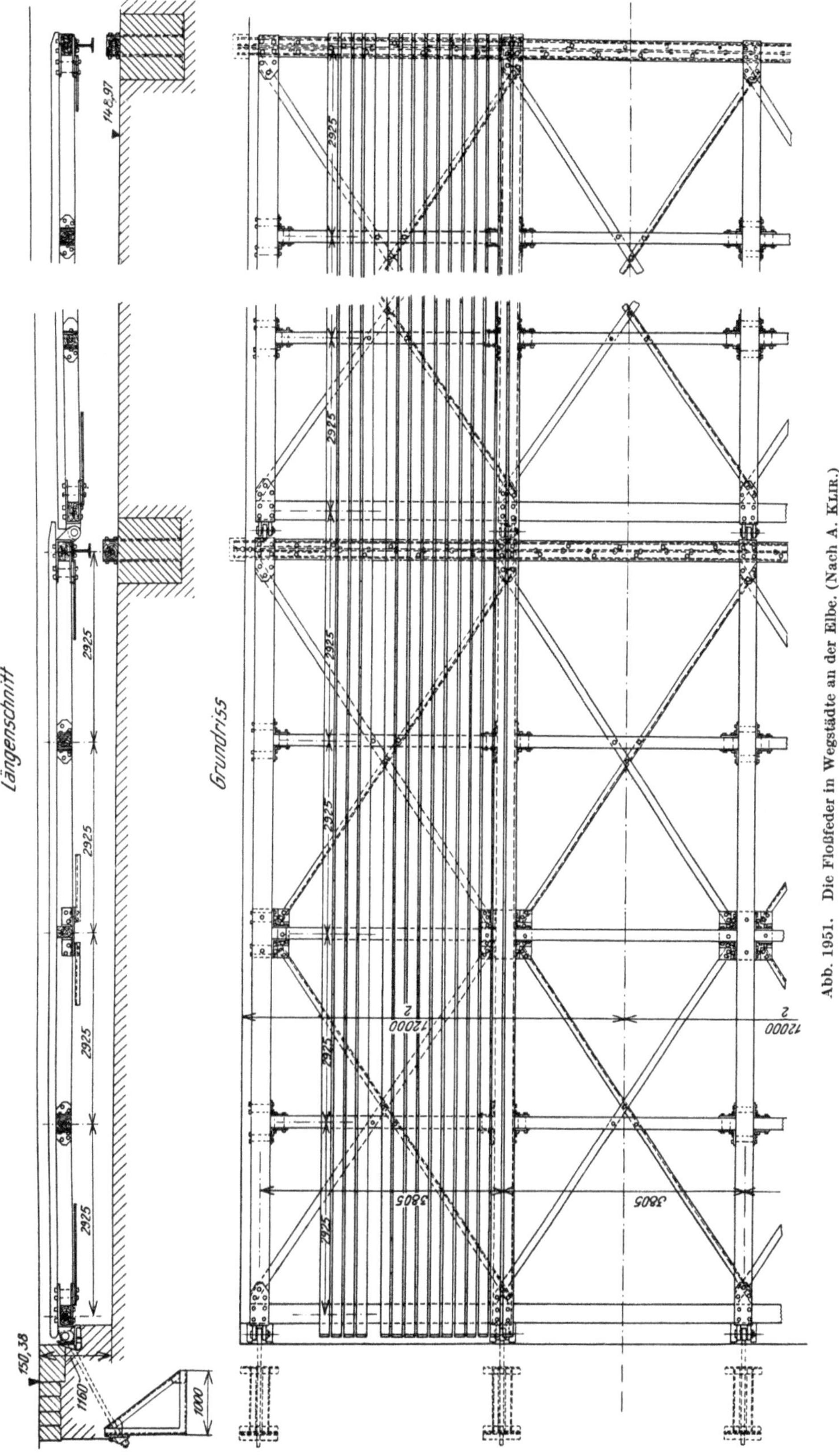

Abb. 1951. Die Floßfeder in Wegstädte an der Elbe. (Nach A. Klir.)

immer die Rolle einer Speisung spielt. Schleusen größerer Fallhöhen verursachen größeren Wasserverbrauch und der Unterschied gegenüber den anderen Schleusen muß, wie schon erwähnt worden ist, in die obere Haltung durch natürliche Speisung oder durch Pumpen ersetzt werden. Schleusen kleinerer Fallhöhe rufen Wasserüberfluß in der oberhalb liegenden Haltung hervor, der in die unterhalb liegende abzuleiten ist.

In den Haltungen selbst treten die sogenannten Bettverluste infolge von Verdunstung und Versickerung auf. Für die Verdunstung werden in Deutschland etwa 1000 [mm] im Jahre (280 [mm] für das Winterhalbjahr November bis April und 720 [mm] für das Sommerhalbjahr) und bis zu etwa 10 [mm] größte Verdunstung im Tag angesetzt. Die Versickerung hängt ganz von

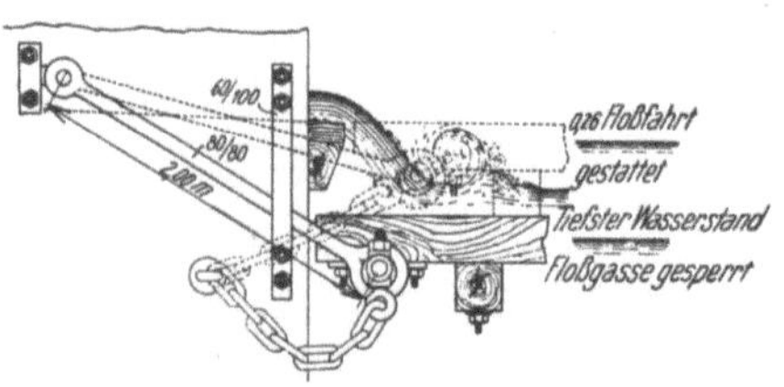

Abb. 1952. Floßfeder in einem Floßkanal an der Elbe.   Abb. 1953. Gelenk für eine Floßfeder. (R. HOFBAUER.)

der Bodenbeschaffenheit, der Lage des Wasserspiegels und der Art der Kanaldichtung ab. PRÜSMANN hat am Dortmunder Kanal den Verlust infolge Verdunstung und Versickerung in Dammstrecken bei Olfen im Sommer mit 2 bis 5 [l/sec. km] angegeben. Die von der Verwaltung dieses Kanals in den Jahren 1900 bis 1913 in der Strecke Herne—Gliesen (150 [km]) durchgeführten Beobachtungen haben für den 34 [m] breiten Kanal im Jahre durchschnittlich für Verdunstung und Versickerung 5,23 [l/sec. km] und in den einzelnen Vierteljahren im Durchschnitte 3,31, 5,48, 7,88 und 4,22 [l/sec. km] ergeben. Am 17 [km] langen Zweigkanal nach Dortmund wurden im Jahresdurchschnitt 6,40 [l/sec. km] und in den Vierteljahren 3,92, 6,90, 8,91 und 5,87 [l/sec. km] gemessen. H. ENGELS kommt zu dem Schlusse, daß man bei Kanälen mit 34 [m] Spiegelbreite bei sorgfältiger Dichtung in Mitteleuropa höchstens mit einem Verlust von 8 [l/sec. km] rechnen braucht.

Kanalstrecken, die tief eingeschnitten im Gelände verlaufen, so, daß der Wasserspiegel unter dem Grundwasserspiegel liegt, werden aus dem Grundwasserstrom gespeist und es kann dann Wasserüberschuß auftreten, der eine Entlastung der Haltung

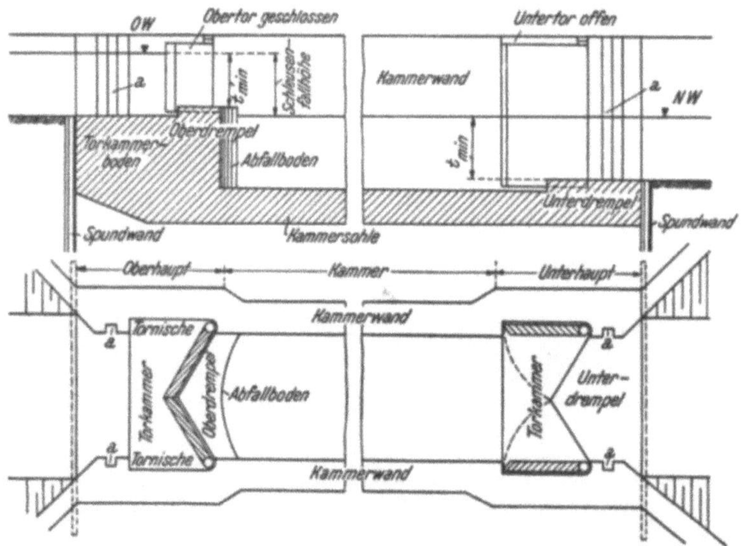

Abb. 1954. Kammerschleuse. a Nuten für den Dammbalkenverschluß, t min Mindestfahrwassertiefe.

erforderlich macht. Derartige Entlastungsanlagen werden ebenso ausgeführt wie die bei Kraftanlagen üblichen (vgl. diese auf S. 809).

Der Wasserverbrauch der Kanäle wird durch Speisung aus Flüssen gedeckt. Die Speisung erfolgt bei Scheitelkanälen stets in der Scheitelhaltung und man trachtet, die Linie so zu führen, daß sie unter natürlichem Gefälle mittels eines Speisekanals erfolgen kann. Das Wasser wird dann mittels eines Stauwerkes aus dem Flusse entnommen. Wasser, das viel Sand und Sinkstoffe führt, muß allenfalls, ähnlich wie das Triebwasser der Kraftanlagen, entsandet werden, um Anlandungen im Kanal zu verhüten. Die Einleitung des Speisewassers in den Kanal erfolgt mit kleinen Geschwindigkeiten, die [1 m/sec.] nicht übersteigen dürfen. Wenn die Wasserführung des speisenden Gewässers zeitweise unter den Speisebedarf sinkt, so muß an geeigneter Stelle ein Speicher (Stauweiher) angelegt werden, der den auf den Speisebedarf erforderlichen Wasserzuschuß liefert. Bachläufe, die in der Nähe tieferliegender Haltungen liegen oder diese kreuzen, werden zum Ersatz der Bettverluste in den tieferliegenden Haltungen verwendet, doch muß stets vorgesorgt werden, daß das Wasser sandfrei einläuft.

C. Schiffshebeanlagen.

Wie schon erwähnt worden ist, besteht ein Schiffahrtskanal im allgemeinen aus einer Anzahl von Haltungen mit nahezu waagrechtem Spiegel, die durch Stufen voneinander getrennt sind. Damit nun diese Stufen von den Schiffen überwunden werden können, werden Hebeeanlagen eingebaut. Je nach der Art und Weise, wie das Schiff gehoben bzw. gesenkt wird, werden diese unterschieden in Kammerschleusen in denen das Heben des Schiffes durch eingeleitetes Wasser erfolgt und in Schiffshebewerke, die entweder mit Wasser oder mechanisch betätigt werden. Die Schiffshebewerke kommen in Frage, wenn die Beschaffung des Wassers, das Kammerschleusen erfordern, Schwierigkeiten bereiten würde oder wenn die Stufenhöhe so groß ist, daß sie mit Schleusen nicht überwunden werden kann. Ähnlich wie an den Stufen der Kanäle sind auch an den Staustufen kanalisierter und schiffbarer Flüsse Vorkehrungen nötig, die den Verkehr über das Stauwerk hinweg erlauben, und zwar sowohl für Schiffe, die zu Berg und zu Tal fahren, als auch an manchen Flüssen für die nur talabfahrenden Flöße.

I. Einrichtungen für den Verkehr der Flöße über Staustufen.

Flöße fahren an einem Stauwerk durch den sogenannten Floßdurchlaß in das Unterwasser; an ihn schließt ein Bauwerk an, das dem Floße die Überwindung des

Abb. 1955. Oberhaupt einer kleinen Schleuse. Der Leckwasserdurchtritt am Tor ist deutlich zu erkennen.

Höhenunterschiedes zwischen Ober- und Unterwasser ermöglicht; das kann eine Floßgasse, ein Floßkanal oder eine Kammerschleuse sein.

Die *Floßdurchlässe* sollten im mittleren Wehrteile, etwa dort eingebaut werden, wo die größte Fahrtiefe zu erwarten ist; solche Anlagen sind aber wegen der erforderlichen Längen und der tief zu gründenden Seitenmauern der Floßgasse teuer und man legt sie daher, um sie zu verbilligen, an ein Ufer und zwar meist an das dem Einlauf gegenüberliegende (Abb. 1942). Es muß dann nur dafür gesorgt werden, daß während des Andauerns jener Wasserstände, bei denen die Floßfahrt möglich, bzw. erlaubt ist, auch die erforderliche Fahrtiefe am Ufer flußauf und flußab des Stauwerkes vorhanden ist. Zum Vorteile der billigeren Ausführung dieser Anordnung kommt jener, daß die Flöße allenfalls vom Ufer leicht zu leiten sind. Die Anlage einer Floßgasse an jenem Ufer, an dem die Entnahme erfolgt, hat sich nicht bewährt, weil durch den Betrieb der Floßgasse die Wasserbewegung im Einlauf ungünstig beeinflußt wird und besonders auch deswegen, weil durch die Anlage der Floßgasse die Spülung des Einlaufbereiches fast vollständig unterbunden wird.

Wenn der Floßdurchlaß in der Wehrmitte angeordnet wird, so soll für die Führung der Flöße zum Durchlasse im Oberwasser beiderseits ein hölzernes Leitwerk mit feststehenden oder schwimmenden Leithölzern an Pfählen angeordnet werden. Die Anordnung in der Flußmitte kommt nur bei geringen Stauhöhen in Frage.

Die *Floßgasse* wird etwa 1 [m] breiter als die durchzuführenden Flöße gemacht; ausgeführt sind Breiten zwischen 3,5 und 20 [m]. Die Wassertiefe muß mindestens 0,5 [m] betragen und die Schwelle des Durchlasses wird daher 1,0 bis 1,5 [m] unter dem tiefstmöglichen Stauspiegel angeordnet. Die Floßgasse wird beiderseits so weit flußab mit Mauern eingefaßt, bis die Sohle mindestens 0,5 [m] tief unter dem tiefsten Unterwasserspiegel liegt, der sich während der Floßfahrtperiode einstellen kann. Sowohl die Sohle als auch jener Teil der Wandungen, der mit den Flößen in Berührung kommen kann, muß einerseits derart ausgebildet werden, daß die Flöße nirgends hängenbleiben können, anderseits muß die Verkleidung so ausgeführt sein, daß Beschä-

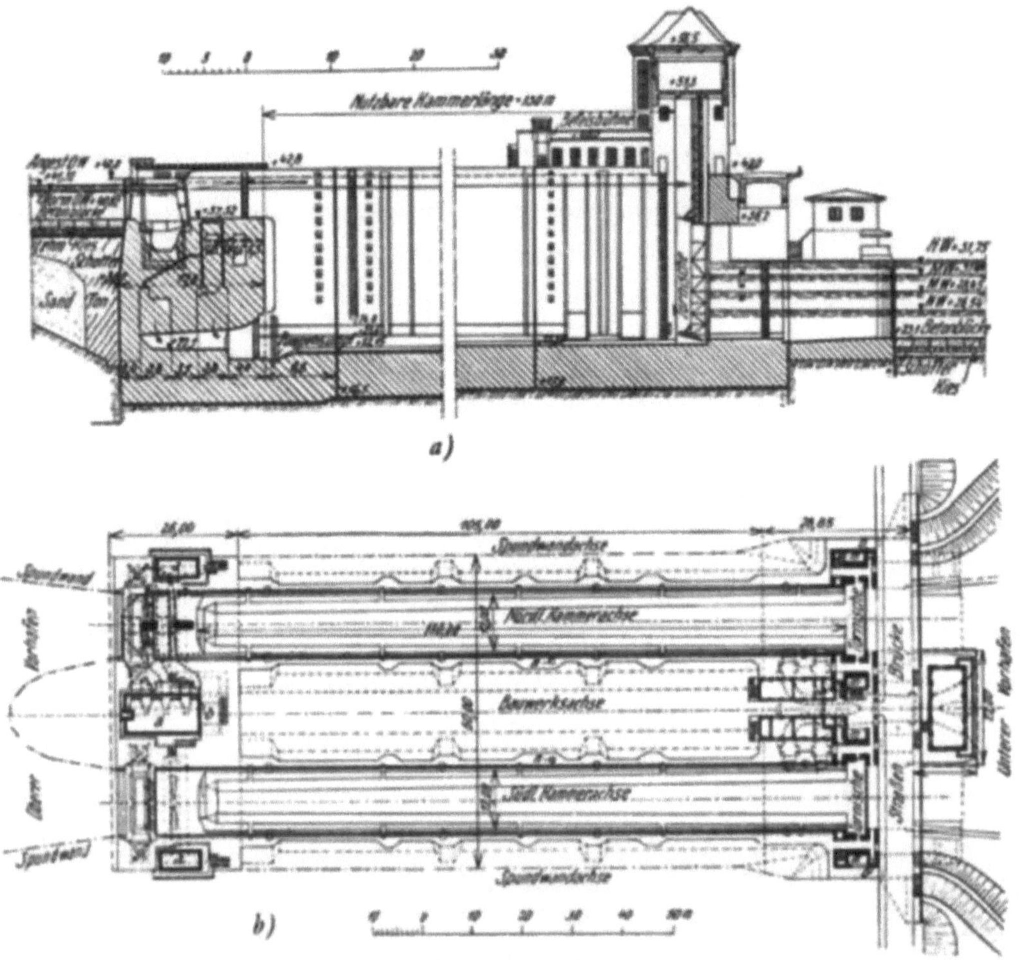

Abb. 1956. Schachtschleuse Fürstenberg. a) Längsschnitt, b) Grundriß. (Nach M. MÜLLER.)

digungen der Wandungen oder der Sohle durch anstreifende Flöße ausgeschlossen sind. Man hat zur Auskleidung in der Regel einen starken Bohlenbelag, etwa so, wie er in der Abb. 1943 zu erkennen ist, angewendet. Die Neigung der Floßgassensohlen liegt innerhalb der Grenzen 1 : 10 und 1 : 100 ($J = 0,1$ und $0,01$). Die steileren Neigungen werden bei den kleineren Fallhöhen angewendet. Um die Kosten der Floßgassen möglichst nieder zu halten, werden die Gefälle so steil als möglich gemacht. M. EBNER empfiehlt, bei den Höhenunterschieden zwischen Ober- und Unterwasser von

1,0	1,5	2,0	2,5	3,0	3,5 [m]
die Neigung gleich 1 : 12	1 : 19	1 : 27	1 : 36	1 : 47	1 : 63

zu nehmen. Stufen bis zu etwa 0,75 [m] sind in der Sohle der Floßgassen zulässig. Bei größeren Stauhöhen wird die erforderliche Länge der Floßgasse außerordentlich groß und die Kosten sehr bedeutend; man kann unter Umständen die Anlagekosten herabmindern, wenn statt der Floßgasse ein *Floßkanal* (Abb. 1944) im Ufergelände geführt wird. Auch die Errichtung von Kammerschleusen (Abb. 1945) ähnlich wie sie für Schiffahrtszwecke errichtet werden, kann in Frage kommen.

Die Neigung der Floßgassen darf bei größeren Stauhöhen nicht zu groß gemacht werden, weil das abfließende Wasser und mit ihm das Floß zu große Geschwindigkeiten erreichen würde. Diesem Übelstande hilft die Ausrüstung der Sohle nach E. Bazika mit zickzack-förmig quer zum Gerinne verlaufenden Rippen ab.

Das Wasser wird infolge der Energievernichtung in den Grundwalzen zwischen den Rippen verzögert und fließt so langsam ab, daß Neigungen von 1 : 10 auch bei größeren Höhenunter-

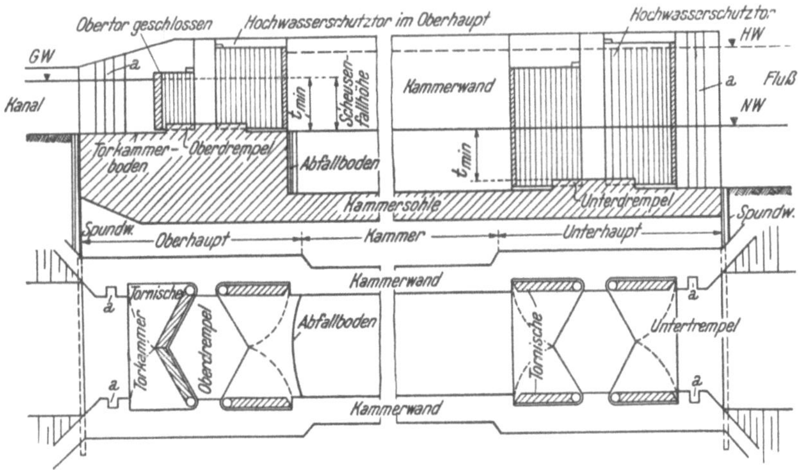

Abb. 1957. Nach zwei Seiten kehrende Schleuse.

schieden zulässig sind. Längsbalken, die in Entfernungen von etwa 0,75 bis 1 [m] über die Rippen laufen, verhindern, ein Anrennen des Floßes an die Rippen.

E. Jacoby hat Versuche über den Wasserabfluß durch ein Gerinne mit den Rippen von E. Bazika angestellt; mit den Bezeichnungen der Abb. 1946 gilt bei einem Durchfluß von $q\,[\mathrm{m^3/sec \cdot m}]$ für die Wassertiefe die Beziehung

$$t = a\left(\frac{h}{3}\right)^{1-1,5\,\alpha} \cdot q^{\alpha} \cdot J^{-\beta} \;[\mathrm{cm}] \qquad (1276)$$

in die alle Längen in [cm] einzusetzen sind. Die Beiwerte a, α und β werden der Abb. 1948 ent-

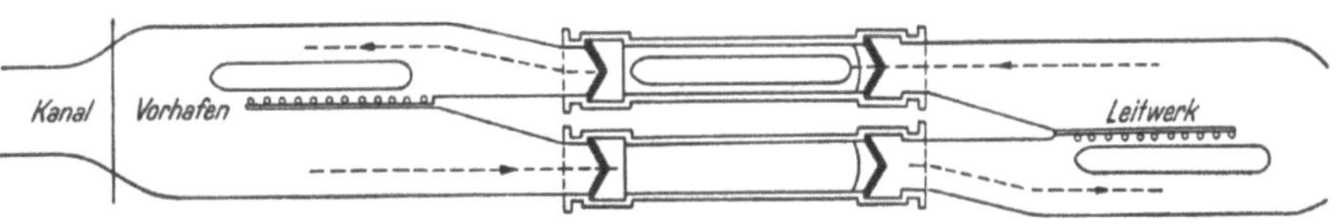

Abb. 1958. Zwillingsschleuse.

nommen. Eine Ansicht einer solchen Floßgasse mit den Zickzack-Rippen von E. Bazika gibt die Abb. 1947.

Am Ende der Floßgasse bildet sich ohne besondere Vorkehrungen ein Kolk aus. Diese Stelle kann längeren Flößen, wie ein Blick in die Abb. 1949 lehrt, gefährlich werden und das Auffahren der Flöße an dieser Stelle hat auch schon zu wiederholten Malen zu vollkommenen Zerstörungen und Auflösung von Flößen geführt. Die Kolkausbildung kann durch eine Floßfeder (Abb. 1950) verhindert werden und das Floß wird durch diese überdies nach aufwärts gelenkt, so daß es diese Stelle gefahrlos durchlaufen kann.

Floßfedern sind meist beweglich eingebaut worden; sie bestehen aus Tafeln, die aus Kanthölzern zusammengesetzt sind, zwischen denen Zwischenräume belassen werden, etwa so, wie es in der Abb. 1951 bzw. 1952 zu erkennen ist. Die Ausbildung eines Gelenkes deutet die Abb. 1953 an; Stahlteile müssen sehr schwer gehalten werden, weil sie bei Hochwasser außerordentlich stark beansprucht und überdies durch Sand stark abgeschliffen werden. Es empfiehlt sich, mindestens vier Gelenke anzuordnen, damit die Tafel sicher nicht losgerissen werden kann. In der Abb. 1951 ist eine zweiteilige Floßfeder mit Stahlversteifung dargestellt, wie sie an der Staustufe Wegstädtl an der Elbe ausgeführt worden ist.

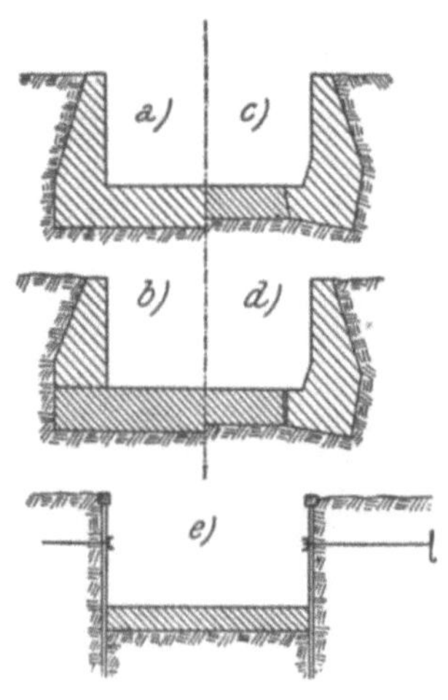

Abb. 1959. Querschnittausbildung bei Kammerschleusen.

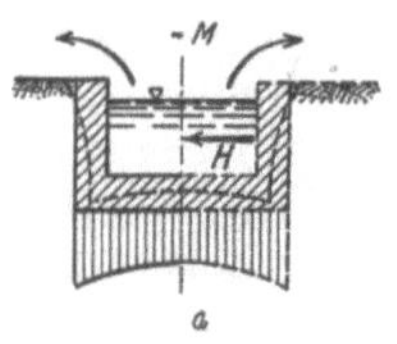

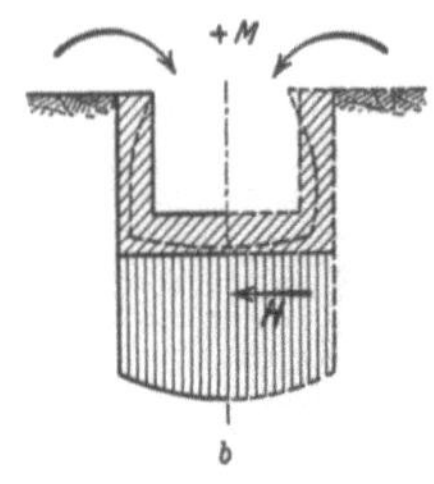

Abb. 1960. Verbiegung und Sohlspannungsverteilung bei Trogkammerquerschnitten.

Als Stauverschluß kommen bei Floßdurchlässen die verschiedensten beweglichen Wehre zur Anwendung; am häufigsten werden Schützen verwendet. Auf besonders rasches Bewegen der Verschlüsse braucht kein Wert gelegt zu werden, weil Flöße den Stauraum nur ganz langsam durchlaufen, manchmal sogar mit einem Motorboot oder dgl. herangeschleppt werden müssen und weil ein Wassersparen bei Floßgassen in der Regel unmöglich ist. Es muß ja in der Entnahmestrecke eine kleine Schwallwelle, ähnlich einer Hochwasserwelle hervorgerufen werden, auf deren Rücken das Floß durch die Entnahmestrecke durchgespült wird. Der Wasserverbrauch ist sehr groß; es kostet z. B. beim Murkraftwerk Peggau jedes Floß etwa 50 000 [m³], das ist der

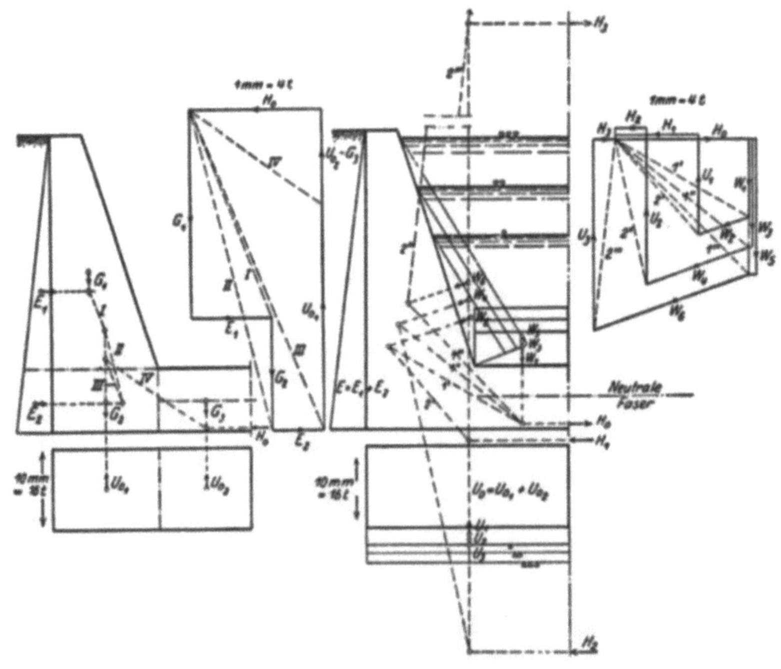

Abb. 1961. Untersuchung eines Trogkammerquerschnittes nach O. FRANZIUS.

gesamte Durchfluß der Mur während etwa 10 Minuten. Für den Kraftwerksbetrieb ist die Flößerei äußerst unerwünscht und es kann erforderlich werden, die Flöße in zwar teurer, aber wassersparender Weise ins Unterwasser zu leiten. Das geschieht, indem das Floß am Einlauf in den Werksgraben geleitet und am Krafthause durch Kammerschleusen in den Unterwassergraben geführt wird. Der Wasserverlust beträgt dann nur die Füllung der Kammern, ist also verhältnismäßig klein. Damit bei allfälligen Betriebseinstellungen im Krafthause während Instandsetzungen die Flößerei nicht gehemmt wird, muß am Wehr überdies eine Floßgasse eingebaut werden.

An Staustufen mit hohen Fallhöhen erreichen die Floßgassen bzw. Kanäle außerordentliche Längen und sind daher einerseits schwierig unterzubringen und anderseits sehr kostspielig. Dann werden für die Flöße Schleusen eingebaut; das für die Durchfahrt durch die Entnahmestrecke von Kraftwerken mit Werksgraben erforderliche Wasser muß aber am Stauwerke abgelassen werden, so daß Schleusen am Stauwerk gegenüber Floßgassen keine Wasserersparnis ermöglichen.

Schrifttum.

BAZIKA, E.: Einrichtung zur Verringerung der Durchflußgeschwindigkeiten in künstlichen Gerinnen. Öst. Patent Nr. 56 469/Rl. 84. — EBNER: Die Flößerei auf Binnengewässern. Wasserstraßenjahrbuch. 1924, R. Pflaum: München. 133. — DERSELBE: Floßschleppversuche in der kanalisierten Moldaustrecke bei Prag. Z. öst. Ing.- u. Arch.-Ver. 1903, 611. — HOFBAUER, R.: Ein Mittel zur Bekämpfung der Wirbelbewegung und Kolkbildung unterhalb d. Stauwerke. Z. öst. Ing.- u. Arch.-Ver. 1915, 109. — JAKOBY, E.: Laboratoriumsversuche an Floßgassenmodellen. Wasserkr. u. Wasserwirtsch. 1934, 73 (Energievernichter v. Bazika). — KLIR, A.: Die Stauanlage bei Wegstädtl a. d. Elbe. Allg. Bauztg. 1908, 175. — NOVOTNY, J.: Versuche über die Abflußverhältnisse in der Floßgasse nach System Bazika in Hluboka a. d. Moldau. Wasserkr. u. Wasserwirtsch. 1939, 49. — TOLMAN, B.: Studie über die Abflußverhältnisse an der Floßschleuse bei der Staustufe Nr. 1 bei Troja a. d. Moldau. Allg. Bauztg. 1904.

Abb. 1962. Rückansicht einer Betonufermauer im oberen Vorhafen des Schiffshebewerkes Niederfinow vor dem Hinterfüllen. (Neubauamt Eberswalde.) *a* Kontrollschächte an den Fugen; *b* Dränleitung für die Ableitung von Leckwasser.

II. Kammerschleusen.

a) Bauarten und Abmessungen.

Die Kammerschleusen sind die am häufigsten angewendete Schiffshebeeinrichtung. Sie bestehen, wie ein Blick in die Abb. 1954 und 1955 lehrt, aus einer Kammer, die an beiden Enden durch einen Verschluß, in den Abbildungen durch Tore, gegen die anschließenden Haltungen abgeschlossen werden kann. Soll z. B. ein Schiff von der unteren Haltung in die obere geschleust werden, so wird die Kammer mit der unteren Haltung verbunden, so daß sich der Wasserspiegel beiderseits des Tores gleich hoch stellt. Das Obertor ist hiebei geschlossen und das Untertor wird nun geöffnet und das Schiff in die Kammer geführt. Hierauf wird das Untertor wieder geschlossen und die Kammer mit Wasser aus der

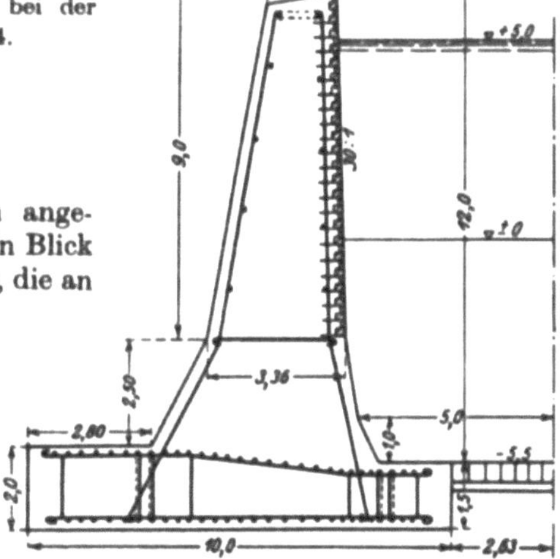

Abb. 1963. Querschnitt der Schleusenmauern am Rhein-Herne-Kanal.

oberen Haltung bis zur Spiegelhöhe derselben aufgefüllt. Nun kann das Obertor geöffnet und das Schiff in die obere Haltung hinausgeführt werden. Beim Abschleusen eines Schiffes wird in ähnlicher Weise vorgegangen.

Bei Schleusen, in denen große Höhenunterschiede überwunden werden, braucht der untere Kammerabschluß nicht bis zur Höhe des Wasserspiegels in der oberen Haltung hochgeführt zu

werden. Es genügt dann (Abb. 1956), eine Öffnung mit der erforderlichen lichten Durchfahrtshöhe von 4,0 bzw. 3,2 [m] beweglich abzuschließen (hiefür kommen nur Hubtore, ähnlich den
Schützentafeln, oder Klapptore in Frage), den übrigen, oberhalb liegenden Teil aber mit einem Stahlbetonschild zu verbauen. Solche Schleusen werden als Schachtschleusen bezeichnet.

Neben den einfachen, oben beschriebenen Schleusen kommen noch besondere Ausführungen vor. An der Mündung eines Kanals in einen schiffbaren Fluß ist eine Schleuse mit nach beiden Seiten kehrenden Toren, wie sie in der Abb. 1957 angedeutet ist, erforderlich, weil im Flusse, je nach den Durchflüssen, der Wasserspiegel bald höher, bald tiefer liegt als im Kanal. Die Schleusen werden je nach dem Verkehre nur für einzelne Schiffe oder für ganze Schiffszüge erbaut; um nun in Schiffszugschleusen beim Schleusen eines einzelnen Schiffes Wasser sparen zu können, wird manchmal noch ein Mitteltor eingebaut. In zweischiffigen Kanälen werden, wenn der Verkehr dichter wird, an jeder Gefällsstufe auch je zwei Schleusen angeordnet, die vielfach mit einer gemeinsamen Mittelmauer als Zwillingsschleusen (Abb. 1958) ausgebildet werden. Im

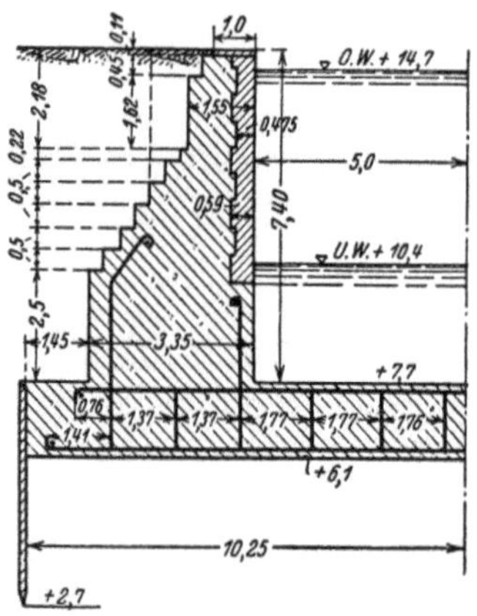

Abb. 1964. Querschnitt der Schleppzugschleuse bei Meppen im Dortmund-Ems-
Kanal.

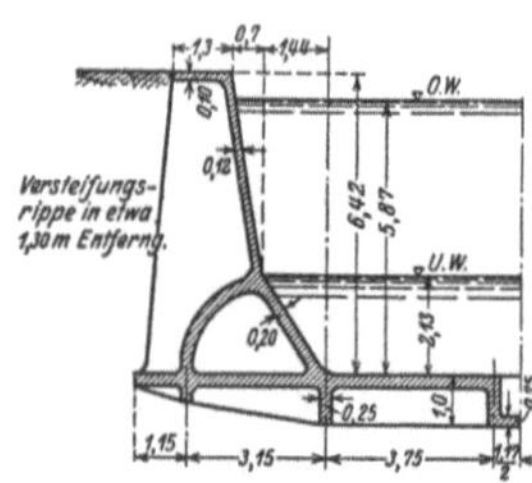

Abb. 1966. Schleusenkammerquerschnitt aus
Stahlbeton. (Tobol- und Kanalflußgebiet.)

Abb. 1965. Querschnitt durch Schleusenkammermauer der Schleuse
Dörverden.

Bergbaugebiete, wo Bodenbewegungen zu erwarten sind, werden die Schleusen in der Kanal-
richtung gegeneinander versetzt. Große Fallhöhen werden in der Regel, wie schon erwähnt
worden ist, mit Schachtschleusen überwunden; aus besonderen örtlichen Gründen können auch Schleusentreppen angeordnet werden, bei denen die Schleusen mit je einem gemeinsamen Tor unmittelbar aufeinanderfolgen oder bei denen zwischen die Schleusen kurze Haltungen eingelegt sind. Um Schleusungswasser zu sparen, werden schließlich Schleusen mit Sparbecken (vgl. Abb. 2007 und 2008) ausgerüstet.

Über die Auswahl der Lage der Schleusen ist schon gesprochen worden; an Stauwerken in Flußkrümmungen sollen die Schleusen nicht an das innere Ufer verlegt werden, weil dort bekanntlich große Mengen von Sand wandern, die die Fahrrinne verlegen können.

Beiderseits der Schleusen werden in den Haltungen Vorhäfen errichtet, in denen die Schiffe anlegen und auf Schleusung warten. Diese Vorhäfen bestehen aus einer Erweiterung des Kanals in der Länge mindestens eines Schleppzuges und sie werden, wie es in der Abb. 1958 angedeutet ist, stets so angelegt, daß die wartenden Schiffe geradlinig in die

Schleuse einfahren können. Das Ein- und Ausfahren wird durch Leitwerke erleichtert; die Schiffe werden durch Laufkatzen, Lokomotiven oder elektrische Spille bewegt und Poller ermöglichen ein Festmachen der Schiffe.

Die Abmessungen der Kammerschleuse werden den am Kanal verkehrenden Schiffen angepaßt, wobei zu den Schiffsabmessungen die folgenden Zuschläge gegeben werden:

Zuschlag in [m]	zur Breite	zur Tiefe	zur Länge
Kanal-			
schleusen	0,2 bis 1,5	0,2 bis 1,0	3,0 bis 10,0
Fluß-			
schleusen	0,2 bis 1,5	0,3 bis 1,0	4,0 bis 10,0

Die kleineren Zuschläge sind unbedingt erforderlich, die größeren wären zur Beschleunigung des Schleusungsvorganges erwünscht; die größeren Zuschläge bedingen aber einen größeren Verbrauch an Schleusungswasser, der nicht immer zulässig ist. In der Zahlentafel 112 auf S. 1006 sind Abmessungen ausgeführter Kanalschleusen zusammengestellt und es sind auch die für Schleusen an neuen Haupt- und Nebenwasserstraßen empfohlenen beigefügt.

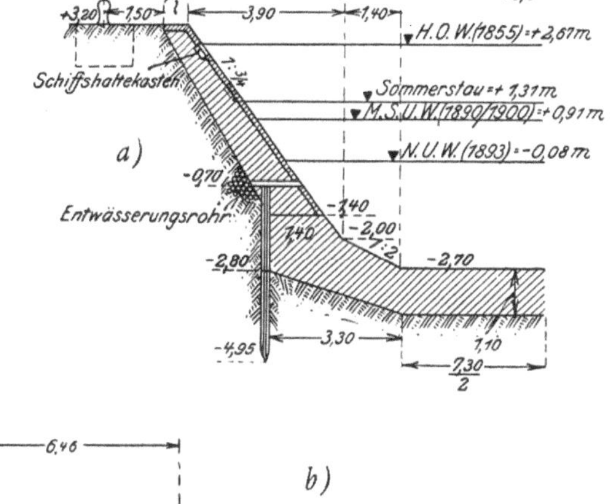

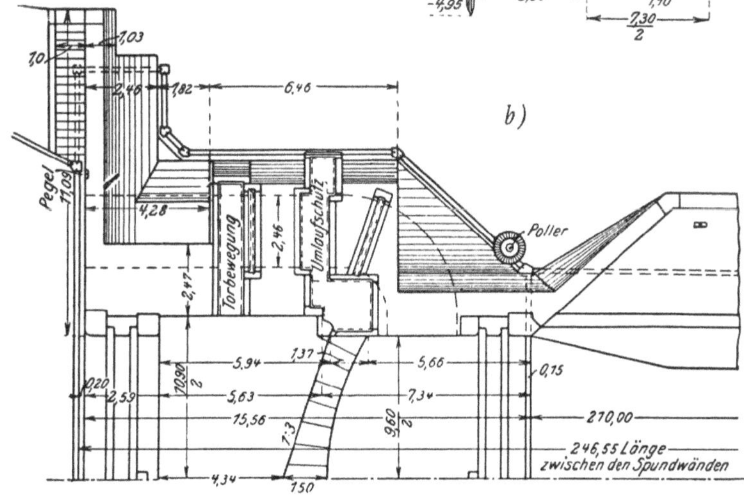

Abb. 1967. Schleppzugschleuse von Rathenow. *a)* Querschnitt; *b)* Grundriß des Oberhauptes.

b) Bemessung der Kammerwände und des Bodens.

Die Wände der Kammerschleusen sind außen dem Erddrucke und dem Grundwasserdrucke, innen den wechselnden Wasserdrücken der Kammerfüllung ausgesetzt und sie müssen so bemessen werden, daß sie diesen Beanspruchungen standzuhalten vermögen.

Die Wände und die Sohle einer Kammer werden nun auf verschiedene Weise hergestellt, sie können in einem betoniert sein (Abb. 1959 a) und bilden dann einen *U*-förmigen Trogquerschnitt, der auf nachgiebigem Boden gelagert ist. Die Wände können aber auch auf die durchgehende Sohlplatte aufgesetzt (Abb. 1959 b) oder sie können neben diese, von ihr unabhängig, gestellt werden (Abb. 1959 c, d), und schließlich können die Wände auch als Bohlwände z. B. aus gerammten Stahlspundbohlen ausgebildet sein (Abb. 1959 e). Jede dieser Bauweisen ergibt andere Beanspruchungen des Bauwerkes. Statt massiver Mauern können für die Kammer-

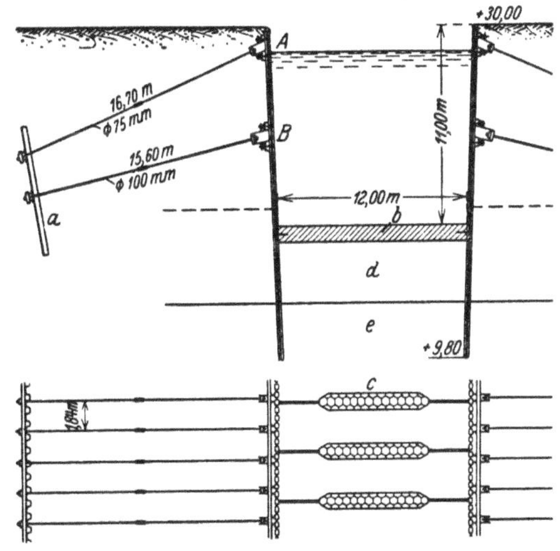

Abb. 1968. Schleuse Hünxe im Kanal Wesel-Datteln, Länge 225 [m]. Querschnitt und Grundriß. (Vereinigte Stahlwerke A.-G. Dortmunder Union.) *a* Ankerwand aus 8 [m] langen Larssen-Spundbohlen V; *b* Eisenbetonplatte; *c* Sickerschlitze; *d* Auffüllung; *e* fester Ton.

wände natürlich auch Wände in aufgelöster Bauweise, ähnlich den Winkelstützmauern verwendet werden. Um an Schleusungswasser zu sparen, werden die Innenseiten der Kammern meist lotrecht ausgeführt; wenn es ausnahmsweise bei einer Schleuse nicht darauf ankommt, Wasser zu sparen, so können die Wände auch geneigt oder durch versicherte Böschungen ersetzt werden, wodurch sich namhafte Ersparnisse an Baukosten erzielen lassen.

Wenn die Wände und die Sohle einen Trogquerschnitt bilden, so sind die beiden in der Abb. 1960 dargestellten Fälle der Trogverformung möglich, die teils auf das Überwiegen des

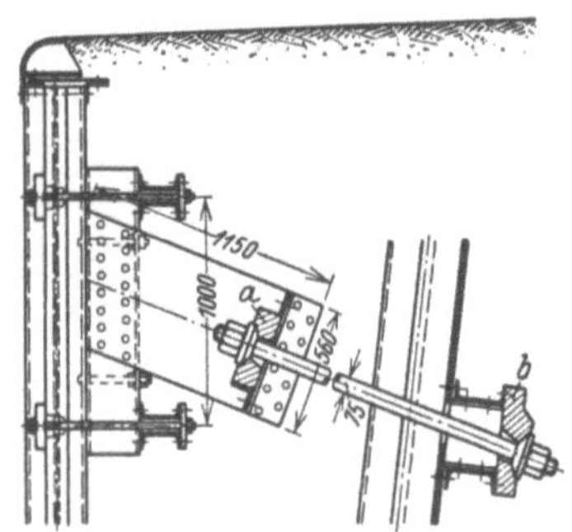

Abb. 1969. Schleuse Hünxe. Holm, oberer Gurt *(A)* und Verankerung, Querschnitt. (Vereinigte Stahlwerke A.-G. Dortmunder Union.) *a*, *b*, Stahlguß.

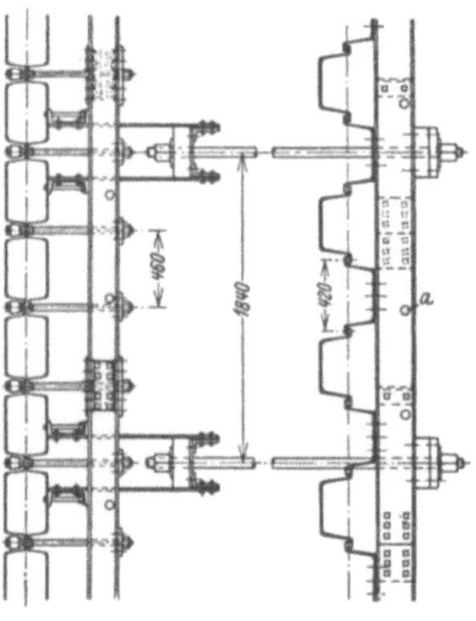

Abb. 1970. Schleuse Hünxe. Oberer Gurt (links) und Verankerung (rechts). Draufsicht. (Vereinigte Stahlwerke A.-G. Dortmunder Union.) *a)* Entwässerungslöcher.

inneren oder äußeren Druckes auf die Kammerwände, teils auf die Nachgiebigkeit des Untergrundes zurückzuführen sind; es ergeben sich hiebei die beiden in der Abbildung angedeuteten Verteilungen der Sohlendrücke, deren Kenntnis für die Bemessung des Querschnittes erforderlich wäre. Die Ermittlung dieser Druckverteilung bietet nun Schwierigkeiten, die bisher nicht überwunden worden sind und die Berechnung eines Trogquerschnittes, die an sich sonst einfach wäre, ist unter diesen Umständen genau überhaupt nicht möglich. O. FRANZIUS hat nun durch seine

Abb. 1971. Schleuse Hünxe. Rückansicht der Ankerwand. (Vereinigte Stahlwerke A.-G. Dortmunder Union.)

Abb. 1972. Schleuse Hünxe. Rückansicht des oberen Gurtes. (Vereinigte Stahlwerke A.-G. Dortmunder Union.)

Untersuchungen nachgewiesen, daß es hinreicht, bei dicken Kammersohlen mit gleichmäßig verteilten Bodendrücken zu rechnen.

Die Untersuchung eines Querschnittes wird am besten zeichnerisch durchgeführt, so wie es in der Abb. 1961 vor Augen geführt ist. Man betrachtet hiebei die Hälfte eines 1 [m] breiten Trogstreifens. Der Erddruck wird senkrecht auf den Mauerumriß wirkend angenommen. Bei leeren Kammern wirken auf den Querschnitt lotrecht das Gewicht G, der Sohlendruck U und ein allfälliger Sohlwasserdruck des Grundwassers, dieser ersetzt die Sohldrücke teilweise oder vollständig. Wenn der Auftrieb größer würde als die Sohldrücke in trockenem Boden, also das Gewicht des Bauwerkes, so würde, wenn an den Wandungen keine Reibung wirksam wäre, das Bauwerk aufschwimmen. Auftrieb ist daher nur dort als äußere Kraft anzusetzen, wo er die Sohldrücke übertrifft und nur mit jenem Betrage, der die Bodenreaktion übersteigt. So lange der Auftrieb kleiner ist als die Sohldrücke, braucht man sich um ihn überhaupt nicht zu kümmern und nur ebenso wie im trockenen Boden zu rechnen.

Die auf den Trogquerschnitt wirkenden lotrechten Kräfte, nämlich das Gewicht G und der Druck von Boden und Wasser in der Sohle halten sich das Gleichgewicht. Waagrecht wirken auf den Trogquerschnitt der Erddruck und der Druck allenfalls vorhandenen Grundwassers; diesen Drücken hält eine Kraft H das Gleichgewicht. In der Abb. 1961 links ist die Ermittlung dieser Kraft H_o gezeigt. Wenn die Kammer gefüllt wird, so treten zu den früher aufgezählten Kräften noch

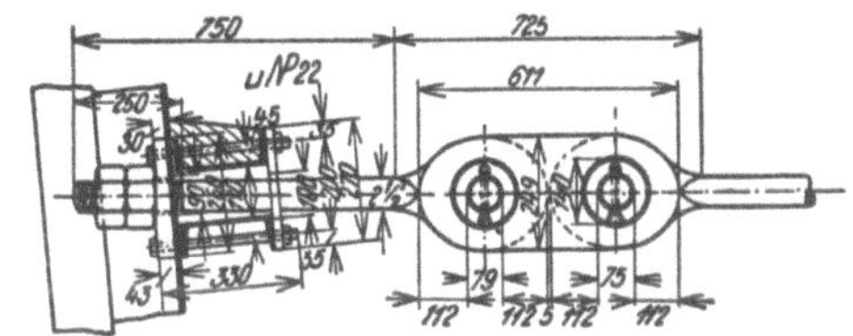

Abb. 1973.   Gelenke in der Ankerstange nahe der Schleusenwand.

neue hinzu, nämlich der Druck auf die Kammerwand an der Innenseite und die Wasserlast, die, mit dem für die leere Kammer ermittelten H_o zusammengesetzt, die neuen Kräfte H_1. H_2 bzw. H_3 ergeben. Die verschiedenen Füllungen der Kammer bewirken ein Wandern der Kraft H, eine Veränderung ihrer Größe und, wie z. B. in der Abb. 1961, auch eine Änderung des Vorzeichens.

Der auf die Kammerwände von außen wirkende Druck ist in der Nähe des Oberhauptes am größten, weil dort der Grundwasserspiegel meist in der Höhenlage des Spiegels in der oberen Haltung stehen wird. Gegen das Unterhaupt fällt der Grundwasserspiegel gegen die Spiegellage in der unteren Haltung ab, so daß auch nur geringere Drücke auftreten werden. Die Mauerquerschnitte werden den jeweiligen Drücken angepaßt, werden also im allgemeinen längs der Kammerschleuse verschieden aussehen. Wie in jedem Betonbauwerk werden auch in den Wandungen der Kammerschleuse Fugen angeordnet, die ähnlich abgedichtet werden, wie Staumauern. Wasser, das trotz aller Vorkehrungen noch durch eine Fuge läuft, wird durch lotrechte Dräne, die an der Rückseite der Kammerwände angeordnet sind, abgefangen. Durch eine Dränung mit der unteren Haltung als Vorfluter kann der Grundwasserspiegel längs der Schleuse abgesenkt werden. Die Abb. 1962 zeigt eine solche Dränung, die an der Mauer des Vorhafens zum Schiffshebewerk Niederfinow angewendet worden ist. Die Absenkung des Grundwasserspiegels darf in der Bemessung der Kammerwände nur be-

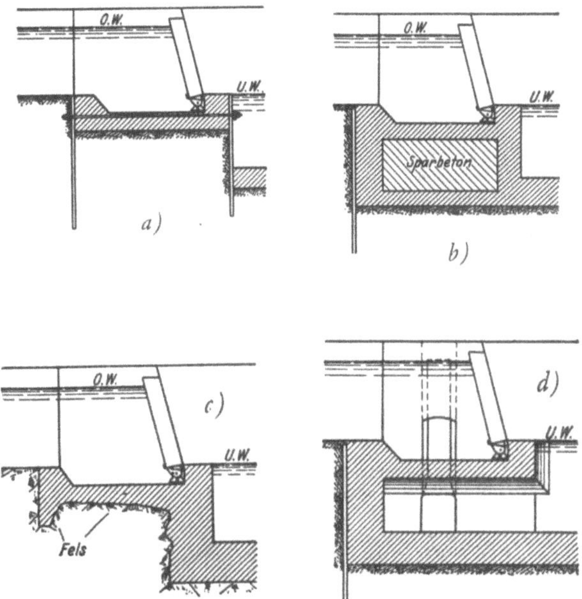

Abb. 1974.   Ausbildung des Oberhauptes von Schleusen. a) Drempelausbildung mit Spundwänden; b) volles Oberhaupt; c) Oberhaupt auf Fels gegründet; d) Oberhaupt mit Beruhigungsbecken.

rücksichtigt werden, wenn gewährleistet ist, daß sie dauernd wirksam bleibt. Bei eisenhaltigem Grundwasser besteht die Gefahr einer Verlegung der Dräne mit Eisenschlamm.

Wenn zwischen der Kammerwand und der Sohle eine Trennungsfuge liegt, so wird die Wand als Stützkörper bemessen. Eine waagrechte Trennungsfuge könnte in Frage kommen, wenn die Kammerwände auf die fertig betonierte Sohlplatte aufgesetzt werden. Zweckmäßiger sind die lotrechte und die geneigte Fuge. Die erstere wird ausgeführt, wenn die Sohle und die Mauer gleichzeitig hergestellt werden muß; die letztere wird angewendet, wenn zuerst die Kammerwände betoniert und hinterfüllt werden und die Sohle erst eingebracht wird, wenn die Setzungen der Wandungen im wesentlichen vor sich gegangen sind. Die schräge Fuge verhindert dann ein Auftreiben der Sohle durch Sohlwasserdruck bei leerer Schleuse. Bei lotrechter Fuge muß die Sohlplatte so schwer sein, daß sie dem Sohlwasserdruck das Gleichgewicht hält. Dasselbe gilt für die Sohlplatten, wenn die Wandungen aus Stahl-Spundbohlen gerammt sind.

In den Abb. 1963 bis 1973 sind einige Ausführungen von Kammerwänden in verschiedenen Bauweisen zusammengestellt, denen weitere Einzelheiten entnommen werden können.

Wenn die Kammerwände als stählerne Spundwand ausgebildet werden, so erhalten sie oben einen Holm aus Stahl oder Stahlbeton. Die Spundbohlen werden, wie es die Abb. 1968 andeutet,

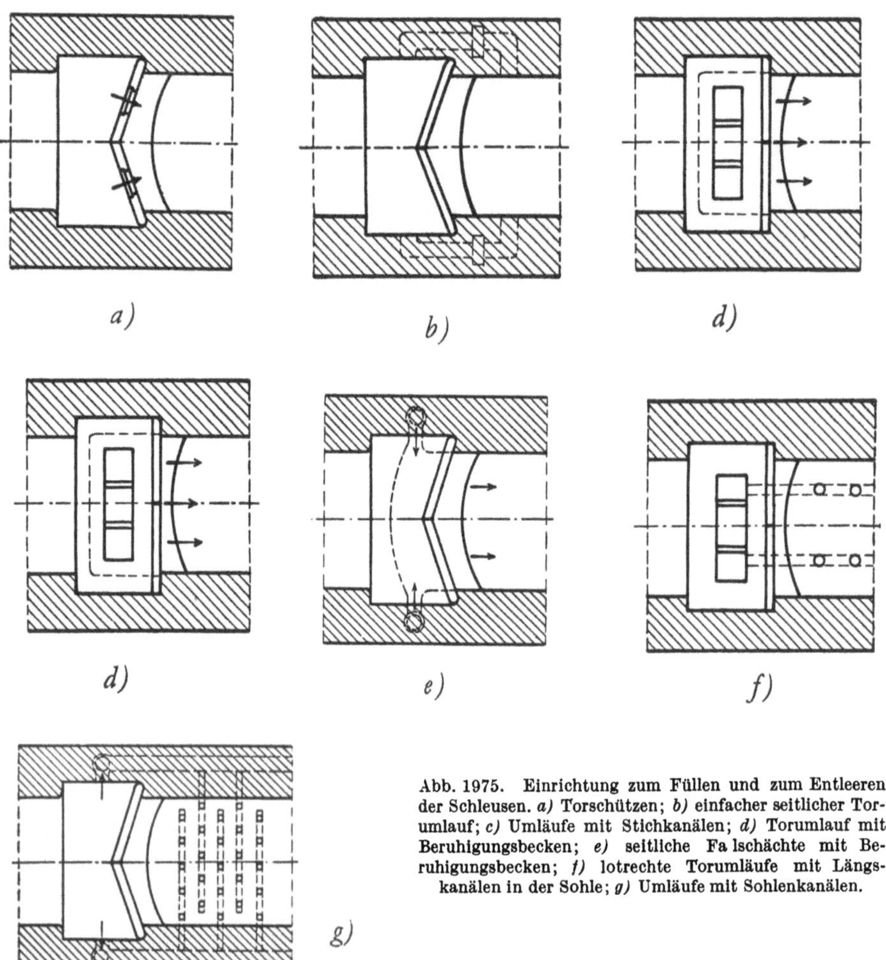

Abb. 1975. Einrichtung zum Füllen und zum Entleeren der Schleusen. *a)* Torschützen; *b)* einfacher seitlicher Torumlauf; *c)* Umläufe mit Stichkanälen; *d)* Torumlauf mit Beruhigungsbecken; *e)* seitliche Fallschächte mit Beruhigungsbecken; *f)* lotrechte Torumläufe mit Längskanälen in der Sohle; *g)* Umläufe mit Sohlenkanälen.

verankert. Einzelheiten der Verankerung geben die Abb. 1969 und 1971, bzw. 1970 und 1972. Nachdem nachsackender Boden Ankerstangen auch schon beschädigt hat, sind, um sie nachgiebiger zu machen, auch Gelenke eingebaut worden, wie sie als Beispiel die Abb. 1973 andeutet.

Die Kammerwände von betonierten Schleusen werden außen in der Regel durch einen Anstrich mit Inertol oder dgl. gedichtet. An der Innenseite werden sie in Norddeutschland mit einem Verblendmauerwerk versehen, um Frostschäden hintanzuhalten.

Beim Bau der Schleusen wird die Sohle in der Regel in das Grundwasser zu liegen kommen. Zur Wasserhaltung wird gegenwärtig fast ausnahmslos eine Grundwasserabsenkung durchgeführt.

Schrifttum.

BRUGSCH, L. und BRISKE, R.: Einfluß der Nachgiebigkeit des Baugrundes auf die Berechnung äußerlich statisch unbestimmter Bauwerke. Beton u. Eisen 1914, 15. — EICHSTAEDT, H. J.-SCHÄFER, A.: Grundsätzliche Fragen beim Bau von Kammerschleusen. Bautechn. 1940, 591. — ENGELHARD, FR.: Kanal- und

Schleusenbau. Handbibl. f. Bauing., 3. Teil, 4. Bd. Berlin: Springer, 1921. — ENGELS, H.: Handbuch des Wasserbaues, 3. Aufl. Leipzig: W. Engelmann, 1923. — FRANZIUS, O.: Über die Berechnung von Trocken-docks. Z. Bauwes. 1908, 429. — DERSELBE: Vereinfachte Berechnung von trogförmigen Betonkörpern, wie Docks, Schleusen usw. Beton u. Eisen 1916, 85. — DERSELBE: Der Verkehrswasserbau. Berlin: Springer, 1927. — LEH-MANN, H.: Die Baugruben-aussteifung einer Kanal-schleuse. Bautechn. 1940, 389. — PETZEL, W.: Neue Schleusenbauten im Berei-che der Elbstrombauver-waltung. Bautechn. 1939, 330. — ROGGE, K.: Die architektonische Gestaltung der Bauwerke der Reichs-wasserstraßenverwaltung im Osten des Reiches. Bau-techn. 1940, 605. — SCHÄ-FER, A.: Hubtor oder Stemmtor. Bautechn. 1940, 181. — DER-SELBE: Das neuzeitliche Füllen und Ent-leeren von Kammerschleusen und die Er-höhung ihrer Leistungsfähigkeit. Bautechn. 1940, 625, 679.

Abb. 1976. Schema einer Registerschütze.

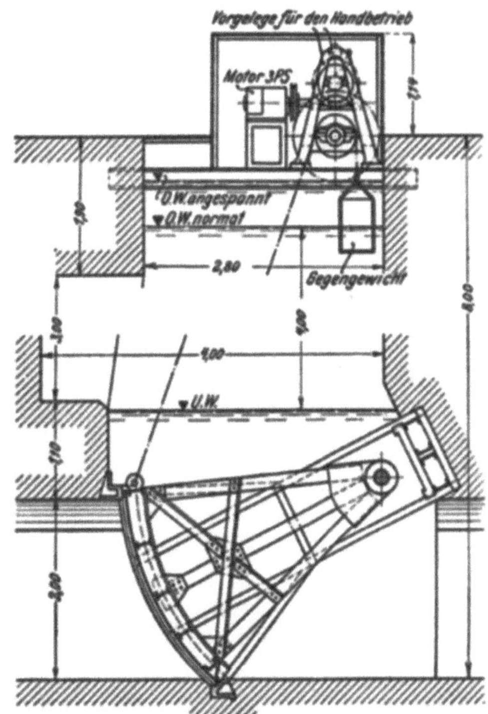

Abb. 1977. Torumlauf mit Leitwänden und Energievernichtung in der Schleuse durch Schikanen

c) Die Schleusenhäupter und die Einrichtungen zum Füllen und Entleeren der Schleusen.

An den beiden Enden einer Schleusen-kammer liegen die sogenannten Schleusen-häupter, das Oberhaupt und das Unterhaupt, in denen die Torverschlüsse und die Vorrichtungen zur Füllung und Entleerung der Schleusen untergebracht sind.

Die Häupter stellen daher bewegliche Stauwerke dar und müssen ähnlich wie solche im Untergrund abgedichtet werden. Wo im Boden Spundwände rammbar sind, erfolgt die Abdichtung durch solche, mindestens an der dem höheren Wasserspiegel zugekehrten Seite des Hauptes, etwa so wie es in der Abb. 1954 angedeutet ist.

Die Häupter werden unten (vgl. Abb. 1954) vom Torkammerboden und an den Seiten von Wänden begrenzt, in denen nötigenfalls Nischen für den Torverschluß freigelassen werden. Am Torboden wird der sogenannte Drempel als Anschlag für die Dichtung des Torverschlusses gegen den Boden angeordnet. Die Bemessung der Nischen und des Drempels hängt von der Bauart der Torverschlüsse ab und wird später noch näher erörtert werden. Als Torverschlüsse finden am häufigsten die Stemmtore Anwendung; neben diesen werden auch Klapptore, Hubtore,

Abb. 1978. Querschnitt eines Segmentverschlusses und dessen Antrieb.

Segmentverschlüsse, Walzenverschlüsse und andere ausgeführt. Vor jedem Torverschluß werden Vorkehrungen für das Einbauen eines Notverschlusses angeordnet, so daß Instandsetzungen ohne Entleerung der Haltungen ausführbar sind.

Die Drempel werden mindestens so tief gelegt, wie die Sohle der anschließenden Haltung, vielfach aber auch tiefer, damit für allenfalls später durchzuführende Vertiefungen der Kanäle schon vorgesorgt ist. Am Oberhaupt liegt der Drempel bedeutend höher als die Kammersohle, dort vermittelt den Übergang der steile Abfallboden.

In den Häuptern werden die Einrichtungen für das Füllen und Entleeren der Kammer untergebracht; wie ein Blick in die Abb. 1975 lehrt, kann dies auf die verschiedensten Weisen geschehen. Die älteste und einfachste Einrichtung bilden die Torschützen (Abb. 1975a), die unmittelbar in den Stemmtoren untergebracht sind. Sie verursachen eine Strömung in der Kammer

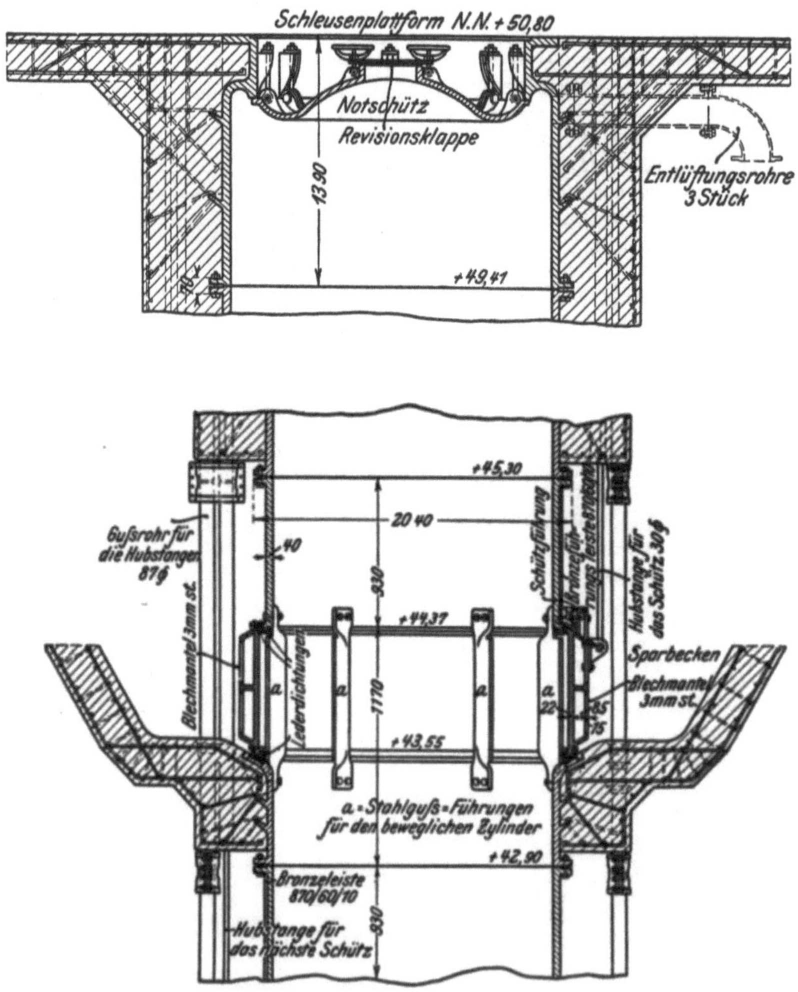

Abb. 1979. Offenes verkürztes Zylinderschütz der Sparbecken der Mindener Schachtschleuse.

(weil die Füllung nur am Oberhaupt erfolgt), die Beschwerden verursacht hat und man hat später andere Einrichtungen geschaffen, bei denen diese Strömungen herabgesetzt werden. Alle diese Einrichtungen sind aber sehr kostspielig und man kehrt nun wieder zur einseitigen Füllung bzw. Entleerung zurück, so daß auch die Torschützen wieder an Bedeutung gewinnen. Als Verschlüsse in den Toren werden gewöhnliche Zugschützen, Registerschützen und Drehklappen verwendet. Das Schema einer Registerschütze gibt die Abb. 1976; man erkennt dort leicht, daß zur Freigabe der ganzen Durchflußöffnungen nur eine Bewegung des Schützes um die Höhe eines Öffnungsstreifens erforderlich ist, daß also die volle Öffnung in kürzerer Zeit freigegeben ist als bei gewöhnlichen Zugschützen. Drehklappen werden ein- oder mehrteilig ausgeführt; ihre Ausführung ist in den Abb. 1994 und 1995 zu erkennen.

Bei den anderen Einrichtungen zur Füllung und Entleerung wird das Wasser seitlich um- oder unter dem Torverschlusse durchgeleitet. Bei den einfachen Torumläufen münden die Kanäle unmittelbar hinter dem Torverschluß genau einander gegenüberliegend, damit auf diese Weise eine Energievernichtung erzielt wird (Abb. 1975 b). Bei anderen Bauarten liegt unter dem Torboden ein Beruhigungsbecken, in dem die Energievernichtung vor sich geht. Die ruhigste Füllung und die geringsten Längenströmungen werden erzielt, wenn das Wasser längs der ganzen Kammer verteilt (Abb. 1975 c, f, g), aus Stichkanälen in den Wandungen oder in der Sohle austritt, die mit Umlaufkanälen in Verbindung stehen. Diese Ausführung ist sehr kostspielig und wird nur noch bei sehr großen Schleusen angewendet, wo mit großen Durchflüssen bei der Füllung gearbeitet werden muß, um nicht übermäßig lange Füllzeiten zu erhalten.

Für den Abschluß dieser Kanäle, die meist in den Seitenwänden der Häupter, seltener im Torboden liegen, werden Schützen, Drehklappen, Segmentverschlüsse und Zylinderventile angewendet. Als Schütze eignet sich besonders das Rollkeilschütz, das schon auf der S. 564 beschrieben worden ist. Als Beispiel für einen Segmentverschluß sei das in der Abb. 1978 dargestellte angeführt. Wenn das Wasser durch einen lotrechten Schacht abgeleitet wird, eignet sich für den Abschluß das Zylinderventil; dieses besteht in seiner ursprünglichen Form aus einem bis über den höchsten Spiegel des abzusperrenden Wassers hinaufreichenden Zylinder, der sich auf den Schacht aufsetzt. Um den Abfluß voll freizugeben, braucht der Zylinder nur um den

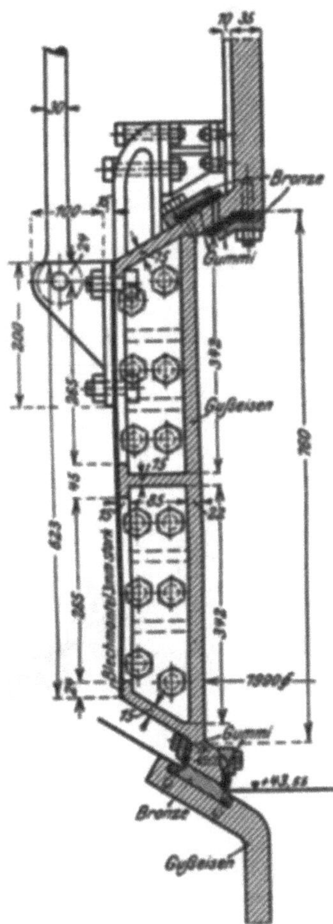

Abb. 1980. Einzelheiten zum Zylinderschütz der Abb. 1979

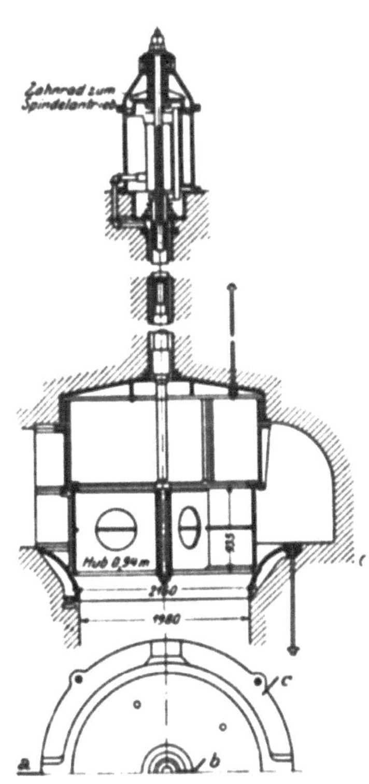

Abb. 1981. Geschlossenes, niederes Zylinderventil der Gatun-Schleusen, Panamakanal.

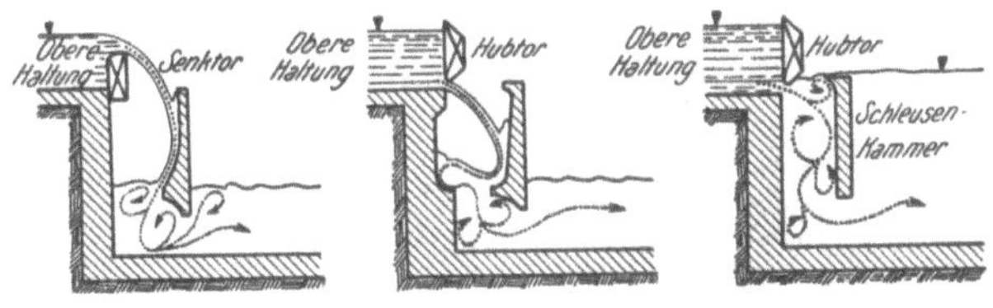

Abb. 1982. Schleusenfüllung durch ein Hubtor. (Nach Burkhardt.)

Abb. 1983. Schleusenentleerung durch ein Hubtor. (Nach Burkhardt.)

halben Halbmesser des Ventilsitzes angehoben werden. Der Zylinder wird durch Seile oder Bolzenstangen von einem Windwerk angehoben und sein Gewicht kann teilweise durch Gegengewichte ausgeglichen werden; die lotrechte Bewegung wird durch zwei oder mehr Führungen erzwungen. In der Abb. 936 auf Seite 573 ist ein solches Zylinderventil, wie es in den Ober-

häuptern der Schleusen in Niederfinow verwendet worden ist, mit Einzelheiten dargestellt.
Die Wasserzuleitung um das Ventil kann beiderseits desselben, in dem Maße als Wasser in das

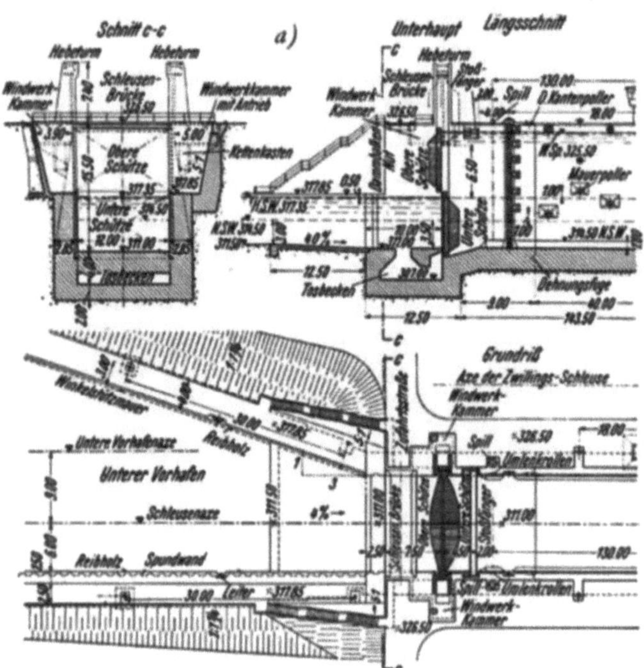

Ventil abgeflossen ist, verengt
werden. Zylinderventile werden
bei größeren Wassertiefen
schwer und sie haben den
Nachteil, daß durch den offenen Zylinder große Mengen
Luft angesaugt werden, die den
Durchfluß verringern. Eine Verringerung des Gewichtes wird
durch die Ausführung als verkürztes Zylinderventil erreicht,
wie es in der Abb. 1979 dargestellt ist; dort muß aber das
Ventil nicht nur auf seinen Sitz
unten, sondern auch oben abgedichtet werden. Einzelheiten
solcher Abdichtungen können
der Abb. 1980 entnommen
werden. Bei Schleusen mit Sparbecken kann das Zylinderventil
mehrstufig zur Steuerung des
Abflusses in die einzelnen Sparbecken ausgebildet werden.

Die Zylinderventile können
endlich auch geschlossen ge-

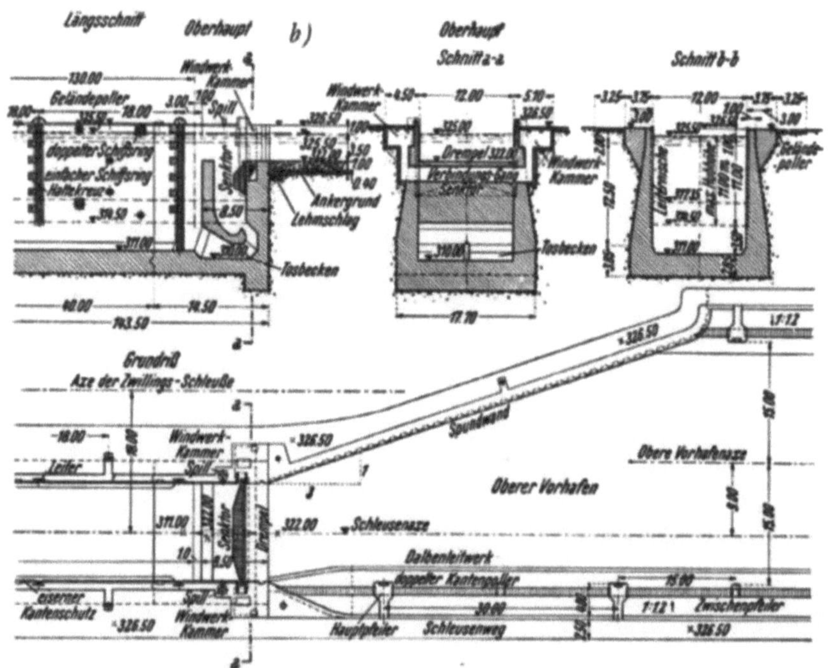

Abb. 1984. *a*) Oberhaupt der Schleuse Koblenz-Kadelburg. *b*) Unterhaupt der Schleuse Koblenz-Kadelburg.

baut werden, etwa so wie es die Abb. 1981 andeutet; der Raumbedarf ist dann, wie ein Blick
in die Abbildung lehrt, sehr gering und auch das Einsaugen von Luft wird verhindert.

Die Verbindung zwischen der Kammer und der Haltung kann auch durch einen Heber hergestellt werden, dessen Krone über oder unter dem Spiegel des abzugsperrenden Wassers liegt. Bei der ersteren Art wird nach dem Vorschlage von HOTOPP, wenn der Heber in Gang gesetzt werden soll, der über dem Wasserspiegel liegende Raum mit einem Saugkessel in Verbindung gebracht; es entsteht dann Unterdruck im Heberschlauche, demzufolge Wasser über die Krone zu laufen beginnt, das dann den Heberschlauch rasch entlüftet und den Heber zum Anspringen bringt. Die Sperrung des Hebers geschieht durch Belüftung des Hebers. Bei der zweiten Heber-

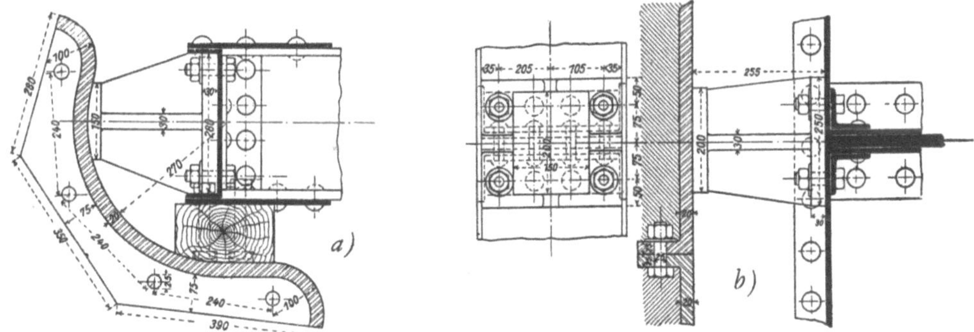

Abb. 1985. Stemmkörper. *a)* Draufsicht; *b)* Seitenansicht. (Nach H. ENGELS.)

bauart nach PRÖTTEL fließt das Wasser ohne weiteres durch den Heberschlauch; die Absperrung erfolgt durch Einblasen von Druckluft so lange, bis das Wasser im Heberschlauch bis unter die Heberkrone herabgedrängt ist.

Schließlich kann die Füllung und Entleerung auch durch Bewegung des Torverschlusses selbst erfolgen. Hiezu eignen sich Hubtore, Segmenttore und Walzentore; es muß aber dann besonders für eine gute Energievernichtung vorgesorgt werden, damit nicht Strömungen in der Kammer das Schiff gefährden können. In den Abb. 1982 und 1983 ist die entsprechende Ausbildung des Ober- bzw. des Unterhauptes dargestellt, wie sie BURKHARD auf Grund seiner Versuche empfiehlt.

Die Abb. 1984a und 1984b zeigen schließlich das Oberhaupt und das Unterhaupt für eine geplante Schleuse am oberen Rhein, die durch die Torverschlüsse gefüllt bzw. entleert wird.

Die Abmessungen der Einrichtung zum Füllen und Entleeren hängen von der Größe der Schleusenkammer und von der geforderten Füll- bzw. Entleerungszeit ab. Die Füllzeit wird meist so bemessen, daß der Spiegel in der Schleuse um 2 bis 5 [cm/sec] ansteigt.

Wenn der Füllkanal vom Querschnitt f [m²] unter Wasser in der Kammer mündet, so fließt bei einer Fallhöhe h [m] zwischen der oberen Haltung und dem Spiegel in der Kammer in der Sekunde der Durchfluß

$$Q = \mu f \sqrt{2g\,h} \ [\text{m}^3/\text{sec}] \qquad (1277)$$

ab. Nach einiger Zeit ist der Spiegel in der Kammer um x angestiegen und der Durchfluß beträgt dann nur mehr

$$Q = \mu f \sqrt{2g\,(h-x)} \ [\text{m}^3/\text{sec}] \qquad (1278)$$

Im folgenden Zeitelement $d\,t$ fließt die Wassermenge

$$dQ = \mu f \sqrt{2g\,(h-x)}\,dt \qquad (1279)$$

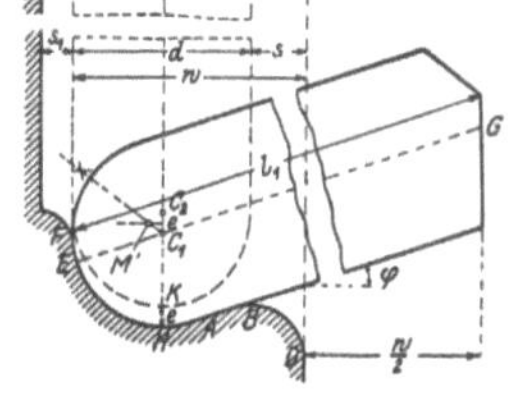

Abb. 1986. Grundriß des offenen und des geschlossenen Torflügels.

ein und hebt den Spiegel in der Kammer vom Querschnitte F [m²] um $d\,x$; man hat dann die Raumgleichung

$$F \cdot dx = \mu f \sqrt{2g\,(h-x)} \cdot dt \qquad (1280)$$

und erhält für die Füllzeit

$$t = \frac{2\,F\,h}{\mu f \sqrt{2g\,h}} \ [\text{sec}] \qquad (1281)$$

Wenn der Schwerpunkt der Einströmöffnung in der Höhe h_1 über dem Spiegel in der Kammer liegt, so wird die Füllzeit t_1 bis zu diesem Punkt und die weitere gesondert berechnet. Die erstere

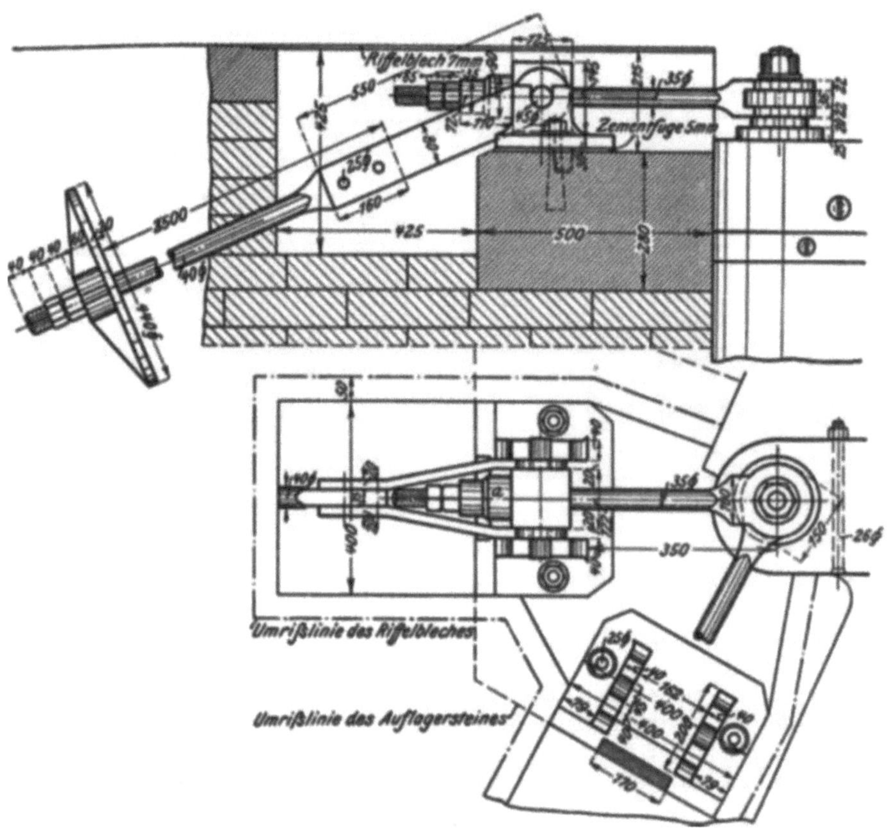

Abb. 1987. Verankerung des Halszapfens.

beträgt dann

$$t_1 = \frac{F\,h_1}{\mu\,f\,\sqrt{2g(h - h_1)}}\ [\text{sec}] \tag{1282}$$

und die letztere

$$t_2 = \frac{2\,F\,(h - h_1)}{\mu\,f\,\sqrt{2g\,(h - h_1)}}\ [\text{sec}] \tag{1283}$$

Aus diesen Gleichungen kann dann bei vorgeschriebener Füllzeit die Größe der Füllöffnung f berechnet werden. Wenn Stichkanäle angeordnet werden, so erhalten diese einen Gesamtquerschnitt von etwa $1{,}5\,f$. Für μ wird bei Torschützen etwa 0,65 zu setzen sein, während bei Umläufen die besonderen Widerstände der Leitung bei der Ermittlung von μ zu berücksichtigen sind.

Bei der Schleusenfüllung steigt der Wasserspiegel anfangs rascher, später immer langsamer an und die Auffüllung der letzten Dezimeter geht wegen der geringen wirksamen Druckhöhe nur mehr sehr langsam vor sich. Um nun an Schleusungszeit zu sparen, werden die Torverschlüsse schon geöffnet, wenn der

Abb. 1988. Halslager eines Stemmotors von KRUPP.

Spiegelhöhenunterschied noch (0,1 bis 0,2) [m] beträgt. Die Antriebseinrichtung für die Torverschlüsse ist dann so zu bemessen, daß das Tor gegen diesen Überdruck bewegt werden kann.

Für die Entleerung der Kammer gelten dieselben Formeln wie für die Füllung, es wird aber ein rascheres Absinken des Wasserspiegels zugelassen als bei der Füllung, weil unbequeme Strömungen in der Kammer hiebei nicht entstehen.

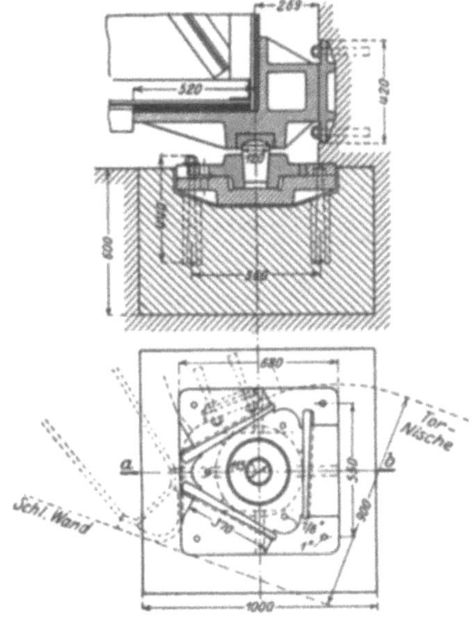

Abb. 1989. Spurlager von HOTOPP.

Schrifttum.

BURKHARDT: Schleusen ohne Umläufe. Bautechn. 5, 36 (1927). — EHRENBERG: Zylinderschütze an Schleusen-unterhäuptern. Zbl. Bauverw. 33, 481. (1913). — ENGEL-HARD, FR.: Kanal- und Schleusenbau. Berlin: Springer, 1921. — ENGELS, H.: Handbuch des Wasserbaues. 3. Aufl. Leipzig: W. Engelmann, 1923. — FRANZIUS, O.: Der Verkehrswasser-bau. Berlin: Springer, 1927. — *Referat*: Die Zylinderventile der Schleusen des Panamakanals. Engrg. News Rec. 68, 1005 (1912). — SCHNEUZER: Entwurf zu Rollschützen mit beweg-licher Gummidichtung. Zbl. Bauverw. 30, 568 (1910).

Abb. 1990. Spurlager von KRUPP.

d) Die Schleusentore.

Die Verschlüsse der Schleusen, die Schleusentore, werden auf die verschiedensten Weisen ausgeführt; die wichtigsten an den Binnenwasserstraßen vorkommenden sind die Stemmtore, die Klapptore, die Segmenttore, die Walzentore und die Hubtore.

1. Stemmtore.

Das Stemmtor bildet den häufigst angewendeten Schleusenverschluß. Es be-steht aus zwei Torflügeln, die sich mit zwei lotrechten Seiten aneinanderlegen. Die Tore sind unten in einem Spurlager, oben in einem Halslager drehbar. Nur die einfachen hölzernen Tore werden vielfach mit einer durchgehenden Wendesäule in der Wendenische abge-stützt; stählerne Tore stützen sich in der Regel gegen einzelne genau be-arbeitete Stemmkörper (Abb. 1985) und sie werden in der Wendenische durch eine Holzleiste eigens abgedichtet. Das Tor wird gegenüber der Wendenische exzentrisch gelagert (Abb. 1986), so daß die Dichtungen sich sofort abheben, wenn die Drehung zur Öffnung des Tores beginnt; die Exzentrizität wird gleich etwa 2 [cm] gemacht.

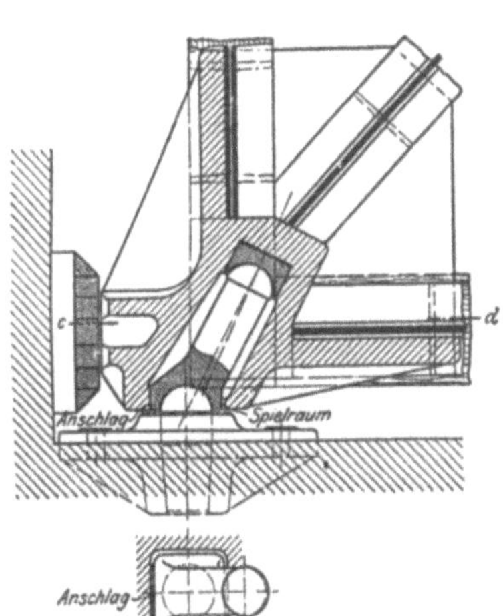

Abb. 1991. Spurlager von Buchholz.

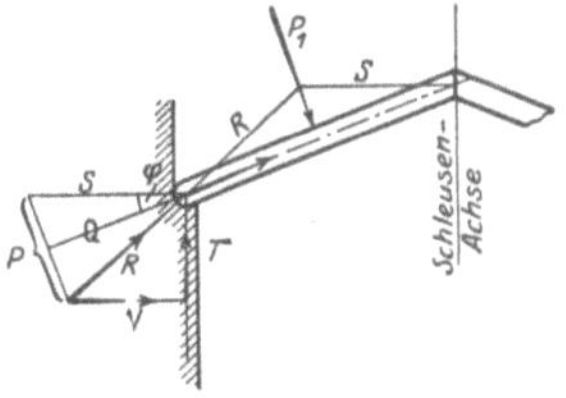

Abb. 1992. Beanspruchung der Tore während des Stemmens.

Abb. 1993. Torgerippe eines Riegeltores.

In den Abb. 1987 und 1988 ist als Beispiel ein Halslager dargestellt und den Abb. 1889 bis 1991 können Einzelheiten von Spurlagern entnommen werden. Das Lager von *Buchholz* ist das beste Lager, weil es infolge der Verwendung der kurzen Pendelstütze

Abb. 1994. Riegelstemmtor mit eingebauten Klappen zur Füllung der Schleuse.

Abb. 1995. Stemmtor Schwedt an der Oder. *h* Halslager; *k* Stemmkörper; *s* Spurlager; *a* Klappe, offen (Beuchelt & Co.)

etwas nachgiebig ist und nicht so leicht infolge Verklemmung von Fremdkörpern zu Bruch geht, als Lager anderer Bauweisen.

Als Spielraum zwischen dem Tor und der Nische werden die Maße $s = (5 \text{ bis } 10)\,[\text{cm}]$, $s_1 = 5$ bis $6\,[\text{cm}]$ und $s_2 = 10\,[\text{cm}]$ gewählt. Der Neigungswinkel ϑ des geschlossenen Tores gegen die Normale zur Schleusenachse wird am besten gleich etwa $22\frac{1}{2}$ oder $1:2{,}5$ gemacht.

Abb. 1996. Ständertor mit Buckelplattenverkleidung.

Abb. 1997. Stemmtor der Staustufe Lobositz. *a* Drempe *d* Schlagsäule, *k* Klappen.

Die Ermittlung der Beanspruchungen des geschlossenen Tores läßt die Abb. 1992 erkennen. Die Belastung P bildet der größte Druckunterschied des Wassers auf die beiden Seiten eines Torflügels. Zur Untersuchung wird das Tor am besten in waagrechte Streifen zerlegt. Der Wasserdruck wird von einer Torverkleidung meist auf waagrechte Riegel übertragen, die durch ein System von lotrechten Ständern und von Diagonalen zum Torgerippe (Abb. 1993 und 1994) verbunden sind. Die Riegel werden so ausgeteilt, daß sie alle gleich stark belastet sind, also entsprechend der Zunahme des Wasserdruckes nach unten hin dichter aneinandergelegt und am besten als Blechträger ausgebildet. Jeder Riegel wird durch eine Kraft Q (Abb. 1992) in der Richtung seiner Achse und vom Wasserdruck auf Biegung beansprucht. Die Torverkleidung geschieht in der Regel durch Stahlblech (Abb. 1995), das auf dem aus den Riegeln und den lotrechten Verbindungsständern gebildeten Rechtecknetz aufliegt; die Bemessung erfolgt so, wie sie gelegentlich

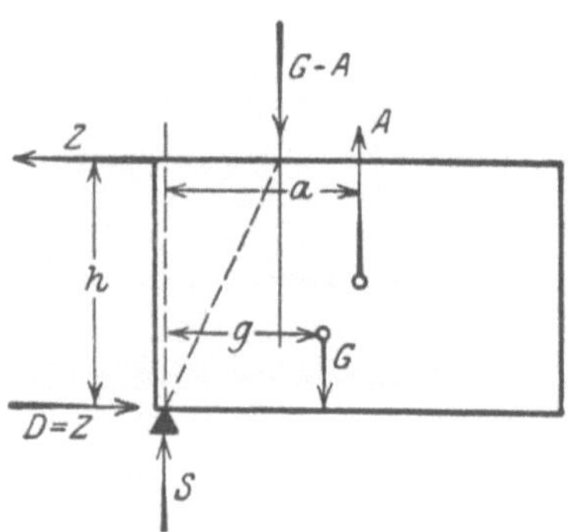

Abb. 1998. Am hängenden Tor angreifende Kräfte.

der Besprechung der Schützenwehre (vgl. S. 559) geschildert worden ist. Statt ebener Bleche kommen auch Buckelplatten (Abb. 1997) und seltener Holz (Abb. 1996) zur Anwendung.

Abweichend vom oben beschriebenen Torgerippe der Riegeltore sind auch *Ständertore* ausgeführt worden, bei denen der Wasserdruck von lotrechten Ständern aufgenommen wird, die

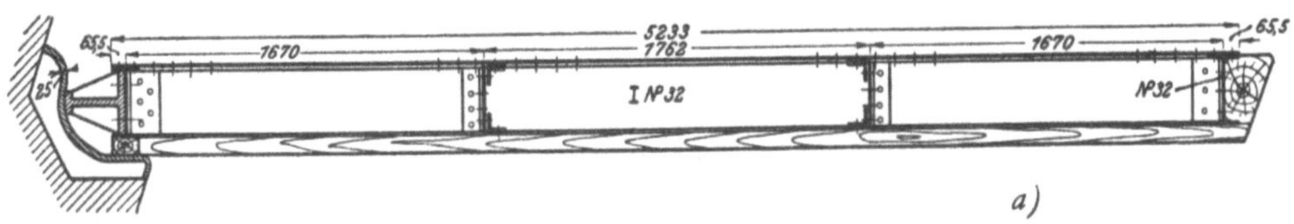

Abb. 1999. Einzelheiten eines Riegeltores. a) waagrechter Schnitt, b) lotrechter Schnitt. (Nach H. ENGELS.)

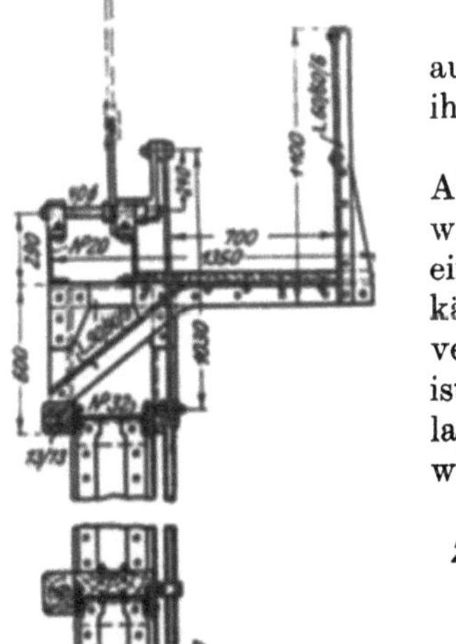

Abb. 1999 b.

auf zwei Riegeln gelagert sind. Solche Tore übertragen nur mit ihren beiden Riegeln Drücke in die Tornische (Abb. 1996).

Das geöffnete, in den Lagern hängende Tor wird durch die in der Abb. 1998 eingezeichneten Kräfte beansprucht. Lotrecht abwärts wirkt das Gewicht G, aufwärts der Auftrieb, der manchmal durch eingebaute Luftkästen künstlich vergrößert worden ist. Das Halslager erfährt einen waagrechten Zug

$$Z = \frac{G \cdot g - A \cdot a}{h}$$

(1284)

und ebenso groß, aber entgegengesetzt gerichtet, ist der Druck D, den das Spurlager aufzunehmen hat. Überdies wird das Spurlager noch durch die Resultierende aus Gewicht und Auftrieb lotrecht belastet.

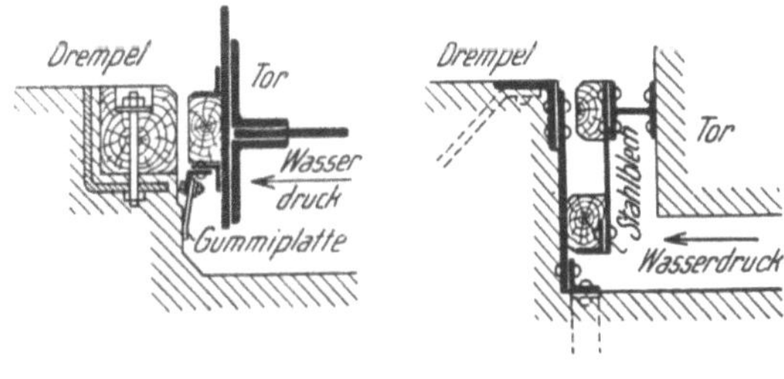

Abb. 2000. Drempeldichtungen.

Einige Einzelheiten der Durchbildung eines Riegeltores können den beiden in der Abb. 1999a und b dargestellten Schnitten entnommen werden.

Die Tore werden um etwa 0,20 [m] höher als der höchste während der Schiffahrt in Betracht kommende Wasserstand gemacht. Der Anschlag am Drempel erhält eine Höhe von etwa 0,30 [m].

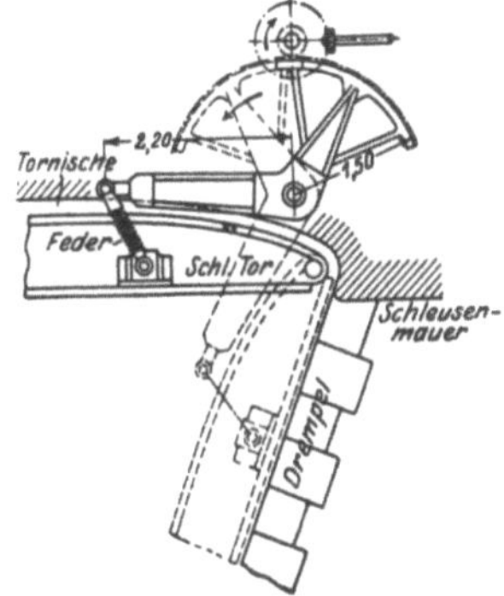

Abb. 2001. Stemmtorantrieb in Niederfinow.

Die Dichtung geschieht in den Wendenischen meist durch Holzleisten an den Wendesäulen, die sich gegen die Nischenverkleidung legen (vgl. Abb. 1985a), und auch die Schlagsäulen, mit denen sich die Torflügel infolge des Wasserdruckes fest aneinanderlegen (vgl. Abb. 1999b), werden mit Holz gedichtet. Die Dichtung am Drempel ist früher fast durchwegs ebenfalls durch eine Holzleiste bewerkstelligt worden, die sich etwa in halber Höhe gegen den Drempel legte. Durch diese Ausführung ist vielfach die Beanspruchung der Torflügel eine ganz andere geworden, als sie der Berechnung zugrunde gelegen hat und es ist durch das Aufliegen der Torflügel auf den Drempel der feste Anschluß der Anschlagsäulen gegeneinander nicht mehr gewährleistet. Die Folge sind Undichtigkeiten und Verformungen des Tores infolge Überanstrengung einzelner Teile des Gerippes. Man ist daher in neuerer Zeit dazu übergegangen, die Dichtung am Drempel elastisch auszubilden und hat dadurch für die Torberechnung statisch klare Verhältnisse, gute Wasserdichtigkeit und nur unwesentliche Belastungen des Drempels erreicht. Beispiele solcher Drempeldichtungen gibt die Abb. 2000.

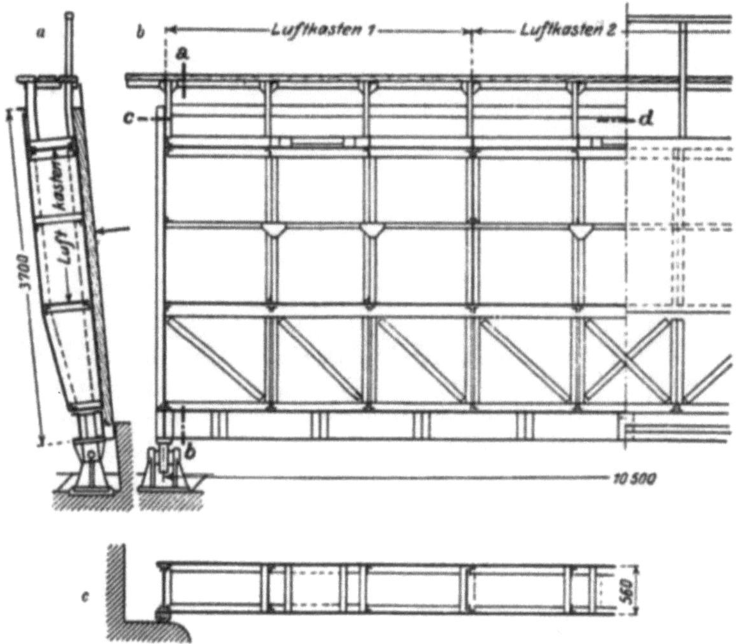

Abb. 2002. Klapptor der Schleuse bei Schandau. *a* Schnitt *a—b*, *b* Ansicht, *c* Schnitt *c—d*.

Der Antrieb der Stemmtore geschieht durch Windwerke, die von Hand oder mittels Elektromotoren betätigt werden, etwa so, wie es als Beispiel die Abb. 2001 andeutet. Der Antrieb muß, wie nochmals betont sei, so bemessen werden, daß die Tore auch noch gegen einen Überdruck

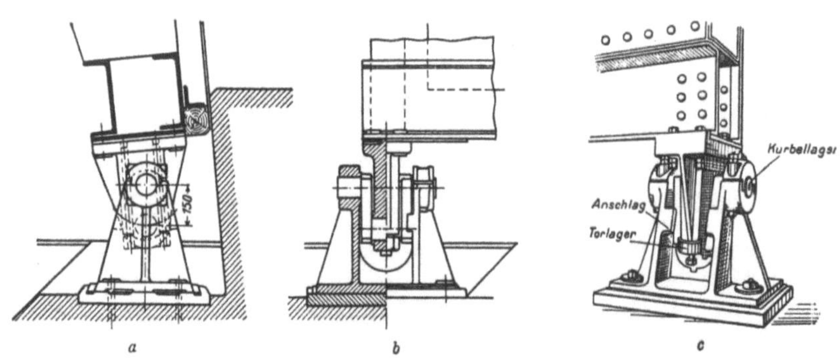

Abb. 2003. Pendellager für Klapptore von Buchenholz. *a* und *b* Schnitte, *c* Ansicht.

von etwa (0,1 bis 0,2)[m] geöffnet werden können. Als Zeit für das Öffnen werden 30 bis 60 Sekunden angesetzt.

2. Klapptore.

Klapptore bestehen aus einem ebenen Tor, das um eine waagrechte, im Drempel liegende Achse drehbar ist; umgeklappt liegen sie in einer Nische des Torbodens, während sie aufgestellt gegen das Oberwasser überhängen, die lotrechte Lage also nicht erreichen, damit ihr Gewicht auf das Niederlegen hinwirkt. Das Gerippe der Klapptore wird durch zwei oder mehr waagrechte Riegel gebildet (Abb. 2002), die durch eine Anzahl lotrechter Ständer verbunden sind. Das durch dieses Trägersystem gebildete Rechtecknetz wird beiderseits mit Blech verkleidet. Zur Vergrößerung des Auftriebes werden Luftkästen eingebaut. Die Dichtung erfolgt durch einen U-Rahmen aus Hartholzleisten, der vom Wasserdruck gegen das Schleusenmauerwerk gepreßt wird. Um einerseits ein sattes Anliegen der Dichtungsleisten zu erreichen und anderseits auch die Lager bei Verklemmung von Fremdkörpern vor Bruch zu schützen, erfolgt die Lagerung mit Pendellagern (Abb. 2003), die ein Ausweichen des Tores ermöglichen. Der Antrieb erfolgt durch ein Windwerk mit Bolzenstangen.

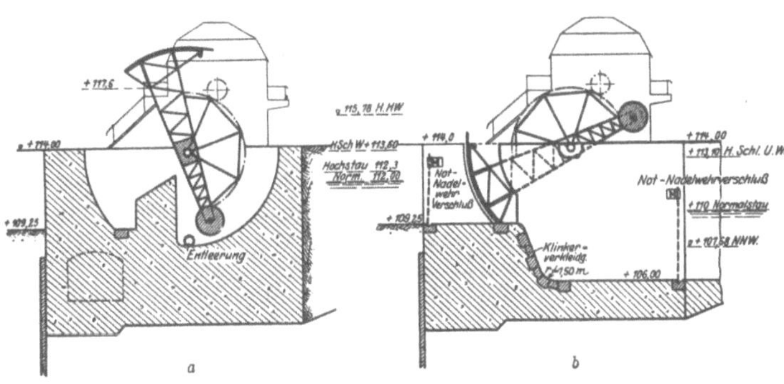

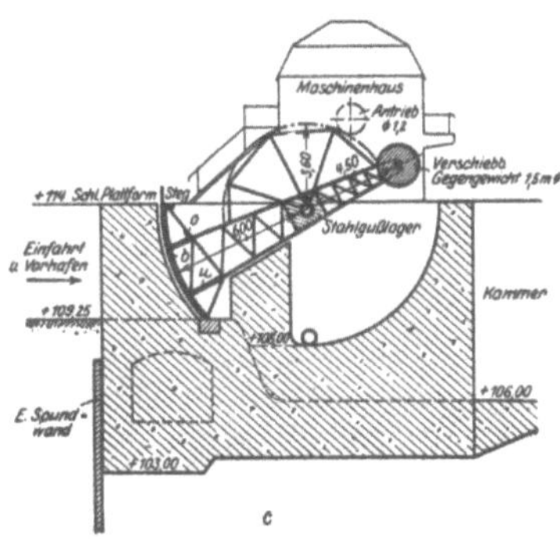

Abb. 2004. Segmenttor an der Gröschelschleuse bei Breslau. *a)* offenes Tor, *b)* geschlossenes Tor, *c)* Schnitt durch die Torkammer.

3. Segmenttore.

Segmenttore ähneln den Segmentwehren und werden so wie diese bemessen. Während aber die Wehre nur etwas über den höchsten Wasserstand anzuheben sind, müssen die Segmenttore auch noch die erforderliche lichte Durchfahrthöhe freigeben. In der Abb. 2004 ist ein solches Segmentwehr dargestellt; die beiden Arme und die Drehlager werden in Nischen in den Wänden (Torkammern) untergebracht, so daß die lichte Weite der Schleuse nicht eingeengt wird. Der Antrieb erfolgt hier mittels Zahnsegmenten, die an den Armen sitzen. Als Vorteile dieser Tore wäre zu erwähnen, daß die Instandhaltung einfach ist, weil das Segment bei jeder Schleusung aus dem Wasser herauskommt, daß es den Drempel nur unwesentlich belastet und ohne weiteres zur Schleusenfüllung verwendbar ist.

4. Hubtore.

Hubtore werden hauptsächlich als Torverschluß im Unterhaupt von Schachtschleusen angewendet. Ihr Aufbau gleicht jenem einfacher Schützentafeln; sie laufen mit Rollen auf

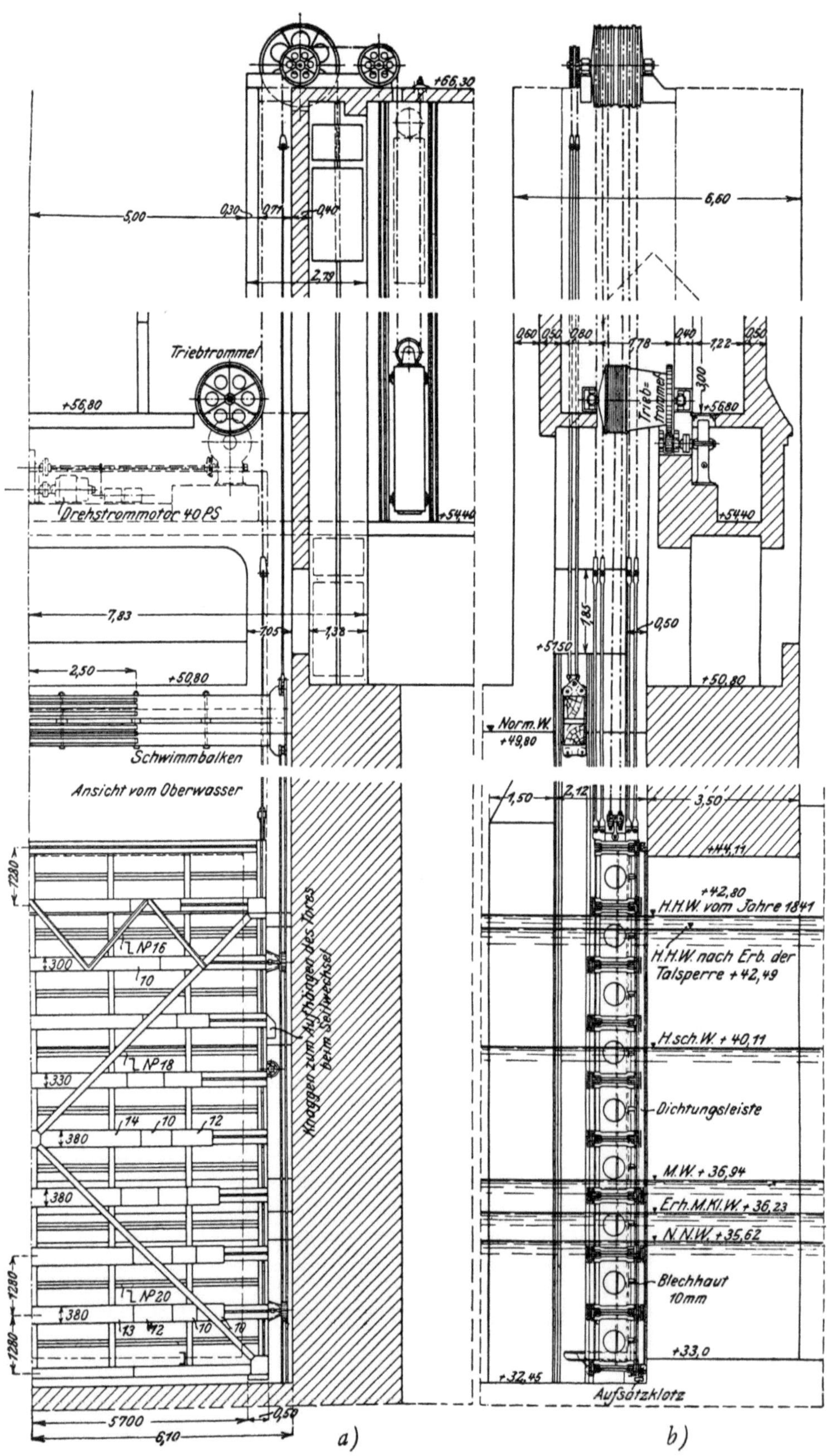

Abb. 2005.   Untertor der Schachtschleuse bei Minden. *a)* Ansicht; *b)* lotrechter Schnitt.

Schienen, die in Nischen in den Seitenmauern untergebracht sind. Die Bewegung der durch Gegengewichte teilweise ausgeglichenen Hubtore erfolgt durch Drahtseile (Abb. 2006). Die Hubtore werden durch Schwimmbäume vor Beschädigungen durch anfahrende Schiffe geschützt. Beim Hochziehen nimmt schließlich das Tor den Schwimmbaum mit, so daß die Ausfahrt aus der Schleuse frei wird. Die Abb. 2006 gibt die Ansicht eines Hubtores.

Um das Abtropfen von Wasser aus einem angehobenen Hubtor zu verhindern, wird das ablaufende Wasser nach einem Vorschlag von H. MAASKE durch Rinnen abgefangen, die es unter einer Neigung von mindestens 1 : 150 gegen die Kammerseiten ableiten.

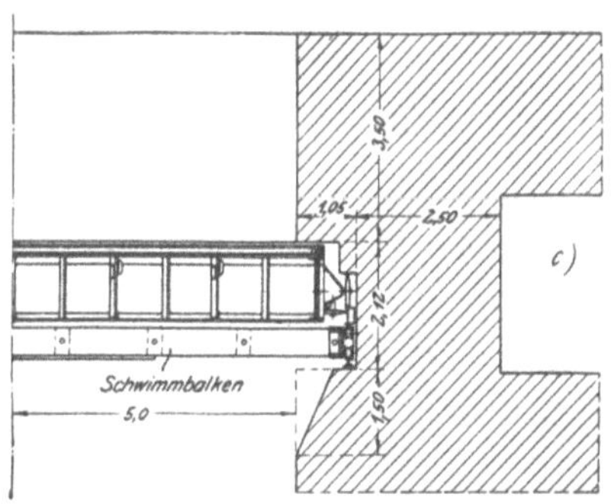

Abb. 2005. *c)* waagrechter Schnitt.

Abb. 2006. Hubtor der Schleuse Ladenburg.

5. Walzentore.

Die Walzentore werden ebenfalls, so wie die Walzenwehre, mit hohem Schild ausgebildet. Sie eignen sich so wie die Segmentverschlüsse vorwiegend für den Abschluß am Oberhaupt.

Schrifttum.

APPELL: Bau einer Flußschleuse. Bautechn. 1940, 41, 71 (Kühlrohre in der Schleusenmauer). — ENGELHARD, FR.: Kanal- und Schleusenbau. Berlin: Springer, 1921. — ENGELS, H.: Handbuch des Wasserbaues,

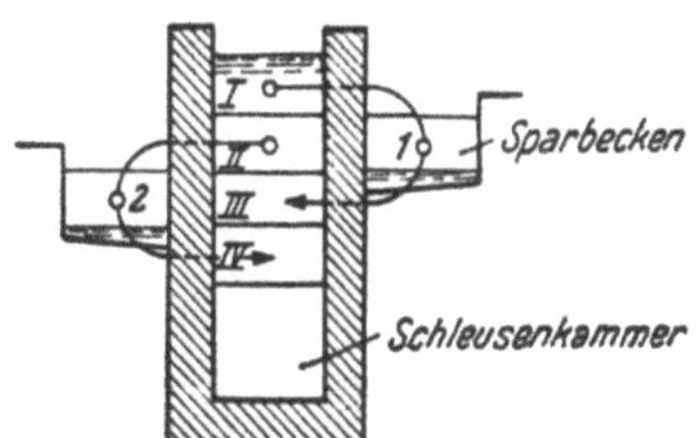

Abb. 2007. Schema einer Sparschleuse mit zwei Sparbecken.

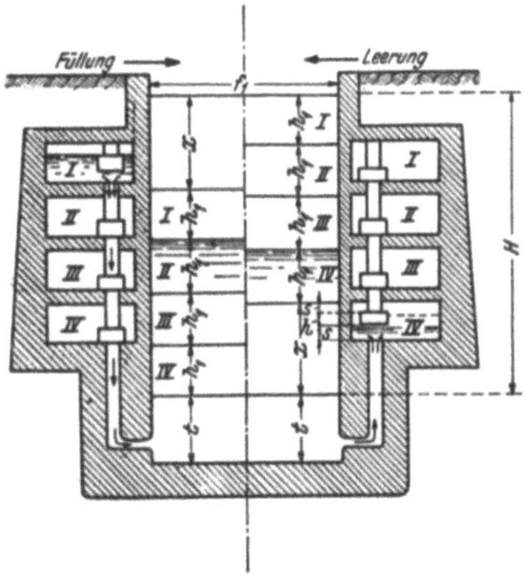

Abb. 2008. Sparschleuse mit vier Sparbecken. Links: Füllung; rechts: Entleerung.

3. Aufl. Leipzig: M. Engelmann, 1927. — FRANZIUS, O.: Der Verkehrswasserbau. Berlin: Springer, 1927. — GÄHRS: Die Arbeiten der Reichswasserstraßenverwaltung im Jahre 1938. Bautechn. 1939, 91. — HERBST: Über

Segment Torverschlüsse in Schiffahrtsschleusen. Zbl. Bauverw. 1925, 461. — JORDAN und GERSTENBERGER:
Der Südflügel des Mittellandkanals. Bautechn. 1936, 524. — KIENEL, H.: Über Widerstände und Fahrzeiten beim
Einschleppen von Schiffen in Schleusen. Mitt. Preuß. Versuchsamt Wasserbau u. Schiffbau. 1936, H. 24. Berlin.
— KROPP, P. E.: Umbau einer Staustufe, Bautechn. 1942, 351 (Bootsschleuse). — LEHMANN, H.: Die Bau-

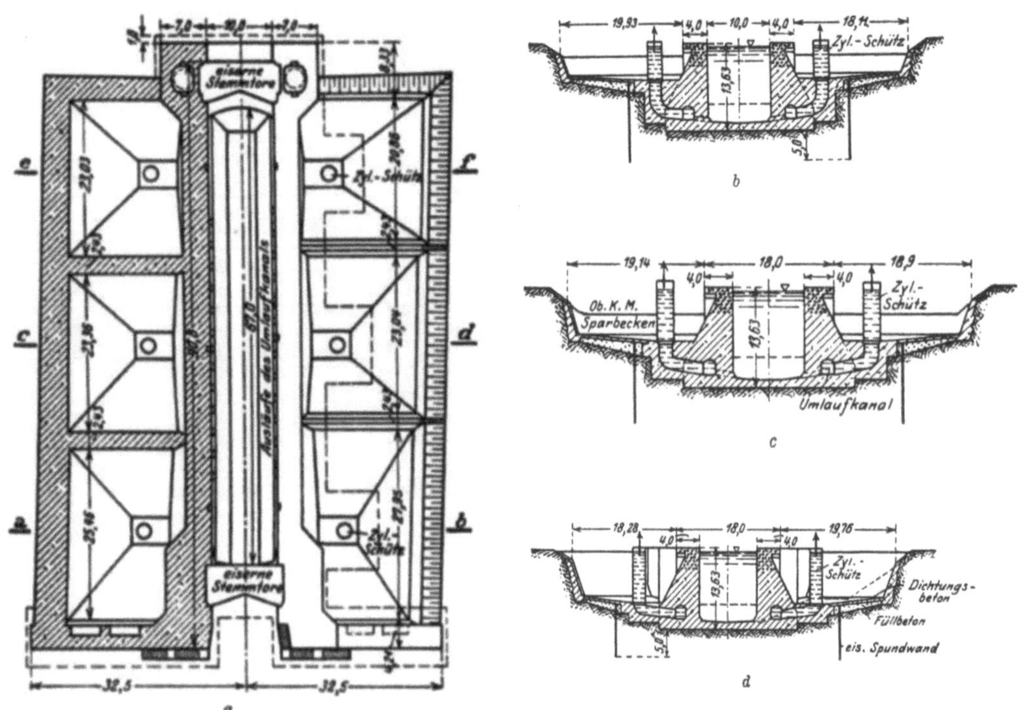

Abb. 2009.   Sparschleuse in Niederfinow. a Grundriß; b Querschnitte e—f; c Querschnitt e—d; d Querschnitt a—b.

grubenaussteifung einer Kanalschleuse. Bautechn. 1940, 389. — LOEBELL: Über Tore und Schützen für
Schiffsschleusen. Bautechn. 1924, 659; 1925, 461. — MAASKE, H.: Tropfwasserrinnen für Schleusenhubtore.
Bautechn. 1942, 253. — MISTOL: Die Leistungsfähigkeit von Fluß- und Kanalschleusen. Dissertation. Techn.
Hochschule Breslau. 1930. — MUGGE, H.: Bau des Schleusenkanals der Staustufe einer Flußkanalisierung.
Bautechn. 1940 453 (Schleppzeugschleuse). —
OBERBECK E.: Die Schleusentore des Industrie-
und Handelshafens zu Bremen-Oslebshausen.
Ztschr. VDJ. 1912, 1. — ODENKIRCHEN: Die
Kanalisierung der Mittelweser. Bautechn. 1938,
387. — PASEMANN: Allgemeine Gesichtspunkte
für das Entwerfen von Binnenschiffsschleusen.
Bautechn. 1932, 315. — PEILERT, W.: Die Ent-

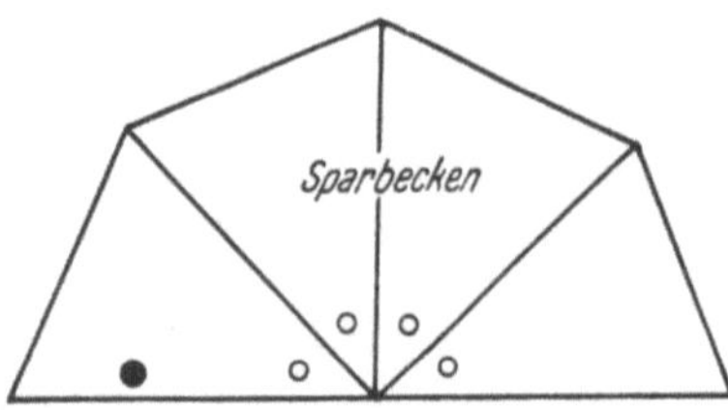

Abb. 2010.   Fächerförmige Sparbecken nach
R. WINKEL.

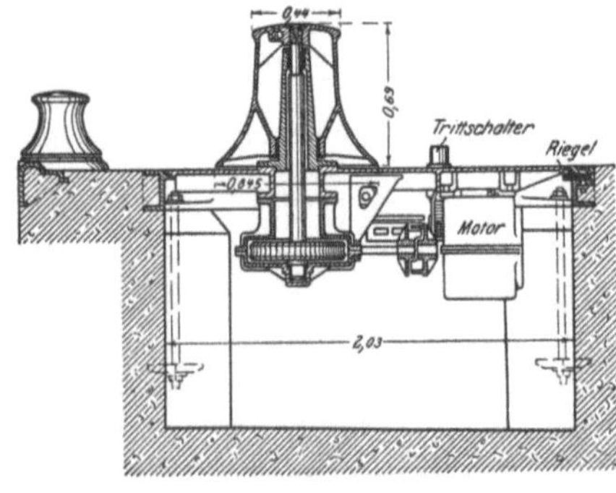

Abb. 2011.   Elektrisches Spill.

wicklung der Binnenschiffahrtsschleusen in der Nachkriegszeit. Bautechn. 1937, 193. — PETZEL, W.: Zur
Betriebseröffnung des Mittellandkanals. Baut. 1938, 613. — DERSELBE: Mittellandkanal und Elbe. Baut.
1937, 299. — DERSELBE: Neue Schleusenbauten im Bereich der Elbstrombauverwaltung. Bautechn. 1939,
330. — *Referat*: Zur Erfindung der umlauflosen Schleuse. Bautechn. 1940, 644. — *Referat*: Schleusenwände

aus runden Stahlspundwandzellen in Chicago. Bautechn. 1940, 245. — SCHÄFER, A.: Grundsätzliche Fragen beim Bau von Kammerschleusen. Bautechn. 1939, 317, 591. — DERSELBE: Das neuzeitliche Füllen und Entleeren von Kammerschleusen und die Erhöhung ihrer Leistungsfähigkeit. Bautechn. 1939, 625, 679. — DERSELBE: Hubtor oder Stemmtor für Schleusen? Bautechn. 1940, 181. — SCHMIDT, W.: Die Schleppzeugschleusen in der Weser bei Hameln. Bautechn. 1936, 357. — SCHMIDT-TYCHSEN, M.: Schleusentore. Z. VDI., 1919, 359. — SCHUHMACHER, B.: Entwurf und Bauausführung einer Schiff-

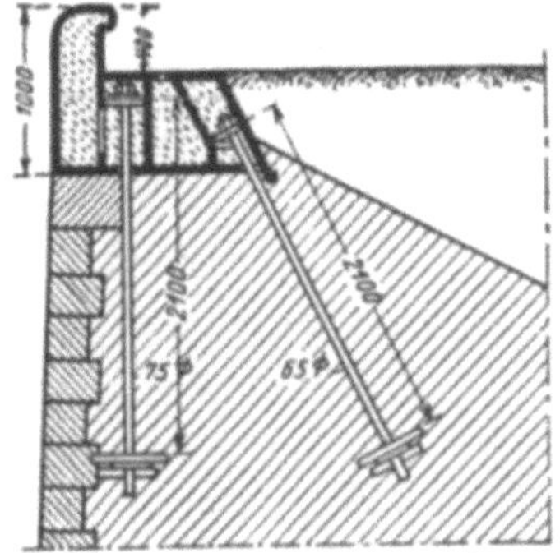

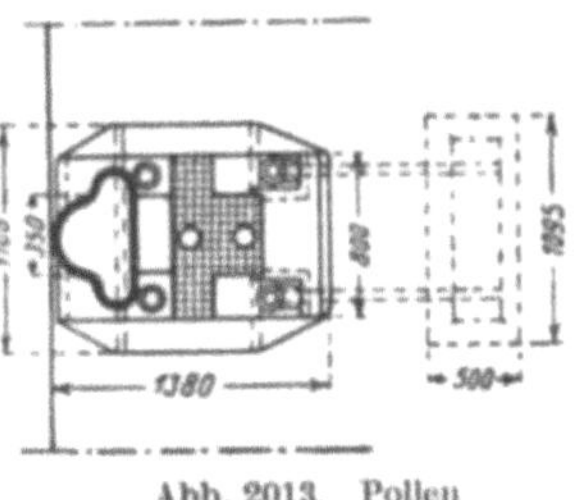

Abb. 2013. Pollen

Abb. 2012. Elektrische Laufkatze beim Schleusenbetrieb.

fahrtsschleuse. Bautechn. 1943, 93. — SIEVERS, FR.: Der Ausbau der Endstrecke des Oder-Spree-Kanals bei Fürstenberg a. d. Oder. Bautechn. 1936, 477. — STEINMETZ: Die neue Schleuse Niegripp. Bauing. 1938, 604. — WITTMANN, H.: Füll- und Entleerungsein-
richtungen für Flußschleusen mit Torumläufen. Bau-
techn. 1942, 37, 51.

e) Einrichtungen an Schleusen zum Wassersparen.

Der Wasserverbrauch (vgl. S. 1008) in Kammerschleusen wird bei größeren Fallhöhen so beträchtlich, daß der Ersatz unter Umständen bei
künstlicher Speisung des Kanals Schwierigkeiten
bereitet, so daß die Anordnung von Sparbecken
seitlich der Schleuse empfehlenswert ist, in denen
ein Teil des Schleusungswassers gespeichert wird. Neben Ersparnissen
im Verbrauch an Schleusungswasser
bewirken diese Sparbecken auch
eine Verringerung der Spiegelschwankungen in den anschließenden Haltungen, die das Wasser für
die Schleusung liefern bzw. das
Wasser bei der Entleerung aufzunehmen haben. In der Abb. 2007
ist die Wasserbewegung in einer
Sparschleuse mit zwei Kammern
angedeutet. Bei der Entleerung der
Schleuse fließt der Inhalt der
Schicht I nach rechts in das Sparbecken 1, jener der Schicht II nach

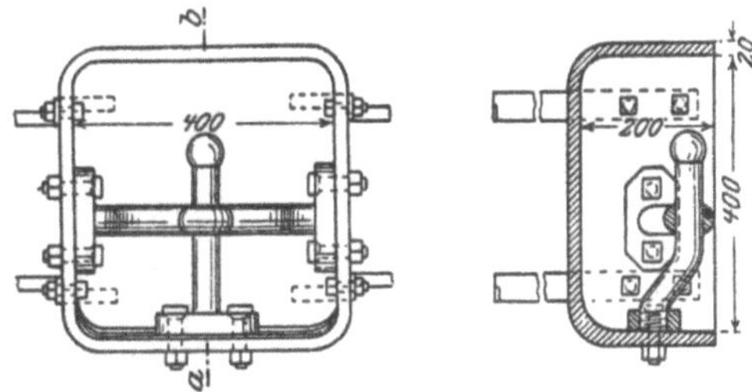

Abb. 2014. Schiffskreuz. Schnitt a—b.

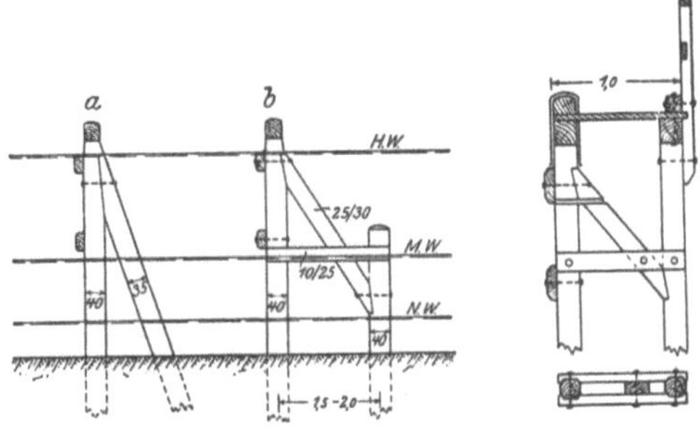

Abb. 2015. Leitwände für Schleuseneinfahrten.

links in das Becken 2, während der Inhalt der Schichten III und IV in die tiefere Haltung abgelassen werden muß. Bei der Schleusenfüllung füllt der Vorrat des linken Beckens 2 die
Schicht IV, jener des rechten Beckens 1 die Schicht III in der Schleusenkammer auf, während I

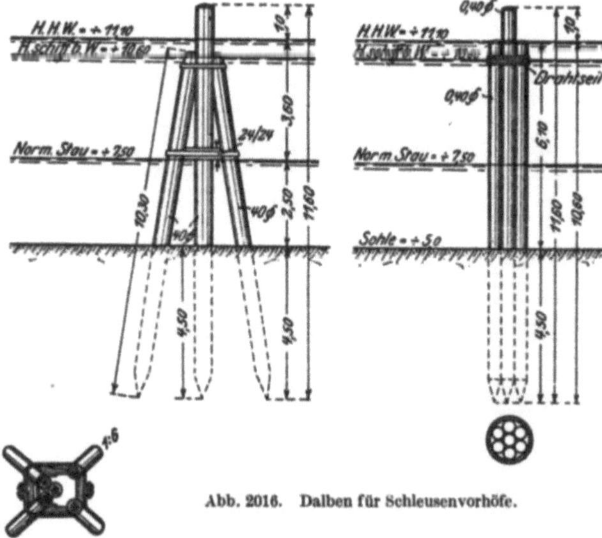
Abb. 2016. Dalben für Schleusenvorhöfe.

Abb. 2017. Rollbahn am Rheinwehr Ryburg—Schwörstadt für die Trocken-
förderung von kleinen Kähnen.

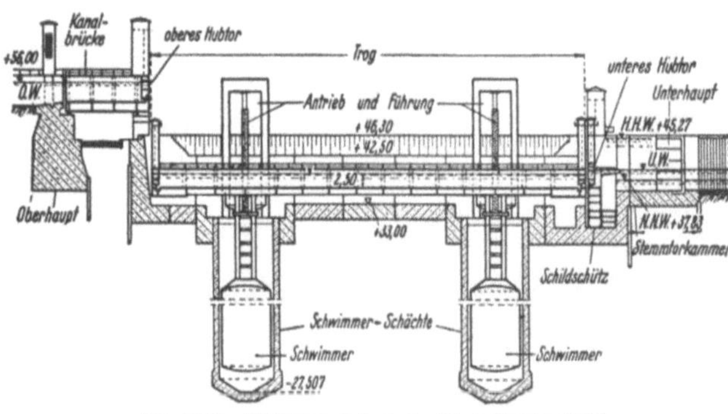
Abb. 2018. Schwimmerhebewerk. (Nach Bauztg. 1938).

und II aus der oberen Haltung zuzuleiten sind. Bei gleichem Inhalt der Schichten I bis IV wird bei dieser Sparschleuse gegenüber gewöhnlichen Schleusen die Hälfte an Schleusungswasser erspart. Die Ersparnisse werden um so größer, je mehr Sparbecken angeordnet werden und je größer deren Spiegelflächen gegenüber jener der Schleuse sind.

In der Abb. 2008 ist der Aufbau einer Sparschleuse mit vier Sparbecken wiedergegeben. Die Sparbecken mögen alle die gleiche Spiegelfläche f haben, während die Spiegelfläche der Schleuse mit f_1 bezeichnet sei. Bezeichnet weiter h_1 die Höhe einer Wasserschicht in der Schleuse, h die nutzbare Schichthöhe in einem Sparbecken, so gilt

$$f_1 \cdot h_1 = f \cdot h \qquad (1285)$$

und das Verhältnis der Flächen ist

$$k = \frac{f}{f_1} = \frac{h_1}{h} \qquad (1286)$$

Um an Schleusungszeit zu sparen, wird die Füllung eines Sparbeckens unterbrochen, wenn der Höhenunterschied zwischen den Spiegeln in der Schleuse und im Becken auf s abgenommen hat; ebenso wird die Entleerung des Beckens unterbrochen, wenn bei der Füllung der Schleuse der Spiegelhöhenunterschied auf s gesunken ist. Die der Schichthöhe x entsprechende Wassermenge muß beim Leeren der Schleuse in die tiefere Haltung abgelassen, bei der Füllung aus der oberen entnommen werden. Mit den Bezeichnungen der Abb. 2008 gilt dann

$$x = h + s + h_1 + s =$$
$$= (k + 1)\,h + 2\,s. \qquad (1287)$$

Beträgt die Schleusenfallhöhe H, so gilt bei n Sparbecken auch

$$x = H - n\,h_1 = H - n\,k\,h \qquad (1288)$$

und es folgt aus diesen beiden Beziehungen, wenn aus der letzteren h berechnet und in die erstere eingesetzt wird

$$x = \frac{(k+1)\,H + 2\,s\,n\,k}{k\,(n+1)+1} \quad (1289)$$

x stellt die Dicke der bei jeder Schleusung verlorenen Wasserschicht dar.

Das Verhältnis k wird gewöhnlich zwischen 0,5 und etwa 3,0 gewählt. Für die Zahl der Sparbecken empfiehlt ELLERBECK $n = 1$ bis 3 bei Fallhöhen bis $H = 6$ [m], $n = 3$ bis 5 bei größeren Fallhöhen. Der Ausspiegelungsunterschied wird gewöhnlich $s = 0,10$ bis $0,15$ [m] gesetzt; O. FRANZIUS empfiehlt, das sogenannte Nachlaufen in den Kanälen zwischen der Schleuse und den Becken auszunutzen. Infolge der Trägheit des Inhaltes dieser Kanäle bleibt nämlich die Bewegung auch noch aufrecht, wenn die Spiegel gleich hoch stehen, so daß man ohne nennenswerte Verlängerung der Schleusungsdauer $s = 0$ ansetzen kann.

Einzelheiten einer Schleuse mit Sparbecken gibt die Abb. 2009. R. WINKEL tritt für die Anordnung der Sparbecken nach der Abb. 2010 mit der Zuleitung des Wassers in der Mitte der Schleuse ein, weil dadurch während der Schleusung das Abtreiben des Schiffes gegen ein Schleusentor vermieden wird.

Schrifttum.

FRANZIUS, O.: Der Verkehrswasserbau. Berlin: Springer, 1927. — KLIR, A.: Prinzipien der Sparschleusen. Öst. Wschr. öff. Baudienst 1907, 39. — PETZEL, W.: Zur Betriebseröffnung des Mittelland-Kanals. Bautechn. 1938, 613 (Sparschleusenbecken nach Vorschlag Winkel). — WINKEL, R.: Sparbeckenausbildung zur Erzielung einer ruhigen Lage des Schiffes während der Schleusung. Bautechn. 1936, 53.

f) Die Ausrüstung der Schleusen für den Betrieb.

Vom Zeitverlust, den das Schleusen eines Schiffes verursacht, entfällt ein großer Teil auf das Ein- und Ausfahren und man trachtet, diesen Zeitaufwand durch die Schaffung guter Treideleinrichtungen möglichst abzukürzen. Für das Ein- und

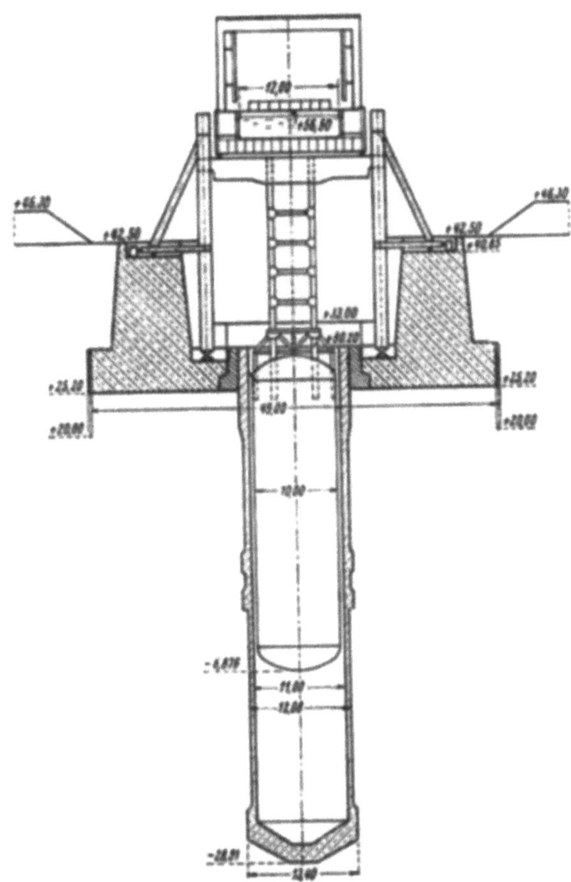

Abb. 2019. Schwimmerhebewerk. (Nach Bauztg. 1938.)

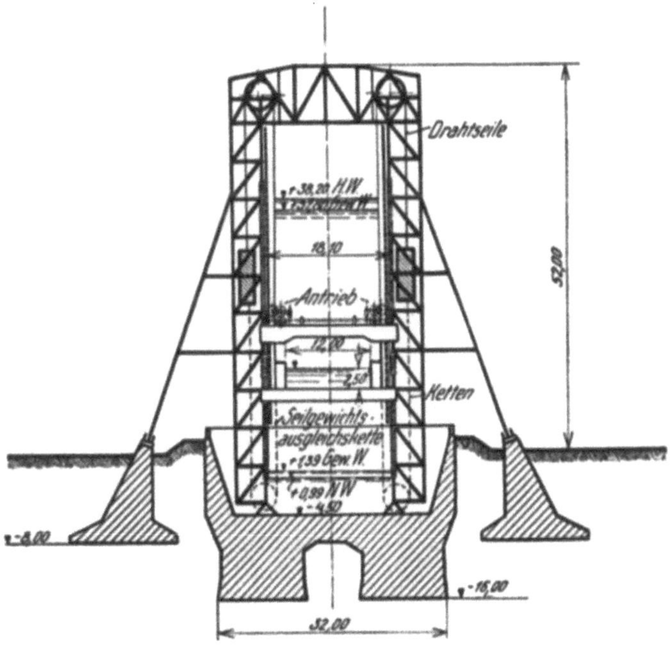

Abb. 2020. Querschnitt durch das Schiffshebewerk Niederfinow. (Nach Neubauamt Eberswalde.)

Ausschleppen der Schiffe stehen an den Schleusen Spills mit Seilzug, Katzen mit Seilzug auf hochliegender Bahn und Treidellokomotiven in Verwendung. Ein elektrisch angetriebenes Spill ist in der Abb. 2011 dargestellt; es wird durch einen 8-PS-Motor angetrieben. Die Spilltrosse wird durch die Rolle an der Vorderkante der Mauer geführt. Die Laufkatzen (Abb. 2012) laufen auf stählernen Gerüsten längs der Schleusenkammer mit der Geschwindigkeit eines gehenden Mannes.

Die Treideleinrichtung wird gleichzeitig auch zum Abbremsen der in die Schleuse einfahrenden Schiffe benützt. Zur Unterstützung des Bremsens und zum Festmachen werden oben längs der Schleusenmauer Poller (Abb. 2013) angeordnet. In den Schleusenmauern werden in mehreren in 20 [m] Abstand voneinander liegenden lotrechten Reihen Schiffskreuze (Abb. 2014) eingebaut, die in waagrechten 2 [m] übereinander laufenden Linien liegen. Steig-

Abb. 2021. Ansicht der Seilrollen des Schiffshebewerkes Niederfinow. Durchmesser 3,5 [m].

leitern, die in Nischen in den Mauern untergebracht sind, ermöglichen es der Schiffsbesatzung, das Schiff zu verlassen. Reibhölzer, die ein unmittelbares Scheuern der Schiffe an der Wand verhindern sollen, werden selten verwendet; sie müssen ebenfalls in Nischen der Mauer derart eingebaut werden, daß sie nur wenig aus der Mauerflucht hervorragen und bis nahezu an die Sohle hinabreichen. Bei all den erwähnten Einrichtungen muß strenge darauf geachtet werden, daß sie nicht mit irgendwelchen Vorsprüngen aus der Mauer hervorragen, an denen ein Schiff bei der Auf- oder Abwärtsbewegung hängenbleiben könnte.

In Vorhäfen mit starkem Verkehr wird am besten die Kanalwandung lotrecht ausgeführt. Bei Böschungen sind Leitwände (Abb. 2015) oder Dalben (Abb. 2016), womöglich mit dazwischenhängenden Schwimmbalken, forderlich, die das Einfahren der Schiffe erleichtern. Um die Schiffe vor Wind zu schützen, ist es empfehlenswert, beiderseits der Vorhäfen Windschutzpflanzungen anzulegen.

III. Schiffshebewerke.

Schiffshebewerke befördern Schiffe zwischen zwei Haltungen mit großem Höhenunterschied; sie sind wegen ihrer hohen Baukosten bisher nur selten aus-

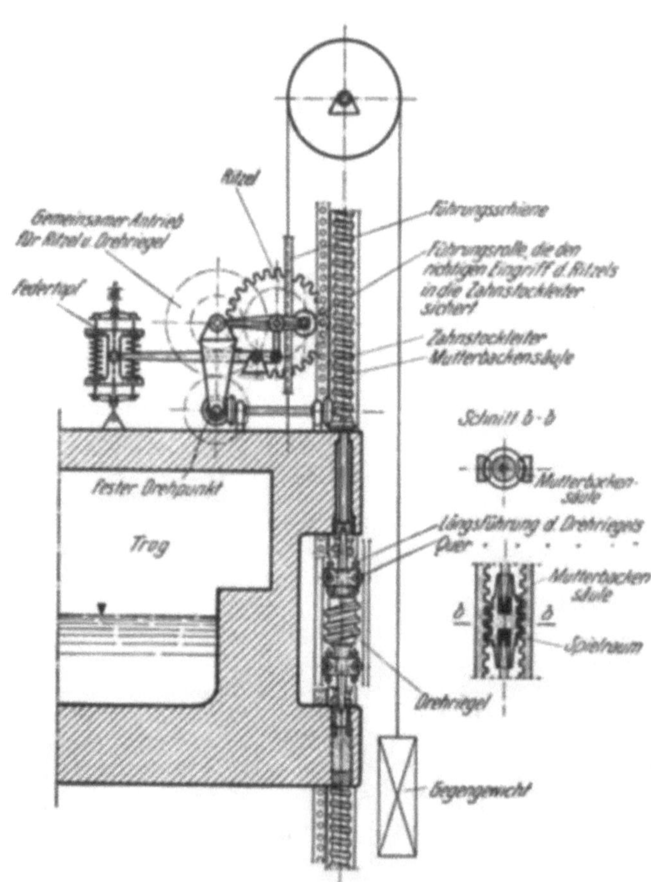

Abb. 2022. Windwerk des Schiffshebewerkes in Niederfinow. (Neubauamt Eberswalde.)

geführt worden. Ihre Anwendung kommt erst in Betracht, wenn der Höhenunterschied selbst mit Schachtschleusen nicht überwunden werden kann oder wenn nicht hinreichend Wasser für den Betrieb einer hohen Schleuse verfügbar ist.

Abb. 2023. Das Schiffshebewerk Niederfinow.

Die Schiffshebewerke können eingeteilt werden in solche für Trockenförderung und solche für Naßförderung. Bei der Trockenförderung werden die Schiffe auf einer Plattform aus dem

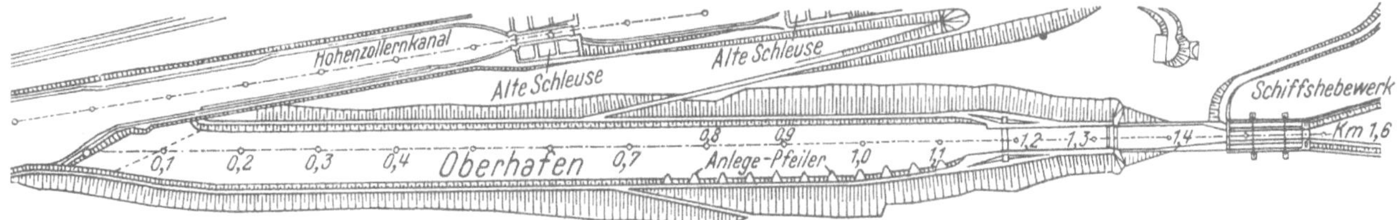

Abb. 2024.   Der obere Vorhafen des Schiffshebewerkes Niederfinow.

Wasser gehoben und trocken von der einen Haltung zur andern befördert. Die Schiffe erleiden hiebei Verformungen und unzulässige Beanspruchungen, so daß gegenwärtig die Trockenförderung für größere Schiffe aufgegeben ist.

Abb. 2025. Blick in den oberen Vorhafen des Schiffshebewerkes Niederfinow, vom Hebewerk aus.

Für kleine Kähne wird die Trockenförderung noch manchmal angewendet. Die Abb. 2017 zeigt z. B. eine Rollbahn am Rheinwehr Ryburg-Schwörstadt, auf der Kähne trocken das Stauwerk überwinden.

Bei der Naßförderung wird das Schiff, in einem Trog schwimmend, von der einen Haltung zur anderen gehoben. Für solche Hebewerke für Naßförderung liegen eine große Zahl von Vorschlägen vor, von denen aber nur wenige bisher ausgeführt worden sind.

a) Schräge Bahnen.

Zur Überwindung des Höhenunterschiedes von Haltung zu Haltung sind verschiedene schräge Bahnen vorgeschlagen worden, bei denen das Schiff mit dem Trog und der Füllung auf einem Wagen, auf Schienen laufend, verfahren wird. Die schrägen Bahnen können als Längsgeneigte oder als Quergeneigte entworfen werden; ausgeführt sind derzeit schräge Bahnen nur für kleine Kähne bis zu etwa 125 [t] Tragfähigkeit. Für Hauptwasserstraßen dürften schräge Bahnen bei Hubhöhen über etwa 40 bis 50 [m] in Betracht zu ziehen sein.

Abb. 2026. Wendeplatz mit anschließendem einfachen Umschlagplatz.

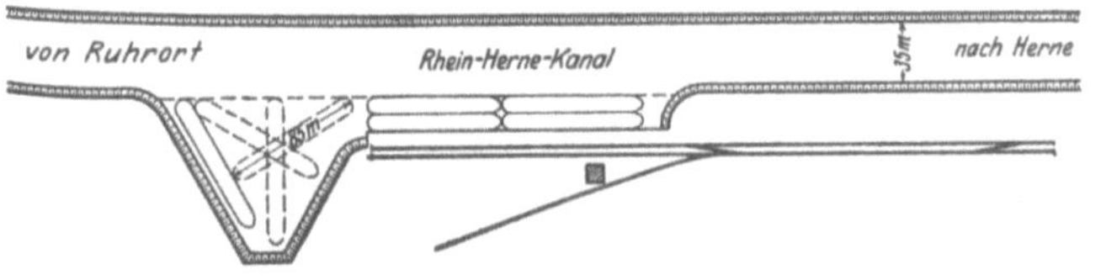

Abb. 2027. Hafen des Köln-Neuessener Bergwerkvereines mit Wendestelle.

b) Lotrechte Hebewerke.

Von den lotrechten Hebewerken haben die von Schwimmern betätigten und jene, bei denen die Traglast durch Gegengewichte ausgeglichen ist, Bedeutung erlangt.

Abb. 2028. Sicherheitstor.

1. Schwimmerhebewerke.

Eines der zuletzt ausgeführten Schwimmerhebewerke ist in den Abb. 2018 und 2019 durch Schnitte dargestellt; es besteht aus zwei stählernen Führungen, zwischen denen der Trog (Nutzlänge 85 [m], Nutzbreite 12 [m], Wassertiefe 2,50 [m]) lotrecht auf und ab beweglich ist. Der Trog ruht auf zwei Schwimmern (Durchmesser je 10 [m]), die zusammen eben die Last von 5400 [t] zu heben vermögen. In den Führungen sind feste Schraubenspindeln eingebaut; die Muttern im Trog werden von je zwei Motoren angetrieben, die durch eine Ringwellenleitung gekuppelt sind, um gleiche Drehzahlen zu gewährleisten.

2. Hebewerke mit Gegengewichten.

Bei den Hebewerken mit Gegengewichten wird das Gewicht des Troges samt Füllung durch Gewichte ausgeglichen, so daß durch die Hebemaschinen nur die Reibungswiderstände zu überwinden sind. Die Gegengewichte können entweder an Seilen oder Hebeln hängen.

Abb. 2029. Kanalbrücke und Kanaltunnel.

Ein Schiffshebewerk mit Gegengewichten, die an Seilen hängen, ist neben der Schleusentreppe in Niederfinow für eine Fallhöhe von 36 [m] erbaut worden. Dieses besteht aus einem 52 [m] hohen Stahlgerüst aus Zweigelenkrahmen (Abb. 2020), in dem der Trog, lotrecht geführt, beweglich ist; der Trog hat eine Länge von 85 [m], eine Breite von 12 [m] und eine Fülltiefe von 2,50 [m] und wiegt leer 1600 [t], gefüllt 4200 [t]. Der Trog hängt an 256 Drahtseilen, die über 128 doppelrillige Seilscheiben (Abb. 2021) von 3,5 [m] Durchmesser laufen und am anderen Ende die Gegengewichte tragen. Das Gewicht ist vollständig aus-

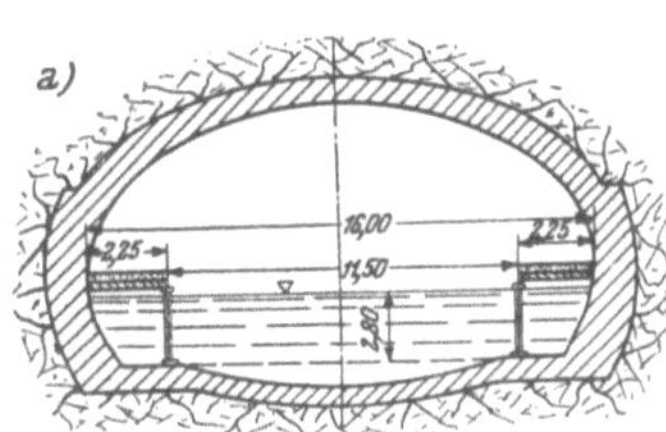

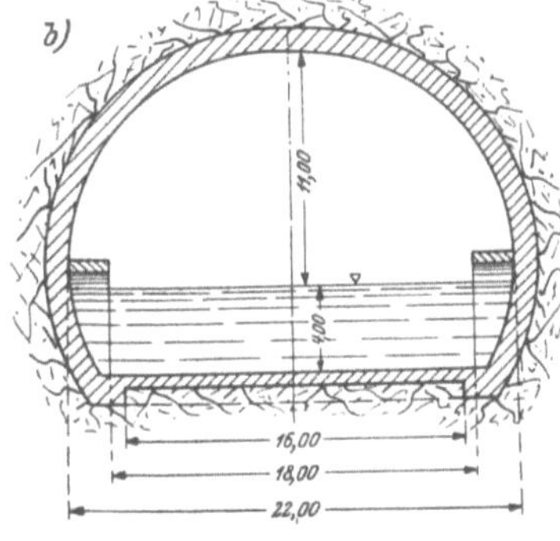

Abb. 2030. Querschnitte von Kanaltunnels.
a) Zweischiffiger Kanal im Marne-Saône-Kanal;
b) Rove-Tunnel im Kanal Arles—Marseille.

Abb. 2031. Einschiffiger Kanaltunnel.

geglichen, so daß die Hebemaschinen nur die Bewegungswiderstände zu überwinden haben; durch verringerte Füllung beim Heben (1 [cm] Füllung entspricht einem Gewicht von 10 [t]) und vermehrte Füllung beim Senken des Troges soll die Maschinenleistung noch weiter herabgesetzt werden.

Die Gewichte hängen einzeln an Drahtseilen von 52 [mm] Durchmesser; sie sind überdies in Gruppen zu je sechs in Rahmen zusammengefaßt, so daß beim Reißen eines Seiles das Gewicht den Rahmen belastet und von den zwei Seilen getragen wird, die den Rahmen führen. Das Übergewicht der abgelaufenen Seile beträgt 90 [t] und wird durch vier Ketten, die in der Abb. 2020 deutlich zu erkennen sind, ausgeglichen.

Abb. 2032. Zentrifugalpumpe. (Maffei-Schwartz-kopf-Werke.)

Abb. 2033. Das Pumpwerk Minden. (Maffei-Schwartz-kopf-Werke.)

Die Bewegung des Troges erfolgt durch vier Elektromotoren von je 75 [PS], die vier Windwerke antreiben, die am Trog aufgebaut und miteinander gekuppelt sind. In der Abb. 2022 ist das Schema des Antriebes wiedergegeben. Die Achse des Antriebritzels ist pendelnd gelagert und wird durch eine Feder in ihrer Mittellage gehalten. Gleichzeitig mit dem Ritzel wird der Drehriegel gedreht, der innerhalb zweier Mutterbacken mit einem Spielraum von etwa 30 [mm] liegt. Bei ungleicher Lastverteilung am stehenden Trog setzt sich dieser mit dem Drehriegel auf die Mutterbackensäule auf. Wenn der Trog in Bewegung ist und der Ritzelachse vor- oder

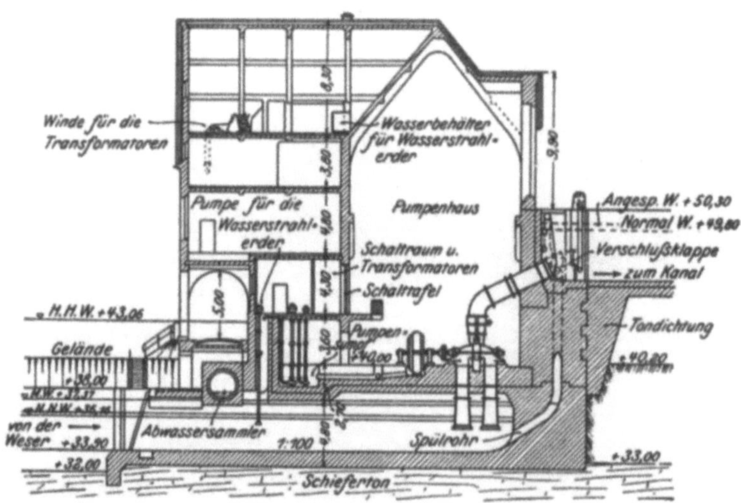

Abb. 2034. Pumpwerk zur Speisung des Mittellandkanals.

nacheilt, so verringert sich der Spielraum zwischen den Gewinden des Drehriegels und der Mutterbackensäule und es tritt schließlich Berührung mit Reibung ein. Der Hebel zum Federtopf schlägt hiebei aus und betätigt eine eigene Schalteinrichtung, die die Motoren stillsetzt, noch ehe der Drehriegel aufsitzt. Wenn diese Einrichtung versagen sollte, so setzt sich der Drehriegel auf die Mutterbackensäule auf und die große Reibung überlastet dann die Motoren, bis der Höchststromschalter oder die durchgebrannten Sicherungen die Motoren stillsetzen.

Der Trog und die Haltungen werden durch Hubtore abgeschlossen. Der wasserdichte Anschluß des Troges an die Haltungen wird durch einen U-förmigen Rahmen bewirkt, der an den Haltungs-

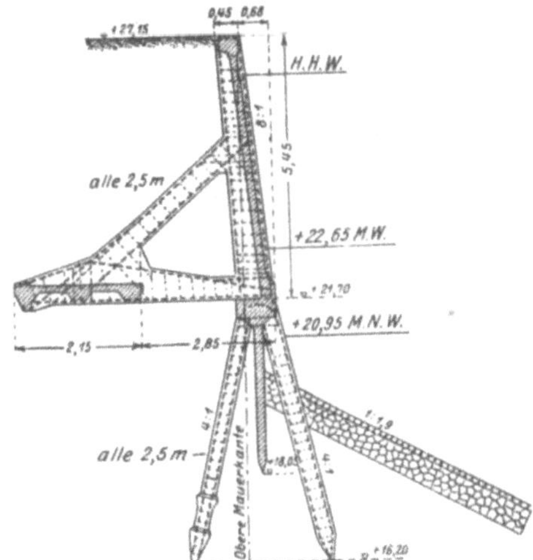

Abb. 2035. Ufermauer aus Stahlbeton im Hafen Schweigern.

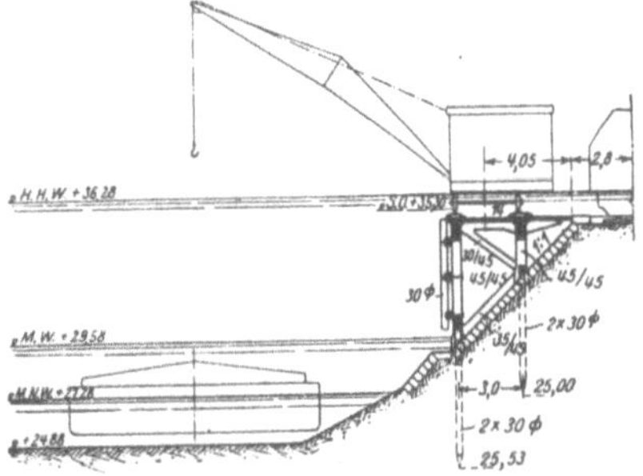

Abb. 2036. Uferwand am Hunte-Ems-Kanal. (Vereinigte Stahlwerke A. G. Dortmunder Union.) *a* Ankerplatte; *b* Bohrloch für den Anker, 100 mm; *c* Arbeitsraum.

abschlüssen außen waagrecht verschiebbar angeordnet ist und der durch 12 Exzenterwellen vorgeschoben

Abb. 2037. Aufgelöste Ufermauer aus Stahlbeton im Herdter Hafen in Düsseldorf.

und an den Trog mit Gummidichtungen angepreßt wird. Der Rahmen enthält eine U-förmige Nut mit einer Stopfbüchsendichtung, so daß auch der Rahmen gegen den Haltungsabschluß abgedichtet ist.

Der Anschluß der oberen Haltung an das Hebewerk geschieht durch eine 156 [m] lange stählerne Kanalbrücke.

Eine Ansicht des Schiffshebewerkes gibt die Abb. 2023. Ähnlich wie bei Kammerschleusen müssen auch beiderseits eines Schiffshebewerkes Vorhäfen angelegt werden, in denen Schiffe oder Schiffszüge auf die Einfahrt in den Hebe-

Abb. 2038. Ufermauer aus Stahlspundbohlen mit Stahlbetonholm.

werkstrog warten. Die Abb. 2024 zeigt den Oberhafen des Hebewerkes Niederfinow mit den Anlegepfeilern und die Abb. 2025 gibt eine Ansicht dieses Vorhafens.

Schrifttum.

AMTSBERG, H.: Modellversuche über das Einschleppen von Kanalkähnen in den Trog eines Schiffshebewerkes. Mitt. Preuß. Versuchsanst. Wasserbau u. Schiffbau 1936, H. 24, Berlin. — ARENS: Das Schiffshebewerk Rottensee. Bauing. 1938, 599. — BÖTTCHER, K.: Neues Schiffshebewerk. Bautechn. 1938, 489. —

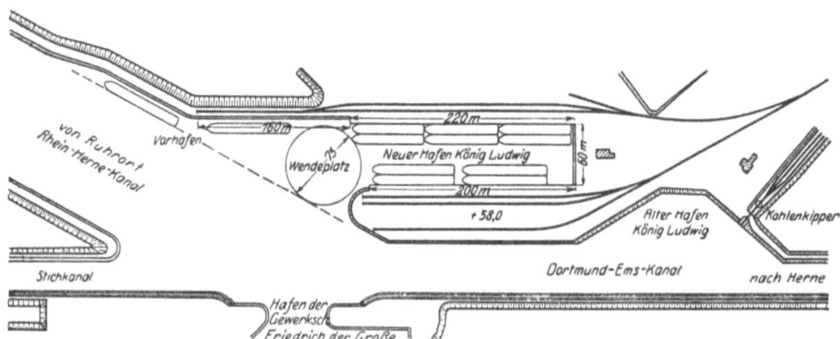

Abb. 2039.　Der Hafen König Ludwig.

FRANZIUS, O.: Der Verkehrswasserbau. Berlin! Springer, 1927. — GERDAN, B.: Das Schiffshebewerk bei Henrichenburg usw. Zbl. Bauverw. 1895, 509. — KARNER: Entwurf eines Schiffshebewerkes von 36 [m] Hub, Bauart Harkort. Bauing. 1923, 286. — NAKONZ, CH.: Schiffshebewerk. Zbl. Bauverw. 1908, 8. — PETZEL, W.: Zur Betriebseröffnung d. Mittellandkanals. Bautechn. 1938, 613. — DERSELBE: Mittellandkanal und Elbe. Bautechn. 1937, 262, 299. — *Reichswasserstraßenverwaltung, Neubauamt Eberswalde*: Übersicht über den Entwurf des Schiffshebewerkes Niederfinow. Eberswalde, 1927. — REINHARDT: Die Hebewerke Rothensee und Hohenwarte. Bautechn. 1938, 618.

D. Sonderbauwerke an Wasserstraßen.

An jeder Wasserstraße sind Bauwerke erforderlich, die durch die besonderen örtlichen Verhältnisse oder die Sicherheit des Betriebes bedingt werden. Von diesen wären zu erwähnen die Ausweichstellen in einschiffigen Kanälen, die Wendestellen in ein- und zweischiffigen Kanälen, Sicherheitstore, Kanalbrücken, Kanaltunnel, Düker und Pumpwerke.

Ausweichstellen. In allen einschiffigen Wasserwegen werden Ausweichstellen, die das Vorbeifahren einander begegnender Schiffe ermöglichen, eingebaut; sie bestehen aus einer Verbreiterung des Kanals auf eine Breite, wie sie bei derselben Schiffsgröße bei einem zweischiffigen Kanal erforderlich wäre. Ihre Länge wird für einen Schiffszug bemessen, und beiderseits werden Übergangsstrecken angeschlossen, die das Ein- und Ausfahren ohne Beschwerden erlauben. Zum Festmachen der Schiffe werden Dalben aus (3 bis 5) Pfählen oder Poller vorgesehen.

Wendestellen müssen auch in zweischiffigen Kanälen alle 10 bis 30 [km] eingebaut werden, weil die Kähne länger sind, als der Kanal breit ist. In Kanälen mit starkem Verkehr werden die Wendestellen so seitlich angeordnet, daß der Verkehr durch wendende Schiffe nicht behindert werden kann. Die Abb. 2026 und 2027 zeigten als Beispiel Wendeplätze mit einem anschließenden einfachen Umschlagplatz.

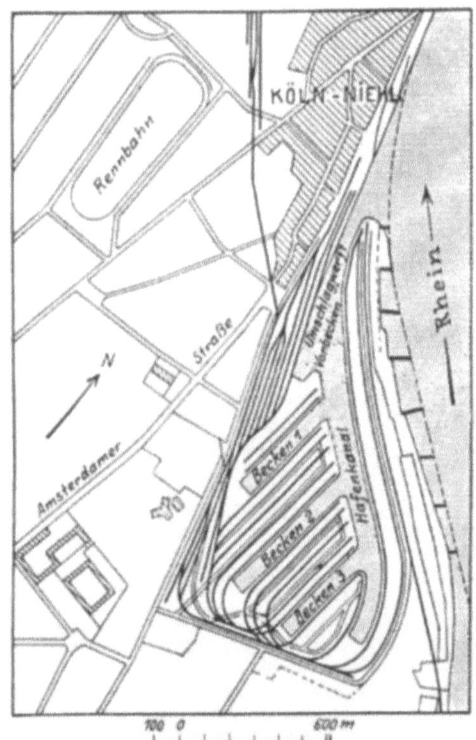

Abb. 2040.　Der Kölner Handelshafen.

Sicherheitstore werden in Kanälen vielfach an geeigneten Einschnittsstellen eingebaut, um bei einem Dammbruch oder dergleichen eine Entleerung der Haltung und die Überflutung tieferliegenden Geländes zu verhindern. Sie werden als Segmenttore oder als Hubtore (Abb. 2028) ausgebildet, deren Gewicht teilweise durch Gegengewicht ausgeglichen ist, so daß sie nach Ent-

Abb. 2041. Die Precenik-Klause.

riegelung herabsinken und den Kanal versperren. Das Öffnen geschieht durch ein von Hand zu bedienendes Windwerk oder mittels eines Elektromotors. Sicherheitstore können auch selbsttätig ausgebildet werden, so daß sie herabsinken, wenn der Wasserspiegel eine gewisse Lage unterschreitet, doch bietet diese Einrichtung die Gefahr, daß das Schließen eben ausgelöst wird, wenn ein Schiff unter dem Tor fährt.

Kanalbrücken dienen der Überführung eines Wasserweges über einen Flußlauf oder über breite Verkehrswege. Sie werden ähnlich wie die Werksgrabenbrücken aus Beton, Stahlbeton oder Stahl (Abb. 2029) ausgeführt und erhalten zum Ausgleiche der Dehnungen infolge von Temperaturänderungen Dehnungsfugen. Die Brükken selbst werden, je nach den Geländeverhältnissen in den verschiedensten Weisen, ausgebildet; bei Betonbrücken und bei stählernen Brücken wird der Querschnitt derart ausgebildet, daß auf dem Tragwerk ein eigener Trog liegt, während bei Ausführungen aus Stahlbeton die Seitenwandungen als Hauptträger mitbenützt werden können. Die Wandungen werden durch

Abb. 2042. Eine hölzerne Klause.

Holzleisten über der normalen Spiegellinie vor Beschädigung durch Anstreifen bewahrt und die Sohle erhält eine eigene Schutzschicht. Die Leinpfade werden 2,5 bis 3 [m] breit, seitlich an den Oberkanten des Troges angeordnet. Auf den Brücken wird der Kanalquerschnitt rechteckig ausgeführt. O. Franzius empfiehlt, statt zweischiffiger Kanalbrücken je zwei einschiffige auszuführen, weil dadurch die Instandhaltung ohne eine Unterbindung des Verkehres möglich ist; die Trogbreite einer einschiffigen Brücke kann kleiner sein als die Hälfte einer zweischiffigen, weil bei den einschiffigen die Schiffe gut geführt sind und überdies Zusammenstöße nicht vorkommen können. Die Tröge einschiffiger Brücken werden 1,5 bis 3 [m] breiter als die größte Schiffsbreite gemacht. Die Konstruktionsunterkante der Kanalbrücken wird bei

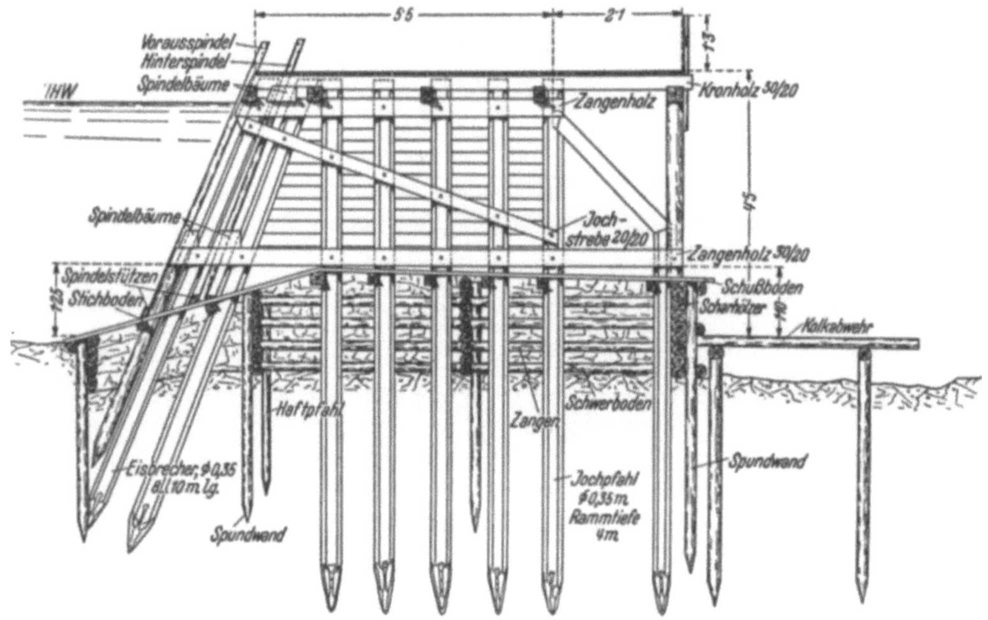

Abb. 2043. Triftrechen im Ennsgebiet. (W. LORINSER.)

Flüssen ohne Schiffahrt mit 0,5 [m] über die höchstmögliche Spiegellage im Flusse bemessen; bei schiffbaren Flüssen hängt sie von der Bauart der am Flusse verkehrenden Schiffe ab. An den beiden Enden der Brücke, etwa im Widerlager, wird für die Anbringung eines Notverschlusses (Dammfalze oder Auflager für eine Nadellehne) vorgesorgt, damit Instandsetzungen ohne Entleerung der Haltung ausführbar sind.

Abb. 2044. Triftrechen und Triftkanal.

Kanaltunnel werden wegen der hohen Kosten nur ausnahmsweise angewendet und wegen der erforderlichen Abmessungen nur einschiffig ausgeführt. Ein allfälliger Treidelweg wird am besten hängend in den Scheitel verlegt, um an Breite und gleichzeitig an Querschnitt zu sparen. Die Abb. 2030 zeigt Querschnitte ausgeführter Kanaltunnel und die Abb. 2031 gibt die Ansicht der Einfahrt in einen Kanaltunnel.

Kanalpumpwerke müssen errichtet werden, wenn die Wasserversorgung einer Wasserstraße unter natürlichem Gefälle nicht möglich ist. Als Wasserhebemaschinen werden Zentrifugalpumpen angewendet (Abb. 2032), die mit den elektrischen Antriebsmaschinen gekuppelt sind. Die Abb. 2033 und 2034 zeigen als Beispiel das Pumpwerk des Mittellandkanals bei Minden.

Schrifttum.

ENGELHARD, FR.: Kanal- und Schleusenbau. Berlin: Springer, 1921. — ENGELS, H.: Handbuch des Wasserbaues, 3. Aufl. Leipzig: W. Engelmann, 1923. — FRANZIUS, O.: Der Verkehrswasserbau. Berlin: Springer, 1927. — STEFFENHAGEN, H.: Der Allerkanal- und Landgrabendüker unter dem Mittellandkanal. Bautechn. 1937, 11, 35. — *Referat*: Förderung der Volkserholung an den Reichswasserstraßen. Dtsch. Wasserwirtsch. 1941, 204.

E. Hafenanlagen an Wasserstraßen.

Die Häfen an Wasserstraßen werden in Verkehrshäfen und in Sicherheits- oder Zufluchthäfen unterschieden. In den ersteren erfolgt der Verkehr mit dem Lande, die Umladung der am Lande mit der Bahn oder anderen Verkehrsmitteln angelieferten Güter auf die Schiffe und solche Häfen erfordern daher eine gute Einrichtung mit Transport- und Lasthebemaschinen.

Die Zufluchthäfen werden zur Aufnahme der Schiffe während Hochwässern und während der Eistrift bzw. des Eisstoßes in mittleren Entfernungen von etwa 20 [km] angelegt; sie werden so eingerichtet, daß die Schiffe senkrecht zum Ufer liegen. Die Breite solcher Häfen muß daher größer als die größte Schiffslänge sein.

Abb. 2045. Vor einem Triftrechen angestautes Holz.

Binnenverkehrshäfen erhalten Mindestflottwassertiefen von 0,5 [m] und Mindestbreiten gleich der 6- bis 7fachen größten Schiffsbreite. Die Ufer werden womöglich durch Mauern oder Bollwerke gebildet, damit die Schiffe näher am Ufer liegen. Einige Ausführungsbeispiele solcher Bollwerke und Mauern sind in den Abb. 2035 bis 2038 zusammengestellt.

Die Einfahrt zu Flußhäfen muß besonders sorgfältig entworfen werden, weil dort die Gefahr der Anlandung besteht. Die Einfahrt soll niemals am inneren Ufer einer Flußkrümmung liegen; sie wird stets so angelegt, daß das Schiff flußauf einfährt. Die Breite der Einfahrt liegt bei Flußhäfen zwischen 25 und 75 [m], bei Kanalhäfen ohne Strömung reicht die dreifache Schiffsbreite hin.

Wenn die Geländebeschaffenheit die hochwasserfreie Anlage der Ladeplätze zuläßt, so bleibt die Einfahrt offen, sonst kann das Hochwasser vom Hafen durch eine Schleuse abgehalten werden, durch die während der Dauer der hohen Wasserstände im Flusse die Schiffe in den Hafen abge-

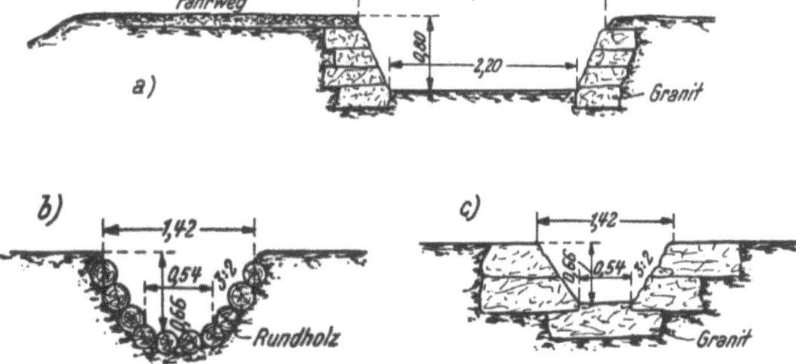

Abb. 2046. Alte Holztriftrinne aus dem Jahre 1722.

schleust werden. Schuppen und Speicher müssen mindestens 0,5 [m] über dem höchsten im Hafen möglichen Wasserspiegel liegen; für das Verladen von Stein und dgl. werden vielfach Tiefladekajen angelegt, die zu Zeiten hoher Wasserstände, während denen die Schiffahrt ruht, überflutet sind.

Die Ladekajen werden gewöhnlich geradlinig gemacht, nur bei großen Umschlagmengen werden sie sägezahnförmig ausgebildet. In den Abb. 2027 und 2039 sind Beispiele für die

Ausbildung von Kanalhäfen und in der Abb. 2040 ein Flußhafen dargestellt. Die Einleitung von Abwasserleitungen und natürlichen Gewässern in die Hafenbecken ist wegen der Verunreinigung des Wassers und der Versandung des Hafens nicht zulässig; reines Wasser muß aber zur Auffrischung eingeführt werden.

Bei Floßhäfen wird im Gegensatze zu Schiffshäfen eine Einfahrt stromauf des Hafens angelegt, weil durch flußabliegende Einfahrten nur von Dampfern geschleppte Flöße einfahren können. Die Ufer werden in diesen Häfen nur abgeböscht und es wird eine schiefe Ebene angelegt, über die das Holz mit Winden ans Land geschleift wird.

Abb. 2047.   Holztriftrinne mit Halbkreisquerschnitt, aus Dauben zusammengebaut.
(Österr.-ungar. Baugesellschaft.)

Schrifttum.

ENGELS, H.: Handbuch des Wasserbaues, 3. Aufl. Leipzig: W. Engelmann, 1923. — FRANZIUS, O.: Der Verkehrswasserbau. Berlin: Springer, 1927. Beide mit reichlichen weiteren Schrifttumangaben. — SCHOKLITSCH, A.: Der Grundbau. Berlin: Springer, 1933.

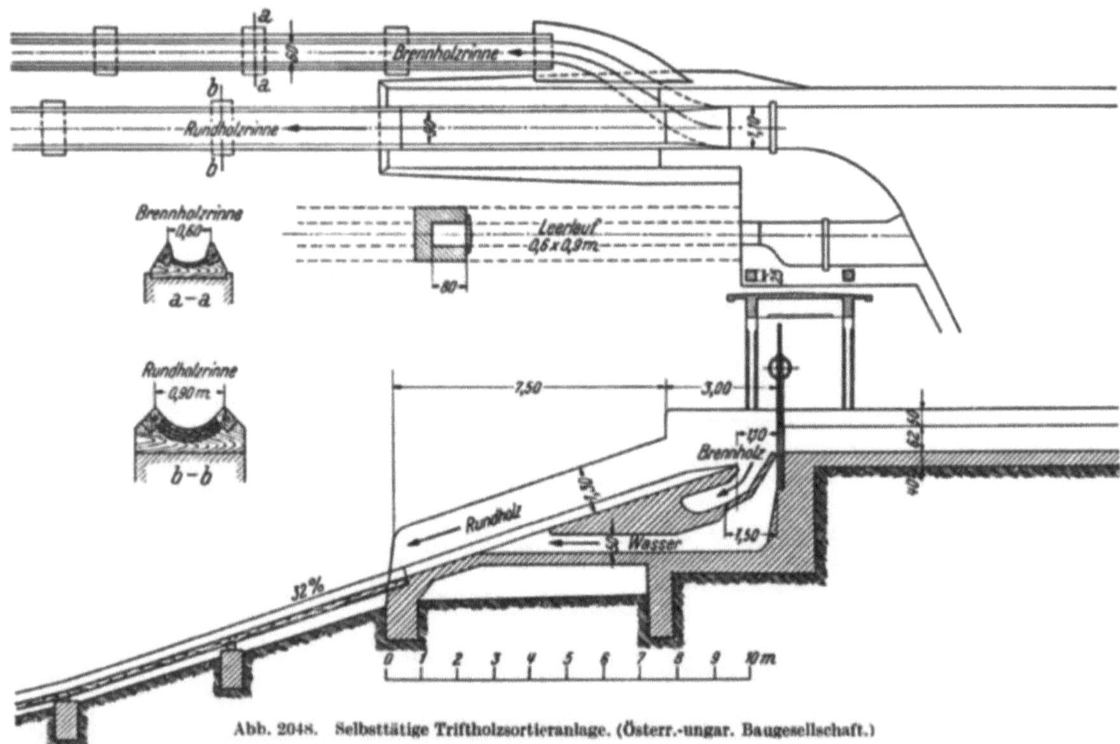

Abb. 2048.   Selbsttätige Triftholzsortieranlage. (Österr.-ungar. Baugesellschaft.)

F. Holztriftanlagen.

Um Holz in Gebirgsgegenden möglichst billig von den Holzschlägen bis zu den Verarbeitungsstellen zu bringen, wird schon seit alten Zeiten der Wasserweg gewählt und das Holz einfach ins Wasser geworfen und getriftet.

In natürlichen Gerinnen reicht aber in manchen Jahreszeiten der Durchfluß nicht für das Triften des Holzes hin; dann werden an geeigneten Stellen (enge Schluchten) sogenannte Triftklausen erbaut, mittels denen das Wasser angestaut werden kann und von denen dann kräftige Wasserschwalle abgelassen werden, die das Holz zu Tal spülen. Die Abb. 2041 und 2042 zeigen solche Triftklausen. Um das Holz an der Verarbeitungsstelle aus dem Bachbett herausholen zu können, wird quer über das Bett ein Triftrechen angeordnet, durch den das Wasser weiterläuft, an dem aber das Holz hängenbleibt. Ein Triftrechen ist ein Grobrechen mit hölzernen Rechenstäben (Abb. 2043 und 2044), die zu Hochwasserzeiten gezogen werden können. Die Abb. 2045 zeigt eine Holzanstauung flußauf eines Triftrechens.

Um auch dann Holz triften zu können, wenn das natürliche Bachbett hiezu ungeeignet ist, werden künstliche Triftgerinne gebaut, in die das an Bächen gefaßte Wasser eingeleitet wird. Eine sehr alte derartige Holztriftrinne ist der in den Jahren 1788 bis 1822 erbaute, 51,8 [km] lange Holzschwemmkanal der Schwarzenbergschen Forstverwaltung, der vom Igelbach im Einzugsgebiet der Moldau bis zur Mühl im Einzugsgebiet der Donau führt. Die Linienführung ist insofern bemerkenswert, als sie auch schon einen Stollen enthält. Der Triftkanal ist weitgehend dem Gelände angepaßt. Die Gefälle liegen in den normalen Strecken zwischen 1,7 und 2,5 [$^0/_{00}$]; den Querschnitt gibt die Abb. 2046a; die Seitenwände bestehen aus Granit-Trockenmauerwerk und aus Granitquadern. Auf kurzen Strecken steigt das Gefälle bis auf 75 [$^0/_{00}$] an; in diesen Steilstrecken ist der Querschnitt verkleinert und nach der Abb. 2046b und c ausgeführt. Der Triftkanal führt bis zu 1,5 [m³/sec].

Abb. 2049. Triftholzsortieranlage. (Vgl. Abb. 2048.)
(Österr.-ungar. Baugesellschaft.)

Eine neue Triftanlage ist im Mürzgebiet in Steiermark erbaut worden. Die Triftrinne hat Halbkreisquerschnitt und ist aus Dauben zusammengebaut (Abb. 2047). Die Leistung dieser Triftrinne beträgt bis zu 1000 Festmeter Rund- und Brennholz täglich. In einem eigenen Bauwerk wird Rund- und Brennholz selbsttätig sortiert. Das Brennholz fällt dort durch einen Schlitz in ein besonderes Brennholztriftgerinne, während das Rundholz weiterläuft. Die Abb. 2048 zeigt den Aufbau dieser Sortieranlage und die Abb. 2049 gibt eine Ansicht dieses Bauwerkes.

Schrifttum.

Referat: Holzbringungsanlagen in den Mürz-Forsten der österreichischen Bundesforste. Wasserwirtsch. Wien, 1929, H. 33.

Sachverzeichnis.

Springer Nature Customer Service Center GmbH
Europaplatz 3, 69115 Heidelberg, Germany

Printed by Libri Plureos GmbH
in Hamburg, Germany